Wiederholen und Überprüfen

Mit den **Test** -Aufgaben prüfen Sie, ob Sie den neuen Stoff verstanden haben. (*Lösungen* finden Sie am Ende des Buches.)

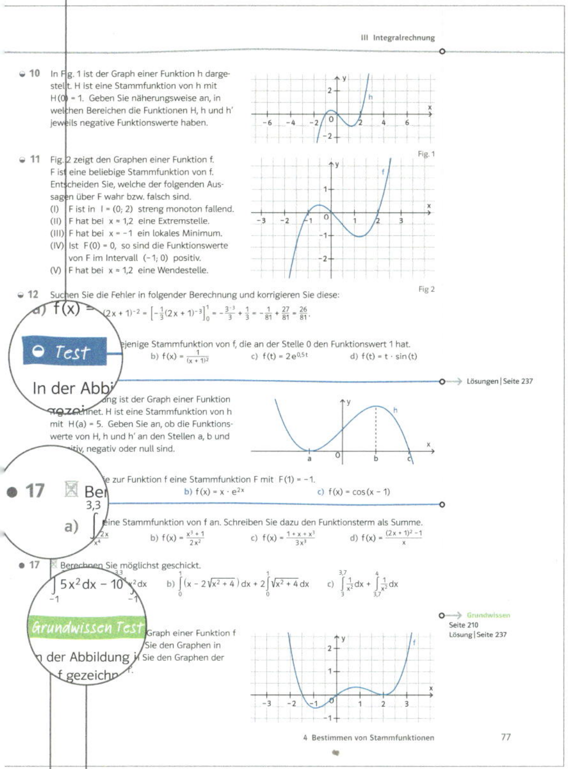

Prüfen Sie mit **Grundwissen Test** , ob der Stoff aus früheren Kapiteln oder Klassen noch sitzt. (*Lösungen* finden Sie am Ende des Buches.)

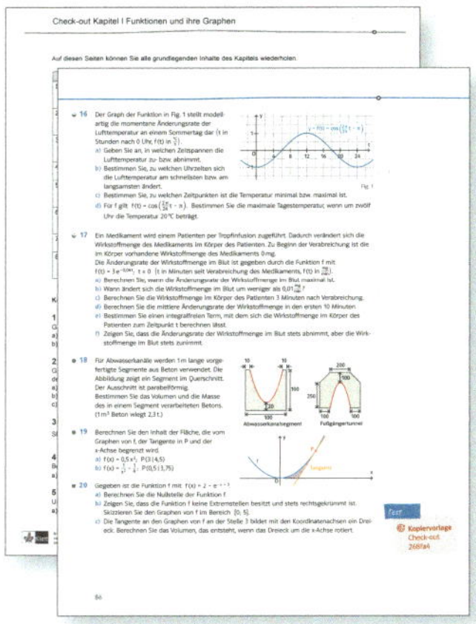

Check-out
Überprüfen Sie, welche Kompetenzen Sie im Kapitel erworben haben.

Training
Sie können alle Inhalte des Kapitels wiederholen und trainieren.

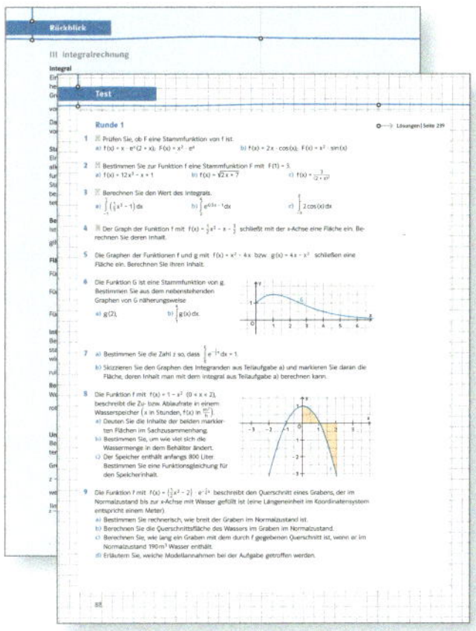

Rückblick
Zum schnellen Nachschlagen, was im Kapitel gemacht wurde.

Test
Bereiten Sie sich auf Klassenarbeiten vor. Für jede Testrunde haben Sie etwa 45 Minuten Zeit. (*Lösungen* finden Sie am Ende des Buches.)

Differenzierung

Die Symbole vor den Aufgaben kennzeichnen unterschiedliche Niveaustufen.
○ einfach ◒ mittel ● schwierig

weitere Symbole

⊠ ohne Hilfsmittel bearbeiten

Grundwissen sichern

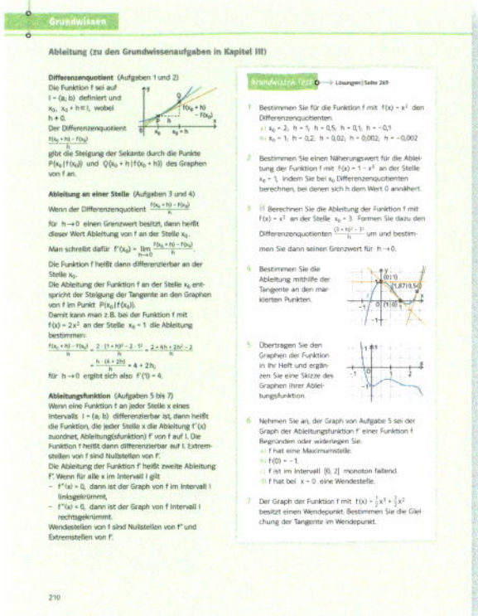

Grundwissen
Am Ende des Buches finden Sie den fürs Abitur notwendigen Stoff aus früheren Klassen zum Nachschlagen und Wiederholen sowie weitere Aufgaben zum Üben.

Rechneranleitungen
Hier finden Sie hilfreiche Anleitungen für Rechner.

Zusatzmaterialien zu diesem Band für Schülerinnen und Schüler:
- Arbeitsheft Lambacher Schweizer Qualifikationsphase Grundkurs(ISBN 978-3-12-735545-1)
- Basistraining Analysis Lambacher Schweizer Qualifikationsphase (ISBN 978-3-12-735536-9)
- Basistraining Analytische Geometrie/Stochastik Lambacher Schweizer Qualifikationsphase (ISBN 978-3-12-735537-6)
- Lösungen (ISBN 978-3-12-735543-7)

Dr. Theophil Lambacher (13.04.1899 – 14.12.1981) und **Wilhelm Schweizer** (11.11.1901 – 23.07.1990) lehrten beide Mathematik an der Schule. Theophil Lambacher wurde danach Oberschulamtspräsident und Ministerialrat am Kultusministerium, Wilhelm Schweizer arbeitete als Schulleiter, Fachleiter am Seminar und Dozent an der Universität. Der erste Band des Lambacher Schweizer erschien 1946: Lambacher Schweizer Mathematik für höhere Schulen, Mittelstufe 1. Teil enthielt auf 91 Seiten Algebra und Geometrie für die Klasse 7.

1. Auflage 1 5 4 | 23

Alle Drucke dieser Auflage sind unverändert und können im Unterricht nebeneinander verwendet werden.
Die letzte Zahl bezeichnet das Jahr des Druckes.

Autoren: Jürgen Appel, Martin Bellstedt, Boris Boor, Dr. Dieter Brandt, Heidi Buck (†), Prof. Rolf Dürr, Prof. Hans Freudigmann, Inga Giersemehl, Dieter Greulich, Dr. Frieder Haug, Edmund Herd, Carolin Herrmann, Maren Herrmann, Dr. Jörg Heuß, Prof. Detlef Hoche, Thomas Jörgens, Thorsten Jürgensen-Engl, Dr. Michael Kölle, Ingrid Kolupa, Andreas König, Carsten Kreutz, Marion Rauscher, Rolf Reimer, Dr. Ute Reinhardt, Dr. Wolfgang Riemer, Dr. Rebecca Roy, Rüdiger Sandmann, Prof. Dr. Torsten Schatz, Prof. Reinhard Schmitt-Hartmann, Ulrich Schönbach, Siegfried Schwehr, Raphaela Sonntag, Heike Spielmans, Jörg Stark, Andrea Stühler, Alexander Wollmann, Antje Zang, Dr. Peter Zimmermann, Prof. Manfred Zinser, Arnold Zitterbart

Redaktion: Andreas Marte, Anke Stöckle
Herstellung: Simone Glauner, Timo Nazerzadeh

Umschlagfotos: Fassade: Getty Images (Moment/Roc Canals Photography), München; Blattstruktur: Getty Images (imageBROKER/Georg Stelzner), München
Illustrationen: Uwe Alfer, Waldbreitbach; imprint GmbH, Zusmarshausen;
Anja Malz, Taunusstein; SMP Oehler, Remseck
Satz: imprint GmbH, Zusmarshausen
Druck: PASSAVIA Druckservice GmbH & Co. KG, Passau

Printed in Germany
ISBN 978-3-12-735541-3

9 783127 355413

Lambacher Schweizer

Mathematik Qualifikationsphase

Grundkurs

Niedersachsen

bearbeitet von

Boris Boor
Dieter Brandt
Carolin Herrmann
Detlef Hoche
Antje Zang

unter Mitarbeit von

Jürgen Appel
Arnold Zitterbart

unter Beratung von

Dr. Dorothee Göckel

Ernst Klett Verlag
Stuttgart · Leipzig

I Lineare Gleichungssysteme

II Verknüpfung von Funktionen und Wachstum

III Integralrechnung

IV Vektoren – Geraden im Raum

V Zufallsexperimente und Zufallsgrößen

VI Binomialverteilung

Gesamtübersicht der Codes im Buch
268fa4

I Lineare Gleichungssysteme

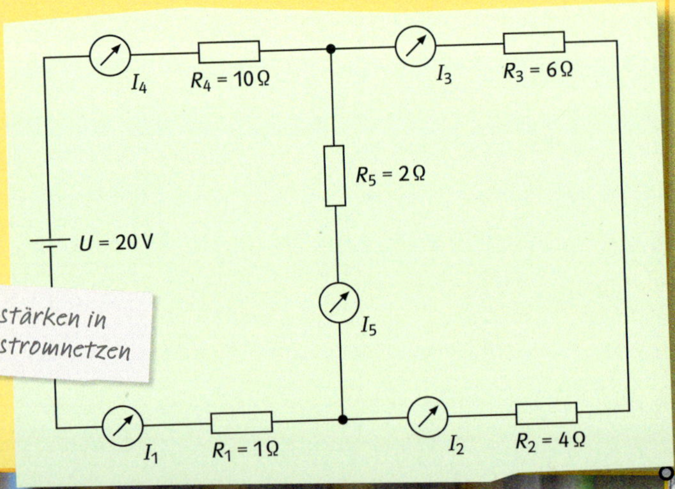

Stromstärken in Gleichstromnetzen

Philipp: Julia und ich sind zusammen 45 Jahre alt.
Julia: Zusammen sind wir 66 Jahre alt.
Anna: Vor 20 Jahren war Philipp dreimal so alt wie ich.

Das können Sie schon

- Lösen von Gleichungssystemen mit zwei Variablen
- Benennen von Eigenschaften ganzrationaler Funktionen

Das können Sie bald

- Das Gauß-Verfahren zum Lösen von Gleichungssystemen mit drei Variablen anwenden
- Ganzrationale Funktionen zu vorgegebenen Eigenschaften bestimmen

Check-in

So geht's:

(1) Checkliste übertragen oder über Code herunterladen
(2) Fähigkeiten selbst einschätzen.
(3) Einschätzung mithilfe der Aufgaben überprüfen und gegebenenfalls Lerntipps beachten.

Schätzen Sie sich mithilfe der Checkliste ein.

	☺	😐	☹
1. Ich kann lineare Gleichungen lösen.	☐	☐	☐
2. Ich kann die Lösungsmenge einer linearen Gleichung bestimmen.	☐	☐	☐
3. Ich kann lineare Gleichungssysteme mit zwei Variablen mit dem Gleichsetzungsverfahren lösen.	☐	☐	☐
4. Ich kann lineare Gleichungssysteme mit zwei Variablen mit dem Einsetzungsverfahren lösen.	☐	☐	☐
5. Ich kann ein geeignetes Lösungsverfahren wählen und damit ein lineares Gleichungssystem mit zwei Variablen lösen.	☐	☐	☐
6. Ich kann Eigenschaften des Graphen einer ganzrationalen Funktion mithilfe des Funktionsterms angeben.	☐	☐	☐

Lerntipps

zu 1. **Grundwissen**, Seite 208

zu 6. **Grundwissen**, Seiten 216 und 217

Kopiervorlage Checkliste 268fa4

Lösungen | Seite 224

Überprüfen Sie Ihre Einschätzungen.

○ 1 Lineare Gleichungen lösen

Bestimmen Sie die Lösung der linearen Gleichung.

a) $2x + 3 = 7 - 3x$ b) $5x - 4 = 6(1 - x) + 12$ c) $4(x - 3) + 1 = -5(2 + x) + 8$

d) $\frac{3}{2}x - 1 = -3{,}5x + 2$ e) $1{,}5x = 3\left(\frac{1}{3}x - 2\right)$ f) $2{,}2x + 9 = 6(2{,}2x - 4)$

○ 2 Lösungsmenge einer linearen Gleichung bestimmen

Bestimmen Sie die Lösungsmenge der Gleichung.

a) $2(x + 1) = (x - 1)$ b) $x + 2 = 3 + x$ c) $3(x + 5) = 2x + 15 + x$

○ 3 Lineares Gleichungssystem mit zwei Variablen mit dem Gleichsetzungsverfahren lösen

Lösen Sie das Gleichungssystem mit dem Gleichsetzungsverfahren.

a) $\left|\begin{array}{l} y = 3x - 6 \\ y = 4x + 7 \end{array}\right|$ b) $\left|\begin{array}{l} y = x - 4 \\ y = 2x + 4 \end{array}\right|$ c) $\left|\begin{array}{l} x = -3y + 7 \\ x = -4y + 7 \end{array}\right|$ d) $\left|\begin{array}{l} x = 7y - 8 \\ x = 8y - 7 \end{array}\right|$

○ 4 Lineares Gleichungssystem mit zwei Variablen mit dem Einsetzungsverfahren lösen

Lösen Sie das Gleichungssystem mit dem Einsetzungsverfahren.

a) $\left|\begin{array}{l} y = 3x + 8 \\ x + y = 12 \end{array}\right|$ b) $\left|\begin{array}{l} y = -0{,}5x + 2 \\ 1{,}5x + y = 3 \end{array}\right|$ c) $\left|\begin{array}{l} 3x + 2y = 8 \\ y = 0{,}5x - 4 \end{array}\right|$ d) $\left|\begin{array}{r} 3y - 6x = 4 \\ y = 3x - 2 \end{array}\right|$

○ 5 Geeignetes Verfahren wählen

Lösen Sie mit einem Verfahren Ihrer Wahl und begründen Sie diese.

a) $\left|\begin{array}{l} y = 2x - 3 \\ y = 3x + 7 \end{array}\right|$ b) $\left|\begin{array}{r} y = x - 1 \\ 2y = x + 4 \end{array}\right|$ c) $\left|\begin{array}{l} 3x + 2y = 8 \\ y = x + 4 \end{array}\right|$ d) $\left|\begin{array}{l} 3y - 4x = 4 \\ 1 = 3y - x \end{array}\right|$

○ **6** **Eigenschaften eines Graphen mithilfe des Funktionsterms angeben**

Gegeben ist die ganzrationale Funktion f. Geben Sie eine Bedingung bzw. Bedingungen für die Eigenschaft von f oder f′ oder f″ an.

a) Der Graph von f hat an der Stelle 2 einen Extrempunkt.
b) Der Graph von f hat an der Stelle 0 einen Hochpunkt.
c) Der Graph von f hat den Tiefpunkt $T(-1|-4)$.
d) Der Graph von f hat im Ursprung die Steigung 2.
e) Der Graph von f hat im Punkt $W(1|1)$ einen Wendepunkt und die Wendetangente hat die Gleichung $y = -3x + 4$.

1 Das Gauß-Verfahren

Großvater und Enkelin sind zusammen 78 Jahre alt. Vor vier Jahren war der Großvater sechsmal so alt wie seine Enkelin. Wie alt sind sie jeweils heute?

Mit den bisher bekannten Verfahren lassen sich die Lösungen von linearen Gleichungssystemen (LGS) mit zwei Variablen bestimmen. Im Folgenden wird ein Lösungsverfahren für lineare Gleichungssysteme betrachtet, mit dem man LGS mit mehr als zwei Variablen systematisch lösen kann.

Da das nebenstehende LGS in **Stufenform** vorliegt, kann man die Lösung leicht bestimmen: Aus der dritten Gleichung folgt $x_3 = -2$.
Anschließend erhält man durch Einsetzen von $x_3 = -2$ aus der zweiten Gleichung $x_2 = 2$ und durch Einsetzen von $x_3 = -2$ und $x_2 = 2$ aus der ersten Gleichung $x_1 = 0$.

$$\left|\begin{array}{rcrcrcr} 2x_1 & - & 3x_2 & + & x_3 & = & -8 \\ & & 2x_2 & + & 5x_3 & = & -6 \\ & & & - & 2x_3 & = & 4 \end{array}\right|$$

Jedes LGS lässt sich durch die folgenden **Äquivalenzumformungen** für lineare Gleichungssysteme in Stufenform umwandeln.
(1) Zwei Gleichungen werden miteinander vertauscht.
(2) Eine Gleichung wird mit einer Zahl $c \neq 0$ multipliziert.
(3) Eine Gleichung wird durch die Summe oder Differenz von ihr und einer anderen Gleichung ersetzt.

Häufig werden bei Umformungen die Äquivalenzumformungen (2) und (3) kombiniert, also ein Vielfaches addiert oder subtrahiert.

Mit dem **Gauß-Verfahren** findet man systematisch die Lösung eines LGS:

$$\left|\begin{array}{rcrcrcr} x_1 & - & 3x_2 & + & 3x_3 & = & -3 \\ 5x_1 & - & 3x_2 & + & x_3 & = & 5 \\ 2x_1 & - & 2x_2 & + & 2x_3 & = & 2 \end{array}\right|$$

(1) Gibt es in der obersten Gleichung kein x_1, so vertauscht man diese mit einer Gleichung, in der x_1 vorkommt. Dann entfernt man x_1 mithilfe der obersten Gleichung oder ihrer Vielfachen aus den anderen. (Hier wurde von der zweiten Gleichung das Fünffache der ersten subtrahiert und von der dritten das Doppelte der ersten Gleichung.)

$$\Leftrightarrow \left|\begin{array}{rcrcrcr} x_1 & - & 3x_2 & + & 3x_3 & = & -3 \\ & & 12x_2 & - & 14x_3 & = & 20 \\ & & 4x_2 & - & 4x_3 & = & 8 \end{array}\right|$$

(2) Nun entfernt man auf die gleiche Weise die Variable x_2. (Hier wurde vom Dreifachen der dritten Gleichung die zweite Gleichung subtrahiert.)

$$\Leftrightarrow \left|\begin{array}{rcrcrcr} x_1 & - & 3x_2 & + & 3x_3 & = & -3 \\ & & 12x_2 & - & 14x_3 & = & 20 \\ & & & & 2x_3 & = & 4 \end{array}\right|$$

(3) Die Lösung erhält man aus dieser Stufenform wie oben beschrieben: $x_3 = 2$, $x_2 = 4$ und $x_1 = 3$.

Carl Friedrich Gauß (1777 – 1855), deutscher Mathematiker, Physiker und Astronom.

Das vorgestellte Verfahren lässt sich auf LGS mit n Variablen übertragen.

Gauß-Verfahren zum Lösen linearer Gleichungssysteme mit n Variablen
1. Man entfernt mithilfe einer Gleichung durch Äquivalenzumformungen die Variable x_1 aus allen anderen Gleichungen.
2. Mit den restlichen Gleichungen verfährt man nun schrittweise genauso für die Variablen $x_2, x_3, \ldots x_n$.
3. Man löst die Gleichungen der Stufenform schrittweise nach den Variablen $x_n, \ldots, x_2, x_1$ auf.

Um Schreibarbeit zu sparen, kann man ein lineares Gleichungssystem in Kurzform angeben. Dabei notiert man in jeder Zeile nur noch die Koeffizienten und die Zahl auf der rechten Seite. Dieses Zahlenschema bezeichnet man als **Matrix**. Das LGS lässt sich als Matrix in den Rechner eingeben und mit dem Befehl *rref* lösen.
Da in der ersten Spalte der Matrix die Koeffizienten von x_1 standen, bedeutet die erste Zeile des Rechnerergebnisses, dass $x_1 = -1$ ist. Analog interpretiert man die weiteren Zeilen: $x_2 = 0{,}5$ und $x_3 = 2$.

LGS:

$$\left|\begin{array}{rcrcrcr} 3x_1 &+& 6x_2 &-& 2x_3 &=& -4 \\ 3x_1 &+& 2x_2 &+& x_3 &=& 0 \\ 1{,}5x_1 &+& 5x_2 &-& 5x_3 &=& -9 \end{array}\right|$$

Matrixschreibweise:

$$\left(\begin{array}{rrr|r} 3 & 6 & -2 & -4 \\ 3 & 2 & 1 & 0 \\ 1{,}5 & 5 & -5 & -9 \end{array}\right)$$

Rechnereingabe:

$$\text{rref}\left(\begin{bmatrix} 3 & 6 & -2 & -6 \\ 3 & 2 & 1 & 0 \\ 1.5 & 5 & -5 & -9 \end{bmatrix}\right)$$

Rechnerausgabe:

$$\begin{bmatrix} 1. & 0. & 0 & 0. \\ 0. & 1. & 0 & -0.6 \\ 0. & 0. & 1 & 1.2 \end{bmatrix}$$

Der senkrechte Strich symbolisiert in der Matrixschreibweise das Gleichheitszeichen.

Alternativ kann man auch den Befehl *linSolve* verwenden.
Bei CAS-Rechnern funktioniert auch der Befehl *solve*.

Beispiel LGS mit dem Gauß-Verfahren lösen

Lösen Sie das lineare Gleichungssystem mit dem Gauß-Verfahren.

$$\left|\begin{array}{rcrcrcr} & & x_2 &+& 3x_3 &=& 10 \\ 5x_1 &-& 3x_2 &+& x_3 &=& 5 \\ & &-2x_2 &+& 2x_3 &=& -4 \end{array}\right|$$

Lösung

$$\left|\begin{array}{rcrcrcr} & & x_2 &+& 3x_3 &=& 10 \\ 5x_1 &-& 3x_2 &+& x_3 &=& 5 \\ & &-2x_2 &+& 2x_3 &=& -4 \end{array}\right|$$

(1) Damit in der obersten Gleichung x_1 auftaucht, werden die oberen beiden Gleichungen vertauscht.

$$\Leftrightarrow \left|\begin{array}{rcrcrcr} 5x_1 &-& 3x_2 &+& x_3 &=& 5 \\ & & x_2 &+& 3x_3 &=& 10 \\ & &-2x_2 &+& 2x_3 &=& -4 \end{array}\right|$$

(2) Damit das x_2 in der dritten Gleichung „wegfällt", multipliziert man die zweite Gleichung mit 2 und addiert sie zur dritten.

$$\Leftrightarrow \left|\begin{array}{rcrcrcr} 5x_1 &-& 3x_2 &+& x_3 &=& 5 \\ & & x_2 &+& 3x_3 &=& 10 \\ & & & & 8x_3 &=& 16 \end{array}\right|$$

(3) Aus dieser Stufenform erhält man, dass $x_3 = 2$, $x_2 = 4$ und $x_1 = 3$ ist.

Wenn man zur Probe diese drei Werte in alle Gleichungen einsetzt, erhält man jeweils wahre Aussagen.

Rechner verwenden zur Lösung eines LGS das Gauß-Verfahren.

Aufgaben

○ **1** Bestimmen Sie die Lösung des LGS und überprüfen Sie mit dem Rechner.

a) $\left|\begin{array}{rcrcrcr} 2x_1 &-& 3x_2 &-& 5x_3 &=& -1 \\ & & 2x_2 &+& x_3 &=& 0 \\ & & & & 3x_3 &=& 6 \end{array}\right|$
b) $\left|\begin{array}{rcrcrcr} 3x_1 &+& 8x_2 &-& 3x_3 &=& 5 \\ & & 4x_2 &+& x_3 &=& 1 \\ & & & & -5x_3 &=& 10 \end{array}\right|$
c) $\left|\begin{array}{rcrcrcr} 3x_1 &+& 4x_2 &+& 6x_3 &=& 5 \\ & & 17x_2 &+& 24x_3 &=& 16 \\ & & & & 2x_3 &=& 7 \end{array}\right|$

○ **2** Bestimmen Sie die Lösung des LGS und überprüfen Sie mit dem Rechner.

a) $\left|\begin{array}{rcrcrcr} x_1 &+& x_2 &+& 2x_3 &=& 14 \\ & & 7x_2 &+& x_3 &=& 0 \\ & & 7x_2 &-& x_3 &=& -14 \end{array}\right|$
b) $\left|\begin{array}{rcrcrcr} 2x_1 &-& 6x_2 &+& x_3 &=& -1 \\ 2x_1 &+& x_2 &+& 3x_3 &=& 0 \\ & & & & 2x_3 &=& -6 \end{array}\right|$
c) $\left|\begin{array}{rcrcrcr} 4x_1 &+& 4x_2 &+& 6x_3 &=& 8 \\ & & 6x_2 &+& x_3 &=& -2 \\ 4x_1 &-& 2x_2 &+& 7x_3 &=& 6 \end{array}\right|$

○ **3** Bestimmen Sie die Lösung des LGS und überprüfen Sie mit dem Rechner.

a) $\left|\begin{array}{rcrcrcr} x_1 &+& x_2 &+& 4x_3 &=& 0 \\ 2x_1 &-& x_2 &-& x_3 &=& 3 \\ -3x_1 &+& 4x_2 &-& 5x_3 &=& -7 \end{array}\right|$
b) $\left|\begin{array}{rcrcrcr} 2x_1 &-& x_2 &-& x_3 &=& 2 \\ 4x_1 & & & + & 6x_3 &=& 2 \\ -3x_1 &+& 2x_2 &-& x_3 &=& 1 \end{array}\right|$
c) $\left|\begin{array}{rcrcrcr} & & x_2 &+& x_3 &=& 3 \\ x_1 &+& 2x_2 & & &=& 7 \\ 2x_1 & & & - & x_3 &=& 8 \end{array}\right|$

d) $\left|\begin{array}{rcrcrcr} 3x_1 &-& x_2 &+& 3x_3 &=& -17 \\ 2x_1 &-& x_2 &+& x_3 &=& -8 \\ x_1 &-& x_2 &+& 3x_3 &=& -7 \end{array}\right|$
e) $\left|\begin{array}{rcrcrcr} x_1 &-& 2x_2 &+& 6x_3 &=& -9 \\ -x_1 &+& 3x_2 &-& 8x_3 &=& 12 \\ 2x_1 &-& x_2 &+& 7x_3 &=& -11 \end{array}\right|$
f) $\left|\begin{array}{rcrcrcr} 4x_1 &-& 4x_2 &-& 4x_3 &=& -12 \\ -2x_1 &+& 3x_2 &+& x_3 &=& 6 \\ 3x_1 &-& x_2 &-& 4x_3 &=& -6 \end{array}\right|$

○ **4** Geben Sie die Lösung des zu der Rechneranzeige gehörenden LGS mit drei Variablen an.

a) $a := \begin{bmatrix} 1 & 0 & 0 & 4 \\ 0 & 1 & 0 & 2 \\ 0 & 0 & 1 & -1 \end{bmatrix}$ b) $b := \begin{bmatrix} 1 & 0 & 0 & -2 \\ 0 & 1 & 0 & 0.25 \\ 0 & 0 & 1 & -2 \end{bmatrix}$ c) $c := \begin{bmatrix} 1 & 0 & 0 & -5 \\ 0 & 1 & 0 & 0 \\ 0 & 0 & 1 & 0 \end{bmatrix}$

○ **5** Bestimmen Sie die Lösung des LGS mit dem Rechner.

a) $\left(\begin{array}{cc|c} 1 & 1 & 2 \\ 2 & 3 & 10 \end{array}\right)$ b) $\left(\begin{array}{cc|c} 2 & -1 & -1 \\ 4 & -3 & -4 \end{array}\right)$ c) $\left(\begin{array}{cc|c} 3 & 6 & 0 \\ 6 & 6 & -1 \end{array}\right)$

d) $\left(\begin{array}{ccc|c} 1 & 5 & -1 & 1 \\ -1 & -4 & 1 & 0 \\ 1 & 10 & -3 & 4 \end{array}\right)$ e) $\left(\begin{array}{ccc|c} 2 & 4 & 0 & -12 \\ -3 & -4 & 2 & 10 \\ 7 & 1 & 0 & 23 \end{array}\right)$ f) $\left(\begin{array}{ccc|c} 12 & 2 & 4 & 6 \\ -5 & -4 & 8 & -4 \\ 2 & 1 & -2 & 0 \end{array}\right)$

○ **6** Bestimmen Sie die Lösung des LGS.

a) $\left|\begin{array}{l} 2x_1 - 4x_2 + 5x_3 = 3 \\ 3x_1 + 3x_2 + 7x_3 = 13 \\ 4x_1 - 2x_2 - 3x_3 = -1 \end{array}\right|$ b) $\left|\begin{array}{l} -x_1 + 7x_2 - x_3 = 5 \\ 4x_1 - x_2 + x_3 = 1 \\ 5x_1 - 3x_2 + x_3 = -1 \end{array}\right|$ c) $\left|\begin{array}{l} 0{,}5x_2 + 0{,}2x_3 = 0 \\ 0{,}4x_1 + 0{,}8x_2 + x_3 = -3 \\ 0{,}9x_1 + 0{,}3x_2 + 0{,}5x_3 = -1 \end{array}\right|$

○ Test

Lösungen | Seite 224

7 Bestimmen Sie die Lösung des LGS mit dem Rechner.

a) $\left(\begin{array}{ccc|c} 1 & 3 & 1 & 3 \\ 2 & 0 & 3 & 2 \\ 0 & -2 & 2 & 2 \end{array}\right)$ b) $\left(\begin{array}{ccc|c} 0{,}5 & 1 & -1 & -4 \\ 2 & 3 & 12 & 1 \\ 1{,}5 & -1 & -11 & 20 \end{array}\right)$ c) $\left(\begin{array}{ccc|c} 12 & 3{,}5 & -1 & -2 \\ 7 & -2 & 1 & 21 \\ -11 & 3 & 2 & 17 \end{array}\right)$

8 Bestimmen Sie die Lösung des LGS.

a) $\left|\begin{array}{l} x_1 + 2x_2 - 2x_3 = 4 \\ x_2 - 2x_3 = -1 \\ 4x_2 + 3x_3 = 7 \end{array}\right|$ b) $\left|\begin{array}{l} 2x_1 - 3x_2 - x_3 = 1 \\ 2x_2 + 3x_3 = 1 \\ 4x_1 + 2x_2 + 3x_3 = 6 \end{array}\right|$ c) $\left|\begin{array}{l} 10x_1 + 3x_2 - 2x_3 = 3 \\ 5x_3 = 10 \\ 2x_1 - x_2 - 3x_3 = 1 \end{array}\right|$

◒ **9** Finden Sie die nachfolgenden Umformungsfehler und korrigieren Sie.

a) $\left|\begin{array}{l} 3x_1 + 5x_3 = 5 \\ 3x_1 + x_2 - 5x_3 = 7 \\ -3x_1 + x_2 - 5x_3 = 4 \end{array}\right|$ 3. + 1. Gleichung

$\Leftrightarrow \left|\begin{array}{l} 3x_1 + 5x_3 = 5 \\ 3x_1 + x_2 - 5x_3 = 7 \\ -3x_3 = 9 \end{array}\right|$

b) $\left|\begin{array}{l} 2x_1 + 3x_2 - 5x_3 = 0 \\ x_2 + 3x_3 = 4 \\ x_2 - x_3 = 0 \end{array}\right|$ 2. − 3. Gleichung; 3. − 2. Gleichung

$\Leftrightarrow \left|\begin{array}{l} 2x_1 + 3x_2 - 5x_3 = 0 \\ 4x_3 = 4 \\ -4x_3 = -4 \end{array}\right|$

◒ **10** Sarah hat folgendes LGS gelöst. Raphael behauptet, dieses LGS mit weniger Rechenschritten lösen zu können. Nehmen Sie Stellung zu seiner Aussage.

$\left|\begin{array}{l} x_1 + 4x_2 - 4x_3 = 9 \\ x_1 - 8x_2 = 9 \\ 12x_2 = -12 \end{array}\right|$ 1. − 2. Gleichung $\Leftrightarrow \left|\begin{array}{l} x_1 + 4x_2 - 4x_3 = 9 \\ 12x_2 - 4x_3 = 0 \\ 12x_2 = -12 \end{array}\right|$ 2. − 3. Gleichung

$\Leftrightarrow \left|\begin{array}{l} x_1 + 4x_2 - 4x_3 = 9 \\ 12x_2 - 4x_3 = 0 \\ -4x_3 = 12 \end{array}\right|$

Lösung: $x_3 = -3$; $x_2 = -1$; $x_1 = -3$

11 Geben Sie ein LGS an, bei dem alle Koeffizienten von null verschieden sind und das die angegebene Lösung hat.

a) $x_1 = 1,\ x_2 = 2,\ x_3 = 3$
b) $x_1 = -2,\ x_2 = 5,\ x_3 = 1$
c) $x_1 = 1,\ x_2 = 1,\ x_3 = 1$
d) $x_1 = 0,\ x_2 = 3,\ x_3 = 6$

12 Bestimmen Sie die Lösung des LGS mit dem Rechner.

a) $\left|\begin{array}{rcrcrcrcr} x_1 &+& 2x_2 &+& x_3 &-& x_4 &=& 7 \\ -x_1 &&&+& 3x_3 &+& 2x_4 &=& 1 \\ 2x_1 &-& 4x_2 &&&+& x_4 &=& -5 \\ x_1 &-& 2x_2 &-& 4x_3 &+& 2x_4 &=& -3 \end{array}\right|$

b) $\left|\begin{array}{rcrcrcrcr} 2x_1 &+& x_2 &-& 2x_3 &+& 3x_4 &=& 7 \\ -x_1 &-& x_2 &+& 3x_3 &+& x_4 &=& -4{,}5 \\ -4x_1 &+& 5x_2 &-& 4x_3 &+& 5x_4 &=& 4 \\ 3x_3 &+& x_2 &-& x_3 &-& 2x_4 &=& -3{,}5 \end{array}\right|$

Test

Lösung | Seite 224

13 Bestimmen Sie die Lösung des LGS und überprüfen Sie mit dem Rechner.

a) $\left|\begin{array}{rcrcrcr} 2x_1 &+& 3x_2 &+& 3x_3 &=& -1 \\ && 4x_2 &+& x_3 &=& -4 \\ x_1 &+& 3x_2 &-& x_3 &=& -2 \end{array}\right|$

b) $\left|\begin{array}{rcrcrcr} x_1 &+& x_2 &+& x_3 &=& 4 \\ 3x_1 &+& 7x_2 &-& x_3 &=& -4 \\ -x_1 &-& 3x_2 &-& 2x_3 &=& -11 \end{array}\right|$

c) $\left|\begin{array}{rcrcrcr} x_1 &&&+& x_3 &=& -2 \\ && x_2 &+& x_3 &=& -2 \\ x_1 &+& x_2 &&&=& 4 \end{array}\right|$

14 Ist die Aussage wahr oder falsch? Begründen Sie Ihre Antwort.
Die Aufzählung der Äquivalenzumformungen auf Seite 6 könnte man durch eine gleichwertige Aufzählung ersetzen, wenn man

a) die Nummer (3) ersetzt durch: „Eine Gleichung wird durch die Summe von ihr und einer anderen Gleichung ersetzt.",
b) die Nummer (2) weglässt,
c) die Nummern (2) und (3) ersetzt durch „Eine Gleichung wird durch die Summe eines Vielfachen von ihr (Faktor $\neq 0$) und eines Vielfachen einer anderen Gleichung ersetzt.",
d) zusätzlich in Teilaufgabe c) den Faktor Null zulässt und die Nummer (1) weglässt.

15 Gegeben ist das LGS $\left|\begin{array}{rcrcrcr} 2x_1 &-& 3x_2 &+& 5x_3 &=& 4 \\ 3x_1 &+& x_2 &-& 2x_3 &=& 2 \\ -5x_1 &-& x_2 &+& 2x_3 &=& -4 \end{array}\right|$.

a) Ersetzen Sie in dem linearen Gleichungssystem die zweite Gleichung durch die Summe aus einem Vielfachen der ersten Gleichung und einem Vielfachen der zweiten Gleichung, sodass die Variable x_1 wegfällt.
b) Bestimmen Sie die Lösung des LGS.
c) Miriam hat die erste Gleichung durch die Summe der zweiten und dritten Gleichung ersetzt. Erklären Sie, wie sich dieser Schritt auf die Lösung des Gleichungssystems auswirkt.

$\left|\begin{array}{rcrcrcr} -2x_1 &&&&&=& -2 \\ 3x_1 &+& x_2 &-& 2x_3 &=& 2 \\ -5x_1 &-& x_2 &+& 2x_3 &=& -4 \end{array}\right|$

Grundwissen Test

Grundwissen
Seite 208
Lösung | Seite 224

16 Bei Autoreifen nimmt die Profiltiefe durch die Nutzung relativ gleichmäßig ab. Deshalb überprüft Herr Fuchs sie von Zeit zu Zeit. Nachdem er mit den neuen Sommerreifen 16 000 km gefahren war, betrug die Profiltiefe 6 mm, nach 24 000 km waren es noch 5 mm.

a) Berechnen Sie, wie viele Kilometer Herr Fuchs noch mit diesen Reifen fahren könnte, wenn mindestens 1,6 mm Profiltiefe vorgeschrieben sind.
b) Geben Sie an, um wie viele Millimeter die Profiltiefe alle 10 000 km abnimmt.
c) Bestimmen Sie die Profiltiefe der Reifen beim Kauf.

2 Lösbarkeit linearer Gleichungssysteme

Jedes Bild lässt sich mit einem Gleichungssystem mit zwei Variablen in Verbindung bringen. Orden Sie zu. Wie viele Lösungen hat das jeweilige Gleichungssystem?

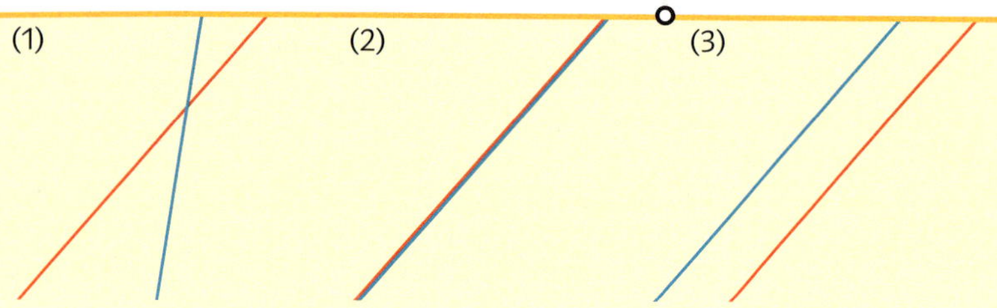

A $\left|\begin{array}{r} x_1 + x_2 = 1 \\ 0 = 0 \end{array}\right|$ B $\left|\begin{array}{r} x_1 + x_2 = 1 \\ 0 = 1 \end{array}\right|$ C $\left|\begin{array}{r} x_1 + x_2 = 1 \\ x_2 = 3 \end{array}\right|$

Wie bei linearen Gleichungssystemen mit zwei Gleichungen und zwei Variablen können auch bei LGS mit mehr als zwei Gleichungen und Variablen nur folgende drei Fälle auftreten: Das LGS hat genau eine Lösung, keine Lösung oder unendliche viele Lösungen. Die jeweiligen Lösungen kann man in einer Menge, der **Lösungsmenge**, zusammenfassen.

1. Fall (bereits bekannt): Das Gleichungssystem hat **genau eine Lösung**.

LGS

$$\left|\begin{array}{rcrcrcr} x_1 &+& 2x_2 &+& x_3 &=& 9 \\ -2x_1 &-& x_2 &+& 5x_3 &=& 5 \\ x_1 &-& x_2 &+& 3x_3 &=& 4 \end{array}\right|$$

Rechnerlösung

$$\begin{bmatrix} 1 & 0 & 0 & 1 \\ 0 & 1 & 0 & 3 \\ 0 & 0 & 1 & 2 \end{bmatrix}$$

„Rückübersetzung"

$$\begin{array}{lcl} x_1 & & = 1 \\ & x_2 & = 3 \\ & & x_3 = 2 \end{array}$$

2. Fall: Das Gleichungssystem hat **keine Lösung**.

LGS

$$\left|\begin{array}{rcrcrcr} 2x_1 &-& 3x_2 &-& x_3 &=& 4 \\ x_1 &+& 2x_2 &+& 3x_3 &=& 1 \\ 3x_1 &-& 8x_2 &-& 5x_3 &=& 5 \end{array}\right|$$

Rechnerlösung

$$\begin{bmatrix} 1 & 0 & 1 & 0 \\ 0 & 1 & 1 & 0 \\ 0 & 0 & 0 & 1 \end{bmatrix}$$

„Rückübersetzung"
Die letzte Zeile sagt aus, dass $0x_1 + 0x_2 + 0x_3$ 1 ergibt. Da dies nicht möglich ist, hat das LGS keine Lösung. Man schreibt auch $L = \{\ \}$.

3. Fall: Das Gleichungssystem hat **unendlich viele Lösungen**.

LGS

$$\left|\begin{array}{rcrcrcr} x_1 &+& 2x_2 &-& 3x_3 &=& 6 \\ 2x_1 &-& x_2 &+& 4x_3 &=& 2 \\ 4x_1 &+& 3x_2 &-& 2x_3 &=& 14 \end{array}\right|$$

Rechnerlösung

$$\begin{bmatrix} 1 & 0 & 1 & 2 \\ 0 & 1 & -2 & 2 \\ 0 & 0 & 0 & 0 \end{bmatrix}$$

„Rückübersetzung"
Die letzte Zeile sagt aus, dass $0x_3 = 0$ gilt.
Dies bedeutet, dass man für beliebige x_3 eine Lösung erhält, da die Aussage $0x_3 = 0$ stets wahr ist. Wenn man zum Beispiel für $x_3 = 1$ einsetzt, erhält man $x_2 = 4$ und $x_1 = 1$.

Allgemein berechnet man die Lösung zu einer gegebenen Zahl $x_3 = t$ aus dem Rechnerergebnis so: $x_2 = 2 + 2t$ (2. Zeile) bzw. $x_1 = 2 - t$ (1. Zeile). Das gegebene LGS hat unendlich viele Lösungen.

Satz: Ein lineares Gleichungssystem hat entweder genau eine Lösung oder keine Lösung oder unendlich viele Lösungen.

Beispiel 1 **Keine Lösung**

Bestimmen Sie die Anzahl der Lösungen des LGS und geben Sie gegebenenfalls alle Lösungen an.

$$\left|\begin{array}{rcrcrcl} x_1 & + & x_2 & + & x_3 & = & 1 \\ x_1 & + & 2x_2 & + & 2x_3 & = & 3 \\ 2x_1 & + & x_2 & + & x_3 & = & 1 \end{array}\right|$$

Lösung

$$\operatorname{rref}\left(\begin{bmatrix} 1 & 1 & 1 & 1 \\ 1 & 2 & 2 & 3 \\ 2 & 1 & 1 & 1 \end{bmatrix}\right) \qquad \begin{bmatrix} 1 & 0 & 0 & 0 \\ 0 & 1 & 1 & 0 \\ 0 & 0 & 0 & 1 \end{bmatrix}$$

Die letzte Zeile gibt an, dass das LGS keine Lösung hat. Es gilt $L = \{\ \}$.

Beispiel 2 **Unendlich viele Lösungen**

Bestimmen Sie die Lösungsmenge des LGS mit dem Gauß-Verfahren.

$$\left|\begin{array}{l} x_1 - 3x_2 = 1 - x_3 \\ 2x_1 + x_3 = 6 + 5x_2 \end{array}\right|$$

Lösung

1. Schritt: LGS notieren und Gleichungen „sortieren“.

$$\left|\begin{array}{rcrcrcl} x_1 & - & 3x_2 & + & x_3 & = & 1 \\ 2x_1 & - & 5x_2 & + & x_3 & = & 6 \end{array}\right|$$

2. Schritt: Überführung des LGS mit dem Gauß-Verfahren in Stufenform.

$$\left|\begin{array}{rcrcrcl} x_1 & - & 3x_2 & + & x_3 & = & 1 \\ & & x_2 & - & x_3 & = & 4 \end{array}\right|$$

3. Schritt: Man ergänzt eine Gleichung mit x_3. Man setzt für die Variable x_3 den Parameter $t \in \mathbb{R}$ ein.

$$\left|\begin{array}{rcrcrcl} x_1 & - & 3x_2 & + & t & = & 1 \\ & & x_2 & - & t & = & 4 \\ & & & & x_3 & = & t \end{array}\right|$$

4. Schritt: Man löst nach den übrigen Variablen auf.

$$\left|\begin{array}{lcrcr} x_3 & = & & & t \\ x_2 & = & 4 & + & t \\ x_1 & = & 13 & + & 2t \end{array}\right|$$

5. Schritt: Angabe der Lösungsmenge. $L = \{(13 + 2t;\ 4 + t;\ t) \mid t \in \mathbb{R}\}$

Mögliche Lösungen mithilfe des GTR

$$a := \begin{bmatrix} 1 & -3 & 1 & 1 \\ 2 & -5 & 1 & 6 \end{bmatrix}$$

$$\operatorname{rref}(a) \quad \begin{bmatrix} 1. & 0. & -2. & 13. \\ 0. & 1. & -1. & 4. \end{bmatrix}$$

oder

$$\operatorname{linSolve}\left(\begin{cases} x-3\cdot y+z=1 \\ 2\cdot x-5\cdot y+z=6 \end{cases}, x,y,z\right) \quad \{2\cdot c1+13., c1+4., c1\}$$

Fig. 1

Bei weniger Gleichungen als Variablen sagt man auch: Das LGS ist **unterbestimmt**.

Bei mehr Gleichungen als Variablen sagt man auch: Das LGS ist **überbestimmt**.

Aufgaben

○ **1** Geben Sie die Anzahl der Lösungen an. Bestimmen Sie gegebenenfalls alle Lösungen.

a) $\left|\begin{array}{rcrcrcr} 2x_1 & - & 4x_2 & - & x_3 & = & 1 \\ & & 5x_2 & + & 2x_3 & = & 16 \\ & & & & 3x_3 & = & 9 \end{array}\right|$ b) $\left|\begin{array}{rcrcrcr} 12x_1 & + & 5x_2 & - & 3x_3 & = & 7 \\ & & 7x_2 & - & 3x_3 & = & 1 \\ & & & & 0\cdot x_3 & = & -2 \end{array}\right|$ c) $\left|\begin{array}{rcrcrcr} 2x_1 & - & 4x_2 & - & x_3 & = & 2 \\ & & 3x_2 & - & 6x_3 & = & 6 \\ & & & & 0\cdot x_3 & = & 0 \end{array}\right|$

○ **2** Das LGS hat unendlich viele Lösungen. Bestimmen Sie die Lösungsmenge.

a) $\left|\begin{array}{rcrcrcr} 2x_1 & + & x_2 & + & x_3 & = & 3 \\ & & x_2 & - & x_3 & = & 1 \end{array}\right|$ b) $\left|\begin{array}{rcrcrcr} x_1 & - & 2x_2 & - & x_3 & = & 2 \\ & & 2x_2 & - & 4x_3 & = & 1 \\ & & 3x_2 & - & 6x_3 & = & \frac{3}{2} \end{array}\right|$ c) $\left|\begin{array}{rcrcrcr} x_1 & - & 2x_2 & + & 4x_3 & = & 4 \\ x_1 & & & & & = & 4 \end{array}\right|$

○ **3** Bestimmen Sie die Lösungsmenge des LGS.

a) $\left|\begin{array}{rcrcrcr} 3x_1 & + & 4x_2 & + & 2x_3 & = & 5 \\ 2x_1 & - & 3x_2 & + & x_3 & = & 8 \\ & & & & 2x_3 & = & 6 \end{array}\right|$ b) $\left|\begin{array}{rcrcrcr} 3x_1 & + & 2x_2 & + & 3x_3 & = & 9 \\ & & 4x_2 & - & 3x_3 & = & 6 \\ 2x_1 & + & 4x_2 & & & = & 10 \end{array}\right|$ c) $\left|\begin{array}{rcrcrcr} 2x_1 & - & 3x_2 & + & 4x_3 & = & 1 \\ 3x_1 & + & x_2 & - & 5x_3 & = & 7 \\ 4x_1 & + & 5x_2 & - & 14x_3 & = & 13 \end{array}\right|$

4 Geben Sie die Lösungsmenge des zur Rechneranzeige gehörenden LGS mit drei Variablen an.

a) $\operatorname{rref}\left(\begin{bmatrix} 1 & 0 & 0 & 4 \\ 0 & 1 & 0 & 2 \\ 0 & 0 & 1 & -2 \end{bmatrix}\right)$

b) $\operatorname{rref}\left(\begin{bmatrix} 1 & 0 & -1 & 1 \\ 0 & 1 & 1 & 0 \\ 0 & 0 & 0 & 1 \end{bmatrix}\right)$

c) $\operatorname{rref}\left(\begin{bmatrix} 1 & 0 & 2 & 1 \\ 0 & 1 & -1 & 1 \\ 0 & 0 & 0 & 0 \end{bmatrix}\right)$

5 Ein LGS hat die Lösungsmenge $L = \{(5 + 3t;\ 2 - 2t;\ t) \mid t \in \mathbb{R}\}$. Überprüfen Sie, ob folgende Lösungen möglich sind.

a) $x_1 = 8$; $x_2 = 0$; $x_3 = 1$
b) $x_1 = 2$; $x_2 = 4$; $x_3 = 2$
c) $x_1 = -1$; $x_2 = 2$; $x_3 = -2$
d) $x_1 = 5$; $x_2 = 2$; $x_3 = 0$
e) $x_1 = -4$; $x_2 = 6$; $x_3 = -3$
f) $x_1 = 6{,}5$; $x_2 = 1$; $x_3 = 0{,}5$.

Test

Lösungen | Seite 224

6 Bestimmen Sie die Lösungsmenge des LGS.

a) $\left|\begin{array}{l} x_1 + x_2 + x_3 = 0 \\ x_1 + x_2 = 2 \\ 2x_1 + 2x_3 = 4 \end{array}\right|$

b) $\left|\begin{array}{l} 4x_1 + x_2 + 7x_3 = 12 \\ 5x_1 + 10x_3 = 5 \\ -x_1 - 2x_2 = -2 \end{array}\right|$

c) $\left|\begin{array}{l} x_1 + x_2 - x_3 = -2 \\ 4x_1 + x_2 + 2x_3 = -5 \\ 6x_1 + 3x_2 = -9 \end{array}\right|$

7 Bestimmen Sie die Lösungsmenge des LGS mit dem Rechner.

a) $\left(\begin{array}{ccc|c} 2 & 5 & -1 & 6 \\ 1 & 3 & -4 & 0 \\ 1 & 1 & 10 & 12 \end{array}\right)$

b) $\left(\begin{array}{ccc|c} -1 & 5 & 4 & 1 \\ 0 & 8 & 9 & 1 \\ 2 & -2 & 1 & 8 \end{array}\right)$

c) $\left(\begin{array}{ccc|c} 1 & 4 & -6 & 5 \\ 7 & 3 & 3 & 10 \\ 4 & 1 & 3 & 5 \end{array}\right)$

8 Geben Sie ein LGS mit drei Gleichungen und drei Variablen an, das die folgende Lösungsmenge hat und bei dem alle Koeffizienten von null verschieden sind.

a) $L = \{\ \}$
b) $L = \{(3t;\ 2t;\ t) \mid t \in \mathbb{R}\}$
c) $L = \{(5;\ t;\ t + 1) \mid t \in \mathbb{R}\}$

9 Ist die Aussage wahr oder falsch? Geben Sie ein Gegenbeispiel an, wenn die Aussage falsch ist.

a) Jedes LGS mit drei Variablen und zwei Gleichungen hat unendlich viele Lösungen.
b) Jedes LGS mit zwei Variablen und drei Gleichungen besitzt keine Lösung.
c) Jedes LGS mit der gleichen Anzahl von Variablen und Gleichungen besitzt genau eine Lösung.

10 Bestimmen Sie die Lösungsmenge des LGS.

a) $\left|\begin{array}{l} x_1 - x_2 - x_3 = 2 \\ x_1 + 2x_2 - 4x_3 = -1 \end{array}\right|$

b) $\left|\begin{array}{l} x_1 + x_2 + x_3 = 1 \\ 2x_1 - 2x_2 + x_3 = 2 \\ x_1 - x_2 - x_3 = 7 \\ -x_1 + x_2 = -3 \end{array}\right|$

c) $\left|\begin{array}{l} 6x_1 + x_2 + x_3 = 30 \\ x_1 + x_2 + 6x_3 = 5 \\ 2x_1 + x_2 + 5x_3 = 10 \end{array}\right|$

11 Tobias zweifelt die Vorteile des Gauß-Verfahrens an. Er findet das Einsetzungsverfahren genauso gut und überlegt:
„Als Erstes löse ich eine der Gleichungen nach x_1 auf und setze dann x_1 in die anderen Gleichungen ein. Damit habe ich x_1 aus diesen Gleichungen eliminiert. Nun verfahre ich mit den restlichen Gleichungen und den anderen Variablen genauso. Insgesamt erhalte ich auch so die Stufenform."

a) Entwerfen Sie ein LGS mit zwei Gleichungen und zwei Variablen, mit dem Sie zeigen können, dass das Gauß-Verfahren zu einer einfacheren Rechnung führt als das Einsetzungsverfahren.
b) Untersuchen Sie für ein LGS mit zwei Gleichungen und zwei Variablen, ob das Einsetzungsverfahren auch bei LGS mit einer leeren Lösungsmenge bzw. mit unendlich vielen Lösungen funktioniert.

Test

Lösungen | Seite 224

12 Bestimmen Sie die Lösungsmenge des LGS.

a) $\left(\begin{array}{ccc|c} 1 & 0 & -3 & 2 \\ 3 & -2 & 6 & 5 \\ 5 & -2 & 0 & 8 \end{array}\right)$ b) $\left(\begin{array}{ccc|c} 2 & -2 & 1 & -2 \\ 1 & 3 & 0 & 4 \\ 2 & 1 & 4 & -5 \\ -1 & 4 & 1 & 1 \end{array}\right)$ c) $\left(\begin{array}{ccc|c} -3 & 2 & -1 & 1 \\ 2 & -3 & 1 & 1 \end{array}\right)$

13 Geben Sie ein LGS mit drei Gleichungen und drei Variablen an, das die folgende Lösungsmenge hat und bei dem in jeder Zeile mindestens zwei Koeffizienten von null verschieden sind.

a) $L = \{(t+1;\ t-1;\ t) \mid t \in \mathbb{R}\}$ b) $L = \{(0;\ -t;\ t) \mid t \in \mathbb{R}\}$ c) $L = \{(3;\ t-1;\ t) \mid t \in \mathbb{R}\}$

● **14** Auf einem Bauernhof gibt es viele Tiere. Neben anderen Tieren gibt es zusammen 75 Ziegen, Hühner und Gänse, die insgesamt 230 Beine und 70 Flügel haben.

a) Stellen Sie aus diesen Angaben ein LGS auf und bestimmen Sie alle Lösungen.
b) Begründen Sie, warum das LGS zwar unendlich viele Lösungen hat, in der Realität aber weniger existieren.

● **15** Man kann auch eine einzige Gleichung als LGS auffassen. Um das zu verdeutlichen, fügt man in der Stufenform entsprechend viele Gleichungen hinzu, die immer erfüllt sind. Bestimmen Sie die Lösungsmenge des LGS.

a) $\left|\begin{array}{l} 2x_1 + x_2 - 5x_3 = 1 \\ 0 \cdot x_2 = 0 \\ 0 \cdot x_3 = 0 \end{array}\right|$ b) $x_1 + 4x_2 - 2x_3 = 2$ c) $-2x_1 - x_2 + 0 \cdot x_3 = 0$

● **16** Gegeben ist ein LGS in Matrixform in Abhängigkeit von $r \in \mathbb{R}$:

$\left(\begin{array}{ccc|c} 2 & r+2 & r-2 & 8 \\ 1 & 1 & r-1 & 2 \\ 1 & r & r-2 & 4 \end{array}\right).$

a) Zeigen Sie, dass das LGS für $r = 1$ genau eine Lösung hat.
b) Zeigen Sie, dass das LGS für $r = 0$ keine Lösung hat.
c) Zeigen Sie, dass das LGS für $r = 2$ unendlich viele Lösungen hat, und geben Sie diese in Abhängigkeit eines Parameters t an.
d) Bestimmen Sie die allgemeine Lösung des LGS in Abhängigkeit vom Parameter r.

Grundwissen Test

Grundwissen
Seite 208
Lösung | Seite 224

17 Die Anzahl von Milchsäurebakterien verdoppelt sich bei 37 °C etwa alle 30 Minuten.

a) Beschreiben Sie die Entwicklung der Bakterienanzahl mithilfe einer Exponentialfunktion, wenn sich am Anfang 10 000 Bakterien in der Kultur befinden. Bestimmen Sie die Anzahl nach 10 Minuten, nach 5,5 Stunden und nach 12 Stunden.
b) Die Kultur aus a) wird am 1. Juli um 10 Uhr angelegt. Überprüfen Sie die Behauptung, die Anzahl der Bakterien übersteige die Billionengrenze noch am selben Tag.
c) Eine Kultur enthält um 17 Uhr rund 20 Milliarden Bakterien. Bestimmen Sie die Anzahl der Bakterien um 6 Uhr desselben Tages.

3 Bestimmen ganzrationaler Funktionen

Wie weit wird die Kugel gestoßen?

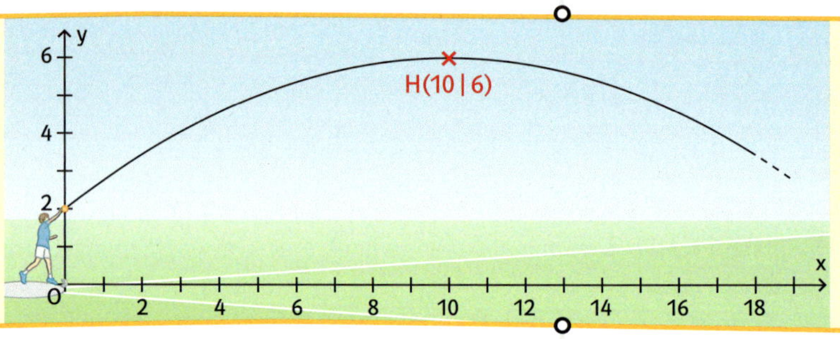

Kennt man von einer ganzrationalen Funktion genügend geeignete Eigenschaften, dann kann man mithilfe eines linearen Gleichungssystems eine Funktionsgleichung bestimmen.

Sucht man zum Beispiel eine ganzrationale Funktion f vom Grad drei, deren Graph punktsymmetrisch zum Ursprung ist und den Hochpunkt $A(1|2)$ hat, dann kann man so vorgehen:

1. Aufstellen der allgemeinen Funktionsgleichung und gegebenenfalls Angeben der Ableitungen:
   $f(x) = a_3x^3 + a_2x^2 + a_1x + a_0$, $f'(x) = 3a_3x^2 + 2a_2x + a_1$ und $f''(x) = 6a_3x + 2a_2$.
2. Formulieren der gegebenen Bedingungen mit f, f' und f'':
   Wegen der Punktsymmetrie zum Ursprung kommen im Funktionsterm nur ungerade Exponenten vor. Somit gilt $f(x) = a_3x^3 + a_1x$, $f'(x) = 3a_3x^2 + a_1$ und $f''(x) = 6a_3x$.
   Da $A(1|2)$ Hochpunkt ist, gilt $f(1) = 2$ und $f'(1) = 0$.
3. Aufstellen des linearen Gleichungssystems:
   Aus $f(1) = 2$ und $f'(1) = 0$ folgt $\left|\begin{array}{rcl} a_3 + a_1 &=& 2 \\ 3a_3 + a_1 &=& 0 \end{array}\right|$
4. Lösen des linearen Gleichungssystems:
   Subtrahiert man die erste von der zweiten Gleichung, erhält man $a_3 = -1$. Dies in die erste Gleichung eingesetzt, ergibt $a_1 = 3$. Also ist $f(x) = -x^3 + 3x$.
5. Überprüfen, ob alle angegebenen Bedingungen erfüllt sind:
   Bei der Bestimmung des Funktionsterms wurde die Bedingung $f'(1) = 0$ benutzt, die auch für Tief- und Sattelpunkte gilt. Man muss also noch überprüfen, ob $A(1|2)$ tatsächlich ein Hochpunkt des Graphen von f ist. Probe: Wegen $f''(x) = -6x$ und $f''(1) = -6 < 0$ weiß man, dass A ein Hochpunkt des Graphen von f und f die gesuchte Funktion ist.

Bestimmen einer ganzrationalen Funktion mit vorgegebenen Grad
1. Aufstellen der allgemeinen Funktionsgleichung sowie der Ableitungen.
2. Formulieren der gegebenen Bedingungen mit f, f', f'' usw.
3. Aufstellen des linearen Gleichungssystems.
4. Lösen des linearen Gleichungssystems und Angabe der Funktionsgleichung.
5. Gegebenenfalls überprüfen, ob alle angegebenen Bedingungen erfüllt sind.

Beim Modellieren mithilfe von ganzrationalen Funktionen ist es wichtig, dass man sich vorab Gedanken macht, welche Form der Graph der gesuchten Funktion haben soll, um somit den Grad der Funktion festzulegen. Durch den Grad der Funktion entscheidet sich, welche Anzahl an Gleichungen im LGS benötigt werden und somit auch die Anzahl der Bedingungen, die bekannt sein müssen.

Beispiel 1 Funktionsgleichung aus gegebenen Punkten bestimmen

Bestimmen Sie die Funktionsgleichung der ganzrationalen Funktion vom Grad zwei, deren Graph die Punkte $P(-1|4)$, $Q(0|0)$ und $R(2|4)$ enthält.

Lösung

1. $f(x) = a_2x^2 + a_1x + a_0$
2. $f(-1) = 4$, $f(0) = 0$ und $f(2) = 4$
3. $\begin{array}{l} f(-1) = 4: \\ f(0) = 0: \\ f(2) = 4: \end{array} \left| \begin{array}{rcrcrcr} a_2 & - & a_1 & + & a_0 & = & 4 \\ & & & & a_0 & = & 0 \\ 4a_2 & + & 2a_1 & + & a_0 & = & 4 \end{array} \right|$
4. $a_2 = 2$, $a_1 = -2$ und $a_0 = 0$

Ergebnis: $f(x) = 2x^2 - 2x$.

Beispiel 2 Funktionsgleichung bei vorgegebener Extrem- und Wendestelle bestimmen

Überprüfen Sie, ob es eine ganzrationale Funktion vom Grad drei gibt, die bei $x = -2$ ein Minimum sowie die Wendestelle $x = -\frac{2}{3}$ hat und deren Graph durch die Punkte $A(-1|5)$ und $B(1|-1)$ verläuft.

Lösung

1. Aufstellen der allgemeinen Funktiongleichung sowie der Ableitungen:
   $f(x) = a_3x^3 + a_2x^2 + a_1x + a_0$, $f'(x) = 3a_3x^2 + 2a_2x + a_1$ und $f''(x) = 6a_3x + 2a_2$.
2. Formulieren der gegebenen Bedingungen mit f, f′ und f″:
   $f(-1) = 5$, $f(1) = -1$. Bei $x = -2$ Minimum: $f'(-2) = 0$. Wendestelle $x = -\frac{2}{3}$: $f''\left(-\frac{2}{3}\right) = 0$.
3. Aufstellen des linearen Gleichungssystems:
   $$\begin{array}{l} f(-1) = 5: \\ f(1) = -1: \\ f'(-2) = 0: \\ f''\left(-\frac{2}{3}\right) = 0: \end{array} \left| \begin{array}{rcrcrcrcr} -a_3 & + & a_2 & - & a_1 & + & a_0 & = & 5 \\ a_3 & + & a_2 & + & a_1 & + & a_0 & = & -1 \\ 12a_3 & - & 4a_2 & + & a_1 & & & = & 0 \\ -4a_3 & + & 2a_2 & & & & & = & 0 \end{array} \right|$$
4. Lösen des linearen Gleichungssystems und Angabe der Funktionsgleichung:
   $$\mathrm{rref}\left(\begin{bmatrix} -1 & 1 & -1 & 1 & 5 \\ 1 & 1 & 1 & 1 & -1 \\ 12 & -4 & 1 & 0 & 0 \\ -4 & 2 & 0 & 0 & 0 \end{bmatrix}\right) \quad \begin{bmatrix} 1 & 0 & 0 & 0 & 1 \\ 0 & 1 & 0 & 0 & 2 \\ 0 & 0 & 1 & 0 & -4 \\ 0 & 0 & 0 & 1 & 0 \end{bmatrix}$$
   Man erhält $a_3 = 1$; $a_2 = 2$; $a_1 = -4$ und $a_0 = 0$ und vermutet daher: $f(x) = x^3 + 2x^2 - 4x$.
5. Überprüfen, ob alle angegebenen Bedingungen erfüllt sind:
   Es ist $f''(-2) = -8 < 0$. Also kann $x = -2$ keine Minimumstelle sein. Die gesuchte Funktion existiert nicht.

Aufgaben

○ **1** Bestimmen Sie die ganzrationale Funktion vom Grad zwei, deren Graph die angegebenen Punkte enthält.

a) $A(-1|0)$, $B(0|-1)$, $C(1|0)$ b) $A(0|0)$, $B(1|0)$, $C(2|3)$ c) $A(1|3)$, $B(-1|2)$, $C(3|2)$

○ **2** Bestimmen Sie alle ganzrationalen Funktionen vom Grad zwei, deren Graphen die angegebenen Punkte enthalten.

a) $A(0|0)$, $B(2|4)$ b) $A(2|0)$, $B(-2|0)$ c) $A(-4|0)$, $B(0|-4)$

○ **3** Bestimmen Sie die ganzrationale Funktion vom Grad drei, deren Graph die angegebenen Punkte enthält.

a) $A(0|1)$, $B(1|0)$, $C(-1|4)$, $D(2|-5)$
b) $A(0|0)$, $B(1|-6)$, $C(-1|6)$, $D(3|6)$
c) $A(0|-1)$, $B(1|1)$, $C(-1|7)$, $D(2|17)$

○ **4** Bestimmen Sie die ganzrationale Funktion vom Grad drei, deren Graph punktsymmetrisch zum Ursprung ist, einen Tiefpunkt an der Stelle $x = 1$ hat und $A(2|2)$ enthält.

O Test

Lösungen | Seite 225

5 Bestimmen Sie alle ganzrationalen Funktionen vom Grad drei, deren Graphen symmetrisch zum Ursprung sind und die x-Achse an der Stelle $x = 2$ schneiden.

6 Bestimmen Sie die ganzrationale Funktion vom Grad drei, deren Graph die Punkte $A(0|4)$, $B(2|6)$, $C(3|5{,}5)$ und $D(-2|8)$ enthält.

7 Untersuchen Sie, ob es eine ganzrationale Funktion vom Grad vier mit folgenden Eigenschaften gibt, und geben Sie gegebenenfalls deren Funktionsterm an: Der Graph der Funktion ist symmetrisch zur y-Achse, schneidet die y-Achse bei $y = -1$ und $T(1|-3)$ ist ein Tiefpunkt.

8 Untersuchen Sie, ob es eine ganzrationale Funktion vom Grad drei mit den gegebenen Eigenschaften gibt, und geben Sie gegebenenfalls deren Funktionsterm an.
Der Graph der Funktion
a) enthält die Punkte $A(1|4)$, $B(-1|6)$ und $C(-2|4)$ und hat einen Hochpunkt auf der y-Achse,
b) enthält die Punkte $A(2|2)$ und $B(3|9)$ und hat den Tiefpunkt $T(1|1)$.

9 Ein Basketballspieler wirft den Ball aus 2 m Höhe zum 5 m entfernten Korb in 3 m Höhe auf einer Parabel 2. Ordnung. Als Ursprung eines geeigneten Koordinatensystems wählt man den Abwurfpunkt (1 LE = 1 m).
a) Geben Sie drei mögliche Flugbahnen des Balls an.
b) Begründen Sie, warum die Funktionen $f(x) = x^2 - 4{,}8x$ und $g(x) = -5x^2 + 25{,}2x$ keine sinnvolle Flugbahn beschreiben.

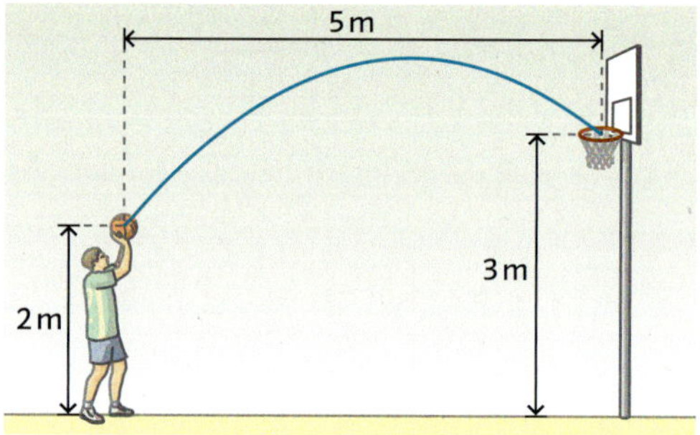

Den Graphen einer ganzrationalen Funktion vom Grad n nennt man auch Parabel n-ter Ordnung.

Der Einfachheit halber wurde die Korbhöhe hier mit 3 m angenähert (exakt: 3,05 m).

10 Der Abstand der beiden 254 m hohen Pfeiler der Brücke über den Großen Belt in Dänemark beträgt 1624 m und wird von zwei Tragseilen überbrückt. Die Durchfahrtshöhe der Brücke beträgt 65 m.
Bestimmen Sie einen Term einer ganzrationalen Funktion vom Grad zwei, deren Graph die Form der Spannseile näherungsweise beschreibt. Legen Sie dazu ein geeignetes Koordinatensystem fest.

Gemessen an ihrer Spannweite ist die „Storebæltsbroen" eine der längsten Hängebrücken der Welt und die längste Europas (Stand: März 2018). Seit 1998 überspannt das Bauwerk die Meeresstraße zwischen den dänischen Inseln Seeland und Fünen.

11 Auf eine einseitig eingeklemmte Blattfeder wirkt auf das lose Ende eine Kraft, die die Feder nach unten biegt. Die Form der Feder soll durch eine ganzrationale Funktion modelliert werden. Welchen Grad hat die Funktion mindestens? Begründen Sie Ihre Antwort und bestimmen Sie für die angegebenen Abmessungen die Gleichung derjenigen Funktion f mit dem kleinstmöglichen Grad.

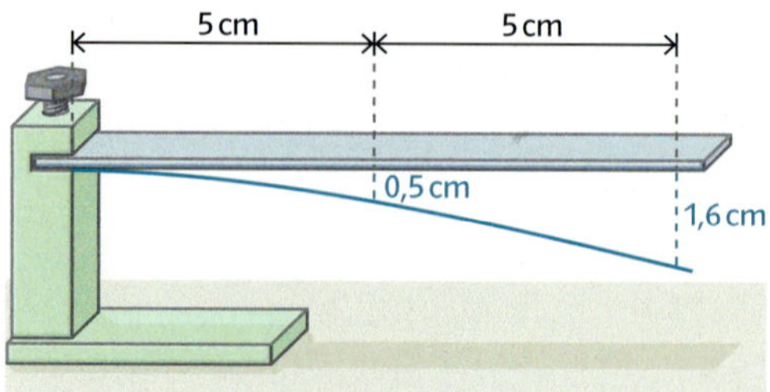

12 Es gibt unendlich viele Funktionen f mit $f(x) = a_2x^2 + a_1x + a_0$, deren Graphen die Punkte P und Q enthalten. Stellen Sie ein lineares Gleichungssystem für die Koeffizienten a_2, a_1 und a_0 auf und bestimmen Sie die Lösungsmenge. Bestimmen Sie anschließend die zu den drei dargestellten Parabeln gehörenden Funktionsterme.

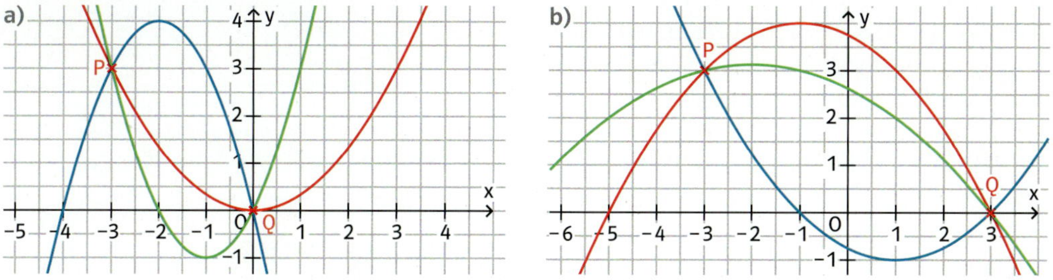

13 Bestimmen Sie alle ganzrationalen Funktionen vom Grad vier, deren Graphen symmetrisch zur y-Achse sind, einen Wendepunkt $W_1(1|0)$ besitzen und deren beide Wendetangenten sich senkrecht schneiden.

Test

Lösungen | Seite 225

14 Bestimmen Sie die ganzrationale Funktion vom Grad vier, deren Graph
a) symmetrisch zur y-Achse ist, den Punkt $A(0|2)$ enthält und den Tiefpunkt $T(1|0)$ hat,
b) symmetrisch zur y-Achse ist und in $W(1|0)$ eine Wendetangente mit der Steigung 8 hat.

15 Bestimmen Sie die ganzrationale Funktion vom Grad vier, deren Graph
a) den Wendepunkt $W(0|0)$ mit der x-Achse als Wendetangente und den Tiefpunkt $T(-1|-2)$ hat,
b) in $O(0|0)$ und im Wendepunkt $W(-2|2)$ Tangenten parallel zur x-Achse hat.

16 Untersuchen Sie, ob es ganzrationale Funktionen vom Grad drei gibt, deren Graphen in $W(2|0)$ einen Wendepunkt haben und die an der Stelle $x = 3$ ein Maximum besitzen.

17 Paul soll eine ganzrationale Funktion bestimmen, deren Graph gegebene Eigenschaften hat. Dazu hat er ein Gleichungssystem in Matrixform aufgestellt. Beschreiben Sie mögliche Eigenschaften des Graphen einer ganzrationalen Funktion, die zu diesem Gleichungssystem führen.

$$\left(\begin{array}{cccc|c} 1 & 1 & 1 & 1 & 2 \\ 3 & 2 & 1 & 0 & 0 \\ 12 & -4 & 1 & 0 & 0 \\ -6 & 2 & 0 & 0 & 0 \end{array}\right)$$

Grundwissen Test

Grundwissen Seite 208
Lösungen | Seite 225

18 Ein von der Zeit t abhängiger Bestand kann näherungsweise durch die Funktion f mit $f(t) = 20 \cdot 0{,}95^t$ (t in Tagen) beschrieben werden.
a) Bestimmen Sie den Bestand nach 3, 4, 8, 16 bzw. 24 Stunden.
b) Bestimmen Sie, wie groß der Bestand vor einem, vor zwei bzw. vor drei Tagen war.
c) Geben Sie die tägliche und die wöchentliche Abnahme in Prozent an.

19 Die Temperatur einer Flüssigkeit, die in einen Kühlschrank gestellt wird, kann näherungsweise durch die Funktion f mit $f(t) = 100 \cdot 0{,}98^t$ (t in Minuten) beschrieben werden.
a) Bestimmen Sie die Temperatur der Flüssigkeit nach 20 Minuten.
b) Berechnen Sie, nach wie vielen Minute die Flüssigkeit auf 50 °C abgekühlt ist.
c) Geben Sie an, welche Temperatur die Flüssigkeit nach diesem Modell nicht unterschreiten wird.

Mischungsrechnung

Bei der Herstellung von chemischen Produkten wie z. B. Verdünnungen, Mineralölen oder Arzneimitteln müssen Stoffe miteinander gemischt werden. Für einfache Mischungsrechnungen haben die Chemiker eigene mathematische Methoden entwickelt, die sich auf das Lösen linearer Gleichungssysteme zurückführen lassen.

Aus 10 %iger und 45 %iger Essigsäurelösung soll eine 30 %ige Essigsäurelösung hergestellt werden. Dazu mischt man $30 - 10 = 20$ Anteile der 45 %igen Essigsäurelösung mit $45 - 30 = 15$ Anteilen der 10 %igen Essigsäurelösung. In der Chemie berechnet man dies mit dem **Mischungskreuz**.

Beispiel:

Gegeben: 10 % ↘   ↗ 15 Anteile

Gesucht: 30 %

Gegeben: 45 % ↗   ↘ 20 Anteile

Allgemein (b > a):

Gegeben: a % ↘   ↗ (b − x) Anteile

Gesucht: x %

Gegeben: b % ↗   ↘ (x − a) Anteile

Beweis:
Man mischt eine 10 %ige Lösung der Masse m_a mit einer 45 %igen Lösung der Masse m_b und erhält eine 30 %ige Lösung der Masse m_x.
Wegen der Erhaltung der Masse gilt für die Lösung bzw. für die darin gelöste reine Essigsäure:

Im Beispiel:

$$\left|\begin{array}{l} m_a + m_b = m_x \\ \frac{10}{100} m_a + \frac{45}{100} m_b = \frac{30}{100} m_x \end{array}\right|$$

$$\left|\begin{array}{l} m_a + m_b = m_x \\ 3{,}5 m_b = 2 m_x \end{array}\right|$$

Aus der zweiten Gleichung erhält man

$m_b = \frac{20}{35} m_x$;

eingesetzt in die erste Gleichung ergibt sich

$m_a = m_x - \frac{20}{35} m_x = \frac{15}{35} m_x$.

Es ist also $m_a : m_b = 15 : 20$.

Allgemein:

$$\left|\begin{array}{l} m_a + m_b = m_x \\ \frac{a}{100} m_a + \frac{b}{100} m_b = \frac{x}{100} m_x \end{array}\right|$$

$$\left|\begin{array}{l} m_a + m_b = m_x \\ \frac{b-a}{a} m_b = \frac{x-a}{a} m_x \end{array}\right|$$

Aus der zweiten Gleichung erhält man

$m_b = \frac{x-a}{b-a} m_x$;

eingesetzt in die erste Gleichung ergibt sich

$m_a = m_x - \frac{x-a}{b-a} m_x = \frac{b-x}{b-a} m_x$.

Es ist also $m_a : m_b = (b - x) : (x - a)$.

Man rechnet mit der Masse, weil sich das Volumen beim Mischen ändern kann.

Allgemein:
Man mischt $(b - x)$ Anteile der a%igen Lösung mit $(x - b)$ Anteilen der b%igen Lösung.

1 Ein Liter 85 %ige Salzsäure soll mit Waser so verdünnt werden, dass sich 15 %ige Salzsäure ergibt. Bestimmen Sie die nötige Wassermenge.

2 Es soll 90 %ige Schwefelsäure mit 15 %iger Schwefelsäure so verdünnt werden, dass sich 30 %ige Schwefelsäure ergibt. Bestimmen Sie die jeweils benötigten Anteile.

3 Ein Käseaufschnitt besteht aus Edamer und Gouda. Dabei kosten 100 g Edamer 2,80 € und 100 g Gouda 2,40 €. Der Aufschnitt soll zum Preis von 2,50 € für 100 g verkauft werden. Bestimmen Sie, zu welchen Anteilen der Aufschnitt aus Edamer und aus Gouda besteht.

Das Mischungskreuz kann auch auf beliebige andere Aufgabenstellungen angewendet werden, die mit einem LGS mit zwei Unbekannten gelöst werden können.

Lösungen | Seite 225

1 Bestimmen Sie alle Lösungen und überprüfen Sie mit dem Rechner.

a) $\begin{vmatrix} 2x_1 - 3x_2 = 19 \\ 4x_1 - 8x_3 = 20 \\ 5x_2 - 4x_3 = -7 \end{vmatrix}$ b) $\begin{vmatrix} x_1 + x_2 + 4x_3 = 14 \\ 2x_1 + x_2 + 2x_3 = 10 \\ 5x_1 + 2x_2 + 3x_3 = 18 \end{vmatrix}$ c) $\begin{vmatrix} 3x_1 - 2x_2 + 5x_3 = 8 \\ 6x_1 + 5x_2 - 2x_3 = -5 \\ 9x_1 - 3x_2 - x_3 = -31 \end{vmatrix}$

2 Bestimmen Sie alle Lösungen und überprüfen Sie mit dem Rechner.

a) $\begin{vmatrix} x_1 + 2x_2 - x_3 = 4 \\ 2x_1 - x_2 - 2x_3 = -2 \end{vmatrix}$ b) $\begin{vmatrix} 2x_1 - x_2 + 4x_3 = 0 \\ 3x_1 + x_2 + x_3 = 5 \end{vmatrix}$ c) $\begin{vmatrix} x_1 + x_2 = 0 \\ x_2 + x_3 = 0 \end{vmatrix}$

3 Bestimmen Sie alle Lösungen und überprüfen Sie mit dem Rechner.

a) $\begin{vmatrix} x_1 + 3x_2 = 5 \\ -x_1 + 5x_2 = 11 \\ x_1 + 10x_2 = 19 \end{vmatrix}$ b) $\begin{vmatrix} 2x_1 + 3x_2 = 0 \\ x_1 - 5x_2 = 11 \\ x_1 - x_2 = 3 \end{vmatrix}$ c) $\begin{vmatrix} 2x_1 + 3x_2 = 6 \\ -6x_1 - 9x_2 = -18 \\ 6x_1 + 9x_2 = 18 \end{vmatrix}$

4 Bestimmen Sie alle Lösungen und überprüfen Sie mit dem Rechner.

a) $\begin{vmatrix} 2x_1 + x_2 + x_3 = 201 \\ x_1 + x_3 = 200 \\ -x_2 + x_3 = 200 \end{vmatrix}$ b) $\begin{vmatrix} 2{,}01x_1 + x_2 + x_3 = 201 \\ x_1 + x_3 = 200 \\ -x_2 + x_3 = 200 \end{vmatrix}$ c) $\begin{vmatrix} 1{,}99x_1 + x_2 + x_3 = 201 \\ x_1 + x_3 = 200 \\ -x_2 + x_3 = 200 \end{vmatrix}$

5 Der Graph einer ganzrationalen Funktion vom Grad zwei enthält die Punkte $P(-1|-9)$, $Q(1|7)$ und $R(2|21)$. Bestimmen Sie die Funktionsgleichung und die Koordinaten des Scheitelpunktes des Graphen der Funktion.

6 Untersuchen Sie, ob es eine ganzrationale Funktion f vom Grad zwei gibt, für die gilt: $H(-1|4)$ ist der Hochpunkt und $Q(-4|5)$ ein weiterer Punkt ihres Graphen.

7 Bestimmen Sie eine ganzrationale Funktion vom Grad drei, deren Graph
a) den Extrempunkt $E(3|-8)$ und den Wendepunkt $W(0|0)$ hat,
b) die Extrempunkte $E_1(2|23)$ und $E_2(4|19)$ hat.

8 Die Abbildung zeigt den Graphen der Ableitung f′ einer ganzrationalen Funktion f vom Grad vier. Die Funktion f hat an der Stelle $x = 0$ eine Nullstelle. In der Zeichnung sind die Koordinaten der Extrempunkte des Graphen der Ableitung angegeben.
a) Bestimmen Sie die Funktionsgleichung von f.
b) Geben Sie die Gleichungen aller Funktionen an, die diese Ableitung haben.

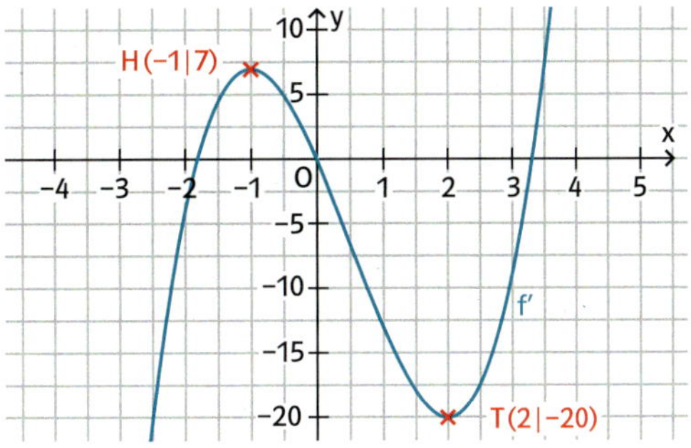

9 Datendiebstahl ist ein zunehmendes Problem. Deshalb sucht man nach Zugangsverfahren, bei denen der Zugriff auf einen Datenbestand nur möglich ist, wenn mehrere Personen ihn freigeben. Adi Shamir vom Weizmann-Institut in Rehovot (Israel) hat ein solches Verfahren entwickelt. Jeder Zugangsberechtigte hat einen Schlüssel in Form eines Punktes des Graphen einer geheimen ganzrationalen Funktion vom Grad n. Der Zugang ist nur möglich, wenn die Funktionsgleichung dieser Funktion bestimmt werden kann.
a) Geben Sie die Anzahl der Berechtigten an, die zusammenkommen müssen, damit die Daten freigegeben werden.
b) Erläutern Sie den Vorteil des Verfahrens gegenüber einem Tresor mit mehreren Schlössern. Spielen Sie dazu das Verfahren für eine ganzrationale Funktion vom Grad zwei und für sechs zugangsberechtigte Personen durch.

Test

Kopiervorlage
Check-out
268fa4

I Lineare Gleichungssysteme

Gauß-Verfahren zum Lösen linearer Gleichungssysteme mit n Variablen

1. Man entfernt mithilfe einer Gleichung durch Äquivalenzumformungen die Variable x_1 aus allen anderen Gleichungen.
2. Mit den restlichen Gleichungen verfährt man nun schrittweise genauso für die Variablen $x_2, x_3, \dots, x_n$.
3. Man löst die Gleichungen der Stufenform schrittweise nach den Variablen $x_n, \dots, x_2, x_1$ auf.

$$\left|\begin{array}{rcl} x_1 + x_2 - 2x_3 &=& 0 \\ -2x_1 + 3x_2 + x_3 &=& 9 \\ 3x_1 + 8x_2 - 7x_3 &=& 13 \end{array}\right|$$

$$\left|\begin{array}{rcl} x_1 + x_2 - 2x_3 &=& 0 \\ 5x_2 - 3x_3 &=& 9 \\ 5x_2 - x_3 &=& 13 \end{array}\right|$$

$$\left|\begin{array}{rcl} x_1 + x_2 - 2x_3 &=& 0 \\ 5x_2 - 3x_3 &=& 9 \\ 2x_3 &=& 4 \end{array}\right|$$

$x_1 = 1;\ x_2 = 3;\ x_3 = 2$

Um Schreibarbeit zu sparen, kann man ein lineares Gleichungssystem als Matrix angeben.

$$\left(\begin{array}{rrr|r} 1 & 1 & -2 & 0 \\ -2 & 3 & 1 & 9 \\ 3 & 8 & -7 & 13 \end{array}\right)$$

Anzahl der Lösungen

Man bestimmt die Lösungsmenge eines linearen Gleichungssystems, indem man es durch Äquivalenzumformungen in Stufenform bringt.

- Entsteht dabei eine Gleichung, die keine Lösung hat, so ist die Lösungsmenge leer.
- Kann man für eine Variable einen Parameter einführen, dann gibt es unendlich viele Lösungen.
- In allen anderen Fällen kann man durch Rückwärtseinsetzen genau eine Lösung bestimmen.

$$\left|\begin{array}{rcl} 2x_1 - x_2 + 7x_3 &=& 11 \\ -4x_2 + 4x_3 &=& -8 \\ 0 &=& 2 \end{array}\right|$$

$L = \{\ \}$

$$\left|\begin{array}{rcl} 2x_1 - x_2 + 7x_3 &=& 12 \\ -4x_2 + 4x_3 &=& -8 \\ 0 &=& 0 \end{array}\right|$$

$L = \{(7 - 3t;\ 2 + t;\ t) \mid t \in \mathbb{R}\}$

$$\left|\begin{array}{rcl} 2x_1 - x_2 + 2x_3 &=& 11 \\ -4x_2 + 4x_3 &=& -8 \\ 5x_3 &=& 15 \end{array}\right|$$

$x_1 = 5;\ x_2 = 5;\ x_3 = 3$

Bestimmen einer ganzrationalen Funktion mit vorgegebenem Grad

1. Aufstellen des allgemeinen Funktionsterms und gegebenenfalls Angeben der Ableitungen der Funktion.
2. Formulieren der gegebenen Bedingungen mit f, f′, f″ usw.
3. Aufstellen des linearen Gleichungssystems.
4. Lösen des linearen Gleichungssystems.
5. Gegebenenfalls überprüfen, ob alle angegebenen Bedingungen erfüllt sind.

Gesucht ist die ganzrationale Funktion vom Grad drei, deren Graph den Hochpunkt $H(0|12)$ und den Wendepunkt $W(2|-4)$ hat.

1. $f(x) = a_3x^3 + a_2x^2 + a_1x + a_0$
   $f'(x) = 3a_3x^2 + 2a_2x + a_1$
   $f''(x) = 6a_3x + 2a_2$
   $f'''(x) = 6a_3$
2. $f(0) = 12$, $f(2) = -4$, $f'(0) = 0$ und $f''(2) = 0$
3. $\left|\begin{array}{rcl} a_0 &=& 12 \\ 8a_3 + 4a_2 + 2a_1 + a_0 &=& -4 \\ a_1 &=& 0 \\ 12a_3 + 2a_2 &=& 0 \end{array}\right|$
4. $a_3 = 1;\ a_2 = -6;\ a_1 = 0;\ a_0 = 12$
5. $f(x) = x^3 - 6x^2 + 12$ erfüllt die Bedingungen, da $f''(0) = -12 < 0$ und $f'''(2) = 6 \neq 0$ ist.

Runde 1

Lösungen | Seite 226

1 Lösen Sie das LGS mit dem Gauß-Verfahren.

$$\left|\begin{array}{rcl} x_1 - x_2 + 2x_3 &=& -12 \\ 4x_1 + 2x_2 + x_3 &=& -1 \\ -x_1 + 3x_2 - x_3 &=& 11 \end{array}\right|$$

2 Geben Sie ein LGS an, das die Lösungsmenge $L = \{(t;\ 2t-1;\ t) \mid t \in \mathbb{R}\}$ hat. Weisen Sie dies durch eine Probe nach.

3 Bestimmen Sie alle Lösungen des LGS.

$$\left|\begin{array}{rcl} 2x_1 + 2x_2 - 3x_3 &=& 0 \\ 5x_1 + 4x_2 + 4x_3 &=& 7 \\ x_1 \qquad + 10x_3 &=& 3 \end{array}\right|$$

4 Bestimmen Sie alle ganzrationalen Funktionen vom Grad drei, die an der Stelle $x = 2$ ein Maximum besitzen und deren Graphen symmetrisch zum Ursprung sind.

5 Anna und Ferdinand sollen folgende Aufgabe lösen:
Bestimmen Sie alle ganzrationalen Funktionen vom Grad zwei, deren Graphen im Punkt $(1 \mid 1)$ die Tangente mit der Gleichung $y = x$ haben.
Anna hat als Lösung eine andere Funktionsgleichung $f_t(x) = tx^2 + (1 - 2t)x + t$ erhalten.
a) Überprüfen Sie, ob Annas Lösung richtig ist.
b) Ferdinand hat eine andere Funktionsgleichung ausgerechnet. Kann Ferdinands Lösung richtig sein? Begründen Sie Ihre Antwort.

Runde 2

Lösungen | Seite 226

1 Bestimmen Sie die Lösung des LGS.

$$\left(\begin{array}{ccc|c} 1 & 0 & 2 & 7 \\ 1 & 0 & 1 & 5 \\ 1 & 1 & 0 & 2 \end{array}\right)$$

2 Bestimmen Sie alle Lösungen des LGS.

$$\left|\begin{array}{rcl} x_1 - 2x_2 + 5x_3 &=& 0 \\ 4x_1 + x_2 - 7x_3 &=& 9 \end{array}\right|$$

3 Wahr oder falsch? Begründen Sie Ihre Entscheidung.
a) Hat ein LGS weniger Gleichungen als Variablen, dann hat es immer eine Lösung.
b) Hat ein LGS mehr Gleichungen als Variablen, dann ist seine Lösungsmenge leer.
c) Hat ein LGS mehr als eine Lösung, dann hat es unendlich viele Lösungen.

4 Bestimmen Sie a, b und c so, dass der Graph der Funktion f mit $f(x) = ax^4 - bx^2 + 5x - c$ den Punkt $P(2 \mid -3)$ enthält und den Wendepunkt $W(1 \mid -5)$ hat.

5 Untersuchen Sie, ob es eine ganzrationale Funktion vom Grad drei gibt, deren Graph in $H(0 \mid 1)$ einen Hochpunkt und in $P(-3 \mid 1)$ die Steigung 9 hat.

II Verknüpfung von Funktionen und Wachstum

Extent of deforestation in Borneo 1950 – 2005, and projection towards 2020. The tropical lowland and highland forests of Borneo, including vast expanses of rainforest, have decreased rapidly after the end of the second world war. Forests are burned, logged and clear, and commonly replaced with agricultural land, built-up areas or palm oil plantations. These areas represent habitat for species, such as Orangutan and elephants.

UNEP/GRID-Arendal

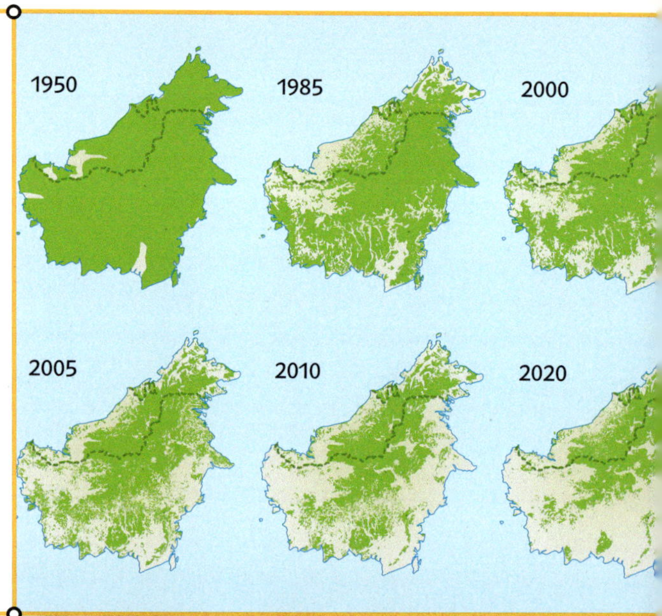

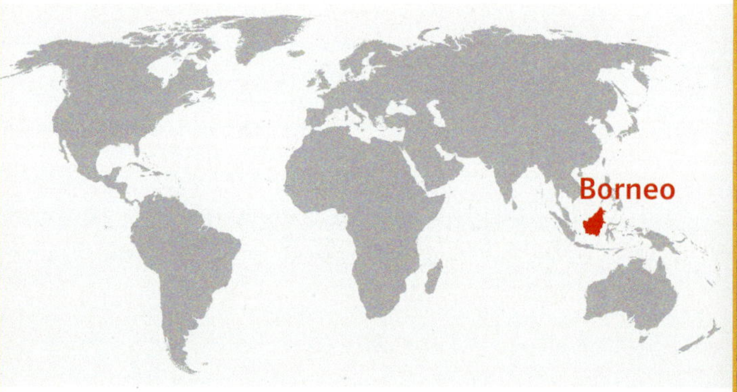

Das können Sie schon

- Geraden zeichnen und die Geradengleichung angeben
- Terme zielgerichtet umformen
- Funktionsgraphen zeichnen und zuordnen
- Extrem- und Wendepunkte ganzrationaler Funktionen berechnen

Das können Sie bald

- Funktionen mit linearen Funktionen verketten und in Grundfunktionen zerlegen
- „kleine Kettenregel“ und Produktregel beim Ableiten verwenden
- Exponentialfunktionen untersuchen
- Wachstumsfunktionen anwenden

Check-in

So geht's:

(1) Checkliste übertragen oder über Code herunterladen
(2) Fähigkeiten selbst einschätzen.
(3) Einschätzung mithilfe der Aufgaben überprüfen und gegebenenfalls Lerntipps beachten.

Schätzen Sie sich mithilfe der Checkliste ein.

	☺	😐	☹
1. Ich kann eine Gerade mit vorgegebener Gleichung in ein Koordinatensystem zeichnen.	☐	☐	☐
2. Ich kann die Gleichung einer gegebenen Gerade im Koordinatensystem bestimmen.	☐	☐	☐
3. Ich kann zu zwei vorgegebenen Punkten die Steigung und die Gleichung der Geraden durch diese beiden Punkte bestimmen.	☐	☐	☐
4. Ich kann Terme mithilfe des Distributivgesetzes und der binomischen Formeln zielgerichtet umformen.	☐	☐	☐
5. Ich kann Terme mithilfe der binomischen Formeln zielgerichtet umformen.	☐	☐	☐
6. Ich kann die Graphen von Funktionen zeichnen.	☐	☐	☐
7. Ich kann Graphen von Funktionen mithilfe der Graphen von Grundfunktionen skizzieren.	☐	☐	☐
8. Ich kann gegebene Graphen der zugehörigen Funktionsgleichung zuordnen.	☐	☐	☐
9. Ich kann Extrem- und Wendepunkte der Graphen ganzrationaler Funktionen bestimmen.	☐	☐	☐

Lerntipps

zu 8. **Grundwissen**, Seite 208

zu 9. **Grundwissen**, Seiten 216 und 217

Kopiervorlage Checkliste 268fa4

Lösungen | Seite 227

Überprüfen Sie Ihre Einschätzungen.

○ **1 Gerade zeichnen**

Zeichnen Sie die Gerade in ein Koordinatensystem.

a) $y = 2x - 1$ b) $y = -\frac{1}{2}x + 3$ c) $y = 2$ d) $x = -1$

○ **2 Gleichung einer Geraden im Koordinatensystem bestimmen**

Bestimmen Sie die Gleichung der Geraden.

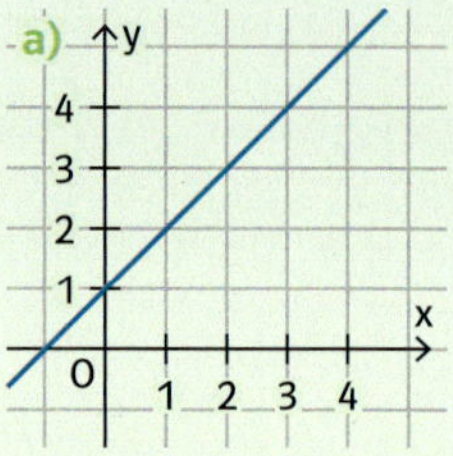

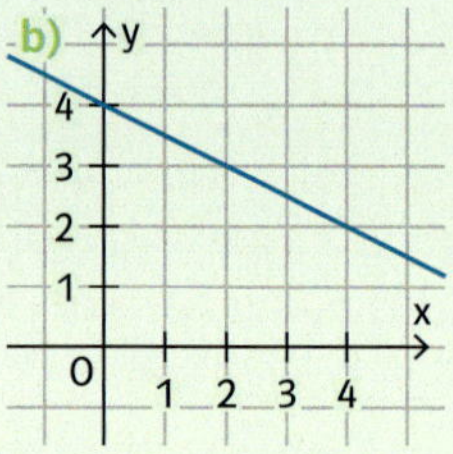

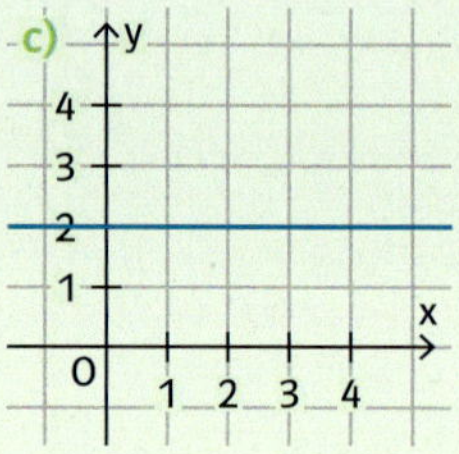

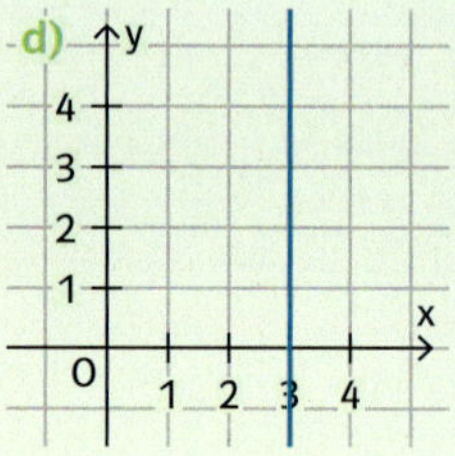

○ **3 Steigung und Geradengleichung bestimmen**

Die Gerade g verläuft durch die Punkte A und B. Bestimmen Sie die Gleichung und die Steigung der Geraden g.

a) $A(0|3)$, $B(2|-1)$ b) $A(-1|4)$, $B(2|5)$ c) $A(2|-2)$, $B(5|-2)$ d) $A(4|2)$, $B(4|-2)$

4 Term vereinfachen mithilfe des Distributivgesetzes

Vereinfachen Sie den Term.

a) $4(x-1)+2x(2-x)$ b) $x\cdot(x+2)-3\cdot(x+x^2)$ c) $(x-2)\cdot(x+3)-(x^2-6)$

5 Term vereinfachen mithilfe binomischer Formeln

a) $(x+2)^2-(x-2)^2$ b) $2x^2-12x+18$ c) $x(x-2)-2(x-2)$

6 Graph mithilfe einer Wertetabelle skizzieren

Skizzieren Sie den Graphen der Funktion f. Erstellen Sie dazu falls nötig eine Wertetabelle.

a) $f(x)=(x-4)^2$ b) $f(x)=\frac{1}{x}$ c) $f(x)=\frac{1}{2}e^{-x}$

7 Graphen von Grundfunktionen verschieben

Skizzieren Sie den Graphen der Funktion f ohne Wertetabelle. Überlegen Sie, wie Sie den Graphen der Funktion g dazu verschieben müssen.

a) $f(x)=(x-2)^2+2;\ g(x)=x^2$ b) $f(x)=(x+1)^3-1;\ g(x)=x^3$

8 Funktionsgleichung angeben

Ordnen Sie die Funktionsgleichungen den Graphen in nebenstehender Figur zu.

$f(x)=-x^2+1$

$f(x)=2\cos(x)$

$f(x)=\frac{1}{(x-2)^2}$

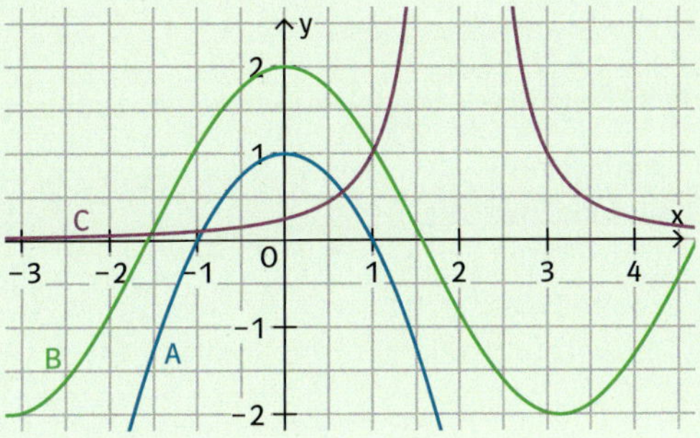

9 Extrem- und Wendepunkte von Graphen ganzrationaler Funktionen bestimmen

Bestimmen Sie die Extrem- und Wendepunkte des Graphen der Funktion f.

a) $f(x)=\frac{1}{3}x^3-x^2-3x+1$ b) $f(x)=x^4-8x^2+4$

1 Die natürliche Exponentialfunktion und ihre Ableitung

„Da ist wohl was mit der Beschriftung schief gelaufen."
„Der rote Graph ist doch eine Verschiebung des blauen."
„Ja klar, dann kann er nicht zur Ableitung von g gehören!"

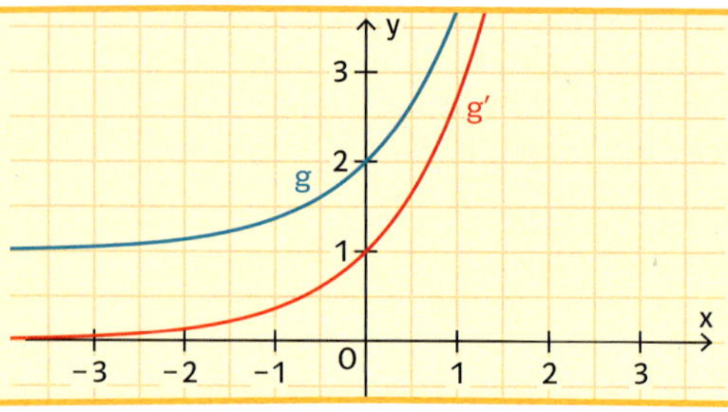

Bisher wurden die Ableitungen von ganzrationalen Funktionen behandelt. Für Exponentialfunktionen wie $f(x) = 2^x$ oder $f(x) = 2{,}5^x$ ist noch keine Ableitung bekannt. Diese wird nun untersucht. Wenn man die Ableitung von f mit $f(x) = a^x$ $(a > 0)$ mit dem Rechner berechnet, so erkennt man, dass die Ableitungsfunktion f′ ein Vielfaches von f ist. Es gilt also $f'(x) = k \cdot a^x$.

Für $x = 0$ erhält man $f'(0) = k \cdot a^0 = k \cdot 1$.
Der Proportionalitätsfaktor k entspricht also dem Wert der Ableitung an der Stelle $x = 0$.
Für $a = 2$ erhält man den Proportionalitätsfaktor $k \approx 0{,}69315$. Es gilt daher $f'(x) \approx 0{,}69315 \cdot 2^x$ (vgl. Tabelle rechts).
Der Zusammenhang $f'(x) = f'(0) \cdot a^x$ lässt sich für beliebige Basen auch rechnerisch begründen, wenn man den Differenzenquotienten von f betrachtet:

x	f(x)	f′(x)	f′(x)/f(x)
0	1	0,69315	0,69315
1	2	1,3863	0,69315
2	4	2,7726	0,69315
3	8	5,5452	0,69315
4	16	11,0904	0,69315

$$\frac{f(x_0 + h) - f(x_0)}{h} = \frac{a^{x_0+h} - a^{x_0}}{h} = \frac{a^{x_0} \cdot a^h - a^{x_0} \cdot 1}{h} = \frac{a^{x_0} \cdot (a^h - 1)}{h} = a^{x_0} \cdot \frac{a^{0+h} - a^0}{h}$$

Für $h \to 0$ erhält man $\frac{f(x_0 + h) - f(x_0)}{h} \to a^{x_0} \cdot f'(0) = f'(x_0)$.

Wie man der Tabelle rechts entnehmen kann, wächst der Proportionalitätsfaktor $k = f'(0)$ mit der Basis a. Die letzten beiden Zeilen legen nahe, dass es eine Basis a zwischen 2,71 und 2,72 geben muss, für die der Proportionalitätsfaktor k gleich 1 ist. Für diese Basis gilt also $f'(0) = 1$, d.h. die Ableitung dieser Exponentialfunktion stimmt exakt mit der Ausgangsfunktion überein. Die Basis mit dieser Eigenschaft wird **Euler'sche Zahl** genannt und mit **e** bezeichnet. Man kann zeigen, dass die Euler'sche Zahl e irrational ist.

f(x)	Proportionalitätsfaktor $k = \frac{f'(x)}{f(x)}$ (gerundet)
2^x	0,69315
$2{,}2^x$	0,78846
$2{,}5^x$	0,91629
$2{,}6^x$	0,95551
$2{,}7^x$	0,99325
$2{,}8^x$	1,02962
$2{,}71^x$	0,99695
$2{,}72^x$	1,00063

Zur Erinnerung:
Eine Zahl heißt irrational, wenn sie sich nicht als Bruch darstellen lässt ($\sqrt{2}$ oder π sind z.B. irrationale Zahlen).

Definition: Die Exponentialfunktion f mit $f(x) = e^x$ stimmt mit ihrer Ableitungsfunktion f′ überein. Die Funktion f heißt **natürliche Exponentialfunktion**.
Für die natürliche Exponentialfunktion gilt: $f'(x) = f(x)$.
Die Basis $e \approx 2{,}71828$ der natürlichen Exponentialfunktion heißt **Euler'sche Zahl**.

Es lässt sich zeigen, dass sich die Euler'sche Zahl e als Grenzwert schreiben lässt:

$e = \lim\limits_{n \to \infty} \left(1 + \frac{1}{n}\right)^n$. Näheres dazu finden Sie in Aufgabe 11.

In Fig. 1 ist der Graph der Funktion f mit $f(x) = e^x$ dargestellt. Da $f'(x) = e^x > 0$ ist, ist f auf ganz $\mathbb{R}$ streng monoton steigend. Der Graph von f hat keine Hoch- und Tiefpunkte, denn die notwendige Bedingung $f'(x) = 0$ ist nicht erfüllbar.
Es ist auch $f''(x) = e^x$. Also hat der Graph von f auch keine Wendepunkte, denn die Bedingung $f''(x) = 0$ ist nicht erfüllbar.
Da $f''(x) = e^x > 0$ ist, ist der Graph von f auf ganz $\mathbb{R}$ linksgekrümmt.
Die x-Achse ist Asymptote für $x \to -\infty$.

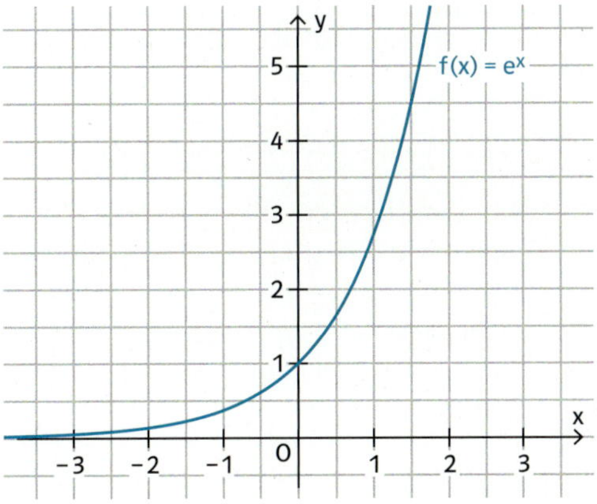

Fig. 1

Beispiel 1 Ableitungen bilden

Bestimmen Sie die Ableitungsfunktion. Geben Sie die benutzten Ableitungsregeln an.

a) $f(x) = 3e^x - 5$ b) $f(x) = e^x - 2x^2 - 3x$ c) $f(x) = 5 \cdot (x^3 - 3e^x)$ d) $f(x) = e^{x+2}$

Lösung

a) $f'(x) = 3e^x$ (Summen- und Faktorregel)
b) $f'(x) = e^x - 4x - 3$ (Summen-, Faktor- und Potenzregel)
c) $f'(x) = 5(3x^2 - 3e^x) = 15(x^2 - e^x)$ (Summen-, Faktor- und Potenzregel)
d) $f(x) = e^2 \cdot e^x \Rightarrow f'(x) = e^2 \cdot e^x = e^{x+2}$ (Faktorregel und Ableitung der e-Funktion)

Potenzregel:
$f(x) = x^n$
$\Rightarrow f'(x) = n \cdot x^{n-1}$
Faktorregel:
$f(x) = c \cdot g(x)$
$\Rightarrow f'(x) = c \cdot g'(x)$
Summenregel:
$f(x) = g(x) + h(x)$
$\Rightarrow f'(x) = g'(x) + h'(x)$

Beispiel 2 Gleichung einer Tangente bestimmen

Bestimmen Sie rechnerisch die Gleichung der Tangente an den Graphen der Funktion f mit $f(x) = e^{x+1}$ im Punkt $P\left(-2 \middle| \frac{1}{e}\right)$.

Lösung

Ansatz für Tangentengleichung: $t(x) = mx + b$, wobei $m = f'(-2) = e^{-1} \approx 0{,}37$ ist.
Da P auch auf der Tangente liegt, muss $\frac{1}{e} = \frac{1}{e} \cdot (-2) + b$ sein (P eingesetzt in t(x)).
Daraus folgt, dass $b = \frac{3}{e} \approx 1{,}10$ ist.
Tangentengleichung: $t(x) = 0{,}37x + 1{,}10$.

Aufgaben

○ **1** Bestimmen Sie die Ableitung

a) $f(x) = 2 + e^x$ b) $f(x) = 2x + e^x$ c) $f(x) = 3x^2 + 5e^x$ d) $f(x) = 2e^{x+1}$

○ **2** Bestimmen Sie die erste und zweite Ableitung der Funktion f.

a) $f(x) = e^x + 1$ b) $f(x) = e^x + x$ c) $f(x) = e^x + 2x^2$ d) $f(x) = -e^x + 1$
e) $f(x) = 2e^x + 3x^2$ f) $f(x) = -5e^x - 0{,}5x^3$ g) $f(x) = -\frac{1}{2}(e^x - x^3)$ h) $f(x) = \frac{1}{4}e^x + \sin(x)$

○ **3** Bestimmen Sie rechnerisch die Gleichung der Tangente an den Graphen in $P(x_0 \mid f(x_0))$.

a) $f(x) = e^x$; $x_0 = 0$ b) $f(x) = e^x$; $x_0 = 1$ c) $f(x) = 2e^x$; $x_0 = -1$
d) $f(x) = -0{,}5e^x$; $x_0 = 2$ e) $f(x) = e^x + x$; $x_0 = 1$ f) $f(x) = 2e^x - x^2$; $x_0 = 2$

○ **4** Gegeben sind die Funktionen f_1, f_2 und f_3 mit $f_1(x) = e^x + 1$, $f_2(x) = -e^x$ und $f_3(x) = e^{x-2}$. Beschreiben Sie, wie die Graphen dieser Funktionen aus dem Graphen der natürlichen Exponentialfunktion entstehen und skizzieren Sie f_1, f_2 und f_3.

○ Test

Lösung | Seite 228

5 Leiten Sie ab.

a) $f(x) = 3{,}5e^x - 5$ b) $f(x) = -e^x + x^4$ c) $f(x) = -2e^x + \cos(x)$ d) $f(x) = e^{x+3}$

6 Gegeben ist die Funktion f mit $f(x) = e^x$.

a) Zeigen Sie, dass der Graph von g mit $g(x) = e^{x+3}$ aus dem Graphen von f durch Streckung parallel zur y-Achse entsteht. Geben Sie den Streckfaktor an.

b) Zeigen Sie, dass der Graph von g mit $g(x) = 3 \cdot e^x$ aus dem Graphen von f durch Verschiebung parallel zur x-Achse entsteht und geben Sie an, um wie viele Einheiten der Graph von f nach rechts bzw. links verschoben wurde.

7 Gegeben ist die Funktion f mit $f(x) = e^x$ und die Funktion g mit $g(x) = e^{x+a}$. Zeigen Sie, dass der Graph von g sowohl durch eine Verschiebung als auch durch eine Streckung aus dem Graphen von f entsteht. Begründen Sie, warum die Ableitung der verschobenen bzw. gestreckten Funktion $g'(x) = e^{x+a}$ ist (vgl. Beispiel 2, Seite 31).

8 Prüfen Sie, ob die Funktion f mit ihrer Ableitung übereinstimmt.

a) $f(x) = -3e^x$ b) $f(x) = 2e^{x+3}$ c) $f(x) = \frac{3}{2}e^{x+3} - 2e^{x-2}$

9 a) Bestimmen Sie die Gleichung einer Ursprungsgeraden, die eine Tangente an den Graphen der natürlichen Exponentialfunktion ist.

b) Bestimmen Sie die Punkte des Graphen der natürlichen Exponentialfunktion, in denen die Tangenten durch $P(1|1)$ verlaufen.

c) Geben Sie die Punkte an, von denen man eine Tangente an den Graphen der natürlichen Exponentialfunktion legen kann und entscheiden Sie, ob es Punkte gibt, durch die mehrere Tangenten verlaufen.

◐ Test

Lösung | Seite 228

10 Bestimmen Sie den Schnittpunkt der Tangente an den Graphen der natürlichen Exponentialfunktion im Punkt $P(2|e^2)$ mit der x-Achse.

11 Für eine Funktion f mit $f(x) = a^x$ lautet die Ableitung $f'(x) = f'(0) \cdot f(x)$. Laut Definition der Ableitung ist $f'(0) = \lim\limits_{h \to 0} \frac{a^h - a^0}{h} = \lim\limits_{h \to 0} \frac{a^h - 1}{h} = \lim\limits_{n \to \infty} \frac{a^{\frac{1}{n}} - 1}{\frac{1}{n}}$, wenn man h durch $\frac{1}{n}$ ersetzt.
Soll nun dieser Grenzwert gleich 1 sein, müssen Zähler und Nenner für große Werte von n annähernd gleich groß werden. Zeigen Sie hiermit, dass dann $a \approx \left(1 + \frac{1}{n}\right)^n$ sein muss.
Erläutern Sie, warum man dann die Euler'sche Zahl in der Form $e = \lim\limits_{n \to \infty} \left(1 + \frac{1}{n}\right)^n$ angeben kann.

12 a) Bestimmen Sie den Schnittpunkt der Tangente an den Graphen der natürlichen Exponentialfunktion im Kurvenpunkt $A(u|e^u)$ mit der x-Achse. Erläutern Sie, wie man zu einem gegebenen Kurvenpunkt A die Tangente konstruieren kann.

b) Die Normale an den Graphen der natürlichen Exponentialfunktion im Punkt $A(u|e^u)$ schneidet die y-Achse in $Y(0|y_u)$, die x-Achse in $X(x_u|0)$. Zeigen Sie: $x_u = e^u \cdot y_u$.

Grundwissen Test

Grundwissen
Seite 209
Lösung | Seite 228

13 Überprüfen Sie, ob die Funktion f eine ganzrationale Funktion ist und geben Sie den maximalen Definitionsbereich an.

a) $f(x) = x^3 + x^2 - 5$ b) $f(x) = (x-1) \cdot (x^2 + 1)$ c) $f(x) = \frac{x^2 + 3x + 4}{x - 2}$ d) $f(x) = x^2 + 2x - 3x^{-2}$

2 Verkettung mit linearen Funktionen

Max: „Die Ableitung der Winkelhalbierenden $f(x) = x$ hat an der Stelle 0 den Wert 1."

Sina: „Dann kann aber die Funktion $g(x) = \sin(2x)$ nicht die Ableitung $\cos(2x)$ haben, denn die hätte an der Stelle 0 ebenfalls die Ableitung 1."

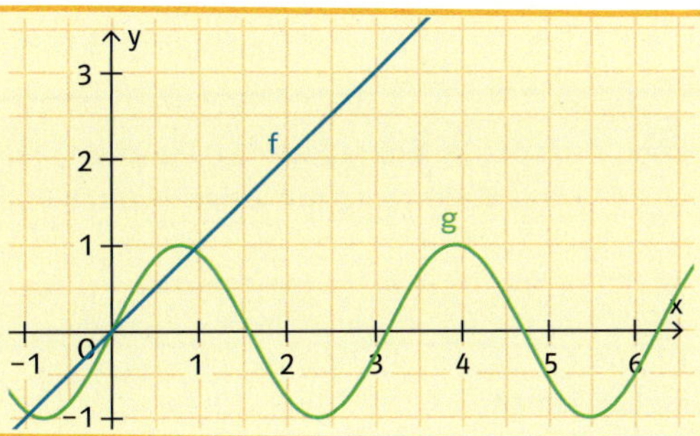

In Fig. 1 sind die Graphen von Funktionen der Form $f(x) = e^{kx}$ gezeichnet.
Bei diesen Funktionen wird zunächst kx berechnet, danach dieses Ergebnis in die Exponentialfunktion eingesetzt. Diese Hintereinanderausführung von Funktionen nennt man **Verkettung**.

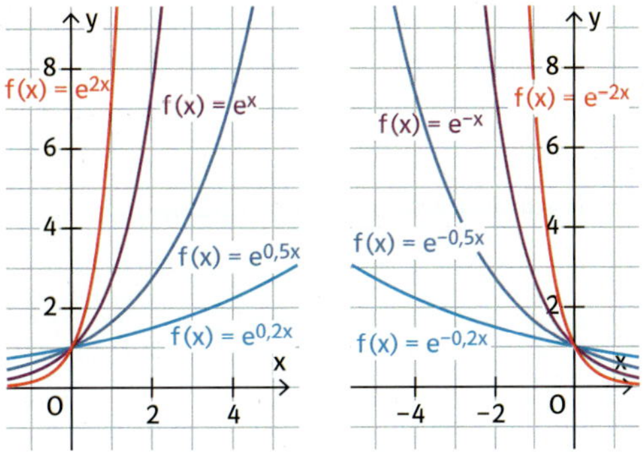

Fig. 1

Die Ableitung wird hier stellvertretend zunächst für $f(x) = e^{2x}$ bestimmt. Zunächst wird die Ableitung der Funktion f an der Stelle $x_0 = 0$ bestimmt. Für den Differenzenquotienten an der Stelle $x_0 = 0$ gilt

$$\frac{f(0+h) - f(0)}{h} = \frac{e^{0+2h} - e^0}{h} = \frac{e^0 \cdot e^{2h} - e^0}{h}$$
$$= \frac{e^{2h} - 1}{h} \to 2 \text{ für } h \to 0.$$

Diesen Grenzwert entnimmt man anschaulich als Steigung der Tangente an den Graphen von f im Punkt $P(0|1)$ in Fig. 2 oder der Tabelle auf dem Rand.

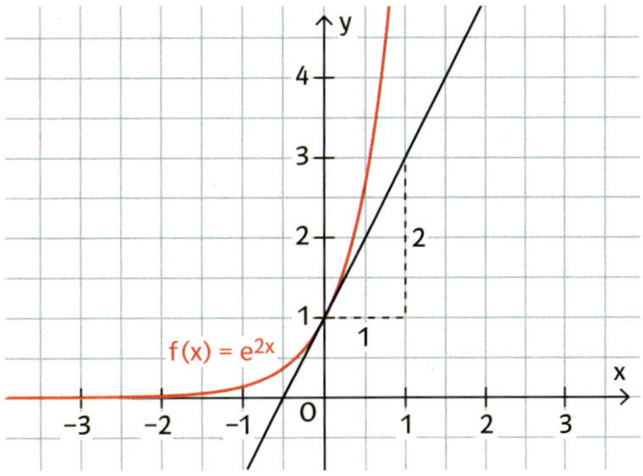

Fig. 2

h	$\frac{e^{2h}-1}{h}$
1	6,3891
0,1	2,2140
0,01	2,0201
0,001	2,0020
0,0001	2,0002
−1	0,8647
−0,1	1,8127
−0,01	1,9801
−0,001	1,9980
−0,0001	1,9998

Für den Differenzenquotienten an einer beliebigen Stelle x_0 gilt

$$\frac{f(x_0+h) - f(x_0)}{h} = \frac{e^{2x_0+2h} - e^{2x_0}}{h} = \frac{e^{2x_0} \cdot e^{2h} - e^{2x_0}}{h}$$
$$= e^{2x_0} \cdot \frac{e^{2h} - 1}{h}.$$

Wie oben gezeigt strebt $\frac{e^{2h}-1}{h} \to 2$, also gilt $\frac{f(x_0+h) - f(x_0)}{h} \to e^{2x_0} \cdot 2$ für $h \to 0$.

Die Ableitung von f mit $f(x) = e^{2x}$ ist somit $f'(x) = 2 \cdot e^{2x}$.

Für eine Funktion g mit $g(x) = e^{2x+3} = e^{2x} \cdot e^3$ kann der Faktor e^3 bei der gesamten Berechnung der Ableitung als konstanter Faktor ausgeklammert werden. Es gilt daher: $g'(x) = 2 \cdot e^{2x+3}$.

Satz: Für die Ableitung einer Funktion f mit $f(x) = e^{kx+r}$ gilt: $f'(x) = k \cdot e^{kx+r}$ $(k, r \in \mathbb{R})$.

Auch für andere Funktionen nennt man eine Hintereinanderausführung von Funktionen eine **Verkettung**. Ist die erste Funktion, die sogenannte **innere Funktion**, die auf x angewendet wird, eine lineare Funktion $kx + r$, so spricht man von einer **Verkettung mit einer linearen Funktion**.

Man kann zeigen, dass sich analog zur Exponentialfunktion die Ableitung einer solchen Funktion berechnen lässt, indem man die Ableitung der äußeren Funktion (an der Stelle $kx + r$) mit k multipliziert.

Definition: Eine Funktion f mit der inneren (linearen) Funktion $kx + r$ und der äußeren Funktion g mit $f(x) = g(kx + r)$ heißt **Verkettung mit einer linearen Funktion.**

Satz: Für eine Funktion f mit $f(x) = g(kx + r)$ gilt: $f'(x) = k \cdot g'(kx + r)$ $(k, r \in \mathbb{R})$.

Diese Ableitungsregel ist auch unter dem Namen „kleine Kettenregel" bekannt.

Beispiel 1 Ableitung berechnen

Bestimmen Sie die Ableitungsfunktion f′(x).

a) $f(x) = 5 \cdot e^{0,3x}$ b) $f(x) = (2x + 3)^4$ c) $f(x) = \sin(2x + \pi)$

Lösung

a) $f'(x) = 5 \cdot 0,3 \cdot e^{0,3x} = 1,5 \cdot e^{0,3x}$

b) $f'(x) = 2 \cdot 4 \cdot (2x + 3)^3 = 8 \cdot (2x + 3)^3$

c) $f'(x) = 2 \cdot \cos(2x + \pi)$

Beispiel 2 Berechnung von Extrem- und Wendepunkten

Bestimmen Sie die Extrem- und die Wendepunkte der Funktion f mit $f(x) = \frac{1}{4}(3x + 6)^3$.

Lösung

$f'(x) = \frac{3}{4}(3x + 6)^2$, $f''(x) = \frac{3}{2}(3x + 6)$ und $f'''(x) = \frac{9}{2}x$

$f'(x) = 0 \Rightarrow x = -2$. Wegen $f''(-2) = 0$ kann keine Aussage über die Art des Extremums getroffen werden.

$f''(x) = 0 \Rightarrow x = -2$. Wegen $f'''(-2) = -9$ ist der Punkt $(-2\,|\,0)$ ein Wendepunkt mit waagerechter Tangente (Sattelpunkt).

Aufgaben

○ **1** Bestimmen Sie die Ableitung.

a) $f(x) = e^{x+2}$ b) $f(x) = 4 \cdot e^{3x}$ c) $f(x) = 0,5 \cdot e^{4x}$ d) $f(x) = \frac{1}{3} \cdot e^{-3x}$

e) $f(x) = x^2 + e^{0,5x}$ f) $f(x) = -0,4 \cdot e^{-5x}$ g) $f(x) = 3 \cdot e^{2x+1}$ h) $f(x) = 5 \cdot e^{-3x-2}$

○ **2** Geben Sie die ersten beiden Ableitungen der Funktion f an.

a) $f(x) = (3x + 4)^3$ b) $f(x) = (x - 1)^5$ c) $f(x) = \sin(3x + 3)$ d) $f(x) = \frac{1}{(2x + 2)^2}$

○ **3** Bestimmen Sie rechnerisch die Gleichung der Tangente an den Graphen von f im Punkt $P(x_0\,|\,f(x_0))$

a) $f(x) = (2x + 1)^3$; $x_0 = 2$ b) $f(x) = 2\sin(2x)$; $x_0 = \frac{\pi}{2}$

c) $f(x) = e^{-x+1} + 3$; $x_0 = 2$ d) $f(x) = 4e^{2x+2}$; $x_0 = -2$

○ Test

Lösung | Seite 228

4 Leiten Sie ab.

a) $f(x) = \cos(3x)$ b) $f(x) = (-3x + 2)^3$ c) $f(x) = -2e^{3x}$ d) $f(x) = 3x + e^{-2x+2}$

◒ **5** a) Bestimmen Sie die Gleichungen der Tangenten an den Graphen der natürlichen Exponentialfunktion in den Punkten $A(1\,|\,e)$ und $B(-1\,|\,e^{-1})$.

b) Untersuchen Sie, in welchen Punkten die Tangenten aus a) die x- bzw. die y-Achse schneiden.

6 Gegeben sind die Funktionen f und g mit $f(x) = e^x$ und $g(x) = e^{-x}$ und die Punkte $A(1|f(1))$ und $B(1|g(1))$.

a) Zeigen Sie, dass sich die beiden Graphen orthogonal schneiden.

b) Bestimmen Sie die Gleichungen der Tangenten an die jeweiligen Graphen in den Punkten A und B. Unter welchem Winkel schneiden sich die Tangenten?

c) Bestimmen Sie den Schnittwinkel der Tangente an den Graphen von f im Punkt $A(u|f(u))$ mit der Tangente an den Graphen von g im Punkt $B(u|g(u))$.

Zwei Geraden sind zueinander orthogonal, wenn das Produkt ihrer Steigungen gleich −1 ist.

7 Die Tangente an den Graphen der Funktion f mit $f(x) = e^{-x+2}$ im Punkt $P(1|e)$ schließt mit den Koordinatenachsen ein Dreieck ein.

a) Berechnen Sie den Flächeninhalt dieses Dreiecks.

b) Führen Sie die gleiche Rechnung für die Stellen $x_1 = 0{,}9$ und $x_2 = 1{,}1$ durch und vergleichen Sie die Ergebnisse mit dem Ergebnis aus Teilaufgabe a). Stellen Sie eine begründete Vermutung über die Flächeninhalte auf.

8 Gegeben ist die Funktion f mit $f(x) = e^{2x}$.

a) Skizzieren Sie den Graphen von f.

b) Untersuchen Sie den Graphen von f auf Hoch-, Tief- und Wendepunkte.

c) Bestimmen Sie die Gleichung der Tangente an den Graphen von f in den Punkten $A(1|e^2)$ und $B(0|1)$.

9 Gegeben ist die Funktion f mit $f(x) = \frac{1}{20}(-2x+1)^5$.

a) Untersuchen Sie den Graphen von f auf Hoch-, Tief- und Wendepunkte.

b) Skizzieren Sie den Graphen von f.

c) Bestimmen Sie die Gleichungen der Tangenten an den Graphen von f in den Schnittpunkten mit den Koordinatenachsen.

10 Die Bevölkerungszahl eines Landes wird mit der Funktion f mit $f(t) = 20 \cdot e^{-0{,}0198t}$ modelliert (t in Jahren, f(t) in Millionen). Zeigen Sie, dass die Bevölkerungszahl andauernd abnimmt. Geben Sie mithilfe Ihres Rechners die ungefähre Anzahl der Jahre an, die es dauert, bis sich die Bevölkerungszahl nach diesem Modell ungefähr halbiert hat.

Test

Lösung | Seite 228

11 Bestimmen Sie die Extremstellen der Funktion f mit $f(x) = e^x - x$ und begründen Sie, warum der Graph von f keine Wendepunkte hat.

12 Gegeben ist die Funktion f mit $f(x) = e^{kx}$.

a) Zeigen Sie: Die Tangente an den Graphen von f im Punkt $P(3|f(3))$ hat die Gleichung $y = k \cdot e^{3k} \cdot x + e^{3k} \cdot (1 - 3k)$.

b) Untersuchen Sie mithilfe von Teilaufgabe a), für welche Zahl k die Tangente an den Graphen von f im Punkt $P(3|f(3))$ durch den Ursprung verläuft.

c) Führen Sie die Berechnungen ebenso für die Funktion g mit $g(x) = e^{kx+r}$ und die Tangente an den Graphen von g im Punkt $Q(3|g(3))$ durch. Erläutern Sie, warum Sie für k das gleiche Ergebnis wie in Teilaufgabe b) erhalten, obwohl durch den zusätzlichen Parameter r der Graph von g gegenüber dem Graphen von f in x-Richtung verschoben wurde.

Grundwissen Test

Grundwissen Seite 209
Lösung | Seite 228

13 Geben Sie den Grad der ganzrationalen Funktion f an.

a) $f(x) = 2x^3 + 4x^2 - 5$

b) $f(x) = x^2 + 5x^5 - 2x^3$

c) $f(x) = (x^3 + 1)(x^2 - 2)$

d) $f(x) = (x^3 + 3)^4$

3 Produktregel

„Da sind einige Ableitungen falsch."
„Wieso, ich hab doch die Ableitungsregeln angewendet."
„Welche Regeln?"

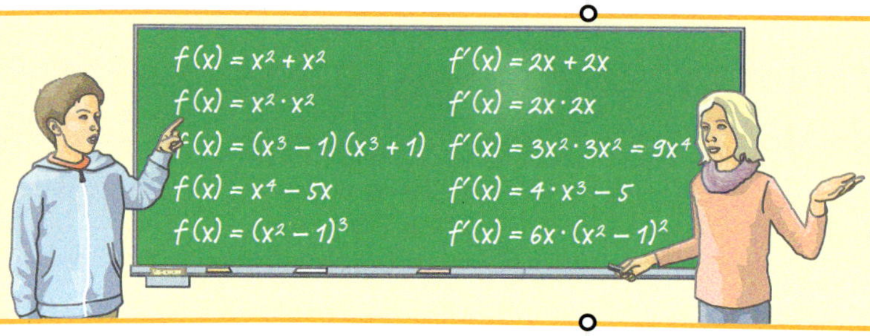

Summen von Funktionen werden gliedweise abgeleitet. Für das Produkt zweier Funktionen gilt dies nicht, wie das Beispiel $f(x) = x^2 = x \cdot x$ zeigt. Es ist $f'(x) = 2x$; multipliziert man die Ableitungen der einzelnen Faktoren, so erhält man jedoch 1.

Will man die Ableitung eines Produkts $f = u \cdot v$ zweier Funktionen u und v bestimmen, deren Ableitung man kennt, so muss man den Differenzenquotienten von f auf die Differenzenquotienten von u und v zurückführen. Es ist

$$(*)\quad \frac{f(a+h) - f(a)}{h} = \frac{u(a+h) \cdot v(a+h) - u(a) \cdot v(a)}{h}.$$

Deutet man die beiden Produkte im Zähler $u(a+h) \cdot v(a+h)$ und $u(a) \cdot v(a)$ als Flächeninhalte von Rechtecken mit den Seitenlängen $u(a+h)$ und $v(a+h)$ bzw. den Seitenlängen $u(a)$ und $v(a)$, so erhält man eine Idee für eine mögliche Umformung der Differenz $u(a+h) \cdot v(a+h) - u(a) \cdot v(a)$.

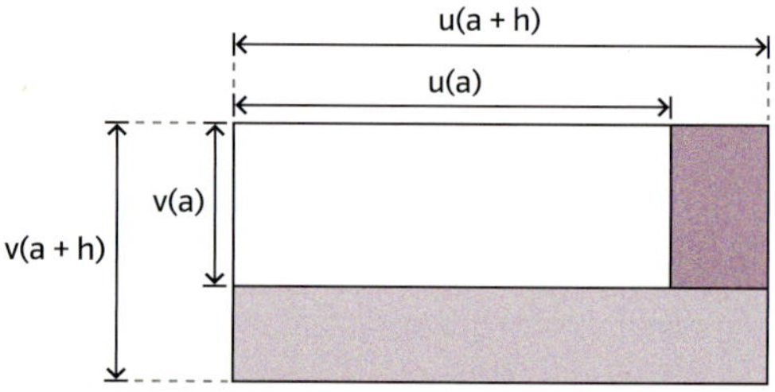

Die Subtraktion der beiden Rechtecksflächen ergibt
$u(a+h) \cdot v(a+h) - u(a) \cdot v(a) = (u(a+h) - u(a)) \cdot v(a) + u(a+h) \cdot (v(a+h) - v(a))$.
Diese Umformung ist nicht nur anschaulich, sondern auch rechnerisch richtig, da lediglich das Produkt $u(a+h) \cdot v(a)$ addiert und anschließend wieder subtrahiert wird.
Für den Differenzenquotienten (*) gilt damit

$$\underbrace{\frac{f(a+h) - f(a)}{h}} = \underbrace{\frac{u(a+h) - u(a)}{h}} \cdot v(a) + u(a+h) \cdot \underbrace{\frac{v(a+h) - v(a)}{h}}.$$

Für $h \to 0$ ist $f'(a) = \lim\limits_{h \to 0} \frac{f(a+h) - f(a)}{h} = u'(a) \cdot v(a) + u(a) \cdot v'(a)$.

Problem:
Der Differenzenquotient von f muss umgeformt werden.

Idee:
1. Produkte interpretieren

$u(a) \cdot v(a)$
$(u(a+h) - u(a)) \cdot v(a)$
$u(a+h) \cdot (v(a+h) - v(a))$

2. Differenzenquotienten von f so umformen, dass die bekannten Differenzenquotienten $\frac{u(a+h) - u(a)}{h}$ und $\frac{v(a+h) - v(a)}{h}$ vorkommen, da man deren Grenzwerte kennt.

Satz: Produktregel
Sind die Funktionen u und v differenzierbar, so ist auch die Funktion f mit $f(x) = u(x) \cdot v(x)$ differenzierbar, und es gilt

$$\mathbf{f'(x) = u'(x) \cdot v(x) + u(x) \cdot v'(x).}$$

Merkregel:
$(u \cdot v)' = u' \cdot v + u \cdot v'$.

Beispiel 1 **Produktregel**
Bestimmen Sie die Ableitungen der Funktion f mit $f(x) = (x^2 + 7) \cdot e^x$.
Lösung
f ist das Produkt von u mit $u(x) = x^2 + 7$ und v mit $v(x) = e^x$, dabei ist $u'(x) = 2x$ und $v'(x) = e^x$. Mit der Produktregel gilt
$f'(x) = 2x \cdot e^x + (x^2 + 7) \cdot e^x = (x^2 + 2x + 7) \cdot e^x$.

Beispiel 2 Produktregel und kleine Kettenregel
Bestimmen Sie die Ableitung der Funktion.
a) $f(x) = 5x \cdot (1-x)^2$
b) $f(x) = x^5 \cdot e^{3x}$

Lösung
a) Es ist $f(x) = u(x) \cdot v(x)$ mit $u(x) = 5x$ und $v(x) = (1-x)^2$. Mithilfe der Ableitungen $u'(x) = 5$ und $v'(x) = 2 \cdot (1-x) \cdot (-1)$ erhält man $f'(x) = 5 \cdot (1-x)^2 + 5x \cdot (-2) \cdot (1-x) = 15x^2 - 20x + 5$.
b) Es ist $f(x) = u(x) \cdot v(x)$ mit $u(x) = x^5$ und $v(x) = e^{3x}$.
Mit $u'(x) = 5x^4$ und $v'(x) = 3 \cdot e^{3x}$ ergibt sich $f'(x) = 5x^4 \cdot e^{3x} + x^5 \cdot 3e^{3x} = e^{3x} \cdot (3x^5 + 5x^4)$.

Beispiel 3 Extremstellen bestimmen
a) Bestimmen Sie die erste und zweite Ableitung der Funktion f mit $f(x) = (2x-3) \cdot e^x$.
b) Untersuchen Sie, ob die Funktion f Extremstellen besitzt und geben Sie ggf. die Hoch- oder Tiefpunkte des Graphen von f an.

Lösung
a) Mit $u(x) = 2x - 3$ und $v(x) = e^x$ ergibt sich $u'(x) = 2$ und $v'(x) = e^x$. Man erhält
$f'(x) = 2e^x + (2x-3)e^x = (2 + 2x - 3)e^x = (2x-1)e^x$.
Die zweite Ableitung von f erhält man mit $u(x) = 2x - 1$ und $v(x) = e^x$ sowie deren Ableitungen $u'(x) = 2$ und $v'(x) = e^x$.
Damit gilt $f''(x) = 2e^x + (2x-1)e^x = (2 + 2x - 1)e^x = (2x+1)e^x$.
b) Nullstellen von f':
$(2x-1)e^x = 0$
$2x - 1 = 0$ oder $e^x = 0$ Ein Produkt wird null, wenn einer der Faktoren den Wert null hat.
$x = 0{,}5$ Da e^x stets positiv ist, gibt es nur eine Nullstelle der Ableitung.

Einsetzen in f'':
$f''(0{,}5) = (2 \cdot 0{,}5 + 1)e^{0{,}5} = 2e^{0{,}5} \approx 3{,}297 > 0$. Die Funktion hat also bei $x = 0{,}5$ ein Minimum.
Es gilt $f(0{,}5) = (2 \cdot 0{,}5 - 3)e^{0{,}5} = -2e^{0{,}5} \approx -3{,}297$. Der Tiefpunkt lautet $T(0{,}5 \mid -2e^{0{,}5})$.

Für das Bestimmen höherer Ableitungen und für das Berechnen von Extremstellen ist es hilfreich, den Term nach dem Anwenden der Produktregel zu vereinfachen, indem man z. B. geeignet ausklammert.

Aufgaben

○ **1** ☒ Leiten Sie mit der Produktregel ab.
a) $f(x) = x \cdot e^x$
b) $f(x) = 3x \cdot e^x$
c) $f(x) = x^2 \cdot e^x$
d) $f(x) = (3x^3 + x^2) \cdot e^x$
e) $f(x) = -x^4 \cdot e^x$
f) $f(x) = (x^2 + x + 1) \cdot (x^3 + 1)$
g) $f(x) = \frac{2}{x} \cdot e^x$
h) $f(x) = \sqrt{x} \cdot e^x$
i) $f(x) = (3x + 2) \cdot \sqrt{x}$
j) $f(x) = (2\sqrt{x} + 3) \cdot e^x$
k) $f(x) = \sqrt{x} \cdot \frac{1}{x}$
l) $f(x) = e^x \cdot \left(\frac{1}{x^3} + x\right)$

○ **2** ☒ Bestimmen Sie die Ableitung.
a) $f(x) = x \cdot \sin(x)$
b) $f(x) = 3x \cdot \cos(x)$
c) $f(x) = (3x + 2) \cdot \sqrt{x}$
d) $f(x) = (2x - 3) \cdot \sqrt{x}$
e) $f(x) = \sqrt{x} \cdot \cos(x)$
f) $f(x) = (5 - 3x) \cdot \sin(x)$
g) $f(x) = \frac{2}{x} \cdot \cos(x)$
h) $f(x) = \sin(x) \cdot \cos(x)$
i) $f(x) = x^2 \cdot \sin(x)$
j) $f(x) = \frac{1}{\sqrt{x}} \cdot \cos(x)$
k) $f(x) = \frac{\pi}{4} \cdot \sin(x) \cdot (2 - x)$
l) $f(x) = \sqrt{3} \cdot \sqrt{x}$

○ **3** ☒ Leiten Sie mit der Produkt- und der kleinen Kettenregel ab.
a) $f(x) = x \cdot e^{3x}$
b) $f(x) = (3x + 2)^2 \cdot e^x$
c) $f(x) = (3x + 2) \cdot e^{-x}$
d) $f(x) = 8x \cdot e^{x^2}$
e) $f(x) = (8x + 2) \cdot e^{-x^2}$
f) $f(x) = (x^2 + 2)^2 \cdot e^{-4x}$
g) $f(x) = \sqrt{x} \cdot e^{-x^2}$
h) $f(x) = \frac{1}{x} \cdot e^{-x^2}$
i) $f(x) = \sqrt{x^2 + 1} \cdot e^{-x}$
j) $f(x) = (2x - 1) \cdot \sqrt{x}$
k) $f(x) = 0{,}5x \cdot \sqrt{4 - x}$
l) $f(x) = (5 - 4x)^3 \cdot x^{-2}$

4 Bestimmen Sie die Ableitung.

a) $f(x) = x \cdot e^{3x}$ b) $f(x) = 3x \cdot e^{2x}$ c) $f(x) = 0{,}5x^2 \cdot \sqrt{x}$

5 Bestimmen Sie die Ableitung.

a) $f(x) = x \cdot \sin(3x)$ b) $f(x) = x^{-1} \cdot (2x + 3)$ c) $f(x) = (5 - 4x)^3 \cdot (1 - 4x)$
d) $f(x) = (5 - 4x)^3 \cdot x^{-2}$ e) $f(x) = 3x \cdot \cos(2x)$ f) $f(x) = (2x - 1)^2 \cdot \sqrt{x}$

6 Bestimmen Sie die erste und die zweite Ableitung der Funktion f und untersuchen Sie f auf Extremstellen.

a) $f(x) = x \cdot e^x$ b) $f(x) = x \cdot e^{-x}$ c) $f(x) = 2x \cdot e^{-x}$
d) $f(x) = (x + 3) \cdot e^x$ e) $f(x) = (-x + 2) \cdot e^x$ f) $f(x) = x^2 \cdot e^x$

7 Gegeben ist die Funktion f mit $f(x) = (x + 3) \cdot e^{-x}$.

a) Berechnen Sie die Nullstellen von f und bestimmen Sie die erste und zweite Ableitung.
b) Untersuchen Sie, ob der Graph von f Hoch- oder Tiefpunkte besitzt; geben Sie diese ggf. an.
c) Skizzieren Sie mithilfe der Ergebnisse aus den Teilaufgaben a) und b) sowie einer Wertetabelle den Graphen von f.
d) Berechnen Sie die Gleichung der Tangente und der Normale an den Graphen von f im Punkt $A(0\,|\,3)$.

Test

Lösung | Seite 228

8 Gegeben sind die Funktionen f, g und h mit $f(x) = (2x - 3) \cdot e^x$, $g(x) = x \cdot (1 - x)^2$ und $h(x) = \frac{1}{x} \cdot e^x$.

a) Bilden Sie die erste Ableitung der Funktionen.
b) Berechnen Sie die Punkte der Graphen von f und g, in denen die Tangenten parallel zur x-Achse verlaufen.
c) Begründen Sie, warum der Graph von h keine Schnittpunkte mit der x-Achse besitzt.

9 a) Bestimmen Sie die erste, zweite und dritte Ableitung der Funktion f mit $f(x) = x \cdot e^x$. Geben Sie eine begründete Vermutung ab, wie die vierte, fünfte, … n-te Ableitung lautet.
b) Verfahren Sie wie in Teilaufgabe a) mit den Funktionen g und h mit $g(x) = (3x - 10)e^x$ und $h(x) = (2x + 20)e^{-x}$.

10 a) Berichtigen Sie diese fehlerhafte Rechnung: $f(x) = (2x - 8) \cdot e^x$; $f'(x) = 2e^x$
b) Welcher Fehler wurde gemacht? Berichtigen Sie.
$h(x) = x^2 \cdot \sin(3x - 1)$; $h'(x) = 2x \cdot \sin(3x - 1) + x^2 \cdot \cos(3x - 1)$
c) Begründen Sie, ohne die Ableitung zu bilden, warum die angegebene Ableitung nicht richtig sein kann: $k(x) = (x^2 - 1)^2 \cdot x$; $k'(x) = 5x^3 - 12x^2 + 1$
d) Ergänzen Sie: $g(x) = (2x - 3) \cdot (8 - x)^2$; $g'(x) = \square \cdot (8 - x)^2 + (2x - 3) \cdot \triangle$.

11 Gegeben ist die Funktion f mit $f(x) = 10x \cdot e^{-\frac{1}{2}x}$.

a) Berechnen Sie die Nullstellen, Hoch-, Tief- und Wendepunkte. Bestimmen Sie, in welchen Bereichen der Graph von f linksgekrümmt bzw. rechtsgekrümmt ist. Skizzieren Sie mithilfe dieser Ergebnisse den Verlauf des Graphen von f.
b) Bestimmen Sie die Gleichung der Tangente im Wendepunkt. Bestimmen Sie, an welcher Stelle die Wendetangente die x-Achse schneidet.

12 Bestimmen Sie die Ableitung einmal mit der Produktregel und einmal ohne die Produktregel, indem Sie zuerst die Terme ausmultiplizieren. Vergleichen Sie die Ergebnisse.

a) $f(x) = \sqrt{x} \cdot \sqrt{x}$ b) $f(x) = (1 - 2x) \cdot (3x + 1)$ c) $f(x) = x^2 \cdot (x + 5)$
d) $f(x) = (x^2 + x) \cdot (x^3 - x)$ e) $f(x) = \left(\frac{1}{x^2} + x\right) \cdot (-x)$ f) $f(x) = \left(\frac{1}{\sqrt{x}} + x^2\right) \cdot \sqrt[3]{x}$

Test

Lösungen | Seite 229

13 Gegeben ist die Funktion f mit $f(x) = (-x - 1) \cdot e^{-x}$.
Zeigen Sie rechnerisch, dass die Funktion genau eine Nullstelle, eine Wendestelle und eine Extremstelle besitzt.

14 Auf dem Intervall [0; 4] ist die Funktion f gegeben mit $f(x) = 5x \cdot e^{-2x}$. Der Graph ist unten abgebildet. Durch die Eckpunkte $A(a|0)$, $B(a|f(a))$, $C(0|0)$ wird das Dreieck ABC festgelegt.

a) Übertragen Sie den Graphen von f in Ihr Heft, ergänzen Sie das Dreieck ABC für $a = 3$ und berechnen Sie den Flächeninhalt dieses Dreiecks.

b) Berechnen Sie, für welchen Wert von $a > 0$ der Inhalt des Dreiecks ABC maximal wird.

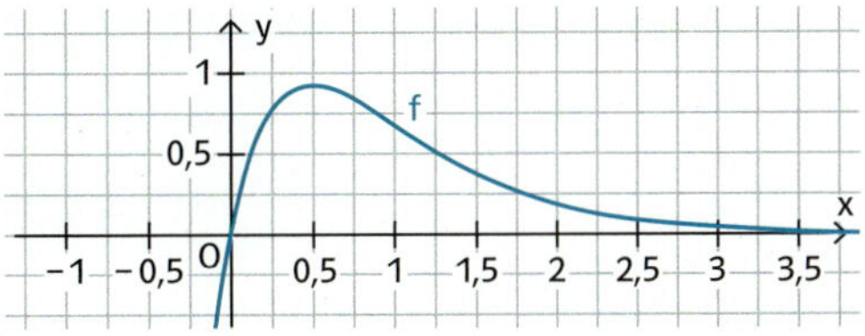

15 Auf einer Teststrecke wird die Geschwindigkeit v eines Testfahrzeuges in den ersten Sekunden mit der Funktion $v(t) = 10t^2 \cdot e^{-0,25t}$; $t \in [0, 30]$ (t in s, v(t) in $\frac{km}{h}$) modelliert.

a) Begründen Sie, warum man die Funktionsgleichung durch 3,6 dividieren muss, um die Geschwindigkeit in $\frac{m}{s}$ zu beschreiben.

b) Berechnen Sie mithilfe der Funktion $v_2(t) = \frac{10}{3,6}t^2 \cdot e^{-0,25t}$, nach wie vielen Sekunden das Fahrzeug seine maximale Geschwindigkeit erreicht und geben Sie diese an.

16 Die Funktion f mit $f(x) = (x^2 + 1) \cdot (x - 2) \cdot e^x$ lässt sich als Produkt der Funktionen $u(x) = x^2 + 1$, $v(x) = x - 2$ und $w(x) = e^x$ interpretieren. Solche Funktionen können mit einer erweiterten Produktregel abgeleitet werden.

a) Leiten Sie diese Regel für f her, indem Sie zunächst $(x^2 + 1) \cdot (x - 2)$ als g(x) auffassen und anschließend $f(x) = g(x) \cdot w(x)$ mithilfe der bekannten Produktregel ableiten.

b) Zeigen Sie, dass allgemein folgende erweiterte Produktregel gilt:
$f'(x) = (u(x) \cdot v(x) \cdot w(x))' = u'(x) \cdot v(x) \cdot w(x) + u(x) \cdot v'(x) \cdot w(x) + u(x) \cdot v(x) \cdot w'(x)$.

c) Zeigen Sie, dass sich die erweiterte Produktregel für $u(x) \neq 0$, $v(x) \neq 0$ und $w(x) \neq 0$ umformen lässt in: $\frac{f'(x)}{f(x)} = \frac{u'(x)}{u(x)} + \frac{v'(x)}{v(x)} + \frac{w'(x)}{w(x)}$.

Grundwissen Test

Grundwissen
Seite 209
Lösungen | Seite 229

17 Untersuchen Sie den Graphen der Funktion f auf Symmetrie.

a) $f(x) = x^4 + 3x^2 - 2$
b) $f(x) = x^3 - x$
c) $f(x) = (x - 1)(x + 1)$
d) $f(x) = x^3 + 4$

18 Bestimmen Sie die Nullstellen der Funktion f.

a) $f(x) = (x - 2) \cdot (x + 3)$
b) $f(x) = x^2 - 3x + 2$
c) $f(x) = (x^2 - 6x + 9) \cdot (x + 2)$
d) $f(x) = x^3 - 3x^2 - 10x$

19 Geben Sie eine ganzrationale Funktion f an, die die angegebenen Nullstellen besitzt.

a) Die Funktion f hat den Grad 2 und die Nullstellen $x_1 = -1$ und $x_2 = 3$.
b) Die Funktion f hat den Grad 4 und die Nullstellen $x_1 = -5$, $x_2 = -2$, $x_3 = 1$ und $x_4 = 2$.
c) Die Funktion f hat den Grad 3 und nur die Nullstellen $x_1 = 1$ und $x_2 = 3$.
Begründen Sie, warum die Funktion f nicht eindeutig zu bestimmen ist.

4 Exponentialgleichungen und natürlicher Logarithmus

Algen vermehren sich bei entsprechenden Voraussetzungen rasant. Man kann davon ausgehen, dass sich die von Algen bedeckte Oberfläche eines Sees jeden Monat verdoppelt. Wie kann man diesen Sachverhalt mathematisch beschreiben?

In welchem Punkt schneidet der Graph der natürlichen Exponentialfunktion die Gerade mit der Gleichung $y = 6$? Diese Frage führt auf die **Exponentialgleichung** $e^x = 6$. Der Zeichnung (Fig. 1) entnimmt man $x \approx 1{,}8$.
Die Lösung x der Gleichung $e^x = 6$ nennt man den **natürlichen Logarithmus** von 6 und schreibt $x = \ln(6)$.
Es gilt also $e^{\ln(6)} = 6$.
Nach dieser Definition ist $x = \ln(e^3)$ die Lösung der Gleichung $e^x = e^3$.
Also ist $x = 3$. Es gilt somit $\ln(e^3) = 3$.

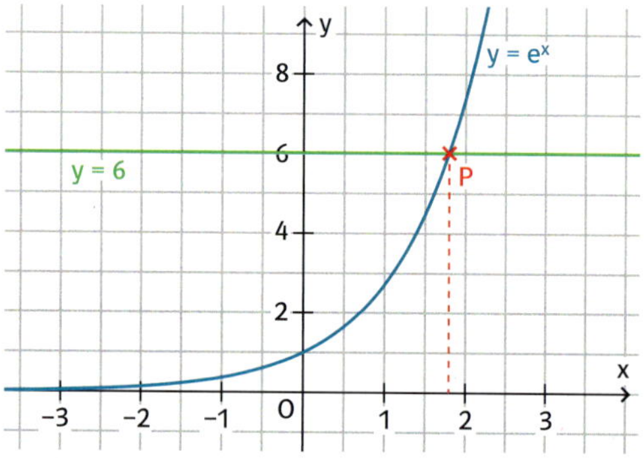

Fig. 1

Der natürliche Logarithmus ist der Logarithmus zur Basis e, also $\ln(x) = \log_e(x)$.

Definition: Für eine positive Zahl b heißt die Lösung x der Exponentialgleichung $e^x = b$ der **natürliche Logarithmus von b.** Man schreibt $x = \ln(b)$.

Satz: Es gilt $e^{\ln(b)} = b$ und $\ln(e^c) = c$. $(b, c \in \mathbb{R};\ b > 0)$

Mithilfe des natürlichen Logarithmus kann man eine Exponentialfunktion mit einer beliebigen Basis $a > 0$ als Exponentialfunktion mit Basis e darstellen. So ergibt sich für $f(x) = a^x$:
$f(x) = a^x = (e^{\ln(a)})^x = e^{\ln(a) \cdot x}$.
Für die Ableitungsfunktion f′ gilt dann $f'(x) = \ln(a) \cdot e^{\ln(a) \cdot x} = \ln(a) \cdot a^x$

Auf analoge Weise kann man auch Exponentialgleichungen der Form $a^x = b$ lösen:
Aus $a^x = (e^{\ln(a)})^x = e^{x \cdot \ln(a)} = b$ ergibt sich $x \cdot \ln(a) = \ln(b)$ und somit $x = \frac{\ln(b)}{\ln(a)}$.

Potenzgesetze:
1. $a^r \cdot a^s = a^{r+s}$
2. $\frac{a^r}{a^s} = a^{r-s}$
3. $(a^r)^s = a^{r \cdot s}$

Beispiel 1 Exponentialgleichungen lösen

Lösen Sie die Gleichung. Geben Sie die Lösung mithilfe des natürlichen Logarithmus an und bestimmen Sie einen Näherungswert für die Lösung.

a) $e^{2x} = 5$ b) $e^{-x} = -1$ c) $2^x = 18$ d) $x \cdot e^x = 0{,}5$

Lösung

a) $2x = \ln(5)$, also $x = \frac{1}{2} \cdot \ln(5) \approx 0{,}805$
b) Die Gleichung hat keine Lösung, da $e^{-x} > 0$ für alle $x \in \mathbb{R}$.
c) $x = \frac{\ln(18)}{\ln(2)} \approx 4{,}17$
d) Diese Gleichung ist nur grafisch oder numerisch mit einem Rechner zu lösen. $x \approx 0{,}352$

nSolve$(x \cdot e^x = 0.5, x)$	0.351734

Zur Handhabung des Rechners siehe Anhang

Beispiel 2 **Extrempunkte bestimmen**

Berechnen Sie die Extrempunkte des Graphen der Funktion f mit $f(x) = 5x \cdot e^{-0{,}5x}$.

Lösung

Die Produktregel ergibt als Ableitung $f'(x) = (5 - 2{,}5x)e^{-0{,}5x}$. Damit ergibt sich als einzig mögliche Extremstelle $x = 2$. Der Hochpunkt hat die Koordinaten $H(2\,|\,3{,}679)$.

$f(x):=5\cdot x\cdot e^{-0.5\cdot x}$	Fertig
nfMax(f(x),x)	2.
f(2)	3.67879

Zur Handhabung des Rechners siehe Anhang

Beispiel 3 **Exponentialgleichungen durch Ausklammern und Substitution lösen**

Lösen Sie die Gleichungen.

a) $e^{2x} - 3 \cdot e^x = 0$

b) $e^{2x} + e^x - 6 = 0$

Lösung

a) $e^x \cdot e^x - 3 \cdot e^x = 0$
$e^x \cdot (e^x - 3) = 0$
Da e^x nicht null wird, wird das Produkt nur null, wenn der Term in der Klammer null wird, also $x = \ln(3) \approx 1{,}099$.

b) Substitution von e^x durch z: $z^2 + z - 6 = 0$
pq-Formel liefert: $z_1 = 2$ und $z_2 = -3$
Rücksubstitution:
$e^{x_1} = 2$ liefert das Ergebnis $x_1 = \ln(2)$.
$e^{x_2} = -3$ hat keine Lösung.

Aufgaben

○ **1** Lösen Sie die Gleichung. Geben Sie die Lösung mithilfe des natürlichen Logarithmus an und bestimmen Sie dann einen Näherungswert (3 Dezimalen).

a) $e^x = 15$ b) $e^z = 2{,}4$ c) $e^{2x} = 7$ d) $3 \cdot e^{4y} = 16{,}2$
e) $e^{-x} = 10$ f) $e^{4-x} = 3$ g) $2 \cdot e^{6-3z} = 2$ h) $e^{3-4a} = 5$
i) $e^{2x-3} = e$ j) $e^{5a-7} = 1$ k) $e^{3z+4} = \frac{1}{e^2}$ l) $2 \cdot e^{7x-3} = \sqrt{4e}$

○ **2** Die Bakterienanzahl (in Millionen) in einer Bakterienkultur wird modellhaft durch f mit $f(x) = e^{0{,}5x}$ (x in Tagen seit Beobachtungsbeginn) beschrieben.

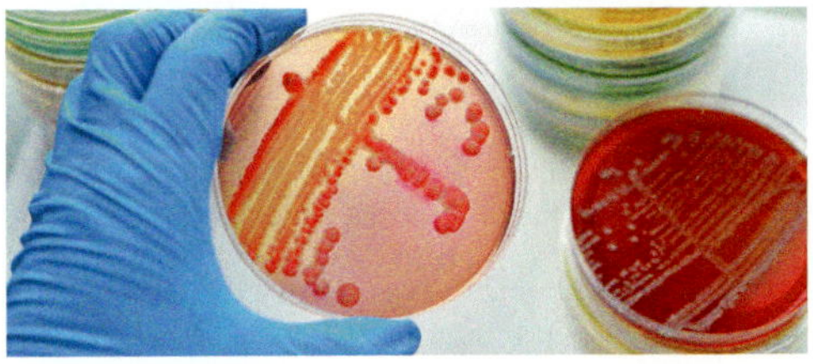

a) Geben Sie die Bakterienanzahl bei Beobachtungsbeginn und nach zehn Tagen an.
b) Berechnen Sie die momentane Änderungsrate der Bakterienanzahl nach zwei Tagen.
c) Bestimmen Sie den Zeitpunkt, zu dem es in dieser Kultur drei Millionen Bakterien gibt.
d) Geben Sie den Zeitpunkt an, zu dem der Bakterienbestand seit Beobachtungsbeginn um fünf Millionen zugenommen hat.
e) Berechnen Sie, nach wie vielen Tagen die momentane Änderungsrate der Bakterienanzahl den Wert zwei Millionen pro Tag erreicht.

○ **3** Bob hat Fehler gemacht. Beschreiben Sie die Fehler und rechnen Sie richtig.

A
$3 + e^x = 6$
$e^x = 9$
$x = \ln(9) \approx 2{,}197$

B
$f(x) = e^{3x}$
$f'(x) = 3x \cdot e^{3x-1}$

C
$f(x) = 2x \cdot e^{3x}$
$f'(x) = 2 \cdot e^{3x} \cdot 3$
$= 6 \cdot e^{3x}$

D
$\ln(e^3 \cdot e^5)$
$= \ln(e^{15})$
$= 15$

○ Test

Lösung | Seite 229

4 Lösen Sie die Gleichung. Geben Sie die Lösung mithilfe des natürlichen Logarithmus an und bestimmen Sie dann einen Näherungswert (3 Dezimalen).

a) $e^x = 12$ b) $3 + e^{2x} = 5$ c) $2e^{0{,}5x-3} = 8$ d) $e^{4x-2} = \frac{1}{4}$

5 Lösen Sie die Gleichung durch Ausklammern.

a) $e^x \cdot 2 - e^x \cdot e^x = 0$ b) $4e^{-x} - e^{-x} \cdot x^2 = 0$ c) $e^{2x} - 7e^x = 0$

d) $e^{3x} - 9e^x = 0$ e) $x^2 e^{3x} - 5x^2 = 0$ f) $e^{2x} - e^{x+1} = 0$

6 Lösen Sie die Gleichung, indem Sie e^x durch z substituieren.

a) $e^{2x} - 6 \cdot e^x + 8 = 0$ b) $e^{2x} + 12 \cdot e^x = 45$ c) $e^{2x} - e^x - 6 = 0$

d) $e^x - 2 - \frac{15}{e^x} = 0$ e) $2 \cdot e^x + 15 = 8 \cdot e^{-x}$ f) $e^{2x} + 20 = 9e^x$

7 Bestimmen Sie die Punkte, in denen der Graph von f eine zur x-Achse parallele Tangente hat.

a) $f(x) = x \cdot e^x$ b) $f(x) = x^2 \cdot e^{2x}$ c) $f(x) = (x - 2) \cdot e^{-x}$

8 Die Höhe einer Kletterpflanze (in m) zur Zeit t (in Wochen seit Beobachtungsbeginn) wird näherungsweise durch die Funktion h mit $h(t) = 0{,}02 \cdot e^{kt}$ beschrieben.

a) Nach 6 Wochen ist die Pflanze 40 cm hoch. Bestimmen Sie k (2 Dezimalen).

b) Berechnen Sie die Höhe der Pflanze nach 9 Wochen.

c) Geben Sie den Zeitpunkt an, zu dem die Pflanze eine Höhe von 3 m erreicht.

9 Gegeben ist die Funktion f mit $f(x) = (x^2 - 1) \cdot e^x$. Sind die folgenden Aussagen wahr oder falsch? Begründen Sie.

a) Die Funktion f hat genau zwei Nullstellen.

b) Die Funktion f hat genau ein Extremum.

c) Der Graph von f ist achsensymmetrisch bezüglich der y-Achse.

Test

Lösungen | Seite 229

10 Lösen Sie die Gleichung.

a) $(x^2 - 2) \cdot (e^x - 6) = 0$ b) $e^x - 10 \cdot e^{-x} = 3$

11 Berechnen Sie die Koordinaten des Punktes, in dem der Graph von f mit $f(x) = x \cdot e^{2x}$ eine zur x-Achse parallele Tangente hat.

12 Ein Stein sinkt in einem See. Für seine Sinkgeschwindigkeit v gilt $v(t) = 2{,}5 \cdot (1 - e^{-0{,}1t})$ (t in Sekunden nach Beobachtungsbeginn, v(t) in $\frac{m}{s}$).

a) Bestimmen Sie die Sinkgeschwindigkeit des Steins nach 10 Sekunden.

b) Berechnen Sie den Zeitpunkt, zu dem der Stein mit der Geschwindigkeit $2\frac{m}{s}$ sinkt.

c) Zeigen Sie, dass die Sinkgeschwindigkeit des Steins ständig zunimmt.

d) Bestimmen Sie den Zeitpunkt, zu dem die Sinkgeschwindigkeit innerhalb einer Sekunde um $0{,}13\frac{m}{s}$ zunimmt.

e) Bestimmen Sie die Beschleunigung des Steins nach 2 Sekunden.

13 Berechnen Sie die Stelle x_0, an der $f'(x_0) = 7$ gilt.

a) $f(x) = 3^x$ b) $f(x) = 4 + 2^{-x}$ c) $f(x) = 3 - e^x$ d) $f(x) = 7^{2x}$

Grundwissen Test

Grundwissen
Seite 209
Lösung | Seite 229

14 Bestimmen Sie die Nullstellen der ganzrationalen Funktion f mithilfe eines Rechners.

a) $f(x) = x^3 - 2x^2 - 5x + 6$ b) $f(x) = 2x^3 + 4x^2 - 8x - 16$

c) $f(x) = x^4 - 2x^3 - 3x^2 + 4x + 4$ d) $f(x) = 3x^4 + 15x^2 + 12$

5 Graphen von Exponentialfunktionen

Der Verlauf des Seils einer Hängebrücke wird durch die Funktion f mit
$f(x) = 32 \cdot (e^{0{,}004x} + e^{-0{,}004x})$
beschrieben (x und f(x) in m).

Ist die Durchfahrtshöhe hoch genug für ein Kreuzfahrtschiff, dessen höchste Spitze 65 m hoch über dem Wasserspiegel ist?

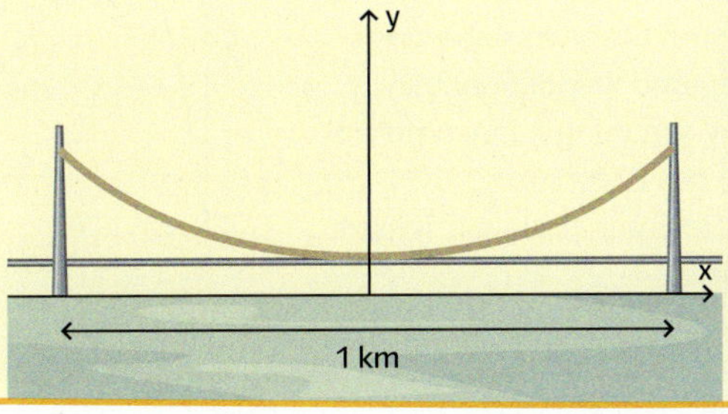

Mithilfe von Exponentialfunktionen kann man viele Anwendungssituationen modellieren. Durch eine Funktionsuntersuchung kann man besondere Punkte des Graphen berechnen.
Extrempunkte des Graphen erhält man wie bei ganzrationalen Funktionen über $f'(x_0) = 0$ und $f''(x_0) \neq 0$, analog bestimmt man Wendepunkte.

Untersucht man Funktionen wie $f(x) = x^2 \cdot e^{-x}$, so kann man das Verhalten für $x \to +\infty$ nicht ohne Weiteres beurteilen. Mit wachsendem x strebt der erste Faktor x^2 gegen unendlich, der zweite Faktor e^{-x} strebt gegen 0. Der Graph von f und die Wertetabelle lassen jedoch vermuten, dass sich der Faktor e^{-x} „durchsetzt", also f(x) für $x \to +\infty$ gegen 0 strebt.
Allgemein kann man beweisen:

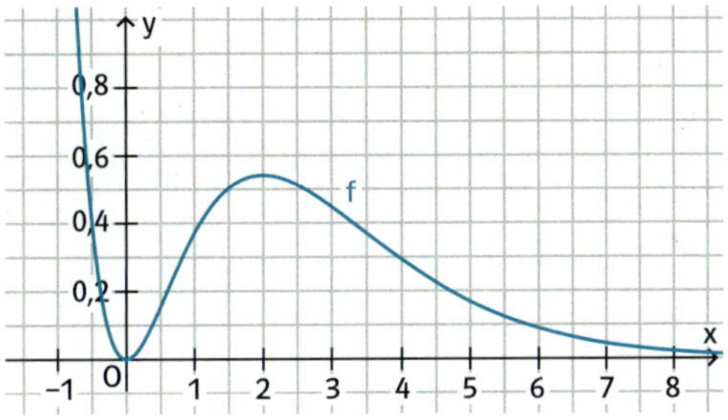

Fig. 1

x	f(x)
5	0,16845
10	0,00454
15	0,00007
20	$8{,}2 \cdot 10^{-7}$

Übersicht zum Verhalten für $x \to \pm\infty$ von Termen, die e^x und x^n enthalten:

	$f(x) = \frac{x^n}{e^x} = x^n \cdot e^{-x}$	$f(x) = \frac{e^x}{x^n}$	$f(x) = x^n \cdot e^x$	$f(x) = e^x - x^n$
$x \to +\infty$	$f(x) \to 0$	$f(x) \to +\infty$	$f(x) \to +\infty$	$f(x) \to +\infty$
$x \to -\infty$	$f(x) \to +\infty$ (n gerade) $f(x) \to -\infty$ (n ungerade)	$f(x) \to 0$	$f(x) \to 0$	$f(x) \to -\infty$ (n gerade) $f(x) \to +\infty$ (n ungerade)

Wenn sich der Graph von f für $x \to +\infty$ der x-Achse annähert, so ist die Gerade $y = 0$ eine waagerechte **Asymptote des Graphen** für $x \to +\infty$ (analog für $x \to -\infty$).

Beispiel 1 Asymptote bestimmen
Untersuchen Sie die Funktion f mit $f(x) = \frac{1}{2}x - 1 + e^{-x}$ auf Asymptoten.
Lösung
Für $x \to -\infty$ wird der e^{-x}-Term unendlich groß. Damit wird der gesamte Funktionsterm für $x \to -\infty$ unendlich groß und es gibt hier kein asymptotisches Verhalten.
Für $x \to \infty$ wird der e^{-x}-Term allerdings sehr klein. Er läuft für größer werdende x-Werte gegen null. Somit nähert sich der Funktionsgraph für $x \to \infty$ immer mehr der Geraden a: $y = \frac{1}{2}x - 1$ an. Diese ist (schiefe) Asymptote an den Funktionsgraphen.

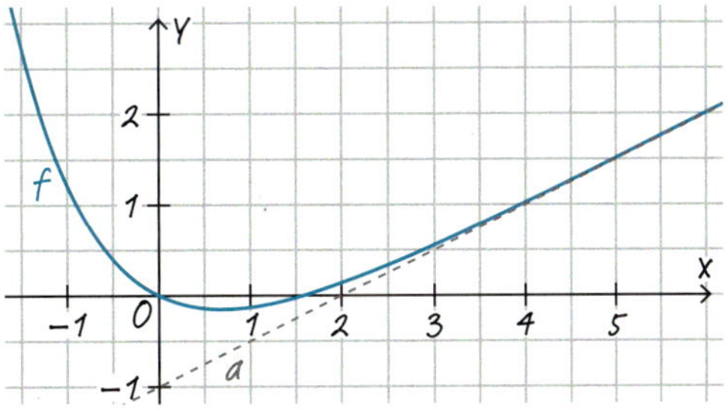

Beispiel 2 **Graph einer Exponentialfunktion untersuchen**

Rechts ist der Graph der Funktion f mit $f(x) = 8 \cdot x \cdot e^{-x}$ dargestellt.

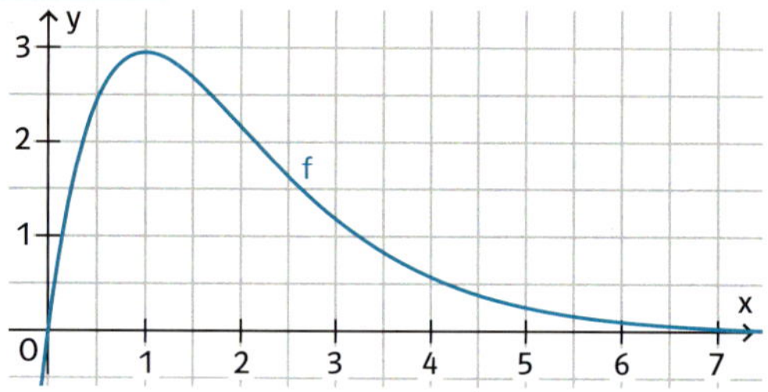

a) Entnehmen Sie dem Graphen näherungsweise die Extrem- und Wendepunkte. Äußern Sie eine Vermutung zu Symmetrie und Asymptoten des Graphen.

b) Überprüfen Sie die Ergebnisse von Teilaufgabe a) rechnerisch.

Lösung

a) Näherungsweise Hochpunkt $H(1 \mid 2{,}9)$; Wendepunkt $W(2 \mid 2{,}2)$.
Der Graph ist nicht achsensymmetrisch zur y-Achse, Punktsymmetrie zum Ursprung ist im Ausschnitt nicht erkennbar.
Vermutung: x-Achse ist Asymptote für $x \to +\infty$.

b) Ableitungen: $f'(x) = 8 \cdot e^{-x} + 8x \cdot e^{-x} \cdot (-1) = 8 \cdot (1-x) \cdot e^{-x}$;
$f''(x) = 8 \cdot (x-2) \cdot e^{-x}$; $f'''(x) = 8 \cdot (3-x) \cdot e^{-x}$.
Mögliche Extremstellen: $f'(x) = 0 \iff 8 \cdot (1-x) \cdot e^{-x} = 0 \iff 1 - x = 0$, also $x_1 = 1$.
- Untersuchung von $x_1 = 1$: $f''(1) = -8 \cdot e^{-1} < 0$, also ist $x_1 = 1$ Maximumstelle.
- Bestimmung von H: $f(1) = 8 \cdot e^{-1} = \frac{8}{e} \approx 2{,}94$, $H\left(1 \,\middle|\, \frac{8}{e}\right) \approx H(1 \mid 2{,}94)$.

Mögliche Wendestellen: $f''(x) = 0 \iff 8 \cdot (x-2) \cdot e^{-x} = 0 \iff x - 2 = 0$, also $x_2 = 2$.
- Untersuchung von $x_2 = 2$: $f'''(2) = 8 \cdot e^{-2} \neq 0$, also ist $x_2 = 2$ Wendestelle.
- Bestimmung von W: $f(2) = 8 \cdot 2e^{-2} = \frac{16}{e^2} \approx 2{,}17$; $W\left(2 \,\middle|\, \frac{16}{e^2}\right) \approx W(2 \mid 2{,}17)$.

Symmetrie:
$f(-x) = -8x \cdot e^{x} \neq f(x)$ und $f(-x) \neq -f(x)$; es ist keine Symmetrie erkennbar.
Asymptoten:
Für $x \to +\infty$ gilt $x \cdot e^{-x} \to 0$, also $f(x) \to 0$. Die x-Achse ist waagerechte Asymptote für $x \to +\infty$.

$f(-x) = f(x)$	Achsensymmetrisch zur y-Achse
$f(-x) = -f(x)$	Punktsymmetrisch zum Ursprung

Aufgaben

○ **1** Entnehmen Sie der Abbildung näherungsweise die Extrempunkte und Wendepunkte des gezeichneten Graphen. Geben Sie an, welche Symmetrieeigenschaft und welche Asymptote der Graph der Funktion f vermuten lässt.

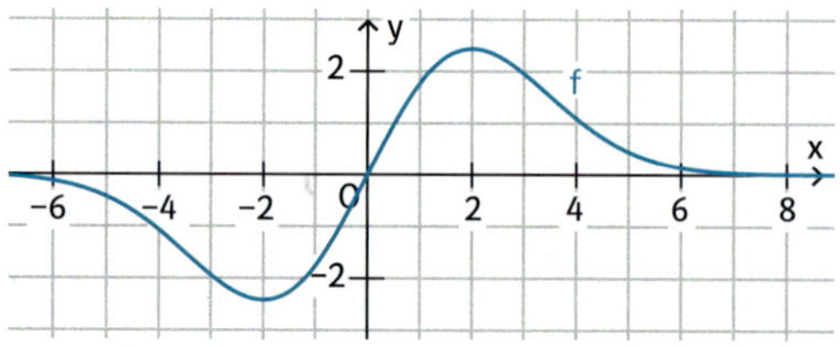

○ **2** Bestimmen Sie die Extrempunkte des Graphen von f.

a) $f(x) = x \cdot e^{x}$
b) $f(x) = 2x - e^{2x}$
c) $f(x) = x \cdot e^{-x}$
d) $f(x) = x^2 \cdot e^{2x}$
e) $f(x) = e^{3x} - 6x$
f) $f(x) = \frac{1}{2}e^{2x} - 2e^{x}$

○ **3** Rechts ist der Graph der Ableitungsfunktion f′ einer Funktion f abgebildet.

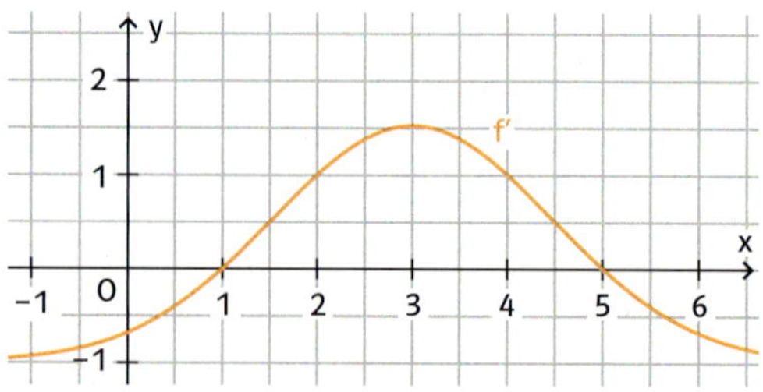

a) Bestimmen Sie die Extremstellen von f und geben Sie die Art der Extremstellen an.

b) Geben Sie die Wendestelle von f an.

c) Geben Sie die Stellen an, an denen die Tangente an den Graphen von f parallel zur Geraden mit der Gleichung $y = x$ ist.

○ **4** Geben Sie die Gleichung der Asymptote des Graphen von f für $x \to +\infty$ oder $x \to -\infty$ an.

a) $f(x) = e^{2x}$ b) $f(x) = e^x + 4$ c) $f(x) = 3 - e^{-x} + x$

d) $f(x) = x \cdot e^x$ e) $f(x) = -0{,}5x + 2 + x^2 \cdot e^{-x}$ f) $f(x) = 3 - \frac{e^x}{x^2}$

g) $f(x) = x^5 \cdot e^{-0{,}1x}$ h) $f(x) = \frac{x^3}{e^{2x}} + 1$ i) $f(x) = 12 \cdot (6 - 3e^{-0{,}2x})$

○ **5** Rechts ist der Graph der Ableitungsfunktion f′ von f abgebildet. Begründen Sie, dass die folgenden Aussagen falsch sind.

(A) $x = 1$ ist Minimumstelle von f.

(B) $x = -2$ ist Extremstelle von f.

(C) f hat im Intervall $[-2{,}5; 0]$ genau eine Wendestelle.

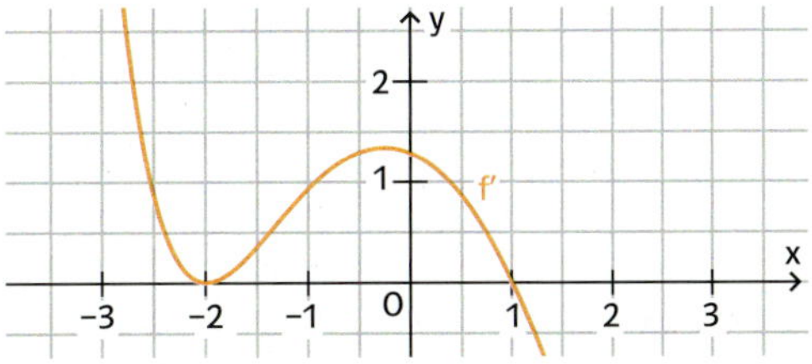

○ Test

Lösungen | Seite 229

6 Bestimmen Sie die Extremstellen von f.

a) $f(x) = 4e^{-x} + 12x$ b) $f(x) = (3x - 9) \cdot e^{0{,}5x}$ c) $f(x) = x \cdot e^{-2x^2}$

7 Geben Sie die Gleichung der Asymptote an.

a) $f(x) = x^4 \cdot e^x$ b) $f(x) = 5 - e^{-x}$ c) $f(x) = e^{0{,}1x} + 3$

◒ **8** Untersuchen Sie, ob der Graph von f symmetrisch zur y-Achse oder zum Ursprung ist.

a) $f(x) = 7 \cdot e^{x^2} + 4$ b) $f(x) = 3x \cdot e^{x^2}$ c) $f(x) = 3 \cdot (e^{-x} - e^x)$

d) $f(x) = -x^2 \cdot e^x$ e) $f(x) = x \cdot (e^{2x} - e^{-2x})$ f) $f(x) = e^{-x^2} \cdot (e^x + e^{-x})$

◒ **9** Bestimmen Sie die Wendepunkte des Graphen von f.

a) $f(x) = e^x - e^{-x}$ b) $f(x) = x \cdot e^{2x}$ c) $f(x) = 2x^2 - e^{2x}$

◒ **10** Nach Eröffnung einer neuen Attraktion werden die erwarteten täglichen Besucherzahlen modellhaft beschrieben durch die Funktion f mit $f(t) = 4(t-1)e^{-0{,}5t} + 8$ (t in Wochen nach Eröffnung; f(t) in Tausend).

a) Erläutern Sie anhand des Graphen von f den Verlauf der Besucherzahlen.

b) Bestimmen Sie, nach wie vielen Wochen mit der höchsten Besucherzahl gerechnet wird und wie hoch sie dann sein wird.

c) Bestimmen Sie den Zeitpunkt, an dem die Besucherzahl am stärksten sinkt.

d) Geben Sie an, mit welcher Besucherzahl langfristig gerechnet wird.

◒ **11** Gegeben ist die Funktion g mit $g(t) = e^{2t} - 4e^t$.

a) Bestimmen Sie die Schnittpunkte des Graphen von g mit den Koordinatenachsen.

b) Berechnen Sie die Koordinaten des Extrempunktes des Graphen von g.

c) Berechnen Sie die Koordinaten des Wendepunktes des Graphen von g.

d) Geben Sie die Gleichung der Asymptote des Graphen von g an.

◒ **12** Gegeben ist die Funktion f mit $f(x) = x^3 \cdot e^{-0{,}5x}$

a) Entnehmen Sie dem Graphen der Funktion näherungsweise die Extrem- und Wendepunkte und stellen Sie eine Vermutung über die Asymptote des Graphen auf.

b) Überprüfen Sie Ihre Ergebnisse und Vermutungen rechnerisch.

c) Geben Sie näherungsweise die x-Werte an, für die der Funktionswert 2 ist.

d) Berechnen Sie näherungsweise, wo die Steigung des Graphen den Wert 2 hat.

Hier bietet sich der Einsatz eines Rechners an.

13 Sophie bekommt eine Erkältung mit Fieber. Der Verlauf der Fieberkurve wird duch die Funktion f mit $f(t) = 1{,}5 \cdot t \cdot e^{-0{,}5t+1} + 37$ (t in Tagen nach dem Ausbruch des Fiebers, f(t) in °C) modelliert.

a) Berechnen Sie, nach wie vielen Tagen die Temperatur maximal ist und geben Sie die Höhe dieser Temperatur an.

b) Beweisen Sie, dass die Temperatur nach Erreichen des Maximums ständig abnimmt.

c) Bestimmen Sie den Zeitpunkt, an dem das Fieber am stärksten zurückgeht.

d) Geben Sie an, welche Temperatur sich langfristig bei Sophie einstellen wird.

e) Nach vier Tagen nimmt Sophie ein fiebersenkendes Medikament ein. Ihre Fieberkurve geht dadurch ohne Knick in eine Gerade über, bis wieder die Ausgangstemperatur erreicht ist. Bestimmen Sie den Zeitpunkt, an dem Sophie diese wieder erreicht.

f) Bei Max verläuft die Fieberkurve ganz ähnlich wie bei Sophie. Allerdings ist seine höchste Körpertemperatur niedriger als bei Sophie und er erreicht sie früher. Erläutern Sie, wie man den Funktionsterm verändern könnte, um den Fieberverlauf von Max zu beschreiben.

Test

Lösung | Seite 230

14 Der Pegel eines hochwasserführenden Bachlaufs lässt sich mithilfe der Funktion h mit $h(t) = 35 + 20t^2 \cdot e^{-\frac{t}{4}}$ beschreiben (t in Stunden seit Beginn des Hochwassers; $t \geq 0$; h(t) in cm).

a) Berechnen Sie, wie lange das Wasser ansteigt und welcher Pegelstand dann erreicht wird.

b) Geben Sie die anfängliche Wasserhöhe und den Pegel nach 24 Stunden an.

c) Bestimmen Sie die Wasserhöhe nach dem Hochwasser auf lange Sicht.

15 Gegeben ist die Funktion f_a mit $f_a(x) = (a - x) \cdot e^{-x}$, $a \in \mathbb{R}$.

a) Berechnen Sie die Minimumstelle und die Wendestelle der Funktion f_2 (für $a = 2$). Verzichten Sie dabei jeweils auf die hinreichende Bedingung.

b) Führen Sie die gleiche Berechnung für ein allgemeines a durch.

c) Geben Sie mithilfe der in Aufgabenteil b) gewonnenen Erkenntnisse den Parameter a des nebenstehenden Graphen an.

d) Erläutern Sie, wie man den Parameter a einfacher an den Schnittpunkten des Graphen mit den Koordinatenachsen bestimmen kann.

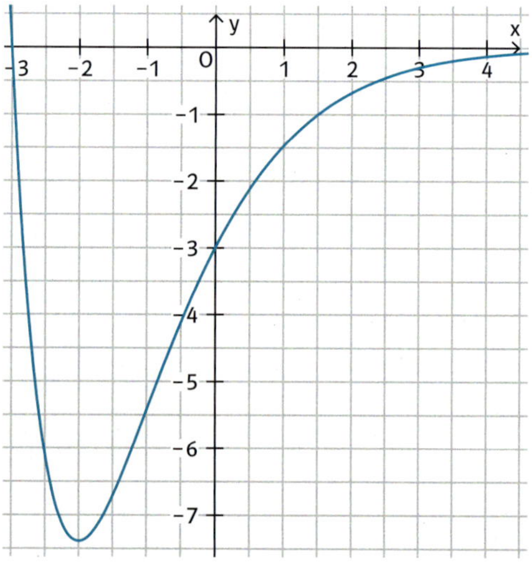

16 a) Bestimmen Sie die Extrempunkte des Graphen der Funktion f mit $f(x) = \frac{e^x}{x}$.

b) Beweisen Sie, dass die Funktion f mit $f(x) = \frac{e^x}{x^2 + 1}$ streng monoton wachsend ist.

c) Zeigen Sie, dass der Graph von f aus Teilaufgabe b) einen Sattelpunkt besitzt.

Grundwissen Test

Grundwissen
Seite 209
Lösung | Seite 230

17 Skizzieren Sie den Graphen der Funktion f. Berechnen Sie dazu die Schnittpunkte mit den Koordinatenachsen, die Extrem- und Wendepunkte des Graphen und berücksichtigen Sie eine eventuell vorhandene Symmetrie.

a) $f(x) = \frac{1}{4}x^3 - 3x$

b) $f(x) = x^4 - 3x^2 - 4$

6 Begrenztes Wachstum

Das Foto zeigt eine Petrischale, in der eine Bakterienkultur wächst.
Mit welchem Graphen kann man das Wachstum in der Endphase gut beschreiben?

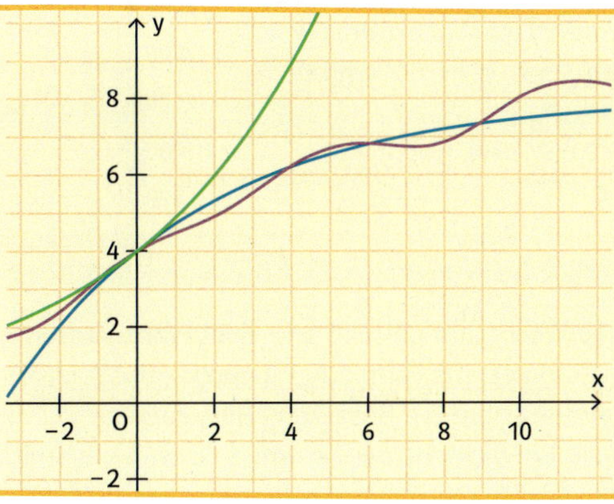

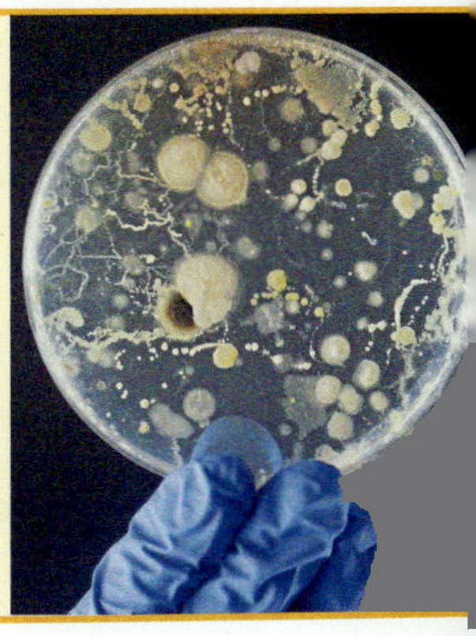

Wenn man aus einem Kühlschrank eine Flüssigkeit herausholt und in einem Raum stehen lässt, dann nähert sich die Temperatur der Flüssigkeit immer mehr der Raumtemperatur an. In der folgenden Tabelle sind Messwerte eines solchen Versuchs (bei einer Raumtemperatur von 20 °C) dargestellt. Die Temperatur des Getränks wurde jeweils im Abstand von 5 Minuten gemessen.

t (Zeit in Minuten)	0	5	10	15	20	25
f(t) (Temperatur in °C)	4	9,3	12,8	15,2	16,8	17,8
d(t) (Differenz zu 20 °C)	16	10,7	7,2	4,8	3,2	2,2

Wenn man die Messwerte f(t) grafisch darstellt, so erkennt man, dass diese ansteigen und dass die Steigung immer kleiner wird (vgl. Fig. 1).
Stellt man auch die Differenz $d(t) = 20 - f(t)$ zwischen den Messwerten und der Raumtemperatur grafisch dar, so kann man vermuten, dass die Differenz exponentiell abnimmt (vgl. Fig. 2).

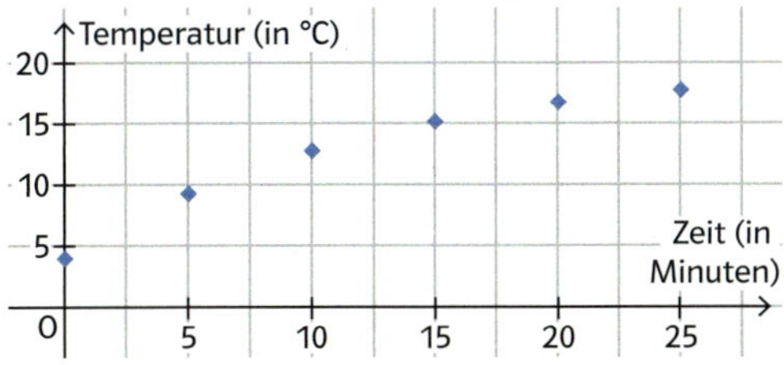

Fig. 1: Temperaturverlauf der Flüssigkeit

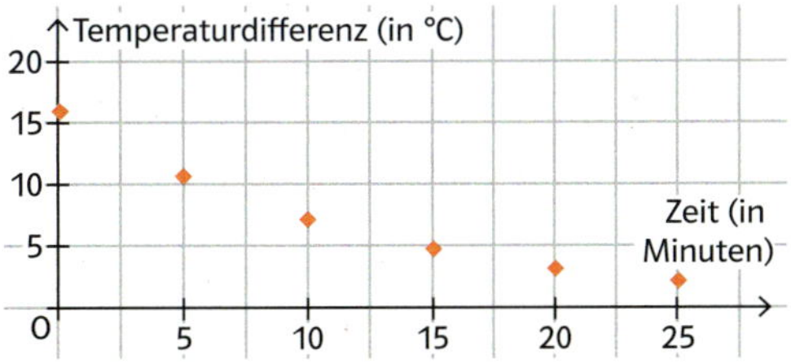

Fig. 2: Differenz zwischen der Raumtemperatur und der Temperatur der Flüssigkeit

Die Datenpunkte aus Fig. 2 können dann näherungsweise durch eine Exponentialfunktion der Form $d(t) = c \cdot e^{-k \cdot t}$ (mit $k > 0$) beschrieben werden. Mit $P(0|16)$ folgt direkt $c = 16$.
k lässt sich z. B. durch Einsetzen der Koordinaten von $Q(25|2{,}2)$ in die Funktionsgleichung berechnen. Man erhält $2{,}2 = 16 \cdot e^{-k \cdot 25}$. Umformen ergibt $k = -\frac{1}{25} \cdot \ln\left(\frac{2{,}2}{16}\right) \approx 0{,}08$ und somit $d(t) = 16 \cdot e^{-0{,}08t}$. Für die Temperatur der Flüssigkeit in °C nach t Minuten erhält man dann die Modellfunktion f mit $f(t) = 20 - 16 \cdot e^{-0{,}08t}$. Da die Funktionswerte sich der Außentemperatur immer mehr annähern, diese aber in dem Modell nicht erreichen, spricht man von **begrenztem Wachstum**. Die Raumtemperatur entspricht hier der **Schranke S = 20**.

Satz: Begrenztes Wachstum mit der Schranke S liegt vor, wenn die Differenzen zwischen einer Schranke S und dem Bestand zum Zeitpunkt t exponentiell abnehmen.
Den Bestand zum Zeitpunkt t kann man mithilfe einer Funktion vom Typ $f(t) = S - c \cdot q^t$ $(0 < q < 1)$ bzw. $f(t) = S - c \cdot e^{-k \cdot t}$ (mit $k > 0$) bestimmen. Dabei ist $c = S - f(0)$ und $k = -\ln(q)$. Die Funktionswerte f(t) nähern sich **asymptotisch** der Schranke S.

Die Differenzfunktion d mit $d(t) = S - f(t)$ nennt man auch Restbestand.

Auch wenn der Bestand sich wie in der Abbildung von oben einer Schranke S nähert, spricht man von begrenztem Wachstum. Für $S = 1000$; $B(0) = 2500$ und $q = 0{,}65$ ergibt sich
$B(t) = 1000 + 1500 \cdot 0{,}65^t$ bzw.
$f(t) = 1000 + 1500 \cdot e^{-0{,}4308t}$.

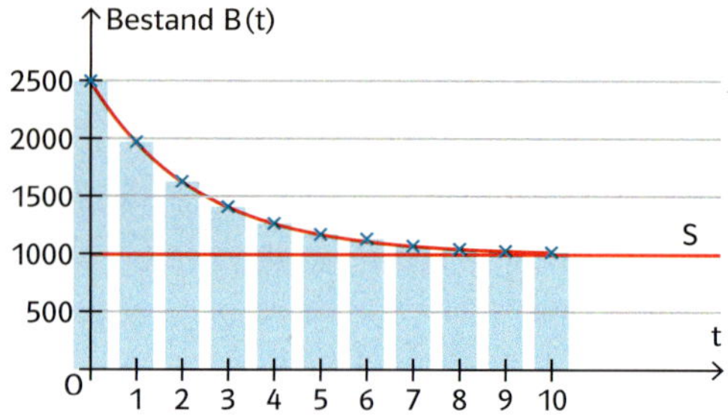

Den Restbestand d berechnet man hier als $d(t) = B(t) - S$.

Beispiel **Begrenztes Wachstum mithilfe von zwei Wertepaaren modellieren**

Die Besatzung eines Raumschiffs kann durch begrenztes Wachstum mit der Schranke $S = 2000$ modelliert werden. Anfangs hat die Besatzung 500, nach zehn Jahren 800 Mitglieder.

a) Beschreiben Sie die Entwicklung der Anzahl an Besatzungsmitgliedern mithilfe einer geeigneten Funktion.
b) Berechnen Sie, wie groß diese Anzahl nach 100 Jahren etwa sein wird bzw. wie groß sie vor zehn Jahren war.
c) Berechnen Sie, nach wie vielen Jahren 1500 Besatzungsmitglieder an Bord sind.
d) Berechnen Sie, wann die Wachstumsgeschwindigkeit etwa zehn Mitglieder pro Jahr beträgt.

Die **Wachstumsgeschwindigkeit** entspricht der Bestandsänderung.

Lösung

a) Ansatz (x in Jahren): $f(x) = 2000 - c \cdot e^{-kx}$
c mithilfe des 1. Wertepaares bestimmen: $f(0) = 2000 - c = 500$; also $c = 1500$
k mithilfe des 2. Wertepaares bestimmen: $2000 - 1500e^{-10k} = 800$; da $f(10) = 800$
Lösung der Gleichung: $k = -\frac{\ln\left(\frac{4}{5}\right)}{10} \approx 0{,}0223$
Gleichung von f: $f(x) = 2000 - 1500 \cdot e^{-0{,}0223x}$

b) $f(100) = 2000 - 1500 \cdot e^{-0{,}0223 \cdot 100} \approx 1840$; $f(-10) = 2000 - 1500 \cdot e^{-0{,}0223 \cdot (-10)} \approx 125$
Die Anzahl nach 100 Jahren beträgt etwa 1840, vor zehn Jahren betrug sie etwa 125.

c) Zu lösen ist die Gleichung $2000 - 1500 \cdot e^{-0{,}0223x} = 1500$.
Lösung der Gleichung: $x = \frac{\ln(3)}{0{,}0223} \approx 49{,}27$
Nach etwa 49 Jahren werden 1500 Besatzungsmitglieder an Bord sein.

d) $f'(x) = 1500 \cdot 0{,}0223 \cdot e^{-0{,}0223x} = 33{,}45e^{-0{,}0223x}$;
$f'(x) = 10$ hat die Lösung $x \approx 54$.
Nach etwa 54 Jahren beträgt die Wachstumsgeschwindigkeit zehn Mitglieder pro Jahr.

Aufgaben

○ **1** Das Wachstum eines Bestandes wird beschrieben durch
I: $f(x) = 50 - 30 \cdot 0{,}8^x$ II: $f(x) = 50 - 50 \cdot e^{-0{,}25x}$ III: $f(x) = 10 + 50 \cdot e^{-0{,}25x}$

a) Geben Sie die Schranke S und den Anfangsbestand an. Zeichnen Sie den Graphen.
b) Berechnen Sie den Bestand nach zehn Tagen und den Bestand vor einer Woche.
c) Bestimmen Sie den Zeitpunkt, zu dem der Bestand 40 beträgt.
d) Geben Sie die Wachstumsgeschwindigkeit nach zehn Tagen an.

Bei Aufgabe 1 wird x in Tagen gemessen.

○ **2** Beschreiben Sie den Bestand mit begrenztem Wachstum durch eine Funktion.

a) $S = 100$; $f(0) = 10$; $f(1) = 20$
b) $S = 100$; $f(0) = 200$; $f(10) = 150$
c) $S = 100$; $f(0) = 0$; $f(1) = 10$
d) $S = 0$; $f(0) = 100$; $f(10) = 50$

○ **3** Weisen Sie nach, dass begrenztes Wachstum mit der Schranke $S = 60$ vorliegt.

a)

t	0	1	2	3	4	5	6
B(t)	10,0	35,00	47,50	53,75	56,88	58,44	59,22

b)

t	0	1	2	3	4	5	6
B(t)	90,0	75,00	67,50	63,75	61,88	60,94	60,47

○ **4** Eine Flasche Saft mit der Temperatur 8 °C wird aus dem Kühlschrank genommen und auf den Gartentisch gestellt, wo eine Außentemperatur von 30 °C herrscht. Nach 12 Minuten beträgt die Temperatur des Saftes 15 °C.

a) Experimente zeigen, dass die Safttemperatur nach den Gesetzen des begrenzten Wachstums steigt. Erläutern Sie, was das für die Differenz zwischen Außen- und Safttemperatur bedeutet.

b) Stellen Sie eine Funktion f für die Temperatur des Saftes nach x Minuten auf.

c) Chris will den Saft schon nach fünf Minuten trinken. Bestimmen Sie die Temperatur, die der Saft dann hat.

d) Oma will den Saft erst trinken, wenn er eine Temperatur von 20 °C erreicht hat. Berechnen Sie, wie lange Oma warten muss.

e) Bestimmen Sie den Zeitpunkt, an dem der Saft sich um 0,5 °C pro Minute erwärmt.

○ Test

→ Lösung | Seite 230

5 Eine Bakterienkultur wird in einer Petrischale (Fläche $35\,cm^2$) angesetzt. Sie überdeckt anfangs eine Fläche von $2\,cm^2$, die nach einem Tag auf $5\,cm^2$ anwächst.
Nehmen Sie begrenztes Wachstum an und bestimmen Sie eine Funktion f, die das Wachstum beschreibt. Bearbeiten Sie mit Ihrer Modellfunktion die folgenden Aufgaben.

a) Berechnen Sie den Inhalt der Fläche, welche die Kultur nach 5 Tagen bzw. 5 Stunden überdeckt.

b) Berechnen Sie den Zeitpunkt, zu dem die Petrischale zur Hälfte von der Kultur überdeckt ist.

c) Berechnen Sie den Zeitpunkt, zu dem die Wachstumsgeschwindigkeit $0{,}5\,cm^2$ pro Tag beträgt.

◒ **6** a) Begründen Sie, warum man für den Bestand in der nebenstehenden Tabelle von begrenztem Wachstum mit der Schranke $S = 800$ ausgehen kann.

b) Geben Sie eine Modellierung des Bestands mithilfe einer Funktion f an.

c) Bestimmen Sie t so, dass $f(t) - f(t-1)$ für die Funktion aus Teilaufgabe a) etwa den Wert 2 hat.

t in Tagen	B(t)	t in Tagen	B(t)
0	320	6	631
1	397	7	658
2	461	8	681
3	516	9	700
4	561	10	716
5	599		

◒ **7** a) Begründen Sie, dass in Fig. 1 begrenztes Wachstum mit der Schranke $S = 80$ dargestellt ist.

b) Bestimmen Sie eine Funktion, die den Bestand beschreibt.

c) Welcher Bestand ergibt sich nach 15 Minuten? Nach wie vielen Minuten beträgt der Bestand 200?

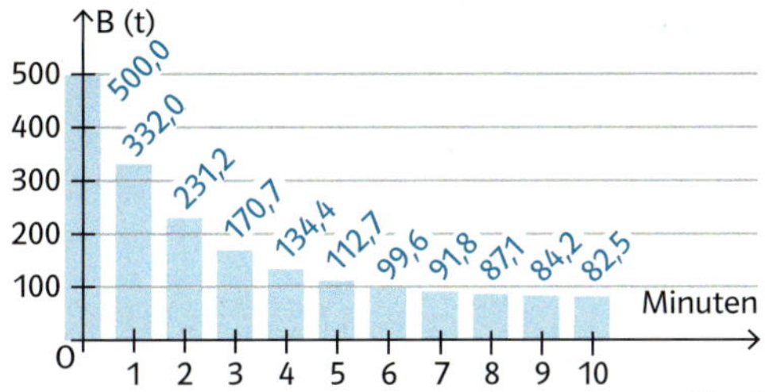

Fig. 1

◒ **8** Pia meint: „Bei der Funktion $f(x) = -2e^{-0{,}1x}$ gibt es auch begrenztes Wachstum".
Sami: „Kann nicht sein, es gibt ja gar keine Schranke!" Beurteilen Sie die beiden Aussagen.

◒ **9** Die Aufgabe 4 wird abgeändert: Saft mit der Temperatur 30 °C wird in einen Kühlschrank mit Innentemperatur 8 °C gestellt.

a) Beschreiben Sie, wie sich die Differenz von Safttemperatur und Innentemperatur des Kühlschranks ändert.

b) Angenommen, der Saft kühlt sich im Kühlschrank stets mit derselben Geschwindigkeit ab, wie er sich bei den Bedingungen von Aufgabe 4 an der Außenluft erwärmt. Stellen Sie unter dieser Annahme eine Funktion für die Temperatur des Saftes nach x Minuten auf.

10 Ordnen Sie jedem Graphen (Fig. 1 – 3) die passenden Funktionsgleichung zu. Begründen Sie Ihr Vorgehen und geben Sie die Asymptote des Graphen an.

$f(x) = 5 + 4e^{-0,7x}$ **1**

$f(x) = \frac{4}{3} \cdot e^{-0,5x}$ **2**

$f(x) = 5 - 4 \cdot 0,7^x$ **3**

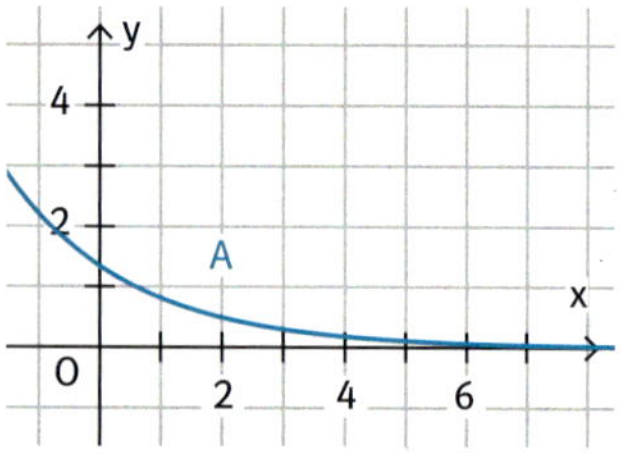

Fig. 1

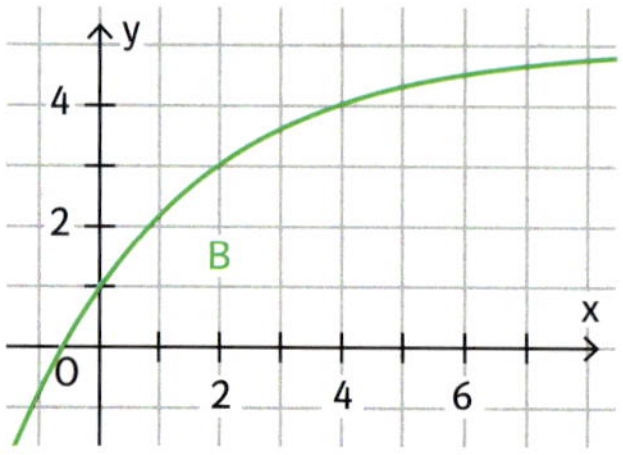

Fig. 2

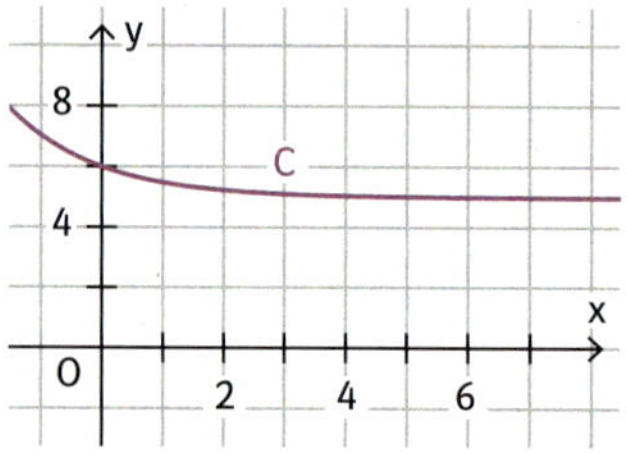

Fig. 3

Test

Lösung | Seite 230

11 Eine Firma bringt ein neues Waschmittel auf den Markt. Die Marketingabteilung schätzt, dass die Firma damit einen Marktanteil von 30 % erreichen kann. Schon nach einem Monat steigt der Marktanteil von 0 auf 10 %. Untersuchen Sie, ob man daraus unter der Annahme begrenzten Wachstums folgern kann, dass der Marktanteil nach einem halben Jahr bereits über 25 % beträgt. Berechnen Sie dann die Änderungsrate des Marktanteils (in Prozent pro Monat).

12 Über eine Tropfinfusion wird in jeder Sekunde 0,1 ml eines Medikamentes zugeführt. Der Körper baut in jeder Sekunde 2 % des bereits im Blut vorhandenen Medikamentes ab. Untersuchen Sie, ob die Menge des Medikaments im Blut begrenzt wächst. Berechnen Sie, wie viel von dem Medikament nach einer Minute im Blut ist und zu welchem Zeitpunkt 0,01 l pro Minute aufgenommen werden.

13 In ein biologisches Klärbecken, in dem anfangs 400 Liter Abwasser sind, laufen pro Minute 90 Liter Abwasser ein. Ständig fließen 6 % des vorhandenen Abwassers als geklärtes Wasser ab.

a) Zeigen Sie, dass die Funktion f mit $f(t) = 1500 - 1100 \cdot e^{-0,06t}$ diesen Sachverhalt modelliert.

b) Berechnen Sie den Zeitpunkt, zu dem 1000 Liter im Klärbecken sind.

14 Ein Schuh sinkt in einen See. Für seine Sinkgeschwindigkeit gilt: $v(t) = 2,5 \cdot (1 - e^{-0,1 \cdot t})$ (t: Zeit in Sekunden seit Beobachtungsbeginn, v(t) in $\frac{m}{s}$).
Welche der folgenden Aussagen sind richtig? Welche sind falsch? Begründen Sie.

a) Die Sinkgeschwindigkeit ist immer positiv.

b) Die maximale Sinkgeschwindigkeit wird zu Beobachtungsbeginn erreicht.

c) Der Schuh erreicht den Boden des Sees nie.

d) Die Sinkgeschwindigkeit ist immer kleiner als $2,5 \frac{m}{s}$.

e) Die Sinkgeschwindigkeit verdoppelt sich jeweils innerhalb von 0,9 Sekunden.

Grundwissen Test

Grundwissen
Seite 209
Lösungen | Seite 230

15 Gegeben ist eine ganzrationale Funktion f dritten Grades. Beschreiben Sie, wie sich der Graph von f für $x \to \pm\infty$ verhält.

16 Ordnen Sie die nebenstehenden Graphen den Funktionsgleichungen zu. Begründen Sie Ihre Entscheidung.

a) $f(x) = -x^4 + 2x^3 + 1$

b) $f(x) = x^5 - 2x^4 + 3$

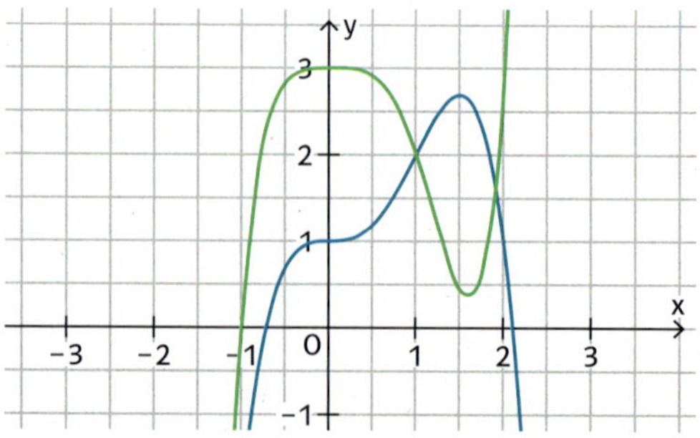

Die ln-Funktion und ihre Ableitung

x ↓	-1	0	1	2	$x = \ln(y)$
$y = e^x$	$e^{-1} \approx 0{,}4$	$e^0 = 1$	$e \approx 2{,}7$	$e^2 \approx 7{,}4$	↑ y

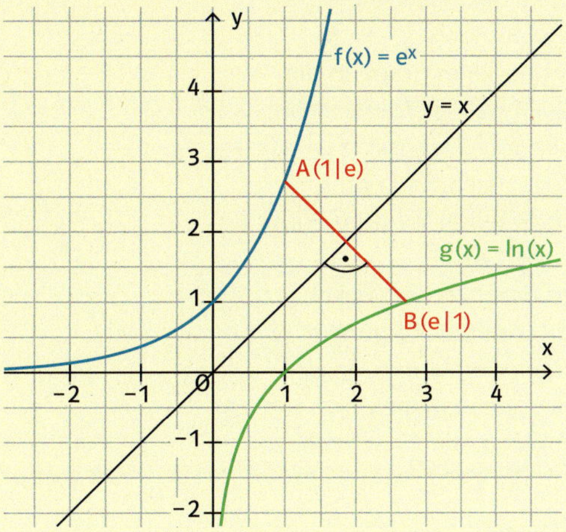

Die Funktion f mit $f(x) = e^x$ ordnet jeder reellen Zahl x genau eine positive Zahl $y = e^x$ zu. Umgekehrt kann man hier jedem $y > 0$ auch eine reelle Zahl $x = \ln(y)$ zuordnen. Diese Zuordnung g nennt man auch **Umkehrfunktion** der natürlichen Exponentialfunktion. Wenn wir diese wie gewohnt in Abhängigkeit von x notieren, erhalten wir $g(x) = \ln(x)$, wobei $x > 0$ gelten muss. Der Graph ist in der Abbildung grün dargestellt.

Ist $P(x \mid e^x)$ ein Punkt des Graphen der natürlichen Exponentialfunktion, dann ist der Punkt $(e^x \mid x)$ ein Punkt des Graphen der **natürlichen Logarithmusfunktion ln**. Der Graph der natürlichen Logarithmusfunktion ln geht aus dem Graphen der natürlichen Exponentialfunktion hervor, indem bei jedem Punkt die x- und die y-Koordinate vertauscht werden.

Daher liegen die Graphen einer Funktion und ihrer Umkehrfunktion symmetrisch zur 1. Winkelhalbierenden mit $y = x$.

Die Verkettung einer Funktion f mit ihrer Umkehrfunktion g zu $f(g(x))$ liefert stets wieder das Argument x der inneren Funktion. Die Reihenfolge der Verkettung ist dabei egal, da eine Funktion die Umkehrfunktion ihrer eigenen Umkehrfunktion ist. Es ist sowohl $f(g(x)) = e^{\ln(x)} = x$, als auch $g(f(x)) = \ln(e^x) = x$

Bei einer Funktion und ihrer Umkehrfunktion sind Definitionsmenge und Wertemenge vertauscht ($D_f = W_g$ und $W_f = D_g$).

Die Ableitung der natürlichen Logarithmusfunktion g mit $g(x) = \ln(x)$ ergibt sich mithilfe der Kettenregel.
Aus $x = e^{\ln(x)} = e^{g(x)}$ folgt durch Ableiten: $1 = e^{g(x)} \cdot g'(x) = e^{\ln(x)} \cdot g'(x) = x \cdot g'(x)$.
Somit ergibt sich die Ableitung $g'(x) = \frac{1}{x}$ (für $x > 0$).

1 Leiten Sie f ab.

a) $f(x) = x + \ln(x)$ b) $f(x) = 3 \cdot \ln(x + 1)$ c) $f(x) = \ln(x^2 + 1)$ d) $f(x) = x \cdot \ln(x)$

2 Gegeben ist die natürliche Logarithmusfunktion ln.

a) Geben Sie den x-Wert an, für den ln den Funktionswert 3 besitzt.
b) Bestimmen Sie die Nullstelle von ln.
c) Zeigen Sie, dass ln streng monoton steigend ist.
d) Zeigen Sie, dass der Graph von ln rechtsgekrümmt ist.

3 Berechnen Sie die Ableitung der Funktion f auf zwei verschiedene Arten.

a) $f(x) = x \cdot (\ln(x) - 1)$ b) $f(x) = \ln(tx)$; $t > 0$

c) $f(x) = \ln\left(\frac{t}{x}\right)$; $t > 0$ d) $f(x) = \ln(x^k)$

Exkursion

Die Ableitung der Umkehrfunktion

Die Ableitung g′ der Umkehrfunktion g zu einer gegebenen Funktion f mit bekannter Ableitung f′ kann allgemein bestimmt werden. Dazu folgende Betrachtung:

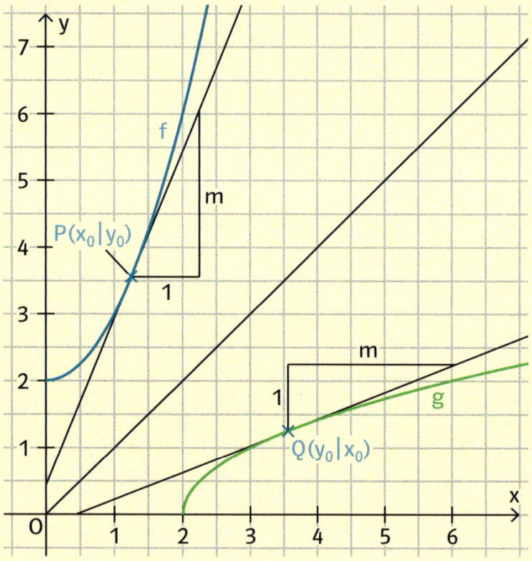

Sind die Funktionen f und g Umkehrfunktionen zueinander, dann liegen sie symmetrisch zur ersten Winkelhalbierenden $y = x$. Der Punkt $P(x_0 | y_0)$ liegt auf dem Graphen der Funktion f, wobei $y_0 = f(x_0)$ ist. Dementsprechend liegt der Punkt $Q(y_0 | x_0)$ mit $x_0 = g(y_0)$ auf dem Graphen der Umkehrfunktion g.
Die Tangente an den Graphen von f im Punkt P hat die Steigung $m = f'(x_0)$.
Die Tangente an den Graphen der Umkehrfunktion g im Punkt Q hat die Steigung $g'(y_0)$. Dieser Wert ist der Kehrwert von m, da das Steigungsdreieck durch die Spiegelung ebenfalls verändert wird. Aus „gehe 1 nach rechts und m nach oben" an der Tangente von f wird bei der Tangente von g „gehe m nach rechts und 1 nach oben". Die Steigung der Tangente an den Graphen von g im Punkt Q ist also $\frac{1}{m}$.

Mit $g'(y_0) = \frac{1}{m} = \frac{1}{f'(x_0)}$ und $x_0 = g(y_0)$ folgt daraus: $g'(y_0) = \frac{1}{f'(g(y_0))}$. Vertauscht man jetzt, wie bei der Umkehrfunktion üblich, die Variablen x und y, um wieder wie gewohnt eine Funktion in Abhängigkeit der Variablen x zu bekommen, erhält man als Ableitung der Umkehrfunktion
$g'(x) = \frac{1}{f'(g(x))}$.

Wendet man dieses Ergebnis auf die Funktion $f(x) = e^x$ an, so erhält man die Ableitung der Logarithmusfunktion $g(x) = \ln(x)$.
Mit $f'(x) = e^x$ erhält man $g'(x) = \frac{1}{e^{g(x)}} = \frac{1}{e^{\ln(x)}} = \frac{1}{x}$.

1 Bestimmen Sie mithilfe der oben angegebenen Formel die Ableitung der Umkehrfunktion und vergleichen Sie Ihr Ergebnis mit Ihrer „herkömmlichen" Methode.

a) $f(x) = x^2$, $g(x) = \sqrt{x}$
b) $f(x) = x^3$, $g(x) = \sqrt[3]{x}$
c) $f(x) = \frac{1}{x}$, $g(x) = \frac{1}{x}$
d) $f(x) = \frac{1}{x^2}$, $g(x) = \frac{1}{\sqrt{x}}$

2 Die Umkehrfunktion der Sinus-Funktion mit $f(x) = \sin(x)$ ist die Arcussinus-Funktion mit $g(x) = \arcsin(x)$. Um sie berechnen zu können, muss die Definitionsmenge der Sinusfunktion auf das Intervall $\left[-\frac{\pi}{2}; \frac{\pi}{2}\right]$ eingeschränkt werden. Die Arcussinus-Funktion hat dann als Definitionsmenge $D_g = [-1; 1]$, was der Wertemenge von f entspricht.
Berechnen Sie die Ableitung der Arcussinus-Funktion mit $g(x) = \arcsin(x)$.

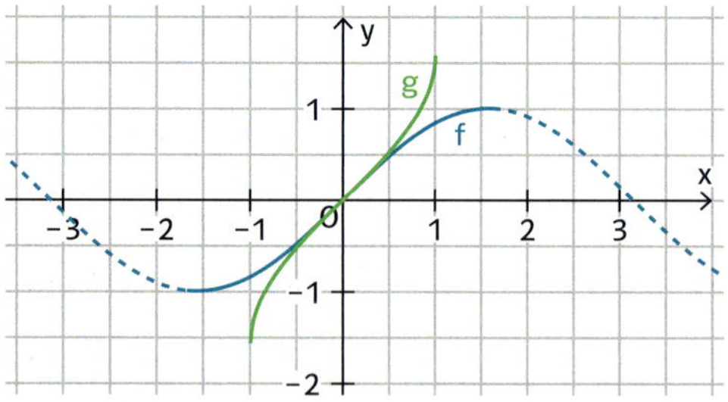

Lösungen | Seite 231

○ **1** Gegeben ist die Funktion f mit $f(x) = 0{,}5e^{-2x}$. In Fig. 1 bis 4 sind die Graphen der Funktionen f_1, f_2, f_3 und f_4 abgebildet mit $f_1(x) = f(x)$, $f_2(x) = f'(x)$, $f_3(x) = x \cdot f(x)$ und $f_4(x) = \frac{1}{f(x)}$.
Ordnen Sie den dargestellten Graphen die richtige Funktion zu und begründen Sie Ihre Antwort.

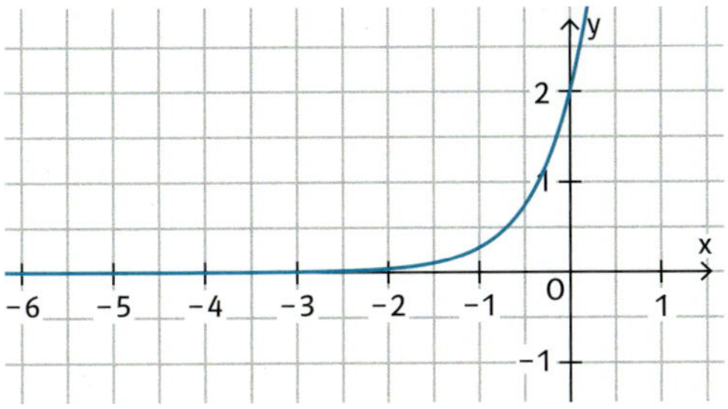

Fig. 1

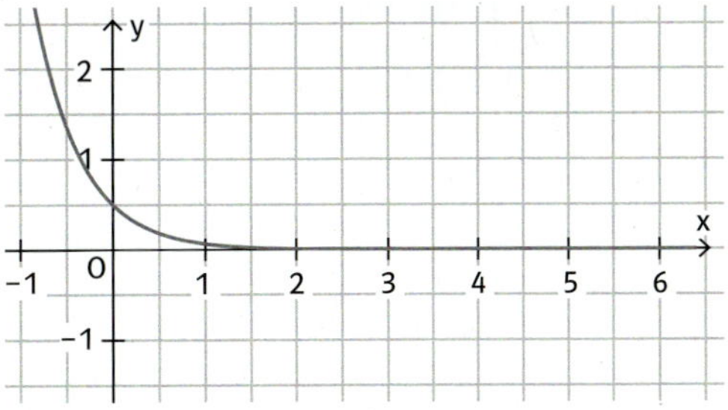

Fig. 2

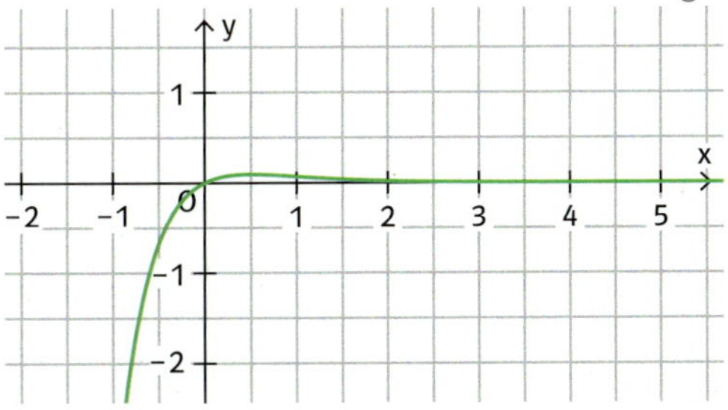

Fig. 3

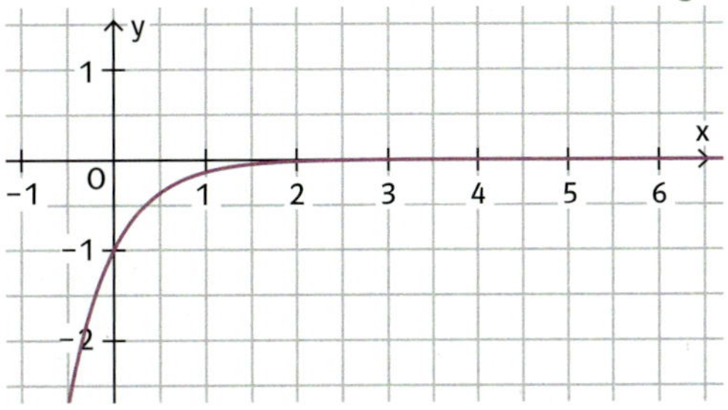

Fig. 4

○ **2** Zeichnen Sie zunächst den Graphen der natürlichen Exponentialfunktion f mit $f(x) = e^x$ in einem selbstgewählten Bereich. Skizzieren Sie damit den Graphen von g.

a) $g(x) = e^{x-3}$ **b)** $g(x) = 2 \cdot e^{x-3}$ **c)** $g(x) = -0{,}5 \cdot e^{x-3}$

○ **3** Gegeben ist die Funktion f mit $f(x) = e^{0{,}5x} - x$.

a) Bestimmen Sie die ersten beiden Ableitungen und zeigen Sie, dass der Graph von f einen Tiefpunkt hat. Berechnen Sie die Koordinaten des Tiefpunktes.

b) Zeigen Sie rechnerisch, dass der Graph von f keine Wendepunkte hat.

○ **4** Gegeben ist der Graph K der natürlichen Exponentialfunktion.

a) Bestimmen Sie die Gleichungen der Tangenten an K in den Punkten $A(1 \mid e)$ und $B\left(-1 \mid \frac{1}{e}\right)$.

b) Berechnen Sie den Schnittpunkt der Tangente an K im Punkt A mit der x-Achse.

c) Geben Sie die Steigungen der Normalen an K in den Punkten A und B an.

○ **5** Bestimmen Sie den Punkt, in dem der Graph der Funktion f mit $f(x) = 2e^{0{,}5x+1} - 1$

a) die Steigung 1, **b)** die Steigung e, **c)** die Steigung 2 hat.

○ **6** Bestimmen Sie die Gleichung der Tangente an den Graphen von f im Punkt P.

a) $f(x) = e^{-x}$; $P(0 \mid f(0))$

b) $f(x) = \frac{1}{2}e^{-2x}$; $P(1 \mid f(1))$

c) $f(x) = -2x \cdot e^{-x}$; $P(-1 \mid f(-1))$

○ **7** Lösen Sie die Gleichung.

a) $e^{2x} = 9$ **b)** $5 \cdot e^{3x} - 7 = 33$ **c)** $\frac{2x-4}{e^x} = 0$

d) $4 \cdot e^x - e^x \cdot e^x = 0$ **e)** $(e^{3x} - 27) \cdot (x^3 + 27) = 0$ **f)** $(3x - 1) \cdot (e^{2x} - e) = 0$

g) $7e^t - \frac{1}{2}e^{2t} = 0$ **h)** $e \cdot e^{x+2} - e^{2x} = 0$ **i)** $5 \cdot e^{3-7t} - 4 = 16$

8 Wenden Sie die Potenzgesetze an, um die Funktionsvorschrift in der Form e^{kx+r} zu schreiben und bestimmen Sie anschließend die Ableitung.

a) $f(x) = e^3 \cdot e^x$
b) $f(x) = (e^x)^3$
c) $f(x) = (e^{x+4})^2$
d) $f(x) = e^x \cdot e^{3x} \cdot e^5$
e) $f(x) = e^7 \cdot e^{-3x} \cdot e^{-6}$
f) $f(x) = e^{-1} \cdot e^{-3} \cdot e^x$
g) $f(x) = (e^{-x} \cdot e^5 \cdot e^{4x})^3$
h) $f(x) = (e^{-4x} \cdot e \cdot e^x)^5$
i) $f(x) = \left(\frac{1}{e^x} \cdot e^{4x} \cdot e^3\right)^2$

9 Bestimmen Sie die Extremstellen von f.

a) $f(x) = x \cdot e^x$
b) $f(x) = \frac{x}{e^x}$
c) $f(x) = 2 + x \cdot e^{2x}$
d) $f(x) = x \cdot e^{2x+1}$
e) $f(x) = 5x \cdot e^x - 5$
f) $f(x) = (x+1) \cdot e^x$
g) $f(x) = e^x \cdot (x^2 - 3)$
h) $f(x) = (x^2 + x - 1) \cdot e^x$
i) $f(x) = (x - 3) \cdot e^{-2x+5}$

10 Gilt immer – gilt nie – es kommt darauf an
Entscheiden Sie sich bei jeder Aussage für eine der Optionen und begründen Sie Ihre Wahl.

a) Exponentialfunktionen vom Typ $f(x) = e^{kx}$ sind streng monoton fallend.
b) Der Graph einer Exponentialfunktion f mit $f(x) = e^{ax}$ $(a \neq 0)$ ist rechtsgekrümmt.
c) Die Steigung der Tangenten an den Graphen von $f(x) = e^{ax}$ $(a \neq 0)$ ist negativ.
d) Die Ableitung von Exponentialfunktionen vom Typ $f(x) = a^x$ mit der Basis $a > 1$ verläuft oberhalb der x-Achse.
e) Der Graph von f mit $f(x) = c \cdot e^x$ verläuft für $c > 0$ oberhalb des Graphen von g mit $g(x) = e^x$.
f) Für eine Exponentialfunktion vom Typ $f(x) = e^{kx}$ gilt $f'(0) = 1$.
g) Die Steigung des Graphen der natürlichen Exponentialfunktion an der Stelle x_0 ist kleiner als die Steigung der Geraden g mit $g(x) = x + 1$ an der Stelle x_0.

11 Das radioaktive Isotop Caesium-137 mit einer Halbwertszeit von rund 30 Jahren wurde bei dem Unfall in Tschernobyl im Jahr 1986 in größeren Mengen freigesetzt. Berechnen Sie, wie viel Prozent des anfänglich freigesetzten Caesiums heute noch aktiv sind.

12 Nach einem Brand in einer Chemiefabrik steigt die Konzentration von perfluorierten Tensiden (PFT) in einem nahe gelegenen See deutlich an. Durch den Zu- und Ablauf von Wasser verringert sich die PFT-Konzentration im See wieder. Die PFT-Konzentration im See kann in den ersten Wochen mithilfe der Funktion $k(x) = 250x \cdot e^{-0{,}5x} + 20$ modelliert werden
(x: Anzahl der Wochen nach dem Unfall; k: Konzentration in $\frac{ng}{l}$).

a) Berechnen Sie den Zeitpunkt, zu dem die PFT-Konzentration am größten ist. Wie hoch ist der höchste Wert der PFT-Konzentration?
b) Bestimmen Sie auf ganze Wochen genau, wann die PFT-Konzentration erstmals nach dem Unfall unter $50\,\frac{ng}{l}$ fällt.
c) Berechnen Sie den Zeitpunkt, zu dem die PFT-Konzentration am stärksten abnimmt.
d) Geben Sie an, welche PFT-Konzentration sich in diesem Modell auf lange Sicht einstellen wird.

Perfluorierte Tenside werden wegen ihrer besonderen physikalisch-chemischen Eigenschaften in einer Vielzahl von Produkten verwendet. PFT stehen im Verdacht, krebserregend zu sein.

ng: Nanogramm

13 Gegeben ist die Funktion f mit $f(x) = e^{kx} - 1$ $(k > 0)$.

a) Berechnen Sie den Wert von k, für den $f(2) = 5$ ist.
b) Berechnen Sie den Wert von k, für den der Graph von f′ die y-Achse im Punkt $S(0\,|\,3)$ schneidet.
c) Berechnen Sie den Wert von k, für den f mit der Funktion g mit $g(x) = 8^x - 1$ übereinstimmt.
d) Berechnen Sie den Wert von k, für den die Normale in $P(1\,|\,f(1))$ die x-Achse im Punkt $Q(2\,|\,0)$ schneidet.
e) Zeigen Sie, dass der Graph von f für jeden Wert von k durch den Ursprung geht.
f) Zeigen Sie, dass f für jeden Wert von k monoton steigend und der Graph von f linksgekrümmt ist.
g) Wählen Sie $k = 1$ und bestimmen Sie die Gleichung der Normalen an den Graphen von f im Punkt $P(1\,|\,f(1))$. Geben Sie die Nullstelle der Normalen an.

Test

Kopiervorlage
Check-out
268fa4

II Verknüpfung von Funktionen und Wachstum

Natürliche Exponentialfunktion

Die Exponentialfunktion f mit $f(x) = e^x$ stimmt mit ihrer Ableitungsfunktion f′ überein.
Die Funktion f heißt natürliche Exponentialfunktion.
Für die Funktion f mit $f(x) = e^x$ gilt $f'(x) = e^x$.
Die Basis $e \approx 2{,}71828$ der natürlichen Exponentialfunktion heißt Euler'sche Zahl.

Graph der natürlichen Exponentialfunktion:

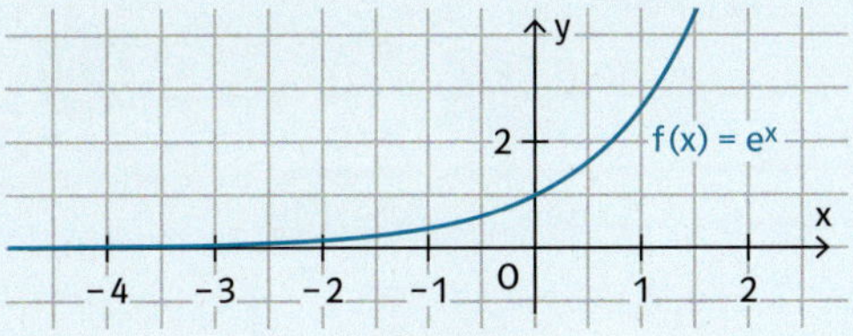

Ableitungsregeln

„kleine Kettenregel":

$f(x) = e^{kx+r}$ $\quad f'(x) = k \cdot e^{kx+r}$ $(k,\ r \in \mathbb{R})$

$f(x) = g(kx + r)$ $\quad f'(x) = k \cdot g'(kx + r)$.

$f(x) = e^{3x+5}$ $\quad f'(x) = 3 \cdot e^{3x+5}$

$f(x) = 2 \cdot \sin(3x + \pi)$ $\quad f'(x) = 6 \cdot \cos(3x + \pi)$

Produktregel: $f(x) = u(x) \cdot v(x)$ $\quad f'(x) = u'(x) \cdot v(x) + u(x) \cdot v'(x)$

$f(x) = x \cdot \sin(x)$ $\quad f'(x) = \sin(x) + x \cdot \cos(x)$

Der natürliche Logarithmus

Die Exponentialgleichung $e^x = b$ hat für $b > 0$ als Lösung den natürlichen Logarithmus von b, kurz $x = \ln(b)$.
Für $b \le 0$ hat die Gleichung $e^x = b$ keine Lösung.

$e^{3x} = 5 \quad | \ln$

$3x = \ln(5) \quad | :3$

$x = \frac{\ln(5)}{3} \approx 0{,}54$

Ableitung von Exponentialfunktionen zur Basis a

Exponentialfunktionen der Form $f(x) = a^x$ lassen sich mit der Basis e schreiben.
$f(x) = a^x = e^{kx}$ mit $k = \ln(a)$
Es gilt: $f'(x) = \ln(a) \cdot e^{\ln(a) \cdot x} = \ln(a) \cdot a^x$

$f(x) = 3^x = e^{\ln(3) \cdot x}$
Daraus folgt: $f'(x) = \ln(3) \cdot 3^x$

Begrenztes Wachstum mit Schranke S

Funktionsdarstellung: $f(x) = S - c \cdot a^x \quad (0 < a < 1)$
$= S - c \cdot e^{-kx} \quad (k = -\ln(a) < 0)$
Es gilt: $c = S - f(0)$.

Ein Bestand beträgt anfangs 2, nach einem Zeitschritt 5 und wächst asymptotisch gegen die Schranke $S = 10$:
Ansatz: $f(x) = 10 - c \cdot e^{-kx}$
Aus $f(0) = 2$ folgt: $c = 10 - 2 = 8$.
Aus $f(1) = 5$ folgt: $10 - 8e^{-k} = 5$,
also $k = -\ln(0{,}625) \approx 0{,}47$
Funktionsdarstellung $f(x) = 10 - 8e^{-0{,}47x}$

Runde 1

Lösungen | Seite 232

1 Ordnen Sie den Graphen in der Abbildung jeweils den richtigen Funktionsterm zu. Begründen Sie.

$a(x) = e^x$ 1
$b(x) = 0{,}5 \cdot e^x$ 2
$d(x) = 2 \cdot e^{-x}$ 3
$c(x) = -e^{-x}$ 4
$e(x) = -2 \cdot e^x$ 5
$f(x) = -0{,}5 e^{-x}$ 6

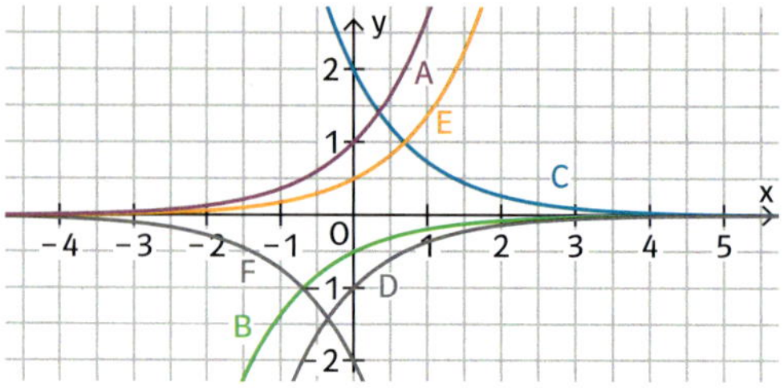

2 Bilden Sie die Ableitung der Funktion f mit

a) $f(x) = x^2 \cdot e^{-3x}$ **b)** $f(x) = (2x + 4)e^{-3{,}5x}$ **c)** $f(x) = (x + e^x)^2$ **d)** $f(x) = \frac{x+1}{e^x}$

3 Rechts ist der Graph einer Funktion f dargestellt.

a) Überprüfen Sie die folgenden Aussagen.
(A) f′ hat für $0 < x < 3$ genau eine Nullstelle.
(B) f′ hat für $0 < x < 3$ ein Maximum.

b) Skizzieren Sie den Graphen der Ableitungsfunktion f′ für $0 < x < 3$.

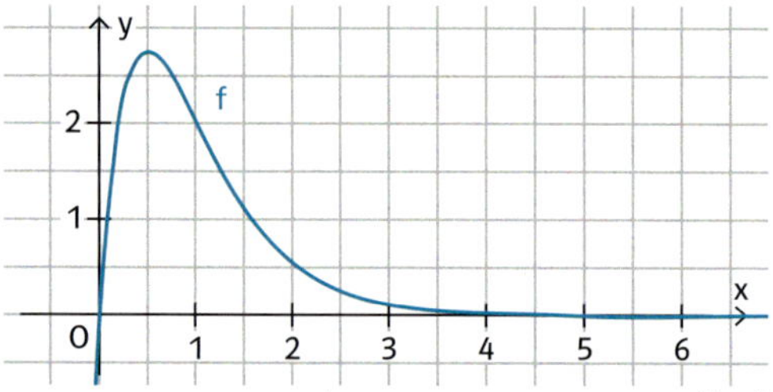

Fig. 5

4 Berechnen Sie die Gleichung der Tangente an den Graphen von f im Punkt $(P x_0 | f(x_0))$.

a) $f(x) = e^x;\ x_0 = 0$ **b)** $f(x) = \frac{1}{2}e^x + 2x;\ x_0 = 0$ **c)** $f(x) = e^{5x};\ x_0 = 0$

5 Die Tabelle zeigt die Mitgliederzahlen der Partei SPD in Deutschland in den Jahren 1990 bis 2015, wobei x die Anzahl der Jahre nach 1990 ist.

Jahr	1990	1995	2000	2005	2010	2015
x	0	5	10	15	20	25
Mitglieder	943 402	817 650	734 667	590 485	502 062	442 814

a) Zeichnen Sie ein Diagramm zu den angegebenen Daten.

b) Erläutern Sie, warum hier sowohl eine lineare Abnahme wie auch ein begrenztes Wachstum als Modell dienen kann.

c) Eine lineare Funktion f, die die Abnahme recht gut beschreibt, lautet $f(x) = -20\,536{,}49x + 928\,552{,}81$. Eine entsprechende Exponentialfunktion g lautet $g(x) = 958\,079 \cdot e^{-0{,}0312x}$. Beschreiben Sie die Bedeutung der Bestandteile der beiden Funktionsterme mit eigenen Worten.

d) Berechnen Sie in beiden Fällen die Mitgliederzahl für 2016 $(x = 26)$ und vergleichen Sie Ihr Ergebnis mit der tatsächlichen Mitgliederzahl 432 704.

e) Erläutern Sie, warum die Mitgliederzahl von 2017 (443 152) mit beiden Funktionen nicht vorhersehbar war.

6 Eine Firma berechnet die täglichen Verkaufszahlen eines Handymodells, das neu eingeführt wird, modellhaft mit der Funktion $f(t) = 20 \cdot (t - 15) \cdot e^{-0{,}01t} + 300$ (t: Anzahl der Tage nach Einführung des Modells). Sie erwirtschaftet einen Gewinn, wenn täglich mehr als 450 Handys verkauft werden. Berechnen Sie die Länge des Zeitraums, in dem ein Gewinn erwirtschaftet wird.

Runde 2

Lösungen | Seite 233

1 Lösen Sie die Gleichung.

a) $e^x = 4$ b) $e^{4x+1} = 1$ c) $e^{2x-5} = 2$
d) $e^{-5x+1} = e^7$ e) $7e^{3x-7} = 7$ f) $4e^{5x+8} = 9$

2 Bestimmen Sie die ersten beiden Ableitungen.

a) $f(x) = e^{3x+6}$ b) $f(x) = 2 \cdot 3^x$ c) $f(x) = \frac{1}{6}(2x-5)^6$
d) $f(x) = x^2 \cdot e^{x+1}$ e) $f(x) = (x+1)^3 \cdot e^{-x}$ f) $f(x) = \frac{1}{x^2} \cdot e^{2x}$

3 Gegeben ist die Funktion f mit $f(x) = x \cdot e^x$.

a) Bestimmen Sie den Tiefpunkt des Graphen von f.
b) Bestimmen Sie die Gleichung der Tangente an den Graphen von f im Ursprung.
c) Bestimmen Sie die Wendepunkte des Graphen von f.

4 Die Abbildung zeigt die Graphen der Funktionen f, g, h und i mit $f(x) = x \cdot e^x$, $g(x) = x^2 \cdot e^x$, $h(x) = x^3 \cdot e^x$ und $i(x) = x^4 \cdot e^x$. Ordnen Sie die Graphen K_1, K_2, K_3 und K_4 den Funktionen f, g, h und i zu. Begründen Sie Ihre Entscheidung.

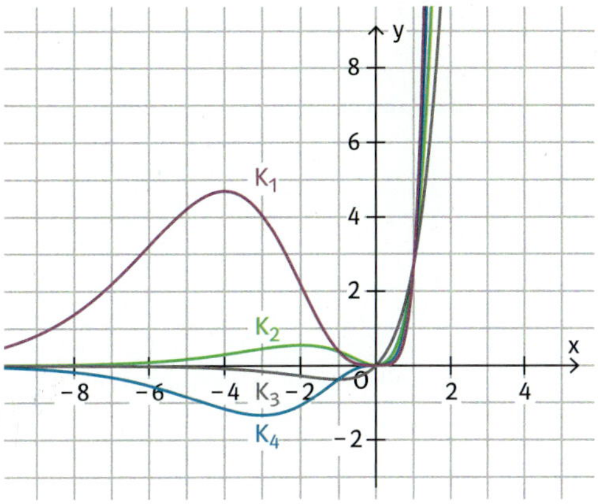

5 a) Zeigen Sie: Die Verkettung zweier linearer Funktionen ist wieder eine lineare Funktion.
b) Bestimmen Sie den Parameter k so, dass für u mit $u(x) = 9x + 2$ und v mit $v(x) = 3x + k$ die Verkettungen $u(v(x))$ und $v(u(x))$ identisch sind.

6 Untersuchen Sie die Funktion f auf Asymptoten des zugehörigen Graphen und geben Sie gegebenenfalls deren Gleichung an.

a) $f(x) = e^{-x+2}$ b) $f(x) = e^{-x} + 2$ c) $f(x) = x^2 \cdot e^x$
d) $f(x) = (x+2)^2$ e) $f(x) = e^{-x^2}$ f) $f(x) = \frac{20}{1 + 4 \cdot e^{-x}}$

7 Bei einer neu eröffneten Bäckerei kann die Anzahl der pro Woche verkauften Brötchen durch die Funktion f mit $f(x) = 2000 \cdot x \cdot e^{-0{,}5x} + 2500$ modelliert werden. Hierbei ist x die Anzahl der Wochen seit Eröffnung der Bäckerei.

a) Berechnen Sie, in welcher Woche die meisten Brötchen verkauft werden.
b) Ermitteln Sie, mit wie vielen Brötchen pro Woche man auf lange Sicht rechnen kann.
c) Berechnen Sie, in welcher Woche der Rückgang der Brötchen-Verkaufszahlen am größten ist.

III Integralrechnung

Von der Änderungsrate auf den Bestand schließen?

Das können Sie schon

- Mittlere und momentane Änderungsrate einer Funktion bestimmen
- Flächeninhalte von geradlinig begrenzten Flächen bestimmen

Das können Sie bald

- Aus der momentanen Änderungsrate einer Funktion auf die Funktion schließen
- Flächeninhalte krummlinig begrenzter Flächen berechnen

Check-in

So geht's:

(1) Checkliste übertragen oder über Code herunterladen
(2) Fähigkeiten selbst einschätzen.
(3) Einschätzung mithilfe der Aufgaben überprüfen und gegebenenfalls Lerntipps beachten.

Schätzen Sie sich mithilfe der Checkliste ein.

	☺	😐	☹
1. Ich kann Inhalt und Umfang von Flächen berechnen, die aus Dreiecken und Rechtecken zusammengesetzt sind.	☐	☐	☐
2. Ich kann den Begriff der momentanen Änderungsrate in verschiedenen Sachsituationen deuten.	☐	☐	☐
3. Ich kann die Ableitung einer Funktion grafisch ermitteln.	☐	☐	☐
4. Ich kann Graphen von Funktionen mit vorgegebenen Eigenschaften skizzieren.	☐	☐	☐
5. Ich kann Funktionen mit den bisher bekannten Regeln ableiten.	☐	☐	☐
6. Ich kann aus dem Graphen einer Funktion f Informationen über die Ableitungsfunktion f′ ermitteln und umgekehrt.	☐	☐	☐

Lerntipps

zu 3. **Grundwissen**, Seite 21
zu 5. **Grundwissen**, Seite 21
zu 6. **Grundwissen**, Seite 21

Kopiervorlage Checkliste
268fa4
Lösungen | Seite 234

Überprüfen Sie Ihre Einschätzungen.

○ **1 Flächeninhalt und Umfang berechnen**

a) Berechnen Sie den Flächeninhalt der beiden orangen Figuren und bestimmen Sie ihren Umfang.
Eine Kästchenlänge entspricht 0,5 cm.

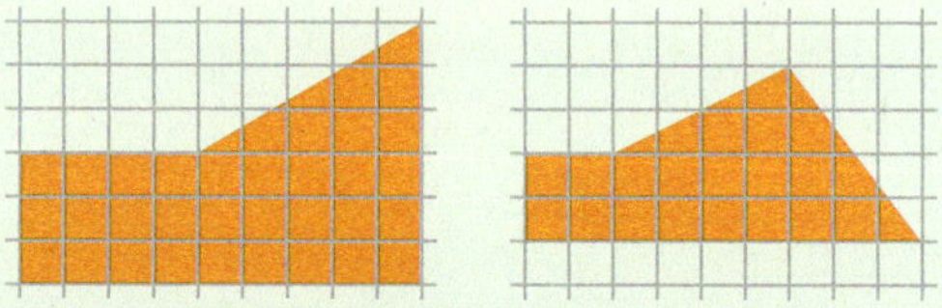

b) Berechnen Sie den Inhalt der Fläche, die der nebenstehende Graph mit der x-Achse einschließt.

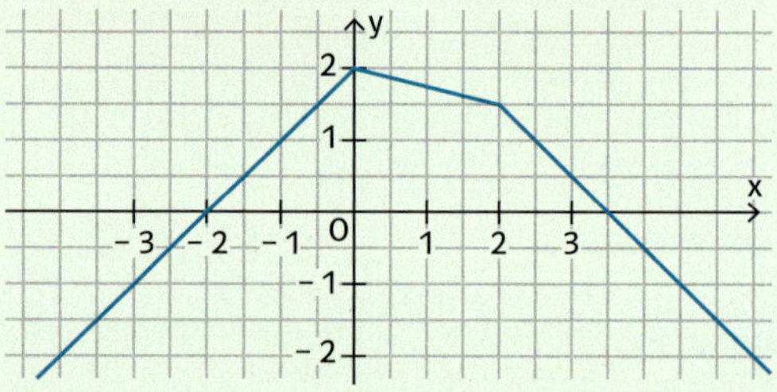

○ **2 Momentane Änderungsraten deuten**

Finden Sie unter den folgenden Begriffen Paare von Funktion und zugehöriger lokaler Änderungsrate.

Graph einer Funktion | Flughöhe | Wassermenge in einem Tank | Zufluss | Tangentensteigung | Sinkgeschwindigkeit | Geschwindigkeit | zurückgelegter Weg

3 Grafisch ableiten

a) Ermitteln Sie grafisch die Ableitung der in Fig. 1 dargestellten Funktion f an den Stellen $x = -2; -1; 0; 1$ und 2.

b) Fig. 2 zeigt den Graphen einer Funktion f. Skizzieren Sie den Graphen der Ableitungsfunktion f′. Beschreiben Sie Ihr Vorgehen.

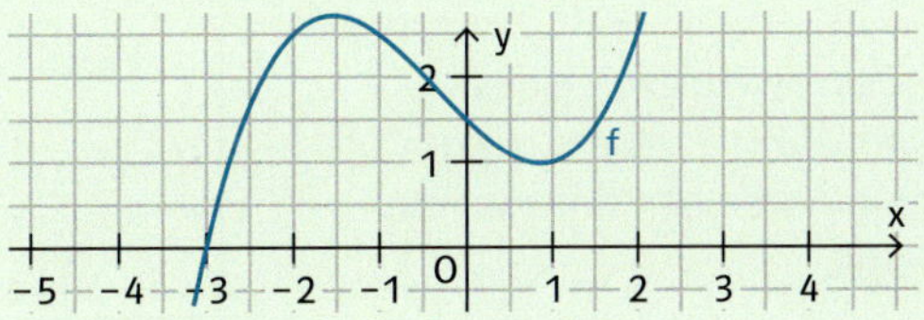

Fig. 1

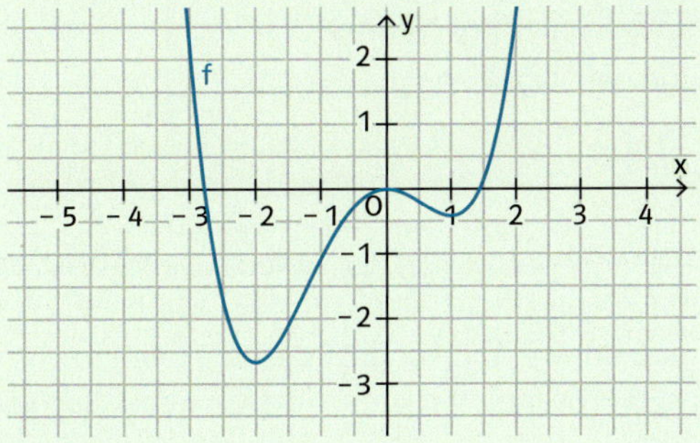

Fig. 2

4 Graph einer Funktion mit vorgegebenen Eigenschaften skizzieren

Skizzieren Sie den Graphen einer Funktion f mit den angegebenen Eigenschaften.

a) $f(0) = 0;\ f'(0) = 1;\ f'(-1) = 0;\ f'(2) = 0$

b) $f(0) = 0;\ f'(0) < 0;\ f'(-2) = 0;\ f'(1) > 0$

5 Funktionen ableiten

Leiten Sie die Funktion f ab.

a) $f(x) = \frac{1}{2}x^4 - \frac{1}{x}$

b) $f(x) = 3\sin(2x)$

c) $f(x) = e^{-3x}$

d) $f(x) = x^2 \cdot e^{3x}$

6 Zusammenhänge zwischen Funktion und Ableitung herstellen

a) Gegeben ist der Graph der Ableitungsfunktion h′. Welche Aussagen können Sie im abgebildeten Bereich zu den Nullstellen, Extremstellen und dem Monotonieverhalten der Funktion h treffen? Begründen Sie Ihre Aussagen.

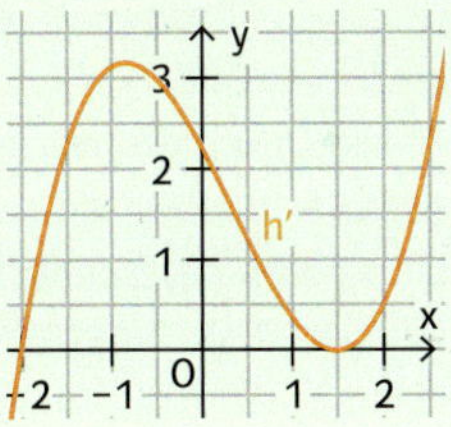

b) Eine Funktion f hat als Ableitung eine ganzrationale Funktion 3. Grades. Begründen Sie.

(A) Die Funktion f hat höchstens vier Nullstellen.

(B) Der Graph von f hat einen Hochpunkt oder einen Tiefpunkt.

(C) Die Funktion f muss nicht unbedingt eine Wendestelle haben.

(D) Es gibt ein Intervall, in dem f monoton steigend ist.

1 Von der Änderungsrate zur Funktion

Der Graph zeigt die Geschwindigkeit eines Aufzugs während einer Fahrt in einem Hochhaus. Wenn der Aufzug nach oben fährt, ist die Geschwindigkeit positiv.

Welche Informationen über die Fahrt bezüglich Dauer, Höhenunterschieden, Stockwerkshöhen usw. können Sie dem Graphen entnehmen?

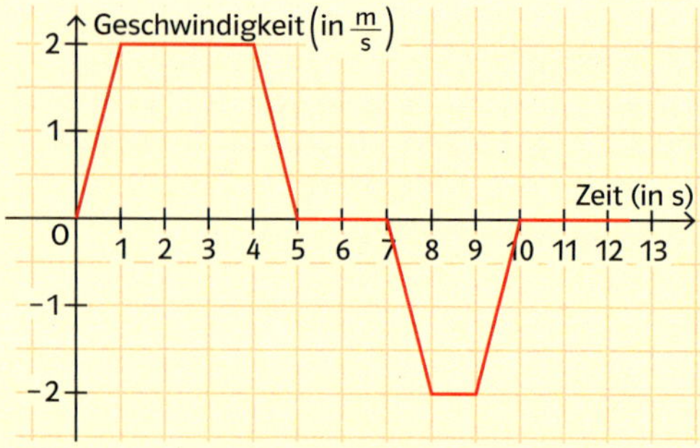

In der Analysis war bisher die Ableitung der zentrale Begriff. Mit deren Hilfe konnte zu einer gegebenen Funktion die momentane Änderungsrate der Funktion bestimmt werden. Liegt umgekehrt nur die momentane Änderungsrate einer Funktion vor, wird nun untersucht, wie man daraus die Funktion selbst bestimmen kann – man spricht auch von der **Rekonstruktion** einer Funktion.

Ein Tank wird durch dieselbe Leitung befüllt und entleert. In der Abbildung ist die momentane Durchflussrate der Leitung für das Intervall [0; 7] dargestellt.

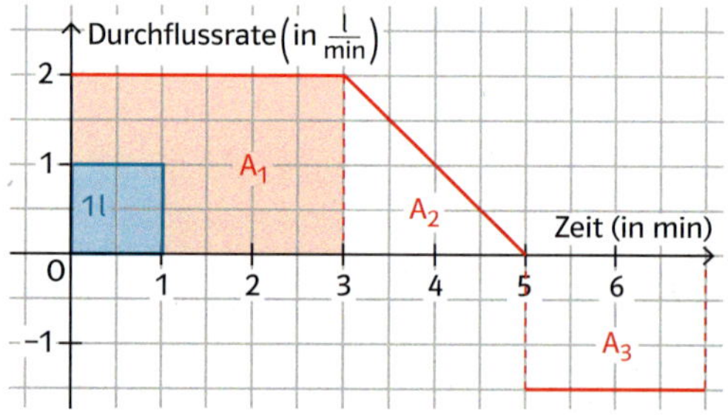

Im Intervall [0; 3] beträgt der Zufluss in jeder Minute 2 Liter. In 3 Minuten fließen also $2\frac{l}{min} \cdot 3\,min = 6\,l$ in den Tank. Die Fläche A 1 hat den Inhalt 6 FE (Flächeneinheiten).
Im Intervall [3; 5] geht der Zufluss während 2 Minuten gleichmäßig von $2\frac{l}{min}$ auf 0 zurück. Die mittlere Zuflussrate beträgt $1\frac{l}{min}$, daher kommen in 2 Minuten $1\frac{l}{min} \cdot 2\,min = 2\,l$ dazu. Die Fläche A_2 hat den Inhalt 2 FE.
Im Intervall [5; 7] ist die Durchflussrate negativ. Es fließen $1{,}5\frac{l}{min} \cdot 2\,min = 3\,l$ ab. Die Fläche A_3 hat den Inhalt 3 FE. Da die Durchflussrate negativ ist, liegt die Fläche unterhalb der x-Achse.
Man erkennt, dass eine FE im gegebenen Koordinatensystem der Menge 1 Liter entspricht. Der Inhalt der Fläche zwischen dem Graphen der momentanen Durchflussrate und der x-Achse gibt also an, um welche Menge sich das Volumen des Wassers im Tank ändert.
Dabei zählt man Flächen oberhalb der x-Achse positiv, die Flächen unterhalb der x-Achse negativ, weil sie eine Abnahme darstellen. Der so erhaltene Wert heißt **orientierter Flächeninhalt**. Im Intervall [0; 7] beträgt er $A_1 + A_2 - A_3 = +5\,FE$, dies entspricht einer Zunahme der Wassermenge um 5 Liter.

Intervall	[0; 3]	[3; 5]	[5; 7]
Änderung der Wassermenge	+6 l	+2 l	-3 l
Flächeninhalt	6 FE	2 FE	3 FE
Orientierter Flächeninhalt	+6 FE	+2 FE	-3 FE

Der gesamte Flächeninhalt ist 11 FE und entspricht einer Menge von 11 Litern Wasser, die insgesamt durch die Leitung geflossen ist – unabhängig von der Fließrichtung.

Satz: Ist der Graph der momentanen Änderungsrate einer Funktion aus geradlinigen Teilstücken zusammengesetzt, so kann man die **Gesamtänderung** der Funktion rekonstruieren, indem man den **orientierten Flächeninhalt** zwischen dem Graphen der momentanen Änderungsrate und der x-Achse bestimmt.

Beispiel Position aus der Geschwindigkeit ermitteln

Bei einem Experiment wurde die Geschwindigkeit v einer kleinen Kugel in Abhängigkeit von der Zeit aufgezeichnet (vgl. Fig. 1). Die Bewegung der Kugel nach rechts wird als positive Geschwindigkeit dargestellt, die Bewegung nach links als negative Geschwindigkeit. Berechnen Sie mithilfe des orientierten Flächeninhalts unter dem Graphen von v, wo sich die Kugel 5 s nach dem Start (bei $t = 0$) befindet. Welchen Weg hat sie zurückgelegt?

Zur Erinnerung: Die Geschwindigkeit der Kugel ist die momentane Änderungsrate der Kugelposition.

Lösung

Eine Flächeneinheit entspricht einem Weg von 1 cm. Zur weiteren Berechnung unterteilt man die zugehörige Fläche in Rechtecke und Dreiecke.

A_1	A_2	A_3	A_4
4 FE	1 FE	1 FE	2 FE
links	links	rechts	rechts

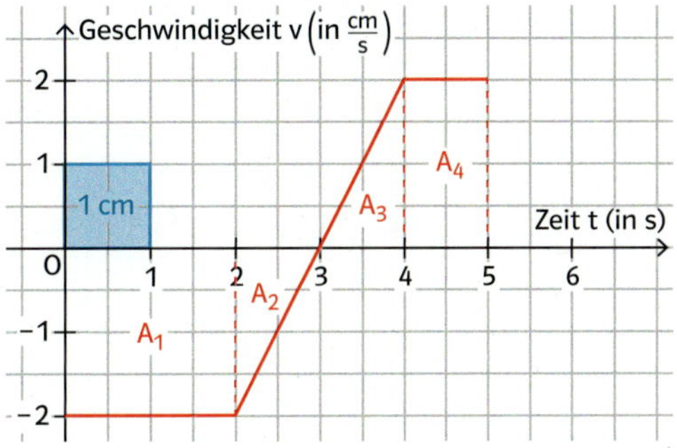

Fig. 1

Der orientierte Flächeninhalt ist
$-A_1 - A_2 + A_3 + A_4 = -2$ FE.
Die Kugel befindet sich nach 5 Sekunden 2 cm links vom Startort.
Betrachtet man den gesamten Flächeninhalt von 8 FE, so entspricht dies dem Weg, den die Kugel in den ersten 5 Sekunden insgesamt zurückgelegt hat – ohne Beachtung der Bewegungsrichtung. Dies sind 8 cm.

Aufgaben

○ **1** In der Abbildung ist die Durchflussrate einer Leitung dargestellt, die einen Wassertank befüllt bzw. leert. Berechnen Sie den orientierten Flächeninhalt in den Intervallen $[0; 6]$ und $[0; 12]$ und interpretieren Sie das Ergebnis.

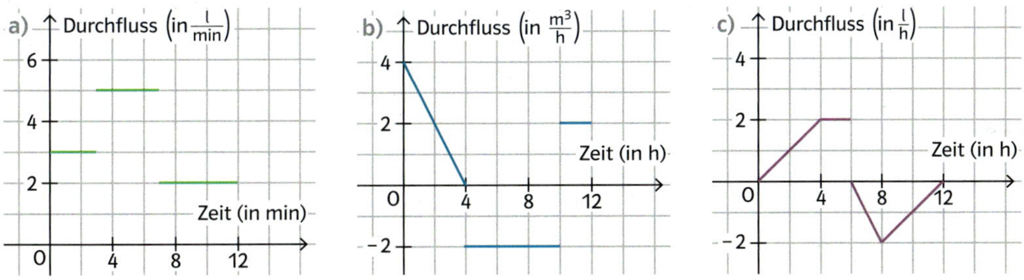

○ **2** Welcher Größe entsprechen vier Kästchen im abgebildeten Koordinatensystem? Geben Sie die Größe mit der dazugehörigen Einheit an.

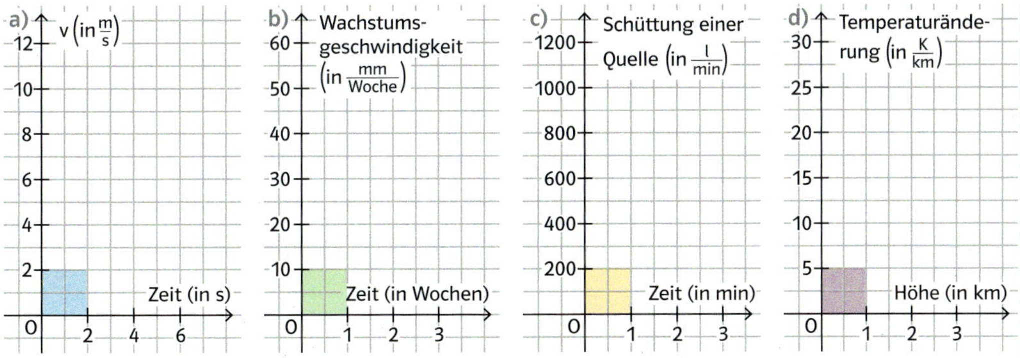

○ **3** Berechnen Sie den in vier Sekunden zurückgelegten Weg.

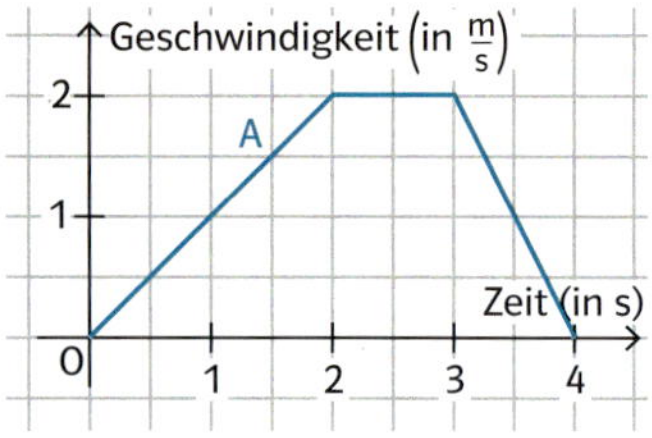

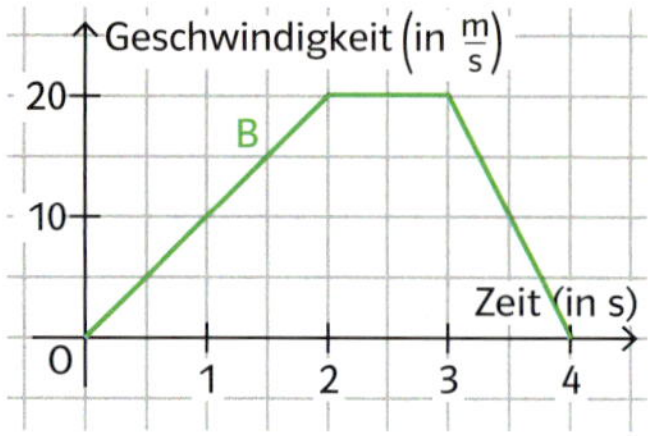

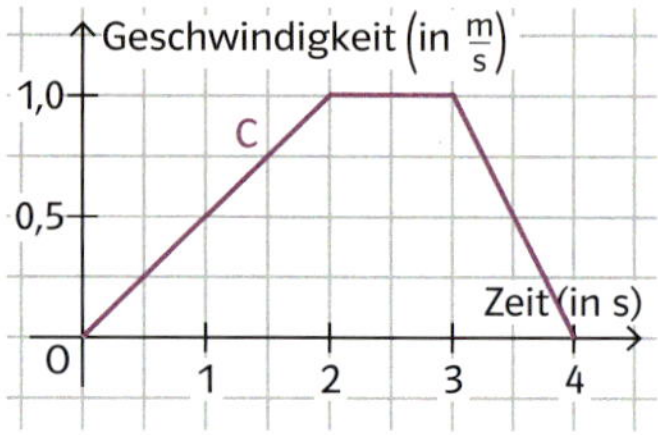

○ Test

Lösungen | Seite 235

4 In einem Tank befinden sich $10\,m^3$ einer Flüssigkeit. Er wird mit der in der Abbildung dargestellten Zuflussrate befüllt.

a) Berechnen Sie die Menge der Flüssigkeit, die am Ende des Füllprozesses in dem Tank enthalten ist.

b) Die Flüssigkeit wird mit einer konstanten Abflussrate von $3\,\frac{m^3}{min}$ wieder aus dem Tank geleitet. Berechnen Sie, wie lange es dauert, bis der Tank leer ist.

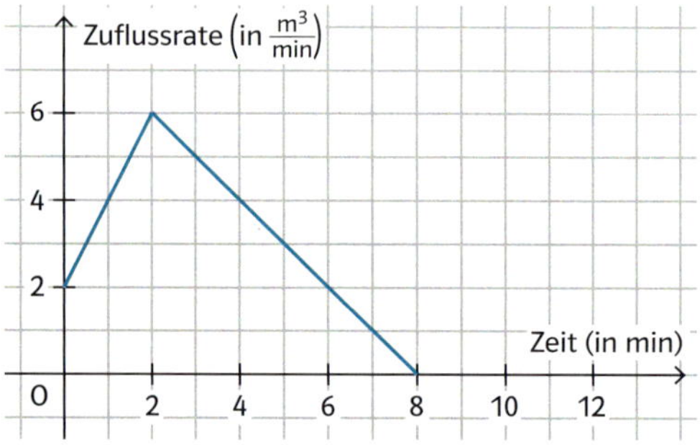

5 Berechnen Sie den orientierten Flächeninhalt, den der Graph der Funktion f mit $f(x) = x - 1$ im Intervall $[0; 3]$ mit der x-Achse einschließt.

◒ **6** Skizzieren Sie drei Graphen, die aus geradlinigen Teilstücken zusammengesetzt sind, sodass der orientierte Flächeninhalt über dem Intervall $[0; 6]$ zwischen dem Graphen jeder Funktion und der x-Achse 6 FE beträgt.

◒ **7** In einer Chemiefabrik wird die Produktion einer Chemikalie bis zum geplanten Ausstoß von $2{,}5\,\frac{t}{h}$ hochgefahren. Die Chemikalie fließt in einen zunächst leeren Tank, aus dem nach sechs Stunden für die Weiterverarbeitung konstant $2{,}5\,\frac{t}{h}$ entnommen werden. Die Zu- und die Abflussrate der Chemikalie sind rechts dargestellt. Beschreiben Sie für $0 \le t \le 12$ die Mengenänderung der Chemikalie im Tank.

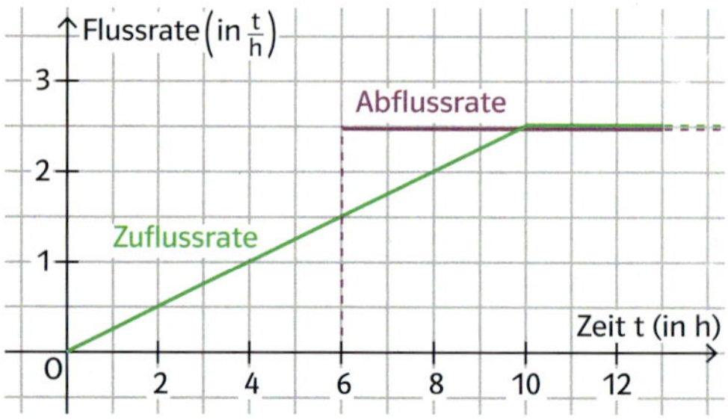

◒ **8** In einem Gezeitenkraftwerk strömt bei Flut das Wasser in einen Speicher und bei Ebbe wieder heraus. Das durchfließende Wasser treibt dabei Turbinen zur Stromerzeugung an. Der Graph zeigt vereinfacht die Durchflussrate d vom Meer in den Speicher.

a) Geben Sie an, was der Inhalt eines Kästchens in diesem Zusammenhang bedeutet.

b) Ermitteln Sie, in welchem Zeitraum die Wassermenge im Speicher am schnellsten zunimmt und wann sie maximal bzw. minimal ist.

c) Beschreiben Sie, wie es vermutlich nach 12 Stunden weitergeht.

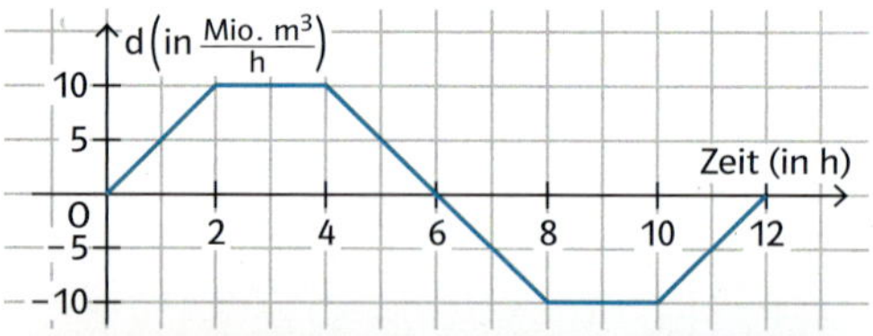

9 Geben Sie zwei verschiedene Intervalle an, sodass der orientierte Flächeninhalt zwischen dem Graphen der Funktion f und der x-Achse über diesem Intervall 8 FE beträgt.

a) $f(x) = 2$ b) $f(x) = x$ c) $f(x) = -x$ d) $f(x) = |x|$

Test

Lösung | Seite 235

10 Der abgebildete Graph modelliert die Vertikalgeschwindigkeit eines Segelflugzeugs. Zu Beginn der Messung ist das Flugzeug 400 m hoch. Steigt das Flugzeug, so ist v positiv.

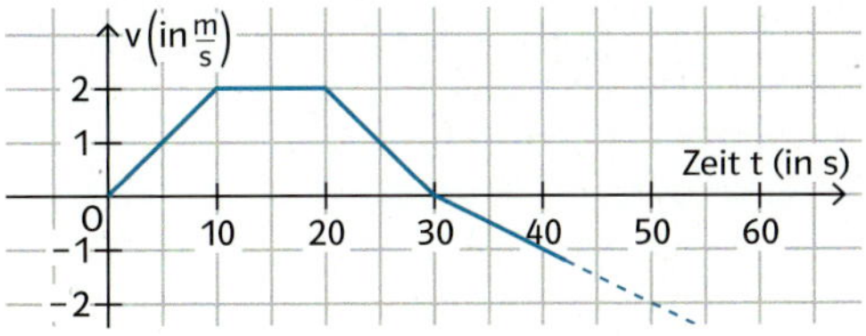

a) Bestimmen Sie die Höhe, auf der sich das Flugzeug zu den Zeitpunkten $t_1 = 20\,s$ und $t_2 = 40\,s$ befindet.

b) Geben Sie den Zeitpunkt an, zu dem sich das Flugzeug auf maximaler Höhe befindet.

c) Bestimmen Sie den Zeitpunkt, zu dem das Flugzeug auf einer Höhe von 395 m fliegt.

11 Ein Öl-Tank besitzt eine Zufluss- und Abflussleitung. In der Abbildung sind die dazugehörigen momentanen Durchflussraten dargestellt. Zu Beginn befinden sich $2\,m^3$ Öl im Tank. Bestimmen Sie, wie viel Öl sich nach 2 Stunden, nach 4 Stunden, nach 6 Stunden und nach 8 Stunden im Tank befindet.

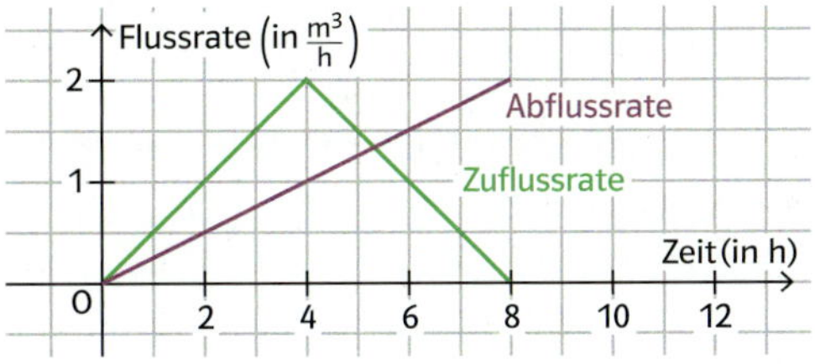

12 Ein Fußballspiel beginnt um 19 Uhr. 90 Minuten vor Spielbeginn werden die Eingänge geöffnet; es können dann 200 Personen pro Minute das Stadion betreten. Der Graph beschreibt die Ankunftsrate der vor dem Stadion eintreffenden Menschen.

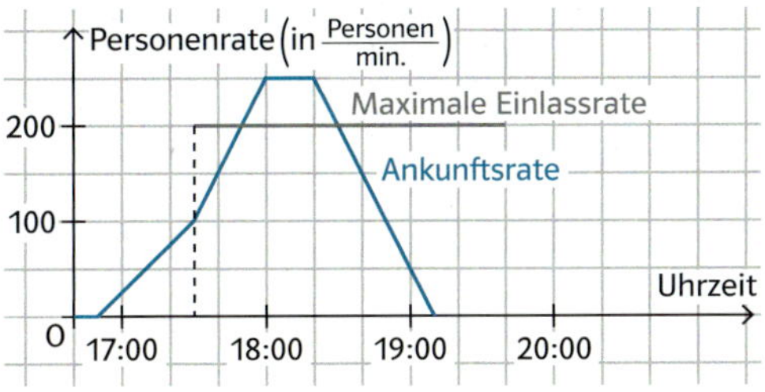

a) Bestimmen Sie, wie viele Personen 90 Minuten, wie viele 70 Minuten vor Spielbeginn auf ihren Einlass warten.

b) Bestimmen Sie, zu welchem Zeitpunkt die Warteschlange am längsten ist und wie viele Personen dann warten.

Grundwissen Test

Grundwissen Seite 210
Lösungen | Seite 235

13 Gegeben ist die Funktion f mit $f(x) = x^2$.

a) Bestimmen Sie für f den Wert des Differenzenquotienten in den Intervallen [2; 3], [2; 2,5], [2; 2,1]. Interpretieren Sie Ihre Ergebnisse.

b) Bestimmen Sie $\lim\limits_{h \to 0} \frac{f(2+h) - f(2)}{h}$. Interpretieren Sie Ihr Ergebnis und vergleichen Sie mit den Ergebnissen von Teilaufgabe a).

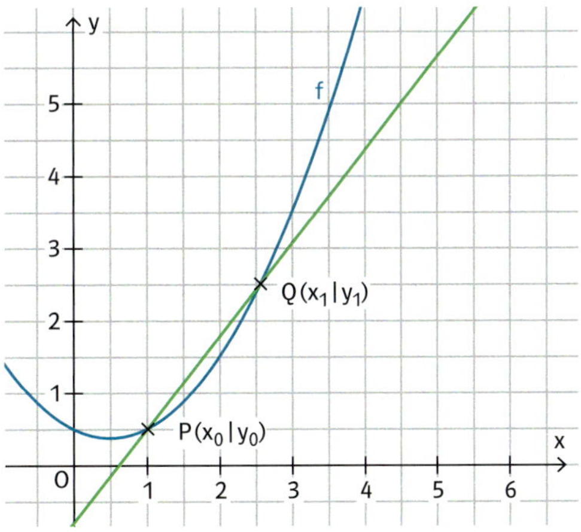

14 Erläutern Sie mithilfe der Skizze den Prozess, wie man zur Ableitung an der Stelle $x_0 = 1$ gelangt. Verwenden Sie die Begriffe Differenzenquotient, Sekante, Grenzwert, Tangente.

2 Das Integral

Geradlinig begrenzte Flächeninhalte konnten schon sehr früh berechnet werden. Archimedes (ca. 287 – 212 v. Chr.) wagte sich an die Berechnung eines krummlinig begrenzten Flächeninhalts, den Kreisinhalt, mit der sogenannten Ausschöpfungsmethode. Wie könnte er vorgegangen sein?

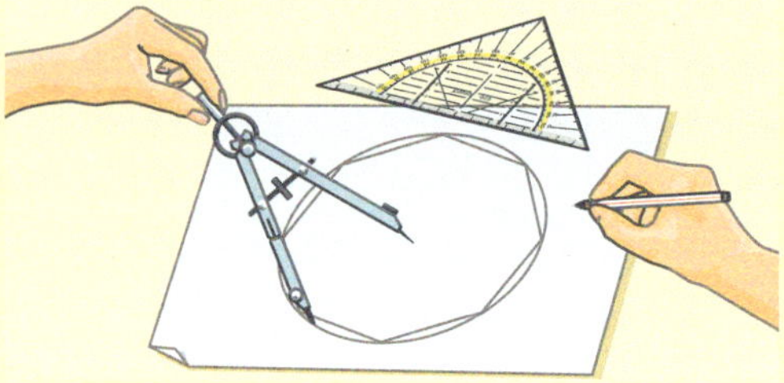

Ist der Graph der momentanen Änderungsrate einer Funktion aus geraden Teilstücken zusammengesetzt, so lässt sich die Gesamtänderung der Funktion durch den orientierten Flächeninhalt bestimmen, den der Graph der Änderungsrate mit der x-Achse einschließt. Hier wird der orientierte Flächeninhalt für eine Funktion mit krummlinigem Graphen eingeführt.

Betrachtet wird eine Funktion f wie in der Abbildung dargestellt. Man kann f durch eine abschnittsweise konstante Funktion g annähern, eine sogenannte **Treppenfunktion**. Nähert man f von unten an, so stimmen die Funktionswerte der Treppenfunktion mit denen von f an den Minimumstellen m_1, m_2, m_3 von f überein.
Bei einer Annäherung von oben stimmen die Funktionswerte an den Maximumstellen M_1, M_2, M_3 überein.
Je kleiner die Abschnitte sind, desto besser ist die Annäherung an die Funktion f.

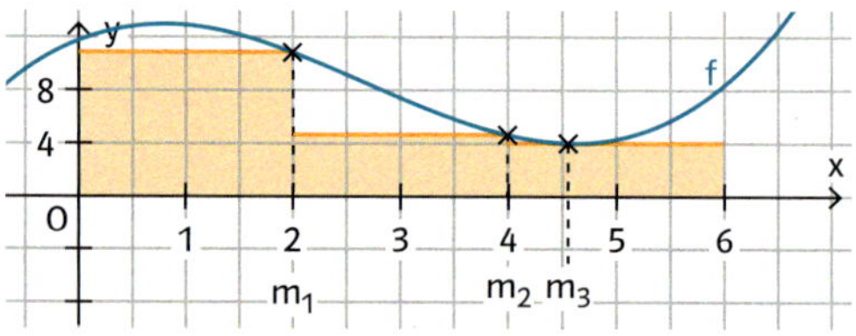

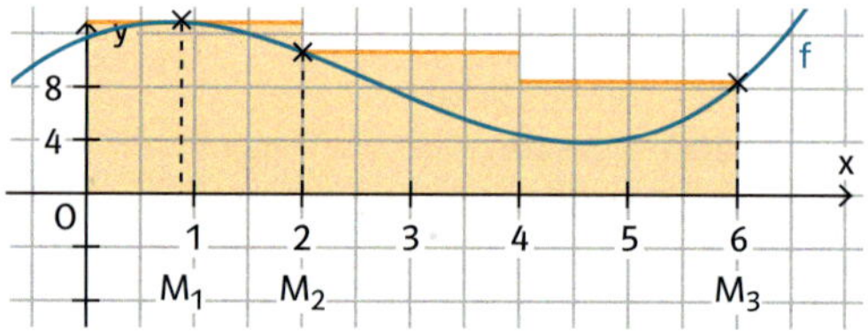

Bei Treppenfunktionen besteht der orientierte Flächeninhalt aus Summen der Inhalte von Rechtecken, die man **Rechtecksummen** nennt. Rechtecksummen werden gebildet aus Produkten der Form $f(x_i) \cdot \Delta x$.

Δx steht als Abkürzung für die Differenz der x-Werte an den Rändern der Teilabschnitte.

Unterteilt man das Intervall $[0; 6]$ in drei gleich große Abschnitte der Breite $\Delta x = 2$, so ergibt sich bei Annäherung von unten die Rechtecksumme 49,21, bei Annäherung von oben 57,49.

Die Berechnungen beziehen sich auf die Funktion f mit $f(x) = 0{,}1x^3 - 0{,}8x^2 + x + 10$.

f(x):=0.1·x^3−0.8·x^2+x+10	*Fertig*
nfMin(f(x),x,0,2)	2.
nfMin(f(x),x,2,4)	4.
nfMin(f(x),x,4,6)	4.61032
f(2)·2+f(4)·2+f(4.61032)·2	49.2111

nfMax(f(x),x,0,2)	0.723016
nfMax(f(x),x,2,4)	2.
nfMax(f(x),x,4,6)	6.
f(0.723016)·2+f(2)·2+f(6)·2	57.4852

Zur Handhabung des Rechners siehe Anhang

Verdoppelt man fortgesetzt die Anzahl der Abschnitte, so ergeben sich folgende Werte:

Anzahl der Abschnitte	6	12	24	48	96	192	384
Annäherung von unten	50,61	51,67	52,21	52,51	52,65	52,73	52,79
Annäherung von oben	55,14	53,99	53,39	53,09	52,95	52,87	52,84

Die Annäherungen von unten und von oben streben gegen den gleichen Grenzwert 52,80. Man nennt die Funktion f daher **integrierbar**. Dabei entspricht der Grenzwert dem orientierten Flächeninhalt, den der Graph von f mit der x-Achse einschließt. Diesen orientierten Flächeninhalt nennt man **(bestimmtes) Integral** von f im Intervall $[0; 6]$.

In der Exkursion auf Seite 82 wird darauf eingegangen, welche Funktionen integrierbar sind.

Definition: Eine Funktion f heißt **integrierbar** im Intervall [a; b], wenn die Annäherungen durch Rechtecksummen von unten und von oben denselben Grenzwert liefern. Diesen Grenzwert nennt man **(bestimmtes) Integral** von f im Intervall [a; b] und schreibt hierfür $\int_a^b f(x)\,dx$.
Das Integral entspricht dem orientierten Flächeninhalt, den der Graph von f mit der x-Achse zwischen der unteren Grenze a und der oberen Grenze b einschließt.

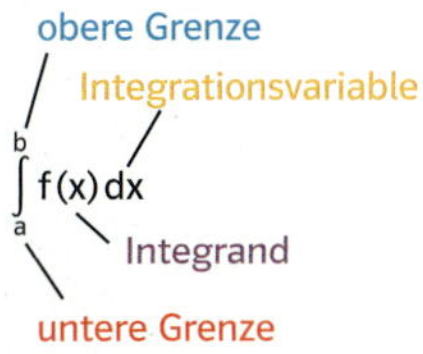

lies: Integral für f(x) von a bis b

Die Schreibweise $\int_a^b f(x)\,dx$ geht auf den Mathematiker Gottfried Wilhelm Leibniz (1646–1716) zurück. Er wollte damit andeuten, dass die Rechtecksumme im Grenzfall aus Flächeninhalten „$f(x) \cdot dx$" beliebig schmaler Rechtecke gebildet wird. Das Zeichen ∫ erinnert an ein langgezogenes S für „Summe", das dx steht symbolisch für die immer kleiner werdende Breite Δx der Rechtecke.

Mit einem CAS kann man Integrale bestimmen. Ein GTR liefert im Allgemeinen nur Näherungswerte, die aber für praktische Anwendungen meist ausreichen.

$f(x):=0.1\cdot x^3-0.8\cdot x^2+x+10$	*Fertig*
$\int_0^6 f(x)\,dx$	52.8

Beispiel 1 Integralschreibweise verwenden

Über eine Wasserleitung fließt Wasser in ein Becken zu und wieder ab. Die Zu- bzw. Abflussrate ist gegeben durch die Funktion $f(x) = -2x + 6$, (x in Stunden, f(x) in m^3 pro Stunde).
Bestimmen Sie die Gesamtänderung der Wassermenge im Becken in den ersten 5 Stunden.

Lösung

Die lineare Funktion f ist im Bereich [0; 3] positiv, im Bereich [3; 5] negativ.
Die Gesamtänderung berechnet man mit dem Integral $\int_0^5 (-2x+6)\,dx = A_1 - A_2 = 9 - 4 = 5.$
Die Wassermenge hat um $5\,m^3$ zugenommen.

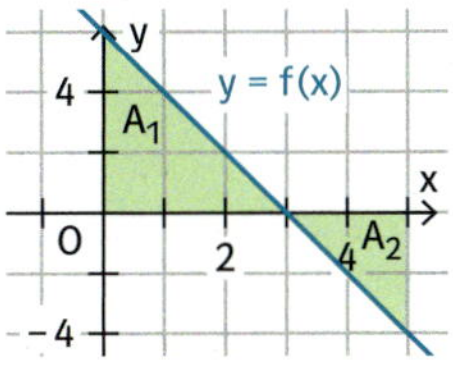

Mit dem Rechner ergibt sich das Ergebnis unmittelbar:

$\int_0^5 (-2\cdot x+6)\,dx$	5

Beachten Sie, dass der Integrand bei Summen von Funktionen in Klammern geschrieben wird.

Beispiel 2 Integral bestimmen – mit und ohne Rechner

a) Bestimmen Sie $\int_{-3}^{3} \frac{1}{9}x^3\,dx$.

b) Bestimmen Sie exakt und näherungsweise $\int_0^4 ((x-2)^2-4)\,dx$.

Lösung

a) Der Rechner liefert $\int_{-3}^{3} \frac{1}{9}x^3\,dx = 0$
Das sieht man auch ohne Rechner:
Das Integral entspricht dem blau gekennzeichneten orientierten Flächeninhalt. Da der Graph von f mit $f(x) = \frac{1}{9}x^3$ punktsymmetrisch zum Ursprung verläuft, sind die beiden Teilflächen gleich groß. Es ist also $\int_{-3}^{3} \frac{1}{9}x^3\,dx = -A_1 + A_2 = 0.$

b) Rechner: $\int_0^4 ((x-2)^2-4)\,dx = -\frac{32}{3} \approx -10{,}7.$
Das Integral entspricht dem grün markierten orientierten Flächeninhalt.
Eine Annäherung von unten mit Rechtecken der Breite 0,5 ergibt den Näherungswert $f(0{,}5)\cdot 0{,}5 + f(1)\cdot 0{,}5 + \ldots + f(3{,}5)\cdot 0{,}5 = -12{,}5.$

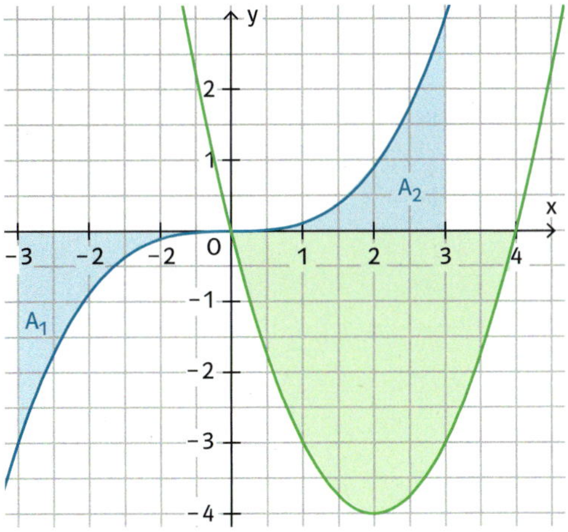

Wie man auch andere Integrale exakt ohne Rechner berechnen kann, wird in der nächsten Lerneinheit behandelt.

Aufgaben

○ **1** Bestimmen Sie das Integral $\int_{-2}^{3} f(x)\,dx$ der Funktion f, die durch den Graphen gegeben ist.

Ihren Rechner dürfen Sie bei den Aufgaben mit dem Zeichen nur zur Kontrolle Ihrer Ergebnisse verwenden.

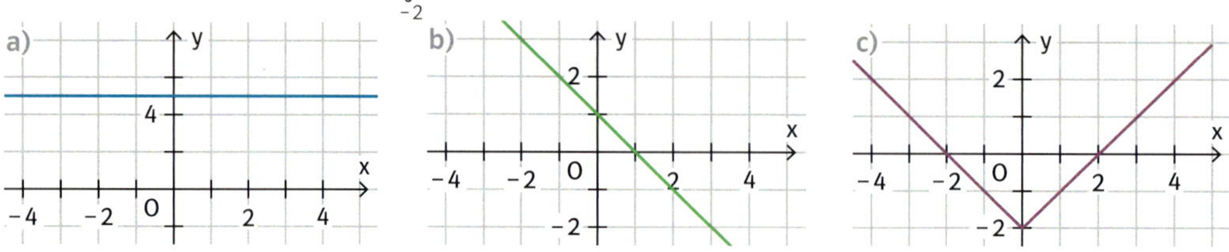

○ **2** Bestimmen Sie das Integral mithilfe von Dreiecks- und Rechtecksflächen.

a) $\int_{-3}^{4} 3\,dx$ b) $\int_{0}^{3} x\,dx$ c) $\int_{-2}^{2} x\,dx$ d) $\int_{2}^{6} \frac{1}{2}x\,dx$

e) $\int_{-1}^{1} (2x+1)\,dx$ f) $\int_{-1}^{2} -2t\,dt$ g) $\int_{-5}^{0} (-t-5)\,dt$ h) $\int_{-1}^{3} \left(\frac{3}{2}x+2\right)dx$

○ **3** Bestimmen Sie das Integral mithilfe der angegebenen Flächeninhalte.

a) $\int_{-2}^{0} f(x)\,dx$ b) $\int_{-1}^{2} f(x)\,dx$

c) $\int_{0}^{3} f(x)\,dx$ d) $\int_{-2}^{3} f(x)\,dx$

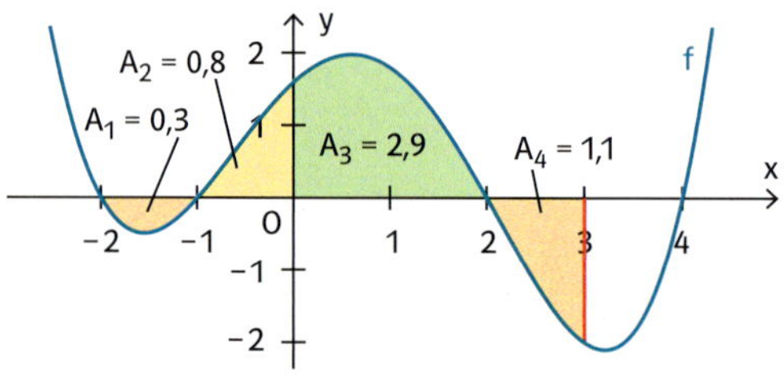

○ **4** Schreiben Sie den gefärbten orientierten Flächeninhalt als Integral und bestimmen Sie es.

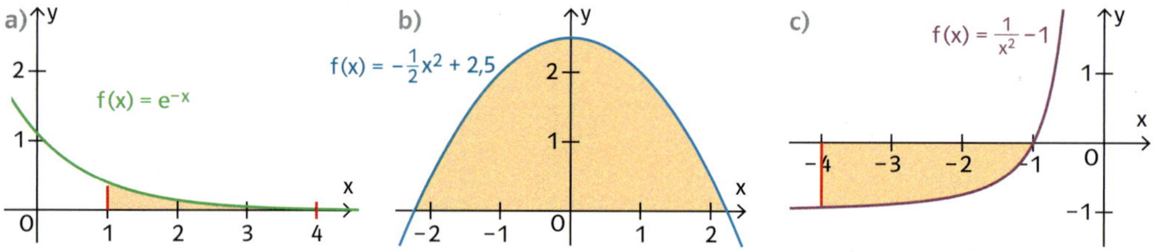

○ Test

Lösungen | Seite 235

5 Bestimmen Sie das Integral mittels Dreiecks- und Rechtecksflächen.

a) $\int_{0}^{6} \frac{1}{2}x\,dx$ **b)** $\int_{-1}^{2} (2t-1)\,dt$ **c)** $\int_{-10}^{0} -0{,}5\,dx$

6 Schreiben Sie den orientierten Inhalt der Fläche in der Abbildung als Integral und bestimmen Sie es.

a) A_1 **b)** A_2 **c)** A_3 **d)** $A_1 + A_2 + A_3$

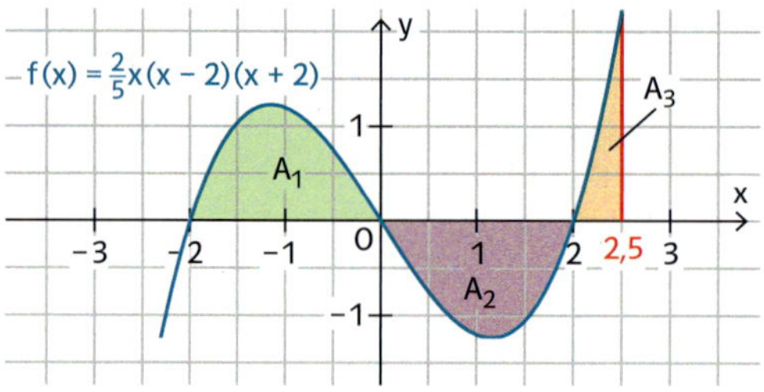

◒ **7** Bestimmen Sie exakt und näherungsweise mit vier Teilintervallen durch Annäherung von unten.

a) $\int_{0}^{2} x^2\,dx$ b) $\int_{0}^{2} x^3\,dx$ c) $\int_{0}^{2} e^x\,dx$ d) $\int_{0}^{\pi} \sin(x)\,dx$

◒ **8** Geben Sie mögliche Integrationsgrenzen a und b $(a < b)$ an, sodass $\int_{a}^{b} f(x)\,dx = 0$ gilt.

a) $f(x) = 2x$ b) $f(x) = -x + 1$ c) $f(x) = 2x - 2$

d) $f(x) = \frac{1}{2}x^3$ e) $f(x) = (x-1)^3$ f) $f(x) = \sin(x)$

9 Ein Lastenaufzug bewegt sich in den folgenden Zeitabschnitten mit der angegebenen Vertikalgeschwindigkeit: $[0; 4]$: $v_1(t) = \frac{1}{2}t$; $[4; 6]$: $v_2(t) = 6 - t$; $[6; 16]$: $v_3(t) = 0$; $[16; 20]$: $v_4 = 12 - \frac{3}{4}t$ (t in s, f(t) in m/s). Berechnen Sie, um wie viele Meter sich seine Startposition nach 20 Sekunden verändert hat. Verwenden Sie bei der Lösung die Integralschreibweise.

10 a) Bestimmen Sie einen Näherungswert für $\int_0^1 x^2\,dx$, indem Sie die entsprechende Fläche im Intervall $[0; 1]$ durch Rechtecksummen mit acht gleich breiten Rechtecken von unten und von oben annähern.
b) Veranschaulichen Sie die Differenz der beiden Näherungen aus Teilaufgabe a).

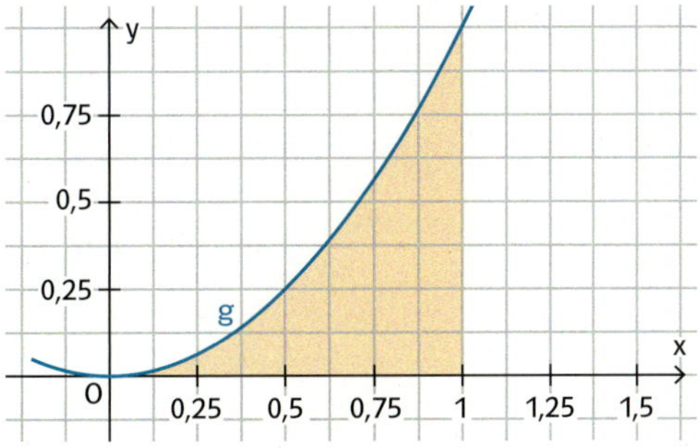

Vergleichen Sie Ihre Ergebnisse mit dem Rechnerergebnis.

Test

Lösungen | Seite 236

11 In Fig. 1 und 2 sind jeweils Graphen der momentanen Änderungsrate m einer Größe G gezeichnet. Beurteilen Sie, ob in Fig. 1 die Größe im Zeitraum zwischen 0 s und 4 s und in Fig. 2 zwischen 1 s und 3 s insgesamt zugenommen hat.

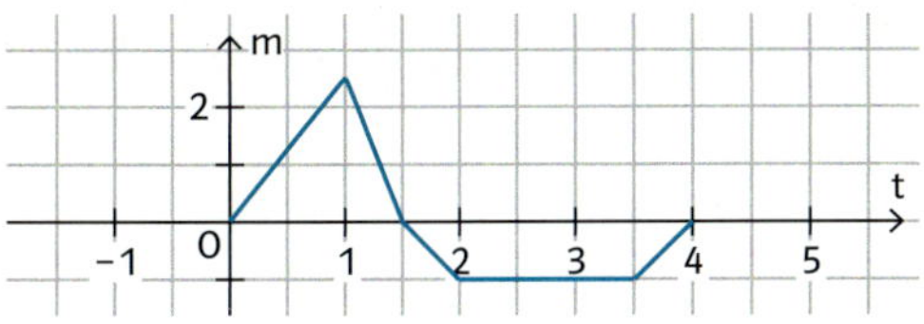

Fig. 1

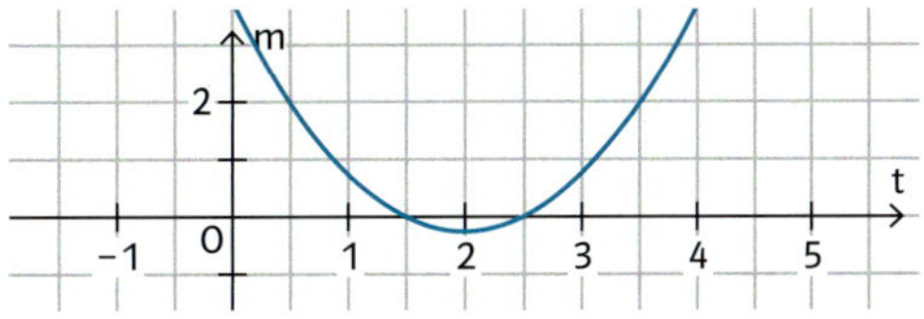

Fig. 2

12 Geben Sie zur Funktion f mit $f(x) = 1 + x$ zwei andere Funktionen an, bei denen das Integral für die Grenzen 1 und 3 denselben Wert hat.

13 Bei den folgenden Integralen ist die untere Grenze 0. Die obere Grenze ist variabel und wird mit t bezeichnet $(t > 0)$. Bestimmen Sie den Wert des Integrals in Abhängigkeit von t.

a) $\int_0^t 3\,dx$ b) $\int_0^t \frac{3}{2}x\,dx$ c) $\int_0^t (x + 1)\,dx$

14 Bestimmen Sie die Variable t so, dass das Integral den angegebenen Wert hat.

a) $\int_0^t 2\,dx = 5$ b) $\int_0^t x\,dx = 8$ c) $\int_{-2}^t -x\,dx = -6$

15 Die integrierbare Funktion f hat im Intervall $[a; b]$ das Maximum M und das Minimum m.
Begründen Sie grafisch, dass dann gilt: $m \cdot (b - a) \leq \int_a^b f(x)\,dx \leq M \cdot (b - a)$.

16 Geben Sie den exakten Wert für $\int_0^1 \sqrt{1 - x^2}\,dx$ an. Skizzieren Sie den Graphen des Integranden.
Das Ergebnis konnten schon die alten Griechen angeben, obwohl die noch keine Integrale kannten. Erklären Sie, wieso.

Grundwissen Test

Grundwissen Seite 210
Lösung | Seite 236

17 Berechnen Sie die Ableitung der Funktion f an den Stellen $x_1 = 3$ und $x_2 = -1$.

a) $f(x) = x^3$ b) $f(x) = 2e^{-x}$ c) $f(x) = -\cos(\pi x)$ d) $f(x) = \frac{e^{2x}}{x}$

3 Der Hauptsatz der Differenzial- und Integralrechnung

Man kann Bewegungen durch die Angabe von Geschwindigkeiten beschreiben.
Die Funktionen v geben verschiedene Geschwindigkeiten wieder.
Was lässt sich über die zugehörige Bewegung aussagen? Wie lässt sich der zurückgelegte Weg bestimmen?

$v(t) = 10 - t$

$v(t) = 0$

$v(t) = 2t$

$v(t) = 5$

Um ein Integral bei einer Funktion f mit krummlinigem Graphen zu bestimmen, kann man den Grenzwert von Rechtecksummen berechnen. Das ist sehr aufwendig. Betrachtet man den krummlinigen Graphen von f als momentane Änderungsrate einer Funktion F, ergibt sich eine einfachere Möglichkeit zur Berechnung des Integrals.

Eine Kugel rollt auf einer Schiene hin und her. Die Funktion $s(t)$ beschreibt die Position der Kugel zum Zeitpunkt t. Ihre momentane Änderungsrate (Ableitung) ist die Momentangeschwindigkeit $v(t)$ $(= s'(t))$ der Kugel zum Zeitpunkt t.

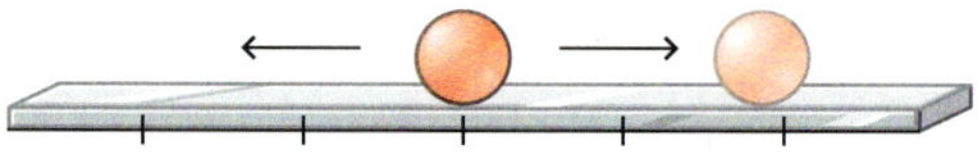

Man kann die Funktion v beliebig gut durch Treppenfunktionen annähern. Der orientierte Flächeninhalt dieser Treppenfunktionen nähert daher die Gesamtänderung der Funktion s beliebig gut an. Daher gilt $\int_0^4 v(t)\,dt = s(4) - s(0)$.

Allgemein kann man also das Integral $\int_a^b f(x)\,dx$ berechnen, wenn f die momentane Änderungsrate einer Funktion F ist. Wenn man F kennt, lässt sich dann das Integral als Gesamtänderung von F bestimmen: $\int_a^b f(x)\,dx = F(b) - F(a)$.

Zu f wird also eine Funktion F mit $F' = f$ benötigt. Zur Ermittlung von F muss das Ableiten rückgängig gemacht werden.

Der Satz trägt den Titel „Hauptsatz", weil er einen äußerst wichtigen Zusammenhang zwischen Ableiten (Differenziation) und Integrieren beschreibt. Dies wurde etwa zeitgleich von den beiden Mathematikern Isaac Newton und Gottfried Wilhelm Leibniz entdeckt.

Gottfried Wilhelm Leibniz (1646–1716)

Isaac Newton (1643–1727)

Definition: Eine Funktion F heißt **Stammfunktion** von f im Intervall I, wenn für alle x aus dem Intervall I gilt: $F'(x) = f(x)$.

Hauptsatz der Differenzial- und Integralrechnung
Ist die Funktion f im Intervall $[a; b]$ integrierbar und ist F eine Stammfunktion von f im Intervall $[a; b]$, so gilt: $\boldsymbol{\int_a^b f(x)\,dx = F(b) - F(a)}$.

Um ein Integral zu berechnen, benötigt man eine Stammfunktion. Eine Stammfunktion der Funktion f mit $f(x) = 3x^2$ ist F mit $F(x) = x^3$, weil $F'(x) = 3x^2$ ist. Aber auch G mit $G(x) = x^3 + 5$ ist eine Stammfunktion von f, da ebenfalls $G'(x) = 3x^2$ ist.

Damit ist: $\int_a^b f(x)\,dx = G(b) - G(a) = b^3 + 5 - (a^3 + 5) = b^3 - a^3 = F(b) - F(a)$. Für die Berechnung des Integrals ist es aber unerheblich, welche Stammfunktion man verwendet. Das liegt daran, dass der konstante Summand in der Differenz $G(b) - G(a)$ wegfällt.

Man kann zeigen, dass sich zwei Stammfunktionen F und G einer Funktion f in einem Intervall I nur um einen konstanten Summanden unterscheiden, also stets $G(x) = F(x) + c$ ist.
Wenn nämlich die Ableitungen von F und G im Intervall jeweils f sind, so ist die Ableitung von $(G - F)$ gleich 0, weil $(G(x) - F(x))' = G'(x) - F'(x) = f(x) - f(x) = 0$. Nur eine konstante Funktion hat die Ableitung 0, also gibt es eine Zahl c, sodass $G(x) - F(x) = c$ gilt und somit $G(x) = F(x) + c$ für alle $x \in I$.

Viele Stammfunktionen

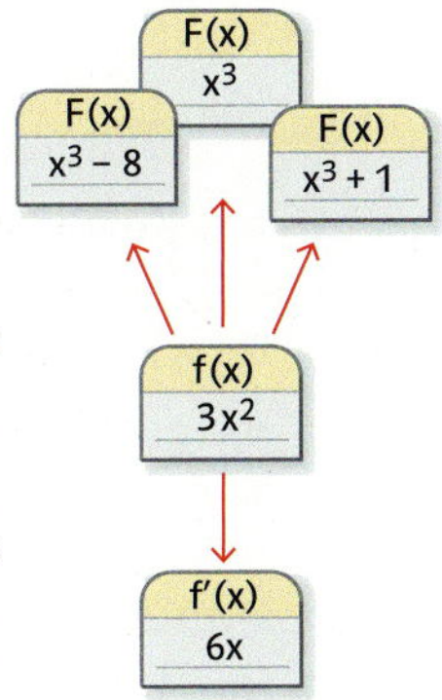

Eine Ableitung

Satz: Sind F und G zwei verschiedene Stammfunktionen von f im Intervall I, so unterscheiden sich F(x) und G(x) nur um eine Konstante c, d.h. $F(x) = G(x) + c$ für alle $x \in I$.

Die Berechnung eines Integrals notiert man in der folgenden Form:

Stammfunktion von f in eckigen Klammern

$$\int_a^b f(x)\,dx = [F(x)]_a^b = F(b) - F(a)$$

obere und untere Grenze

Mit dem CAS können Sie eine Stammfunktion bestimmen, indem Sie die Grenzen weglassen. Man nennt diese Darstellung auch unbestimmtes Integral.

$\int (3 \cdot x^2)\,dx \qquad x^3$

Beispiel 1 Berechnen eines Integrals mit dem Hauptsatz

Berechnen Sie das Integral $\int_0^4 2x\,dx$ mithilfe des Hauptsatzes.

Lösung

Eine Stammfunktion von $f(x) = 2x$ ist $F(x) = x^2$, also ist $\int_0^4 2x\,dx = [x^2]_0^4 = 4^2 - 0^2 = 16$.

Tipp:
Skizzieren Sie die Fläche, deren Inhalt das Integral darstellt, und berechnen Sie zur Kontrolle ihren Inhalt ohne Hauptsatz.

Beispiel 2 Stammfunktionen nachweisen und angeben

a) Prüfen Sie, welche der Funktionen F mit $F(x) = 0{,}3x^2$, G mit $G(x) = 0{,}2x^3$ und H mit $H(x) = 0{,}2(x^3 - 10)$ eine Stammfunktion von f mit $f(x) = 0{,}6x^2$ ist.
b) Bestimmen Sie zwei verschiedene Stammfunktionen von f mit $f(x) = x^2$.
c) Bestimmen Sie die Stammfunktion F von f mit $f(x) = 4x^3$, für die gilt: $F(1) = 10$.

Lösung

a) Man bestimmt die Ableitungen von F, G und H und prüft, ob diese mit f übereinstimmen.
$F'(x) = 0{,}6x \neq f(x)$; F ist keine Stammfunktion von f.
$G'(x) = 0{,}6x^2 = f(x)$; G ist eine Stammfunktion von f.
$H(x) = 0{,}2x^3 - 2$; $H'(x) = 0{,}6x^2 = f(x)$; H ist eine Stammfunktion von f.
b) Eine Stammfunktion ist F mit $F(x) = \frac{1}{3}x^3$, weil $F'(x) = x^2$ ist. Eine weitere Stammfunktion ist zum Beispiel $F_1(x) = \frac{1}{3}x^3 + 2$.
c) Eine Stammfunktion zu f ist $F_0(x) = x^4$ und damit auch $F_c(x) = x^4 + c$. Gesucht ist das c, für das $F_c(1) = 10$ ist, also $1^4 + c = 10$. Dies gilt für $c = 9$, also $F(x) = x^4 + 9$.

Aufgaben

○ 1 ☒ Ordnen Sie jeder Stammfunktion F eine zugehörige Ausgangsfunktion f zu. Finden Sie zu den übrig gebliebenen Funktionen eine Stammfunktion.

1 $F(x) = \frac{1}{2}x^3$ | 2 $F(x) = \frac{3}{2}x^2$ | C $f(x) = \frac{2}{3}x$ | D $f(x) = \frac{2}{3}x^3$ | 4 $F(x) = \frac{3}{2}x^3$

A $f(x) = \frac{9}{4}x^2$ | B $f(x) = 3x$ | 3 $F(x) = \frac{1}{3}x^2$ | E $f(x) = 4{,}5x^2$ | F $f(x) = \frac{3}{2}x^2$

○ 2 ☒ Die Funktion F ist eine Stammfunktion der Funktion f. Geben Sie eine mögliche Zahl für a an.

a) $f(x) = 3x^2$; $F(x) = x^a$
b) $f(x) = 2x$; $F(x) = x^2 - a$
c) $f(x) = 4x^3$; $F(x) = x^4 + 1 + a$
d) $f(x) = (a + 1) \cdot x$; $F(x) = x^{a+1}$

○ **3** Die Funktion F ist eine Stammfunktion der Funktion f. Berechnen Sie damit das Integral $\int_1^5 f(x)\,dx$.

a) $f(x) = \frac{1}{25}x^4;\ F(x) = \frac{1}{125}x^5$

b) $f(x) = \frac{1}{x^2};\ F(x) = -\frac{1}{x}$

c) $f(x) = e^{-3x};\ F(x) = -\frac{1}{3}e^{-3x}$

d) $f(x) = -x \cdot e^{-x};\ F(x) = (x+1) \cdot e^{-x}$

○ **4** Berechnen Sie das Integral mit dem Hauptsatz.

a) $\int_1^3 3x^2\,dx$ b) $\int_0^4 2x\,dx$ c) $\int_{-1}^1 e^x\,dx$ d) $\int_{100}^{150} 3\,dx$

○ **5** Setzen Sie den Rechenweg $\int_{-2}^{-1} (-2x)\,dx = [-x^2]_{-2}^{-1} = \ldots$ fort.

Zu Aufgabe 5:

(I) $-1^2 - 2^2$
$= -1 - 4$
$= -5$

(II) $-(-1)^2 - (-(-2)^2)$
$= -1 - (-4)$
$= 3$

(III) $-1^2 - (-2)^2$
$= -1 - 4$
$= -5$

(IV) $(-1)^2 - (-2)^2$
$= 1 - 4$
$= -3$

○ **6** Ordnen Sie jedem Graphen einer Funktion f aus der ersten Zeile den Graphen einer zugehörigen Stammfunktion aus der zweiten Zeile zu.

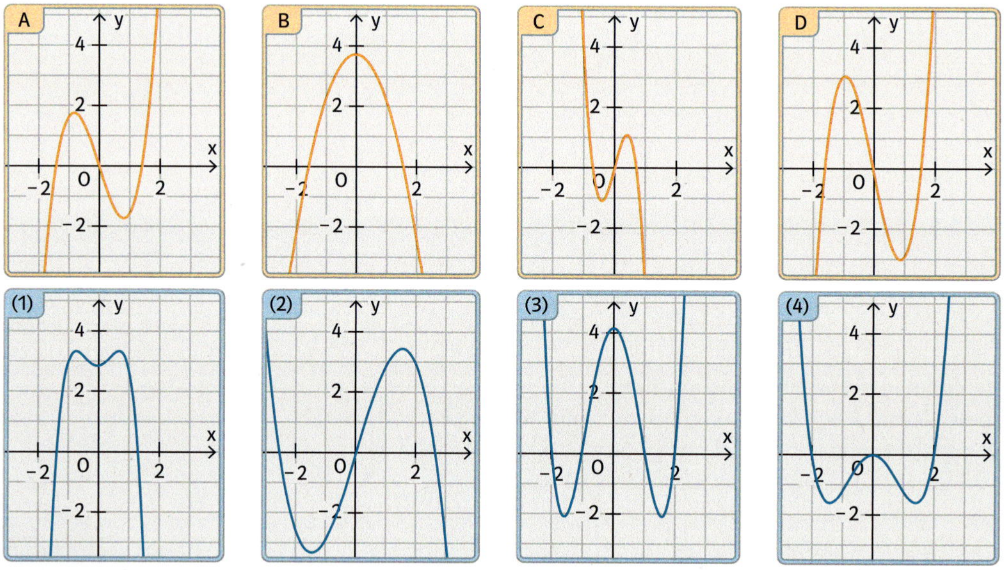

○ Test

Lösungen | Seite 236

7 Prüfen Sie, ob die Funktionen F mit $F(x) = 0{,}1x^4 - 0{,}1$ und G mit $G(x) = \frac{2}{20}x^4$ Stammfunktionen von h mit $h(x) = \frac{2}{5}x^3$ sind.

8 Berechnen Sie das Integral mit dem Hauptsatz.

a) $\int_{-3}^{-1} 2x\,dx$ b) $\int_0^2 2e^x\,dx$ c) $\int_0^{\pi} \sin(x)\,dx$

◒ **9** Entscheiden Sie, welches Integral mit der Rechnung $[0{,}4x^2]_1^2$ berechnet werden kann.

I $\int_1^2 \frac{4}{30}x^3\,dx$ II $\int_1^2 (0{,}8x + 0{,}8)\,dx$ III $\int_1^2 0{,}8x\,dx$ IV $\int_1^2 (x - 0{,}2x)\,dx$

◒ **10** Berechnen Sie das Integral mit dem Hauptsatz.

a) $\int_0^4 -x\,dx$ b) $\int_0^2 -e^x\,dx$ c) $\int_{-2}^2 -x^2\,dx$ d) $\int_0^{2\pi} \cos(x)\,dx$ e) $\int_{-20}^{-10} -1\,dx$

◒ **11** Bestimmen Sie zur angegebenen Funktion f eine Stammfunktion F mit $F(1) = 100$.

a) $f(x) = 2x$ b) $f(x) = x^2$ c) $f(x) = e^x$ d) $f(x) = -3\sin(x)$ e) $f(x) = -10$

12 Gegeben ist der Graph einer Stammfunktion F von f. Bestimmen Sie

a) die Stellen x_0 mit $F(x_0) = 0$,

b) die Stellen x_0 mit $f(x_0) = 0$,

c) $\int_1^3 f(x)\,dx$.

d) Ist $f(1) < f(3)$? Begründen Sie.

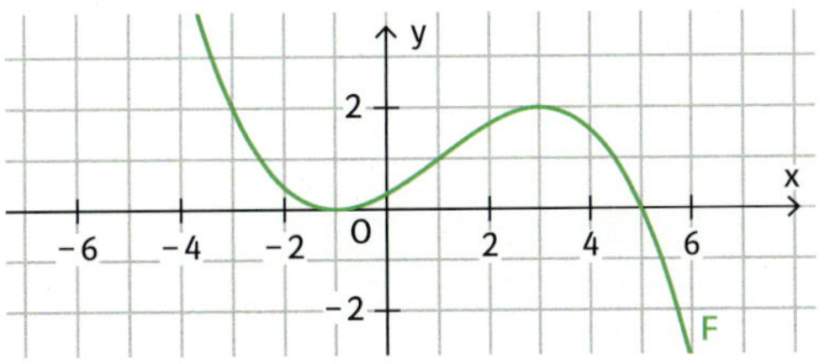

13 Gegeben ist der Graph einer Funktion f. Sei F eine Stammfunktion von f.

a) Untersuchen Sie f sowie F auf Extremstellen.

b) Bestimmen Sie näherungsweise den Wert $F(4) - F(0)$.

c) Bestimmen Sie näherungsweise $f'(1)$.

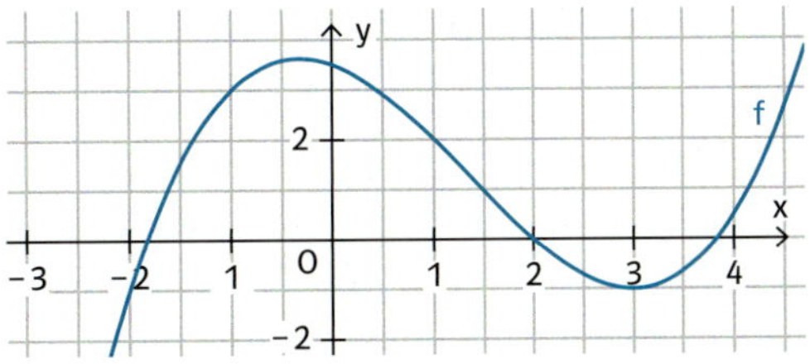

14 Gegeben ist eine Funktion f. Beschreiben Sie die Bedeutung des Integrals $\int_0^3 f(x)\,dx$ im folgenden Sachzusammenhang:

a) f beschreibt die Geschwindigkeit eines Autos (x in Sekunden, f(x) in Metern pro Sekunde).

b) f beschreibt die momentane Produktionsrate von Benzin in einer Raffinerie (x in Stunden, f(x) in Tausend Tonnen pro Stunde).

15 Die Wachstumsgeschwindigkeit v eines Baumes kann im Alter zwischen 10 und 50 Jahren durch $v(t) = 0{,}5\,e^{-0{,}025\,t}$ (t in Jahren, v(t) in Metern pro Jahr) beschrieben werden.

a) Interpretieren Sie $\int_{10}^{50} v(t)\,dt$ im Sachzusammenhang und berechnen Sie das Integral.

b) Ein zehn Jahre alter Baum ist 15 Meter hoch. Wie hoch wird er nach weiteren 10 Jahren sein, wenn seine Wachstumsgeschwindigkeit mit der Funktion v modelliert werden kann?

Test

Lösung | Seite 236

16 a) Berechnen Sie das Integral von f mit $f(x) = 0{,}1x^2$ im Intervall [0; 10].

b) Die Funktion f entspricht der Zuflussrate einer Flüssigkeit in ein Gefäß in $\frac{dm^3}{min}$. Interpretieren Sie das Ergebnis des Integrals aus Teilaufgabe a) in diesem Sachzusammenhang.

c) Zu Beginn befanden sich 40 Liter im Gefäß aus Teilaufgabe b). Bestimmen Sie die Flüssigkeitsmenge, die sich nach 10 Minuten in dem Gefäß befindet.

17 Geben Sie drei verschiedene Funktionen f an, bei denen $\int_{-1}^{1} f(x)\,dx = 0$ gilt. Bestätigen Sie dies durch Berechnung des Integrals mit dem Hauptsatz.

18 Bestimmen Sie die positive Zahl z zuerst ohne und dann mit Rechner.

a) $\int_0^z x\,dx = 18$ b) $\int_1^z 4x\,dx = 30$ c) $\int_0^z x^2\,dx = 9$ d) $\int_0^z 3e^x\,dx = 6$

Grundwissen Test

Grundwissen Seite 210
Lösung | Seite 236

19 a) Bestimmen Sie bei dem Graphen näherungsweise die Steigung in den Punkten O(0|0) und P(2|y), ohne die Funktionsgleichung zu verwenden.

b) Vergleichen Sie Ihre Ergebnisse von Teilaufgabe a) mit den exakt berechneten Werten für die Funktion f mit $f(x) = 5x \cdot e^{-x}$.

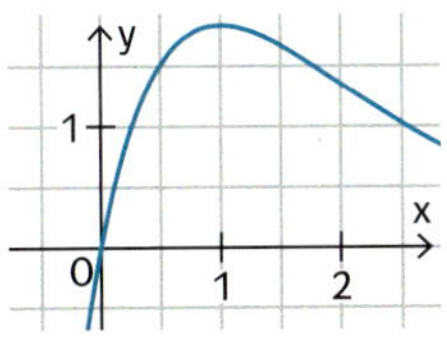

4 Bestimmen von Stammfunktionen

Finden Sie Paare von Funktionstermen, bei denen der eine Funktionsterm der Term einer Stammfunktion der anderen ist.
Ermitteln Sie zu den übrig gebliebenen Termen den Term einer zugehörigen Stammfunktion.

$2\cos(2x)$ e^{1-2x} $2\sin(x)$ $3x^2 - 3x$ $1 - 4e^{2x-1}$ $x^3 - 1{,}5x^2$ $0{,}5\sin(2x)$ $1{,}5 \cdot \sqrt{x}$ e^{2x+1} $\sqrt{x}^3$ $\cos(2x)$ $x - 2e^{2x-1}$

Bei der Berechnung eines Integrals mit dem Hauptsatz muss eine Stammfunktion bestimmt werden. Um bei einer zusammengesetzten Funktion leichter eine Stammfunktion zu finden, geht man wie bei der Ableitung vor: Man bestimmt zunächst eine Stammfunktion zu den Grundfunktionen und sucht dann nach Regeln, wie man auch für zusammengesetzte Funktionen eine Stammfunktion finden kann.
In der Tabelle sind Stammfunktionen zu einigen Grundfunktionen angegeben.

Stammfunktionen zu einfachen Funktionen							
f(x)	x^2	x	1	x^{-2}	$\sin(x)$	$\cos(x)$	e^x
F(x)	$\frac{1}{3}x^3$	$\frac{1}{2}x^2$	x	$-x^{-1}$	$-\cos(x)$	$\sin(x)$	e^x

Teilweise lassen sich die bekannten Ableitungsregeln auf die Bildung von Stammfunktionen übertragen:
Ein **konstanter Faktor** wird wie beim Ableiten beibehalten. Ist z. B. f mit $f(x) = 5\cos(x)$ gegeben, so ist F mit $F(x) = 5\sin(x)$ eine Stammfunktion von f.
Die **Summenregel** besagt, dass man bei einer Summe von Funktionen eine Stammfunktion F zu f summandenweise bestimmt, z. B. für f mit $f(x) = x + \sin(x)$ ist F mit $F(x) = \frac{1}{2}x^2 - \cos(x)$ eine Stammfunktion.
Die **Potenzregel** lässt sich auf die Bildung von Stammfunktionen übertragen: Für f mit $f(x) = x^r$, ist die Funktion F mit $F(x) = \frac{1}{r+1} \cdot x^{r+1}$ eine Stammfunktion. Das gilt aber nur für $r \neq -1$, weil der Nenner $r + 1$ für $r = -1$ null würde.
Liegt eine Verkettung mit einer linearen Funktion vor, lässt sich die kleine Kettenregel der Ableitung auf die Bildung von Stammfunktionen übertragen. Man spricht dann von einer **linearen Substitution**. Für $g(a \cdot x + b)$ bestimmt man eine Stammfunktion G zu g und dividiert $G(a \cdot x + b)$ durch die Ableitung a der inneren Funktion $a \cdot x + b$.

Ist z. B. f mit $f(x) = e^{2x-1}$ gegeben, so ist F mit $F(x) = \frac{1}{2} \cdot e^{2x-1}$ eine Stammfunktion zu f, denn $F'(x) = \frac{1}{2} \cdot 2 \cdot e^{2x-1} = e^{2x-1} = f(x)$.

Satz: Bestimmung von Stammfunktionen
Sind G und H Stammfunktionen von g und h, so gelten für die Bildung von Stammfunktionen folgende Regeln:

	Potenzregel $(r \neq -1)$	Konstanter Faktor	Summenregel	Lineare Substitution
Funktion f	x^r	$f(x) = c \cdot g(x)$	$f(x) = g(x) + h(x)$	$f(x) = g(a \cdot x + b)$
Stammfunktion F	$\frac{1}{r+1} \cdot x^{r+1}$	$F(x) = c \cdot G(x)$	$F(x) = G(x) + H(x)$	$F(x) = \frac{1}{a} \cdot G(a \cdot x + b)$

Aus den Regeln zur Bestimmung von Stammfunktionen erhält man:

Satz: Rechenregeln für Integrale

a) $\int_a^b c \cdot f(x)\,dx = c \cdot \int_a^b f(x)\,dx$ **b)** $\int_a^b (g(x) + h(x))\,dx = \int_a^b g(x)\,dx + \int_a^b h(x)\,dx$.

Das ist plausibel: Denn wenn man die Funktionswerte von f mit c multipliziert, dann wird der Flächeninhalt zwischen dem Graphen und der x-Achse um den Faktor c größer bzw. kleiner. Entsprechend kann man bei b) argumentieren.

Liegt eine Funktion f in grafischer Darstellung vor, lassen sich zugehörige Stammfunktionen auch grafisch näherungsweise ermitteln. Dabei orientiert man sich an charakteristischen Punkten des Graphen von f.

1. f hat bei a eine Nullstelle.
(In Fig. 1 sind dies die Stellen $a_1 = -1$; $a_2 = 0$; $a_3 = 1$.)
Dann gilt: $f(a) = F'(a) = 0$. An diesen Stellen hat ein Graph von F waagerechte Tangenten.
2. In Fig. 1 gilt $f(x) = F'(x) > 0$ für $x \in (-1; 0)$. In diesem Intervall ist F streng monoton steigend.
In Fig. 1 gilt $f(x) = F'(x) < 0$ für $x \in (0; 1)$. In diesem Intervall ist F streng monoton fallend.
3. f hat bei b eine Extremstelle.
(In Fig. 1 an den Stellen $b_1 \approx -0{,}7$; $b_2 \approx 0{,}7$.)
Dann gilt: $f'(b) = F''(b) = 0$ und $f' = F''$ wechselt bei b das Vorzeichen.
F hat bei b eine Wendestelle.

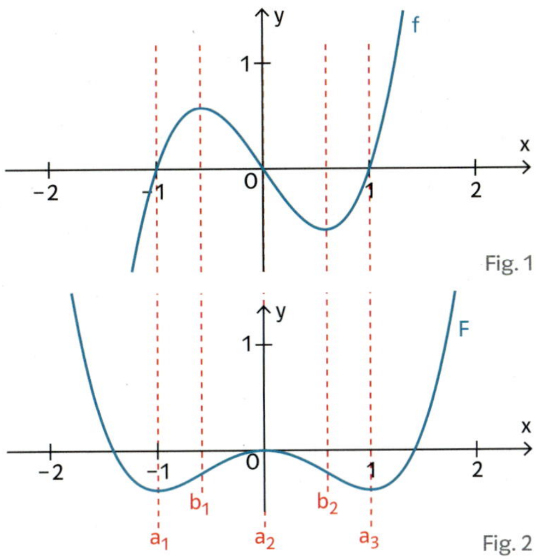

Fig. 1

Fig. 2

Mit den beschriebenen Eigenschaften kann man aber den Graphen von F nicht eindeutig zeichnen, da es mehrere Stammfunktionen zu f gibt. Fig. 2 zeigt den Graphen einer möglichen Stammfunktion von f, weitere ergeben sich durch jede Verschiebung in y-Richtung.

Da $f = F'$ und f z. B. bei $a_1 = -1$ eine Nullstelle mit Vorzeichenwechsel von − nach + besitzt, liegt bei a_1 eine Minimumstelle von F.

Beispiel **Stammfunktionen bestimmen und Integrale berechnen**

a) Bestimmen Sie zwei verschiedene Stammfunktionen von f mit $f(x) = 2\sin(x) + 3x^6$.

b) Bestimmen Sie eine Stammfunktion von f mit $f(x) = 2x - e^{-3x+2}$.

c) Berechnen Sie das Integral $\int_1^4 \frac{5}{x^2}\,dx$.

Lösung

a) Eine Stammfunktion von f ist F mit $F(x) = -2\cos(x) + \frac{3}{7}x^7$ (Potenz- und Summenregel).

Eine weitere Stammfunktion von f ist z. B. $F_1(x) = -2\cos(x) + \frac{3}{7}x^7 + 1$.

b) Anwendung der Summenregel und der Regel für lineare Substitution ergeben

$F(x) = x^2 - \frac{1}{-3}e^{-3x+2} = x^2 + \frac{1}{3}e^{-3x+2}$

c) $\int_1^4 \frac{5}{x^2}\,dx = \int_1^4 5x^{-2}\,dx = [-5x^{-1}]_1^4 = -\frac{5}{4} - \left(-\frac{5}{1}\right) = -\frac{5}{4} + 5 = \frac{15}{4}$

Aufgaben

1 Geben Sie eine Stammfunktion von f an.

a) $f(x) = x^2$ b) $f(x) = x^3$ c) $f(x) = 3x$ d) $f(x) = x^5$ e) $f(x) = 5x^2$
f) $f(x) = x^4$ g) $f(x) = 0{,}1x^3$ h) $f(x) = x$ i) $f(x) = 2$ j) $f(x) = 2x^5$

2 Bestimmen Sie eine Stammfunktion von f.

a) $f(x) = 4x^3 + 3x^4$ b) $f(x) = \frac{1}{10}x^4 - \frac{10}{x^4}$ c) $f(x) = 3\cos(x) - x$ d) $f(x) = \frac{1}{2x^2} + \frac{\sin(x)}{4}$
e) $f(x) = 2e^x + 1$ f) $f(x) = \frac{1}{3}e^x - \frac{x^2}{2}$ g) $f(x) = \sin(x) - \frac{2}{x^2}$ h) $f(x) = -\frac{1}{2x^3} - \frac{3}{2x^2}$

Unsicher, ob eine Stammfunktion gefunden wurde? Durch Ableiten lässt sich überprüfen, ob sie richtig ist.

3 Bestimmen Sie eine Stammfunktion von f.

a) $f(x) = (3x - 1)^2$ b) $f(x) = \frac{3}{(1 - 5x)^4}$ c) $f(x) = 2\sin(\pi x)$ d) $f(x) = \cos(1 - 3x)$
e) $f(x) = e^{4x - 1}$ f) $f(x) = \frac{2}{5}e^{2 - 5x}$ g) $f(x) = \frac{2}{3}(5 - 4x)^4$ h) $f(x) = \frac{5}{2(1 - x)^2}$
i) $f(x) = \sqrt{6x}$ j) $f(x) = \sqrt{9 - \frac{1}{3}x}$ k) $f(x) = \frac{1}{(3 + x)^2}$ l) $f(x) = \frac{7}{(3x + 1)^{\frac{1}{2}}}$

4 Berechnen Sie das Integral.

a) $\int_0^2 (3x^2 - e^x)\,dx$ b) $\int_1^4 (\sqrt{x} - 1)\,dx$ c) $\int_0^9 \frac{2}{5}\sqrt{x}\,dx$ d) $\int_0^{\pi} (\sin(x) + \cos(x))\,dx$
e) $\int_0^2 (2 + x)^3\,dx$ f) $\int_2^3 \left(1 + \frac{1}{x^2}\right)dx$ g) $\int_1^5 \frac{3}{x^3}\,dx$ h) $\int_1^2 \left(\frac{1}{\sqrt{x}} + \frac{1}{x^2}\right)dx$

Kontrollieren Sie Ihre Ergebnisse mit Ihrem Rechner.

5 Berechnen Sie das Integral.

a) $\int_0^{\pi} \sin(3x - \pi)\,dx$ b) $\int_{-1}^{1} \frac{1}{5}e^{\frac{1}{2}x}\,dx$ c) $\int_3^4 \frac{2}{(x + 1)^3}\,dx$ d) $\int_1^4 \frac{3}{(2x - 1)^2}\,dx$

6 Skizzieren Sie zum Graphen von f den Graphen einer Stammfunktion F von f.

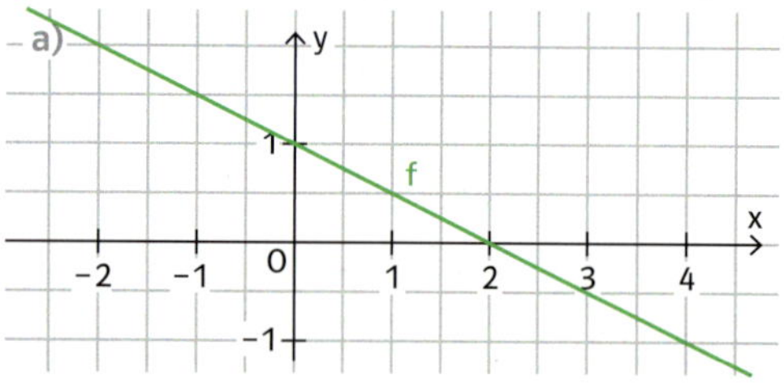

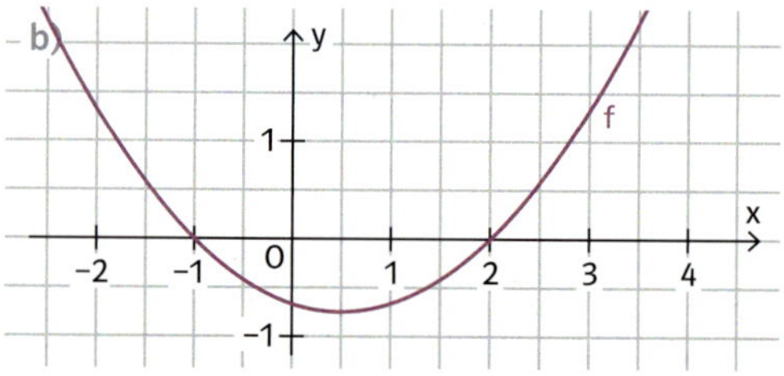

Test

Lösungen | Seite 236

7 Geben Sie eine Stammfunktion von f an.

a) $f(x) = 0{,}1x^2 - 2e^{-\frac{x}{3}}$ b) $f(x) = x - 2 - e^{x - 2}$ c) $f(x) = 4\cos\left(\frac{1}{2}x - 1\right)$

8 Berechnen Sie das Integral.

a) $\int_0^1 \frac{1}{2}e^{2x}\,dx$ b) $\int_{-1}^{0} \frac{1}{(2x - 1)^2}\,dx$ c) $\int_0^{2\pi} 2\sin(0{,}5x)\,dx$

9 In der Abbildung ist der Graph einer Funktion f gezeichnet. F ist eine Stammfunktion von f. Geben Sie die Stelle an, an der gilt:

a) F(x) ist am größten,
b) F(x) ist am kleinsten,
c) f′(x) ist am kleinsten,
d) F′(x) ist am kleinsten.

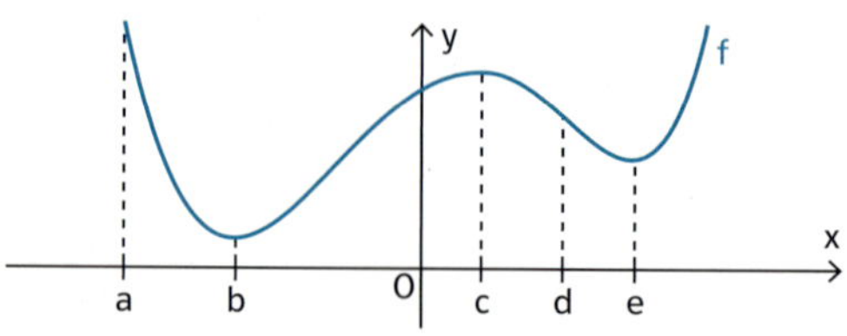

10 In Fig. 1 ist der Graph einer Funktion h dargestellt. H ist eine Stammfunktion von h mit $H(0) = 1$. Geben Sie näherungsweise an, in welchen Bereichen die Funktionen H, h und h' jeweils negative Funktionswerte haben.

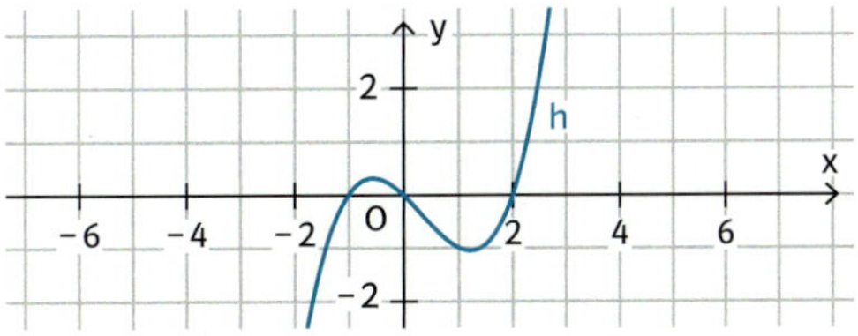

Fig. 1

11 Fig. 2 zeigt den Graphen einer Funktion f. F ist eine beliebige Stammfunktion von f. Entscheiden Sie, welche der folgenden Aussagen über F wahr bzw. falsch sind.

(I) F ist in $I = (0; 2)$ streng monoton fallend.
(II) F hat bei $x \approx 1{,}2$ eine Extremstelle.
(III) F hat bei $x = -1$ ein lokales Minimum.
(IV) Ist $F(0) = 0$, so sind die Funktionswerte von F im Intervall $(-1; 0)$ positiv.
(V) F hat bei $x \approx 1{,}2$ eine Wendestelle.

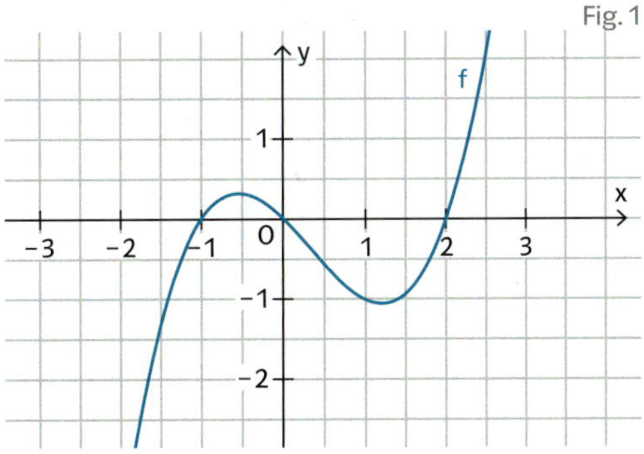

Fig 2

12 Suchen Sie die Fehler in folgender Berechnung und korrigieren Sie diese:

$$\int_0^1 \frac{1}{(2x+1)^2}\,dx = (2x+1)^{-2} = \left[-\frac{1}{3}(2x+1)^{-3}\right]_0^1 = -\frac{3^{-3}}{3} + \frac{1}{3} = -\frac{1}{81} + \frac{27}{81} = \frac{26}{81}.$$

13 Bestimmen Sie diejenige Stammfunktion von f, die an der Stelle 0 den Funktionswert 1 hat.

a) $f(x) = (x+2)^2$ b) $f(x) = \frac{1}{(x+1)^2}$ c) $f(t) = 2e^{0{,}5t}$ d) $f(t) = t \cdot \sin(t)$

Test

Lösungen | Seite 237

14 In der Abbildung ist der Graph einer Funktion h gezeichnet. H ist eine Stammfunktion von h mit $H(a) = 5$. Geben Sie an, ob die Funktionswerte von H, h und h' an den Stellen a, b und c positiv, negativ oder null sind.

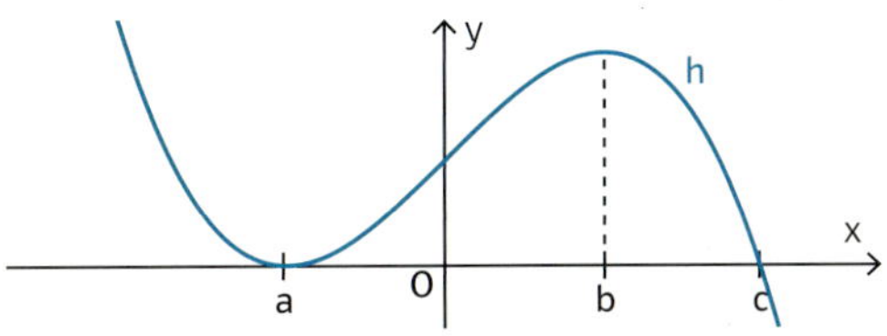

15 Bestimmen Sie zur Funktion f eine Stammfunktion F mit $F(1) = -1$.

a) $f(x) = x^3 - x$ b) $f(x) = x \cdot e^{2x}$ c) $f(x) = \cos(x-1)$

16 Geben Sie eine Stammfunktion von f an. Schreiben Sie dazu den Funktionsterm als Summe.

a) $f(x) = \frac{x^2 + 2x}{x^4}$ b) $f(x) = \frac{x^3 + 1}{2x^2}$ c) $f(x) = \frac{1 + x + x^3}{3x^3}$ d) $f(x) = \frac{(2x+1)^2 - 1}{x}$

17 Berechnen Sie möglichst geschickt.

a) $\int_{-1}^{3,3} 5x^2\,dx - 10\int_{-1}^{3,3} \frac{1}{2}x^2\,dx$ b) $\int_0^1 \left(x - 2\sqrt{x^2+4}\right)dx + 2\int_0^1 \sqrt{x^2+4}\,dx$ c) $\int_3^{3,7} \frac{1}{x^2}\,dx + \int_{3,7}^{4} \frac{1}{x^2}\,dx$

Grundwissen Test

Grundwissen
Seite 210
Lösung | Seite 237

18 In der Abbildung ist der Graph einer Funktion f gezeichnet. Übertragen Sie den Graphen in Ihr Heft und skizzieren Sie den Graphen der Ableitungsfunktion f'.

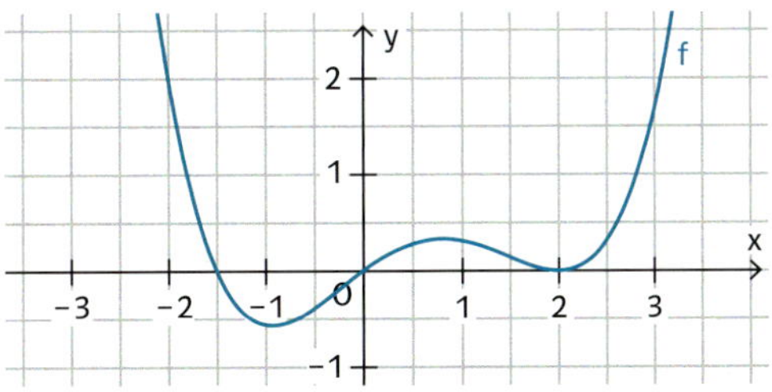

5 Integral und Flächeninhalt

In der Abbildung sind verschiedene Flächen zu den Graphen von f und g mit $f(x) = \sin(x)$ und $g(x) = \cos(x)$ farbig markiert.
Von welcher dieser Flächen können Sie den Inhalt berechnen?

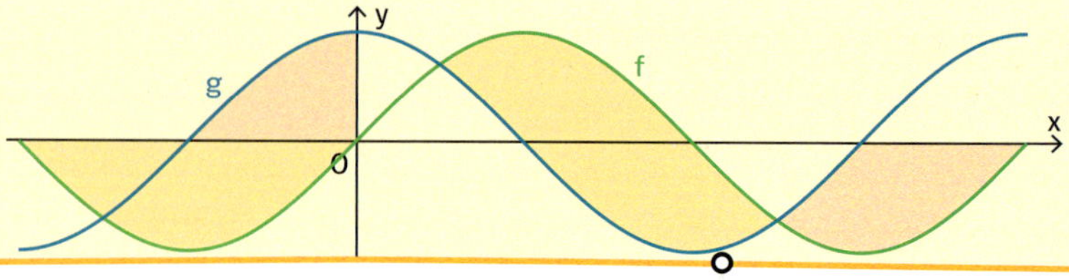

Bisher wurde das Integral dazu verwendet, Gesamtänderungen von Größen bzw. orientierte Flächeninhalte zu bestimmen. Dabei werden die Inhalte von oberhalb der x-Achse liegenden Flächen positiv, die Inhalte von unterhalb der x-Achse liegenden Flächen negativ gezählt.
Wenn man dagegen den Inhalt der gesamten Fläche zwischen einem Graphen und der x-Achse bestimmen will, ist zu beachten, dass diese Flächeninhalte nie negativ sein können.

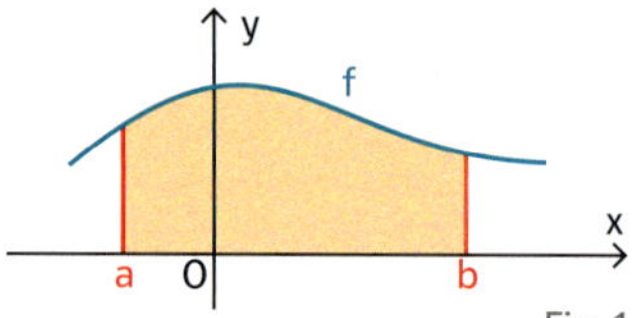

Fig. 1

$A = \int_a^b f(x)\,dx$

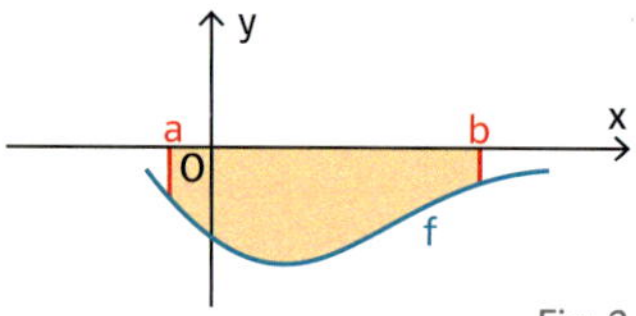

Fig. 2

$A = -\int_a^b f(x)\,dx = \left|\int_a^b f(x)\,dx\right|$

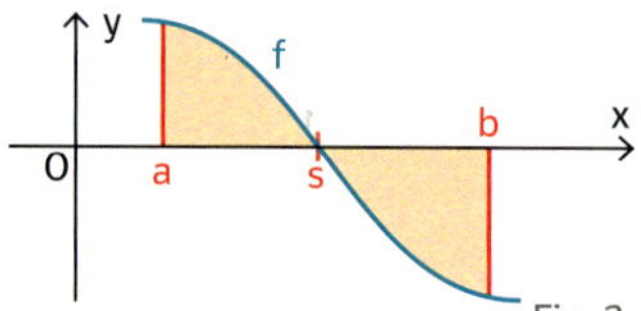

Fig. 3

$A = \int_a^s f(x)\,dx - \int_s^b f(x)\,dx$

In Fig. 3 kann man auch das Betragszeichen verwenden:
$\int_a^s f(x)\,dx + \left|\int_s^b f(x)\,dx\right|$

In Fig. 3 liegt die Fläche zum Teil unterhalb und zum Teil oberhalb der x-Achse. Diese Fläche muss deshalb mit zwei Integralen berechnet werden. Falls die Nullstelle s nicht bekannt ist, muss sie vorher bestimmt werden. Allgemein geht man folgendermaßen vor:

Satz: Zur Berechnung des **Inhalts der Fläche** zwischen dem Graphen einer Funktion f und der x-Achse über dem Intervall [a; b] bestimmt man zunächst die Nullstellen von f auf [a; b].
Sind z. B. x_1, x_2 und x_3 die Nullstellen, dann berechnet man die Integrale
$\int_a^{x_1} f(x)\,dx$, $\int_{x_1}^{x_2} f(x)\,dx$, $\int_{x_2}^{x_3} f(x)\,dx$, $\int_{x_3}^{b} f(x)\,dx$ und addiert deren Beträge.

In Fig. 4 soll der Inhalt A der Fläche bestimmt werden, die von den Graphen zweier Funktionen f und g begrenzt wird. Es gilt: $A = \int_a^b f(x)\,dx - \int_a^b g(x)\,dx = \int_a^b (f(x) - g(x))\,dx$.
Damit bei der Fläche in Fig. 5 ebenso wie in Fig. 4 vorgegangen werden kann, verschiebt man beide Graphen um d so weit nach oben, bis sie im Intervall [a; b] vollständig oberhalb der x-Achse liegen (Fig. 6). Da sich bei der Verschiebung der Flächeninhalt nicht ändert, gilt:

$$A_1 = A_2 = \int_a^b (f(x) + d)\,dx - \int_a^b (g(x) + d)\,dx = \int_a^b (f(x) + d - g(x) - d)\,dx = \int_a^b (f(x) - g(x))\,dx.$$

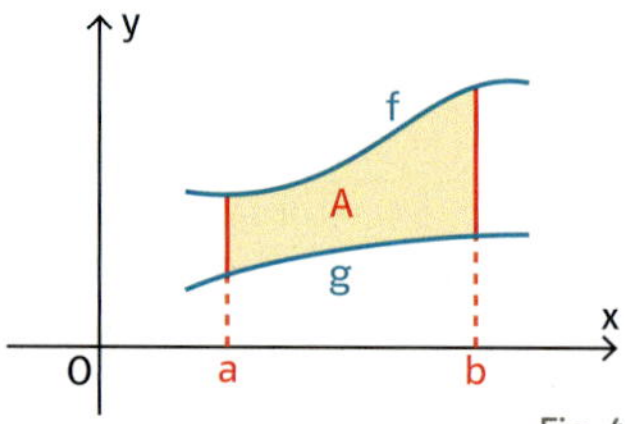

Fig. 4

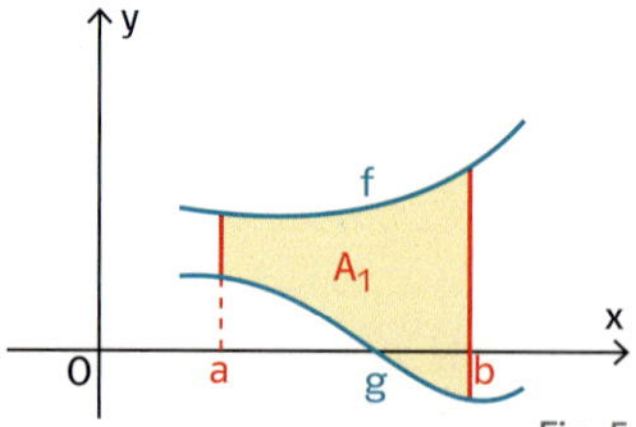

Fig. 5

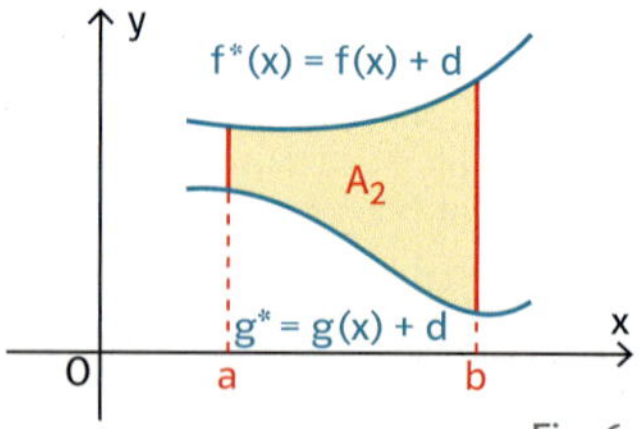

Fig. 6

Wenn $f(x) \geq g(x)$ auf [a; b] gilt, ist also die Berechnungsmethode für Flächeninhalte zwischen Graphen dieselbe, unabhängig davon, wie Teile der Fläche zur x-Achse liegen.

Allgemein geht man folgendermaßen vor:

Satz: Zur Berechnung des **Inhalts der Fläche** zwischen den Graphen zweier Funktionen f und g bestimmt man zunächst die Schnittstellen von f und g.
Sind z. B. x_1, x_2, x_3 die Schnittstellen, dann berechnet man die Integrale
$\int_{x_1}^{x_2} (f(x) - g(x))\,dx$ und $\int_{x_2}^{x_3} (f(x) - g(x))\,dx$ und addiert deren Beträge.

Beispiel 1 Flächen teilweise oberhalb und unterhalb der x-Achse berechnen

Gegeben ist die Funktion f mit $f(x) = x^2 - 2x$.
Berechnen Sie den Inhalt der Fläche, die vom Graphen von f, der x-Achse und den Geraden $x = -1$ und $x = 3$ eingeschlossen wird.

Lösung

Nullstellen sind $x_1 = 0$; $x_2 = 2$.
Integrale für die Teilintervalle:

$$\int_{-1}^{0} f(x)\,dx = \left[\tfrac{1}{3}x^3 - x^2\right]_{-1}^{0} = 0 - \left(-\tfrac{1}{3} - 1\right) = \tfrac{4}{3}$$

$$\int_{0}^{2} f(x)\,dx = \left[\tfrac{1}{3}x^3 - x^2\right]_{0}^{2} = \tfrac{8}{3} - 4 = -\tfrac{4}{3}$$

$$\int_{2}^{3} f(x)\,dx = \left[\tfrac{1}{3}x^3 - x^2\right]_{2}^{3} = 0 - \left(-\tfrac{4}{3}\right) = \tfrac{4}{3}$$

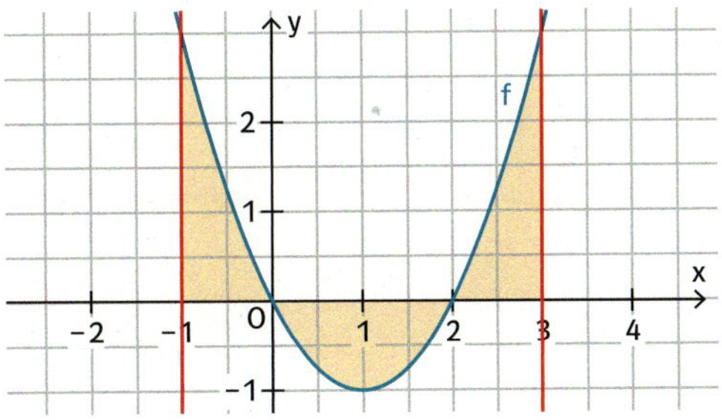

Gesamter Flächeninhalt: $A = \int_{-1}^{0} f(x)\,dx + \left|\int_{0}^{2} f(x)\,dx\right| + \int_{2}^{3} f(x)\,dx = \tfrac{4}{3} + \left|-\tfrac{4}{3}\right| + \tfrac{4}{3} = 4$

Beispiel 2 Fläche zwischen zwei sich schneidenden Graphen

Die Funktionen f und g mit $f(x) = x^3 - 6x^2 + 9x$ und $g(x) = -\tfrac{1}{2}x^2 + 2x$ schließen eine Fläche ein.
Berechnen Sie den Inhalt A dieser Fläche.

Lösung

Schnittstellen bestimmen:

$$x^3 - 6x^2 + 9x = -\tfrac{1}{2}x^2 + 2x, \text{ also } x^3 - \tfrac{11}{2}x^2 + 7x = x \cdot \left(x^2 - \tfrac{11}{2}x + 7x\right) = 0$$

Lösungen: $x_1 = 0$; $x_2 = 2$; $x_3 = 3{,}5$.
Integrale für die Teilintervalle:

$$A_1 = \int_{0}^{2} (f(x) - g(x))\,dx = \int_{0}^{2} \left(x^3 - \tfrac{11}{2}x^2 + 7x\right) dx$$
$$= \left[\tfrac{1}{4}x^4 - \tfrac{11}{6}x^3 + \tfrac{7}{2}x^2\right]_{0}^{2} = \tfrac{10}{3}$$

$$A_2 = \int_{2}^{3,5} (f(x) - g(x))\,dx = \int_{2}^{3,5} \left(x^3 - \tfrac{11}{2}x^2 + 7x\right) dx$$
$$= \left[\tfrac{1}{4}x^4 - \tfrac{11}{6}x^3 + \tfrac{7}{2}x^2\right]_{2}^{3,5} = -\tfrac{99}{64} \approx -1{,}547$$

Gesamter Flächeninhalt:

$$A = A_1 + |A_2| = \tfrac{937}{192} \approx 4{,}88$$

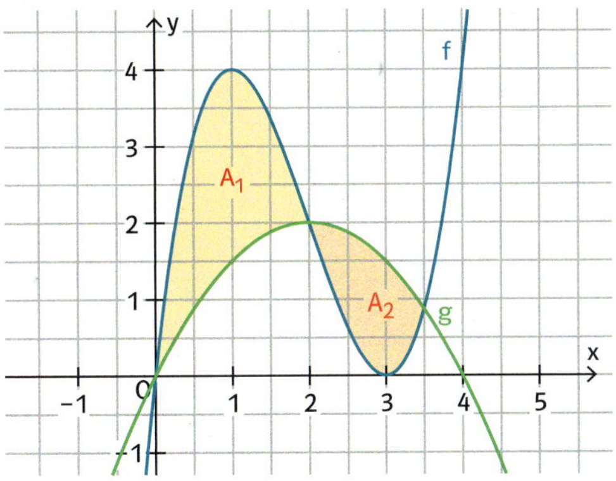

Mit dem Rechner kann man mithilfe der Betragsfunktionen $|f(x)|$ bzw. $|f(x) - g(x)|$ schnell Näherungswerte bestimmen. Das zeigen die Abbildungen für die Berechnungen der beiden Beispiele.

Berechnung zu Beispiel 1:

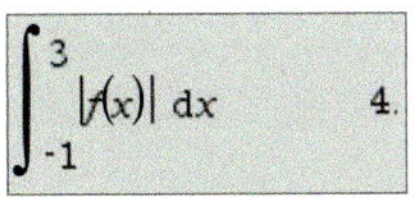

Berechnung zu Beispiel 2:

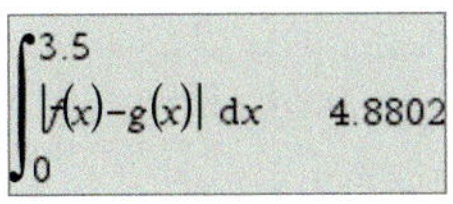

Zur Handhabung des Rechners siehe Anhang

Aufgaben

○ **1** In der Abbildung sind die Graphen zweier Funktionen f und g gegeben. Drücken Sie den Inhalt der im Folgenden beschriebenen Flächen mit A_1, A_2, A_3, … aus.

Fläche I: begrenzt vom Graphen von f und der x-Achse

Fläche II: begrenzt von den Graphen von f und g

Fläche III: im 1. Quadranten begrenzt vom Graphen von f, der x-Achse und der y-Achse

Fläche IV: im 3. Quadranten begrenzt vom Graphen von f, der x-Achse und der senkrechten Geraden $x = -2$

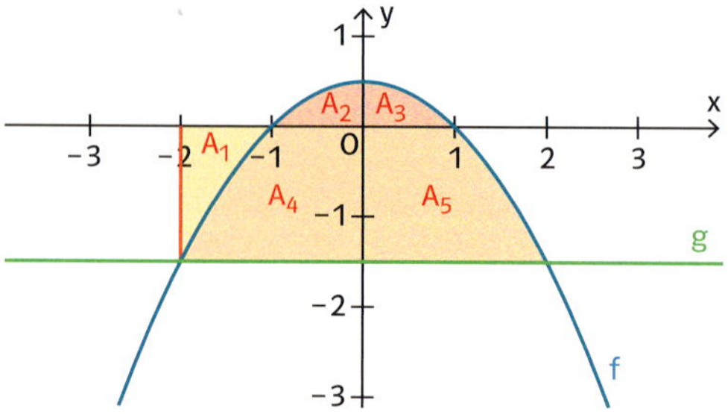

○ **2** Bestimmen Sie den Inhalt der gefärbten Fläche.

Ihren Rechner dürfen Sie bei den Aufgaben 2 bis 6 nur zur Kontrolle Ihrer Ergebnisse verwenden.

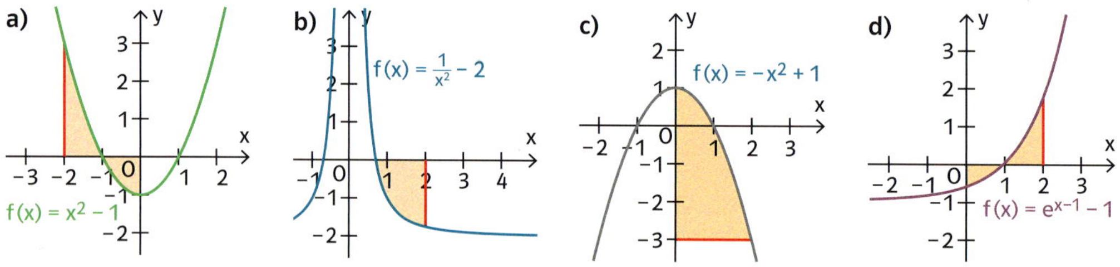

○ **3** Bestimmen Sie den Inhalt der Fläche, die der Graph von f mit der x-Achse einschließt.

a) $f(x) = 3x^2 - 3$ b) $f(x) = 4 - x^2$ c) $f(x) = 5x^4 - 80$

d) $f(x) = 0{,}5x^2 - 3x$ e) $f(x) = x^2 + x$ f) $f(x) = x^4 - 4x^2$

g) $f(x) = (x - 1)(x + 2)$ h) $f(x) = 3(x + 2)(x - 3)$ i) $f(x) = (x - 1)^2 - 1$

○ **4** Berechnen Sie den Inhalt der Fläche, die der Graph der Funktion f mit $f(x) = x^2$ mit dem Graphen der Funktion g einschließt.

a) $g(x) = 9$ b) $g(x) = x$ c) $g(x) = -2x$ d) $g(x) = 2x + 3$

e) $g(x) = 2 - x^2$ f) $g(x) = \frac{1}{2}x^2 + \frac{9}{2}$ g) $g(x) = x^4 - x^2 + 1$ h) $g(x) = x^3$

○ Test

Lösungen | Seite 237

5 Der Graph von f mit $f(x) = -x^2 + 4x$ begrenzt mit der x-Achse eine Fläche. Berechnen Sie deren Inhalt.

6 Berechnen Sie den Inhalt der Fläche, die die Graphen der Funktionen g und h einschließen.

a) $g(x) = 1 - x^2$; $h(x) = x - 1$ b) $g(x) = x^2 - 2$; $h(x) = 7$

◒ **7** Berechnen Sie den Inhalt der Fläche, die von den Graphen der Funktionen f und g und den gegebenen Geraden begrenzt wird.

Auch von den folgenden Aufgaben sollten Sie einige ohne Rechner lösen.

a) $f(x) = x^2 + 4$; $g(x) = x + 3$; $x = -1$; $x = 1$ b) $f(x) = x^2 + 4$; $g(x) = 2x + 4$; $x = -1$; $x = 1$

c) $f(x) = \frac{1}{x^2}$; $g(x) = \frac{1}{8}x$; $x = 1$; $x = 2$ d) $f(x) = \frac{1}{\sqrt{x}}$; $g(x) = x$; $x = 1$; $x = 4$

e) $f(x) = \sin(x)$; $g(x) = \cos(x)$; $x = \frac{\pi}{2}$; $x = \pi$ f) $f(x) = \sin(x)$; $g(x) = \cos(x) + 1$; $x = \pi$; $x = 2\pi$

◒ **8** Berechnen Sie den Inhalt der Fläche, die von den Graphen von f und g begrenzt wird.

a) $f(x) = 2x^2 - 3x$; $g(x) = 3x - x^2$ b) $f(x) = x^2 - 4$; $g(x) = x + 2$

c) $f(x) = x^4 - 5x^2$; $g(x) = -4$ d) $f(x) = x^4 - 4x^2 + 4$; $g(x) = x^2$

9 Prüfen Sie, ob die folgenden Flächenberechnungen mit den achsensymmetrischen Graphen von f und g korrekt sind. Korrigieren Sie gegebenenfalls.

a) $A_4 + A_5 = 2 \cdot \int_0^{\sqrt{0,5}} g(x)\,dx$

b) $A_7 + A_1 + A_2 = \int_{-2}^{0} f(x)\,dx$

c) $A_2 = \int_{-1}^{0} (f(x) - g(x))\,dx$

d) $A_6 = \int_{\sqrt{0,5}}^{\sqrt{2}} (g(x) - f(x))\,dx$

e) $A_2 + A_3 = \int_{-1}^{1} f(x)\,dx = 2 \cdot \int_0^1 f(x)\,dx$

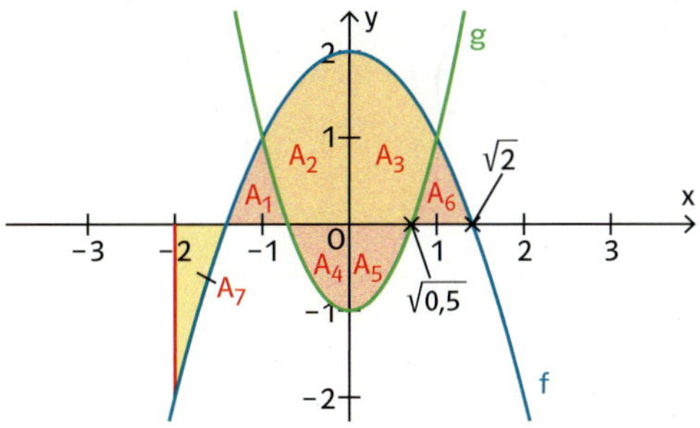

10 Die Graphen der Funktionen f und g mit $f(x) = \frac{1}{2}x^2$ und $g(x) = \frac{1}{4}x^2 - 1$ und die Geraden $x = t$ und $x = -t$ begrenzen eine Fläche. Deren Flächeninhalt ist abhängig von t. Geben Sie diesen Flächeninhalt A(t) in Abhängigkeit von t an. Für welches t beträgt dieser Flächeninhalt 12 FE?

11 Für jedes $t > 0$ ist eine Funktion f_t gegeben durch $f_t(x) = \frac{t}{x^2}$. Der Graph von f_t schließt mit der x-Achse über dem Intervall [1; 2] eine Fläche A(t) ein.
Bestimmen Sie A(t) in Abhängigkeit von t. Für welches t beträgt dieser Flächeninhalt 8 FE?

Test

Lösung | Seite 237

12 Berechnen Sie den Inhalt der Fläche, die begrenzt wird
a) vom Graphen von g und der x-Achse,
b) von den Graphen von f und g,
c) vom Graphen von f, der y-Achse und der Geraden $y = 4$.

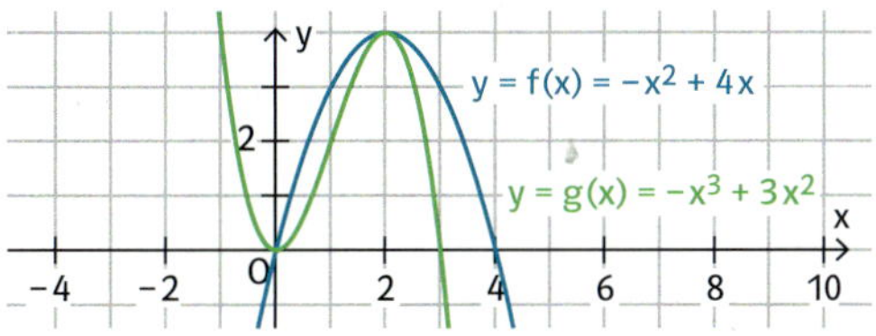

13 Zeigen Sie, was bereits Archimedes nachweisen konnte: Der Flächeninhalt, den der Graph der Funktion f mit $f(x) = t - x^2$ $(t > 0)$ mit der x-Achse einschließt, ist das $\frac{4}{3}$-Fache des Flächeninhalts des einbeschriebenen Dreiecks (vgl. Abbildung für $t = 4$).

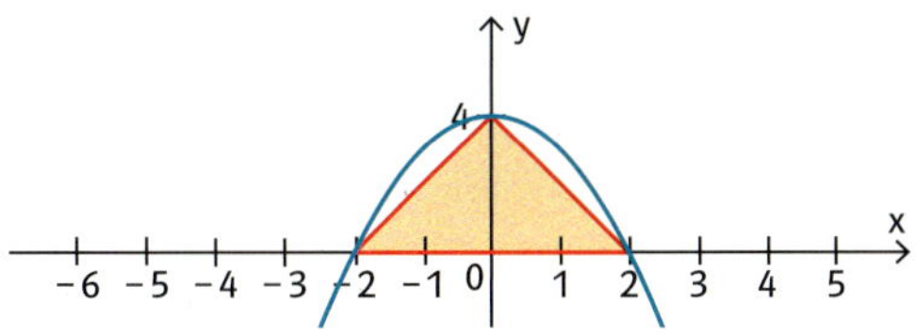

Archimedes von Syrakus (287 v. Chr. – 212 v. Chr.)

14 Beweisen Sie: Der Graph von f mit $f(x) = x^2$, die Tangente an f in $P(a\,|\,f(a))$ und die y-Achse begrenzen eine Fläche mit dem Inhalt $A = \frac{1}{3}a^3$.

15 Die Parabel mit der Gleichung $y = -x^2 + 9$ begrenzt mit der x-Achse eine Fläche. Bestimmen Sie die Gleichung einer Parallelen zur x-Achse, die diese Fläche in zwei gleich große Teile teilt.

Grundwissen Test

Grundwissen
Seite 211
Lösungen | Seite 237

16 Berechnen Sie f′(x).
a) $f(x) = -2x^3 + \sqrt{x}$
b) $f(x) = x^3 + \frac{2}{\sqrt{x}}$
c) $f(x) = 3e^x - 2\sin(x)$
d) $f(x) = 5x^{-3} - 3\cos(x)$

17 Berechnen Sie die Gleichung der Tangente an den Graphen der Funktion f mit $f(x) = x^4 - 2x^2$ im Punkt $P(-2\,|\,f(2))$.

Analyse: Integral

Mit der Integralrechnung findet die Analysis einen Abschluss, was neue Konzepte anbelangt. Die Illustration zeigt, welcher Weg bis zum Hauptsatz der Differenzial- und Integralrechnung zurückgelegt werden musste.

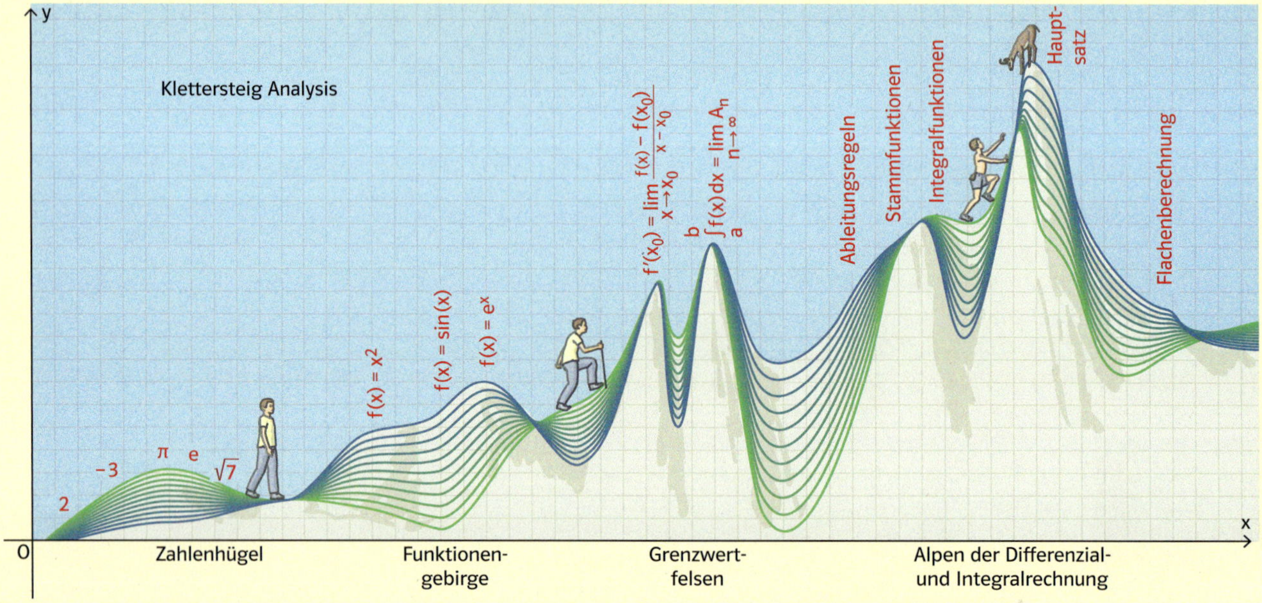

Hier wird noch auf drei Fragen eingegangen, die im Zusammenhang mit dem Integralbegriff von Bedeutung sind.

1. Kommt es bei der Definition des Integrals auf die Art der Rechtecksumme an?
Man kann den einem Integral entsprechenden Flächeninhalt von unten bzw. oben durch Rechtecksummen annähern. Man spricht deshalb auch von **Untersumme** (Fig. 1) bzw. von **Obersumme** (Fig. 2).
Eine weitere Variante: Man nimmt für die Höhe eines Rechtecks irgendeinen Funktionswert aus dem Teilintervall. Außerdem brauchen die Teilintervalle nicht gleich breit zu sein (Fig. 3, **Riemann-Summe**). Ihre Breiten gehen mit zunehmender Rechteckzahl gegen Null.

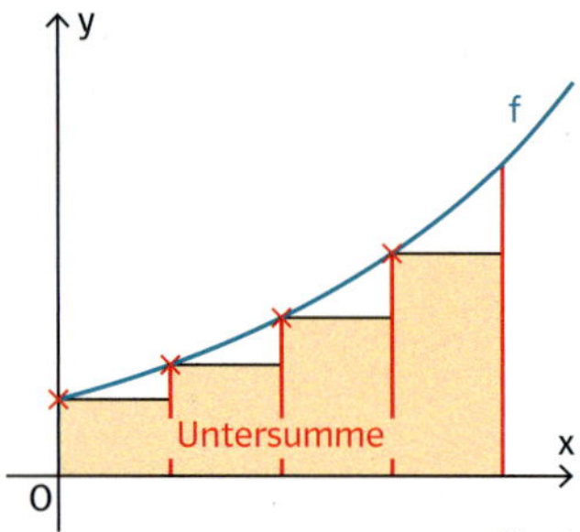

Fig. 1

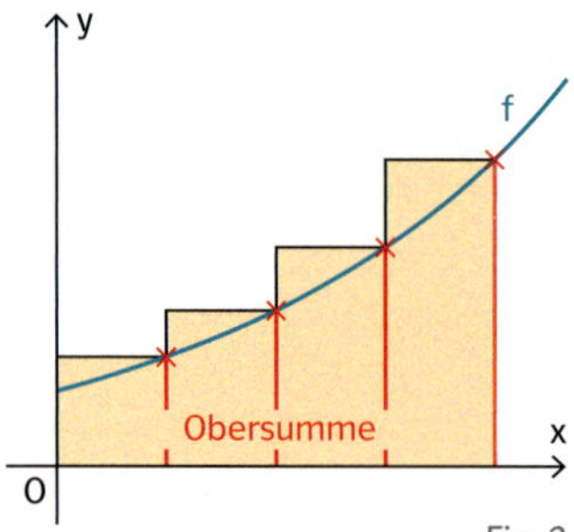

Fig. 2

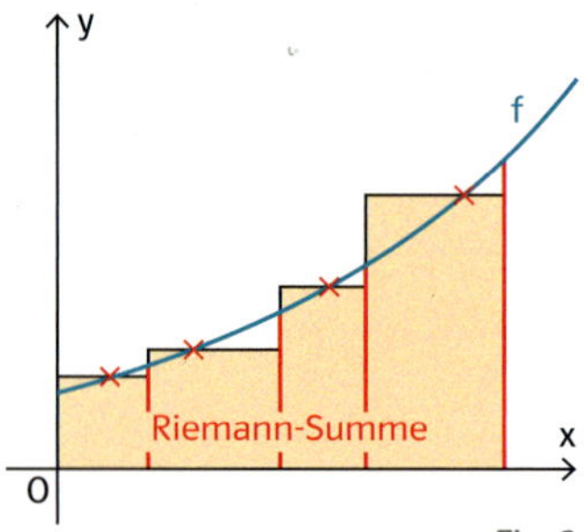

Fig. 3

Bernhard Riemann (1826 – 1866), Professor in Göttingen, hat den Integralbegriff wesentlich geprägt.

Sind diese verschiedenen Definitionen des Integrals gleichwertig? Das heißt, erhält man in allen drei Fällen dasselbe Ergebnis, wenn man den Grenzwert von Rechteckssummen bestimmt?
Und weiter: Gibt es eigentlich Funktionen, die nicht integrierbar sind?
Dazu kann man die folgenden Zusammenhänge beweisen.

- Falls die Funktion f auf dem Intervall [a; b] **stetig** ist, existieren die Grenzwerte jeder Untersumme, jeder Obersumme und jeder Riemann-Summe und diese Grenzwerte sind alle gleich. Bei einer stetigen Funktion ist es demnach gleichgültig, auf welche Weise die Rechteckssumme gebildet wird, da sie immer ein und denselben Grenzwert hat. Stetige Funktionen sind also integrierbar.
- Es gibt Beispiele von **nichtstetigen** Funktionen, bei denen sich für verschiedene Rechteckssummen (z. B. die Ober- und Untersumme) auch verschiedene Grenzwerte ergeben.

Als Beispiel wird die Dirichlet-Funktion D mit

$D(x) = \begin{cases} 0 & \text{für } x \in \mathbb{Q} \\ 1 & \text{für } x \notin \mathbb{Q} \end{cases}$ betrachtet.

In Fig. 1 wird D veranschaulicht.
Über dem Intervall [0; 1] ergibt sich als Grenzwert jeder Untersumme 0 und als Grenzwert jeder Obersumme 1.
Man kann für die entsprechende Fläche also keinen Flächeninhalt festlegen.
Die Dirichletfunktion ist also nicht integrierbar.

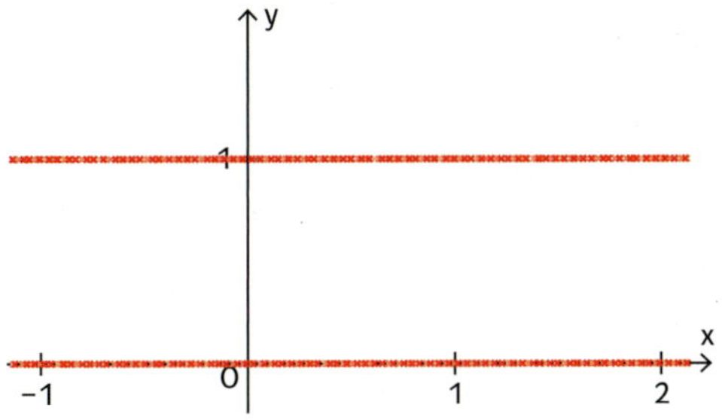

Fig. 1

Gustave Lejeune Dirichlet (1805 – 1859) war der Nachfolger von C. F. Gauß in Göttingen.

Nach dem Integral werden nun die grundlegenden Begriffe Stammfunktion und Integralfunktion näher betrachtet.

2. Hat jede Funktion eine Stammfunktion?
Nein. Gegenbeispiel: Gäbe es eine Stammfunktion von f mit $f(x) = \begin{cases} 1 & \text{für } x < 1 \\ 2 & \text{für } x \geq 1 \end{cases}$,
so hätte sie die Form $g(x) = \begin{cases} x + c_1 & \text{für } x < 1 \\ 2x + c_2 & \text{für } x \geq 1 \end{cases}$ (vgl. Fig. 2 und Fig. 3).
Diese Funktionen haben an der Stelle 1 einen „Knick“ oder einen „Sprung“, sind also nicht differenzierbar und können somit auch keine Stammfunktion sein.

Die Funktion f in diesem Beispiel ist nicht stetig an der Stelle x = 1.

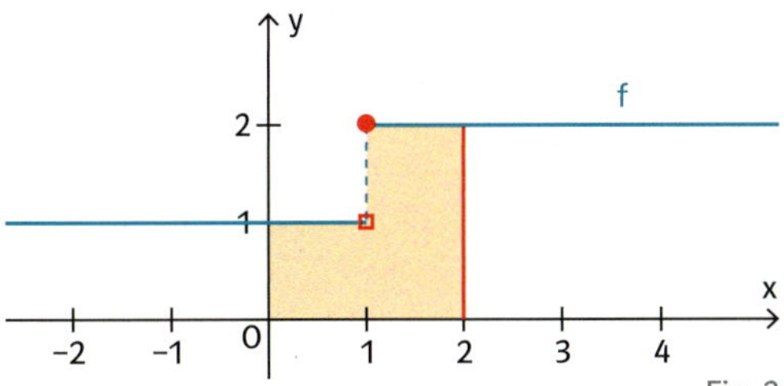

Fig. 2

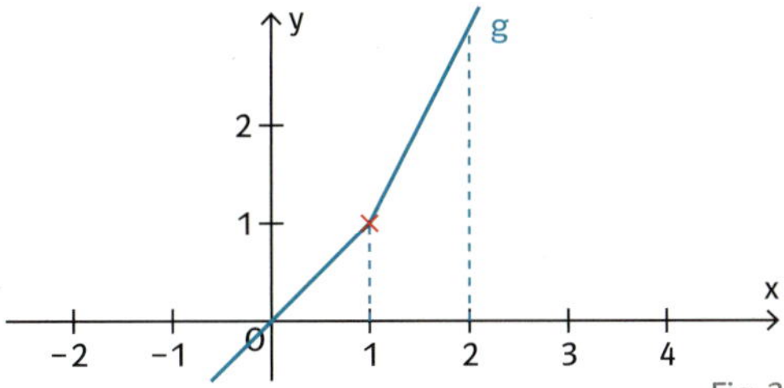

Fig. 3

Trotzdem sind Treppenfunktionen wie f nützlich, denn
- man kann mit ihnen stetige Funktionen beliebig gut annähern (wie auf Seite 66),
- man kann mit ihnen orientierte Flächeninhalte berechnen, die man als Gesamtänderung einer Funktion interpretieren kann. Damit wird der Hauptsatz verständlich (Seite 62).

Treppenfunktionen sind Beispiele für integrierbare Funktionen, die nicht stetig sind.

3. Bedeuten die Begriffe Stammfunktion und Integralfunktion das Gleiche?
Nein. Es ist zwar jede Integralfunktion einer stetigen Funktion f auch eine Stammfunktion von f, die Umkehrung gilt aber nicht.
Gegenbeispiel: Für jede Integralfunktion J_u von f mit $f(t) = t$ gilt:
$J_u(x) = \int_u^x t\,dt = \left[\frac{1}{2}t^2\right]_u^x = \frac{1}{2}x^2 - \frac{1}{2}u^2$; also $J_u(x) = \frac{1}{2}x^2 - c$ mit $c \geq 0$. F mit $F(x) = \frac{1}{2}x^2 + 1$ ist deshalb keine Integralfunktion von f. F ist aber eine Stammfunktion von f, da $F' = f$ gilt.

Training

○ **1** Bestimmen Sie eine Stammfunktion.

Lösungen | Seite 237

a) $f(x) = 0{,}5x^3$ **b)** $f(x) = \frac{1}{4}x^{-2}$ **c)** $f(x) = \frac{2}{5x^2}$ **d)** $f(x) = (2x + 2)^3$

e) $f(x) = 2\sin(x + 1)$ **f)** $f(x) = \cos(3x)$ **g)** $f(x) = x + 2\sin(2x)$ **h)** $f(x) = \cos(4x - \pi)$

i) $f(x) = \frac{1}{3}e^{x+5}$ **j)** $f(x) = 1 + e^{0{,}5x}$ **k)** $f(x) = e^{\frac{2}{3}x+1}$ **l)** $f(x) = \frac{5}{2}e^{2x-2}$

○ **2** Geben Sie die Stammfunktion G der Funktion g an, für die gilt $G(1) = 3$.

a) $g(x) = 3 - 2x$ **b)** $g(x) = 2e^{0{,}5-0{,}5x}$ **c)** $g(x) = \pi\sin(\pi x)$ **d)** $g(x) = x + \frac{1}{x^2}$

○ **3** Berechnen Sie das Integral.

a) $\int_{-1}^{3}(x^2 - 4x)\,dx$ **b)** $\int_{2}^{4}(4e^{x-2} - 1)\,dx$ **c)** $\int_{1}^{2}(5 - x^{-2})\,dx$ **d)** $\int_{-2}^{3}\sin\left(\frac{\pi}{2}x\right)dx$

e) $\int_{0}^{\ln(3)}2e^x\,dx$ **f)** $\int_{-3}^{2}3(3x - 1)^2\,dx$ **g)** $\int_{-\pi}^{2\pi}2\cos\left(\frac{1}{2}x\right)dx$ **h)** $\int_{1}^{e^2}2x^{-2}\,dx$

○ **4** Berechnen Sie den Inhalt der Fläche, die der Graph der Funktion f mit der x-Achse einschließt.

a) $f(x) = -x^2 + 9$ **b)** $f(x) = x(x + 1)^2$ **c)** $f(x) = \frac{1}{3}x^2 + x - 6$

d) $f(x) = x^2 - 6x + 5$ **e)** $f(x) = x^3 + 10x^2 + 25x$ **f)** $f(x) = 2\sin(x),\ x \in [0; \pi]$

○ **5** Berechnen Sie den Inhalt der Fläche, die die Graphen der Funktionen f und g einschließen.

a) $f(x) = x^2 - 1;\ g(x) = 15$ **b)** $f(x) = -\frac{1}{2}x^2 + 2x + 1;\ g(x) = -5$

c) $f(x) = -x^2;\ g(x) = -2x - 15$ **d)** $f(x) = x^3;\ f(x) = x^2 + 2x$

○ **6** Die Funktion f schließt mit der x-Achse Flächen ein. Bestimmen Sie deren Gesamtinhalt.

a) $f(x) = x^3 - x$ **b)** $f(x) = e^{-x} \cdot (x^2 - 4)$ **c)** $f(x) = 2\cos\left(\frac{1}{2}x\right);\ x \in [-\pi; 3\pi]$

○ **7** Die Funktionen f und g mit $f(x) = 4 - x^2$ bzw. $g(x) = 2x^2 - 2$ begrenzen mit den Koordinatenachsen im zweiten Quadranten eine Fläche. Bestimmen Sie deren Inhalt.

○ **8** Skizzieren Sie den Graphen der Funktion f in Ihr Heft. Skizzieren Sie dazu einen Graphen

a) der Ableitungsfunktion f′,

b) einer Stammfunktion F von f.

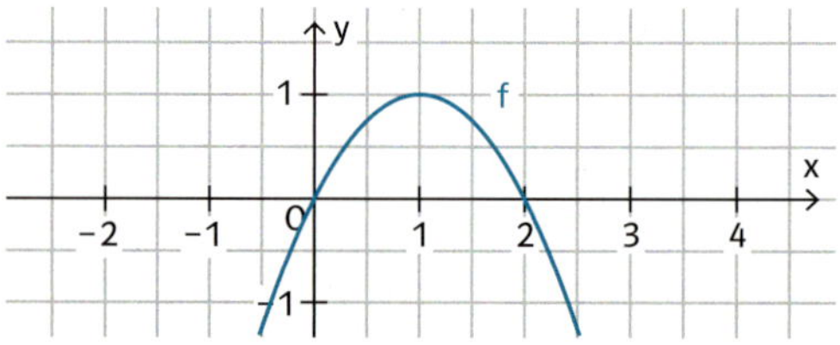

○ **9** Die Abbildung zeigt den Graphen einer Funktion f. F ist eine Stammfunktion von f. Welche der folgenden Aussagen über F sind wahr, welche sind falsch? Begründen Sie.

(I) F ist in $I = [-1; 0]$ streng monoton fallend.

(II) F hat bei $x = 0$ eine Extremstelle.

(III) F muss in $[-1; 1]$ eine Nullstelle haben.

(IV) F hat bei $x = 1$ eine Wendestelle.

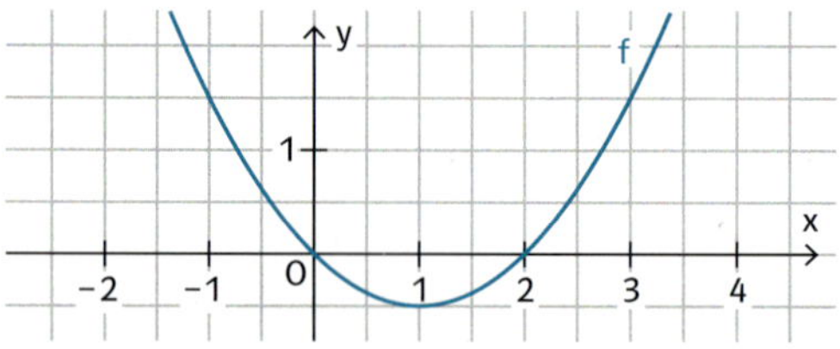

○ **10** Abgebildet ist eine Funktion f.

a) Gibt es Stellen, an denen jede Stammfunktion von f ein Minimum hat?

b) Skizzieren Sie den Graphen einer Stammfunktion von f.

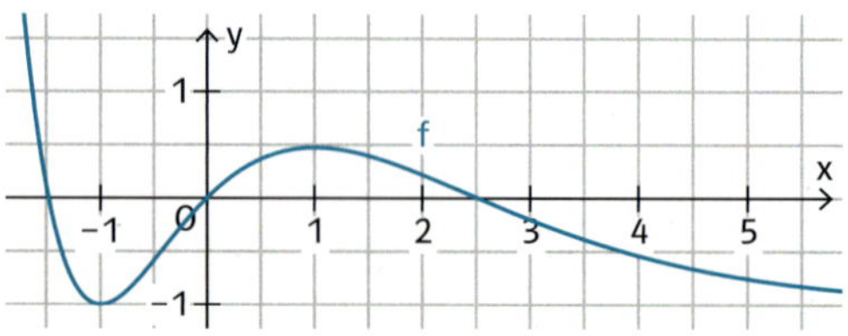

11 Anlässlich eines im Fernsehen übertragenen Benefizkonzerts können Zuschauer ab 20 Uhr einen Spendenanruf tätigen. Die Abbildung zeigt die Entwicklung der momentanen Anrufrate.

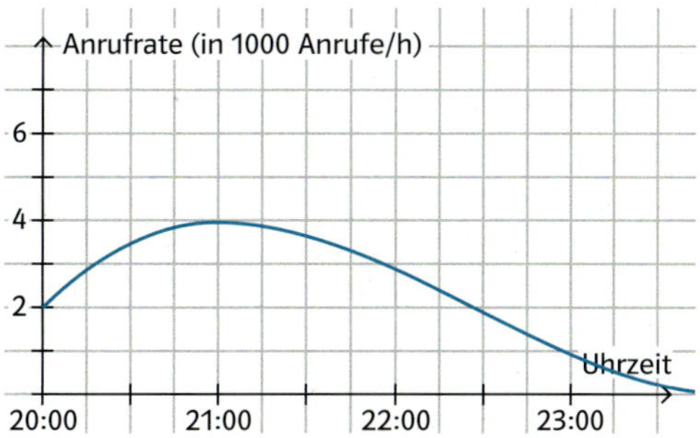

a) Bestimmen Sie einen Schätzwert für die Zahl der Anrufe bis 22 Uhr.

b) Pro Stunde können 3000 Anrufe bearbeitet werden. Berechnen Sie, wann die Zahl der Anrufer in der Warteschleife am größten ist.

12 The Quabbin Reservoir in the western part of Massachusetts provides most of Boston's water. The graph in figure 3 represents the flow of water in and out of the Quabbin Reservoir throughout 1993.

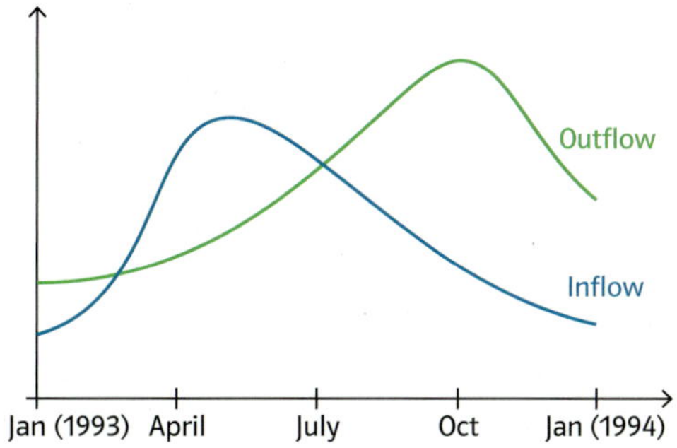

fig. 3

(a) Sketch a possible graph for the quantity of water in the reservoir, as a function of time.
(b) When, in the course of 1993, was the quantity of water in the reservoir largest? Smallest? Mark and label these points on the graph you drew in part (a).
(c) When was the quantity of water increasing most rapidly? Decreasing most rapidly? Mark and label these times on both graphs.
(d) By July 1994 the quantity of water in the reservoir was about the same as in January 1993. Draw plausible graphs for the flow into and the flow out of the reservoir for the first half of 1994. Explain your graphs.

13 Berechnen Sie den Flächeninhalt in der Abbildung

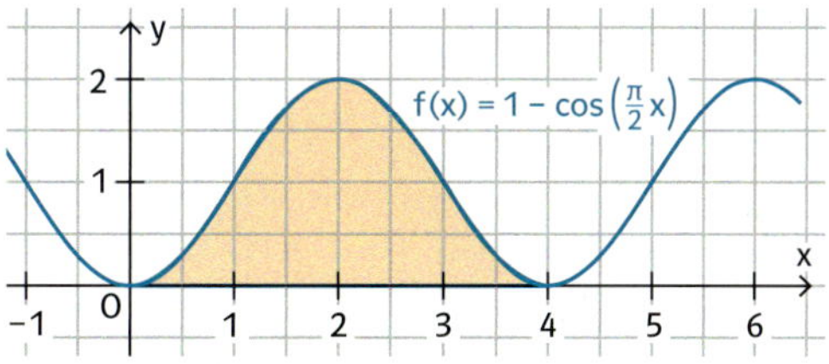

a) exakt,

b) näherungsweise durch den Inhalt einer Treppenfunktion bei Annäherung von unten mit vier bzw. acht Teilintervallen,

c) näherungsweise durch die Summe der Integrale $\int_0^2 x\,dx + \int_2^4 (4 - x)\,dx$.

Veranschaulichen und beschreiben Sie die dabei berechnete Fläche. Interpretieren Sie Ihr Ergebnis.

14 ⌛ Bestimmen Sie die erste, zweite und dritte Ableitung der Funktion f mit $f(x) = x \cdot e^x$. Wie lautet vermutlich die vierte, fünfte, … n-te Ableitung bzw. eine Stammfunktion?

15 Die Geschwindigkeit eines Sportwagens lässt sich durch die Funktion v mit $v(t) = 10t \cdot e^{-0{,}05t}$ modellieren (t in Sekunden, $t \in [0, 60]$ v(t) in Meter pro Sekunde). Der Sportwagen startet zum Zeitpunkt $t = 0$ aus dem Stand.

a) Bestimmen Sie den Zeitpunkt, an dem die Geschwindigkeit am größten ist, und die zugehörige Geschwindigkeit.

b) Berechnen Sie, welchen Weg das Auto in den ersten und in den zweiten zehn Sekunden nach dem Start zurücklegt.

16 Der Graph der Funktion in Fig. 1 stellt modellartig die momentane Änderungsrate der Lufttemperatur an einem Sommertag dar (t in Stunden nach 0 Uhr, f(t) in $\frac{°C}{h}$).

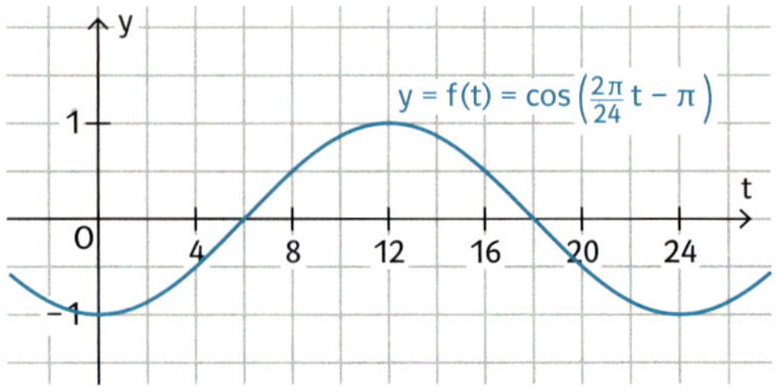

Fig. 1

a) Geben Sie an, in welchen Zeitspannen die Lufttemperatur zu- bzw. abnimmt.

b) Bestimmen Sie, zu welchen Uhrzeiten sich die Lufttemperatur am schnellsten bzw. am langsamsten ändert.

c) Bestimmen Sie, zu welchen Zeitpunkten ist die Temperatur minimal bzw. maximal ist.

d) Für f gilt $f(t) = \cos\left(\frac{2\pi}{24}t - \pi\right)$. Bestimmen Sie die maximale Tagestemperatur, wenn um zwölf Uhr die Temperatur 20 °C beträgt.

17 Ein Medikament wird einem Patienten per Tropfinfusion zugeführt. Dadurch verändert sich die Wirkstoffmenge des Medikaments im Körper des Patienten. Zu Beginn der Verabreichung ist die im Körper vorhandene Wirkstoffmenge des Medikaments 0 mg.
Die Änderungsrate der Wirkstoffmenge im Blut ist gegeben durch die Funktion f mit $f(t) = 3e^{-0,04t}$; $t \geq 0$ (t in Minuten seit Verabreichung des Medikaments, f(t) in $\frac{mg}{min}$).

a) Berechnen Sie, wann die Änderungsrate der Wirkstoffmenge im Blut maximal ist.

b) Wann ändert sich die Wirkstoffmenge im Blut um weniger als $0,01\,\frac{mg}{min}$?

c) Berechnen Sie die Wirkstoffmenge im Körper des Patienten 3 Minuten nach Verabreichung.

d) Berechnen Sie die mittlere Änderungsrate der Wirkstoffmenge in den ersten 10 Minuten.

e) Bestimmen Sie einen integralfreien Term, mit dem sich die Wirkstoffmenge im Körper des Patienten zum Zeitpunkt t berechnen lässt.

f) Zeigen Sie, dass die Änderungsrate der Wirkstoffmenge im Blut stets abnimmt, aber die Wirkstoffmenge im Blut stets zunimmt.

18 Für Abwasserkanäle werden 1 m lange vorgefertigte Segmente aus Beton verwendet. Die Abbildung zeigt ein Segment im Querschnitt. Der Ausschnitt ist parabelförmig.
Bestimmen Sie das Volumen und die Masse des in einem Segment verarbeiteten Betons.
($1\,m^3$ Beton wiegt 2,3 t.)

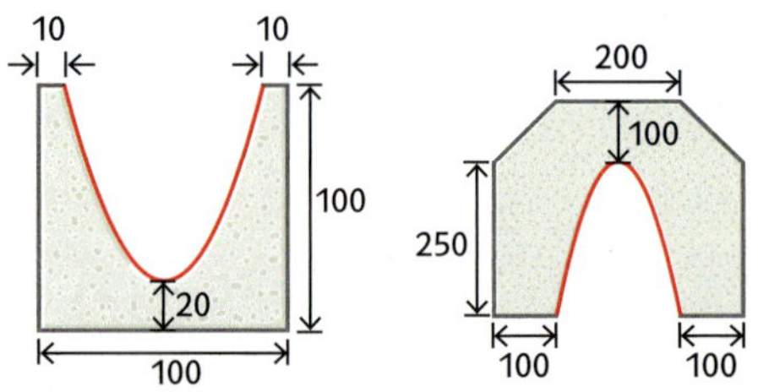

19 Berechnen Sie den Inhalt der Fläche, die vom Graphen von f, der Tangente in P und der x-Achse begrenzt wird.

a) $f(x) = 0,5x^2$; P(3 | 4,5)

b) $f(x) = \frac{1}{x^2} - \frac{1}{4}$; P(0,5 | 3,75)

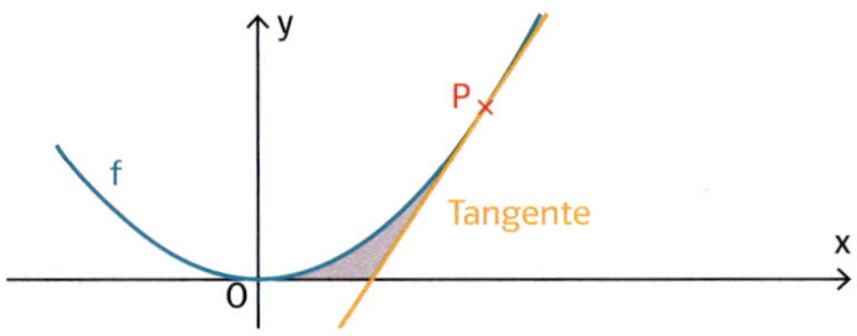

20 Gegeben ist die Funktion f mit $f(x) = 2 - e^{-x+3}$.

a) Berechnen Sie die Nullstelle der Funktion f.

b) Zeigen Sie, dass die Funktion f keine Extremstellen besitzt und stets rechtsgekrümmt ist. Skizzieren Sie den Graphen von f im Bereich [0; 5].

c) Die Tangente an den Graphen von f an der Stelle 3 bildet mit den Koordinatenachsen ein Dreieck. Berechnen Sie das Volumen, das entsteht, wenn das Dreieck um die x-Achse rotiert.

Test

Kopiervorlage
Check-out
268fa4

III Integralrechnung

Integral

Eine Funktion heißt integrierbar im Intervall [a; b], wenn die Annäherungen durch Rechtecksummen von unten und von oben denselben Grenzwert liefern. Diesen Grenzwert nennt man (bestimmtes) Integral von f im Intervall [a; b] und schreibt dafür $\int_a^b f(x)\,dx$.
Das Integral entspricht dem orientierten Flächeninhalt, den der Graph von f zwischen a und b mit der x-Achse einschließt.
Dabei zählt man Flächen oberhalb der x-Achse positiv, die Flächen unterhalb der x-Achse negativ.

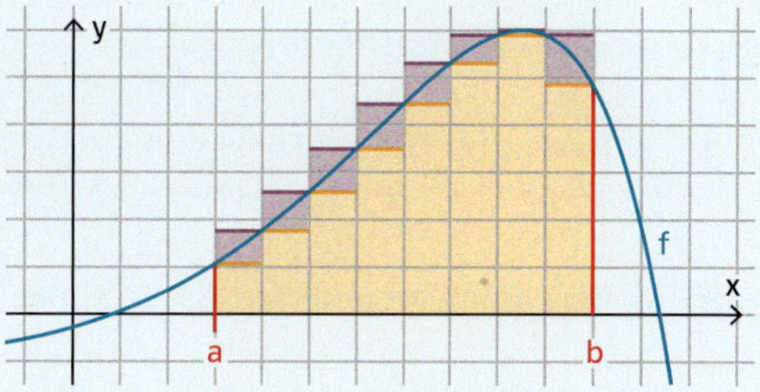

Stammfunktionen

Eine Funktion F heißt Stammfunktion von f im Intervall I, wenn für alle x aus dem Intervall I gilt: $F'(x) = f(x)$. Ist F_1 eine weitere Stammfunktion von f, so gilt $F_1(x) = F(x) + c$ für eine Konstante c.
Stammfunktionen werden mit Regeln analog den Ableitungsregeln bestimmt (Summenregel, Faktorregel, Potenzregel). Bei einfach verketteten Funktionen hilft die lineare Substitution.

$f(x) = 5x^3 - \frac{1}{x^2}$

$F(x) = \frac{5}{4}x^4 + \frac{1}{x}$ bzw. $F_c(x) = \frac{5}{4}x^4 + \frac{1}{x} + c$

$g(x) = 2\sin(3x - 4)$; $G(x) = -\frac{2}{3}\cos(3x - 4)$

(Lineare Substitution)

Berechnung von Integralen (Hauptsatz)

Ist f integrierbar im Intervall [a; b] und F eine Stammfunktion von f, so gilt: $\int_a^b f(x)\,dx = F(b) - F(a)$.

Es ist $\int_1^3 \left(\frac{1}{2}x^2 - 1\right) dx = \left[\frac{1}{6}x^3 - x\right]_1^3$

$= \left(\frac{3^3}{6} - 3\right) - \left(\frac{1}{6} - 1\right) = \frac{7}{3}$

Rekonstruktion eines Bestandes

Eine Funktion f beschreibe die momentane Änderungsrate eines Bestandes, der durch die Funktion F mit Anfangsbestand a beschrieben wird. Dann ist die Funktion F diejenige Stammfunktion von f, welche die Bedingung $F(0) = a$ erfüllt.

Vertikalgeschwindigkeit eines Ballons $\left(\text{in } \frac{\text{m}}{\text{min}}\right)$:
$f(t) = 4e^{-0{,}0025t}$, Anfangshöhe 0 m
Beliebige Stammfunktion F von f:
$F(x) = 1600e^{-0{,}0025x} + c$
Aus $F(0) = 0$ ergibt sich $c = -1600$
Höhe des Ballons nach x Minuten:
$F(x) = 1600e^{-0{,}0025x} - 1600$.

Flächeninhalte

Zur Berechnung des Inhalts der Fläche zwischen dem Graphen einer Funktion f und der x-Achse über dem Intervall [a; b] bestimmt man zunächst die Nullstellen von f auf [a; b].
Sind z. B. x_1, x_2 und x_3 die Nullstellen, dann berechnet man die Integrale $\int_a^{x_1} f(x)\,dx$, $\int_{x_1}^{x_2} f(x)\,dx$, $\int_{x_2}^{x_3} f(x)\,dx$, $\int_{x_3}^{b} f(x)\,dx$ und addiert deren Beträge.

Zur Berechnung des Inhalts der Fläche zwischen den Graphen zweier Funktionen f und g bestimmt man zunächst die Schnittstellen von f und g.
Sind z. B. x_1, x_2, x_3 die Schnittstellen, dann berechnet man die Integrale $\int_{x_1}^{x_2} (f(x) - g(x))\,dx$ und $\int_{x_2}^{x_3} (f(x) - g(x))\,dx$ und addiert deren Beträge.

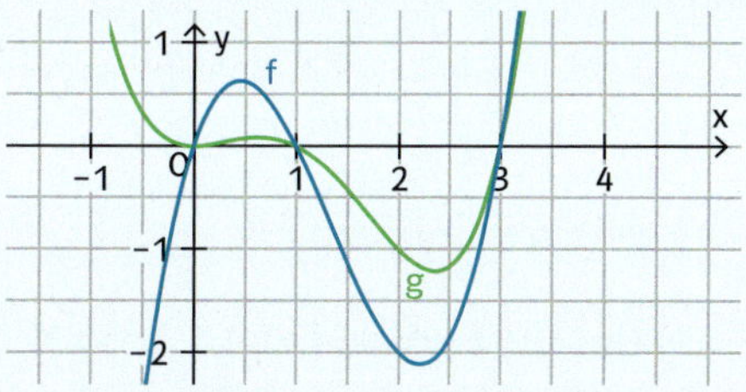

$f(x) = x^3 - 4x^2 + 3x$; $g(x) = 0{,}25x^4 - x^3 + 0{,}75x^2$
Schnittstellen von f und g: 0; 1 und 3
Inhalt der Fläche A, die die Graphen von f und g einschließen:

$\int_0^1 (f(x) - g(x))\,dx \approx 0{,}367$;

$\int_1^3 (f(x) - g(x))\,dx \approx -1{,}267$

$A \approx 0{,}367 + 1{,}267 = 1{,}634$

Runde 1

Lösungen | Seite 239

1 Prüfen Sie, ob F eine Stammfunktion von f ist.
a) $f(x) = x \cdot e^x(2 + x)$; $F(x) = x^2 \cdot e^x$ **b)** $f(x) = 2x \cdot \cos(x)$; $F(x) = x^2 \cdot \sin(x)$

2 Bestimmen Sie zur Funktion f eine Stammfunktion F mit $F(1) = 3$.
a) $f(x) = 12x^3 - x + 1$ **b)** $f(x) = \sqrt{2x + 7}$ **c)** $f(x) = \frac{3}{(2 + x)^2}$

3 Berechnen Sie den Wert des Integrals.
a) $\int_{-1}^{1} \left(\frac{1}{3}x^3 - 1\right) dx$ **b)** $\int_{2}^{4} e^{0,5x - 1} dx$ **c)** $\int_{-\pi}^{\frac{\pi}{2}} 2\cos(x)\, dx$

4 Der Graph der Funktion f mit $f(x) = \frac{1}{2}x^2 - x - \frac{3}{2}$ schließt mit der x-Achse eine Fläche ein. Berechnen Sie deren Inhalt.

5 Die Graphen der Funktionen f und g mit $f(x) = x^2 - 4x$ bzw. $g(x) = 4x - x^2$ schließen eine Fläche ein. Berechnen Sie ihren Inhalt.

6 Die Funktion G ist eine Stammfunktion von g. Bestimmen Sie aus dem nebenstehenden Graphen von G näherungsweise
a) $g(2)$, **b)** $\int_{1}^{4} g(x)\, dx$.

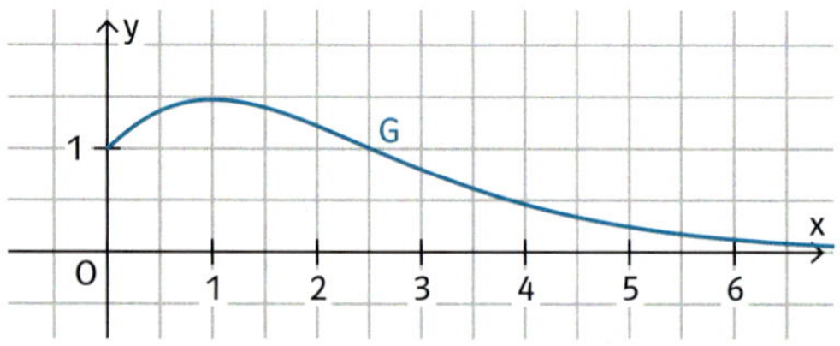

7 **a)** Bestimmen Sie die Zahl z so, dass $\int_{0}^{z} e^{-\frac{1}{2}x} dx = 1$.
b) Skizzieren Sie den Graphen des Integranden aus Teilaufgabe a) und markieren Sie daran die Fläche, deren Inhalt man mit dem Integral aus Teilaufgabe a) berechnen kann.

8 Die Funktion f mit $f(x) = 1 - x^2$ $(0 \le x \le 2)$, beschreibt die Zu- bzw. Ablaufrate in einem Wasserspeicher $\left(x \text{ in Stunden, } f(x) \text{ in } \frac{m^3}{h}\right)$.
a) Deuten Sie die Inhalte der beiden markierten Flächen im Sachzusammenhang.
b) Bestimmen Sie, um wie viel sich die Wassermenge in dem Behälter ändert.
c) Der Speicher enthält anfangs 800 Liter. Bestimmen Sie eine Funktionsgleichung für den Speicherinhalt.

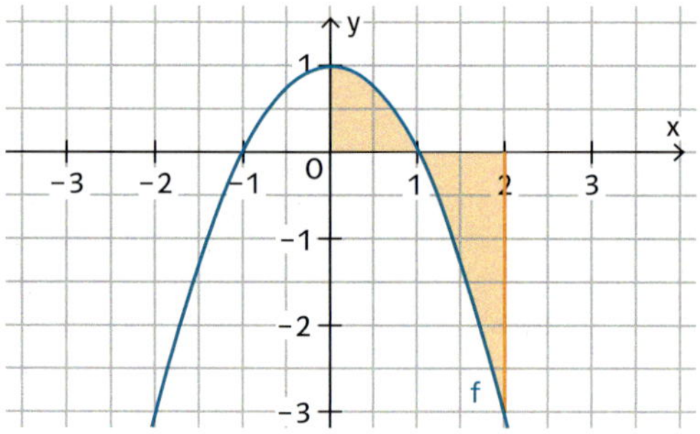

9 Die Funktion f mit $f(x) = \left(\frac{1}{2}x^2 - 2\right) \cdot e^{-\frac{1}{4}x}$ beschreibt den Querschnitt eines Grabens, der im Normalzustand bis zur x-Achse mit Wasser gefüllt ist (eine Längeneinheit im Koordinatensystem entspricht einem Meter).
a) Bestimmen Sie rechnerisch, wie breit der Graben im Normalzustand ist.
b) Berechnen Sie die Querschnittsfläche des Wassers im Graben im Normalzustand.
c) Berechnen Sie, wie lang ein Graben mit dem durch f gegebenen Querschnitt ist, wenn er im Normalzustand $190\,m^3$ Wasser enthält.
d) Erläutern Sie, welche Modellannahmen bei der Aufgabe getroffen werden.

Runde 2

Lösungen | Seite 240

1 Geben Sie eine Stammfunktion von f an.

a) $f(x) = 2 \cdot \cos\left(\frac{1}{2}x\right)$ **b)** $f(x) = 0{,}2 \cdot (e^{x} - e^{-x})$ **c)** $f(x) = 0{,}1 \cdot (0{,}1x + 1)^3$

2 Bestimmen Sie zur Funktion f eine Stammfunktion F mit $F(-1) = -\frac{1}{2}$.

a) $f(x) = \cos(\pi x) + 1$ **b)** $f(x) = 6 \cdot \sqrt{4x + 13}$ **c)** $f(x) = \frac{12}{(2x+1)^2}$

3 Berechnen Sie den Wert des Integrals.

a) $\int_{-\pi}^{\frac{\pi}{4}} 3\sin(2x + \pi)\,dx$ **b)** $\int_{-2}^{4} \frac{1}{\sqrt{\frac{1}{2}x + 2}}\,dx$ **c)** $\int_{1}^{4} \frac{1}{2\sqrt{x}}\,dx$

4 Die Graphen der Funktionen f und g mit $f(x) = -\frac{1}{2}x^2 + 5$ und $g(x) = x + 1$ schließen eine Fläche ein. Berechnen Sie deren Inhalt. Vergleiche Fig. 1.

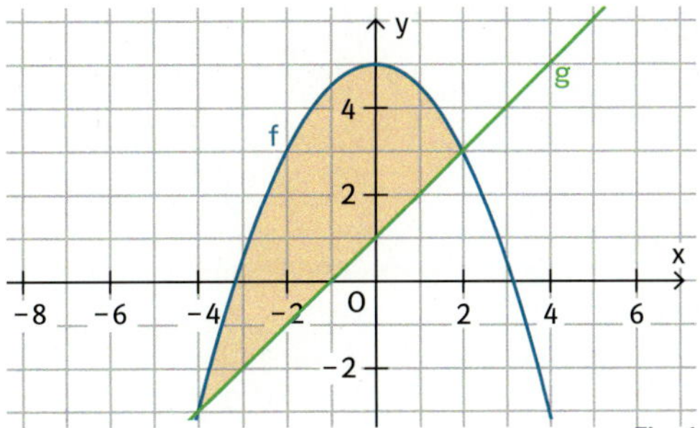

Fig. 1

5 Die Funktion f ist eine quadratische Funktion. Berechnen Sie den Inhalt der Fläche A, die der Graph von f mit der x-Achse einschließt.

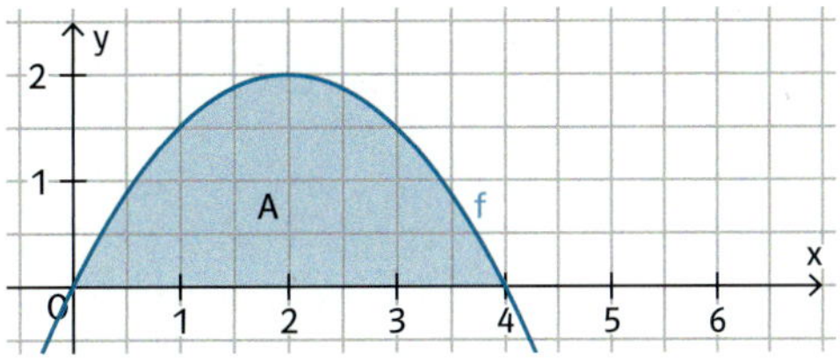

6 Berechnen Sie, für welches z das Integral $\int_{0{,}25}^{z} \frac{1}{(2x-1)^3}\,dx$ den Wert 0,99 hat.

7 Gegeben ist der Graph einer Funktion f (Fig. 2). Sei F eine Stammfunktion von f. Entscheiden Sie, ob die folgende Aussage wahr oder falsch ist. Begründen Sie Ihre Entscheidung.

a) F ist im Intervall $[-4; 4]$ monoton fallend.

b) $f(2) \cdot f'(2) < 2$ **c)** $\int_{-2}^{4} f(x)\,dx = 9$

d) Ist $F(-1) = -1$, so ist $F(1) = 7$.

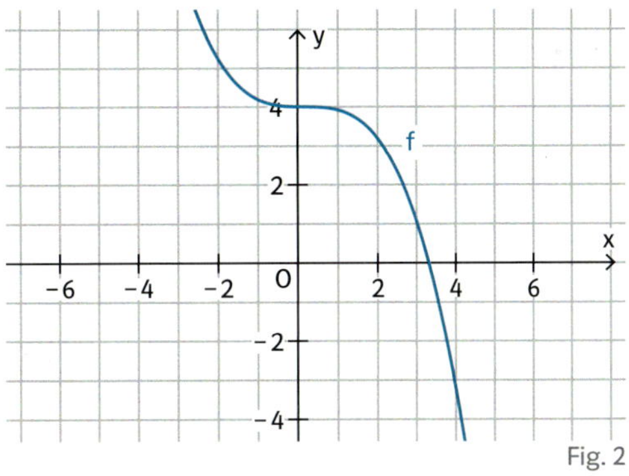

Fig. 2

8 Bei einer neu eröffneten Bäckerei kann die Anzahl der pro Woche verkauften Brötchen durch die Funktion f mit $f(x) = 2000 \cdot x \cdot e^{-0{,}5x} + 2500$ modelliert werden. Hierbei ist x die Anzahl der Wochen seit Eröffnung der Bäckerei.

a) Berechnen Sie, in welcher Woche die meisten Brötchen verkauft werden.

b) Ermitteln Sie, mit wie vielen Brötchen pro Woche man auf lange Sicht rechnen kann.

c) Bestimmen Sie näherungsweise, wie viele Brötchen in den ersten acht Wochen verkauft werden.

IV Vektoren – Geraden im Raum

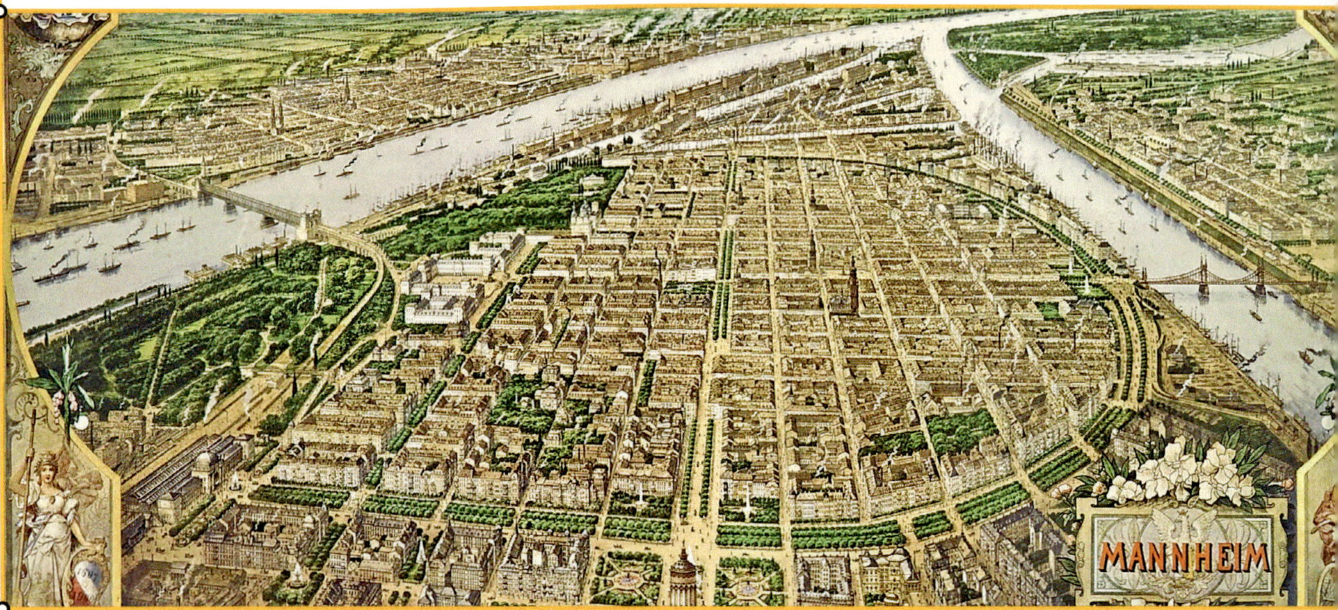

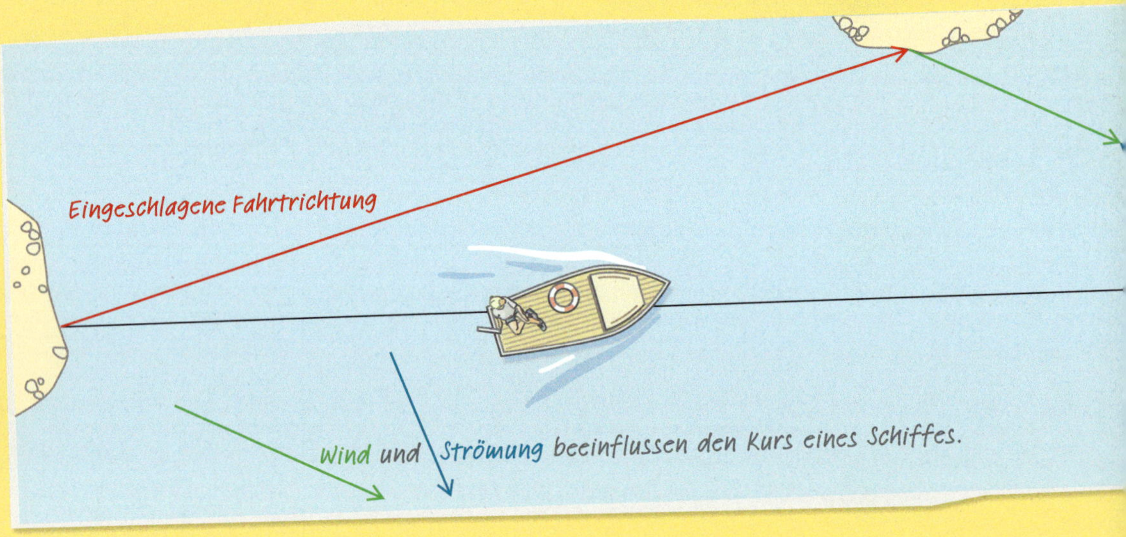

Das können Sie schon

- Streckenlängen mithilfe des Satzes von Pythagoras berechnen
- Punkte und Gleichungen für Geraden in der Ebene bestimmen
- Schrägbilder zeichnen
- Lineare Gleichungssysteme lösen

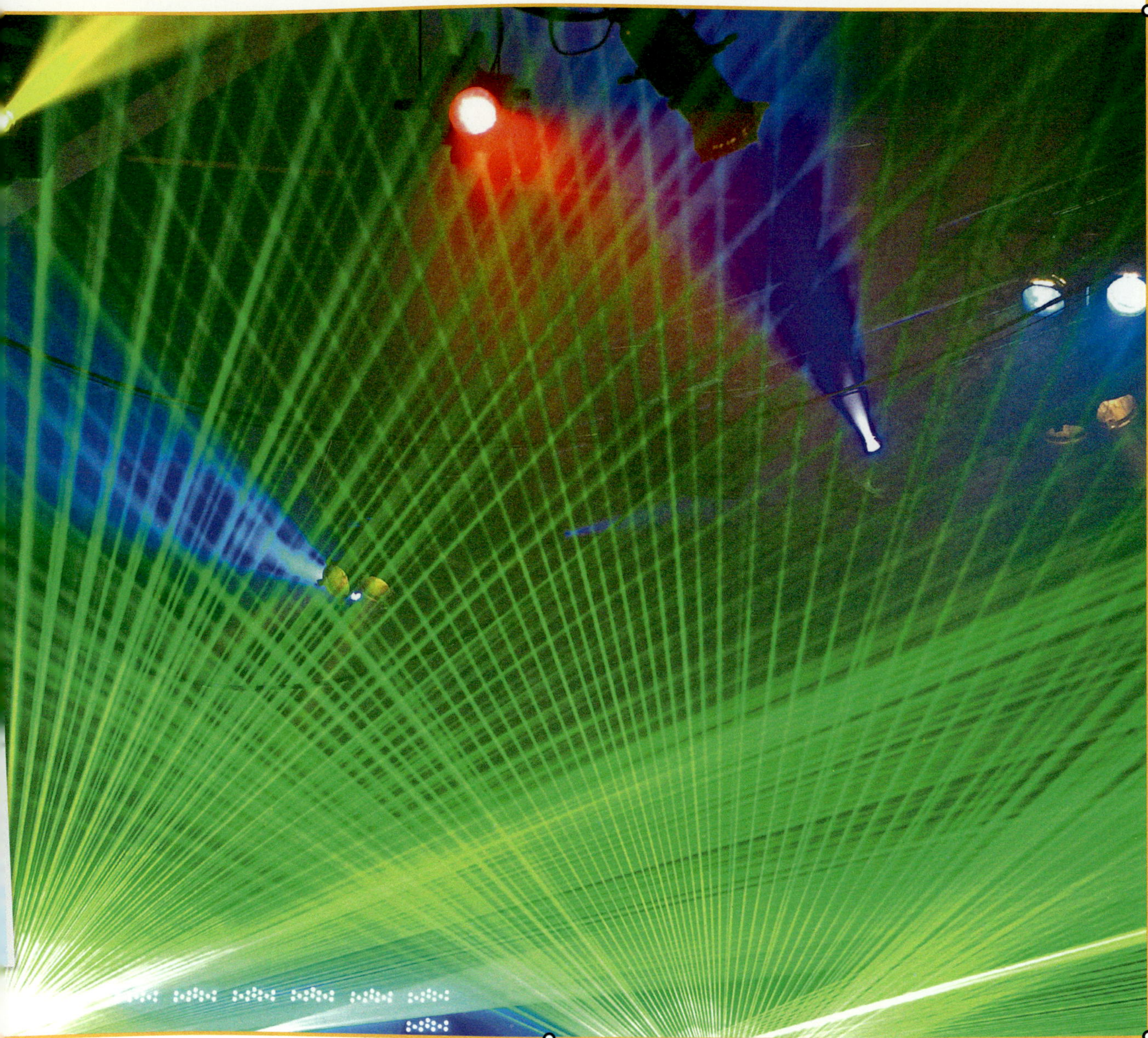

Das können Sie bald

- Punkte im Raum mithilfe von Koordinaten beschreiben und in einem Koordinatensystem darstellen
- Verschiebungen mithilfe von Vektoren beschreiben
- Geraden im Raum mithilfe von Gleichungen beschreiben
- Die gegenseitige Lage von Geraden im Raum bestimmen

Check-in

So geht's:

(1) Checkliste übertragen oder über Code herunterladen
(2) Fähigkeiten selbst einschätzen.
(3) Einschätzung mithilfe der Aufgaben überprüfen und gegebenenfalls Lerntipps beachten.

Schätzen Sie sich mithilfe der Checkliste ein.

	☺	😐	☹
1. Ich kann Punkte in der Ebene mithilfe von Koordinaten angeben.	☐	☐	☐
2. Ich kann Schrägbilder von Körpern zeichnen.	☐	☐	☐
3. Ich kann den Satz des Pythagoras anwenden, um Streckenlängen in Figuren und Körpern zu berechnen.	☐	☐	☐
4. Ich kann einfache lineare Gleichungssysteme lösen.	☐	☐	☐

Lerntipps

zu 4. **Merkkasten**, Seite 10

Kopiervorlage Checkliste 268fa4

Lösungen | Seite 241

Überprüfen Sie Ihre Einschätzungen.

○ **1 Koordinaten von Punkten angeben**

a) Geben Sie die Koordinaten der eingezeichneten Punkte an.

b) Zeichnen Sie die Punkte A(3 | 1), B(0 | 2), C(−2 | −2) und D(−3 | 5) in ein Koordinatensystem ein. Der Punkt A wird an der x-Achse gespiegelt. Welche Koordinaten hat der Bildpunkt?

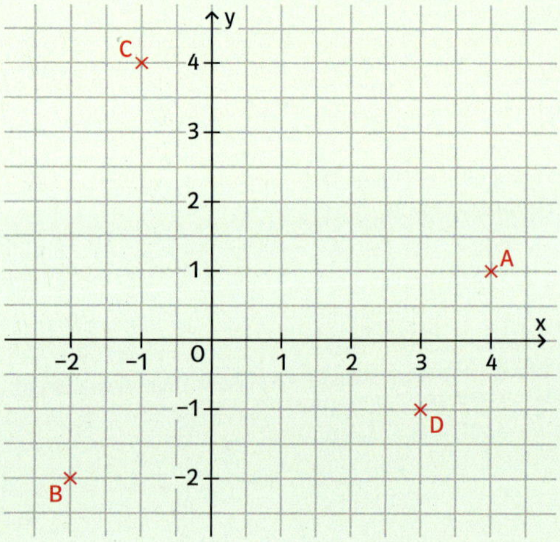

○ **2 Schrägbild zeichnen**

a) Zeichnen Sie das Schrägbild eines Quaders mit den Seitenlängen a = 5 cm (Breite), b = 4 cm (Tiefe) und c = 3 cm (Höhe). Zeichnen Sie die Kanten nach hinten verkürzt (1 cm entspricht einer Kästchendiagonale).

Planskizze:

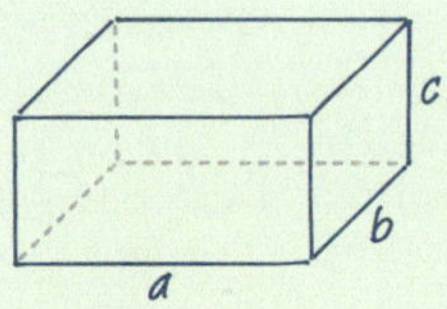

b) Zeichnen Sie ein Schrägbild des „L". (Tipp: Figur auf Karopapier ausrichten und wie bei einem Quader vorgehen).

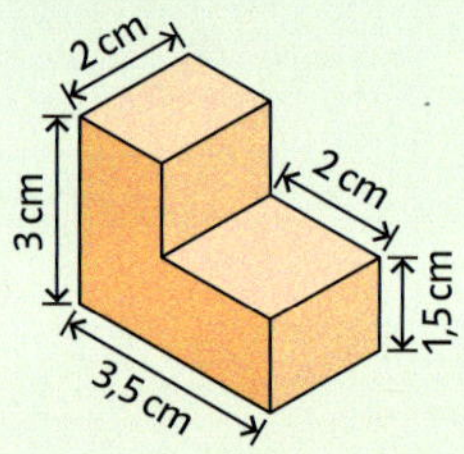

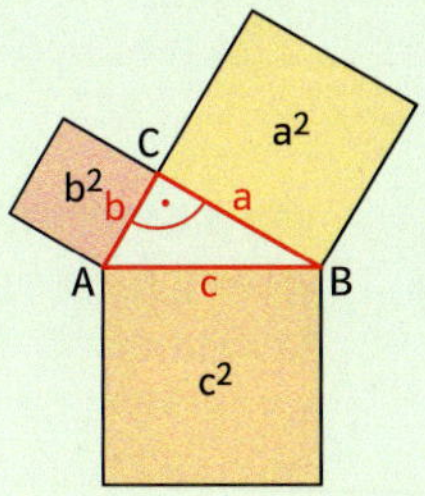

○ **3** **Streckenlängen berechnen**

a) Berechnen Sie die Länge der Strecke x in Fig. 1 (Maße in cm).

b) In Fig. 2 ist auf einen Würfel mit der Kantenlänge 8 cm eine Pyramide mit der Kantenlänge 8 cm aufgesetzt worden. Berechnen Sie die Länge der rot markierten Strecke.

c) Berechnen Sie die Länge der Strecke x und die Winkel α und β in Fig. 3.

d) Von einer quadratischen Pyramide (Fig. 4) sind die Längen der Grundseite mit $a = 6\,\text{cm}$ und der Seitenkante $s = 9\,\text{cm}$ bekannt. Berechnen Sie die Höhe der Pyramide und die Höhe der Seitenfläche k.

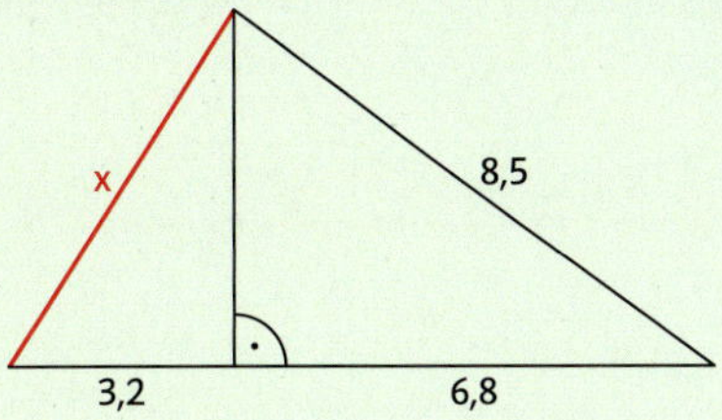

Fig. 1

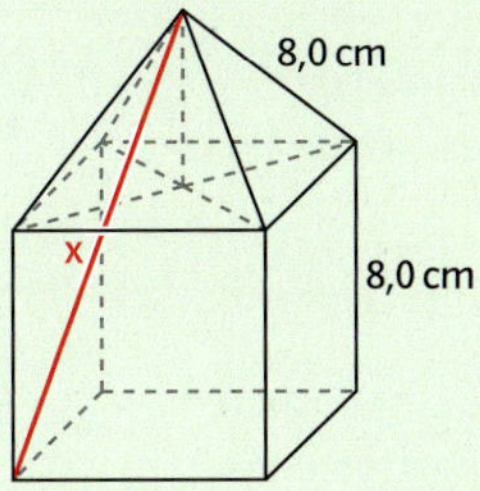

Fig. 2

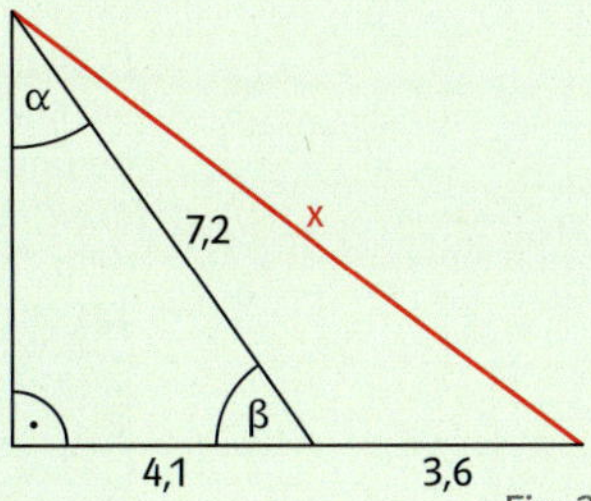

Fig. 3

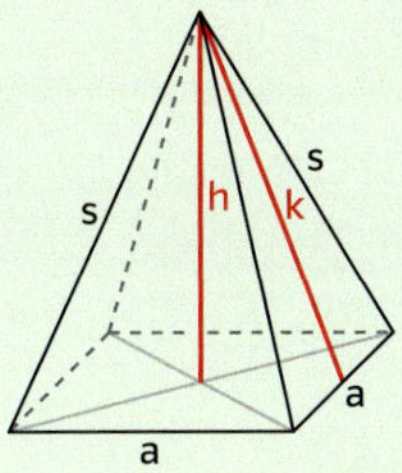

Fig. 4

○ **4** **Lineare Gleichungssysteme lösen**

(1) $\left| \begin{array}{rcr} 3s - 4t &=& -23 \\ s + 2t &=& 9 \\ -5s - t &=& 0 \end{array} \right|$ (2) $\left| \begin{array}{rcr} 3x_1 + 2x_2 + 3x_3 &=& 9 \\ 4x_2 - 2x_3 &=& 10 \\ 2x_1 - 7x_2 + x_3 &=& -2 \end{array} \right|$ (3) $\left| \begin{array}{rcr} x_1 - x_2 &=& 1 \\ x_1 - x_2 + x_3 &=& 2 \\ x_1 - x_2 - x_3 &=& 0 \end{array} \right|$

a) Prüfen Sie, ob $L = \{-1; 5\}$ eine Lösung des linearen Gleichungssystems (1) ist.

b) Bestimmen Sie die Lösungsmenge der LGS (2) und (3).

1 Punkte und Figuren im Raum

Jan möchte bei dieser 3-D-Variante von „Vier gewinnt“ ähnlich wie beim Schach den Spielverlauf aufschreiben. Er hat sich überlegt, dass er die Position einer Kugel auf dem Spielfeld mit drei Zahlen angeben kann.
Überlegen Sie sich ein System hierfür und geben Sie dann nach diesem System die Positionen der Kugeln A und B an.

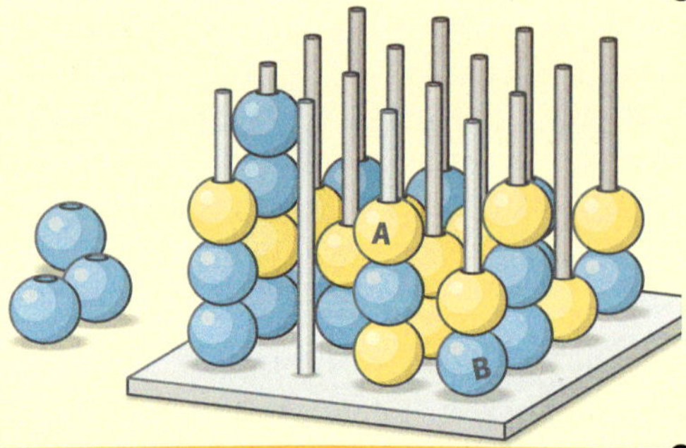

Um die Lage eines Punktes im Raum angeben zu können, verwendet man ein **kartesisches Koordinatensystem** mit drei Achsen. Dieses Koordinatensystem besteht aus der x_1-Achse (nach vorn), der x_2-Achse (nach rechts) und der x_3-Achse (nach oben).
Um beispielsweise den Punkt $P(3|5|2)$ in ein Koordinatensystem einzuzeichnen, geht man vom Ursprung aus 3 Längeneinheiten (LE) in x_1-Richtung, 5 LE in x_2-Richtung und 2 LE in x_3-Richtung.

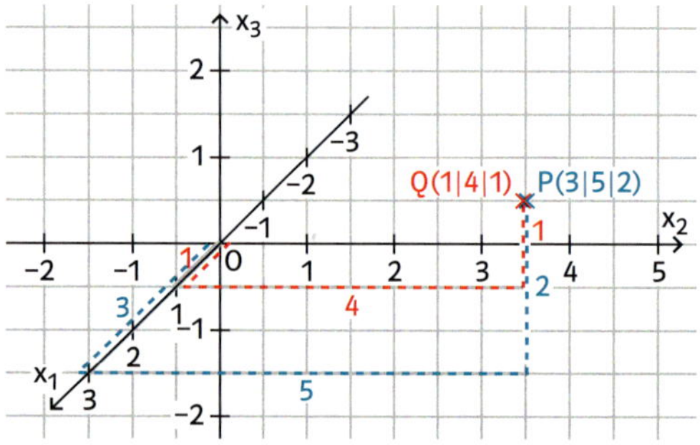

Ein Koordinatensystem heißt kartesisch, wenn die Achsen paarweise zueinander orthogonal sind.
Es ist nach dem latinisierten Namen Cartesius des französischen Mathematikers René Descartes (1596 – 1650) benannt.

In der Zeichnung gilt für die x_2-und x_3-Achse 1 LE = 1 cm, die x_1-Achse wird diagonal verkürzt dargestellt (1 LE = 1 Kästchendiagonale).

Bei einem eingezeichneten Punkt kann man die Koordinaten nicht eindeutig ablesen. Zum Beispiel führt der Punkt $Q(1|4|1)$ in der Zeichnung zur selben Stelle wie P. Welcher Punkt gemeint ist, kann man an den eingezeichneten Hilfslinien erkennen.

In einem räumlichen Koordinatensystem ist jeder Punkt P durch seine drei Koordinaten p_1, p_2 und p_3 eindeutig festgelegt und wird in der Form $P(p_1|p_2|p_3)$ angegeben.

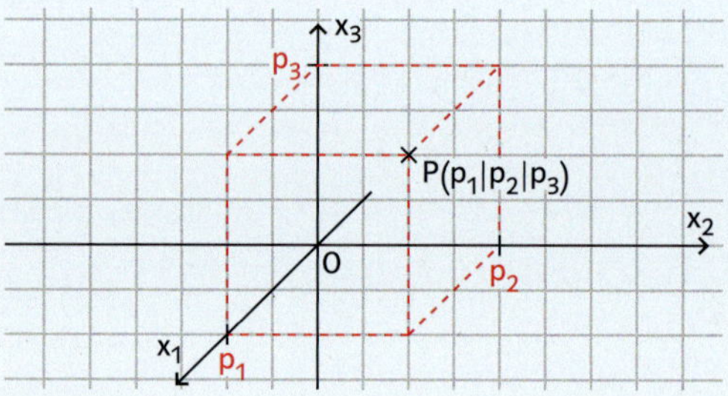

Koordinaten besonderer Punkte im Koordinatensystem

Für die Punkte auf den Koordinatenachsen gilt
Punkte auf der x_1-Achse: $P(p_1|0|0)$
Punkte auf der x_2-Achse: $P(0|p_2|0)$
Punkte auf der x_3-Achse: $P(0|0|p_3)$

Für die Punkte in den Koordinatenebenen gilt
Punkte in der x_1x_2-Ebene: $P(p_1|p_2|0)$
Punkte in der x_1x_3-Ebene: $P(p_1|0|p_3)$
Punkte in der x_2x_3-Ebene: $P(0|p_2|p_3)$

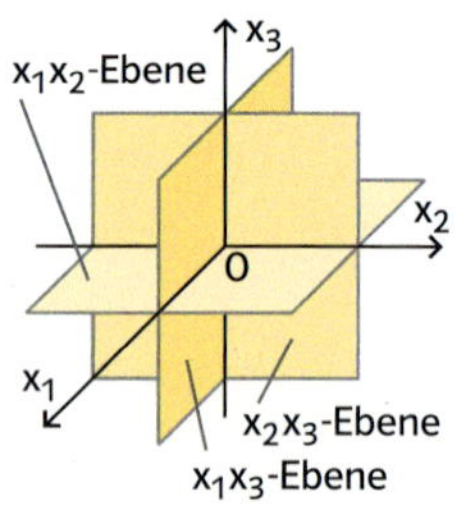

Mittelpunkt einer Strecke
Den Mittelpunkt einer Strecke berechnet man, indem man für jede Koordinate das arithmetische Mittel bestimmt. So erhält man für den Mittelpunkt einer Strecke $\overline{AB}$ mit $A(a_1|a_2|a_3)$ und $B(b_1|b_2|b_3)$ die Koordinaten $M\left(\frac{a_1+b_1}{2}\middle|\frac{a_2+b_2}{2}\middle|\frac{a_3+b_3}{2}\right)$.

Abstand zweier Punkte

Den Abstand $d = \overline{AB}$ der Punkte $A(a_1|a_2|a_3)$ und $B(b_1|b_2|b_3)$ kann man berechnen, indem man den Satz des Pythagoras zweimal anwendet (Fig. 1).

Im blauen Dreieck gilt

$\overline{AB'}^2 = \overline{A'B'}^2 + \overline{AA'}^2 = (b_1 - a_1)^2 + (b_2 - a_2)^2.$

Im roten Dreieck gilt

$d^2 = \overline{AB}^2 = \overline{AB'}^2 + \overline{B'B}^2$
$= (b_1 - a_1)^2 + (b_2 - a_2)^2 + (b_3 - a_3)^2.$

Die Wurzel aus d^2 ergibt den Abstand d.

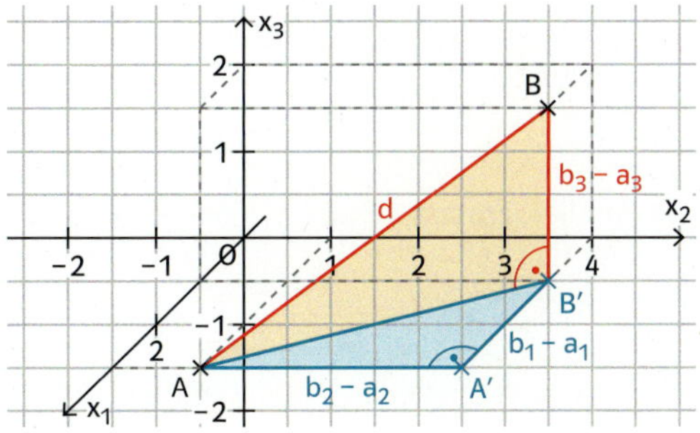

Fig. 1

Satz: Gegeben sind zwei Punkte $A(a_1|a_2|a_3)$ und $B(b_1|b_2|b_3)$ in einem kartesischen Koordinatensystem.

Für den **Mittelpunkt** M der Strecke $\overline{AB}$ gilt $M\left(\frac{a_1+b_1}{2}\middle|\frac{a_2+b_2}{2}\middle|\frac{a_3+b_3}{2}\right)$.

Für den **Abstand** d der Punkte A und B gilt $d = \sqrt{(b_1 - a_1)^2 + (b_2 - a_2)^2 + (b_3 - a_3)^2}$.

Beispiel 1 Punkte eintragen, Koordinaten ablesen

Ein Würfel mit der Grundfläche ABCD hat die Ecken $A(-2|-2|0)$, $B(2|-2|0)$, $C(2|2|0)$ und $D(-2|2|0)$. Ein weiterer Eckpunkt ist $H(-2|2|4)$.

Zeichnen Sie diesen Würfel in ein Koordinatensystem (1LE entspricht 1cm) und geben Sie die Koordinaten der fehlenden Eckpunkte an.

Lösung

Würfel: vgl. Fig. 2

Fehlende Eckpunkte: $E(-2|-2|4)$, $F(2|-2|4)$ und $G(2|2|4)$.

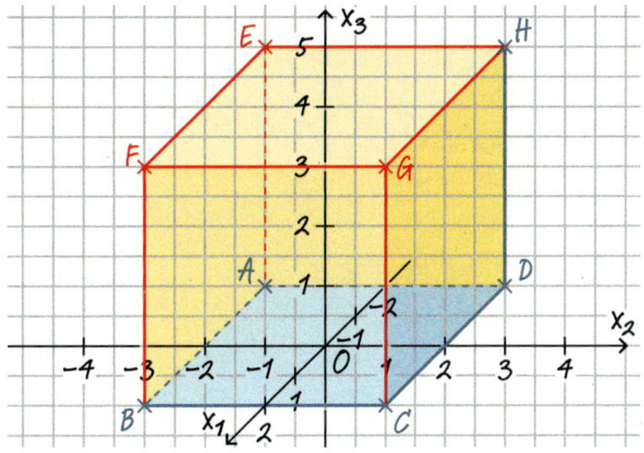

Fig. 2

Beispiel 2 Länge und Mittelpunkt einer Strecke

Gegeben ist die quadratische Pyramide in Fig. 3.

a) Berechnen Sie das Volumen der Pyramide.

b) Berechnen Sie die Koordinaten des Mittelpunktes M der Seite $\overline{AS}$.

Lösung

a) Koordinaten der Punkte A und B: $A(3|0|0)$ und $B(0|3|0)$. Die Grundkantenlänge g ist gleich der Länge der Strecke $\overline{AB}$:

$\overline{AB} = \sqrt{(0-3)^2 + (3-0)^2 + (0-0)^2} = \sqrt{18}.$

Mit der Höhe $h = 4$ gilt für das Volumen:

$V = \frac{1}{3} \cdot G \cdot h = \frac{1}{3} \cdot (\sqrt{18})^2 \cdot 4 = \frac{1}{3} \cdot 18 \cdot 4 = 24.$

b) $M\left(\frac{3+0}{2}\middle|\frac{0+0}{2}\middle|\frac{0+4}{2}\right)$ bzw. $M(1,5|0|2)$

Der Mittelpunkt der Strecke $\overline{AS}$ hat die Koordinaten $M(1,5|0|2)$.

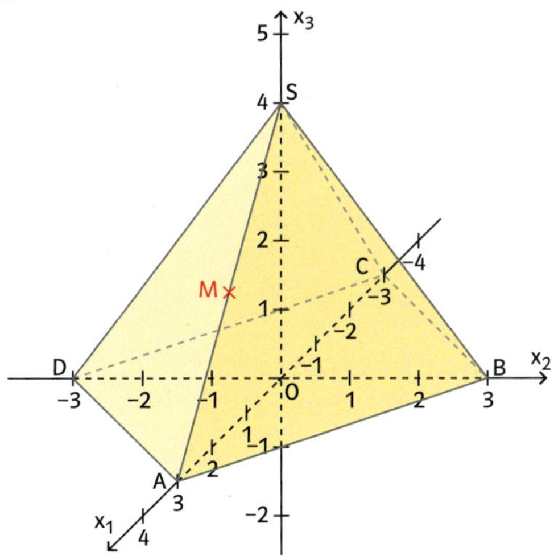

Fig. 3

Aufgaben

○ **1** Bestimmen Sie die Koordinaten der Punkte B bis H des Quaders in Fig. 1.

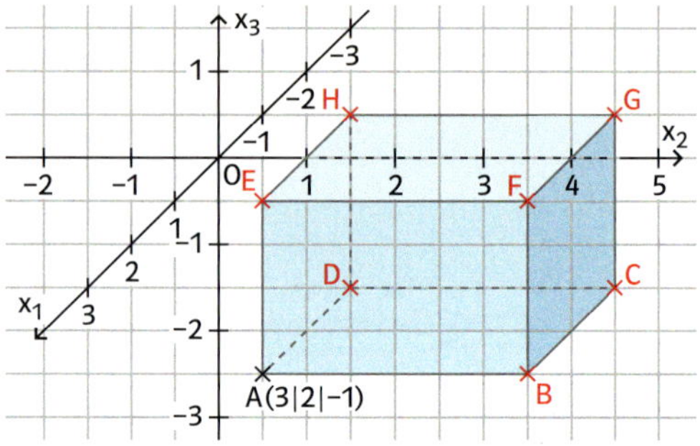

Fig. 1

○ **2** a) Zeichnen Sie das Parallelogramm ABCD mit A(1|3|2), B(−2|0|3), C(1|−5|2), D(4|−2|1) in ein Koordinatensystem ein.
b) Zeichnen Sie die Pyramide ABCDS mit A(1|2|−1), B(1|5|−1), C(−3|5|−1), D(−3|2|−1), S(−1|3,5|4) in ein Koordinatensystem ein.

○ **3** Sortieren Sie die Punkte in die passenden Kisten. Einige Punkte können in mehrere Kisten sortiert werden, andere passen in keine Kiste.

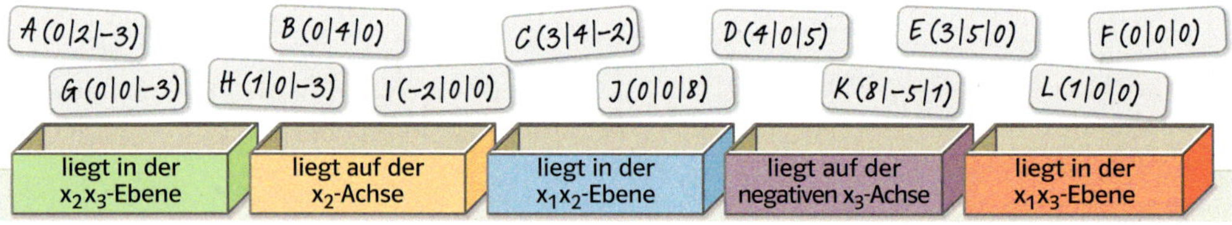

○ **4** In Fig. 2 gilt:
Die Punkte P und Q liegen in der x_1x_2-Ebene, die Punkte R und S liegen in der x_2x_3-Ebene, die Punkte T und U liegen in der x_1x_3-Ebene.
Bestimmen Sie die Koordinaten dieser Punkte.

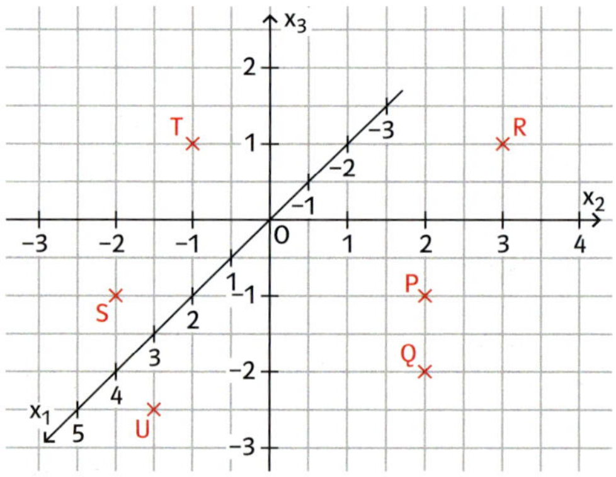

Fig. 2

○ **5** Berechnen Sie den Abstand der Punkte A und B.
a) A(2|3|4), B(3|5|2)
b) A(8|−3|6), B(10|−6|0)
c) A(1|−5|7), B(−11|−2|3)
d) A(0|2|4), B(3|2|7)

○ **6** Bestimmen Sie die Koordinaten des Mittelpunktes der Strecke $\overline{AB}$.
a) A(1|1|4), B(7|5|8)
b) A(2|−3|2), B(0|−5|6)
c) A(0|−3|4), B(30|21|6)
d) A(−5|1|21), B(−11|−2|−9)

○ Test

Lösung | Seite 242

7 Bei einem Quader ABCDEFGH sind alle Kanten parallel zu den Koordinatenachsen. Das Rechteck ADHE mit A(2|0|0), D(−2|0|0) und H(−2|0|3) bildet die linke Seitenwand des Quaders. Der Punkt B hat die Koordinaten (2|5|0).
a) Zeichnen Sie diesen Quader in ein Koordinatensystem.
b) Geben Sie die Koordinaten der übrigen Eckpunkte an.
c) Berechnen Sie die Länge der Diagonalen $\overline{AC}$ und bestimmen Sie die Koordinaten ihres Mittelpunktes.

◒ **8** A(1|1|1), B(1|4|1), C(−2|4|1) und G(−2|4|4) sind Eckpunkte eines Würfels (Fig. 3).
a) Die Punkte I, J und K sind Mittelpunkte von Würfelkanten. Bestimmen Sie ihre Koordinaten.
b) Die Punkte M und L sind Diagonalenschnittpunkte von Seitenflächen. Bestimmen Sie die Koordinaten dieser Punkte.

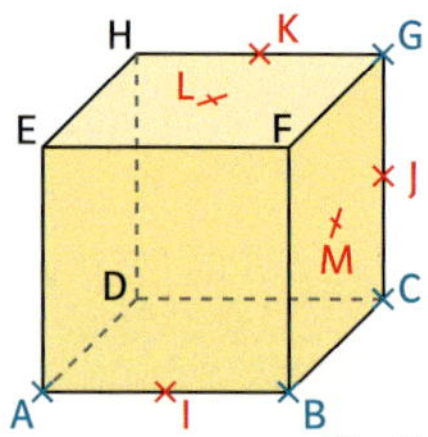

Fig. 3

9 Die Grundfläche ABCD der quadratischen Pyramide in Fig. 1 liegt in der x_1x_2-Ebene. Gegeben sind die Eckpunkte A(1|1|0) und B(1|5|0). Die Höhe der Pyramide beträgt 4 cm.

a) Geben Sie die Koordinaten der Punkte C und D sowie der Spitze S an.

b) Bestimmen Sie die Länge der Kanten der Pyramide.

c) Berechnen Sie das Volumen und den Oberflächeninhalt der Pyramide.

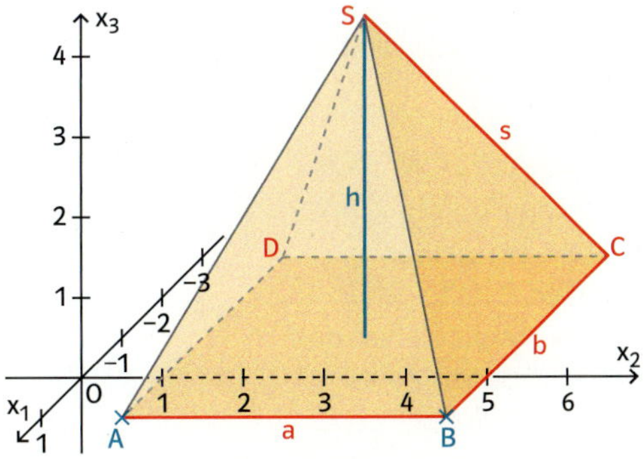

Fig. 1

10 Die Seitenflächen eines Würfels ABCDEFGH sind parallel zu den Koordinatenebenen. Zwei Eckpunkte sind gegeben. Bestimmen Sie die Koordinaten der restlichen Eckpunkte und zeichnen Sie den Würfel in ein Koordinatensystem.

a) B(5|6|1) und H(1|2|5)

b) D(−2|−2|−3) und F(3|3|2)

11 Bestimmen Sie die Koordinaten der Bildpunkte von A(2|0|0), B(−1|2|−1), C(−2|3|4) und D(3|4|−2) bei der Spiegelung an der

a) x_1x_2-Ebene,

b) x_2x_3-Ebene,

c) x_1x_3-Ebene.

Test

Lösung | Seite 242

12 Eine quadratische Pyramide mit der Grundfläche ABCD hat die Höhe h = 5. Die Grundfläche liegt in der x_1x_2-Ebene und ihre Diagonalen sind parallel zu den Koordinatenachsen. Der Punkt A liegt im Ursprung, der Punkt C hat die Koordinaten (0|4|0).

a) Zeichnen Sie die Pyramide und geben Sie die Koordinaten aller Eckpunkte an.

b) Berechnen Sie das Volumen der Pyramide.

13 Bei einem Oktaeder sind alle Kanten gleich lang. Beim Oktaeder in Fig. 2 sind die Koordinaten folgender Eckpunkte gegeben: A(0|0|0), B(0|4|0), C(−4|4|0) und D(−4|0|0).

a) Übertragen Sie die Punkte in ein Koordinatensystem und geben Sie die Koordinaten des Mittelpunktes M des Vierecks ABCD an.

b) Begründen Sie, dass die Strecken $\overline{AM}$ und $\overline{EM}$ gleich lang sind.

c) Bestimmen Sie mithilfe der Koordinaten von M und der Seitenlängen im Dreieck AME rechnerisch die Koordinaten der Punkte E und F.

d) Berechnen Sie das Volumen des Oktaeders.

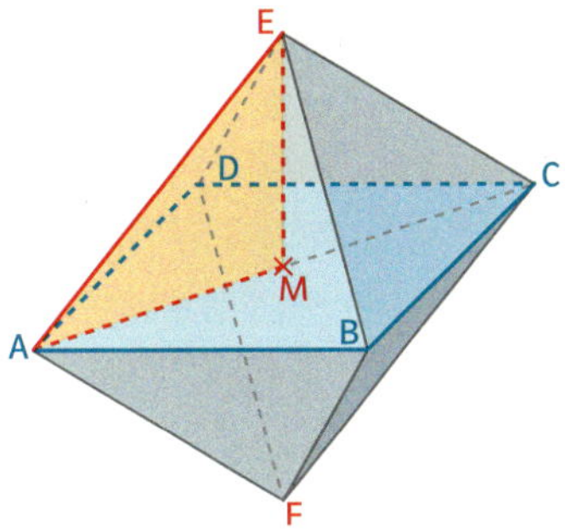

Fig. 2

14 Bestimmen Sie die Koordinaten des Bildpunktes.

a) Der Punkt A(3|2|1) wird am Ursprung gespiegelt.

b) Der Punkt A(1|−3|5) wird am Punkt S(1|2|0) gespiegelt.

Grundwissen Test

Grundwissen Seite 212
Lösung | Seite 242

15 In einem Wohnblock wurde die Anzahl der Zimmer der Wohnungen erhoben. Es ergab sich folgende Urliste: {2; 3; 5; 1; 1; 2; 4; 2; 2; 1; 5; 3; 3; 2; 1; 4; 2; 2; 3; 1}

a) Erstellen Sie eine Häufigkeitstabelle mit absoluten und relativen Häufigkeiten.

b) Stellen Sie die Werte grafisch mithilfe eines Säulendiagramms dar.

2 Vektoren

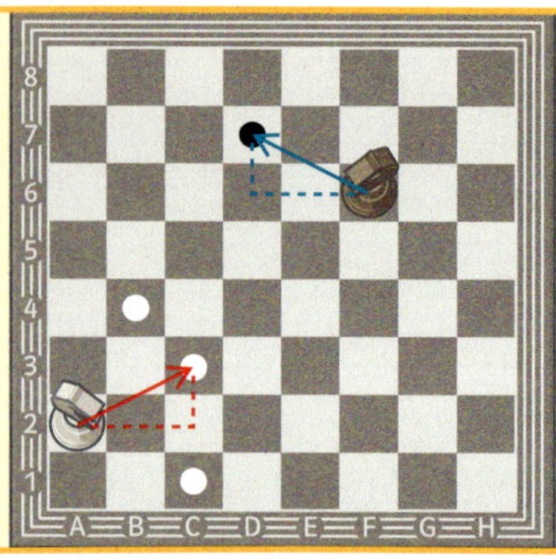

Auf dem Schachbrett steht ein weißer Springer auf A2. Die weißen Punkte geben an, wohin der weiße Springer jeweils ziehen darf. Beschreiben Sie die verschiedenen Bewegungsmöglichkeiten des weißen Springers. Welche Zugmöglichkeiten hat der schwarze Springer auf F6?

Ein Punkt P im räumlichen Koordinatensystem wird mithilfe seiner drei Koordinaten angegeben, z.B. P(5|1|−2). Eine solche Liste von drei reellen Zahlen bezeichnet man als **Zahlentripel**.

Punktkoordinaten werden nebeneinander, Vektorkoordinaten untereinander geschrieben.

Zahlentripel können nicht nur als Punkte aufgefasst werden, sondern auch als Verschiebung, d.h. als eine „Wegbeschreibung" von einem Punkt zu einem anderen. Man spricht von einem **Vektor** und schreibt die Koordinaten des Vektors in Spaltenform, z.B. $\vec{v} = \begin{pmatrix} 1 \\ 3 \\ 2 \end{pmatrix}$.

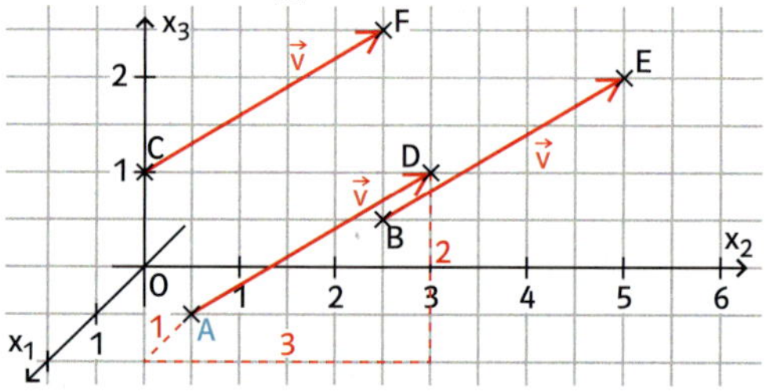

Der Punkt A(1|1|0) wurde mit dem Vektor $\vec{v} = \begin{pmatrix} 1 \\ 3 \\ 2 \end{pmatrix}$ um 1 LE in x_1-Richtung, um 3 LE in x_2-Richtung und um 2 LE in x_3-Richtung auf den Punkt D(1 + 1|1 + 3|0 + 2), also auf D(2|4|2), verschoben. Man sagt auch: der Punkt A wird durch $\vec{v}$ auf seinen Bildpunkt D (auch als A′ bezeichnet) abgebildet. Der Vektor $\vec{v}$ bildet auch C auf F und B auf E ab.

Zu den zwei gegebenen Punkten A(1|1|0) und D(2|4|2) wird der Vektor, der A auf D verschiebt, mit $\overrightarrow{AD}$ bezeichnet. Man kann die Koordinaten des Vektors $\overrightarrow{AD}$ aus den Koordinaten der Punkte A und D so bestimmen: $\overrightarrow{AD} = \begin{pmatrix} 2-1 \\ 4-1 \\ 2-0 \end{pmatrix} = \begin{pmatrix} 1 \\ 3 \\ 2 \end{pmatrix}$.

Im Koordinatensystem werden Vektoren als Pfeile (gerichtete Strecken) veranschaulicht. Alle gleich großen und parallelen Pfeile veranschaulichen denselben Vektor.

Definition: Ein **Vektor** $\vec{v} = \begin{pmatrix} v_1 \\ v_2 \\ v_3 \end{pmatrix}$ beschreibt eine Verschiebung im Raum.

Satz: Zu zwei gegebenen Punkten $A(a_1|a_2|a_3)$ und $B(b_1|b_2|b_3)$ verschiebt der Vektor $\overrightarrow{AB} = \begin{pmatrix} b_1 - a_1 \\ b_2 - a_2 \\ b_3 - a_3 \end{pmatrix}$ den Punkt A auf den Punkt B.

Ein Vektor enthält zwei Informationen über die Verschiebung: Richtung und Länge.
Die Länge des Verschiebungspfeils ist gleich dem Abstand von Punkt und Bildpunkt und wird als **Betrag des Vektors** bezeichnet: $|\overrightarrow{BE}| = \left|\begin{pmatrix} 1 \\ 3 \\ 2 \end{pmatrix}\right| = \sqrt{1^2 + 3^2 + 2^2} = \sqrt{14}$.

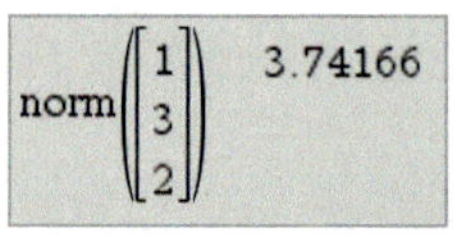

Definition: Unter dem **Betrag** des Vektors $\vec{v}$ versteht man die Länge eines zugehörigen Pfeils.

Satz: Es gilt $|\vec{v}| = \left|\begin{pmatrix} v_1 \\ v_2 \\ v_3 \end{pmatrix}\right| = \sqrt{v_1^2 + v_2^2 + v_3^2}$.

Beispiel 1 Vektoren berechnen und einzeichnen

Gegeben sind die Punkte A(3 | 2 | 1), B(4 | 4 | 4) und C(−1 | −2 | 1).

a) Bestimmen Sie die Koordinaten des Vektors $\vec{v} = \overrightarrow{AB}$.

b) Geben Sie an, auf welchen Punkt D der Vektor $\vec{v}$ den Punkt C abbildet.

c) Zeichnen Sie zwei Pfeile von $\vec{v}$ in ein Koordinatensystem.

Lösung

a) $\vec{v} = \begin{pmatrix} 4-3 \\ 4-2 \\ 4-1 \end{pmatrix} = \begin{pmatrix} 1 \\ 2 \\ 3 \end{pmatrix}$

b) D(−1 + 1 | −2 + 2 | 1 + 3), also D(0 | 0 | 4)

c) vgl. Fig. 1

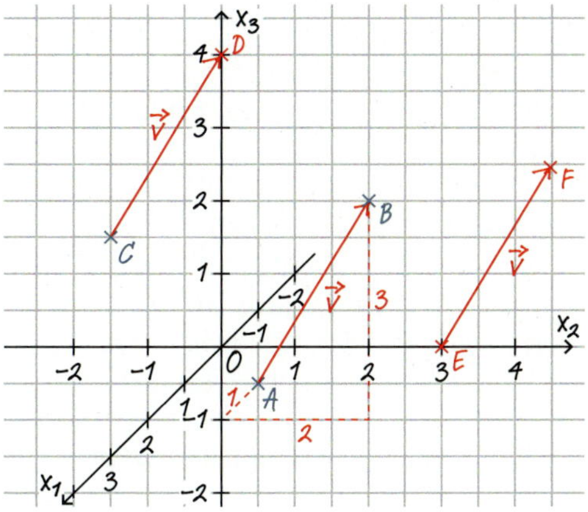

Fig. 1

Beispiel 2 Parallelität von Strecken nachweisen

Gegeben sind die Punkte A(1 | 2 | 3), B(3 | −2 | 1), C(2,25 | −1,3 | 7) und D(0,25 | 2,7 | 9). Prüfen Sie, ob das Viereck ABCD ein Parallelogramm ist.

Lösung

Es ist $\overrightarrow{AB} = \begin{pmatrix} 3-1 \\ -2-2 \\ 1-3 \end{pmatrix} = \begin{pmatrix} 2 \\ -4 \\ -2 \end{pmatrix}$ und $\overrightarrow{DC} = \begin{pmatrix} 2{,}25 - 0{,}25 \\ -1{,}3 \quad - 2{,}7 \\ 7 \quad - 9 \end{pmatrix} = \begin{pmatrix} 2 \\ -4 \\ -2 \end{pmatrix}$.

Da $\overrightarrow{AB} = \overrightarrow{DC}$ ist, sind die Strecken $\overline{AB}$ und $\overline{CD}$ zueinander parallel und gleich lang. Also ist das Viereck ABCD ein Parallelogramm.

Planskizze:

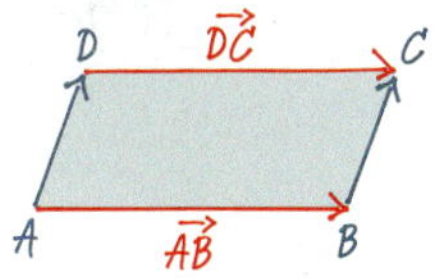

Man könnte auch $\overrightarrow{AD} = \overrightarrow{BC}$ zeigen

Aufgaben

○ **1** Zeichnen Sie drei Pfeile des Vektors in ein Koordinatensystem ein. Einer der drei Pfeile soll im Ursprung beginnen.

a) $\begin{pmatrix} 3 \\ 1 \\ 0 \end{pmatrix}$ b) $\begin{pmatrix} 2 \\ 0 \\ 5 \end{pmatrix}$ c) $\begin{pmatrix} 4 \\ 1 \\ 2 \end{pmatrix}$ d) $\begin{pmatrix} -2 \\ -1 \\ 3 \end{pmatrix}$

○ **2** Der Vektor $\vec{v}$ bildet den Punkt A auf den Punkt B ab. Bestimmen Sie die Koordinaten des Punktes B.

a) A(2 | 1 | −5), $\vec{v} = \begin{pmatrix} 1 \\ 1 \\ 0 \end{pmatrix}$ b) A(0 | 0 | 0), $\vec{v} = \begin{pmatrix} 2 \\ -1 \\ 1 \end{pmatrix}$ c) A(0 | 7 | −9), $\vec{v} = \begin{pmatrix} 0 \\ 1 \\ 1 \end{pmatrix}$ d) A(1 | 1 | 3), $\vec{v} = \begin{pmatrix} 1 \\ 0 \\ -1 \end{pmatrix}$

○ **3** Bestimmen Sie die Koordinaten des Vektors $\overrightarrow{AB}$.

a) A(1 | 0 | 1), B(3 | 4 | 1)
b) A(4 | 2 | 0), B(3 | 3 | 3)
c) A(−1 | 2 | 3), B(2 | −2 | 4)
d) A(4 | 2 | −1), B(5 | −1 | −3)

○ **4** Berechnen Sie den Betrag des Vektors $\vec{v}$.

a) $\vec{v} = \begin{pmatrix} 1 \\ 1 \\ 0 \end{pmatrix}$ b) $\vec{v} = \begin{pmatrix} 2 \\ -1 \\ -4 \end{pmatrix}$ c) $\vec{v} = \begin{pmatrix} 6 \\ 0 \\ 7 \end{pmatrix}$ d) $\vec{v} = \begin{pmatrix} -3 \\ 4 \\ 5 \end{pmatrix}$

○ **5** Untersuchen Sie, ob das Dreieck ABC gleichschenklig ist.

a) A(1 | −2 | 2), B(3 | 0 | 1), C(3 | 0 | 3)
b) A(7 | 0 | 1), B(5 | −3 | −1), C(−3 | −6 | −3)

Test

Lösung | Seite 242

6 Gegeben sind die Punkte $A(2|5|6)$ und $B(1|-3|4)$.
Bestimmen Sie die Koordinaten des Vektors $\overrightarrow{AB}$ und berechnen Sie seinen Betrag.

7 Gegeben ist der Vektor $\overrightarrow{AB} = \begin{pmatrix} 2 \\ -1 \\ 3 \end{pmatrix}$. Bestimmen Sie die Koordinaten des Punktes A.

a) $B(3|7|11)$ b) $B(5|-3|3)$ c) $B(-17|11|31)$ d) $B(2|-1|3)$

8 Gegeben sind die Punkte $A(3|4|1)$, $B(6|11|-7)$, $C(6|15|-2)$ und $D(3|8|6)$. Prüfen Sie, ob das Viereck ABCD ein Parallelogramm ist.

9 Die Kanten des kleinen Würfels haben die Länge 2 cm. Die Kanten des großen Würfels sind dreimal so lang.

a) Zeichnen Sie diese beiden Würfel in ein Koordinatensystem (1 LE = 1 cm). Legen Sie den Koordinatenursprung dabei wie in der Abbildung rechts in den Punkt A.

b) Geben Sie die beiden Vektoren $\vec{u}$, $\vec{v}$ an und berechnen Sie ihre Beträge.

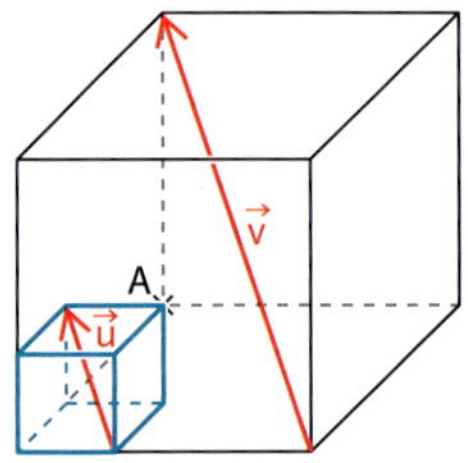

10 Die Grundfläche ABCD einer quadratischen Pyramide mit der Spitze S liegt in der x_1x_2-Ebene.
Gegeben sind der Punkt $A(4|2|0)$ und die Vektoren $\overrightarrow{AS} = \begin{pmatrix} -2 \\ 2 \\ 5 \end{pmatrix}$ und $\overrightarrow{AB} = \begin{pmatrix} 0 \\ 4 \\ 0 \end{pmatrix}$ und $\overrightarrow{BC} = \begin{pmatrix} -4 \\ 0 \\ 0 \end{pmatrix}$.

a) Bestimmen Sie die Koordinaten der übrigen Eckpunkte der Pyramide.

b) Berechnen Sie die Längen der Grundkanten und der Seitenkanten.

c) Berechnen Sie das Volumen der Pyramide.

Test

Lösung | Seite 242

11 Zeigen Sie, dass das Viereck ABCD mit $A(1|2|1)$, $B(4|3|-1)$, $C(6|1|5)$ und $D(5|3|-3)$ kein Parallelogramm ist.

12 Prüfen Sie durch Rechnung, ob das Dreieck ABC mit $A(0|1|0)$, $B(2|0|2)$ und $C(-1|3|2)$ rechtwinklig ist.

13 Beschreiben Sie die Lage dreier Punkte A, B und C, wenn $|\overrightarrow{AC}| = |\overrightarrow{AB}| + |\overrightarrow{BC}|$ gilt.

14 Gegeben ist das Dreieck ABC mit $A(3|2|1)$, $B(5|5|7)$ und $C(4+3k|3{,}5+2k|4-2k)$.

a) Begründen Sie durch Rechnung, dass das Dreieck ABC für jedes $k \in \mathbb{R}$ gleichschenklig ist.

b) Bestimmen Sie die Werte von k, für die sich ein gleichseitiges Dreieck ergibt.

Grundwissen Test

Grundwissen
Seite 212
Lösungen | Seite 242

15 Bestimmen Sie das arithmetische Mittel und den Median mit einem Rechner.

a) {56; 40; 69; 27; 37; 88; 53; 32} b) {56; 40; 69; 27; 37; 88; 53}

16 Frank hat bei der Klassenarbeit eine 3 – geschrieben. „Ich bin besser als der Durchschnitt", sagt er zu Hause.

Note	1	2	3	4	5	6
Anzahl	8	1	4	11	3	0

a) Überprüfen Sie Franks Aussage.

b) Bestimmen Sie die Standardabweichung s und überprüfen Sie, ob seine Arbeit innerhalb des Intervalls $[\bar{x} - s;\ \bar{x} + s]$ liegt.

3 Rechnen mit Vektoren

Nicole ist mithilfe des Stadtplans zunächst von B1 nach P2 und dann nach Q5 gegangen. Die einzelnen Wege könnte man mit Vektoren so aufschreiben: $\begin{pmatrix}2\\3\end{pmatrix}$ und $\begin{pmatrix}3\\1\end{pmatrix}$

Wie könnte man diese beiden Wege mit einem Vektor zusammenfassen?

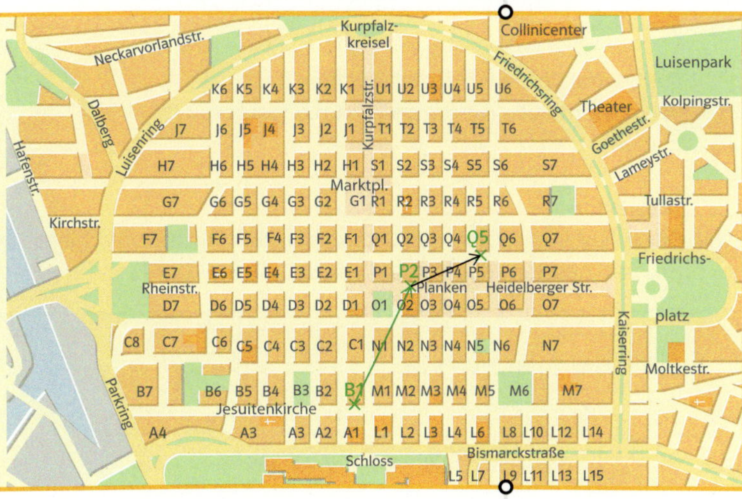

Man legt das Rechnen mit Vektoren fest, indem man koordinatenweise rechnet.

Gegeben sind zwei Vektoren $\vec{a} = \begin{pmatrix}1\\3\\2\end{pmatrix}$ und $\vec{b} = \begin{pmatrix}2\\-1\\3\end{pmatrix}$.

Addition von Vektoren

$$\vec{a} + \vec{b} = \begin{pmatrix}1\\3\\2\end{pmatrix} + \begin{pmatrix}2\\-1\\3\end{pmatrix} = \begin{pmatrix}1+2\\3+(-1)\\2+3\end{pmatrix} = \begin{pmatrix}3\\2\\5\end{pmatrix}$$

Multiplikation eines Vektors mit einer reellen Zahl

$$2 \cdot \vec{a} = 2 \cdot \begin{pmatrix}1\\3\\2\end{pmatrix} = \begin{pmatrix}2\cdot 1\\2\cdot 3\\2\cdot 2\end{pmatrix} = \begin{pmatrix}2\\6\\4\end{pmatrix}$$

Die Addition von Vektoren kann als Hintereinanderausführungen von Verschiebungen gedeutet werden.

Geometrische Veranschaulichung des Rechners mit Vektoren

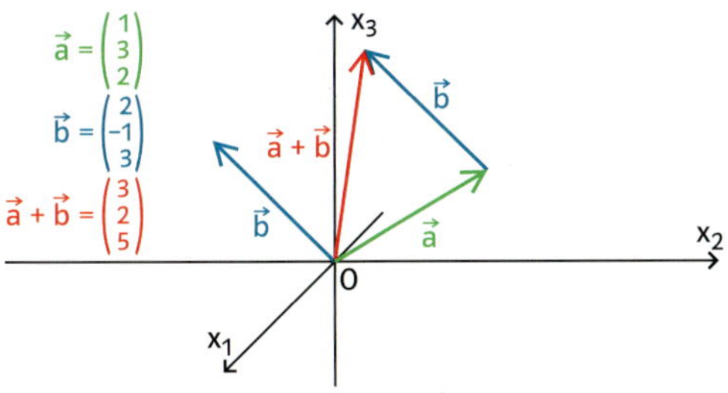

Einen Pfeil des Vektors $\vec{a} + \vec{b}$ erhält man durch Hintereinandersetzen eines Pfeils von $\vec{b}$ an einen Pfeil von $\vec{a}$.
Der Pfeil vom Ausgangspunkt von $\vec{a}$ zum Endpunkt von $\vec{b}$ ergibt den Vektor $\vec{a} + \vec{b}$.

Der Vektor $\vec{o} = \begin{pmatrix}0\\0\\0\end{pmatrix}$ heißt **Nullvektor**.

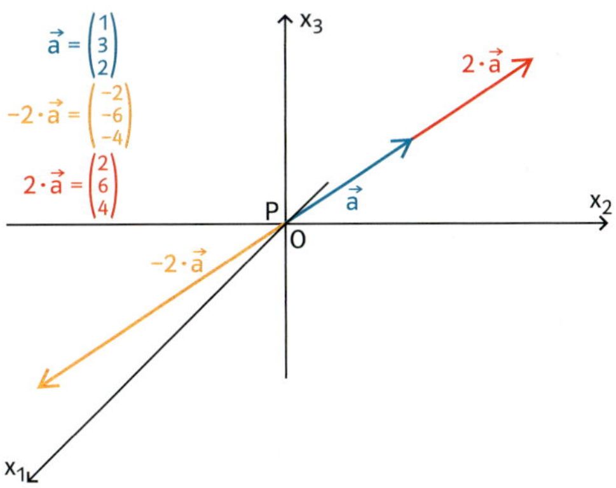

Der Pfeil des Vektors $2 \cdot \vec{a}$ ist 2-mal so lang wie der Pfeil des Vektors $\vec{a}$ und zeigt in dieselbe Richtung.
Der Pfeil des Vektors $-2 \cdot \vec{a}$ zeigt in die zu $\vec{a}$ entgegengesetzte Richtung.

Der Vektor $(-1) \cdot \vec{a} = -\vec{a} = \begin{pmatrix}-1\\-3\\-2\end{pmatrix}$ heißt **Gegenvektor** zum Vektor $\vec{a}$.
Gilt für zwei Vektoren $\vec{b} = r \cdot \vec{a}$, $r \neq 0$, dann sagt man, $\vec{a}$ und $\vec{b}$ sind **kollinear,** d.h., die zugehörigen Pfeile sind zueinander parallel.

Subtraktion von Vektoren

$\vec{a} - \vec{b} = \begin{pmatrix} 1 \\ 3 \\ 2 \end{pmatrix} - \begin{pmatrix} 2 \\ -1 \\ 3 \end{pmatrix} = \begin{pmatrix} 1 - 2 \\ 3 - (-1) \\ 2 - 3 \end{pmatrix} = \begin{pmatrix} -1 \\ 4 \\ -1 \end{pmatrix}$

Die Subtraktion $\vec{a} - \vec{b}$ ist als Addition des Vektors $\vec{a}$ mit dem Gegenvektor von $\vec{b}$ festgelegt: $\vec{a} - \vec{b} = \vec{a} + (-\vec{b})$

Geometrische Veranschaulichung

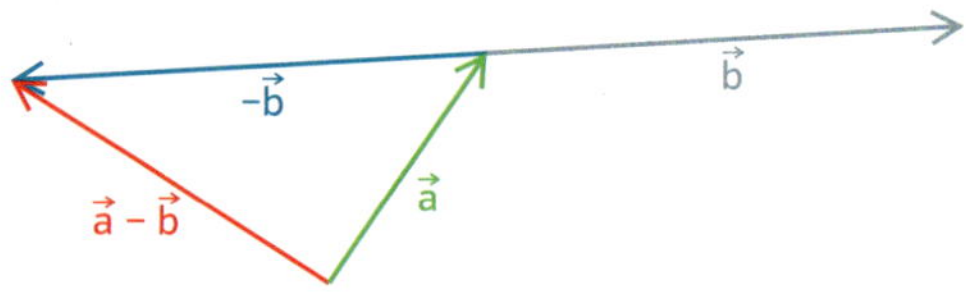

Ortsvektor

Der Vektor $\overrightarrow{OP}$, welcher den Ursprung in den Punkt P verschiebt, heißt **Ortsvektor des Punktes P** und hat dieselben Koordinaten wie der Punkt P. Der Ortsvektor $\overrightarrow{OP}$ wird oft mit $\vec{p}$ bezeichnet.

Definition: Zu zwei Vektoren $\vec{a} = \begin{pmatrix} a_1 \\ a_2 \\ a_3 \end{pmatrix}$ und $\vec{b} = \begin{pmatrix} b_1 \\ b_2 \\ b_3 \end{pmatrix}$ werden folgende Rechenarten festgelegt.

$\vec{a} + \vec{b} = \begin{pmatrix} a_1 + b_1 \\ a_2 + b_2 \\ a_3 + b_3 \end{pmatrix}$ **Addition** von Vektoren

$r \cdot \vec{a} = \begin{pmatrix} r \cdot a_1 \\ r \cdot a_2 \\ r \cdot a_3 \end{pmatrix}$ **Multiplikation** eines Vektors $\vec{a}$ mit einer reellen Zahl r

$r \cdot \vec{a} + s \cdot \vec{b} + t \cdot \vec{c}$ nennt man eine **Linearkombination** der Vektoren $\vec{a}$, $\vec{b}$ und $\vec{c}$.
Da man mit Vektoren koordinatenweise rechnet, gelten die gleichen Rechengesetze wie bei reellen Zahlen.

- Klammern werden zuerst berechnet.
- Multiplikation vor Vektoraddition (Punkt vor Strich)
- $\vec{a} + \vec{b} = \vec{b} + \vec{a}$ (Kommutativgesetz der Addition)
- $\vec{a} + (\vec{b} + \vec{c}) = (\vec{a} + \vec{b}) + \vec{c}$ (Assoziativgesetz der Addition)
- $r \cdot (s \cdot \vec{a}) = (r \cdot s) \cdot \vec{a}$ (Assoziativgesetz der Multiplikation)
- $r \cdot (\vec{a} + \vec{b}) = r \cdot \vec{a} + r \cdot \vec{b}$ und
  $(r + s) \cdot \vec{a} = r \cdot \vec{a} + s \cdot \vec{a}$ (Distributivgesetze der Multiplikation)

Beispiel 1 Linearkombinationen berechnen

Berechnen Sie zu den Vektoren $\vec{a} = \begin{pmatrix} 7 \\ 2 \\ -1 \end{pmatrix}$ und $\vec{b} = \begin{pmatrix} 5 \\ -4 \\ 3 \end{pmatrix}$ die Linearkombination $2 \cdot \vec{a} + 3 \cdot \vec{b}$.

Lösung

$2 \cdot \begin{pmatrix} 7 \\ 2 \\ -1 \end{pmatrix} + 3 \cdot \begin{pmatrix} 5 \\ -4 \\ 3 \end{pmatrix} = \begin{pmatrix} 14 \\ 4 \\ -2 \end{pmatrix} + \begin{pmatrix} 15 \\ -12 \\ 9 \end{pmatrix} = \begin{pmatrix} 29 \\ -8 \\ 7 \end{pmatrix}$

Beispiel 2 Drei Punkte zu einem Parallelogramm ergänzen

a) Gegeben sind die Punkte $A(1|1|-2)$, $B(2|5|-1)$ und $C(-2|6|0)$. Bestimmen Sie die Koordinaten des Punktes D so, dass das Viereck ABCD ein Parallelogramm ist.

b) Bestimmen Sie die Koordinaten des Mittelpunktes M einer Diagonalen des Parallelogramms aus Teilaufgabe a).

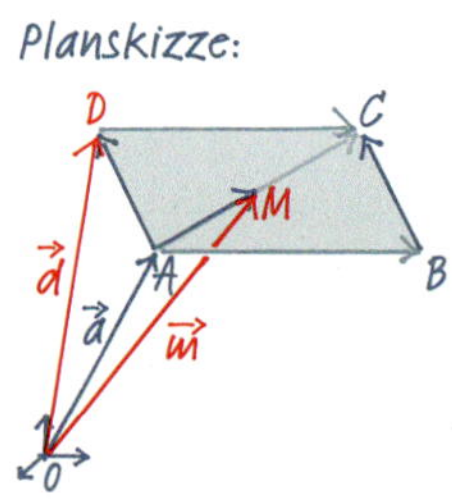

Lösung

a) Man bestimmt den Ortsvektor $\vec{d}$ des Punktes D mithilfe des Ortsvektors $\vec{a}$ von A und mit $\overrightarrow{BC}$.

$\vec{d} = \vec{a} + \overrightarrow{BC} = \begin{pmatrix} 1 \\ 1 \\ -2 \end{pmatrix} + \begin{pmatrix} -2 - 2 \\ 6 - 5 \\ 0 - (-1) \end{pmatrix} = \begin{pmatrix} 1 \\ 1 \\ -2 \end{pmatrix} + \begin{pmatrix} -4 \\ 1 \\ 1 \end{pmatrix} = \begin{pmatrix} -3 \\ 2 \\ -1 \end{pmatrix}$. Also gilt $D(-3|2|-1)$.

b) $\vec{m} = \vec{a} + \frac{1}{2}\overrightarrow{AC} = \begin{pmatrix} 1 \\ 1 \\ -2 \end{pmatrix} + \frac{1}{2}\begin{pmatrix} -2 - 1 \\ 6 - 1 \\ 0 - (-2) \end{pmatrix} = \begin{pmatrix} 1 \\ 1 \\ -2 \end{pmatrix} + \frac{1}{2}\begin{pmatrix} -3 \\ 5 \\ 2 \end{pmatrix} = \begin{pmatrix} -0{,}5 \\ 3{,}5 \\ -1 \end{pmatrix}$. Also gilt $M(-0{,}5|3{,}5|-1)$.

Aufgaben

1 Berechnen Sie.

a) $\begin{pmatrix}4\\-1\end{pmatrix}+\begin{pmatrix}3\\2\end{pmatrix}$ b) $\begin{pmatrix}3\\2\end{pmatrix}-\begin{pmatrix}2\\1\end{pmatrix}$ c) $\begin{pmatrix}2\\1\end{pmatrix}-\begin{pmatrix}3\\2\end{pmatrix}+\begin{pmatrix}1\\2\end{pmatrix}$

d) $\begin{pmatrix}3\\-2\\1\end{pmatrix}+\begin{pmatrix}0\\0\\0\end{pmatrix}+\begin{pmatrix}-3\\2\\-1\end{pmatrix}$ e) $\begin{pmatrix}0\\0\\2\end{pmatrix}+\begin{pmatrix}2\\0\\0\end{pmatrix}+\begin{pmatrix}0\\2\\0\end{pmatrix}$ f) $\begin{pmatrix}4\\4\\2\end{pmatrix}-\begin{pmatrix}-1\\2\\2\end{pmatrix}-\begin{pmatrix}3\\5\\-1\end{pmatrix}+\begin{pmatrix}7\\1\\4\end{pmatrix}$

2 Berechnen Sie.

a) $7\cdot\begin{pmatrix}1\\2\\5\end{pmatrix}$ b) $-3\cdot\begin{pmatrix}1\\0\\11\end{pmatrix}$ c) $-5\cdot\begin{pmatrix}-2\\1\\-1\end{pmatrix}$ d) $\frac{1}{2}\cdot\begin{pmatrix}4\\6\\8\end{pmatrix}$ e) $-\frac{3}{4}\cdot\begin{pmatrix}12\\16\\-8\end{pmatrix}$ f) $0\cdot\begin{pmatrix}1\\2\\3\end{pmatrix}$

3 Ergänzen Sie die fehlenden Koordinaten.

a) $\begin{pmatrix}-8\\12\\36\end{pmatrix}=4\cdot\begin{pmatrix}\square\\\square\\\square\end{pmatrix}$ b) $\begin{pmatrix}\frac{1}{2}\\3\\\frac{1}{4}\end{pmatrix}=\frac{1}{4}\cdot\begin{pmatrix}\square\\\square\\\square\end{pmatrix}$ c) $\begin{pmatrix}5\\-\frac{5}{6}\\-\frac{1}{3}\end{pmatrix}=-\frac{1}{6}\begin{pmatrix}\square\\\square\\\square\end{pmatrix}$

4 Berechnen Sie und zeichnen Sie in ein Koordinatensystem.

a) $2\cdot\begin{pmatrix}1\\-2\end{pmatrix}+3\cdot\begin{pmatrix}-1\\2\end{pmatrix}$ b) $3\cdot\begin{pmatrix}4\\2\end{pmatrix}-7\cdot\begin{pmatrix}4\\-2\end{pmatrix}$ c) $3\cdot\begin{pmatrix}4\\2\end{pmatrix}+7\cdot\begin{pmatrix}4\\2\end{pmatrix}$

5 Gegeben ist der Quader in Fig. 1. Der Punkt M ist der Mittelpunkt des Rechtecks ABCD. Geben Sie die Verschiebung als Linearkombination mithilfe der eingezeichneten Vektoren $\vec{u}$, $\vec{v}$ und $\vec{w}$ an.

a) vom Punkt D zum Punkt A
b) vom Punkt A zum Punkt B
c) vom Punkt B zum Punkt D
d) vom Punkt B zum Punkt H
e) vom Punkt C zum Punkt M
f) vom Punkt H zum Mittelpunkt der Strecke $\overline{EF}$
g) vom Punkt H zum Mittelpunkt der Strecke $\overline{CG}$

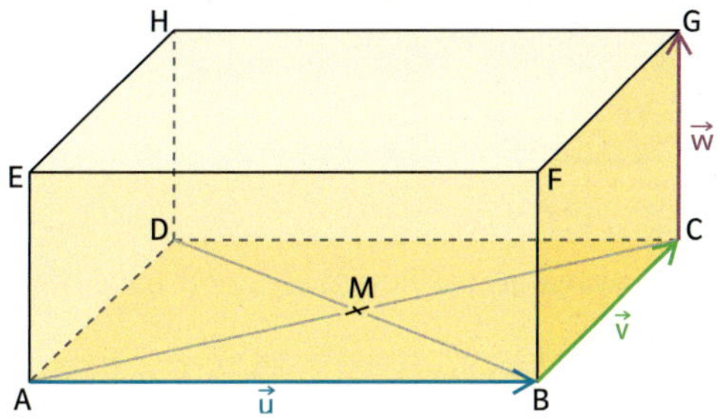

Fig. 1

Test

Lösung | Seite 242

6 Berechnen Sie bzw. ergänzen Sie die fehlenden Koordinaten.

a) $\frac{1}{7}\cdot\begin{pmatrix}14\\49\\-21\end{pmatrix}+\begin{pmatrix}-2\\-7\\3\end{pmatrix}$ b) $0{,}2\cdot\begin{pmatrix}5\\-5\\10\end{pmatrix}-\frac{3}{2}\cdot\begin{pmatrix}\frac{2}{3}\\10\\12\end{pmatrix}$ c) $\begin{pmatrix}5\\\frac{2}{5}\\\frac{3}{2}\end{pmatrix}=\frac{1}{10}\cdot\begin{pmatrix}\square\\\square\\\square\end{pmatrix}$

7 Berechnen Sie für die Vektoren $\vec{a}=\begin{pmatrix}3\\5\end{pmatrix}$, $\vec{b}=\begin{pmatrix}-6\\1\end{pmatrix}$, $\vec{c}=\begin{pmatrix}-3\\0\end{pmatrix}$, $\vec{d}=\begin{pmatrix}5\\-9\end{pmatrix}$ folgende Linearkombinationen. Überprüfen Sie anschließend die erhaltenen Vektoren auf Kollinearität.

a) $7\vec{a}+5\vec{a}$ b) $3\vec{b}-4\vec{c}+7\vec{b}-6\vec{c}$ c) $-(\vec{c}-\vec{d})-\vec{c}$

d) $2(\vec{a}+\vec{b})+\vec{a}$ e) $-4(\vec{a}-\vec{b})-\vec{b}+\vec{a}$ f) $\frac{1}{4}\vec{c}-\vec{d}+\frac{1}{2}\left(2\vec{d}-\frac{1}{2}\vec{c}\right)$

8 Der Punkt M ist der Mittelpunkt der Strecke $\overline{AB}$. Bestimmen Sie die Koordinaten von B.

a) A(0 | 0 | 0), M(4 | 8 | 1) b) A(1 | 2 | −1), M(4 | 2 | 5) c) A(2 | 3 | 6), M(12 | −1 | 6)

9 In einem Parallelogramm ABCD halbieren sich die Diagonalen. Berechnen Sie die Koordinaten der fehlenden Eckpunkte.

a) A(3|2|3), B(8|5|−3), M(5|1|0) b) A(1|1|2), D(6|3|1), M(2|5|9)
c) D(0|1|2), C(−6|9|2), M(3|6|1) d) B(0|0|1), C(−5|2|2), M(1|1|1)

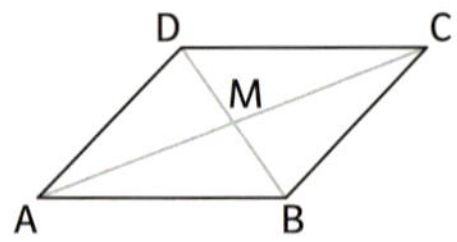

10 Spiegelt man den Punkt A am Punkt Z, so erhält man den Punkt A'. Bestimmen Sie die Koordinaten des fehlenden Punktes.

a) A(1|2), Z(4|4) b) A(−1|5), A'(3|1) c) Z(2|−3), A'(4|1)

11 Fig. 1 zeigt zwei aneinanderliegende gleich große Quadrate. Der Punkt P ist der Mittelpunkt der unteren Seite des rechten Quadrats. Der Punkt R ist der Schnittpunkt der Diagonalen des linken Quadrats. Der Punkt M ist der Mittelpunkt der Strecke $\overline{RP}$.
Bestimmen Sie die Koordinaten der Punkte R, P und M.

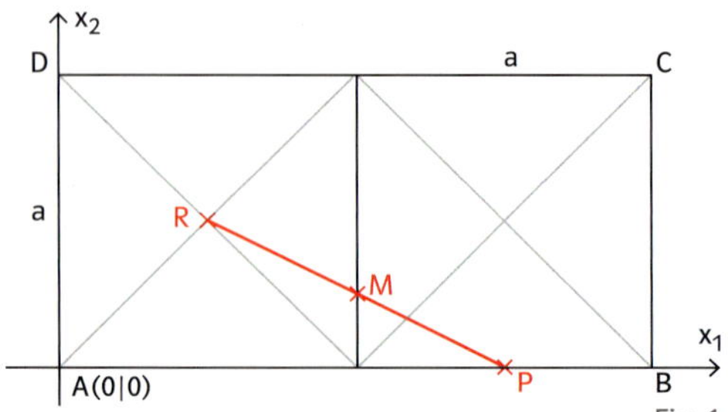

Fig. 1

Test

Lösung | Seite 243

12 Gegeben ist das Parallelogramm PQRS mit P(1|3|5), Q(5|15|5) und R(5|19|13). Der Punkt M ist der Mittelpunkt der Strecke $\overline{PQ}$, der Punkt N ist der Mittelpunkt der Strecke $\overline{MR}$ (Fig. 2). Bestimmen Sie die Koordinaten des Punktes N.

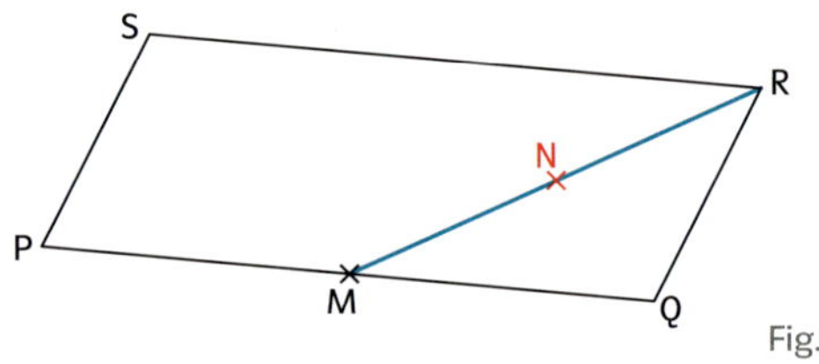

Fig. 2

13 Gegeben sind die Punkte A(3|−2|1) und B(21|−17|25).

a) Bestimmen Sie die Koordinaten der Punkte R, S und T, welche die Strecke $\overline{AB}$ in vier gleich lange Teile teilen.
b) Bestimmen Sie die Koordinaten der Punkte P und Q, welche die Strecke $\overline{AB}$ in drei gleich lange Teile teilen.

14 In jedem Dreieck schneiden sich die Verbindungsstrecken der Eckpunkte mit den gegenüberliegenden Seitenmitten in einem Punkt S. Der Punkt S teilt jede dieser Verbindungsstrecken im Verhältnis 1:2. Bestimmen Sie die Koordinaten des Punktes S in einem Dreieck ABC mit A(0|0|0), B(2|3|4) und C(−1|5|−2).

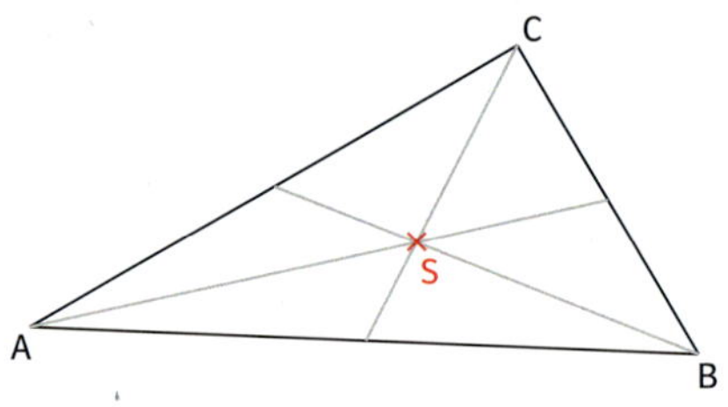

Grundwissen Test

Grundwissen Seite 212
Lösung | Seite 243

15 Bei 25 Erwachsenen wurde die Körpergröße K in cm bestimmt. Die Urliste lautet {172; 186; 178; 181; 181; 158; 184; 175; 167; 167; 192; 170; 171; 171; 173; 185; 162; 175; 182; 168; 169; 165; 175; 168; 172}.

a) Erstellen Sie eine Tabelle mit relativen Häufigkeiten und Dichten für die Klassen „150 ≤ K < 170", „170 ≤ K < 180" bzw. „180 ≤ K < 200".
b) Zeichnen Sie ein Histogramm.
c) Beschreiben Sie, was der mittlere Balken bzw. die beiden äußeren Balken in Ihrem Histogramm veranschaulichen.

4 Geraden im Raum

Ein Flugzeug hebt im Punkt P(2500 | 100 | 0) vom Boden ab. Eine Minute später befindet es sich im Punkt Q(4500 | 2100 | 1000). An welchen Punkten befindet sich das Flugzeug nach zwei bzw. drei Minuten, wenn es in den ersten drei Minuten nach dem Start mit konstanter Geschwindigkeit in dieselbe Richtung fliegt?

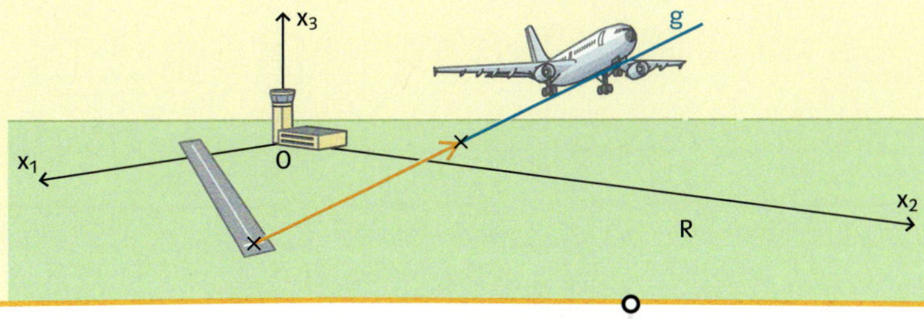

Die Punkte P, Q, R und S liegen auf der Geraden g. Mit dem Ortsvektor $\vec{p}$ von P und dem Vektor $\vec{u} = \overrightarrow{PQ}$ lassen sich die Ortsvektoren aller anderen Punkte berechnen:
- Punkt Q: $\vec{q} = \vec{p} + \vec{u}$,
- Punkt R: $\vec{r} = \vec{p} + 2 \cdot \vec{u}$,
- Punkt S: $\vec{s} = \vec{p} - 1{,}5 \cdot \vec{u}$.

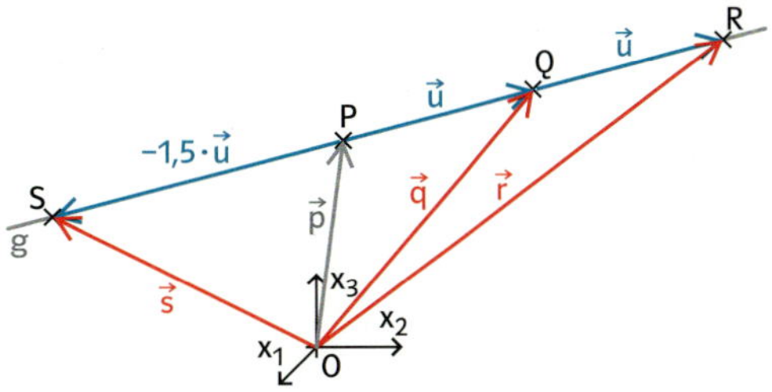

Man erkennt: Jeden Punkt X der Geraden g kann man in der Form $\vec{x} = \vec{p} + t \cdot \vec{u}$ beschreiben.
Umgekehrt gilt: Für jede reelle Zahl t ist der Vektor $\vec{p} + t \cdot \vec{u}$ Ortsvektor eines Punktes auf der Geraden.

Definition: Parametergleichung einer Geraden
Gegeben sind ein Punkt P mit dem Ortsvektor $\vec{p}$ und ein Vektor $\vec{u} \neq \vec{o}$.
Eine Gleichung der Form $g: \vec{x} = \vec{p} + t \cdot \vec{u},\ t \in \mathbb{R}$, beschreibt eine Gerade durch den Punkt P mit dem **Richtungsvektor** $\vec{u}$.
Der Vektor $\vec{p}$ heißt **Stützvektor**, die reelle Zahl t nennt man **Parameter**.

Eine Gerade g kann durch mehrere Gleichungen beschrieben werden.
Es gibt zwei Möglichkeiten, weitere Gleichungen für die Gerade $g: \vec{x} = \begin{pmatrix} 3 \\ 2 \\ -5 \end{pmatrix} + t \cdot \begin{pmatrix} -1 \\ 6 \\ 14 \end{pmatrix}$ anzugeben.

1. Möglichkeit: Man ersetzt den Richtungsvektor durch ein Vielfaches des Richtungsvektors,
   z.B. $g: \vec{x} = \begin{pmatrix} 3 \\ 2 \\ -5 \end{pmatrix} + t \cdot \begin{pmatrix} -3 \\ 18 \\ 42 \end{pmatrix}$.
2. Möglichkeit: Man ersetzt den Stützvektor durch den Ortsvektor eines anderen Geradenpunktes,
   z.B. $g: \vec{x} = \begin{pmatrix} 2 \\ 8 \\ 9 \end{pmatrix} + t \cdot \begin{pmatrix} -1 \\ 6 \\ 14 \end{pmatrix}$.

Beispiel 1 Geradengleichung bestimmen
Die Gerade g geht durch die Punkte P(2 | 4 | 3) und Q(3 | 6 | 2). Bestimmen Sie drei verschiedene Gleichungen der Geraden g.

Lösung
Mögliche Gleichungen:

$g: \vec{x} = \vec{p} + t \cdot \overrightarrow{PQ} = \begin{pmatrix} 2 \\ 4 \\ 3 \end{pmatrix} + t \cdot \begin{pmatrix} 1 \\ 2 \\ -1 \end{pmatrix}$, $g: \vec{x} = \vec{q} + t \cdot \overrightarrow{PQ} = \begin{pmatrix} 3 \\ 6 \\ 2 \end{pmatrix} + t \cdot \begin{pmatrix} 1 \\ 2 \\ -1 \end{pmatrix}$ oder

$g: \vec{x} = \vec{p} + t \cdot 3 \cdot \overrightarrow{PQ} = \begin{pmatrix} 2 \\ 4 \\ 3 \end{pmatrix} + t \cdot \begin{pmatrix} 3 \\ 6 \\ -3 \end{pmatrix}$

Beispiel 2 **Punktprobe durchführen**

Prüfen Sie, ob der Punkt $A(4|5|2)$ auf der Geraden $g: \vec{x} = \begin{pmatrix}1\\1\\0\end{pmatrix} + t \cdot \begin{pmatrix}3\\4\\-2\end{pmatrix}$ liegt.

Lösung

Es wird geprüft, ob es eine Zahl t gibt mit $\begin{pmatrix}1\\1\\0\end{pmatrix} + t \cdot \begin{pmatrix}3\\4\\-2\end{pmatrix} = \begin{pmatrix}4\\5\\2\end{pmatrix}$.

1. Zeile: $1 + 3t = 4$ ergibt $t = 1$.

Wenn man $t = 1$ in die zweite und dritte Zeile der Gleichung einsetzt, erhält man:

2. Zeile: $1 + 1 \cdot 4 = 5$. Wahre Aussage.

3. Zeile: $0 + 1 \cdot (-2) = 2$. Falsche Aussage.

Die 3. Zeile der Gleichung ist nicht erfüllt. Also gibt es kein $t \in \mathbb{R}$, sodass $\begin{pmatrix}1\\1\\0\end{pmatrix} + t \cdot \begin{pmatrix}3\\4\\-2\end{pmatrix} = \begin{pmatrix}4\\5\\2\end{pmatrix}$ gilt. Der Punkt A liegt nicht auf der Geraden.

Zur Handhabung des Rechners siehe Anhang

Beispiel 3 **Gerade zeichnen**

Veranschaulichen Sie die Gerade $g: \vec{x} = \begin{pmatrix}-2\\6\\2\end{pmatrix} + t \cdot \begin{pmatrix}-2\\2\\1\end{pmatrix}$ in einem Koordinatensystem.

Bestimmen Sie dazu zunächst die Spurpunkte der Geraden.

Lösung

S_{12} ist der Schnittpunkt von g mit der x_1x_2-Ebene. Die x_3-Koordinate von S_{12} muss daher 0 sein, also $\begin{pmatrix}-2\\6\\2\end{pmatrix} + t \cdot \begin{pmatrix}-2\\2\\1\end{pmatrix} = \begin{pmatrix}a\\b\\0\end{pmatrix}$.

$2 + t = 0$ ergibt $t = -2$ und damit $a = 2$ und $b = 2$, also $S_{12}(2|2|0)$.

Ebenso ergibt sich:

S_{13}: Die x_2-Koordinate muss 0 sein. $6 + 2t = 0$ ergibt $t = -3$ und damit $S_{13}(4|0|-1)$.

S_{23}: Die x_1-Koordinate muss 0 sein. $-2 - 2t = 0$ ergibt $t = -1$ und damit $S_{23}(0|4|1)$.

Gerade: vgl. Abbildung rechts.

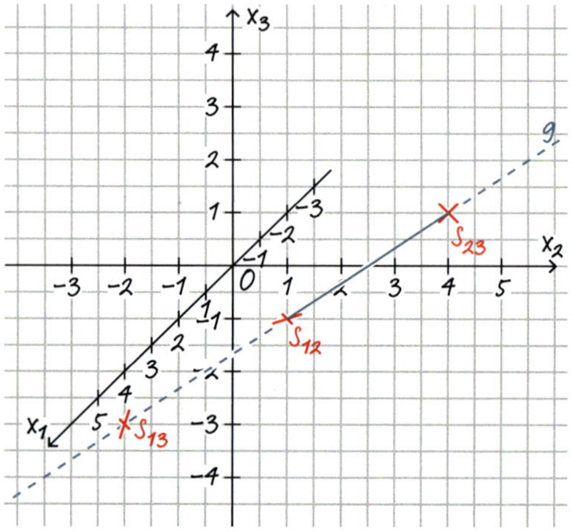

Spurpunkte sind die **Durchstoßpunkte** der Geraden durch die Koordinatenebenen.

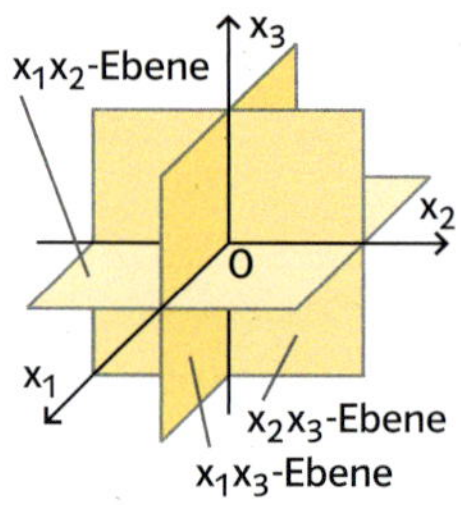

Aufgaben

○ **1** Gegeben ist die Gerade $g: \vec{x} = \begin{pmatrix}1\\1\\2\end{pmatrix} + t \cdot \begin{pmatrix}0\\-2\\7\end{pmatrix}$.

a) Bestimmen Sie zu den Parameterwerten $t = -2$, $t = 1$ und $t = 3$ die zugehörigen Punkte.

b) Geben Sie einen Stütz- und einen Richtungsvektor von g an.

○ **2** Die Gerade g geht durch die Punkte A und B. Geben Sie eine Gleichung dieser Geraden an.

a) $A(2|1|3)$, $B(1|5|-6)$ **b)** $A(0|1|2)$ $B(0|3|-3)$

c) $A(1|4|6)$, $B(0|0|0)$ **d)** $A(2|2|2)$, $B(5|2|-2)$

○ **3** Überprüfen Sie, ob die Gleichungen dieselbe Gerade beschreiben.

a) $\vec{x} = \begin{pmatrix}1\\0\\5\end{pmatrix} + t \cdot \begin{pmatrix}2\\2\\-2\end{pmatrix}$, $\vec{x} = \begin{pmatrix}1\\0\\5\end{pmatrix} + t \cdot \begin{pmatrix}-1\\-1\\1\end{pmatrix}$ **b)** $\vec{x} = \begin{pmatrix}2\\7\\9\end{pmatrix} + t \cdot \begin{pmatrix}1\\2\\3\end{pmatrix}$, $\vec{x} = \begin{pmatrix}2\\7\\9\end{pmatrix} + t \cdot \begin{pmatrix}2\\3\\4\end{pmatrix}$

○ **4** Gegeben ist die Gerade g. Geben Sie eine weitere Gleichung für g an.

a) $g: \vec{x} = \begin{pmatrix}0\\1\\0\end{pmatrix} + t \cdot \begin{pmatrix}12\\12\\-6\end{pmatrix}$.
Ändern Sie den Richtungsvektor ab.

b) $g: \vec{x} = \begin{pmatrix}2\\-2\\4\end{pmatrix} + t \cdot \begin{pmatrix}1\\5\\3\end{pmatrix}$.
Ändern Sie den Stützvektor ab.

○ **5** Prüfen Sie, ob der Punkt A auf der Geraden g liegt.

a) A(1|1|2), $g: \vec{x} = \begin{pmatrix} 7 \\ 3 \\ 2 \end{pmatrix} + t \cdot \begin{pmatrix} -2 \\ 3 \\ 7 \end{pmatrix}$

b) A(2|3|−1), $g: \vec{x} = \begin{pmatrix} 7 \\ 0 \\ 4 \end{pmatrix} + t \cdot \begin{pmatrix} 5 \\ -3 \\ 5 \end{pmatrix}$

c) A(−8|−3|−3), $g: \vec{x} = t \cdot \begin{pmatrix} 1 \\ 1 \\ 2 \end{pmatrix}$

d) A(17|10|−3), $g: \vec{x} = \begin{pmatrix} 8 \\ 1 \\ -9 \end{pmatrix} + t \cdot \begin{pmatrix} 3 \\ 2 \\ -2 \end{pmatrix}$

○ Test

Lösungen | Seite 243

6 Gegeben ist die Gerade $g: \vec{x} = \begin{pmatrix} 4 \\ -3 \\ 5 \end{pmatrix} + r \cdot \begin{pmatrix} -3 \\ 2 \\ -9 \end{pmatrix}$

a) Berechnen Sie die Geradenpunkte für die Parameterwerte $r = -5$ bzw. $r = -0{,}5$.

b) Überprüfen Sie, ob die Punkte A(−5|3|32) und B(7|−5|14) auf der Geraden liegen.

7 Geben Sie zwei verschiedene Gleichungen für die Gerade durch A(2|1|2) und B(−3|6|−7) an.

◒ **8** Stellen Sie die Gerade g mithilfe ihrer Spurpunkte in einem Koordinatensystem dar.

a) $g: \vec{x} = \begin{pmatrix} 2 \\ 1 \\ 0 \end{pmatrix} + s \cdot \begin{pmatrix} 1 \\ -1 \\ 1 \end{pmatrix}$

b) $g: \vec{x} = \begin{pmatrix} 0 \\ 5 \\ 4 \end{pmatrix} + s \cdot \begin{pmatrix} 1 \\ 0 \\ 2 \end{pmatrix}$

◒ **9** Prüfen Sie, ob die Punkte A, B und C auf einer Geraden liegen.

a) A(2|3|1), B(−1|5|6), C(8|−1|−9)

b) A(8|2|−7), B(4|2|3), C(1|2|1)

◒ **10** Geben Sie für ein räumliches Koordinatensystem Gleichungen für die drei Geraden an, welche die Koordinatenachsen beschreiben.

◒ **11** Überlegen Sie, ob es einen Punkt von g gibt, der auf der x_1-Achse liegt.

a) $g: \vec{x} = \begin{pmatrix} 3 \\ 2 \\ 1 \end{pmatrix} + s \cdot \begin{pmatrix} 8 \\ 4 \\ 2 \end{pmatrix}$

b) $g: \vec{x} = \begin{pmatrix} 4 \\ -3 \\ 2 \end{pmatrix} + s \cdot \begin{pmatrix} 3 \\ 6 \\ 1 \end{pmatrix}$

◒ **12** Ein Truck fährt auf einer Autobahn von seiner Firma mit den Koordinaten (3|5) los. Sein Ziel ist ein Warenlager auf (0|9). Gleichzeitig startet ein Motorrad von einem Parkplatz (−6|17) und fährt zum Sportplatz (−4,5|15). (Alle Koordinaten in km).

a) Stellen Sie beide Routen als Geradengleichung dar.

b) Überprüfen Sie, ob auf beiden Routen die Tankstelle mit den Koordinaten (−3|13) liegt.

◒ Test

Lösung | Seite 243

13 Gegeben ist die Gerade $g: \vec{x} = \begin{pmatrix} 1 \\ -3 \\ 2 \end{pmatrix} + r \cdot \begin{pmatrix} 2 \\ 2 \\ 2 \end{pmatrix}$.

a) Stellen Sie die Gerade g mithilfe ihrer Spurpunkte im Koordinatensystem dar.

b) Prüfen Sie, ob es einen Punkt von g gibt, der auf der x_3-Achse liegt.

● **14** Erläutern Sie die besondere Lage der Geraden g im Koordinatensystem.

a) $g: \vec{x} = s \cdot \begin{pmatrix} 1 \\ 0 \\ 1 \end{pmatrix}$

b) $g: \vec{x} = s \cdot \begin{pmatrix} 0 \\ 1 \\ 1 \end{pmatrix}$

c) $g: \vec{x} = s \cdot \begin{pmatrix} 1 \\ 1 \\ 1 \end{pmatrix}$

d) $g: \vec{x} = \begin{pmatrix} 0 \\ 0 \\ 2 \end{pmatrix} + s \cdot \begin{pmatrix} 0 \\ 1 \\ 0 \end{pmatrix}$

Grundwissen Test

Grundwissen Seite 212
Lösung | Seite 243

15 Katharina würfelt mit zwei Würfeln.

a) Erklären Sie, warum es sich um ein Zufallsexperiment handelt.

b) Geben Sie die Ergebnismenge für die Summe der Augenzahlen an.

5 Gegenseitige Lage von Geraden – zueinander parallele Geraden

Welche der Aussagen treffen auf die Geradenpaare jeweils zu?
(1) Die Geraden sind zueinander parallel.
(2) Die Geraden schneiden sich.
(3) Die Geraden schneiden sich nicht.

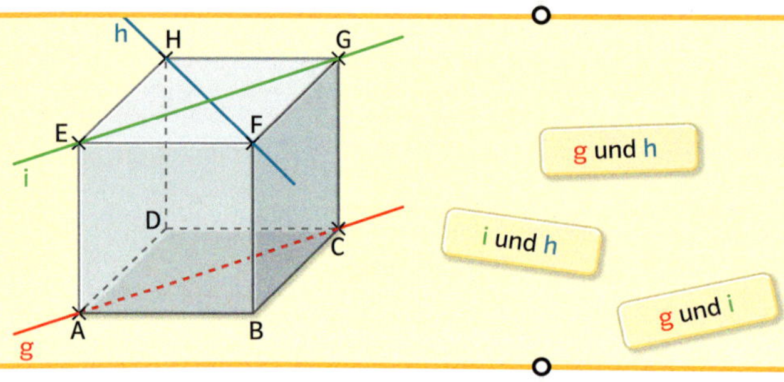

Bei der gegenseitigen Lage zweier Geraden $g: \vec{x} = \vec{p} + r \cdot \vec{u}$ und $h: \vec{x} = \vec{q} + s \cdot \vec{v}$ im Raum unterscheidet man vier Fälle:

1. Fall:
Die Geraden g und h sind zueinander parallel und verschieden.
Das ist genau dann der Fall, wenn $\vec{u}$ und $\vec{v}$ Vielfache voneinander (kollinear) sind, und P nicht auf h liegt.

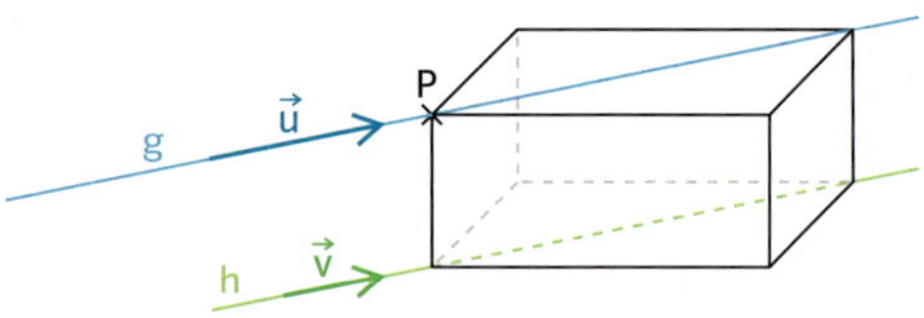

2. Fall:
Die Geraden g und h sind zueinander parallel und identisch.
Das ist genau dann der Fall, wenn $\vec{u}$ und $\vec{v}$ kollinear sind und P auf h liegt.

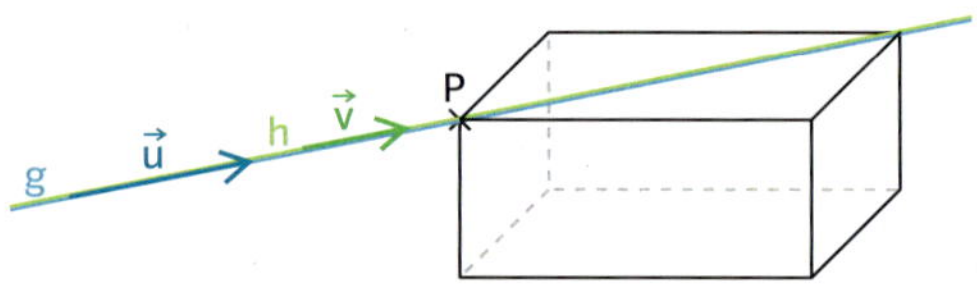

3. Fall:
g und h schneiden sich in einem Punkt S.
Das ist genau dann der Fall, wenn $\vec{u}$ und $\vec{v}$ nicht kollinear sind und g und h nur einen gemeinsamen Punkt S haben.

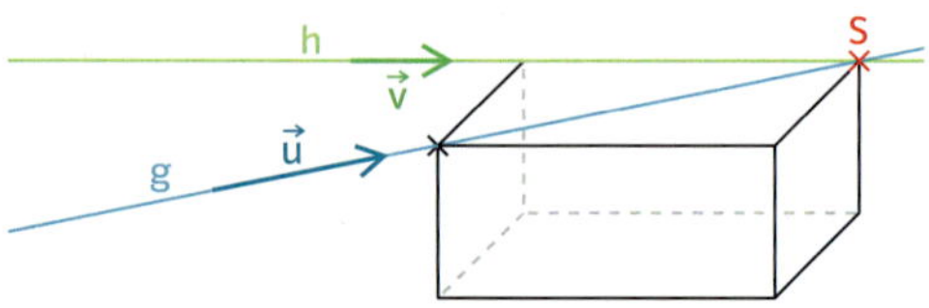

4. Fall:
g und h sind nicht zueinander parallel und schneiden sich nicht.
Das ist genau dann der Fall, wenn $\vec{u}$ und $\vec{v}$ nicht kollinear sind und g und h keinen gemeinsamen Punkt haben.

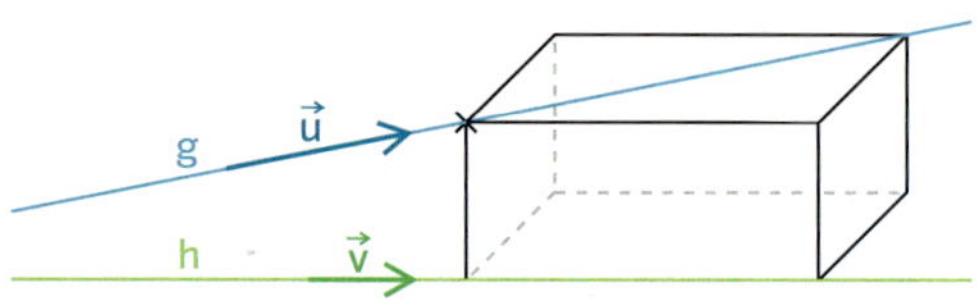

Zunächst wird nur untersucht, ob zwei gegebene Geraden zueinander parallel sind oder nicht und gegebenenfalls, ob sie verschieden oder identisch sind. Nicht parallele Geraden folgen später.

Definition: Gegeben sind die beiden Geraden g und h im Raum mit $g: \vec{x} = \vec{p} + r \cdot \vec{u}$ und $h: \vec{x} = \vec{q} + s \cdot \vec{v}$.
Sie heißen **parallel zueinander**, wenn die Richtungsvektoren $\vec{u}$ und $\vec{v}$ kollinear sind. Dabei gibt es zwei Möglichkeiten:

Sie sind parallel **und identisch**, wenn zusätzlich der Geradenpunkt P von g auch auf h liegt.
Sie sind parallel **und verschieden**, wenn zusätzlich der Geradenpunkt P von g nicht auf h liegt.

Beispiel **Gegenseitige Lage zueinander paralleler Geraden untersuchen**

Gegeben sind die Geraden $g\colon \vec{x} = \begin{pmatrix}1\\2\\5\end{pmatrix} + s \cdot \begin{pmatrix}1\\1\\-2\end{pmatrix}$, $h\colon \vec{x} = \begin{pmatrix}-2\\-1\\11\end{pmatrix} + s \cdot \begin{pmatrix}2\\2\\-4\end{pmatrix}$ und $i\colon \vec{x} = \begin{pmatrix}3\\5\\2\end{pmatrix} + s \cdot \begin{pmatrix}-3\\-3\\6\end{pmatrix}$.

Zeigen Sie, dass die Geraden zueinander parallel sind, und untersuchen Sie, ob sie verschieden oder identisch sind.

Lösung

Die Richtungsvektoren von h und i sind kollinear zum Richtungsvektor von g, denn es ist

$\begin{pmatrix}2\\2\\-4\end{pmatrix} = 2 \cdot \begin{pmatrix}1\\1\\-2\end{pmatrix}$ und $\begin{pmatrix}-3\\-3\\6\end{pmatrix} = -3 \cdot \begin{pmatrix}1\\1\\-2\end{pmatrix}$. Also sind die Geraden zueinander parallel.

(I) Lage von g und h:

Man prüft, ob der Punkt $P(1|2|5)$ von g auch auf der Geraden h liegt, ob es also eine Zahl t gibt mit

$\begin{pmatrix}-2\\-1\\11\end{pmatrix} + t \cdot \begin{pmatrix}2\\2\\-4\end{pmatrix} = \begin{pmatrix}1\\2\\5\end{pmatrix}$.

1. Zeile: $-2 + 2t = 1$ ergibt $t = 1{,}5$.
$t = 1{,}5$ eingesetzt in die 2. Zeile ergibt $-1 + 1{,}5 \cdot 2 = 2$. Wahre Aussage.
$t = 1{,}5$ eingesetzt in die 3. Zeile ergibt $11 + 1{,}5 \cdot (-4) = 5$. Wahre Aussage.

P liegt auch auf h. Die Geraden g und h sind zueinander parallel und identisch.

(II) Lage von g und i:

Man prüft, ob der Punkt $P(1|2|5)$ von g auch auf der Geraden i liegt, ob es also eine Zahl t gibt

mit $\begin{pmatrix}3\\5\\2\end{pmatrix} + t \cdot \begin{pmatrix}-3\\-3\\6\end{pmatrix} = \begin{pmatrix}1\\2\\5\end{pmatrix}$.

1. Zeile: $3 - 3t = 1$ ergibt $t = \frac{2}{3}$.
$t = \frac{2}{3}$ eingesetzt in die 2. Zeile ergibt $5 + \frac{2}{3} \cdot (-3) = 2$ bzw.
$3 = 2$. Falsche Aussage.

P liegt nicht auf i. Die Geraden g und i sind zueinander parallel und verschieden.

(III) Lage von h und i:

Da die Geraden h und g identisch sind, sind auch die Geraden h und i zueinander parallel und verschieden.

Zur Handhabung des Rechners siehe Anhang

Aufgaben

○ **1** Gegeben sind die Geraden g, h, i und j.

$g\colon \vec{x} = \begin{pmatrix}3\\4\\6\end{pmatrix} + t \cdot \begin{pmatrix}5\\2\\-1\end{pmatrix}$ $h\colon \vec{x} = \begin{pmatrix}5\\5\\1\end{pmatrix} + t \cdot \begin{pmatrix}1\\1\\2\end{pmatrix}$ $i\colon \vec{x} = \begin{pmatrix}2\\2\\7\end{pmatrix} + t \cdot \begin{pmatrix}-15\\-6\\3\end{pmatrix}$ $j\colon \vec{x} = \begin{pmatrix}5\\7\\3\end{pmatrix} + t \cdot \begin{pmatrix}5\\5\\10\end{pmatrix}$

Sortieren Sie die verschiedenen Geradenpaare in die passende Kiste.

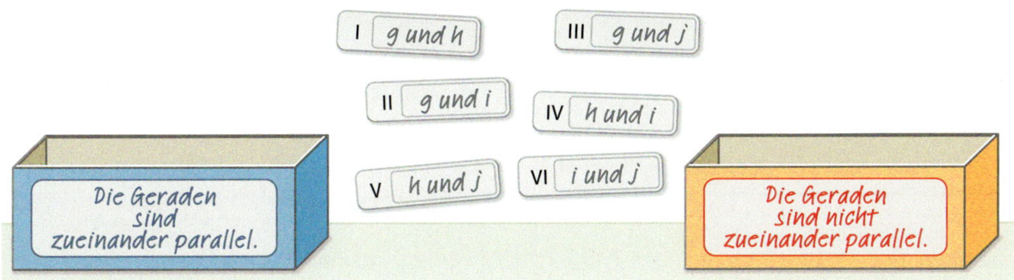

○ **2** Zeigen Sie, dass die Geraden g und h zueinander parallel sind, und untersuchen Sie, ob sie verschieden oder identisch sind.

a) $g\colon \vec{x} = \begin{pmatrix}1\\2\\3\end{pmatrix} + s \cdot \begin{pmatrix}2\\4\\1\end{pmatrix}$; $h\colon \vec{x} = \begin{pmatrix}3\\6\\4\end{pmatrix} + s \cdot \begin{pmatrix}4\\8\\2\end{pmatrix}$

b) $g\colon \vec{x} = \begin{pmatrix}0\\7\\3\end{pmatrix} + s \cdot \begin{pmatrix}1\\3\\9\end{pmatrix}$; $h\colon \vec{x} = \begin{pmatrix}6\\2\\0\end{pmatrix} + s \cdot \begin{pmatrix}\frac{1}{3}\\1\\3\end{pmatrix}$

c) $g\colon \vec{x} = \begin{pmatrix}1\\1\\0\end{pmatrix} + s \cdot \begin{pmatrix}2\\2\\-1\end{pmatrix}$; $h\colon \vec{x} = \begin{pmatrix}1\\1\\0\end{pmatrix} + s \cdot \begin{pmatrix}-1\\-1\\0{,}5\end{pmatrix}$

d) $g\colon \vec{x} = \begin{pmatrix}3\\9\\8\end{pmatrix} + s \cdot \begin{pmatrix}-8\\-7\\0\end{pmatrix}$; $h\colon \vec{x} = \begin{pmatrix}0\\4\\0\end{pmatrix} + s \cdot \begin{pmatrix}4\\3{,}5\\0\end{pmatrix}$

○ **3** Mithilfe der Eckpunkte des Würfels in Fig. 1 werden Vektoren definiert. Untersuchen Sie, ob die Geraden parallel sind oder nicht.

a) $g: \vec{x} = \vec{a} + t \cdot \overrightarrow{EG}$, $h: \vec{x} = \vec{g} + t \cdot \overrightarrow{CA}$

b) $g: \vec{x} = \vec{a} + t \cdot \overrightarrow{GE}$, $h: \vec{x} = \vec{c} + t \cdot \overrightarrow{AC}$

c) $g: \vec{x} = \vec{e} + t \cdot \overrightarrow{EG}$, $h: \vec{x} = \vec{f} + t \cdot \overrightarrow{FH}$

d) $g: \vec{x} = \vec{b} + t \cdot \overrightarrow{BD}$, $h: \vec{x} = \vec{a} + t \cdot \overrightarrow{AH}$

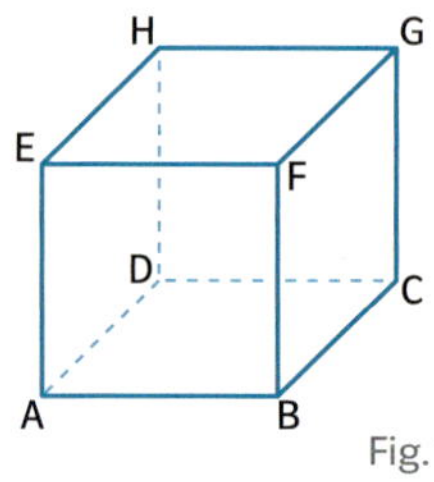

Fig. 1

○ Test Lösung | Seite 243

4 Zeigen Sie, dass die Geraden $g: \vec{x} = \begin{pmatrix} 11 \\ 5 \\ 2 \end{pmatrix} + s \cdot \begin{pmatrix} 2 \\ 3 \\ -1 \end{pmatrix}$ und $h: \vec{x} = \begin{pmatrix} 7 \\ -1 \\ 4 \end{pmatrix} + s \cdot \begin{pmatrix} -2 \\ -3 \\ 1 \end{pmatrix}$ zueinander parallel sind, und untersuchen Sie, ob sie identisch oder verschieden sind.

◒ **5** Überprüfen Sie, ob die Gerade g durch die Punkte A und B parallel zur Geraden $h: \vec{x} = \begin{pmatrix} 0 \\ 0 \\ 5 \end{pmatrix} + s \cdot \begin{pmatrix} -2 \\ 3 \\ 6 \end{pmatrix}$ ist. Wenn ja, untersuchen Sie, ob g und h identisch oder verschieden sind.

a) $A(0|0|0)$, $B(-4|6|12)$

b) $A(3|8|2)$, $B(3|5|7)$

c) $A(-4|6|17)$, $B(2|-3|-1)$

d) $A(0|0|7)$, $B(2|-3|1)$

◒ **6** Gegeben ist die Gerade $g: \vec{x} = \begin{pmatrix} 1 \\ 1 \\ 0 \end{pmatrix} + s \cdot \begin{pmatrix} 5 \\ -4 \\ 2 \end{pmatrix}$.

a) Geben Sie eine Gleichung der zu g parallelen Geraden durch den Punkt $Q(6|1|-2)$ an.

b) Bestimmen Sie den Punkt B auf der x_3-Achse so, dass die Gerade durch $A(10|-8|-3)$ und B parallel zur Geraden g ist.

c) Geben Sie eine zu g parallele Gerade h an, die durch den Mittelpunkt der Strecke $\overline{AB}$ mit $A(2|1|5)$ und $B(8|9|13)$ geht.

◒ **7** Auf dem Radarschirm sind zwei Flugzeuge auf ihrer geradlinigen Flugbahnen sichtbar. Flugzeug GLX 1378 hat die Position $(1|2|0)$, während Flugzeug JET 2222 die Position $(-4|7|9)$ hat. Kurze Zeit später hat GLX 1378 die Position $(-1|3|1)$ und JET 2222 befindet sich bei $(-2|6|8)$. Die Koordinaten sind in Kilometern angegeben.

a) Stellen Sie für beide Flugbahnen die entsprechende Geradengleichung auf.

b) Beurteilen Sie, ob eine Kollision der beiden Flugzeuge möglich ist.

◒ Test Lösung | Seite 244

8 Zeigen Sie, dass die Gerade g durch die Punkte $A(3|5|2)$ und $B(7|7|1)$ nicht durch den Ursprung geht, und geben Sie die Gleichung einer zu g parallelen Gerade h an, welche durch den Ursprung geht.

● **9** Zeigen Sie, dass die Geraden $g: \vec{x} = \begin{pmatrix} 2 \\ 5 \\ 6 \end{pmatrix} + s \cdot \begin{pmatrix} 1 \\ 1 \\ -2 \end{pmatrix}$ und $h: \vec{x} = \begin{pmatrix} 4 \\ 7 \\ 8 \end{pmatrix} + t \cdot \begin{pmatrix} -2 \\ -2 \\ 4 \end{pmatrix}$ zueinander parallel und verschieden sind. Geben Sie eine Gleichung für die Mittelparallele zu g und h an.

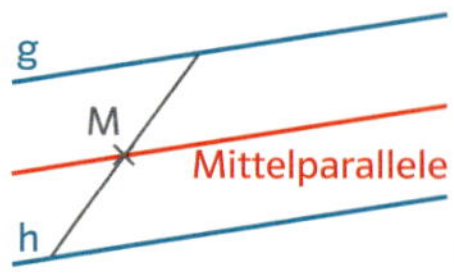

Grundwissen Test Grundwissen Seite 213 Lösung | Seite 244

10 Florian und Anne wollen das Knobeln „Schere-Stein-Papier" mit Würfeln simulieren. Dabei gilt: Stein schlägt Schere, Schere schlägt Papier, Papier schlägt Stein. Wer seinen Gegner zuerst dreimal geschlagen hat, ist Sieger.
Überlegen Sie, wie Florian und Anne vorgehen könnten.

6 Gegenseitige Lage von Geraden – nicht parallele Geraden

Kann man sicher sein, dass sich die Wege der beiden Flugzeuge gekreuzt haben? Begründen Sie ihre Antwort.

Die Geraden $g: \vec{x} = \begin{pmatrix}1\\1\\2\end{pmatrix} + r \cdot \begin{pmatrix}2\\3\\1\end{pmatrix}$ und $h: \vec{x} = \begin{pmatrix}1\\-2\\1\end{pmatrix} + t \cdot \begin{pmatrix}1\\3\\1\end{pmatrix}$ sind nicht zueinander parallel, da ihre Richtungsvektoren nicht kollinear sind.

Wenn man überprüfen möchte, ob die Geraden sich in einem Punkt schneiden, setzt man die rechten Seiten der Geradengleichungen gleich: $\begin{pmatrix}1\\1\\2\end{pmatrix} + r \cdot \begin{pmatrix}2\\3\\1\end{pmatrix} = \begin{pmatrix}1\\-2\\1\end{pmatrix} + t \cdot \begin{pmatrix}1\\3\\1\end{pmatrix}$.

Wenn es Zahlen r und t gibt, sodass die Gleichung erfüllt ist, dann **schneiden** sich die Geraden. Wenn es keine Zahlen r und t gibt, sodass die Gleichung erfüllt ist, dann gibt es keinen Schnittpunkt. Man nennt die Geraden **zueinander windschief**.

Die obige Vektorgleichung ist äquivalent zum folgenden linearen Gleichungssystem (LGS) mit zwei Variablen und drei Gleichungen:

$$\left| \begin{array}{l} 1 + 2r = 1 + t \\ 1 + 3r = -2 + 3t \\ 2 + r = 1 + t \end{array} \right|$$

Aus der ersten Gleichung folgt $t = 2r$.
$t = 2r$ in die zweite Gleichung eingesetzt ergibt $r = 1$.
$t = 2r$ und $r = 1$ in die dritte Gleichung eingesetzt, ergibt $3 = 3$.
Das ist eine wahre Aussage.

Somit ist $r = 1$ und $t = 2$ eine Lösung des LGS bzw. der Vektorgleichung.
Man berechnet die Koordinaten des Schnittpunktes S, indem man $r = 1$ in die Gleichung für g oder $t = 2$ in die Gleichung für h einsetzt:

$$\vec{s} = \begin{pmatrix}1\\1\\2\end{pmatrix} + 1 \cdot \begin{pmatrix}2\\3\\1\end{pmatrix} = \begin{pmatrix}3\\4\\3\end{pmatrix} \text{ bzw. } \vec{s} = \begin{pmatrix}1\\-2\\1\end{pmatrix} + 2 \cdot \begin{pmatrix}1\\3\\1\end{pmatrix} = \begin{pmatrix}3\\4\\3\end{pmatrix},$$

also $S(3|4|3)$.

Definition: Gegeben sind die beiden Geraden g und h im Raum mit $g: \vec{x} = \vec{p} + r \cdot \vec{u}$ und $h: \vec{x} = \vec{q} + s \cdot \vec{v}$.
Wenn g und h nicht parallel sind und keine gemeinsamen Punkte haben, heißen sie **zueinander windschief**.

Satz: Die Geraden g und h ($\vec{u}, \vec{v}$ nicht kollinear) schneiden sich in einem Punkt, wenn die Gleichung $\vec{p} + r \cdot \vec{u} = \vec{q} + s \cdot \vec{v}$ eine Lösung besitzt.
Die Geraden sind zueinander windschief, wenn diese Gleichung keine Lösung besitzt.

Zusammenfassung:
Die Grafik zeigt, wie man die Lagebeziehung von zwei Geraden g: $\vec{x} = \vec{p} + r \cdot \vec{u}$ und h: $\vec{x} = \vec{q} + s \cdot \vec{v}$ prüfen kann.

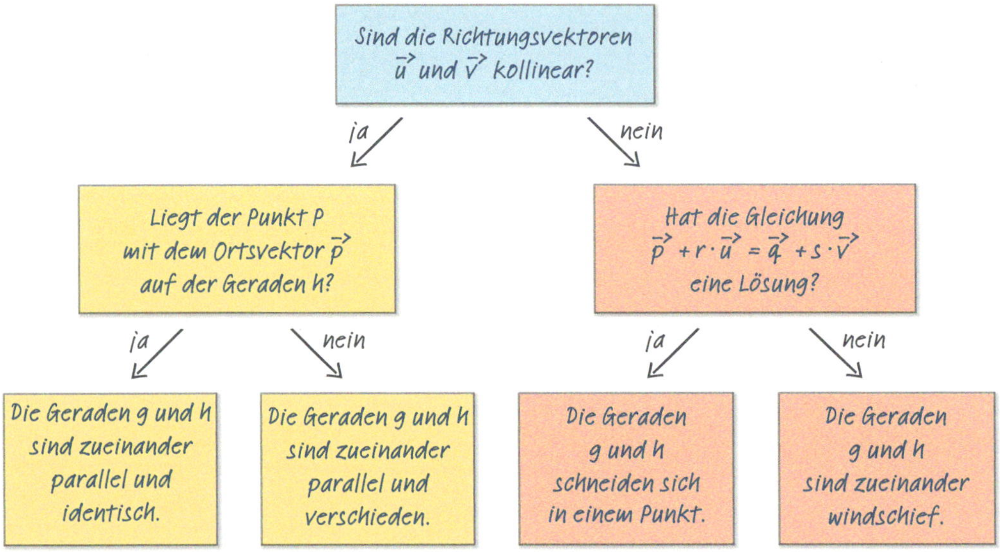

Beispiel **Nicht parallele Geraden**

Gegeben sind die Geraden g: $\vec{x} = \begin{pmatrix} 3 \\ 6 \\ 4 \end{pmatrix} + r \cdot \begin{pmatrix} 4 \\ 8 \\ 2 \end{pmatrix}$, h: $\vec{x} = \begin{pmatrix} -10 \\ 4 \\ -13 \end{pmatrix} + s \cdot \begin{pmatrix} 3 \\ -2 \\ 5 \end{pmatrix}$ und i: $\vec{x} = \begin{pmatrix} 1 \\ 0 \\ 3 \end{pmatrix} + t \cdot \begin{pmatrix} -4 \\ -6 \\ 2 \end{pmatrix}$.

a) Bestimmen Sie die Koordinaten des Schnittpunktes von g und h.

b) Zeigen Sie, dass g und i zueinander windschief sind.

Lösung

a) Man setzt die rechten Seiten der Geradengleichungen gleich.

$$\begin{pmatrix} 3 \\ 6 \\ 4 \end{pmatrix} + r \cdot \begin{pmatrix} 4 \\ 8 \\ 2 \end{pmatrix} = \begin{pmatrix} -10 \\ 4 \\ -13 \end{pmatrix} + s \cdot \begin{pmatrix} 3 \\ -2 \\ 5 \end{pmatrix}$$

LGS: $\left| \begin{aligned} 3 + 4r &= -10 + 3s \\ 6 + 8r &= 4 - 2s \\ 4 + 2r &= -13 + 5s \end{aligned} \right|$

Lösung: $r = -1$; $s = 3$

Also ist der Schnittpunkt $S(-1\,|\,-2\,|\,2)$.

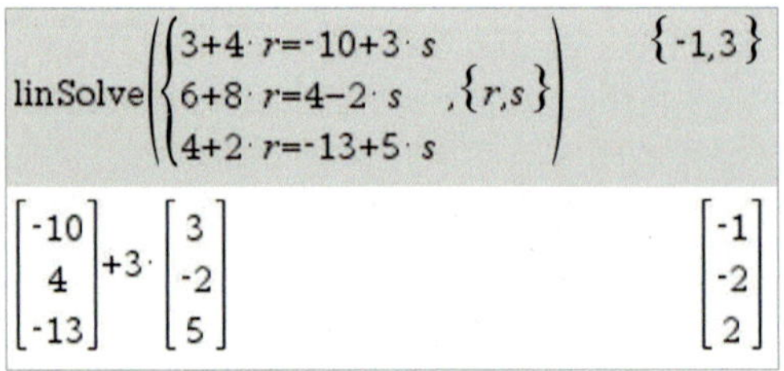

b) Die Richtungsvektoren $\begin{pmatrix} 4 \\ 8 \\ 2 \end{pmatrix}$ und $\begin{pmatrix} -4 \\ -6 \\ 2 \end{pmatrix}$ sind nicht kollinear.

Man setzt die rechten Seiten der Geradengleichungen gleich.

$$\begin{pmatrix} 3 \\ 6 \\ 4 \end{pmatrix} + r \cdot \begin{pmatrix} 4 \\ 8 \\ 2 \end{pmatrix} = \begin{pmatrix} 1 \\ 0 \\ 3 \end{pmatrix} + t \cdot \begin{pmatrix} -4 \\ -6 \\ 2 \end{pmatrix}$$

LGS: $\left| \begin{aligned} 3 + 4r &= 1 - 4t \\ 6 + 8r &= -6t \\ 4 + 2r &= 3 + 2t \end{aligned} \right|$

Somit besitzt das LGS keine Lösung.
Die Geraden g und i sind zueinander windschief.

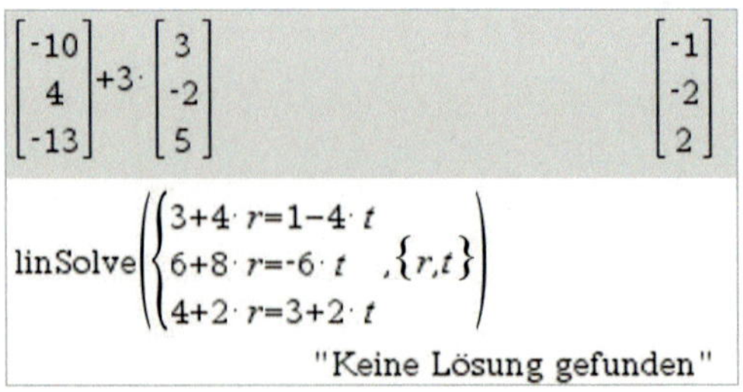

Zur Handhabung des Rechners siehe Anhang

Aufgaben

○ **1** Zu jedem Geradenpaar gehört ein Kärtchen. Ordnen Sie ohne Rechnung zu.

(1) $g: \vec{x} = \begin{pmatrix} 3 \\ 2 \\ 5 \end{pmatrix} + t \cdot \begin{pmatrix} 2 \\ 5 \\ -4 \end{pmatrix}$, $h: \vec{x} = \begin{pmatrix} 3 \\ 2 \\ 5 \end{pmatrix} + s \cdot \begin{pmatrix} 2 \\ 0 \\ 1 \end{pmatrix}$

(2) $g: \vec{x} = \begin{pmatrix} 6 \\ 1 \\ -5 \end{pmatrix} + t \cdot \begin{pmatrix} 1 \\ 1 \\ 0 \end{pmatrix}$, $h: \vec{x} = \begin{pmatrix} 6 \\ 1 \\ 5 \end{pmatrix} + s \cdot \begin{pmatrix} 7 \\ -3 \\ 5 \end{pmatrix}$

(3) $g: \vec{x} = \begin{pmatrix} 3 \\ 8 \\ 4 \end{pmatrix} + t \cdot \begin{pmatrix} 1 \\ 1 \\ 2 \end{pmatrix}$, $h: \vec{x} = \begin{pmatrix} 2 \\ -3 \\ 1 \end{pmatrix} + s \cdot \begin{pmatrix} 2 \\ 2 \\ 4 \end{pmatrix}$

g und h schneiden sich.

g und h sind zueinander parallel.

g und h sind zueinander windschief.

○ **2** Die Geraden g und h schneiden sich. Bestimmen Sie die Koordinaten des Schnittpunktes.

a) $g: \vec{x} = \begin{pmatrix} 1 \\ 7 \\ 9 \end{pmatrix} + s \cdot \begin{pmatrix} 0 \\ 1 \\ 2 \end{pmatrix}$, $h: \vec{x} = \begin{pmatrix} 3 \\ 5 \\ 5 \end{pmatrix} + t \cdot \begin{pmatrix} 1 \\ 1 \\ 2 \end{pmatrix}$

b) $g: \vec{x} = \begin{pmatrix} 9 \\ 0 \\ 6 \end{pmatrix} + r \cdot \begin{pmatrix} 3 \\ 2 \\ 1 \end{pmatrix}$, $h: \vec{x} = \begin{pmatrix} 7 \\ -2 \\ 2 \end{pmatrix} + s \cdot \begin{pmatrix} 1 \\ 1 \\ 2 \end{pmatrix}$

c) $g: \vec{x} = \begin{pmatrix} 2 \\ -1 \\ 3 \end{pmatrix} + s \cdot \begin{pmatrix} 1 \\ -1 \\ 1 \end{pmatrix}$, $h: \vec{x} = \begin{pmatrix} -2 \\ -12 \\ 5 \end{pmatrix} + t \cdot \begin{pmatrix} 2 \\ 3 \\ 0 \end{pmatrix}$

d) $g: \vec{x} = \begin{pmatrix} 7 \\ 3 \\ 9 \end{pmatrix} + q \cdot \begin{pmatrix} 1 \\ 4 \\ 0 \end{pmatrix}$, $h: \vec{x} = \begin{pmatrix} 3 \\ -13 \\ 9 \end{pmatrix} + r \cdot \begin{pmatrix} 2 \\ 1 \\ 1 \end{pmatrix}$

○ **3** Untersuchen Sie die gegenseitige Lage der Geraden g und h. Bestimmen Sie gegebenenfalls die Koordinaten des Schnittpunktes S.

a) $g: \vec{x} = \begin{pmatrix} 5 \\ 0 \\ 1 \end{pmatrix} + t \cdot \begin{pmatrix} 2 \\ 1 \\ -1 \end{pmatrix}$, $h: \vec{x} = \begin{pmatrix} -6 \\ -22 \\ -22 \end{pmatrix} + s \cdot \begin{pmatrix} 5 \\ 8 \\ 7 \end{pmatrix}$

b) $g: \vec{x} = \begin{pmatrix} 1 \\ 2 \\ 1 \end{pmatrix} + r \cdot \begin{pmatrix} 2 \\ 0 \\ 1 \end{pmatrix}$, $h: \vec{x} = \begin{pmatrix} 2 \\ 3 \\ 4 \end{pmatrix} + t \cdot \begin{pmatrix} 0 \\ 1 \\ -1 \end{pmatrix}$

c) $g: \vec{x} = \begin{pmatrix} 0 \\ 1 \\ 1 \end{pmatrix} + s \cdot \begin{pmatrix} 1 \\ 0 \\ 1 \end{pmatrix}$, $h: \vec{x} = \begin{pmatrix} 4 \\ 2 \\ 4 \end{pmatrix} + t \cdot \begin{pmatrix} 2 \\ 1 \\ 1 \end{pmatrix}$

d) $g: \vec{x} = \begin{pmatrix} 5 \\ 5 \\ 1 \end{pmatrix} + r \cdot \begin{pmatrix} 1 \\ 2 \\ 0 \end{pmatrix}$, $h: \vec{x} = \begin{pmatrix} -5 \\ -15 \\ 1 \end{pmatrix} + s \cdot \begin{pmatrix} 1 \\ 1 \\ 0 \end{pmatrix}$

O Test

Lösung | Seite 244

4 Gegeben sind die Geraden

$g: \vec{x} = \begin{pmatrix} 1 \\ 0 \\ 1 \end{pmatrix} + s \cdot \begin{pmatrix} 0 \\ 1 \\ 1 \end{pmatrix}$, $h: \vec{x} = \begin{pmatrix} 3 \\ 2 \\ 5 \end{pmatrix} + t \cdot \begin{pmatrix} 2 \\ 0 \\ 2 \end{pmatrix}$ und $i: \vec{x} = \begin{pmatrix} 3 \\ 2 \\ 5 \end{pmatrix} + r \cdot \begin{pmatrix} 1 \\ -2 \\ 1 \end{pmatrix}$.

Untersuchen Sie die gegenseitige Lage und bestimmen Sie gegebenenfalls die Koordinaten des Schnittpunktes der Geraden

a) g und h, b) h und i, c) g und i.

◒ **5** Untersuchen Sie die Lage der Geraden $g: \vec{x} = \begin{pmatrix} 1 \\ 5 \\ -3 \end{pmatrix} + t \cdot \begin{pmatrix} 1 \\ -1 \\ 10 \end{pmatrix}$ zur Geraden h.

a) $h: \vec{x} = \begin{pmatrix} 2 \\ 4 \\ 7 \end{pmatrix} + s \cdot \begin{pmatrix} 1 \\ 3 \\ 6 \end{pmatrix}$

b) $h: \vec{x} = \begin{pmatrix} 1 \\ 1 \\ 1 \end{pmatrix} + s \cdot \begin{pmatrix} 1 \\ -1 \\ 6 \end{pmatrix}$

c) $h: \vec{x} = \begin{pmatrix} 2 \\ 4 \\ 7 \end{pmatrix} + s \cdot \begin{pmatrix} -2 \\ 2 \\ -20 \end{pmatrix}$

d) $h: \vec{x} = \begin{pmatrix} 3 \\ 2 \\ 1 \end{pmatrix} + s \cdot \begin{pmatrix} -1 \\ 1 \\ -10 \end{pmatrix}$

e) $h: \vec{x} = \begin{pmatrix} -1 \\ -1 \\ 35 \end{pmatrix} + s \cdot \begin{pmatrix} 3 \\ 1 \\ 1 \end{pmatrix}$

f) $h: \vec{x} = \begin{pmatrix} -1 \\ -1 \\ 30 \end{pmatrix} + s \cdot \begin{pmatrix} 3 \\ 1 \\ 1 \end{pmatrix}$

◒ **6** Gegeben ist die Gerade $g: \vec{x} = \begin{pmatrix} 2 \\ 2 \\ 1 \end{pmatrix} + s \cdot \begin{pmatrix} 1 \\ 2 \\ 0 \end{pmatrix}$. Geben Sie die Gleichung

a) für eine Gerade h an, die die Gerade g schneidet,

b) für eine Gerade i an, die zur Geraden g parallel und verschieden von g ist und

c) für eine Gerade j an, die zur Geraden g windschief ist.

7 a) Überprüfen Sie, ob sich die Geraden g und h in Fig. 1 schneiden. Bestimmen Sie gegebenenfalls die Koordinaten des Schnittpunktes.

b) Geben Sie mithilfe der eingezeichneten Eckpunkte des Quaders ohne weitere Rechnung zwei Geraden an, die sich schneiden, und zwei Geraden, die zueinander windschief sind.

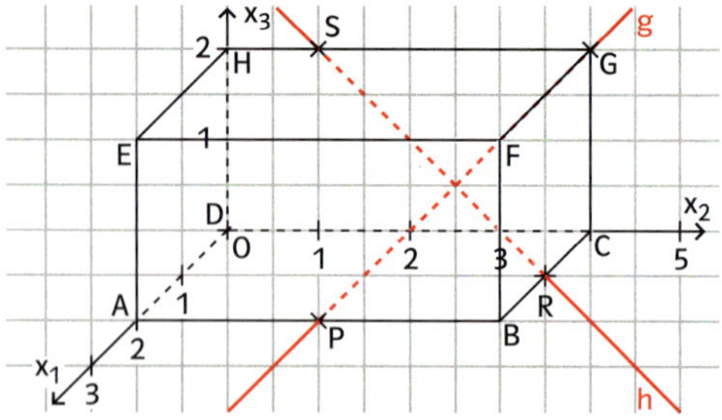

Fig. 1

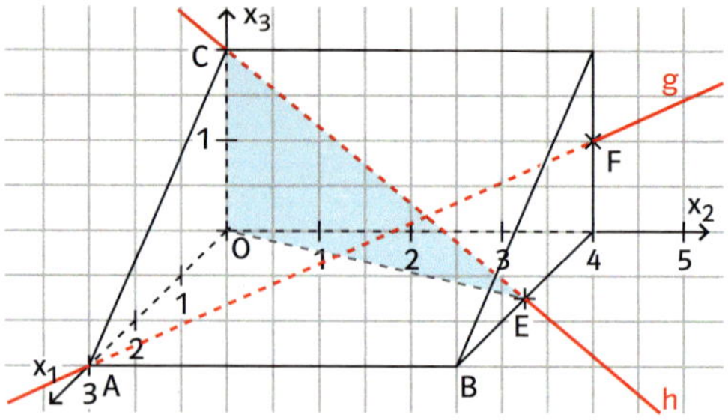

Fig. 2

8 a) Untersuchen Sie die gegenseitige Lage der Geraden g und h in Fig. 2 und bestimmen Sie gegebenenfalls die Koordinaten des Schnittpunktes. Die Punkte E und F sind Kantenmitten.

b) Berechnen Sie den Flächeninhalt des blau eingezeichneten Dreiecks.

9 Eine Leuchtkugel startet vom Punkt $P(4|0|0)$ aus und fliegt geradlinig in Richtung des Punktes $Q(0|0|3)$. Eine zweite Leuchtkugel startet vom Punkt $R(0|3|0)$ und fliegt geradlinig in Richtung des Punktes $T(0|0|7)$.

a) Überprüfen Sie, ob sich die beiden Leuchtkugeln treffen könnten.

b) Berechnen Sie, wie weit beide Leuchtkugeln am Startpunkt von einem Flugzeug entfernt sind, welches sich am Punkt $(3|4|9)$ befindet.

Test

Lösung | Seite 244

10 Gegeben ist die Gerade $g: \vec{x} = \begin{pmatrix} 2 \\ 3 \\ 7 \end{pmatrix} + t \cdot \begin{pmatrix} 1 \\ 1 \\ -3 \end{pmatrix}$.

a) Untersuchen Sie die Lage der Geraden $h: \vec{x} = \begin{pmatrix} 8 \\ 4 \\ 3 \end{pmatrix} + s \cdot \begin{pmatrix} 1 \\ 4 \\ 11 \end{pmatrix}$ zur Geraden g.

b) Geben Sie die Gleichung je einer Geraden an, die g schneidet, zu g windschief ist bzw. zu g parallel und verschieden von g ist.

11 Untersuchen Sie die gegenseitige Lage der Geraden g und h. Erläutern Sie, welche Besonderheiten beim Lösen des linearen Gleichungssystems auftreten.

a) $g: \vec{x} = \begin{pmatrix} 1 \\ 2 \\ 3 \end{pmatrix} + s \cdot \begin{pmatrix} 2 \\ 4 \\ 1 \end{pmatrix}$, $h: \vec{x} = \begin{pmatrix} 5 \\ 10 \\ 7 \end{pmatrix} + s \cdot \begin{pmatrix} 1 \\ 2 \\ 8 \end{pmatrix}$

b) $g: \vec{x} = \begin{pmatrix} 1 \\ 2 \\ -3 \end{pmatrix} + s \cdot \begin{pmatrix} 3 \\ 0 \\ 2 \end{pmatrix}$, $h: \vec{x} = \begin{pmatrix} 5 \\ 4 \\ -3 \end{pmatrix} + s \cdot \begin{pmatrix} 1 \\ 0 \\ 6 \end{pmatrix}$

12 Entscheiden Sie begründet, ob die Aussage wahr oder falsch ist.

a) Wenn die Richtungsvektoren zweier Geraden im Raum nicht kollinear sind, dann sind die Geraden zueinander windschief.

b) Wenn die Richtungsvektoren zweier Geraden im Raum kollinear sind, dann sind die Geraden zueinander parallel.

Grundwissen Test

Grundwissen
Seiten 212 und 213
Lösung | Seite 244

13 Das Glücksrad wird einmal gedreht und die Farbe, auf der es stehen bleibt, notiert.

Farbe a	Rot	Blau	Gelb
P(X = a)	$\frac{1}{6}$		

a) Vervollständigen Sie die Wahrscheinlichkeitsverteilung.

b) Simulieren Sie das Glücksrad mit Würfeln. Würfeln Sie zwanzigmal und vergleichen Sie die entstehende Häufigkeitsverteilung mit der Wahrscheinlichkeitsverteilung.

7 Ebenen im Raum – Parameterform

Ein dreibeiniger Tisch wackelt nie …
… oder doch?

Ähnlich wie man mithilfe von Vektoren Geraden beschreiben kann, kann man auch Ebenen beschreiben. Dies wird in Fig. 1 und Fig. 2 verdeutlicht.

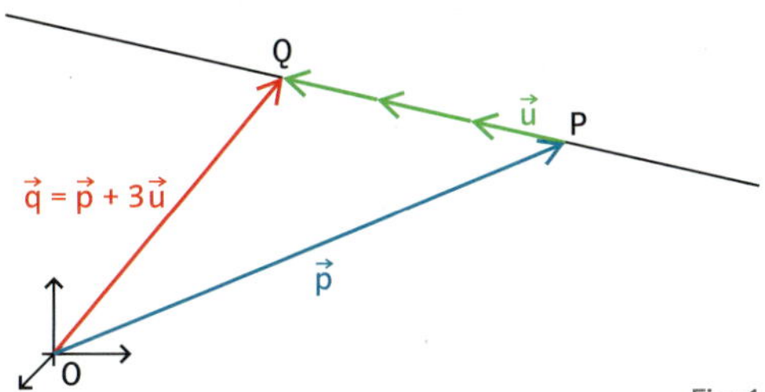

Fig. 1

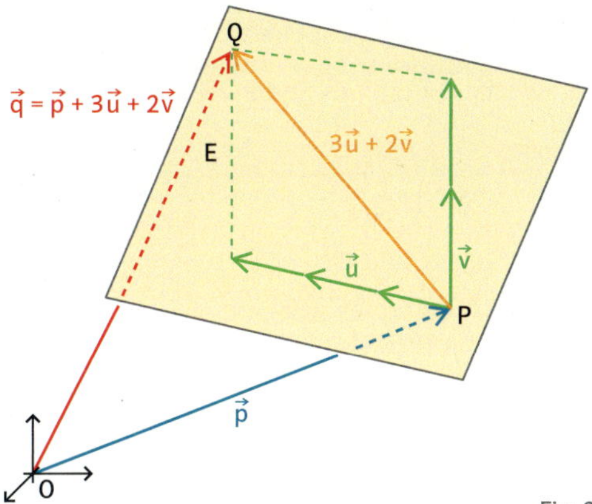

Fig. 2

Eine Gerade g kann durch einen Stützvektor $\vec{p}$ und einen Richtungsvektor $\vec{u}$ beschrieben werden:
g: $\vec{x} = \vec{p} + t \cdot \vec{u}$.

Setzt man in die Gleichung $\vec{x} = \vec{p} + t \cdot \vec{u}$ für t reelle Zahlen ein, dann erhält man jeweils Ortsvektoren, die zu Punkten auf der Geraden g gehören.
Für jeden Punkt Q der Geraden g gibt es eine reelle Zahl t, sodass der Vektor $\vec{q}$ mit $\vec{q} = \vec{p} + t \cdot \vec{u}$ Ortsvektor von Q ist.

Eine Ebene E kann durch einen Stützvektor $\vec{p}$ und zwei nicht kollineare Vektoren $\vec{u}$ und $\vec{v}$ beschrieben werden:
E: $\vec{x} = \vec{p} + r \cdot \vec{u} + s \cdot \vec{v}$.
Die Vektoren $\vec{u}$ und $\vec{v}$ heißen **Spannvektoren.**
Setzt man in die Gleichung $\vec{x} = \vec{p} + r \cdot \vec{u} + s \cdot \vec{v}$ für r und s reelle Zahlen ein, dann erhält man jeweils Ortsvektoren, die zu Punkten der Ebene E gehören.
Für jeden Punkt Q der Ebene E gibt es reelle Zahlen r und s, sodass der Vektor $\vec{q}$ mit $\vec{q} = \vec{p} + r \cdot \vec{u} + s \cdot \vec{v}$ Ortsvektor von Q ist.

Parametergleichung einer Ebene
Jede Ebene lässt sich durch eine Gleichung der Form
$\vec{x} = \vec{p} + r \cdot \vec{u} + s \cdot \vec{v}$ $(r,\ s \in \mathbb{R},\ \vec{u} \neq \vec{o},\ \vec{v} \neq \vec{o})$ beschreiben.
Hierbei sind die Vektoren $\vec{u}$ und $\vec{v}$ nicht kollinear.
Der Vektor $\vec{p}$ heißt **Stützvektor** und die beiden Vektoren $\vec{u}$ und $\vec{v}$ heißen **Spannvektoren**. Die Gleichung $\vec{x} = \vec{p} + r \cdot \vec{u} + s \cdot \vec{v}$ heißt **Parametergleichung** der Ebene.

Drei Punkte, die nicht auf einer Geraden liegen, legen eine Ebene E eindeutig fest. Eine Gleichung von E kann man so erhalten:
Als Stützvektor kann man den Ortsvektor eines dieser Punkte wählen, z. B. den Ortsvektor $\vec{a}$ des Punktes A. Als Spannvektoren kann man dann z. B. die Vektoren $\overrightarrow{AB}$ und $\overrightarrow{AC}$ wählen. Dann ist $\vec{x} = \overrightarrow{OA} + r \cdot \overrightarrow{AB} + s \cdot \overrightarrow{AC}$ eine Parametergleichung von E.

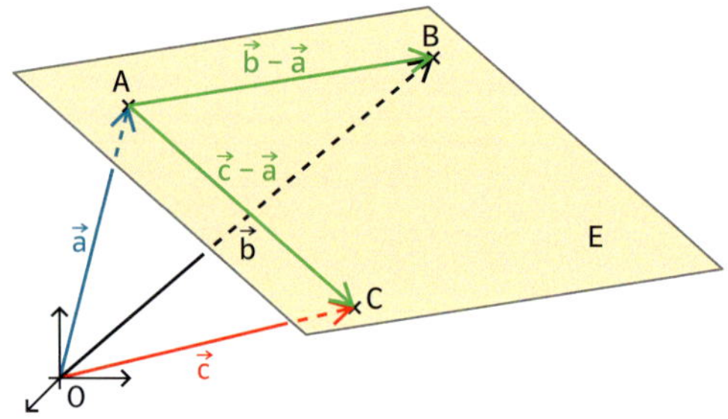

Beispiel 1 **Parametergleichung einer Ebene aufstellen**

Geben Sie, falls möglich, zwei verschiedene Parametergleichungen der Ebene E an, die durch die Punkte A, B und C festgelegt sind.

a) A(1 | −1 | 1), B(−2 | 2 | −2), C(3 | −3 | 3)

b) A(1 | −1 | 1), B(1,5 | 1 | 0), C(0 | 1 | 1)

Lösung

a) $\overrightarrow{AB} = \begin{pmatrix} -3 \\ 3 \\ -3 \end{pmatrix}$ und $\overrightarrow{AC} = \begin{pmatrix} 2 \\ -2 \\ 2 \end{pmatrix}$ sind kollinear.

Die Punkte A, B und C liegen somit auf einer Geraden. Sie legen keine Ebene eindeutig fest.

b) Wählt man als Stützvektor $\overrightarrow{OA}$ und als Spannvektoren $\overrightarrow{AB}$ und $\overrightarrow{AC}$, die nicht kollinear sind, so erhält man

$$E: \vec{x} = \begin{pmatrix} 1 \\ -1 \\ 1 \end{pmatrix} + r \cdot \begin{pmatrix} 0{,}5 \\ 2 \\ -1 \end{pmatrix} + s \cdot \begin{pmatrix} -1 \\ 2 \\ 0 \end{pmatrix}.$$

Wählt man $\overrightarrow{OB}$ als Stützvektor und die Spannvektoren $\overrightarrow{BC}$ und $\overrightarrow{BA}$, so ergibt sich

$$E: \vec{x} = \begin{pmatrix} 1{,}5 \\ 1 \\ 0 \end{pmatrix} + r \begin{pmatrix} -1{,}5 \\ 0 \\ 1 \end{pmatrix} + s \begin{pmatrix} -0{,}5 \\ -2 \\ 1 \end{pmatrix}$$ als weitere Parametergleichung von E.

$a:=\begin{bmatrix} 1 \\ -1 \\ 1 \end{bmatrix}: b:=\begin{bmatrix} 1.5 \\ 1 \\ 0 \end{bmatrix}: c:=\begin{bmatrix} 0 \\ 1 \\ 1 \end{bmatrix}$	$\begin{bmatrix} 0 \\ 1 \\ 1 \end{bmatrix}$
$e(r,s):=a+r\cdot(b-a)+s\cdot(c-a)$	*Fertig*
$e(r,s)$	$\begin{bmatrix} 0.5\cdot r-s+1 \\ 2\cdot r+2\cdot s-1 \\ 1-r \end{bmatrix}$

Beispiel 2 **Punktprobe**

Gegeben ist die Ebene $E: \vec{x} = \begin{pmatrix} 2 \\ 0 \\ 1 \end{pmatrix} + r \cdot \begin{pmatrix} 1 \\ 3 \\ 5 \end{pmatrix} + s \cdot \begin{pmatrix} 2 \\ -1 \\ 1 \end{pmatrix}$.

Überprüfen Sie, ob der Punkt in der Ebene liegt.

a) A(7 | 5 | 4)

b) B(7 | 1 | 8)

Lösung

a)

$\text{solve}\left(\begin{bmatrix} 7 \\ 5 \\ 4 \end{bmatrix}=\begin{bmatrix} 2 \\ 0 \\ 1 \end{bmatrix}+r\cdot\begin{bmatrix} 1 \\ 3 \\ 5 \end{bmatrix}+s\cdot\begin{bmatrix} 2 \\ -1 \\ 1 \end{bmatrix},r,s\right)$	false

Also liegt A nicht in der Ebene E.

b)

$\text{solve}\left(\begin{bmatrix} 7 \\ 1 \\ 8 \end{bmatrix}=\begin{bmatrix} 2 \\ 0 \\ 1 \end{bmatrix}+r\cdot\begin{bmatrix} 1 \\ 3 \\ 5 \end{bmatrix}+s\cdot\begin{bmatrix} 2 \\ -1 \\ 1 \end{bmatrix},r,s\right)$	$r=1$ and $s=2$

Also liegt B in der Ebene E.

Aufgaben

○ 1 Die Ebene E ist durch die Punkte A, B und C festgelegt. Geben Sie zwei verschiedene Parametergleichungen von E an.

a) A(0 | 0 | 0), B(1 | 0 | 3), C(3 | 1 | 2)

b) A(1 | −1 | 1), B(0 | 2 | 4), C(1 | 2 | 3)

c) A(−2 | 1 | 3), B(1 | 2 | −1), C(7 | 7 | 1)

d) A(2 | 3 | 4), B(4 | 3 | 2), C(2 | 4 | 3)

○ **2** Der abgebildete Quader, dessen Seitenflächen parallel zu den Koordinatenebenen liegen, hat die Eckpunkte A(3 | 0 | 0) und G(0 | 5 | 4). Bestimmen Sie eine Parametergleichung der Ebenen E_1 und E_2.

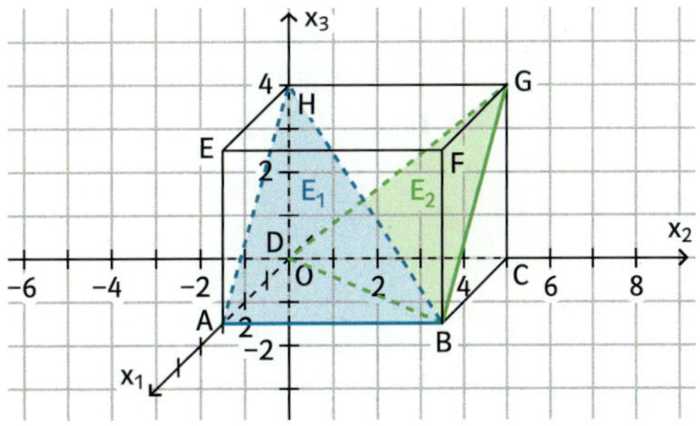

○ **3** Untersuchen Sie, ob der Punkt P in der Ebene $E: \vec{x} = \begin{pmatrix} 1 \\ 0 \\ -1 \end{pmatrix} + r \cdot \begin{pmatrix} 2 \\ 1 \\ 3 \end{pmatrix} + s \cdot \begin{pmatrix} 3 \\ -2 \\ 1 \end{pmatrix}$ liegt.

a) P(8 | 0 | 6) b) P(2 | 1 | 3) c) P(16 | −3 | 11) d) P(6 | −1 | 5)

○ **4** a) Stellen Sie jeweils eine Parametergleichung der x_1x_2-Ebene, der x_1x_3-Ebene und der x_2x_3-Ebene auf.
b) Geben Sie zu der x_1x_2-Ebene, der x_1x_3-Ebene und der x_2x_3-Ebene jeweils eine weitere Parametergleichung an.
c) Erläutern Sie, wie man an einer Parametergleichung erkennen kann, ob sie eine der drei Koordinatenebenen beschreibt.

○ Test

Lösungen | Seite 244

5 Bestimmen Sie eine Gleichung der Ebene E, in der die Punkte A, B und C liegen. Untersuchen Sie, ob der Punkt D in der Ebene E liegt.
a) A(0 | 0 | −2), B(0 | −5 | 0), C(5 | 0 | 1), D(3 | −2 | 1)
b) A(2 | 1 | 0), B(0 | 6 | 1), C(3 | 2 | 3), D(5 | −3 | 2)

6 Gegeben ist die Ebene E, in der die Punkte A(1 | 0 | 0), B(0 | 1 | 0) und C(0 | 0 | 1) liegen. Geben Sie zwei Parametergleichungen von E an, bei denen weder die Stützvektoren noch die Spannvektoren übereinstimmen.

◒ **7** Geben Sie, falls möglich, eine Parametergleichung der Ebene E an, die durch die Punkte A, B und C festgelegt ist. Begründen Sie gegebenenfalls, warum dies nicht möglich ist.
a) A(1 | 2 | 5), B(3 | 0 | 2), C(2 | 1 | 3)
b) A(0 | 0 | 0), B(1 | 2 | −3), C(−1 | −2 | 3)
c) A(1 | 0 | 0), B(1 | 1 | 0), C(1 | 1 | 1)
d) A(1 | 2 | 4), B(−2 | 0 | 2), C(7 | 6 | 8)

◒ **8** Gegeben ist die Ebene E mit der Parametergleichung $E: \vec{x} = r \cdot \begin{pmatrix} 1 \\ 1 \\ 1 \end{pmatrix} + s \cdot \begin{pmatrix} -1 \\ -1 \\ 1 \end{pmatrix}$.
a) Beschreiben Sie die Lage der Ebene E im Koordinatensystem.
b) Geben Sie eine Gleichung der Ebene E an, bei der der Stützvektor nicht der Nullvektor ist.
c) Geben Sie eine Gleichung der Ebene E an, bei der die Spannvektoren keine Vielfachen von den Vektoren $\begin{pmatrix} 1 \\ 1 \\ 1 \end{pmatrix}$ bzw. $\begin{pmatrix} -1 \\ -1 \\ 1 \end{pmatrix}$ sind.

◒ **9** Gegeben ist die Ebene $E: \vec{x} = \begin{pmatrix} 2 \\ 0 \\ 1 \end{pmatrix} + r \cdot \begin{pmatrix} 1 \\ 2 \\ 4 \end{pmatrix} + s \cdot \begin{pmatrix} -1 \\ 1 \\ 2 \end{pmatrix}$
a) Überprüfen Sie, ob die Punkte A(2 | 3 | 7), B(0 | 6 | 9) und C(5 | 0 | 1) in E liegen.
b) Bestimmen Sie einen Wert für a so, dass der Punkt P in E liegt.
(1) P(4 | 1 | a) (2) P(3 | a | 11) (3) P(a + 2 | 2a | a + 4) (4) P(a | −1 | −1)

◒ **10** Durch eine Gerade g und einen Punkt P, der nicht auf g liegt, ist eine Ebene E eindeutig bestimmt. Geben Sie eine Parametergleichung der Ebene E an.
a) $g: \vec{x} = \begin{pmatrix} 1 \\ 0 \\ 2 \end{pmatrix} + r \cdot \begin{pmatrix} 2 \\ 1 \\ 7 \end{pmatrix}$, P(3 | 5 | 2)
b) $g: \vec{x} = \begin{pmatrix} -2 \\ 3 \\ -1 \end{pmatrix} + r \cdot \begin{pmatrix} 5 \\ 2 \\ 4 \end{pmatrix}$, P(0 | 2 | −3)

11 Zwei sich schneidende Geraden legen eine Ebene fest. Prüfen Sie, ob die Geraden g_1 und g_2 sich schneiden. Geben Sie für den Fall, dass sie sich schneiden, eine Parametergleichung der Ebene an, die die beiden Geraden enthält.

a) $g_1: \vec{x} = \begin{pmatrix} 1 \\ 1 \\ 2 \end{pmatrix} + t \cdot \begin{pmatrix} 2 \\ 3 \\ 1 \end{pmatrix}$, $g_2: \vec{x} = \begin{pmatrix} 3 \\ 4 \\ 3 \end{pmatrix} + t \cdot \begin{pmatrix} 1 \\ 0 \\ 1 \end{pmatrix}$ b) $g_1: \vec{x} = \begin{pmatrix} 2 \\ 0 \\ 2 \end{pmatrix} + t \cdot \begin{pmatrix} 1 \\ 1 \\ 1 \end{pmatrix}$, $g_2: \vec{x} = \begin{pmatrix} 0 \\ -2 \\ 0 \end{pmatrix} + t \cdot \begin{pmatrix} 1 \\ 2 \\ 3 \end{pmatrix}$

Test

Lösungen | Seite 244

12 Geben Sie eine Parametergleichung der Ebene E an, die die Gerade g und den Punkt P enthält.

a) $g: \vec{x} = \begin{pmatrix} 2 \\ -1 \\ 3 \end{pmatrix} + r \cdot \begin{pmatrix} -3 \\ 1 \\ 2 \end{pmatrix}$, $P(1|0|-2)$ b) $g: \vec{x} = \begin{pmatrix} 1 \\ 4 \\ 2 \end{pmatrix} + r \cdot \begin{pmatrix} 1 \\ -1 \\ 1 \end{pmatrix}$, $P(0|0|0)$

13 Prüfen Sie, ob die Geraden g_1 und g_2 sich schneiden. Geben Sie für den Fall, dass sie sich schneiden, eine Parametergleichung der Ebene an, die die beiden Geraden enthält.

a) $g_1: \vec{x} = \begin{pmatrix} 3 \\ 0 \\ 7 \end{pmatrix} + t \cdot \begin{pmatrix} 2 \\ 5 \\ 1 \end{pmatrix}$, $g_2: \vec{x} = \begin{pmatrix} 7 \\ 10 \\ 9 \end{pmatrix} + t \cdot \begin{pmatrix} 1 \\ 0 \\ 1 \end{pmatrix}$ b) $g_1: \vec{x} = \begin{pmatrix} 1 \\ 2 \\ 5 \end{pmatrix} + t \cdot \begin{pmatrix} 3 \\ 4 \\ 0 \end{pmatrix}$, $g_2: \vec{x} = \begin{pmatrix} 2 \\ 3 \\ 0 \end{pmatrix} + t \cdot \begin{pmatrix} 3 \\ 4 \\ 5 \end{pmatrix}$

14 Der sehr hohe Raum in Fig. 1 wurde durch das dreieckige Segeltuch, das an den Stellen A, B und C befestigt wurde, wohnlicher gestaltet. Das Tuch ist so gespannt, dass seine Oberfläche als Ausschnitt einer Ebene angesehen werden kann. Geben Sie eine Parametergleichung der Ebene E an, die durch die Befestigungspunkte des Segeltuches festgelegt wird. Legen Sie hierzu ein geeignetes Koordinatensystem fest.

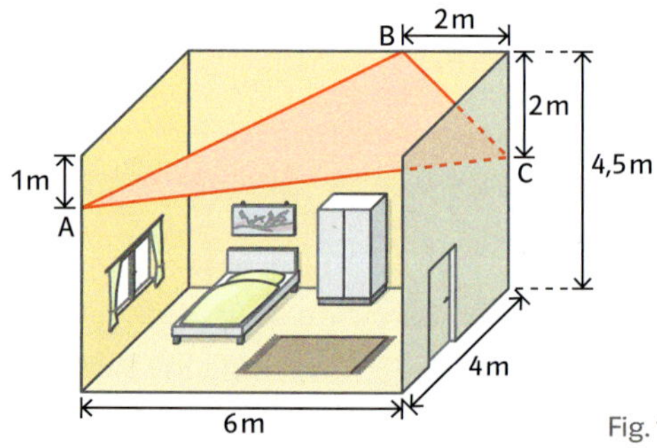

Fig. 1

15 Überprüfen Sie, für welchen Wert von a

a) die Ebene $E: \vec{x} = \begin{pmatrix} 1 \\ 3 \\ a \end{pmatrix} + r \cdot \begin{pmatrix} 3 \\ 3 \\ 2 \end{pmatrix} + s \cdot \begin{pmatrix} 2 \\ 1 \\ 0 \end{pmatrix}$ den Ursprung enthält.

b) die Gleichung $\vec{x} = \begin{pmatrix} 2 \\ -1 \\ 5 \end{pmatrix} + r \cdot \begin{pmatrix} 1 \\ 1 \\ a \end{pmatrix} + s \cdot \begin{pmatrix} a \\ a \\ 4 \end{pmatrix}$ keine Ebene beschreibt.

16 Gegeben sind der Ursprung O sowie die Punkte P und Q. Diese drei Punkte liegen nicht auf einer gemeinsamen Geraden. Beschreiben Sie die Menge aller Punkte X mit den Ortsvektoren $\vec{x} = r \cdot \overrightarrow{OP} + s \cdot \overrightarrow{PQ}$, für die gilt:

a) $r + s = 1$,   b) $r - s = 0$,   c) $r + s \leq 1$, $0 \leq s$ und $0 \leq r$ d) $0 \leq s \leq 1$ und $0 \leq r \leq 1$

Grundwissen Test

Grundwissen Seite 213
Lösung | Seite 245

17 In einer Urne liegen drei rote und zwei gelbe Kugeln. Zeichnen Sie ein Baumdiagramm und notieren Sie an den Pfaden die entsprechenden Wahrscheinlichkeiten für das folgende Zufallsexperiment.

a) Es wird zweimal mit Zurücklegen gezogen.

b) Es wird zweimal ohne Zurücklegen gezogen.

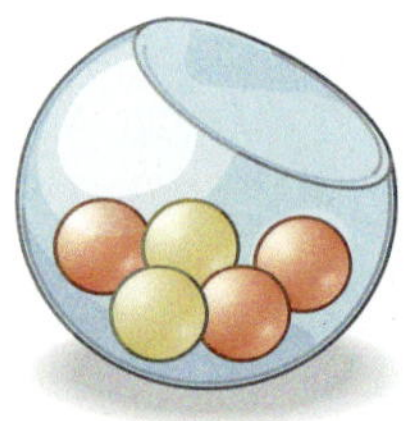

8 Zueinander orthogonale Vektoren – Skalarprodukt

Ein Praktikant der Stadtgärtnerei hat von einem Blumenbeet im Stadtpark eine Skizze angefertigt.
Warum können die eingetragenen Maße nicht stimmen?

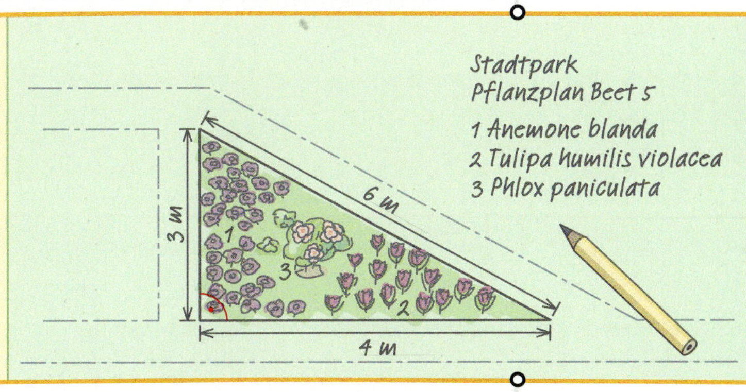

Sehr oft ist bei alltäglichen Fragestellungen ebenso wie bei rein geometrischen Aufgaben zu klären, ob zwei Geraden zueinander orthogonal (das heißt senkrecht) sind. Wie solche Problemstellungen auch vektoriell gelöst werden können, wird im Folgenden erarbeitet.

orthos (gr.): recht, richtig (vgl. auch Orthografie)
gonia (gr.): Ecke, Winkel
Orthogonal bedeutet wörtlich „rechteckig", wird aber in der Mathematik als Synonym für senkrecht verwendet.

Zwei Vektoren $\vec{a}$ und $\vec{b}$ $(\neq \vec{o})$ heißen zueinander **orthogonal,** wenn ihre zugehörigen Pfeile mit gleichem Anfangspunkt ebenfalls zueinander orthogonal sind.
Schreibweise: $\vec{a} \perp \vec{b}$.

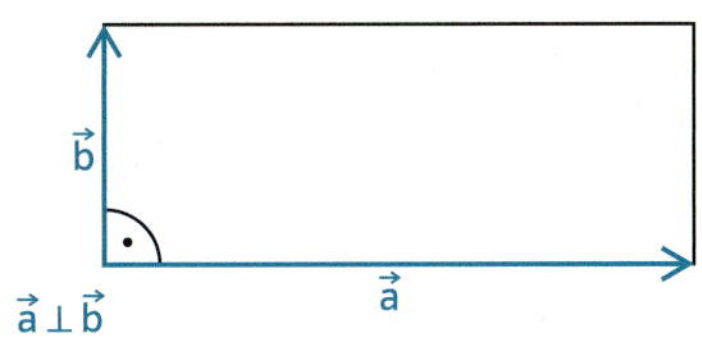

Fig. 1

Entsprechend sind zwei Geraden orthogonal, wenn ihre Richtungsvektoren orthogonal zueinander sind.
Die Orthogonalität zweier Vektoren $\vec{a}$ und $\vec{b}$ kann man mithilfe ihrer Koordinaten überprüfen.

Nach dem Satz von Pythagoras gilt: Die Pfeile zweier Vektoren $\vec{a}$ mit $\vec{a} = \begin{pmatrix} a_1 \\ a_2 \end{pmatrix}$ und $\vec{b}$ mit $\vec{b} = \begin{pmatrix} b_1 \\ b_2 \end{pmatrix}$ wie in Fig. 2 sind genau dann zueinander orthogonal, wenn $|\vec{a}|^2 + |\vec{b}|^2 = |\vec{a} - \vec{b}|^2$ gilt.

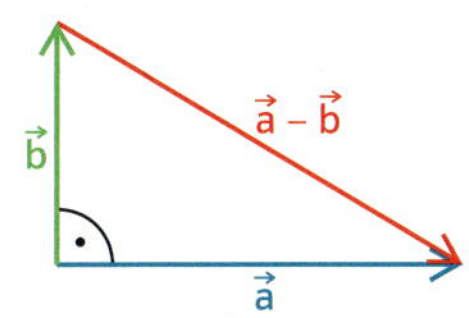

Fig. 2

Es ist $|\vec{a} - \vec{b}|^2 = (a_1 - b_1)^2 + (a_2 - b_2)^2 = (a_1^2 - 2a_1b_1 + b_1^2) + (a_2^2 - 2a_2b_2 + b_2^2)$

und somit $|\vec{a} - \vec{b}|^2 = (a_1^2 + a_2^2) + (b_1^2 + b_2^2) - 2 \cdot (a_1b_1 + a_2b_2)$.

Außerdem ist $|\vec{a}|^2 + |\vec{b}|^2 = (a_1^2 + a_2^2) + (b_1^2 + b_2^2)$.

Die Vektoren $\vec{a}$ und $\vec{b}$ sind also genau dann zueinander orthogonal, wenn für ihre Koordinaten $2 \cdot (a_1b_1 + a_2b_2) = 0$, also $a_1b_1 + a_2b_2 = 0$ gilt. Entsprechendes gilt für Vektoren im Raum.

Definition: Zu den Vektoren $\vec{a} = \begin{pmatrix} a_1 \\ a_2 \\ a_3 \end{pmatrix}$ und $\vec{b} = \begin{pmatrix} b_1 \\ b_2 \\ b_3 \end{pmatrix}$ heißt der Term $a_1b_1 + a_2b_2 + a_3b_3$
Skalarprodukt $\vec{a} \cdot \vec{b}$ der Vektoren $\vec{a}$ und $\vec{b}$. Man schreibt $\vec{a} \cdot \vec{b} = a_1b_1 + a_2b_2 + a_3b_3$.
Zwei Vektoren $\vec{a} \neq 0$ und $\vec{b} \neq 0$ sind genau dann zueinander orthogonal, wenn ihr Skalarprodukt null ist.

Die Bezeichnung Skalarprodukt erinnert daran, dass dieses Produkt der Vektoren kein Vektor, sondern ein „Skalar" (das heißt eine Zahl) ist.

Man kann nachrechnen, dass für das Skalarprodukt gilt:
1. $\vec{a} \cdot \vec{b} = \vec{b} \cdot \vec{a}$, (Kommutativgesetz)
2. $r \cdot \vec{a} \cdot \vec{b} = r \cdot (\vec{a} \cdot \vec{b}) = \vec{a} \cdot (r \cdot \vec{b})$ für jede reelle Zahl r,
3. $(\vec{a} + \vec{b}) \cdot \vec{c} = \vec{a} \cdot \vec{c} + \vec{b} \cdot \vec{c}$, (Distributivgesetz)
4. $\vec{a} \cdot \vec{a} = |\vec{a}|^2 \geq 0$.

Beispiel 1 Orthogonalität bei Geraden prüfen

Die Geraden g und h schneiden sich. Prüfen Sie, ob sie zueinander orthogonal sind.

a) $g: \vec{x} = \begin{pmatrix} 8 \\ 9 \\ 7 \end{pmatrix} + s \cdot \begin{pmatrix} -4 \\ 1 \\ 1 \end{pmatrix}$, $h: \vec{x} = \begin{pmatrix} 8 \\ 9 \\ 3 \end{pmatrix} + s \cdot \begin{pmatrix} 2 \\ 9 \\ -1 \end{pmatrix}$ b) $g: \vec{x} = \begin{pmatrix} 8 \\ -9 \\ 7 \end{pmatrix} + s \cdot \begin{pmatrix} 2 \\ 3 \\ 1 \end{pmatrix}$, $h: \vec{x} = s \cdot \begin{pmatrix} 1 \\ -2 \\ 1 \end{pmatrix}$

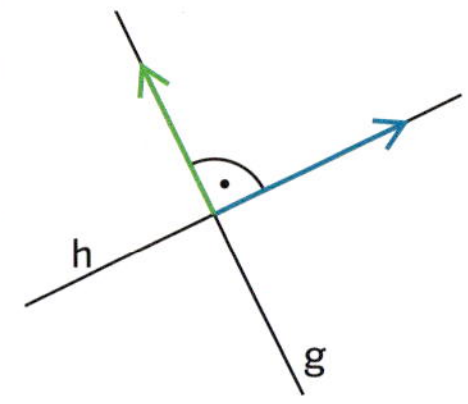

Lösung

a) $\begin{pmatrix} -4 \\ 1 \\ 1 \end{pmatrix} \cdot \begin{pmatrix} 2 \\ 9 \\ -1 \end{pmatrix} = -4 \cdot 2 + 1 \cdot 9 + 1 \cdot (-1) = 0$

Die Geraden g und h sind zueinander orthogonal.

b) $\begin{pmatrix} 2 \\ 3 \\ 1 \end{pmatrix} \cdot \begin{pmatrix} 1 \\ -2 \\ 1 \end{pmatrix} = 2 \cdot 1 + 3 \cdot (-2) + 1 \cdot 1 \neq 0$

Die Geraden g und h sind nicht zueinander orthogonal.

Beispiel 2 Zueinander orthogonale Vektoren bestimmen

Bestimmen Sie einen Vektor, der sowohl zum Vektor $\vec{a} = \begin{pmatrix} 3 \\ 2 \\ 4 \end{pmatrix}$ als auch zum Vektor $\vec{b} = \begin{pmatrix} 6 \\ 5 \\ 4 \end{pmatrix}$ orthogonal ist.

Lösung

Wählt man $x_3 = c1 = t$ als Parameter, so erhält man als Lösungsmenge
$L = \{(-4t; 4t; t) \mid t \in \mathbb{R}\}$.
Für die gesuchten Vektoren gilt damit
$\vec{x} = \begin{pmatrix} -4t \\ 4t \\ t \end{pmatrix} = t \cdot \begin{pmatrix} -4 \\ 4 \\ 1 \end{pmatrix}$ $(t \in \mathbb{R})$.

$\text{linSolve}\left(\begin{cases} 3 \cdot n1 + 2 \cdot n2 + 4 \cdot n3 = 0 \\ 6 \cdot n1 + 5 \cdot n2 + 4 \cdot n3 = 0 \end{cases}, \{n1, n2, n3\}\right)$
$\{-4 \cdot c1, 4 \cdot c1, c1\}$

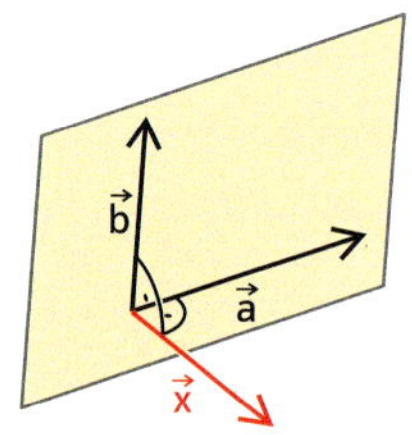

Damit sind alle Vektoren mit der gleichen bzw. entgegengesetzten Richtung wie $\begin{pmatrix} -4 \\ 4 \\ 1 \end{pmatrix}$ zu $\vec{a}$ und zu $\vec{b}$ orthogonal.

Aufgaben

○ **1** Untersuchen Sie, ob die sich schneidenden Geraden g und h zueinander orthogonal sind.

a) $g: \vec{x} = \begin{pmatrix} 2 \\ 3 \\ 1 \end{pmatrix} + r \cdot \begin{pmatrix} -1 \\ 2 \\ 4 \end{pmatrix}$, $h: \vec{x} = \begin{pmatrix} 0 \\ 7 \\ 9 \end{pmatrix} + r \cdot \begin{pmatrix} 6 \\ 1 \\ 1 \end{pmatrix}$ b) $g: \vec{x} = \begin{pmatrix} 2 \\ 5 \\ -2 \end{pmatrix} + r \cdot \begin{pmatrix} 3 \\ 2 \\ 1 \end{pmatrix}$, $h: \vec{x} = \begin{pmatrix} -1 \\ 3 \\ -3 \end{pmatrix} + r \cdot \begin{pmatrix} 1 \\ -1 \\ 1 \end{pmatrix}$

○ **2** Bestimmen Sie die fehlende Koordinate, sodass $\vec{a} \perp \vec{b}$ ist.

a) $\vec{a} = \begin{pmatrix} a_1 \\ -1 \\ 3 \end{pmatrix}$, $\vec{b} = \begin{pmatrix} 1 \\ 2 \\ 1 \end{pmatrix}$ b) $\vec{a} = \begin{pmatrix} 2 \\ 5 \\ 4 \end{pmatrix}$, $\vec{b} = \begin{pmatrix} 2 \\ b_2 \\ -1 \end{pmatrix}$ c) $\vec{a} = \begin{pmatrix} 1 \\ 7 \\ a_3 \end{pmatrix}$, $\vec{b} = \begin{pmatrix} 4 \\ -1 \\ 6 \end{pmatrix}$ d) $\vec{a} = \begin{pmatrix} 1 \\ 4 \\ 2 \end{pmatrix}$, $\vec{b} = \begin{pmatrix} 2 \\ 1 \\ b_3 \end{pmatrix}$

○ **3** Geben Sie drei Vektoren an, die in verschiedene Richtungen zeigen und orthogonal zu $\vec{a}$ sind.

a) $\vec{a} = \begin{pmatrix} 0 \\ 1 \\ 0 \end{pmatrix}$ b) $\vec{a} = \begin{pmatrix} -1 \\ 0 \\ 1 \end{pmatrix}$ c) $\vec{a} = \begin{pmatrix} 2 \\ 1 \\ 0 \end{pmatrix}$ d) $\vec{a} = \begin{pmatrix} 1 \\ 3 \\ -2 \end{pmatrix}$

○ **4** Drücken Sie die Diagonalen des Vierecks ABCD mit $A(-2|-2)$, $B(3|0)$, $C(3|3)$ und $D(0|3)$ durch Vektoren aus. Prüfen Sie, ob sie zueinander orthogonal sind.

○ **5** Zeigen Sie, dass es zu den Punkten $A(-2|2|3)$, $B(2|10|4)$ und $D(5|-2|7)$ einen Punkt C gibt, sodass das Viereck ABCD ein Quadrat ist. Bestimmen Sie die Koordinaten von C.

O Test

Lösungen | Seite 245

6 Überprüfen sie die Vektoren auf Orthogonalität.

$\vec{a} = \begin{pmatrix} 1 \\ 1 \\ \sqrt{2} \end{pmatrix}$, $\vec{b} = \begin{pmatrix} 1 \\ 1 \\ \sqrt{3} \end{pmatrix}$, $\vec{c} = \begin{pmatrix} 1 \\ 1 \\ -\sqrt{2} \end{pmatrix}$, $\vec{d} = \begin{pmatrix} \sqrt{2} \\ -\sqrt{2} \\ 0 \end{pmatrix}$, $\vec{e} = \begin{pmatrix} -1 \\ -2 \\ \sqrt{3} \end{pmatrix}$

7 Bestimmen Sie einen Vektor, der zu den Vektoren $\vec{a}$ und $\vec{b}$ orthogonal ist.

a) $\vec{a} = \begin{pmatrix} 0 \\ 2 \\ 1 \end{pmatrix}$, $\vec{b} = \begin{pmatrix} 0 \\ 0 \\ -1 \end{pmatrix}$ b) $\vec{a} = \begin{pmatrix} 2 \\ 1 \\ 1 \end{pmatrix}$, $\vec{b} = \begin{pmatrix} 3 \\ 3 \\ 2 \end{pmatrix}$

8 Drücken Sie die Diagonalen des Vierecks ABCD mit $A(-2|-2)$, $B(0|3)$, $C(3|3)$ und $D(3|0)$ durch Vektoren aus. Überprüfen Sie, ob sie zueinander orthogonal sind (vgl. Fig. 1).

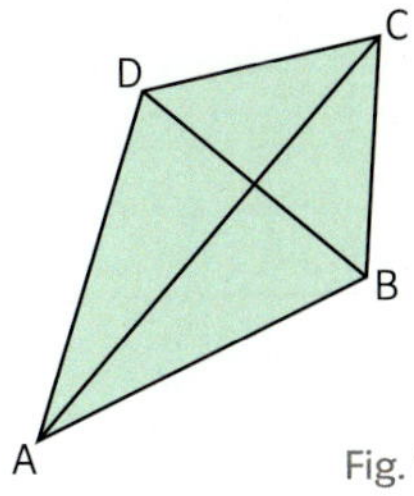

Fig. 1

9 Zeigen Sie, dass es zu den Punkten $A(-2|2|3)$, $B(2|10|4)$ und $D(5|-2|7)$ einen Punkt C gibt, sodass das Viereck ABCD ein Quadrat ist. Bestimmen Sie die Koordinaten von C (vgl. Fig. 2).

10 Gegeben ist das Viereck ABCD (vgl. Fig. 2). Prüfen Sie jeweils, ob es sich um eine Raute oder um ein Quadrat handelt.

a) $A(6|1|7)$, $B(5|1|8)$, $C(4|1|7)$, $D(5|1|6)$
b) $A(1|2|3)$, $B(-2|7{,}5|1)$, $C(-1|5|-5)$, $D(2|-0{,}5|-3)$
c) $A(7|4|6)$, $B(3|1|11)$, $C(-1|-2|6)$, $D(3|1|1)$
d) $A(5|2|4)$, $B(4|1|3)$, $C(3|2|2)$, $D(4|3|3)$

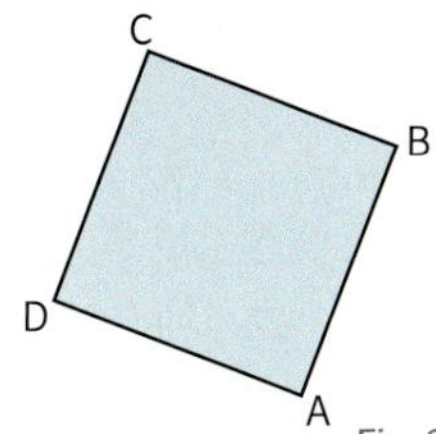

Fig. 2

Test

Lösung | Seite 245

11 Beschreiben Sie geometrisch die Menge aller Vektoren $\vec{a}$, für die gilt:

a) $\vec{a} \cdot \begin{pmatrix} 1 \\ -2 \\ 3 \end{pmatrix} = 0$, b) $\vec{a} \cdot \vec{a} = 9$, c) $\vec{a} \cdot \vec{a} = 0$.

12 Beweisen Sie: In einem Quader (vgl. Fig. 3) mit quadratischer Grundfläche ist eine Diagonale der Grundfläche zu einer diese nicht schneidenden Raumdiagonalen orthogonal.

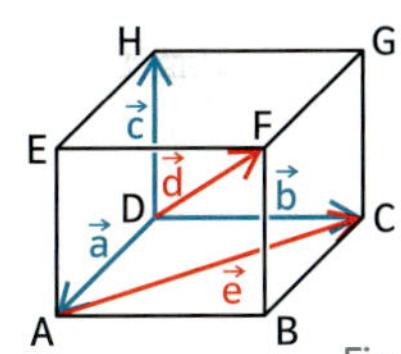

Fig. 3

13 Zeigen Sie, dass allgemein für drei Vektoren $\vec{a} = \begin{pmatrix} a_1 \\ a_2 \\ a_3 \end{pmatrix}$, $\vec{b} = \begin{pmatrix} b_1 \\ b_2 \\ b_3 \end{pmatrix}$ und $\vec{c} = \begin{pmatrix} c_1 \\ c_2 \\ c_3 \end{pmatrix}$ gilt:

a) $\vec{a} \cdot \vec{b} = \vec{b} \cdot \vec{a}$
b) $r \cdot \vec{a} \cdot \vec{b} = r \cdot (\vec{a} \cdot \vec{b})$ für jede reelle Zahl r
c) $(\vec{a} + \vec{b}) \cdot \vec{c} = \vec{a} \cdot \vec{c} + \vec{b} \cdot \vec{c}$
d) $\vec{a} \cdot \vec{a} = |\vec{a}|^2$

14 a) Für reelle Zahlen gilt: Aus $a \cdot b = a \cdot c$ $(a \neq 0)$ folgt $b = c$. Überprüfen Sie anhand von Beispielen, ob dies auch entsprechend für Vektoren gilt.
b) Zeigen Sie anhand eines Beispiels, dass im Allgemeinen $(\vec{a} \cdot \vec{b}) \cdot \vec{c} \neq \vec{a} \cdot (\vec{b} \cdot \vec{c})$ ist.

15 Gegeben ist in der Ebene das Dreieck ABC mit $A(3|0)$, $B(1|2)$ und $C(3|6)$.
a) Bestimmen Sie jeweils eine Gleichung der Mittelsenkrechten von $\overline{BC}$ und der Mittelsenkrechten von $\overline{AB}$.
b) Berechnen Sie die Koordinaten des Umkreismittelpunktes des Dreiecks ABC.
c) Erläutern Sie, welche Schwierigkeiten bei der Bestimmung der Mittelsenkrechten bzw. des Umkreismittelpunktes eines Dreiecks im Dreidimensionalen auftreten.

Grundwissen Test

Grundwissen
Seite 213
Lösung | Seite 245

16 Fatma trifft beim Dartspiel mit einer Wahrscheinlichkeit von 60 % ins Bullseye. Berechnen Sie die Wahrscheinlichkeit, dass sie bei fünf Würfen höchstens vier solche Treffer erzielt.

9 Winkel zwischen Vektoren

Jeder Vektor $\vec{b}$ kann in einen zu einem Vektor $\vec{a}$ parallelen Anteil $\vec{b_{\parallel}}$ und einen zu $\vec{a}$ senkrechten Anteil $\vec{b_{\perp}}$ zerlegt werden.
Geben Sie für die Vektoren $\vec{a} = \begin{pmatrix} 5 \\ 0 \end{pmatrix}$ und $\vec{b} = \begin{pmatrix} 3 \\ 4 \end{pmatrix}$ in der Zeichnung die Koordinaten der Vektoren $\vec{b_{\parallel}}$ und $\vec{b_{\perp}}$ an und vergleichen Sie $\vec{a} \cdot \vec{b}$ und $|\vec{a}| \cdot |\vec{b_{\parallel}}|$.

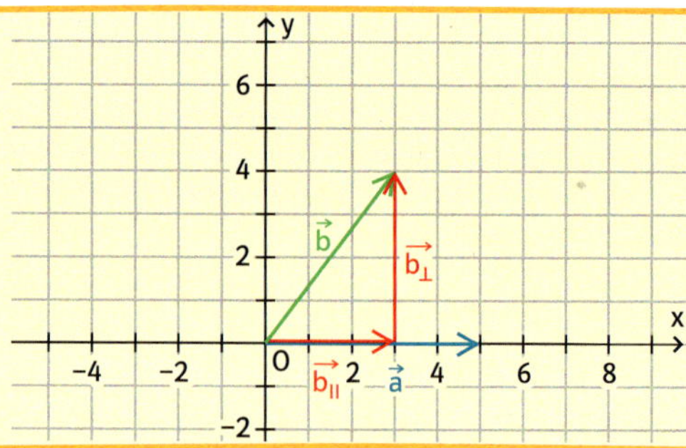

Zeichnet man zu einem gemeinsamen Anfangspunkt Pfeile zweier Vektoren $\vec{a}$ und $\vec{b}$, die nicht zueinander parallel sind, so entstehen zwei Winkel. Den kleineren dieser beiden Winkel bezeichnet man als den **Winkel zwischen den Vektoren** $\vec{a}$ und $\vec{b}$ (Fig. 1).

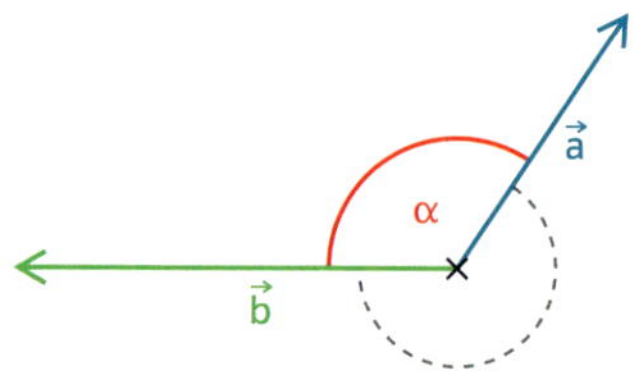

Fig. 1

Zur Berechnung des Winkels zwischen den Vektoren $\vec{a}$ und $\vec{b}$ in Fig. 2 zerlegt man den Vektor $\vec{b}$ in einen zu $\vec{a}$ parallelen Anteil $\overrightarrow{OB'}$ und in einen zu $\vec{a}$ orthogonalen Anteil $\overrightarrow{B'B}$.
Also ist
$\vec{a} \cdot \vec{b} = \vec{a} \cdot \left(\overrightarrow{OB'} + \overrightarrow{B'B}\right) = \vec{a} \cdot \overrightarrow{OB'} + \vec{a} \cdot \overrightarrow{B'B}$.
Wegen $\vec{a} \perp \overrightarrow{B'B}$ ist $\vec{a} \cdot \overrightarrow{B'B} = 0$ und somit

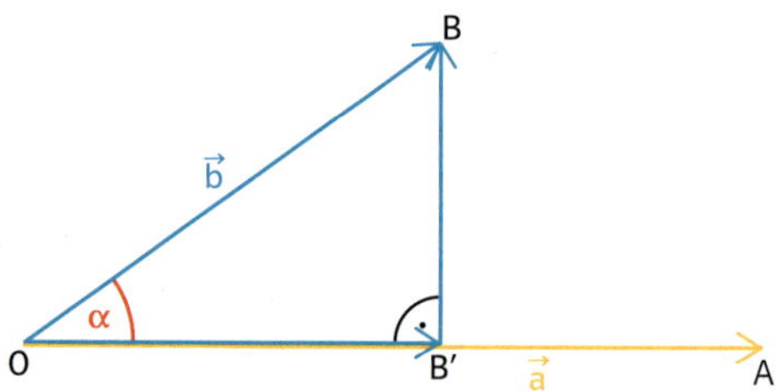

Fig. 2

$\vec{a} \cdot \vec{b} = \vec{a} \cdot \overrightarrow{OB'}$. Da $\overrightarrow{OB'}$ und $\vec{a}$ parallel sind, gilt

$$\vec{a} \cdot \overrightarrow{OB'} = \vec{a} \cdot \frac{|\overrightarrow{OB'}|}{|\vec{a}|} \cdot \vec{a} = \vec{a} \cdot \vec{a} \cdot \frac{|\overrightarrow{OB'}|}{|\vec{a}|} = |\vec{a}|^2 \cdot \frac{|\overrightarrow{OB'}|}{|\vec{a}|} = |\vec{a}| \cdot |\overrightarrow{OB'}|.$$

Da $\cos(\alpha) = \frac{|\overrightarrow{OB'}|}{|\vec{b}|}$ bzw. $|\overrightarrow{OB'}| = |\vec{b}| \cdot \cos(\alpha)$ ist, erhält man insgesamt: $\vec{a} \cdot \vec{b} = |\vec{a}| \cdot |\vec{b}| \cdot \cos(\alpha)$.

Dieser Vektor $\overrightarrow{OB'}$ ist die **Projektion** von $\overrightarrow{OB}$ auf $\vec{a}$.

Unter dem **Winkel zwischen zwei Vektoren** $\vec{a}$ und $\vec{b}$ versteht man den kleineren der beiden Winkel, der entsteht, wenn man Pfeile der Vektoren zu einem gemeinsamen Anfangspunkt zeichnet.
Für den Winkel α zwischen den Vektoren $\vec{a}$ und $\vec{b}$ $\left(\vec{a} \neq \vec{0},\ \vec{b} \neq \vec{0}\right)$ gilt

$$\mathbf{\vec{a} \cdot \vec{b} = |\vec{a}| \cdot |\vec{b}| \cdot \cos(\alpha)} \text{ bzw. } \mathbf{\cos(\alpha) = \frac{\vec{a} \cdot \vec{b}}{|\vec{a}| \cdot |\vec{b}|}} \text{ mit } 0° \le \alpha \le 180°.$$

Sonderfälle:
Wenn die Pfeile der Vektoren in dieselbe Richtung zeigen (Fig. 3), gilt $\alpha = 0°$.

Fig. 3

Wenn die Pfeile der Vektoren in entgegengesetzte Richtungen zeigen (Fig. 4), gilt $\alpha = 180°$.

Fig. 4

Beispiel Winkelgrößen berechnen
Gegeben ist das Dreieck ABC mit A(1 | −1 | −5), B(3 | 2 | −4) und C(5 | −1 | −2).
Berechnen Sie die Winkel des Dreiecks ABC.

Lösung

$\overrightarrow{AB} = \begin{pmatrix}2\\3\\1\end{pmatrix}$, $\overrightarrow{BA} = \begin{pmatrix}-2\\-3\\-1\end{pmatrix}$, $\overrightarrow{AC} = \begin{pmatrix}4\\0\\3\end{pmatrix}$ und $\overrightarrow{BC} = \begin{pmatrix}2\\-3\\2\end{pmatrix}$; $|\overrightarrow{AB}| = |\overrightarrow{BA}| = \sqrt{14}$, $|\overrightarrow{AC}| = 5$ und $|\overrightarrow{BC}| = \sqrt{17}$

α: Winkel zwischen $\overrightarrow{AB}$ und $\overrightarrow{AC}$ $\qquad \cos(\alpha) = \frac{\overrightarrow{AB} \cdot \overrightarrow{AC}}{|\overrightarrow{AB}| \cdot |\overrightarrow{AC}|} = \frac{8+0+3}{\sqrt{14} \cdot 5} = \frac{11}{5\sqrt{14}}$, $\alpha \approx 54{,}0°$

β: Winkel zwischen $\overrightarrow{BA}$ und $\overrightarrow{BC}$ $\qquad \cos(\beta) = \frac{\overrightarrow{BA} \cdot \overrightarrow{BC}}{|\overrightarrow{BA}| \cdot |\overrightarrow{BC}|} = \frac{-4+9-2}{\sqrt{14} \cdot \sqrt{17}} = \frac{3}{\sqrt{238}}$, $\beta \approx 78{,}8°$

Mithilfe des Winkelsummensatzes folgt $\gamma \approx 180° - 54{,}0° - 78{,}8° = 47{,}2°$.

Aufgaben

○ **1** Bestimmen Sie den Winkel zwischen den Vektoren $\vec{a}$ und $\vec{b}$.

a) $\vec{a} = \begin{pmatrix}5\\0\end{pmatrix}$, $\vec{b} = \begin{pmatrix}1\\3\end{pmatrix}$ b) $\vec{a} = \begin{pmatrix}1\\3\end{pmatrix}$, $\vec{b} = \begin{pmatrix}2\\5\end{pmatrix}$ c) $\vec{a} = \begin{pmatrix}1\\3\\5\end{pmatrix}$, $\vec{b} = \begin{pmatrix}5\\3\\1\end{pmatrix}$ d) $\vec{a} = \begin{pmatrix}-11\\4\\1\end{pmatrix}$, $\vec{b} = \begin{pmatrix}1\\2\\3\end{pmatrix}$

Lösungen zu Aufgabe 1:
3,4° 90° 71,6° 57,1°

○ **2** Gegeben sind die Vektoren $\vec{a} = \begin{pmatrix}2\\3\\1\end{pmatrix}$ und $\vec{b} = \begin{pmatrix}-1\\5\\1\end{pmatrix}$. Bestimmen Sie jeweils den Winkel zwischen $\vec{a}$ und $\vec{b}$, $-\vec{a}$ und $\vec{b}$, $\vec{a}$ und $-\vec{b}$ sowie $-\vec{a}$ und $-\vec{b}$.

○ **3** Berechnen Sie die Längen der Seiten und die Winkel im Dreieck ABC.
Zeichnen Sie für Teilaufgabe a) und b) das Dreieck und messen Sie nach.

a) A(2|1), B(5|−1), C(4|3) b) A(1|1), B(9|−2), C(3|8)
c) A(5|0|4), B(3|0|0), C(5|4|0) d) A(5|1|5), B(5|5|3), C(3|3|5)

○ **4** Annika, Ben und Carla wollten die Winkel zwischen den Vektoren $\vec{a} = \begin{pmatrix}2\\2\\-1\end{pmatrix}$ und $\vec{b} = \begin{pmatrix}8\\1\\-4\end{pmatrix}$ berechnen. Geben Sie begründet an, welche Fehler ihnen dabei unterlaufen ist.

Annika:
$\cos(\alpha) = \frac{16+2+4}{3+9} = \frac{22}{12}$
Rechner bringt Fehlermeldung.

Ben:
$\cos(\alpha) = \frac{\begin{pmatrix}16\\2\\4\end{pmatrix}}{3 \cdot 9} = \frac{\sqrt{256+4+16}}{27} \approx 0{,}62$
$\alpha \approx 52{,}0°$

Carla:
$\cos(\alpha) = \frac{16+2+4}{3 \cdot 9} = \frac{22}{27}$
$\alpha \approx 0{,}62°$

○ **5** Der Winkel zwischen den Vektoren $\vec{a}$ und $\vec{b}$ ist α. Bestimmen Sie die fehlende Koordinate.

a) $\vec{a} = \begin{pmatrix}3\\2\\a\end{pmatrix}$, $\vec{b} = \begin{pmatrix}1\\-2\\5\end{pmatrix}$, $\alpha = 90°$ b) $\vec{a} = \begin{pmatrix}0\\1\\0\end{pmatrix}$, $\vec{b} = \begin{pmatrix}\sqrt{3}\\b\\0\end{pmatrix}$, $\alpha = 30°$ c) $\vec{a} = \begin{pmatrix}0\\0{,}5\\0{,}5\end{pmatrix}$, $\vec{b} = \begin{pmatrix}1\\0\\c\end{pmatrix}$, $\alpha = 60°$

○ Test

Lösung | Seite 245

6 Ein Viereck hat die Eckpunkte O(0|0|0), P(2|−2|−8), Q(5|5|6) und R(1|4|9).
Berechnen Sie die Längen der Seiten und die Innenwinkel des Vierecks.

◒ **7** Gegeben sind die Punkte A(2|−2|−2), B(−2|5,5|−2), C(−6|2|4) und D(1|−2|1).

a) Zeichnen Sie die Punkte in ein Koordinatensystem. Verbinden Sie dann der Reihe nach die Punkte A, B, C, D und A.

b) Berechnen Sie die Größen der Winkel ∢ BAD, ∢ CBA, ∢ DCB und ∢ ADC sowie die Winkelsumme des Vierecks ABCD. Was fällt Ihnen auf? Erklären Sie Ihre Beobachtung.

8 Gegeben ist ein gleichseitiges Dreieck ABC mit der Seitenlänge 3 LE. Berechnen Sie $\overrightarrow{AB} \cdot \overrightarrow{AC}$.

9 Eine Laterne hat die Form eines Pyramidenstumpfes mit einer quadratischen Grundfläche. Es sind die Punkte $A(5|-5|0)$, $B(5|5|0)$, $E(2|-2|15)$ und $G(-2|2|15)$ gegeben (Koordinaten in cm).

a) Berechnen Sie den Neigungswinkel α der Kanten der Laterne (vgl. Fig. 1).

b) Berechnen Sie die Innenwinkel der Laternenseiten.

c) Berechnen Sie, wie lang die Kanten der Laternen sind und wie hoch die Laterne ist.

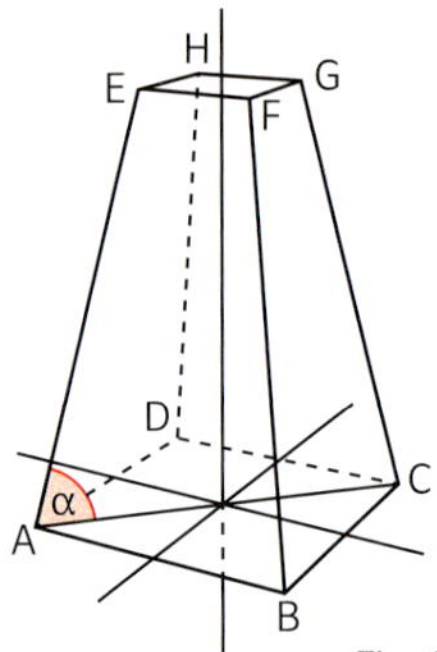

Fig. 1

10 Von Köln aus gehen die römischen Staatsstraßen *Via Belgica* nach Boulogne-sur-mer und *Agrippa-Straße* nach Trier/Lyon (vgl. Fig. 2). Die Mittelpunkte der markierten Städte sollen durch die Punkte $A(46{,}5|25)$ für Köln, $B(0|22{,}5)$ für Jülich und $C(23|1{,}5)$ für Zülpich angegeben sein (Koordinaten in km).

a) Stellen Sie Geradengleichungen für den jeweiligen Abschnitt der beiden Römerstraßen auf und berechnen Sie die direkten Entfernungen Köln – Jülich und Köln – Zülpich.

b) Berechnen Sie den Schnittwinkel der beiden Römerstraßen.

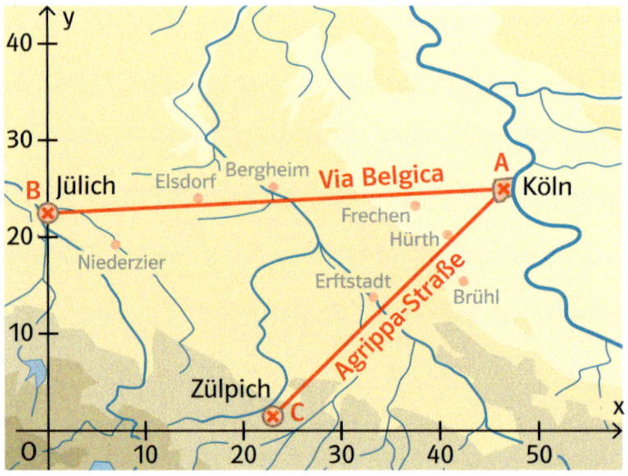

Fig. 2

Test

Lösung | Seite 245

11 Gegeben ist der Würfel in Fig. 3.

a) Bestimmen Sie den Winkel α zwischen der Flächendiagonalen $\overline{CB}$ und der Raumdiagonalen $\overline{CA}$.

b) Berechnen Sie den Winkel β zwischen den Raumdiagonalen $\overline{CA}$ und $\overline{OB}$.

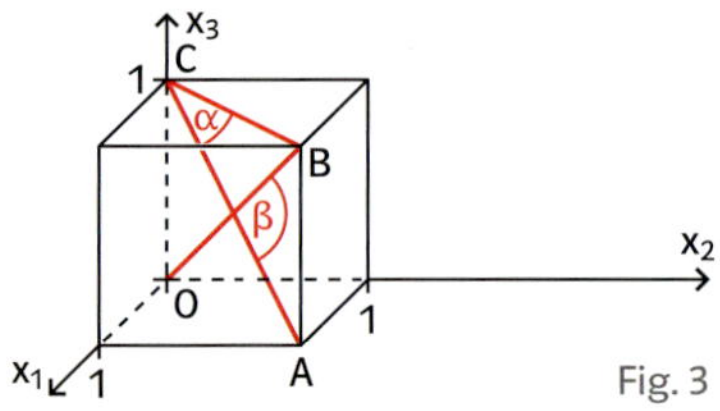

Fig. 3

12 Ein Quader hat als Grundfläche ein Rechteck ABCD mit den Seitenlängen 8 cm und 5 cm. Die Höhe des Quaders beträgt 3 cm. Der Schnittpunkt der Raumdiagonalen wird mit M bezeichnet. Berechnen Sie die Winkel ∢ AMB und ∢ BMC.

13 Ein Gartenarchitekt hat eine Rasenpyramide anlegen lassen. Die Pyramide hat eine Höhe von 8 Metern und eine quadratische Grundfläche mit Seitenlängen von ca. 45 Metern.

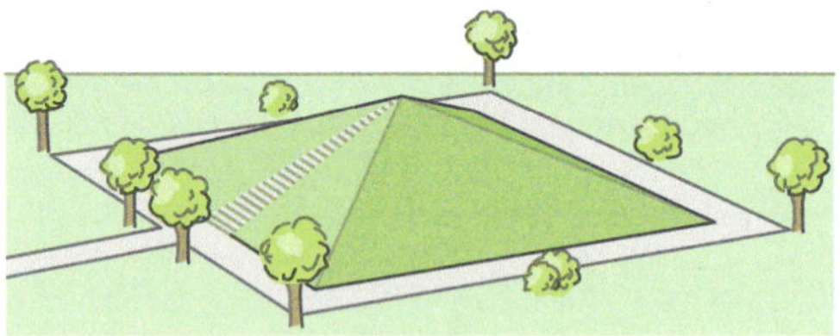

a) Wählen Sie ein geeignetes Koordinatensystem und berechnen Sie den Neigungswinkel einer Kante zur Diagonalen am Boden.

b) Berechnen Sie, wie viel Erde (in m^3) notwendig war, um die Rasenpyramide aufzuschütten.

Grundwissen Test

Grundwissen Seite 213
Lösung | Seite 245

14 In einem Sportverein gibt es 150 männliche und 85 weibliche aktive Mitglieder sowie 110 männliche und 130 weibliche passive Mitglieder.

a) Erstellen Sie die zugehörige Vierfeldertafel.

b) Eine Person wird zufällig ausgewählt. Berechnen Sie mithilfe des passenden Baumdiagramms, mit welcher Wahrscheinlichkeit diese weiblich ist.

Vektoren in anderen Zusammenhängen

Vektoren als Warenlisten

Bei der Aufstellung von Warenlisten kann die Vektorschreibweise in Spalten sehr hilfreich sein. Eine Möbelfirma stellt Schränke in einem Baukastensystem her. Die Schrankmodelle Schwarzwald, Odenwald und Pfälzerwald haben alle den gleichen Korpus. Lediglich die Anzahlen der großen, mittleren und kleinen Einlageböden und die Anzahlen der gleich großen rechten und linken Türen sind verschieden.

Das Schrankmodell Schwarzwald besteht aus
drei mittleren Einlegeböden,
zwei großen Einlegeböden,
vier kleinen Einlegeböden,
zwei linken Türen,
zwei rechten Türen.

Schrankmodell Schwarzwald

$$\begin{pmatrix} 3 \\ 2 \\ 4 \\ 2 \\ 2 \end{pmatrix}$$

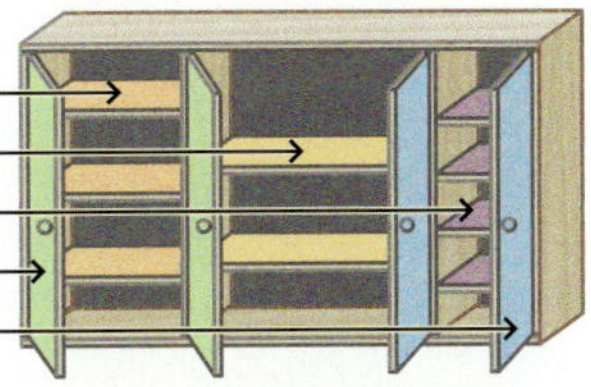

Beim Schrankmodell Odenwald bleibt der mittlere Teil offen, es besteht aus
zwei mittleren Einlegeböden,
drei großen Einlegeböden,
drei kleinen Einlegeböden,
einer linken Tür,
einer rechten Tür.

Schrankmodell Odenwald

$$\begin{pmatrix} 2 \\ 3 \\ 3 \\ 1 \\ 1 \end{pmatrix}$$

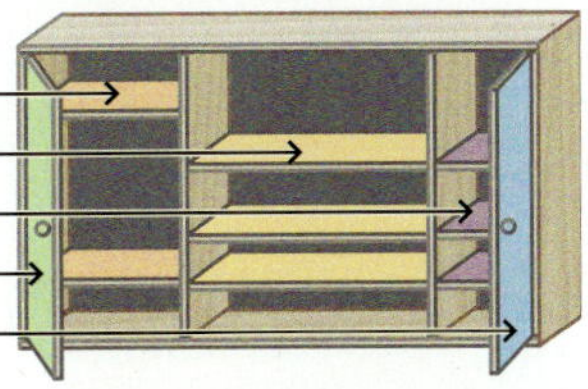

Auch beim Schrankmodell Pfälzerwald bleibt der mittlere Teil offen, es besteht aus
vier mittleren Einlegeböden,
einem großen Einlegeboden,
fünf kleinen Einlegeböden,
einer linken Tür,
einer rechten Tür.

Schrankmodell Pfälzerwald

$$\begin{pmatrix} 4 \\ 1 \\ 5 \\ 1 \\ 1 \end{pmatrix}$$

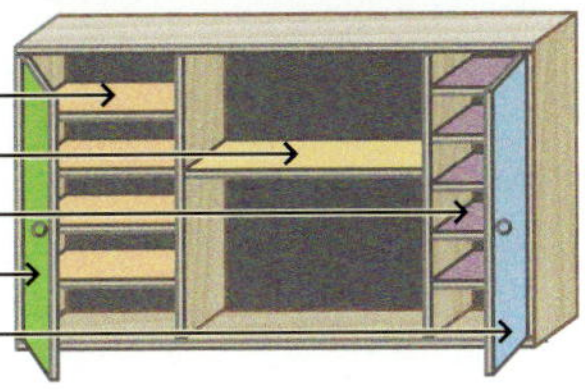

Werden nun sieben Schränke des Modells Schwarzwald, fünf des Modells Odenwald und zwölf des Modells Pfälzerwald bestellt, so kann man die Anzahlen der Einzelteile mithilfe von „Vektoren mit fünf Koordinaten" berechnen.

Es werden insgesamt benötigt:

$$7 \cdot \begin{pmatrix} 3 \\ 2 \\ 4 \\ 2 \\ 2 \end{pmatrix} + 5 \cdot \begin{pmatrix} 2 \\ 3 \\ 3 \\ 1 \\ 1 \end{pmatrix} + 12 \cdot \begin{pmatrix} 4 \\ 1 \\ 5 \\ 1 \\ 1 \end{pmatrix} = \begin{pmatrix} 79 \\ 41 \\ 103 \\ 31 \\ 31 \end{pmatrix}$$

79 mittlere Einlegeböden
41 große Einlegeböden
103 kleine Einlegeböden
31 linke Türen
31 rechte Türen

1 Am Gymnasium am Kaiserdom haben Schülerinnen und Schüler eine sogenannte Schulfirma gegründet. Diese Firma stellt vier verschieden gestaltete Briefbögen her und verkauft sie in drei Paketen.
Paket 1 enthält zwei Bögen der Sorte I, vier Bögen der Sorte II, drei Bögen der Sorte III und einen Bogen der Sorte IV. Paket 2 enthält drei Bögen der Sorte I, fünf Bögen der Sorte II, einen Bogen der Sorte III und einen Bogen der Sorte IV. Paket 3 enthält einen Bogen der Sorte I, einen Bogen der Sorte II, drei Bögen der Sorte III und fünf Bögen der Sorte IV.
Geben Sie eine Vektorgleichung an, mit der man aufgrund der Anzahlen der bestellten Pakete bestimmen kann, wie viele der einzelnen Bögen man benötigt.

Vektoren in der Physik

In der Physik gibt es zwei verschiedene Arten von Größen: Die **skalaren Größen** und die **vektoriellen Größen**.

Skalare Größen sind zum Bespiel die Masse und die Zeit. Zu ihrer Angabe benötigt man jeweils eine Maßzahl und eine Einheit. Die Angaben 2 kg und 3 h setzen sich aus den Maßzahlen 2 bzw. 3 und den Einheiten kg bzw. h zusammen.

Vektorielle Größen sind zum Beispiel die Kraft und die Geschwindigkeit. Zu ihrer Angabe benötigt man neben einer Maßzahl und einer Einheit auch noch eine Richtung. Man kann sie mithilfe von „Vektorpfeilen" angeben. Kennt man die Einheit der Größe, so stellt die Länge des Pfeils die Maßzahl dar.

Die Kräfte, mit der die Hunde ziehen, sind in Fig. 1 durch die Pfeile dargestellt. Ihre Kräfte wirken in verschiedene Richtungen. Der eine Pfeil ist doppelt so lang wie der andere, deshalb zieht der braune Hund mit doppelter Kraft.

Die Geschwindigkeiten der Autos sind in Fig. 1 ebenfalls durch Pfeile dargestellt. Sie fahren in verschiedene Richtungen. Da ihre Pfeile gleich lang sind, fahren sie gleich schnell.

Fig. 1

Vektorielle Größen addiert man genau so wie die Vektoren, die wir aus der Geometrie kennen.

Das Flugzeug in Fig. 2 hat bei Windstille relativ zur Erde die Geschwindigkeit $\vec{v_1}$. Würde das Flugzeug nur – wie z. B. ein Heißluftballon – durch den Wind bewegt, so hätte es relativ zur Erde die Geschwindigkeit $\vec{v_2}$. Beide Geschwindigkeiten ergeben zusammen die Geschwindigkeit, mit der sich das Flugzeug tatsächlich relativ zur Erde bewegt.

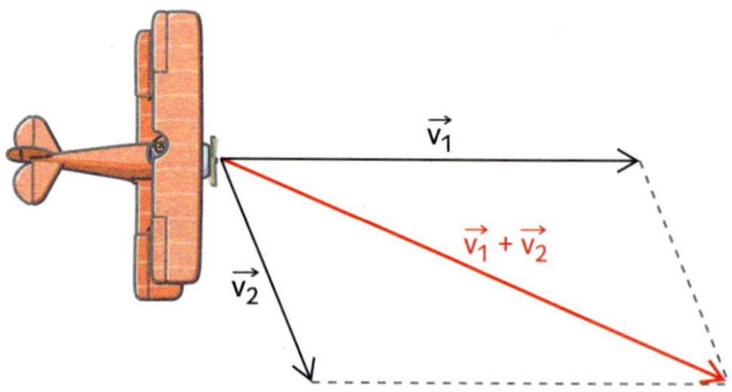

Fig. 2

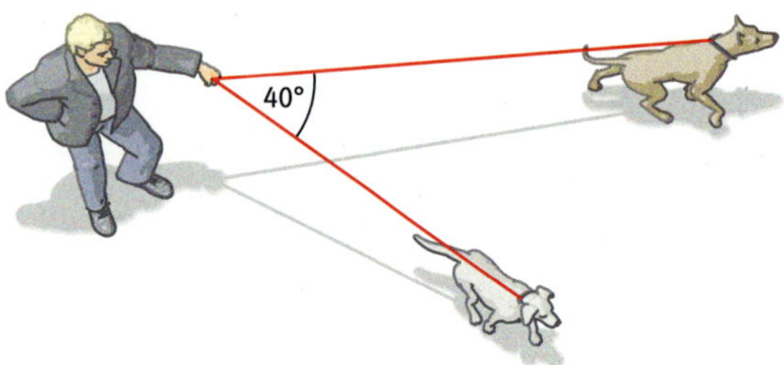

Fig. 3

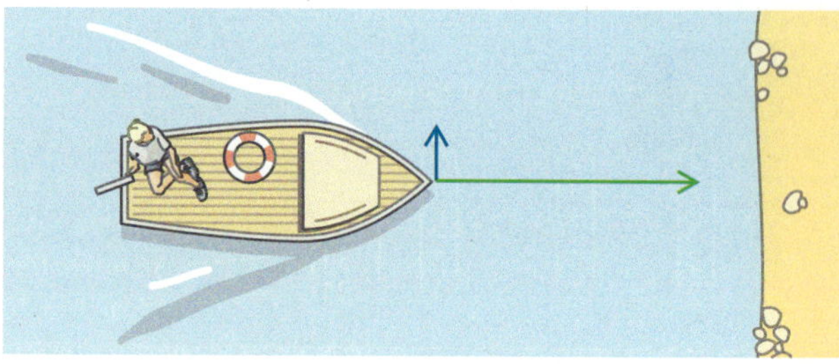
Fig. 4

2 Der Hund, der den Mann in Fig. 3 nach links zieht, zieht mit der Kraft von 4 kN. Der Hund, der den Mann nach rechts zieht, zieht mit der Kraft von 3 kN.
Berechnen Sie, in welche Richtung und mit welcher Kraft der Mann insgesamt gezogen wird.

3 Das Boot in Fig. 4 fährt mit 5 km/h direkt auf das rechte Flussufer zu (grüner Pfeil). Die Geschwindigkeit des Wassers relativ zum Ufer beträgt 1 km/h (blauer Pfeil).
Bestimmen Sie die Fahrtrichtung des Bootes, wenn der Bootsführer die Stellung des Steuers nicht veränderte, das Wasser jedoch plötzlich still stehen würde.

Lösungen | Seite 245

1 **a)** Prüfen Sie, ob der Punkt A(2 | 0 | 0) in der x_2x_3-Ebene liegt.
b) Prüfen Sie, ob der Punkt B(2 | 1 | 0) in der x_1x_2-Ebene liegt.
c) Geben Sie einen Punkt an, der in der x_1x_3-Ebene liegt.
d) Geben Sie einen Punkt an, der auf der x_1-Achse liegt.

2 Fig. 1 zeigt ein regelmäßiges Sechseck, in das Pfeile von Vektoren eingezeichnet sind.
a) Drücken Sie die Vektoren $\vec{c}$, $\vec{d}$ und $\vec{e}$ jeweils durch die Vektoren $\vec{a}$ und $\vec{b}$ aus.
b) Drücken Sie die Vektoren $\vec{a}$, $\vec{b}$ und $\vec{e}$ jeweils durch die Vektoren $\vec{c}$ und $\vec{d}$ aus.

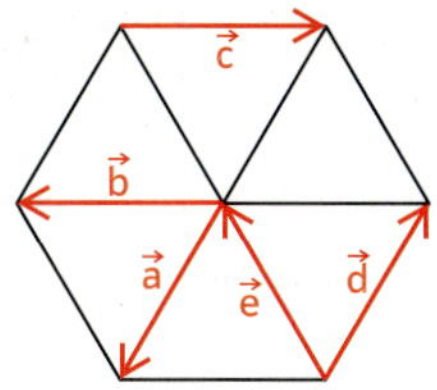

Fig. 1

3 Geben Sie zu der Geraden durch die Punkte A und B eine Parametergleichung an. Prüfen Sie, ob der Punkt P auf der Geraden liegt.
a) A(2 | 0 | 1), B(8 | 2 | 3), P(3 | 1 | 4)
b) A(4 | −1 | 4), B(6 | 3 | 1), P(0 | −9 | 10)
c) A(1 | 1 | 0), B(2 | −5 | 1), P(4 | −17 | 3)

4 Untersuchen Sie die gegenseitige Lage der Geraden $g\colon \vec{x} = \begin{pmatrix} 3 \\ 2 \\ 1 \end{pmatrix} + t \cdot \begin{pmatrix} 7 \\ 1 \\ -2 \end{pmatrix}$ zur Geraden h.

a) $h\colon \vec{x} = \begin{pmatrix} -22 \\ 13 \\ 12 \end{pmatrix} + s \cdot \begin{pmatrix} 1 \\ 5 \\ 1 \end{pmatrix}$

b) $h\colon \vec{x} = \begin{pmatrix} 5 \\ 3 \\ 2 \end{pmatrix} + s \cdot \begin{pmatrix} -2 \\ 1 \\ 1 \end{pmatrix}$

c) $h\colon \vec{x} = \begin{pmatrix} 10 \\ 3 \\ -1 \end{pmatrix} + s \cdot \begin{pmatrix} -7 \\ -1 \\ 2 \end{pmatrix}$

5 Untersuchen Sie die gegenseitige Lage
a) der Geraden g und h,
b) der Geraden g und i,
c) der Geraden h und i
in Fig. 2.

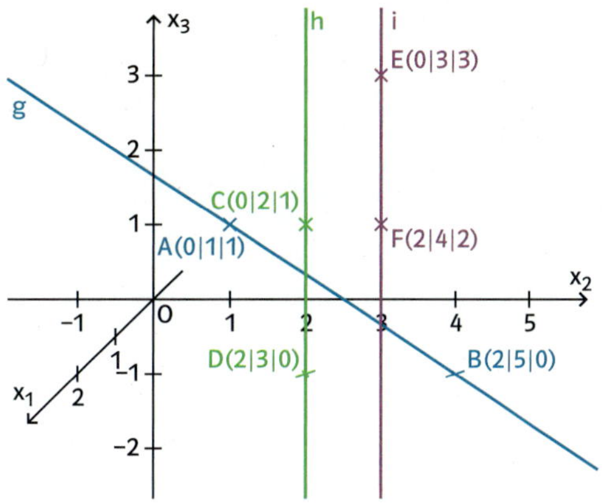

Fig. 2

6 Gegeben ist die Ebene E mit der Parametergleichung $\vec{x} = r \cdot \begin{pmatrix} 0 \\ 0 \\ 9 \end{pmatrix} + s \cdot \begin{pmatrix} 0 \\ -7 \\ 0 \end{pmatrix}$.
a) Beschreiben Sie die Lage von E im Koordinatensystem.
b) Geben Sie eine Parametergleichung der Ebene E an, bei der die Spannvektoren keine Vielfachen der Vektoren $\begin{pmatrix} 0 \\ 0 \\ 1 \end{pmatrix}$ und $\begin{pmatrix} 0 \\ 1 \\ 0 \end{pmatrix}$ sind.
c) Geben Sie eine Parametergleichung von E an, bei der der Stützvektor nicht der Nullvektor ist.

7 Eine Ebene E enthält die Punkte P(2 | 5 | 0), Q(0 | 7 | 8) und R(0 | 5 | 4).
a) Zeigen Sie, dass das Dreieck PQR gleichschenklig ist.
b) Bestimmen Sie eine Parametergleichung von E.
c) Überprüfen Sie, ob der Punkt S(−3 | 6 | −1) auf E liegt.

8 Gegeben sind die Punkte A(3 | −3 | 0), B(3 | 3 | 0), C(−3 | 3 | 0) und S(0 | 0 | 4).
a) Das Viereck ABCD ist ein Quadrat. Bestimmen Sie die Koordinaten des Punktes D.
b) Bestimmen Sie die gegenseitige Lage der Geraden, die durch die Punkte A und B geht, und der Geraden, die durch die Punkte S und C geht.
c) Die Punkte A, B, C, D und S sind die Ecken bzw. Spitze einer quadratischen Pyramide. Zeichnen Sie diese Pyramide in ein räumliches Koordinatensystem und berechnen Sie ihr Volumen.
d) Der Punkt M ist der Mittelpunkt der Strecke $\overline{AS}$. Berechnen Sie den Flächeninhalt des Dreiecks ABM.

9 Gegeben ist die Gerade $g: \vec{x} = \begin{pmatrix} 5 \\ 2 \\ -5 \end{pmatrix} + s \cdot \begin{pmatrix} 2 \\ 1 \\ -2 \end{pmatrix}$.

a) Geben Sie eine weitere Gleichung für g an, bei welcher sowohl der Stützvektor als auch der Richtungsvektor verändert wurden.

b) Geben Sie die Gleichung einer zu g parallelen Geraden h an, die durch $A(2|8|4)$ geht.

c) Überprüfen Sie, ob die Gerade g eine der Koordinatenachsen schneidet.

10 Die Schnittpunkte der Geraden g, h und i bilden ein Dreieck.

$g: \vec{x} = \begin{pmatrix} -7 \\ 14 \\ 4 \end{pmatrix} + s \cdot \begin{pmatrix} -4 \\ 3 \\ 0 \end{pmatrix}$, $h: \vec{x} = \begin{pmatrix} 1 \\ 14 \\ 4 \end{pmatrix} + t \cdot \begin{pmatrix} 0 \\ 3 \\ 0 \end{pmatrix}$, $i: \vec{x} = \begin{pmatrix} -23 \\ 5 \\ 4 \end{pmatrix} + u \cdot \begin{pmatrix} 4 \\ 0 \\ 0 \end{pmatrix}$

a) Überprüfen Sie, ob das Dreieck rechtwinklig ist.

b) Berechnen Sie den Flächeninhalt dieses Dreiecks.

11 Bestimmen Sie je eine Parametergleichung von E_1 und E_2.

a)

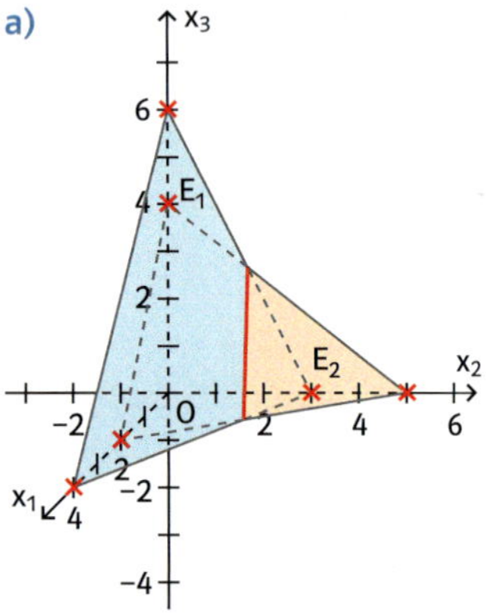

b)

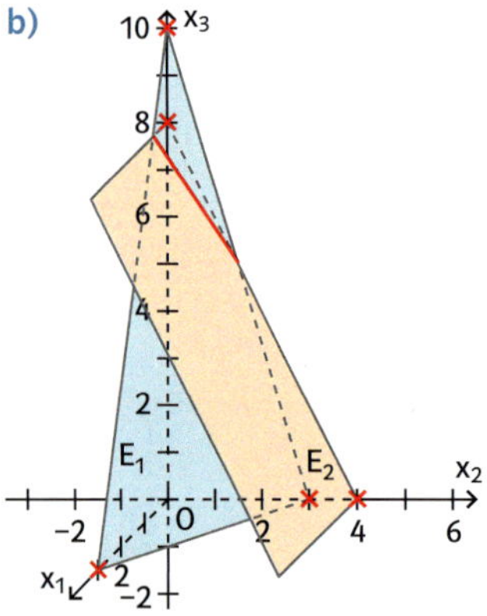

c)

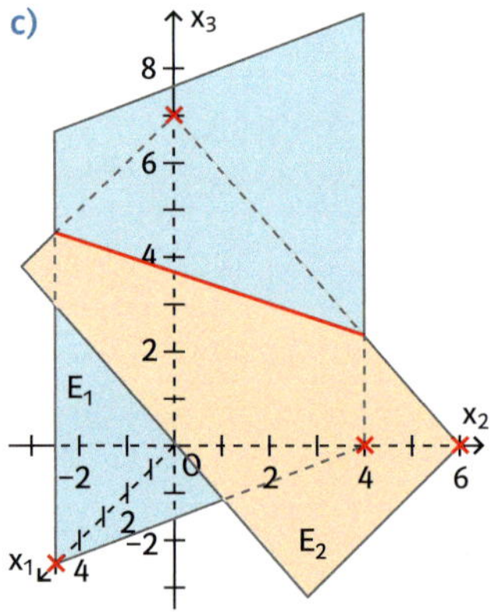

12 Gegeben ist eine quadratische Pyramide mit den Eckpunkten $A(0|0|0)$, $B(0|7|0)$, $C(-7|7|0)$ und $D(-7|0|0)$ und der Spitze $S(-3{,}5|3{,}5|19{,}85)$. Eine Einheit entspricht 1 cm.

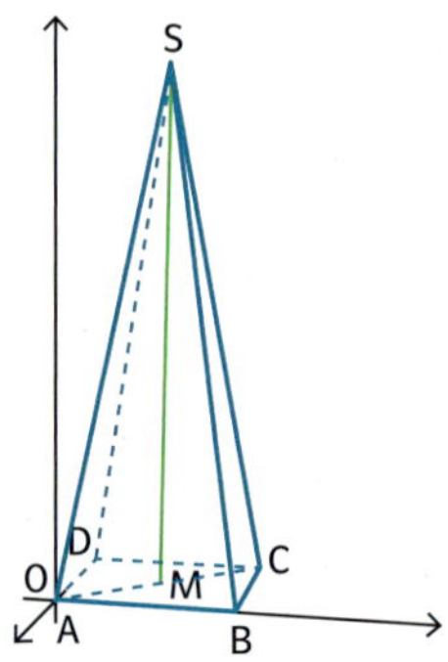

a) Geben Sie die Geradengleichungen für g durch A und S, h durch A und C und k durch A und B an.

b) Berechnen Sie die Innenwinkel der Dreiecke AMS und ABS.

c) Eine Packung für Frischkäse hat die Form eines Pyramidenstumpfes (Koordinaten der Grundfläche, siehe oben). Geben Sie die Koordinaten der Eckpunkte der oberen Fläche an, wenn die Höhe der Käsepackung $\frac{17}{3}$ beträgt.

d) Berechnen Sie das Volumen der Frischkäsepackung.

13 Fig. 1 zeigt ein Zimmer, in das eine Raumdiagonale eingezeichnet ist. Diese Raumdiagonale legt eine Gerade g fest.

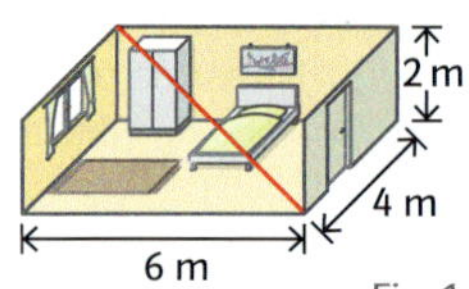

Fig. 1

a) Legen Sie für das Zimmer ein Koordinatensystem fest.

b) Bestimmen Sie für die Gerade g eine Gleichung der Form $\vec{x} = \vec{p} + r\vec{u}$.

c) Die Bodendiagonale legt eine Gerade h fest. Bestimmen Sie für h eine Gleichung der Form $y = mx + b$ und eine Gleichung der Form $\vec{x} = \vec{q} + s\vec{v}$.

d) Geben Sie an, wie man in Aufgabenteil c) von der einen Geradengleichung von h auf die andere Gleichung kommt.

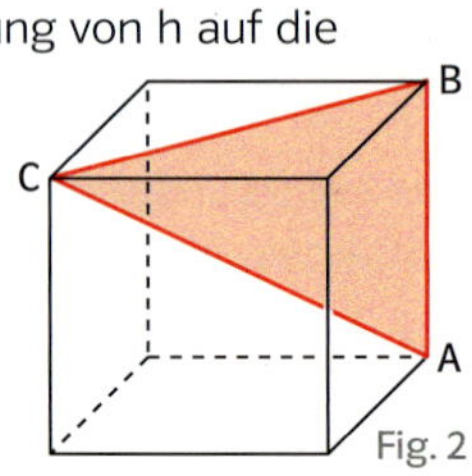

Fig. 2

14 Dem Würfel in Fig. 2 ist ein Dreieck ABC einbeschrieben.

a) Berechnen Sie die Größen der Innenwinkel des Dreiecks ABC.

b) Vergleichen Sie den Inhalt der Dreiecksfläche mit dem Inhalt einer Seitenfläche des Würfels. Geben Sie den Anteil in Prozent an.

Test

Kopiervorlage
Check-out
268fa4

IV Vektoren – Geraden im Raum

Vektoren

Zu zwei gegebenen Punkten $A(a_1|a_2|a_3)$ und $B(b_1|b_2|b_3)$ wird der Vektor $\overrightarrow{AB}$ so berechnet: $\overrightarrow{AB} = \vec{b} - \vec{a} = \begin{pmatrix} b_1 - a_1 \\ b_2 - a_2 \\ b_3 - a_3 \end{pmatrix}$.

Unter dem Betrag des Vektors $\vec{v}$ versteht man die Länge eines zugehörigen Pfeils. Es gilt $|\vec{v}| = \left|\begin{pmatrix} v_1 \\ v_2 \\ v_3 \end{pmatrix}\right| = \sqrt{v_1^2 + v_2^2 + v_3^2}$.

$A(-1|1|1)$, $B(3|6|4)$

$\overrightarrow{AB} = \begin{pmatrix} 3-(-1) \\ 6-\ \ 1 \\ 4-\ \ 1 \end{pmatrix} = \begin{pmatrix} 4 \\ 5 \\ 3 \end{pmatrix}$

$|\overrightarrow{AB}| = \sqrt{4^2 + 5^2 + 3^2} = \sqrt{50}$

Rechnen mit Vektoren

Addition von Vektoren

$\begin{pmatrix} a_1 \\ a_2 \\ a_3 \end{pmatrix} + \begin{pmatrix} b_1 \\ b_2 \\ b_3 \end{pmatrix} = \begin{pmatrix} a_1 + b_1 \\ a_2 + b_2 \\ a_3 + b_3 \end{pmatrix}$

Multiplikation mit einer Zahl

$r \cdot \begin{pmatrix} a_1 \\ a_2 \\ a_3 \end{pmatrix} = \begin{pmatrix} r \cdot a_1 \\ r \cdot a_2 \\ r \cdot a_3 \end{pmatrix}$

Gilt für zwei Vektoren $\vec{u}$ und $\vec{v}$: $r \cdot \vec{u} = \vec{v}$, dann heißen die beiden Vektoren kollinear.

$\vec{a} = \begin{pmatrix} 1 \\ 1 \\ 2 \end{pmatrix}$; $\vec{b} = \begin{pmatrix} -2 \\ 3 \\ 5 \end{pmatrix}$

$\vec{a} + \vec{b} = \begin{pmatrix} 1 + (-2) \\ 1 +\ \ 3 \\ 2 +\ \ 5 \end{pmatrix} = \begin{pmatrix} -1 \\ 4 \\ 7 \end{pmatrix}$, $3 \cdot \vec{a} = \begin{pmatrix} 3 \\ 3 \\ 6 \end{pmatrix}$

$\vec{v} = \begin{pmatrix} -8 \\ -10 \\ -6 \end{pmatrix} = (-2) \cdot \overrightarrow{AB}$

$\vec{v}$ und $\overrightarrow{AB}$ sind kollinear

Parametergleichung einer Geraden

Eine Gleichung der Form $g: \vec{x} = \vec{p} + r \cdot \vec{u}$, $r \in \mathbb{R}$, $\vec{u} \neq \vec{o}$ beschreibt eine Gerade g im Raum.
Der Vektor $\vec{p}$ heißt Stützvektor.
Der Vektor $\vec{u}$ heißt Richtungsvektor.
Die reelle Zahl r nennt man Parameter.

Gerade durch A und B:

$g: \vec{x} = \vec{a} + r \cdot \overrightarrow{AB} = \begin{pmatrix} -1 \\ 1 \\ 1 \end{pmatrix} + r \cdot \begin{pmatrix} 4 \\ 5 \\ 3 \end{pmatrix}$

Gegenseitige Lage von Geraden

Gegeben sind die beiden Geraden g und h im Raum mit
$g: \vec{x} = \vec{p} + r \cdot \vec{u}$ und $h: \vec{x} = \vec{q} + s \cdot \vec{v}$.
Sind $\vec{u}$ und $\vec{v}$ kollinear, dann sind die Geraden entweder zueinander parallel und identisch oder zueinander parallel und verschieden.
Sind $\vec{u}$ und $\vec{v}$ nicht kollinear voneinander, dann sind die Geraden g und h entweder zueinander windschief oder sie schneiden sich.

g und h: $\vec{x} = \begin{pmatrix} -2 \\ 7 \\ 6 \end{pmatrix} + s \cdot \begin{pmatrix} -5 \\ 1 \\ 2 \end{pmatrix}$ sind nicht zueinander parallel, die Gleichung

$\begin{pmatrix} -1 \\ 1 \\ 1 \end{pmatrix} + r \cdot \begin{pmatrix} 4 \\ 5 \\ 3 \end{pmatrix} = \begin{pmatrix} -2 \\ 7 \\ 6 \end{pmatrix} + s \cdot \begin{pmatrix} -5 \\ 1 \\ 2 \end{pmatrix}$

hat die Lösung $r = 1$ und $s = -1$

Die Geraden schneiden sich im Punkt $S(3|6|4)$

Parametergleichung einer Ebene

Eine Gleichung der Form $E: \vec{x} = \vec{p} + r \cdot \vec{u} + s \cdot \vec{v}$ beschreibt eine Ebene E im Raum ($r, s \in \mathbb{R}$; $\vec{u} \neq \vec{o} \neq \vec{v}$).
Die Vektoren $\vec{u}$ und $\vec{v}$ heißen Spannvektoren und sind nicht kollinear.
Der Vektor $\vec{p}$ heißt Stützvektor.

Ebene aus A, B und $C(0|1|-4)$
Stützvektor $\vec{a}$, Spannvektoren $\overrightarrow{AB}$ und $\overrightarrow{AC}$

$E: \vec{x} = \begin{pmatrix} -1 \\ 1 \\ 1 \end{pmatrix} + r\begin{pmatrix} 4 \\ 5 \\ 3 \end{pmatrix} + s\begin{pmatrix} 1 \\ 0 \\ -5 \end{pmatrix}$

Skalarprodukt, zueinander orthogonale Vektoren

Für zwei Vektoren $\vec{a} = \begin{pmatrix} a_1 \\ a_2 \\ a_3 \end{pmatrix}$ und $\vec{b} = \begin{pmatrix} b_1 \\ b_2 \\ b_3 \end{pmatrix}$ $(\vec{a} \neq \vec{0},\ \vec{b} \neq \vec{0})$ berechnet $\vec{a} \cdot \vec{b} = a_1 b_1 + a_2 b_2 + a_3 b_3$ das Skalarprodukt beiden Vektoren.
$\vec{a}$ und $\vec{b}$ sind genau dann zueinander orthogonal, wenn $\vec{a} \cdot \vec{b} = 0$ ist.

$\vec{a} = \begin{pmatrix} 3 \\ -2 \\ 1 \end{pmatrix}$, $\vec{b} = \begin{pmatrix} 1 \\ 4 \\ 5 \end{pmatrix}$, $\vec{c} = \begin{pmatrix} 3 \\ 1 \\ 2 \end{pmatrix}$

$\vec{a} \cdot \vec{b} = 3 \cdot 1 + (-2) \cdot 4 + 1 \cdot 5 = 0$, also $\vec{a} \perp \vec{b}$.

Winkel zwischen Vektoren und Größe von Schnittwinkeln

Für den Winkel α zwischen den Vektoren $\vec{a}$ und $\vec{b}$ gilt $\cos(\alpha) = \frac{\vec{a} \cdot \vec{b}}{|\vec{a}| \cdot |\vec{b}|}$.

Winkel zwischen $\vec{a}$ und $\vec{c}$:
$\cos(\alpha) = \frac{9}{14}$, also $\alpha \approx 50°$

Runde 1

Lösungen | Seite 247

1 Die Gerade g geht durch die Punkte $A(-1|2|-3)$ und $B(5|8|7)$.

a) Geben Sie eine Parametergleichung der Geraden g an.

b) Prüfen Sie, ob der Punkt $P(8|11|12)$ auf der Geraden liegt.

c) Geben Sie eine zu g parallele Gerade an, die durch den Ursprung geht.

d) Geben Sie die Spurpunkte der Geraden g an.

2 Die Punkte $A(5|4|1)$, $B(5|8|1)$, $E(5|4|2{,}5)$ und $G(1|8|2{,}5)$ sind Eckpunkte eines Quaders ABCDEFGH.

a) Geben Sie die Koordinaten der Eckpunkte C, D, F und H an.

b) Berechnen Sie die Länge der Kante $\overline{AE}$.

c) Der Punkt $R(r_1|1|1)$ soll auf der Geraden liegen, die die Punkte A und M enthält, wobei M der Mittelpunkt von $\overline{DC}$ ist. Bestimmen Sie r_1.

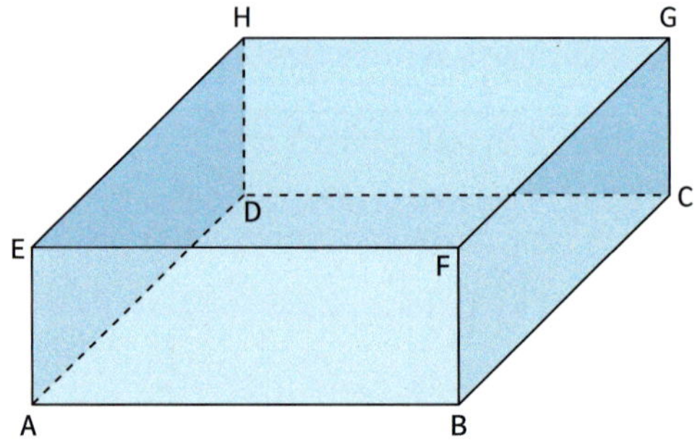

3 **a)** Geben Sie eine Gleichung einer Geraden h an, die die Gerade $g\colon \vec{x} = \begin{pmatrix} 1 \\ -2 \\ -1 \end{pmatrix} + r \cdot \begin{pmatrix} 2 \\ -3 \\ 0 \end{pmatrix}$ schneidet.

b) Geben Sie eine Gleichung der Ebene E an, die die Gerade g aus Teilaufgabe a) und die zu g parallele Gerade $i\colon \vec{x} = t \cdot \begin{pmatrix} 2 \\ -3 \\ 0 \end{pmatrix}$ enthält.

4 Untersuchen Sie die gegenseitige Lage der Geraden $g\colon \vec{x} = \begin{pmatrix} 1 \\ 1 \\ 1 \end{pmatrix} + t \cdot \begin{pmatrix} 2 \\ 0 \\ 4 \end{pmatrix}$ und $h\colon \vec{x} = \begin{pmatrix} 1 \\ 2 \\ 6 \end{pmatrix} + s \cdot \begin{pmatrix} -2 \\ 1 \\ 1 \end{pmatrix}$ und geben Sie gegebenenfalls die Koordinaten des Schnittpunktes an.
Bestimmen Sie den Schnittwinkel der beiden Geraden.

5 Zwei Modelleisenbahnen fahren in einem Schienennetz. In einem Abschnitt soll ihr Weg bei geradlinigem Streckenverlauf folgendermaßen modelliert werden: Bahn 1 ist bei Beobachtungsbeginn in Punkt $P(2|1|2)$ und erreicht bald darauf den Punkt $Q(14|5|5)$. Bahn 2 befindet sich entsprechend in den Punkten $R(-2|5|1)$ bzw. $S(4|17|5)$.
Überprüfen Sie rechnerisch, ob sich die Wege der beiden Bahnen kreuzen und geben Sie gegebenenfalls den Schnittwinkel an.

6 In einer Klausur soll die Lage der drei Punkte $A(1|2|3)$, $B(4|5|1)$ und $C(0|2|0)$ untersucht werden.

a) Beurteilen Sie, ob Hanna und Dirk eine richtige Ebenengleichung E durch die Punkte A, B und C aufgestellt haben.

Hanna:
$E\colon \vec{x} = \begin{pmatrix} 4 \\ 5 \\ 1 \end{pmatrix} + r \cdot \begin{pmatrix} 3 \\ 3 \\ -2 \end{pmatrix} + s \cdot \begin{pmatrix} 1 \\ 0 \\ 3 \end{pmatrix}$

Dirk:
$E\colon \vec{x} = \begin{pmatrix} 1 \\ 2 \\ 3 \end{pmatrix} + r \cdot \begin{pmatrix} -1 \\ 0 \\ -3 \end{pmatrix} + s \cdot \begin{pmatrix} 4 \\ 3 \\ 1 \end{pmatrix}$

b) Beide haben ausgerechnet, dass das Dreieck ABC rechtwinklig ist. Überprüfen Sie ihr Ergebnis auf Richtigkeit.

Runde 2

Lösungen | Seite 247

1 Gegeben sind die Punkte $A(3|4|-3)$ und $B(5|1|3)$.

a) Berechnen Sie den Abstand der Punkte A und B.

b) Bestimmen Sie den Mittelpunkt M der Strecke $\overline{AB}$.

c) Geben Sie eine Gleichung an für die Gerade, die durch die Punkte A und B geht.

2 Untersuchen Sie die gegenseitige Lage der Geraden $g: \vec{x} = \begin{pmatrix} 1 \\ 2 \\ 1 \end{pmatrix} + s \cdot \begin{pmatrix} 2 \\ 1 \\ 5 \end{pmatrix}$ und $h: \vec{x} = \begin{pmatrix} 2 \\ 2 \\ 3 \end{pmatrix} + s \cdot \begin{pmatrix} -2 \\ 1 \\ 5 \end{pmatrix}$ und geben Sie gegebenenfalls die Koordinaten des Schnittpunktes an.

3 Auf dem Dach einer Diskothek sind im Abstand von 3 m zwei sogenannte Laserkanonen angebracht (Fig. 1). Ihre Lichtstrahlen zeichnen Geraden mit wechselnder Richtung in den Abendhimmel. Beschreiben Sie mithilfe von Vektoren jeweils eine solche rote und blaue Gerade, die

a) sich schneiden, b) zueinander parallel sind, c) zueinander windschief sind.

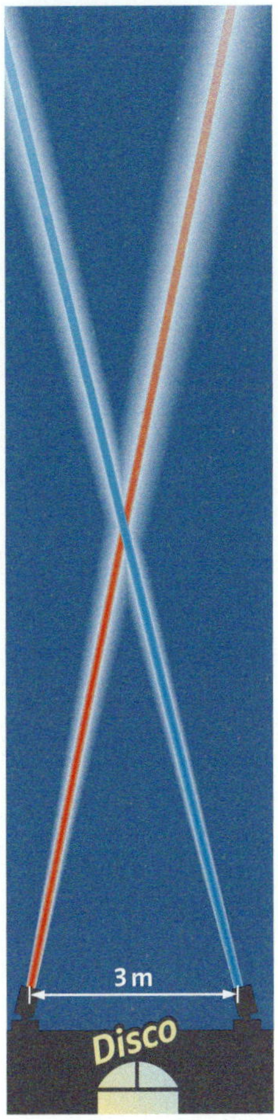

Fig. 1

4 Ein Pfeil startet zum Zeitpunkt $t = 0$ im Punkt $P(4|-1|7)$ in Richtung des Vektors $\begin{pmatrix} -1 \\ 2 \\ -1 \end{pmatrix}$.
Berechnen Sie, in welcher Reihenfolge er die Koordinatenebenen durchschlägt. Bestimmen Sie jeweils die Koordinaten der Durchschusspunkte.

5 Für $a \in \mathbb{R}$ sind Geraden durch $g_a: \vec{x} = \begin{pmatrix} 0 \\ 0 \\ 7 \end{pmatrix} + t \cdot \begin{pmatrix} a \\ 4 \\ -8 \end{pmatrix}$ und $h_a: \vec{x} = \begin{pmatrix} 0 \\ 0 \\ 7 \end{pmatrix} + t \cdot \begin{pmatrix} -2 \\ a \\ 2 \end{pmatrix}$ gegeben.

a) Berechnen Sie die Winkel zwischen den Geraden g_0 und h_0.

b) Geben Sie an, für welchen Wert von a die Geraden g_a und h_a zueinander orthogonal sind.

c) Überprüfen Sie, ob es einen Wert von a gibt, sodass die Geraden g_a und h_a zueinander parallel sind.

6 Eine Spinne hat einen Faden gespannt.

a) Wählen Sie ein geeignetes Koordinatensystem und bestimmen Sie die Gleichung der Geraden, die durch den Spinnfaden festgelegt ist.

b) Die Spinne bewegt sich gleichmäßig auf dem Faden. Die Gleichung der Geraden soll so gestaltet werden, dass Folgendes möglich ist: Setzt man für t die Anzahl der Sekunden ein, die die Spinne unterwegs ist, so erhält man den Ortsvektor des Punktes, den die Spinne nach dieser Zeit erreicht.

c) Berechnen Sie, wo sich die Spinne zwei Minuten nach der in Fig. 2 gezeigten Situation befindet und geben Sie an, wie hoch die Spinne dann über dem Waldboden ist.

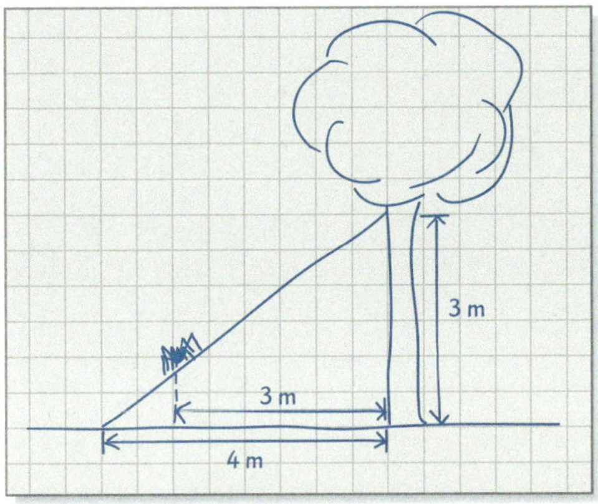

Fig. 2

7 ☒ Eine Ebene kann nicht nur durch drei geeignete Punkte festgelegt werden, sondern auch durch einen Punkt und eine Gerade.

a) Erläutern Sie, welche Bedingung der Punkt und die Gerade erfüllen müssen, damit sie eindeutig eine Ebene festlegen.

b) Geben Sie die Koordinaten eines Punktes P und die Parametergleichung einer Geraden g an, die eindeutig eine Ebene festlegen. Bestimmen Sie eine Parametergleichung dieser Ebene.

V Zufallsexperimente und Zufallsgrößen

Das können Sie schon

- Würfel und Urne als Zufallsgeräte verwenden
- Wahrscheinlichkeiten bestimmen, auch mit Vierfeldertafeln und Baumdiagrammen
- Daten mit Säulendiagrammen veranschaulichen
- arithmetisches Mittel und empirische Standardabweichung als statistische Kenngrößen einsetzen

Wahrscheinlichkeiten helfen uns dabei, Prognosen nicht nur „aus dem Bauch heraus" zu treffen.

Das können Sie bald

- Zufallsgrößen bei Zufallsexperimenten verwenden
- die Kenngrößen Erwartungswert, Varianz und Standardabweichung bei Zufallsgrößen einsetzen und in Zusammenhang mit statistischen Kenngrößen bringen
- bedingte Wahrscheinlichkeiten und stochastische Unabhängigkeit bei Ereignissen untersuchen

Check-in

So geht's:

(1) Checkliste übertragen oder über Code herunterladen
(2) Fähigkeiten selbst einschätzen.
(3) Einschätzung mithilfe der Aufgaben überprüfen und gegebenenfalls Lerntipps beachten.

Schätzen Sie sich mithilfe der Checkliste ein.

	☺	😐	☹
1. Ich kann Häufigkeiten berechnen.	☐	☐	☐
2. Ich kann entscheiden, ob es sich bei einem Experiment um ein Laplace-Experiment handelt.	☐	☐	☐
3. Ich kann Berechnungen bei Laplace-Experimenten durchführen.	☐	☐	☐
4. Ich kann das arithmetische Mittel sowie die empirische Varianz und die empirische Standardabweichung einer Urliste bestimmen.	☐	☐	☐
5. Ich kann Säulendiagramme und Häufigkeitsverteilungen erstellen.	☐	☐	☐
6. Ich kann Säulendiagramme interpretieren.	☐	☐	☐
7. Ich kann Wahrscheinlichkeiten mithilfe eines Baumdiagramms bestimmen.	☐	☐	☐
8. Ich kann Wahrscheinlichkeiten mithilfe einer Vierfeldertafel bestimmen.	☐	☐	☐

Lerntipps

zu 1. **Grundwissen**, Seite 21
zu 2. **Grundwissen**, Seite 21
zu 4. **Grundwissen**, Seite 2
zu 5. **Grundwissen**, Seite 2
zu 7. **Grundwissen**, Seite 2
zu 8. **Grundwissen**, Seite 2

Kopiervorlage Checkliste 268fa4

Lösungen | Seite 248

Überprüfen Sie Ihre Einschätzungen.

○ **1 Häufigkeiten berechnen**
Jan hat 20-mal in eine Lostrommel hineingegriffen und dabei 18 „Nieten" gezogen.
a) Berechnen Sie (im Kopf) die relative Häufigkeit für „Gewinn" als Bruch und in Prozent.
b) Jana erreichte bei 12 Ziehungen die Gewinnquote 25 %. Berechnen Sie die absolute und die relative Häufigkeit der Nieten.

○ **2 Laplace-Experimente erkennen**
Begründen Sie, welche der Situationen ein Laplace-Experiment darstellt.
a) Sie fragen Ihren Klassenlehrer, an welchem Wochentag er sein Auto das letzte Mal gewaschen hat.
b) Sie ziehen ein Los aus einem Loseimer mit 120 Losen.
c) Sie beobachten, ob der nächste Plattfuß an Ihrem Fahrrad „vorne" oder „hinten" auftritt.

○ **3 Berechnungen bei Laplace-Experimenten durchführen**
Bestimmen Sie beim Würfeln mit einem fairen Würfel die Wahrscheinlichkeit, dass
a) eine Sechs fällt, b) höchstens eine Drei fällt, c) keine Sechs fällt.

○ **4 Kenngrößen einer Urliste berechnen**
Berechnen Sie das arithmetische Mittel, die empirische Varianz sowie die empirische Standardabweichung der Urliste {2,5; 6,3; 1,9; 10,0; 2,8; 5,6; 5,1; 7,8}.

○ **5 Säulendiagramme zu Häufigkeitsverteilungen erstellen**
Die Auszählung der SV-Wahl an einem Gymnasium ergab die Häufigkeitsliste, die in der Tabelle angegeben ist.

Kandidat	Pia	Sami	Lotta
Stimmen	225	150	125

Erstellen Sie dazu ein Säulendiagramm, bei dem Sie links eine Skala für die absoluten und rechts eine Skala für die prozentualen Anteile der Stimmen anfügen.

○ **6 Säulendiagramm interpretieren**

Das Säulendiagramm stellt die Verteilung der Punkte bei einer Klausur dar. Erstellen Sie dazu eine Häufigkeitsverteilung, bei der die Anteile in Prozent angegeben sind. Bestimmen Sie den Anteil der Klausuren mit mindestens 10 Punkten.

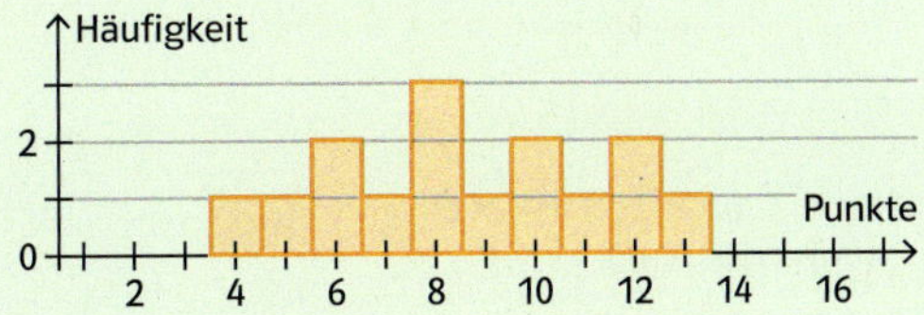

○ **7 Wahrscheinlichkeiten mithilfe eines Baumdiagramms berechnen**

Ergänzen Sie bei dem Baumdiagramm die fehlenden Wahrscheinlichkeiten und berechnen Sie

a) P(a a a)

b) P(a b b)

c) die Wahrscheinlichkeit, dass mindestens zweimal a auftritt.

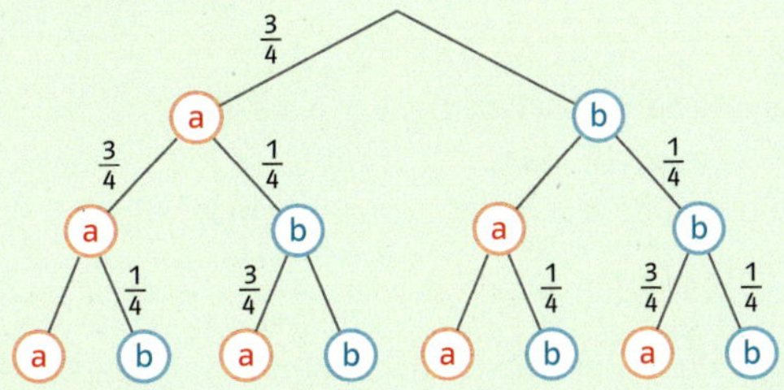

○ **8 Wahrscheinlichkeiten mithilfe einer Vierfeldertafel berechnen**

In einer Schule mit insgesamt 1000 Schülerinnen (M) und Schüler $(\overline{M})$ wird eine Umfrage durchgeführt, wer Englisch als Fach mag (E) bzw. nicht mag $(\overline{E})$. Einige Ergebnisse sind in der Vierfeldertafel angegeben.

	M	$\overline{M}$	
E	250	125	
$\overline{E}$		375	
			1000

a) Vervollständigen Sie die Tafel.

b) Eine Schülerin oder ein Schüler wird zufällig ausgewählt. Bestimmen Sie die Wahrscheinlichkeit, dass sie bzw. er
(1) Englisch mag,
(2) ein Mädchen ist,
(3) ein Junge ist und Englisch mag.

1 Wahrscheinlichkeit – Zufallsgröße – Erwartungswert

Mara meint, dass Lotterie 1 günstiger ist, weil man mehr gewinnt. Jakob hält Lotterie 2 für günstiger, weil das blaue Feld bei dem Glücksrad größer ist. Anna fürchtet, dass man bei beiden Lotterien nur verlieren kann.

Bei Zufallsgeräten wie Urnen oder Würfeln kann man Wahrscheinlichkeiten einfach ablesen, wenn man dann davon ausgeht, dass alle Ergebnisse gleichwahrscheinlich sind. Man spricht von Laplace-Experimenten und bestimmt Wahrscheinlichkeiten nach dem Prinzip $\frac{\text{Anzahl günstiger Ergebnisse}}{\text{Anzahl möglicher Ergebnisse}}$. Bei dem Glücksrad ist z. B. die Wahrscheinlichkeit, dass es auf dem roten Feld stehen bleibt, $\frac{45}{360}$, denn der rote Kreisausschnitt hat den Mittelpunktswinkel 45°.

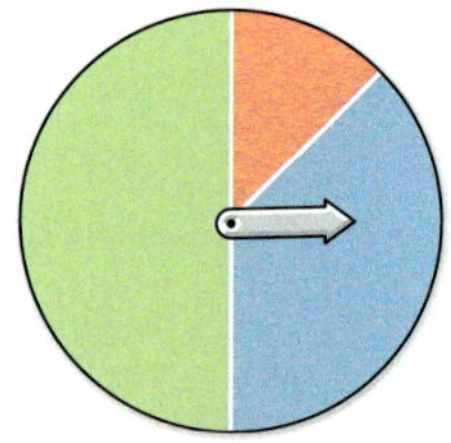

Bei anderen Zufallsgeräten wie einem Legostein, den man zum „Würfeln“ verwendet, kann man mithilfe von langen Wurfserien z. B. die Wahrscheinlichkeit für „4“ schätzen. Die Tabelle zeigt die relativen Häufigkeiten von drei solchen Serien sowie ein zugehöriges Diagramm.

Anzahl der Würfe	relative Häufigkeit für „4“ bei		
	Serie 1	Serie 2	Serie 3
50	0,28	0,40	0,36
100	0,30	0,36	0,34
150	0,31	0,31	0,36
200	0,30	0,32	0,35
250	0,32	0,36	0,33
300	0,31	0,35	0,32
350	0,30	0,35	0,32
400	0,31	0,34	0,32
450	0,31	0,33	0,32
500	0,31	0,32	0,31

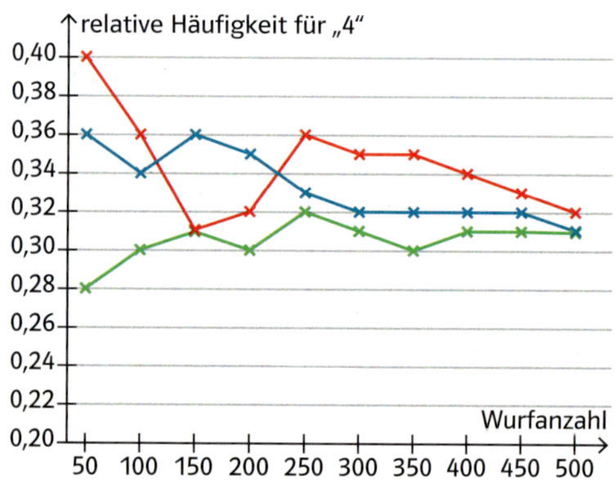

Man erkennt, dass die relativen Häufigkeiten mit zunehmender Wurfanzahl weniger schwanken (Gesetz der großen Zahlen). Daher kann man z. B. 0,31 als Schätzwert für die Wahrscheinlichkeit, eine 4 zu werfen, wählen. Zusammenfassend gilt für alle Zufallsexperimente:

Satz: Die Wahrscheinlichkeiten der Ergebnisse eines Zufallsexperiments sind Zahlen im Intervall [0; 1] mit Summe 1. Sie bilden eine Wahrscheinlichkeitsverteilung.
Sie sind Prognosen für ihre relativen Häufigkeiten bei vielen Versuchswiederholungen.

Bei einem Spiel zeigt das Glücksrad den Gewinn in €. Die Tabelle zeigt die Häufigkeiten bei 50-maligem Drehen des Glücksrades sowie die zugehörigen Wahrscheinlichkeiten. Als Kenngröße wird bei einer solchen Häufigkeitsverteilung das arithmetische Mittel verwendet:

Gewinn (in €)	0	1	2
absolute Häufigkeit	23	17	10
relative Häufigkeit	46 %	34 %	20 %
Wahrscheinlichkeit	50 %	30 %	20 %

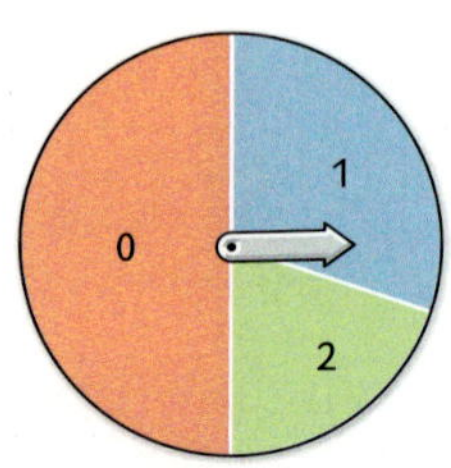

$\overline{x} = 0 \cdot 0,46 + 1 \cdot 0,34 + 2 \cdot 0,2 = 0,74$. Im Mittel wurde also der Gewinn 0,74 € erzielt.

Man verwendet zur Bewertung des Spiels eine dem arithmetischen Mittel entsprechende theoretische Kenngröße, den Erwartungswert. Dazu bezeichnet man den Gewinn bei dem Spiel als eine **Zufallsgröße X**, welche die Werte $X = 0$, $X = 1$ und $X = 2$ annehmen kann. Rechnet man bei der Mittelwertberechnung mit Wahrscheinlichkeiten statt mit relativen Häufigkeiten, so erhält man den **Erwartungswert der Zufallsgröße** X:
$\mu = 0 \cdot P(X = 0) + 1 \cdot P(X = 1) + 2 \cdot P(X = 2) = 0 \cdot 0{,}5 + 1 \cdot 0{,}3 + 2 \cdot 0{,}2 = 0{,}7$.
Oft wird der Erwartungswert einer Zufallsgröße X auch mit E(X) statt mit dem griechischen Buchstaben μ (lies: mü) bezeichnet, der an Mittelwert erinnert.
Da die relativen Häufigkeiten um die Wahrscheinlichkeiten schwanken, schwanken auch die Mittelwerte zufallsbedingt um den Erwartungswert. Damit ist der Erwartungswert eine Prognose für den zu erwartenden Mittelwert. Man bezeichnet ihn daher auch als „theoretischen Mittelwert".

Statt arithmetisches Mittel wird auch kurz „Mittelwert" gesagt.

$P(X = k)$ bezeichnet die Wahrscheinlichkeit, dass X den Wert k annimmt.

Definition: Wenn jedem Ergebnis eines Zufallsexperiments ein Zahlenwert zugeordnet wird, spricht man von einer **Zufallsgröße**. Die **Wahrscheinlichkeitsverteilung** einer Zufallsgröße X ist eine Tabelle, bei der jedem Wert k von X die Wahrscheinlichkeit $P(X = k)$ zugeordnet ist.
Für eine Zufallsgröße X mit den Werten $x_1, x_2, \ldots, x_n$ heißt
$\mu = x_1 \cdot P(X = x_1) + x_2 \cdot P(X = x_2) \ldots + x_n \cdot P(X = x_n)$ **Erwartungswert** von X. Er gibt an, welchen Mittelwert man bei ausreichend großer Versuchsanzahl auf lange Sicht erwartet.

Beispiel 1 Mittelwert und Erwartungswert

Beim gleichzeitigen Werfen von vier Münzen können zwischen 0 und 4 Treffer („Wappen") auftreten. Die Tabelle zeigt zwei relative Häufigkeitsverteilungen.

Trefferzahl X	0	1	2	3	4
rel. Häufigk.	6,0 %	24,8 %	37,8 %	25,6 %	5,8 %
rel. Häufigk.	5,8 %	24,8 %	36,8 %	25,8 %	6,8 %

Relative Häufigkeitsverteilungen der Treffer beim Vierfach-Münzwurf (500 Würfe)

a) Berechnen Sie die zugehörigen arithmetischen Mittel.
b) Geben Sie eine Wahrscheinlichkeitsverteilung der Zufallsgröße X (Trefferzahl) an.
c) Bestimmen Sie den Erwartungswert von X.

Lösung

a) Bei dem ersten Münzwurf-Experiment ist das arithmetische Mittel der Trefferzahl
$\overline{x} = 0 \cdot 0{,}06 + 1 \cdot 0{,}248 + 2 \cdot 0{,}378 + 3 \cdot 0{,}256 + 4 \cdot 0{,}058 \approx 2{,}004$. Für das zweite Experiment erhält man $\overline{x} \approx 2{,}030$.

b) Möglich sind Ergebnisse mit Trefferzahl
X = 0: NNNN
X = 1: TNNN, NTNN, NNTN, NNNT
X = 2: TTNN, TNTN, TNNT, NTTN, NTNT, NNTT
X = 3: TTTN, TTNT, TNTT, NTTT
X = 4: TTTT

Bei einer Laplace-Münze haben alle 16 Ergebnisse die Wahrscheinlichkeit $\frac{1}{16}$. Durch Abzählen erhält man die Wahrscheinlichkeitsverteilung von X:

k	0	1	2	3	4
P(X = k)	$\frac{1}{16}$	$\frac{4}{16}$	$\frac{6}{16}$	$\frac{4}{16}$	$\frac{1}{16}$

c) Der Erwartungswert der Trefferzahl ist $\mu = 0 \cdot \frac{1}{16} + 1 \cdot \frac{4}{16} + 2 \cdot \frac{6}{16} + 3 \cdot \frac{4}{16} + 4 \cdot \frac{1}{16} = 2$.
Man kann den Erwartungswert von X auch mit einem Rechner bestimmen. Man geht dabei vor wie bei der Mittelwertberechnung.

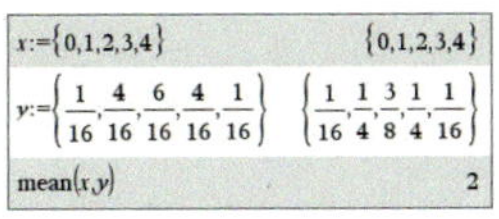

Beispiel 2 Faires Spiel

Beim Glücksspiel mit einem Würfel soll das Doppelte der Augenzahl (in Euro) ausgezahlt werden.
a) Bestimmen Sie die Auszahlung, die der Spieler im Mittel erwarten kann.
b) Geben Sie an, wie hoch der Einsatz sein muss, damit das Glücksspiel fair ist.

Als **fair** bezeichnet man ein Spiel, bei dem der Erwartungswert für den Gewinn null ist.
Gewinn = Auszahlung − Einsatz

Lösung

a) Wegen $\mu = \frac{1}{6}(2 + 4 + 6 + 8 + 10 + 12) = \frac{42}{6} = 7$, ist im Mittel die Auszahlung 7 € zu erwarten.
b) Für ein faires Spiel muss der Einsatz 7 € betragen.

Aufgaben

○ **1** Jan bietet ein Glücksspiel an: Der Spieler zahlt einen Chip und darf dafür zwei Münzen werfen. Er erhält zwei Chips ausbezahlt, wenn beide Münzen Zahl zeigen, und einen Chip, wenn nur eine Münze Zahl zeigt.

Gewinn (Chips)	−1	0	1
Wahrscheinlichkeit	$\frac{1}{4}$	$\frac{1}{2}$	$\frac{1}{4}$

a) Begründen Sie, warum das Glücksspiel durch die nebenstehende Wahrscheinlichkeitsverteilung beschrieben wird.

b) Berechnen Sie den Erwartungswert der Zufallsgröße Gewinn. Deuten Sie ihn im Kontext des Spiels.

○ **2** a) Geben Sie für Würfel mit 6 bzw. 12 Seiten eine geeignete Wahrscheinlichkeitsverteilung und die Erwartungswerte der Augenzahl an.

b) Die beiden Würfel wurden je 50-mal geworfen (siehe Tabellen). Bestimmen Sie die mittlere Punktzahl. Vergleichen Sie diese mit den Erwartungswerten.

6er-Würfel					
1	2	3	4	5	6
8	9	7	11	5	10

12er-Würfel											
1	2	3	4	5	6	7	8	9	10	11	12
3	4	9	3	4	0	3	5	6	1	6	6

○ **3** Die nebenstehende Tabelle gehört zu einem Glücksspiel, bei dem man 10 Euro verlieren und bis zu 10 Euro gewinnen kann.

Wahrscheinlichkeit	Gewinn
$\frac{1}{4}$	−10
$\frac{1}{6}$	0
$\frac{1}{2}$	5
$\frac{1}{12}$	10

a) Begründen Sie, warum es sich um eine Wahrscheinlichkeitsverteilung handelt, und berechnen Sie den Erwartungswert für den Gewinn. Würden Sie an diesem Glücksspiel teilnehmen? Begründen Sie.

b) Diskutieren Sie, wie die Spielregel bei einem zwölfseitigen Würfel aussehen könnte.

○ **4** a) Beschreiben Sie jedes der nebenstehenden Glücksräder durch eine Wahrscheinlichkeitsverteilung. Berechnen Sie den Erwartungswert für die Zufallsgröße „angezeigte Zahl".

(1)
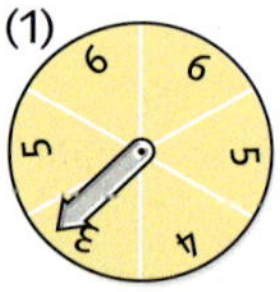

(2)

(3)

b) Das erste Glücksrad soll 50-mal gedreht werden. Notieren Sie zwei plausibel erscheinende Häufigkeitsverteilungen und berechnen Sie die zugehörigen arithmetischen Mittel.

c) Erläutern Sie an diesem Beispiel den Zusammenhang zwischen den Erwartungswerten und den arithmetischen Mitteln.

○ Test

Lösungen | Seite 249

5 Man setzt einen Euro und darf aus der Urne eine Kugel ziehen. Die aufgedruckte Zahl gibt die Auszahlung in Euro an.

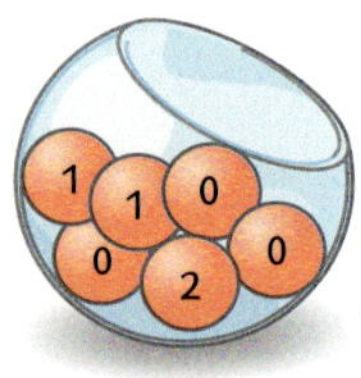

a) Bestimmen Sie die Wahrscheinlichkeitsverteilung für die Zufallsgröße Gewinn sowie ihren Erwartungswert.

b) Erläutern Sie die Bedeutung des Ergebnisses aus Teilaufgabe a).

6 Die Glücksräder aus Aufgabe 4 sollen bei einem Glücksspiel zum Einsatz kommen. Der Spieler soll das Dreifache der angezeigten Augenzahl als Auszahlung erhalten.
Geben Sie an, wie hoch der Einsatz sein muss, damit das Glücksspiel fair ist.

7 Paul hat die Wahrscheinlichkeiten für Lego-Achter, -Sechser und -Vierer geschätzt.

Augenzahl	1	2	3	4	5	6
Schätzung 1	10%	10%	40%	20%	10%	10%
Schätzung 2	10%	0,5%	47%	32%	0,5%	10%
Schätzung 3	11%	1,5%	45%	30%	1,5%	11%

a) Untersuchen Sie, welche Schätzung zu welchem Stein gehört.
b) Berechnen Sie die Erwartungswerte der Augenzahl.
c) Beurteilen Sie, mit welchem Stein Franka die folgende Häufigkeitsverteilung wohl erhalten hat:

Augenzahl	1	2	3	4	5	6
abs. Häuf.	33	36	220	133	38	40

d) Berechnen Sie das arithmetische Mittel der Augenzahl für Frankas Ergebnisse. Vergleichen Sie mit dem in b) berechneten Erwartungswert.

8 a) Simulieren Sie 50 Würfe mit zwei Würfeln. Bestimmen Sie das arithmetische Mittel für die Zufallsgröße X: „Augensumme der beiden Würfel".
b) Ermitteln Sie die Wahrscheinlichkeitsverteilung für die Zufallsgröße X: „Augensumme von zwei Würfeln".
c) Beschreiben Sie, was sich bei den Teilaufgaben a) und b) ändert, wenn Sie 500 Würfe mit zwei Würfeln durchführen.

Test

Lösung | Seite 249

9 Ein Glücksrad hat vier Kreisausschnitte mit den in der Tabelle angegebenen Winkeln. Jedem Ausschnitt ist bei einem Spiel eine Auszahlung zugeordnet.

Ausschnitt	1	2	3	4
Winkel	180°	90°	60°	30°
Auszahlung (€)	0	1	3	6
rel. Häufigk.	0,52	0,24	0,15	0,09

a) Berechnen Sie den Erwartungswert für die Zufallsgröße „Auszahlung".
b) In der letzten Zeile der Tabelle sind die relativen Häufigkeiten notiert, die sich bei einer Serie von Spielen ergeben haben. Berechnen Sie das arithmetische Mittel.
c) Bestimmen Sie den Einsatz so, dass das Spiel fair wird.

10 a) Vier normale Münzen wurden 20-mal geworfen. Bei jedem Wurf wurde gezählt, wie oft „Wappen" oben lag. Welche der folgenden Urlisten könnte zu diesem Experiment gehören, welche sehr wahrscheinlich nicht? Begründen Sie Ihre Antwort.
Liste 1: {3; 2; 1; 3; 3; 2; 2; 2; 2; 2; 3; 2; 0; 2; 2; 3; 2; 2; 2; 4}
Liste 2: {2; 1; 0; 1; 0; 4; 3; 4; 0; 0; 3; 2; 2; 3; 0; 1; 0; 3; 0; 1}
Liste 3: {3; 1; 4; 1; 1; 0; 2; 2; 3; 0; 3; 2; 0; 0; 4; 3; 0; 0; 4; 1}
b) Werfen Sie selbst 20-mal vier Münzen und vergleichen Sie Ihre Listen mit denen von Teilaufgabe a).

Grundwissen Test

Grundwissen Seite 214
Lösung | Seite 249

11 a) Beschreiben Sie, was man unter dem orientierten Flächeninhalt bei dem Graphen der Funktion f im Intervall [−1; 2] versteht und begründen Sie ohne Rechnung, dass dieser orientierte Flächeninhalt negativ ist.
b) Der Graph gehört zur Funktion f mit $f(x) = x^3 - x^2 - 2x$. Berechnen Sie den markierten orientierten Flächeninhalt.

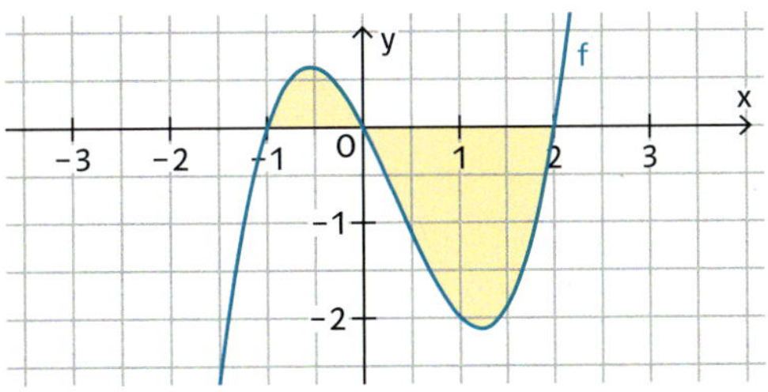

2 Mehrstufige Zufallsexperimente – Pfadregel

Maren überlegt: „Wenn ich einen Würfel nehme, ist die Wahrscheinlichkeit für eine Sechs $\frac{1}{6}$, wenn ich zwei Würfel nehme, ist sie $\frac{2}{6}$, wenn ich drei Würfel nehme, ist sie $\frac{3}{6}$ usw.
Das ist ja einfach!"
Was halten Sie von dieser Überlegung?

Viele Datenerhebungen und Zufallsexperimente lassen sich als mehrstufige Prozesse deuten. Man beschreibt sie durch Baumdiagramme und berechnet Wahrscheinlichkeiten mit der Pfadregel. Daran wird anhand eines Beispiels erinnert und dann die formale Beschreibung von Ereignissen durch Mengen gezeigt.

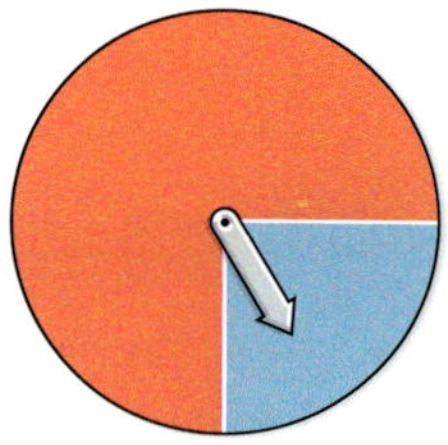

Wenn man das Glücksrad einmal dreht, hat man ein Zufallsexperiment mit zwei **Ergebnissen** r (rot) und b (blau). Die Ergebnismenge S besteht also aus zwei Elementen: S = {r, b}. Wenn man zweimal hintereinander dreht, hat man ein mehrstufiges Zufallsexperiment mit vier möglichen Ergebnissen. Die Ergebnismenge S ist S = {rr, rb, br, bb}. Die **Ergebnismenge** besteht aus Folgen von Einzelergebnissen, die man als Pfade in einem Baum wiederfindet.

Die **Wahrscheinlichkeit eines Ergebnisses** (eines Pfades im Baumdiagramm) wird bestimmt, indem man die Wahrscheinlichkeiten längs des Pfades multipliziert, z.B. $P(rb) = \frac{3}{4} \cdot \frac{1}{4} = \frac{3}{16}$.
Das ist plausibel, denn in $\frac{3}{4}$ aller Fälle erhält man im ersten Schritt rot und anschließend in $\frac{1}{4}$ der Fälle auch noch blau. Somit erhält man in $\frac{1}{4}$ von $\frac{3}{4}$ aller Fälle das Ergebnis rb.

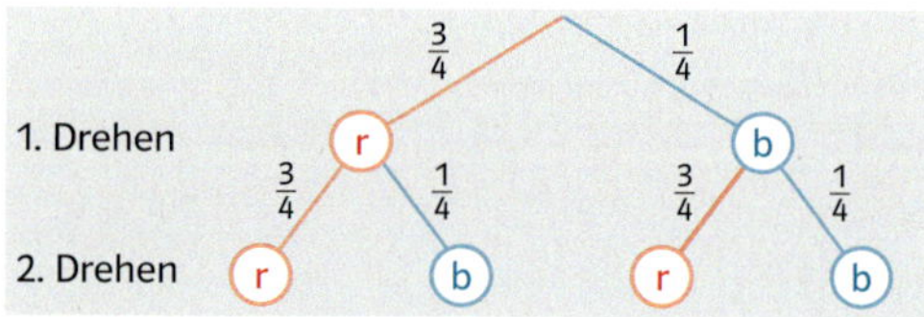

e	rr	rb	br	bb
P(e)	$\frac{9}{16}$	$\frac{3}{16}$	$\frac{3}{16}$	$\frac{1}{16}$

Baum mit Wahrscheinlichkeitsverteilung

Teilmengen der Ergebnismenge nennt man **Ereignisse**. So sind A = {rr, rb} und B = {rb, bb} die zwei Ereignisse „Beim ersten Drehen ergab sich rot." bzw. „Beim zweiten Drehen ergab sich blau.".
Die **Wahrscheinlichkeit eines Ereignisses** ergibt sich als Summe der Wahrscheinlichkeiten der Ergebnisse, die zu dem Ereignis gehören. So gilt P(A) = P(„mindestens einmal rot") = $P(rr) + P(rb) + P(br) = \frac{9}{16} + \frac{3}{16} + \frac{3}{16} = \frac{15}{16}$. In diesem Fall ist es einfacher, zunächst die Wahrscheinlichkeit des **Gegenereignisses** $\overline{A}$ („zweimal blau") zu bestimmen.
Es gilt $P(\overline{E}) = P(bb) = \frac{1}{16}$. Da die Wahrscheinlichkeiten von E und $\overline{E}$ zusammen 1 ergeben, kann man die Wahrscheinlichkeit von E wie folgt berechnen: $P(E) = 1 - P(\overline{E}) = 1 - \frac{1}{16} = \frac{15}{16}$.

Pfadregel: Die Wahrscheinlichkeit für ein Ergebnis eines mehrstufigen Zufallsexperiments erhält man, indem man die Wahrscheinlichkeiten längs des zugehörigen Pfades multipliziert.
Summenregel: Die Wahrscheinlichkeit P(E) eines Ereignisses E erhält man, indem man die Wahrscheinlichkeiten der zugehörigen Ergebnisse addiert.
Die Wahrscheinlichkeit für ein Ereignis E kann man oft einfacher mithilfe des Gegenereignisses $\overline{E}$ mit der Formel $P(E) = 1 - P(\overline{E})$ bestimmen.

Mengenschreibweise von Ereignissen

Die Pfade in einem mehrstufigen Baumdiagramm kann man als „Sowohl-als-auch-Ereignisse" deuten und durch Schnittmengen beschreiben. Wenn beim zweifachen Drehen eines Glücksrades sowohl das Ereignis E „Die erste Farbe ist rot." als auch das Ereignis F „Beim zweiten Drehen erscheint blau." eintreten, so schreibt man hierfür auch $E \cap F$. Es gilt $P(E \cap F) = \frac{3}{4} \cdot \frac{1}{4} = \frac{3}{16}$.

Beispiel 1 Pfadregel, Summenregel

Ein Kurs besteht aus zehn Mädchen und fünf Jungen. In einem Kasten sind 15 Zettel mit den Namen der Schülerinnen und Schüler. Zwei Zettel werden nacheinander ohne Zurücklegen gezogen. Bestimmen Sie die Wahrscheinlichkeit, dass die Namen von einem Jungen und einem Mädchen gezogen werden.

Lösung

Gesucht ist die Wahrscheinlichkeit des Ereignisses $E = \{JM, MJ\}$. Aus dem Baumdiagramm (Fig. 1) ergibt sich:

$P(E) = P(JM) + P(MJ)$

$= \frac{5}{15} \cdot \frac{10}{14} + \frac{10}{15} \cdot \frac{5}{14} = \frac{10}{21} \approx 48\,\%.$

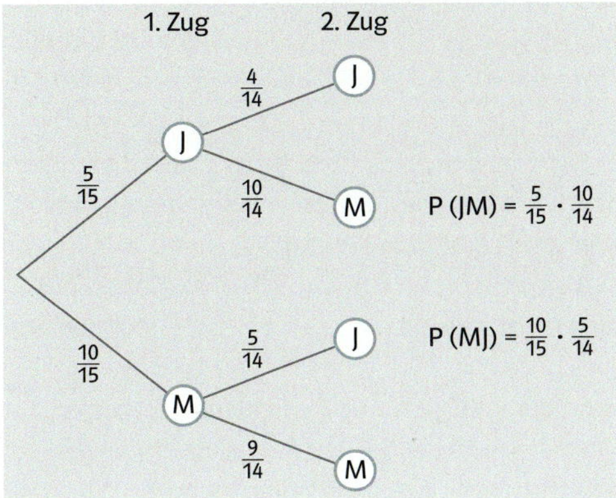

Fig. 1

Beispiel 2 Pfadregel, Erwartungswert

Die Diagnose eines Heilpraktikers stimmt mit einer Wahrscheinlichkeit von 80 %. Drei Patienten werden diagnostiziert. Die Zufallsgröße X zählt die Anzahl der richtigen Diagnosen.

Bestimmen Sie die Wahrscheinlichkeit, dass

a) alle drei Diagnosen stimmen,

b) mindestens eine Diagnose stimmt.

c) Bestimmen Sie die Wahrscheinlichkeitsverteilung von X.

d) Berechnen Sie den Erwartungswert für die Anzahl richtiger Diagnosen.

Lösung

a) Die Wahrscheinlichkeit des rechten Pfades in Fig. 2 ist $P(111) = \left(\frac{4}{5}\right)^3 = 0{,}512 = 51{,}2\,\%$.

b) Man arbeitet mit dem Gegenereignis: Die Wahrscheinlichkeit, dass keine Diagnose stimmt, ist $P(X = 0) = \left(\frac{1}{5}\right)^3$.

Die Wahrscheinlichkeit für mindestens eine richtige Diagnose ist dann $P(X > 0) = 1 - P(X = 0) = 1 - \left(\frac{1}{5}\right)^3 = 99{,}2\,\%$.

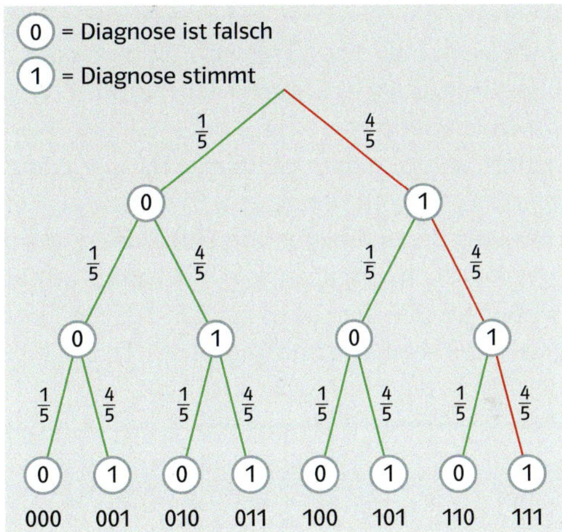

Fig. 2

$\frac{1}{125}$ $\frac{4}{125}$ $\frac{4}{125}$ $\frac{16}{125}$ $\frac{4}{125}$ $\frac{16}{125}$ $\frac{16}{125}$ $\frac{64}{125}$

k	0	1	2	3
P(X = k)	$\frac{1}{125}$	$\frac{12}{125}$	$\frac{48}{125}$	$\frac{64}{125}$

Fig. 3

c) Es gibt drei Pfade mit der Wahrscheinlichkeit $\left(\frac{1}{5}\right)^2 \cdot \left(\frac{4}{5}\right)^1 = \frac{4}{125}$, die zu einer richtigen Diagnose führen, und drei Pfade mit der Wahrscheinlichkeit $\left(\frac{1}{5}\right)^1 \cdot \left(\frac{4}{5}\right)^2 = \frac{16}{125}$, die zu zwei richtigen Diagnosen führen. Daraus ergibt sich die Wahrscheinlichkeitsverteilung aus Fig. 3.

d) Der Erwartungswert ist $\mu = 0 \cdot \frac{1}{125} + 1 \cdot \frac{12}{125} + 2 \cdot \frac{48}{125} + 3 \cdot \frac{64}{125} = 2{,}4$.

Man erwartet also bei drei Patienten im Schnitt 2,4 richtige Diagnosen. Das ist wegen $3 \cdot 0{,}8 = 2{,}4$ auch anschaulich plausibel.

Aufgaben

1 Drei Münzen werden geworfen. Erstellen Sie die Wahrscheinlichkeitsverteilung für die Zufallsgröße X, die zählt, wie oft Wappen oben liegt. Bestimmen Sie den Erwartungswert von X.

2 Eine Schale enthält vier rote und drei blaue Kugeln. Es werden blind zwei Kugeln mit Zurücklegen entnommen. Bestimmen Sie die Wahrscheinlichkeiten, dass

a) es zwei rote sind,
b) eine blau und eine rot ist,
c) mindestens eine rote dabei ist,
d) höchstens eine blaue dabei ist.

3 Von einem Medikament ist bekannt, dass es in $\frac{3}{4}$ aller Fälle eine Krankheit heilt. Drei Patienten werden damit behandelt. Bestimmen Sie die Wahrscheinlichkeit für das Ereignis. Beschreiben Sie das Gegenereignis in Worten.

a) Es wird kein Patient geheilt.
b) Genau ein Patient wird geheilt.
c) Nur ein Patient wird nicht geheilt.
d) Höchstens zwei Patienten werden geheilt.

4 Aus der Urne werden zwei Kugeln mit Zurücklegen gezogen. Die Zufallsgröße X zählt die Summe der aufgedruckten Zahlen.

a) Erstellen Sie die Wahrscheinlichkeitsverteilung von X.
b) Berechnen Sie den Erwartungswert von X.
c) Lösen Sie die Aufgabenteile a) und b), falls die rote Kugel mit 3 statt 2 nummeriert ist.

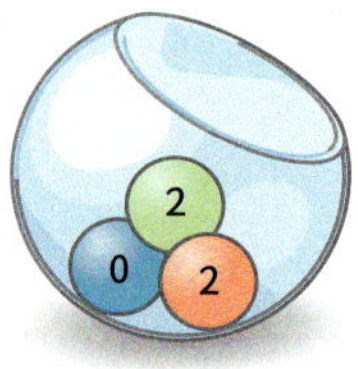

5 Ein Basketball-Profi trifft beim Basketball-Freiwurf mit der Wahrscheinlichkeit $\frac{9}{10}$.
Er macht drei Freiwürfe. Ein mögliches Ergebnis ist TNT (im 1. Wurf trifft er, im 2. Wurf trifft er nicht und im 3. Wurf trifft er wieder).

a) Geben Sie die Ergebnismenge sowie eine Tabelle mit der Wahrscheinlichkeitsverteilung an.
b) Geben Sie das Ereignis E: „Er trifft mindestens zweimal." als Menge an und bestimmen Sie P(E). Beschreiben Sie das Gegenereignis von E in Worten und geben Sie $P(\overline{E})$ an.
c) Berechnen Sie die Wahrscheinlichkeit, dass er höchstens zweimal trifft.
d) Wie viele Treffer könnte man erwarten? Schätzen Sie den Erwartungswert der Trefferzahl zunächst und berechnen Sie ihn anschließend.

Test

Lösungen | Seite 249

6 Das Glücksrad wird dreimal gedreht. Geben Sie die Ergebnismenge an.
Berechnen Sie die Wahrscheinlichkeit für das Ereignis E.

a) E: „Gelb erscheint dreimal."
b) E: „Gelb erscheint mindestens einmal."
c) E: „Blau erscheint genau einmal."
d) E: „Blau erscheint mindestens zweimal."
e) Bestimmen Sie die Wahrscheinlichkeitsverteilung und den Erwartungswert für die Anzahl des Ereignisses „gelb".

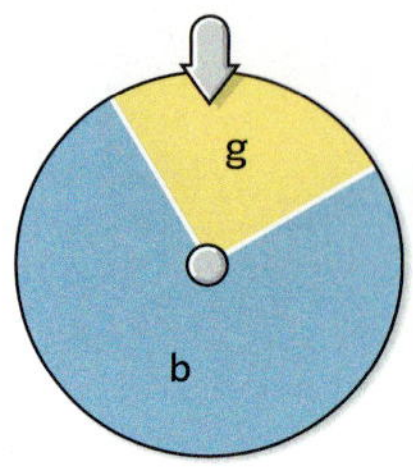

7 Die Wahrscheinlichkeit, dass bei der Geburt eines Welpen ein Rüde erwartet werden kann, beträgt 51 %. Die Hündin Ria wird drei Junge bekommen. Die Zufallsgröße X gibt an, wie viele Rüden Ria gebärt. Bestimmen Sie die Wahrscheinlichkeitsverteilung und den Erwartungswert von X. Interpretieren Sie das Ergebnis.

8 Ein Beutel enthält vier rote und drei blaue Kugeln. Es werden nacheinander blind zwei Kugeln mit Zurücklegen entnommen.

a) Bestimmen Sie den Erwartungswert der Anzahl roter Kugeln.
b) Untersuchen Sie, ob sich der Erwartungswert für die Anzahl der roten Kugeln ändert, wenn man die erste gezogene Kugel vor dem zweiten Zug nicht wieder zurücklegt.

9 Es werden drei Würfel geworfen. Berechnen Sie die Wahrscheinlichkeit,
a) dass mindestens eine Eins dabei ist,
b) dass alle Augenzahlen gleich sind,
c) dass die Augensumme höchstens 5 ist.

10 Eine Firma stellt eine Nussmischung her. Bei der Produktion werden 60 % Haselnüsse und 40 % Walnüsse verwendet, die vor dem Abfüllen in Tüten gut gemischt werden. Tamar nimmt vier Nüsse zufällig aus einer Tüte mit 12 Haselnüssen und 8 Walnüssen heraus und isst sie. Die Zufallsgrößen X bzw. Y zählen, wie viele Haselnüsse bzw. Walnüsse Tamar isst. Bestimmen Sie die Wahrscheinlichkeiten
a) $P(X = 4)$
b) $P(Y = 1)$
c) $P(X > 0)$
d) $P(Y \leq 1)$

11 Die Wahrscheinlichkeit für die Geburt eines Jungen beträgt 0,515. Bestimmen Sie bei einer Familie mit fünf Kindern die Wahrscheinlichkeit für folgende Reihenfolge der Geburten.
a) erst vier Söhne und dann eine Tochter
b) erst vier Töchter und dann ein Sohn

Test

Lösungen | Seite 249

12 Berechnen Sie die Wahrscheinlichkeit, bei fünf Würfen mit einem Würfel
a) mindestens eine Sechs zu werfen,
b) ausschließlich verschiedene Augenzahlen zu erhalten,
c) die erste Sechs erst beim fünften Wurf zu erzielen.

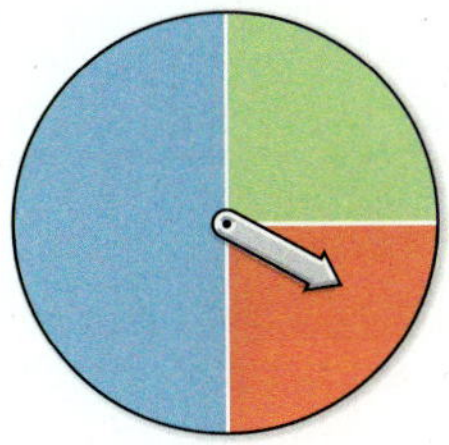

13 Bei einer Lotterie zahlt man einen Einsatz von 50 Cent und dreht das Glücksrad zweimal. Bei zwei gleichen Farben wird ein Euro ausbezahlt, sonst nichts.
a) Geben Sie die Wahrscheinlichkeitsverteilung der Zufallsgröße „Gewinn in Euro“ an.
b) Berechnen Sie den Erwartungswert für den Gewinn.
c) Untersuchen Sie, ob man den Einsatz so ändern kann, dass die Lotterie fair ist.

14 Beim „Mini-Lotto“ werden auf dem Tippschein genau drei Zahlen zwischen 1 und 10 angekreuzt. Aus einer Urne mit 10 entsprechend nummerierten Kugeln wird dreimal ohne Zurücklegen gezogen.
a) Bestimmen Sie die Wahrscheinlichkeit, dass alle drei Zahlen richtig getippt sind, wenn es auf die Reihenfolge der Ziehung nicht ankommt.
b) Bestimmen Sie die Wahrscheinlichkeit, dass man „zwei Richtige“ hat.

15 Chuck-a-luck ist ein Würfelspiel aus Amerika mit folgenden Regeln:
It is played with three dice and a layout numbered from one to six upon which the players place their bets. The banker then rolls the dice by turning over an hourglass shaped wire cage in which they are contained. The payoffs are usually 1 to 1 on singles, 2 to 1 on pairs, and 3 to 1 on triples appearing on the dice; for example, if a player places a bet on six and two sixes appear on the dice, the player is paid off at 2 to 1. The game can be found in some American and European casinos and gambling houses.
Ein Spieler setzt einen Dollar auf „Sechs“. Berechnen Sie, wie viel er auf lange Sicht gewinnt oder verliert.

Grundwissen Test

Grundwissen
Seite 214
Lösung | Seite 250

16 Bestimmen Sie eine Stammfunktion.
a) $f(x) = 2x^2$
b) $f(x) = 5x$
c) $f(x) = 12x^5$
d) $f(x) = 1 - 3x^2$
e) $f(x) = 2e^x$
f) $f(x) = e^{-x}$
g) $f(x) = \cos(2x)$
h) $f(x) = \frac{1}{x^2}$
i) $f(x) = \frac{5}{x}$
j) $f(x) = 8e^{-4x}$
k) $f(x) = \sqrt{x}$
l) $f(x) = \sin(\pi x)$

3 Varianz und Standardabweichung bei Zufallsgrößen

Beim linken Glücksrad hat der grüne Ausschnitt rechts unten den Mittelpunktswinkel 72°, beim rechten Glücksrad 36°. Die Zahlen geben die Auszahlung in Euro an, wenn der Zeiger im betreffenden Ausschnitt stehen bleibt. Bei beiden Spielen ist der Erwartungswert für die Auszahlung gleich groß. Versuchen Sie, den Unterschied durch eine weitere Kenngröße zu beschreiben.

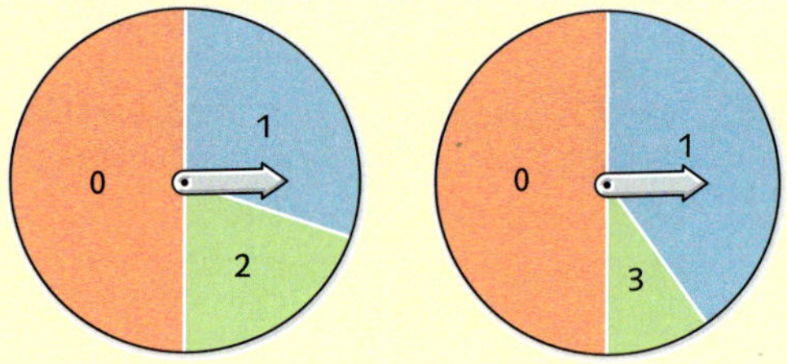

Häufigkeitsverteilungen charakterisiert man durch die Kenngrößen arithmetisches Mittel $\overline{x}$, empirische Varianz v bzw. Standardabweichung s. Für Zufallsgrößen werden entsprechende theoretische Kenngrößen festgelegt. Der Erwartungswert μ entspricht dem arithmetischen Mittel und wurde bereits eingeführt. Entsprechend der empirischen Varianz v bzw. Standardabweichung s werden hier die (theoretische) Varianz V bzw. Standardabweichung σ definiert.

Bei einem Spiel wird zunächst 1€ Einsatz bezahlt. Dann wird das Glücksrad dreimal gedreht. Wenn „einmal blau" erscheint, erhält man als Auszahlung 1€, bei „zweimal blau" 3€ und bei „dreimal blau" 6€. Im Folgenden wird untersucht, ob man bei diesem Spiel auf lange Sicht gewinnt. Der Gewinn X (in €) ist eine Zufallsgröße, die die Werte −1, 0, 2 und 5 annehmen kann. Mit einem Baumdiagramm kann man die zugehörigen Wahrscheinlichkeiten bestimmen und damit die Wahrscheinlichkeitsverteilung der Zufallsgröße X in einer Tabelle darstellen.

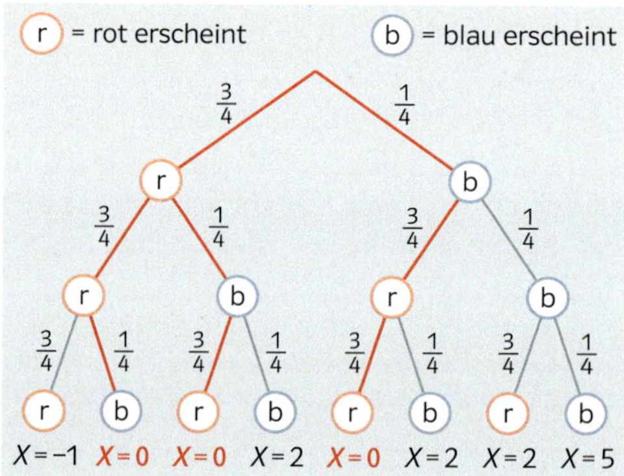

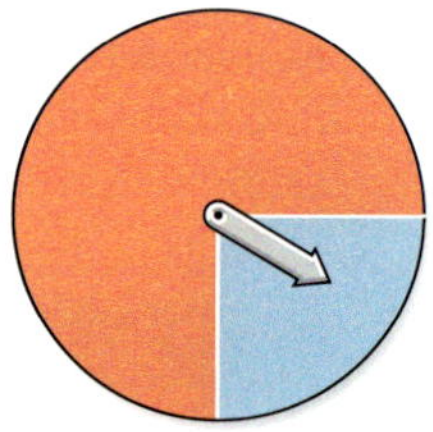

Den Ergebnissen rrb, rbr und brr ist z.B. der Gewinn X = 0 zugeordnet (rot gekennzeichnete Pfade). (Gewinn = Auszahlung minus Einsatz).

Die Wahrscheinlichkeit, dass X den Wert 0 annimmt, ist z.B.
$P(X = 0) = \frac{3}{4} \cdot \frac{3}{4} \cdot \frac{1}{4} + \frac{3}{4} \cdot \frac{1}{4} \cdot \frac{3}{4} + \frac{1}{4} \cdot \frac{3}{4} \cdot \frac{3}{4} = \frac{27}{64}$.

g	−1	0	2	5
P(X = g)	$\frac{27}{64}$	$\frac{27}{64}$	$\frac{9}{64}$	$\frac{1}{64}$

Als Erwartungswert von X ergibt sich $\mu = (-1) \cdot \frac{27}{64} + 0 \cdot \frac{27}{64} + 2 \cdot \frac{9}{64} + 5 \cdot \frac{1}{64} = -\frac{1}{16} \approx -0{,}06$. Bei dem Spiel wird man also auf lange Sicht pro Spiel etwa 6 Cent verlieren. Der Erwartungswert μ gibt an, welcher Wert bei einer großen Zahl von Durchführungen des Zufallsexperiments durchschnittlich zu erwarten ist. Er ist also eine Prognose für den Mittelwert.
Für empirische Varianz v bzw. Standardabweichung s werden analog theoretische Kenngrößen V bzw. σ festgelegt, welche die Streuung der Wahrscheinlichkeitsverteilung von X um den Erwartungswert μ beschreiben und Prognosen für die empirischen Kenngrößen sind.

Man erhält $V = \left(-1 + \frac{1}{16}\right)^2 \cdot \frac{27}{64} + \left(0 + \frac{1}{16}\right)^2 \cdot \frac{27}{64} + \left(2 + \frac{1}{16}\right)^2 \cdot \frac{9}{64} + \left(5 + \frac{1}{16}\right)^2 \cdot \frac{1}{64} \approx 1{,}37$ und

$\sigma = \sqrt{V} \approx 1{,}17$.

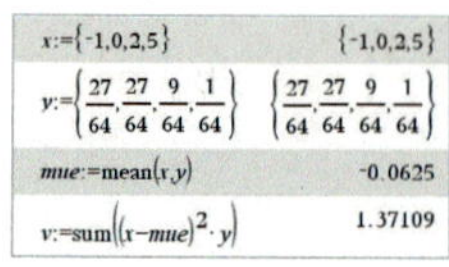

Berechnung der Varianz mit einem Rechner

Definition: Für eine Zufallsgröße X mit den Werten $x_1, x_2, \ldots, x_n$ und Erwartungswert μ heißt $V = (x_1 - \mu)^2 \cdot P(X = x_1) + \ldots + (x_n - \mu)^2 \cdot P(X = x_n)$ **Varianz von X** und $\sigma = \sqrt{V}$ **Standardabweichung von X.**
Die Standardabweichung von X gibt an, welche empirische Standardabweichung man bei ausreichend großer Versuchszahl auf lange Sicht erwartet.

Statt V wird auch V(X) oder σ^2 verwendet. Die Standardabweichung hat gegenüber der Varianz den Vorteil, dass sie die gleiche Einheit wie die Zufallsgröße hat

Beispiel 1 Erwartungswert, Varianz und Standardabweichung ohne Rechner berechnen

Aus der Urne werden drei Kugeln mit Zurücklegen gezogen.
Die Zufallsgröße X zählt die Zahl der roten Kugeln.
Berechnen Sie den Erwartungswert, die Varianz und die Standardabweichung von X.

Lösung

Man bestimmt zunächst die Wahrscheinlichkeitsverteilung von X:

k	0	1	2	3
P(X = k)	$\frac{1}{27}$	$\frac{6}{27}$	$\frac{12}{27}$	$\frac{8}{27}$

Damit ergibt sich
- der Erwartungswert $\mu = 0 \cdot \frac{1}{27} + 1 \cdot \frac{6}{27} + 2 \cdot \frac{12}{27} + 3 \cdot \frac{8}{27} = 2$,
- die Varianz $V = (0-2)^2 \cdot \frac{1}{27} + (1-2)^2 \cdot \frac{6}{27} + (2-2)^2 \cdot \frac{12}{27} + (3-2)^2 \cdot \frac{8}{27} = \frac{18}{27} = \frac{2}{3}$,
- die Standardabweichung $\sigma = \sqrt{\frac{2}{3}} = \frac{1}{3}\sqrt{6} \approx 0{,}8$, da $0{,}8^2 = 0{,}64 \approx \frac{2}{3}$.

Beispiel 2 Modell und Realität

a) Gegeben sei die Zufallsgröße X: Augensumme beim Würfeln mit zwei Würfeln. Bestimmen Sie die Wahrscheinlichkeitsverteilung, den Erwartungswert und die Standardabweichung von X.

b) Würfeln Sie 100-mal mit zwei Würfeln oder simulieren Sie die Würfe mit Ihrem Rechner. Berechnen Sie Mittelwert und empirische Standardabweichung Ihrer Urliste. Erstellen Sie den Graph der Häufigkeitsverteilung. Vergleichen Sie mit der Wahrscheinlichkeitsverteilung aus a).

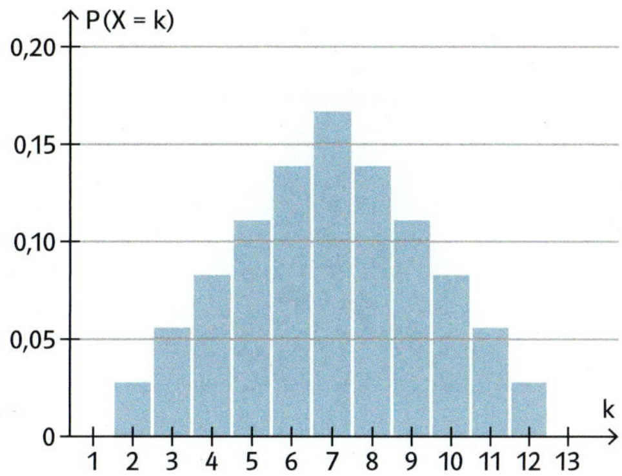

Lösung

a) Wahrscheinlichkeitsverteilung (Graph siehe oben):

k	2	3	4	5	6	7	8	9	10	11	12
P(X = k)	$\frac{1}{36}$	$\frac{2}{36}$	$\frac{3}{36}$	$\frac{4}{36}$	$\frac{5}{36}$	$\frac{6}{36}$	$\frac{5}{36}$	$\frac{4}{36}$	$\frac{3}{36}$	$\frac{2}{36}$	$\frac{1}{36}$

So berechnet man z.B. $P(X = 5)$:
Zum Ereignis „X = 5" gehören die vier Ergebnisse 1-4, 2-3, 3-2 und 4-1.
Da alle Ergebnisse gleich wahrscheinlich sind, ist $P(X = 5) = \frac{4}{36}$.

Erwartungswert: $\mu = 2 \cdot \frac{1}{36} + 3 \cdot \frac{2}{36} + \ldots + 12 \cdot \frac{1}{36} = \frac{252}{36} = 7$

Standardabweichung: $\sigma = \sqrt{(2-7)^2 \cdot \frac{1}{36} + (3-7)^2 \cdot \frac{2}{36} + \ldots + (12-7)^2 \cdot \frac{1}{36}} \approx 2{,}41$

b) Bei der dargestellten Simulation ergibt sich: $\bar{x} = 6{,}85 \approx \mu$, $s = 2{,}4099 \approx \sigma$.
Der Mittelwert $\bar{x}$ wird durch den Erwartungswert μ und die empirische Standardabweichung s durch die Standardabweichung σ gut vorhergesagt.
Die Werte der Häufigkeitsverteilung sind zufallsbedingt nicht so regelmäßig verteilt wie bei der Wahrscheinlichkeitsverteilung.

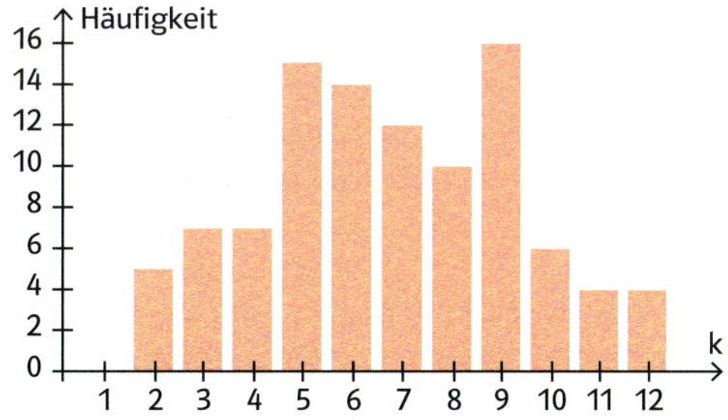

Aufgaben

○ **1** Berechnen Sie den Erwartungswert, die Varianz und die Standardabweichung der Zufallsgröße X mit der nebenstehenden Wahrscheinlichkeitsverteilung.

k	−10	0	5	10
P(X = k)	$\frac{1}{4}$	$\frac{1}{6}$	$\frac{1}{2}$	$\frac{1}{12}$

○ **2** Aus der Urne werden zwei Kugeln ohne Zurücklegen gezogen. Die Zufallsgröße X zählt die Zahl der roten Kugeln.

a) Berechnen Sie den Erwartungswert, die Varianz und die Standardabweichung von X.

b) Geben Sie an, wie groß die empirischen Kenngrößen bei einer langen Versuchsserie des Experiments etwa sein werden.

○ **3** Die Zufallsgröße X gibt den Gewinn in Euro bei einem Glücksspiel mit Einsatz 1€ an. Die Tabelle gibt ihre Wahrscheinlichkeitsverteilung an.

g	−1	0	1	4
P(X = g)	$\frac{2}{3}$	$\frac{1}{6}$	$\frac{1}{10}$	$\frac{1}{15}$

a) Berechnen Sie den Erwartungswert und die Standardabweichung von X.

b) Wie groß muss der Einsatz sein, damit das Spiel fair ist?

c) Untersuchen Sie, ob sich der Erwartungswert und die Standardabweichung von X ändern, wenn man den Einsatz auf 2€ erhöht.

○ **4** a) Eine Katze erwartet Drillinge. Die Wahrscheinlichkeit, dass ein Jungtier männlich wird, betrage 50 % (Modellannahme, die näherungsweise stimmt).
Die Zufallsgröße X gibt an, wie viele der drei Jungtiere männlich werden.
Bestimmen Sie Erwartungswert und Standardabweichung von X.

b) Fassen Sie die Drillingsgeburt als Zufallsexperiment auf, simulieren sie es mit einer Münze oder einem Rechner und erläutern Sie anhand dieser Simulation den Zusammenhang zwischen Mittelwert $\bar{x}$ und Erwartungswert μ bzw. empirischer Standardabweichung s und Standardabweichung σ.

O Test

Lösungen | Seite 250

5 Berechnen Sie für die Zufallsgröße X mit der Wahrscheinlichkeitsverteilung in der Tabelle den Erwartungswert und die Standardabweichung.

k	−2	1	4	7
P(X = k)	5 %	20 %	40 %	35 %

6 Bei einer Lotterie zahlt man einen Einsatz von 50 Cent und dreht das Glücksrad zwei Mal. Bei zwei gleichen Farben wird ein Euro ausbezahlt, sonst nichts.

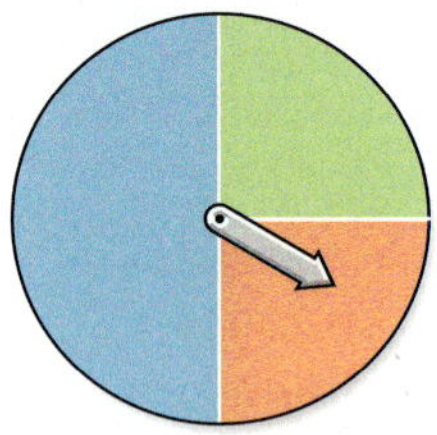

a) Geben Sie die Wahrscheinlichkeitsverteilung der Zufallsgröße „Gewinn in Euro“ an.

b) Berechnen Sie den Erwartungswert und die Varianz für den Gewinn.

c) Wie muss man den Einsatz ändern, damit die Lotterie fair ist?

◒ **7** In einem Beutel liegen zwei 1-Cent- und zwei 2-Cent-Münzen.
Gegeben sei die Zufallsgröße X: Anzahl von „Wappen“ beim Wurf von vier Münzen.

a) Berechnen Sie den Erwartungswert und die Standardabweichung von X.

b) Simulieren Sie 200 Würfe mit vier Münzen. Berechnen Sie das arithmetische Mittel und die empirische Standardabweichung für die Anzahl von „Wappen“. Vergleichen Sie mit a).

8 In einem Beutel liegen zwei 1-Cent- und zwei 2-Cent-Münzen.
Jana zieht zwei Münzen ohne Zurücklegen.
a) Geben Sie drei Zufallsgrößen an, die man bei diesem Experiment beobachten kann.
b) Berechnen Sie Erwartungswert und Standardabweichung dieser Zufallsgrößen.

9 Aus einem Beutel mit zwölf 50-Cent-Münzen, fünf 1-Euro-Münzen und acht 2-Euro-Münzen nimmt man zwei Münzen.
a) Bestimmen Sie, welchen Geldbetrag man durchschnittlich herausziehen wird. Berechnen Sie die Standardabweichung der Geldbeträge.
b) Benennen Sie weitere Zufallsgrößen, die zu diesem Experiment passen könnten.

Test

Lösung | Seite 250

10 Bei den Eishockey-Playoff-Spielen (best of five) spielen zwei Mannschaften so oft gegeneinander, bis eine der beiden drei Spiele für sich entschieden hat. Das ist nach höchstens fünf Spielen der Fall. Berechnen Sie, mit wie vielen Spielen man im Mittel rechnen muss, wenn beide Mannschaften gleich stark sind. Berechnen Sie die zugehörige Standardabweichung.

11 Ein Medikament heilt eine Krankheit mit 80 %iger Wahrscheinlichkeit. Drei Patienten werden mit diesem Medikament behandelt. Die Anzahl der geheilten Patienten kann man als Zufallsgröße Y deuten.
a) Bestimmen Sie die Wahrscheinlichkeitsverteilung von Y sowie den Erwartungswert μ und die Standardabweichung σ.
b) Die Heilung eines Patienten ist eine Zufallsgröße X mit den Werten 0 und 1. Kontrollieren Sie für die Zufallsgröße Y aus Aufgabenteil a) die folgende Aussage aus einem Stochastikbuch: „Die Punktzahl beim Drehen eines Glücksrades ist eine Zufallsgröße X mit Erwartungswert μ und Varianz V. Wenn man es n-mal hintereinander dreht, ist die Punktsumme eine Zufallsgröße Y mit dem Erwartungswert $n \cdot \mu$ und der Varianz $n \cdot V$. Man kann damit aus den Kenngrößen der Zufallsgröße X sofort die Kenngrößen der zugehörigen Summengrößen Y berechnen."

12 Das $\frac{1}{\sqrt{n}}$-Gesetz besagt: Wenn man aus n Messwerten den Mittelwert bildet, verkleinert sich die Standardabweichung mit dem Faktor $\frac{1}{\sqrt{n}}$.
Die fehlerbehaftete Messung einer Größe mit dem exakten Wert 10 soll durch eine Zufallsgröße X simuliert werden, die alle ganzzahligen Werte zwischen 7 und 13 mit gleicher Wahrscheinlichkeit $\frac{1}{7}$ annimmt. X steht dabei für den gemessenen, fehlerbehafteten Wert. Der exakte Wert 10 wird nur mit Wahrscheinlichkeit $\frac{1}{7}$ getroffen.
a) Bestätigen Sie: Der Erwartungswert von X ist $\mu = 10$, die Standardabweichung ist $\sigma = 2$.
b) Bestätigen Sie durch eine Simulation für $n = 4$, 16, 64 bzw. 256: Für den Mittelwert aus n Messwerten gilt $\mu = 10$ und $\sigma = \frac{2}{\sqrt{n}}$.

Grundwissen Test

Grundwissen
Seite 214
Lösung | Seite 250

13 Berechnen Sie das Integral.

a) $\int_0^2 2x\,dx$
b) $\int_{-1}^1 (2 + 3x^2)\,dx$
c) $\int_0^1 \sqrt{x}\,dx$
d) $\int_0^\pi \cos(x)\,dx$
e) $\int_0^\pi \sin(3x)\,dx$
f) $\int_1^2 \left(\frac{x}{2} - \frac{1}{x^2}\right)dx$
g) $\int_{-\pi}^\pi (1 - 2\sin(x))\,dx$
h) $\int_0^2 \left(\frac{1}{2}e^x - x\right)dx$
i) $\int_{-1}^1 4e^{\frac{1}{2}x}\,dx$
j) $\int_0^{\frac{1}{3}} \frac{3}{4}e^{3x-1}\,dx$
k) $\int_1^e \frac{4}{x}\,dx$
l) $\int_0^{\frac{1}{2}} \frac{1}{2x+1}\,dx$

4 Vierfeldertafel – bedingte Wahrscheinlichkeit

Jugendliche wurden nach Rauchverhalten und Zufriedenheit mit dem Körpergewicht befragt. Wie hoch ist die Wahrscheinlichkeit, dass der Befragte mit seinem Gewicht zufrieden ist? Wie ändert sich die Wahrscheinlichkeit, wenn man weiß, dass man einen Raucher befragt?

	Z	$\overline{Z}$	
R	15	12	27
$\overline{R}$	45	28	73
	60	40	100

Vierfeldertafel mit Wahrscheinlichkeiten
Z: mit Gewicht zufrieden $\overline{Z}$: unzufrieden
R: Raucher $\overline{R}$: Nichtraucher

Wenn man in statistischen Erhebungen zwei Merkmale wie z. B. Geschlecht und Körpergröße gleichzeitig untersucht, kann das Vorwissen über ein Merkmal die Wahrscheinlichkeiten des anderen beeinflussen. Man spricht von **bedingten Wahrscheinlichkeiten**.
Das lässt sich am Urnenmodell verdeutlichen.

Aus der Urne (Fig. 1) wird eine Kugel gezogen. Die Wahrscheinlichkeit, eine markierte (Ereignis M) zu erwischen, ist $P(M) = \frac{5}{10} = 50\,\%$, denn von den 10 Kugeln sind 5 markiert (letzte Zeile von Fig. 2). Wenn man aber schon weiß, dass die gezogene Kugel rot ist (etwa weil die roten Kugeln sich rauer anfühlen), ist in Fig. 2 nur die erste Zeile relevant. Die Wahrscheinlichkeit für „Markierung" erhöht sich auf $\frac{3}{4} = 75\,\%$, denn es kommen nur noch 4 Kugeln infrage, von denen 3 markiert sind.
Das Vorwissen über die Farbe ändert also die Wahrscheinlichkeit für eine markierte Kugel.

	mit Punkt (M)	ohne Punkt ($\overline{M}$)	Summe
rot (R)	3	1	4
nicht rot ($\overline{R}$)	2	4	6
Summe	5	5	10

Fig. 2

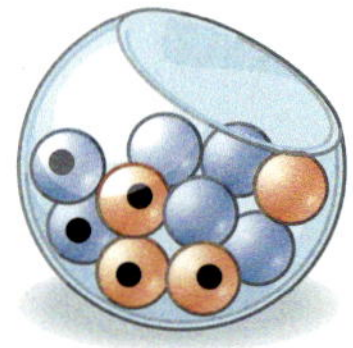

Fig. 1

Aus der Vierfeldertafel lassen sich einige Wahrscheinlichkeiten direkt entnehmen:
$P(R) = \frac{4}{10}$, $P(\overline{R}) = \frac{6}{10}$ (rechte Spalte)
$P(M) = \frac{5}{10}$, $P(\overline{M}) = \frac{5}{10}$ (letzte Zeile)
$P(R \cap M) = \frac{3}{10}$ (erstes Feld, erste Zeile)

Man bezeichnet die Wahrscheinlichkeit für eine Markierung (M) unter der Bedingung rot (R) als **bedingte Wahrscheinlichkeit** und schreibt $P_R(M) = \frac{3}{4} = 75\,\%$.
Man erhält sie, indem man den Inhalt der ersten Zelle von Fig. 2 durch die zugehörige Zeilensumme teilt. Ebenso verändert das Wissen über die Markierung die Wahrscheinlichkeit der Farbe: Die Wahrscheinlichkeit für rot ist $P(R) = \frac{4}{10}$. Wenn man weiß, dass die Kugel markiert ist (M), wächst sie auf $P_M(R) = \frac{3}{5}$. Man teilt den Inhalt der ersten Zelle von Fig. 2 durch die zugehörige Spaltensumme.
Je nachdem, welches Merkmal (Markierung oder Farbe) man zuerst betrachtet, lässt sich die in der Vierfeldertafel steckende Information in unterschiedlichen Baumdiagrammen darstellen.

Das bedingende Ereignis R wird als Index notiert. Man liest $P_R(M)$: „Wahrscheinlichkeit von M unter der Bedingung R".

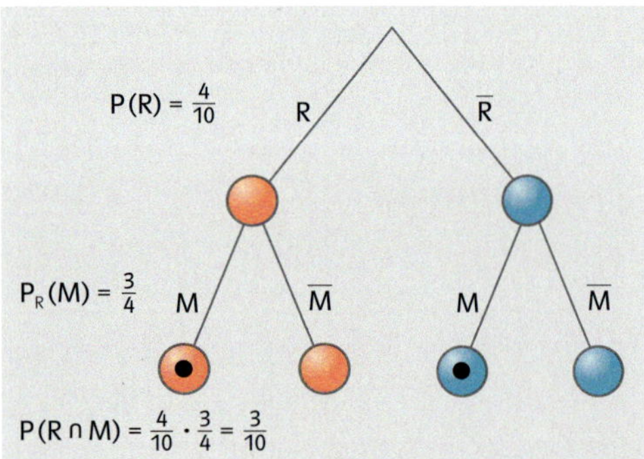

Fig. 3 Erst Farbe, dann Markierung

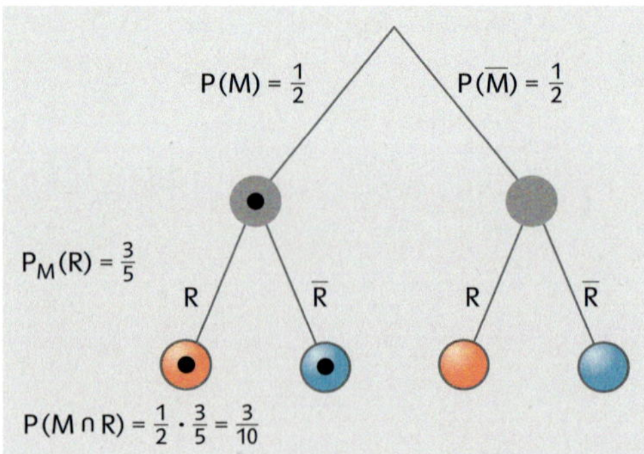

Fig. 4 Erst Markierung, dann Farbe

Bei Fig. 3 ist R das bedingende Ereignis für das bedingte Ereignis M.
Bei Fig. 4 ist M das bedingende Ereignis für das bedingte Ereignis R.

Man findet die bedingten Wahrscheinlichkeiten an den Pfaden der zweiten Stufe wieder und erkennt, dass sich die Wahrscheinlichkeiten für das Ereignis $R \cap M$ wie folgt berechnen lassen: $P(R \cap M) = P(R) \cdot P_R(M)$ bzw. $P(R \cap M) = P(M) \cdot P_M(R)$. Damit erhält man

$P_R(M) = \frac{P(R \cap M)}{P(R)}$ und $P_M(R) = \frac{P(R \cap M)}{P(M)}$.

Satz: $P_E(F)$ ist die **bedingte Wahrscheinlichkeit** für das Ereignis F, wenn man weiß, dass E eingetreten ist. $P(E \cap F)$ ist die Wahrscheinlichkeit dafür, dass sowohl E als auch F eingetreten sind. Es gilt $P_E(F) = \frac{P(E \cap F)}{P(E)}$ bzw. $P_F(E) = \frac{P(E \cap F)}{P(F)}$.

In Vierfeldertafeln sind bedingte Wahrscheinlichkeiten Anteile von Zelleninhalten an Zeilen- bzw. Spaltensummen.

Beispiel Vierfeldertafel verwenden

Gegeben ist die nebenstehende Vierfeldertafel.

a) Bestimmen Sie $P(E)$, $P(F)$, $P(E \cap F)$, $P_E(F)$ und $P_F(E)$ sowie $P_{\overline{E}}(F)$.

b) Stellen Sie die Informationen der Vierfeldertafel in zwei verschiedenen Baumdiagramm dar.

	E	$\overline{E}$	
F	10%	5%	15%
$\overline{F}$	50%	35%	85%
	60%	40%	100%

Lösung

a) $P(E) = 0{,}1 + 0{,}5 = 0{,}6$; $P(\overline{E}) = 0{,}4$; $P(F) = 0{,}1 + 0{,}05 = 0{,}15$; $P(E \cap F) = 0{,}1$; $P(\overline{E} \cap F) = 0{,}05$,

also $P_E(F) = \frac{P(E \cap F)}{P(E)} = \frac{0{,}1}{0{,}6} = \frac{1}{6}$; $P_F(E) = \frac{P(E \cap F)}{P(F)} = \frac{0{,}1}{0{,}15} = \frac{2}{3}$; $P_{\overline{E}}(F) = \frac{P(\overline{E} \cap F)}{P(\overline{E})} = \frac{0{,}05}{0{,}4} = \frac{1}{8}$.

Beim Vertauschen von bedingendem und bedingtem Ereignis können sich sehr unterschiedliche bedingte Wahrscheinlichkeiten ergeben.

b) Variante 1:

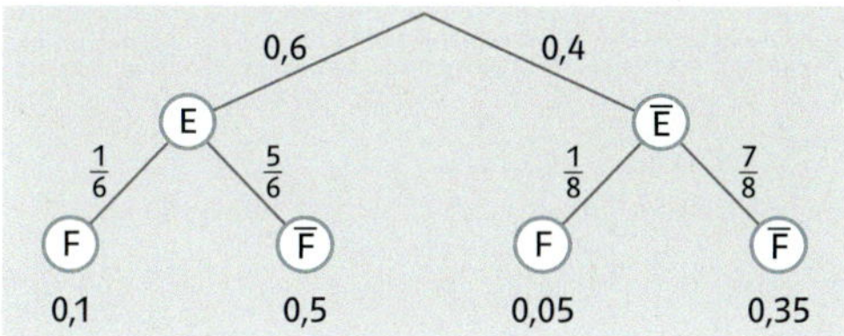

Variante 2:

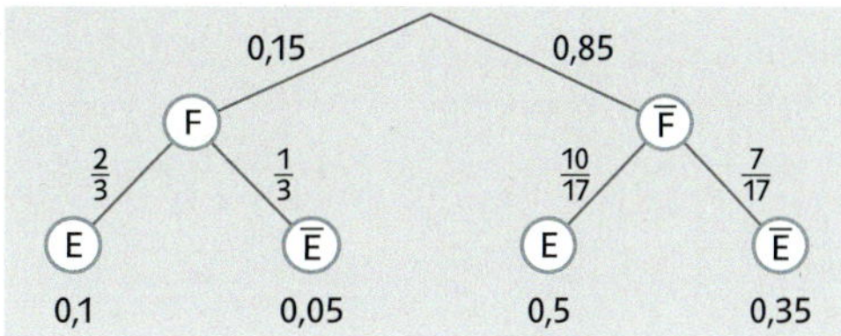

Aufgaben

○ 1 Eine Münze wird dreimal geworfen. Berechnen Sie $P_E(F)$ und $P_F(E)$. Beschreiben Sie die gesuchten Wahrscheinlichkeiten in Worten.

a) E: „Beim zweiten Wurf lag „Zahl" oben." F: „Es lag dreimal „Zahl" oben."

b) E: „Beim ersten Wurf lag „Zahl" oben." F: „Es lag genau einmal „Zahl" oben."

○ 2 In einer Fabrik werden von Montag bis Freitag täglich 200 Autos produziert. Am Montag ist die Wahrscheinlichkeit für Mängel am größten. Von Dienstag bis Freitag liegt sie bei konstant 4%.
Vervollständigen Sie die Vierfeldertafel und bestimmen Sie

	Mo.	Di.- Fr.	Summe
ohne Mängel	180		
mit Mängeln			
Summe	200	800	1000

a) die Wahrscheinlichkeit, ein Auto mit Mängeln zu erhalten,

b) die Wahrscheinlichkeit, ein Auto mit Mängeln zu erhalten, wenn man weiß, dass das Auto an einem Montag produziert wurde,

c) die Wahrscheinlichkeit, dass das Auto an einem Montag produziert wurde, wenn man weiß, dass es Mängel hat.

3 Gegeben ist die nebenstehende Vierfeldertafel.

a) Vervollständigen Sie.

b) Berechnen Sie die bedingten Wahrscheinlichkeiten $P_F(U)$ und $P_U(F)$.

	U	$\overline{U}$	
F	0,3	0,2	
$\overline{F}$	0,4		
		0,3	1

c) Zeichnen Sie zwei zugehörige Baumdiagramme und beschriften Sie diese vollständig. Geben Sie an, wo Sie die in b) berechneten Wahrscheinlichkeiten wiederfinden.

d) Fassen Sie die Informationen der Tabelle in Worte. Dabei sollen die Ereignisse wie folgt interpretiert werden: F: weiblich, U: macht wöchentlich mehr als 7h Hausaufgaben.

4 a) Übersetzen Sie das nebenstehende Baumdiagramm in eine Vierfeldertafel.

b) Konstruieren Sie ein zweites Baumdiagramm, das zur Vierfeldertafel passt.

c) Denken Sie sich einen Kontext aus, zu dem die Baumdiagramme passen könnten.

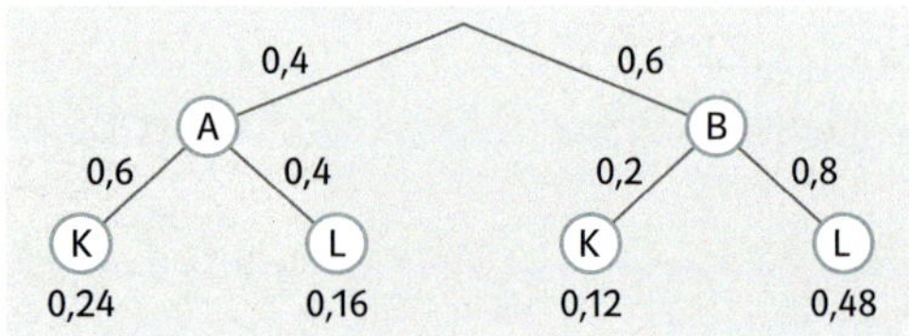

Test

Lösungen | Seite 250

5 Eine der Zahlen 1, 2, 3, …, 100 wird zufällig ausgewählt.

a) Bestimmen Sie die Wahrscheinlichkeit, dass diese Zahl ein Vielfaches von 5 ist, wenn man weiß, dass sie ein Vielfaches von 4 ist.

b) Bestimmen Sie die Wahrscheinlichkeit, dass diese Zahl ein Vielfaches von 5 ist, wenn man weiß, dass sie ein Vielfaches von 4 und ein Vielfaches von 3 ist.

6 a) Ergänzen Sie die unvollständige Vierfeldertafel. Notieren Sie zwei zugehörige Baumdiagramme.

b) Lesen Sie möglichst viele bedingte Wahrscheinlichkeiten ab.

	Z	$\overline{Z}$	
R	30 %		40 %
$\overline{R}$		30 %	
	60 %		

7 Mithilfe von Tests versuchen Mediziner herauszufinden, ob eine bestimmte Erkrankung vorliegt: In der Sprache der Mediziner spricht dabei ein positives Testergebnis für das Vorliegen der Erkrankung.
Lesen Sie aus der Vierfeldertafel ab, wie groß die Wahrscheinlichkeit ist, dass

	K: krank	G: gesund	
Test +	0,15	0,1	0,25
Test –	0,05	0,7	0,75
	0,2	0,8	1

+ bedeutet: der Test schlägt an
– bedeutet: negatives Testergebnis

a) ein Patient mit positivem Testergebnis tatsächlich krank ist,

b) der Test bei einem Kranken tatsächlich anschlägt (positiv ist).

c) Prüfen Sie die Gültigkeit der Ungleichungen $P_+(K) > P(K)$ bzw. $P_-(K) < P(K)$ und fassen Sie die Bedeutung dieser Ungleichungen in Worte.

8 In die Klasse 7c gehen 20 Jungen und 12 Mädchen. Jeder vierte Junge und drei von vier Mädchen lernen ein Musikinstrument zu spielen. Frau Jäger hört dort jemanden musizieren. Bestimmen Sie die Wahrscheinlichkeit, dass es sich um ein Mädchen handelt.

9 a) Geben Sie die Zusammensetzung einer Klasse mit 30 Kindern an, in der die meisten Jungen Fußball spielen, aber die meisten Fußballspieler Mädchen sind.

b) A bedeute „Junge“, B „Fußballspieler“. Berechnen Sie für Ihr Beispiel $P_A(B)$, $P(B)$, $P_B(A)$, $P(A)$.

10 Ein Lehrer berichtet aus seiner 5. Klasse: „Die meisten blonden Kinder sind Jungen".
Ein Kollege hat dagegen beobachtet, dass die meisten Mädchen in dieser Klasse blond sind.
a) Zeigen Sie anhand einer geeignet gewählten Vierfeldertafel, dass sich die Beobachtungen der beiden Lehrer nicht widersprechen müssen.
b) Notieren Sie die Aussagen der Lehrer formal.
c) Berechnen Sie für die oben gewählten Werte in Ihrer Vierfeldertafel die Wahrscheinlichkeit, dass ein zufällig ausgewähltes Kind der Klasse blond ist.

Test

Lösung | Seite 250

11 a) In einer Studie aus dem Jahr 2000 wurden Grundschulkinder nach ihrer Zufriedenheit mit dem eigenen Körper befragt.
Es wollten 9 % der Schüler zunehmen, 7 % Jungen, aber nur 2 % Mädchen. Berechnen Sie $P_A(J)$ und $P_J(A)$. Erläutern Sie die Bedeutung dieser Wahrscheinlichkeiten im Sachzusammenhang.

	A: zunehmen	B: bleiben	C: abnehmen	
J: Junge	7%	30%	19%	56%
M: Mädchen	2%	21%	21%	44%
	9%	51%	40%	100%

b) Sie treffen ein Kind aus der Studie, das mit seinem Gewicht zufrieden ist. Bestimmen Sie die Wahrscheinlichkeit, dass es sich um einen Jungen handelt.
c) Stellen Sie die Ergebnisse der Studie in einem Baumdiagramm dar, das auf der ersten Stufe das Geschlecht (J/M) berücksichtigt.
d) Stellen Sie die Ergebnisse in einem Baumdiagramm dar, das auf der ersten Stufe den Gewichtswunsch (A/B/C) berücksichtigt.

12 Bei einem medizinischen Test auf eine bestimmte Krankheit werden die Ereignisse E: „Die Person ist krank." und F: „Der Test erkennt die Krankheit (Test „positiv")." betrachtet.
Untersuchen Sie die Bedeutung der folgenden Wahrscheinlichkeiten. Beurteilen Sie, welche eher groß bzw. klein sein soll.
a) $P_E(F)$ b) $P_{\overline{E}}(F)$ c) $P_E(\overline{F})$ d) $P_{\overline{E}}(\overline{F})$

13 a) Konstruieren Sie eine Vierfeldertafel, bei der $P_E(B) > P(B)$ und $P_B(E) > P(E)$ gilt.
Erläutern Sie, dass man das so interpretieren kann: „Wenn ein Ereignis E ein Ereignis B begünstigt, dann begünstigt B auch E."
Werbepsychologen machen davon intensiv Gebrauch. Erläutern Sie das an folgendem Sachverhalt: Wenn eine erfolgreiche Person die Kleidung der Marke XY trägt, vertraut man darauf, dass man erfolgreich ist, wenn man die Marke XY trägt.
b) Beweisen Sie durch eine Termumformung, dass aus $P_E(B) > P(B)$ tatsächlich immer $P_B(E) > P(E)$ folgt, dass also aus „E begünstigt B" stets „B begünstigt E" folgt.
Tipp: Rechnen Sie mit den Variablen x, y, u und v in der nebenstehenden Tafel.

	E	$\overline{E}$
B	x	y
$\overline{B}$	u	v

$x + y + u + v = 1$

Hier geht es darum, ob bedingte Wahrscheinlichkeit und kausaler Zusammenhang gleich aufgefasst werden können.

Grundwissen Test

Grundwissen Seite 215
Lösungen | Seite 251

14 Berechnen Sie den Inhalt der Fläche, die der Graph von f mit der x-Achse einschließt.
a) $f(x) = 1 - x^2$ b) $f(x) = 2x - x^2$ c) $f(x) = x^3 - x^2$
d) $f(x) = e - e^x,\ x \geq 0$ e) $f(x) = (x - 2) \cdot (x + 3)$ f) $f(x) = 2\sin(2x);\ 0 \leq x \leq \pi$

15 Berechnen Sie den Inhalt der Fläche zwischen den Graphen der Funktionen f und g.
a) $f(x) = 2$, $g(x) = 6 - x^2$
b) $f(x) = x^2 - 2x$, $g(x) = 2x$
c) $f(x) = x + e^{-x}$, $g(x) = x^2 + e^{-x}$

5 Stochastische Unabhängigkeit

Beschriften Sie die Seiten eines Sechskant-Bleistifts mit den Augenzahlen 1 bis 6. Rollen Sie ihn 30-mal rechts herum und 30-mal links herum. Untersuchen Sie, ob die Wahrscheinlichkeiten, mit denen die einzelnen Seiten Ihres Stiftes „gewürfelt“ werden, von der Rollrichtung abhängen. Wenn Sie nach 30 Versuchen noch nicht klar sehen, erhöhen Sie den Versuchsumfang auf 60 oder 120.

	1	2	3	4	5	6
rechts						
links						

Wir haben eine intuitive Vorstellung davon, wann Ereignisse voneinander abhängig oder unabhängig sind. Es ist im Alltag nämlich nützlich, aus Abhängigkeiten Rückschlüsse von Beobachtungen auf Ursachen zu ziehen. Mit bedingten Wahrscheinlichkeiten gelingt es, den Begriff der Unabhängigkeit mathematisch zu präzisieren und das Ziehen von Rückschlüssen aus Beobachtungen zu verstehen. Das wird am Urnenmodell erläutert.

Aus einem Gefäß mit sechs roten und vier blauen Kugeln werden nacheinander zwei Kugeln zufällig gezogen. Es gibt die vier möglichen Ergebnisse: rr, rb, br und bb, deren Wahrscheinlichkeiten man den beiden Baumdiagrammen unten entnimmt. Wir betrachten die Ereignisse E: „Im ersten Zug rot.“ mit $E = \{rr, rb\}$ und F: „Im zweiten Zug rot.“ mit $F = \{rr, br\}$. Den Baumdiagrammen entnimmt man $P(E) = P(F) = 0{,}6$, egal, ob mit oder ohne Zurücklegen gezogen wird.

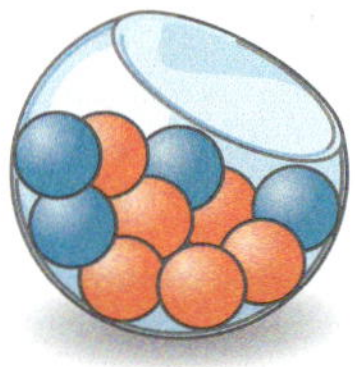

Ziehen mit Zurücklegen:
Der erste Zug beeinflusst den zweiten nicht.

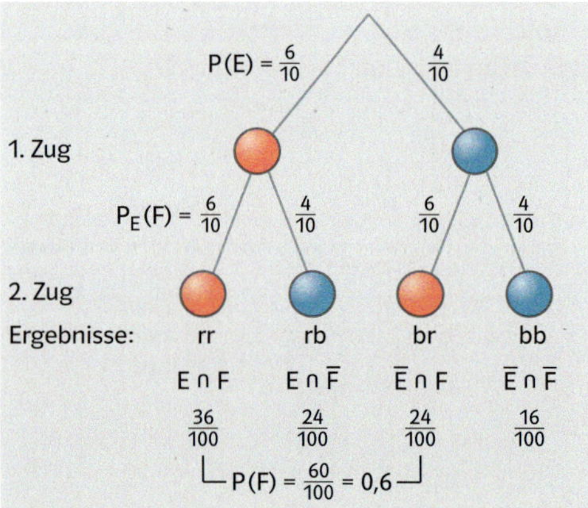

Die bedingten Wahrscheinlichkeiten (zweite Stufe) sind stets gleich.

Ziehen ohne Zurücklegen:
Der erste Zug beeinflusst den zweiten.

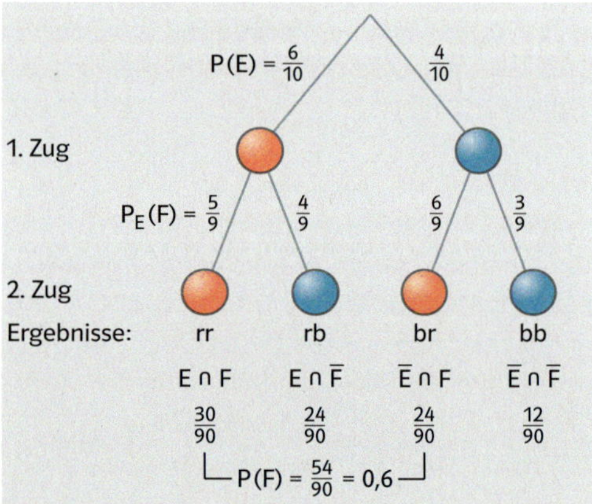

Die Wahrscheinlichkeiten (zweite Stufe) hängen von der ersten Stufe ab.

Beim Ziehen mit Zurücklegen ergeben sich auf der zweiten Stufe des Baumdiagramms die gleichen Wahrscheinlichkeiten, so gilt z. B. $P_E(F) = \frac{6}{10} = P(F)$.
Wenn man dagegen ohne Zurücklegen zieht, erhält man $P_E(F) = \frac{5}{9} \neq P(F)$.
Damit kann man Unabhängigkeit von Ereignissen definieren.

Definition: Zwei Ereignisse E und F heißen stochastisch unabhängig, wenn $P_E(F) = P(F)$.
Satz: Zwei Ereignisse E und F sind genau dann unabhängig, wenn $P(E \cap F) = P(E) \cdot P(F)$.

Den Zusatz „stochastisc
lässt man meist weg.

Der Satz ergibt sich, weil nach der Pfadregel stets $P(E \cap F) = P(E) \cdot P_E(F)$ gilt.

- Oft setzt man die Unabhängigkeit als Modellannahme voraus. Wenn man z.B. für eine Folge von Torwandschüssen Wahrscheinlichkeiten ausrechnen will, nimmt man an, dass die einzelnen Schüsse voneinander unabhängig sind. In Wirklichkeit ist das möglicherweise nicht so, da der Schütze sich vielleicht erst einschießen muss oder aber mit der Zeit ermüdet.
- Wenn nicht offensichtlich ist, ob sich Ereignisse E und F beeinflussen, verwendet man die Beziehung $P(E \cap F) = P(E) \cdot P(F)$, um zu prüfen, ob die Ereignisse unabhängig voneinander sind.
- Da sich bei Abhängigkeit wegen $P_E(F) \neq P(F)$ durch die Beobachtung von E die Wahrscheinlichkeit von F ändert, schätzt man nach der Beobachtung von E die Realität anders ein. Man hat aus der Beobachtung von E etwas über F „gelernt“.

Wie man das Lernen aus Erfahrung mit bedingten Wahrscheinlichkeiten modellieren kann, zeigt die Exkursion auf Seite 160.

Beispiel 1 Unabhängigkeit voraussetzen

a) Ein Streichholz zündet mit 95 % Wahrscheinlichkeit. Tim probiert zwei Hölzer. Bestimmen Sie die Wahrscheinlichkeit, dass beide Hölzer zünden, wenn die Zündvorgänge unabhängig sind.
b) Nennen Sie Argumente, die gegen die Unabhängigkeit sprechen könnten.

Lösung

a) Es sei E: „Erstes Holz zündet.“ mit $P(E) = 95\,\%$ und F: „Zweites Holz zündet.“ mit $P(F) = 95\,\%$. Man erhält $P(E \cap F) = 0{,}95 \cdot 0{,}95 = 0{,}9025$. Mit 90,25 % Wahrscheinlichkeit zünden beide Hölzer.
b) Die Reibefläche könnte durch das erste Holz beschädigt werden. Dann würde beim zweiten Versuch die Zündwahrscheinlichkeit kleiner. Andererseits könnte man durch das „Üben am ersten Holz“ beim zweiten Holz durch mehr Fingerspitzengefühl erfolgreicher werden.

Beispiel 2 Unabhängigkeit prüfen, aus Beobachtung lernen

Man würfelt zweimal und betrachtet die Ereignisse E: „Der erste Würfel zeigt eine 6.“ und F: „Die Augensumme liegt über 10.“.
a) Zeigen Sie: Die Ereignisse E und F sind abhängig.
b) Untersuchen Sie, wie sich Ereignis E auf Ereignis F auswirkt.

Lösung

a) Bei zweimaligem Würfeln gibt es die 36 Ergebnisse 1 – 1, 1 – 2, …, 6 – 6.
Es gilt $E = \{6-1, 6-2, 6-3, 6-4, 6-5, 6-6\}$; $F = \{6-5, 6-6, 5-6\}$; $E \cap F = \{6-5, 6-6\}$.
Daraus folgt $P(E) = \frac{6}{36} = \frac{1}{6}$; $P(F) = \frac{3}{36} = \frac{1}{12}$; $P(E \cap F) = \frac{2}{36} = \frac{1}{18}$ und somit $P(E \cap F) \neq P(E) \cdot P(F)$.
b) Mit den Ergebnissen aus Aufgabenteil a) erhält man $P_E(F) = \frac{P(E \cap F)}{P(E)} = \frac{\frac{2}{36}}{\frac{1}{6}} = \frac{1}{3}$. Wenn man also weiß, dass der erste Wurf „6“ zeigt, wächst die Wahrscheinlichkeit für eine Augensumme über 10 von $\frac{1}{12}$ auf $\frac{1}{3}$. Im Gegensatz zur stochastischen Abhängigkeit von E und F besteht keine kausale Abhängigkeit: Wenn der erste Würfel „6“ zeigt, folgt daraus nicht, dass die Augensumme über 10 ist.

Aufgaben

○ **1** 5 % aller Fahrgäste sind Schwarzfahrer. Zwei Sitznachbarn werden kontrolliert.
a) Bestimmen Sie die Wahrscheinlichkeit, dass sie beide einen Fahrschein besitzen, wenn beide Fahrgäste unabhängig voneinander handeln.
b) Nennen Sie Argumente, die gegen die Annahme der Unabhängigkeit sprechen könnten.

○ **2** ☒ Zwei Würfel werden geworfen. Untersuchen Sie die Ereignisse E und F auf Unabhängigkeit und bestimmen Sie $P_E(F)$.
Dabei ist E: „Der erste Würfel zeigt eine 6.“ und
a) F: „Die Augensumme beträgt 7“.
b) F: „Die Augensumme beträgt 8“.

○ **3** ☒ Untersuchen Sie bei Beispiel 2, wie sich Ereignis F auf Ereignis E auswirkt.

○ **4** Aus der Urne rechts werden nacheinander zwei Kugeln entnommen. Es sei E: „Die erste Kugel trägt den Buchstaben a“ und F: „Die zweite Kugel trägt den Buchstaben h“.

a) Die erste Kugel wird nach dem Ziehen zurückgelegt. Weisen Sie nach: $P(E \cap F) = P(E) \cdot P(F)$.

b) Die erste Kugel wird nach dem Ziehen nicht zurückgelegt. Weisen Sie nach: $P(E \cap F) \neq P(E) \cdot P(F)$. Berechnen Sie $P_E(F)$.

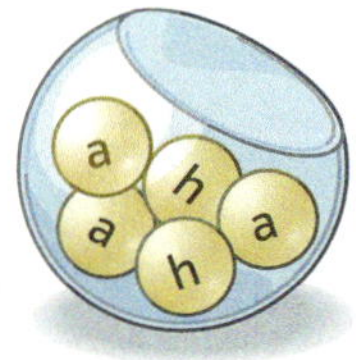

○ **5** In einem Gefäß befinden sich drei schwarze und drei weiße Kugeln. Es werden nacheinander zwei Kugeln gezogen, wobei die erste Kugel nicht zurückgelegt wird. Die Ereignisse E: „Die erste Kugel ist schwarz.“ und F: „Die zweite Kugel ist weiß.“, sollen auf Unabhängigkeit untersucht werden.

a) Stellen Sie die Situation in einem Baumdiagramm dar.

b) Übersetzen Sie die Situation in eine Vierfeldertafel.

c) Berechnen Sie $P_E(F)$ und $P_F(E)$.

○ **6** Man wirft eine Münze zweimal hintereinander und betrachtet die Ereignisse.

A: „Die erste Münze zeigt Wappen.“ B: „Die zweite Münze zeigt Wappen.“

C: „Beide Münzen zeigen Wappen.“ D: „Beide Münzen zeigen die gleiche Seite.“

Untersuchen Sie auf Unabhängigkeit, indem Sie eine Vierfeldertafel erstellen.

a) A und B b) A und C c) C und D d) A und D

e) Entnehmen Sie der Vierfeldertafel die bedingten Wahrscheinlichkeiten $P_A(B)$ und $P_B(A)$.

○ **7** Das Glücksrad wird zweimal gedreht. Es sei E: „Beim ersten Drehen erscheint rot.“

a) Untersuchen Sie, ob E und das Ereignis F: „Beim zweiten Drehen erscheint blau.“ unabhängig sind. Berechnen Sie $P_E(F)$ und $P_F(E)$.

b) Rot zählt 1 Punkt, gelb zählt 2 Punkte und blau zählt 3 Punkte. Untersuchen Sie, ob dann die Ereignisse E und F: „Man erzielt zusammen höchstens 3 Punkte.“ unabhängig sind.

○ Test

Lösung | Seite 251

8 In einem schwarzen Strumpf befinden sich vier rote und drei blaue Kugeln, in einem weißen Strumpf befinden sich acht rote und sechs blaue Kugeln. Es wird ein Strumpf ausgewählt und eine Kugel aus dem gewählten Strumpf gezogen.
Untersuchen Sie, ob die Ereignisse E: „Der schwarze Strumpf wird gewählt.“ und F: „Man zieht eine blaue Kugel.“ unabhängig sind. Wie ist es mit $\overline{E}$ und $\overline{F}$?

◒ **9** Die Vierfeldertafel zeigt, wie viele Schülerinnen und Schüler am Theodor-Heuss-Gymnasium (THG) und am Lise-Meitner-Gymnasium (LMG) einheimisch bzw. auswärtig sind.

	THG	LMG	gesamt
einheimisch	240	180	420
auswärtig	360	270	630
gesamt	600	450	1050

a) Untersuchen Sie, ob „Einheimischsein.“ und „Zum-THG-Gehen.“ unabhängig sind.

b) Ein Schüler verlässt das THG. Diskutieren Sie, wie sich das auf die Unabhängigkeit in Teilaufgabe a) auswirkt.

◒ **10** a) Ein medizinischer Test kann positiv (+) oder negativ (−) ausfallen. Erläutern Sie, welche Information Sie der Vierfeldertafel entnehmen können.

	gesund	krank	
+	0,01	0,09	0,1
−	0,89	0,01	0,9
	0,9	0,1	

b) Untersuchen Sie die Ereignisse „−“ und „gesund“ auf Unabhängigkeit.

c) Bestimmen Sie die Wahrscheinlichkeit, dass eine Person

I: mit positivem Testergebnis krank ist, II: mit negativem Testergebnis gesund ist.

11 Bei einer Reihenuntersuchung zum Nachweis einer Infektionskrankheit kommt ein Test mit der Sensitivität 99,9 % und der Spezifität 99,8 % zum Einsatz. Man geht aufgrund von statistischen Erhebungen davon aus, dass 0,1 % der Bevölkerung infiziert sind. Frank, der an der Reihenuntersuchung teilgenommen hat, erfährt von seinem positiven Testergebnis.

a) Bestimmen Sie die Wahrscheinlichkeit, dass Frank tatsächlich infiziert ist.

b) Frank unterzieht sich einem zweiten Test mit gleicher Sensitivität und Spezifität. Bestimmen Sie die Wahrscheinlichkeit, dass Frank infiziert ist, wenn auch dieser Test positiv ist.

c) Diskutieren Sie, ob sich die Wahrscheinlichkeit in Teilaufgabe a) ändern würde, wenn Frank sich dem Test unterzogen hätte, weil die Infektion in seiner Familie auftrat.

Ein Test hat eine **Sensitivität** von 99,9 %, wenn er bei einem infizierten Probanden mit 99,9 % Wahrscheinlichkeit positiv (+) ausfällt.

Ein Test hat eine **Spezifität** von 99,8 %, wenn er bei einem gesunden Probanden mit 99,8 % Wahrscheinlichekti negativ (−) ausfällt.

12 Zwei Ereignisse E und F sollen stochastisch unabhängig sein. Geben Sie ein Beispiel mithilfe einer Vierfeldertafel an. Erläutern Sie, wie man daran die Unabhängigkeit erkennt.

Test

Lösung | Seite 251

13 Gegeben ist die Vierfeldertafel rechts.

	A	$\overline{A}$	
♀	10 %	5 %	15 %
♂	50 %	35 %	85 %
	60 %	40 %	100 %

a) Weisen Sie nach, dass die Ereignisse ♀ und A abhängig sind.

b) Lesen Sie ab: $P_A(♂)$, $P_A(♀)$, $P_{\overline{A}}(♂)$, $P_{\overline{A}}(♀)$, $P_♀(A)$, $P_♀(\overline{A})$, $P_♂(A)$, $P_♂(\overline{A})$.

c) Übersetzen Sie die Vierfeldertafel in je ein Baumdiagramm, bei dem auf der ersten Stufe A und $\overline{A}$ bzw. ♀ und ♂ notiert werden.

14 Sie müssen im Stadtzentrum nach dem Weg fragen. Ihnen kommt eine Frau mit vollen Einkaufstaschen und eine mit Aktenmappe unter dem Arm entgegen. Begründen Sie anhand eines Zahlenbeispiels und mithilfe der Begriffe der Unabhängigkeit und bedingten Wahrscheinlichkeit, warum Sie eher die Frau mit den Einkaufstaschen befragen.

15 Sandra hat bemerkt, dass sie bei Prüfungen gut abschneidet (+), wenn sie am Morgen Tee (T) trinkt. Die Ereignisse + und T scheinen stochastisch abhängig zu sein.

	+	−	
T			
$\overline{T}$			
	60%	40%	100%

a) Skizzieren Sie eine Vierfeldertafel mit entsprechenden Wahrscheinlichkeiten.

b) Berechnen Sie vier bedingte Wahrscheinlichkeiten und erläutern Sie deren Bedeutung.

c) Untersuchen Sie die Aussage: Wenn die Ereignisse + und T unabhängig sind, sind auch − und $\overline{T}$ unabhängig.

16 Untersuchen Sie, ob aus einer kausalen Abhängigkeit zwischen zwei Ereignissen auch ihre stochastische Abhängigkeit folgt. Erläutern Sie Ihre Aussage an einem Beispiel.

Grundwissen Test

Grundwissen Seite 215
Lösung | Seite 251

17 Ein Zug erhöht seine Geschwindigkeit v gemäß der Gleichung $v(t) = 40 - 20e^{-0,05t}$ ($t \geq 0$, t in Sekunden, v(t) in $\frac{m}{s}$).

a) Beschreiben Sie die Bedeutung der markierten Fläche.

b) Berechnen Sie die Geschwindigkeit nach einer halben Minute und nach zwei Minuten.

c) Berechnen Sie den in der ersten und den in der zweiten Minute zurückgelegten Weg.

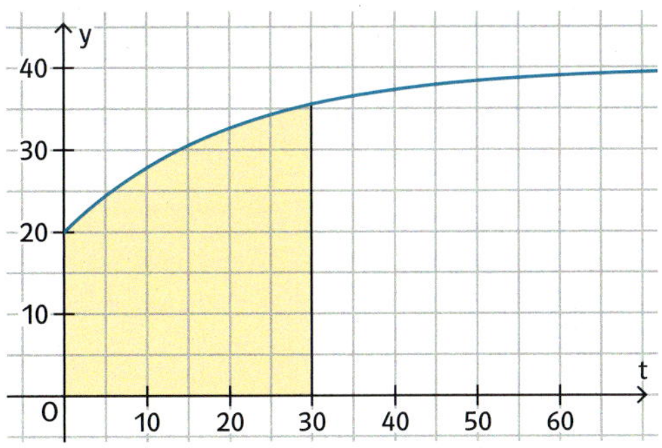

6 Simulation von Zufallsexperimenten

Daniel: „Ich treffe bei 80 % meiner Elfmeter ins Tor. Wenn ich 20-mal schieße, treffe ich also mit Sicherheit 16-mal!"
Franziska: „Sei da mal nicht so sicher, du könntest auch nur 10-mal treffen."
Daniel: „Völlig unwahrscheinlich!"
Franziska: „Das probieren wir aus ..."

Nicht immer ist die konkrete Durchführung eines Zufallsexperimentes möglich, z. B. weil sie zu aufwendig oder zu teuer ist. Oft kann man aber die Durchführung durch eine Simulation ersetzen. Dabei wird jedem Ergebnis des Zufallsexperimentes entsprechend seiner Wahrscheinlichkeit eine zufällig erzeugte Zahl – eine **Zufallszahl** – zugeordnet. Zufallszahlen kann man mit Zufallsgeräten wie Würfel oder Glücksrad oder auch mit dem Rechner erzeugen:

	A	B	C
1	Versuch	ZUFALLSZAHL()	ZUFALLSBEREICH(1;6)
2	1	0,768147566	5
3	2	0,895404255	2
4	3	0,51089424	1
5	4	0,997108026	5
6	5	0,344938993	5

Zufallszahlen mit einer Tabellenkalkulation

rand()	0.110696
rand(5) {0.117741,0.121997,0.538766,0.239597,0.▸	
randInt(1,6)	3
randInt(1,6,5)	{2,6,4,2,5}

Zufallszahlen mit einem Rechner

Erzeugung von gleichverteilten reellen Zufallszahlen im Intervall [0;1] bzw. von ganzzahligen Zufallszahlen im Bereich 1 bis 6.

Das Vorgehen bei einer Simulation wird an folgender Situation erläutert. Beim Basketballfreiwurf trifft ein Spieler mit einer Wahrscheinlichkeit von 60 %. Ein Wurf wird durch Erzeugen einer reellen Zufallszahl im Intervall [0; 1] simuliert. Man erreicht, dass auch bei der Simulation die Trefferwahrscheinlichkeit 60 % beträgt, indem man z. B. festlegt: Ein Treffer liegt vor, wenn die Zufallszahl höchstens 0,6 beträgt, sonst liegt ein Fehlwurf vor.

	A	B	C	D
1	Wurf	Zufallszahl	Treffer?	Trefferzahl
2	1	0,79436721	nein	4
3	2	0,0540265	ja	
4	3	0,5359236	ja	
5	4	0,03865195	ja	
6	5	0,17755535	ja	

Tabellenkalkulation: Zählen der Trefferzahl mit ZAEHLENWENN(B2:B6;"<=0,6")

a:=rand(5) {0.251593,0.856615,0.711065,0.015945,0.▸	
a[1]≤0.6	true
countIf(a,?≤0.6)	2

Zählen der Trefferzahl mit *countIf* bei einem Rechner

Zur Handhabung des Rechners siehe Anhang

Ein Zufallsexperiment kann man mithilfe von Zufallszahlen simulieren. Man ordnet dabei jedem Ergebnis eine Zufallszahl zu, sodass die Zufallszahl mit der gleichen Wahrscheinlichkeit wie das Ergebnis auftritt.

Manchmal kann die Wahrscheinlichkeitsverteilung für ein Zufallsexperiment nicht durch theoretische Überlegungen gefunden werden. In diesem Fall kann man das Zufallsexperiment mehrfach simulieren und so zu Schätzwerten für die gesuchten Wahrscheinlichkeiten kommen.

Es soll z. B. die Wahrscheinlichkeit bestimmt werden, dass bei einem Wurf von drei Würfeln die Augensumme größer als 10 ist. Dazu wird der Wurf von drei Würfeln mit Zufallszahlen zwischen 1 und 6 simuliert, die Augensumme berechnet und geprüft, ob diese größer als 10 ist. Das wird 100-mal wiederholt bzw. es wird eine Liste mit 100 Versuchen bestimmt. Die relative Häufigkeit für die Würfe mit Augensumme größer als 10 ist dann eine Schätzung für die gesuchte Wahrscheinlichkeit.

G2 | fx | =SUMME(F2:F101)/100

	A	B	C	D	E	F	G
1	Wurf	W 1	W 2	W 3	Augensumme	>10	rel.Häuf.
2	1	5	2	3	10	0	0,5
3	2	5	4	1	10	0	
4	3	1	6	4	11	1	
5	4	2	6	6	14	1	
6	5	3	5	1	8	0	

Vorgehen mit einer Tabellenkalkulation

$z(n) := \text{randInt}(1,6,n)$ — *Fertig*

$a := z(100)+z(100)+z(100)$

$\{15, 10, 15, 10, 11, 9, 10, 9, 11, 5, 9, 15, 14, 14, 8, 4,$ ▸

$\dfrac{\text{countIf}(a,?>10)}{100.}$ — 0.55

Vorgehen mit einem Rechner

Bei dem Rechner wird zur besseren Übersicht eine Funktion z definiert.

Wenn man ein Zufallsexperiment n-mal durch eine Simulation wiederholt und dabei k-mal ein bestimmtes Ergebnis auftritt, so ist die relative Häufigkeit $\frac{k}{n}$ eine Schätzung für die Wahrscheinlichkeit des Ergebnisses.

Erfahrungsgemäß liegt die Schätzung näher bei der Wahrscheinlichkeit, je größer die Zahl n der Wiederholungen der Simulation ist (nach dem empirischen Gesetz der großen Zahlen).

Beispiel 1 Simulation mit einem Würfel

Bei einem Spiel gewinnt man mit einer Wahrscheinlichkeit von

a) 50 %, b) $\frac{2}{3}$, c) 25 %.

Beschreiben Sie, wie man das Spiel mit einem Würfel simulieren kann.

Lösung

a) Man ordnet drei der sechs Würfelaugen das Ergebnis „Gewinn“ zu und den anderen drei Würfelaugen das Ergebnis „Verlust“.

b) Man ordnet vier der sechs Würfelaugen das Ergebnis „Gewinn“ zu und den anderen zwei Würfelaugen das Ergebnis „Verlust“.

c) Hier ordnet man z. B. der „6“ das Ergebnis „Gewinn“ zu, bei „1“, „2“ und „3“ ergibt sich „Verlust“ und bei „4“ und „5“ wird nochmals gewürfelt.

Beispiel 2 Wahrscheinlichkeit mithilfe einer Simulation schätzen

Bei der Produktion von elektronischen Bauteilen sind erfahrungsgemäß 6 % der Bauteile unbrauchbar. Die Bauteile werden in Zehnerpackungen ausgeliefert. Durch eine Simulation mit 500 Zehnerpackungen soll näherungsweise die Wahrscheinlichkeit bestimmt werden, dass eine Packung höchstens ein unbrauchbares Bauteil enthält.

Beschreiben Sie eine Simulation mit Ihrem Rechner.

Lösung für GTR/CAS

Man erzeugt mithilfe der Funktion z zehn Zufallszahlen zwischen 0 und 1 und zählt, wie viele kleiner als 0,06 sind. Damit erhält man die Anzahl unbrauchbarer Bauteile in einer Zehnerpackung. Das wiederholt man 500-mal und zählt, wie viele Zehnerpackungen höchstens ein unbrauchbares Bauteil enthalten. Die relative Häufigkeit $\frac{442}{500} = 0{,}884$ ist eine Schätzung für die gesuchte Wahrscheinlichkeit.

$z(x) := \text{countIf}(\text{rand}(10), ?<0.06)$ — *Fertig*

$\text{seq}(z(x), x, 1, 500)$

$\{0, 2, 1, 0, 1, 1, 1, 1, 0, 0, 0, 0, 1, 1, 0, 1, 0, 2, 0, 0, 1, 0, 0,$ ▸

$\text{countIf}(\text{seq}(z(x), x, 1, 500), ?\leq 1)$ — 442

Aufgaben

○ **1** Beschreiben Sie, wie man das Spiel mit einem Würfel simulieren kann.
a) Werfen einer Münze
b) Elfmeterschießen, wenn der Schütze mit 75%iger Wahrscheinlichkeit trifft
c) Wahl einer Partei, die von einem Drittel der Wähler gewählt wird
d) Verhalten eines Bauteils, das mit 80%iger Wahrscheinlichkeit funktioniert

○ **2** Bei dem Glücksrad verliert man bei „blau", bei „grün" gewinnt man einen Trostpreis und bei „rot" gewinnt man einen Hauptpreis.

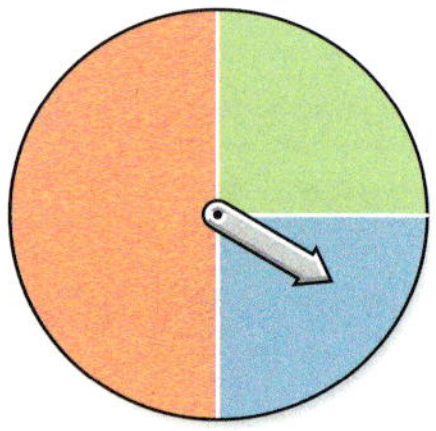

a) Beschreiben Sie, wie man das Drehen des Glücksrads mithilfe von Zufallszahlen simulieren kann. Simulieren Sie zehn Drehungen des Glücksrads. Wie oft gewinnen Sie?
b) Simulieren Sie hundertmaliges Drehen des Glücksrads mit Ihrem Rechner.
Zählen Sie bei Ihrer Simulation die Zahl der Hauptgewinne.

○ **3** Der Fürst der Toskana war ein begeisterter Würfelspieler. Ihm fiel auf, dass beim Würfeln mit drei Würfeln die Augensumme 10 wahrscheinlicher ist als die Augensumme 9, obwohl beide Summen auf sechs Arten auftreten können:
$10 = 1 + 3 + 6 = 1 + 4 + 5 = 2 + 2 + 6 = 2 + 4 + 4 = 2 + 3 + 5 = 3 + 3 + 4$,
$9 = 1 + 2 + 6 = 1 + 3 + 5 = 1 + 4 + 4 = 2 + 2 + 5 = 2 + 3 + 4 = 3 + 3 + 3$.
a) Überprüfen Sie die Beobachtung, indem Sie 100-mal bzw. 1000-mal das Werfen von drei Würfeln simulieren. Wiederholen Sie das Experiment mehrmals.
b) Erklären Sie Ihre Beobachtung.

○ **4** Es werden vier Münzen geworfen. Bestimmen Sie die Wahrscheinlichkeit, dass genau zweimal „Wappen" und zweimal „Zahl" fällt,
a) näherungsweise durch eine Simulation,
b) durch exakte Berechnung.

○ Test

Lösungen | Seite 251

5 Beim Basketballfreiwurf trifft ein Spieler der NBA mit 91%iger Wahrscheinlichkeit.
a) Simulieren Sie 20 Freiwürfe mithilfe Ihres Rechners. Wie viele Fehlwürfe zählen Sie?
b) Simulieren Sie 200 Freiwürfe mithilfe Ihres Rechners. Wie viele Treffer zählen Sie?

6 Es werden zwei Laplace-Würfel geworfen und die Augensumme berechnet.
a) Bestimmen Sie die Wahrscheinlichkeit, dass die Augensumme mindestens 9 beträgt, näherungsweise mithilfe einer Simulation.
b) Berechnen Sie die Wahrscheinlichkeit, dass die Augensumme mindestens 9 beträgt.

◒ **7** Ein Elfmeterschütze hat eine Trefferquote von 85%.
Er schießt fünfmal. Es sollen die Wahrscheinlichkeiten bestimmt werden, dass er
(1) genau vier Treffer,
(2) mindestens vier Treffer erzielt.
a) Bestimmen Sie die Wahrscheinlichkeit näherungsweise durch eine Simulation.
b) Berechnen Sie die Wahrscheinlichkeiten.

8 Die Zufallsgröße X beschreibt die Auszahlung bei dem Glücksrad.

a) Simulieren Sie 100 Drehungen und bestimmen Sie für die Liste Ihrer Auszahlungen das arithmetische Mittel und die empirische Standardabweichung.

b) Berechnen Sie den Erwartungswert und die Standardabweichung von X. Vergleichen Sie.

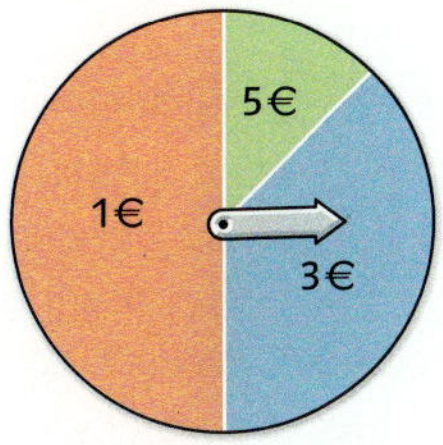

9 Bei einer Fluggesellschaft beträgt die Wahrscheinlichkeit, dass ein Fluggast bei einem gebuchten Flug mitfliegt, 90%.

a) Simulieren Sie einen Flug mit 200 Fluggästen, die den Flug gebucht haben. Geben Sie an, wie viele Fluggäste bei Ihrer Simulation mitfliegen.

b) Die Fluggesellschaft verkauft 220 Tickets, obwohl ihr Flieger nur 200 Plätze hat. Schätzen Sie mithilfe einer Simulation mit 1000 Durchführungen die Wahrscheinlichkeit, dass trotzdem alle mitfliegen können.

Test

Lösung | Seite 252

10 Sie werfen zwei Tetraeder wie abgebildet. Ergebnis ist jeweils die Zahl, die unten liegt.

a) Bestimmen Sie mithilfe einer Simulation von 250 Würfen näherungsweise die Wahrscheinlichkeit dafür, dass beide Tetraeder dasselbe Ergebnis haben.

b) Berechnen Sie die Wahrscheinlichkeit aus Teilaufgabe a).

c) Lösen Sie die Teilaufgaben a) und b) für drei Tetraeder.

Tipp für Rechner:
Sie können für zwei Listen a, b die Differenzliste a − b betrachten.

11 Ein historisches Problem

Der Chevalier de Méré, ein Philosoph und Literat am Hofe von Ludwig XIV, wandte sich im Jahre 1654 mit folgendem Problem an den Mathematiker Blaise Pascal:
Was ist wahrscheinlicher, bei vier Würfen mit einem Würfel mindestens eine Sechs oder bei 24 Würfen mit zwei Würfeln mindestens eine Doppelsechs zu werfen?
Versuchen Sie, die Frage mithilfe einer Simulation und durch Berechnung zu beantworten.

12 Das Geburtstagsproblem

Untersuchen Sie die Erfolgsaussichten: Elif wettet darauf, dass in einer Klasse mindestens zwei am selben Tag im Jahr Geburtstag feiern, wenn die Schülerzahl

a) 20 b) 30 beträgt.

Gehen Sie davon aus, dass die Geburtstage gleichmäßig verteilt sind. Schaltjahre werden vernachlässigt. Entscheiden Sie sich zunächst mithilfe einer Simulation.
Berechnen Sie die zugehörigen Wahrscheinlichkeiten.

Tipp für Rechner:
Sie können Ihre Liste sortieren und die Differenzliste betrachten.

Grundwissen Test

Grundwissen Seite 215
Lösung | Seite 252

13 Gegeben ist der Graph einer Funktion f. Die Funktion F sei eine Stammfunktion von f.

a) Begründen Sie, wieso Sie F(0) nicht ohne Weiteres angeben können.

b) Geben Sie die Extremstellen von F an.

c) Bestimmen Sie näherungsweise F(2), wenn Sie wissen, dass F(0) = 0.

d) Bestimmen Sie näherungsweise $\int_{-3}^{2} f(x)\,dx$.

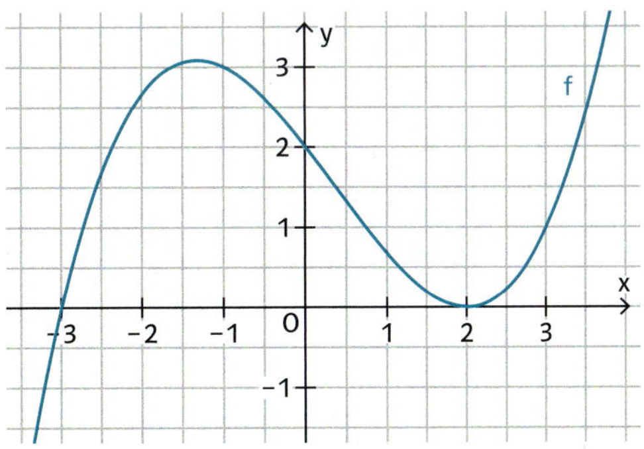

Bedingte Wahrscheinlichkeiten und Lernen aus Erfahrung

Menschen lernen dadurch, dass sie verschiedene Annahmen („Hypothesen") über einen Sachverhalt mit Beobachtungen und Erfahrungen („Indizien") abgleichen. Diejenigen Hypothesen, die am besten zu den beobachteten Indizien passen, werden immer wahrscheinlicher, bis wir sie schließlich für sicher halten. Man kennt das aus Kriminalromanen, bei denen Täter durch Indizien überführt werden. Bedingte Wahrscheinlichkeiten helfen, diesen Erkenntnisprozess zu verstehen. Die Idee, die dahinter steckt, wird hier mit einem Experiment erforscht.

Ein Experiment

Ein Versuchsleiter füllt drei äußerlich gleich aussehende Beutel mit je vier Kugeln. Max wählt einen der Beutel aus und legt die beiden anderen zur Seite. Welchen Beutel hat Max erwischt, Beutel A mit einer roten, B mit zwei oder C mit drei roten Kugeln? Da er zufällig gewählt hat, sind alle drei Beutel für Max gleich wahrscheinlich. Man schreibt $P(A) = \frac{1}{3}$, $P(B) = \frac{1}{3}$, $P(C) = \frac{1}{3}$ und spricht von der A-priori-Wahrscheinlichkeitsverteilung (in den Tabellen gelb). Max würde am liebsten nachschauen. Er darf in diesem Experiment aus dem gewählten Beutel aber nur eine Kugel ziehen, ihre Farbe (als Indiz I) notieren und muss anschließend die Kugel zurücklegen. Aus demselben Beutel zieht er nun so lange immer nur eine Kugel, bis hinreichend sicher ist, wie der gewählte Beutel gefüllt ist. Nach jedem Zug hat Max in der linken Tabelle notiert, mit welcher Wahrscheinlichkeit er intuitiv davon ausgeht, dass aus Beutel A, B oder C gezogen wird.

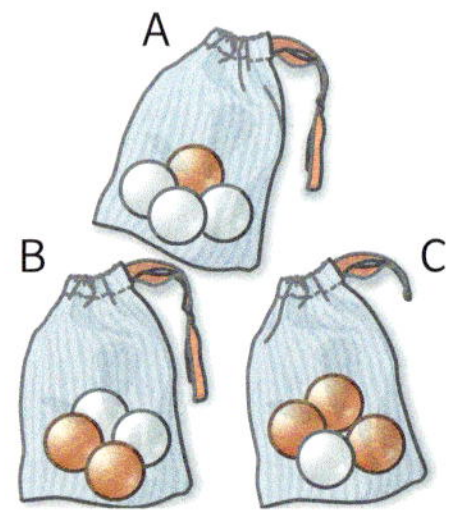

a-priori
= vor dem Experiment
a-posteriori
= nach dem Experiment

Nr.	Indiz	A	B	C
0		33,3%	33,3%	33,3%
1	r	10%	40%	50%
2	w	20%	60%	20%
3	w	10%	40%	30%
4	r	20%	60%	20%
5	r	15%	50%	35%
6	r	10%	40%	50%
7	r	5%	35%	60%
8	w	3%	27%	70%
9	r	1%	19%	80%

Welchen Beutel hat Max erwischt? Schätzung der Wahrscheinlichkeiten.

Nr.	Indiz	A	B	C
0		33,3%	33,3%	33,3%
1	r	17%	33%	50%
2	w	30%	40%	30%
3	w	45%	40%	15%
4	r	26%	47%	26%
5	r	13%	47%	40%
6	r	6%	42%	53%
7	r	2%	34%	64%
8	w	5%	49%	46%
9	r	2%	40%	57%

Berechnete Wahrscheinlichkeiten der Beutel gerundet

Diese Wahrscheinlichkeiten nennt man a-posteriori („im Nachhinein") Wahrscheinlichkeiten, weil sie nach Vorliegen von Informationen (Indizien) bestimmt wurden. In den Tabellen sind sie grün unterlegt.

1 a) Erläutern Sie, was sich Max bei seiner Schätzung vermutlich gedacht hat.

b) In der rechten Tabelle wurden die A-posteriori-Wahrscheinlichkeiten berechnet. Vergleichen Sie die Schätzung mit der Berechnung. Beschreiben Sie Ähnlichkeiten und Unterschiede.

c) Der (gerundete) Wert 17% in Zeile Nr. 1 der rechten Tabelle ist die A-posteriori-Wahrscheinlichkeit, dass Beutel A gewählt wurde, nachdem man weiß, dass eine rote Kugel gezogen wurde. Sie wird schrittweise folgendermaßen berechnet:
(1) Zunächst wird die „totale Wahrscheinlichkeit" $P(r)$ für das Auftreten einer roten Kugel berechnet: $P(r) = P(A \cap r) + P(B \cap r) + P(C \cap r)$.
Verdeutlichen Sie diesen Rechenschritt mithilfe eines Baumdiagramms.
(2) Nun wird die bedingte Wahrscheinlichkeit dafür berechnet, dass Beutel A gewählt wurde unter der Bedingung, dass eine rote Kugel gezogen wurde: $P_r(A) = \frac{P(A \cap r)}{P(r)}$.
Das ist die gesuchte A-posteriori-Wahrscheinlichkeit dafür, dass Beutel A gewählt wurde. Überprüfen Sie damit das Ergebnis ca. 17% in Zeile Nr. 1 der rechten Tabelle.
Kontrollieren Sie entsprechend die weiteren Ergebnisse für Zeile Nr. 1 der rechten Tabelle.

d) Rechnen Sie die Wahrscheinlichkeiten der rechten Tabelle in Zeile Nr. 2 nach.

Werkzeug
Berechnung mit Tabellenkalkulation 268fa4

Zur Erinnerung:
$P(A \cap r) = P(A) \cdot P_A(r)$

2 a) Bestimmen Sie in Ihrer Lerngruppe jemanden, der die Rolle von Max übernimmt sowie eine Rechnergruppe und mehrere Prognosegruppen. Es soll statt einem nun aber zwei Beutel mit der Füllung A geben. Max wählt einen der vier äußerlich gleich aussehenden Beutel und gibt Schritt für Schritt die von ihm gezogene Farbe bekannt. Die Mitglieder der Prognosegruppen schätzen in ihrem Heft (einige auf Plakat) nach jedem Schritt die A-posteriori-Wahrscheinlichkeiten, mit denen sie die drei möglichen Füllungen A, B, C vermuten. Die Rechnergruppe berechnet dagegen diese Wahrscheinlichkeiten nach den in Aufgabe 1 ermittelten Formeln, hält die Ergebnisse aber zunächst geheim.

b) Vergleichen Sie zunächst unter Nutzung der Plakate Ihre intuitiven Schätzungen.

c) Vergleichen Sie Ihre intuitiven Schätzungen mit den Berechnungen der Rechnergruppe.

Die Berechnungen gehen zurück auf die

Regel von Bayes

(1) Im Alltag schenkt man verschiedenen Hypothesen A, B, C gleiches, manchmal auch unterschiedlich großes Vertrauen. Man ordnet ihnen subjektive A-priori-Wahrscheinlichkeiten P(A), P(B), P(C) zu.

(2) Dass ein Indiz I unter diesen Hypothesen auftritt, erwartet man (a-priori) insgesamt mit der **totalen Wahrscheinlichkeit**
$P(I) = P(A) \cdot P_A(I) + P(B) \cdot P_B(I) + P(C) \cdot P_C(I)$.

(3) Wenn man dann das Indiz I tatsächlich beobachtet, vergleicht man die Wahrscheinlichkeiten, mit denen das Indiz von den fraglichen Alternativen stammen könnte.
Die A-priori-Wahrscheinlichkeiten ändern sich dadurch zu den A-posteriori-Wahrscheinlichkeiten $P_I(A) = \frac{P(A) \cdot P_A(I)}{P(I)}$.

Diese Formel, die die Veränderung von A-priori- zu A-posteriori-Wahrscheinlichkeiten beschreibt, wurde nach ihrem Entdecker Thomas Bayes (1701–1761) benannt.

3 In Zeile 5 der rechten Tabelle auf Seite 160 ordnet Max den drei Hypothesen A, B, C über den Inhalt des von ihm verwendeten Beutels die Wahrscheinlichkeiten 13 % bzw. 47 % bzw. 40 % zu. Das Indiz „r" tritt mit Wahrscheinlichkeit $P_A(r) = \frac{1}{4}$ bzw. $P_B(r) = \frac{1}{2}$ bzw. $P_C(r) = \frac{3}{4}$ auf.
Beantworten Sie am Baumdiagramm:

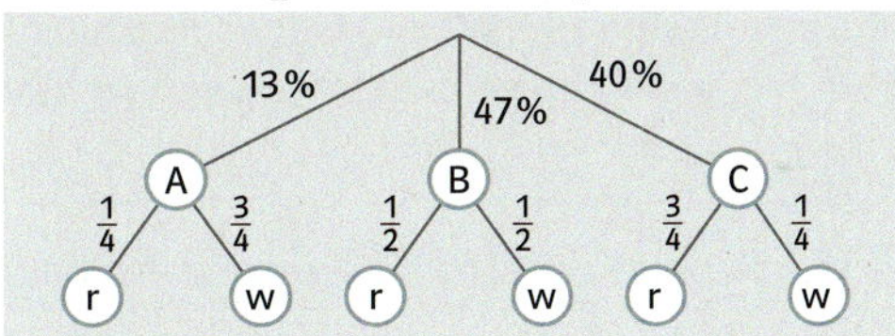

a) Mit welcher Wahrscheinlichkeit erwartet Max das Indiz „r"?

b) Berechnen Sie $P_r(A)$, $P_r(B)$ und $P_r(C)$.

c) Vergleichen Sie mit Zeile 6 der rechten Tabelle und den Werten, die die Regel von Bayes liefert.

d) Berechnen Sie aus den Wahrscheinlichkeiten der 6. Zeile diejenigen der 7. Zeile der rechten Tabelle.

4 Zeigen Sie durch geeignete Rechnungen anhand der Einträge in der Sechsfeldertafel, dass die Regel von Bayes stimmt.

	A	B	C	
I	$P(A) \cdot P_A(I)$	$P(B) \cdot P_B(I)$	$P(C) \cdot P_C(I)$	$P(I)$
$\bar{I}$	$P(A) \cdot P_A(\bar{I})$	$P(B) \cdot P_B(\bar{I})$	$P(C) \cdot P_C(\bar{I})$	$P(\bar{I})$
	P(A)	P(B)	P(C)	1

5 Ein medizinischer Test wird durch die Vierfeldertafel rechts beschrieben. Der Wert 0,09 gibt z. B. die Wahrscheinlichkeit an, dass eine Person krank ist und ein positives Testergebnis hat.

a) Geben Sie an, welche der Wahrscheinlichkeiten in der Vierfeldertafel A-priori-Wahrscheinlichkeiten für „krank" bzw. „gesund" sind.

b) Bestimmen Sie die A-posteriori-Wahrscheinlichkeiten dafür, dass eine Person, bei der
- der Test ein positives Ergebnis zeigt, tatsächlich krank ist,
- der Test ein negatives Ergebnis zeigt, tatsächlich gesund ist.

	gesund	krank	
+	0,01	0,09	0,1
–	0,89	0,01	0,9
	0,9	0,1	

Training

Lösungen | Seite 252

○ **1** In einer Urne befinden sich vier blaue und zwei rote Kugeln. Zwei Kugeln werden zufällig entnommen. Berechnen Sie die Wahrscheinlichkeiten folgender Ereignisse:
A: „Beide Kugeln sind blau." B: „Höchstens eine Kugel ist blau."

○ **2** Ein Laplace-Würfel und ein Lego-Vierer werden zweimal geworfen. Beschreiben Sie folgende Ereignisse durch Angeben von Mengen und bestimmen Sie die zugehörigen Wahrscheinlichkeiten.

a) A: „Mindestens ein Würfel zeigt die 6."
b) B: „Beide Augenzahlen sind gleich."
c) C: „Beide Augenzahlen sind unterschiedlich."
d) D: „Die Augensumme liegt über 10."
e) E: „Die Augensumme liegt unter 15."

	1	2	3	4	5	6
Würfel	$\frac{1}{6}$	$\frac{1}{6}$	$\frac{1}{6}$	$\frac{1}{6}$	$\frac{1}{6}$	$\frac{1}{6}$
„Vierer"	7,5%	7,5%	43%	27%	7,5%	7,5%

○ **3** Ein Sicherheitsventil besteht aus drei einzelnen Ventilen, die jeweils mit 90% Wahrscheinlichkeit funktionieren. Das Sicherheitsventil funktioniert, wenn mindestens eines der Ventile funktioniert. Bestimmen Sie die Wahrscheinlichkeit, dass das Sicherheitsventil funktioniert.

○ **4** Bei einem Spiel zahlt man einen Einsatz von 3 € und würfelt dann einmal mit einem normalen Spielwürfel. Der Auszahlungsbetrag ist in der Tabelle angegeben.

gewürfelte Augenzahl	1; 2	3; 4; 5	6
Auszahlung (in €)	1	2	4

a) Berechnen Sie den Erwartungswert und die Varianz für den Gewinn des Spiels und interpretieren Sie diese Kenngrößen.
b) Bestimmen Sie den Einsatz für ein faires Spiel. Wieso bleibt die Varianz gleich?

○ **5** Ein Wurf mit drei Münzen wurde 100-mal durchgeführt. Dabei ergaben sich die relativen Häufigkeiten h der Tabelle für die Anzahl w der Wappen.
a) Bestimmen Sie das arithmetische Mittel und die empirische Standardabweichung.
b) Bestimmen Sie den Erwartungswert und die Standardabweichung der Zufallsgröße X: „Anzahl der Wappen".

w	h
0	10%
1	42%
2	35%
3	13%

○ **6** Es wurde eine Umfrage zum Thema Fußball und Frauen durchgeführt. Bei der Vierfeldertafel bedeuten F das Ereignis „Die befragte Person interessiert sich für Fußball" und M das Ereignis „Die befragte Person ist männlich".
a) Ergänzen Sie die fehlenden Angaben.
b) Bestimmen Sie die Wahrscheinlichkeit für Interesse an Fußball unter den befragten Frauen.
c) Untersuchen Sie, ob die Ereignisse M und F unabhängig sind.
d) Übersetzen Sie die Informationen der Vierfeldertafel in zwei verschiedene Baumdiagramme.
e) Berechnen Sie die bedingten Wahrscheinlichkeiten $P_M(F)$ und $P_F(M)$.

	F	$\overline{F}$	Insgesamt
M		20%	60%
$\overline{M}$			
Gesamt	50%		100%

○ **7** Gegeben ist die Vierfeldertafel rechts.
a) Untersuchen Sie die Ereignisse A und B auf Unabhängigkeit.
b) Berechnen Sie die bedingten Wahrscheinlichkeiten $P_A(B)$ und $P_B(A)$.

	A	$\overline{A}$	
B	10%	5%	15%
$\overline{B}$	50%	35%	85%
	60%	40%	100%

○ **8** Ein roter und ein schwarzer Laplace-Würfel werden gleichzeitig geworfen.
a) Bestimmen Sie die Wahrscheinlichkeitsverteilung der nachfolgend beschriebenen Zufallsgrößen sowie deren Erwartungswert und Standardabweichung.
(1) Die Augenzahl des roten wird von der Augenzahl des schwarzen Würfels subtrahiert.
(2) Die kleinere Augenzahl wird von der größeren subtrahiert.
b) Sandra wirft zwei Würfel und addiert die Augenzahlen. Heiko nimmt nur einen Würfel und verdoppelt die Augenzahl. „Das kommt aufs Gleiche hinaus.", meint er. Nehmen Sie Stellung.

9 Bei einem Zufallsexperiment gibt es nur die Ausgänge Treffer (T) und Niete (N). Im Speicher eines Rechners ist die Trefferwahrscheinlichkeit p abgespeichert. Es kommen nur $p = 0{,}3$ oder 0,7 infrage. Der Rechner liefert bei vier Wiederholungen des Experiments TNTT. Bestimmen Sie die Wahrscheinlichkeit, dass im Speicher 0,7 (und nicht 0,3) steht.

10 Maike hat einen Spickzettel geschrieben.

a) Erläutern Sie die Tabelle in einem kleinen Vortrag an einem selbst ausgewählten Beispiel mithilfe geeigneter Zahlen.

b) Tina meint, dass man (in der vierten Zeile) Wahrscheinlichkeiten auch erst nach einem Experiment festlegen kann. Sie begründet das mit dem Spruch: „Aus Erfahrung wird Erwartung…" Kommentieren Sie!

c) Maike hat eine Zeile zu Varianz und Standardabweichung vergessen. Ergänzen Sie.

Zufallsexperiment/Datenerhebung mit möglichen Ergebnissen $x_1, x_2, \ldots, x_n$	
Realität	Modell
Relative Häufigkeiten $h_1, h_2, \ldots, h_n$	Wahrscheinlichkeiten $p_1, p_2, \ldots, p_n$
$0 \le h_i \le 1$: Summe 1	$0 \le p_i \le 1$: Summe 1
nach Experiment	vor Experiment
schwanken	festgelegt
Bei Symmetrien	
ungefähr gleich	genau gleich
Mittelwert $\overline{x} = x_1 \cdot h_1 + \ldots + x_n \cdot h_n$	Erwartungswert $\mu = x_1 \cdot p_1 + \ldots + x_n \cdot p_n$

11 Man würfelt mit zwei Würfeln. Die Ergebnisse werden in der Form 31 notiert, falls z. B. der erste Würfel 3 zeigt und der zweite 1.
Betrachten Sie die Ereignisse E: „Die Augensumme beträgt höchstens 3" und $F = \{11; 21; 31; 41\}$.

a) Geben Sie E in Mengenschreibweise an.

b) Beschreiben Sie F und das Gegenereignis von E in Worten.

c) Bestimmen Sie P(E) und P(F).

d) Untersuchen Sie E und F auf Unabhängigkeit.

12 Timo bietet an, beim Würfeln den dreifachen Wert der Augenzahl (in €) auszuzahlen. Bestimmen Sie den Einsatz, damit er langfristig bei jedem Spiel 50 Cent gewinnt.

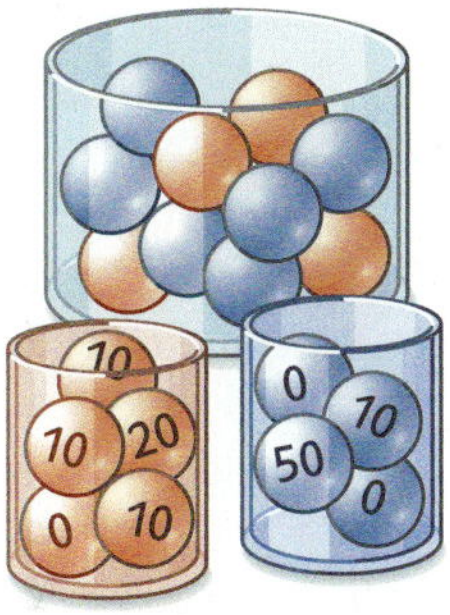

13 Bei einer Lotterie zahlt man den Einsatz von 20 Cent und zieht eine Kugel aus der oberen Urne mit den roten und blauen Kugeln. Je nach der gezogenen Farbe zieht man aus der unteren roten bzw. blauen Urne wieder eine Kugel. Die Zahl auf dieser Kugel ist die Auszahlung in Cent.

a) Geben Sie die Wahrscheinlichkeitsverteilung der Zufallsgröße Gewinn an.

b) Berechnen Sie den Erwartungswert und die Standardabweichung für den Gewinn.

c) Bestimmen Sie den Einsatz für eine faire Lotterie.

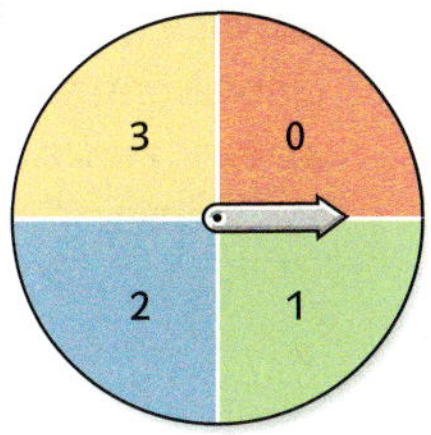

14 Bei einem Zufallsexperiment drehen Sie das Glücksrad dreimal. Die Zufallsgröße X beschreibt die Summe der Ergebnisse.

a) Bestimmen Sie mithilfe einer Simulation mit 100 Durchführungen Näherungswerte für das arithmetische Mittel, die empirische Varianz und die empirische Standardabweichung von X.

b) Berechnen Sie den Erwartungswert sowie die Varianz und die Standardabweichung.

15 **a)** Übersetzen Sie das nebenstehende Baumdiagramm in eine Vierfeldertafel.

b) Erstellen Sie ein Baumdiagramm, in dem C und D auf der ersten Stufe stehen.

c) Bestimmen Sie die bedingten Wahrscheinlichkeiten $P_A(C)$ und $P_C(A)$ und formulieren Sie eine Aussage im Kontext von Haarfarben.

d) Untersuchen Sie A und D auf Unabhängigkeit.

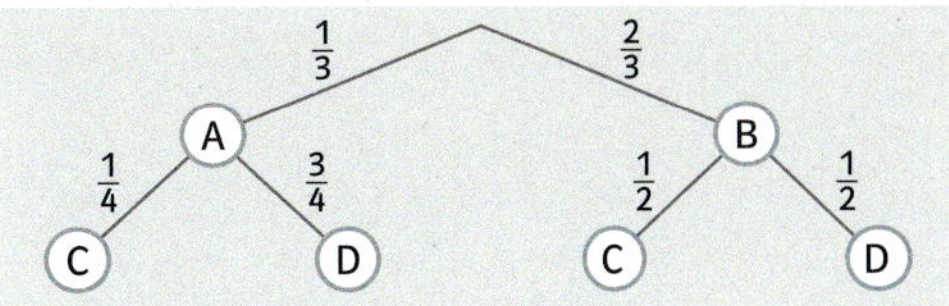

A: „Mutter ist blond."
C: „Tochter ist blond."

16 Bei der Überprüfung von Fahrgästen der städtischen Verkehrsbetriebe wurde ermittelt, dass etwa 2 % Schwarzfahrer unterwegs sind, davon sind 75 % männlich. Allerdings wurden insgesamt auch 55 % männliche Fahrgäste gezählt. Ein Fahrgast wird überprüft.

a) Erstellen Sie eine Vierfeldertafel.

b) Bestimmen Sie die Wahrscheinlichkeit dafür, dass bei einer Überprüfung eine weibliche Person mit Fahrschein angetroffen wird.

c) Bestimmen Sie die Wahrscheinlichkeit, auf eine männliche oder eine Person mit Fahrschein zu treffen.

17 Eine Münze wird so lange geworfen, bis eine Seite zum zweiten Mal erscheint. Bestimmen Sie die Wahrscheinlichkeitsverteilung für die Anzahl der Würfe sowie den Erwartungswert, die Varianz und die Standardabweichung der Anzahl der Würfe.

18 Eine Krankheit wird durch ein Medikament mit einer Wahrscheinlichkeit von 75 % geheilt. Die Zufallsgröße X_n beschreibt die Anzahl geheilter Patienten bei n behandelten Patienten. Berechnen Sie den Erwartungswert für $n = 3; 4; 5$. Welche Annahme machen Sie dabei? Geben Sie eine allgemeine Formel für den Erwartungswert von X_n an.

19 Bei einem Glücksspiel werden zwei Würfel geworfen. Wenn das Produkt X der Augenzahlen mindestens 10 beträgt, erhält man X Cent ausbezahlt, sonst nichts. Der Einsatz beträgt 20 ct.

a) Bestimmen Sie den Erwartungswert und die Standardabweichung für den Gewinn.

b) Bestimmen Sie den Einsatz, bei dem das Spiel fair ist.

20 Zur Früherkennung einer Stoffwechselkrankheit bei Säuglingen wurde eine neue Untersuchungsmethode entwickelt. Bei Anwendung dieser Methode wird in 0,01 % aller Fälle eine vorliegende Stoffwechselkrankheit nicht entdeckt, während sie in 0,1 % aller Fälle irrtümlich eine Krankheit anzeigt. Durchschnittlich haben bei 1,1 Millionen Geburten 100 Säuglinge diese Stoffwechselkrankheit. Bestimmen Sie die Wahrscheinlichkeit, dass ein als krank diagnostizierter Säugling wirklich diese Stoffwechselkrankheit hat.

21 Bestimmen Sie

a) die Wahrscheinlichkeit, mit sieben Würfeln mindestens eine Sechs zu werfen,

b) die Wahrscheinlichkeit, mit sieben Würfeln höchstens eine Sechs zu werfen,

c) die Mindestzahl der Würfe mit einem Spielwürfel, sodass mit mindestens 95 % Wahrscheinlichkeit mindestens eine Sechs fällt.

22 Auf eine quadratische Kachel fallen etwa gleich verteilt Regentropfen. Der Kachel ist ein Kreis einbeschrieben.

a) Bestimmen Sie den Anteil der Kreisfläche an der Quadratfläche.

b) Ermitteln Sie durch eine Simulation, wie viel Prozent der Regentropfen auf der Kreisfläche landen. Verwenden Sie das Ergebnis, um eine Näherung für π zu bestimmen.

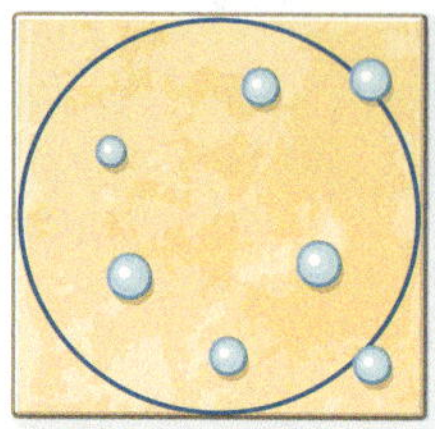

23 Untersuchen Sie allgemein (oder an einem selbst gewählten Beispiel) die Aussage: Immer dann, wenn A und B stochastisch unabhängig sind, sind auch A und $\overline{B}$ stochastisch unabhängig.

24 Ein Spieler setzt beim Roulette in einer Runde anfangs 1 € und setzt immer nur auf „rot", bis er gewinnt oder kein Geld mehr hat. Wenn er verliert, verdoppelt er seinen Einsatz.

a) Bestimmen Sie den Gewinn in einer Runde, wenn der Spieler beliebig viel Geld hat.

b) Der Spieler will in einer Runde höchstens 1000 € setzen. Bestimmen Sie die Wahrscheinlichkeit, dass er damit in einer Runde nicht bis zum Gewinn durchhält.

c) Bestimmen Sie für einen maximalen Einsatz von 1000 € den Erwartungswert für den Gewinn bei der Martingale-Strategie. Beurteilen Sie die Strategie.

Diese Strategie heißt Martingale-Strategie.

Test

Kopiervorlage
Check-out
268fa4

V Wahrscheinlichkeit und Zufallsgrößen

Wahrscheinlichkeiten

Die Wahrscheinlichkeiten aller Ergebnisse eines Zufallsexperiments sind Zahlen im Intervall [0; 1] mit Summe 1. Sie bilden eine Wahrscheinlichkeitsverteilung. Sie sind Prognosen für ihre relativen Häufigkeiten bei vielen Versuchswiederholungen.

Die Ergebnisse fasst man in der Ergebnismenge zusammen, Teilmengen davon nennt man Ereignisse.

Mehrstufige Experimente

Pfadregel: Die Wahrscheinlichkeit für ein Ergebnis eines mehrstufigen Zufallsexperiments ist das Produkt der Wahrscheinlichkeiten längs des zugehörigen Pfades.

Summenregel: Die Wahrscheinlichkeit $P(E)$ eines Ereignisses E ist die Summe der Wahrscheinlichkeiten der zugehörigen Ergebnisse.

Die Wahrscheinlichkeit für ein Ereignis E kann man oft mithilfe des Gegenereignisses $\overline{E}$ mit der Formel $P(E) = 1 - P(\overline{E})$ bestimmen.

Zufallsexperiment: Ziehen mit Zurücklegen von zwei Kugeln aus einer Urne mit drei roten und zwei blauen Kugeln.

Ergebnismenge $S = \{rr; rb; bb; br\}$.

Das Ereignis $E = \{rr; rb; br\}$ bedeutet „Mindestens eine Kugel ist rot."

Gegenereignis von E ist $\overline{E} = \{bb\}$.

Baumdiagramm:

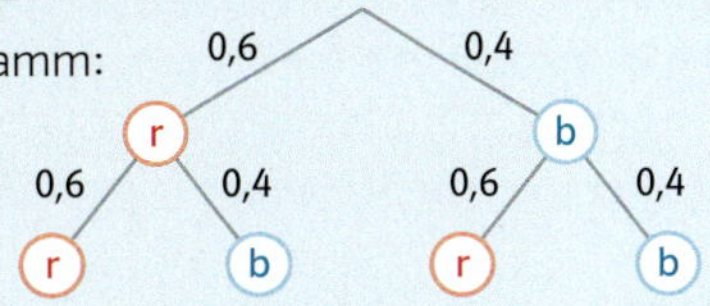

Wahrscheinlichkeitsverteilung:

Ergebnis	rr	rb	br	bb
Wahrscheinlichkeit	0,36	0,24	0,24	0,16

Das Ergebnis „rr" hat die Wahrscheinlichkeit $0{,}6 \cdot 0{,}6 = 0{,}36$. Für das Ereignis E: „Mindestens eine Kugel ist rot." gilt

$P(E) = P(rr) + P(rb) + P(br)$

$= 0{,}36 + 0{,}24 + 0{,}24 = 0{,}84.$

$P(\overline{E}) = 1 - 0{,}84 = 0{,}16.$

Zufallsgrößen

Wenn jedem Ergebnis eines Zufallsexperiments ein Zahlenwert zugeordnet wird, spricht man von einer Zufallsgröße. Ist k ein möglicher Wert der Zufallsgröße X, so bezeichnet $P(X = k)$ die Wahrscheinlichkeit dafür, dass X den Wert k annimmt.

Zufallsgröße X: Anzahl der roten Kugeln.

Zuordnungen: $rr \rightarrow 2$, $rb \rightarrow 1$, $br \rightarrow 1$, $bb \rightarrow 0$

Werte von X: 0, 1, 2.

Wahrscheinlichkeitsverteilung von X:

k	0	1	2
P(X = k)	0,16	0,48	0,36

Erwartungswert, Varianz und Standardabweichung

Kenngrößen einer Zufallsgröße X mit den Werten $x_1, x_2, \ldots, x_n$:

Erwartungswert: $\mu = x_1 \cdot P(X = x_1) + x_2 \cdot P(X = x_2) \ldots + x_n \cdot P(X = x_n)$

Varianz: $V = (x_1 - \mu)^2 \cdot P(X = x_1) + \ldots + (x_n - \mu)^2 \cdot P(X = x_n)$

Standardabweichung: $\sigma = \sqrt{V}$.

Die Kenngrößen von X geben an, welche empirischen Kenngrößen – arithmetisches Mittel sowie empirische Varianz bzw. Standardabweichung – man bei ausreichend großer Versuchsanzahl auf lange Sicht erwartet.

Kenngrößen:

$\mu = 0 \cdot 0{,}16 + 1 \cdot 0{,}48 + 2 \cdot 0{,}36 = 1{,}2$

$V = (0 - 1{,}2)^2 \cdot 0{,}16 + (1 - 1{,}2)^2 \cdot 0{,}48$
$+ (2 - 1{,}2)^2 \cdot 0{,}36 = 0{,}48$

$\sigma = \sqrt{0{,}48} \approx 0{,}69$

Bedingte Wahrscheinlichkeit

$P_E(F)$ ist die bedingte Wahrscheinlichkeit für das Ereignis F, wenn man weiß, dass E eingetreten ist. $P(E \cap F)$ ist die Wahrscheinlichkeit, dass sowohl E als auch F eingetreten sind. Es gilt $P_E(F) = \frac{P(E \cap F)}{P(E)}$.

In Vierfeldertafeln sind bedingte Wahrscheinlichkeiten Anteile von Zelleninhalten an Zeilen- bzw. Spaltensummen.

Stochastische Unabhängigkeit

Zwei Ereignisse E und F heißen stochastisch unabhängig, wenn $P_E(F) = P(F)$. Zwei Ereignisse E und F sind genau dann unabhängig, wenn $P(E \cap F) = P(E) \cdot P(F)$.

$E = \{rr, rb\}$ (1. Kugel ist rot), $P(E) = 0{,}6$

$F = \{rr, br\}$ (2. Kugel ist rot), $P(F) = 0{,}6$

$E \cap F = \{rr\}$ (beide Kugeln sind rot)

$P(E \cap F) = 0{,}36$

$P_E(F) = \frac{P(E \cap F)}{P(E)} = \frac{0{,}36}{0{,}6} = P(F)$

bzw. $P(E) \cdot P(F) = 0{,}6 \cdot 0{,}6 = P(E \cap F)$, also sind E und F unabhängig.

Runde 1

Lösungen | Seite 256

1 a) Berechnen Sie für die Wahrscheinlichkeitsverteilung der Zufallsgröße X rechts die Kenngrößen Erwartungswert und Varianz.

k	−2	0	6
P(X = k)	$\frac{1}{2}$	$\frac{1}{6}$	$\frac{1}{3}$

b) Jonathan findet es unnötig, außer der Varianz noch die Standardabweichung als Streumaß zu verwenden. Nehmen Sie dazu Stellung.

2 Nach einer Statistik der Deutschen Bahn verkehren etwa 95 Prozent der Fernzüge „pünktlich" (d.h. mit maximal 5 Minuten Verspätung). Tim fährt 5-mal mit einem Fernzug.

a) Er berechnet die Wahrscheinlichkeit, dass mindestens ein Zug nicht pünktlich ist, mit der Formel $1 - 0{,}95^5$. Erklären Sie.

b) Nehmen Sie Stellung zur Annahme: „Die Pünktlichkeit der Züge ist voneinander unabhängig."

3 Man wirft zwei Würfel. Untersuchen Sie die Ereignisse E und F auf Unabhängigkeit.

a) E: „Die Augensumme ist 6." und F: „Die Differenz der Augenzahlen ist 0."

b) E: „Der erste Würfel zeigt 3." und F: „Die Augensumme ist größer als 5."

c) E: „Der erste Würfel zeigt eine Augenzahl unter 3." und F: „Der zweite Würfel zeigt eine Augenzahl über 3."

4 a) Bestimmen Sie den Erwartungswert und die Standardabweichung für die Anzahl der Wappen beim 3-maligen Münzwurf.

b) Bestimmen Sie die Wahrscheinlichkeit, dass beim zehnmaligen Münzwurf mindestens einmal Zahl oben liegt.

5 Ein Laplace-Würfel ist mit den Augenzahlen 1, 1, 1, 1, 6, 6 bezeichnet. Der Würfel wird siebenmal geworfen. Betrachten Sie die Ereignisse E: „Beim ersten Wurf fällt eine 1.", F: „Es fällt mindestens eine 6." und G: „Es fällt keine 1.".

a) Bestimmen Sie die Wahrscheinlichkeiten der Ereignisse E, F und G.

b) Untersuchen Sie, ob E und G unabhängig sind.

c) Bestimmen Sie $P(E \cap F)$ sowie die bedingte Wahrscheinlichkeit, dass F unter der Bedingung E eintritt.

6 Ein Zollhund bellt, wenn er Rauschgift wittert. 98 % aller Rauschgift-Schmuggelfälle entdeckt er. In 3 % aller Fälle, in denen kein Rauschgift geschmuggelt wurde, bellt er versehentlich trotzdem.
Die Erfahrung zeigt, dass bei 1 % sämtlicher Grenzübertritte Rauschgift geschmuggelt wird.

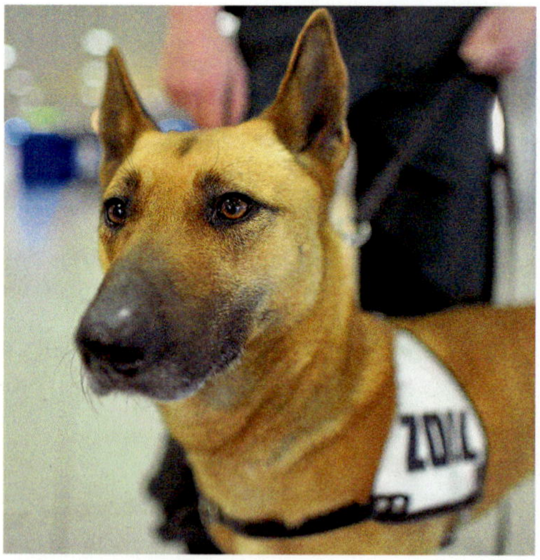

a) Berechnen Sie die Wahrscheinlichkeit, dass der Hund bellt, wenn er einen Grenzgänger überprüft. Erklären Sie, wieso diese Wahrscheinlichkeit ziemlich klein ist.

b) Der Hund bellt bei einem gerade ankommenden Grenzgänger. Untersuchen Sie, wie sicher der Zollbeamte sein kann, dass der Grenzgänger tatsächlich Rauschgift schmuggelt.

c) Der Hund bellt bei einem ankommenden Grenzgänger nicht. Untersuchen Sie, wie sicher der Zollbeamte sein kann, dass dieser Grenzgänger kein Rauschgift schmuggelt.

Runde 2

Lösungen | Seite 257

1 Wahr oder falsch? Korrigieren oder präzisieren Sie.
- **a)** Der Erwartungswert schwankt um das arithmetische Mittel.
- **b)** Wenn $P_E(F) > P(F)$, wird F durch Beobachtung von E wahrscheinlicher.
- **c)** Wenn E und F unabgängig sind, gilt $P(E \cap F) = P(E) + P(F)$.
- **d)** Mit einem Würfel kann man das Werfen einer Münze simulieren.
- **e)** Mit einer Münze kann man das Werfen eines Würfels simulieren.
- **f)** Simulationen kann man nutzen, um Wahrscheinlichkeiten zu bestimmen.

2 Das Glücksrad wird so lange gedreht, bis eine Farbe zum zweiten Mal erscheint. Die Zufallsgröße X zählt die Drehungen. Bestimmen Sie die Wahrscheinlichkeitsverteilung sowie den Erwartungswert und die Varianz von X.

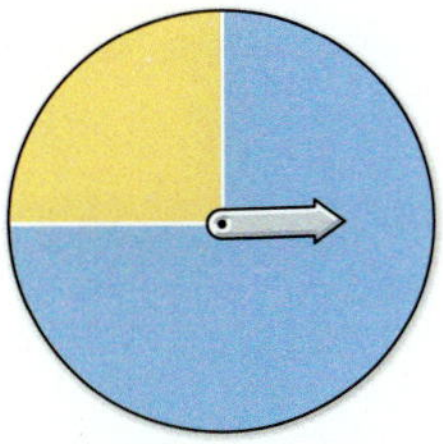

3 **a)** Übersetzen Sie die Vierfeldertafel in zwei beschriftete Baumdiagramme.
b) Begründen Sie durch eine Termumformung: Wenn E und F unabhängig sind, sind auch E und $\overline{F}$ unabhängig.
c) Die Vierfeldertafel soll zu einem bewährten medizinischen Test zur Reihendiagnose einer seltenen Infektion gehören, bei dem E für „infiziert" und F für „Test fällt positiv aus." steht. Geben Sie an, was dann für die Größen von x, y, u, v gelten muss.

	E	$\overline{E}$	
F	x	y	x + y
$\overline{F}$	u	v	u + v
	x + u	y + v	1

4 Bei einem Würfelspiel mit drei Würfeln zählen nur Würfe, bei denen mindestens eine Sechs vorkommt. Eine Sechs zählt 10 Punkte, zwei Sechsen zählen 100 Punkte und drei Sechsen zählen 1000 Punkte.
Bestimmen Sie den Erwartungswert und die Standardabweichung der Punktzahl.

5 Im Einstein-Gymnasium gibt es eine Mensa, in der insgesamt 120 Schülerinnen und Schüler essen. Davon sind 40 % Mädchen. Nach einer Umfrage finden 70 % aller Schülerinnen und Schüler, aber nur 50 % der Mädchen das Essen gut.
- **a)** Stellen Sie die Verhältnisse mithilfe einer Vierfeldertafel dar.
- **b)** Jemand, der am Essen teilnimmt, wird zufällig befragt und antwortet: „Ich finde das Essen nicht gut!" Bestimmen Sie die Wahrscheinlichkeit dafür, dass es ein Junge ist.

6 In der Bundesrepublik Deutschland sind etwa 0,5 % der Bevölkerung aktiv an Tuberkulose (Tbc) erkrankt. Man weiß aufgrund langjähriger Erfahrungen, dass ein spezieller Tbc-Röntgentest 90 % der Kranken und 99 % der Gesunden richtig diagnostiziert.
Herr Lampe hat am Röntgentest teilgenommen. Das Untersuchungs-Ergebnis weist ihn als Tbc-krank aus (Testergebnis positiv).

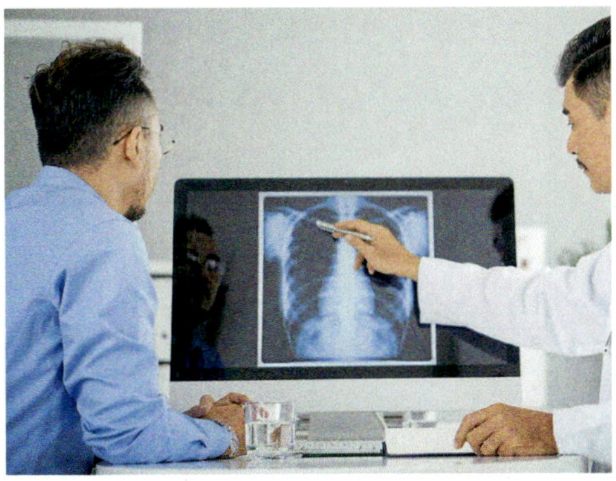

- **a)** Berechnen Sie die Wahrscheinlichkeit, mit der Herr Lampe wirklich an Tbc erkrankt ist. Erklären Sie das Ergebnis.
- **b)** Untersuchen Sie, ob die Ergebnisse „Test positiv." und „Nicht an Tbc erkrankt." unabhängig sind.

VI Binomialverteilung

Der Gewinner bei der spanischen Weihnachtslotterie wurde gefragt, woher er gewusst habe, welches Los er kaufen müsste:

„Ich habe solange gesucht, bis ich die Losnummer 48 gefunden habe."

„Wieso die 48?"

„Ich habe sieben Nächte hintereinander von der Nummer 7 geträumt, also habe ich 7 mal 7 gerechnet, eben die 48!"

Das können Sie schon

- Die Wahrscheinlichkeiten von Ereignissen mithilfe von Baumdiagrammen bestimmen
- Die Wahrscheinlichkeitsverteilung und die Kenngrößen Erwartungswert, Varianz und Standardabweichung einer Zufallsgröße bestimmen.

Das können Sie bald

- Wahrscheinlichkeiten mit der Formel von Bernoulli berechnen
- Fragestellungen bei Binomialverteilungen bearbeiten
- Den Erwartungswert und die Standardabweichung einer binomialverteilten Zufallsgröße berechnen
- Sigma-Regeln anwenden und Prognoseintervalle bestimmen.

Check-in

So geht's:
(1) Checkliste übertragen oder über Code herunterladen
(2) Fähigkeiten selbst einschätzen.
(3) Einschätzung mithilfe der Aufgaben überprüfen und gegebenenfalls Lerntipps beachten.

Schätzen Sie sich mithilfe der Checkliste ein.

	☺	😐	☹
1. Ich kann Baumdiagramme zur Darstellung mehrstufiger Zufallsexperimente erstellen.	☐	☐	☐
2. Ich kann Wahrscheinlichkeiten bei zweistufigen Zufallsexperimenten mithilfe der Pfadregeln (Produkt- und Summenregel) bestimmen.	☐	☐	☐
3. Ich kann Wahrscheinlichkeiten bei dreistufigen Zufallsexperimenten bestimmen.	☐	☐	☐
4. Ich kann die Wahrscheinlichkeitsverteilung einer Zufallsgröße angeben.	☐	☐	☐
5. Ich kann den Erwartungswert einer Zufallsgröße berechnen und interpretieren.	☐	☐	☐

Lerntipps

zu 1. **Grundwissen**, Seite 21
zu 2. **Grundwissen**, Seite 21
zu 4. **Grundwissen**, Seite 21
zu 5. **Grundwissen**, Seite 21

Kopiervorlage Checkliste 268fa4

Lösungen | Seite 258

Überprüfen Sie Ihre Einschätzungen.

○ **1 Baumdiagramme erstellen**

Erstellen Sie zu dem Zufallsexperiment ein Baumdiagramm.

a) Eine ideale Münze wird dreimal geworfen und es wird jedes Mal notiert, ob „Wappen" (W) oder „Zahl" (Z) fällt.

b) In einer Urne befinden sich drei schwarze, fünf rote und vier blaue Kugeln. Es werden nacheinander zwei Kugeln gezogen und jedes Mal die Farbe notiert. Die gezogene Kugel wird wieder zurückgelegt.

c) In einer Urne befinden sich drei schwarze, fünf rote und vier blaue Kugeln. Es werden nacheinander zwei Kugeln gezogen und jedes Mal die Farbe notiert. Die gezogene Kugel wird nicht wieder zurückgelegt.

○ **2 Pfadregeln bei zweistufigen Zufallsexperimenten anwenden**

In einer Sockenschublade befinden sich 20 schwarze, 18 weiße und 2 rote Socken. Es werden blind zwei Socken gezogen. Bestimmen Sie die Wahrscheinlichkeit, dass

a) das rote Sockenpaar gezogen wird.

b) ein Paar gezogen wird.

c) ein weißes Paar gezogen wird.

d) eine weiße und eine schwarze Socke gezogen wird.

○ **3 Pfadregeln bei dreistufigen Zufallsexperimenten anwenden**

Das nebenstehende Glücksrad wird dreimal gedreht und jedes Mal die Farbe notiert. Bestimmen Sie die Wahrscheinlichkeit, dass

a) zuerst rot und danach zweimal grün erscheint,

b) nie grün erscheint,

c) genau einmal rot erscheint,

d) mindestens einmal rot erscheint.

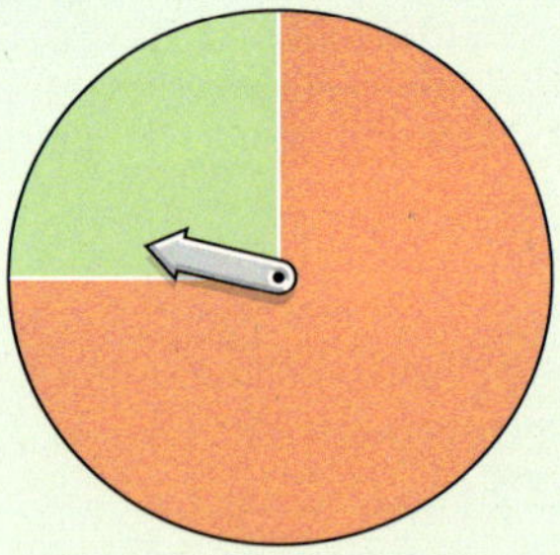

○ **4** **Wahrscheinlichkeitsverteilung angeben**

Der Würfel, dessen Netz abgebildet ist, wird zweimal geworfen.

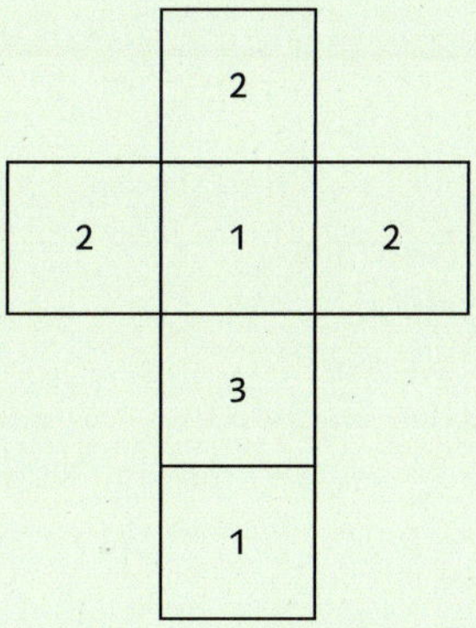

a) Die Zufallsgröße X zählt die Summe der gewürfelten Zahlen. Geben Sie die Wahrscheinlichkeitsverteilung an.

b) Die Zufallsgröße X zählt das Produkt der gewürfelten Zahlen. Geben Sie die Wahrscheinlichkeitsverteilung an.

○ **5** **Kenngrößen berechnen**

Bei einem Glücksspiel beträgt der Einsatz 1 €. Die Zufallsgröße X gibt den Auszahlungsbetrag (in €) bei diesem Glücksspiel an. Die nebenstehende Tabelle zeigt die Wahrscheinlichkeitsverteilung von X.

a	0	1	3
P(X = a)	0,5	0,3	0,2

a) Berechnen Sie den Erwartungswert für den Auszahlungsbetrag.

b) Berechnen Sie den Erwartungswert für den Gewinn und interpretieren Sie diesen Wert.

c) Bestimmen Sie den Einsatz so, dass das Spiel fair ist.

1 Bernoulli-Experimente

Beschreiben Sie zu jedem der folgenden Gegenstände ein Zufallsexperiment, für das man mit dem Baumdiagramm die Wahrscheinlichkeiten für die möglichen Ergebnisse bestimmen kann.

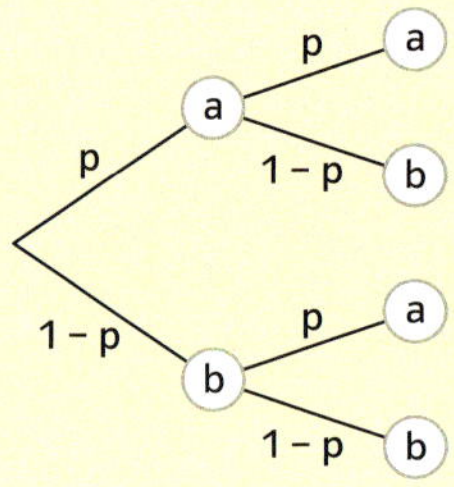

Den Abnehmer von Bauteilen interessiert es meist nur, ob ein Bauteil in Ordnung oder defekt ist. Beim Test eines Medikaments („hilft" oder „hilft nicht") und beim Schießen eines Elfmeters („Treffer" oder „kein Treffer") werden ebenfalls meist nur zwei Ergebnisse betrachtet. Im Folgenden werden Zufallsexperimente betrachtet, bei denen nur zwei Ergebnisse möglich sind, zum Beispiel beim Würfeln („Sechs" oder „keine Sechs").

Ein idealer Würfel wird dreimal geworfen. Man betrachtet bei jedem Wurf nur die beiden Ergebnisse „Sechs" und „keine Sechs". Diese werden mit „Treffer" und „Niete" bzw. den Zahlen **1** und **0** bezeichnet.

Diese beiden Ergebnisse werden auch mit „Erfolg" und „Misserfolg" bezeichnet.

Rechts ist das Baumdiagramm zu diesem Zufallsexperiment abgebildet. Jedes Ergebnis schreibt man als Tripel. 101 bedeutet z. B. „im ersten Wurf eine Sechs, im zweiten Wurf keine Sechs und im dritten Wurf eine Sechs". Die einzelnen Würfe sind unabhängig voneinander, die Wahrscheinlichkeit für einen Treffer ist bei jedem Wurf $p = \frac{1}{6}$.

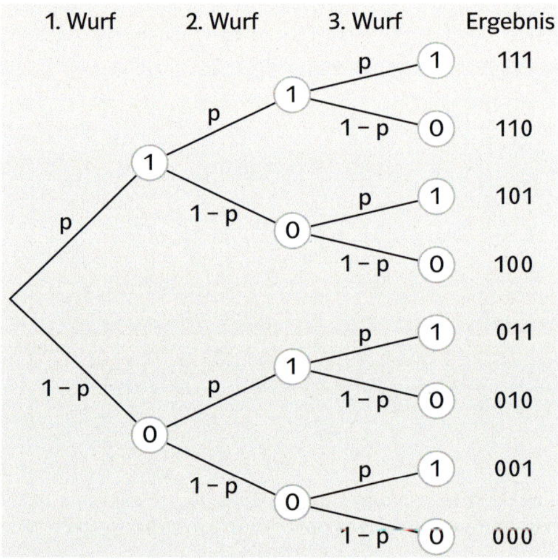

Somit lässt sich die Wahrscheinlichkeit für das Ergebnis 101 mit der Pfadregel bestimmen:

$P(101) = p \cdot (1 - p) \cdot p = p^2 \cdot (1 - p) = \left(\frac{1}{6}\right)^2 \cdot \frac{5}{6} = \frac{5}{216} \approx 0{,}023.$

Definition: Ein Zufallsexperiment heißt **Bernoulli-Experiment**, wenn es genau zwei Ergebnisse hat. Eine **Bernoulli-Kette** besteht aus mehreren voneinander unabhängigen Durchführungen eines Bernoulli-Experiments. Die Anzahl der Durchführungen nennt man die **Länge** n der Bernoulli-Kette, die **Trefferwahrscheinlichkeit** wird mit p bezeichnet.

Jakob Bernoulli (1655 – 1705)

Das Ziehen aus einer Urne ohne Zurücklegen ist keine Bernoulli-Kette, da sich bei jedem Zug die Trefferwahrscheinlichkeit ändert. Falls diese Änderung sehr klein ist, wird ein solches Zufallsexperiment in der Praxis trotzdem näherungsweise als Bernoulli-Kette modelliert. Sind beispielsweise in einer Lostrommel von 1000 Losen 20 Hauptgewinne und zieht man zwei Lose, so ist beim ersten Los die Wahrscheinlichkeit dafür, dass es ein Hauptgewinn ist, $\frac{20}{1000} = 0{,}02$. Beim Ziehen des zweiten Loses beträgt diese Wahrscheinlichkeit entweder $\frac{19}{999} \approx 0{,}019$ (1. Los Hauptgewinn) oder $\frac{20}{999} \approx 0{,}020$ (1. Los kein Hauptgewinn). Die Wahrscheinlichkeit verändert sich kaum.

Die Simulation von Zufallsexperimenten, die keine Bernoulli-Experimente sind, wird in der letzten Lerneinheit dieses Kapitels ausführlicher behandelt.

Beispiel **Ergebnisse und Wahrscheinlichkeiten bei einer Bernoulli-Kette**

In Deutschland tragen ca. 64 % der Bevölkerung eine Brille. Bei fünf zufällig ausgewählten Personen wird festgestellt, ob sie Brillenträger sind. Das Experiment wird als Bernoulli-Kette modelliert. Geben Sie alle Ergebnisse an, die zum Ereignis E: „Genau vier Personen sind Brillenträger." gehören. Bestimmen Sie die Wahrscheinlichkeit für dieses Ereignis.

Lösung

Zum Ereignis E gehören die fünf Ergebnisse 01111, 10111, 11011, 11101 und 11110, wobei 1 für einen Brillenträger und 0 für eine Person ohne Brille steht. Jedes dieser Ergebnisse hat die Wahrscheinlichkeit $0{,}36 \cdot 0{,}64^4$. Also ist $P(E) = 5 \cdot 0{,}36 \cdot 0{,}64^4 \approx 0{,}302$. Die Wahrscheinlichkeit, dass unter den fünf Personen genau vier Brillenträger sind, beträgt ca. 30,2 %.

Aufgaben

○ **1** Handelt es sich um eine Bernoulli-Kette? Geben Sie gegebenenfalls ihre Länge n und die Trefferwahrscheinlichkeit p an.

a) Eine ideale Münze wird zehnmal geworfen und es wird jedes Mal notiert, ob „Zahl" erscheint.

b) Eine „Münze" aus Knetmasse wird zehnmal geworfen und es wird jedes Mal notiert, ob „Zahl" erscheint.

c) Ein idealer Würfel wird siebenmal geworfen und es wird jedes Mal die Augenzahl notiert.

d) Ein idealer Würfel wird siebenmal geworfen und es wird jedes Mal notiert, ob eine Drei erscheint.

○ **2** Das Glücksrad in Fig. 1 wird dreimal gedreht. Es wird jeweils notiert, ob „blau" erscheint.

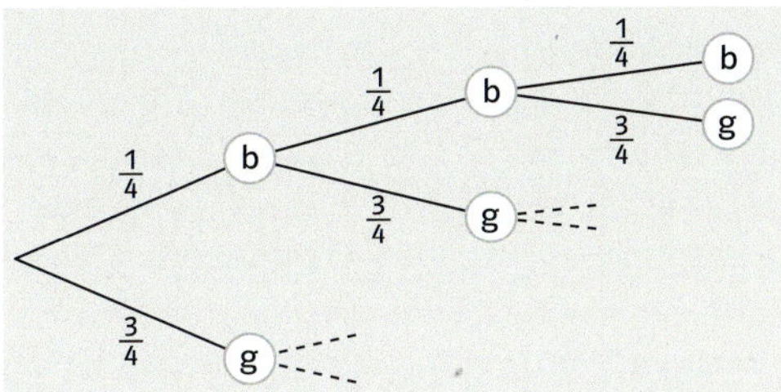

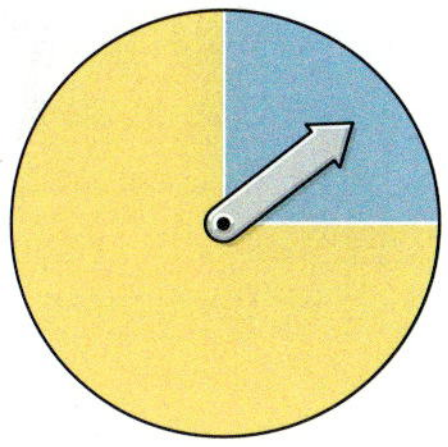

Fig. 1

a) Begründen Sie, dass es sich dabei um eine Bernoulli-Kette handelt, und geben Sie ihre Länge sowie die Trefferwahrscheinlichkeit an.

b) Vervollständigen Sie das Baumdiagramm in Ihrem Heft.

c) Geben Sie alle Ergebnisse an, die zu den folgenden Ereignissen gehören, und bestimmen Sie die Wahrscheinlichkeiten dieser Ereignisse.

A: „Dreimal blau." B: „Zuerst nicht blau, dann zweimal blau."
C: „Genau einmal blau." D: „Mindestens einmal blau."

○ **3** Bei einer verbeulten Münze ist die Wahrscheinlichkeit für „Zahl" 0,4. Sie wird dreimal geworfen und es wird jedes Mal notiert, ob „Zahl" erscheint.

a) Begründen Sie, dass es sich dabei um eine Bernoulli-Kette handelt, und geben Sie ihre Länge sowie die Trefferwahrscheinlichkeit an.

b) Zeichnen Sie das zugehörige Baumdiagramm.

c) Bestimmen Sie die Wahrscheinlichkeit dafür, dass genau einmal „Zahl" erscheint.

○ Test

Lösung | Seite 259

4 Aus einer Urne mit sechs roten und vier schwarzen Kugeln wird dreimal mit Zurücklegen gezogen. Es wird jedes Mal notiert, ob eine rote Kugel gezogen wurde.

a) Begründen Sie, dass es sich dabei um eine Bernoulli-Kette handelt, und geben Sie ihre Länge sowie die Trefferwahrscheinlichkeit an.

b) Zeichnen Sie das zugehörige Baumdiagramm.

c) Bestimmen Sie die Wahrscheinlichkeiten für die folgenden Ereignisse.

E: „Dreimal rot." F: „Zuerst zweimal schwarz, dann rot."
G: „Mindestens einmal rot." H: „Genau zweimal rot."

5 Prüfen Sie, ob man das Zufallsexperiment als Bernoulli-Kette modellieren kann.

a) Eine Spritzgießmaschine produziert Kunststoffteile. Darunter sind 3 % Ausschuss. Es werden 50 Teile überprüft und es wird jedes Mal notiert, ob das geprüfte Teil in Ordnung ist.

b) Ein Fußballspieler hat beim Elfmeterschießen eine Trefferquote von 80 %. Er schießt fünf Elfmeter und es wird jedes Mal notiert, ob er traf.

c) Ein Spieler kreuzt beim Lotto 6 aus 49 sechs der Zahlen von 1 bis 49 auf einem Tippschein an. Danach werden sechs von 49 Kugeln gezogen, welche die Nummern 1 bis 49 tragen. Der Spieler notiert, wie viele Kugeln mit seinem Tipp übereinstimmen.

6 Zehn ideale Würfel werden gleichzeitig geworfen. Es wird jeweils notiert, ob eine Sechs fiel. Begründen Sie, dass man dieses Zufallsexperiment als Bernoulli-Kette modellieren kann.

7 Ein Basketballspieler hat bei Freiwürfen eine Trefferquote von 85 %. Er wirft fünf Freiwürfe. Das Zufallsexperiment wird als Bernoulli-Kette modelliert.

a) Geben Sie zu den Ereignissen A bis E jeweils alle Ergebnisse an, die zu dem Ereignis gehören.

b) Ordnen Sie Ereignisse gleicher Wahrscheinlichkeit einander zu.

c) Berechnen Sie die Wahrscheinlichkeit der Ereignisse A bis E.

A: „Nur der erste Wurf ist kein Treffer."

B: „Es gibt genau vier Treffer."

C: „Die ersten vier Würfe sind Treffer."

D: „Der Spieler wirft genau einmal daneben."

E: „Nur der dritte Wurf ist kein Treffer."

8 Ein Würfel wird dreimal geworfen.

a) Geben Sie alle Ergebnisse an, die zu den folgenden Ereignissen gehören.
A: „Nur im zweiten Wurf eine Sechs." B: „Erst im zweiten Wurf eine Sechs."
C: „Im zweiten Wurf eine Sechs." D: „Im zweiten Wurf keine Sechs."

b) Berechnen Sie die Wahrscheinlichkeit der Ereignisse aus Teilaufgabe a).

9 Das nebenstehende Glücksrad wird viermal gedreht. Geben Sie an, mit welchen Termen sich die Wahrscheinlichkeit für genau einmal „rot" berechnen lässt.

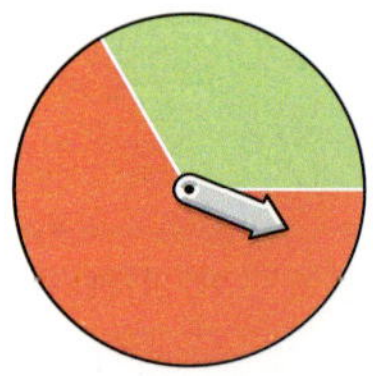

(1) $\frac{2}{3} \cdot \left(\frac{1}{3}\right)^3$

(2) $\frac{2}{3} \cdot \left(\frac{1}{3}\right)^3 + \frac{1}{3} \cdot \frac{2}{3} \cdot \left(\frac{1}{3}\right)^2 + \left(\frac{1}{3}\right)^2 \cdot \frac{2}{3} \cdot \frac{1}{3} + \left(\frac{1}{3}\right)^3 \cdot \frac{2}{3}$

(3) $\left(\frac{2}{3} \cdot \left(\frac{1}{3}\right)^3\right)^4$

(4) $4 \cdot \frac{2}{3} \cdot \left(\frac{1}{3}\right)^3$

Test

Lösung | Seite 259

10 Ein blutdrucksenkendes Medikament führt bei 20 % der Patienten, die es einnehmen, nicht zu einer Senkung des Blutdrucks. Bestimmen Sie die Wahrscheinlichkeit, dass von 20 Patienten, die das Medikament einnehmen,

a) genau bei einem der Blutdruck nicht sinkt, b) nur beim letzten der Blutdruck nicht sinkt.

11 Ein idealer Würfel wird fünfmal geworfen. Es wird jeweils notiert, ob eine „6" fiel. Finden Sie den Fehler bei der Bestimmung der Wahrscheinlichkeit und berechnen Sie diese richtig.

a) „Im dritten Wurf eine Sechs.": $\left(\frac{5}{6}\right)^2 \cdot \frac{1}{6} \cdot \left(\frac{5}{6}\right)^2$ b) „Mindestens eine Sechs.": $5 \cdot \frac{1}{6} \cdot \left(\frac{5}{6}\right)^4$

Grundwissen Test

Grundwissen
Seite 209
Lösung | Seite 260

12 Untersuchen Sie die Funktion f mit $f(x) = 3x^3 - 2x$, indem Sie

a) Definitions- und Wertebereich angeben,

b) das Monotonieverhalten untersuchen und

c) die Nullstellen bestimmen.

2 Binomialkoeffizienten

Paco, Benjamin, Davina, Emil, Lina und Alessia spielen Fußball.
Wie viele Möglichkeiten gibt es, zwei gleich große Mannschaften zu bilden?

Bei Bernoulli-Ketten mit größerer Länge wird das zugehörige Baumdiagramm schnell sehr groß. So gibt es z. B. beim fünfmaligen Würfeln mit „Sechs“ als Treffer $2^5 = 32$ Pfade.
Um die Anzahl der Pfade zum Ereignis B: „genau drei Sechsen“ zu bestimmen, wurden bislang alle zugehörigen Ergebnisse notiert, 11100, 11010, 11001, 10110, 10101, 10011, 01110, 01101, 01011, 00111.

Nun soll eine Formel entwickelt werden, mit der man diese Anzahl direkt berechnen kann. Gesucht ist die Anzahl der Möglichkeiten, die drei Einsen auf die fünf Plätze der fünf Versuche zu verteilen.

1. Schritt:
Um die Einsen unterscheiden zu können, werden sie rot, blau und grün gefärbt. Für die rote 1 hat man 5 mögliche Plätze. Bei jeder dieser Wahlen hat man für die blaue 1 noch 4 mögliche Plätze. Bei jeder dieser Wahlen bleiben für die grüne 1 noch 3 mögliche Plätze. Somit ergeben sich $5 \cdot 4 \cdot 3 = 60$ mögliche Verteilungen, wenn man die Farben der Einsen berücksichtigt.

2. Schritt:
Für die Anzahl der möglichen Ergebnisse sind die Farben jedoch irrelevant. Zum Beispiel ist 11010 und 11010 dasselbe Ergebnis. Da man drei Farben auf drei Einsen auf $3 \cdot 2 \cdot 1 = 6$ verschiedene Arten verteilen kann, werden je sechs Ergebnisse nicht unterschieden.

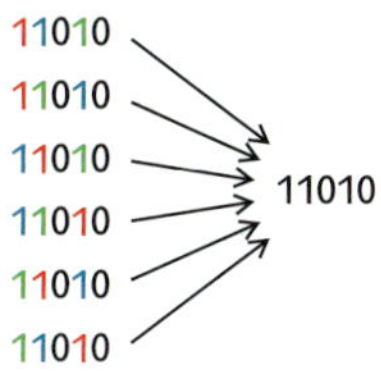

Von den 60 möglichen Ergebnissen mit gefärbten Einsen fallen ohne Färbung also jeweils 6 zusammen. Damit erhält man $\frac{5 \cdot 4 \cdot 3}{3 \cdot 2 \cdot 1} = \frac{60}{6} = 10$ verschiedene Ergebnisse mit drei Einsen auf fünf Plätzen.

Wenn k Einsen auf die Plätze der durchgeführten Versuche verteilt werden, gibt es analog zu oben $n \cdot (n-1) \cdot (n-2) \cdot \ldots \cdot (n-k+1)$ Möglichkeiten, falls man die Einsen einfärbt. Davon fallen ohne Färbung jeweils $k \cdot (k-1) \cdot (k-2) \cdot \ldots \cdot 1$ zusammen.

Also gibt es $\frac{n \cdot (n-1) \cdot (n-2) \cdot \ldots \cdot (n-k+1)}{k \cdot (k-1) \cdot (k-2) \cdot \ldots \cdot 1}$ verschieden Möglichkeiten, k Einsen auf n Plätze zu verteilen.

Es ist $0! = 1$ festgelegt.

Für das Produkt $k \cdot (k-1) \cdot (k-2) \cdot \ldots \cdot 1$ schreibt man auch k! (lies: „**k Fakultät**“).
Damit lässt sich die obige Formel umschreiben:

$$\frac{n \cdot (n-1) \cdot (n-2) \cdot \ldots \cdot (n-k+1)}{k!} = \frac{n \cdot (n-1) \cdot (n-2) \cdot \ldots \cdot (n-k+1) \cdot (n-k) \cdot (n-k-1) \cdot \ldots \cdot 2 \cdot 1}{k \cdot (k-1) \cdot \ldots \cdot 1 \cdot (n-k) \cdot (n-k-1) \cdot \ldots \cdot 2 \cdot 1} = \frac{n!}{k! \cdot (n-k)!}.$$

Definition: $\binom{n}{k} = \frac{n!}{k! \cdot (n - k!)}$ heißt **Binomialkoeffizient** (für n, k ∈ ℕ mit k ≤ n).

Satz: Beim Baumdiagramm zu einer Bernoulli-Kette der Länge n gibt es $\binom{n}{k}$ Pfade mit genau k Treffern.

Es gibt $\binom{n}{k}$ Möglichkeiten, aus n Objekten k auszuwählen, wenn man die Reihenfolge nicht berücksichtigt.

Binomialkoeffizienten können auf verschiedene Weise berechnet werden.
1. Für kleine Zahlen kann man direkt die verschiedenen n-Tupel aufschreiben und abzählen.
2. Man kann die Formeln $\binom{n}{k} = \frac{n \cdot (n-1) \cdot (n-2) \cdot \ldots \cdot (n-k+1)}{k \cdot (k-1) \cdot \ldots \cdot 1}$ oder $\binom{n}{k} = \frac{n!}{k! \cdot (n-k)!}$ benutzen.
3. Rechner können den Binomialkoeffizienten mit der Funktion *„nCr"* direkt berechnen.

nCr steht für *„n choose r"*.

Beispiel Binomialkoeffizienten berechnen

a) Bestimmen Sie $\binom{4}{2}$ durch die Angabe aller Möglichkeiten, bei vier Versuchen zwei Treffer zu haben.

b) Berechnen Sie $\binom{8}{5}$ mithilfe der Formel, ohne Rechner.

c) Berechnen Sie $\binom{20}{13}$ mit dem Rechner.

Lösung

a) Es gibt folgende Möglichkeiten: (TTNN), (TNTN), (TNNT), (NTTN), (NTNT) und (NNTT).
Also ist $\binom{4}{2} = 6$.

b) $\binom{8}{5} = \frac{8 \cdot 7 \cdot 6 \cdot 5 \cdot 4}{5 \cdot 4 \cdot 3 \cdot 2 \cdot 1} = \frac{8 \cdot 7 \cdot 6}{3 \cdot 2} = 8 \cdot 7 = 56$

c) $\binom{20}{13} = 77\,520$

Aufgaben

1 Berechnen Sie durch die Angabe aller Möglichkeiten.

a) $\binom{3}{1}$ b) $\binom{3}{2}$ c) $\binom{4}{3}$ d) $\binom{2}{2}$ e) $\binom{2}{0}$ f) $\binom{5}{4}$

2 Berechnen Sie mithilfe einer der Formeln.

a) $\binom{5}{2}$ b) $\binom{8}{4}$ c) $\binom{12}{1}$ d) $\binom{10}{3}$ e) $\binom{20}{2}$ f) $\binom{15}{14}$

3 Berechnen Sie.

a) $\binom{20}{4}$ b) $\binom{30}{5}$ c) $\binom{30}{20}$ d) $\binom{40}{30}$ e) $\binom{40}{10}$ f) $\binom{23}{13}$

4 Bestimmen Sie die Anzahl der Möglichkeiten, in der Figur rechts
a) drei Einsen, b) fünf Einsen, c) sieben Einsen
auf die Kästchen zu verteilen.

5 Bestimmen Sie die Anzahl der Möglichkeiten,
a) aus den Zahlen 1, 2 und 3 zwei auszuwählen,
b) aus vier Assen (Kreuz, Pik, Herz und Karo) zwei auszuwählen,
c) aus den Getränken Cola, Limonade, Mineralwasser und Orangensaft drei auszuwählen.

6 Bestimmen Sie die Anzahl der Möglichkeiten,

a) aus 28 Schülerinnen und Schülern einer Klasse zwei zum Tafelputzen zu bestimmen,

b) aus 20 Eissorten drei auszuwählen,

c) aus 32 Karten eines Skat-Kartenspiels vier zu ziehen.

Test

Lösung | Seite 260

7 Berechnen Sie $\binom{6}{4}$ mit einer der Formeln und $\binom{15}{8}$ mit dem Rechner.

8 Begründen Sie, dass $n!$ für $n \geq 10$ durch 10 teilbar ist.

9 Unter 50 LED-Lampen in einem Karton befinden sich zwei defekte. Jemand entnimmt zufällig zwei Lampen. Bestimmen Sie die Wahrscheinlichkeit, dass beide Lampen in Ordnung sind.

10 Timo hat sechs Freikarten für ein Konzert bekommen. Er verlost fünf davon unter seinen Freunden: fünf Mädchen und sieben Jungen. Bestimmen Sie die Wahrscheinlichkeit, dass

a) nur Mädchen,

b) nur Jungen

Karten erhalten.

Test

Lösung | Seite 260

11 Mia kann von ihren zehn Freundinnen nur drei zu einer Bootstour mitnehmen. Bestimmen Sie die Wahrscheinlichkeit, dass dies ihre Freundinnen Sarah, Chiara und Lucia sind, wenn Mia die Teilnehmerinnen auslost.

12 Geben sie an, wie viele Möglichkeiten es gibt, aus neun Saftsorten drei für einen Cocktail auszuwählen.

13 Begründen Sie, dass beim Spiel Lotto „6 auf 49"

a) $1 : \binom{49}{6}$ die Wahrscheinlichkeit für „6 Richtige" angibt,

b) $\binom{43}{6} : \binom{49}{6}$ die Wahrscheinlichkeit für „null Richtige" angibt,

c) $\binom{48}{5} : \binom{49}{6}$ die Wahrscheinlichkeit angibt, dass bei den gezogenen Kugeln die 3 dabei ist.

14 a) Berechnen Sie $\binom{3}{0}$, $\binom{3}{1}$, $\binom{3}{2}$ und $\binom{3}{3}$.
Vergleichen Sie mit den Zahlen im Pascal'schen Dreieck rechts.

b) Multiplizieren Sie $(a + b)^3$ aus. Vergleichen Sie die vorkommenden Koeffizienten mit den Ergebnissen aus Teilaufgabe a).
Gehen Sie analog bei den Termen $(a + b)^2$ und $(a + b)^4$ vor.

1
1 1
1 2 1
1 3 3 1
1 4 6 4 1
1 5 10 10 5 1
1 6 15 20 15 6 1
1 7 21 35 35 21 7 1
… … … … … … … … …

c) Geben Sie eine entsprechende Formel wie in Teilaufgabe b) für $(a + b)^5$ und für $(a + b)^6$ an.

d) Formen Sie mit den Formeln aus den Teilaufgaben b) und c) die Terme $(x + 3)^4$, $(a - b)^3$, $(x - 1)^5$ und $(2 - x)^4$ um.

Grundwissen Test

Grundwissen Seite 216
Lösung | Seite 260

15 Untersuchen Sie die Funktion f auf Extremstellen und geben Sie die Art der Extrema an.

a) $f(x) = 3x^3 - 2x$

b) $f(x) = x^4 + 0{,}5x^3 - x^2$

3 Die Formel von Bernoulli

Aus der Statistik eines Basketball-Klubs: Sarah trifft bei 60 % ihrer Freiwürfe, Marios Quote liegt bei 80 %. Beide erhalten zehn Freiwürfe. Worauf würden Sie eher wetten – dass Sarah genau sechs verwandelt oder darauf, dass Mario genau acht verwandelt?

Im Folgenden wird eine Formel entwickelt, mit der man die Wahrscheinlichkeiten für die einzelnen Trefferanzahlen bei einer Bernoulli-Kette berechnen kann.

Ein Multiple-Choice-Test enthält drei Fragen mit je vier vorgegebenen Antworten, von denen genau eine richtig ist. Ein Kandidat kreuzt bei jeder Frage rein zufällig eine Antwort an. Es soll die Wahrscheinlichkeit für genau zwei richtige Antworten berechnet werden.

Wenn die Zufallsgröße X die Anzahl der richtigen Antworten angibt, so ist also $P(X = 2)$ gesucht. Das Zufallsexperiment ist eine Bernoulli-Kette der Länge $n = 3$ und der Trefferwahrscheinlichkeit $p = \frac{1}{4}$. Die zu „$X = 2$" gehörenden Ergebnisse sind 011, 101 und 110. Alle drei haben jeweils die Wahrscheinlichkeit $p^2 \cdot q = p^2 \cdot (1 - p)$. Damit ist
$P(X = 2) = 3 \cdot p^2 \cdot (1 - p) = 3 \cdot \left(\frac{1}{4}\right)^2 \cdot \frac{3}{4} = \frac{9}{64}$.

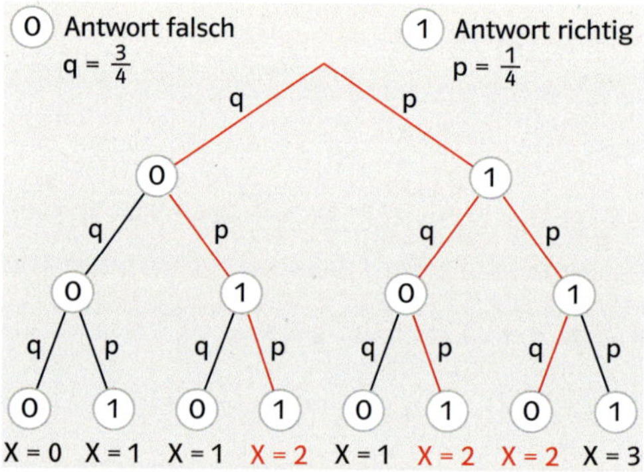

Allgemein gilt: Wenn der Test n Fragen enthält und die Wahrscheinlichkeit für genau k richtige Antworten bestimmt werden soll, gibt es im Baumdiagramm genau $\binom{n}{k}$ Pfade mit genau k Treffern. Jedes dieser Ergebnisse hat die Wahrscheinlichkeit $p^k \cdot (1 - p)^{n-k}$. Es gilt also:

Satz (Formel von Bernoulli): Gegeben ist eine Bernoulli-Kette der Länge n und der Trefferwahrscheinlichkeit p. Wenn die Zufallsgröße X die Anzahl der Treffer zählt, dann ist die Wahrscheinlichkeit für genau k Treffer

$$P(X = k) = \binom{n}{k} \cdot p^k \cdot (1 - p)^{n-k} \quad (\text{für } k = 0, 1, 2, \ldots, n).$$

Definition: Eine Zufallsgröße ist **binomialverteilt** mit den Parametern n und p, wenn sie sich als Bernoulli-Kette der Länge n und der Trefferwahrscheinlichkeit p modellieren lässt.

Der Rechner benutzt hier die Funktion *binompdf*.

Beispiel 1 Die Formel von Bernoulli anwenden

Ein idealer Würfel wird siebenmal geworfen. Berechnen Sie mithilfe der Formel von Bernoulli die Wahrscheinlichkeit, dass genau dreimal eine Fünf oder Sechs fällt.

Lösung

Es liegt eine Bernoulli-Kette der Länge $n = 7$ und der Trefferwahrscheinlichkeit $p = \frac{1}{3}$ vor.
X: Anzahl der Würfe, bei denen eine Fünf oder Sechs fällt.

$P(X = 3) = \binom{7}{3} \cdot \left(\frac{1}{3}\right)^3 \cdot \left(\frac{2}{3}\right)^4 \approx 0{,}256$. Die gesuchte Wahrscheinlichkeit beträgt also etwa 25,6 %.

Beispiel 2 Zusammengesetzte Wahrscheinlichkeiten berechnen

Ein idealer Tetraeder wird fünfmal geworfen. Berechnen Sie die Wahrscheinlichkeit, dass

a) mindestens viermal eine Eins fällt,

b) höchstens dreimal eine Eins fällt.

Hier wurde eine Vier geworfen.

Lösung

Es liegt eine Bernoulli-Kette der Länge $n = 5$ und der Trefferwahrscheinlichkeit $p = \frac{1}{4}$ vor.
X: Anzahl der Würfe, bei denen eine Eins fällt.

a) $P(X \geq 4) = P(X = 4) + P(X = 5) = \binom{5}{4} \cdot \left(\frac{1}{4}\right)^4 \cdot \left(\frac{3}{4}\right)^1 + \binom{5}{5} \cdot \left(\frac{1}{4}\right)^5 \cdot \left(\frac{3}{4}\right)^0 = 5\left(\frac{1}{4}\right)^4 \cdot \frac{3}{4} + \left(\frac{1}{4}\right)^5 \approx 0{,}016$
Mit einer Wahrscheinlichkeit von etwa 1,6 % fällt mindestens viermal eine Eins.

b) „$X \leq 3$" ist das Gegenereignis von „$X \geq 4$". Damit gilt
$P(X \leq 3) = 1 - P(X \geq 4) \approx 1 - 0{,}016 = 0{,}984$.
Mit einer Wahrscheinlichkeit von etwa 98,4 % fällt höchstens dreimal eine Eins.

„$X \geq 4$" bedeutet hier „$X = 4$" oder „$X = 5$".

Beispiel 3 Die Formel von Bernoulli anwenden

Vom Torwart einer Fußballmannschaft weiß man aus Erfahrung, dass er beim Elfmeterschießen 30 % der Elfmeter hält. Es werden fünf Elfmeter auf sein Tor geschossen.

a) Berechnen Sie mithilfe der Formel von Bernoulli die Wahrscheinlichkeit, dass er genau drei Elfmeter hält.

b) Begründen Sie, warum die Anwendung einer Bernoulli-Kette in diesem Beispiel fehlerhaft sein könnte.

Lösung

a) Es liegt eine Bernoulli-Kette der Länge $n = 5$ und der Trefferwahrscheinlichkeit $p = 0{,}3$ vor. X: Anzahl der gehaltenen Elfmeter. $P(X = 3) = \binom{5}{3} \cdot 0{,}3^3 \cdot 0{,}7^2 = 10 \cdot 0{,}027 \cdot 0{,}49 = 0{,}1323$.
Die Wahrscheinlichkeit, genau drei Elfmeter zu halten, ist ca. 13 %.

b) Eine wichtige Voraussetzung für eine Bernoulli-Kette ist, dass die einzelnen Bernoulli-Experimente voneinander unabhängig sind. Dies ist hier nicht unbedingt der Fall. Nach einem gehaltenen Elfmeter könnten z. B. die Schützen verunsichert sein.

Aufgaben

○ **1** Geben Sie die Parameter n, p und k an.

a) $P(X = 4) = \binom{6}{4} \cdot \left(\frac{1}{3}\right)^4 \cdot \left(\frac{2}{3}\right)^2$ b) $P(X = 7) = \binom{12}{7} \cdot 0{,}7^7 \cdot 0{,}3^5$ c) $P(X = 3) = \binom{8}{3} \cdot \left(\frac{1}{7}\right)^3 \cdot \left(\frac{6}{7}\right)^5$

○ **2** Ergänzen Sie die Formel von Bernoulli.

a) $P(X = 3) = \binom{7}{\square} \cdot \left(\frac{1}{5}\right)^{\triangle} \cdot \left(\frac{4}{5}\right)^4$ b) $P(X = 5) = \binom{10}{\square} \cdot 0{,}7^5 \cdot \triangle^{\bigcirc}$ c) $P(X = 2) = \binom{\square}{\triangle} \cdot 0{,}3^{\bigcirc} \cdot \square^3$

○ **3** Der abgebildete Kreisel wird fünfmal gedreht. Geben Sie an, mit welcher Formel man die Wahrscheinlichkeit berechnen kann, dass genau zweimal eine Drei fällt.

A $P(X = 2) = \binom{5}{2} \cdot \left(\frac{1}{8}\right)^3 \cdot \left(\frac{7}{8}\right)^2$

B $P(X = 2) = \binom{5}{2} \cdot \left(\frac{1}{8}\right)^2 \cdot \left(\frac{7}{8}\right)^3$

C $P(X = 3) = \binom{5}{3} \cdot \left(\frac{1}{8}\right)^3 \cdot \left(\frac{7}{8}\right)^2$

D $P(X = 2) = \binom{5}{3} \cdot \left(\frac{1}{8}\right)^2 \cdot \left(\frac{2}{8}\right)^3$

○ **4** Gegeben ist eine Bernoulli-Kette der Länge n und der Trefferwahrscheinlichkeit p. Berechnen Sie mithilfe der Formel von Bernoulli die angegebene Wahrscheinlichkeit.

a) $n = 6;\ p = \frac{1}{4};\ P(X = 3)$ b) $n = 10;\ p = \frac{1}{3};\ P(X = 2)$ c) $n = 12;\ p = \frac{4}{5};\ P(X = 10)$
d) $n = 5;\ p = 0{,}5;\ P(X = 3)$ e) $n = 20;\ p = 0{,}2;\ P(X = 1)$ f) $n = 10;\ p = 0{,}9;\ P(X = 7)$
g) $n = 25;\ p = 0{,}3;\ P(X = 10)$ h) $n = 18;\ p = 0{,}6;\ P(X = 13)$ i) $n = 22;\ p = 0{,}5;\ P(X = 11)$

○ **5** Ein idealer Würfel wird geworfen. Bestimmen Sie die Wahrscheinlichkeit, dass man bei

a) zehn Würfen genau zwei Sechsen wirft,
b) zehn Würfen genau vier Sechsen wirft,
c) acht Würfen keine Sechs wirft,
d) acht Würfen genau vier Sechsen wirft,
e) zwanzig Würfen genau vier Sechsen wirft,
f) zwanzig Würfen keine Sechs wirft.

○ Test

Lösungen | Seite 260

6 Gegeben ist eine Bernoulli-Kette der Länge 4 und der Trefferwahrscheinlichkeit $\frac{1}{3}$. Berechnen Sie mithilfe der Formel von Bernoulli die Wahrscheinlichkeit $P(X = 2)$.

7 Bei einem Glücksrad erscheint „rot" mit einer Wahrscheinlichkeit von 70 %. Bestimmen Sie die Wahrscheinlichkeit, dass bei fünfmaligem Drehen genau dreimal „rot" erscheint.

◒ **8** In einer Urne befinden sich sechs grüne und zwei blaue Kugeln. Formulieren Sie ein Zufallsexperiment und ein Ereignis, dessen Wahrscheinlichkeit sich mit der angegebenen Formel berechnen lässt und führen Sie das Experiment durch.

a) $P(A) = \binom{7}{2} \cdot \left(\frac{1}{4}\right)^2 \cdot \left(\frac{3}{4}\right)^5$
b) $P(B) = \left(\frac{3}{4}\right)^5$
c) $P(C) = \left(\frac{1}{4}\right)^5 + 5 \cdot \left(\frac{1}{4}\right)^4 \cdot \left(\frac{3}{4}\right) + \binom{5}{3} \cdot \left(\frac{1}{4}\right)^3 \cdot \left(\frac{3}{4}\right)^2$
d) $P(D) = 5 \cdot \left(\frac{3}{4}\right)^4 \cdot \left(\frac{1}{4}\right) + \left(\frac{3}{4}\right)^5$

◒ **9** Beim maschinellen Abfüllen von Halbliter-Flaschen wird der „Sollwert" von 0,5 l nicht immer genau eingehalten. Der Hersteller garantiert aber, dass 98 % der Flaschen mindestens 495 ml enthalten. Von den abgefüllten Flaschen wird eine Stichprobe von 20 Stück entnommen.

a) Bestimmen Sie die Wahrscheinlichkeit, dass keine Flasche weniger als 495 ml enthält.
b) Berechnen Sie, mit welcher Wahrscheinlichkeit zwei Flaschen weniger als 495 ml enthalten.

◒ **10** Beim Verpacken von Eiern werden erfahrungsgemäß 2 % beschädigt. Die Eier werden in Schachteln zu zehn Stück verpackt.

a) Bestimmen Sie die Wahrscheinlichkeit, dass eine Schachtel nur ganze Eier enthält.
b) Berechnen Sie, mit welcher Wahrscheinlichkeit von zehn Schachteln genau acht nur ganze Eier enthalten.

◒ Test

Lösung | Seite 260

11 Lea und Tim treffen beim Elfmeterschießen zu 85 % bzw. 75 %. Worauf würden Sie eher wetten?

A: „Lea trifft bei zehn Versuchen mindestens neunmal."
B: „Tim trifft bei sieben Versuchen fünf- oder sechsmal."

● **12** Man startet im Punkt S und geht an jeder Kreuzung mit gleicher Wahrscheinlichkeit nach Süden oder Osten. Bestimmen Sie die Wahrscheinlichkeit, dass man

a) den eingezeichneten Weg geht,
b) durch den Punkt A kommt,
c) durch den Punkt Z kommt,
d) durch die Punkte A und Z kommt.

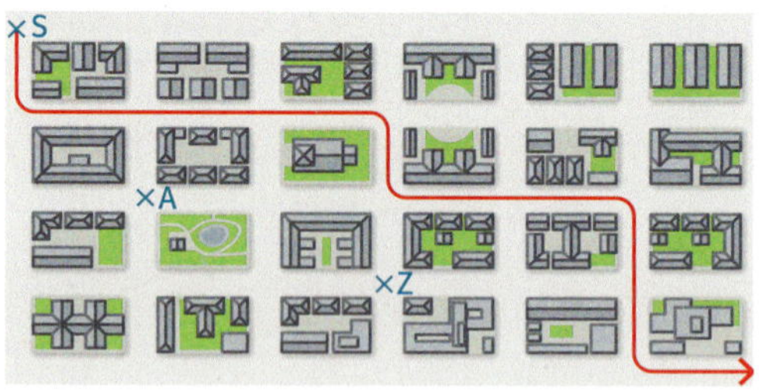

Grundwissen Test

Grundwissen
Seite 217
Lösung | Seite 260

13 Bestimmen Sie die Wendepunkte und untersuchen Sie das Krümmungsverhalten des Graphen der Funktion f mit

a) $f(x) = 3x^3 - 2x$
b) $f(x) = x^4 + 0{,}5x^3 - x^2$.

4 Kumulierte Wahrscheinlichkeiten

Bestimmen Sie mithilfe der Tabelle die Wahrscheinlichkeiten zu den Ereignissen auf den Kärtchen.

„Zwei oder drei Sechsen." „Höchstens zwei Sechsen."

„Höchstens drei Sechsen." „Mindestens vier Sechsen."

10-mal würfeln

Ereignis	Wahrscheinlichkeit (gerundet)
keine Sechs	0,1615
eine Sechs	0,3230
zwei Sechsen	0,2907
drei Sechsen	0,1550

Mit der Formel von Bernoulli kann man für die Trefferanzahl X bei einer Bernoulli-Kette die Wahrscheinlichkeit $P(X = k)$ für genau k Treffer berechnen. Somit kann man auch die Wahrscheinlichkeit für z. B. höchstens k Treffer berechnen, indem man die einzelnen Wahrscheinlichkeiten für 0 Treffer, 1 Treffer usw. bis k Treffer addiert.
Beispiel: $P(X \leq 5) = P(X = 0) + P(X = 1) + P(X = 2) + P(X = 3) + P(X = 4) + P(X = 5)$.
Dieses Vorgehen kann sehr aufwendig werden. Deshalb benutzt man Rechner, mit denen sich diese Wahrscheinlichkeiten direkt bestimmen lassen.

Definition: Die Wahrscheinlichkeit $\mathbf{P(X \leq k)} = P(X = 0) + P(X = 1) + \ldots + P(X = k)$ heißt **kumulierte Wahrscheinlichkeit**.

Der Rechnerbefehl zum Bestimmen der kumulierten Wahrscheinlichkeiten lautet *binomcdf*.

Mithilfe von kumulierten Wahrscheinlichkeiten $P(X \leq k)$ lassen sich auch Wahrscheinlichkeiten der Form $P(X \geq k)$, $P(k \leq X \leq l)$ usw. berechnen.

(1) $P(X \leq k)$
„Höchstens k Treffer."

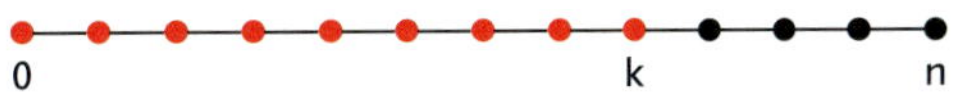

(2) $P(X < k) = P(X \leq k - 1)$
„Weniger als k Treffer."

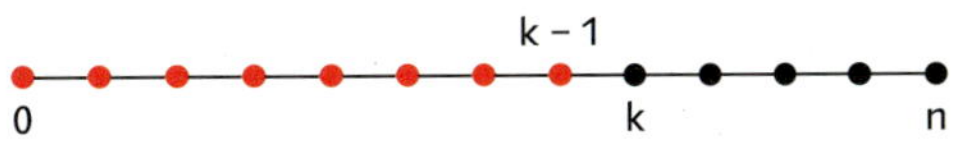

(3) $P(X \geq k) = 1 - P(X \leq k - 1)$
„Mindestens k Treffer."

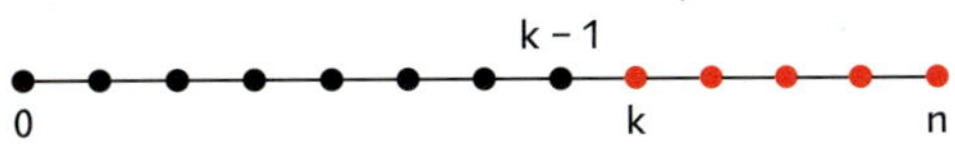

(4) $P(X > k) = 1 - P(X \leq k)$
„Mehr als k Treffer."

(5) $P(k \leq X \leq l) = P(X \leq l) - P(X \leq k - 1)$
„Mindestens k und höchstens l Treffer."

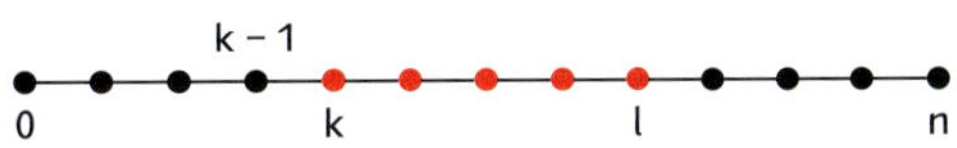

Beispiel 1 Wahrscheinlichkeit bei einer Bernoulli-Kette

Bestimmen Sie für die Trefferanzahl X bei einer Bernoulli-Kette der Länge $n = 20$ und der Trefferwahrscheinlichkeit $p = 0{,}4$ die Wahrscheinlichkeit.

a) $P(X \leq 8)$ b) $P(X < 6)$ c) $P(X \geq 10)$ d) $P(8 \leq X \leq 12)$

Lösung

$n = 20$ und $p = 0{,}4$

a) $P(X \leq 8) \approx 0{,}596$

b) $P(X < 6) = P(X \leq 5) \approx 0{,}126$

c) $P(X \geq 10) = 1 - P(X \leq 9) \approx 1 - 0{,}755 = 0{,}245$

d) $P(8 \leq X \leq 12) = P(X \leq 12) - P(X \leq 7) \approx 0{,}979 - 0{,}416 = 0{,}563$

Beispiel 2 **Wahrscheinlichkeiten bei einer binomialverteilten Zufallsgröße**

Bei einer verbeulten Münze fällt „Zahl" mit einer Wahrscheinlichkeit von 0,6. Bestimmen Sie die Wahrscheinlichkeit, dass bei zehn Würfen

a) mindestens fünfmal „Zahl" fällt,
b) weniger als siebenmal „Zahl" fällt,
c) genau dreimal in Folge „Wappen" und sonst „Zahl" fällt.

Lösung

X zählt, wie oft „Zahl" fällt. X ist binomialverteilt mit $n = 10$ und $p = 0{,}6$.

a) $P(X \geq 5) = 1 - P(X \leq 4) \approx 1 - 0{,}166 = 0{,}834$
Die Wahrscheinlichkeit, dass mindestens fünfmal „Zahl" fällt, beträgt ca. 83,4 %.

b) $P(X < 7) = P(X \leq 6) \approx 0{,}618$
Die Wahrscheinlichkeit, dass weniger als siebenmal „Zahl" fällt, beträgt ca. 61,8 %.

c) E ist das Ereignis „Es fällt genau dreimal in Folge ‚Wappen'."
„Wappen" kann bei den Würfen 1, 2 und 3, bei den Würfen 2, 3 und 4 usw. bis zu den Würfen 8, 9 und 10 fallen. Also gibt es acht zugehörige Ergebnisse.
Die Wahrscheinlichkeit beträgt jeweils $0{,}6^7 \cdot 0{,}4^3$.
Es ist $P(E) = 8 \cdot 0{,}6^7 \cdot 0{,}4^3 \approx 0{,}014$.
Mit einer Wahrscheinlichkeit von etwa 1,4 % fällt genau dreimal in Folge „Wappen" und sonst „Zahl".

Aufgaben

○ **1** Bestimmen Sie für die binomialverteilte Zufallsgröße X mit den Parametern $n = 25$ und $p = 0{,}2$ die Wahrscheinlichkeit.

a) $P(X \leq 3)$ b) $P(X \leq 6)$ c) $P(X = 7)$ d) $P(X \leq 4)$
e) $P(X = 5)$ f) $P(X \leq 9)$ g) $P(X = 9)$ h) $P(X \leq 1)$
i) $P(X \leq 8)$ j) $P(X \leq 2)$ k) $P(X = 0)$ l) $P(X \leq 15)$

○ **2** Bestimmen Sie für die binomialverteilte Zufallsgröße X mit den Parametern n und p die angegebene Wahrscheinlichkeit.

a) $n = 30,\ p = 0{,}3,\ P(X < 8)$
b) $n = 50,\ p = 0{,}5,\ P(X \leq 28)$
c) $n = 8,\ p = \frac{1}{5},\ P(X < 3)$
d) $n = 14,\ p = \frac{5}{6},\ P(X \leq 10)$
e) $n = 100,\ p = 0{,}9,\ P(X < 95)$
f) $n = 80,\ p = \frac{1}{3},\ P(X < 30)$

○ **3** Ordnen Sie Karten, die dasselbe Ereignis beschreiben, einander zu.

- „Höchstens fünf Treffer." A
- $P(X \leq 4)$ B
- $P(X \leq 5)$ C
- „Weniger als fünf Treffer." D
- „Weniger als sechs Treffer." E
- $P(X < 5)$ F
- „Nicht mehr als vier Treffer." G
- $P(X < 6)$ H
- „Höchstens sechs Treffer." I
- „Nicht mehr als fünf Treffer." J
- $P(X \leq 6)$ K
- $P(X < 7)$ L

○ **4** Gegeben ist eine Bernoulli-Kette der Länge $n = 10$. Das Ereignis „Mindestens 6 Treffer." kann man wie rechts gezeigt darstellen. Veranschaulichen Sie auf gleiche Weise das Ereignis

a) „Mindestens vier Treffer."
b) „Höchstens drei Treffer."
c) „Weniger als fünf Treffer."
d) „Mehr als null Treffer."
e) „Höchstens vier Treffer."
f) „Weniger als acht Treffer."
g) „Mindestens drei und höchstens sieben Treffer."
h) „Mehr als fünf und weniger als zehn Treffer."

○ **5** Ordnen Sie die Karten zu, die dieselbe Wahrscheinlichkeit beschreiben.

1 $P(X \geq 5)$
2 $P(3 \leq X \leq 8)$
3 $P(X < 4)$
4 $1 - P(X \leq 4)$
5 $P(X \leq 8) - P(X \leq 2)$
6 $P(X \leq 3)$
7 $P(3 \leq X < 9)$
8 $P(2 < X < 9)$
9 $P(0 \leq X < 4)$
10 $P(2 < X \leq 8)$

○ **6** Bestimmen Sie für die binomialverteilte Zufallsgröße X mit den Parametern $n = 15$ und $p = 0{,}3$ die Wahrscheinlichkeit.
a) $P(X \geq 6)$ b) $P(X \leq 3)$ c) $P(X \geq 7)$ d) $P(X < 6)$
e) $P(X \geq 4)$ f) $P(X < 9)$ g) $P(X \geq 3)$ h) $P(X > 1)$

○ **7** Bestimmen Sie für die binomialverteilte Zufallsgröße X mit den Parametern $n = 20$ und $p = 0{,}5$ die Wahrscheinlichkeit.
a) $P(2 \leq X \leq 6)$ b) $P(3 \leq X \leq 7)$ c) $P(4 < X \leq 10)$ d) $P(4 \leq X \leq 8)$
e) $P(7 < X < 12)$ f) $P(8 \leq X \leq 15)$ g) $P(5 \leq X < 10)$ h) $P(8 < X \leq 15)$

○ **8** Etwa 20 % der Bevölkerung sind Linkshänder. Bestimmen Sie die Wahrscheinlichkeit, dass in einer Schulklasse mit 28 Schülerinnen und Schülern
a) genau sechs Linkshänder sind,
b) höchstens fünf Linkshänder sind,
c) mindestens neun Linkshänder sind,
d) mindestens zwölf Linkshänder sind,
e) mindestens fünf und höchstens 12 Linkshänder sind.

○ **9** Ein Blumenhändler gibt für Blumenzwiebeln eine Keimgarantie von 90 % an. Jemand kauft ein Dutzend. Geben Sie jeweils die Wahrscheinlichkeiten dafür an, dass
a) genau zehn Blumenzwiebeln keimen,
b) alle Blumenzwiebeln keimen,
c) mindestens zehn Blumenzwiebeln keimen,
d) höchstens neun Blumenzwiebeln keimen,
e) mindestens sieben und höchstens elf Blumenzwiebeln keimen.

○ Test

Lösungen | Seite 261

10 Bestimmen Sie für die binomialverteilte Zufallsgröße X mit den Parametern $n = 12$ und $p = 0{,}6$ die Wahrscheinlichkeit.
a) $P(X \leq 5)$ b) $P(X \geq 8)$ c) $P(X < 10)$ d) $P(4 \leq X < 8)$

11 Eine Münze wird 50-mal geworfen. Bestimmen Sie die Wahrscheinlichkeit, dass
a) höchstens 20-mal „Zahl" fällt,
b) mindestens 20-mal „Zahl" fällt,
c) weniger als 25-mal „Zahl" fällt,
d) mehr als 30-mal „Zahl" fällt.

◐ **12** Die Ausschusswahrscheinlichkeit einer bestimmten Sorte von Schrauben beträgt 3 %. Berechnen Sie, welches der folgenden Ereignisse am wahrscheinlichsten ist.
A: „Es sind keine unbrauchbaren Schrauben in einer Dutzendpackung."
B: „Es ist wenigstens eine unbrauchbare Schraube in einer Zwanzigerpackung."
C: „Es ist mehr als eine unbrauchbare Schraube in einer Fünfzigerpackung."

13 Das Glücksrad wird achtmal gedreht. Bestimmen Sie die Wahrscheinlichkeit, dass

a) mindestens dreimal „gelb“ erscheint,
b) weniger als dreimal „rot“ erscheint,
c) genau zweimal in Folge „blau“ erscheint,
d) in den ersten beiden Versuchen „blau“ erscheint,
e) nur in den letzten beiden Versuchen „gelb“ erscheint.

14 Ein Knopf wird zehnmal geworfen. Die Wahrscheinlichkeit, dass die Vorderseite oben liegt, beträgt 0,4. Berechnen Sie, mit welcher Wahrscheinlichkeit
a) höchstens dreimal „Vorderseite“ fällt,
b) in den ersten drei Würfen „Vorderseite“ und sonst „Rückseite“ fällt,
c) nur im zweiten, im vierten und im achten Wurf „Vorderseite“ fällt,
d) höchstens zweimal oder mindestens siebenmal „Vorderseite“ fällt,
e) in den ersten drei Würfen jedes Mal „Vorderseite“, insgesamt aber viermal „Rückseite“ fällt,
f) genau dreimal in Folge „Vorderseite“ fällt,
g) in den ersten fünf Würfen höchstens einmal „Rückseite“ und unter den letzten fünf Würfen mindestens zweimal „Vorderseite“ fällt.

15 Durchschnittlich einer von zehn Schaltern ist nach Angabe des Herstellers defekt. Deshalb werden die Schalter zum Sonderpreis angeboten.
Nehmen Sie zur Überlegung rechts Stellung.

Wenn ich 16 Schalter brauche und 18 kaufe, also gut 10 % mehr als benötigt, dann sind mit Sicherheit 16 funktionierende dabei.

Test

Lösung | Seite 261

16 Ein Fußballspieler hat beim Elfmeterschießen eine Trefferquote von 75 %. Er schießt fünf Elfmeter. Bestimmen Sie die Wahrscheinlichkeit, mit der er
a) mindestens vier Elfmeter verwandelt,
b) genau zwei Elfmeter in Folge verwandelt,
c) die ersten beiden Elfmeter und von den restlichen Elfmeter höchstens einen verwandelt.

17 Ein Bauteil wird von zwei Maschinen produziert. Bei Maschine A sind erfahrungsgemäß 5 % der Teile defekt, bei Maschine B sind es 8 %. Eine Lieferung enthält 20 dieser Bauteile, davon stammen 15 von Maschine A und fünf von Maschine B.
a) Berechnen Sie, mit welcher Wahrscheinlichkeit unter den Bauteilen, die von Maschine B produziert wurden, höchstens eines defekt ist.
b) Berechnen Sie, mit welcher Wahrscheinlichkeit in der Lieferung insgesamt höchstens ein Bauteil defekt ist.

18 Folgende Ereignisse für Bernoulli-Ketten der Länge n und Trefferwahrscheinlichkeit p sind gleich wahrscheinlich.
A: „30 Treffer bei $n = 50$ und $p = 0{,}7$.“ B: „20 Treffer bei $n = 50$ und $p = 0{,}3$.“
a) Geben Sie analoge Beispiele an und formulieren Sie dann eine allgemeine Regel.
b) Begründen Sie diese Regel.

Grundwissen Test

Grundwissen Seite 217
Lösung | Seite 261

19 Führen Sie mithilfe Ihres Rechners eine vollständige Funktionsuntersuchung durch. Dokumentieren Sie Ihr Vorgehen sorgfältig.
a) $f(x) = 3x^3 - 2x$ b) $f(x) = x^4 + 0{,}5x^3 - x^2$

5 Problemlösen mit der Binomialverteilung

Nele, Lea und Finn spielen Mensch ärgere dich nicht.
Lea sagt: „Ich brauche eine Sechs und darf jetzt dreimal würfeln. Ist es wahrscheinlicher, eine Sechs oder keine Sechs zu würfeln?"
Finn fragt: „Wie oft muss ich eigentlich würfeln, um sicher eine Sechs zu werfen?"
Nele antwortet: „Ich kann dir sagen, wie oft du würfeln musst, um mit mindestens 90% Wahrscheinlichkeit eine Sechs zu werfen!"

Bei der Berechnung von Wahrscheinlichkeiten bei der Bernoulli-Kette treten drei Parameter auf:
- die Anzahl der Versuche n (Länge der Kette)
- die Trefferwahrscheinlichkeit p und
- die Anzahl der Treffer k.

Bisher wurden daraus die Wahrscheinlichkeiten wie $P(X = k)$ bzw. $P(X \leq k)$ berechnet. Jetzt werden zusätzliche Fragestellungen betrachtet, bei denen diese Wahrscheinlichkeit gegeben ist und einer der Parameter n, p oder k bestimmt werden muss. Folgende Varianten sind möglich. Variante I ist die bisher übliche Fragestellung.

Variante	Gesucht	Siehe	Beispiel
I	$P(X = k)$ bzw. $P(X \leq k)$	IX,3 und IX,4	Ein idealer Würfel wird achtmal geworfen. Wie groß ist die Wahrscheinlichkeit, höchstens drei Sechsen zu würfeln? Gegeben: $n = 8$, $p = \frac{1}{6}$ und $k = 3$ Gesucht: $P(X \leq 3)$
II	n	Beispiel 1	Man möchte mit einer Wahrscheinlichkeit von mindestens 90% mindestens eine Sechs würfeln. Wie oft muss man mindestens würfeln? Gegeben: $p = \frac{1}{6}$, $k = 1$, $P(X \leq 1) \geq 0{,}9$ Gesucht: n
III	p	Beispiel 2	Bei einem gezinkten Würfel sollen bei zehnmaligem Werfen mit einer Wahrscheinlichkeit von 80% mindestens zwei Sechsen geworfen werden. Wie groß muss die Wahrscheinlichkeit für eine Sechs bei diesem Würfel mindestens sein? Gegeben: $n = 10$, $k = 2$, $P(X \geq 2) = 0{,}8$. Gesucht: p
IV	k	Beispiel 3	Man wirft einen idealen Würfel 50-mal. Wenn man mehr als k Sechsen würfelt, erhält man einen Gewinn. Wie groß muss k mindestens sein, damit man mit einer Wahrscheinlichkeit von höchstens 5% einen Gewinn erhält? Gegeben: $n = 50$, $p = \frac{1}{6}$, $P(X \leq k) \leq 0{,}05$. Gesucht: k

Beispiel 1 Parameter n bestimmen

Etwa 9 % der männlichen Bevölkerung in Deutschland haben eine Rot-Grün-Schwäche. Bestimmen Sie, wie groß eine Gruppe von zufällig ausgewählten Männern mindestens sein muss, damit mit einer Wahrscheinlichkeit von mindestens 85 % mindestens

a) einer eine Rot-Grün-Schwäche hat,

b) fünf eine Rot-Grün-Schwäche haben.

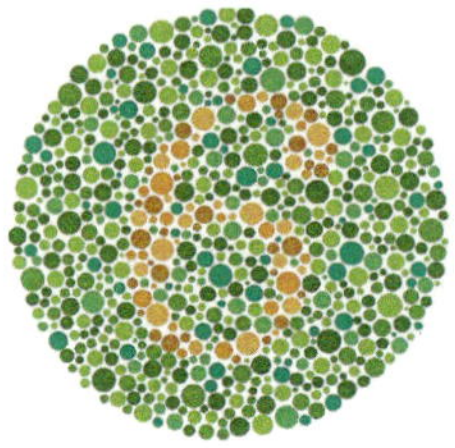

Lösung

Die Zufallsgröße X zählt die Personen mit Rot-Grün-Schwäche unter n Männern.
X ist binomialverteilt mit dem Parameter $p = 0{,}09$; n ist gesucht.

a) Es soll gelten $P(X \geq 1) \geq 0{,}85$ bzw. $P(X = 0) \leq 0{,}15$. Wegen $P(X = 0) = 0{,}91^n$ löst man die Ungleichung $0{,}91^n \leq 0{,}15$. Durch Logarithmieren ergibt sich näherungsweise $n \geq 20{,}1$.
Die Gruppe muss aus mindestens 21 Männern bestehen.

b) Es soll gelten $P(X \geq 5) \geq 0{,}85$ bzw. $P(X \leq 4) \leq 0{,}15$. Mit dem Rechner bestimmt man $P(X \leq 4)$ für verschiedene n (vgl. Tabelle). Daraus ergibt sich die Mindestzahl $n = 80$. Die Gruppe muss aus mindestens 80 Männern bestehen.

n	$P(X \leq 4)$
78	0,159
79	0,151
80	0,143
81	0,136

Auch Teilaufgabe a) kann wie b) durch Probieren gelöst werden.

Beispiel 2 Parameter p bestimmen

Jedes Bauteil in einer Produktionsserie fällt mit der Wahrscheinlichkeit p aus. Der Ausfall der Bauteile geschieht unabhängig voneinander. Bestimmen Sie, wie groß p höchstens sein darf, damit mit einer Wahrscheinlichkeit von mindestens 90 Prozent bei einer Produktionsserie von 100 Bauteilen höchstens zehn ausfallen. Geben Sie den Wert auf zwei Nachkommastellen gerundet an.

Lösung

Die Zufallsgröße X zählt die ausfallenden Bauteile bei einer Serie von 100 Stück. X ist binomialverteilt mit $n = 100$, p ist gesucht. Es muss gelten: $P(X \leq 10) \geq 0{,}9$.

Zur Handhabung des Rechners siehe Anhang

Mit dem Rechner bestimmt man $P(X \leq 10)$ für verschiedene p (vgl. Tabelle). Daraus ergibt sich, dass p zwischen 0,075 und 0,070 liegen muss.
Die Ausfallwahrscheinlichkeit darf höchstens 0,07 betragen.

p	$P(X \leq 10)$
0,080	0,824
0,075	0,871
0,070	0,909

Beispiel 3 Parameter k bestimmen

Ein Multiple-Choice-Test besteht aus 20 Fragen. Zu jeder gibt es drei Antwortmöglichkeiten, von denen jeweils genau eine richtig ist. Die Wahrscheinlichkeit, dass jemand nur durch Raten den Test besteht, soll höchstens 5 % betragen. Bestimmen Sie die Mindestanzahl an richtigen Antworten, die für das Bestehen verlangt werden muss.

Lösung

Die Zufallsgröße X zählt die Anzahl der richtigen Antworten. Wenn jemand nur rät, ist X binomialverteilt mit $n = 20$ und $p = \frac{1}{3}$. Es ist die kleinste natürliche Zahl k gesucht, für die gilt: $P(X \geq k) \leq 0{,}05$. Wegen $P(X \geq k) = 1 - P(X \leq k - 1)$ muss dann $P(X \leq k - 1) \geq 0{,}95$ sein.

Zur Handhabung des Rechners siehe Anhang

Mit dem Rechner bestimmt man $P(X \leq k - 1)$ für verschiedene k (vgl. Tabelle). Daraus ergibt sich $k - 1 = 10$, also $k = 11$.
Es müssen für das Bestehen des Tests mindestens 11 richtige Antworten verlangt werden.

k - 1	$P(X \leq k - 1)$
8	0,810
9	0,908
10	0,962

Aufgaben

○ **1** Die Zufallsgröße X ist binomialverteilt mit $p = 0{,}3$. Bestimmen Sie, wie groß der Parameter n mindestens sein muss, damit Folgendes gilt.
a) $P(X = 0) \leq 0{,}1$ b) $P(X \leq 1) \leq 0{,}05$ c) $P(X > 5) \geq 0{,}9$ d) $P(X \geq 10) \geq 0{,}75$

○ **2** Berechnen Sie, wie oft man mindestens würfeln muss, um mit mindestens 99 % Wahrscheinlichkeit das angegebene Ergebnis zu erzielen.
a) mindestens eine Sechs
b) mindestens sechs Sechsen
c) mindestens 15 gerade Zahlen
d) mindestens 20 Zahlen unter sechs

○ **3** Die Zufallsgröße X ist binomialverteilt mit $n = 60$. Bestimmen Sie den Parameter p auf zwei Nachkommastellen gerundet, sodass die angegebene Wahrscheinlichkeit 0,8 beträgt.
a) $P(X \leq 15)$ b) $P(X \leq 5)$ c) $P(X \geq 10)$ d) $P(X \geq 30)$

○ **4** Bei einer verbeulten Münze fällt „Wappen" mit der Wahrscheinlichkeit p. Bei 50 Würfen beträgt die Wahrscheinlichkeit 50 %, dass höchstens 20-mal „Wappen" fällt. Bestimmen Sie p auf zwei Nachkommastellen gerundet.

○ **5** Bei der Herstellung von Schrauben ist eine Schraube mit der Wahrscheinlichkeit p in Ordnung. Die Wahrscheinlichkeit, dass bei einer Stichprobe von 100 Schrauben weniger als 90 in Ordnung sind, darf höchstens 5 % betragen. Bestimmen Sie die Werte von p, für die dies der Fall ist, auf zwei Nachkommastellen gerundet.

O Test

Lösungen | Seite 261

6 Die Wahrscheinlichkeit für die Geburt eines Jungen beträgt etwa 0,51. Bestimmen Sie die Anzahl an Kindern, die an einem Tag in einer Klinik mindestens geboren werden müssen, damit mit einer Wahrscheinlichkeit von mindestens 99 % mindestens fünf Jungen dabei sind.

7 Über einen Nachrichtenkanal werden Zeichen übertragen. Durch Störeinflüsse wird jedes Zeichen mit der unbekannten Wahrscheinlichkeit p falsch übertragen. Die Störung der einzelnen Zeichen erfolgt unabhängig voneinander. Bestimmen Sie, wie groß p maximal sein darf (auf drei Nachkommastellen genau), wenn die Wahrscheinlichkeit, dass bei 100 übertragenen Zeichen mehr als drei falsch übertragen werden, höchstens 5 % betragen darf.

◒ **8** Ein Verkehrsunternehmen gibt an, dass 85 % seiner Fahrgäste zufrieden sind.
a) Bestimmen Sie die Wahrscheinlichkeit, dass von 50 Fahrgästen höchstens drei unzufrieden sind.
b) Berechnen Sie, wie viele Fahrgäste mindestens befragt werden müssen, damit mit einer Wahrscheinlichkeit von mindestens 90 % mindestens zehn davon unzufrieden sind.
c) Der Anteil zufriedener Fahrgäste hat sich nach einer Werbeaktion geändert. Die Wahrscheinlichkeit, höchstens drei unzufriedene Fahrgäste unter 50 Fahrgästen zu finden, ist auf 10 % gestiegen. Bestimmen Sie, wie hoch der Anteil zufriedener Fahrgäste nun ist.

9 Benjamin behauptet, er erkenne seine Lieblings-Cola allein am Geschmack. Davina glaubt ihm nicht. Sie gibt ihm achtmal hintereinander drei gleich aussehende Gläser, von denen eines mit seiner Lieblings-Cola und zwei mit Colas anderer Marken gefüllt sind. Wenn Benjamin mindestens viermal richtig liegt, glaubt ihm Davina.
a) Angenommen, Benjamin rät nur. Bestimmen Sie, mit welcher Wahrscheinlichkeit Benjamin den Test besteht.
b) Berechnen Sie die Anzahl der richtigen Antworten, die Davina verlangen muss, damit die Wahrscheinlichkeit kleiner als 2 % ist, dass Benjamin allein durch Raten besteht.

10 Eine Ferienwohnanlage hat 80 Wohnungen. Erfahrungsgemäß werden 15 % der Buchungen wieder storniert. Der Besitzer nimmt für die Pfingstferien 95 Buchungen an.

a) Berechnen Sie die Wahrscheinlichkeit, dass zu viele Buchungen angenommen wurden.

b) Bestimmen Sie die Anzahl an Buchungen, die der Besitzer für die Pfingstferien annehmen sollte, damit die Wahrscheinlichkeit, dass zu viele Buchungen angenommen wurden, kleiner als 5 % ist.

Test

Lösung | Seite 261

11 Ein Würfel hat das nebenstehende Netz.

a) Bestimmen Sie, wie oft man den Würfel mindestens werfen muss, damit mit mindestens 95 % Wahrscheinlichkeit mindestens dreimal eine „Vier" fällt.

b) Man wirft den Würfel siebenmal. Wenn man eine bestimmte Anzahl an „Dreien" wirft, gewinnt man. Bestimmen Sie, wie groß diese Anzahl mindestens sein muss, damit man mit einer Wahrscheinlichkeit von höchstens 10 % gewinnt.

c) Bestimmen Sie, wie viele Seiten des Würfels eine „Vier" tragen müssen, damit bei 10 Würfen mit der Wahrscheinlichkeit 90 % mindestens dreimal eine „Vier" fällt.

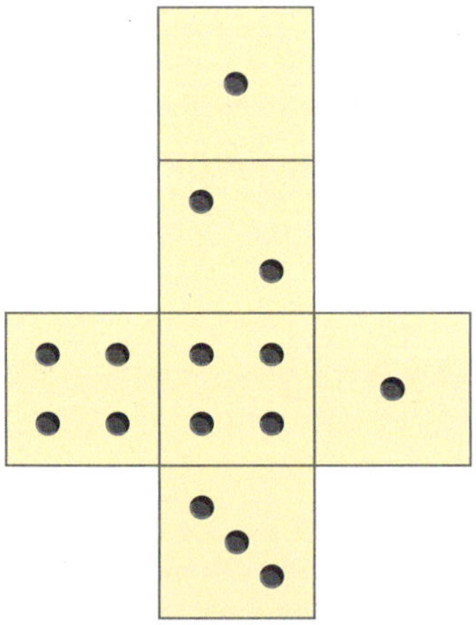

12 Die Zufallsgröße X ist binomialverteilt mit den Parametern n und p. Ist die Aussage wahr oder falsch? Begründen Sie.

a) Wenn $k < l$ ist, dann ist auch $P(X \leq k) < P(X \leq l)$.

b) Wenn man k verdoppelt, dann verdoppelt sich auch $P(X \leq k)$.

c) Wenn man p vergrößert, dann vergrößert sich auch $P(X \leq k)$.

13 Die Zufallsgröße X ist binomialverteilt mit $n = 20$. Rechts ist der Graph der Funktion abgebildet, die jedem p (mit $0 \leq p \leq 1$) die Wahrscheinlichkeit $P(X \leq 10)$ zuordnet. Erläutern Sie, wie im Vergleich dazu der Graph verläuft,

a) wenn p die Wahrscheinlichkeit $P(X \leq 8)$ bzw. $P(X \leq 15)$ zugeordnet wird,

b) wenn n den Wert 25 bzw. den Wert 14 hat.

Grundwissen Test

Grundwissen Seite 211
Lösung | Seite 261

14 Bestimmen Sie die Gleichung der Tangente an den Graphen von f im Punkt $B(x_0 | f(x_0))$.

a) $f(x) = x^2,\ x_0 = 2$

b) $f(x) = 2x^2 - 3x,\ x_0 = 1$

c) $f(x) = \frac{8}{3}x^3,\ x_0 = \frac{1}{2}$

d) $f(x) = x^3 - 2x^2,\ x_0 = 2$

e) $f(x) = 3x^4 + 4x,\ x_0 = -1$

f) $f(x) = \frac{1}{x^2},\ x_0 = -2$

6 Kenngrößen bei binomialverteilten Zufallsgrößen

Die Abbildungen zeigen Graphen von Binomialverteilungen.
Welches könnten die Parameter sein?

A: $n = 20;\ p = 0{,}3$
B: $n = 20;\ p = 0{,}5$
C: $n = 20;\ p = \frac{2}{3}$
D: $n = 15;\ p = 0{,}8$
E: $n = 15;\ p = \frac{2}{3}$

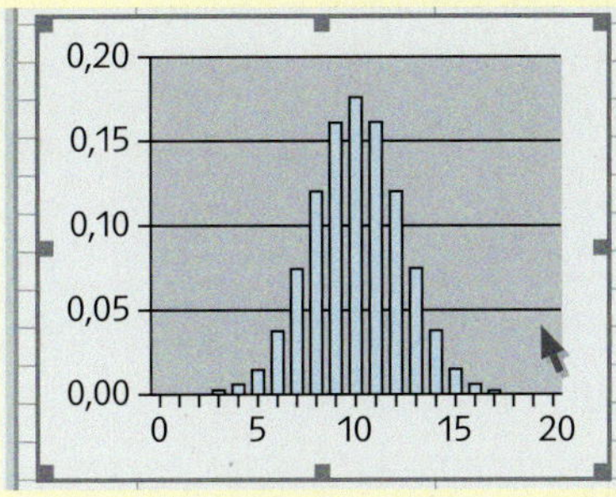

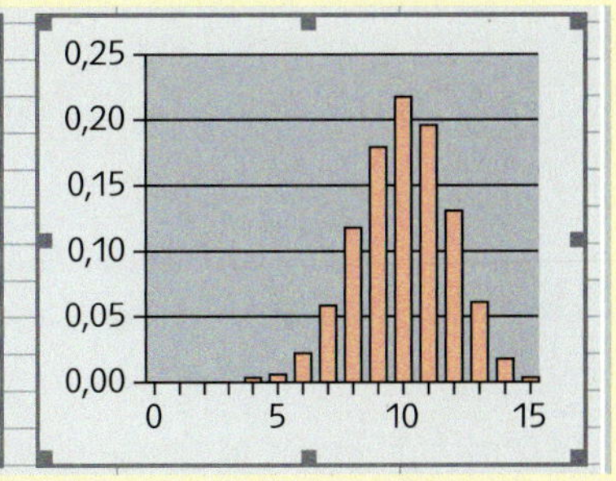

Die Binomialverteilung lässt sich durch die Kenngrößen Erwartungswert, Varianz und Standardabweichung charakterisieren, wie andere Verteilungen auch. Um dies genauer zu untersuchen, wird zunächst betrachtet, wie die Verteilungen von n und p abhängen.

Abhängigkeit der Verteilungen

vom Parameter n: Man wählt p fest, z.B. p = 0,6, und verändert n (Fig. 1).

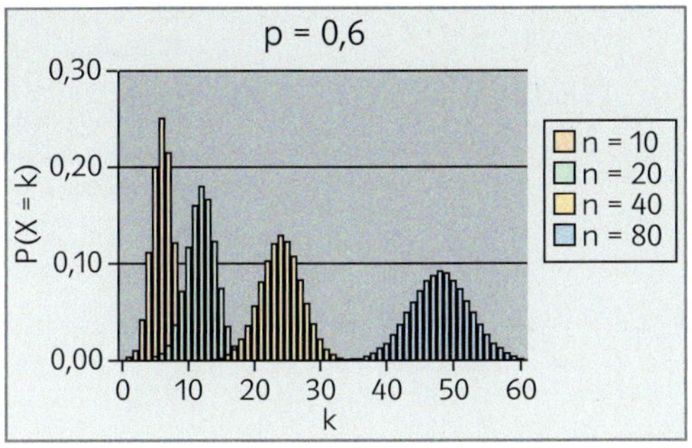

Fig. 1

vom Parameter p: Man wählt n fest, z.B. n = 50, und verändert p (Fig. 2).

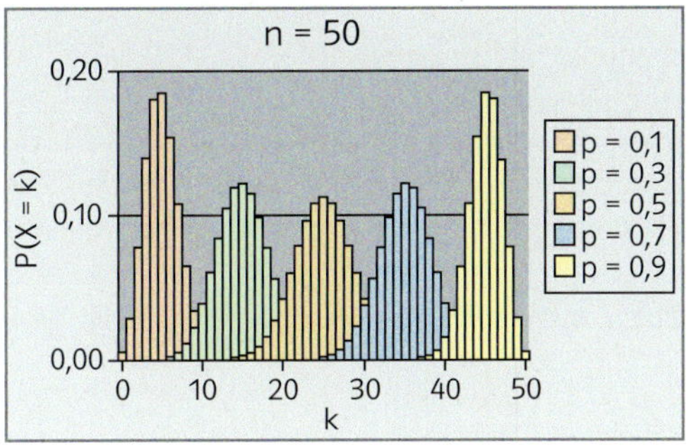

Fig. 2

Fig. 3 und 4: Erwartungswerte und Standardabweichungen der Binomialverteilungen (nach den Formeln aus dem vorangegangenen Kapitel berechnet).

in Fig. 1 (p = 0,6)

n	10	20	40	80
μ	6	12	24	48
σ	1,55	2,19	3,10	4,38

Fig. 3

in Fig. 2 (n = 50)

p	0,1	0,3	0,5	0,7	0,9
μ	5	15	25	35	45
σ	2,12	3,24	3,54	3,24	2,12

Fig. 4

Berechnet man mit der bereits aus dem letzten Kapitel bekannten Formel den Erwartungswert μ (Fig. 3 und Fig. 4), so ist zu sehen, dass sich dieselben Werte für μ ergeben, wenn man $n \cdot p$ rechnet. Sucht man die Werte für μ in den entsprechenden Graphen, so kann man erkennen, dass sich beim Wert für $\mu = n \cdot p$ die höchste Säule befindet.

Der Graph einer binomialverteilten Zufallsgröße hat eine glockenähnliche Form.
Mit wachsendem n wird der Graph breiter und flacher (Fig. 1).
Für $p \to 1$ und $p \to 0$ wird der Graph schmaler und höher (Fig. 2).

Mit $\mu = n \cdot p$ ist der Erwartungswert einer binomalverteilten Zufallsgröße leicht zu berechnen. Auch für die Varianz und die Standardabweichung gibt es jeweils Formeln, die einfacher sind als die bisher bekannten. Auf die Herleitung wird hier verzichtet.

Es kann sein, dass μ nicht ganzzahlig ist. Dann liegt das Maximum bei einem (oder beiden) der ganzzahligen Werte daneben.

Satz: Eine binomialverteilte Zufallsgröße X mit den Parametern n und p hat den **Erwartungswert** $\mu = n \cdot p$, die **Varianz** $V = n \cdot p \cdot (1 - p)$ und die **Standardabweichung** $\sigma = \sqrt{n \cdot p \cdot (1 - p)}$.

Die Standardabweichung spielt eine wichtigere Rolle als die Varianz, unter anderem weil die Einheit der Standardabweichung mit der der Verteilung übereinstimmt.

Die Kennwerte μ und σ charakterisieren die Lage und die Form der Verteilung.

Statt μ wird auch $E(X)$ verwendet.

Der Nachweis des Satzes ist aufwendig. Hier wird er nur exemplarisch für $n = 3$ und für allgemeines p geführt. In diesem Fall beträgt $\mu = 3p$.

In der Tabelle ist die Binomialverteilung für allgemeine Trefferwahrscheinlichkeit p und $q = 1 - p$ dargestellt.

k	0	1	2	3
P(X = k)	q^3	$3pq^2$	$3p^2q$	p^3

Nach der allgemeinen Formel für μ ergibt sich:

$$\begin{aligned}\mu &= 0 \cdot q^3 + 1 \cdot 3p \cdot q^2 + 2 \cdot 3p^2 \cdot q + 3 \cdot p^3\\ &= 3p \cdot q^2 + 6p^2 \cdot q + 3p^3\\ &= 3p \cdot (q^2 + 2p \cdot q + p^2)\\ &= 3p \cdot (q + p)^2\\ &= 3p\end{aligned}$$

Die folgende Tabelle zeigt die schrittweise Berechnung von σ nach der allgemeinen Formel.

k	P(X = k)	$(k - \mu)^2 \cdot P(X = k)$	nach Termumformung
0	$(1 - p)^3$	$(0 - 3p)^2 \cdot (1 - p)^3$	$-9p^5 + 27p^4 - 27p^3 + 9p^2$
1	$3 \cdot p \cdot (1 - p)^2$	$(1 - 3p)^2 \cdot 3p \cdot (1 - p)^2$	$27p^5 - 72p^4 + 66p^3 - 24p^2 + 3p$
2	$3 \cdot p^2 \cdot (1 - p)$	$(2 - 3p)^2 \cdot 3p^2 \cdot (1 - p)$	$-27p^5 + 63p^4 - 48p^3 + 12p^2$
3	p^3	$(3 - 3p)^2 \cdot p^3$	$9p^5 - 18p^4 + 9p^3$

Die Summation in der letzten Spalte ergibt $\sigma^2 = -3p^2 + 3p = 3p \cdot (1 - p)$. Also ist für $n = 3$ schließlich $\sigma = \sqrt{n \cdot p \cdot (1 - p)}$.

Die Standardabweichung σ einer Binomialverteilung kann man veranschaulichen.

Man zeichnet eine „Glockenkurve" als Kontur des Graphen (Fig. 1). An Fig. 2 ist zu sehen, dass σ dem Abstand der Wendestellen der Glockenkurve zur Extremstelle μ entspricht. Die Standardabweichung ist also ein Maß für die Glockenbreite, das sich verdoppelt bzw. verdreifacht, wenn n vervierfacht bzw. verneunfacht wird, denn σ ist zu $\sqrt{n}$ proportional.

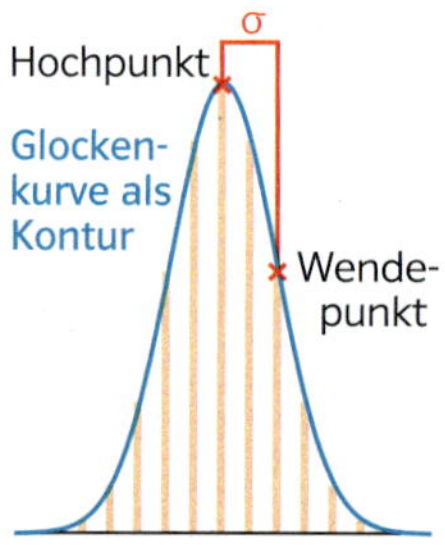

Fig. 1

Die Fläche unter der Glockenkurve hat den Inhalt 1, weil die Summe der Flächeninhalte der Balken des Histogramms 1 ist.

In Fig. 2 ist $p = 0{,}3$. Für andere Werte von p erhält man entsprechende Diagramme.

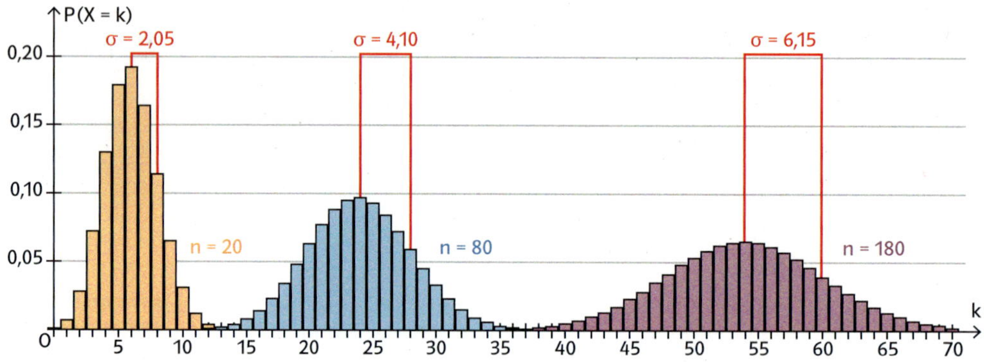

Fig. 2

Beispiel 1 Nicht ganzzahliger Erwartungswert

Eine binomialverteilte Zufallsgröße X hat die Parameter $n = 65$ und $p = 0{,}3$. Bestimmen Sie ihren Erwartungswert und beschreiben Sie seine Bedeutung.

Lösung

$\mu = 65 \cdot 0{,}3 = 19{,}5$. Dies ist kein Wert von X, da er nicht ganzzahlig ist. In diesem Fall ist bei einem der benachbarten Werte 19 oder 20 die Wahrscheinlichkeit $P(X = k)$ am größten. Es ist $P(X = 19) = 0{,}1073$ und $P(X = 20) = 0{,}1057$. Also ist $P(X = 19)$ am größten.

Beispiel 2 **Erwartungswert und Standardabweichung einer Binomialverteilung**

Ein idealer Würfel wird 50-mal geworfen. Die Zufallsgröße X gibt die Anzahl der Sechsen an.

a) Berechnen Sie den Erwartungswert μ und die Standardabweichung σ.

b) Mit welcher Wahrscheinlichkeit weicht die Anzahl der Sechsen um höchstens σ vom Erwartungswert ab? Markieren Sie den entsprechenden Bereich im Histogramm.

Lösung

a) X ist binomialverteilt mit $n = 50$ und $p = \frac{1}{6}$. Also ist $\mu = 50 \cdot \frac{1}{6} \approx 8{,}333$ und $\sigma = \sqrt{50 \cdot \frac{1}{6} \cdot \frac{5}{6}} = \sqrt{\frac{125}{18}} \approx 2{,}635$.

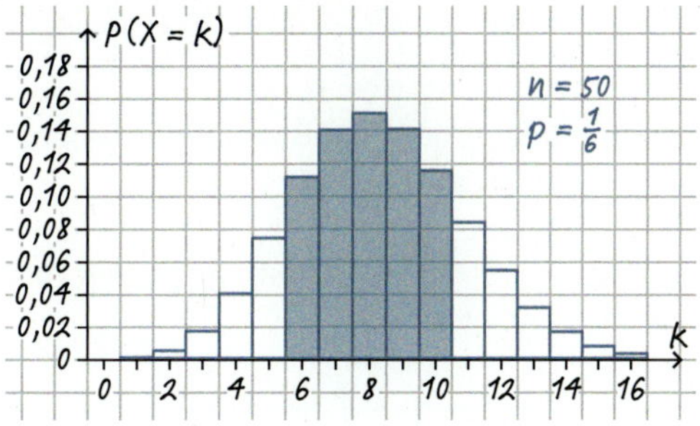

b) $\mu - \sigma \approx 5{,}698$ und $\mu + \sigma \approx 10{,}968$. Die gesuchten Trefferanzahlen sind 6, 7, 8, 9 und 10 (vgl. markierten Bereich im Histogramm).

$P(6 \le X \le 10) = P(X \le 10) - P(X \le 5)$

$\approx 0{,}7986 - 0{,}1388 = 0{,}6598.$

Die Anzahl der Sechsen weicht mit einer Wahrscheinlichkeit von ca. 66 % um höchstens σ vom Erwartungswert ab.

Aufgaben

○ **1** Berechnen Sie den Erwartungswert, die Varianz und die Standardabweichung der binomialverteilten Zufallsgröße mit den Parametern n und p.

a) $n = 20,\ p = 0{,}3$ b) $n = 20,\ p = 0{,}5$ c) $n = 50,\ p = 0{,}7$ d) $n = 80,\ p = \frac{2}{3}$

○ **2** Eine ideale Münze wird wiederholt geworfen. Die Zufallsgröße X gibt an, wie oft „Zahl" erscheint. Bestimmen Sie den Erwartungswert und die Standardabweichung von X, wenn

a) die Münze 5-mal geworfen wird, b) die Münze 10-mal geworfen wird,

c) die Münze 15-mal geworfen wird, d) die Münze 20-mal geworfen wird.

○ **3** Das Histogramm gehört zu einer binomialverteilten Zufallsgröße mit den Parametern n und p. Untersuchen Sie, ob der Bereich markiert ist, in dem die Werte von X liegen, die von μ höchstens um σ abweichen.

a)
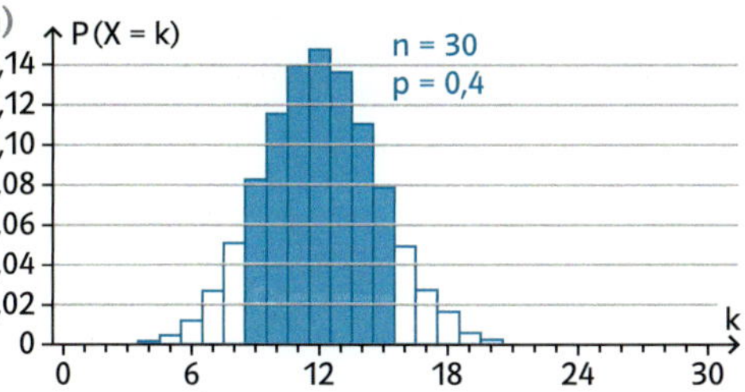

b)
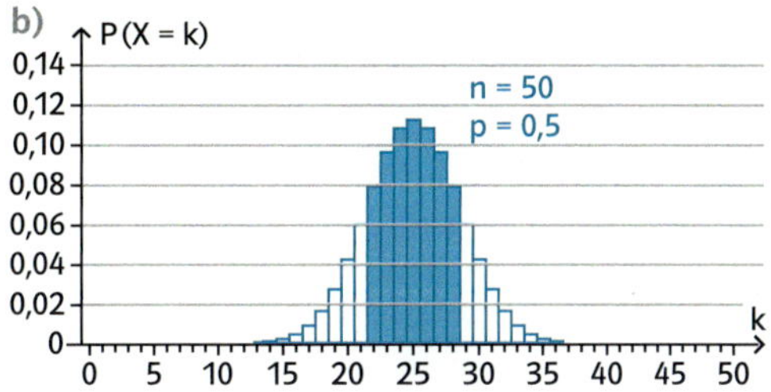

○ **4** Wenn Tom und Paul Tischfußball spielen, dann gewinnt Tom mit einer Wahrscheinlichkeit von 60 %. Sie vereinbaren, zehn Spiele gegeneinander auszutragen. Die Zufallsgröße X zählt die Anzahl von Toms Siegen. Ermitteln Sie die Verteilung von X und berechnen Sie μ und σ.

○ **5** Gegeben ist die binomialverteilte Zufallsgröße mit den Parametern n und p. Bestimmen Sie den Erwartungswert μ sowie die Standardabweichung σ und geben Sie die Trefferanzahlen an, die höchstens um σ von μ abweichen.

a) $n = 15,\ p = 0{,}5$ b) $n = 25,\ p = 0{,}2$ c) $n = 80,\ p = 0{,}6$ d) $n = 80,\ p = 0{,}8$

○ **6** Laut Statistischem Bundesamt besitzen ca. 80 % der Erwachsenen in Deutschland einen Pkw-Führerschein. Es werden zufällig 30 Personen ausgewählt. Die Zufallsgröße X beschreibt die Anzahl der Personen mit Führerschein.

a) Berechnen Sie $P(X \geq 25)$.

b) Bestimmen Sie den Erwartungswert und die Standardabweichung von X.

c) Bestimmen Sie die Trefferanzahlen, die um höchstens σ von μ abweichen.

○ Test

Lösungen | Seite 261

7 Berechnen Sie den Erwartungswert und die Standardabweichung der binomialverteilten Zufallsgröße mit den Parametern $n = 25$ und $p = 0{,}3$.

8 Ein Basketballspieler hat beim Freiwurf eine Trefferquote von 70 %. Er wirft fünf Freiwürfe. Die Zufallsgröße X zählt die verwandelten Freiwürfe.

a) Berechnen Sie $P(X \geq 3)$.

b) Bestimmen Sie den Erwartungswert und die Standardabweichung von X.

c) Bestimmen Sie die Trefferanzahlen, die um höchstens σ vom Erwartungswert abweichen.

◒ **9** In einer Fabrik werden die hergestellten Teile von einem Computer kontrolliert. Dieser beurteilt jedes Teil mit einer Wahrscheinlichkeit von 95 % richtig. X ist die Anzahl der falschen Entscheidungen des Computers bei 100 Kontrollen.

a) Berechnen Sie den Erwartungswert μ und interpretieren Sie die ermittelte Zahl.

b) Bestimmen Sie, mit welcher Wahrscheinlichkeit die Anzahl der falsch beurteilten Teile im Intervall $[\mu - \sigma;\ \mu + \sigma]$ liegt.

◒ **10** Aus einer Urne mit zehn weißen und 40 roten Kugeln wird 50-mal eine Kugel mit Zurücklegen gezogen. Bestimmen Sie die Wahrscheinlichkeit, dass die Anzahl der gezogenen weißen Kugeln

a) um höchstens 2σ vom Erwartungswert abweicht,

b) um mehr als 3σ vom Erwartungswert abweicht.

◒ **11** X ist eine binomialverteilte Zufallsgröße mit den Parametern n und p.
Wie verändert sich der Erwartungswert und wie die Standardabweichung, wenn man

a) n vervierfacht, b) n verdoppelt, c) n verneunfacht, d) n halbiert?

◒ Test

Lösung | Seite 262

12 Von den Einwohnern einer Stadt befürworten 60 % den Bau einer neuen Konzerthalle. Es werden zufällig 100 Einwohner ausgewählt und befragt.
Bestimmen Sie, mit welcher Wahrscheinlichkeit unter den Befragten die Anzahl der Befürworter des Baus um höchstens 2σ vom Erwartungswert abweicht.

● **13** X ist eine binomialverteilte Zufallsgröße mit dem Parameter $n = 40$ und der Standardabweichung $\sigma = \sqrt{9{,}6}$. Geben Sie mögliche Werte für den Parameter p an.

● **14** Begründen Sie: Wenn bei einer binomialverteilten Zufallsgröße $\sigma = 0$ gilt, dann muss $n = 0$ oder $p = 0$ oder $p = 1$ sein.

Grundwissen Test

Grundwissen Seite 211
Lösung | Seite 262

15 Bestimmen Sie die Gleichung der Normalen an den Graphen von f im Punkt A.

a) $f(x) = x^3 + \frac{26}{27}$, $A\left(\frac{1}{3} \middle| f\left(\frac{1}{3}\right)\right)$

b) $f(x) = x^2 + 5x + \frac{4}{3}$, $A(-1 | f(-1))$

c) $f(x) = \frac{2}{x} + \frac{1}{4}x + \frac{3}{2}$, $A(4 | f(4))$

d) $f(x) = \sqrt{x} - x + 2$, $A(1 | f(1))$

7 Die Sigma-Regeln

Die Abbildungen zeigen Histogramme von Binomialverteilungen mit den Parametern $p = 0{,}5$ und $n = 10$ bzw. $n = 20$ bzw. $n = 40$. Formulieren Sie möglichst viele Aussagen, die Sie den Diagrammen entnehmen können.

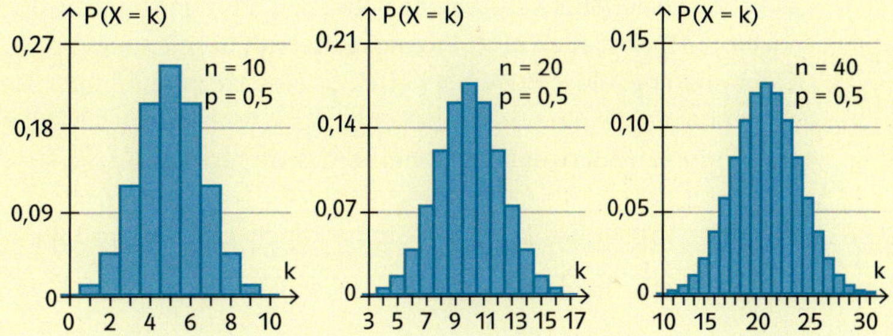

Die Sigma-Regeln sind universelle Näherungen, mit deren Hilfe man Binomialverteilungen ohne Rechner skizzieren und überschlagsmäßig berechnen kann. Sie verknüpfen Wahrscheinlichkeiten mit Häufigkeiten und bilden die Grundlage der beurteilenden Statistik.

Die Bedeutung der Standardabweichung $\sigma = \sqrt{n \cdot p \cdot (1 - p)}$ einer binomialverteilten Zufallsgröße X ergibt sich daraus, dass im 1σ-Intervall $[\mu - \sigma;\ \mu + \sigma]$ um den Erwartungswert $\mu = n \cdot p$ näherungsweise 68,3 % aller Treffer liegen. Man sagt, dass die Wahrscheinlichkeit des 1σ-Intervalls etwa 68,3 % beträgt. Tatsächlich ergibt sich z. B. für $n = 800$ und $p = 0{,}1$ mit $\mu = 80$ und $\sigma \approx 8{,}46$ $P_\sigma = (\mu - 1\sigma \le X \le \mu + 1\sigma) = P(71{,}54 \le X \le 88{,}46) = P(72 \le X \le 88) \approx 0{,}6837$

Dabei berücksichtigt man nur ganzzahlige Ergebnisse im 1σ-Intervall. Die folgenden Tabellen vermitteln einen Eindruck von der Güte der Näherung auch für andere Werte von p und n:

n	400	800	1200	1600	2000
P_σ	0,6821	0,6945	0,6877	0,6825	0,6857

$p = 0{,}5$

n	400	800	1200	1600	2000
P_σ	0,6796	0,6837	0,6878	0,6819	0,6858

$p = 0{,}1$

Entsprechend erhält man für weitere σ-Intervalle die folgenden Näherungen:

$P_{2\sigma} = P(\mu - 2\sigma \le X \le \mu + 2\sigma) \approx 0{,}954$ und $P_{3\sigma} = P(\mu - 3\sigma \le X \le \mu + 3\sigma) \approx 0{,}997$

Sigma-Regeln

Für eine binomialverteilte Zufallsgröße X mit den Parametern n und p, dem Erwartungswert $\mu = n \cdot p$ und der Standardabweichung $\sigma = \sqrt{n \cdot p \cdot (1 - p)}$ erhält man folgende Näherungen:

1. $P(\mu - \sigma \le X \le \mu + \sigma) \approx 68{,}3\,\%$
2. $P(\mu - 2\sigma \le X \le \mu + 2\sigma) \approx 95{,}4\,\%$
3. $P(\mu - 3\sigma \le X \le \mu + 3\sigma) \approx 99{,}7\,\%$
4. $P(\mu - 1{,}64\sigma \le X \le \mu + 1{,}64\sigma) \approx 90\,\%$
5. $P(\mu - 1{,}96\sigma \le X \le \mu + 1{,}96\sigma) \approx 95\,\%$
6. $P(\mu - 2{,}58\sigma \le X \le \mu + 2{,}58\sigma) \approx 99\,\%$

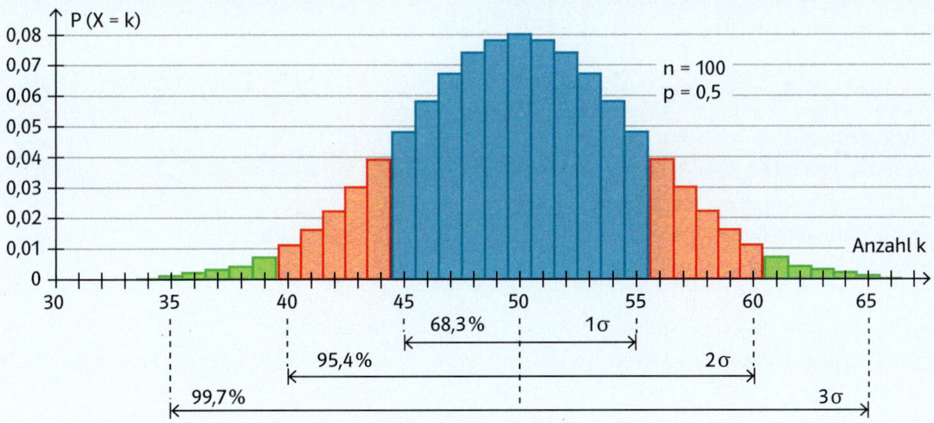

Da man mit den Sigma-Intervallen Prognosen für absolute Häufigkeiten machen kann, bezeichnet man sie auch als **Prognoseintervalle**. Die Wahrscheinlichkeit eines Sigma-Intervalls nennt man auch **Sicherheitswahrscheinlichkeit** β. Ein Prognoseintervall, dessen Sicherheitswahrscheinlichkeit β ist, wird auch als **β-Prognoseintervall** bezeichnet.
Oft hat man bei einer Bernoulli-Kette nur eine Vermutung über die Wahrscheinlichkeit p. Tatsächlich ermittelt man ein Stichprobenergebnis k. Man nennt p mit k **verträglich**, wenn k im zugehörigen β-Prognoseintervall liegt. Dabei wird β vorgegeben.

Mit dem Begriff Sicherheitswahrscheinlichkeit drückt man aus, dass man sich vor der Durchführung einer Bernoulli-Kette „recht sicher" ist, dass die Trefferzahl im β-Prognoseintervall liegt.

Nach einer Faustregel liefern die Sigma-Regeln brauchbare Näherungen, wenn die „Laplace-Bedingung" $\sigma > 3$ gilt.

Beispiel 1 Sigma-Regel

Ein Würfel wird 60-mal bzw. 540-mal geworfen. Die Zufallsgröße X zählt die Anzahl der Sechser („Treffer"). Überprüfen Sie jeweils die Qualität der 1σ-Regel.

Lösung

Für $n = 60$ erhält man $\mu = 60 \cdot \frac{1}{6} = 10$, $\sigma = \sqrt{60 \cdot \frac{1}{6} \cdot \frac{5}{6}} \approx 2{,}88$ und

$P(\mu - \sigma \le X \le \mu + \sigma) = P(7{,}22 \le X \le 12{,}88) = P(8 \le X \le 12) \approx 61{,}386\,\%$.

Für $n = 540$ ergibt sich $\mu = 90$, $\sigma \approx 8{,}64$. (Der Erwartungswert verneunfacht sich, die Standardabweichung verdreifacht sich.)

Man erhält $P(\mu - \sigma \le X \le \mu + \sigma) = P(81{,}36 \le X \le 98{,}64) = P(82 \le X \le 98) \approx 67{,}376\,\%$.

Im ersten Fall gilt $\sigma < 3$, die Näherung ist weniger genau als im zweiten Fall mit $\sigma > 3$.

Beispiel 2 Skizzieren eines Histogramms

Skizzieren Sie das Histogramm der Binomialverteilung mit $n = 20$ und $p = 0{,}4$ nach Augenmaß.

Lösung

Man überschlägt die Kenngrößen $\mu = 20 \cdot 0{,}4 = 8$, $\sigma = \sqrt{20 \cdot 0{,}4 \cdot 0{,}6} = \sqrt{4{,}8} \approx 2$ und skizziert über dem 3σ-Intervall $[\mu - 3\sigma;\ \mu + 3\sigma]$ $= [2;\ 14]$ eine Glocke mit Maximumstelle bei $\mu = 8$ und den Wendestellen bei $\mu \pm \sigma$, also bei 6 und 10. Erst anschließend beschriftet man die Hochachse nach Augenmaß und achtet dabei darauf, dass die Fläche unter der Glocke den Wert 1 annimmt. Dazu kann man über dem 2σ-Intervall ein „gedachtes Rechteck" so skizzieren, dass zur Glockenfläche etwa gleichviel hinzukommt, wie abgeschnitten wird. Da auch das Rechteck die Fläche 1 haben muss, ergibt sich seine Höhe zu

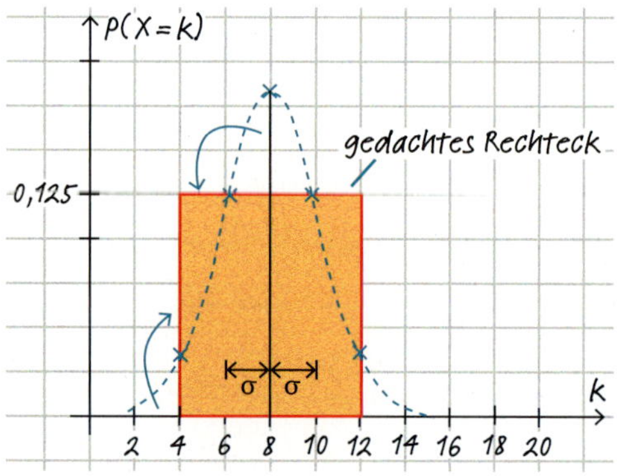

$\frac{1}{4\sigma} \approx \frac{1}{8} = 0{,}125$.

Beispiel 3 Verträglichkeit überprüfen

Martina verbringt ihre Ferien nach dem Abitur als Animateurin auf Kreta, weil dort für die vier Monate nur insgesamt 12 Regentage angegeben sind. Tatsächlich misst sie 17 Regentage. Überprüfen Sie, ob die behauptete Regenwahrscheinlichkeit bei einer Sicherheitswahrscheinlichkeit von 95 % mit den beobachteten 17 Regentagen verträglich ist.

Lösung

Da $n = 120$ Tage, beträgt die behauptete Regenwahrscheinlichkeit $p = \frac{12}{120} = \frac{1}{10}$. Also folgt $\mu = 12$ und $\sigma \approx 3{,}29$. Das 95 %-Prognoseintervall bestimmt man zu $[12 - 1{,}96 \cdot 3{,}29;\ 12 + 1{,}96 \cdot 3{,}29] = [5{,}56;\ 18{,}44] = [6;18]$. Die Prognose $p = \frac{1}{10}$ ist mit der Messung $k = 17$ verträglich.

Aufgaben

○ **1** Bestimmen Sie den Erwartungswert und die Standardabweichung der Binomialverteilung sowie die Wahrscheinlichkeit des 1σ-Intervalls. Skizzieren Sie den Graphen.

a) $p = 0{,}5$ und $n = 10;\ 25;\ 50;\ 100$ b) $n = 50$ und $p = \frac{1}{6};\ 0{,}25;\ 0{,}4;\ 0{,}8$

○ **2** Bestimmen Sie den Erwartungswert und die Standardabweichung der Binomialverteilung. Geben Sie den Wert mit der größten Wahrscheinlichkeit an. Bestimmen Sie die Wahrscheinlichkeit des 3σ-Intervalls. Skizzieren Sie den Graphen.

a) $n = 25,\ p = 0{,}3$ b) $n = 15,\ p = 0{,}3$ c) $n = 70,\ p = 0{,}9$ d) $n = 100,\ p = 0{,}9$

○ **3** a) Skizzieren Sie die Histogramme der Binomialverteilungen mit $n = 10$ und $p = 0{,}6$ sowie $n = 40$ und $p = 0{,}6$ nach Augenmaß. Verwenden Sie die Sigma-Regel.

b) Kontrollieren Sie Ihre Zeichnungen mithilfe Ihres Rechners.

c) Berechnen Sie die prozentualen Abweichungen der Ergebnisse der 1σ-, 2σ- und 3σ-Regel von den tatsächlichen Wahrscheinlichkeiten.

d) Kommentieren Sie die Bedeutung der Laplace-Bedingung $(\sigma > 3)$.

○ **4** Die Abbildungen zeigen die Histogramme zu $B_{n;p}$ für $n = 20,\ n = 80,\ n = 180$ und $p = 0{,}3$.

a) Berechnen Sie die Wahrscheinlichkeiten der Säulen, in denen die Stellen $\mu \pm \sigma$ liegen und überprüfen Sie nach Augenmaß durch Vergleich mit der Abbildung, ob sie zu den „Wendepunkten" der Konturen passen.

b) Überprüfen Sie die Aussage, dass die 1σ-Regel umso besser stimmt, je größer σ wird.

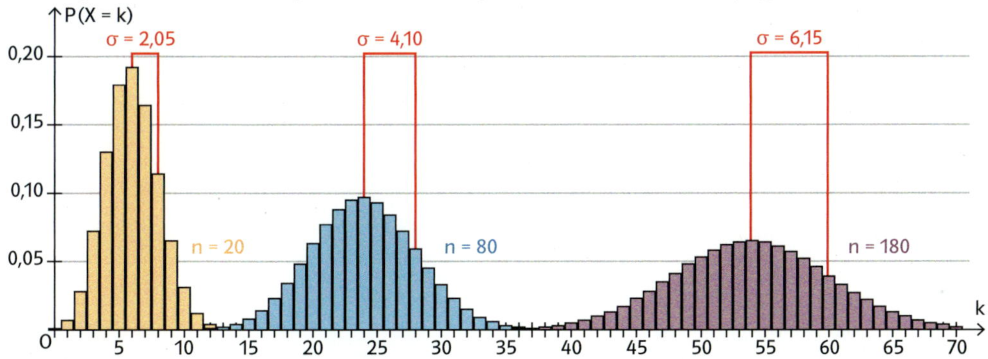

○ Test Lösung | Seite 262

5 Ein Würfel wird 100-mal geworfen. X zählt die Anzahl der Sechsen.

a) Berechnen Sie den Erwartungswert und die Standardabweichung von X.

b) Bestimmen Sie das 2σ-Intervall. Vergleichen Sie die Wahrscheinlichkeit des 2σ-Intervalls mit dem Näherungswert, den die Sigma-Regel liefert.

c) Skizzieren Sie den Graphen

◒ **6** Eine Zufallsgröße X ist binomialverteilt mit den Parametern $n = 100$ und $p = 0{,}5$. Es wird 20-mal zufällig ein Wert von X bestimmt. Berechnen Sie die Wahrscheinlichkeit, dass mindestens einer dieser Werte außerhalb des 2σ-Intervalls liegt.
Diskutieren Sie, wie sich das Ergebnis ändert, wenn man n vergrößert.

◒ **7** Der Wochenspiegel ist eine Werbezeitung, die üblicherweise von 80% der Haushalte ungelesen entsorgt wird. Nach einer Marketingkampagne wird stichprobenartig in 100 Haushalten überprüft, ob die Zeitung gelesen wurde. Überprüfen Sie, ob die abgegebene Prognose von 80% mit tatsächlich ungelesenen 70 Exemplare verträglich ist bei einer Sicherheitswahrscheinlichkeit von

a) 68,3%, b) 95,4%, c) 99,7%.

8 Ein Würfel wird 600-mal geworfen. X zählt die Anzahl der Sechsen.

a) Berechnen Sie Erwartungswert und Standardabweichung von X.

b) Bestimmen Sie das 2σ-Intervall und vergleichen Sie die Wahrscheinlichkeit des 2σ-Intervalls mit der Näherung, die die Sigma-Regel liefert.

c) Bei der Durchführung des Experiments werden 74 Sechsen geworfen. Überprüfen Sie, ob die Aussage „Es handelt sich um einen Laplace-Würfel." mit dem gemessenen Ergebnis verträglich ist, wenn man von einem 3σ-Prognoseintervall ausgeht.

9 Bei Pflanzensamen wird die Keimrate mit 95% angegeben.

a) In einer Tüte sind 200 Samen, von denen 186 tatsächlich keimen. Prüfen Sie, ob die angegebene Keimrate mit der Messung bei einem 1σ-Prognoseintervall verträglich ist.

b) In einer anderen Tüte sind ebenfalls 200 Samen. Von diesen Keimen 195. Überprüfen sie, ob der Hersteller eine höhere Keimrate angeben sollte.

c) In einer Samentüte für Balkone sind 30 Samen, von denen 28 keimen. Prüfen Sie, ob die angegebene Keimrate mit der Messung bei einem 2σ-Prognoseintervall verträglich ist und überprüfen Sie die Aussagekraft Ihrer Rechnung.

Test

Lösungen | Seite 262

10 Laut einer Wahlprognose erreicht die neue Mathematiker-Partei auf Anhieb 12% der Stimmen. Eine Umfrage unter 124 Personen ergibt, dass 10 Personen diese Partei wählen wollen. Überprüfen Sie, ob die Wahlprognose mit der Umfrage bei einem 2σ-Intervall verträglich ist.

11 Ein Kurs hat 28 Schülerinnen und Schüler. Es wird angenommen, dass jeder Wochentag als Geburtstag gleich wahrscheinlich ist.

a) Berechnen Sie, wie viele Sonntagskinder sich am wahrscheinlichsten in dem Kurs befinden.

b) Berechnen Sie, wie groß die Wahrscheinlichkeit ist, dass die Zahl der Sonntagskinder um höchstens eine Standardabweichung vom Erwartungswert abweicht.

c) Beantworten Sie Teilaufgabe a) und b) für eine Schule mit 700 Schülerinnen und Schülern.

d) Im Jahr 2012 wurden in Deutschland tatsächlich 11,7% der Kinder sonntags geboren. Beurteilen Sie die Annahme, alle Wochentage seien gleich wahrscheinlich. Diskutieren Sie Gründe für die Abweichung.

12 Eine Zufallsgröße X, die die Werte 1, 2, …, n jeweils mit der Wahrscheinlichkeit $\frac{1}{n}$ annimmt, hat den Erwartungswert $\mu = \frac{n+1}{2}$ und die Standardabweichung $\sigma = \sqrt{\frac{n^2-1}{12}}$.

a) Begründen Sie: Für $n = 2$ ergibt sich die Standardabweichung eines Bernoulli-Experiments.

b) Kontrollieren Sie die Formeln für $n = 6$ (Würfel) durch Nachrechnen.

c) Berechnen Sie die Wahrscheinlichkeiten der 1σ-, 2σ-, 3σ-Umgebungen um den Erwartungswert μ für $n = 10, 100, 1000$ und vergleichen Sie mit den Sigma-Regeln für Binomialverteilungen.

d) Begründen Sie die Unterschiede anschaulich.

Grundwissen Test

Grundwissen Seite 210
Lösung | Seite 262

13 Um festzustellen, zu welchem Zeitpunkt ein 100-m-Läufer seine Höchstgeschwindigkeit erreicht, erstellt sein Trainer anhand einer Videoaufzeichnung ein Zeit-Weg-Diagramm. Der Lauf kann durch die Zeit-Weg-Funktion s mit $s(t) = 0{,}0056t^4 - 0{,}2t^3 + 2{,}4t^2$ beschrieben werden, wobei s in Metern und t in Sekunden angegeben wird.

a) Berechnen Sie, wie weit der Läufer in den ersten 5 Sekunden gelaufen ist.

b) Bestimmen Sie die durchschnittliche Geschwindigkeit des Läufers in den ersten 5 Sekunden.

c) Berechnen Sie die Geschwindigkeit des Läufers nach 0,5 Sekunden.

d) Zeigen Sie rechnerisch, dass der Läufer nach zehn Sekunden das Ziel noch nicht erreicht hat.

e) Bestimmen Sie näherungsweise die Zeit, die der Läufer für den 100-m-Lauf benötigt.

8 Prognosen durch Simulation ermitteln

In der Realität weichen die Verteilungen von Stichproben von den Wahrscheinlichkeitsverteilungen ab, wie die Häufigkeitsverteilungen von 50 Stichproben für die Zufallsgröße X mit den Parametern $n = 20$ und $p = 0{,}3$ zeigen. Diskutieren Sie, ob sich aus realen Daten Prognosen gewinnen lassen.

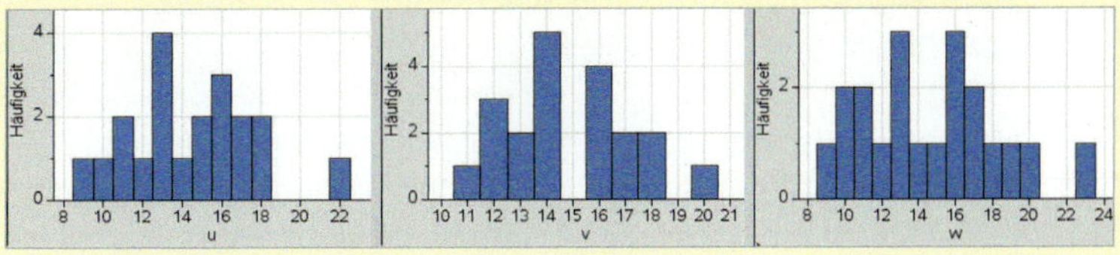

Ein β-Prognoseintervall, in dem ein Stichprobenwert mit einer bestimmten Sicherheitswahrscheinlichkeit β liegt, kann man näherungsweise mithilfe einer Rechnersimulation ermitteln.

Für eine binomialverteilte Zufallsgröße X mit den Parametern $n = 100$ und $p = 0{,}4$ wird ein zum Erwartungswert $\mu = 40$ symmetrisches 95,4 %-Prognoseintervall der Form $I = [\mu - x;\ \mu + x]$ ermittelt. Dabei soll x die kleinste natürliche Zahl sein, sodass in I mindestens 95,4 % der Stichprobenwerte liegen, die durch die Simulation erzeugt werden.

Fig. 1 zeigt eine Simulation von 500 Stichprobenwerten von X. Mithilfe der Funktion f wird der Anteil dieser Werte ermittelt, die im Intervall I liegen.

Aus der Wertetabelle von f in Fig. 2 sucht man die kleinste Zahl x so heraus, dass dieser Anteil mindestens 0,954 beträgt. Man erhält $x = 10$, denn es ist $f(10) > 0{,}954$ und $f(9) < 0{,}954$, also ist $I = [30;\ 50]$.

Zur Kontrolle: $P(30 \le X \le 50) = 0{,}968$. Daher ist I angenähert ein 95,4 %-Prognoseintervall.

Allgemein verfährt man folgendermaßen:

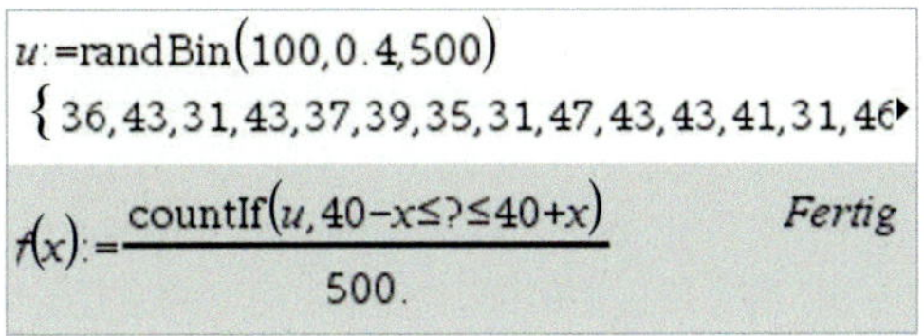

Fig. 1

x	f(x):= countIf(u,40−
8.	0.908
9.	0.938
10.	0.962
11.	0.98
12.	0.992

Fig. 2

Zum Vergleich: Das 2σ-Intervall ist [31; 49]; $P(31 \le X \le 49) = 0{,}948$.

Satz: Gegeben sei eine binomialverteilte Zufallsgröße X und eine Sicherheitswahrscheinlichkeit β. Mithilfe einer Simulation einer großen Anzahl von Stichproben kann man für X näherungsweise ein β-Prognoseintervall bestimmen. Es hat die Form $I = [\mu - x;\ \mu + x]$, wobei μ der Erwartungswert von X ist. Dabei ist x die kleinste natürliche Zahl, für die der Anteil der durch die Simulation bestimmten Stichprobenwerte in I mindestens β beträgt.
Eine reale Stichprobe liegt dann etwa mit der Wahrscheinlichkeit β in I.

Die Anzahl der Stichproben in der Simulation sollte mindestens 100 betragen.

Entsprechend lässt sich durch Simulationen ermitteln, ob ein vermuteter Anteil der Grundgesamtheit bzw. eine vermutete Wahrscheinlichkeit mit einer vorliegenden Stichprobe verträglich sind.

Beispiel 1 Prüfen auf Verträglichkeit

Ein Würfel wird 300-mal geworfen. Man zählt 60 Sechsen. Ermitteln Sie durch eine Simulation von 200 Durchführungen, ob die Annahme eines Laplace-Würfels bei der Sicherheitswahrscheinlichkeit $\beta = 95{,}4\,\%$ mit dem Stichprobenergebnis verträglich ist.

Lösung

Man geht von der Annahme aus, dass die Anzahl X der Sechsen binomialverteilt ist mit $n = 300$ und $p = \frac{1}{6}$. Es wird eine Simulation mit 200 Würfen durchgeführt und wie oben beschrieben das 95,4 %-Prognoseintervall $I = [38;\ 62]$ ermittelt. Da 60 im Intervall I liegt, ist die Annahme eines Laplace-Würfels mit dem Ergebnis 60 verträglich.

Beispiel 2 **Sigma-Intervalle als Prognoseintervalle – Überprüfung durch Simulation**

Bei einer Wahl geht ein Kandidat davon aus, dass sein Stimmanteil 35 % beträgt. Es wird eine Umfrage geplant, bei der 1000 Personen befragt werden sollen. Überprüfen Sie mithilfe einer Simulation von 200 Stichproben den Anteil der Stichprobenwerte im 2σ-Intervall.

Lösung

Mit $n = 1000$, $\mu = 1000 \cdot 0{,}35 = 350$ und $\sigma = \sqrt{1000 \cdot 0{,}35 \cdot 0{,}65} \approx 15{,}1$ erhält man das 2σ-Intervall $[\mu - 2\sigma;\ \mu + 2s] \approx [320;\ 380]$. Wenn die Annahme $p = 35\,\%$ stimmt, müsste man also theoretisch ein Stichprobenergebnis erhalten, bei dem etwa 95,4 % der Werte im Intervall $[320;\ 380]$ liegen. Man erzeugt mit dem Rechner eine Liste mit 200 Stichprobenwerten und zählt, welcher Anteil davon im Prognoseintervall liegt. Bei Wiederholung schwankt der Anteil wie vorhergesagt um 95,4 %.

```
u:=randBin(n,p,200)
  {354,344,329,346,355,327,383,359,352,319▸
countIf(u,320≤?≤380)
--------------------          0.95
        200.
```

Fig. 1: Simulation mit einem Rechner

A2 | fx =BINOM.INV(1000;0,35;ZUFALLSZAHL())

	A	B	C
1	Stichprobe	Anzahl im Prognoseintervall	Anteil im Prognoseintervall
2	346	190	95,0%
3	354		
4	342		
5	330		

Fig. 2: Simulation mit einer Tabellenkalkulation

Simulationen fördern das Verständnis hinsichtlich Unsicherheit und Genauigkeit der Prognoseintervalle

Aufgaben

○ **1** Simulieren Sie wiederholt 100 Stichproben einer binomialverteilten Zufallsgröße X mit den Parametern n und p. Stellen Sie die Stichproben als Histogramm dar und vergleichen Sie mit dem Histogramm der zugehörigen Binomialverteilung.
a) $n = 20$, $p = 0{,}5$ b) $n = 50$, $p = 0{,}2$ c) $n = 100$, $p = 0{,}9$

○ **2** Bestimmen Sie für eine binomialverteilte Zufallsgröße X mit den Parametern n und p ein β-Prognoseintervall mithilfe von 400 Simulationen. Beurteilen Sie die Güte Ihrer Berechnungen im Vergleich mit den zugehörigen $z \cdot \sigma$-Intervallen aus der Tabelle rechts.
a) $n = 50$, $p = 0{,}25$, $\beta = 95{,}4\,\%$ b) $n = 100$, $p = 0{,}5$, $\beta = 68{,}3\,\%$ c) $n = 200$, $p = 0{,}1$, $\beta = 99\,\%$

z	β
1	68,3 %
1,64	90 %
1,96	95 %
2	95,4 %
2,58	99 %
3	99,7 %

○ **3** Eine Münze wird 100-mal geworfen. Man zählt 60-mal Wappen. Ermitteln Sie durch eine Simulation von 250 Durchführungen, ob die Annahme einer Laplace-Münze mit dem Stichprobenergebnis verträglich ist (Sicherheitswahrscheinlichkeit $\beta = 95{,}4\,\%$).

○ **4** Bestimmen Sie für eine binomialverteilte Zufallsgröße X mit den Parametern n und p das $z \cdot \sigma$-Intervall zur Sicherheitswahrscheinlichkeit β. Überprüfen Sie mithilfe einer Simulation von 100 Stichproben den Anteil der Stichproben im 2σ-Intervall.
a) $n = 50$, $p = 0{,}25$, $\beta = 95{,}4\,\%$ b) $n = 100$, $p = 0{,}5$, $\beta = 68{,}3\,\%$ c) $n = 200$, $p = 0{,}1$, $\beta = 99\,\%$

○ Test

→ Lösung | Seite 262

5 Ein Würfel hat das nebenstehende Netz.
Ermitteln Sie ein 95,4 %-Prognoseintervall für die Anzahl der Vieren bei 200-maligem Würfeln mithilfe von 400 Simulationen. Beurteilen Sie damit die Behauptung: Die Annahme „Der Würfel bleibt mit gleicher Wahrscheinlichkeit auf jeder Seite liegen“ ist damit verträglich, dass bei 200 Würfen 50 Vieren fallen.

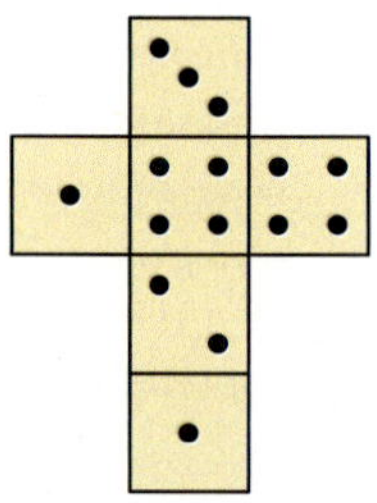

6 Eine andere Möglichkeit, durch Simulationen zu einem 95,4%-Prognoseintervall zu gelangen:
Es sei X eine binomialverteilte Zufallsgröße mit den Parametern $n = 100$ und $p = 0{,}4$.
Man führt eine Simulation von 500 Stichprobenwerten durch und bestimmt das arithmetische Mittel m und die empirische Standardabweichung s der erhaltenen Werte. Als 95,4%-Prognoseintervall verwendet man dann das Intervall $[m - 2s;\ m + 2s]$.

a) Bestimmen Sie auf die beschriebene Weise ein 95,4%-Prognoseintervall.
b) Vergleichen Sie das Ergebnis von Teilaufgabe a) mit dem 2σ-Intervall.
c) Begründen Sie das Vorgehen.

Das Vorgehen entspricht dem bei Sigma-Intervallen.

7 Bestimmen Sie für eine binomialverteilte Zufallsgröße X mit den Parametern $n = 400$ und $p = 0{,}25$ jeweils ein 95,4%-Prognoseintervall und vergleichen Sie.
(1) Verwenden Sie das 2σ-Intervall.
(2) Gehen Sie vor, wie im Merksatz auf Seite 295 beschrieben (500 Simulationen).
(3) Gehen Sie vor, wie in Aufgabe 6 beschrieben (500 Simulationen).

8 Ein Flugzeug hat 195 Plätze. Die Fluggesellschaft verkauft aber 200 Tickets, weil laut ihrer Statistik durchschnittlich nur 95% aller Gäste, die gebucht haben, zum Flug erscheinen. Passagiere, die keinen Platz bekommen, müssen entschädigt werden.
a) Beschreiben Sie die Zufallsgröße X, die der Simulation zu Grunde liegt. Führen Sie 500 Simulationen durch, um eine zufällige Liste für die Anzahl erscheinender Fluggäste zu ermitteln.
b) Bestimmen Sie den Anteil von Flügen, bei denen mindestens ein Fluggast entschädigt werden muss, weil das Flugzeug überbucht ist. Vergleichen Sie mit der zugehörigen Wahrscheinlichkeit.

Test

Lösung | Seite 262

9 Das Glücksrad wird zwanzigmal gedreht. Die Zufallsgröße X zählt, wie oft rot erscheint.
a) Berechnen Sie die Wahrscheinlichkeit, dass sich für X ein Wert aus dem 2σ-Intervall ergibt.
b) Bestimmen Sie nach dem Verfahren aus Aufgabe 6 ein 95,4%-Prognoseintervall für X mit 100 Simulationen.
c) Vergleichen Sie Ihre Ergebnisse aus den Teilaufgaben a) und b).

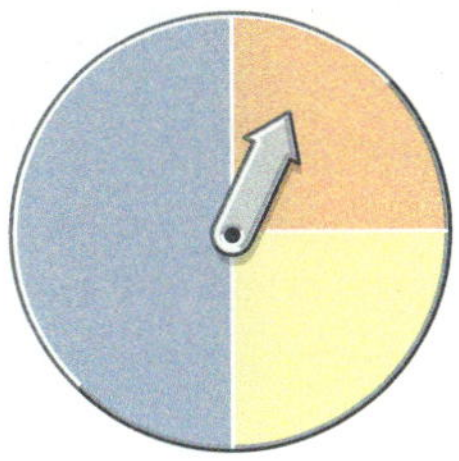

10 Sie werfen fünf Würfel. Die Zufallsgröße X zählt die Augensumme.
a) Begründen Sie, dass X nicht binomialverteilt ist.
b) Führen Sie 250 Simulationen des beschriebenen Zufallsexperiments durch. Bestimmen Sie das arithmetische Mittel m und die empirische Standardabweichung s der durch die Simulation erhaltenen Werte.
c) Betrachten Sie die binomialverteilte Zufallsgröße Y, die den Erwartungswert $\mu = m$ und die Standardabweichung $\sigma = s$ hat. Bestimmen Sie die Parameter n und p der Binomialverteilung, indem Sie die Gleichungen $n \cdot p = m$ und $\sqrt{n \cdot p \cdot (1 - p)} = s$ lösen. Dabei ist n auf eine ganze Zahl zu runden.
d) Zeichnen Sie das Histogramm zu der Liste, die Sie bei der Simulation aus Teilaufgabe b) erhalten haben. Vergleichen Sie mit dem Histogramm von Y. Beschreiben Sie, was Sie daran erkennen können und welche Folgerungen Sie daraus ziehen können.

Grundwissen Test

Grundwissen
Seite 216
Lösung | Seite 263

11 Der Graph der Funktion f mit $f(x) = 4x \cdot e^{-\frac{1}{4}x}$ enthält den Punkt $A(u\,|\,v)$ mit $u > 0$.
Bestimmen Sie den Punkt A so, dass der Flächeninhalt des Dreiecks OAB möglichst groß wird.
a) $B(u\,|\,0)$ b) $B(4\,|\,0)$

Weitere Verteilungen

Die Binomialverteilung mit den Parametern n und p lässt sich auf n Ziehungen mit Zurücklegen aus einer Urne zurückführen, in der weiße und schwarze Kugeln sind und das Verhältnis der weißen Kugeln zu der Gesamtzahl von Kugeln p ist. X ist die Anzahl der weißen Kugeln und $P(X = k)$ ist dann die Wahrscheinlichkeit, bei n Ziehungen genau k weiße Kugeln zu ziehen. Dies kann man für jede Aufgabe zur Binomialverteilung als Modell-Experiment heranziehen.
Da bei einer Bernoulli-Kette die Ziehungen voneinander unabhängig sein müssen, muss die gezogene Kugel nach jeder Ziehung zurückgelegt werden, weil sich sonst die Wahrscheinlichkeit für die Ziehung einer weißen Kugel verändert.

Die hypergeometrische Verteilung

Es gibt jedoch Anwendungsbeispiele, bei denen die Kugeln nicht zurückgelegt werden. Ein typisches Beispiel ist das Lottospiel 6 aus 49. Wenn man 6 Zahlen getippt hat und nun die Ziehung verfolgt, befinden sich in der Lostrommel bei der ersten Ziehung 6 mögliche Treffer (weiße Kugeln) und 43 Nieten (schwarze Kugeln). Die Wahrscheinlichkeit für einen Treffer ist also $\frac{6}{49}$. Da die Kugel nicht zurückgelegt wird, ist die Wahrscheinlichkeit, bei der nächsten Ziehung wieder einen Treffer zu landen, nur noch $\frac{5}{48}$ usw. Insgesamt ist also nach der Pfadregel die Wahrscheinlichkeit für 6 Richtige $\frac{6}{49} \cdot \frac{5}{48} \cdot \frac{4}{47} \cdot \frac{3}{46} \cdot \frac{2}{45} \cdot \frac{1}{44}$.
Die Wahrscheinlichkeit für k Richtige beschreibt die **hypergeometrische Verteilung**.

Zufallsexperiment: In einer Urne befinden sich N Kugeln, von denen M weiß und die anderen schwarz sind. Es werden n Kugeln **ohne Zurücklegen** aus der Urne gezogen.

Zufallsgröße X: Anzahl der weißen Kugeln, die gezogen wurden.

Wahrscheinlichkeitsverteilung: $P(X = k) = \frac{\binom{M}{k} \cdot \binom{N-M}{n-k}}{\binom{N}{n}}$, $0 \leq k \leq n$; $M \leq N$; $n \leq N$.

X heißt hypergeometrisch verteilt mit den Parametern n, M und N.

Begründung der Formel

Um k weiße Kugeln von den M vorhandenen weißen Kugeln zu ziehen, hat man $\binom{M}{k}$ Möglichkeiten. Für jede dieser Möglichkeiten muss man n − k schwarze Kugeln aus den N − M schwarzen Kugeln ziehen. Dafür gibt es $\binom{N-M}{n-k}$ Möglichkeiten. Insgesamt sind das also $\binom{M}{k} \cdot \binom{N-M}{n-k}$ günstige Fälle. Dies setzt man als Laplace-Wahrscheinlichkeit ins Verhältnis zu der gesamten Anzahl der Möglichkeiten, n Kugeln aus N vorhandenen Kugeln zu ziehen.

Der Erwartungswert einer hypergeometrisch verteilten Zufallsgröße ist $\mu = n \cdot \frac{M}{N}$. Er ist z. B. beim Lotto $6 \cdot \frac{6}{49} < 1$. Das heißt man kann nicht einmal mit einer richtigen Zahl rechnen.

Der entscheidende Unterschied zwischen der Binomialverteilung und der hypergeometrischen Verteilung liegt im Zurücklegen bzw. Nichtzurücklegen der gezogenen Kugel.
Wenn man sehr viele schwarze und weiße Kugeln in einer Urne hat und nur wenige Kugeln zieht, fällt das Nichtzurücklegen nicht besonders ins Gewicht. Die Wahrscheinlichkeit für den nächsten Zug verändert sich nur sehr wenig. Dann kann man statt der hypergeometrischen Verteilung die Binomialverteilung näherungsweise verwenden. Die Wahrscheinlichkeit p für das Ziehen einer weißen Kugel ist dann $p = \frac{M}{N}$.

Beispiel 1:
Im Tanzkurs von Veronika gibt es unter den zehn Jungen drei sehr gute Tänzer. Der Tanzlehrer weist Veronika während der Tanzstunde nacheinander fünf verschiedene Tanzpartner zu. Mit welcher Wahrscheinlichkeit sind unter ihren Tanzpartnern mindestens zwei gute Tänzer?
Lösung:
Es handelt sich um eine hypergeometrische Verteilung mit den Parametern $n = 5$, $M = 3$ und $N = 10$.

$$P(X \geq 2) = P(X = 2) + P(X = 3) = \frac{\binom{3}{2} \cdot \binom{10-3}{5-2}}{\binom{10}{5}} + \frac{\binom{3}{3} \cdot \binom{10-3}{5-3}}{\binom{10}{5}} = \frac{3 \cdot 35}{252} + \frac{1 \cdot 21}{252} = 0{,}5.$$

Veronika kann mit einer Wahrscheinlichkeit von 50% mit mindestens zwei guten Tänzern rechnen.

Die Poisson-Verteilung
In Anwendungsfällen, bei denen man insgesamt sehr viele Kugeln aus einer Urne mit verhältnismäßig wenigen weißen Kugeln zieht, kann man die Binomialverteilung ziemlich genau mit der folgenden Formel berechnen: $P(X = k) \approx \frac{\mu^k}{k!} e^{-\mu}$ mit $\mu = n \cdot p$.

Die zugehörige Verteilung $P(X = k) = \frac{\mu^k}{k!} e^{-\mu}$ mit Parameter μ $(\mu > 0)$ heißt **Poisson-Verteilung**.

Das nebenstehende Diagramm zeigt, wie die Poisson-Verteilung die Binomialverteilung mit $\mu = 1$ für große n annähert.

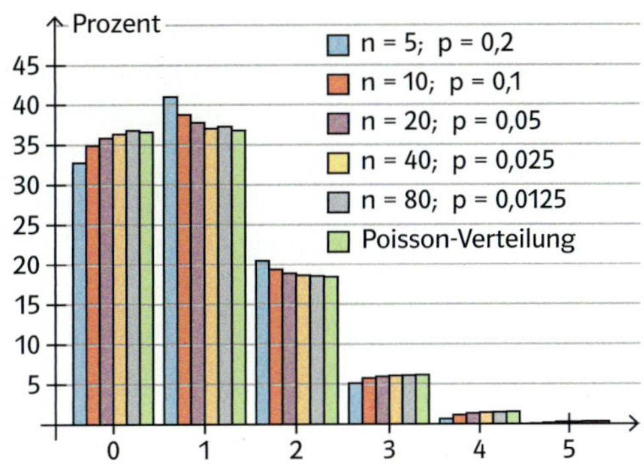

Siméon Denis Poisson (1781–1840)

Beispiel 2:
Viele Fluggesellschaften verkaufen mehr Tickets als Plätze in ihren Flugzeugen sind. Es werden z.B. für 195 Plätze 200 Tickets verkauft, weil man aus Erfahrung weiß, dass 5% der Fluggäste ihren Flug nicht antreten. Mit welcher Wahrscheinlichkeit reichen die Plätze nicht aus?
Lösung:
Die Plätze reichen nicht aus, wenn 196 oder mehr Personen den Flug antreten, bzw. wenn 4 oder weniger Personen den Flug nicht antreten.
Man kann hier mit der Poisson-Verteilung rechnen, weil unter den 200 Tickets nur wenige gezogen werden, die keinen Platz garantieren.

$$P(X \leq 4) = e^{-10}\left(\frac{10}{1!} + \frac{10^2}{2!} + \frac{10^3}{3!} + \frac{10^4}{4!}\right) \approx 0{,}029.$$

Das Risiko für die Fluggesellschaft ist mit etwa 3% nicht besonders groß.

1 Bestimmen Sie die Wahrscheinlichkeit für drei Richtige im Lotto 6 aus 49.

2 Rechnen Sie das Beispiel 2 mit einer Binomialverteilung nach.

Training

Lösungen | Seite 263

○ **1** Entscheiden Sie, ob das Zufallsexperiment als Bernoulli-Kette modelliert werden kann. Wenn ja, geben Sie an, was als Treffer gewählt werden kann, und bestimmen Sie die Länge der Kette und die Trefferwahrscheinlichkeit.

a) In einer Lostrommel sind 30 Lose. Es werden drei Lose gezogen.
b) In einer Lostrommel sind 3000 Lose. Es werden drei Lose gezogen.
c) Ein Basketballspieler wirft fünf Freiwürfe.
d) Eine Münze wird so lange geworfen, bis Zahl erscheint.

○ **2** Gegeben ist die binomialverteilte Zufallsgröße X mit den Parametern n und p. Bestimmen Sie die gesuchte Wahrscheinlichkeit mithilfe der Formel von Bernoulli.

a) $n = 8,\ p = 0{,}3,\ P(X = 2)$ **b)** $n = 20,\ p = \frac{1}{3},\ P(X = 5)$ **c)** $n = 30,\ p = 0{,}7,\ P(X = 25)$

○ **3** Gegeben ist eine Bernoulli-Kette der Länge $n = 12$ und der Trefferwahrscheinlichkeit $p = 0{,}6$. Bestimmen Sie die gesuchte Wahrscheinlichkeit, wenn die Zufallsgröße X die Anzahl der Treffer zählt.

a) $P(X \leq 5)$ **b)** $P(X \leq 8)$ **c)** $P(X \geq 6)$
d) $P(X > 7)$ **e)** $P(3 \leq X \leq 6)$ **f)** $P(5 < X < 10)$

○ **4** Bei einem Multiple-Choice-Test gibt es acht Fragen mit jeweils drei Antworten, von denen nur eine richtig ist. Ein Kandidat kreuzt bei jeder Frage rein zufällig eine Antwort an.
Bestimmen Sie die Wahrscheinlichkeit für

a) genau vier richtige Antworten, **b)** höchstens eine richtige Antwort,
c) mindestens drei richtige Antworten, **d)** mindestens sieben falsche Antworten.

○ **5** Berechnen Sie die Kenngrößen einer binomialverteilten Zufallsgröße mit den Parametern n und p.

a) $n = 10,\ p = 0{,}3$ **b)** $n = 50,\ p = \frac{4}{5}$ **c)** $n = 25,\ p = 0{,}7$

○ **6** Geben Sie die Wahrscheinlichkeitsverteilung einer binomialverteilten Zufallsgröße mit den Parametern $n = 4$ und $p = 0{,}3$ an, und zeichnen Sie das Histogramm.

○ **7** Ein Reißnagel wird 30-mal geworfen. Er landet mit einer Wahrscheinlichkeit von 65 % auf dem Kopf. Die Zufallsgröße X zählt, wie oft der Reißnagel auf dem Kopf landet.

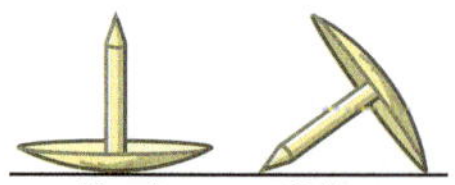

a) Begründen Sie, dass X binomialverteilt ist, und geben Sie die Parameter an.
b) Bestimmen Sie die Wahrscheinlichkeit, dass der Reißnagel weniger als 15-mal auf dem Kopf landet.
c) Berechnen Sie den Erwartungswert und die Standardabweichung der Zufallsgröße X.
d) Bestimmen Sie die Wahrscheinlichkeit, mit der die Anzahl der Würfe, bei denen der Reißnagel auf dem Kopf landet, um höchstens σ vom Erwartungswert abweicht.

◒ **8** Handelt es sich um die Formel von Bernoulli? Wenn ja, formulieren Sie ein Zufallsexperiment und ein Ereignis in Worten, dessen Wahrscheinlichkeit sich auf diese Weise berechnen lässt.

a) $P(X = 2) = \binom{5}{2} \cdot 0{,}3^2 \cdot 0{,}7^3$ **b)** $P(X = 4) = \binom{10}{4} \cdot \left(\frac{3}{5}\right)^4 \cdot \left(\frac{2}{5}\right)^4$ **c)** $P(X = 9) = \binom{15}{9} \cdot 0{,}1^6 \cdot 0{,}9^9$

◒ **9** Ein idealer Würfel wird fünfmal geworfen.

a) Berechnen Sie, mit welcher Wahrscheinlichkeit mehr als einmal eine Sechs fällt.
b) Berechnen Sie, mit welcher Wahrscheinlichkeit zum ersten Mal beim dritten Wurf eine Sechs fällt.
c) Berechnen Sie, mit welcher Wahrscheinlichkeit genau zwei Sechsen in Folge fallen.
d) Für die Wahrscheinlichkeit eines Ereignisses A gilt $P(A) = \binom{a}{3} \cdot b^c \cdot \left(\frac{5}{6}\right)^d$. Geben Sie geeignete Werte für a, b, c und d an und formulieren Sie das Ereignis in Worten.

10 Ein Glücksrad besteht aus fünf gleich großen Feldern, von denen eines mit „Hauptgewinn" beschriftet ist. Die Zufallsgröße X gibt die Anzahl der Hauptgewinne bei n-maligem Drehen an. Der Erwartungswert ist ganzzahlig. Das abgebildete Histogramm gehört zur Wahrscheinlichkeitsverteilung von X.

a) Geben Sie den Parameter n an.

b) Lesen Sie näherungsweise die Wahrscheinlichkeit $P(X = 2)$ ab.

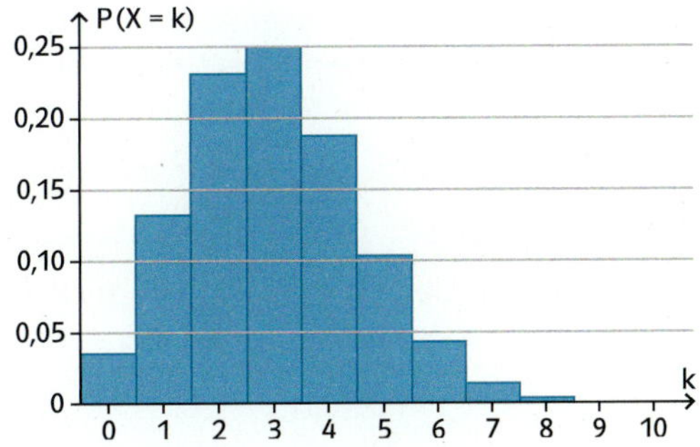

11 Die Zufallsgröße X ist binomialverteilt mit dem Parameter $n = 20$. Der Erwartungswert ist ganzzahlig. Einen Teil der Wahrscheinlichkeitsverteilung von X zeigt die folgende Tabelle.

k	0	1	2	3	4	5	6
P(X = k)	0,0388	0,1368	0,2293	0,2428	0,1821	0,1028	0,0454

a) Geben Sie den Parameter p an.

b) Bestimmen Sie die Wahrscheinlichkeit $P(2 \leq X \leq 4)$.

c) Bestimmen Sie die Wahrscheinlichkeit $P(X \geq 2)$.

12 Das Kreisdiagramm zeigt die Häufigkeitsverteilung der Blutgruppen in Deutschland. Es werden zufällig 30 Personen, die in Deutschland wohnen, ausgewählt.

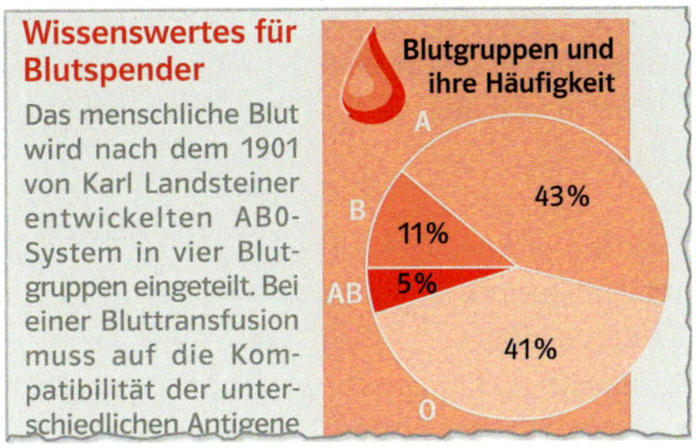

a) Bestimmen Sie die Wahrscheinlichkeit, dass mehr als 15 der Personen Blutgruppe A haben.

b) Bestimmen Sie die Wahrscheinlichkeit, dass höchstens fünf der Personen Blutgruppe B oder AB haben.

c) Bestimmen Sie die Wahrscheinlichkeit, dass die Anzahl der Personen mit Blutgruppe 0 um höchstens σ vom Erwartungswert abweicht.

d) Berechnen Sie, wie viele Personen man mindestens zufällig auswählen müsste, um mit einer Wahrscheinlichkeit von mindestens 90% mindestens drei Personen mit der Blutgruppe AB zu bekommen.

13 Carlotta behauptet, dass Jonathan mit einem gezinkten Würfel würfelt, der nicht die zu erwartende Anzahl Sechsen ergibt. Jonathan behauptet dagegen, dass sein Würfel fair sei. Um die Behauptungen zu prüfen, wird Jonathans Würfel n-mal geworfen.
Untersuchen Sie, ob die Annahme, dass der Würfel fair sei, bei der Sicherheitswahrscheinlichkeit $\beta = 95{,}4\,\%$ damit verträglich ist, dass dabei k Sechsen fallen.
Entscheiden Sie, ob Sie Jonathans Behauptung anzweifeln würden.

a) $n = 50;\ k = 12$ b) $n = 100;\ k = 24$ c) $n = 200;\ k = 48$

14 Eine Nussmischung soll laut Hersteller 30% Walnüsse und 70% Haselnüsse enthalten. Eine Maschine füllt die Nüsse in Tüten von je 50 Nüssen ab. Man greift zwei Tüten heraus und zählt 80 Haselnüsse.
Untersuchen Sie, ob die Annahme „Die Mischung entspricht den Herstellerangaben" mit dem Stichprobenergebnis bei der angegebenen Sicherheitswahrscheinlichkeit β verträglich ist.

a) $\beta = 95{,}4\,\%$ b) $\beta = 99{,}7\,\%$ c) $\beta = 68{,}3\,\%$

15 In einer Urne befinden sich 18 Kugeln, die rot oder schwarz sind. Wenn man zehnmal mit Zurücklegen eine Kugel zieht, beträgt die Wahrscheinlichkeit, höchstens sechs rote Kugeln zu ziehen, ca. 95 %.
Bestimmen Sie die Anzahl der roten Kugeln in der Urne.

16 Erläutern Sie am Beispiel einer Münze, wann man die Annahme „Die Münze ist fair" in der Statistik anzweifeln wird. Benutzen Sie dabei die Begriffe „Stichprobe", „Sicherheitswahrscheinlichkeit", „σ-Intervall", „verträglich". Diskutieren Sie den Einfluss der Sicherheitswahrscheinlichkeit.

17 Die Zufallsgröße X zählt, wie oft man einen Würfel werfen muss, bis man die erste Sechs erhält.
a) Bestimmen Sie die Wahrscheinlickeit, dass die Anzahl der Würfel höchstens drei beträgt sowie die Wahrscheinlichkeit, dass die Anzahl der Würfe mindestens sechs beträgt.
b) Bestimmen Sie die kleinste Zahl a mit der Eigenschaft $P(X \le a) \ge 80\,\%$.

18 Nach einer Studie halten 26 % aller Jugendlichen das Thema Umwelt für ein zentrales Thema.
a) Bestimmen Sie, die zu erwartende Anzahl von Jugendlichen, die die Umwelt für ein zentrales Thema halten, aus einer Gruppe von 22 Schülern.
b) Berechnen Sie die weiteren Kenngrößen der Wahrscheinlichkeitsverteilung.
c) Bestimmen Sie das Intervall, in dem mit 95 %iger Wahrscheinlichkeit die Anzahl der Jugendlichen liegt, die die Umwelt für ein zentrales Thema halten.
d) Bei einer Umfrage unter diesen 22 Jugendlichen stellt sich heraus, dass 11 von ihnen das Thema Umwelt für zentral halten. Überprüfen Sie, ob die in der Studie angegebene Wahrscheinlichkeit von 26 % mit dem Ergebnis der Umfrage bei einer Sicherheitswahrscheinlichkeit von 95,4 % verträglich ist.

19 Eine Firma stellt für Werbezwecke Kugelschreiber her. Der Hersteller behauptet, dass 96 % der Kugelschreiber funktionsfähig sind. Ein Großkunde testet 250 Kugelschreiber.
a) Bestimmen Sie alle Kenngrößen.
b) Bei dem Test erweisen sich 233 Kugelschreiber als funktionsfähig. Geben Sie an, in welchem kleinsten Prognoseintervall dieses Ergebnis liegt.
c) Geben Sie eine Empfehlung zur Korrektur der Funktionsfähigkeitsangabe des Herstellers.

20 a) Simulieren Sie 250-mal 20 Ziehungen mit Zurücklegen aus der Urne. Die Stichprobenergebnisse für die Anzahl roter Kugeln bei 20 Ziehungen werden in der Urliste u notiert.
b) Bestimmen Sie das arithmetische Mittel $\overline{x}$ und die empirische Standardabweichung s der Urliste u aus Teilaufgabe a). Bestimmen Sie den Anteil der Stichproben, die im Intervall $[\overline{x} - 2s;\ \overline{x} + 2s]$ liegen.
c) Bestimmen Sie das 2σ-Intervall für die Zufallsgröße X: Anzahl der roten Kugeln bei 20 Ziehungen. Bestimmen Sie den Anteil der Stichproben aus Teilaufgabe a), die im 2σ-Intervall liegen.
Vergleichen Sie Ihr Ergebnis mit dem von Teilaufgabe b).

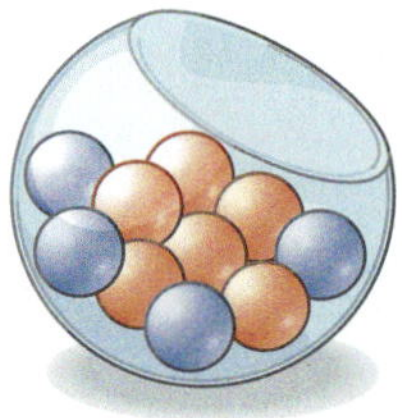

21 Eine Partei hatte bei der letzten Wahl einen Stimmenanteil von 32 %. Ein Meinungsforschungsinstitut wird beauftragt, zu untersuchen, ob der Stimmenanteil in etwa gleich geblieben ist. Das Institut führt eine repräsentative Umfrage bei 1000 Wählern durch. Davon geben nur 299 an, dass sie die Partei bei der nächsten Wahl wählen wollen.
Untersuchen Sie, ob die Annahme „Der Stimmenanteil ist gleich geblieben." mit dem Umfrageergebnis verträglich ist. Ermitteln Sie dazu ein 95,4 %-Prognoseintervall mithilfe von 500 Simulationen der Umfrage. Vergleichen Sie mit dem 2σ-Intervall, das das Meinungsforschungsinstitut als Prognoseintervall verwendet.

Test

Kopiervorlage
Check-out
268fa4

VI Binomialverteilung

Bernoulli-Experiment und Bernoulli-Kette

Ein Zufallsexperiment mit genau zwei Ergebnissen („Treffer" bzw. 1 und „Niete" bzw. 0) heißt Bernoulli-Experiment. Die Trefferwahrscheinlichkeit wird mit p bezeichnet.
Eine Bernoulli-Kette der Länge n besteht aus n unabhängigen Durchführungen eines Bernoulli-Experiments.

Drehen des Glücksrads, Treffer: „gelb", $p = \frac{1}{4}$.
Fünfmaliges Drehen: $n = 5$.

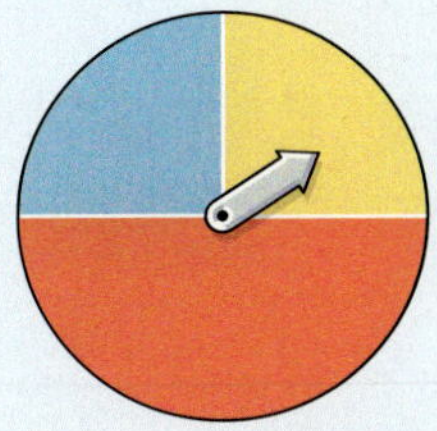

Binomialkoeffizient

$\binom{n}{k} = \frac{n \cdot (n-1) \cdot (n-2) \cdot \ldots \cdot (n-k+1)}{k \cdot (k-1) \cdot \ldots \cdot 1} = \frac{n!}{k! \cdot (n-k)!}$ heißt Binomialkoeffizient (für $n, k \in \mathbb{N}$ mit $k \le n$). Beim Baumdiagramm zu einer Bernoulli-Kette der Länge n gibt es $\binom{n}{k}$ Pfade mit genau k Treffern.

Beim fünfmaligen Drehen des Glücksrads gibt es $\binom{5}{3} = 10$ Ergebnisse, die zum Ereignis „drei Treffer" gehören.

Formel von Bernoulli

Wenn die Zufallsgröße X die Anzahl der Treffer bei einer Bernoulli-Kette zählt, dann ist die Wahrscheinlichkeit für genau k Treffer

$P(X = k) = \binom{n}{k} \cdot p^k \cdot (1-p)^{n-k}$ (für $k = 0, 1, 2, \ldots, n$).

X beschreibt die Anzahl der Treffer beim fünfmaligen Drehen des Glücksrads.
$P(X = 3) = \binom{5}{3} \cdot \left(\frac{1}{4}\right)^3 \cdot \left(\frac{3}{4}\right)^2 = \frac{45}{512} \approx 0{,}0879$

Kumulierte Wahrscheinlichkeit

Die Wahrscheinlichkeit $P(X \le k) = P(X = 0) + P(X = 1) + \ldots + P(X = k)$ heißt kumulierte Wahrscheinlichkeit.

$P(X \le 2) = P(X = 0) + P(X = 1) + P(X = 2) \approx 0{,}8965$

Binomialverteilung

Die Funktion, die jeder Zahl k die Wahrscheinlichkeit für k Treffer bei einer Bernoulli-Kette der Länge n und der Trefferwahrscheinlichkeit p zuordnet, heißt Binomialverteilung mit den Parametern n und p (für $k = 0, 1, 2, \ldots, n$).

X ist binomialverteilt mit den Parametern $n = 5$ und $p = \frac{1}{4}$.
Wahrscheinlichkeitsverteilung (Werte gerundet):

k	0	1	2	3	4	5
P(X = k)	0,24	0,40	0,26	0,09	0,01	0,00

Erwartungswert und Standardabweichung

Eine binomialverteilte Zufallsgröße hat den Erwartungswert $\mu = n \cdot p$ und die Standardabweichung $\sigma = \sqrt{n \cdot p \cdot (1-p)}$.

$\mu = 5 \cdot \frac{1}{4} = \frac{5}{4}$
$\sigma = \sqrt{5 \cdot \frac{1}{4} \cdot \frac{3}{4}} = \sqrt{\frac{15}{16}} \approx 0{,}968$

Sigma-Regeln

Für eine binomialverteilte Zufallsgröße X mit Erwartungswert μ und Standardabweichung σ gilt die Näherung:
$P(\mu - z \cdot \sigma \le X \le \mu + z \cdot \sigma) \approx \beta$ (Näherung brauchbar, falls $\sigma > 3$)

z	1	1,64	1,96	2	2,58	3
β	68,3 %	90 %	95 %	95,4 %	99 %	99,7 %

Wenn man ein $z \cdot \sigma$-Intervall für Prognosen von absoluten Häufigkeiten verwendet, bezeichnet man es auch als β-Prognoseintervall. Die Wahrscheinlichkeit β eines Sigma-Intervalls nennt man dann auch Sicherheitswahrscheinlichkeit.
Man nennt p mit einem Stichprobenergebnis k verträglich, wenn k im zugehörigen β-Prognoseintervall liegt.

$n = 50$, $p = 0{,}5$
$\mu = 25$, $\sigma = 3$

$\mu - 1\sigma = 22$; $\mu + 1\sigma = 28$
mit Sigma-Regel: $P(22 \le X \le 28) \approx 68{,}3\,\%$
exakt: $P(22 \le X \le 28) = 0{,}6777\ldots$
Das 95,4 %-Prognoseintervall ist das Intervall $[\mu - 2\sigma;\ \mu + 2\sigma] = [19; 31]$.
Die Annahme $p = 0{,}5$ ist mit dem Stichprobenergebnis 20 verträglich, falls $\beta = 95{,}4\,\%$.

Runde 1

Lösungen | Seite 266

1 Bei einem Glücksrad erscheint durchschnittlich in einem Viertel aller Fälle die Farbe Rot.

a) Formulieren Sie ein Ereignis A, für das $P(A) = 7 \cdot \frac{1}{4} \cdot \left(\frac{3}{4}\right)^6 + \binom{7}{2} \cdot \left(\frac{1}{4}\right)^2 \cdot \left(\frac{3}{4}\right)^5$ gilt.

b) Das Glücksrad wird dreimal gedreht. Berechnen Sie, mit welcher Wahrscheinlichkeit es genau zweimal rot zeigt.

2 In einer Urne befinden sich sechs Kugeln. Davon sind vier Kugeln schwarz und zwei Kugeln weiß. Es werden nacheinander zwei Kugeln ohne Zurücklegen gezogen. Ermitteln Sie die Wahrscheinlichkeit der folgenden Ereignisse:
A: „Es werden nur schwarze Kugeln gezogen."
B: „Es wird genau eine weiße Kugel gezogen."
C: „Die erste Kugel ist weiß."

3 X_1 und X_2 sind binomialverteilte Zufallsgrößen mit Trefferwahrscheinlichkeiten $p_1 = 0{,}3$ und $p_2 = 0{,}7$. Durch sie werden die Treffer bei jeweils fünf Versuchen gezählt.

a) Geben Sie einen Term an, mit dem $P(X_1 = 2)$ berechnet werden kann.

b) Die Abbildung zeigt die Wahrscheinlichkeitsverteilung von X_1. Stellen Sie die Wahrscheinlichkeitsverteilung von X_2 dar.

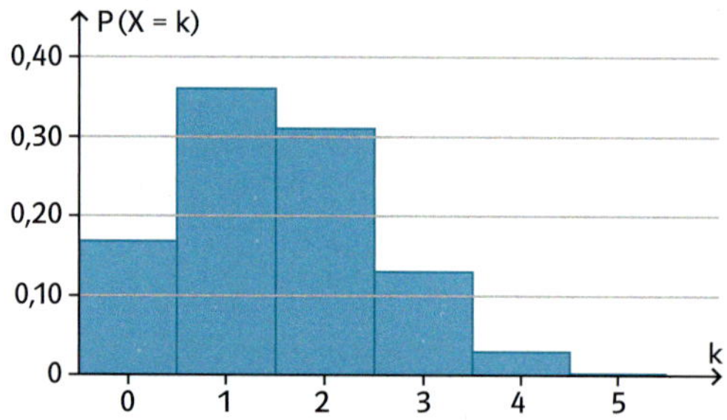

4 Beim Basketball trifft ein Spieler Freiwürfe mit einer Wahrscheinlichkeit von 75 %. Es wird davon ausgegangen, dass die einzelnen Würfe voneinander unabhängig sind.

a) Bestimmen Sie die Wahrscheinlichkeit, dass der Spieler drei von drei Freiwürfen verwandelt.

b) Bestimmen Sie die Wahrscheinlichkeit, dass der Spieler im Training mindestens 8 von 10 Freiwürfen verwandelt.

c) Überprüfen Sie die Aussage: Die Annahme, dass der Spieler mit einer Wahrscheinlichkeit von 75 % trifft, ist verträglich damit, dass er bei 50 Würfen 30-mal trifft, wenn man von einer Sicherheitswahrscheinlichkeit von $\beta = 95{,}4\,\%$ ausgeht.

5 Klinische Tests für ein Medikament haben gezeigt, dass es den Anteil p der behandelten Patienten heilt. Die Zufallsgröße X zählt die geheilten Patienten, wenn n Patienten mit dem Medikament behandelt werden.

a) Es sei $p = 0{,}9$ und $n = 60$. Berechnen Sie $P(X \geq 50)$.

b) Es sei $n = 60$. Bestimmen Sie das kleinstmögliche p (gerundet auf ganze Prozent), sodass $P(X \geq 50) \geq 0{,}5$ ist.

c) Es sei $p = 0{,}9$. Bestimmen Sie das kleinstmögliche n, damit mit einer Wahrscheinlichkeit von mehr als 99 % mindestens 50 Patienten geheilt werden.

6 Die Wahrscheinlichkeit eines Pixelfehlers bei Bildschirmen wird mit p bezeichnet. In einer Stichprobe vom Umfang $n = 20$ soll mit mindestens 99 % Wahrscheinlichkeit kein Pixelfehler vorkommen. Welchen Wert darf p höchstens annehmen?

7 Gegeben sei eine binomialverteilte Zufallsgröße X mit den Parametern $n = 120$ und $p = \frac{1}{3}$. Bestimmen Sie mithilfe einer Simulation von 200 Stichproben ein zum Erwartungswert μ symmetrisches 95,4 %-Prognoseintervall der Form $I = [\mu - x;\ \mu + x]$. Dabei soll x die kleinste natürliche Zahl sein, sodass in I mindestens 95,4 % der Stichprobenwerte liegen, die durch die Simulation erzeugt werden. Vergleichen Sie mit dem zugehörigen 2σ-Intervall.

Runde 2

Lösungen | Seite 267

1 Bestimmen Sie den Binomialkoeffizienten $\binom{3}{2}$ auf zwei verschiedenen Wegen.

Erläutern Sie seine Bedeutung im Kontext eines Beispiels.

2 Nach einer Statistik der Deutschen Bahn verkehren etwa 95 Prozent der Fernzüge „pünktlich“ (d.h. mit maximal 5 Minuten Verspätung). Tim fährt 5-mal mit einem Fernzug.

a) Er berechnet die Wahrscheinlichkeit, dass mindestens ein Zug nicht pünktlich ist, mit der Formel $1 - 0{,}95^5$. Erklären Sie, wie er zu dieser Formel kommt.

b) X sei die Zufallsgröße, die angibt, wie viele der fünf Züge pünktlich sind. Bestimmen Sie die zugehörige Wahrscheinlichkeitsverteilung mit Erwartungswert und Standardabweichung.

3 Jeremias behauptet, hellseherische Fähigkeiten zu besitzen. Um dies zu überprüfen, wird er zehnmal einem Test unterzogen, bei dem er unter vier möglichen Farben die zufällig ausgewählte Farbe vorhersagen soll. Angenommen Jeremias rät nur.

a) Untersuchen Sie, ob die Annahme verträglich ist mit dem Ergebnis „Jeremias nennt fünfmal die richtige Farbe.“ (Sicherheitswahrscheinlichkeit $\beta = 95\,\%$). Wie ist es bei 20 Durchführungen des Tests und 10 Treffern?

b) Die Wahrscheinlichkeit, dass er mindestens x Treffer erzielt, soll höchstens 5 % betragen. Bestimmen Sie die kleinste Trefferzahl x, für die das erfüllt ist.

c) Bestimmen Sie, wie oft der Test mindestens durchgeführt werden muss, damit Jeremias mit höchstens 5 % Wahrscheinlichkeit mindestens 50 % Treffer erzielt, obwohl er nur rät.

4 Bei einer Reißzwecke ist die Wahrscheinlichkeit 60 %, dass sie auf dem Kopf landet. Hanna wirft 100 Stück. Die Zufallsgröße X zählt die Reißzwecken, die auf dem Kopf landen.

a) Begründen Sie, dass X binomialverteilt ist.

b) Bestimmen Sie den Erwartungswert μ und die Standardabweichung σ von X.

c) Berechnen Sie $P(X \le 60)$, $P(X > 50)$, $P(50 \le X \le 60)$ sowie $P(\mu - 2\sigma \le X \le \mu + 2\sigma)$.

d) Bestimmen Sie die kleinste Zahl a, sodass $P(\mu - a \le X \le \mu + a) \ge 80\,\%$.

5 Ein Reiseunternehmer nimmt 50 Buchungen für eine Wohnanlage mit 45 Betten an, da erfahrungsgemäß 10 % der Buchungen wieder rückgängig gemacht werden.

a) Bestimmen Sie die Wahrscheinlichkeit, dass er zu viele Buchungen angenommen hat.

b) Bestimmen Sie die Wahrscheinlichkeit, dass er sogar noch mehr als einen Platz übrig hat.

6 Ein Zauberwürfel liefert die „6“ mit Wahrscheinlichkeit $p = 80\,\%$. Bestimmen Sie ein möglichst kleines Intervall $[0{,}8 - d;\ 0{,}8 + d]$, in dem mindestens 95 % aller relativen Häufigkeiten zu erwarten sind, wenn man $n = 25$ bzw. $n = 100$ bzw. $n = 400$ Versuche macht.
Formulieren Sie eine „je-desto Aussage“ zum Einfluss des Stichprobenumfangs n.

7 a) Simulieren Sie mithilfe von 100 Zufallszahlen zehn Schüsse auf eine Torwand, bei denen der Fußballer jeweils mit 70 % Wahrscheinlichkeit trifft und stellen Sie das Ergebnis als Histogramm dar. Bestimmen Sie das arithmetische Mittel $\bar{x}$ und die empirische Standardabweichung s.
Ermitteln Sie, wie viel Prozent der Werte außerhalb des Intervalls $[\bar{x} - 2s;\ \bar{x} + 2s]$ liegen.

b) Ergänzen Sie die theoretische Verteilung mit Erwartungswert μ und Standardabweichung σ.

Wachstum – Exponentialfunktionen (zu den Grundwissenaufgaben in Kapitel I)

Lineares Wachstum (Aufgaben 1 und 2)
Lineares Wachstum liegt bei einem Bestand B vor, wenn zur Zeit t die absolute Änderung $d = B(t) - B(t-1)$ bei jedem Zeitschritt gleich ist.
Explizite Berechnung: $B(t) = a + d \cdot t$, wobei $a = B(0)$. a heißt Anfangswert.
Rekursive Berechnung: $B(t) = B(t-1) + d$

Exponentielles Wachstum (Aufgaben 2 und 3)
Exponentielles Wachstum liegt vor, wenn bei einem Bestand B zur Zeit t die relative Änderung $q = \frac{B(t)}{B(t-1)}$ bei jedem Zeitschritt gleich ist.
Explizite Berechnung: $B(t) = a \cdot q^t$, wobei $a = B(0)$. a heißt Anfangswert, q heißt Wachstumsfaktor.
Rekursive Berechnung: $B(t) = q \cdot B(t-1)$
Eine Bevölkerung auf einer Insel wächst z.B. jährlich um 3%. Dann ist $q = 1 + 0{,}03 = 1{,}03$.
Anfangsbestand: 1000 Bewohner;
Bestand nach 10 Jahren:
$B(10) = 1000 \cdot 1{,}03^{10} \approx 1340$ Bewohner.

Exponentialfunktionen (Aufgaben 4 bis 7)
Eine Funktion f mit der Gleichung $f(x) = a \cdot q^x$ und $q > 0$, $q \neq 1$, heißt Exponentialfunktion mit Anfangswert a und Basis q.

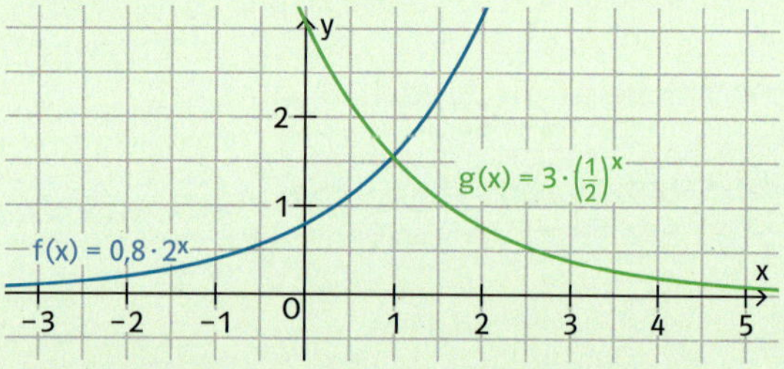

Man kann a und q bestimmen, wenn man zwei Werte kennt. Ist z.B. $f(0) = 5$ und $f(3) = 10$, so ist $a = 5$ und für q erhält man die Gleichung $5 \cdot q^3 = 10$, also $q^3 = 2$ mit der Lösung $q = \sqrt[3]{2}$.

Exponentialgleichung (Aufgabe 8)
Die Exponentialgleichung $q^x = r$ ($q, r > 0$, $q \neq 1$) hat genau eine Lösung: $x = \log_q(r)$.
Die Lösung ist in der Grafik die Schnittstelle des Graphen der Exponentialfunktion f mit $f(x) = q^x$ und der Geraden g mit der Gleichung $y = r$.

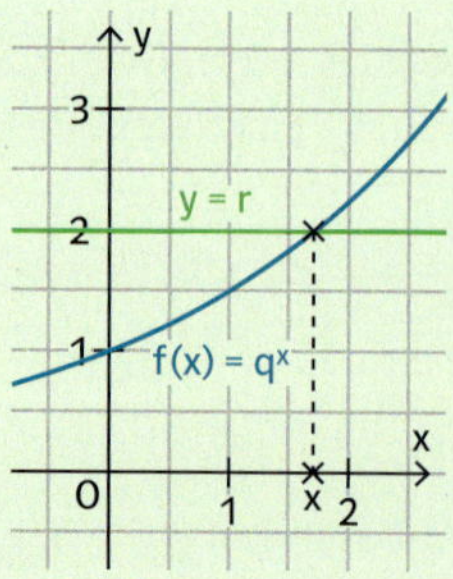

Grundwissen Test → Lösungen | Seite 268

1 Ein Tank enthält anfangs 10 Liter Wasser. In jeder Minute fließen 1,5 Liter Wasser ab.
a) Geben Sie die absolute Änderung pro Minute an.
b) Berechnen Sie, wie viel Wasser nach 3,5 Minuten in dem Tank ist.
c) Berechnen Sie die Zeit, bis der Tank leer ist.

2 Entscheiden Sie: Welche Tabelle beschreibt lineares bzw. exponentielles Wachstum?

t	0	1	2	3
B(t)	2	1	$\frac{1}{2}$	$\frac{1}{4}$

t	0	1	2	3
B(t)	1	$\frac{3}{4}$	$\frac{1}{2}$	$\frac{1}{4}$

3 Das Gewicht einer Hefekultur wird durch die Funktion G mit $G(t) = 0{,}8 \cdot 1{,}05^t$ modelliert (t in Stunden, G(t) in Gramm). Bestimmen Sie
a) das Gewicht am Anfang,
b) das Gewicht nach 5 Stunden,
c) die Zeit, bis das Gewicht 5 g beträgt.

4 Skizzieren Sie den Graphen.
a) $f(x) = 2 \cdot 1{,}5^x$
b) $f(x) = 2{,}5 \cdot 0{,}5^x$

5 Ordnen Sie jede Gleichung einem Graphen zu.

$f(x) = 2{,}7^x$ $g(x) = 2^x$ $h(x) = 0{,}5^x$

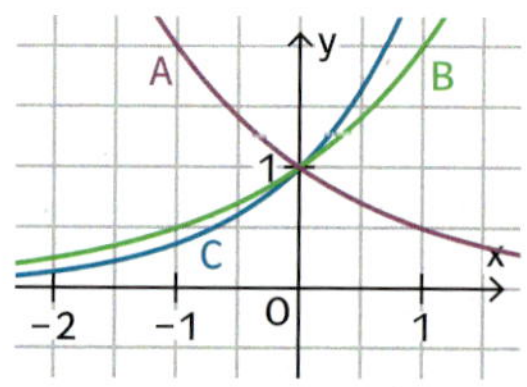

6 Bestimmen Sie mithilfe geeigneter Punkte die Gleichung der Exponentialfunktionen näherungsweise.

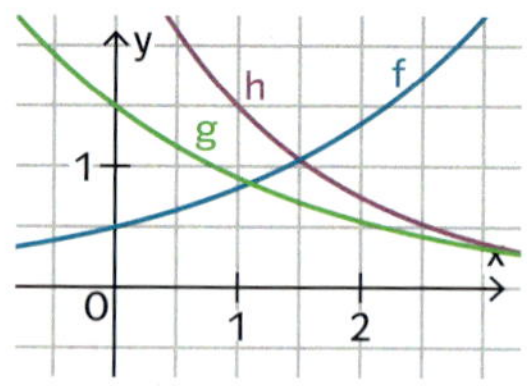

7 Bestimmen Sie die Gleichung der Exponentialfunktion, deren Graph durch die Punkte P und Q geht.
a) P(0|2), Q(1|3)
b) P(0|2), Q(2|1)
c) P(1|1), Q(3|2)
d) P(−1|4), Q(1|2)

8 Bestimmen Sie die Lösungsmenge der Gleichung.
a) $3^x = 81$
b) $2^x = 6$
c) $5^x = -1$
d) $3 \cdot 10^x = 60$
e) $4^{2x} = 0{,}25$
f) $3 \cdot 3^{x-2} = 1$

Ganzrationale Funktionen (zu den Grundwissenaufgaben in Kapitel II)

Ganzrationale Funktion (Aufgabe 1)
Gleichung:
$f(x) = a_n x^n + a_{n-1} x^{n-1} + \ldots + a_2 x^2 + a_1 x + a_0$ mit reellen Zahlen $a_0, a_1, \ldots, a_n$ ($n \in \mathbb{N}$, $a_n \neq 0$).
Die Zahl n heißt Grad der Funktion f.
Lineare Funktion ($n = 1$) und quadratische Funktion ($n = 2$) sind Sonderfälle.

Verhalten für $x \to \pm\infty$ (Aufgabe 2)
Für $x \to \pm\infty$ wird das Verhalten einer ganzrationalen Funktion vom Summanden mit der größten Potenz von x bestimmt:
Für betragsgroße x gilt $f(x) \approx a_n x^n$.

Nullstellen (Aufgaben 3 bis 6)
Lösungen der Gleichung $f(x) = 0$.
Eine ganzrationale Funktion vom Grad n hat höchstens n Nullstellen, $n - 1$ Extremstellen (für $n > 1$) und $n - 2$ Wendestellen (für $n > 2$).
Exakte Berechnung mithilfe von Verfahren, die auf Gleichungen führen, deren Lösung man berechnen kann:
- Ausklammern, wenn alle Summanden des Funktionsterms die Variable x enthalten, z. B. $f(x) = x^4 - 3x^3 = x^3 \cdot (x - 3) = 0$, genau dann wenn $x = 0$ oder $x = 3$ (Satz vom Nullprodukt).
- Ermitteln der Nullstellen, wenn der Funktionsterm Linearfaktoren enthält, z. B. hat f mit $f(x) = 2 \cdot (x + 3) \cdot (x - 1) \cdot (x^2 - 4)$ die Nullstellen $x_1 = -3$, $x_2 = 1$, $x_3 = -2$, $x_4 = 2$.

Mit dem Rechner kann man Nullstellen immer näherungsweise bestimmen.

Symmetrie (Aufgabe 7)
Der Graph ist genau dann
- achsensymmetrisch zur y-Achse, wenn alle Exponenten der x-Potenzen gerade sind (Reine Zahlenwerte gelten als gerade Potenzen),
- punktsymmetrisch zum Ursprung, wenn alle Exponenten der x-Potenzen ungerade sind.

Monotonie (Aufgaben 8 und 9)
Die Nullstellen der Ableitung sind Grenzen der Monotonieintervalle. In einem Intervall $I = [x_1; x_2]$ zwischen zwei Nullstellen der Ableitung wählt man einen Testpunkt $x \in I$.
- Falls $f'(x) \geq 0$, dann ist f in I monoton steigend.
- Falls $f'(x) \leq 0$, dann ist f in I monoton fallend.

Gilt sogar $f'(x) > 0$ bzw $f'(x) < 0$, so liegt strenge Monotonie vor.

Grundwissen Test

→ Lösungen | Seite 269

1 ☒ Ist die Funktion f ganzrational?
a) $f(x) = x^3 - \sqrt{2} \cdot x$ b) $f(x) = \sqrt{x - 1}$ c) $f(x) = 2^x$

2 ☒ Untersuchen Sie, ob $f(x) \to \infty$ oder $f(x) \to -\infty$ für $x \to \infty$ bzw. $x \to -\infty$ gilt.
Geben Sie jeweils den Grad der Funktion an.
a) $f(x) = x^4 - 1$ b) $f(x) = x^2 - x^5$ c) $f(x) = 1 + x^3$

3 ☒ Berechnen Sie die Nullstellen.
a) $f(x) = 2x - 1$ b) $f(x) = x^2 - 2x - 1$
c) $f(x) = x \cdot (x - 3)$ d) $f(x) = 2x^2 + 8x$
e) $f(x) = x^2 - 2x + 2$ f) $f(x) = x^4 + 2x^2$
g) $f(x) = 4x \cdot (x^2 - 9)$ h) $f(x) = (3x - 21) \cdot (x^2 + 2)$
i) $f(x) = x^3 + 2x^2 - 3x$
j) $f(x) = (x^2 + 2) \cdot (x + 5) \cdot (x^2 - 25)$

4 Bestimmen Sie die Nullstellen.
a) $f(x) = x^3 - x - 1$ b) $f(x) = x^4 - x^2 - 1$

5 Bestimmen Sie die Nullstellen der Funktion und ihrer beiden Ableitungen.
a) $f(x) = x^4 - x^3 - x + 1$ b) $f(x) = x^5 - 2x^3 - 3x$

6 Geben Sie je ein Beispiel für eine ganzrationale Funktion f mit der Eigenschaft an
a) f hat keine Nullstellen.
b) f hat den Grad 2 und die Nullstellen −2 und 1.
c) f hat den Grad 3 und hat 3 Nullstellen.
d) f hat den Grad 4 und nur die Nullstelle $x_1 = 2$.
e) f hat eine Nullstelle weniger als ihr Grad.
f) f hat mindestens vier Nullstellen.

7 ☒ Untersuchen Sie, ob der Graph der Funktion f achsensymmetrisch zur y-Achse oder punktsymmetrisch zum Ursprung ist.
a) $f(x) = 2x^5 - x^3 + 2x$ b) $f(x) = 5x^4 + 3$
c) $f(x) = 2x^3 - 7x + 3$ d) $f(x) = x^6 - x^3$

8 ☒ Bestimmen Sie die Monotonieintervalle.
a) $f(x) = x^4 - 2x^2$ b) $f(x) = x^4 - 2x^3$

9 Geben Sie ein Beispiel an für eine Funktion, die folgende Monotonieintervalle hat:
- in $(-\infty; 0]$ streng monoton wachsend
- in $[0; 1]$ monoton fallend
- in $[1; \infty)$ monoton wachsend

Ableitung (zu den Grundwissenaufgaben in Kapitel III)

Differenzenquotient (Aufgaben 1 und 2)
Die Funktion f sei auf $I = (a; b)$ definiert und $x_0,\ x_0 + h \in I$, wobei $h \neq 0$.
Der Differenzenquotient $\frac{f(x_0 + h) - f(x_0)}{h}$ gibt die Steigung der Sekante durch die Punkte $P(x_0 \mid f(x_0))$ und $Q(x_0 + h \mid f(x_0 + h))$ des Graphen von f an.

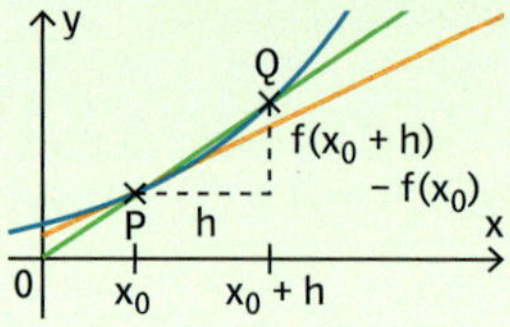

Ableitung an einer Stelle (Aufgaben 3 und 4)
Wenn der Differenzenquotient $\frac{f(x_0 + h) - f(x_0)}{h}$ für $h \to 0$ einen Grenzwert besitzt, dann heißt dieser Wert Ableitung von f an der Stelle x_0.
Man schreibt dafür $f'(x_0) = \lim\limits_{h \to 0} \frac{f(x_0 + h) - f(x_0)}{h}$.
Die Funktion f heißt dann differenzierbar an der Stelle x_0.
Die Ableitung der Funktion f an der Stelle x_0 entspricht der Steigung der Tangente an den Graphen von f im Punkt $P(x_0 \mid f(x_0))$.
Damit kann man z. B. bei der Funktion f mit $f(x) = 2x^2$ an der Stelle $x_0 = 1$ die Ableitung bestimmen:

$$\frac{f(x_0 + h) - f(x_0)}{h} = \frac{2 \cdot (1 + h)^2 - 2 \cdot 1^2}{h} = \frac{2 + 4h + 2h^2 - 2}{h}$$
$$= \frac{h \cdot (4 + 2h)}{h} = 4 + 2h;$$

für $h \to 0$ ergibt sich also $f'(1) = 4$.

Ableitungsfunktion (Aufgaben 5 bis 7)
Wenn eine Funktion f an jeder Stelle x eines Intervalls $I = (a; b)$ differenzierbar ist, dann heißt die Funktion, die jeder Stelle x die Ableitung $f'(x)$ zuordnet, Ableitung(sfunktion) f' von f auf I. Die Funktion f heißt dann differenzierbar auf I. Extremstellen von f sind Nullstellen von f'.
Die Ableitung der Funktion f' heißt zweite Ableitung f''. Wenn für alle x im Intervall I gilt
- $f''(x) > 0$, dann ist der Graph von f im Intervall I linksgekrümmt,
- $f''(x) < 0$, dann ist der Graph von f Intervall I rechtsgekrümmt.

Wendestellen von f sind Nullstellen von f'' und Extremstellen von f'.

Grundwissen Test

Lösungen | Seite 269

1 Bestimmen Sie für die Funktion f mit $f(x) = x^2$ den Differenzenquotienten.
a) $x_0 = 2;\ h = 1;\ h = 0{,}5;\ h = 0{,}1;\ h = -0{,}1$
b) $x_0 = 1;\ h = 0{,}2;\ h = 0{,}02;\ h = 0{,}002;\ h = -0{,}002$

2 Bestimmen Sie einen Näherungswert für die Ableitung der Funktion f mit $f(x) = 1 - x^3$ an der Stelle $x_0 = 1$, indem Sie bei x_0 Differenzenquotienten berechnen, bei denen sich h dem Wert 0 annähert.

3 ☒ Berechnen Sie die Ableitung der Funktion f mit $f(x) = x^2$ an der Stelle $x_0 = 3$. Formen Sie dazu den Differenzenquotienten $\frac{(3 + h)^2 - 3^2}{h}$ um und bestimmen Sie dann seinen Grenzwert für $h \to 0$.

4 Bestimmen Sie die Ableitung mithilfe der Tangente an den markierten Punkten.

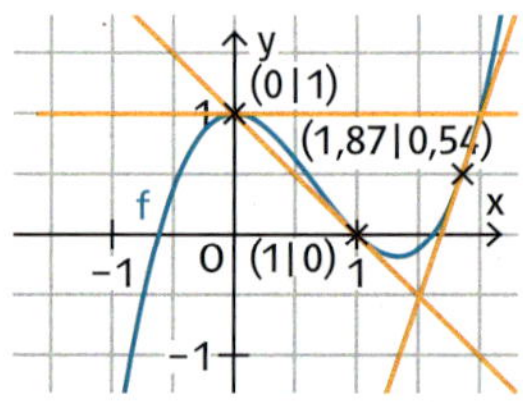

5 Übertragen Sie den Graphen der Funktion in Ihr Heft und ergänzen Sie eine Skizze des Graphen ihrer Ableitungsfunktion.

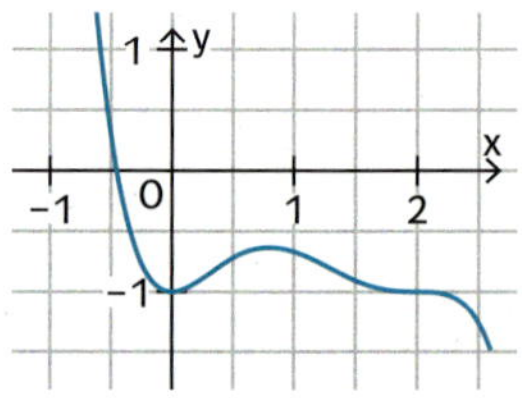

6 Nehmen Sie an, der Graph von Aufgabe 5 sei der Graph der Ableitungsfunktion f' einer Funktion f. Begründen oder widerlegen Sie:
a) f hat eine Maximumstelle.
b) $f(0) = -1$.
c) f ist im Intervall $[0; 2]$ monoton fallend.
d) f hat bei $x = 0$ eine Wendestelle.

7 Der Graph der Funktion f mit $f(x) = \frac{1}{2}x^3 + \frac{3}{2}x^2$ besitzt einen Wendepunkt. Bestimmen Sie die Gleichung der Tangente im Wendepunkt.

Elementare Ableitungsregeln (Aufgabe 8)
Potenzregel:
Für $f(x) = x^r$ $(r \in \mathbb{R};\ r \neq 0)$ gilt $f'(x) = r \cdot x^{r-1}$.
Summenregel:
Für $f(x) = g(x) + h(x)$ gilt $f'(x) = g'(x) + h'(x)$.
Faktorregel:
Für $f(x) = c \cdot g(x)$ $(c \in \mathbb{R})$ gilt $f'(x) = c \cdot g'(x)$.

Ableitung von speziellen Funktionen (Aufgabe 9)

f(x)	$\sqrt{x}$	sin(x)	cos(x)	e^x
f'(x)	$\frac{1}{2\sqrt{x}}$	cos(x)	−sin(x)	e^x

Tangente und Normale (Aufgabe 10 und 12)
Die Tangente an den Graphen von f im Punkt $B(x_0 \mid f(x_0))$ hat die Gleichung
$y = f'(x_0) \cdot (x - x_0) + f(x_0)$.
Die Normale an den Graphen von f im Punkt $B(x_0 \mid f(x_0))$ hat die Gleichung
$y = -\frac{1}{f'(x_0)} \cdot (x - x_0) + f(x_0)$.
Der Graph von f mit $f(x) = 3x^3 - 5x$ hat im Punkt $B(1 \mid -2)$ die Tangente mit der Gleichung
$y = f'(1) \cdot (x - 1) - 2 = 4(x - 1) - 2 = 4x - 6$ und die
Normale $y = -\frac{1}{f'(1)} \cdot (x - 1) + f(1) = -\frac{1}{4} \cdot (x - 1) - 2$.

Weitere Ableitungsregeln (Aufgaben 11 und 12)
„Kleine Kettenregel“:
Eine Funktion f mit $f(x) = g(kx + r)$ heißt Verkettung mit einer linearen Funktion. Die Funktion i mit $i(x) = kx + r$ heißt dabei innere Funktion und g heißt äußere Funktion. Für eine Funktion f mit $f(x) = g(kx + r)$ gilt $f'(x) = k \cdot g'(kx + r)$; $k, r \in \mathbb{R}$.
Die Funktion f mit $f(x) = \sin(3x - 5)$ hat die Ableitung: $f'(x) = \cos(v) \cdot 3 = 3\cos(3x - 5)$.

Produktregel:
Wenn die Funktionen u und v differenzierbar sind, dann ist auch das Produkt f mit $f(x) = u(x) \cdot v(x)$ differenzierbar, und es gilt
$f'(x) = u'(x) \cdot v(x) + u(x) \cdot v'(x)$.
Die Funktion f mit $f(x) = x^2 \cdot \sin(x)$ hat die Ableitung $f'(x) = 2x \cdot \sin(x) + x^2 \cdot \cos(x)$.

Grundwissen Test → Lösungen | Seite 270

8 Bestimmen Sie die erste und die zweite Ableitung.
a) $f(x) = 5x^2 - x$
b) $f(x) = \frac{2}{3}x^6 - x^5 + \frac{3}{4}x^4$
c) $f(x) = x^3 + 2 - \frac{5}{x^3}$
d) $f(x) = \frac{3}{5}x^5 + \frac{3}{x} - 2$
e) $f(x) = ax^3 + \frac{1}{4}ax^2 + a^2$
f) $f(x) = a \cdot \sqrt{x} + \frac{a}{x}$

9 Leiten Sie ab.
a) $f(x) = \sin(x) + \cos(x)$
b) $f(x) = 2\sqrt{x} + \sin(x)$
c) $f(x) = 3e^x - x^2$
d) $f(x) = 2x + \frac{1}{5}e^x$
e) $f(x) = 1 - 2\sqrt{x}$
f) $f(x) = \frac{e^x}{2} - 2\cos(x)$

10 ☒ Bestimmen Sie die Gleichung der Tangente und der Normale an den Graphen von f im Punkt B.
a) $f(x) = x^2 + 1$, $B(-2 \mid 5)$
b) $f(x) = -x^2 - 3x$, $B(-1 \mid 2)$
c) $f(x) = x^3 - 2x$, $B(0 \mid 0)$
d) $f(x) = -2x^3 + x^2$, $B(1 \mid -1)$

11 Leiten Sie ab.
a) $f(x) = (1 - x)^3$
b) $f(x) = \left(\frac{1}{3}x^2 - x\right)^4$
c) $f(x) = x \cdot \left(x + \frac{1}{x^2}\right)$
d) $f(x) = x \cdot \sin(x)$
e) $f(x) = \sin(x) \cdot \cos(x)$
f) $f(x) = 2\sqrt{2x}$
g) $f(x) = 3 \cdot (e^{2x} - e^{-x})$
h) $f(x) = 2x \cdot \frac{1}{5}e^x$
i) $f(x) = a \cdot e^{3x-1} + \frac{b}{3x-1}$
j) $f(x) = \sqrt{1 - 4x^n}$
k) $f(x) = x \cdot \sin(3x)$
l) $f(x) = \frac{x}{\sqrt{e^{2x}}}$

12 Berechnen Sie die Gleichung der Tangente im Punkt $P(-1 \mid f(-1))$ an den Graphen der Funktion f mit $f(x) = x \cdot e^{-x}$.

Statistik und Wahrscheinlichkeiten (zu den Grundwissenaufgaben in Kapitel IV)

Kenngrößen (Aufgaben 1, 2 und 5)
Arithmetisches Mittel $\overline{x}$, empirische Varianz v sowie empirische Standardabweichung s einer Urliste von Daten mit n Zahlenwerten $x_1, \ldots, x_n$:

$$\overline{x} = \frac{x_1 + \ldots + x_n}{n};$$
$$v = \frac{(x_1 - \overline{x})^2 + (x_2 - \overline{x})^2 + \ldots + (x_n - \overline{x})^2}{n};$$
$$s = \sqrt{v}$$

Wenn $a_1, \ldots, a_m$ die Merkmalsausprägungen mit absoluten Häufigkeiten $H_1, \ldots, H_m$ bzw. relativen Häufigkeiten $h_1, \ldots, h_m$ sind, gilt

$$\overline{x} = \frac{a_1 \cdot H_1 + \ldots + a_m \cdot H_m}{n};$$
$$v = \frac{(a_1 - \overline{x})^2 \cdot H_1 + \ldots + (a_m - \overline{x})^2 \cdot H_m}{n}$$

bzw. $\overline{x} = a_1 \cdot h_1 + \ldots + a_m \cdot h_m$;
$v = (a_1 - \overline{x})^2 \cdot h_1 + \ldots + (a_m - \overline{x})^2 \cdot h_m$.

Klassierte Daten (Aufgabe 3)
Wenn es viele Merkmalsausprägungen gibt, fasst man oft Bereiche von Merkmalsausprägungen zu Klassen zusammen. Dargestellt werden klassierte Daten in einem Histogramm.
Ein Histogramm ist ein Säulendiagramm, bei dem die Säulenbreiten die Klassenbreiten und die Säulenhöhen die Häufigkeitsdichten sind. Die Häufigkeitsdichte einer Säule wird bestimmt mit der Formel $\frac{\text{relative Häufigkeit der zugehörigen Klasse}}{\text{Klassenbreite}}$.
Der Flächeninhalt einer Säule ist gleich der relativen Häufigkeit der zugehörigen Klasse. Die Summe der Flächeninhalte aller Säulen des Histogramms ergibt 1 bzw. 100 %.

Wahrscheinlichkeiten bei Zufallsexperimenten (Aufgabe 4 und 5)
Jedes Ergebnis bei einem Zufallsexperiment hat eine Wahrscheinlichkeit. Eine Tabelle mit den Ergebnissen und den zugehörigen Wahrscheinlichkeiten heißt Wahrscheinlichkeitsverteilung des Zufallsexperiments.

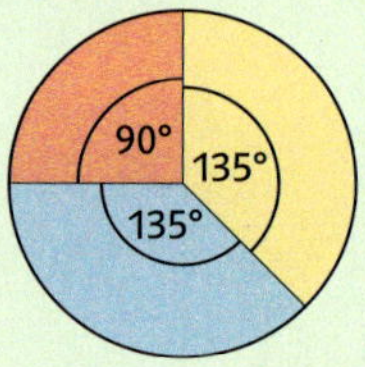

Ergebnis	rot	gelb	blau
P	$\frac{1}{4}$	$\frac{3}{8}$	$\frac{3}{8}$

Grundwissen Test

Lösungen | Seite 270

1 Gegeben ist die Urliste {2; 1; 3; 2; 4; 2; 4; 6}.
a) Erstellen Sie eine Häufigkeitstabelle mit absoluten Häufigkeiten für die auftretenden Werte.
b) Berechnen Sie das arithmetische Mittel, die empirische Varianz sowie die empirische Standardabweichung der Urliste.

2 Bei einer Klausur ergab sich für die Punkte die Häufigkeitstabelle:

Punkte	3	4	6	7	8	9	10	12	14
Anteil %	12	8	8	12	4	16	20	12	8

a) Zeichnen Sie ein Säulendiagramm.
b) Berechnen Sie das arithmetische Mittel, die empirische Varianz sowie die empirische Standardabweichung der Punktzahlen.

3 In einem Krankenhaus wurden Gewichte von Säuglingen stichprobenweise ermittelt und in einer Tabelle mit Klassen erfasst.

Klassen Gewicht G (in g)	rel. Häufigkeit
2000 ≤ G < 3000	15 %
3000 ≤ G < 3500	50 %
3500 ≤ G < 4000	25 %
4000 ≤ G < 5000	10 %

a) Berechnen Sie näherungsweise das arithmetische Mittel und die Standardabweichung der Gewichte.
b) Zeichnen Sie ein Histogramm.
c) Erläutern Sie die Unterschiede zwischen einem Säulendiagramm mit relativen Häufigkeiten und einem Histogramm.

4 Aus der Urne wird eine Kugel gezogen.
a) Beurteilen Sie, ob eine Laplace-Verteilung vorliegt.
b) Bestimmen Sie die Wahrscheinlichkeitsverteilung.

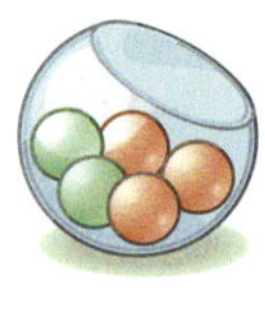

Laplace-Verteilung (Aufgaben 4 und 5)
Sind bei einem Zufallsexperiment alle Ergebnisse gleich wahrscheinlich, kann man die Wahrscheinlichkeit P eines Ereignisses A so berechnen:

$$P(A) = \frac{\text{Anzahl der Ergebnisse, bei denen A eintritt}}{\text{Anzahl aller möglichen Ergebnisse}}.$$

Die zugehörige Wahrscheinlichkeitsverteilung nennt man Laplace-Verteilung.

Baumdiagramm und Pfadregel (Aufgaben 5 bis 7)
Ergebnisse und Berechnungen von Wahrscheinlichkeiten bei mehrstufigen Experimenten werden an einem Baumdiagramm dargestellt.
Zweimaliges Ziehen ohne Zurücklegen:

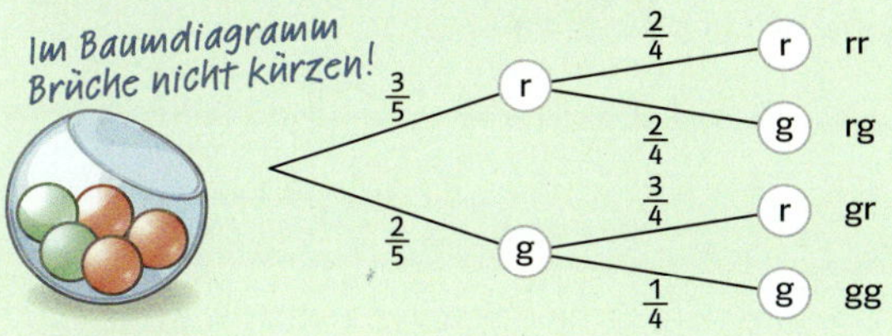

Pfadregel:
Die Wahrscheinlichkeit eines Pfades wird berechnet, indem die Wahrscheinlichkeiten entlang des Pfades multipliziert werden. Beispiel:

$P(rg) = \frac{3}{5} \cdot \frac{2}{4} = \frac{6}{20} = \frac{3}{10}.$

Vierfeldertafel (Aufgabe 8)
Werden zwei Merkmale betrachtet, so kann man die Wahrscheinlichkeiten der auftretenden Kombinationen übersichtlich in einer Vierfeldertafel darstellen.

Bei der Herstellung eines Bauteils treten zwei Fehler auf. Für ein zufällig ausgewähltes Bauteil beträgt die Wahrscheinlichkeit dafür, dass Fehler A vorliegt, 10 %, dass Fehler B vorliegt 8 %, und dass keiner der beiden Fehler vorliegt 82,8 %.
Vierfeldertafel mit den Wahrscheinlichkeiten:

	B	$\overline{B}$	
A	0,008	0,092	**0,1**
$\overline{A}$	0,072	**0,828**	0,9
	0,08	0,92	1

Die Wahrscheinlichkeit, dass bei einem zufällig ausgewählten Bauteil Fehler B, aber nicht Fehler A vorliegt, beträgt 7,2 %.

Grundwissen Test

Lösungen | Seite 271

5 Wahr, falsch oder kommt darauf an? Nehmen Sie Stellung.
a) Es ist besser, die Varianz als Streumaß zu verwenden, weil man dann keine Wurzel ziehen muss wie bei der Standardabweichung.
b) Bei einer Laplace-Verteilung mit n Ergebnissen beträgt die Wahrscheinlichkeit für ein Ergebnis $\frac{1}{n}$.
c) Bei einer Wahrscheinlichkeitsverteilung beträgt die Summe der Wahrscheinlichkeiten aller Ergebnisse immer 1.
d) Bei einem zweistufigen Experiment ist die Zahl der Ergebnisse immer gerade.
e) Wenn man 6-mal würfelt, ist die Wahrscheinlichkeit, keine Sechs zu werfen, kleiner als 10 %.

6 In einer Urne liegen drei rote (r) und eine blaue (b) Kugel. Es wird zweimal ohne Zurücklegen gezogen. Berechnen Sie die Wahrscheinlichkeit für das Ereignis.
a) P(rr) b) P(br) c) P(rb)

7 Ergänzen Sie die fehlenden Wahrscheinlichkeiten.

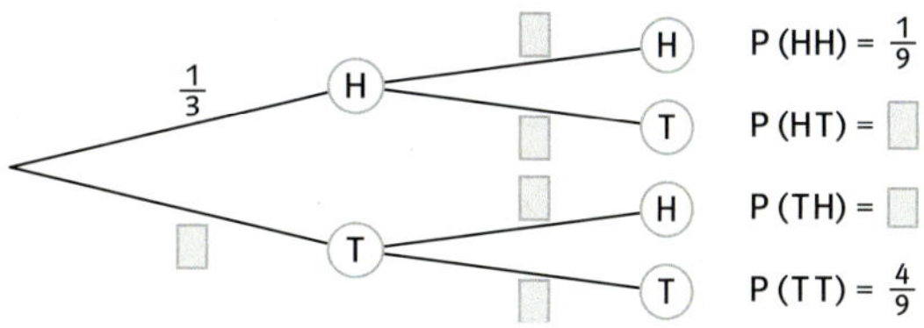

8 Unter den 132 Schülerinnen und Schülern des Abiturjahrgangs bereiten sich 28 alleine auf die Abiturprüfung in Mathematik vor. Auf die Prüfung in ihrer Fremdsprache bereiten sich 42 alleine vor und auf die Prüfung in Mathematik und ihrer Fremdsprache bereiten sich 18 alleine vor.
a) Erstellen Sie eine Vierfeldertafel mit relativen Häufigkeiten.
b) Bestimmen Sie die Wahrscheinlichkeit, dass ein zufällig ausgewählter Schüler sich auf Mathematik alleine, aber auf die Fremdsprache nicht alleine vorbereitet.
c) Beschreiben Sie die Situationen mit den Wahrscheinlichkeiten $\frac{18}{28}$ bzw. $\frac{18}{132}$, die man aus der Vierfeldertafel ablesen kann, in Worten.

Integrale (zu den Grundwissenaufgaben in Kapitel V)

Integral (Aufgaben 1 bis 3)
Eine Funktion heißt f integrierbar im Intervall [a; b], wenn die Annäherungen durch Rechtecksummen von unten und von oben denselben Grenzwert liefern.

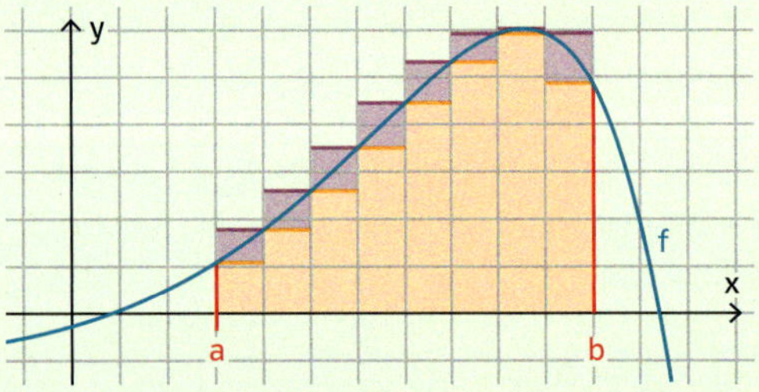

Diesen Grenzwert nennt man (bestimmtes) Integral von f im Intervall [a; b] und schreibt dafür $\int_a^b f(x)\,dx$.
Das Integral entspricht dem orientierten Flächeninhalt, den der Graph von f zwischen a und b mit der x-Achse einschließt.

Stammfunktionen (Aufgaben 4 bis 6)
Eine Funktion F heißt Stammfunktion von f im Intervall I, wenn für alle x aus dem Intervall I gilt: $F'(x) = f(x)$. Ist F_1 eine weitere Stammfunktion von f, so gilt $F_1(x) = F(x) + c$ für eine Konstante c.
Regeln zur Bildung von Stammfunktionen:

	Potenzregel $(r \neq -1)$	Konstanter Faktor
Funktion f	x^r	$f(x) = c \cdot g(x)$
Stammfunktion F	$\frac{1}{r+1} \cdot x^{r+1}$	$F(x) = c \cdot G(x)$

	Summenregel	Lineare Substitution
Funktion f	$f(x) = g(x) + h(x)$	$f(x) = g(a \cdot x + b)$
Stammfunktion F	$F(x) = G(x) + H(x)$	$F(x) = \frac{1}{a} \cdot G(a \cdot x + b)$

Zu $f(x) = 5x^3 - \frac{1}{x^2}$ sind $F(x) = \frac{5}{4}x^4 + \frac{1}{x}$ bzw. $F_c(x) = \frac{5}{4}x^4 + \frac{1}{x} + c$ Stammfunktionen.

Berechnung von Integralen – Hauptsatz
(Aufgaben 5 bis 7)
Ist f integrierbar im Intervall [a; b] und F eine Stammfunktion von f, so gilt $\int_a^b f(x)\,dx = F(b) - F(a)$.

Es ist $\int_1^3 \left(\frac{1}{2}x^2 - 1\right) dx = \left[\frac{1}{6}x^3 - x\right]_1^3$
$= \left(\frac{3^3}{6} - 3\right) - \left(\frac{1}{6} - 1\right) = \frac{7}{3}$

Grundwissen Test → Lösungen | Seite 271

1 ☒ Bestimmen Sie $\int_0^5 f(x)\,dx$ und verdeutlichen Sie das Ergebnis am Graphen von f.

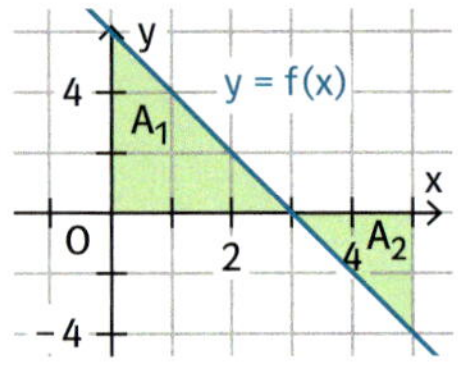

2 ☒ Skizzieren Sie zwei Graphen von Funktionen f mit der Eigenschaft $\int_0^6 f(x)\,dx = 0$.

3 ☒ Bestimmen Sie zwei Zahlen m und M so, dass $m \leq \int_0^2 f(x)\,dx \leq M$

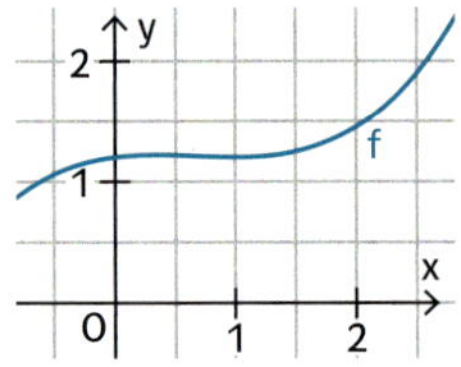

4 ☒ Bestimmen Sie eine Stammfunktion F von f.
a) $f(x) = 2x^2 - 7x + 3$
b) $f(x) = \frac{1}{x^2} + x^2$
c) $f(x) = \cos(5x + \pi)$
d) $f(x) = e^{2x+1}$

5 ☒ Berechnen Sie das Integral.
a) $\int_0^2 (x^3 + 2)\,dx$
b) $\int_{-1}^1 (x^3 + 2)\,dx$
c) $\int_1^4 (\sqrt{x} + 1)\,dx$
d) $\int_0^{\ln(3)} e^x\,dx$
e) $\int_\pi^{2\pi} \sin\left(\frac{x}{2}\right) dx$
f) $\int_0^{\frac{1}{2}} e^{2x-1}\,dx$

6 Wahr oder falsch? Begründen Sie.
a) Ein Integral kann keinen negativen Wert ergeben, weil es einem Flächeninhalt entspricht.
b) Wenn F eine Stammfunktion einer Funktion f ist und G eine Stammfunktion einer Funktion g, dann sind F und G gleich, wenn f und g gleich sind.
c) Wenn F eine Stammfunktion einer Funktion f ist und G eine Stammfunktion einer Funktion g, dann sind f und g gleich, wenn F und G gleich sind.
d) Für zwei Funktionen f und g, die auf einem Intervall [a; b] verschieden sind, gilt auch $\int_a^b f(x)\,dx \neq \int_a^b g(x)\,dx$.
e) Zwei Funktionen f und g haben die Eigenschaft, dass $f(x) \leq g(x)$ für alle x in einem Intervall [a; b] gilt. Dann gilt auch $\int_a^b f(x)\,dx \leq \int_a^b g(x)\,dx$.

Aus Änderungen rekonstruierter Bestand (Aufgabe 8)

Die Gesamtänderung eines Bestandes B zwischen zwei Zeitpunkten a und b kann man aus der momentanen Änderungsrate f des Bestandes bestimmen (rekonstruieren), indem man $\int_a^b f(t)\,dt$ berechnet. Denn die Gesamtänderung entspricht dem orientierten Flächeninhalt zwischen dem Graphen der momentanen Änderungsrate und der x-Achse im Intervall [a; b].

Beschreibt die Funktion f mit $f(t) = 1 - t$ die Änderungsrate der Wassermenge (in Litern pro Minute) in einem Tank, so ändert sich in drei Minuten der Tankinhalt um $\int_0^3 (1 - t)\,dt = -1{,}5$. Es laufen also 1,5 Liter aus, wenn der Tank nicht vorher leer ist.

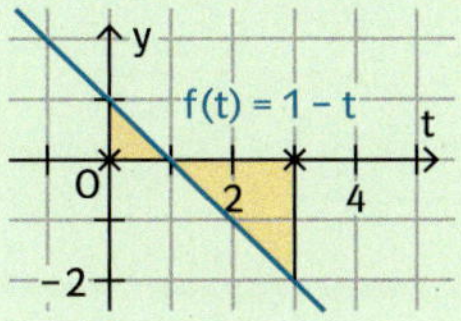

Flächeninhalte (Aufgaben 9 bis 12)

Fläche oberhalb der x-Achse:

$A_1 = \int_a^b f(x)\,dx$

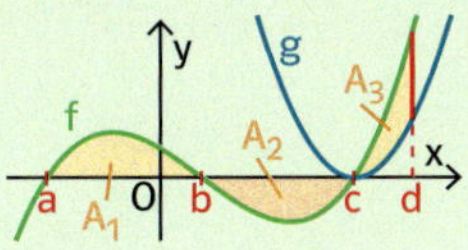

Fläche unterhalb der x-Achse: $A_2 = -\int_b^c f(x)\,dx = \left|\int_b^c f(x)\,dx\right|$

Für Flächen zwischen den Graphen gilt

$A_3 = \left|\int_c^d (f(x) - g(x))\,dx\right|$.

Wenn zwischen c und d Schnittstellen von f und g liegen, berechnet man die Teilflächen jeweils zwischen den Schnittstellen.

Die Funktionen f mit $f(x) = x^3 - x^2 - 3x + 4$ und g mit $g(x) = x$ haben die Schnittstellen −2, 1 und 2. Daher ist die Fläche zwischen den Graphen im Intervall [−2; 2]:

$\left|\int_{-2}^{1} (f(x) - g(x))\,dx\right| + \left|\int_{1}^{2} (f(x) - g(x))\,dx\right| = \frac{71}{6}$.

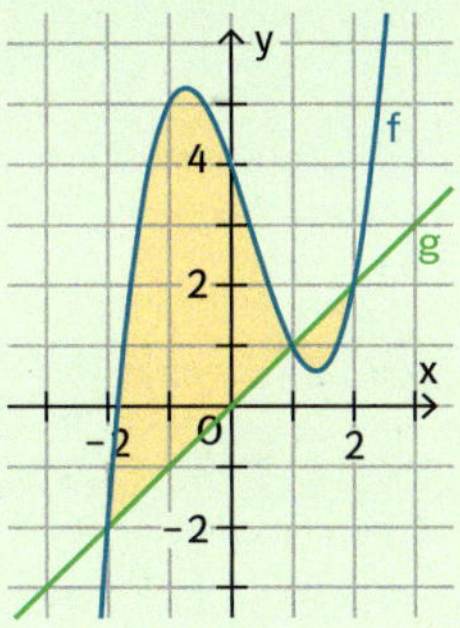

Grundwissen Test → Lösungen | Seite 272

7 Gegeben ist der Graph einer Stammfunktion F von f.

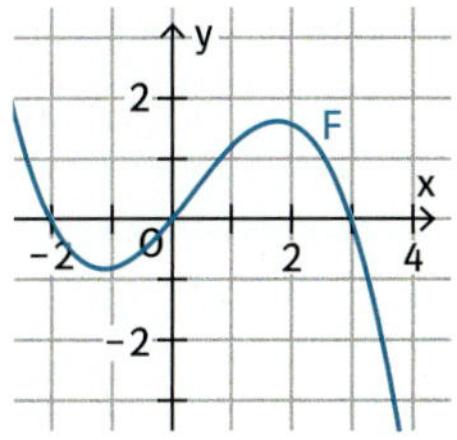

a) Geben Sie die Nullstellen von F und f an.

b) Bestimmen Sie $\int_0^3 f(t)\,dt$.

c) Untersuchen Sie, ob $f(1) < f(3)$.

d) Geben Sie ein Intervall [a; b] an, sodass $\int_a^b f(t)\,dt < 0$.

8 Ein Ballon befindet sich zum Zeitpunkt t in der Höhe $h(t)$, $t \geq 0$, wobei $h(0) = 100$. (Zeit in Minuten, Höhe in m). Die Funktion v mit $v(t) = 3 - 3e^{-0{,}5t}$ beschreibt seine Vertikalgeschwindigkeit $\left(\text{in } \frac{m}{min}\right)$. Geben Sie eine Funktionsgleichung für h an.

9 ☒ Berechnen Sie den Flächeninhalt zwischen dem Graphen von f und der x-Achse in dem Intervall, das durch die Nullstellen festgelegt ist.

a) $f(x) = 4 - x^2$

b) $f(x) = \frac{1}{2}x^2 - 3x$

c) $f(x) = (x - 1)(x + 2)$

d) $f(x) = \sqrt{x} - x$

10 Berechnen Sie den Flächeninhalt der Fläche, die von den beiden Graphen eingeschlossen wird.

a) ☒ $f(x) = x + 2$; $g(x) = x^2 - 4$

b) ☒ $f(x) = -x^2 + 4x$; $g(x) = -x^3 + 3x^2$

c) $f(x) = e^{\frac{x}{2} - 1}$; $g(x) = 2 - x^2$

11 ☒ Bestimmen Sie den Inhalt der gefärbten Fläche.

a)

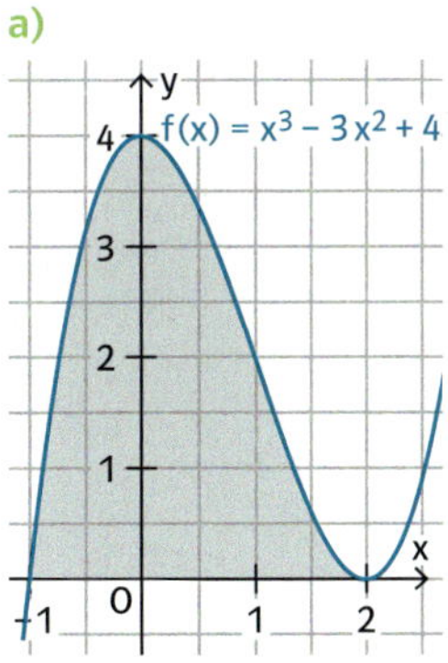

b)

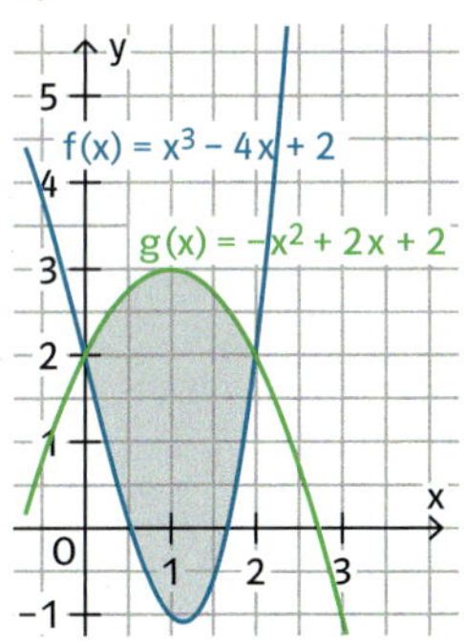

12 Berechnen Sie den Inhalt der Fläche, den die Graphen der Funktionen f und g mit $f(x) = x^3 - 6x$ bzw. $g(x) = x^2$ einschließen.

Funktionsuntersuchung (zu den Grundwissenaufgaben in Kapitel VI)

Symmetrie (Aufgaben 1 bis 3)
Der Graph einer Funktion f ist genau dann
- achsensymmetrisch zur y-Achse, wenn für alle $x \in D_f$ $f(-x) = f(x)$ gilt,
- punktsymmetrisch zum Ursprung, wenn für alle $x \in D_f$ $f(-x) = -f(x)$ gilt.

Zum Beispiel ist der Graph von f mit $f(x) = \frac{x^3}{x^2+5}$ punktsymmetrisch zum Ursprung, denn es gilt
$f(-x) = \frac{(-x)^3}{(-x)^2+5} = \frac{-x^3}{x^2+5} = -f(x)$.

Für ganzrationale Funktionen f mit
$f(x) = a_n x^n + a_{n-1} x^{n-1} + \ldots + a_1 x + a_0$ gilt:
Der Graph ist genau dann
- achsensymmetrisch zur y-Achse, wenn alle Exponenten der x-Potenzen gerade sind,
- punktsymmetrisch zum Ursprung, wenn alle Exponenten der x-Potenzen ungerade sind.

Da $1 = x^0$ gilt, ist zum Beispiel der Graph von f mit $f(x) = 3x^4 + 5x^2 + 7$ achsensymmetrisch zur y-Achse.

Monotonie (Aufgaben 4 und 5)
Wenn f eine Funktion ist, die auf einem Intervall I differenzierbar ist mit
- $f'(x) \geq 0$ für alle $x \in I$, so ist f im Intervall I monoton steigend,
- $f'(x) \leq 0$ für alle $x \in I$, so ist f im Intervall I monoton fallend.

Gilt sogar $f'(x) > 0$ ($f'(x) < 0$), so ist f in I streng monoton steigend (fallend).
Die Funktion f mit $f(x) = e^{-x}$ ist streng monoton fallend, weil $f'(x) = -e^{-x} < 0$ für alle $x \in \mathbb{R}$.

Bestimmung von Extrempunkten (Aufgaben 6, 8, 9)
Extrempunkte des Graphen von f mit
$f(x) = \frac{1}{3}x^3 - 2x^2 + 3x$
Ableitungen: $f'(x) = x^2 - 4x + 3$ und $f''(x) = 2x - 4$.
Mögliche Extremstellen: $f'(x) = 0$ liefert $x_1 = 1$ und $x_2 = 3$.
Überprüfung der möglichen Extremstellen:
1. $f''(1) = -2 < 0$, an der Stelle $x_1 = 1$ liegt ein lokales Maximum vor: $f(1) = \frac{10}{3}$.
2. $f''(3) = 2 > 0$, an der Stelle $x_2 = 3$ liegt ein lokales Minimum vor: $f(3) = 2$.

Der Graph von f hat den Hochpunkt $H\left(1 \middle| \frac{10}{3}\right)$ und den Tiefpunkt $T(3|2)$.

Grundwissen Test → Lösungen | Seite 272

1 Untersuchen Sie, ob der Graph der Funktion f achsensymmetrisch zur y-Achse oder punktsymmetrisch zum Ursprung ist.
a) $f(x) = 2x^5 - x^3 + 2x$ b) $f(x) = 5x^4 + 3$
c) $f(x) = 2x^3 - 7x + 3$ d) $f(x) = \frac{1}{x^2-3}$
e) $f(x) = \frac{x}{x^4+x^2}$ f) $f(x) = \frac{1}{x^3-2}$

2 Untersuchen Sie, ob die Behauptung für jede ganzrationale Funktion fünften Grades gilt, die zum Ursprung punktsymmetrisch ist.
a) Es gilt $f(x) = a \cdot x^5 + b \cdot x^3 + c \cdot x$, wobei a, b, c reelle Zahlen ungleich null sind.
b) Es gilt $f(0) = 0$.
c) Es gilt $f(3) = f(-3)$.
d) f hat höchstens drei Nullstellen.

3 Wenn der Graph von f symmetrisch zum Ursprung ist, dann ist der Graph von f′ symmetrisch zur y-Achse.
a) Stellen Sie den Sachverhalt an einem Beispiel anschaulich dar.
b) Geben Sie eine anschauliche Begründung an.
c) Zeigen Sie an einem Beispiel, dass die Umkehrung nicht gilt.

4 Bestimmen Sie das Intervall, in dem die Funktion f streng monoton steigend ist.
a) $f(x) = 3x^2 - x^3$ b) $f(x) = 3x \cdot e^{\frac{x}{4}}$

5 Untersuchen Sie, welche der Funktionen nur monoton fallend.

$f(x) = \sin(x) - x$ $f(x) = x \cdot e^{-x^2}$
$f(x) = x^3 - 777x$ $f(x) = e^{-\frac{1}{11}x} - \frac{1}{9}x$

6 Bestimmen Sie die Extrempunkte des Graphen der Funktion f.
a) $f(x) = \frac{1}{3}x^3 + \frac{3}{2}x^2 - 1$ b) $f(x) = \frac{1}{4}x^4 - \frac{1}{2}x^2 + 3$
c) $f(x) = 2x^3 + 4x - 6$ d) $f(x) = x^2 \cdot e^{0{,}5x-1}$
e) $f(x) = \sin(2x)$, $x \in [0; 2\pi]$
f) $f(x) = x^2 \cdot e^{-2x}$

Bestimmung von Wendepunkten
(Aufgaben 7 bis 10)
Wendepunkte des Graphen von f mit
$f(x) = \frac{2}{3}x^3 - 3x^2 + 5$
Ableitungen: $f'(x) = 2x^2 - 6x$, $f''(x) = 4x - 6$ und $f'''(x) = 4$.
Mögliche Wendestellen: $f''(x) = 0$ liefert $x_1 = \frac{3}{2}$.
Überprüfung der möglichen Wendestelle:
$f'''\left(\frac{3}{2}\right) = 4 \neq 0$, die Stelle $x_1 = \frac{3}{2}$ ist eine Wendstelle:
$f\left(\frac{3}{2}\right) = \frac{1}{2}$.
Der Graph von f hat den Wendepunkt $W\left(\frac{3}{2}\middle|\frac{1}{2}\right)$.

Zusammenhang zwischen Graphen (Aufgabe 10)
An den Graphen der Funktion und ihrer ersten beiden Ableitungen lassen sich Zusammenhänge gut überblicken.

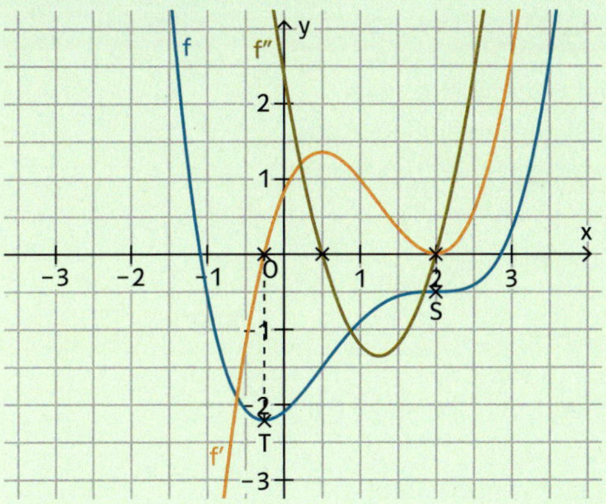

Bei den dargestellten Graphen erkennt man z. B.:
Bei T ist ein Tiefpunkt des Graphen von f, weil die Funktion f' an der zugehörigen Stelle eine Nullstelle mit Vorzeichenwechsel von Minus nach Plus hat.
Bei S ist ein Sattelpunkt des Graphen von f, also ein Wendepunkt mit waagerechter Tangente, weil die Funktion f' an der zugehörigen Stelle eine Nullstelle ohne Vorzeichenwechsel hat bzw. weil die Funktion f'' an der zugehörigen Stelle eine Nullstelle mit Vorzeichenwechsel hat.

Grundwissen Test

Lösungen | Seite 273

7 Bestimmen Sie die Wendepunkte des Graphen der Funktion f.

a) $f(x) = \frac{1}{6}x^3 - x^2 + 2$
b) $f(x) = \frac{1}{2}x^4 - 3x^2 + 3x$
c) $f(x) = e^x - e^{-x}$
d) $f(x) = 2x + \sin(x)$, $x \in [0; 2\pi)$

8 Untersuchen Sie den Graphen der Funktion f mit $f(x) = x^4 - 3x^2 - 4$ auf Symmetrie, Schnittpunkte mit den Achsen, Extrem- und Wendepunkte. Skizzieren Sie den Graphen.

9 Wahr, falsch oder kommt darauf an? Begründen Sie.

a) Jede ganzrationale Funktion, deren Grad mindestens 2 ist, hat mindestens eine Extremstelle.
b) Es gibt Funktionen der Form $f(x) = x^n e^x$, die keine Wendestellen haben.
c) Jede Funktion der Form $f(x) = x - k \cdot \sin(x)$ hat eine Extremstelle, wenn $k > 0$.
d) Jede Funktion der Form $f(x) = x - k \cdot \sin(x)$ hat eine Wendestelle, wenn $k > 0$.

10 Die Abbildung zeigt den Graphen der Ableitungsfunktion f' einer Funktion f:

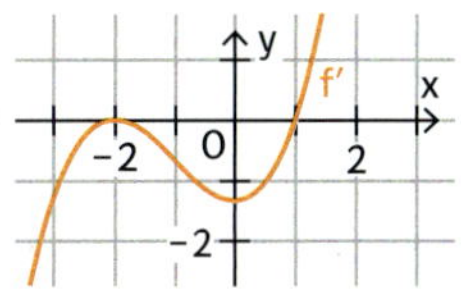

a) Bestimmen Sie die Stellen, an denen der Graph von f einen Hochpunkt bzw. Tiefpunkt bzw. Sattelpunkt hat.
b) Bestimmen Sie die Nullstelle(n) von f''. Entscheiden Sie, ob dort Wendepunkte des Graphen von f liegen.
c) Angenommen $f(0) = 0$.
Bestimmen Sie dann eine Näherung für $f(1)$.
Begründen Sie, dass $f(-2) > 0$.

Seit 2014 gibt es in den Abiturprüfungen einen länderübergreifenden Teil, der aus Aufgaben aus allen Teilgebieten besteht, die ohne Hilfsmittel zu bearbeiten sind.

Die nachfolgenden Aufgaben sind so gestaltet, dass sie denen im Pflichtteil des Abiturs ähneln. Sie sollten die Aufgaben auch unter vergleichbaren Bedingungen üben, also ohne Rechner und ohne Formelsammlung.

Lösungen | Seite 274

Analysis (mit linearer Algebra)

I Lineare Gleichungssysteme

1 Gegeben ist das LGS $\left|\begin{array}{r} 5x_1 - x_2 - x_3 = -3 \\ x_1 - x_2 + x_3 = -9 \end{array}\right|$.

a) Bestimmen Sie die Lösungsmenge des LGS.

b) Geben Sie jeweils eine Lösung an, bei der x_1; x_2; x_3 nur positive bzw. nur negative Zahlen sind.

2 Bestimmen Sie, für welche Werte von a es keine, unendlich viele oder genau eine Lösung gibt.

a) $\left(\begin{array}{ccc|c} 1 & 2 & 3 & 4 \\ 0 & 2 & 1 & 5 \\ 0 & 0 & 0 & a \end{array}\right)$

b) $\left(\begin{array}{ccc|c} 1 & -1 & 3 & 4 \\ 0 & 2 & 4 & 1 \\ 2 & -2 & 6 & 2a-2 \end{array}\right)$

3 Für eine Fahrt im öffentlichen Nahverkehr bezahlt Familie Müller für zwei Erwachsene, zwei Kinder und vier Fahrräder 11€. Familie Schmidt bezahlt für einen Erwachsenen, zwei Kinder und drei Fahrräder für dieselbe Strecke 8€. Familie Kuhn ist ohne Fahrrad unterwegs und bezahlt für zwei Erwachsene und ein Kind für dieselbe Strecke 5,50€.
Bestimmen sie den Preis für die einzelnen Fahrkarten.

II Exponentialfunktionen und Wachstum

4 a) Berechnen Sie die Gleichung der Tangente an den Graphen der Funktion f mit $f(x) = e^{x-2}$ im Punkt $P(2\,|\,f(2))$.

b) Bestimmen Sie den Flächeninhalt des Dreiecks, das durch die Koordinatenachsen und die Tangente begrenzt wird.

5 Gegeben sind die Funktionen u mit $u(x) = 2x + 1$ und v mit $v(x) = x^2$. Bilden Sie die Verkettungen $u(v(x))$ und $v(u(x))$ und leiten Sie die entstandenen Funktionen ab.

6 Skizzieren Sie ausgehend von Fig. 1 den Graphen der Ableitungsfunktion f′ und begründen Sie Ihr Vorgehen.

7 Gegeben ist die Funktion f mit $f(x) = 2x \cdot e^{-x}$.

a) Berechnen Sie die Koordinaten der Schnittpunkte mit den Koordinatenachsen.

b) Geben Sie die Gleichung der Asymptote an.

c) Geben Sie die Gleichung der Tangente im Schnittpunkt mit der y-Achse an.

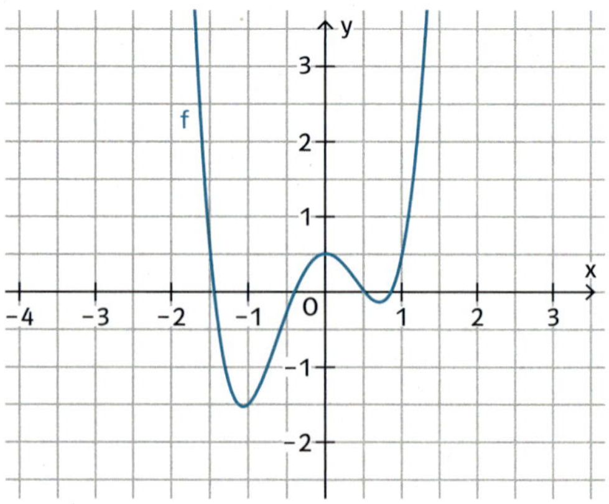

Fig. 1

8 Gegeben ist die Funktion f mit $f(x) = (8x - 8) \cdot e^{-x}$. Bestimmen Sie die Koordinaten des Extrempunktes und des Wendepunktes.

9 Ein Bestand wird beschrieben durch die Funktion f mit $f(x) = 50 - 40 \cdot 0{,}5^x$ (x in Tagen).
a) Beschreiben Sie die Art des Wachstums und geben Sie den Anfangsbestand an.
b) Berechnen Sie den Bestand nach 3 Tagen.
c) Skizzieren Sie anhand der in Teilaufgabe a) und b) gewonnenen Erkenntnisse den Graphen von f.

10 Ein Bestand wird beschrieben durch die Funktion f mit $f(x) = \frac{S}{1 + a \cdot e^{-kx}}$ (logistisches Wachstum).
a) Geben Sie die Parameter S und a für einen Anfangsbestand von 20 und eine Schranke von 500 an. Berechnen Sie anschließend für $k = \ln(2)$ den Bestand f(2).
b) Erläutern Sie, welche Bedeutung der Parameter k in der Gleichung für das logistische Wachstum hat.

III Integralrechnung

11 **a)** Berechnen Sie das Integral $\int_0^2 \left(e^{-\frac{x}{2}} - 1\right) dx$.
b) Veranschaulichen Sie das Ergebnis aus Teilaufgabe a) mithilfe des in Fig. 1 dargestellten Graphen und begründen Sie, wieso das Ergebnis negativ ist.

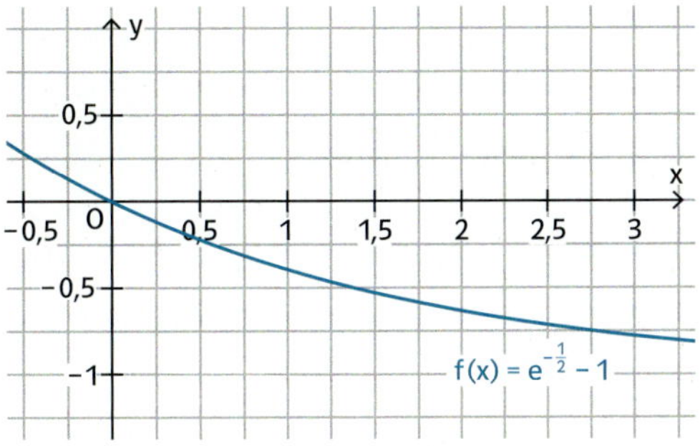

Fig. 1

12 Gegeben ist die Funktion f mit
$f(x) = -\sin(2x) + \frac{1}{3}x^3$
a) Geben Sie zu f eine beliebige Stammfunktion an.
b) Bestimmen Sie zu f diejenige Stammfunktion F, die für $x = 0$ den Wert 1 annimmt.

13 Für eine ganzrationale Funktion f vom Grad drei mit einem Graphen wie in der Skizze rechts soll der Flächeninhalt zwischen dem Graphen und der x-Achse bestimmt werden.
a) Beschreiben Sie, wie man bei der Flächeninhaltsberechnung vorgeht.
b) Der Graph von f wird so verschoben, dass $\int_a^c f(x)\,dx = 0$ gilt. Erläutern Sie, wie dann die mittlere Nullstelle liegen muss.

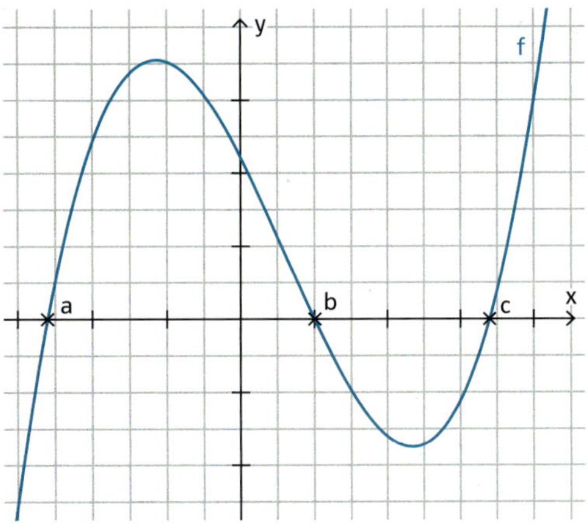

14 Der Graph der Funktion f mit der Gleichung $f(x) = x^3 - 3x^2 + 2x$ schließt mit seiner Tangente durch den Ursprung eine Fläche ein. Berechnen Sie ihren Inhalt.

15 Gegeben sind die Funktionen f und g mit $f(x) = -x^2 + 4x$ bzw. $g(x) = x$ (Fig. 1).
a) Bestimmen Sie den Inhalt der Fläche, die der Graph von f mit der x-Achse einschließt.
b) Bestimmen Sie den Inhalt der grau gefärbten Fläche.

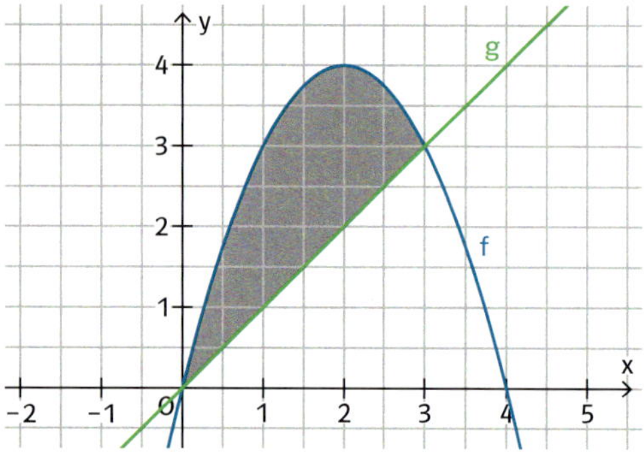

Fig. 1

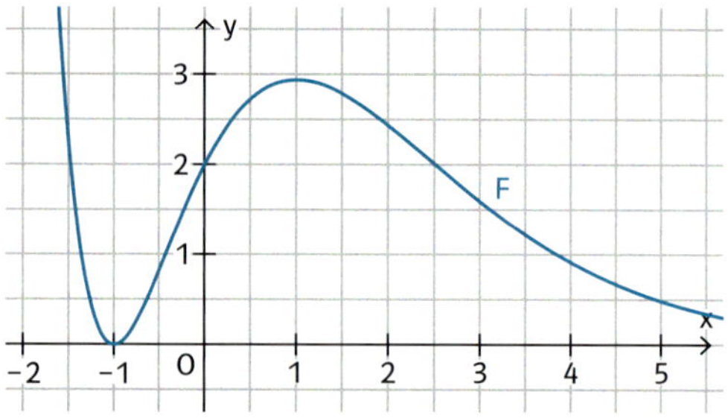

Fig. 2

16 Abgebildet ist der Graph einer Stammfunktion F einer Funktion f (Fig. 2).
a) Bestimmen Sie $\int_{-1}^{0} f(x)\,dx$.
b) Begründen Sie, dass f′ im Intervall $[-1; 1]$ mindestens eine Nullstelle hat.
c) Bestimmen Sie näherungsweise $\int_{-1}^{0} F(x)\,dx$.

17 a) Bestimmen Sie eine Zahl $t > 0$ so, dass $\int_{0}^{t} (3x^2 - 1)\,dx = 0$.
b) Erklären Sie das Ergebnis aus Teilaufgabe a) mithilfe einer Skizze.

18 Es sei $F(x) = \int_{1}^{x} \frac{1}{t}\,dt \quad (x \in \mathbb{R},\ x > 0)$.
a) Zeigen Sie mithilfe einer Skizze, was F(3) bedeutet.
b) Geben Sie mithilfe der Skizze eine Schätzung an für F(3).
c) Begründen Sie anschaulich, dass $F(x) > 0$ für $x > 1$ gilt.
d) Bestimmen Sie die Ableitungsfunktion von F.

Analytische Geometrie

IV Vektoren – Geraden im Raum

1 Gegeben ist ein Quader mit den Eckpunkten $A(0|0|0)$, $B(3|0|0)$, $D(0|4|0)$ und $E(0|0|2)$
a) Zeichnen Sie den Quader in ein Koordinatensystem und geben Sie die Koordinaten der fehlenden Eckpunkte an.
b) Zeigen Sie, dass der Punkt $M(3|2|1)$ der Mittelpunkt einer Seite des Quaders ist.

2 Geben Sie die Koordinaten eines Punktes an, der
a) in der x_2x_3-Ebene und in der x_1x_3-Ebene liegt,
b) weder in der x_2x_3-Ebene noch in der x_1x_3-Ebene liegt,
c) in der x_2x_3-Ebene und in der x_1x_3-Ebene, jedoch nicht in der x_1x_2-Ebene liegt.
Begründen Sie jeweils Ihre Ergebnisse.

3 Gegeben sind die Punkte $A(3|-1|4)$, $B(5|1|3)$ und $C(2|4|-3)$.
a) Berechnen Sie den Abstand der Punkte A und B.
b) Berechnen Sie die Koordinaten des Mittelpunktes der Strecke $\overline{BC}$.
c) Die Punkte A, B und C sollen mit einem weiteren Punkt die Eckpunkte eines Parallelogramms bilden. Bestimmen Sie die Koordinaten eines möglichen vierten Eckpunktes.

4 Gegeben sind die Punkte $A(-1|2|-3)$, $B(5|8|7)$, $P(8|11|12)$
a) Bestimmen Sie die Koordinaten des Mittelpunktes der Strecke $\overline{AB}$.
b) Berechnen Sie zwei verschiedene Vektoren, die jeweils auf $\overrightarrow{AB}$ senkrecht stehen.
c) Überprüfen Sie, ob P auf der Geraden durch A und B liegt.

5 Geben Sie die Gleichungen zweier Geraden mit folgenden Eigenschaften an und erläutern Sie Ihre Ergebnisse:
a) parallele, b) sich schneidende, c) zueinander windschiefe Geraden.

6 Gegeben sind die Geraden $g: \vec{x} = \begin{pmatrix} 4 \\ 3 \\ 6 \end{pmatrix} + r \cdot \begin{pmatrix} 1 \\ -2 \\ 4 \end{pmatrix}$ und $h: \vec{x} = \begin{pmatrix} 11 \\ 3 \\ 4 \end{pmatrix} + s \cdot \begin{pmatrix} -4 \\ 1 \\ -1 \end{pmatrix}$ $r, s \in \mathbb{R}$
a) Zeigen Sie, dass sich g und h in $S(3|5|2)$ schneiden.
b) Überprüfen Sie, ob sich die beiden Geraden orthogonal schneiden.
c) Geben Sie die Parametergleichung einer Ebene an, in der g und h liegen.

7 Gegeben sind die Punkte $A(3|-1|2)$, $B(1|2|-1)$ und $C(1|1|2)$.
a) Zeigen Sie, dass $\overrightarrow{AB}$ und $\overrightarrow{AC}$ nicht kollinear sind.
b) Geben Sie eine Gleichung der Ebene an, in der das Dreieck ABC liegt.
c) Ein weiterer Punkt $D(d|2|3)$ bildet mit A und B ein Dreieck, das bei B einen rechten Winkel hat. Ermitteln Sie den Wert $d \in \mathbb{R}$.

8 Die Punkte $A(0|0|0)$, $B(0|4|0)$, $C(0|0|4)$ und $S(2|2|6)$ bilden die Eckpunkte einer Pyramide.
a) Zeichnen Sie die Pyramide in ein Koordinatensystem.
b) Untersuchen Sie, ob sich die Spitze der Pyramide senkrecht über dem Mittelpunkt der Strecke $\overline{BC}$ befindet.
c) Berechnen Sie den Flächeninhalt der Grundfläche ABC der Pyramide.

9 Gegeben ist der Quader ABCDEFGH von Fig. 1 mit $D(0|0|0)$ und $F(6|4|2)$. Bestimmen Sie die Abstände des Schnittpunktes S der Raumdiagonalen von den Kantenmitten des Quaders.

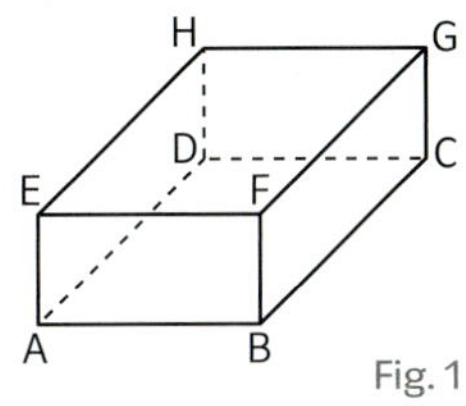

Fig. 1

Stochastik

V Zufallsexperimente und Zufallsgrößen

1 Bei einem Glücksrad erscheint Rot mit 50 %, Grün mit 30 % und Blau mit 20 % Wahrscheinlichkeit. Das Rad wird zweimal gedreht.

a) Geben Sie die Wahrscheinlichkeitsverteilung des Zufallsexperiments an.

b) Sie gewinnen, wenn beide Male die gleiche Farbe erscheint. Bestimmen Sie die Wahrscheinlichkeit zu gewinnen. Geben Sie die verwendeten Regeln an.

c) Sie erhalten zwei Punkte, wenn zweimal Blau erscheint und einen Punkt, wenn einmal Blau erscheint. Bestimmen Sie den Erwartungswert für die Zahl der Punkte und geben Sie eine Formel an, mit der Sie die Varianz und die Standardabweichung der Punktzahl berechnen können.

2 Aus der Urne zieht Carlotta „blind“ drei Kugeln ohne Zurücklegen.

a) Berechnen Sie die Wahrscheinlichkeit für das Ziehungsergebnis 212 (d.h. die erste Kugel trägt die Zahl 2, die zweite Kugel trägt die Zahl 1 und die dritte Kugel trägt wieder die Zahl 2).

b) Carlotta gewinnt, wenn die Summe der Zahlen auf den Kugeln 7 beträgt. Bestimmen Sie die Wahrscheinlichkeit, dass sie gewinnt.

3 In der Urne liegen sechs Kugeln. Man entnimmt daraus „blind“ zwei Kugeln mit Zurücklegen. Ergebnisse werden in der Form 31 notiert, falls z.B. die erste Kugel die Nummer 3 und die zweite Kugel die Nummer 1 trägt. Betrachten Sie die Ereignisse
E: „Die Summe der Zahlen auf den Kugeln beträgt höchstens 3“ und
F = {11, 21, 31, 41}.

a) Geben Sie E in Mengenschreibweise an. Beschreiben Sie F in Worten.

b) Bestimmen Sie P(E) und P(F).

c) Bestimmen Sie die Wahrscheinlichkeit, dass die Summe der Zahlen auf den Kugeln höchstens 3 beträgt und dass man ein Ergebnis aus F erhält. Stellen Sie das beschriebene Ereignis kurz mithilfe von E und F dar.

4 Betrachten Sie das Zufallsexperiment aus Aufgabe 3.

a) Bestimmen Sie $P_E(F)$. Beschreiben Sie, was diese Wahrscheinlichkeit bedeutet.

b) Untersuchen Sie, ob die Ereignisse E und F unabhängig sind.

5 Bei der langjährigen Überprüfung von Fahrgästen der städtischen Verkehrsbetriebe wurde ermittelt, dass 4 % Schwarzfahrer unterwegs sind, davon 75 % männliche. Allerdings waren auch 60 % der Fahrgäste männlich.

a) Erstellen Sie eine Vierfeldertafel für 1000 überprüfte Personen.

b) Bestimmen Sie die Wahrscheinlichkeit, dass bei einer Überprüfung eine weibliche Person mit Fahrschein angetroffen wird.

c) Bestimmen Sie die Wahrscheinlichkeit, dass bei einer Überprüfung eine männliche oder eine Person mit Fahrschein überprüft wird.

6 Die Zufallsgröße X gibt die Auszahlung bei einem Spiel (in €) an. Die Tabelle zeigt die Wahrscheinlichkeitsverteilung von X.

a	2	0	5
P(X = a)	$\frac{1}{2}$	$\frac{3}{10}$	$\frac{1}{5}$

a) Berechnen Sie den Erwartungswert sowie die Varianz und die Standardabweichung von X.

b) Ändern Sie die kleinste Auszahlung so ab, dass das Spiel bei einem Einsatz von 1 € fair ist.

7 a) Entscheiden und begründen Sie, mit welcher Formel Sie die Wahrscheinlichkeit berechnen können, dass beim Werfen von vier Würfeln mindestens eine Eins dabei ist.

$4 \cdot \left(\frac{1}{6}\right)$ $\quad \left(1 - \frac{1}{6}\right)^4$ $\quad 1 - \left(\frac{5}{6}\right)^4$ $\quad \left(\frac{1}{6}\right)^4$

b) Sie werfen 10 Münzen. Beschreiben Sie jeweils ein Ereignis, dessen Wahrscheinlichkeit Sie mit der Formel berechnen können.

(1) $0{,}5^{10}$ (2) $1 - 0{,}5^{10}$

VI Binominalverteilung

8 Ein Handballer hat bei einem Siebenmeterwurf eine Trefferwahrscheinlichkeit von 80 %.

a) Beschreiben Sie in diesem Zusammenhang die Bedeutung des Terms $\binom{10}{6} \cdot 0{,}8^6 \cdot 0{,}2^4$.

b) Erläutern Sie, ob die Modellierung durch eine Bernoulli-Kette in diesem Beispiel angemessen ist.

9 Gegeben sind folgende Histogramme binomialverteilter Zufallsgrößen:

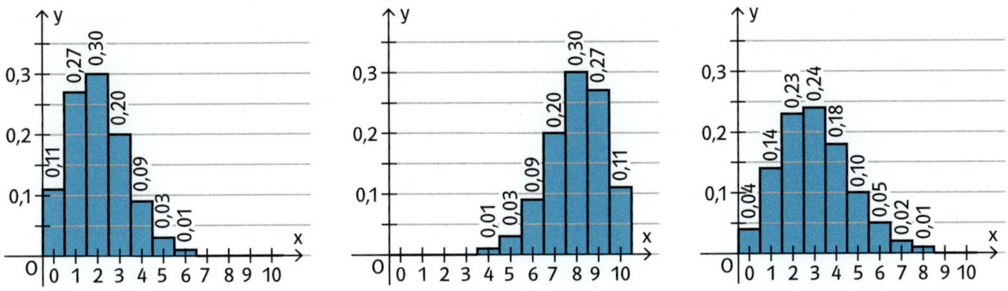

a) Geben Sie an, welches Histogramm zu $n = 10$ und $p = 0{,}2$ gehört und begründen Sie.

b) Bestimmen Sie mithilfe des Diagramms die Wahrscheinlichkeit für $P(2 \le X \le 4)$. Erläutern Sie Ihr Vorgehen.

10 Eine Münze wird 16-mal geworfen. Gezählt wird die Anzahl der „Wappen". Bestimmen Sie den Erwartungswert und das 1-σ-Intervall um den Erwartungswert und erläutern Sie dessen Bedeutung.

11 Die Abbildung zeigt den Graphen einer binomialverteilten Zufallsgröße X mit $n = 10$. Von p ist bekannt: $p = 0{,}3$ oder $p = 0{,}4$ oder $p = 0{,}5$.

a) Bestimmen Sie p und den Erwartungswert μ.

b) Bestimmen Sie näherungsweise $P(X = 0)$, $P(X \le 3)$, $P(X > 3)$, $P(2 \le X \le 4)$.

c) Die Kontur wird durch die Funktion f beschrieben. Was ergibt $\int_0^{10} f(x)\,dx$?

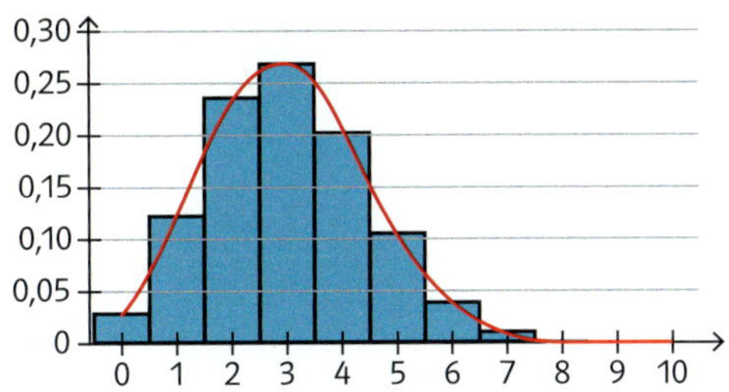

I Lineare Gleichungssysteme

Seite 8

1

a) $x = 0{,}8$ b) $x = 2$ c) $x = 1$
d) $x = \frac{3}{5}$ e) $x = -12$ f) $x = 3$

2

a) $L = \{-3\}$ b) $L = \{\ \}$ c) $L = \mathbb{R}$

3

a) $(-13\,|\,-45)$ b) $(-8\,|\,-12)$ c) $(7\,|\,0)$ d) $(-15\,|\,-1)$

4

a) $(1\,|\,11)$ b) $(1\,|\,1{,}5)$ c) $(4\,|\,-2)$ d) $\left(\frac{10}{3}\,\middle|\,8\right)$

5

a) Gleichsetzungsverfahren, da beide Gleichungen in der Form „y = …" vorliegen. Lösung: $(-10\,|\,-23)$
b) Einsetzungsverfahren, da die erste Gleichung in der Form „y = …" vorliegt, die man in die zweite Gleichung einsetzen kann. Lösung: $(6\,|\,5)$
c) Einsetzungsverfahren, da die zweite Gleichung in der Form „y = …" vorliegt, die man in die erste Gleichung einsetzen kann. Lösung: $(0\,|\,4)$
d) Einsetzungsverfahren, da man die zweite Gleichung leicht in die Form „x = …" bringen und in die erste Gleichung einsetzen kann. Ebenso könnte man gut das Additionsverfahren einsetzen. Lösung: $(-1\,|\,0)$

Seite 9

6

a) $f'(2) = 0$ und f' hat an der Stelle 2 einen Vorzeichenwechsel.
b) $f'(0) = 0$ und f' hat an der Stelle 0 einen Vorzeichenwechsel von + nach −.
c) $f(-1) = -4$, $f'(-1) = 0$ und f' hat an der Stelle −1 einen Vorzeichenwechsel von − nach +.
d) $f(0) = 0$ und $f'(0) = 2$
e) $f(1) = 1$, $f'(1) = -3$, $f''(1) = 0$ und f'' hat an der Stelle 1 einen Vorzeichenwechsel.

Seite 12

7

a) $x_1 = -2,\ x_2 = 1,\ x_3 = 2$ b) $x_1 = 11,\ x_2 = -9,\ x_3 = 0{,}5$
c) $x_1 = 1,\ x_2 = 0,\ x_3 = 14$

8

a) $x_1 = 4,\ x_2 = 1,\ x_3 = 1$ b) $x_1 = 1{,}25,\ x_2 = 0{,}5,\ x_3 = 0$
c) $x_1 = 1{,}75,\ x_2 = -3{,}5,\ x_3 = 2$

Seite 13

13

a) $x_1 = 1,\ x_2 = -1,\ x_3 = 0$ b) $x_1 = -2,\ x_2 = 1,\ x_3 = 5$
c) $x_1 = 2,\ x_2 = 2,\ x_3 = -4$

16

a) Da nach 8000 km etwa 1 mm Profil abgefahren werden und bis zur vorgeschriebenen Mindesttiefe von 1,6 mm noch 3,4 mm abgefahren werden können, kann Herr Fuchs mit diesem Reifen noch $3{,}4 \cdot 8000\,\text{km} = 27\,200\,\text{km}$ fahren.
b) Wenn der Reifen nach 8000 km um 1 mm abgefahren wird, reduziert sich die Profiltiefe nach 10 000 km um $\frac{10}{8}\,\text{mm} = 1{,}25\,\text{mm}$.
c) Bei 16 000 km betrug die Profiltiefe 6 mm, je 8000 km nimmt die Profiltiefe um 1 mm ab. Also hatten die Reifen neu eine Profiltiefe von $6\,\text{mm} + 2\,\text{mm} = 8\,\text{mm}$.
Hinweis: Die Lösung ist ebenso mit dem Funktionsterm $p(x) = -\frac{1}{8000}x + 8$ möglich, mit dessen Hilfe zu jeder Kilometerleistung x die Profiltiefe p(x) berechnet werden kann.

Seite 16

6

a) $L = \{(4;\,-2;\,-2)\}$ b) Keine Lösung.
c) $L = \{(-t-1;\ 2t-1;\ t)\,|\,t \in \mathbb{R}\}$

7

a) $L = \{(18-17t;\ 7t-6;\ t)\,|\,t \in \mathbb{R}\}$
b) Keine Lösung.
c) $L = \{(-6t+1;\ 9t+1;\ 5t)\,|\,t \in \mathbb{R}\}$

Seite 17

12

a) Keine Lösung. b) $L = \{(1;\,1;\,-2)\}$
c) $L = \{(-t-2;\,t;\,5t+5)\,|\,t \in \mathbb{R}\}$

13

Individuelle Lösung, zum Beispiel:

a)
$$\begin{aligned} x_1 + x_2 - 2x_3 &= 0 \\ x_2 - x_3 &= -1 \\ x_1 - x_2 &= 2 \end{aligned}$$

b)
$$\begin{aligned} x_1 + x_2 + x_3 &= 0 \\ x_2 + x_3 &= 0 \\ 2x_1 + x_2 + x_3 &= 0 \end{aligned}$$

c)
$$\begin{aligned} x_1 - x_2 + x_3 &= 4 \\ 2x_1 - x_2 + x_3 &= 7 \\ x_2 - x_3 &= -1 \end{aligned}$$

17

a) Ansatz: $f(t) = a \cdot b^t$
$f(0) = a = 10\,000$; $f(3) = 20\,000$ (1 Zeitschritt = 10 Minuten)
Aus $10\,000 \cdot b^3 = 20\,000$ folgt $b = \sqrt[3]{2} \approx 1{,}26$.
Damit ist $f(t) = 10\,000 \cdot 1{,}26^t$.
Anzahl der Bakterien nach 10 Minuten: $f(1) \approx 12\,600$
(nach 5,5 Stunden: $f(33) \approx 20\,500\,000$; nach 12 Stunden: $f(72) \approx 1{,}7 \cdot 10^{11}$)
b) Bis zum Ende des Tages (24 Uhr) vergehen 14 Stunden bzw. 840 Minuten; das sind 84 Zeitschritte.
Anzahl der Bakterien 10 Minuten vor Tagesende:
$f(83) \approx 2{,}14 \cdot 10^{12} = 2{,}14$ Billionen
Die Behauptung ist also richtig.

c) Ist um 17 Uhr $t = 0$, so ist um 6 Uhr (11 h = 660 min früher) $t = -66$.
$f(t) = 2 \cdot 10^{10} \cdot 1{,}26^t$ (Da es sich um die gleiche Bakteriensorte handelt, bleibt b gleich.)
$f(-66) \approx 4749$
Um 6 Uhr waren es also 4749 Bakterien.

Seite 20

5
$f(x) = ax^3 - 4ax$

6
$f(x) = -\frac{1}{4}x^3 + \frac{3}{4}x^2 + \frac{1}{2}x + 4$

Seite 21

14
a) $f(x) = 2x^4 - 4x^2 + 2$ b) $f(x) = -x^4 + 6x^2 - 5$

15
a) $f(x) = 6x^4 + 8x^3$ b) $f(x) = \frac{3}{8}x^4 + 2x^3 + 3x^2$

18
Da die angegebene Gleichung die Zeit t in Tagen berücksichtigt, müssen alle Zeitangaben entsprechend umgerechnet werden.

a) Funktionswerte: $f\left(\frac{3}{24}\right) = 20 \cdot 0{,}95^{\frac{3}{24}} \approx 19{,}872$;
$f\left(\frac{4}{24}\right) \approx 19{,}830$; $f\left(\frac{8}{24}\right) \approx 19{,}661$; $f\left(\frac{24}{24}\right) = f(1) = 19$
(Deutung als Bestände zu den jeweiligen Zeitpunkten)

b) Funktionswerte: $f(-1) = 20 \cdot 0{,}95^{-1} \approx 21{,}053$;
$f(-2) \approx 22{,}161$; $f(-3) \approx 23{,}327$
(Deutung als Bestände zu den jeweiligen Zeitpunkten)

c) tägliche relative Abnahme: $p = 5\,\%$
(Deutung der Basis 0,95 als Wachstumsfaktor $1 - p$)
wöchentliche relative Abnahme: $p \approx 30{,}2\,\%$
(Wachstumsfaktor $1 - p = 0{,}95^7 \approx 0{,}6983$)
Hinweis: Das Wachstumsgesetz kann an die jeweils verwendete Zeiteinheit angepasst werden:
$f(w) = 20 \cdot 0{,}95^{7w} = 20 \cdot (0{,}95^7)^w$, Zeit w (in Wochen)

19
a) $f(20) = 100 \cdot 0{,}98^{20} \approx 66{,}76$
Nach 20 Minuten beträgt die Temperatur ca. 67 °C.

b) Aus der Gleichung $100 \cdot 0{,}98^t = 50$ erhält man durch Ausprobieren: $t \approx 34$
Nach ca. 34 Minuten ist die Temperatur auf etwa 50 °C abgekühlt.

c) Die Flüssigkeit kann nach diesem Modell die 0 °C nicht unterschreiten, denn eine Exponentialfunktion nimmt immer positive Werte an.

Seite 23

1
a) $L = \{(11; 1; 3)\}$ b) $L = \{(0; 6; 2)\}$ c) $L = \{(-2; 3; 4)\}$

2
a) $L = \{(t; 2; t) \mid t \in \mathbb{R}\}$ b) $L = \{(1 - t; 2t + 2; t) \mid t \in \mathbb{R}\}$
c) $L = \{(t; -t; t) \mid t \in \mathbb{R}\}$

3
a) $L = \{(-1; 2)\}$ b) $L = \{\ \}$
c) $L = \{(3 - 1{,}5t;\ t) \mid t \in \mathbb{R}\}$

4
a) $L = \{\ \}$ b) $L = \{(100; -100; 100)\}$
c) $L = \{(-100; 100; 300)\}$

5
$f(x) = 2x^2 + 8x - 3$
Scheitelpunkt: $S(-2 \mid -11)$.

6
Ansatz: $f(x) = a_2x^2 + a_1x + a_0$

$$\text{LGS: } \left|\begin{array}{rl} a_2 - a_1 + a_0 = 4 \\ 16a_2 - 4a_1 + a_0 = 5 \\ -2a_2 + a_1 = 0 \end{array}\right| \begin{array}{l} \text{(Punkt } (-1 \mid 4)) \\ \text{(Punkt } (-4 \mid 5)) \\ \text{(Extremstelle, } f'(-1) = 0) \end{array}$$

Lösung: $a_2 = \frac{1}{9}$, $a_1 = \frac{2}{9}$, $a_0 = \frac{37}{9}$; $f(x) = \frac{1}{9}x^2 + \frac{2}{9}x + \frac{37}{9}$
Der Graph dieser Funktion hat aber an der Stelle $x = -1$ einen Tiefpunkt, also gibt es keine solche Funktion.

7
a) Ansatz: $f(x) = a_3x^3 + a_2x^2 + a_1x + a_0$

$$\text{LGS: } \left|\begin{array}{rl} 27a_3 + 9a_2 + 3a_1 + a_0 = -8 \\ a_0 = 0 \\ 27a_3 + 6a_2 + a_1 = 0 \\ 2a_2 = 0 \end{array}\right| \begin{array}{l} \text{(Punkt } (3 \mid -8)) \\ \text{(Punkt } (0 \mid 0)) \\ \text{(Extremstelle, } f'(3) = 0) \\ \text{(Wendestelle, } f''(0) = 0) \end{array}$$

Lösung: $a_3 = \frac{4}{27}$, $a_2 = 0$, $a_1 = -4$, $a_0 = 0$, $f(x) = \frac{4}{27}x^3 - 4x$
Der Graph dieser Funktion hat an der Stelle $x = 3$ einen Tiefpunkt.

b) Ansatz: $f(x) = a_3x^3 + a_2x^2 + a_1x + a_0$

$$\text{LGS: } \left|\begin{array}{rl} 8a_3 + 4a_2 + 2a_1 + a_0 = 23 \\ 64a_3 + 16a_2 + 4a_1 + a_0 = 19 \\ 12a_3 + 4a_2 + a_1 = 0 \\ 48a_3 + 8a_2 + a_1 = 0 \end{array}\right| \begin{array}{l} \text{(Punkt } (2 \mid 23)) \\ \text{(Punkt } (4 \mid 19)) \\ \text{(Extremstelle, } f'(2) = 0) \\ \text{(Extremstelle, } f'(4) = 0) \end{array}$$

Lösung: $a_3 = 1$, $a_2 = -9$, $a_1 = 24$, $a_0 = 3$
$f(x) = x^3 - 9x^2 + 24x + 3$

8
a) $f(x) = a_4x^4 + a_3x^3 + a_2x^2 + a_1x + a_0$
$f'(x) = 4a_4x^3 + 3a_3x^2 + 2a_2x + d$
$f''(x) = 12a_4x^2 + 6a_3x + 2a_2$
$f''(-1) = 0$: $12a_4 - 6a_3 + 2a_2 = 0$
$f''(2) = 0$: $48a_4 + 12a_3 + 2a_2 = 0$
$f'(-1) = 7$: $-4a_4 + 3a_3 - 2a_2 + a_1 = 7$
$f'(2) = -20$: $32a_4 + 12a_3 + 4a_2 + a_1 = -20$
$f(0) = 0$: $a_0 = 0$

$$\left|\begin{array}{rl} 12a_4 - 6a_3 + 2a_2 = 0 \\ 48a_4 + 12a_3 + 2a_2 = 0 \\ -4a_4 + 3a_3 - 2a_2 + a_1 = 7 \\ 32a_4 + 12a_3 + 4a_2 + a_1 = -20 \end{array}\right|$$

$$\left|\begin{array}{rcl} 12a_4 - 6a_3 + 2a_2 & = & 0 \\ 48a_4 + 12a_3 + 2a_2 & = & 0 \\ 36a_4 + 9a_3 + 6a_2 & = & -27 \\ 32a_4 + 12a_3 + 4a_2 + a_1 & = & -20 \end{array}\right|$$

$$\left|\begin{array}{rcl} 12a_4 - 6a_3 + 2a_2 & = & 0 \\ 48a_4 + 12a_3 + 2a_2 & = & 0 \\ 12a_4 + 3a_3 + 2a_2 & = & -9 \\ 32a_4 + 12a_3 + 4a_2 + a_1 & = & -20 \end{array}\right|$$

$$\left|\begin{array}{rcl} 12a_4 - 6a_3 + 2a_2 & = & 0 \\ 36a_4 + 18a_3 & = & 0 \\ 9a_3 & = & -9 \\ 32a_4 + 12a_3 + 4a_2 + a_1 & = & -20 \end{array}\right|$$

$L = \{(0{,}5; -1; -6; 0)\}$

$f(x) = 0{,}5x^4 - x^3 - 6x^2$

b) $f_t(x) = 0{,}5x^4 - x^3 - 6x^2 + t, \ t \in \mathbb{R}$

9

a) Man benötigt $n + 1$ Personen.

b) Beispiel: $f(x) = x^2 + 2x - 5$ mit den Punkten $(-2|-5)$, $(-1|-6)$, $(0|-5)$, $(1|-2)$, $(2|3)$ und $(3|10)$.
Der Vorteil ist, dass man drei beliebige Personen auswählen kann. Beim Tresor mit drei Schlössern müssten einige Personen gleiche Schlüssel haben. Drei Personen, von denen zwei gleiche Schlüssel haben, können den Tresor nicht öffnen. Es könnte sogar sein, dass sich bei fünf Personen der Tresor nicht öffnen lässt, wenn diese nur zwei unterschiedliche Schlüssel besitzen und die sechste, fehlende Person den Schlüssel.
Zwei Personen mit unterschiedlichen Schlüsseln können die Funktion nicht alleine bestimmen, weil es unendlich viele Lösungen gibt. Natürlich wird man keine ganzen Zahlen als Koeffizienten nehmen. Je komplizierter der Term ist, desto unwahrscheinlicher ist es, ihn zu erraten.

Seite 25

Runde 1

1

$$\left|\begin{array}{rcl} x_1 - x_2 + 2x_3 & = & -12 \\ 4x_1 + 2x_2 + x_3 & = & -1 \\ -x_1 + 3x_2 - x_3 & = & 11 \end{array}\right|$$

$$\left|\begin{array}{rcl} x_1 - x_2 + 2x_3 & = & -12 \\ 6x_2 - 7x_3 & = & 47 \\ 2x_2 + x_3 & = & -1 \end{array}\right|$$

$$\left|\begin{array}{rcl} x_1 - x_2 + 2x_3 & = & -12 \\ 6x_2 - 7x_3 & = & 47 \\ -10x_3 & = & 50 \end{array}\right|$$

Lösung: $x_1 = 0$; $x_2 = 2$; $x_3 = 5$

2

Individuelle Lösung, z. B.:

$$\left|\begin{array}{rcl} x_1 - x_2 + x_3 & = & 1 \\ 2x_1 - x_2 & = & 1 \\ x_2 - 2x_3 & = & -1 \end{array}\right|$$

$$\left|\begin{array}{rcl} x_1 - x_2 + x_3 & = & 1 \\ x_2 - 2x_3 & = & -1 \\ x_2 - 2x_3 & = & -1 \end{array}\right|$$

$$\left|\begin{array}{rcl} x_1 - x_2 + x_3 & = & 1 \\ x_2 - 2x_3 & = & -1 \\ 0 & = & 0 \end{array}\right|$$

Man wählt $x_3 = t$. Daraus ergibt sich $x_2 = 2t - 1$ und $x_1 = t$.

3

$$\left|\begin{array}{rcl} 2x_1 + 2x_2 - 3x_3 & = & 0 \\ 5x_1 + 4x_2 + 4x_3 & = & 7 \\ x_1 + 10x_3 & = & 3 \end{array}\right|$$

$$\left|\begin{array}{rcl} 2x_1 + 2x_2 - 3x_3 & = & 0 \\ x_1 + 10x_3 & = & 7 \\ x_1 + 10x_3 & = & 3 \end{array}\right|$$

$$\left|\begin{array}{rcl} 2x_1 + 2x_2 - 3x_3 & = & 0 \\ x_1 + 10x_3 & = & 7 \\ 0 & = & -4 \end{array}\right|$$

$L = \{\ \}$

4

1. Aufstellen des allgemeinen Funktionsterms und Angeben der Ableitungen der Funktion:
   $f(x) = ax^3 + bx$ (wegen Symmetrie); $f'(x) = 3ax^2 + b$;
   $f''(x) = 6ax$.
2. Formulieren der gegebenen Bedingungen mit f, f′, f″ usw.:
   $f'(2) = 0$.
3. Aufstellen des linearen Gleichungssystems:
   $f'(2) = 0$: $12a + b = 0$.
4. Lösen des linearen Gleichungssystems:
   Man wählt $a = t$. Dann ist $b = -12t$.
   Ergebnis: $f_t(x) = tx^3 - 12tx$.
5. Überprüfen, ob alle angegebenen Bedingungen erfüllt sind:
   Da es sich um ein Maximum handeln soll, muss $f''(2) = 12t < 0$ sein. Daraus ergibt sich $t < 0$.
   Die gesuchten Funktionen haben die Form $f_t(x) = tx^3 - 12tx$ mit $t \in \mathbb{R}$, $t < 0$.

5

a) $f_t'(x) = 2tx + 1 - 2t$
$f_t(1) = t + 1 - 2t + t = 1$
$f_t'(1) = 2t + 1 - 2t = 1$
Annas Lösung ist richtig.

b) Wenn man bei der Rechnung z. B. für den Koeffizienten vor x den Parameter t* setzt, dann erhält man den Funktionsterm $f_{t^*}(x) = \frac{1}{2}(1 - t^*)x^2 + t^*x + \frac{1}{2}(1 - t^*)$. Also gibt es noch andere richtige Funktionsterme derselben Funktionenschar.

Runde 2

1

$$\left(\begin{array}{ccc|c} 1 & 0 & 2 & 7 \\ 1 & 0 & 1 & 5 \\ 1 & 1 & 0 & 2 \end{array}\right)$$

$$\left(\begin{array}{ccc|c} 1 & 0 & 2 & 7 \\ -1 & 0 & 0 & -3 \\ 1 & 1 & 0 & 2 \end{array}\right)$$

Lösung: $x_1 = 3$; $x_2 = -1$; $x_3 = 2$

2

$$\left|\begin{array}{rcrcrcl} x_1 & - & 2x_2 & + & 5x_3 & = & 0 \\ 4x_1 & + & x_2 & - & 7x_3 & = & 9 \end{array}\right|$$

$$\left|\begin{array}{rcrcrcl} x_1 & - & 2x_2 & + & 5x_3 & = & 0 \\ & & 9x_2 & - & 27x_3 & = & 9 \end{array}\right|$$

$$\left|\begin{array}{rcrcrcl} x_1 & - & 2x_2 & + & 5x_3 & = & 0 \\ & & x_2 & - & 3x_3 & = & 1 \end{array}\right|$$

Man wählt $x_3 = t$. Dann ist $x_2 = 1 + 3t$ und $x_1 = 2 + t$.
Lösungsmenge: $L = \{(2 + t;\ 1 + 3t;\ t) \mid t \in \mathbb{R}\}$.

3

a) Falsch. Gegenbeispiel:
$x_1 + x_2 + x_3 = 1$
$0 = 5$
hat keine Lösung.

b) Falsch. Gegenbeispiel:
$x_1 = 1$
$x_1 + x_2 = 5$
$x_1 + x_2 = 5$
hat die Lösungsmenge $L = \{(1; 4)\}$.

c) Wahr. Ein LGS hat keine, genau eine oder unendlich viele Lösungen.

4

1. Aufstellen des allgemeinen Funktionsterms und Angeben der Ableitungen der Funktion:
   $f(x) = ax^4 - bx^2 + 5x - c$; $f'(x) = 4ax^3 - 2bx + 5$;
   $f''(x) = 12ax^2 - 2b$; $f'''(x) = 24ax$.
2. Formulieren der gegebenen Bedingungen mit f, f', f'' usw.:
   $f(2) = -3$; $f(1) = -5$; $f''(1) = 0$.
3. Aufstellen des linearen Gleichungssystems:
   $f(1) = -5$: $a - b + 5 - c = -5$
   $f(2) = -3$: $16a - 4b + 10 - c = -3$
   $f''(1) = 0$: $12a - 2b = 0$
4. Lösen des linearen Gleichungssystems:
   $$\left(\begin{array}{rrr|r} 1 & -1 & -1 & -10 \\ 16 & -4 & -1 & -13 \\ 12 & -2 & 0 & 0 \end{array}\right)$$
   $$\left(\begin{array}{rrr|r} 1 & -1 & -1 & -10 \\ 15 & -3 & 0 & -3 \\ 12 & -2 & 0 & 0 \end{array}\right)$$
   $$\left(\begin{array}{rrr|r} 1 & -1 & -1 & -10 \\ 15 & -3 & 0 & -3 \\ 6 & 0 & 0 & 6 \end{array}\right)$$
   Ergebnis: $f(x) = x^4 - 6x^2 + 5x - 5$.
5. Überprüfen, ob alle angegebenen Bedingungen erfüllt sind:
   Für die Wendestelle $x = 1$ muss gelten: $f'''(x) \neq 0$. Dies ist erfüllt, weil $f'''(1) = 24$.
   Die gesuchte Funktion ist $f(x) = x^4 - 6x^2 + 5x - 5$.

5

1. Aufstellen des allgemeinen Funktionsterms und Angeben der Ableitungen der Funktion:
   $f(x) = ax^3 + bx^2 + cx + d$
   $f'(x) = 3ax^2 + 2bx + c$
   $f''(x) = 6ax + 2b$
2. Formulieren der gegebenen Bedingungen mit f, f', f'' usw.:
   $f(0) = 1$; $f'(0) = 0$; $f(-3) = 1$; $f'(-3) = 9$.
3. Aufstellen des linearen Gleichungssystems:
   $f(0) = 1$: $d = 1$
   $f'(0) = 0$: $c = 0$
   $f(-3) = 1$:
   $f'(-3) = 9$:
   $$\left|\begin{array}{rcrcrcl} -27a & + & 9b & + & 1 & = & 1 \\ 27a & - & 6b & & & = & 9 \end{array}\right|$$
4. Lösen des linearen Gleichungssystems:
   Durch die Addition der beiden Gleichungen erhält man $b = 3$.
   Dies in die erste Gleichung eingesetzt, ergibt $a = 1$.
   $f(x) = x^3 + 3x^2 + 1$
5. Überprüfen, ob alle angegebenen Bedingungen erfüllt sind:
   $f''(x) = 6x + 6$.
   Wegen $f''(0) = 6 > 0$ hat der Graph in $T(0 \mid 1)$ einen Tiefpunkt.
   Die Funktion mit den gegebenen Eigenschaften existiert nicht.

II Verknüpfung von Funktionen und Wachstum

Seite 28

1

a) – d)

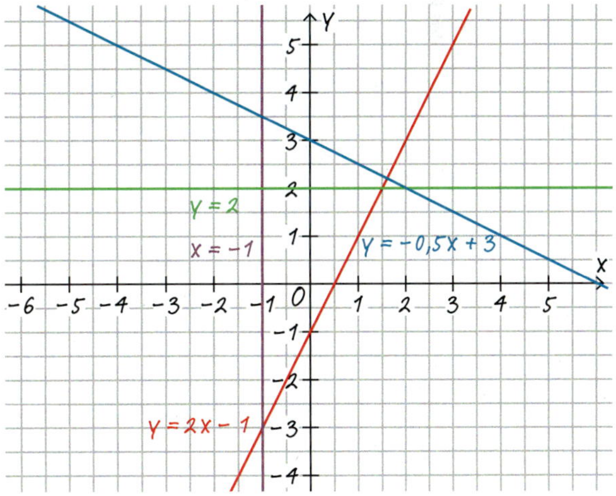

2

a) $f(x) = x + 1$
b) $f(x) = -0{,}5x + 4$
c) $f(x) = 2$
d) $x = 3$

3

a) $m = -2$; $y = -2x + 3$
b) $m = \frac{1}{3}$; $y = \frac{1}{3}x + \frac{13}{3}$
c) $m = 0$; $y = -2$
d) m unendlich groß; $x = 4$

Seite 29

4

a) $-2x^2 + 8x - 4$
b) $-x(2x + 1)$
c) x

5

a) $8x$
b) $2(x^2 - 6x + 9) = 2(x - 3)^2$
c) $(x - 2)(x - 2) = (x - 2)^2$

6

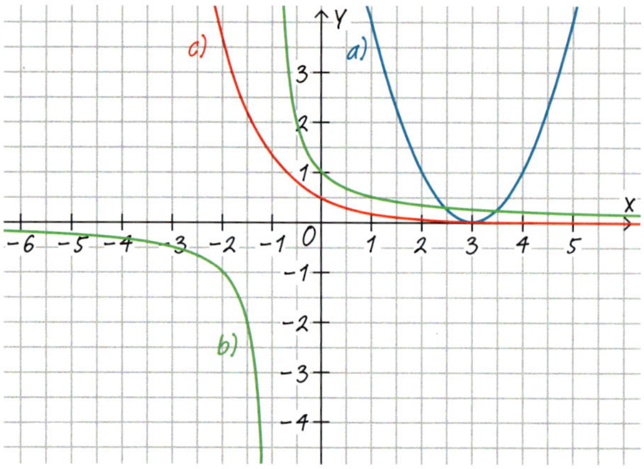

7

a) Normalparabel wird um 2 nach rechts und um 2 nach oben verschoben.

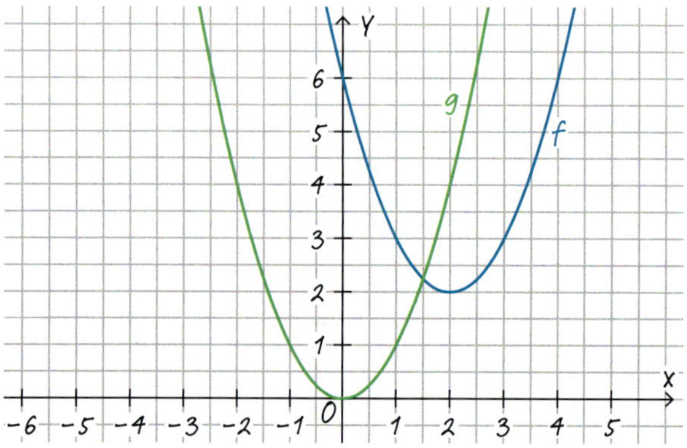

b) Kubische Parabel wird um 1 nach links und um 1 nach unten verschoben.

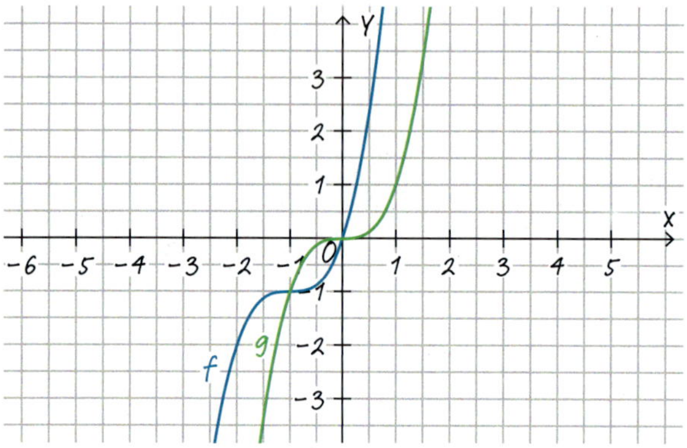

8

blau: $f(x) = -x^2 + 1$; violett: $f(x) = \frac{1}{(x-2)^2}$; grün: $f(x) = 2\cos(x)$

9

a) $H\left(-1\middle|\frac{8}{3}\right)$; $T(3|-8)$; $W\left(1\middle|-\frac{8}{3}\right)$

b) $T_1(-2|-12)$; $H(0|4)$; $T_2(2|-12)$

$W_1\left(\frac{2}{3}\sqrt{3}\middle|-\frac{44}{9}\right)$; $W_2\left(-\frac{2}{3}\sqrt{3}\middle|-\frac{44}{9}\right)$

Seite 32

5

a) $f'(x) = 3{,}5e^x$

b) $f'(x) = -e^x + 4x^3$

c) $f'(x) = -2e^x - \sin(x)$

d) $f'(x) = e^{x+3}$

10

Tangentengleichung: $y = e^2x - e^2$, Schnittpunkt: $S(1|0)$

13

a) ganzrational, $D_f = \mathbb{R}$

b) ganzrational, $D_f = \mathbb{R}$

c) nicht ganzrational, $D_f = \mathbb{R}\setminus\{2\}$

d) nicht ganzrational, $D_f = \mathbb{R}\setminus\{0\}$

Seite 34

4

a) $f'(x) = -3\cdot\sin(3x)$

b) $f'(x) = -9\cdot(-3x+2)^2$

c) $f'(x) = -6e^{3x}$

d) $f'(x) = 3 - 2e^{-2x+2}$

Seite 35

11

$f'(x) = e^x - 1$; $f''(x) = e^x$

$f'(x) = 0$, deshalb $x = \ln(1) = 0$; $f''(x) = e^0 = 1 > 0$

$f(0) = 1$, deshalb $T(0|1)$

Da $f''(x) = e^x$ keine Nullstellen hat, hat der Graph von f keine Wendepunkte.

13

a) f hat den Grad 3.

b) f hat den Grad 5.

c) f hat den Grad 5.

d) f hat den Grad 12.

Seite 38

8

a) $f'(x) = e^x\cdot(2x-3) + 2\cdot e^x = e^x(2x-1)$

$g'(x) = (1-x)^2 - 2x\cdot(1-x) = (1-x)\cdot(1-3x)$

$h'(x) = e^x\cdot\frac{1}{x} - \frac{1}{x^2}\cdot e^x = e^x\cdot\left(\frac{1}{x} - \frac{1}{x^2}\right) = e^x\cdot\frac{1}{x}\cdot\left(1-\frac{1}{x}\right)$

b) Graph von f: $P\left(\frac{1}{2}\middle|-2\cdot e^{\frac{1}{2}}\right)$, Graph von g: $Q_1\left(\frac{1}{3}\middle|\frac{4}{27}\right)$, $Q_2(1|0)$

c) Weder der Term $\frac{1}{x}$ noch der Term e^x können den Wert null annehmen, das Produkt kann also nicht null werden.

Seite 39

13

Nullstelle:

$(-x - 1) \cdot e^{-x} = 0$

$-x = 1 \Rightarrow x = -1 \Rightarrow N(-1|0)$

Wendestelle:

$f(x) = (-x - 1) \cdot e^{-x}$

$f'(x) = x \cdot e^{-x}$

$f''(x) = -e^{-x}(x - 1)$

$f'''(x) = e^{-x}(x - 2)$

$\Rightarrow f''(x) = 0 \Rightarrow x = 1$

Mit $f'''(1) = e^{-1} \cdot (-1) \neq 0$ folgt, dass f genau eine Wendestelle hat.

Extremstelle:

$f'(x) = 0 \Rightarrow x = 0$

Mit $f''(0) = -e \cdot (-1) \neq 0$ folgt, dass f genau eine Extremstelle hat.

14

a)

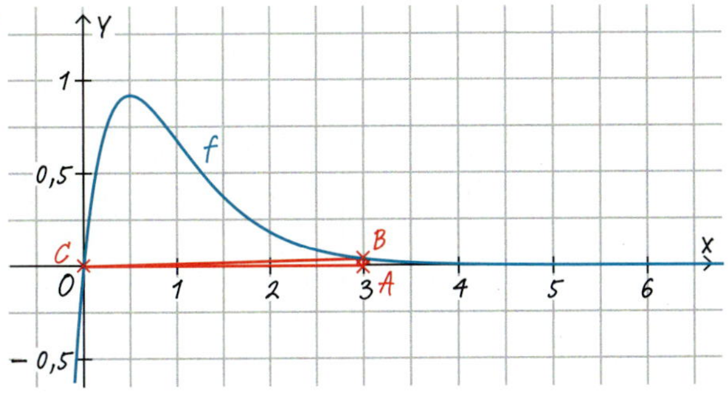

$A(3|0)$; $B(3|f(3))$; $C(0|0)$

$A = \frac{1}{2} \cdot 3 \cdot f(3)$

$A = \frac{1}{2} \cdot 3 \cdot 15 \cdot e^{-6} \approx 0{,}056$

b) Zielfunktion:

$A(a) = \frac{1}{2} \cdot a \cdot f(a)$

$A(a) = \frac{5}{2} \cdot a^2 \cdot e^{-2a}$

Maximum bestimmen:

Aus $A'(a) = (5a - 5a^2) \cdot e^{-2a} = 0$ folgt $a = 0$ oder $a = 1$.

Mit $A''(0) > 0$ und $A''(1) < 0$ folgt:

Für $a = 1$ wird der Inhalt des Dreiecks maximal.

17

a) f ist achsensymmetrisch zur y-Achse.

b) f ist punktsymmetrisch zum Ursprung.

c) f ist achsensymmetrisch zur y-Achse.

d) f ist punktsymmetrisch zum Punkt $(0|4)$.

18

a) f hat die Nullstellen $x_1 = 2$ und $x_2 = -3$.

b) f hat die Nullstellen $x_1 = 1$ und $x_2 = 2$.

c) f hat die Nullstellen $x_1 = -2$ und $x_2 = 3$.

d) f hat die Nullstellen $x_1 = 0$, $x_2 = -2$ und $x_3 = 5$.

19

a) $f(x) = a(x + 1)(x - 3)$; $a \in \mathbb{R}$ beliebig.

b) $f(x) = a(x + 5)(x + 2)(x - 1)(x - 2)$; $a \in \mathbb{R}$ beliebig.

c) $f(x) = a(x - 1)^2(x - 3)$ oder $f(x) = a(x - 1)(x - 3)^2$; $a \in \mathbb{R}$ beliebig. Beide Funktionen haben die angegebenen Nullstellen.

Seite 41

4

a) $x = \ln(12) \approx 2{,}485$

b) $x = \frac{1}{2} \cdot \ln(2) \approx 0{,}347$

c) $x = 2 \cdot \ln(4) + 6 \approx 8{,}773$

d) $x = \frac{1}{2} - \frac{1}{4}\ln(4) \approx 0{,}153$

Seite 42

10

a) $x^2 = 2$ oder $e^x = 6$ (Nullprodukt); $x_1 = -\sqrt{2}$; $x_2 = \sqrt{2}$; $x_3 = \ln(6)$.

b) $e^x - 10 \cdot e^{-x} = 3$ ist äquivalent zu $e^{2x} - 3 \cdot e^x - 10 = 0$.
Substitution $u = e^x$: $u^2 - 3u - 10 = 0$, mit $u_1 = -2$; $u_2 = 5$.
Rücksubstitution: $e^x = -2$ ist unlösbar, da $e^x > 0$;
$e^x = 5 \Rightarrow x = \ln(5)$.

11

$f(x) = x \cdot e^{2x}$, $f'(x) = e^{2x} + x \cdot e^{2x} \cdot 2 = e^{2x} \cdot (1 + 2x)$.

$f'(x) = 0 \Rightarrow x = -\frac{1}{2}$; $f\left(\frac{1}{2}\right) = \frac{1}{2} \cdot e$; Punkt $P\left(\frac{1}{2}\middle|\frac{e}{2}\right)$.

14

a) f hat die Nullstellen $x_1 = -2$, $x_2 = 1$ und $x_3 = 3$.

b) f hat die Nullstellen $x_1 = -2$ und $x_2 = 2$.

c) f hat die Nullstellen $x_1 = -1$ und $x_2 = 2$.

d) f hat keine Nullstellen.

Seite 45

6

a) $f(x) = 4e^{-x} + 12x$; $f'(x) = -4e^{-x} + 12$; $f''(x) = 4e^{-x}$
Mögliche Extremstellen: $f'(x) = 0 \Leftrightarrow -4e^{-x} + 12 = 0$, also $x = -\ln(3)$.
Untersuchung von $x = -\ln(3)$: $f''(-\ln(3)) = 4 \cdot e^{\ln(3)} = 12 > 0$, also Minimumstelle.

b) $f(x) = (3x - 9) \cdot e^{0,5x}$;
$f'(x) = 3 \cdot e^{0,5x} + (3x - 9) \cdot 0{,}5 \cdot e^{0,5x} = \frac{3}{2}e^{0,5x}(x - 1)$;
$f''(x) = \frac{3}{2}e^{0,5x}\left(\frac{1}{2}x + \frac{1}{2}\right)$
Mögliche Extremstellen: $f'(x) = 0 \Leftrightarrow \frac{3}{2}e^{0,5x}(x - 1) = 0$, also $x = 1$.
Untersuchung von $x = 1$: $f''(1) = \frac{3}{2}e^{0,5} > 0$, also Minimumstelle.

c) $f(x) = x \cdot e^{-2x^2}$; $f'(x) = e^{-2x^2}(1 - 4x^2)$; $f''(x) = 4xe^{-2x^2}(4x^2 - 3)$
Mögliche Extremstellen: $f'(x) = 0 \Leftrightarrow e^{-2x^2}(1 - 4x^2) = 0$, also $x_1 = -\frac{1}{2}$; $x_2 = \frac{1}{2}$
Untersuchung von $x_1 = -\frac{1}{2}$: $f''\left(-\frac{1}{2}\right) = -2e^{-\frac{1}{2}}(1 - 3) > 0$, also Minimumstelle.
Untersuchung von $x_2 = \frac{1}{2}$: $f''\left(\frac{1}{2}\right) = 2e^{-\frac{1}{2}}(1 - 3) < 0$, also Maximumstelle.

7

a) Asymptote $y = 0$ für $x \to -\infty$

b) Asymptote $y = 5$ für $x \to \infty$

c) Asymptote $y = 3$ für $x \to -\infty$

Seite 46

14

a) $h'(x) = (40t - 5t^2) \cdot e^{-0{,}25t}$ hat die Nullstellen $t_1 = 0$ und $t_2 = 8$. $h'(t) > 0$ für $t \in (0; 8)$. Das Wasser steigt in den ersten 8 Stunden an. Nach 8 Stunden ist also das Maximum erreicht. Der Pegel beträgt dann 208,2 cm.

b) $h(0) = 35$; der anfängliche Pegel beträgt 35 cm.
$h(24) = 63{,}6$; nach 24 Stunden beträgt der Pegel 63,6 cm.

c) Für $t \to \infty$ strebt der Term $20t^2 \cdot e^{-0{,}25t}$ gegen null. Damit stellt sich mit der Zeit wieder die anfängliche Wasserhöhe 35 cm ein.

17

a) Schnittpunkte mit den Koordinatenachsen: $N_1(-\sqrt{12}\,|\,0)$; $N_2(0\,|\,0)$; $N_3(\sqrt{12}\,|\,0)$
Extrempunkte: $H(-2\,|\,4)$; $T(2\,|\,-4)$
Wendepunkt: $W(0\,|\,0) = N_2$
Punktsymmetrie zum Ursprung

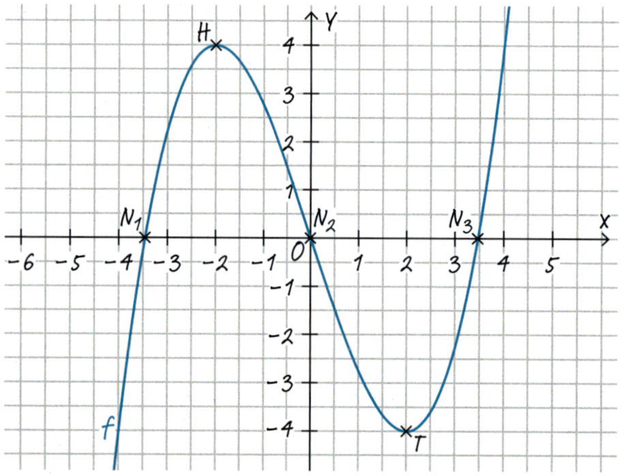

b) Schnittpunkte mit den Koordinatenachsen: $N_1(-2\,|\,0)$; $N_2(2\,|\,0)$; $S_y(0\,|\,-4)$
Extrema: $T_1\left(-\sqrt{\frac{3}{2}}\,\middle|\,-6{,}25\right)$; $H(0\,|\,-4)$; $T_2\left(\sqrt{\frac{3}{2}}\,\middle|\,-6{,}25\right)$
Wendepunkt: $W_1(-0{,}5\sqrt{2}\,|\,-5{,}25)$; $W_2(0{,}5\sqrt{2}\,|\,-5{,}25)$
Achsensymmetrie zur y-Achse

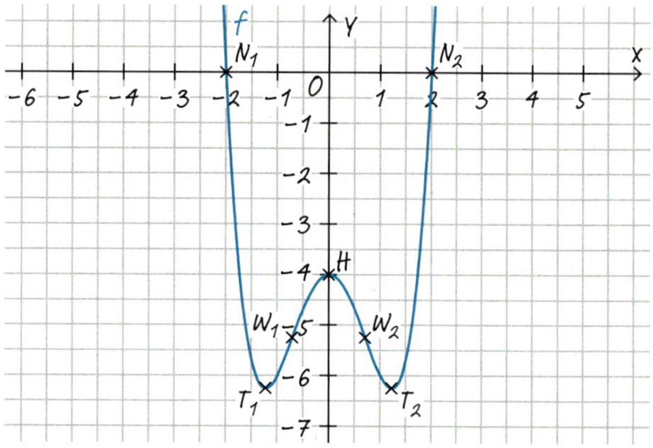

Seite 49

5

Ansatz: $f(x) = S - c \cdot e^{-kx}$ (x in Tagen, f(x) in cm^2) mit $S = 35$, $f(0) = 2$, $f(1) = 5$
$f(0) = 2$ liefert $35 - c = 2$, also $c = 33$.
$f(1) = 5$ ergibt damit die Gleichung $35 - 33e^{-k} = 5$ mit der Lösung $k = 0{,}0953$.
Also ist $f(x) = 35 - 33e^{-0{,}0935x}$.

a) $f(5) = 14{,}32$. Nach 5 Tagen beträgt die Fläche etwa 14,3 cm^2.
$f\left(\frac{5}{24}\right) = 2{,}64$. Nach 5 Stunden beträgt die Fläche etwa 2,6 cm^2.

b) $f(x) = 17{,}5$ hat die Lösung $x = 6{,}78$.
Nach etwa 6 Tagen und 19 Stunden ist die halbe Petrischale mit Bakterien überdeckt.

c) $f'(x) = 3{,}0855e^{-0{,}0935x}$; $f'(x) = 0{,}5$ hat die Lösung 19,5. Nach etwa 19,5 Tagen beträgt die Wachstumsgeschwindigkeit 0,5 cm^2 pro Tag.

Seite 50

11

Ansatz: $f(x) = S - (S - f(0))e^{-kx}$ (x in Monaten, f(x) in Prozent) mit $S = 30$, $f(0) = 0$ und $f(1) = 10$.
Eingesetzt: $f(x) = 30 - 30e^{-kx}$.
Die Bedingung $f(1) = 10$ ergibt die Gleichung $10 = 30 - 30e^{-k}$ mit der Lösung $k = -\ln\left(\frac{2}{3}\right)$, also $k \approx 0{,}4055$. Damit erhält man für f die Gleichung $f(x) = 30 - 30e^{-0{,}4055x}$.
Die Gleichung $f(x) = 25$ hat die Lösung $x = 4{,}41$. Also ist bereits nach 5 Monaten der Marktanteil auf über 25 % gestiegen.
$f'(x) = -30 \cdot (-0{,}4055)e^{-0{,}4055x} = 12{,}165e^{-0{,}4055x}$; $f'(6) = 1{,}07$.
Nach einem halben Jahr beträgt die Zunahmegeschwindigkeit etwa 1,1 % pro Monat.

15

Der Graph einer ganzrationalen Funktion dritten Grades verläuft für $x \to \infty$ gegen plus unendlich und für $x \to -\infty$ gegen minus unendlich, sofern der Koeffizient der dritten Potenz von x positiv ist. Ist er negativ, verläuft der Graph für $x \to \infty$ gegen minus unendlich und für $x \to -\infty$ gegen plus unendlich.

16
Die Funktion mit der Gleichung $f(x) = -x^4 + 2x^3 + 1$ ist die blau dargestellte Funktion, da sie für $x \to \infty$ und für $x \to -\infty$ gegen minus unendlich strebt. Folglich ist die Funktion mit der Gleichung $f(x) = x^5 - 2x^4 + 3$ die grün dargestellte Funktion. Ihr Graph verläuft von „links unten" nach „rechts oben".

Seite 53

1
Der Graph von f ist in Fig. 2 dargestellt. Er fällt auf ganz ℝ und verläuft durch (0 | 0,5).
Da f monoton fallend ist, sind alle Funktionswerte von f′ negativ, also ist der Graph von $f_2 = f'$ in Fig. 4 dargestellt. f_3 mit $f_3(x) = x \cdot f(x)$ hat bei 0 eine Nullstelle, also ist der Graph von f_3 in Fig. 3 dargestellt.
Da $f_4(x) = \frac{1}{f(x)} = 2e^{2x}$, ist der Graph von f_4 in Fig. 1 dargestellt.

2
a) Verschiebung um 3 nach rechts.
b) Um 3 nach rechts verschieben und mit dem Faktor 2 in y-Richtung strecken.
c) Um 3 nach rechts verschieben, mit dem Faktor 0,5 in y-Richtung strecken und an der x-Achse spiegeln.

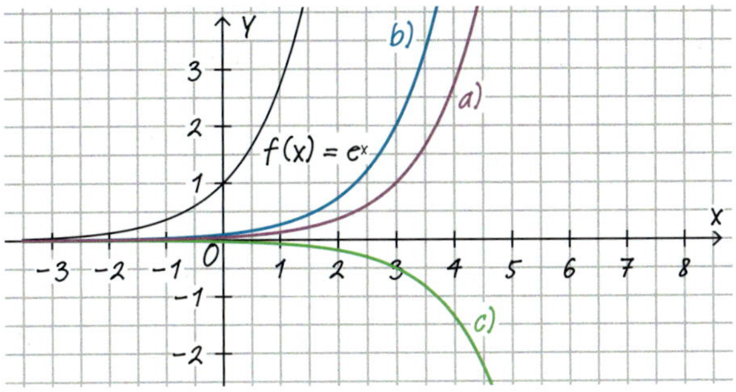

3
a) $f'(x) = 0{,}5e^{0{,}5x} - 1$; $f''(x) = 0{,}25e^{0{,}5x}$
Extremum für $0{,}5e^{0{,}5x} - 1 = 0$, also für $x_0 = 2\ln(2) \approx 1{,}386$
$f''(2\ln(2)) = 0{,}5 > 0$; $f(2\ln(2)) = 2 - 2\ln(2)$
Tiefpunkt $(2\ln(2) \mid 2 - 2\ln(2))$
b) $f''(x) > 0$ für alle x; daher keine Wendepunkte

4
a) Gleichung der Tangente in $A(1 \mid e)$: $y = x \cdot e$;
Gleichung der Tangente in $B\left(-1 \middle| \frac{1}{e}\right)$: $y = \frac{1}{e}x + \frac{2}{e}$
b) $(0 \mid 0)$
c) Steigung der Normalen in A: $-\frac{1}{e}$ und in B: $-e$

5
$f'(x) = e^{0{,}5x+1}$
a) $f'(x) = 1$ für $x = -2 \Rightarrow P(-2 \mid 1)$
b) $f'(x) = e$ für $x = 0 \Rightarrow Q(0 \mid 2e - 1)$
c) $f'(x) = 2$ für $x = 2\ln(2) - 2 \Rightarrow R(2\ln(2) - 2 \mid 3)$

6
a) $f(0) = 1$; $f'(x) = -e^{-x}$; $f'(0) = -1 = m$
$y = mx + b$; $1 = 0 + b$; $b = 1$; $y = -x + 1$
b) $f(1) = 0{,}5e^{-2}$; $f'(x) = -e^{-2x}$; $f'(1) = -e^{-2} = m$
$y = mx + b$; $0{,}5e^{-2} = -e^{-2} + b$, $b = 1{,}5e^{-2}$; $y = -e^{-2}x + 1{,}5e^{-2}$
c) $f(-1) = 2e$; $f'(x) = -e^{-x}(2x - 2)$; $f'(-1) = -4e = m$
$y = mx + b$; $2e = 4e + b$, $b = -2e$; $y = -4ex - 2e$

7
a) $e^{2x} = 9 \Rightarrow x = \frac{1}{2}\ln(9) = \ln(3)$
b) $5 \cdot e^{3x} - 7 = 33 \Rightarrow x = \frac{1}{3}\ln(8) = \ln(2)$
c) $\frac{2x - 4}{e^x} = 0 \Rightarrow x = 2$
d) $4 \cdot e^x - e^x \cdot e^x = 0 \Rightarrow x = \ln(4) = 2 \cdot \ln(2)$
e) $(e^{3x} - 27) \cdot (x^3 + 27) = 0 \Rightarrow e^{3x} - 27 = 0$ oder $x^3 + 27 = 0$;
$x_1 = \ln(3)$, $x_2 = -3$
f) $(3x - 1)(e^{2x} - e) = 0 \Rightarrow 3x - 1 = 0$ oder $e^{2x} - e = 0$; $x_1 = \frac{1}{3}$,
$x_2 = \frac{1}{2}$
g) $7e^x - \frac{1}{2}e^{2x} = 0 \Rightarrow e^x\left(7 - \frac{1}{2}e^x\right) = 0 \Rightarrow x = \ln(14)$
h) $e \cdot e^{x+2} - e^{2x} = 0 \Rightarrow e^x(e^3 - e^x) = 0 \Rightarrow x = 3$
i) $5 \cdot e^{3-7x} - 4 = 16 \Rightarrow x = \frac{3}{7} - \frac{1}{7}\ln(4)$

Seite 54

8
a) $f(x) = e^{x+3}$; $f'(x) = e^{x+3}$
b) $f(x) = e^{3x}$; $f'(x) = 3e^{3x}$
c) $f(x) = e^{2x+8}$; $f'(x) = 2e^{2x+8}$
d) $f(x) = e^{4x+5}$; $f'(x) = 4e^{4x+5}$
e) $f(x) = e^{-3x+1}$; $f'(x) = -3e^{-3x+1}$
f) $f(x) = e^{x-4}$; $f'(x) = e^{x-4}$
g) $f(x) = e^{9x+15}$; $f'(x) = 9e^{9x+15}$
h) $f(x) = e^{-15x+5}$; $f'(x) = -15e^{-15x+5}$
i) $f(x) = e^{6x+6}$; $f'(x) = 6e^{6x+6}$

9
a) $f'(x) = e^x(x + 1)$; $x = -1$; $f'(-2) = -e^{-2} < 0$; $f'(0) = 1 > 0$;
$x = -1$ ist Extremstelle.
b) $f'(x) = e^{-x}(-x + 1)$; $x = 1$; $f'(0) = 1 > 0$; $f'(2) = -e^{-2} < 0$;
$x = 1$ ist Extremstelle.
c) $f'(x) = e^{2x}(2x + 1)$; $x = -0{,}5$; $f'(-1) = -e^{-2} < 0$; $f'(0) = 1 > 0$;
$x = -0{,}5$ ist Extremstelle.
d) $f'(x) = e^{2x+1}(2x + 1)$; $x = -0{,}5$; $f'(-1) = -e^{-1} < 0$; $f'(0) = e > 0$;
$x = -0{,}5$ ist Extremstelle.
e) $f'(x) = 5e^x(x + 1)$; $x = -1$; $f'(-2) = -5e^{-2} < 0$; $f'(0) = 5 > 0$;
$x = -1$ ist Extremstelle.
f) $f'(x) = e^x(x + 2)$; $x = -2$; $f'(-3) = -e^{-3} < 0$; $f'(0) = 2 > 0$;
$x = -2$ ist Extremstelle.
g) $f'(x) = e^x(x^2 + 2x - 3)$; $x = -3$ und $x = 1$; $f'(-4) = 5e^{-4} > 0$;
$f'(0) = -3 < 0$; $f'(2) = 5e^2 > 0$; $x = -3$ und $x = 1$ sind die Extremstellen.
h) $f'(x) = e^x(x^2 + 3x)$; $x = -3$ und $x = 0$; $f'(-4) = 4e^{-4} > 0$;
$f'(-1) = -2e^{-1} < 0$; $f'(1) = 4e > 0$; $x = -3$ und $x = 0$ sind die Extremstellen.
i) $f'(x) = e^{-2x+5}(-2x + 7)$; $x = 3{,}5$; $f'(0) = 7e^5 > 0$;
$f'(4) = -e^{-3} < 0$; $x = 3{,}5$ ist Extremstelle.

10

a) Es kommt darauf an: Für $k > 0$ ist f′ streng monoton steigend; für $k < 0$ streng monoton fallend. Denn $f'(x) = ke^{kx}$ ist kleiner als 0 für $k < 0$ und positiv für $k > 0$. Für $k = 0$ ergibt sich $f'(x) = 1$. Diese Funktion ist nicht streng monoton.

b) Gilt immer, denn es gilt: $f'(x) = ae^{ax}$ und $f''(x) = a^2e^{ax} > 0$.

c) Es kommt darauf an: $f'(x) = ae^{ax}$; Ist $a > 0$, so ist f′ für alle $x \in \mathbb{R}$ positiv. Ist $a < 0$, so ist f′ an allen Stellen negativ.

d) Gilt immer. $f(x) = e^{\ln(a)x}$, $f'(x) = \ln(a)e^{\ln(a)x}$; für $a > 1$ ist $\ln(a) > 0$ und damit $f'(x) > 0$.

e) Es kommt darauf an. $d(x) = f(x) - g(x) = e^x(c - 1)$; für $c > 1$ gilt $d(x) > 0$, für $c = 1$ gilt $d(x) = 0$ und für $c < 1$ gilt $d(x) < 0$. Die Aussage ist also nur richtig, wenn $c > 1$ gilt. Für $c < 1$ verläuft der Graph von f unterhalb des Graphen von g, für $c = 1$ sind beide Graphen identisch.

f) Es kommt darauf an. Es ist $f'(x) = ke^{kx}$, also $f'(0) = k$. Die Aussage ist nur für $k = 1$ richtig.

g) Es kommt darauf an, denn es ist $f'(x) = e^x$ und $g'(x) = 1$. Ist $x < 0$, so ist $e^x < 1$, also $f'(x) < g'(x)$; ist $x > 0$, so ist $e^x > 1$, also $f'(x) > g'(x)$. Für $x = 0$ stimmen die beiden Steigungen überein.

11

$f(t) = 100\,\% \cdot e^{-kt}$ mit $f(30) = 50\,\% \Rightarrow e^{-30k} = 0{,}5 \Rightarrow k = -\frac{\ln(0{,}5)}{30}$,

also $f(t) = 100\,\% \cdot e^{-\frac{\ln(0{,}5)}{30} \cdot t}$

Für 2018 ist $t = 32$: $f(32) \approx 47{,}7\,\%$

Für 2020 ist $t = 34$: $f(34) \approx 45{,}6\,\%$

Für 2026 ist $t = 40$: $f(40) \approx 39{,}7\,\%$

12

a) $k'(t) = 250e^{-0{,}5x} + 250x \cdot (-0{,}5)e^{-0{,}5x}$
$= (-125x + 250)e^{-0{,}5x}$

$k''(x) = -125e^{-0{,}5x} + (-125x + 250) \cdot (-0{,}5)e^{-0{,}5x}$
$= (62{,}5x - 250)e^{-0{,}5x}$

$H(2\,|\,500e^{-1} + 20)$

Nach 2 Wochen wird die höchste Konzentration von ca. $204\frac{\text{ng}}{\text{l}}$ erreicht.

b) Nach ca. 9 Wochen fällt erstmals nach dem Unfall die PFT-Konzentration unter $50\frac{\text{ng}}{\text{l}}$.

c) Die 1. Ableitung hat für $x = 4$ ein Minimum, d.h. für $x = 4$ fällt der Graph am steilsten, somit nimmt die Konzentration nach 4 Wochen am meisten ab.

d) $\lim\limits_{x \to \infty} k(t) = 20$. Somit wird sich auf lange Sicht eine Konzentration von $20\frac{\text{ng}}{\text{l}}$ ergeben.

13

a) $f(2) = 5 \Leftrightarrow e^{k \cdot 2} - 1 = 5$; gilt für $k = 0{,}5 \cdot \ln(6)$

b) $f'(x) = k \cdot e^{kx}$
Es muss $f'(0) = 3$ gelten; daraus folgt $k = 3$.

c) Es muss $e^{kx} = 8^x$ gelten; daraus folgt $k = \ln(8)$.

d) $f'(1) = k \cdot e^k$
Gleichung der Normalen in $P(1\,|\,e^k - 1)$:
$y = -\frac{1}{k \cdot e^k}x + e^k - 1 + \frac{1}{k \cdot e^k}$
Durch Einsetzen der Koordinaten von $Q(2\,|\,0)$ in die Gleichung, erhält man $k \approx 0{,}6221$.

e) Für alle k gilt: $f(0) = e^{k \cdot 0} - 1 = 0$.

f) Da $k > 0$ ist $f'(x) = k \cdot e^{kx} > 0$ für alle x, also ist f monoton steigend.
$f''(x) = k^2 \cdot e^{kx} > 0$ für alle x, also ist der Graph von f linksgekrümmt.

g) $f(x) = e^x - 1$; $f'(x) = e^x$; $f'(1) = e$
Gleichung der Normalen in $P(1\,|\,e - 1)$:
$y = -\frac{1}{e}x + e - 1 + \frac{1}{e}$
Schnittpunkt der Normalen mit der x-Achse: $S(e^2 - e + 1\,|\,0)$.

Seite 56

Runde 1

1

Zu $a(x) = e^x$ gehört der Graph A (positive y-Werte, streng monoton steigend, geht durch $(0\,|\,1)$).
Zu $b(x) = 0{,}5e^x$ gehört der Graph E (positive y-Werte, streng monoton steigend, geht durch $(0\,|\,0{,}5)$).
Zu $c(x) = -e^{-x}$ gehört der Graph C (negative y-Werte, streng monoton steigend, geht durch $(0\,|\,-1)$).
Zu $d(x) = 2e^{-x}$ gehört der Graph D (positive y-Werte, streng monoton fallend, geht durch $(0\,|\,2)$).
Zu $e(x) = -2e^x$ gehört der Graph F (negative y-Werte, streng monoton fallend, geht durch $(0\,|\,-2)$).
Zu $f(x) = -0{,}5e^{-x}$ gehört der Graph B (negative y-Werte, streng monoton steigend, geht durch $(0\,|\,-0{,}5)$).

2

a) $f'(x) = e^{-3x}(2x - 3x^2)$

b) $f'(x) = -(7x + 12)e^{-3{,}5x}$

c) $f'(x) = 2 \cdot (x + e^x) \cdot (1 + e^x)$

d) $f'(x) = -x \cdot e^{-x}$

3

a) (A) ist wahr. f hat bei $x = 0{,}5$ ein Maximum, also hat f′ an dieser Stelle eine Nullstelle. Weitere Extrema hat f auf dem Intervall [0; 3] nicht.
(B) Ist falsch: Der Graph von f ist bis etwa $x = 1$ rechtsgekrümmt, also f′ monoton fallend. Wegen der Linkskrümmung des Graphen ab etwa $x = 1$ ist f′ dort monoton steigend. Bei etwa $x = 1$ hat f′ daher ein Minimum. Weitere Extremstellen von f′ gibt es im angegebenen Intervall nicht.

b) f ist bis $x = 0{,}5$ monoton steigend, danach monoton fallend. f hat bei $x = 0{,}5$ ein Extremum.
f′ wechselt deshalb bei $x = 0{,}5$ das Vorzeichen von + nach −.
Möglicher Verlauf des Graphen von f′ für $0 < x < 3$:

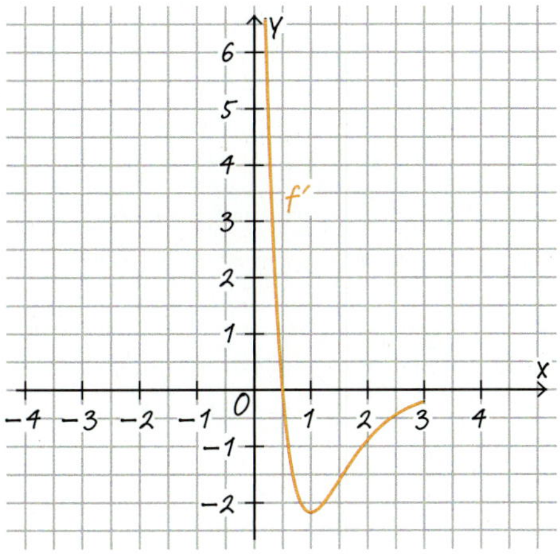

4

a) $y = x + 1$ b) $y = 2{,}5x + 0{,}5$ c) $y = 5x + 1$

5

a)

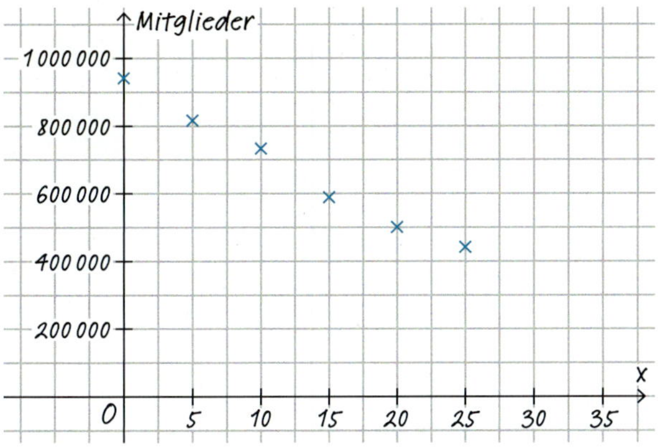

b) Die Punkte liegen fast auf einer Geraden, was eine Modellierung als lineare Abnahme rechtfertigen würde. Die leichte Linkskurve, die die Punkte beschreiben, lassen jedoch auch den Schluss zu, dass eine Modellierung als exponentielle Abnahme (und damit ein beschränktes Wachstum) möglich ist.

c) Bei der linearen Abnahme $f(x) = -20\,536{,}49x + 928\,552{,}81$ entspricht der y-Achsenabschnitt 928 552 der Mitgliederzahl im Jahr 0 (also 1990), die Steigung −20 536 entspricht dem jährlichen Mitgliederschwund.
Bei der exponentielle Abnahme $g(x) = 958\,079\,e^{-0{,}0312x}$ entspricht der Koeffizient 958 079 der Mitgliederzahl im Jahr 0 (also 1990), der Faktor 0,0312 entspricht ungefähr der prozentualen jährlichen Abnahme.

d) Lineare Abnahme: $f(26) = 394\,604$.
Exponentielle Abnahme: $g(26) = 425\,698$.
Beide berechneten Mitgliederzahlen sind zu klein, besonders bei der linearen Abnahme ist die Abweichung von der tatsächlichen Mitgliederzahl beträchtlich.

e) Mit beiden Funktionen sinkt die Mitgliederzahl weiterhin, tatsächlich steigt sie jedoch von 2016 auf 2017 an. Es kann also mit keinem Modell die richtige Mitgliederzahl vorhergesagt werden.

6

Nach etwa 25 Tagen erwirtschaftet die Firma erstmalig einen Gewinn durch den Verkauf des Handys. Nach etwa 392 Tagen sinken die Verkaufszahlen so stark, dass die Firma keinen Gewinn mehr erwirtschaftet. Die Firma erzielt demnach für etwa 367 Tage, also für etwas mehr als ein Jahr, einen Gewinn.

Seite 57

Runde 2

1

a) $x = \ln(4)$

b) $4x + 1 = 0$; also $x = -\frac{1}{4}$

c) $2x - 5 = \ln(2)$; also $x = \frac{1}{2}\ln(2) - \frac{5}{2}$

d) $-5x + 1 = 7$; also $x = -1{,}2$

e) $3x - 7 = 0$; also $x = \frac{7}{3}$

f) $5x + 8 = \ln(2{,}25)$; also $x = 0{,}2 \cdot \ln(2{,}25) - 1{,}6$

2

a) $f'(x) = 3e^{3x+6}$ $f''(x) = 9e^{3x+6}$

b) $f'(x) = 2 \cdot \ln(3) \cdot 3^x$ $f''(x) = 2 \cdot (\ln(3))^2 \cdot 3^x$

c) $f'(x) = 2(2x - 5)^5$ $f''(x) = 20(2x - 5)^4$

d) $f'(x) = (2x + x^2)e^{x+1}$ $f''(x) = (2 + 4x + x^2)e^{x+1}$

e) $f'(x) = (2 + 3x - x^3)e^{-x}$ $f''(x) = (x^3 - 3x^2 - 3x + 1)e^{-x}$

f) $f'(x) = \frac{2e^{2x} \cdot (x - 1)}{x^3}$ $f''(x) = \frac{2e^{2x} \cdot (2x^2 - 4x + 3)}{x^4}$

3

a) $T(-1 \mid -e^{-1})$ b) $y = x$ c) $W(-2 \mid -2 \cdot e^{-2})$

4

Mögliche Begründung:
Da die Funktionswerte von g und i nicht negativ werden können, gehören zu diesen beiden Funktionen die Graphen K_1 und K_2; die Graphen K_3 und K_4 müssen entsprechend zu den Funktionen f und h gehören. Da der Faktor x^4 im Funktionsterm von i für $x < -1$ größer als der Faktor x^2 von g ist, gehört K_1 zu i und K_2 zu g. In gleicher Weise erhält man, dass K_3 zu f und K_4 zu h gehören.

5

a) Wenn $u(x) = ax + b$, $v(x) = cx + d$ $(a, b, c, d \in \mathbb{R})$, so ist $g(x) = u(v(x)) = a(cx + d) + b = (ac)x + (ad + b)$, also ist g linear. Auch die Verkettung $h(x) = v(u(x)) = c(ax + b) + d$ ist linear.

b) Bezeichnungen wie in Aufgabenteil a):
$u(v(x)) = (ac)x + (ad + b)$
$v(u(x)) = (ac)x + (cb + d)$
Damit $u(v(x)) = v(u(x))$ ist, muss $ad + b = cb + d$ sein.
Setzt man die gegebenen Werte ein, so ergibt sich
$9k + 2 = 6 + k \Rightarrow k = 0{,}5$.

6

a) Asymptote: $y = 0$ für $x \to \infty$

b) Asymptote: $y = 2$ für $x \to \infty$

c) Asymptote: $y = 0$ für $x \to -\infty$

d) keine Asymptote vorhanden

e) Asymptote: $y = 0$ für $x \to \infty$ und $x \to -\infty$

f) Asymptoten: $y = 20$ für $x \to \infty$ und $y = 0$ für $x \to -\infty$

7

a) In der zweiten Woche wurden in der Bäckerei die meisten Brötchen verkauft.

b) Auf lange Sicht kann die Bäckerei mit 2500 verkauften Brötchen pro Woche rechnen.

c) Der Rückgang ist nach genau 4 Wochen am größten.

III Integralrechnung

Seite 60

1

a) Flächeninhalt:

$A = A_1 + A_2 = (4{,}5 \cdot 1{,}5)\,\text{cm}^2 + \frac{1}{2}(2{,}5 \cdot 1{,}5)\,\text{cm}^2 = 8{,}625\,\text{cm}^2$

Umfang: 13,92 cm

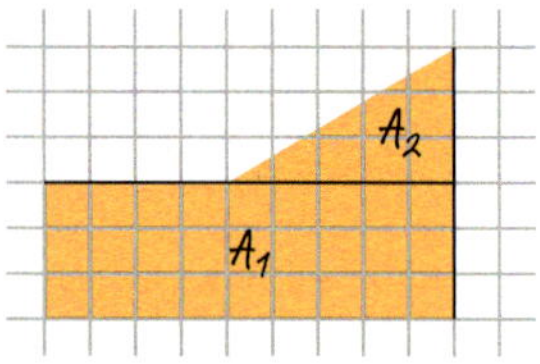

Flächeninhalt:

$A = A_1 + A_2 + A_3 = 3\,\text{cm}^2 + 1\,\text{cm}^2 + 1{,}5\,\text{cm}^2 = 5{,}5\,\text{cm}^2$

Umfang: 11,24 cm

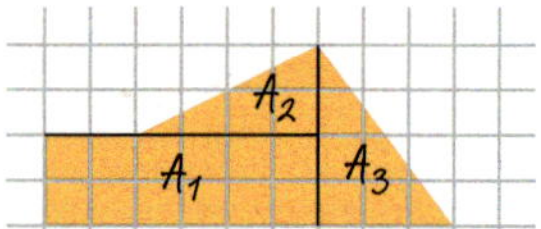

b) $\frac{1}{2} \cdot 2 \cdot 2\,\text{cm}^2 + 2 \cdot 1{,}5\,\text{cm}^2 + \frac{1}{2} \cdot 2 \cdot 0{,}5\,\text{cm}^2 + \frac{1}{2} \cdot 1{,}5 \cdot 1{,}5\,\text{cm}^2$
$= 6{,}625\,\text{cm}^2$.

2

Graph einer Funktion → Tangentensteigung
Zurückgelegter Weg → Geschwindigkeit
Wassermenge in einem Tank → Zuflussrate
Flughöhe → Sinkgeschwindigkeit

Seite 61

3

a) $f'(-2) \approx 1$; $f'(-1) \approx -\frac{3}{4}$; $f'(0) \approx -1$; $f'(1) \approx \frac{1}{5}$; $f'(2) \approx 3$

b) Vorgehen: Man markiert auf der x-Achse die Extremstellen −2, 0 und 1 des Graphen von f. Sie sind Nullstellen von f′. Außerdem bestimmt man näherungsweise die Wendestellen −1,3 und 0,6 von f und die zugehörigen Steigungen 2 bzw. −0,6. Sie ergeben die Extrempunkte des Graphen von f′.
Durch die so erhaltenen fünf Punkte zeichnet man die Skizze des Graphen von f′.

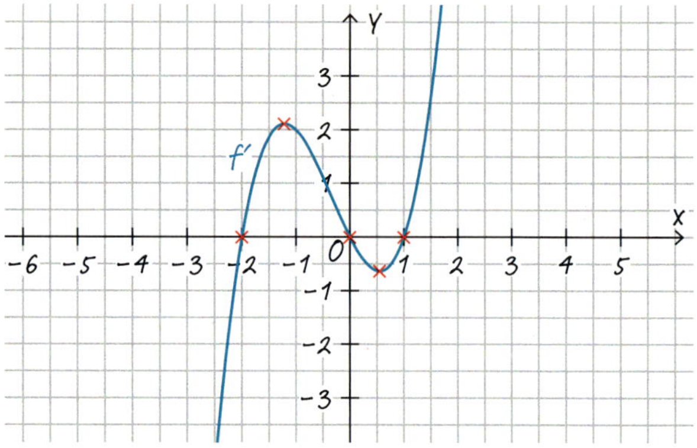

4

a) Individuelle Lösung, z. B.:

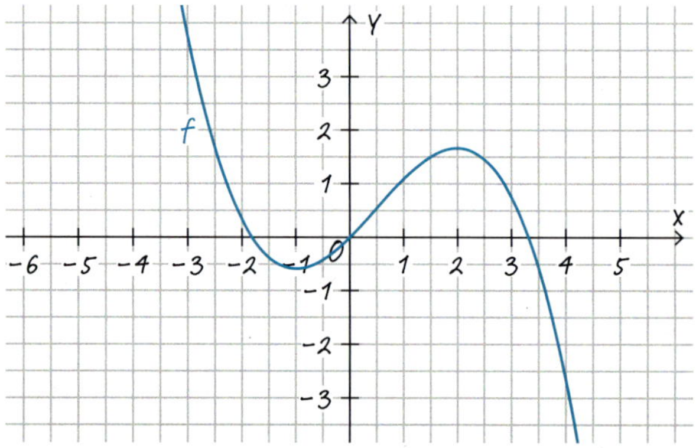

b) Individuelle Lösung, z. B.:

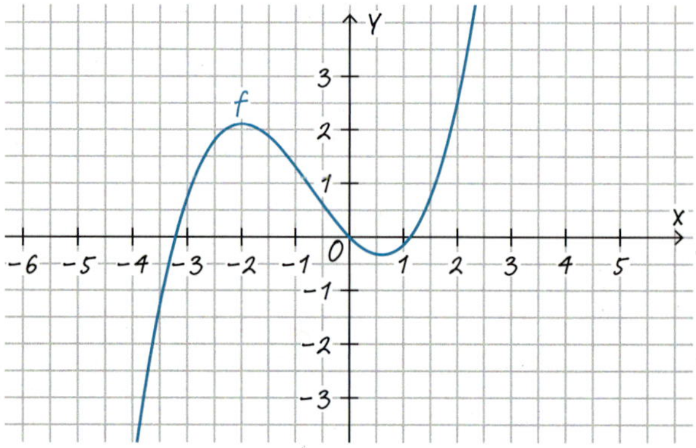

5

a) $f'(x) = 2x^3 + \frac{1}{x^2}$

b) $f'(x) = 6\cos(2x)$

c) $f'(x) = -3e^{-3x}$

d) $f'(x) = 2x \cdot e^{3x} + x^2 \cdot 3e^{3x}$

6

a) Nullstellen von h: keine Aussage möglich, da h′ nur Aussagen über die Änderung der Funktionswerte von h und nicht über die Funktionswerte selbst liefert.
Extremstellen von h liegen dort, wo h′ eine Nullstelle mit Vorzeichenwechsel hat, also bei $x_1 = -2$.
Bei $x_1 = -2$ hat h ein Minimum (Vorzeichenwechsel von „–" nach „+").
Bis $x = -2$ verläuft der Graph von h′ unterhalb der x-Achse, also ist h in diesem Bereich monoton fallend, ab $x = -2$ verläuft der Graph von h′ oberhalb der x-Achse, h ist hier also monoton steigend.

b) (A) Die Funktion f ist höchstens vom Grad vier und hat daher höchstens vier Nullstellen.
(B) Da f′ vom Grad drei ist, hat f′ mindestens eine Nullstelle mit Vorzeichenwechsel. Daher hat der Graph einen Extrempunkt.
(C) Da f″ vom Grad zwei ist, muss f″ keine Nullstelle haben. Also muss die Funktion f nicht unbedingt eine Wendestelle haben.
(D) Da f′ vom Grad drei ist, hat f′ mindestens eine Nullstelle mit Vorzeichenwechsel. Links oder rechts davon gibt es also ein Intervall, in dem f monoton steigend ist.

Seite 64

4

a) Orientierter Flächeninhalt: (8 + 18) FE = 24 FE; dies entspricht einer Gesamtänderung von 24 m^3. Im Tank befinden sich nach Ende des Füllprozesses 34 m^3 Wasser.

b) $\frac{34}{3} = 11\frac{1}{3}$, d.h. nach $11\frac{1}{3}$ Minuten, also nach 11 Minuten und 20 Sekunden ist der Tank leer.

5

Skizze:

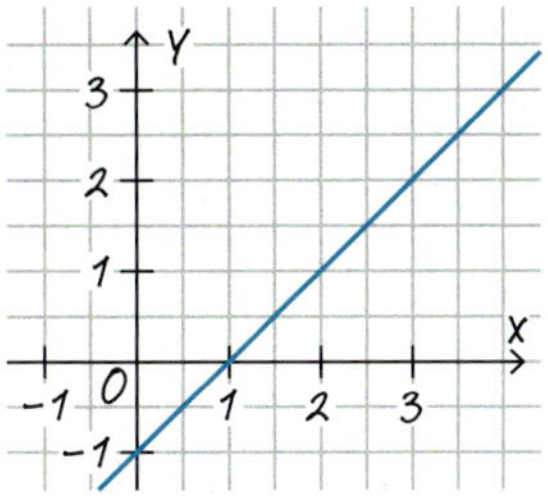

Orientierter Flächeninhalt im Bereich [0; 1]: −0,5 FE
Orientierter Flächeninhalt im Bereich [1; 3]: 2 FE
Orientierter Flächeninhalt im Bereich [0; 3]: (−0,5 + 2) FE = 1,5 FE

Seite 65

10

a) Orientierter Flächeninhalt von 0 bis 20: 30 FE, dies entspricht einer Höhenzunahme von 30 Metern, das Flugzeug befindet sich also dann in einer Höhe von 430 m. Von 20 bis 40 ergibt sich als orientierter Flächeninhalt (10 − 5) FE = 5 FE, dies entspricht einer Höhenzunahme von 5 m, die Flughöhe nach 40 s ist 435 m.

b) Das Flugzeug befindet sich bei t = 30 s auf maximaler Höhe, da der Graph bis t = 30 oberhalb der x-Achse verläuft. Dies entspricht einer Höhenzunahme.

c) Gesucht ist der Zeitpunkt t_0, sodass der orientierte Flächeninhalt im Bereich $[0; t_0]$ −5 FE beträgt. Dies ist für $t_0 = 60$ der Fall. Nach 60 s fliegt das Flugzeug auf einer Höhe von 395 m.

13

a) Differenzenquotienten in [2; 3]: 5, in [2; 2,5]: 4,5, in [2; 2,1]; 4,1. Die Differenzenquotienten geben die Steigung der Sekante beim Graphen von f zwischen den Punkten (2 | 4) und (3 | 9) bzw. (2 | 4) und (2,5 | 6,25) bzw. (2 | 4) und (2,1 | 4,41) an.

b) $\lim\limits_{h \to 0} \frac{f(2+h) - f(2)}{h} = 4$;
Der Grenzwert bedeutet die Steigung der Tangente im Punkt (2 | 4). Die Werte von Teilaufgabe a) nähern sich diesem Wert, weil dort h = 1 bzw. 0,5 bzw. 0,1 ist und somit sich 0 annähert.

14

Man bildet den Differenzenquotienten $\frac{f(x_1) - f(x_0)}{x_1 - x_0} = \frac{y_1 - y_0}{x_1 - x_0}$, der die Steigung der Sekante durch P und Q angibt (grüne Gerade). Nun bestimmt man den Grenzwert des Differenzenquotienten für $x_1 \to x_0$, der die Ableitung von f an der Stelle x_0 liefert. Dabei geht die Sekante über in die Tangente an den Graphen von f im Punkt $P(x_0 | y_0)$.

Seite 68

5

a) $\int_0^6 \frac{1}{2}x\,dx = 9$

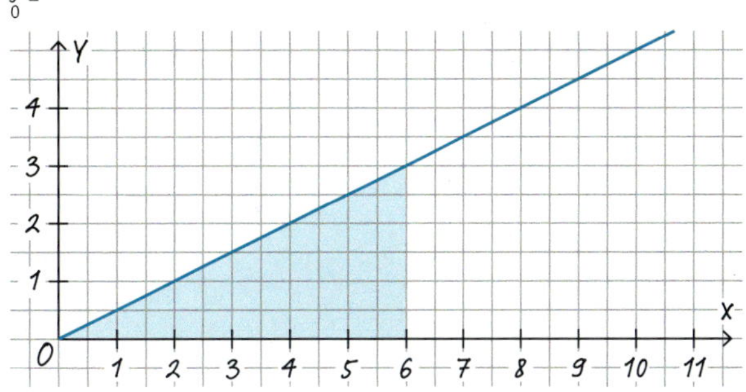

b) $\int_{-1}^{2} (2t - 1)\,dt = 0$

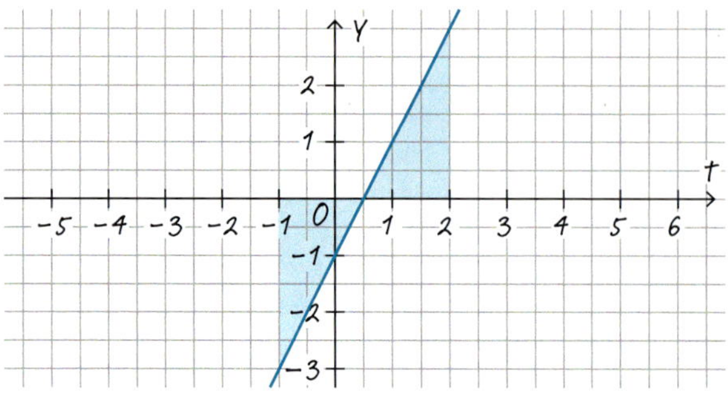

c) $\int_{-10}^{0} -0{,}5\,dx = -5$

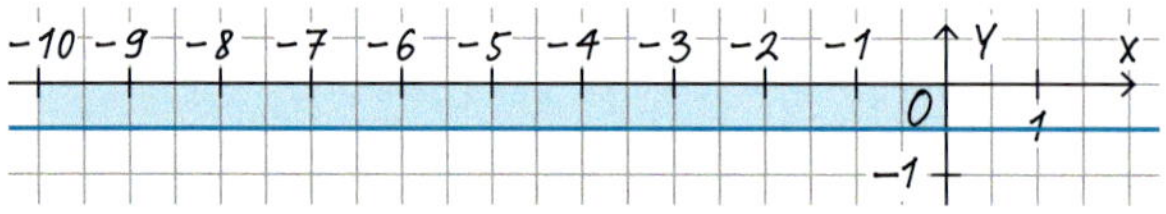

6

a) $A_1 = \int_{-2}^{0} \frac{2}{5}x(x-2)(x+2)\,dx = \frac{8}{5} = 1{,}6$

b) $A_2 = \int_{0}^{2} \frac{2}{5}x(x-2)(x+2)\,dx = -\frac{8}{5} = -1{,}6$

c) $A_3 = \int_{2}^{2{,}5} \frac{2}{5}x(x-2)(x+2)\,dx = \frac{81}{160} \approx 0{,}51$

d) $A_1 + A_2 + A_3 = \int_{-2}^{2{,}5} \frac{2}{5}x(x-2)(x+2)\,dx = \frac{81}{160} \approx 0{,}51$

Seite 69

11

Fig. 1: Die Größe hat abgenommen, da der Flächeninhalt unterhalb der x-Achse größer als der Flächeninhalt oberhalb der x-Achse ist.
Fig. 2: Die Größe hat zugenommen, da der Flächeninhalt oberhalb der x-Achse größer als der Flächeninhalt unterhalb der x-Achse ist.

12

Graph von f:

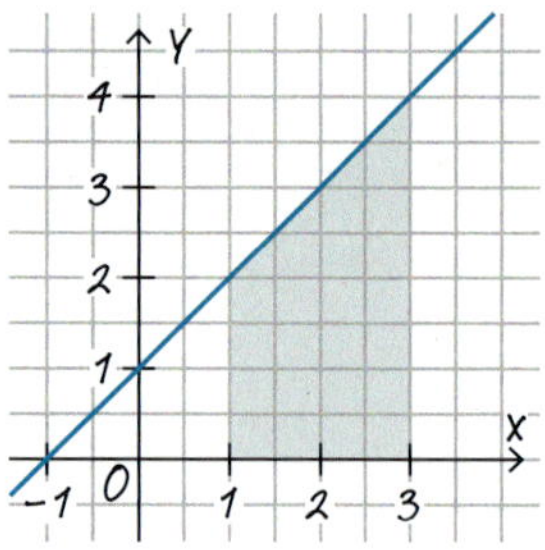

Es ist also $\int_{1}^{3} (1 + x)\,dx = 6$.

Zwei weitere Funktionen mit dieser Eigenschaft:
g mit $g(x) = 3$
h mit $h(x) = -x + 5$

17

a) $f'(x) = 3x^2$; $f'(3) = 27$; $f'(-1) = 3$

b) $f'(x) = -2e^{-x}$; $f'(3) = -\frac{2}{e^3}$; $f'(-1) = -2e$

c) $f'(x) = \pi \cdot \sin(\pi x)$; $f'(3) = 0$; $f'(-1) = 0$

d) $f'(x) = \left(\frac{2}{x} - \frac{1}{x^2}\right) \cdot e^{2x}$; $f'(3) = \frac{5}{9}e^6$; $f'(-1) = -\frac{3}{e^2}$

Seite 72

7

$F'(x) = 0{,}4x^3 = \frac{2}{5}x^3 = h(x)$; F ist eine Stammfunktion von h.

$G'(x) = \frac{8}{20}x^3 = \frac{2}{5}x^3 = h(x)$; G ist eine Stammfunktion von h.

8

a) $\int_{-3}^{-1} 2x\,dx = [x^2]_{-3}^{-1} = (-1)^2 - (-3)^2 = 1 - 9 = -8$

b) $\int_{0}^{2} 2e^x\,dx = [2e^x]_0^2 = 2e^2 - 2 \approx 12{,}778$

c) $\int_{0}^{\pi} \sin(x)\,dx = [-\cos(x)]_0^{\pi} = -\cos(\pi) + \cos(0) = -(-1) + 1 = 2$

Seite 73

16

a) $\int_{0}^{10} 0{,}1 \cdot x^2\,dx = \int_{0}^{10} \frac{1}{10}x^2\,dx = \left[\frac{1}{30}x^3\right]_0^{10} = \frac{1}{30} \cdot 10^3 \cdot \frac{1}{30} - 0^3 = \frac{1000}{30} = \frac{100}{3}$

b) Die Flüssigkeitsmenge in dem Gefäß erhöht sich im Zeitraum von 0 bis 10 Minuten um etwa $33{,}3\,dm^3 = 33{,}3$ Liter.

c) Nach 10 Minuten befinden sich etwa 73,3 Liter in dem Gefäß.

19

a) Einzeichnen der Tangenten an den Graphen in den Punkten O und P. Ablesen der Steigungen ergibt $m_O \approx 10$ sowie $m_P \approx -1$.

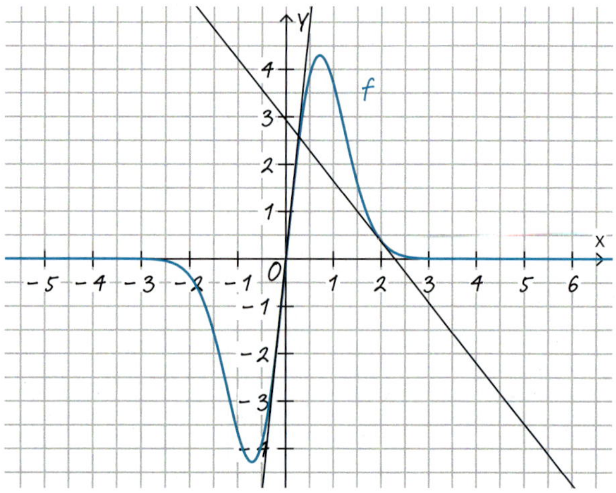

b) $f(x) = 5x \cdot e^{-x}$; $f'(x) = (5 - 5x) \cdot e^{-x}$;
$f'(0) = 5$; $f'(2) = -5e^{-2} \approx -0{,}68$

Seite 76

7

a) $F(x) = \frac{1}{30}x^3 + 6e^{-\frac{x}{3}}$

b) $F(x) = \frac{1}{2}x^2 - 2x - e^{x-2}$

c) $F(x) = 8\sin\left(\frac{1}{2}x - 1\right)$

8

a) $\int_0^1 \frac{1}{2}e^{2x}\,dx = \left[\frac{1}{4}e^{2x}\right]_0^1 = \frac{1}{4}e^2 - \frac{1}{4} \approx 1{,}597$

b) $\int_{-1}^{0} \frac{1}{(2x-1)^2}\,dx = \left[\frac{-1}{2(2x-1)}\right]_{-1}^{0} = \frac{1}{2} - \frac{1}{6} = \frac{1}{3}$

c) $\int_0^{2\pi} 2\sin(0{,}5x)\,dx = [-4\cos(0{,}5x)]_0^{2\pi} = 8$

Seite 77

14

	H	h	h′
a	+	0	0
b	+	+	0
c	+	0	–

15

a) $F(x) = \frac{1}{4}x^4 - \frac{1}{2}x^2 + c$; $F(1) = \frac{1}{4} - \frac{1}{2} + c = -\frac{1}{4} + c$, also $c = -\frac{3}{4}$;
$F(x) = \frac{1}{4}x^4 - \frac{1}{2}x^2 - \frac{3}{4}$

b) $F(x) = \frac{1}{2}e^{2x-2} + c$; $F(1) = \frac{1}{2}e^0 + c = \frac{1}{2} + c$, also $c = -\frac{3}{2}$; $F(x) = \frac{1}{2}$
$e^{2x-2} - \frac{3}{2}$

c) $F(x) = \sin(x-1) + c$; $F(1) = \sin(0) + c = 0 + c$, also $c = -1$;
$F(x) = \sin(x-1) - 1$

18

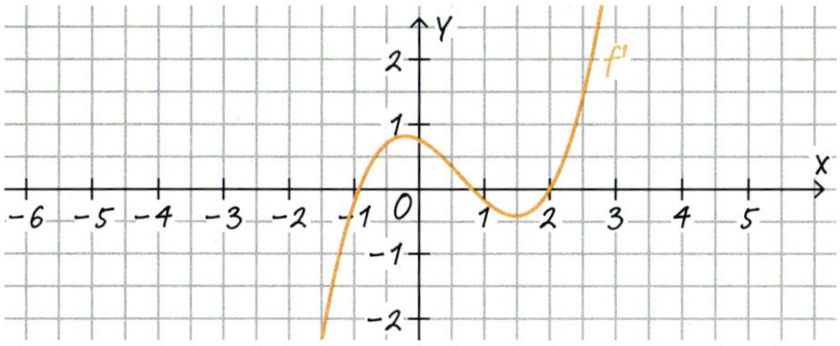

Seite 80

5

Nullstellen von f: $x_1 = 0$, $x_2 = 4$;

$A = \int_0^4 f(x)\,dx = \left[-\frac{x^3}{3} + 2x^2\right] = -\frac{64}{3} + 32 = \frac{32}{3}$

6

a) Schnittstellen der Graphen von f und g: $x_1 = -2$; $x_2 = 1$;
$\int_{-2}^{1} (x^2 + x - 2)\,dx = \left[\frac{x^3}{3} + \frac{x^2}{2} - 2x\right]_{-2}^{1} = -\frac{7}{6} - \frac{10}{3} = -\frac{27}{6} = -\frac{9}{2}$; $A = \frac{9}{2}$

b) Schnittstellen der Graphen von f und g: $x_1 = -3$; $x_2 = 3$;
$\int_{-3}^{3} (x^2 - 9)\,dx = \left[\frac{x^3}{3} - 9x\right]_{-3}^{3} = -18 - 18 = -36$; $A = 36$

Seite 81

12

a) $\int_0^3 g(x)\,dx = 6{,}75$

b) $A = \int_0^2 (f(x) - g(x))\,dx = 1\frac{1}{3}$

c) $A = \int_0^2 (4 - f(x))\,dx = \frac{8}{3}$

16

a) $f'(x) = -6x^2 + \frac{1}{2\sqrt{x}}$

b) $f'(x) = 3x^2 - \frac{1}{(\sqrt{x})^3}$

c) $f'(x) = 3e^x - 2\cos(x)$

d) $f'(x) = -15x^{-4} + 3\sin(x)$

17

$y = -24x - 40$

Seite 84

1

a) $F(x) = \frac{1}{8}x^4$

b) $F(x) = -\frac{1}{4}x^{-1}$

c) $F(x) = -\frac{2}{5}x^{-1} = -\frac{2}{5x}$

d) $F(x) = \frac{1}{8}(2x+3)^4$

e) $F(x) = -2\cos(x+1)$

f) $F(x) = \frac{1}{3}\sin(3x)$

g) $F(x) = \frac{1}{2}x^2 - \cos(2x)$

h) $F(x) = \frac{1}{4}\sin(4x - \pi)$

i) $F(x) = \frac{1}{3}e^{x+5}$

j) $F(x) = x + 2e^{0{,}5x}$

k) $F(x) = \frac{3}{2}e^{\frac{2}{3}x+1}$

l) $F(x) = \frac{5}{4}e^{2x-2}$

2

a) $G(x) = -x^2 + 3x + 1$

b) $G(x) = -4e^{0{,}5-0{,}5x} + 7$

c) $G(x) = -\cos(\pi x) + 2$

d) $G(x) = \frac{1}{2}x^2 - \frac{1}{x} + 3{,}5$

3

a) $-\frac{20}{3}$ b) $4e^2 - 6$ c) 21 d) $-\frac{2}{\pi}$

e) 4 f) $-0{,}3$ g) 4 h) $2\left(1 - \frac{1}{e^2}\right)$

4

a) Nullstellen: -3; 3; $A = 36$

b) Nullstellen: -1; 0; $A = \frac{1}{12}$

c) Nullstellen: -6; 3; $A = 40{,}5$

d) Nullstellen: 1; 5; $A = \frac{32}{3}$

e) Nullstellen: -5; 0; $A \approx 52{,}08$

f) Nullstellen: 0; π; $A = 4$

5

a) Schnittstellen: -4; 4; $A = \frac{256}{3} \approx 85{,}33$

b) Schnittstellen: -2; 6; $A = \frac{128}{3} \approx 42{,}67$

c) Schnittstellen: -3; 5; $A = \frac{256}{3} \approx 85{,}33$

d) Schnittstellen: -1; 0; 2; $A_1 + A_2 = A = \frac{37}{12} \approx 3{,}08$

6

a) Nullstellen: $-1; 0; 1$; $A = 0{,}5 \left(= 2\int_{-1}^{0} f(x)\,dx\right)$
(Punktsymmetrie des Graphen von f)

b) Nullstellen: $-2; 2$; $A = -2e^2 - 6e^{-2} = \left(\int_{-2}^{2} f(x)\,dx\right) \approx -15{,}6$

c) Nullstellen: $-\pi; \pi; 3\pi$; $A = 16 \left(= \int_{-\pi}^{\pi} f(x) = dx + \left|\int_{\pi}^{3\pi} f(x)\,dx\right|\right)$

7

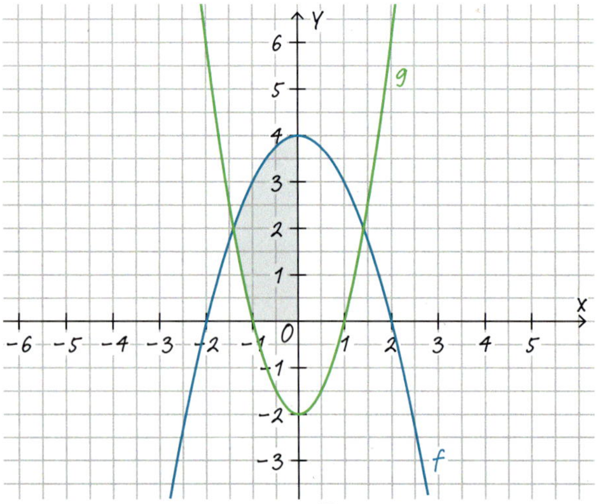

Schnittstelle im 2. Quadranten: $-\sqrt{2}$,
Schnittpunkt der x-Achse mit dem Graphen von g: $N(-1|0)$

$A = \int_{-\sqrt{2}}^{0} (4 - x^2)\,dx - \int_{-\sqrt{2}}^{-1} (2x^2 - 2)\,dx = 4\sqrt{2} - \frac{4}{3} \approx 4{,}32$

8

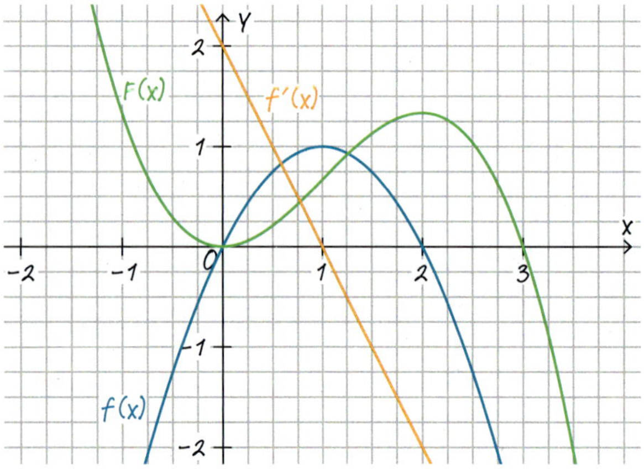

9

(I) Ist falsch. Es ist $f(x) \geq 0$ für $x \in [-1; 0]$, also ist F monoton steigend.

(II) Ist wahr. Es ist $f(0) = F'(0) = 0$ und $f = F'$ hat an der Stelle 0 einen Vorzeichenwechsel von „+" nach „–". An der Stelle 0 hat der Graph von F einen Hochpunkt.

(III) Ist falsch. F kann an der Stelle 0 eine Nullstelle haben, muss aber nicht.

(IV) Ist wahr. Es ist $f'(1) = F''(1) = 0$ und $f' = F''$ hat an der Stelle 1 einen Vorzeichenwechsel von „–" nach „+".

10

a) Ja, an der Stelle $x = 0$ hat jede Stammfunktion von f ein Minimum.
Begründung:
Es gilt $F'(0) = f(0) = 0$; $F' = f$ hat bei $x = 0$ einen Vorzeichenwechsel von „–" nach „+".

b) Der Graph jeder Stammfunktion von f hat
- an der Stelle $a = -1{,}5$ einen Hochpunkt,
- an der Stelle $b = 0$ einen Tiefpunkt,
- an der Stelle $c = 2{,}5$ einen Hochpunkt,
- an den Stellen $d = -1$ und $e = 1$ einen Wendepunkt.

Seite 85

11

a) Einer Karofläche entsprechen 1000 Anrufe. Es gingen bis 22 Uhr ca. 7000 Anrufe ein.

b) Um 22 Uhr ist die Warteschleife am größten.

12

(a)

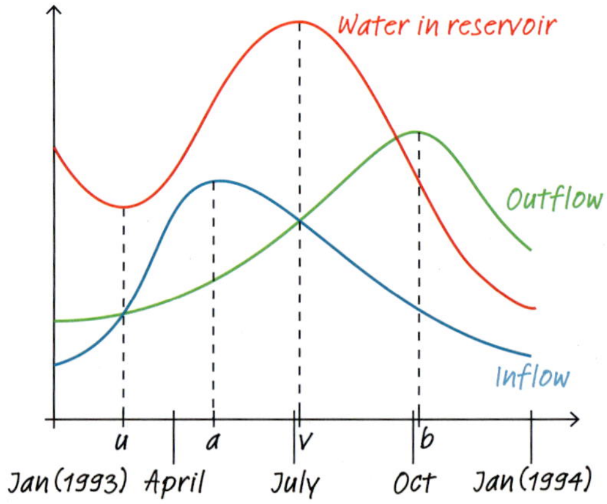

(b) Absolutes Maximum der Wassermenge an der Stelle v (etwa Juli). Relatives Minimum an der Stelle u (etwa März). Absolutes Minimum am Jahresende 1993.

(c) Schnellste Zunahme der Wassermenge an der Stelle a (etwa Mai). Schnellste Abnahme der Wassermenge an der Stelle b (etwa Oktober).

(d) Im Januar 1994 ist weniger Wasser im Reservoir als im Januar 1993, da der orientierte Flächeninhalt zwischen den Graphen von Inflow und Outflow negativ ist. Damit im Juli 1994 wieder der Stand von Januar 1993 erreicht wird, muss im ersten Halbjahr 1994 der Inflow überwiegen. Insgesamt muss der orientierte Flächeninhalt zwischen den Graphen von Inflow und Outflow zwischen Januar 1993 und Juli 1994 null sein.

13

a) $\int_0^4 \left(1 - \cos\left(\frac{\pi}{2}x\right)\right) dx = 4$

b) Vier Teilintervalle: $1 \cdot f(0) + 1 \cdot f(1) + 1 \cdot f(3) + 1 \cdot f(4) = 2$;
acht Teilintervalle:
$0{,}5 \cdot f(0) + 0{,}5 \cdot f(0{,}5) + 0{,}5 \cdot f(1) + 0{,}5 \cdot f(1{,}5)$
$+ 0{,}5 \cdot f(2{,}5) + 0{,}5 \cdot f(3) + 0{,}5 \cdot f(3{,}5) + 0{,}5 \cdot f(4) = 3.$

c) $\int_0^2 x\,dx + \int_2^4 (4 - x)\,dx = 4.$

Veranschaulichung:

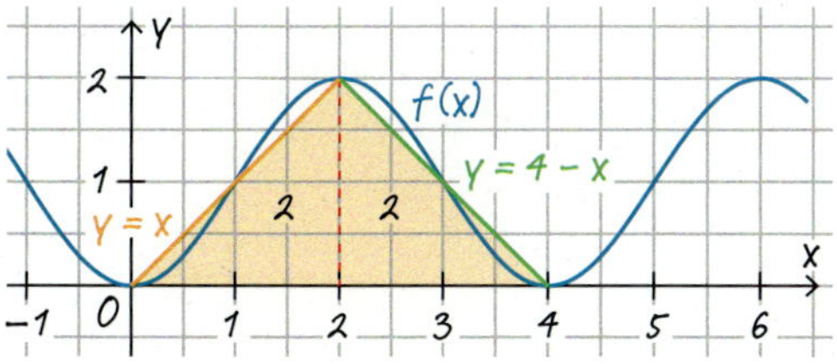

Die berechnete Fläche ist die des orangen Dreiecks. Es ergibt sich der exakte Flächeninhalt, weil sich die (orientierten) Teilflächen zwischen den Graphen oberhalb und unterhalb des Dreiecks aufheben.

14

$f'(x) = 1e^x + xe^x = (x + 1)e^x$

$f''(x) = 1e^x + (x + 1)e^x = (x + 2)e^x$

$f'''(x) = 1e^x + (x + 2)e^x = (x + 3)e^x$

$f^{(IV)}(x) = (x + 4)e^x$

$f^{(V)}(x) = (x + 5)e^x$

$f^{(n)}(x) = (x + n)e^x$

Als Stammfunktion wird man F mit $F(x) = (x - 1) \cdot e^x$ vermuten. Das lässt sich durch Ableiten bestätigen.

15

a) Maximum von v bei $t = 20$; d.h. nach 20 s ist die Geschwindigkeit maximal. Sie beträgt etwa $73{,}58\,\frac{m}{s}$ oder $265\,\frac{km}{h}$.

b) Das Fahrzeug legt in den ersten zehn Sekunden etwa 361 m und in den zweiten zehn Sekunden etwa 696 m zurück.

$s(10) = \int_0^{10} v(t)\,dt \approx 360{,}82$

$\int_{10}^{20} v(t) = s(20) - s(10) = 1056{,}96 - 30{,}82 = 696{,}14$

Seite 86

16

a) Zwischen 6 Uhr und 18 Uhr Zunahme der Lufttemperatur; zwischen 18 Uhr und 6 Uhr Abnahme der Lufttemperatur.

b) Schnellste Zunahme um 12 Uhr; schnellste Abnahme um 0 Uhr. Langsamste Änderung um 6 Uhr und 18 Uhr.

c) Die Lufttemperatur ist maximal um 18 Uhr, minimal um 6 Uhr.

d) Für die Temperatur T gilt: T(t) ist diejenige Stammfunktion von f mit $T(12) = 20$. $T(t) = \frac{24}{2\pi} \cdot \sin\left(\frac{2\pi}{24}(t - 12)\right) + 20.$
Maximale Temperatur um 18 Uhr ca. 23,8 °C; minimale Temperatur um 6 Uhr ca. 16,2 °C.

17

a) Da $f'(t) = -0{,}12e^{-0{,}04t} < 0$ existiert kein lokales Maximum, da $f'(t) < 0$ ist f monoton fallend, daher gibt es bei $t = 0$ ein Randmaximum.

b) $t = \frac{\ln(300)}{0{,}04} \approx 142{,}6$

Nach etwa 2 Stunden und 22 Minuten ändert sich die Wirkstoffmenge im Blut um weniger als 0,01 mg/min.

c) $\int_0^3 f(t)\,dt = 75(1 - e^{-0{,}12}) \approx 8{,}48$

Drei Minuten nach Beginn der Verabreichung befinden sich etwa 8,5 mg Wirkstoffmenge im Körper des Patienten.

d) Mittlere Wirkstoffmenge: $\frac{1}{10}\int_0^{10} f(t)\,dt = \frac{75}{10}(1 - e^{-0{,}4}) \approx 2{,}47$

e) $W(t) = \int_0^t 3e^{-0{,}04x}\,dx = 75 - 75e^{-0{,}04t}$

f) Ableitung f′ von f ist stets negativ (siehe a), also ist f monoton fallend. W mit $W(t) = 75 - 75e^{-0{,}04t}$ ist monoton steigend, da $W'(t) = f(t)$ stets positiv ist.

18

Gleichung der Parabel (wenn der Scheitel bei $(0|-80)$ liegt): $f(x) = 0{,}05x^2 - 80$;

Querschnittsfläche $A = 100^2 - \left|\int_{-40}^{40} f(x)\,dx\right| \approx 5733{,}3\,cm^2$;

Volumen $V = 0{,}5733\,m^3$; Masse $m = 1{,}32\,t$.

19

a) Tangente: $y = 3x - 4{,}5$; Schnittstelle der Tangente mit der x-Achse $x = 1{,}5$.

$A = \int_0^3 f(x)\,dx - \frac{27}{8} = \frac{9}{2} - \frac{27}{8} = \frac{9}{8} = 1{,}125$

b) Tangente: $y = -16x + 11{,}75$; Schnittstelle der Tangente mit der x-Achse $x = \frac{47}{64} \approx 0{,}734$.

$A \approx \int_{0{,}5}^{2} f(x)\,dx - 0{,}396 = \frac{9}{8} - 0{,}439 \approx 0{,}686$

20

a) $x = 3 - \ln(2) \approx 2{,}31$

b) $f'(x) = e^{-x+3} > 0$ für alle x, also kein (lokales) Extremum; $f''(x) = -e^{-x+3} < 0$ für alle x, daher ist f rechtsgekrümmt

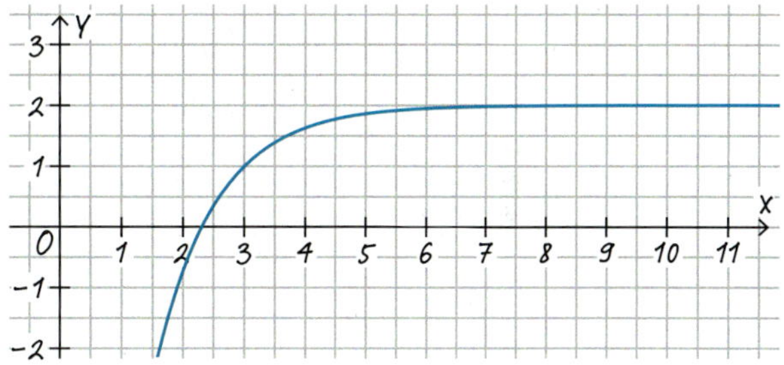

c) Tangente an der Stelle 3: $y = x - 2$; Schnittpunkte mit den Achsen: $Y(0|-2)$; $X(2|0)$; Bei Rotation entsteht ein Kegel mit $h = r = 2$, also $V = \frac{1}{3}\pi \cdot r^2 \cdot h = \frac{8}{3}\pi \approx 8{,}38$.

Seite 88

Runde 1

1

a) Ja, da $F'(x) = f(x)$.

b) Nein, da $F'(x) = 2x\sin(x) + x^2\cos(x) \neq f(x)$.

2

a) $F(x) = 3x^4 - \frac{1}{2}x^2 + x - \frac{1}{2}$

b) $F(x) = \frac{1}{3}(2x + 7)^{\frac{3}{2}} - 6 = \frac{1}{3}\sqrt{2x + 7}^3 - 6$

c) $F(x) = -\frac{3}{x + 2} + 4$

3

a) $\int_{-1}^{1} \left(\frac{1}{3}x^3 - 1\right) dx = -2$

b) $\int_{2}^{4} e^{0,5x-1} dx = 2e - 2$

c) $\int_{-\pi}^{\frac{\pi}{2}} 2\cos(x)\, dx = 2$

4

Schnittstellen: $x_1 = -1$; $x_2 = 3$; $\int_{-1}^{3} f(x)\,dx = -\frac{16}{3}$; $A = \frac{16}{3} \approx 5{,}33$

5

Inhalt der Fläche zwischen den Graphen: $2 \cdot \int_{0}^{4} f(x)\,dx = \frac{64}{3}$

6

a) g(2) entspricht der Steigung des Graphen von G an der Stelle 2; $g(2) \approx -0{,}5$.

b) Nach dem Hauptsatz gilt $\int_{1}^{4} g(x)\,dx = G(4) - G(1) = 0{,}5 - 1{,}5 = -1$.

7

a) $\int_{0}^{z} e^{-\frac{1}{2}x} dx = 2 - 2e^{-\frac{1}{2}z} = 1$ gilt, wenn $e^{-\frac{1}{2}z} = \frac{1}{2}$ bzw. wenn $z = 2\ln(2)$.

b)

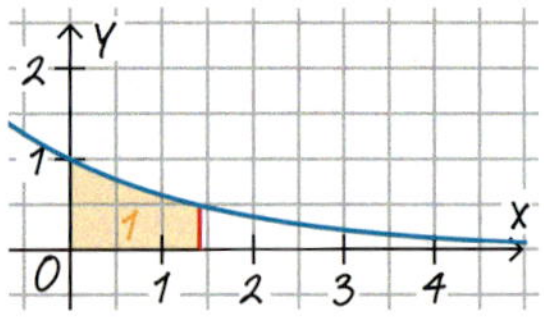

8

a) Die Fläche im positiven Bereich bedeutet Zulauf, die im negativen Bereich Ablauf.

b) $\int_{0}^{4} f(x)\,dx = -\frac{2}{3}$. Der Speicherinhalt nimmt um $\frac{2}{3}m^3$ ab.

c) $S(x) = -\frac{1}{3}x^3 + x + 0{,}8 \quad (0 \le x \le 2)$

9

a) $f(x) = 0 \Leftrightarrow \frac{1}{2}x^2 - 2 = 0 \Leftrightarrow x^2 = 4$

$\Leftrightarrow x = 2 \vee x = -2$

Der Graben ist im Normalzustand 4 m breit.

b) $A = \left|\int_{-2}^{2} \left(\frac{1}{2}x^2 - 2\right) \cdot e^{-\frac{1}{4}x} dx\right|$

$= \left|\left[\left(-\frac{1}{8}x^2 + x + \frac{1}{2}\right) \cdot e^{-\frac{1}{4}x}\right]_{-2}^{2}\right| \approx 5{,}47$

Die Querschnittfläche beträgt ca. $5{,}5\,m^2$.

c) $\varnothing \cdot 5{,}47 = 190 \Leftrightarrow \varnothing \approx 34{,}7$

Der Graben wäre etwa 35 m lang.

d) Zum Beispiel, dass auf der Gesamtlänge von 34,7 m die Querschnittfläche exakt eingehalten wird.

Seite 89

Runde 2

1

a) $F(x) = 4\sin\left(\frac{1}{2}x\right)$

b) $F(x) = 0{,}2e^x + 0{,}2e^{-x} = 0{,}2(e^x + e^{-x})$

c) $F(x) = \frac{1}{4}(0{,}1x + 1)^4$

2

a) $F(x) = \frac{1}{\pi}\sin(\pi x) + x + \frac{1}{2}$

b) $F(x) = \sqrt{4x + 13}^3 - 27{,}5$

c) $F(x) = -\frac{6}{2x + 1} - 6{,}5$

3

a) $\int_{-\pi}^{\frac{\pi}{4}} 3\sin(2x + \pi)\,dx = -\frac{3}{2}$

b) $\int_{-2}^{4} \frac{1}{\sqrt{\frac{1}{2}x + 2}} dx = \left[4\sqrt{\frac{1}{2}x + 2}\right]_{-2}^{4} = 4$

c) $-\frac{6}{2x + 1} - 6{,}5$

4

Schnittstellen: $x_1 = -4$; $x_2 = 2$; $A = \int_{-4}^{2} \left(-\frac{1}{2}x^2 + 5 - x - 1\right) dx = 18$

5

Man bestimmt zunächst die Gleichung von f:
$f(x) = -\frac{1}{2}(x - 2)^2 + 2$ (verschobene, gestauchte Normalparabel), ausmultipliziert $f(x) = -\frac{1}{2}x^2 + 2x$.
Alternative: Man macht den Ansatz $f(x) = a \cdot x^2 + b \cdot x + c$ und liest drei Bedingungen ab, z.B. $f(0) = 0$, $f(4) = 0$ und $f(2) = 2$. Damit stellt man ein LGS auf und erhält die Parameter a, b, c als Lösung.
$\int_{0}^{4} f(x)\,dx = \frac{16}{3}$.

6

$0{,}99 = \left[-\frac{1}{2} \cdot \frac{1}{2}(2x - 1)^{-2}\right]_{0{,}25}^{z} = -\frac{1}{4(2z - 1)^2} - (-1)$; $z = 3$

7

a) Falsch, denn $f = F'$ hat im Intervall $[-4; 4]$ auch positive Werte, d.h. F ist dort monoton steigend.

b) Wahr. Da $f(2) = 3$ und $f'(2)$ negativ ist, ist $f(2) \cdot f'(2)$ negativ, also insbesondere kleiner als 2.

c) Falsch, da $\int_{-2}^{4} f'(x)\,dx = f(4) - f(-2) = -4 - 5 = -9$ und nicht +9.

d) Wahr, denn: Die Differenz von $F(-1)$ und $F(1)$ entspricht der Fläche unter dem Graphen von f über dem Intervall $[-1; 1]$. Diese Fläche hat 8 FE, damit ist $F(1) = F(-1) + 8 = -1 + 8 = 7$.

8

a) In der zweiten Woche wurden in der Bäckerei die meisten Brötchen verkauft.

b) Auf lange Sicht kann die Bäckerei mit 2500 verkauften Brötchen pro Woche rechnen.

c) In den ersten acht Wochen wurden näherungsweise 27267 Brötchen verkauft.

Seite 92

1

a) A(4 | 1), B(−2 | −2), C(−1 | 4), D(3 | −1)

b)

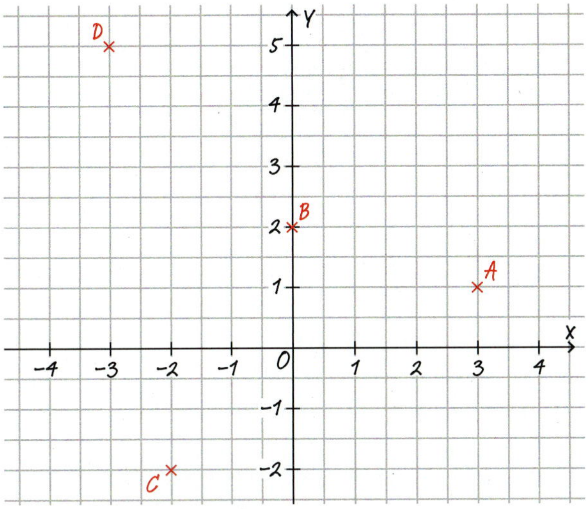

Der Bildpunkt von A hat die Koordinaten (3 | −1).

2

a)

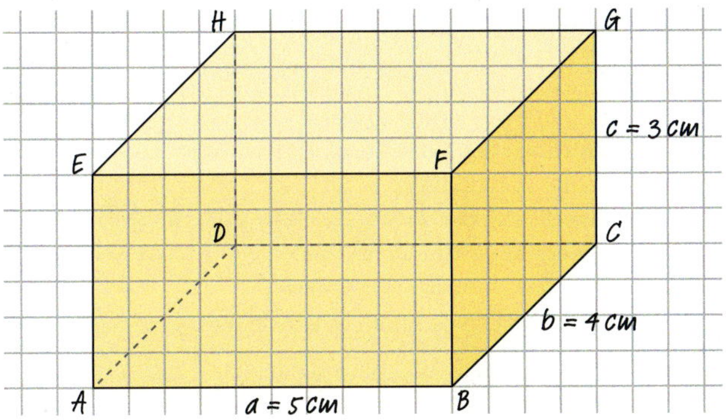

b) Die Grundseite des L auf die Karolinien des Blattes ausrichten, dann vorgehen wie bei einem Quader.

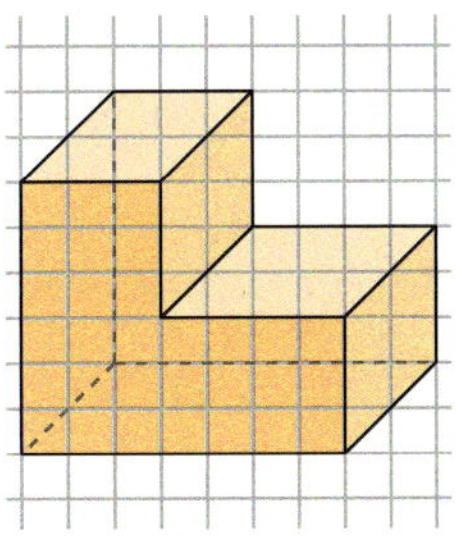

Seite 93

3

a) Fig. 1:

$h^2 = (8{,}5\,\text{cm})^2 - (6{,}8\,\text{cm})^2 = 26{,}01\,\text{cm}^2 \Rightarrow h = \sqrt{26{,}01}\,\text{cm} = 5{,}1\,\text{cm}$

$x^2 = (5{,}1\,\text{cm})^2 + (3{,}2\,\text{cm})^2 = 36{,}25\,\text{cm}^2$

$\Rightarrow x = \sqrt{36{,}25}\,\text{cm} \approx 6{,}02\,\text{cm}$

b) Berechnung der Länge der Diagonale im Quadrat mit der Seitenlänge 8 cm:

$d^2 = (8\,\text{cm})^2 + (8\,\text{cm})^2 = 128\,\text{cm}^2$

$d \approx 11{,}31\,\text{cm}$

Höhe der Pyramide:

$\left(\frac{d}{2}\right)^2 + h^2 = (8\,\text{cm})^2$

$32\,\text{cm}^2 + h^2 = 64\,\text{cm}^2$

$h^2 = 32\,\text{cm}^2$

$h = \sqrt{32}\,\text{cm} \approx 5{,}66\,\text{cm}$

Höhe der gesamten Figur: $h_{ges} \approx 8\,\text{cm} + 5{,}66\,\text{cm} = 13{,}66\,\text{cm}$

Für die gesuchte Länge x gilt dann:

$x^2 = (13{,}66\,\text{cm})^2 + \left(\sqrt{32}\,\text{cm}\right)^2,$

$x \approx 14{,}78\,\text{cm}.$

c) $h^2 = (7{,}2\,\text{cm})^2 - (4{,}1\,\text{cm})^2 = 35{,}03\,\text{cm}^2$

$\Rightarrow h = \sqrt{35{,}03}\,\text{cm} \approx 5{,}92\,\text{cm}$

$x^2 = h^2 + (4{,}1\,\text{cm} + 3{,}6\,\text{cm})^2 = 94{,}32\,\text{cm}^2$

$\Rightarrow x = \sqrt{94{,}32}\,\text{cm} = 9{,}71\,\text{cm}$

$\alpha = 37{,}71°;\ \beta = 55{,}29°$

d) Für die Diagonale d der Grundfläche gilt $d = a\sqrt{2}$.

Anwenden des Satzes von Pythagoras auf das Dreieck aus Körperhöhe, halber Diagonale und Seitenkante ergibt

$h^2 + \left(\frac{a\sqrt{2}}{2}\right)^2 = s^2$, also $h^2 = s^2 - \frac{a^2}{2}$. Einsetzen der Werte ergibt

$h^2 = 81 - \frac{36}{2} = 63$, also $h = \sqrt{63} \approx 7{,}9$. Die Höhe der Pyramide beträgt etwa 7,9 cm.

Anwenden des Satzes von Pythagoras auf das Dreieck aus Höhe der Seitenfläche, halber Grundseite und Seitenkante ergibt $k^2 + \left(\frac{a}{2}\right)^2 = s^2$,

also $k^2 = s^2 - \frac{a^2}{4}$. Einsetzen der Werte ergibt $k^2 = 81 - \frac{36}{4} = 72$,

also $k = \sqrt{72} \approx 8{,}5$. Die Höhe einer Seitenfläche beträgt etwa 8,5 cm.

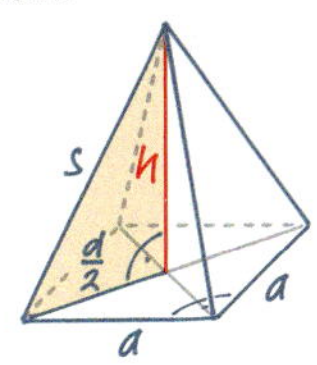

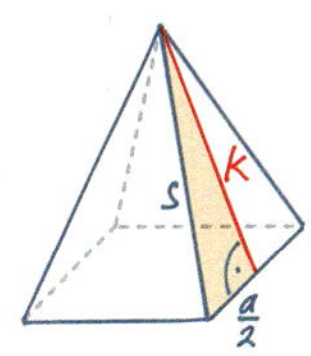

4

a) Einsetzen der Koordinaten bestätigt die Lösung.

b) (2) $L = \left\{\frac{144}{31};\ \frac{39}{31};\ -\frac{77}{31}\right\}$

(3) $L = \{1 + t;\ t;\ 1\}$

Seite 96

7

a)

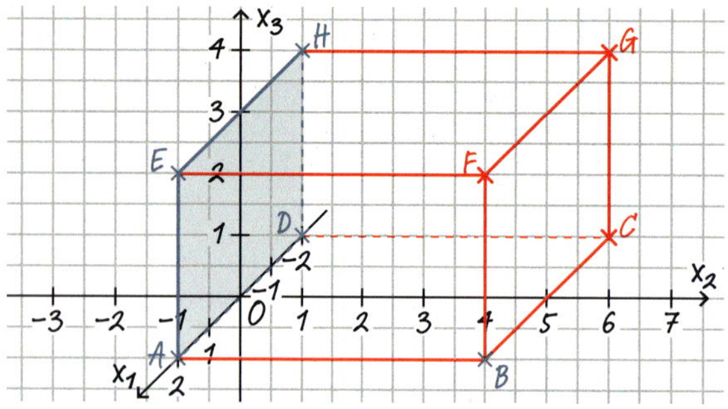

b) C(−2 | 5 | 0), E(2 | 0 | 3), F(2 | 5 | 3), G(−2 | 5 | 3)

c) $\overline{AC} = \sqrt{(-2-2)^2 + (5-0)^2 + (0-0)^2} = \sqrt{16 + 25 + 0} = \sqrt{41}$

$M\left(\frac{2+(-2)}{2} \middle| \frac{0+5}{2} \middle| \frac{0+0}{2}\right)$ bzw. M(0 | 2,5 | 0).

Seite 97

12

a)

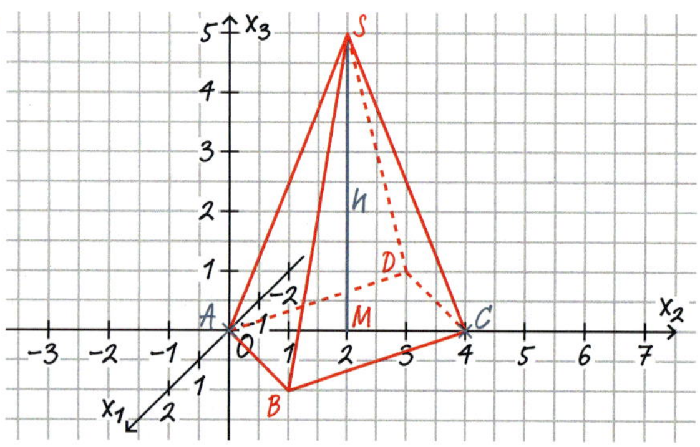

A(0 | 0 | 0), B(2 | 2 | 0), C(0 | 4 | 0), D(−2 | 2 | 0), S(0 | 2 | 5)

b) $V = \frac{1}{3} \cdot \left(2\sqrt{2}\right)^2 \cdot 5 = \frac{40}{3}$

Das Volumen beträgt $\frac{40}{3}$ VE.

15

a) Mithilfe einer Strichliste ermittelt man zunächst die absoluten Häufigkeiten, dann die relativen Häufigkeiten.

Anzahl Zimmer	Strichliste	Absolute Häufigkeit	Relative Häufigkeit
1	~~IIII~~	5	25 %
2	~~IIII~~ II	7	35 %
3	IIII	4	20 %
4	II	2	10 %
5	II	2	10 %

b) Siehe nachfolgende Grafik. Die Grafiken für absolute bzw. relative Häufigkeiten sehen gleich aus. In der Grafik nebenan stehen an der y-Achse links die absoluten, rechts die relativen Häufigkeiten.

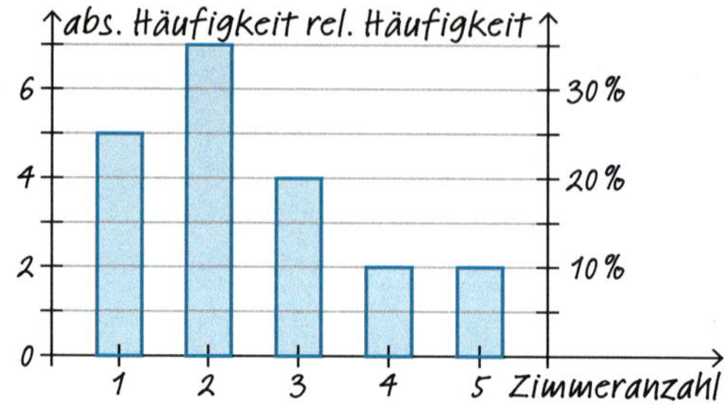

Seite 100

6

$\overrightarrow{AB} = \begin{pmatrix} 1-2 \\ -3-5 \\ 4-6 \end{pmatrix} = \begin{pmatrix} -1 \\ -8 \\ -2 \end{pmatrix}$

$|\overrightarrow{AB}| = \sqrt{(-1)^2 + (-8)^2 + (-2)^2} = \sqrt{1 + 64 + 4} = \sqrt{69}$

11

Es ist $\overrightarrow{AB} = \begin{pmatrix} 3 \\ 1 \\ -2 \end{pmatrix}$ und $\overrightarrow{DC} = \begin{pmatrix} 1 \\ -2 \\ 8 \end{pmatrix}$. Da $\overrightarrow{AB} \neq \overrightarrow{DC}$ ist, kann das Viereck ABCD kein Parallelogramm sein.

15

a) arithmetisches Mittel: $\overline{x} = 50{,}25$, Median: $m = 46{,}5$

b) arithmetisches Mittel: $\overline{x} = 52{,}875$, Median: $m = 53$

16

a) Es wurden 27 Arbeiten geschrieben. Das arithmetische Mittel der Noten beträgt 3. Daher ist Frank mit der Note 3- schlechter als der Durchschnitt.

b) Berechnung der Varianz: $v = \frac{56}{27} \approx 2{,}07$. Die Wurzel aus der Varianz ergibt die Standardabweichung $s \approx 1{,}44$ und das Intervall $[3 - 1{,}44;\ 3 + 1{,}44] = [1{,}56;\ 4{,}44]$.
Damit liegt seine Arbeit innerhalb dieses Intervalls.

Seite 103

6

a) $\frac{1}{7} \cdot \begin{pmatrix} 14 \\ 49 \\ -21 \end{pmatrix} + \begin{pmatrix} -2 \\ -7 \\ 3 \end{pmatrix} = \begin{pmatrix} 2 \\ 7 \\ -3 \end{pmatrix} + \begin{pmatrix} -2 \\ -7 \\ 3 \end{pmatrix} = \begin{pmatrix} 0 \\ 0 \\ 0 \end{pmatrix}$

b) $0{,}2 \cdot \begin{pmatrix} 5 \\ -5 \\ 10 \end{pmatrix} - \frac{3}{2} \cdot \begin{pmatrix} \frac{2}{3} \\ 10 \\ 12 \end{pmatrix} = \begin{pmatrix} 1 \\ -1 \\ 2 \end{pmatrix} - \begin{pmatrix} 1 \\ 15 \\ 18 \end{pmatrix} = \begin{pmatrix} 0 \\ -16 \\ -16 \end{pmatrix}$

c) $\begin{pmatrix} 5 \\ \frac{2}{5} \\ \frac{3}{2} \end{pmatrix} = \frac{1}{10} \cdot \begin{pmatrix} 50 \\ 4 \\ 15 \end{pmatrix}$

Seite 104

12

$M\left(\frac{1+5}{2} \middle| \frac{3+15}{2} \middle| \frac{5+5}{2}\right)$ bzw. $M(3|9|5)$.

$N\left(\frac{3+5}{2} \middle| \frac{9+19}{2} \middle| \frac{5+13}{2}\right)$ bzw. $N(4|14|9)$

Andere Möglichkeit:

$$\vec{n} = \vec{p} + \tfrac{1}{2}\overrightarrow{PQ} + \tfrac{1}{2}\overrightarrow{MR} = \vec{p} + \tfrac{1}{2}\overrightarrow{PQ} + \tfrac{1}{2}\left(\overrightarrow{MQ} + \overrightarrow{QR}\right)$$
$$= \vec{p} + \tfrac{1}{2}\overrightarrow{PQ} + \tfrac{1}{2}\left(\tfrac{1}{2}\overrightarrow{PQ} + \overrightarrow{QR}\right)$$
$$= \vec{p} + \tfrac{1}{2}\overrightarrow{PQ} + \tfrac{1}{4}\overrightarrow{PQ} + \tfrac{1}{2}\overrightarrow{QR} = \vec{p} + \tfrac{3}{4}\overrightarrow{PQ} + \tfrac{1}{2}\overrightarrow{QR}$$
$$= \begin{pmatrix}1\\3\\5\end{pmatrix} + \frac{3}{4}\begin{pmatrix}4\\12\\0\end{pmatrix} + \frac{1}{2}\begin{pmatrix}0\\4\\8\end{pmatrix}$$
$$= \begin{pmatrix}1\\3\\5\end{pmatrix} + \begin{pmatrix}3\\9\\0\end{pmatrix} + \begin{pmatrix}0\\2\\4\end{pmatrix} = \begin{pmatrix}4\\14\\9\end{pmatrix}$$

15

a)

Klasse (K in cm)	relative Häufigkeit	Klassenbreite	Dichte
$150 \le K < 170$	$\frac{8}{25} = 0{,}32$	20	0,016
$170 \le K < 180$	$\frac{10}{25} = 0{,}40$	10	0,04
$180 \le K < 200$	$\frac{7}{25} = 0{,}28$	20	0,014

b)

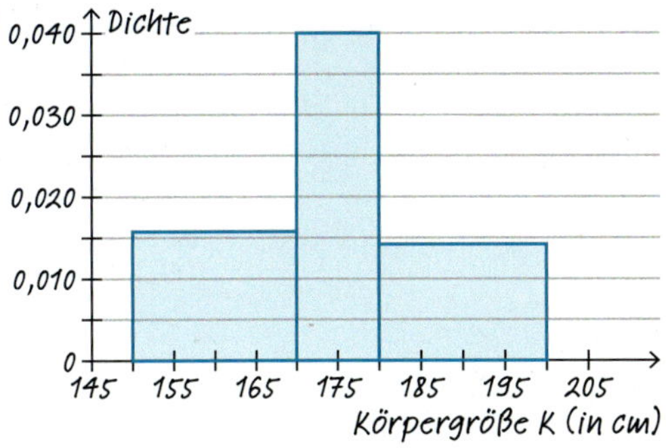

c) Der mittlere Balken veranschaulicht durch seine Fläche mit Inhalt $10 \cdot 0{,}04 = 0{,}40$ die relative Häufigkeit der Klasse „170 cm bis 179 cm". Die beiden äußeren Balken veranschaulichen durch ihre Flächen $0{,}32 + 0{,}28 = 0{,}60$, welcher Anteil der Körpergrößen außerhalb des Bereichs „170 cm bis 179 cm" liegt, also die sehr kleinen und sehr großen Körpergrößen.

Seite 107

6

a) $r = -5$: $P(19|-13|50)$
$r = -0{,}5$: $Q(5{,}5|-4|9{,}5)$

b) Punktprobe mit A: Man muss prüfen, ob es eine Zahl r gibt mit $\begin{pmatrix}4\\-3\\5\end{pmatrix} + r \cdot \begin{pmatrix}-3\\2\\-9\end{pmatrix} = \begin{pmatrix}-5\\3\\32\end{pmatrix}$.

1. Zeile: $4 - 3r = -5$ ergibt $r = 3$.
Wenn man $r = 3$ in die zweite und dritte Zeile der Vektorgleichung einsetzt, er hält man:
2. Zeile: $-3 + 3 \cdot 2 = 3$. Wahre Aussage.
3. Zeile: $5 + 3 \cdot (-9) = 32$. Falsche Aussage.
Der Punkt A liegt nicht auf der Geraden g.

Punktprobe mit B: Man muss prüfen, ob es eine Zahl r gibt mit $\begin{pmatrix}4\\-3\\5\end{pmatrix} + r \cdot \begin{pmatrix}-3\\2\\-9\end{pmatrix} = \begin{pmatrix}7\\-5\\14\end{pmatrix}$.

1. Zeile: $4 - 3r = 7$ ergibt $r = -1$.
Wenn man $r = -1$ in die zweite und dritte Zeile der Vektorgleichung einsetzt, erhält man:
2. Zeile: $-3 + (-1) \cdot 2 = -5$. Wahre Aussage.
3. Zeile: $5 + (-1) \cdot (-9) = 14$. Wahre Aussage.
Der Punkt B liegt auf der Geraden g.

7

Individuelle Lösung, z. B.: $g: \vec{x} = \begin{pmatrix}2\\1\\2\end{pmatrix} + s \cdot \begin{pmatrix}-5\\5\\-9\end{pmatrix}$ bzw.
$g: \vec{x} = \begin{pmatrix}-3\\6\\-7\end{pmatrix} + s \cdot \begin{pmatrix}-5\\5\\-9\end{pmatrix}$.

13

a) Spurpunkte: $S_{12}(-1|-5|0)$, $S_{13}(4|0|5)$, $S_{23}(0|-4|1)$

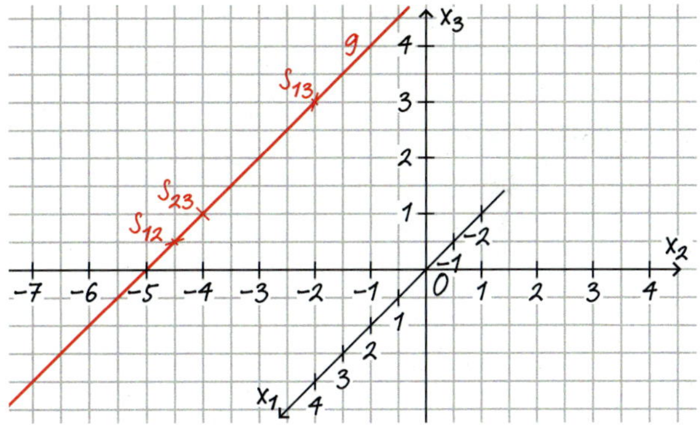

b) Nein, es gibt keinen solchen Punkt. Einen solchen Punkt hätte man bei der Berechnung der Spurpunkte (vgl. Teilaufgabe a)) automatisch entdeckt.

15

a) Ein Zufallsexperiment ist ein Vorgang, bei dem es vom Zufall abhängt, welches Ergebnis auftritt, und es lässt sich nicht voraussagen, welches Ergebnis bei der nächsten Durchführung des Experimentes eintritt. Diese Beschreibung trifft auf das Werfen mit zwei Würfeln zu.

b) $S = \{2; 3; 4; 5; 6; 7; 8; 9; 10; 11; 12\}$

Seite 110

4

Die Geraden sind zueinander parallel, denn ihre Richtungsvektoren sind kollinear:
$\begin{pmatrix}2\\3\\-1\end{pmatrix} = -1 \cdot \begin{pmatrix}-2\\-3\\1\end{pmatrix}$.

Die Geraden sind außerdem identisch, denn
$\begin{pmatrix}11\\5\\2\end{pmatrix} = \begin{pmatrix}7\\-1\\4\end{pmatrix} - 2 \cdot \begin{pmatrix}-2\\-3\\1\end{pmatrix}$.

8

$g: \vec{x} = \begin{pmatrix} 3 \\ 5 \\ 2 \end{pmatrix} + s \cdot \begin{pmatrix} 4 \\ 2 \\ -1 \end{pmatrix}$

Punktprobe für O(0|0|0):

Aus der Vektorgleichung $\begin{pmatrix} 3 \\ 5 \\ 2 \end{pmatrix} + s \cdot \begin{pmatrix} 4 \\ 2 \\ -1 \end{pmatrix} = \begin{pmatrix} 0 \\ 0 \\ 0 \end{pmatrix}$ folgt das LGS

$$\left| \begin{array}{l} 3 + 4s = 0 \\ 5 + 2s = 0 \\ 2 - s = 0 \end{array} \right|$$

Aus der dritten Gleichung folgt $s = 2$. Setzt man $s = 2$ in die erste oder zweite Gleichung ein, so erhält man eine falsche Aussage. Also liegt der Ursprung nicht auf g.

Zu g parallele Gerade h durch O: $h: \vec{x} = s \cdot \begin{pmatrix} 4 \\ 2 \\ -1 \end{pmatrix}$.

10

Individuelle Lösungen, z. B.: Die Zahlen 1 und 2 simulieren Stein, die Zahlen 3 und 4 Schere, die Zahlen 5 und 6 Stein. Das Zufallsexperiment besteht im einmaligen Werfen des Würfels, wobei der als Sieger einer Runde gilt, der die entsprechenden Zahlen gewürfelt hat. Dieses Zufallsexperiment wird so lange wiederholt, bis ein Spieler dreimal gewonnen hat.

Seite 113

4

a) g und h schneiden sich im Punkt A(1|2|3) (Parameter $s = 2$ und $t = -1$).

b) h und i schneiden sich im Punkt B(3|2|5) (gemeinsamer Stützvektor).

c) g und i sind zueinander windschief.

Seite 114

10

a) Die Gerade g und die Gerade h sind zueinander windschief.

b) Gerade, die g schneidet:
Man wählt denselben Stützvektor wie für g und einen Richtungsvektor, der nicht kollinear zu g ist.

Mögliche Lösung: $h: \vec{x} = \begin{pmatrix} 2 \\ 3 \\ 7 \end{pmatrix} + s \cdot \begin{pmatrix} 1 \\ 0 \\ 0 \end{pmatrix}$.

Gerade, die zu g windschief ist:
Man kann die Gerade aus Teilaufgabe a) nehmen.

Eine weitere Möglichkeit ist $h: \vec{x} = \begin{pmatrix} 2 \\ 3 \\ 6 \end{pmatrix} + s \cdot \begin{pmatrix} 1 \\ 0 \\ 0 \end{pmatrix}$.

Wenn man das zur Vektorgleichung

$\begin{pmatrix} 2 \\ 3 \\ 7 \end{pmatrix} + t \cdot \begin{pmatrix} 1 \\ 1 \\ -3 \end{pmatrix} = \begin{pmatrix} 2 \\ 3 \\ 6 \end{pmatrix} + s \cdot \begin{pmatrix} 1 \\ 0 \\ 0 \end{pmatrix}$ gehörende LGS betrachtet,

stellt man fest:
Aus der 1. Zeile folgt $s = t$. Eingesetzt in die 2. Zeile ergibt sich $s = t = 0$. Das führt zu einer falschen Aussage in der 3. Zeile. Also besitzt die Vektorgleichung keine Lösung und die Geraden sind zueinander windschief.

Gerade, die zu g parallel ist:
Man wählt den Ortsvektor eines Punktes, der nicht auf g liegt, z. B. C(2|3|6), und z. B. denselben Richtungsvektor wie bei g.

Mögliche Lösung: $h: \vec{x} = \begin{pmatrix} 2 \\ 3 \\ 6 \end{pmatrix} + s \cdot \begin{pmatrix} 1 \\ 1 \\ -3 \end{pmatrix}$.

13

Farbe a	Rot	Blau	Gelb
P(X = a)	$\frac{1}{6}$	$\frac{2}{6} = \frac{1}{3}$	$\frac{3}{6} = \frac{1}{2}$

b) Individuelle Lösungen, z. B.: Die Zahlen 1 und 2 stehen für blau, die Zahlen 3, 4, 5 für gelb und die Zahl 6 für rot. Die bei der Simulation entstehende Häufigkeitsverteilung kann deutlich von der Wahrscheinlichkeitsverteilung abweichen, nähert sich aber bei weiteren Durchführungen den Werten der Tabelle immer mehr an.

Seite 117

5

a) $E: \vec{x} = \begin{pmatrix} 0 \\ 0 \\ -2 \end{pmatrix} + r \cdot \begin{pmatrix} 0 \\ -5 \\ 2 \end{pmatrix} + s \cdot \begin{pmatrix} 5 \\ 0 \\ 3 \end{pmatrix}$. D liegt nicht E.

b) $E: \vec{x} = \begin{pmatrix} 2 \\ 1 \\ 0 \end{pmatrix} + r \cdot \begin{pmatrix} -2 \\ 5 \\ 1 \end{pmatrix} + s \cdot \begin{pmatrix} 1 \\ 1 \\ 3 \end{pmatrix}$. D liegt in E ($r = -1$, $s = 1$).

6

Individuelle Lösung, z. B.:

$E: \vec{x} = \begin{pmatrix} 1 \\ 0 \\ 0 \end{pmatrix} + r \cdot \begin{pmatrix} 1 \\ -1 \\ 0 \end{pmatrix} + s \cdot \begin{pmatrix} 1 \\ 0 \\ -1 \end{pmatrix}$ und

$E: \vec{x} = \begin{pmatrix} 0 \\ 1 \\ 0 \end{pmatrix} + r \cdot \begin{pmatrix} -1 \\ 1 \\ 0 \end{pmatrix} + s \cdot \begin{pmatrix} 0 \\ 1 \\ -1 \end{pmatrix}$

Seite 118

12

a) $E: \vec{x} = \begin{pmatrix} 2 \\ -1 \\ 3 \end{pmatrix} + r \cdot \begin{pmatrix} -3 \\ 1 \\ 2 \end{pmatrix} + s \cdot \begin{pmatrix} 1 \\ -1 \\ 5 \end{pmatrix}$

b) $E: \vec{x} = r \cdot \begin{pmatrix} 1 \\ 4 \\ 2 \end{pmatrix} + s \cdot \begin{pmatrix} 1 \\ -1 \\ 1 \end{pmatrix}$

13

a) Das zugehörige Gleichungssystem liefert $t_1 = 2$ (für g_1) und $t_2 = 0$ (für g_2). Der Schnittpunkt hat also die Koordinaten S(7|10|9). Eine Parametergleichung der Ebene E, die die beiden Geraden enthält, ist zum Beispiel
$E: \vec{x} = \begin{pmatrix} 3 \\ 0 \\ 7 \end{pmatrix} + r \cdot \begin{pmatrix} 2 \\ 5 \\ 1 \end{pmatrix} + s \cdot \begin{pmatrix} 1 \\ 0 \\ 1 \end{pmatrix}$.

b) Das zugehörige Gleichungssystem hat keine Lösung. Die beiden Geraden sind daher zueinander windschief und es gibt keine solche Ebene.

17

a)

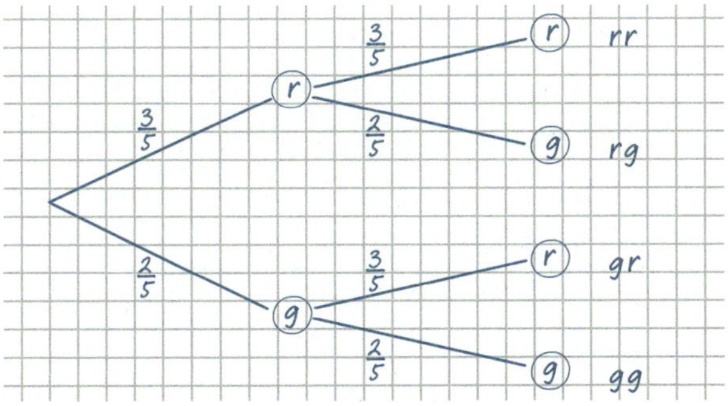

b)

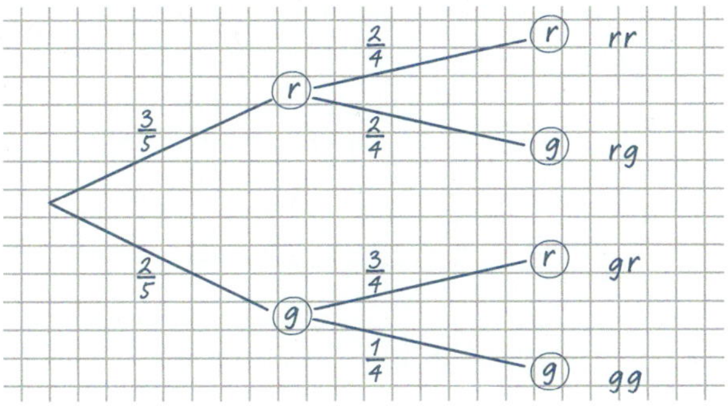

Seite 120

6

$\vec{a} \cdot \vec{c} = \vec{a} \cdot \vec{d} = \vec{c} \cdot \vec{d} = \vec{b} \cdot \vec{d} = \vec{b} \cdot \vec{e} = 0$

Die Vektoren $\vec{a}$ und $\vec{c}$, $\vec{a}$ und $\vec{d}$, $\vec{c}$ und $\vec{d}$, $\vec{b}$ und $\vec{d}$ sowie $\vec{b}$ und $\vec{e}$ sind zueinander orthogonal.

Seite 121

11

a) Alle Vektoren $\vec{a} = \begin{pmatrix} a_1 \\ a_2 \\ a_3 \end{pmatrix}$ mit $a_1 - 2a_2 + 3a_3 = 0$

sind orthogonal zu $\begin{pmatrix} 1 \\ -2 \\ 3 \end{pmatrix}$.

b) Alle Vektoren mit Betrag 3; $|\vec{a}| = 3$

c) $\vec{a} = \vec{0}$

16

A: Fatma trifft höchstens viermal ins Bullseye.

B: Fatma trifft genau fünfmal ins Bullseye.

$P(A) = 1 - P(B) = 1 - 0{,}6^5 = 1 - 0{,}07776 = 0{,}92224 \approx 92{,}2\,\%$

Seite 123

6

$\sphericalangle ROP \approx 158{,}2°$, $\sphericalangle OPQ \approx 27{,}5°$, $\sphericalangle PQR \approx 106{,}4°$, $\sphericalangle ORQ \approx 67{,}9°$

$\overline{OP} = \sqrt{72}$, $\overline{PQ} = \sqrt{254}$, $\overline{QR} = \sqrt{26}$, $\overline{RO} = \sqrt{98}$

Seite 124

11

Für die Lösung wird ein Würfel der Kantenlänge 1 LE betrachtet. Die Ergebnisse sind jedoch unabhängig von der Kantenlänge.

a) $\overrightarrow{CB} = \begin{pmatrix} 1 \\ 1 \\ 0 \end{pmatrix}$, $\overrightarrow{CA} = \begin{pmatrix} 1 \\ 1 \\ -1 \end{pmatrix}$, $\alpha \approx 35{,}3°$

b) $\overrightarrow{OB} = \begin{pmatrix} 1 \\ 1 \\ 1 \end{pmatrix}$, $\overrightarrow{CA} = \begin{pmatrix} 1 \\ 1 \\ -1 \end{pmatrix}$, $\beta \approx 70{,}5°$

14

a)

	aktiv	passiv	gesamt
weiblich	85	130	215
männlich	150	110	260
gesamt	235	240	475

b) P(„die Person ist weiblich") $= \frac{215}{475} = \frac{43}{95} \approx 45{,}26\,\%$

Die Wahrscheinlichkeit lässt sich an der ersten Verästelung des Baumdiagramm (weiblich | männlich) ablesen, da nur ein Merkmal berücksichtigt werden muss.

Seite 127

1

a) A liegt nicht in der x_2x_3-Ebene, da die x_1-Koordinate ungleich 0 ist.

b) B liegt in der x_1x_2-Ebene da die x_3-Koordinate gleich 0 ist.

c) Die x_2-Koordinate muss 0 sein, z. B. C(1 | 0 | 1).

d) Die x_2- und die x_3-Koordinate müssen 0 sein, z. B. D(3 | 0 | 0).

2

a) $\vec{c} = -\vec{b}$, $\vec{d} = -\vec{a}$, $\vec{e} = \vec{b} - \vec{a}$

b) $\vec{a} = -\vec{d}$, $\vec{b} = -\vec{c}$, $\vec{e} = \vec{d} - \vec{c}$

3

a) $g: \vec{x} = \begin{pmatrix} 2 \\ 0 \\ 1 \end{pmatrix} + s \cdot \begin{pmatrix} 6 \\ 2 \\ 2 \end{pmatrix}$. Der Punkt P liegt nicht auf g.

b) $g: \vec{x} = \begin{pmatrix} 4 \\ -1 \\ 4 \end{pmatrix} + s \cdot \begin{pmatrix} 2 \\ 4 \\ -3 \end{pmatrix}$. Der Punkt P liegt auf g.

c) $g: \vec{x} = \begin{pmatrix} 1 \\ 1 \\ 0 \end{pmatrix} + s \cdot \begin{pmatrix} 1 \\ -6 \\ 1 \end{pmatrix}$. Der Punkt P liegt auf g.

4

a) Die Geraden g und h schneiden sich im Punkt S(−25 | −2 | 9).

b) Die Geraden g und h sind zueinander windschief.

c) Die Geraden g und h sind zueinander parallel und identisch.

5

a) Die Geraden g und h schneiden sich im Punkt $S\left(\frac{2}{3} \middle| \frac{7}{3} \middle| \frac{2}{3}\right)$.

b) Die Geraden g und i sind zueinander windschief.

c) Die Geraden h und i sind zueinander parallel und verschieden.

6

a) E ist die x_2-x_3-Ebene, da die erste Koordinate bei beiden Spannvektoren null ist und der Stützvektor der Nullvektor ist.

b) Individuelle Lösung mit Spannvektoren $\begin{pmatrix} 0 \\ x_2 \\ x_3 \end{pmatrix}$ mit x_2, x_3 ungleich 0

c) Als Stützvektor kann jeder beliebige Punkt der x_2-x_3-Ebene genommen werden.

7

a) Die Beträge der Vektoren ergeben $|\overrightarrow{PQ}| = \sqrt{72} = 8{,}49$, $|\overrightarrow{QR}| = |\overrightarrow{PR}| = \sqrt{20} = 4{,}47$, also ist das Dreieck PQR gleichschenklig.

b) Individuelle Lösung, z. B.: E: $\vec{x} = \begin{pmatrix} 2 \\ 5 \\ 0 \end{pmatrix} + r \cdot \begin{pmatrix} -2 \\ 2 \\ 8 \end{pmatrix} + s \cdot \begin{pmatrix} -2 \\ 0 \\ 4 \end{pmatrix}$ mit $v, s \in \mathbb{R}$.

c) Eine Punktprobe ergibt, dass S nicht auf E liegt.

8

a) Der Punkt D hat die Koordinaten D(−3 | −3 | 0).

b) Die Geraden durch A und B bzw. durch S und C sind zueinander windschief.

c)

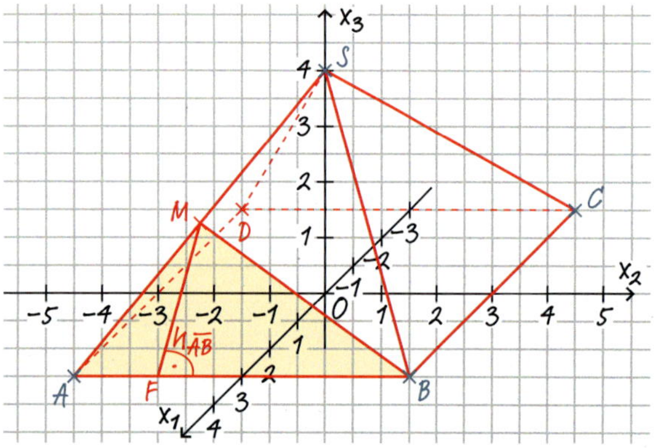

Grundfläche der Pyramide: G = 36.
Höhe der Pyramide: h = 4.
Volumen der Pyramide: $V = \frac{1}{3} \cdot G \cdot h = \frac{1}{3} \cdot 36 \cdot 4 = 48$.
Das Volumen beträgt 48 VE.

d) Mittelpunkt: M(1,5 | −1,5 | 2).
Der Punkt F ist der Fußpunkt des Lotes von M auf die Strecke $\overline{AB}$. Man sieht: Das Lot verläuft senkrecht zur x_2-Achse. Deshalb hat der Fußpunkt F des Lotes dieselbe x_2-Koordinate wie der Punkt M, also −1,5. Die x_1- und die x_3-Koordinate von F sind gleich den entsprechenden Koordinaten der Punkte A und B, weil der Punkt F auf der Strecke $\overline{AB}$ liegt.
Man erhält damit F(3 | −1,5 | 0).
Für die Höhe $h_{\overline{AB}}$ des Dreiecks ABM gilt dann $h_{\overline{AB}} = \overline{MF}$;

$$|\overrightarrow{MF}| = \left|\begin{pmatrix} 1{,}5 \\ 0 \\ -2 \end{pmatrix}\right| = 2{,}5.$$

Flächeninhalt des Dreiecks ABM:

$$A = \frac{1}{2} \cdot \overline{AB} \cdot h_{\overline{AB}} = \frac{1}{2} \cdot 6 \cdot 2{,}5 = 7{,}5.$$

Der Flächeninhalt beträgt 7,5 FE.

Seite 128

9

a) Individuelle Lösung, z. B.:
g: $\vec{x} = \begin{pmatrix} 7 \\ 3 \\ -7 \end{pmatrix} + s \cdot \begin{pmatrix} 4 \\ 2 \\ -4 \end{pmatrix}$. Den Stützvektor erhält man, indem man t = 1 in die ursprüngliche Geradengleichung einsetzt. Der neue Richtungsvektor ist aus dem ursprünglichen durch Skalarmultiplikation mit 2 entstanden.

b) h: $\vec{x} = \begin{pmatrix} 2 \\ 8 \\ 4 \end{pmatrix} + s \cdot \begin{pmatrix} 2 \\ 1 \\ -2 \end{pmatrix}$

c) Die Gerade g schneidet die x_2-Achse im Punkt S_2(0 | −0,5 | 0). Sie schneidet die x_1-Achse bzw. die x_3-Achse nicht.

10

a) Das Dreieck hat seinen rechten Winkel zwischen h und i, da das Skalarprodukt der beiden Richtungsvektoren 0 ist:
$0 \cdot 4 + 3 \cdot 0 + 0 \cdot 0 = 0$

b) Die Eckpunkte des Dreiecks haben die Koordinaten A(1 | 5 | 4), B(5 | 5 | 4) und C(1 | 8 | 4).
Es gilt $\overline{AB} = 4$, $\overline{AC} = 3$ und $\overline{BC} = 5$.
Also sind $\overline{AB}$ und $\overline{AC}$ die Katheten und für den Flächeninhalt A des Dreiecks gilt $A = \frac{1}{2} \cdot 3 \cdot 4 = 6$.

11

Individuelle Lösungen, z. B.:

a) E_1: $\vec{x} = \begin{pmatrix} 0 \\ 0 \\ 6 \end{pmatrix} + r\begin{pmatrix} 4 \\ 0 \\ -6 \end{pmatrix} + s\begin{pmatrix} 0 \\ 3 \\ -6 \end{pmatrix}$

E_2: $\vec{x} = \begin{pmatrix} 0 \\ 5 \\ 0 \end{pmatrix} + t\begin{pmatrix} 0 \\ -5 \\ 4 \end{pmatrix} + u\begin{pmatrix} 2 \\ -5 \\ 0 \end{pmatrix}$

b) E_1: $\vec{x} = \begin{pmatrix} 3 \\ 0 \\ 0 \end{pmatrix} + r\begin{pmatrix} -3 \\ 3 \\ 0 \end{pmatrix} + s\begin{pmatrix} -3 \\ 0 \\ 10 \end{pmatrix}$

E_2: $\vec{x} = \begin{pmatrix} 0 \\ 4 \\ 0 \end{pmatrix} + t\begin{pmatrix} 0 \\ -4 \\ 8 \end{pmatrix} + u\begin{pmatrix} 3 \\ 0 \\ 0 \end{pmatrix}$

c) E_1: $\vec{x} = \begin{pmatrix} 5 \\ 0 \\ 0 \end{pmatrix} + r\begin{pmatrix} -5 \\ 4 \\ 0 \end{pmatrix} + s\begin{pmatrix} -5 \\ 4 \\ 2 \end{pmatrix}$

E_2: $\vec{x} = \begin{pmatrix} 0 \\ 6 \\ 0 \end{pmatrix} + t\begin{pmatrix} 0 \\ -6 \\ 7 \end{pmatrix} + u\begin{pmatrix} 1 \\ 0 \\ 0 \end{pmatrix}$

12

a) g: $\vec{x} = r \cdot \begin{pmatrix} 3{,}5 \\ 3{,}5 \\ 19{,}85 \end{pmatrix}$; h: $\vec{x} = r \cdot \begin{pmatrix} -7 \\ 7 \\ 0 \end{pmatrix}$; k: $\vec{x} = r \cdot \begin{pmatrix} 0 \\ 7 \\ 0 \end{pmatrix}$

b) M = (−3,5 | 3,5 | 0); $\sphericalangle$ASM = 14°; $\sphericalangle$SMA = 90°; $\sphericalangle$MAS = 76°; $\sphericalangle$BAS = $\sphericalangle$SBA = 80,15°; $\sphericalangle$ASB = 19,7°

c) $\left(-1 \middle| 1 \middle| \frac{17}{3}\right)$; $\left(-1 \middle| 6 \middle| \frac{17}{3}\right)$; $\left(-6 \middle| 1 \middle| \frac{17}{3}\right)$; $\left(-6 \middle| 6 \middle| \frac{17}{3}\right)$

d) $V \approx 206{,}02\,\text{cm}^3$

13

Individuelle Lösungen, z. B.:

a) Der Ursprung des Koordinatensystems liegt in der rechten vorderen Ecke des Zimmerbodens. Der Boden liegt in der x_1x_2-Ebene.

b) g: $\vec{x} = \begin{pmatrix} 0 \\ 0 \\ 0 \end{pmatrix} + r \cdot \begin{pmatrix} -4 \\ -6 \\ 2 \end{pmatrix}$

c) h_1: $y = \frac{6}{4}x + 0$; h_2: $\vec{x} = \begin{pmatrix} 0 \\ 0 \\ 0 \end{pmatrix} + r \cdot \begin{pmatrix} 1 \\ \frac{6}{4} \\ 0 \end{pmatrix}$

d) Die erste Gleichung beschreibt den ebenen Fall. Sie kann hier verwendet werden, da die Diagonale in der x_1x_2-Ebene liegt, wobei „x“ hier die Bedeutung von x_1 und „y“ die Bedeutung von x_2 hat. Der Richtungsvektor aus h_2 ergibt sich, indem x_2 der 1,5-fache Wert von x_1 zugewiesen wird und x_3 Null gesetzt wird. Der Stützvektor von h_2 ist der Nullvektor, da h_1 den y-Achsenabschnitt 0 hat.

14

a) $\alpha \approx 54{,}7°$, $\beta = 90°$, $\gamma \approx 35{,}3°$

b) $A_{Dreieck} = \frac{1}{2}|\overrightarrow{AB}| \cdot |\overrightarrow{BC}|$, da das Dreieck ABC rechtwinklig ist.
Wenn man als Kantenlänge für den Würfel 1 LE wählt, erhält man $A_{Dreieck} = \frac{1}{2}\sqrt{2}$ FE und $A_{Quadrat} = 1$ FE.
Der Anteil beträgt also (unabhängig von der Kantenlänge des Würfels) $\frac{1}{2}\sqrt{2} \approx 0{,}707 = 70{,}7\,\%$.

Seite 130

Runde 1

1

a) $g: \vec{x} = \begin{pmatrix} -1 \\ 2 \\ -3 \end{pmatrix} + s \cdot \begin{pmatrix} 6 \\ 6 \\ 10 \end{pmatrix}$

b) Ja, der Punkt P liegt auf der Geraden (s = 1,5).

c) $h: \vec{x} = t \cdot \begin{pmatrix} 6 \\ 6 \\ 10 \end{pmatrix}$

d) $S_{12}(0{,}8 \mid 3{,}8 \mid 0)$, $S_{13}\left(-3 \middle| 0 \middle| -\frac{19}{3}\right)$ und $S_{23}\left(0 \middle| 3 \middle| -\frac{4}{3}\right)$

2

a) $C(1 \mid 8 \mid 1)$, $D(1 \mid 4 \mid 1)$, $F(5 \mid 8 \mid 2{,}5)$ und $H(1 \mid 4 \mid 2{,}5)$

b) $d(\overline{AE}) = \sqrt{(5-5)^2 + (4-4)^2 + (2{,}5-1)^2} = 1{,}5$
Die Kante $\overline{AE}$ ist 1,5 LE lang.

c) Es ist $M(1 \mid 6 \mid 1)$.

Gerade durch A und M: $g: \vec{x} = \begin{pmatrix} 1 \\ 6 \\ 1 \end{pmatrix} + r \begin{pmatrix} 4 \\ -2 \\ 0 \end{pmatrix}$.

$\begin{pmatrix} 1 \\ 6 \\ 1 \end{pmatrix} + r \begin{pmatrix} 4 \\ -2 \\ 0 \end{pmatrix} = \begin{pmatrix} r_1 \\ 1 \\ 1 \end{pmatrix}$ führt für $r = 2{,}5$ auf $r_1 = 11$.

3

a) Individuelle Lösung, z. B.: $h: \vec{x} = \begin{pmatrix} 1 \\ -2 \\ -1 \end{pmatrix} + r \cdot \begin{pmatrix} 1 \\ 0 \\ 0 \end{pmatrix}$

b) $E: \vec{x} = r \cdot \begin{pmatrix} 2 \\ -3 \\ 0 \end{pmatrix} + s \cdot \begin{pmatrix} 1 \\ -2 \\ -1 \end{pmatrix}$

4

Die Geraden scheiden sich im Punkt $S(3 \mid 1 \mid 5)$.
Skalarprodukt der Richtungsvektoren: $\begin{pmatrix} 2 \\ 0 \\ 4 \end{pmatrix} \cdot \begin{pmatrix} -2 \\ 1 \\ 1 \end{pmatrix} = 0$; also beträgt der Schnittwinkel 90°.

5

Geradengleichungen von Bahn 1 $g: \vec{x} = \begin{pmatrix} 2 \\ 1 \\ 2 \end{pmatrix} + r \begin{pmatrix} 12 \\ 4 \\ 3 \end{pmatrix}$

Bahn 2 $h: \vec{x} = \begin{pmatrix} -2 \\ 5 \\ 1 \end{pmatrix} + s \begin{pmatrix} 6 \\ 12 \\ 4 \end{pmatrix}$

Gleichsetzen der beiden Geraden ergibt, dass sie keinen Schnittpunkt haben, d. h. die Wege der beiden Bahnen kreuzen sich nicht. Da die beiden Richtungsvektoren nicht kollinear sind, verlaufen die Wege nicht parallel sondern dem Gelände entsprechend windschief.

6

a) Beide haben eine richtige Ebenengleichung aufgestellt.
Hanna: Stützvektor ist Punkt B, Spannvektoren sind $\overrightarrow{AB}$ und $\overrightarrow{CA}$
Dirk: Stützvektor ist Punkt A, Spannvektoren sind $\overrightarrow{AC}$ und $\overrightarrow{CB}$.

b) Das Dreieck ABC ist nicht rechtwinklig, da kein Skalarprodukt von jeweils zwei Seitenvektoren null ergibt.

Seite 131

Runde 2

1

a) $d = |\overrightarrow{AB}| = 7$
Der Abstand der Punkte A und B beträgt 7 LE.

b) $M(4 \mid 2{,}5 \mid 0)$

c) $g: \vec{x} = \begin{pmatrix} 3 \\ 4 \\ -3 \end{pmatrix} + s \cdot \begin{pmatrix} 2 \\ -3 \\ 6 \end{pmatrix}$

2

Die Geraden g und h sind zueinander windschief.

3

Individuelle Lösungen (je nach Wahl des Koordinatensystems).

4

Gerade durch P in Richtung des Geschosses

$g: \vec{x} = \begin{pmatrix} 4 \\ -1 \\ 7 \end{pmatrix} + t \begin{pmatrix} -1 \\ 2 \\ -1 \end{pmatrix}$.

Schnitt mit den Koordinatenebenen: Es muss jeweils eine Koordinate 0 werden.
x_1x_2-Ebene: $t = 7$
x_2x_3-Ebene: $t = 4$
x_1x_3-Ebene: $t = 0{,}5$.
Daraus ergibt sich die Reihenfolge:
x_1x_3-Ebene $(3{,}5 \mid 0 \mid 6{,}5)$; x_2x_3-Ebene $(0 \mid 7 \mid 3)$; x_1x_2-Ebene $(-3 \mid 13 \mid 0)$

5

a) $\approx 50{,}8°$

b) $a = 8$

c) $\begin{pmatrix} a \\ 4 \\ -8 \end{pmatrix} = k \cdot \begin{pmatrix} -2 \\ a \\ 2 \end{pmatrix}$
3. Zeile: $k = -4$. Einsetzen in die 2. Zeile ergibt $a = -1$. Damit erhält man einen Widerspruch zur ersten Zeile. Also können die Geraden für keine reelle Zahl a zueinander parallel sein.

6

a) Mögliche Lösung: Wählt man den Punkt, an dem der Faden am Boden befestigt ist, als Koordinatenursprung, so ist eine Gleichung der Geraden $\vec{x} = t \cdot \begin{pmatrix} 4 \\ 3 \end{pmatrix}$.

b) Mögliche Gleichung mit Startpunkt (100 | 75) (in cm):

$$\vec{x} = \begin{pmatrix} 100 \\ 75 \end{pmatrix} + \frac{1}{\left|\begin{pmatrix} 4 \\ 3 \end{pmatrix}\right|} t \cdot \begin{pmatrix} 4 \\ 3 \end{pmatrix} = \begin{pmatrix} 100 \\ 75 \end{pmatrix} + \frac{1}{5} t \begin{pmatrix} 4 \\ 3 \end{pmatrix} = \begin{pmatrix} 100 \\ 75 \end{pmatrix} + t \begin{pmatrix} 0{,}8 \\ 0{,}6 \end{pmatrix}.$$

c) Die Spinne befindet sich 120 Sekunden nach der eingezeichneten Situation 196 cm in horizontaler Richtung vom Baum entfernt und in 147 cm Höhe.

7

a) Der Punkt darf nicht auf der Geraden liegen. Begründung: Drei Punkte, die nicht auf einer Geraden liegen, legen eine Ebene fest.

b) Individuelle Lösung, z. B.: P(0 | 0 | 0); g: $\vec{x} = \begin{pmatrix} 1 \\ 1 \\ 1 \end{pmatrix} + r \cdot \begin{pmatrix} 1 \\ 0 \\ 0 \end{pmatrix}$;

E: $\vec{x} = \begin{pmatrix} 0 \\ 0 \\ 0 \end{pmatrix} + r \cdot \begin{pmatrix} 1 \\ 1 \\ 1 \end{pmatrix} + s \cdot \begin{pmatrix} 0 \\ 1 \\ 1 \end{pmatrix}$.

Die Ebene E wurde festgelegt mithilfe des Punktes P, der nicht auf g liegt, und Q(1 | 1 | 1) und R(0 | 1 | 1), die auf g liegen.

4

Die Reihe besteht aus 8 Zahlen. Das arithmetische Mittel ist daher $\frac{1}{8} \cdot (2{,}5 + 6{,}3 + 1{,}9 + 10{,}0 + 2{,}8 + 5{,}6 + 5{,}1 + 7{,}8) = 5{,}25$.

Empirische Varianz:

$\frac{1}{8}((2{,}5 - 5{,}25)^2 + (6{,}3 - 5{,}25)^2 + \ldots + (7{,}8 - 5{,}25)^2) \approx 6{,}89$.

Empirische Standardabweichung: $\sqrt{6{,}89} \approx 2{,}62$.

5

Säulendiagramm:

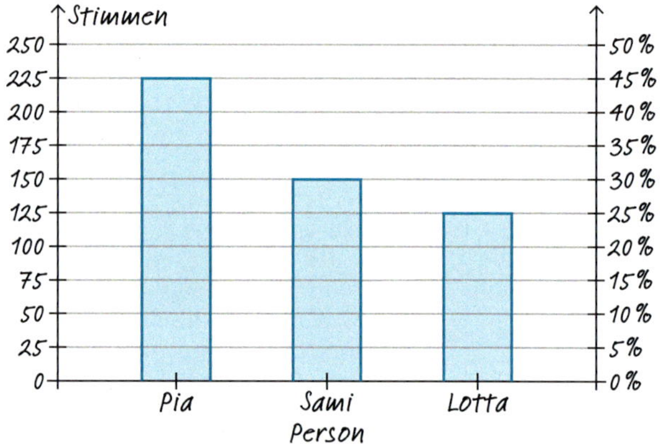

V Zufallsexperimente und Zufallsgrößen

Seite 134

1

a) $\frac{2}{20} = \frac{1}{10} = 0{,}1 = 10\,\%$

b) Die relative Häufigkeit der Nieten beträgt $75\,\% = \frac{3}{4}$.

Jana hat also $\frac{3 \cdot 12}{4} = 9$ Nieten gezogen.

2

a) Es gibt sieben Wochentage. Das Experiment „Fragen Sie Ihren Klassenlehrer" hat also sieben mögliche Ausgänge. Da jedoch Waschanlagen in der Regel sonntags geschlossen sind, sind die sieben Antwortmöglichkeiten nicht gleich wahrscheinlich. Es liegt somit kein Laplace-Experiment vor.

b) Man kann davon ausgehen, dass die 120 Lose im Loseimer nicht unterscheidbar sind. Jedes Los hat damit die gleiche Wahrscheinlichkeit gezogen zu werden. Es handelt sich um ein Laplace-Experiment.

c) Da die Hinterräder wegen der höheren Belastung meist stärker abgefahren sind und daher das höhere Pannenrisiko aufweisen, liegt hier kein Laplace-Experiment vor.

3

Wahrscheinlichkeit, dass

a) eine Sechs fällt: $\frac{1}{6}$

b) höchstens eine Drei fällt: $\frac{3}{6} = \frac{1}{2}$

c) keine Sechs fällt: $\frac{5}{6}$

Seite 135

6

Häufigkeitsverteilung, bei der die Anteile in Prozent (gerundet auf eine Dezimale) angegeben sind (P = Punktezahl):

P	0	1	2	3	4	5	6	7
%	0	0	0	0	6,7	6,7	13,3	6,7

P	8	9	10	11	12	13	14	15
%	20	6,7	13,3	6,7	13,3	6,7	0	0

Bei Prozentzahlen oder Dezimalzahlen kann es sein, dass die Summe wegen Rundungsungenauigkeiten nicht 100 % beträgt.
Anteil der Klausuren mit mindestens 10 Punkten: $\frac{6}{15} = 40\,\%$ bzw. $13{,}3\,\% + 6{,}7\,\% + 13{,}3\,\% + 6{,}7\,\%$. Auch hier kann die Addition der Prozentzahlen zu Ungenauigkeiten führen.

7

Fehlende Wahrscheinlichkeiten siehe Baumdiagramm

a) $P(aaa) = \frac{27}{64}$

b) $P(abb) = \frac{3}{64}$

c) Wahrscheinlichkeit, dass mindestens zweimal a auftritt:
$P(aaa) + P(aab) + P(aba) + P(baa) = \frac{27}{64} + \frac{9}{64} + \frac{9}{64} + \frac{9}{64} = \frac{54}{64}$

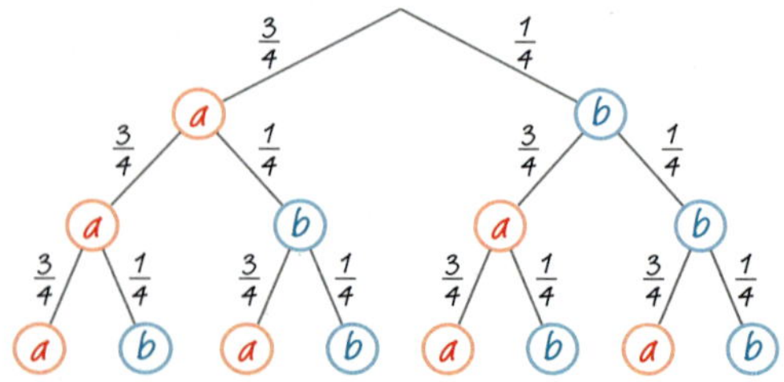

8

a)

	M	$\overline{M}$	
E	250	125	375
$\overline{E}$	250	375	625
	500	500	1000

b) (1) $P(E) = \frac{375}{1000} = 37{,}5\,\%$

(2) $P(M) = \frac{500}{1000} = 50\,\%$

(3) $P(\overline{M} \cap E) = \frac{125}{1000} = 12{,}5\,\%$

Seite 138

5

a) X: Gewinn

k	−1	0	1
P(X − k)	$\frac{1}{2}$	$\frac{1}{3}$	$\frac{1}{6}$

$\mu = -1 \cdot \frac{1}{2} + 1 \cdot \frac{1}{6} = -\frac{1}{3}$

b) Der Erwartungswert gibt an, wie viel man auf lange Sicht pro Spiel verliert. Wenn man das Spiel oft durchführt, wird der Mittelwert des „Gewinns" bei etwa −0,33 Euro liegen.

6

Der Erwartungswert der zu den Glücksrädern gehörigen Wahrscheinlichkeitsverteilungen gibt an, wie viel man im Mittel gewinnen würde, wenn der durch die Glücksräder angezeigte Betrag ausgezahlt würde.

Bei dreifacher Gewinnausschüttung erhielte man im Mittel beim

- ersten Glücksrad 14,5 €
- zweiten Glücksrad 11,25 €
- dritten Glücksrad 16,25 €

Dieser Betrag wäre als Einsatz zu zahlen, damit das Glücksspiel fair ist.

Seite 139

9

a) $\mu = 0 \cdot \frac{1}{2} + 1 \cdot \frac{1}{4} + 3 \cdot \frac{1}{6} + 6 \cdot \frac{1}{12} = \frac{5}{4} = 1{,}25$

b) $\overline{x} = 0 \cdot 0{,}52 + 1 \cdot 0{,}24 + 3 \cdot 0{,}15 + 6 \cdot 0{,}09 = 1{,}23$

c) Der Einsatz muss 1,25 € betragen.

11

a) Unter dem orientierten Flächeninhalt bei dem Graphen der Funktion f im Intervall [−1; 2] versteht man die Summe der Inhalte, die der Graph mit der x-Achse einschließt, wobei aber Inhalte über der x-Achse positiv und Inhalte unter der x-Achse negativ gerechnet werden. Da hier der Flächeninhalt unter der x-Achse offensichtlich größer ist als der oberhalb, ist dieser orientierte Flächeninhalt negativ.

b) $\int_{-1}^{2} (x^3 - x^2 - 2x)\,dx = -\frac{9}{4}$.

Seite 142

6

Ergebnismenge S = {bbb, bbg, bgb, gbb, bgg, gbg, ggb, ggg}

a) dreimal gelb: $\frac{1}{4} \cdot \frac{1}{4} \cdot \frac{1}{4} = \frac{1}{64}$.

b) keinmal gelb: $\frac{3}{4} \cdot \frac{3}{4} \cdot \frac{3}{4} = \frac{27}{64}$;

also mindestens einmal gelb: $1 - \frac{27}{64} = \frac{37}{64}$.

c) genau einmal blau:

$\frac{3}{4} \cdot \frac{1}{4} \cdot \frac{1}{4} + \frac{1}{4} \cdot \frac{3}{4} \cdot \frac{1}{4} + \frac{1}{4} \cdot \frac{1}{4} \cdot \frac{3}{4} = \frac{9}{64}$.

d) genau zweimal blau:

$\frac{3}{4} \cdot \frac{3}{4} \cdot \frac{1}{4} + \frac{1}{4} \cdot \frac{3}{4} \cdot \frac{3}{4} + \frac{3}{4} \cdot \frac{1}{4} \cdot \frac{3}{4} = \frac{27}{64}$;

genau dreimal blau: $\frac{3}{4} \cdot \frac{3}{4} \cdot \frac{3}{4} = \frac{27}{64}$;

also mindestens zweimal blau: $\frac{27}{64} + \frac{27}{64} = \frac{27}{32}$.

e)

gelb	0	1	2	3
Wahrscheinlichkeit	$\left(\frac{3}{4}\right)^3$	$3 \cdot \left(\frac{3}{4}\right)^2 \cdot \frac{1}{4}$	$3 \cdot \frac{3}{4} \cdot \left(\frac{1}{4}\right)^2$	$\left(\frac{1}{4}\right)^3$

Der Erwartungswert beträgt $\mu = \frac{3}{4}$.

7

g	0	1	2	3
P(X = g)	$0{,}49^3$ ≈ 0,118	$3 \cdot 0{,}51 \cdot 0{,}49^2$ ≈ 0,367	$3 \cdot 0{,}51^2 \cdot 0{,}49$ ≈ 0,382	$0{,}51^3$ ≈ 0,133

$\mu = 0 \cdot 0{,}118 + 1 \cdot 0{,}367 + 2 \cdot 0{,}382 + 3 \cdot 0{,}133 \approx 1{,}53$. Wenn Ria sehr häufig 3 Junge zur Welt bringt, dann werden im Durchschnitt dabei ungefähr 1,5 Rüden pro Wurf dabei sein.

Seite 143

12

a) $1 - \left(\frac{5}{6}\right)^5 = \frac{4651}{7776} \approx 0{,}5981$

b) $\frac{6}{6} \cdot \frac{5}{6} \cdot \frac{4}{6} \cdot \frac{3}{6} \cdot \frac{2}{6} = \frac{5}{54} \approx 0{,}0154$

c) $\left(\frac{5}{6}\right)^4 \cdot \frac{1}{6} = \frac{625}{7776} \approx 0{,}0804$

13

a) X sei die Zufallsgröße „Gewinn in Euro".
Gewinn = Auszahlung − Einsatz.
Wahrscheinlichkeitsverteilung von X:

k	−0,5	0,5
P(X = k)	0,625	0,375

b) $\mu = -0{,}125$

c) Bei einem Einsatz von e € müsste die Gleichung $-e \cdot 0{,}625 + (1 - e) \cdot 0{,}375 = 0$ gelten. Lösung $e = 0{,}375$.
Da es keine halben Cent gibt, ist es nicht möglich, den Einsatz entsprechend abzuändern.

16

a) $F(x) = \frac{2}{3}x^3$ b) $F(x) = \frac{5}{2}x^2$ c) $F(x) = 2x^6$
d) $F(x) = x - x^3$ e) $F(x) = 2e^x$ f) $F(x) = -e^{-x}$
g) $F(x) = \frac{1}{2}\sin(2x)$ h) $F(x) = -\frac{1}{x}$ i) $F(x) = 5\ln(x)$
j) $F(x) = -2\ e^{-4x}$ k) $F(x) = \frac{2}{3}x\cdot\sqrt{x}$ l) $F(x) = -\frac{1}{\pi}\cos(\pi x)$

Seite 146

5

$\mu = 4{,}15;\ \sigma \approx 2{,}59$

6

a) X sei die Zufallsgröße „Gewinn in Euro".
Gewinn = Auszahlung – Einsatz
Wahrscheinlichkeitsverteilung von X:

k	$-\frac{1}{2}$	$\frac{1}{2}$
P(X = k)	$\frac{5}{8}$	$\frac{3}{8}$

b) $\mu = -\frac{1}{8};\ V \approx \frac{15}{64}$

c) Bei einem Einsatz von e € müsste die Gleichung
$-e \cdot \frac{5}{8} + (1 - e) \cdot \frac{3}{8} = 0$ gelten. Lösung $e = \frac{3}{8}$.
Da es keine halben Cent gibt, müsste man in der Praxis runden.

Seite 147

10

Die Mannschaften werden mit A und B bezeichnet. Nach drei Spielen ist Schluss bei Ausgang AAA und BBB (das heißt A bzw. B gewinnt dreimal).
Nach vier Spielen ist Schluss bei Ausgang BAAA, ABAA, AABA beziehungsweise ABBB, BABB, BBAB.
Nach fünf Spielen ist Schluss bei Ausgang BBAAA, BABAA, BAABA, ABBAA, ABABA, AABBA beziehungsweise AABBB, ABABB, ABBAB, BAABB, BABAB, BBAAB.
Die Wahrscheinlichkeiten der Ergebnisse lassen sich mithilfe eines Baumdiagramms ermitteln. Man erhält für die Zufallsgröße X (Anzahl der Spiele) die Verteilung

s	3	4	5
Häufigkeit	2	6	12
P(X = s)	$2 \cdot \frac{1}{2^3} = \frac{1}{4}$	$6 \cdot \frac{1}{2^4} = \frac{3}{8}$	$12 \cdot \frac{1}{2^5} = \frac{3}{8}$

und den Erwartungswert
$\mu = 3 \cdot \frac{1}{4} + 4 \cdot \frac{3}{8} + 5 \cdot \frac{3}{8} = 4{,}125$
sowie die Standardabweichung $\sigma = 0{,}78$.

13

a) 4 b) 6 c) $\frac{2}{3}$
d) 0 e) $\frac{2}{3}$ f) $\frac{1}{4}$
g) 2π h) $\frac{e^2 - 5}{2}$ i) $8 \cdot \left(\sqrt{e} - \frac{1}{\sqrt{e}}\right)$
j) $\frac{1}{4} - \frac{1}{4e}$ k) 4 l) $\frac{1}{2}\ln(2)$

Seite 150

5

a) 25 Vielfache von 4, darunter 5 Vielfache von 5.
Die gesuchte Wahrscheinlichkeit beträgt $\frac{5}{25} = 0{,}2$.

b) 8 Vielfache von 4 und von 3, darunter eine Zahl, die auch Vielfaches von 5 ist (60).
Die gesuchte Wahrscheinlichkeit beträgt $\frac{1}{8} = 0{,}125$.

6

a)

	Z	$\overline{Z}$	
R	30 %	10 %	40 %
$\overline{R}$	30 %	30 %	60 %
	60 %	40 %	

Je nachdem, ob man das Merkmal Z, oder das Merkmal R zuerst betrachtet, erhält man zwei zugehörige Baumdiagramme.

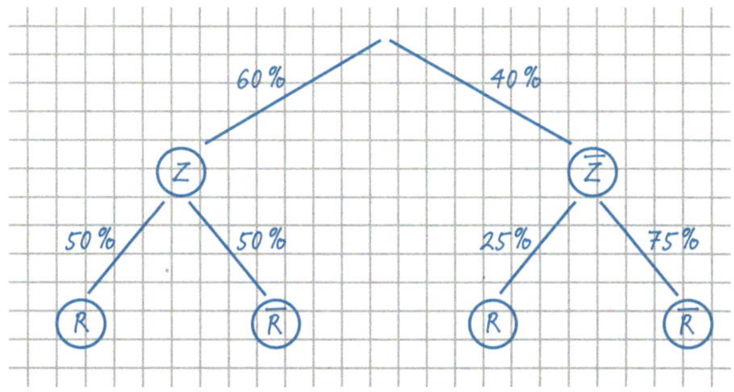

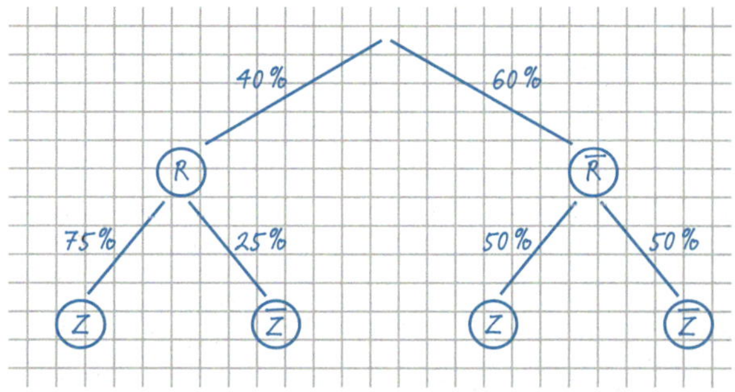

b) $P_R(Z) = \frac{30\,\%}{40\,\%} = \frac{3}{4}$ $P_R(\overline{Z}) = \frac{1}{4}$ $P_Z(R) = \frac{30\,\%}{60\,\%} = \frac{1}{2}$
$P_Z(\overline{R}) = \frac{1}{2}$ $P_{\overline{R}}(Z) = \frac{1}{2}$ $P_{\overline{Z}}(R) = \frac{1}{4}$ …

Seite 151

11

a) $P_A(J) = \frac{7\,\%}{9\,\%} = 77{,}7\,\%;\ P_J(A) = \frac{7\,\%}{56\,\%} = 12{,}5\,\%$
Wenn ein befragtes Kind abnehmen möchte, handelt es sich mit ca. 77,7 %iger Wahrscheinlichkeit um einen Jungen. Wenn es sich um einen Jungen handelt, will er mit 12 %iger Wahrscheinlichkeit abnehmen.

b) $P_B(J) = \frac{30\,\%}{51\,\%} \approx 59\,\%$

c)

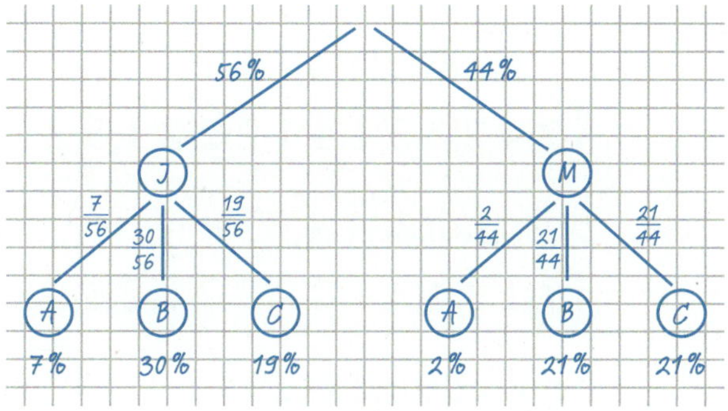

d)

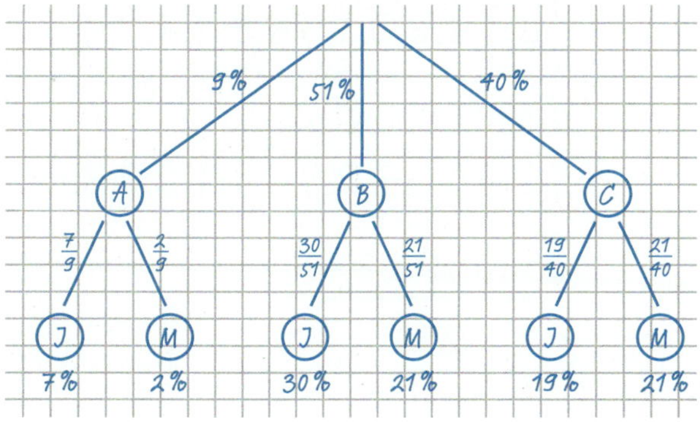

14

Inhalt der Fläche, die der Graph von f mit der x-Achse einschließt.

a) $\int_{-1}^{1}(1-x^2)\,dx = \frac{4}{3}$ b) $\int_{0}^{2}(2x-x^2)\,dx = \frac{4}{3}$

c) $\left|\int_{0}^{1}(x^3-x^2)\,dx\right| = \frac{1}{12}$ d) $\int_{0}^{1}(e-e^x)\,dx = 1$

e) $\left|\int_{-3}^{2}(x-2)\cdot(x+3)\,dx\right| = \frac{125}{6}$ f) $2\cdot\int_{0}^{\frac{\pi}{2}}2\sin(2x)\,dx = 4$

15

Inhalt der Fläche zwischen den Graphen der Funktionen f und g.

a) $\int_{-2}^{2}(6-x^2-2)\,dx = \frac{32}{3}$ b) $\int_{0}^{4}(2x-(x^2-2x))\,dx = \frac{32}{3}$

c) $\int_{0}^{1}(x-e^{-x}-(x^2-e^{-x}))\,dx = \frac{1}{6}$

Seite 154

8

Insgesamt sind es 21 Kugeln, 12 rote und 9 blaue. Daraus erhält man $P(E) = \frac{1}{2}$, $P(F) = \frac{9}{21} = \frac{3}{7}$, $P(E \cap F) = \frac{1}{2}\cdot\frac{3}{7}$.
Also sind E und F unabhängig. Dasselbe ergibt sich für $\overline{E}$ und $\overline{F}$.

Seite 155

13

a) $P(♀ \cap A) = 0{,}1$; $P(♀)\cdot P(A) = 0{,}15\cdot 0{,}6 = 0{,}09$;
also $P(♀ \cap A) \neq P(♀)\cdot P(A)$

b) $P_A(♂) = \frac{5}{6}$ $P_A(♀) = \frac{1}{6}$ $P_{\overline{A}}(♂) = \frac{7}{8}$ $P_{\overline{A}}(♀) = \frac{1}{8}$

$P_{♀}(A) = \frac{2}{3}$ $P_{♀}(\overline{A}) = \frac{1}{3}$ $P_{♂}(A) = \frac{50}{85} = \frac{10}{17}$ $P_{♂}(\overline{A}) = \frac{35}{85} = \frac{7}{17}$

c)

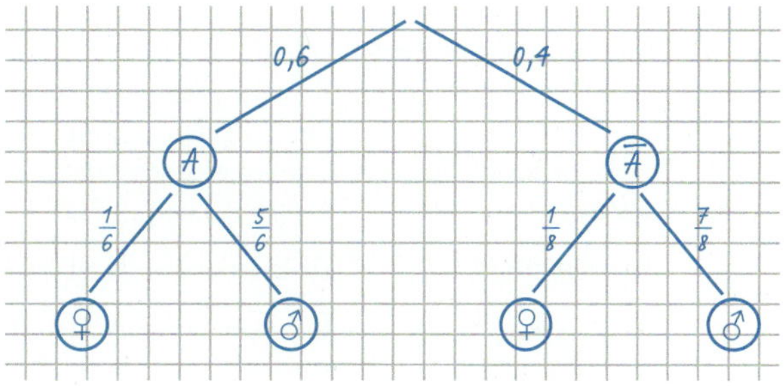

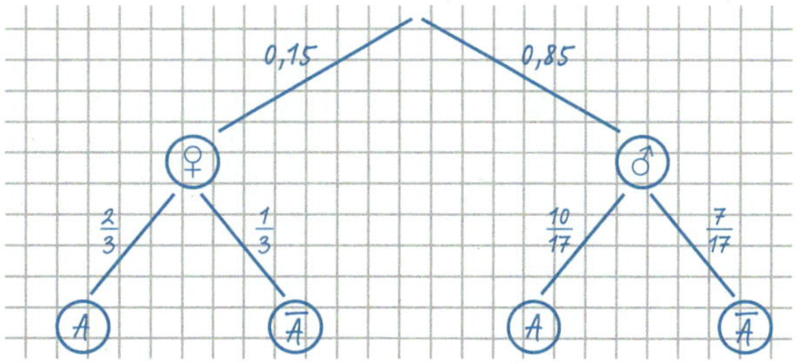

17

a) Die markierte Fläche gibt den in der Zeit von 0 bis 30 s zurückgelegten Weg des Zuges an.

b) Geschwindigkeit nach einer halben Minute (30 s) und nach zwei Minuten (120 s):
$v(30) \approx 35{,}5\,\frac{m}{s}$; $v(120) \approx 39{,}95\,\frac{m}{s}$.

c) In der ersten bzw. in der zweiten Minute zurückgelegter Weg:
$\int_{0}^{60} v(t)\,dt \approx 2020\,m$ bzw. $\int_{60}^{120} v(t)\,dt \approx 2380\,m$.

Seite 158

5

a) Bei 20 Durchführungen geht man analog b) vor.

b) Die nachfolgende Abbildung zeigt eine Simulation am Rechner für 200 Durchführungen. Hier werden 20 Fehlwürfe gezählt.

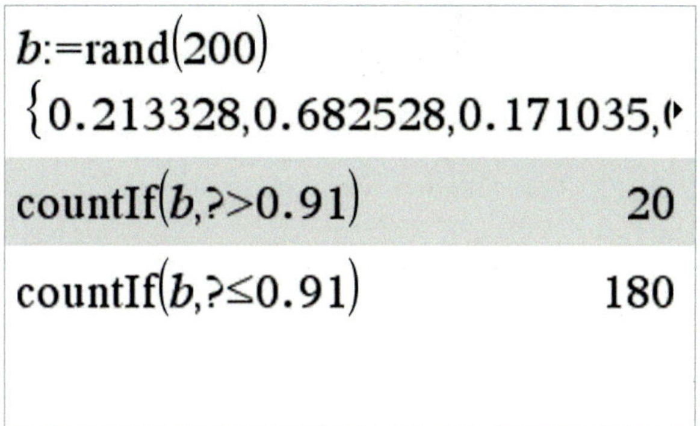

6

a) Die nachfolgende Abbildung zeigt eine Simulation am Rechner für 1000 Durchführungen. Hier wird 276-mal die Augensumme 9 erzielt. Daraus ergibt sich als Schätzung für die Wahrscheinlichkeit, dass die Augensumme mindestens 9 beträgt, der Wert 0,276.

```
a:=randInt(1,6,1000)+randInt(1,6,1000)
 {2,7,7,4,9,4,4,4,7,5,8,6,5,7,7,4,9,8,8,10,8,5,▸
countIf(a,?≥9)                              276
```

b) Das Ereignis „Augensumme mindestens 9" besteht aus den zehn Ergebnissen 6-3, 6-4, 6-5, 6-6, 5-4, 5-5, 5-6, 4-5, 4-6, 3-6, deren Wahrscheinlichkeit jeweils $\frac{1}{36}$ beträgt. Damit ergibt sich für die gesuchte Wahrscheinlichkeit $\frac{10}{36} \approx 0{,}278$. Wiederholungen der Simulation ergeben Schätzwerte, die um diesen Wert schwanken.

Seite 159

10

a) Die Abbildung zeigt eine Simulation am Rechner für 250 Durchführungen.

```
a:=randInt(1,4,250)
 {3,3,3,4,2,2,2,2,4,3,2,2,4,3,2,4,3,▸
b:=randInt(1,4,250)
 {2,2,1,3,1,1,2,1,4,1,2,2,3,2,1,2,4,▸
countIf(a-b,?=0)                      63
countIf(a-b,?=0)
----------------                   0.252
      250.
```

Der Wert 0,252 ist eine Schätzung für die Wahrscheinlichkeit dafür, dass beide Tetraeder dasselbe Ergebnis haben.

b) Es gibt insgesamt $4^2 = 16$ gleichwahrscheinliche Ergebnisse beim Wurf von zwei Tetraedern. 4 davon haben gleiche Ergebnisse für beide Tetraeder. Also ist $\frac{1}{4}$ die Wahrscheinlichkeit dafür, dass beide Tetraeder dasselbe Ergebnis haben.

c) Man erzeugt drei Listen wie in Teilaufgabe a). Es soll gezählt werden, wenn in allen drei Listen gleiche Zahlen stehen. Dazu müssen in den Listen für a − b und a − c dort Nullen stehen. Da auch negative Zahlen in diesen Differenzlisten stehen können, bestimmt man ihre Beträge und addiert sie. Daraus entsteht Liste d. Dort entsprechen dann die Nullen den gleichen Zahlen in den Listen a, b und c. Man erhält 0,068 als Schätzung für die gesuchte Wahrscheinlichkeit:

```
a:=randInt(1,4,250)
 {2,4,2,3,3,1,4,1,2,2,2,1,3,3,1,1,3,▸
b:=randInt(1,4,250)
 {3,1,3,1,3,1,2,2,2,2,2,2,1,3,1,4,2,▸
c:=randInt(1,4,250)
 {2,3,4,2,2,3,3,4,3,3,4,2,4,3,3,3,4,▸
d:=|a-b|+|a-c|
 {1,4,3,3,1,2,3,4,1,1,2,2,3,0,2,5,2,▸
countIf(d,?=0)
--------------                     0.068
     250
```

Es gibt insgesamt $4^3 = 64$ gleichwahrscheinliche Ergebnisse beim Wurf von drei Tetraedern, 4 davon haben gleiche Ergebnisse für alle drei Tetraeder. Also ist $\frac{1}{16} = 0{,}0625$ die Wahrscheinlichkeit dafür, dass alle drei Tetraeder dasselbe Ergebnis haben.

13

a) Es gibt viele Stammfunktionen von f, die sich um eine Konstante unterscheiden. Daher ist F(0) nicht eindeutig anzugeben.

b) Nur bei $x = -3$ liegt eine Extremstelle von F (Minimumstelle) vor, weil nur dort $f(x) = 0$ gilt und außerdem f an dieser Stelle einen Vorzeichenwechsel hat.

c) $F(2) = F(0) + \int_0^2 f(x)\,dx = \int_0^2 f(x)\,dx$, da $F(0) = 0$. Das entspricht dem Flächeninhalt unter dem Graphen von f im Bereich [0; 2]. Dieser ist etwa 6 Kästchen groß, bzw. etwa 1,5 FE.

d) $\int_{-3}^2 f(x)\,dx$ entspricht dem Flächeninhalt, den der Graph von f mit der x-Achse einschließt, also etwa 34 Kästchen bzw. 8,5 FE.

Seite 162

1

$P(A) = \frac{4}{6} \cdot \frac{3}{5} = \frac{12}{30} = \frac{2}{5}$; $P(B) = P(\overline{A}) = 1 - P(A) = \frac{18}{30} = \frac{3}{5}$.

2

Es gibt beim Doppelwurf 36 mögliche Paare. Die Ereignisse sind

a) A = {61; 62; …; 65; 66; 16; 26; …; 56}

b) B = {11; 22; …; 66}

c) $C = \overline{B}$

d) D = {56; 65; 66}

e) E enthält alle 36 Zahlenpaare.
Die Berechnung der Wahrscheinlichkeiten geschieht mit der Summenregel unter Ausnutzung folgender Tabellen:

C10 | f_x

	A	B	C	D	E	F	G
	Lego-Vierer						
		1	2	3	4	5	6
		7,50%	7,50%	43,00%	27,00%	7,50%	7,50%
1	7,50%	0,563%	0,563%	3,225%	2,025%	0,563%	0,563%
2	7,50%	0,563%	0,563%	3,225%	2,025%	0,563%	0,563%
3	43,00%	3,225%	3,225%	18,490%	11,610%	3,225%	3,225%
4	27,00%	2,025%	2,025%	11,610%	7,290%	2,025%	2,025%
5	7,50%	0,563%	0,563%	3,225%	2,025%	0,563%	0,563%
6	7,50%	0,563%	0,563%	3,225%	2,025%	0,563%	0,563%
		a)	14,44%				
		b)	28,03%				
		c)	71,97%				
		d)	1,688%				
		e)	100%				

C10 | f_x

	A	B	C	D	E	F	G
	Laplace-Würfel						
		1	2	3	4	5	6
		16,67%	16,67%	16,67%	16,67%	16,67%	16,67%
1	16,67%	2,778%	2,778%	2,778%	2,778%	2,778%	2,778%
2	16,67%	2,778%	2,778%	2,778%	2,778%	2,778%	2,778%
3	16,67%	2,778%	2,778%	2,778%	2,778%	2,778%	2,778%
4	16,67%	2,778%	2,778%	2,778%	2,778%	2,778%	2,778%
5	16,67%	2,778%	2,778%	2,778%	2,778%	2,778%	2,778%
6	16,67%	2,778%	2,778%	2,778%	2,778%	2,778%	2,778%
		a)	30,56%				
		b)	16,67%				
		c)	83,33%				
		d)	8,333%				
		e)	100%				

3

$1 - 0{,}1^3 = 0{,}999$

4

a) X: Gewinn in €; $\mu = \frac{1}{3} \cdot (-2) + \frac{1}{2} \cdot (-1) + \frac{1}{6} \cdot 1 = -1$. Man verliert auf lange Sicht durchschnittlich 1 € pro Spiel.
$V = \sigma^2 = (-2 + 1)^2 \cdot \frac{1}{3} + (-1 + 1)^2 \cdot \frac{1}{2} + (1 + 1)^2 \cdot \frac{1}{6} = 1$

b) a: Einsatz in €; $\mu = 0$. Für ein faires Spiel muss $\mu = 0$ gelten. Dies führt zu $a = 2$. Der Einsatz sollte für ein faires Spiel 2 € betragen.
Die Varianz bleibt gleich, weil durch den um 1 € geringeren Einsatz Gewinne und Erwartungswert um 1 € größer sind. Dadurch bleiben die Differenzen in den Klammern bei Teilaufgabe a) gleich.

5

a) arithmetisches Mittel $\overline{w} = 0 \cdot 0{,}1 + 1 \cdot 0{,}42 + 2 \cdot 0{,}35 + 3 \cdot 0{,}13 = 1{,}51$;
empirische Standardabweichung s
$= \sqrt{(0 - 1{,}5)^2 \cdot 0{,}1 + (0 - 1{,}5)^2 \cdot 0{,}42 + (2 - 1{,}5)^2 \cdot 0{,}35 + (3 - 1{,}5)^2 \cdot 0{,}13} \approx 0{,}84$

b) Wahrscheinlichkeitsverteilung der Zufallsgröße X: Anzahl der Wappen:

w	0	1	2	3
P(X = w)	0,125	0,375	0,375	0,125

$\mu = 1{,}5$; $\sigma \approx 0{,}87$

6

a) Siehe Tabelle; die fettgedruckten Werte waren gegeben.

	F	$\overline{F}$	insgesamt
M	40%	**20%**	**60%**
$\overline{M}$	10%	30%	40%
gesamt	**50%**	50%	**100%**

b) Mit dem Wert in den Feldern $F \cap \overline{M}$ (Anteil von Frauen und Fußballinteressierten an der gesamten Umfrage) und $\overline{M}$ (Anteil befragter Frauen an der gesamten Umfrage) ergibt sich $\frac{10\%}{40\%} = \frac{1}{4}$.

c) $P(F \cap M) = 0{,}4$. $P(F) = 0{,}5$; $P(M) = 0{,}6$. Da $0{,}5 \cdot 0{,}6 \neq 0{,}4$, sind F und M nicht unabhängig. Man sieht das hier auch daran, dass der Anteil der fußballinteressierten Männer an den befragten Männern $\left(\frac{2}{3}\right)$ nicht gleich dem Anteil aller Fußballinteressierten an allen Befragten $\left(\frac{1}{2}\right)$ ist.

d)

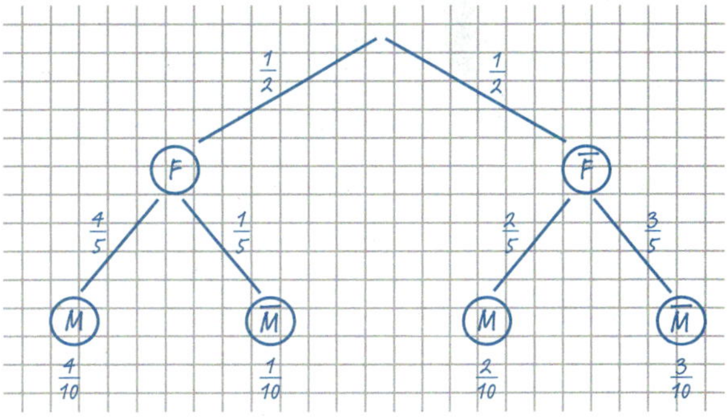

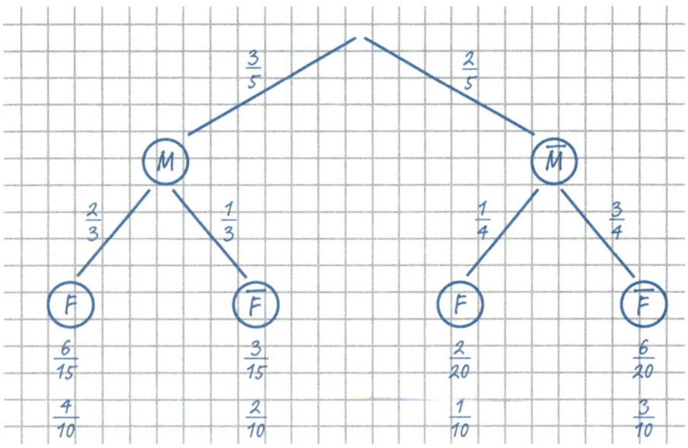

e) $P_M(F) = \frac{2}{3}$ $P_F(M) = \frac{4}{5}$

7

a) $P(A \cap B) = 0{,}1$; $P(A) \cdot P(B) = 0{,}6 \cdot 0{,}15 = 0{,}09$,
also $P(A \cap B) \neq P(A) \cdot P(B)$. A und B sind abhängig.

b) $P_A(B) = P\frac{(A \cap B)}{P(A)} = \frac{0{,}1}{0{,}6} = \frac{1}{6}$;
$P_B(A) = \frac{P(A \cap B)}{P(B)} = \frac{0{,}1}{0{,}15} = \frac{2}{3}$

8

a) (1)

Differenz	−5	−4	−3	−2	−1
Wahrscheinlichkeit	$\frac{1}{36}$	$\frac{2}{36}$	$\frac{3}{36}$	$\frac{4}{36}$	$\frac{5}{36}$

Differenz	0	1	2	3	4	5
Wahrscheinlichkeit	$\frac{6}{36}$	$\frac{5}{36}$	$\frac{4}{36}$	$\frac{3}{36}$	$\frac{2}{36}$	$\frac{1}{36}$

Der Erwartungswert der Differenz ist 0, die Standardabweichung ist etwa 2,42.

(2)

Differenz	0	1	2	3	4	5
Wahrscheinlichkeit	$\frac{6}{36}$	$\frac{10}{36}$	$\frac{8}{36}$	$\frac{6}{36}$	$\frac{4}{36}$	$\frac{2}{36}$

Der Erwartungswert der Differenz ist $\frac{70}{36} \approx 1{,}94$, die Standardabweichung ist etwa 1,43.

b)

X	2	3	4	5	6	7	8	9	10	11	12
Sa	$\frac{1}{36}$	$\frac{2}{36}$	$\frac{3}{36}$	$\frac{4}{36}$	$\frac{5}{36}$	$\frac{6}{36}$	$\frac{5}{36}$	$\frac{4}{36}$	$\frac{3}{36}$	$\frac{2}{36}$	$\frac{1}{36}$
He	$\frac{1}{6}$	0	$\frac{1}{6}$	0	$\frac{1}{6}$	0	$\frac{1}{6}$	0	$\frac{1}{6}$	0	$\frac{1}{6}$

Trotz gleicher Erwartungswerte ($\mu = 7$) liegen höchst unterschiedliche Wahrscheinlichkeitsverteilungen vor.
Insbesondere sind die Standardabweichungen mit etwa 2,42 bzw. 3,42 sehr unterschiedlich.

Seite 163

9

Man berechnet die Wahrscheinlichkeit, mit der das „Indiz" TNTT bei den beiden Alternativen zu erwarten wäre als erste Zeile einer Vierfeldertafel.

	p = 0,3	p = 0,7	Summe
TNTT	0,0189	0,1029	0,1218
	15,5 %	84,5 %	100 %

Dann bestimmt man die Wahrscheinlichkeit, mit der das Indiz von der zweiten Alternative stammt zu $\frac{0{,}1029}{0{,}1218} = 84{,}5\,\%$.

10

a) Individuelle Lösung.

b) Mit Wahrscheinlichkeiten sagt man relative Häufigkeiten auf lange Sicht voraus. Wahrscheinlichkeiten liegen also zeitlich gesehen vor den nächsten Versuchen. Das ist der in der Tabelle notierte Zusammenhang. Andererseits gehen in Fällen, in denen man Wahrscheinlichkeiten schätzen muss, die Erfahrungen vergangener Versuchsserien mit ein. Unter diesem Aspekt ist auch Tinas Position gerechtfertigt.

c) empirische Varianz: $v = (x_1 - \bar{x})^2 \cdot h_1 + \ldots + (x_n - \bar{x})^2 \cdot h_n$
empirische Standardabweichung: $s = \sqrt{v}$
Varianz einer Zufallsgröße:
$V = (x_1 - \mu)^2 \cdot P(X = x_1) + \ldots + (x_n - \mu)^2 \cdot P(X = x_n)$
Standardabweichung einer Zufallsgröße: $\sigma = \sqrt{V}$

11

a) $E = \{11; 12; 21\}$

b) F: der zweite Zug liefert eine „1", $\bar{E}$: Die Augensumme liegt über 3.

c) $P(E) = \frac{2}{6} \cdot \frac{2}{6} + \frac{2}{6} \cdot \frac{1}{6} + \frac{1}{6} \cdot \frac{2}{6} = \frac{2}{9}$

$P(F) = \frac{2}{6} \cdot \frac{2}{6} + \frac{1}{6} \cdot \frac{2}{6} + \frac{2}{6} \cdot \frac{2}{6} + \frac{1}{6} \cdot \frac{2}{6} = \frac{1}{3}$

d) $P(E \cap F) = P(\{11; 21\}) = \frac{4}{36} + \frac{2}{36} = \frac{1}{6} \neq P(E) \cdot P(F)$.
E und F sind nicht unabhängig voneinander.

12

Die Wahrscheinlichkeitsverteilung, die zum Auszahlungsbetrag gehört ist:

Augenzahl	1	2	3	4	5	6
Auszahlung (€)	3	6	9	13	15	18
Wahrscheinlichkeit	$\frac{1}{6}$	$\frac{1}{6}$	$\frac{1}{6}$	$\frac{1}{6}$	$\frac{1}{6}$	$\frac{1}{6}$

Sie hat den Erwartungswert $\mu = 10{,}50$ €.
Wenn Timo auf lange Sicht je Spiel 50 ct Gewinn machen möchte, muss er 11 € Einsatz verlangen.

13

a) Die Zufallsgröße X (Gewinn in Cent) hat die Wahrscheinlichkeitsverteilung:

g	−20	−10	0	30
P(X = g)	0,38	0,39	0,08	0,15

b) $\mu = -20 \cdot 0{,}38 - 10 \cdot 0{,}39 + 0 \cdot 0{,}08 + 30 \cdot 0{,}15 = -7$
Standardabweichung:
$\sigma = \sqrt{(-20-(-7))^2 \cdot 0{,}38 + (-10-(-7))^2 \cdot 0{,}39 + (0-(-7))^2 \cdot 0{,}08 + (30-(-7))^2 \cdot 0{,}15} \approx 16{,}6$

c) Der Erwartungswert muss dazu null sein, daher muss der Einsatz auf 13 Cent geändert werden.

14

a) Die Abbildung zeigt eine Simulation:

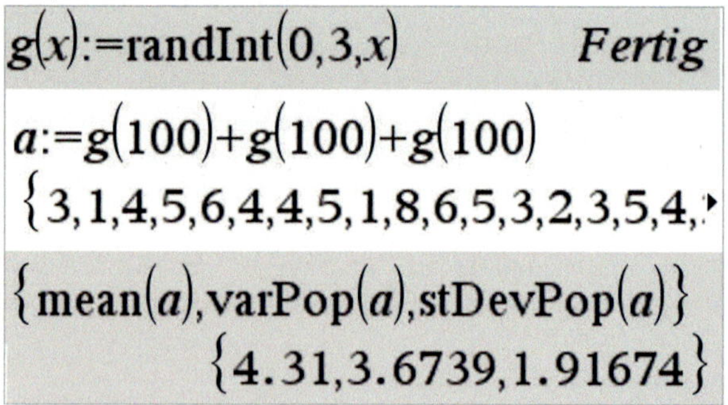

Ergebnisse:
Arithmetisches Mittel: $\bar{x} = 4{,}31$;
empirische Varianz: $v \approx 3{,}67$
empirische Standardabweichung: $s \approx 1{,}92$

b) Wahrscheinlichkeitsverteilung von X:

k	0	1	2	3	4	5	6	7	8	9
(X = k)	$\frac{1}{64}$	$\frac{3}{64}$	$\frac{6}{64}$	$\frac{10}{64}$	$\frac{12}{64}$	$\frac{12}{64}$	$\frac{10}{64}$	$\frac{6}{64}$	$\frac{3}{64}$	$\frac{1}{64}$

Beispiel:
„X = 3" = {300, 030, 003, 210, 201, 120, 102, 021, 012, 111};
alle 10 Ergebnisse sind gleichwahrscheinlich $\left(\text{jeweils } \frac{1}{64}\right)$.
Erwartungswert: $\mu = 4{,}5$;
Varianz: $V = 3{,}75$
Standardabweichung: $\sigma \approx 1{,}94$
Bei Wiederholung der Simulation aus Teilaufgabe a) schwanken die Werte mit relativ großen Abweichungen um die theoretischen Werte aus Teilaufgabe b). Eine Erhöhung der Durchführungen führt zu geringeren Schwankungen.

15

a)

	A (Mutter blond)	B (Mutter nicht blond)	
C (Tochter blond)	$\frac{1}{12}$	$\frac{4}{12}$	$\frac{5}{12}$
D (Tochter nicht blond)	$\frac{3}{12}$	$\frac{4}{12}$	$\frac{7}{12}$
	$\frac{4}{12}$	$\frac{8}{12}$	1

b)

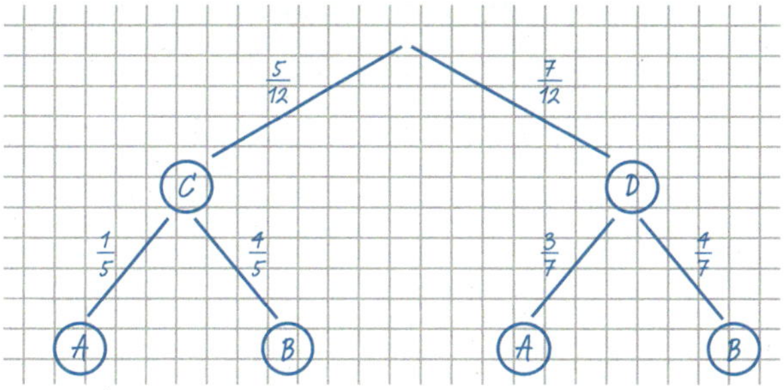

c) $P_A(C) = \frac{1}{4}$: Die Tochter einer blonden Mutter ist zu 25 % auch blond.
$P_C(A) = \frac{1}{5}$: Eine blonde Tochter hat zu 20 % eine blonde Mutter.

d) $P(A \cap D) = \frac{3}{12}$, $P(A) \cdot P(D) = \frac{4}{12} \cdot \frac{7}{12} = \frac{7}{36}$
A und D sind nicht unabhängig.

Seite 164

16

a) Es werden 10 000 Fahrgäste zugrunde gelegt. Damit erhält man die Tabelle.

	Männlich (M)	Weiblich	Gesamt
Schwarzfahrer (S)	150	50	200
Mit Fahrschein	5350	4450	9800
Gesamt	5500	4500	10 000

b) $P(\overline{M} \cap \overline{S}) = 0{,}445$

c) $P(M \cup \overline{S}) = 0{,}55 + 0{,}445 = 0{,}995$

17

Es gibt sechs mögliche Spielverläufe WW WZW WZZ ZWW ZWZ ZZ. Die beiden, die zur Spieldauer 2 gehören, haben die Wahrscheinlichkeit $\frac{1}{4}$, die vier, die zur Spieldauer 3 gehören je $\frac{1}{8}$. Daraus ergibt sich die Wahrscheinlichkeitsverteilung $P(2) = \frac{1}{2}$, $P(3) = \frac{1}{2}$ mit Erwartungswert $\mu = 2{,}5$.
Varianz: $V = (2 - 2{,}5)^2 \cdot \frac{1}{2} + (3 - 2{,}5)^2 \cdot \frac{1}{2} = \frac{1}{4}$
Standardabweichung: $\sigma = \frac{1}{2}$

18

Wenn man annimmt, dass die Behandlung der Patienten unabhängig voneinander erfolgt, kann man die Behandlung durch mehrmaliges Ziehen mit Zurücklegen aus einer Urne mit drei grünen und einer roten Kugel simulieren. Man erhält dann die Erwartungswerte

n	3	4	5
$E(X_n)$	2,25	3	3,75

Formel: $E(X_n) = \frac{3}{4}n$.

19

X: Auszahlung in Cent. Wahrscheinlichkeitsverteilung von X siehe Tabelle.

k	0	10	12	15	16	18	20	24	25	30	36
P(X = k)	$\frac{17}{36}$	$\frac{2}{36}$	$\frac{4}{36}$	$\frac{2}{36}$	$\frac{1}{36}$	$\frac{2}{36}$	$\frac{2}{36}$	$\frac{2}{36}$	$\frac{1}{36}$	$\frac{2}{36}$	$\frac{1}{36}$

a) Erwartungswert für die Auszahlung: 9,97 ct, also Erwartungswert für den Gewinn: −10,03 ct.
Standardabweichung (für beides): 10,83 ct.

b) Der Einsatz müsste 9,97 ct betragen, also etwa 10 ct.

20

Wahrscheinlichkeit von „Diagnose positiv":
wenn gilt „Säugling hat die Krankheit":

$\frac{1}{11000} \cdot 0{,}9999 = 9{,}09 \cdot 10^{-5}$

wenn gilt „Säugling hat die Krankheit nicht":
$0{,}99991 \cdot 0{,}001 = 9{,}9991 \cdot 10^{-4}$
Summe: $1{,}09081 \cdot 10^{-3}$
Die Wahrscheinlichkeit, dass ein als krank diagnostizierter Säugling diese Stoffwechselkrankheit hat, beträgt somit
$9{,}09 \cdot 10^{-5} : 1{,}09081 \cdot 10^{-3} \approx 0{,}0833 \approx 8{,}3\,\%$.

21

a) $1 - \left(\frac{5}{6}\right)^7 \approx 0{,}72$

b) Mit sieben Würfeln höchstens eine Sechs zu werfen, bedeutet keine Sechs oder genau eine Sechs zu werfen. Also erhält man $\left(\frac{5}{6}\right)^7 + 7 \cdot \left(\frac{5}{6}\right)^6 \cdot \frac{1}{6} \approx 0{,}67$.

c) Die Mindestzahl der benötigten Würfe sei n. Dann ist die kleinste natürliche Zahl n gesucht mit $1 - \left(\frac{5}{6}\right)^n \geq 0{,}95$. Mit dem Rechner erhält man $n = 17$.

$$\text{solve}\left(1-\left(\frac{5}{6}\right)^{n} \geq 0.95, n\right) \qquad n \geq 16.431$$

Die Lösung kann man auch durch Probieren finden.

22

a) $\frac{\pi \cdot r^2}{4 \cdot r^2} = \frac{\pi}{4}$

b) Die Abbildung zeigt eine Simulation mit dem Rechner. Es werden 500-mal jeweils zwei Zufallszahlen erzeugt, deren Koordinaten einen Punkt (auftreffender Regentropfen) bedeuten. Ist dessen Abstandsquadrat < 1, so liegt er im Viertelkreis (Pythagoras!) des 1. Quadranten. Die relative Häufigkeit dieser Punkte ist daher eine Näherung für $\frac{\pi}{4}$.

$$a := (\text{rand}(500))^2 + (\text{rand}(500))^2$$
$$\{0.825525, 1.02661, 0.80586, 0.5\ldots$$
$$\frac{\text{countIf}(a, ?<1)}{500.} \qquad 0.804$$
$$0.804 \cdot 4 \qquad 3.216$$

23

	A	$\overline{A}$	
B	$P(A \cap B)$	$P(\overline{A} \cap B)$	$P(B)$
$\overline{B}$	$P(A \cap \overline{B})$	$P(\overline{A} \cap \overline{B})$	$P(\overline{B})$
	$P(A)$	$P(\overline{A})$	1

$P(A \cap B) = P(A) \cdot P(B) \Rightarrow P(A \cap \overline{B}) = P(A) - P(A \cap B)$
$= P(A) - P(A) \cdot P(B) = P(A)(1 - P(B)) = P(A) \cdot P(\overline{B})$

Der Rechenschritt $P(A \cap \overline{B}) = P(A) - P(A \cap B)$ wird verdeutlich durch die Abbildung:

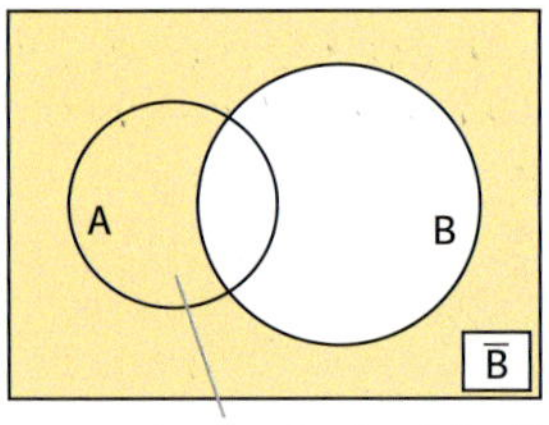

$A \cap \overline{B} = A$ „ohne" $A \cap B$

24

a) 1€

b) Der Spieler muss in diesem Fall fortgesetzt verlieren, bis die 1000€ aufgebraucht sind. Die Tabelle zeigt den Verlauf für diesen unwahrscheinlichen Fall:

Spiel Nr.	Einsatz im Spiel €	gesamter Einsatz in der Runde €
1	1	1
2	2	3
3	4	7
4	8	15
5	16	31
6	32	63
7	64	127
8	128	255
9	256	511
10	512	1023

Das zehnte Spiel kann er nicht mehr spielen, da zum Verdoppeln das Geld nicht ausreicht. Er verliert zuvor 9-mal nacheinander, insgesamt 511€. Die Wahrscheinlichkeit dafür beträgt $\left(\frac{19}{37}\right)^9 \approx 0{,}0025$, denn beim Roulette gibt es nur 18 rote Felder von insgesamt 37.

c) Der Spieler verliert in einer Runde 511€ mit Wahrscheinlichkeit $\left(\frac{19}{37}\right)^9$ und gewinnt 1€ mit Wahrscheinlichkeit $1 - \left(\frac{19}{37}\right)^9$.

Also ergibt sich

$\mu = \left(\frac{19}{37}\right)^9 \cdot (-511€) + \left(1 - \left(\frac{19}{37}\right)^9\right) \cdot 1€ \approx -0{,}27€.$

Der Spieler muss also mit einem mittleren Verlust von 27 Cent rechnen. Die Strategie führt also auf lange Sicht zu einem Verlust.

Anmerkung: Wäre die Wahrscheinlichkeit, ein Spiel zu gewinnen, $\frac{1}{2}$ statt $\frac{19}{37}$, so wäre der Erwartungswert 0€. Da es beim Roulette aber neben 18 roten und 18 schwarzen Feldern ein grünes Feld mit „0" gibt, macht dieser kleine Unterschied den Verlust bei der Martingale-Strategie aus.

Seite 166

Runde 1

1

k	−2	0	6
P(X = k)	$\frac{1}{2}$	$\frac{1}{6}$	$\frac{1}{3}$

a) Erwartungswert: $\mu = -2 \cdot \frac{1}{2} + 0 \cdot \frac{1}{6} + 6 \cdot \frac{1}{3} = 1$

Varianz: $V = (-2 - 1)^2 \cdot \frac{1}{2} + (0 - 1)^2 \cdot \frac{1}{6} + (6 - 1)^2 \cdot \frac{1}{3} = 13$

b) Wenn die Werte von k für Größen wie z.B. Längen in m stehen, würde die Varianz ein Streumaß mit der Einheit m^2 liefern. Erst durch Wurzelziehen passt die Einheit zur Größe.

2

a) Tim setzt voraus, dass die Pünktlichkeit der Züge voneinander unabhängig ist. Dann kann er die Wahrscheinlichkeit dafür, dass kein Zug pünktlich ist, als $0{,}95^5$ berechnen. Das Gegenereignis hierzu ist „Mindestens ein Zug ist nicht pünktlich", also ist seine Wahrscheinlichkeit $1 - 0{,}95^5$.

b) Wenn Tim z. B. immer an Tagen fährt, bei denen das Verkehrsaufkommen sehr groß ist, beeinflussen sich Verspätungen bei Zügen, vor allem wenn auf Anschlusszüge gewartet wird.

3

a) $P(E) = \frac{5}{36}$, $P(F) = \frac{6}{36}$, $P(E \cap F) = \frac{1}{36} \neq P(E) \cdot P(F)$, abhängig

b) $P(E) = \frac{1}{6}$, $P(F) = \frac{26}{36}$, $P(E \cap F) = \frac{4}{36} \neq P(E) \cdot P(F)$, abhängig

c) $P(E) = \frac{2}{6}$, $P(F) = \frac{3}{6}$, $P(E \cap F) = \frac{6}{36} = P(E) \cdot P(F)$, unabhängig

4

a) X: Anzahl der Wappen
Wahrscheinlichkeitsverteilung von X:

k	0	1	2	3
P(X = k)	$\frac{1}{8}$	$\frac{3}{8}$	$\frac{3}{8}$	$\frac{1}{8}$

$\mu = 1{,}5$
$V = \sigma^2 = \frac{3}{4}$
$\sigma = \frac{1}{2}\sqrt{3} \approx 0{,}866$

b) Das Gegenereignis zu „mindestens einmal liegt Zahl unten" ist „kein einziges Mal liegt Zahl unten". Es hat also die Wahrscheinlichkeit $\left(\frac{1}{2}\right)^{10} = \frac{1}{1024}$. Daher liegt mit einer Wahrscheinlichkeit von $\frac{1023}{1024} \approx 99{,}9\,\%$ mindestens einmal Zahl unten.

5

a) $P(E) = \frac{2}{3}$, $P(F) = 1 - \left(\frac{2}{3}\right)^7 = 0{,}9415$, $P(G) = \left(\frac{1}{3}\right)^7 = 0{,}000\,46$

b) $E \cap G = \{\ \}$, also $P(E \cap G) = 0$. Also ist $P(E) \cdot P(G) \neq P(E \cap G)$, E und G sind nicht unabhängig.

c) Zu $E \cap F$ gehören alle Ergebnisse, bei denen im 1. Wurf eine 1 und bei Wurf 2 bis 7 mindestens eine 6 fällt. Da die einzelnen Würfe unabhängig sind, ist $P(E \cap F) = \frac{2}{3} \cdot \left(1 - \left(\frac{2}{3}\right)^6\right) = 0{,}6081$.

Damit ergibt sich $P_E(F) = \frac{P(E \cap F)}{P(E)} = 0{,}9122$.

6

Man geht z. B. von 10 000 Grenzkontrollen aus und erhält aus den Textangaben die folgende Vierfeldertafel.

	R Rauschgiftschmuggler	$\overline{R}$ Kein Rauschgiftschmuggler	Gesamt
H Hund bellt	98	297	395
$\overline{H}$ Hund bellt nicht	2	9603	9605
Gesamt	100	9900	10 000

Daraus ergibt sich:

a) Die Wahrscheinlichkeit, dass der Hund bellt, beträgt 3,95 %. Diese Wahrscheinlichkeit ist ziemlich klein, weil es nur wenige Rauschgiftschmuggler gibt und weil der Hund bei Nichtschmugglern nur selten bellt.

b) Bei 98 von den 100 Schmugglern bellt der Hund, aber bei 297 von den 9900 Nichtschmugglern bellt er auch. Er bellt also insgesamt 395 Grenzgänger an, von denen aber nur 98 Schmuggler sind. Also beträgt die gesuchte Wahrscheinlichkeit $\frac{98}{395} = 24{,}8\,\%$. Das ist enttäuschend wenig und kommt daher, weil fast nur Nichtschmuggler die Grenze überqueren, bei denen der Hund aber relativ häufig doch bellt.

c) Der Hund bellt nicht bei 2 von den 100 Schmugglern und bei 9603 von den 9900 Nichtschmugglern, also insgesamt bei 9605 Grenzgängern. Der Hund bellt also mit einer Wahrscheinlichkeit von $\frac{9603}{9605} = 99{,}98\,\%$ nicht, wenn kein Schmuggler die Grenze übertritt. Wenn der Hund nicht bellt, kann der Zollbeamte also praktisch sicher sein, dass tatsächlich kein Schmuggler die Grenze übertritt.

Seite 167

Runde 2

1

a) Falsch, der Mittelwert ist zufallsabhängig, nicht der Erwartungswert. Der Mittelwert schwankt um den Erwartungswert.

b) Wahr.

c) Falsch, $P(E \cap F) = P(E) \cdot P(F)$.

d) Wahr, man wählt drei Augenzahlen (z. B. „ungerade"), die als Seite „Wappen" gewertet werden.

e) Wahr, wenn man durch dreimaliges Werfen einer Münze eine Dualzahl erzeugt (z. B. WZW = 101 ≡ 5) und die Zahlen WWW = 111 ≡ 7 und ZZZ = 000 ≡ 0 nicht wertet.

f) Wahr, durch geeignete Simulationen erhält man relative Häufigkeiten, mit denen man bei hohem Versuchsumfang die Wahrscheinlichkeiten gut abschätzen kann.

2

k	2	3
P(X = k)	$\frac{5}{8}$	$\frac{3}{8}$

Berechnungen:

$P(X = 2) = \frac{1}{4} \cdot \frac{1}{4} + \frac{3}{4} \cdot \frac{3}{4} = \frac{10}{16} = \frac{5}{8}$,

$P(X = 3) = \frac{1}{4} \cdot \frac{3}{4} + \frac{3}{4} \cdot \frac{1}{4} = \frac{6}{16} = \frac{3}{8}$,

$\mu = 2 \cdot \frac{5}{8} + 3 \cdot \frac{3}{8} = \frac{19}{8}$,

$V = \left(2 - \frac{19}{8}\right)^2 \cdot \frac{5}{8} + \left(3 - \frac{19}{8}\right)^2 \cdot \frac{3}{8} = \frac{15}{64}$.

3

a) 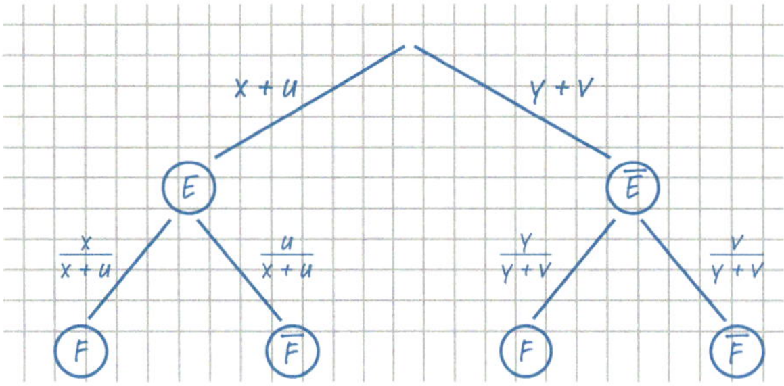

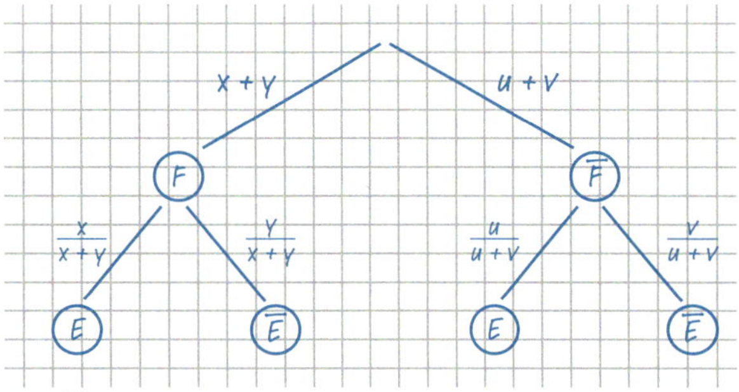

b) $P(E \cap \overline{F}) = P(E) - P(E \cap F) = P(E) - P(E) \cdot P(F) = P(E) \cdot (1 - P(F))$
$= P(E) \cdot P(\overline{F})$
alternativer Beweis: Aus der Unabhängigkeit von E und F folgt
$x = (x + u)(x + y)$, also $x = (x + u)(1 - (u + v))$ und
$x = x + u - (x + u)(u + v)$.
Daraus ergibt sich $u = (x + u)(u + v)$. Und damit sind auch E und $\overline{F}$ unabhängig.

c) x sollte viel größer als u und v viel größer als y sein.

4

X: Punktezahl; Wahrscheinlichkeitsverteilung:

g	0	10	100	1000
P(X = g)	$\frac{125}{216}$	$\frac{75}{216}$	$\frac{15}{216}$	$\frac{1}{216}$

$\mu = 0 \cdot \frac{125}{216} + 10 \cdot \frac{75}{216} + 100 \cdot \frac{15}{216} + 1000 \cdot \frac{1}{216} \approx 15{,}05$

$V = (0 - 15{,}05)^2 \cdot \frac{125}{216} + (10 - 15{,}05)^2 \cdot \frac{75}{216} + (100 - 15{,}05)^2 \cdot \frac{15}{216}$
$+ (1000 - 15{,}05)^2 \cdot \frac{1}{216}$
$\approx 5132{,}4$

$\sigma \approx 71{,}64$

5

a)

	M: Mädchen	J: Junge	
G: Essen gut	24	60	84
N: Essen nicht gut	24	12	36
	48	72	120

Fett gedruckte Zahlen sind gegeben bzw. unmittelbar zu berechnen.

b) Man weiß, dass die befragte Person das Essen nicht gut findet. Gesucht ist daher die bedingte Wahrscheinlichkeit

$P_N(J) = \frac{P(N \cap J)}{P(N)} = \frac{12}{36} = \frac{1}{3}$.

6

Mit den Zahlenangaben im Text wird die Tabelle erstellt, zunächst die fett gedruckten Werte. Die anderen Werte werden daraus berechnet.

	an Tbc erkrankt	nicht an Tbc erkrankt	gesamt
Test positiv	**0,004 50**	0,009 95	0,014 45
Test negativ	0,000 50	**0,985 05**	0,985 55
gesamt	**0,005 00**	0,995 00	**1,000 00**

a) Gesucht ist die bedingte Wahrscheinlichkeit, dass eine Person an Tbc erkrankt ist unter der Bedingung, dass sie positiv getestet wird.
Man erhält: $\frac{0{,}0045}{0{,}01445} \approx 0{,}3114$
Also ist Herr Lampe (nur) mit einer Wahrscheinlichkeit von etwa 31 % erkrankt. Immerhin hat sich durch den Test für Herrn Lampe die A-priori-Wahrscheinlichkeit von 0,5 %, erkrankt zu sein, auf die A-posteriori-31 % deutlich erhöht.
Dass dieser Wert so scheinbar gering ist, kommt daher, dass es sehr viel mehr Gesunde als Erkrankte gibt. Von den Gesunden werden immerhin 1 % positiv getestet, ihr Anteil von 0,995 % an der Gesamtbevölkerung ist damit etwa doppelt so groß wie der Anteil der positiv getesteten Kranken (ca. 0,45 % der Gesamtbevölkerung).

b) $0{,}014\,45 \cdot 0{,}995 \approx 0{,}0144 \neq 0{,}009\,95$, also sind die Ereignisse nicht unabhängig.

VI Binomialverteilung

Seite 170

1

a) 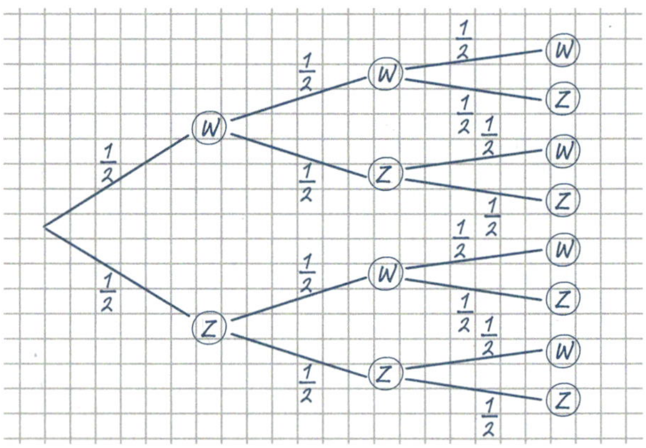

b)

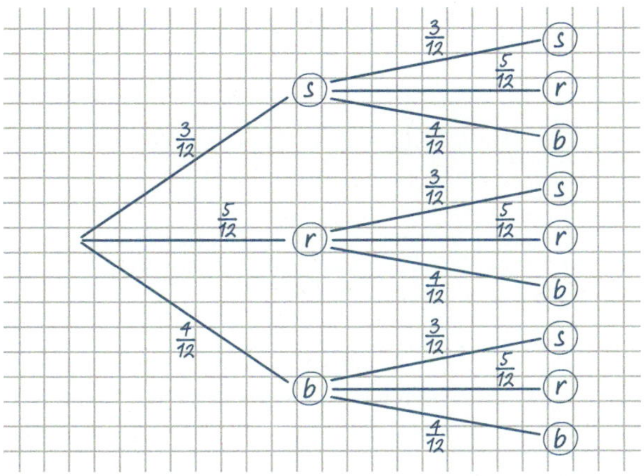

c)

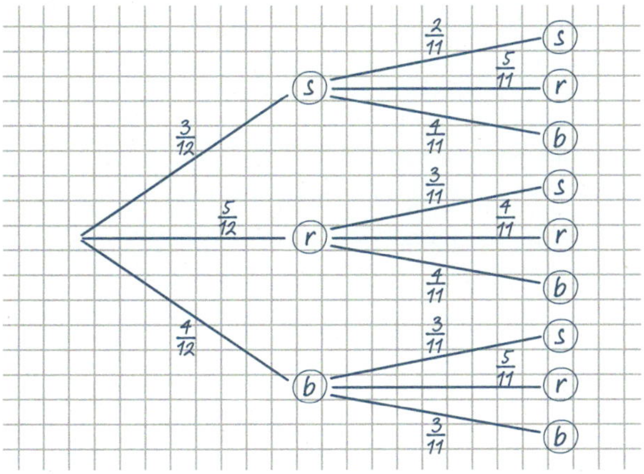

2

a) $P(rr) = \frac{2}{40} \cdot \frac{1}{39} = \frac{1}{780} \approx 0{,}0013$

b) $P(rr) + P(ww) + P(ss) = \frac{2}{40} \cdot \frac{1}{39} + \frac{18}{40} \cdot \frac{17}{39} + \frac{20}{40} \cdot \frac{19}{39} = \frac{86}{195} \approx 0{,}44$

c) $P(ww) = \frac{18}{40} \cdot \frac{17}{39} = \frac{51}{260} \approx 0{,}196$

d) $P(ws) + P(sw) = \frac{18}{40} \cdot \frac{20}{39} + \frac{20}{40} \cdot \frac{18}{39} = \frac{6}{13} \approx 0{,}46$

3

a) $P(rgg) = \frac{3}{4} \cdot \frac{1}{4} \cdot \frac{1}{4} = \frac{3}{64} \approx 0{,}047$

b) $P(rrr) = \left(\frac{3}{4}\right)^3 = \frac{27}{64} \approx 0{,}422$

c) P(„genau einmal rot“) $= 3 \cdot \frac{3}{4} \cdot \left(\frac{1}{4}\right)^2 = \frac{9}{64} \approx 0{,}141$

d) P(„mindestens einmal rot“) $= 1 - P(ggg) = 1 - \left(\frac{1}{4}\right)^3 = \frac{63}{64} \approx 0{,}984$

Seite 171

4

a)

s	2	3	4	5	6
P(X = s)	$\frac{4}{36}$	$\frac{12}{36}$	$\frac{13}{36}$	$\frac{6}{36}$	$\frac{1}{36}$

b)

p	1	2	3	4	6	9
P(X = p)	$\frac{4}{36}$	$\frac{12}{36}$	$\frac{4}{36}$	$\frac{9}{36}$	$\frac{6}{36}$	$\frac{1}{36}$

5

a) Erwartungswert für den Auszahlungsbetrag:
$E(X) = 0 \cdot 0{,}5 + 1 \cdot 0{,}3 + 3 \cdot 0{,}2 = 0{,}9$.
Der Erwartungswert für den Auszahlungsbetrag beträgt 90 ct.

b) Der Gewinn ist die Differenz aus Auszahlungsbetrag und Einsatz.
Erwartungswert für den Gewinn: $0{,}9 - 1 = -0{,}1$
Der Erwartungswert für den Gewinn beträgt −10 ct. Wenn man das Spiel sehr oft spielt, verliert man auf lange Sicht im Durchschnitt 10 ct.

c) Wenn der Einsatz gleich dem Erwartungswert für den Auszahlungsbetrag ist, ist das Spiel fair.
Der Einsatz müsste 90 ct betragen.

Seite 173

4

a) Bei jedem Zug gibt es genau die beiden Ergebnisse „rot“ und „schwarz“. Da die gezogene Kugel wieder zurückgelegt wird, sind die einzelnen Züge voneinander unabhängig.
Es handelt sich um eine Bernoulli-Kette der Länge $n = 3$ und der Trefferwahrscheinlichkeit $p = 0{,}6$.

b)

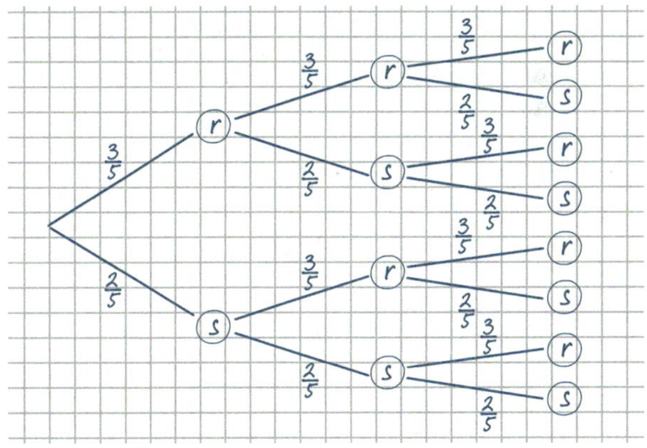

c) $P(E) = \left(\frac{3}{5}\right)^3 = \frac{27}{125} = 0{,}216$

$P(F) = \frac{2}{5} \cdot \frac{2}{5} \cdot \frac{3}{5} = \frac{12}{125} = 0{,}096$

$P(G) = 1 - \left(\frac{2}{5}\right)^3 = \frac{117}{125} = 0{,}936$

$P(H) = 3 \cdot \left(\frac{3}{5}\right)^2 \cdot \frac{2}{5} = \frac{54}{125} = 0{,}432$

Seite 174

10

Es liegt eine Bernoulli-Kette der Länge $n = 20$ und der Trefferwahrscheinlichkeit $p = 0{,}2$ vor.

a) Ereignis E: „Genau bei einer Person sinkt der Blutdruck nicht.“
Da dies die erste oder die zweite oder die dritte … oder die 20. Person sein kann, gilt $P(E) = 20 \cdot 0{,}8^{19} \cdot 0{,}2 \approx 0{,}058 = 5{,}8\,\%$.

b) Ereignis F: „Nur bei der letzten Person sinkt der Blutdruck nicht.“
$P(F) = 0{,}8^{19} \cdot 0{,}2 \approx 0{,}003 = 0{,}3\,\%$

12

a) $D_f = \mathbb{R}$, $W = \mathbb{R}$

b) $f'(x) = 9x^2 - 2$

$f'(x) = 0 \Rightarrow x_{1/2} = \pm\frac{\sqrt{2}}{3} \approx \pm 0{,}47$

Im Intervall $(-\infty; -0{,}47)$ ist $f' > 0$ und f somit streng monoton steigend.

Im Intervall $(-0{,}47; 0{,}47)$ ist $f' < 0$ und somit f streng monoton fallend.

Im Intervall $(0{,}47; \infty)$ ist $f' > 0$ und somit f streng monoton steigend.

c) Für Nullstellen lautet die Bedingung

$3x^3 - 2x = x(3x^2 - 2) = 0$, also

$x_1 = 0$ oder $3x^2 - 2 = 0 \Rightarrow x_{2/3} = \pm\sqrt{\frac{2}{3}} \approx \pm 0{,}82$

Die Funktion hat die Nullstellen $x_1 = 0$, $x_2 = -\sqrt{\frac{2}{3}}$ und $x_3 = \sqrt{\frac{2}{3}}$.

Seite 177

7

Mit der Formel: $\binom{6}{4} = \frac{6 \cdot 5 \cdot 4 \cdot 3}{1 \cdot 2 \cdot 3 \cdot 4} = 15.$

Mit dem Rechner: $\binom{15}{8} = 6435.$

11

Es gibt $\binom{10}{3} = 120$ Möglichkeiten, aus zehn Freundinnen drei auszuwählen. Bei genau einer dieser Möglichkeiten kommen Sarah, Chiara und Lucia mit. Hierfür beträgt die Wahrscheinlichkeit $\frac{1}{120} \approx 0{,}008 = 0{,}8\,\%$.

15

a) Ableitung $f'(x) = 9x^2 - 2$

Für Extremstellen lautet die Bedingung $f'(x) = 0$, also

$x_{1/2} = \pm\frac{\sqrt{2}}{3} \approx \pm 0{,}47$

2. Ableitung $f''(x) = 18x$

Einsetzen der Extremstellen

$f''(-0{,}47) < 0 \Rightarrow$ Maximum

$f''(0{,}47) > 0 \Rightarrow$ Minimum

b) Ableitung $f'(x) = 4x^3 + 1{,}5x^2 - 2x = x(4x^2 + 1{,}5x - 2)$

Für Extremstellen lautet die Bedingung $f'(x) = 0$, also $x_1 = 0$ oder $4x^2 + 1{,}5x - 2 = 0$, also $x_1 = 0$, $x_2 = -0{,}92$, $x_3 = 0{,}54$

2. Ableitung $f''(x) = 12x^2 + 3x - 2$

Einsetzen der Extremstellen

$f''(-0{,}92) > 0 \Rightarrow$ Minimum, $f''(0) < 0 \Rightarrow$ Maximum,

$f''(0{,}54) > 0 \Rightarrow$ Minimum

Seite 180

6

$n = 4$, $p = \frac{1}{3}$

$P(X = 2) = \binom{4}{2} \cdot \left(\frac{1}{3}\right)^2 \cdot \left(\frac{2}{3}\right)^2 = 6 \cdot \frac{1}{9} \cdot \frac{4}{9} = \frac{8}{27} \approx 29{,}6\,\%$

7

Es handelt sich um eine Bernoulli-Kette der Länge $n = 5$ und der Trefferwahrscheinlichkeit $p = 0{,}7$.

X: Anzahl der roten Felder.

$P(X = 3) = \binom{5}{3} \cdot 0{,}7^3 \cdot 0{,}3^2 = 0{,}3087$

Bei fünfmaligem Drehen erscheint mit einer Wahrscheinlichkeit von 30,87 % genau dreimal das rote Feld.

11

Lea: Bernoulli-Kette mit $n = 10$ und $p = 0{,}85$.

X: Anzahl der verwandelten Elfmeter.

$P(A) = P(X \geq 9) = P(X = 9) + P(X = 10) = \binom{10}{9} \cdot 0{,}85^9 \cdot 0{,}15 + 0{,}85^{10}$

$\approx 0{,}347 + 0{,}197 = 0{,}544$

Tim: Bernoulli-Kette mit $n = 7$ und $p = 0{,}75$.

X: Anzahl der verwandelten Elfmeter.

$P(B) = P(X = 5) + P(X = 6) = \binom{7}{5} \cdot 0{,}75^5 \cdot 0{,}25^2 + \binom{7}{6} \cdot 0{,}75^6 \cdot 0{,}25$

$\approx 0{,}311 + 0{,}311 = 0{,}622$

Die Wahrscheinlichkeit des Ereignisses B ist größer, also würde man eher darauf wetten.

13

a) $f(x) = 3x^3 - 2x$

$f'(x) = 9x^2 - 2$

$f''(x) = 18x$

$f'''(x) = 18$

Bedingung für Wendestelle $f''(x) = 0$, d.h. $18x = 0$, also $x_1 = 0$;

$f'''(0) = 18 \neq 0$, also liegt eine Wendestelle vor.

Für $x \in (-\infty; 0)$ ist $f''(x) < 0$, also ist der Graph von f in diesem Intervall rechtsgekrümmt.

Für $x \in (0; \infty)$ ist $f''(x) > 0$, also ist der Graph von f in diesem Intervall linksgekrümmt.

b) $f(x) = x^4 + 0{,}5x^3 - x^2$

$f'(x) = 4x^3 + 1{,}5x^2 - 2x$

$f''(x) = 12x^2 + 3x - 2$

$f'''(x) = 24x + 3$

Bedingung für Wendestelle $f''(x) = 0$, d.h. $12x^2 + 3x - 2 = 0$

oder $x^2 + \frac{1}{4}x - \frac{1}{6} = 0$

Lösungen $x_1 \approx -0{,}55$ oder $x_2 \approx 0{,}3$

$f'''(-0{,}55) = -10{,}2 \neq 0$, also liegt eine Wendestelle vor.

$f'''(0{,}3) = 10{,}2 \neq 0$, also liegt eine Wendestelle vor.

Für $x \in (-\infty; -0{,}55)$ ist $f''(x) > 0$ und der Graph von f somit linksgekrümmt.

Für $x \in (-0{,}55; 0{,}3)$ ist $f''(x) < 0$ und der Graph von f in diesem Intervall rechtsgekrümmt.

Für $x \in (0{,}3; \infty)$ ist $f''(x) > 0$ und der Graph von f in diesem Intervall linksgekrümmt.

Seite 183

10

a) $P(X \leq 5) \approx 0{,}158$
b) $P(X \geq 8) \approx 0{,}438$
c) $P(X < 10) \approx 0{,}917$
d) $P(4 \leq X < 8) \approx 0{,}547$

11

X zählt, wie oft „Zahl" fällt.
X ist binomialverteilt mit $n = 50$ und $p = 0{,}5$.

a) $P(X \leq 20) \approx 0{,}101$
„Zahl" fällt mit einer Wahrscheinlichkeit von ca. 10,1% höchstens 20-mal.

b) $P(X \geq 20) = 1 - P(X \leq 19) \approx 0{,}941$
„Zahl" fällt mit einer Wahrscheinlichkeit von ca. 94,1% mindestens 20-mal.

c) $P(X < 25) = P(X \leq 24) \approx 0{,}444$
„Zahl" fällt mit einer Wahrscheinlichkeit von ca. 44,4% weniger als 25-mal.

d) $P(X > 30) = 1 - P(X \leq 30) \approx 0{,}059$
„Zahl" fällt mit einer Wahrscheinlichkeit von ca. 5,9% mehr als 30-mal.

Seite 184

16

X zählt die verwandelten Elfmeter.
X ist binomialverteilt mit $n = 5$ und $p = 0{,}75$

a) $P(X \geq 4) = 1 - P(X \leq 3) \approx 0{,}633$
Die Wahrscheinlichkeit, dass der Fußballspieler mindestens vier Elfmeter verwandelt, beträgt ca. 63,3%.

b) E ist das Ereignis: „Der Fußballspieler verwandelt genau zwei Elfmeter in Folge."
Der Fußballspieler kann die Elfmeter 1 und 2 oder 2 und 3 oder 3 und 4 oder 4 und 5 verwandeln. Also gibt es vier zu E gehörige Ergebnisse. Jedes hat die Wahrscheinlichkeit $0{,}75^2 \cdot 0{,}25^3$.
Also ist $P(E) = 4 \cdot 0{,}75^2 \cdot 0{,}25^3 \approx 0{,}035$.
Die Wahrscheinlichkeit, dass der Fußballspieler genau zwei Elfmeter in Folge verwandelt, beträgt ca. 3,5%.

c) Die Wahrscheinlichkeit, dass der Fußballspieler die ersten beiden Elfmeter verwandelt, beträgt $0{,}75^2$.
Von den restlichen drei Elfmetern verwandelt er mit einer Wahrscheinlichkeit von $3 \cdot 0{,}75 \cdot 0{,}25^2$ genau einen und mit einer Wahrscheinlichkeit von $0{,}25^3$ keinen.
Es ist $0{,}75^2 \cdot (0{,}25^3 + 3 \cdot 0{,}75 \cdot 0{,}25^2) \approx 0{,}088$.
Die Wahrscheinlichkeit, dass der Fußballspieler die ersten beiden Elfmeter und von den restlichen Elfmetern höchstens einen verwandelt, beträgt ca. 8,8%.

19

Die Ergebnisse sind die von Seite 174 Nr. 12, Seite 177 Nr. 15 und Seite 180 Nr. 13, nur dass hier mit Rechner gerechnet wird und eine entsprechende Dokumentation notwendig ist.

Seite 187

6

Die Zufallsgröße X zählt die Jungen, die an einem Tag geboren werden. X ist binomialverteilt mit dem Parameter $p = 0{,}51$, n ist gesucht.
Es soll gelten $P(X \geq 5) \geq 0{,}99$ bzw. $P(X \leq 4) \leq 0{,}01$. Mit dem Rechner bestimmt man $P(X \leq 4)$ für verschiedene n. Für $n = 18$ ist $P(X \leq 4) \approx 0{,}012$ und für $n = 19$ ist $P(X \leq 4) \approx 0{,}008$.
Es müssen mindestens 19 Kinder geboren werden, damit mit einer Wahrscheinlichkeit von mindestens 99% mindestens fünf Jungen dabei sind.

7

Die Zufallsgröße X zählt die falsch übertragenen Zeichen.
X ist binomialverteilt mit $n = 100$, p ist gesucht.
Es muss gelten: $P(X \geq 3) \leq 0{,}05$ bzw. $P(X \leq 2) \geq 0{,}95$. Mit dem Rechner bestimmt man $P(X \leq 2)$ für verschiedene p.
Für $p = 0{,}008$ ist $P(X \leq 2) \approx 0{,}953$ und für $p = 0{,}009$ ist $P(X \leq 2) \approx 0{,}938$.
Die Wahrscheinlichkeit p darf maximal 0,008 betragen.

Seite 188

11

a) Die Zufallsgröße X zählt, wie oft eine Vier fällt.
X ist binomialverteilt mit dem Parameter $p = \frac{1}{3}$, n ist gesucht.
Es soll gelten $P(X \geq 3) \geq 0{,}95$ bzw. $P(X \leq 2) \leq 0{,}05$. Mit dem Rechner bestimmt man $P(X \leq 2)$ für verschiedene n. Für $n = 16$ ist $P(X \leq 2) \approx 0{,}059$ und für $n = 17$ ist $P(X \leq 2) \approx 0{,}044$.
Man muss den Würfel mindestens 17-mal werfen.

b) Die Zufallsgröße Y zählt, wie oft eine Drei fällt.
Y ist binomialverteilt mit den Parametern $n = 7$ und $p = \frac{1}{6}$.
Es soll gelten $P(Y \geq k) \leq 0{,}1$ bzw. $P(Y \leq k - 1) \geq 0{,}9$. Es ist $P(X \leq 1) \approx 0{,}670$ und $P(X \leq 2) \approx 0{,}904$. Also ist $k - 1 = 2$, d.h. $k = 3$.
Die Anzahl muss mindestens drei betragen.

c) Die Zufallsgröße Z zählt, wie oft eine Vier fällt.
Z ist binomialverteilt mit $n = 10$, p ist gesucht.
Es muss gelten: $P(Z \geq 3) \geq 0{,}9$ bzw. $P(Z \leq 2) \leq 0{,}1$. Mit dem Rechner bestimmt man $P(Z \leq 2)$ für verschiedene p. Für $p = \frac{2}{6} = \frac{1}{3}$ ist $P(Z \leq 2) \approx 0{,}299$ und für $p = 0{,}5$ ist $P(Z \leq 2) \approx 0{,}055$. Also muss p mindestens 0,5 sein.
Mindestens drei Seiten des Würfels müssen eine Vier tragen.

14

a) $y = 4x - 4$
b) $y = x - 2$
c) $y = 2x - \frac{2}{3}$
d) $y = 4x - 8$
e) $y = -8x - 9$
f) $y = \frac{1}{4}x + \frac{3}{4}$

Seite 192

7

Erwartungswert: $\mu = n \cdot p = 25 \cdot 0{,}3 = 7{,}5$.
Standardabweichung: $\sigma = \sqrt{n \cdot p \cdot (1 - p)} = \sqrt{25 \cdot 0{,}3 \cdot 0{,}7} = \sqrt{5{,}25} \approx 2{,}291$.

8

X ist binomialverteilt mit den Parametern $n = 5$ und $p = 0{,}7$.

a) $P(X \geq 3) = 1 - P(X \leq 2) \approx 0{,}837$

b) Erwartungswert: $\mu = n \cdot p = 5 \cdot 0{,}7 = 3{,}5$.
Standardabweichung: $\sigma = \sqrt{n \cdot p \cdot (1-p)} = \sqrt{5 \cdot 0{,}7 \cdot 0{,}3}$
$= \sqrt{1{,}05} \approx 1{,}025$.

c) $\mu - \sigma \approx 2{,}475$ und $\mu + \sigma \approx 4{,}525$
Die gesuchten Trefferanzahlen sind somit 3 und 4.

12

X zählt die Befürworter unter den Befragten.
X ist binomialverteilt mit den Parametern $n = 100$ und $p = 0{,}6$.
Erwartungswert: $\mu = n \cdot p = 100 \cdot 0{,}6 = 60$.
Standardabweichung: $\sigma = \sqrt{n \cdot p \cdot (1-p)} = \sqrt{100 \cdot 0{,}6 \cdot 0{,}4} = \sqrt{24}$
$\approx 4{,}899$.
$\mu - 2\sigma \approx 50{,}202$ und $\mu + 2\sigma \approx 69{,}798$.
$P(51 \leq X \leq 69) \approx 0{,}948$
Die Wahrscheinlichkeit, dass die Anzahl der Befürworter des Baus um höchstens 2σ vom Erwartungswert abweicht, beträgt ca. 94,8 %.

15

a) $f'(x) = 3x^2$; $f\left(\frac{1}{3}\right) = 1$, $f'\left(\frac{1}{3}\right) = \frac{1}{3}$
Normale: $y = -3 \cdot \left(x - \frac{1}{3}\right) + 1 = -3x + 2$.

b) $f'(x) = 2x + 5$; $f(-1) = -\frac{8}{3}$, $f'(-1) = 3$
Normale: $y = -\frac{1}{3} \cdot (x + 1) - \frac{8}{3} = -\frac{1}{3}x - 3$.

c) $f'(x) = -2x^{-2} + \frac{1}{4}$; $f(4) = 3$, $f'(4) = \frac{1}{8}$
Normale: $y = -8 \cdot (x - 4) + 3 = -8x + 35$.

d) $f'(x) = \frac{1}{2}x^{-\frac{1}{2}} - 1$; $f(1) = 2$, $f'(1) = -\frac{1}{2}$
Normale: $y = 2 \cdot (x - 1) + 2 = 2x$.

Seite 195

5

a) Annahme: Die Anzahl der Sechsen ist binomialverteilt mit $n = 100$ und $p = \frac{1}{6}$. Dann gilt $\mu \approx 17$, $\sigma \approx 4$.

b) [9; 25] $P(9 \leq X \leq 25) = 0{,}9786$
Die berechnete Wahrscheinlichkeit ist etwas größer als die 95,4 %, die sich bei der Näherung ergeben. Dieser Unterschied entsteht durch Runden.

c)

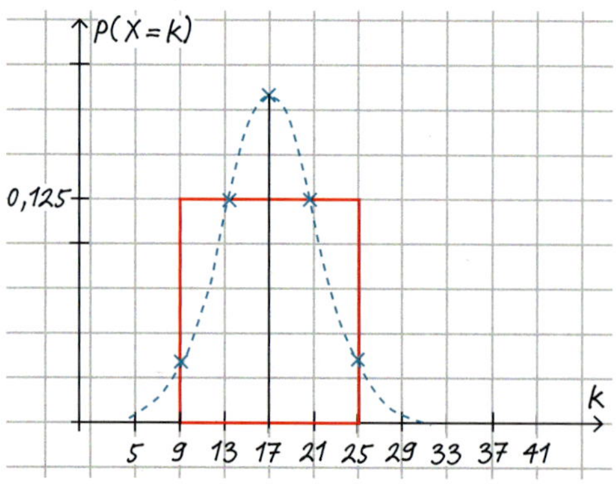

Seite 196

10

Annahme: Die Anzahl der Wähler ist binominalverteilt mit $n = 124$ und $p = 0{,}12$.
$\mu \approx 15$, $\sigma \approx 4$
Das 2σ-Intervall ist also [7; 23], die Prognose ist also mit dem Ergebnis der Umfrage verträglich.

13

a) $f(5) = 38{,}5$. Der Läufer hat nach 5 Sekunden etwa 38,5 m zurückgelegt.

b) $\overline{v} = \frac{f(5) - f(0)}{5 - 0} = \frac{38{,}5}{5} = 7{,}7$
Die durchschnittliche Geschwindigkeit in den ersten 5 Sekunden beträgt $7{,}7\,\frac{m}{s} = 27{,}72\,\frac{km}{h}$.

c) Die momentane Geschwindigkeit entspricht der Ableitung an der Stelle $t = 0{,}5$.
$f'(t) = 0{,}0224t^3 - 0{,}6t^2 + 4{,}8t$
$f'(0{,}5) = 2{,}2528$
Die Geschwindigkeit des Läufers nach 0,5 s beträgt ca. $2{,}25\,\frac{m}{s} = 8{,}1\,\frac{km}{h}$.

d) $f(10) = 96$
Nach 10 Sekunden hat der Läufer erst 96 m zurückgelegt.

e) $f(10{,}1) \approx 97{,}038$
$f(10{,}2) \approx 98{,}071$
$f(10{,}3) \approx 99{,}099$
$f(10{,}4) \approx 100{,}12$
Nach etwa 10,4 Sekunden hätte der Läufer demnach das Ziel erreicht.

Seite 198

5

Mit $n = 200$ und $p = \frac{1}{3}$ erhält man $\mu = \frac{200}{3} \approx 66{,}7$. Die Simulation wird durchgeführt wie im Lehrtext auf Seite 295. Die Grenzen des Prognoseintervalls können zufallsbedingt etwas streuen. Man erhält z. B. das 95,4-%-Prognoseintervall $I = [53; 70]$, für das „$p = \frac{1}{3}$" nicht verträglich ist mit dem Stichprobenergebnis 50, weil 50 nicht in I liegt. Man wird also die Behauptung anzweifeln.

Seite 199

9

X ist binomialverteilt mit $n = 20$ und $p = 0{,}25$.

a) $\mu = 5$; $\sigma = 1{,}93$; 2σ-Intervall: [2; 8], $P(2 \leq X \leq 8) = 93{,}5\,\%$

b) Bei der dargestellten Simulation ergibt sich das 95,4-%-Prognoseintervall [1,9]. Seine Wahrscheinlichkeit beträgt 96,1 %.

c) Die Wahrscheinlichkeiten sind nur Näherungen für den Wert 95,4 %. Die Abweichungen sind relativ groß, da die Laplace-Bedingung $\sigma > 3$ nicht erfüllt ist.

u:=randBin(20,0.25,100)	
{7,8,5,8,4,5,4,5,4,8,4,4,9,7,4,4,7,6,6,7,4,6,2,▸	
m:=mean(u)	5.16
s:=stDevPop(u)	2.07711
{m−2·s,m+2·s}	{1.00577,9.31423}
binomCdf(n,p,2,9)	0.961823

11

a) 1. Flächeninhalt soll maximal werden: $A = \frac{1}{2}u \cdot v$
2. Nebenbedingung: $v = f(u)$
3. Zielfunktion: $A(u) = \frac{1}{2}u \cdot f(u) = 2u^2 \cdot e^{-\frac{1}{4}u}$
4. Zielfunktion auf Extremwerte untersuchen:
$A'(u) = u \cdot \left(4 - \frac{1}{2}u\right) \cdot e^{-\frac{u}{4}} = 0$ bei $u_1 = 0$ und $u_2 = 8$.
Da $u > 0$ sein muss, kommt nur u_2 als Lösung infrage.
Da A' bei u_2 sein Vorzeichen wechselt und außerdem $A(u) \to 0$ für $u \to 0$ und für $u \to \infty$, hat $A(u)$ bei u_2 ein globales Maximum.
5. Ergebnis: Es ergibt sich ein maximaler Flächeninhalt, für $u = 8$.

b) 1. Flächeninhalt soll maximal werden: $A = \frac{1}{2} \cdot 4 \cdot v$
2. Nebenbedingung: $v = f(u)$
3. Zielfunktion: $A(u) = \frac{1}{2} \cdot 4 \cdot f(u) = 8u \cdot e^{-\frac{1}{4}u}$
4. Zielfunktion auf Extremwerte untersuchen:
$A'(u) = (8 - 2u) \cdot e^{-\frac{u}{4}} = 0$ bei $u_1 = 4$. Da A' bei u_1 sein Vorzeichen wechselt und außerdem $A(u) \to 0$ für $u \to 0$ und für $u \to \infty$, hat $A(u)$ bei u_1 ein globales Maximum.
5. Ergebnis: Es ergibt sich ein maximaler Flächeninhalt für $u = 4$.

Seite 202

1

a) Das Zufallsexperiment kann nicht als Bernoulli-Kette modelliert werden. Die Lose werden in der Regel ohne Zurücklegen gezogen. Damit ändert sich nach jedem Zug die Trefferwahrscheinlichkeit.

b) Das Zufallsexperiment kann näherungsweise als Bernoulli-Kette modelliert werden. Im Unterschied zu Teilaufgabe a) ändert sich die Trefferwahrscheinlichkeit nach jedem Zug nur geringfügig, sodass man sie bei der Modellierung als konstant annehmen kann.
Länge: $n = 3$. Falls z. B. 300 Gewinnlose in der Trommel sind, ist die Trefferwahrscheinlichkeit $p = \frac{1}{10}$.

c) Das Zufallsexperiment kann als Bernoulli-Kette modelliert werden, wenn man für den Spieler eine konstante Trefferwahrscheinlichkeit annimmt.
Länge: $n = 5$; Trefferwahrscheinlichkeit: vom Spieler abhängig.

d) Das Zufallsexperiment kann nicht als Bernoulli-Kette modelliert werden, da die Anzahl der Würfe von der konkreten Durchführung des Zufallsexperiments abhängt. Damit wäre die Länge nicht immer gleich.

2

a) $P(X = 2) = \binom{8}{2} \cdot 0{,}3^2 \cdot 0{,}7^6 \approx 0{,}296$

b) $P(X = 5) = \binom{20}{5} \cdot \left(\frac{1}{3}\right)^5 \cdot \left(\frac{2}{3}\right)^{15} \approx 0{,}146$

c) $P(X = 25) = \binom{30}{25} \cdot 0{,}7^{25} \cdot 0{,}3^5 \approx 0{,}046$

3

a) $P(X \le 5) \approx 0{,}158$
b) $P(X \le 8) \approx 0{,}775$
c) $P(X \ge 6) = 1 - P(X \le 5) \approx 0{,}842$
d) $P(X > 7) = 1 - P(X \le 7) \approx 0{,}438$
e) $P(3 \le X \le 6) = P(X \le 6) - P(X \le 2) \approx 0{,}335 - 0{,}003 = 0{,}332$
f) $P(5 < X < 10) = P(X \le 9) - P(X \le 5) \approx 0{,}917 - 0{,}158 = 0{,}759$

4

Die Zufallsgröße X zählt die richtigen Antworten.
Es handelt sich um eine Bernoulli-Kette der Länge $n = 8$ und der Trefferwahrscheinlichkeit $p = \frac{1}{3}$.

a) $P(X = 4) \approx 0{,}171$
b) $P(X \le 1) \approx 0{,}195$
c) $P(X \ge 3) = 1 - P(X \le 2) \approx 0{,}532$
d) Bei mindestens sieben falschen Antworten ist höchstens eine Antwort richtig. Es handelt sich um dasselbe Ereignis wie in Teilaufgabe b). Also ist $P(X \le 1) \approx 0{,}195$ gesucht.

5

Erwartungswert: μ, Standardabweichung: σ.

a) $\mu = 10 \cdot 0{,}3 = 3$, $\sigma = \sqrt{10 \cdot 0{,}3 \cdot 0{,}7} = \sqrt{2{,}1} \approx 1{,}449$

b) $\mu = 50 \cdot \frac{4}{5} = 40$, $\sigma = \sqrt{50 \cdot \frac{4}{5} \cdot \frac{1}{5}} = \sqrt{8} \approx 2{,}828$

c) $\mu = 25 \cdot 0{,}7 = 17{,}5$, $\sigma = \sqrt{25 \cdot 0{,}7 \cdot 0{,}3} = \sqrt{5{,}25} \approx 2{,}291$

6

k	0	1	2	3	4
P(X = k)	≈ 0,240	≈ 0,412	≈ 0,265	≈ 0,076	≈ 0,008

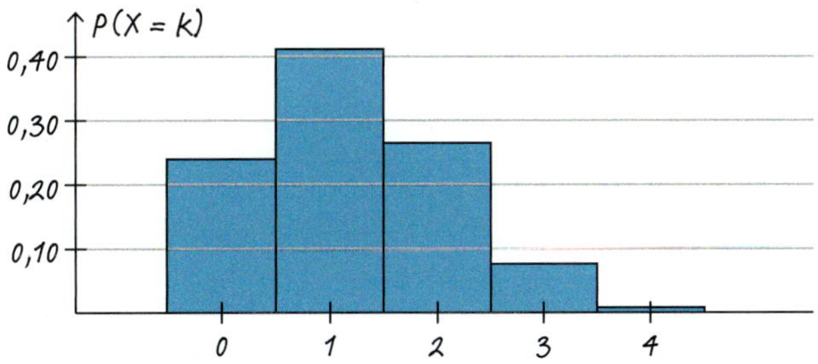

7

a) Bei jedem Wurf gibt es genau zwei Ergebnisse: Der Reißnagel landet entweder auf dem Kopf (Treffer) oder nicht. Die Wahrscheinlichkeit für einen Treffer ändert sich nicht, sie beträgt bei jedem Wurf 0,65.
Damit ist X binomialverteilt mit den Parametern $n = 30$ und $p = 0{,}65$.

b) $P(X < 15) = P(X \le 14) \approx 0{,}030$
Die Wahrscheinlichkeit, dass der Reißnagel weniger als 15-mal auf dem Kopf landet, beträgt ca. 3,0 %.

c) Erwartungswert: $\mu = 30 \cdot 0{,}65 = 19{,}5$.
Standardabweichung: $\sigma = \sqrt{30 \cdot 0{,}65 \cdot 0{,}35} = \sqrt{6{,}825} \approx 2{,}612$.

d) Es ist $\mu - \sigma \approx 16{,}888$ und $\mu + \sigma \approx 22{,}112$. Also ist die Wahrscheinlichkeit gesucht, dass X zwischen 17 und 22 ist.
$P(17 \le X \le 22) = P(X \le 22) - P(X \le 16) \approx 0{,}876 - 0{,}126 = 0{,}750$
Die Wahrscheinlichkeit, dass die Anzahl der Würfe, bei denen der Reißnagel auf dem Kopf landet, um höchstens eine Standardabweichung vom Erwartungswert abweicht, beträgt ca. 75,0 %.

8

a) Es handelt sich um die Formel von Bernoulli.
Beispiel: Bei einem Glücksrad erscheint das rote Feld mit einer Wahrscheinlichkeit von 30 %. Das Glücksrad wird fünfmal gedreht. Gesucht ist die Wahrscheinlichkeit dafür, dass genau zweimal das rote Feld erscheint.

b) Es handelt sich nicht um die Formel von Bernoulli, denn im Binomialkoeffizienten steht als obere Zahl die 10, die Summe der beiden Exponenten ist aber 8.

c) Es handelt sich um die Formel von Bernoulli.
Beispiel: Ein Medikament wirkte bei 90 % der damit behandelten Patienten. Es werden 15 Patienten behandelt. Gesucht ist die Wahrscheinlichkeit dafür, dass bei genau neun Patienten das Medikament wirkt.

9

a) Ereignis E: „Es fällt mehr als einmal eine Sechs."
Gegenereignis $\overline{E}$: „Es fällt nie oder genau einmal eine Sechs."
$P(\overline{E}) = \left(\frac{5}{6}\right)^5 + 5 \cdot \frac{1}{6} \cdot \left(\frac{5}{6}\right)^4 \approx 0{,}402 + 0{,}402 = 0{,}804$
$P(E) \approx 1 - 0{,}804 = 0{,}196$
Mit einer Wahrscheinlichkeit von ca. 19,6 % fällt mehr als einmal eine Sechs.
Alternative: X zählt die Anzahl der Sechsen. X ist binomialverteilt mit $n = 5$ und $p = \frac{1}{6}$.
$P(X \ge 2) = 1 - P(X \le 1) \approx 0{,}196$.

b) Ereignis F: „In den ersten beiden Würfen fällt keine Sechs, beim dritten Wurf fällt eine Sechs."
$P(F) = \left(\frac{5}{6}\right)^2 \cdot \frac{1}{6} = \frac{25}{216} \approx 0{,}116$
Mit einer Wahrscheinlichkeit von ca. 11,6 % fällt zum ersten Mal beim dritten Wurf eine Sechs.

c) Ereignis G: „Es fallen genau zwei Sechsen in Folge".
Die beiden Sechsen können im 1. und 2., im 2. und 3., im 3. und 4. oder im 4. und 5. Wurf fallen. Es gibt also vier Möglichkeiten.
Diese haben alle die Wahrscheinlichkeit $\left(\frac{1}{6}\right)^2 \cdot \left(\frac{5}{6}\right)^3$.
$P(G) = 4 \cdot \left(\frac{1}{6}\right)^2 \cdot \left(\frac{5}{6}\right)^3 \approx 0{,}064$
Mit einer Wahrscheinlichkeit von ca. 6,4 % fallen genau zwei Sechsen in Folge.

d) Es ist $a = 5$, $b = 1 - \frac{5}{6} = \frac{1}{6}$ und $c = 3$ und damit $d = 2$.
Das Ereignis A ist zum Beispiel: „Es fallen genau drei Sechsen."

Seite 203

10

a) Da die Wahrscheinlichkeit für jedes der fünf Felder gleich groß ist, beträgt die Trefferwahrscheinlichkeit $p = \frac{1}{5}$. Da der Erwartungswert ganzzahlig ist, beträgt er $\mu = 3$.
Es ist $\mu = n \cdot p$, also $3 = n \cdot \frac{1}{5}$. Damit ist der Parameter $n = 15$.

b) $P(X = 2) \approx 0{,}231$

11

a) Die maximale Wahrscheinlichkeit ist $P(X = 3)$. Da der Erwartungswert ganzzahlig ist, beträgt er $\mu = 3$.
Damit ist $3 = 20 \cdot p$, also $p = 0{,}15$.

b) $P(2 \le X \le 4) \approx 0{,}229 + 0{,}243 + 0{,}182 = 0{,}654$

c) $P(X \ge 2) = 1 - P(X = 0) - P(X = 1) = 0{,}824$

12

a) X: Anzahl der Personen mit Blutgruppe A.
X ist binomialverteilt mit $n = 30$ und $p = 0{,}43$.
$P(X > 15) = 1 - P(X \le 15) \approx 0{,}169$
Die Wahrscheinlichkeit, dass mehr als 15 Personen die Blutgruppe A haben, beträgt ca. 16,9 %.

b) X: Anzahl der Personen mit Blutgruppe B oder AB.
X ist binomialverteilt mit $n = 30$ und $p = 0{,}16$.
$P(X \le 5) \approx 0{,}655$
Die Wahrscheinlichkeit, dass höchstens fünf Personen die Blutgruppe B oder AB haben, beträgt ca. 65,5 %.

c) X: Anzahl der Personen mit Blutgruppe 0.
X ist binomialverteilt mit $n = 30$ und $p = 0{,}41$.
Erwartungswert: $\mu = 30 \cdot 0{,}41 = 12{,}3$.
Standardabweichung: $\sigma = \sqrt{30 \cdot 0{,}41 \cdot 0{,}59} = \sqrt{7{,}257} \approx 2{,}694$.
Es ist $\mu - \sigma \approx 9{,}606$ und $\mu + \sigma \approx 14{,}994$.
$P(10 \le X \le 14) = P(X \le 14) - P(X \le 9) \approx 0{,}794 - 0{,}149 = 0{,}645$
Die Wahrscheinlichkeit, dass die Anzahl der Personen mit Blutgruppe 0 um höchstens eine Standardabweichung vom Erwartungswert abweicht, beträgt ca. 64,5 %.

d) X: Anzahl der Personen mit Blutgruppe AB.
X ist binomialverteilt mit $p = 0{,}05$, n ist gesucht,.
Es soll $P(X \ge 3) \ge 0{,}9$ gelten. Es gilt $P(X \ge 3) = 1 - P(X \le 2)$.
Also muss $P(X \le 2) \le 0{,}1$ sein.
Mit dem Rechner erhält man für $n = 104$ den Wert $P(X \le 2) \approx 0{,}103$ und für $n = 105$ den Wert $P(X \le 2) \approx 0{,}099$.
Man muss mindestens 105 Personen zufällig auswählen, um mit einer Wahrscheinlichkeit von mindestens 90 % mindestens drei mit Blutgruppe AB zu bekommen.

13

Jonathans Behauptung entspricht, dass die Wahrscheinlichkeit für eine Sechs $p = \frac{1}{6}$ beträgt.

a) Zugehöriges 2σ-Intervall = [4; 13]. Jonathans Behauptung ist mit $k = 12$ verträglich, da 12 im 2σ-Intervall liegt. Man wird Jonathans Behauptung nicht anzweifeln.

b) Zugehöriges 2σ-Intervall = [10; 24]. Jonathans Behauptung ist mit $k = 24$ verträglich, da 24 im 2σ-Intervall liegt. Man wird Jonathans Behauptung nicht anzweifeln.

c) Zugehöriges 2σ-Intervall = [23; 43]. Jonathans Behauptung ist nicht mit $k = 48$ verträglich, da 48 nicht im 2σ-Intervall liegt. Man wird Jonathans Behauptung anzweifeln.

14

Anzahl der Nüsse insgesamt: $n = 100$, Stichprobenergebnis $k = 80$ (Haselnüsse)

Die Angabe des Herstellers bedeutet, dass die Wahrscheinlichkeit, eine Haselnuss herauszugreifen, $p = 0{,}7$ beträgt.

a) Bei $\beta = 95{,}4\,\%$ ist das zugehörige 2σ-Intervall [61; 79]. Da 80 nicht darin liegt, ist die Herstellerangabe nicht mit dem Stichprobenergebnis verträglich. Man würde die Herstellerangabe anzweifeln.

b) Bei $\beta = 99{,}7\,\%$ ist das zugehörige 3σ-Intervall [57; 83]. Da 80 darin liegt, ist die Herstellerangabe mit dem Stichprobenergebnis verträglich. Man würde die Herstellerangabe nicht anzweifeln.

c) Bei $\beta = 68{,}3\,\%$ ist das zugehörige 1σ-Intervall [66; 74]. Da 80 nicht darin liegt, ist die Herstellerangabe nicht mit dem Stichprobenergebnis verträglich. Man würde die Herstellerangabe anzweifeln.

Zum Vergleich von a), b), c): Je größer das $z\sigma$-Intervall, desto eher ist die Herstellerangabe mit dem Stichprobenergebnis verträglich. Das liegt daran, dass man dann eine höhere Sicherheitswahrscheinlichkeit β verlangt, um die Herstellerangabe anzuzweifeln.

Seite 204

15

X: Anzahl der gezogenen roten Kugeln.

Da 10-mal mit Zurücklegen gezogen wird, ist X binomialverteilt mit $n = 10$, p ist gesucht.

Es muss $P(X \leq 6) \approx 0{,}95$ gelten.

Mit dem Rechner erhält man für $p = 0{,}39$ den Wert $P(X \leq 6) \approx 0{,}952$.

Die Trefferwahrscheinlichkeit beträgt somit ca. 0,39. Die Anzahl m der Kugeln muss ganzzahlig sein. Aus $0{,}39 = \frac{m}{18}$ folgt $m = 18 \cdot 0{,}39 = 7{,}02$.

Es befinden sich sieben rote Kugeln in der Urne.

16

Man wirft die Münze als Stichprobe z. B. 100-mal und bestimmt die Anzahl k, wie oft Wappen oben liegt. Außerdem gibt man eine Sicherheitswahrscheinlichkeit ß, üblicherweise 95,4 % vor und bestimmt das zugehörige $z\sigma$-Intervall (bei $\beta = 95{,}4\,\%$ ist $z = 2$).

Die Annahme „Die Wahrscheinlichkeit für Wappen ist 0,5" ist verträglich mit dem Stichprobenergebnis k, wenn k im $z \cdot \sigma$-Intervall liegt. Wenn die Annahme nicht verträglich mit k ist, wird man die Annahme bezweifeln.

Je größer ß, desto größer das $z\sigma$-Intervall, desto eher ist also die Annahme mit dem Stichprobenergebnis verträglich. Das liegt daran, dass man dann eine höhere Sicherheitswahrscheinlichkeit β verlangt, um die Annahme anzuzweifeln.

17

X: Anzahl der Würfe, bis die erste Sechs fällt. X ist nicht binomialverteilt.

Bei jedem Wurf ist die Wahrscheinlichkeit, eine Sechs zu würfeln, $\frac{1}{6}$ und die Wahrscheinlichkeit, keine Sechs zu würfeln, $\frac{5}{6}$.

a) $P(X \leq 3) = P(X = 1) + P(X = 2) + P(X = 3) = \frac{1}{6} + \frac{5}{6} \cdot \frac{1}{6} + \left(\frac{5}{6}\right)^2 \cdot \frac{1}{6}$

$= \frac{91}{216} \approx 0{,}421$

oder

$P(X \leq 3) = 1 - P(X \geq 4) = 1 - \left(\frac{5}{6}\right)^3 = \frac{91}{216} \approx 0{,}421$

(Dass man mindestens viermal würfeln muss, um eine Sechs zu erhalten, bedeutet, dass man in den ersten drei Würfen keine Sechs hatte. Hierfür ist die Wahrscheinlichkeit $\left(\frac{5}{6}\right)^3$.)

$P(X \geq 6) = \left(\frac{5}{6}\right)^5 = \frac{3125}{7776} \approx 0{,}402$

b) $P(X \leq a) = 1 - P(X \geq a + 1) \geq 0{,}8$ oder $P(X \geq a + 1) \leq 0{,}2$, also $P(X \geq a + 1) = \left(\frac{5}{6}\right)^a \leq 0{,}2$.

Für $a = 8$ erhält man $P(X \geq 9) \approx 0{,}233$,
für $a = 9$ erhält man $P(X \geq 10) \approx 0{,}194$.
$a = 9$ ist die gesuchte Zahl.

18

a) $\mu = 22 \cdot 0{,}26 = 5{,}72$

b) $V(x) = 22 \cdot 0{,}26 \cdot 0{,}74 \approx 4{,}23$ und $\sigma = \sqrt{22 \cdot 0{,}26 \cdot 0{,}74} \approx 2{,}06$

c) $[\mu - 1{,}96\sigma;\ \mu + 1{,}96\sigma] \approx [1{,}68; 9{,}76] = [2; 9]$

d) [2; 9] Das Stichprobenergebnis 11 ist nicht mit dem 2σ-Prognoseintervall verträglich.

19

a) $\mu = 250 \cdot 0{,}96 = 240$

$V(x) = 250 \cdot 0{,}96 \cdot 0{,}04 = 9{,}6$

$\sigma = \sqrt{250 \cdot 0{,}96 \cdot 0{,}04} = 3{,}1$

b) $[\mu - 2{,}58\sigma;\ \mu + 2{,}58\sigma] = [232; 248]$ Das $2{,}58\sigma$-Prognoseintervall wäre das kleinstmögliche.

c) Da die tatsächliche Anzahl im $2{,}58\sigma$-Prognoseintervall liegt, also im 99 %-Intervall um den Erwartungswert, beträgt die Wahrscheinlichkeit, dass die Anzahl der funktionsfähigen Kugelschreiber zufällig über 248 oder unter 232 liegt, lediglich 1 %. Der Stichprobenwert von 233 funktionsfähigen Kugelschreibern liegt am Rand des Prognoseintervalls. Der Hersteller sollte sich überlegen, ob er seine Behauptung von 96 % funktionsfähiger Kugelschreiber nach unten anpasst.

20

Die Zufallsgröße X: „Anzahl der roten Kugeln bei 20 Ziehungen mit Zurücklegen" ist binomialverteilt mit den Parametern $n = 20$ und $p = 0{,}6$.

a) Eine Simulation von 250 Stichproben zeigt die Abbildung.

b) In der dargestellten Simulation ist $m = 12{,}016$ und $s = 2{,}256$. Der Anteil der Stichproben, die im Intervall $[\bar{x} - 2s;\ \bar{x} + 2s]$ liegen, beträgt hier 0,956.

c) Das 2σ-Intervall ist [8; 16]. Der Anteil der Stichproben, die im 2σ-Intervall beträgt 0,956. Teilaufgabe b) liefert hier dasselbe Ergebnis. Zufallsbedingt kann der Wert aber abweichen, aber nur wenig, da das arithmetische Mittel $\overline{x}$ und die empirische Standardabweichung s der Urliste u immer etwa so groß sind wie der Erwartungswert $\mu = 12$ bzw. die (theoretische) Standardabweichung $\sigma = 2{,}19$.

```
u:=randBin(n,p,250)
  {11,13,10,13,9,10,15,13,14,15,11,10,12,14,▸
m:=mean(u)                                   12.016
s:=stDevPop(u)                               2.2556
countIf(u,m−2·s≤?≤m+2·s)/250                 0.956
[n·p−2·√(n·p·(1−p))   n·p+2·√(n·p·(1−p))]
                              [7.61822  16.3818]
countIf(u,8≤?≤16)/250                        0.956
```

21

Man bestimmt – wie im Kasten auf Seite 295 beschrieben – ein Intervall $I = [\mu - 29;\ \mu + 29] = [291; 349]$ (siehe Abbildung unten). Das Intervall I stimmt hier mit dem 2σ-Intervall überein. Zufallsbedingt kann aber I auch etwas vom 2σ-Intervall abweichen.
Der in der Umfrage ermittelte Wert 299 liegt in I, also ist das Ergebnis der Umfrage mit der Annahme „Der Stimmenanteil ist gleichgeblieben" verträglich.

```
n:=1000: p:=0.32: mue:=n·p: sigma:=√(n·p·(▸
                                        14.7513
[mue−2·sigma   mue+2·sigma]
                            [290.497  349.503]
u:=randBin(n,p,500)
  {304,317,308,304,317,326,295,333,340,33▸
f(x):=countIf(u,mue−x≤?≤mue+x)/500       Fertig
```

x	f(x):=	
	countIf(u,m−..	
26.	0.928	
27.	0.936	
28.	0.944	
29.	0.958	
30.	0.96	

29.

Seite 206

Runde 1

1

a) A: Das Glücksrad wird 7-mal gedreht. Dabei bleibt es einmal oder zweimal auf rot stehen.

b) X gibt die Anzahl der Drehungen mit Ergebnis „rot" an.
X ist binominalverteilt mit $n = 3$ und $p = 0{,}25$.
Es ist $P(X = 2) = \binom{3}{2} \cdot \left(\frac{1}{4}\right)^2 \cdot \frac{3}{4} = 3 \cdot \frac{1}{16} \cdot \frac{3}{4} = \frac{9}{64}$.

2

Es liegt ein zweistufiges Zufallsexperiment vor.
Mithilfe des Baumdiagramms erhält man:
$P(A) = \frac{4}{6} \cdot \frac{3}{5} = \frac{2}{5}$,
$P(B) = \frac{2}{6} \cdot \frac{4}{5} + \frac{4}{6} \cdot \frac{2}{5} = \frac{8}{15}$,
$P(C) = \frac{2}{6} \cdot 1 = \frac{1}{3}$.

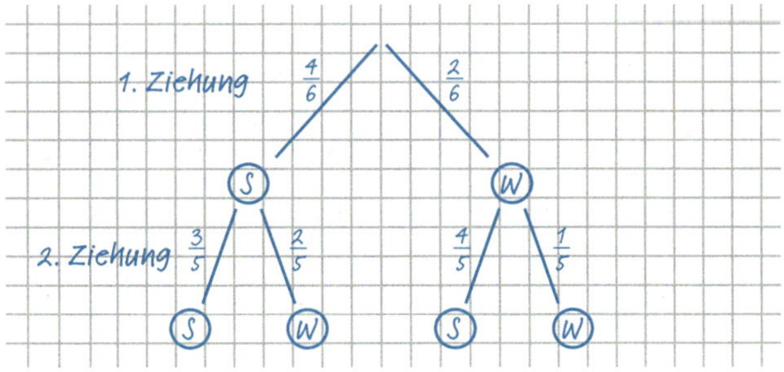

3

a) $P(X_1 = 2) = \binom{5}{2} \cdot 0{,}3^2 \cdot 0{,}7^3$.

b)

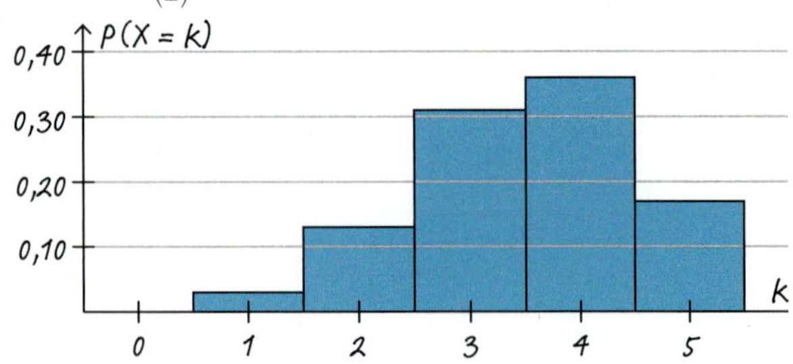

4

X gibt die Zahl der getroffenen Freiwürfe an.

a) X ist binominalverteilt mit $n = 3$ und $p = 0{,}75$.
$P(X = 3) \approx 42\,\%$.

b) X ist binominalverteilt mit $n = 0$ und $P = 0{,}75$.
$P(X \geq 8) = 1 - P(X \leq 7) \approx 53\,\%$.

c) Bei $\beta = 95{,}4\,\%$ ist das zugehörige 2σ-Intervall [32; 43]. Da 30 nicht darin liegt, ist die Annahme einer Trefferwahrscheinlichkeit von 75 % nicht mit dem Stichprobenergebnis verträglich. Man würde die Annahme anzweifeln.

5

a) X ist binominalverteilt mit $n = 60$ und $p = 0{,}9$.
$P(X \geq 50) = 1 - P(X \leq 49) \approx 0{,}966$.

b) Man sucht mit dem Rechner das kleinste p, sodass $P(X \geq 50) \geq 0{,}5$ bzw. $P(X \leq 49) \leq 0{,}5$. Man findet $p = 0{,}83 = 83\,\%$.

c) Man sucht mit dem Rechner das kleinste n, sodass $P(X \geq 50) \geq 0{,}99$ bzw. $P(X \leq 49) \leq 0{,}01$. Man findet $n = 62$.

6

$P(X = 0) \geq 0{,}99$

$(1 - p)^{20} \geq 0{,}99$

$p \leq 1 - \sqrt[20]{0{,}99} \approx 0{,}0005 = 0{,}05\,\%$

Die Wahrscheinlichkeit eines Pixelfehlers darf höchstens 0,05 % betragen.

7

Das 2σ-Intervall ist [30; 50]. Simulationen ergeben Näherungen dieses Intervalls.

Seite 207

Runde 2

1

$\binom{3}{2} = \frac{3 \cdot 2}{1 \cdot 2} = 3$ oder man liest die $(2 + 1)$-te Stelle der $(3 + 1)$-ten Zeile im Pascal-Dreieck ab:

1
1 1
1 2 1
1 3 (3) 1

möglicher Kontext:
Von drei Kandidaten werden zwei Klassensprecher gewählt. Wie viele verschiedene Klassensprecherpaare sind möglich?

2

a) Tim setzt voraus, dass die Pünktlichkeit der Züge voneinander unabhängig ist. Dann kann er die Wahrscheinlichkeit dafür, dass alle Züge pünktlich sind, als $0{,}95^5$ berechnen. Das Gegenereignis hierzu ist „mindestens ein Zug ist nicht pünktlich", also ist seine Wahrscheinlichkeit $1 - 0{,}95^5$.

b) Binomialverteilung mit $n = 5$ und $p = 0{,}95$:

k	0	1	2	3	4	5
P(X = k)	0,000 %	0,003 %	0,113 %	2,143 %	20,363 %	77,378 %

$\mu = 4{,}750$, $\sigma = 0{,}487$
Man muss aber anzweifeln, dass die Verspätungen unabhängig voneinander sind.

3

X: Anzahl der Treffer; $n = 10$; $p = 0{,}25$

a) Die Annahme „Jeremias rät nur" entspricht, dass die Trefferwahrscheinlichkeit $p = 0{,}25$ beträgt. Bei $\beta = 95\,\%$ ist das zugehörige $1{,}96\,\sigma$-Intervall [0; 5]. Da 5 darin liegt, ist die Annahme einer Trefferwahrscheinlichkeit von 25 % mit dem Stichprobenergebnis 5 verträglich. Man würde Jeremias (noch) keine hellseherischen Fähigkeiten zubilligen. Bei 20 Durchführungen erhält man das zugehörige $1{,}96\,\sigma$-Intervall [2; 8]. Da 10 nicht darin liegt, ist die Annahme einer Trefferwahrscheinlichkeit von 25 % mit dem Stichprobenergebnis 10 nicht verträglich. Man würde Jeremias hellseherische Fähigkeiten zugestehen.

b) Bedingung $P(X \geq x) \leq 0{,}05$; oder $P(X < x) > 0{,}95$.
Lösung: $x = 6$.

c) X: Anzahl der Treffer; $p = 0{,}25$
Bedingung $P\left(X \geq \frac{n}{2}\right) \leq 0{,}05$; $n = 9$, siehe Tabelle

n	p	a (min. 50 %)	P(X ≥ a)
6	0,25	3	0,16943359
7		4	0,07055664
8		4	0,11381531
9		5	0,04892731
10		5	0,07812691
11		6	0,03432751
12		6	0,05440223
13		7	0,02429014
14		7	0,0382707615

4

a) X lässt sich beschreiben als Bernoulli-Kette mit $n = 100$ Durchführungen, da die Reißzwecken unabhängig voneinander mit der Wahrscheinlichkeit von 60 % auf dem Kopf landen. Als Treffer kann man z. B. „Zwecke landet auf dem Kopf" definieren. Trefferwahrscheinlichkeit ist dann $p = 0{,}6$.

b) $\mu = n \cdot p = 60$; $\sigma = \sqrt{np(1 - p)} \approx 4{,}90$

c) $P(X \leq 60) \approx 0{,}5379$;
$P(X > 50) = 1 - P(X \leq 50) \approx 0{,}9729$;
$P(50 \leq X \leq 60) = P(X \leq 60) - P(X \leq 49) \approx 0{,}5212$;
$P(\mu - 2\sigma \leq X \leq \mu + 2\sigma) = P(50 \leq X \leq 70) \approx 0{,}9685$

d) Aus der Tabelle (siehe Fig. 1):
$P(\mu - a \leq X \leq \mu + a) \approx 0{,}7386$ für $a = 5$,
$P(\mu - a \leq X \leq \mu + a) \approx 0{,}8158$ für $a = 6$,
also ist $a = 6$ die Lösung.

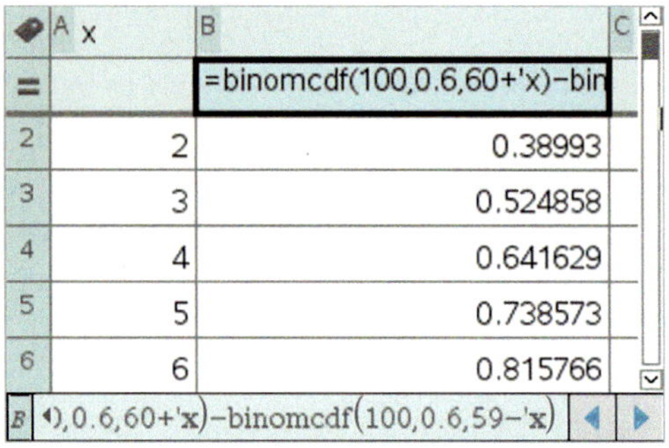

Fig. 1

5

X: Anzahl der tatsächlich benötigten Betten; $n = 50$; $p = 0{,}9$

a) $P(X \geq 46) = 1 - P(X \leq 45) \approx 43{,}12\,\%$

b) $P(X \leq 43) \approx 22{,}98\,\%$

6

Ermittlung der 95 %-Intervalle mit der $1{,}96\,\sigma$-Regel:

n	μ	σ	gerundet: I: [μ − 1,96σ; μ + 1,96σ]	P(X∈I)	rel. Häufigkeit	Intervall-Breite (2d)
25	20	2	[16; 24]	97,89 %	0,64 – 0,96	0,32
100	80	4	[72; 88]	96,74 %	0,72 – 0,88	0,16
400	320	8	[304; 336]	96,11 %	0,76 – 0,84	0,08

Je größer der Stichprobenumfang, desto kleiner ist die relative Häufigkeit des 95 %-Intervalls. Genauer: Multipliziert man n mit dem Faktor k, verändert sich d mit dem Faktor $\frac{1}{\sqrt{k}}$.

7

a) Individuelle Lösung, z. B. mit dem Rechner:

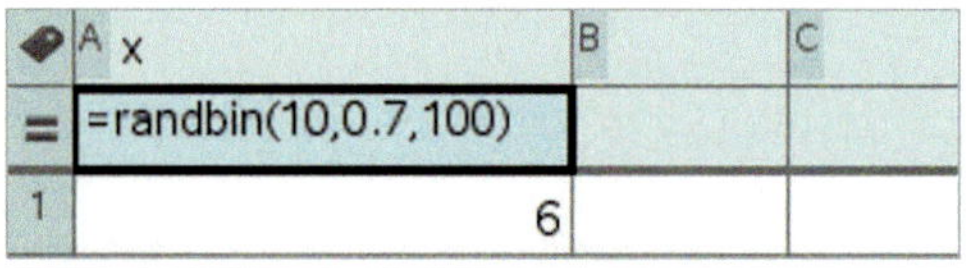

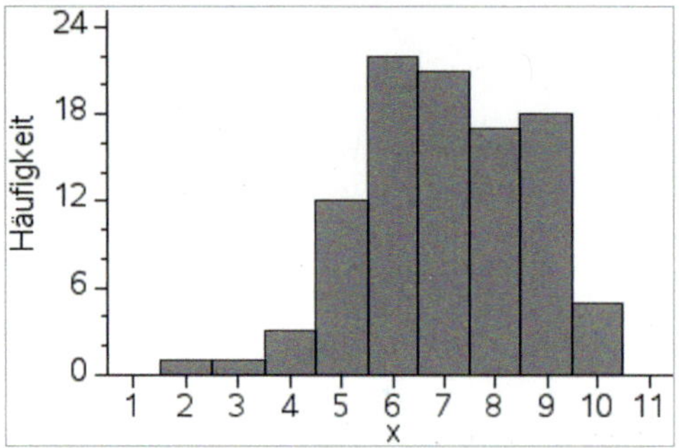

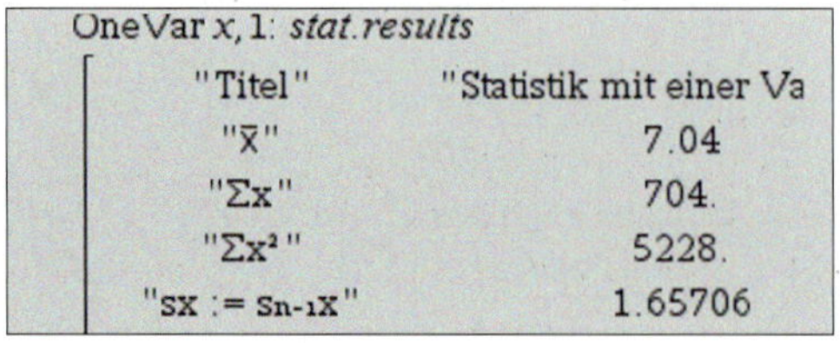

In diesem Beispiel ist das arithmetische Mittel $\bar{x} = 7{,}04$, die Standardabweichung $s \approx 1{,}657$.

$\bar{x} - 2s = 3{,}726$; $\bar{x} + 2s = 10{,}357$, also $[\bar{x} - 2s; \bar{x} + 2s] = [4; 10]$, da nur die ganzen Zahlen zwischen $\bar{x} - 2s$ und $\bar{x} + 2s$ vorkommen. Dem Histogramm entnimmt man, dass nur zwei Werte außerhalb dieses Intervalls vorkommen. In diesem Beispiel liegen also 98 % der Werte im Intervall [4; 10]. Das ist in etwa das Ergebnis, das theoretisch die 2-Sigma-Regel (etwa 95 %) vorhersagt.

b) X: „Anzahl der Treffer bei 10 Schüssen" ist binomialverteilt mit $n = 10$, $p = 0{,}7$, $\mu = n \cdot p = 7$ und $\sigma = \sqrt{n \cdot p \cdot (1 - p)} \approx 1{,}45$.

Grundwissen

Seite 208

1

a) 1,5 Liter pro Minute.

b) $10 - 3{,}5 \cdot 1{,}5 = 4{,}75$.

c) $10 - x \cdot 1{,}5 = 0$, Lösung $x = 6\frac{2}{3}$ bzw. 6 Minuten und 40 Sekunden.

2

Die linke Tabelle beschreibt exponentielles Wachstum, weil der Quotient aufeinanderfolgender Werte konstant (gleich 0,5) ist. Die rechte Tabelle beschreibt lineares Wachstum, weil die Differenz aufeinanderfolgender Werte konstant (gleich 0,25) ist.

3

a) $G(0) = 0{,}8$ (g)

b) $G(5) \approx 1{,}021$ (g)

c) $G(x) = 5$ bei $x = 37{,}56$

Antwort: Nach gut 37,5 h beträgt das Gewicht 5 g.

4

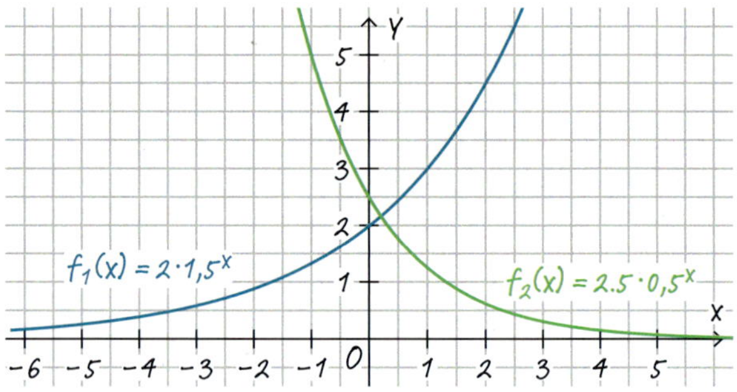

5

$f \rightarrow C$, $g \rightarrow B$, $h \rightarrow A$

6

Funktionsterme können, je nach abgelesenen Punkten, gering abweichen.

$f(0) = 0{,}5$; $f(3) = 2{,}25$; $f(x) = 0{,}5 \cdot 1{,}65^x$

$g(0) = 1{,}5$; $g(2{,}5) = 0{,}4$; $g(x) = 1{,}5 \cdot 0{,}59^x$

$h(1) = 1{,}5$; $h(2{,}5) = 0{,}3$; $h(x) = 4{,}386 \cdot 0{,}742^x$

7

a) $f(x) = 2 \cdot 1{,}5^x$

b) $f(x) = 2 \cdot \left(\frac{\sqrt{2}}{2}\right)^x$

c) $f(x) = \frac{\sqrt{2}}{2} \cdot (\sqrt{2})^x$

d) $f(x) = 2\sqrt{2} \cdot \left(\frac{\sqrt{2}}{2}\right)^x$

8

a) $x = 4$	b) $x \approx 2{,}58$	c) keine Lösung
d) $x \approx 1{,}30$	e) $x = -0{,}5$	f) $x = 1$

Seite 209

1

Nur bei Teilaufgabe a) liegt eine ganzrationale Funktion vor.

2

	a)	b)	c)
$x \to \infty$	$f(x) \to \infty$	$f(x) \to -\infty$	$f(x) \to \infty$
$x \to -\infty$	$f(x) \to \infty$	$f(x) \to \infty$	$f(x) \to -\infty$
Grad	4	5	3

3

a) $x_1 = 0{,}5$
b) $x_1 = 1 - \sqrt{2}$ und $x_2 = 1 + \sqrt{2}$
c) $x_1 = 0$ und $x_2 = 3$
d) $x_1 = 0$ und $x_2 = -4$
e) keine Lösung
f) $x_1 = 0$
g) $x_1 = 0,\ x_2 = 3$ und $x_3 = -3$
h) $x_1 = 7$
i) $x_1 = -3,\ x_2 = 0$ und $x_3 = 1$
j) $x_1 = -5$ und $x_2 = 5$

4

a) $x \approx 1{,}325$
b) $x \approx -1{,}272,\ x \approx 1{,}272$

5

Nullstellen von f:

a) $x = 1$
b) $x \approx -1{,}732;\ x \approx 0;\ x \approx 1{,}732$

Nullstellen von f':

a) $x = 1$
b) $x \approx -1{,}257;\ x \approx 1{,}257$

Nullstellen von f'':

a) $x = 0;\ x = 0{,}5$
b) $x \approx -0{,}775;\ x = 0;\ x \approx 0{,}775$

6

Individuelle Lösungen. Je ein Beispiel ist angegeben, es gibt aber mehrere Lösungen.

a) $f(x) = x^2 + 1$
b) $f(x) = (x + 2) \cdot (x - 1) = x^2 + x - 2$
c) $f(x) = (x + 2) \cdot (x - 1) \cdot (x + 1) = x^3 + 2x^2 - x - 2$
d) $f(x) = (x - 2)^4 = x^4 - 32x^3 + 24x^2 - 8x + 16$
e) $f(x) = (x - 2)^2 = x^2 - 4x + 4$ hat Grad 2 und nur die Nullstelle 2
f) $f(x) = (x + 2) \cdot (x - 2) \cdot (x - 1) \cdot (x + 1) = x^4 - 5x^2 + 4$

7

a) punktsymmetrisch zum Ursprung
b) achsensymmetrisch zur y-Achse
c) keine Symmetrie, da ungerade (3 und 1) und gerade (0) Exponenten vorkommen
d) keine Symmetrie, da gerade (6) und ungerade (3) Exponenten vorkommen

8

a) f ist streng monoton fallend für $x \leq -1$ und für $0 \leq x \leq 1$; f ist streng monoton wachsend für $-1 \leq x \leq 0$ und für $x \geq 1$.
b) f ist streng monoton fallend für $x \leq 1{,}5$ und streng monoton wachsend für $x \geq 1{,}5$.

9

Individuelle Lösungen, z. B.: $f(x) = 2x^3 - 3x^2$, siehe Graph:

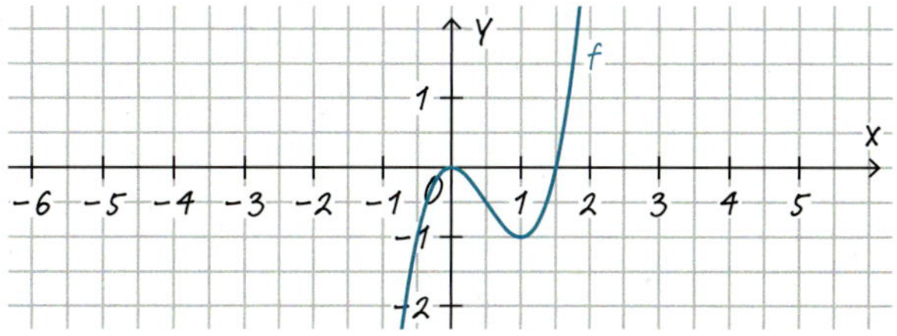

Seite 210

1

a) 5; 4,5; 4,1; 3,9
b) −2,2; −2,02; −2,002; −1,998

2

2,2; 2,02; 2,002; 1,998

3

$\frac{(3+h)^2 - 3^2}{h} = \frac{9 + 6h + h^2 - 9}{h} = \frac{6h + h^2}{h} = \frac{h \cdot (6 + h)}{h} = 6 + h;$

$\lim\limits_{h \to 0} \frac{(3+h)^2 - 3^2}{h} = 6$

4

$f'(0) = 0;\ f'(1) = -1;\ f'(1{,}87) \approx 3$

5

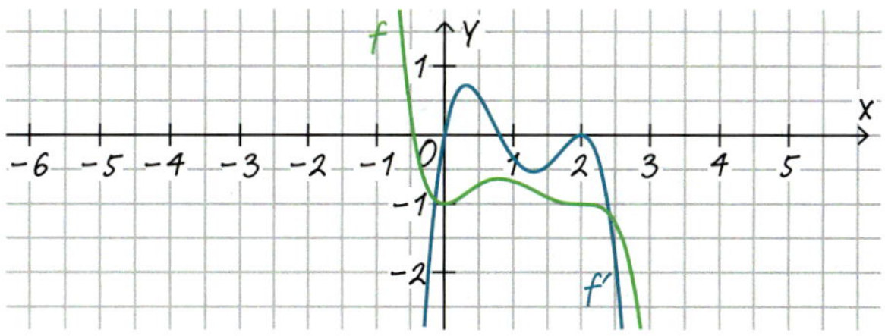

6

a) Wahr, weil f' bei $x \approx -0{,}4$ einen Vorzeichenwechsel von Plus nach Minus hat.
b) Falsch, da die Funktionswerte von f sich ohne Weiteres nicht aus denen von f' bestimmen lassen.
c) Wahr, da $f'(x) \leq 0$ für $0 \leq x \leq 2$.
d) Wahr, da f' bei $x = 0$ eine Minimumstelle hat, also muss f'' (als Ableitung von f') bei $x = 0$ eine Nullstelle mit Vorzeichenwechsel haben.

7

$f'(x) = \frac{3}{2}x^2 + 3x,\ f''x = 3x + 3$

An der Wendestelle muss gelten: $f''(x) = 0$, also ist $x = -1$.

Tangente: $f(-1) = 1$ und $f'(-1) = -\frac{3}{2}$.

Seite 211

8

a) $f'(x) = 10x - 1$ $\qquad f''(x) = 10$

b) $f'(x) = 4x^5 - 5x^4 + 3x^3$ $\qquad f''(x) = 20x^4 - 20x^3 + 6x^2$

c) $f'(x) = 3x^2 + \frac{15}{x^4}$ $\qquad f''(x) = 6x - \frac{60}{x^5}$

d) $f'(x) = 3x^4 - \frac{3}{x^2}$ $\qquad f''(x) = 12x^3 + \frac{6}{x^3}$

e) $f'(x) = 3ax^2 + \frac{1}{2}ax$ $\qquad f''(x) = 6ax + \frac{1}{2}a$

f) $f'(x) = \frac{a}{2\sqrt{x}} - \frac{a}{x^2}$ $\qquad f''(x) = -\frac{a}{4x\sqrt{x}} + \frac{2a}{x^3}$

9

a) $f'(x) = \cos(x) - \sin(x)$

b) $f'(x) = \frac{1}{\sqrt{x}} + \cos(x)$

c) $f'(x) = 3e^x - 2x$

d) $f'(x) = 2 + \frac{1}{5}e^x$

e) $f'(x) = -\frac{1}{\sqrt{x}}$

f) $f'(x) = \frac{e^x}{2} + 2\sin(x)$

10

a) $f'(x) = 2x$, also $f'(-2) = -4$,
Tangente: $y = -4 \cdot (x + 2) + 5 = -4x - 3$
Normale: $y = \frac{1}{4}x + \frac{11}{2}$

b) $f'(x) = -2x - 3$, also $f'(-1) = -1$,
Tangente: $y = -(x + 1) + 2 = -x + 1$
Normale: $y = x + 3$

c) $f'(x) = 3x^2 - 2$, also $f'(0) = -2$,
Tangente: $y = -2x$
Normale: $y = \frac{1}{2}x$

d) $f'(x) = -6x^2 + 2x$, also $f'(1) = -4$,
Tangente: $y = -4(x - 1) - 1 = -4x + 3$
Normale: $y = \frac{1}{4}x - \frac{5}{4}$

11

a) $f'(x) = -3 \cdot (1 - x)^2$

b) $f'(x) = 4 \cdot \left(\frac{1}{3}x^2 - x\right)^3 \cdot \left(\frac{2}{3}x - 1\right)$

c) $f'(x) = 1 \cdot \left(x + \frac{1}{x^2}\right) + x \cdot \left(1 - \frac{2}{x^3}\right)$

d) $f'(x) = 1 \cdot \sin(x) + x \cdot \cos(x)$

e) $f'(x) = \cos(x) \cdot \cos(x) - \sin(x) \cdot \sin(x)$

f) $f'(x) = \frac{2}{\sqrt{2x}}$

g) $f'(x) = 3 \cdot (2e^{2x} + e^{-x})$

h) $f'(x) = \frac{2}{5}e^x + \frac{2}{5}x \cdot e^x$

i) $f'(x) = 3a \cdot e^{3x-1} - \frac{3b}{(3x-1)^2}$

j) $f'(x) = \frac{-2nx^{n-1}}{\sqrt{1 - 4x^n}}$

k) $f'(x) = \sin(3x) + 3x \cdot \cos(3x)$

l) $f'(x) = \frac{\sqrt{e^{2x}} - 2x}{e^{2x}}$

12

$f'(x) = (1 - x)e^{-x}$; $t(x) = 2e \cdot x + e$

Seite 212

1

a)

Wert	1	2	3	4	6
Häufigkeit	1	3	1	2	1

b) Arithmetisches Mittel: 3
Empirische Varianz: 2,25
Empirische Standardabweichung: 1,5

2

Säulendiagramm:

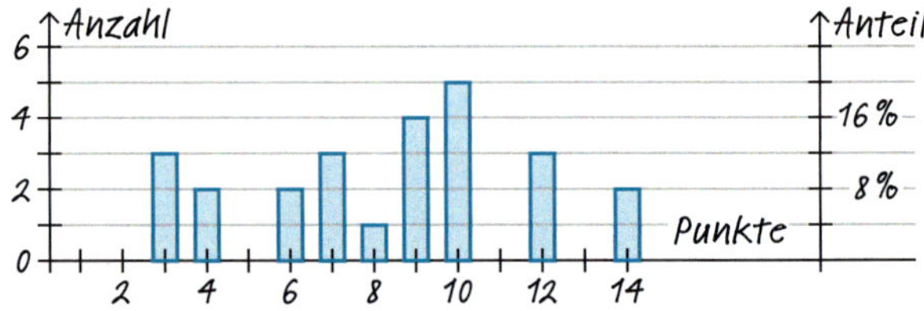

a) Arithmetisches Mittel: 8,32

b) Varianz: 10,3776
Standardabweichung: ≈ 3,22

3

a) Näherungen für das arithmetische Mittel: 3388
Näherung für die Standardabweichung: 533

b)

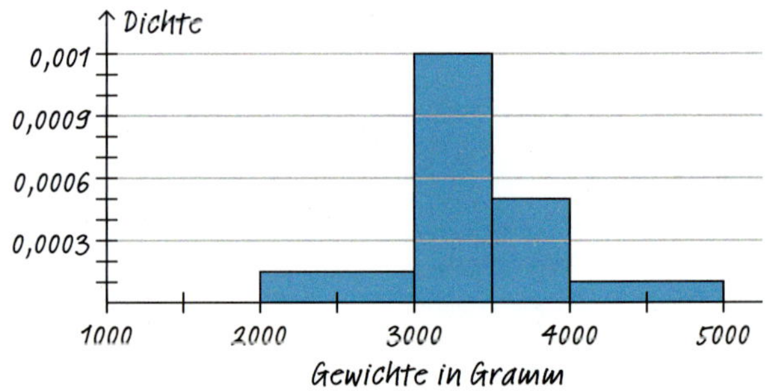

c) Bei einem Säulendiagramm mit relativen Häufigkeiten geben die Säulenhöhen die Anteile an, bei einem Histogramm geben die Säulenflächeninhalte die Anteile an. Bei einem Histogramm werden die Verhältnisse besser dargestellt, wenn die Säulen unterschiedliche Breiten haben.

4

a) Es liegt kein Laplace-Experiment vor, weil die Wahrscheinlichkeiten, eine rote oder eine grüne Kugel zu ziehen, nicht gleich sind.

b)

Ergebnis	r	g
Wahrscheinlichkeit	$\frac{3}{5}$	$\frac{2}{5}$

Seite 213

5

a) Es kommt darauf an. Es ist besser, die Varianz als Streumaß zu verwenden, weil man dann keine Wurzel ziehen muss wie bei der Standardabweichung. Vom Standpunkt des Berechnens ist das richtig. Aber ein Nachteil der Varianz ist, dass ggf. die Einheit nicht zum Mittelwert passt. So ergibt z. B. die Varianz bei Längen $9\,cm^2$, bei der Standardabweichung dagegen 3 cm mit derselben Einheit wie das arithmetische Mittel, das ja auch in cm angegeben wird.

b) Wahr.

c) Wahr.

d) Falsch. Zum Beispiel kann man aus einer Urne mit roten, grünen und blauen Kugeln zweimal ziehen. Dabei gibt es 9 Ergebnisse.

e) Falsch: Wenn man 6-mal würfelt, ist die Wahrscheinlichkeit, keine Sechs zu werfen, $\left(\frac{5}{6}\right)^6 \approx 0{,}33$, also deutlich größer als 10 %.

6

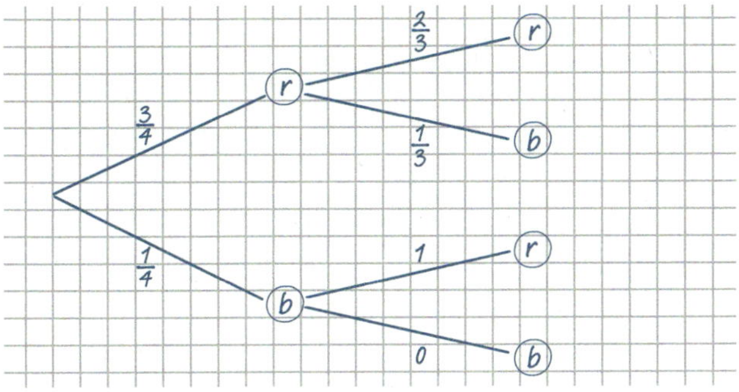

a) $P(rr) = \frac{3}{4} \cdot \frac{2}{3} = \frac{2}{4} = \frac{1}{2}$

b) $P(br) = \frac{1}{4} \cdot 1 = \frac{1}{4}$

c) $P(rb) = \frac{3}{4} \cdot \frac{1}{3} = \frac{1}{4}$

7

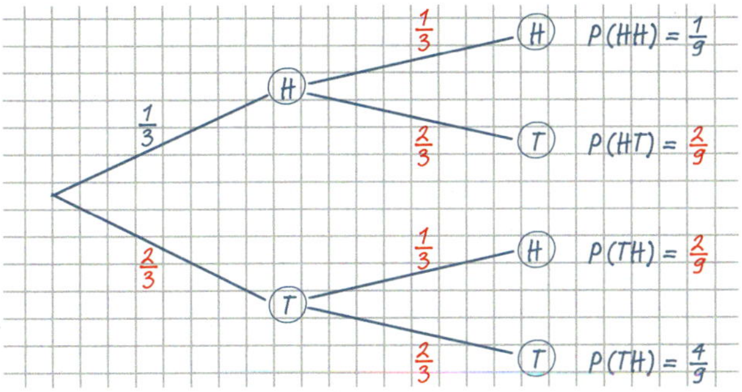

8

M: Schüler bereiten sich alleine auf Mathematik vor.
F: Schüler bereiten sich alleine auf ihre Fremdsprache vor.

a)

	F	$\overline{F}$	
M	**18**	10	**28**
$\overline{M}$	24	80	104
	42	90	**132**

b) Da sich von den 132 Schülerinnen und Schülern 10 auf Mathematik alleine, aber auf die Fremdsprache nicht alleine vorbereiten, ist $\frac{10}{132} \approx 7{,}6\,\%$ die gesuchte Wahrscheinlichkeit.

c) Von 28 Schülerinnen und Schülern, die sich alleine auf Mathematik vorbereiten, bereiten sich auch 18 alleine auf die Fremdsprache vor. $\frac{18}{28}$ ist die zugehörige Wahrscheinlichkeit. Die Wahrscheinlichkeit $\frac{18}{132}$ beschreibt dagegen den Anteil derjenigen Schülerinnen und Schüler, die sich alleine auf Mathematik und die Fremdsprache vorbereiten, an allen Abiturienten.

Seite 214

1

$\int_0^5 (6 - 2t)\,dt = 5$; das entspricht dem orientierten Flächeninhalt unter der Gerade bzw. der Differenz $A_1 - |A_2|$.

2

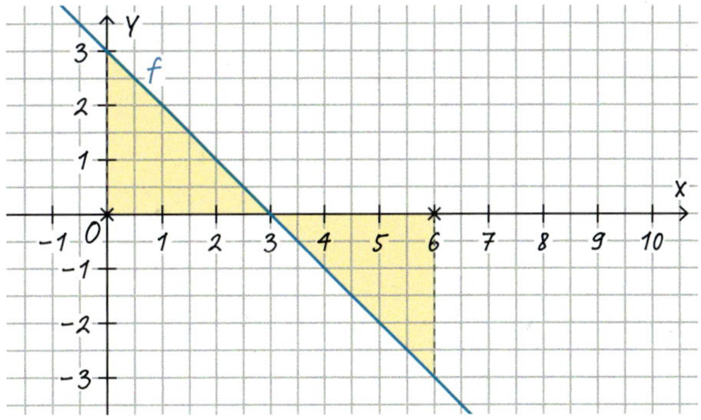

bzw.

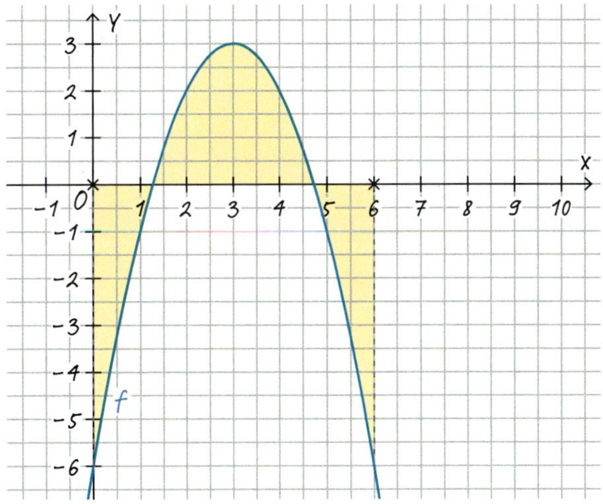

3

Individuelle Lösung, z.B.: $m = 2$ und $M = 3$

4

a) $\frac{2}{3}x^3 - \frac{7}{2}x^2 + 3x$ b) $\frac{x^3}{3} - \frac{1}{x}$

c) $\frac{1}{5}\sin(5x + \pi)$ d) $\frac{1}{2}e^{2x+1}$

5

a) 8 b) 4 c) $\frac{23}{3}$

d) 2 e) 4 f) $\approx 0{,}316$

6

a) Falsch: Ein Integral kann einen negativen Wert ergeben, weil es einem orientierten Flächeninhalt entspricht.

b) Falsch: F und G können sich um eine Konstante unterscheiden.

c) Wahr: Beim Ableiten von F und G kommt jeweils dasselbe Ergebnis heraus.

d) Falsch: Z.B. gilt $\int_0^1 x\,dx = \int_0^1 (1 - x)\,dx$.

e) Wahr: Die Ungleichung $f(x) \leq g(x)$ überträgt sich auf die entsprechenden Rechteckssummen und damit auf die Integrale.

Seite 215

7

a) F hat die Nullstellen −2; 0 und 3 (im sichtbaren Bereich), $f = F'$ hat näherungsweise die Nullstellen −1,2 und 1,8.

b) $\int_0^3 f(t)\,dt = F(3) - F(0) = 0.$

c) $F'(1) > 0$, $F'(3) < 0$, also $f(1) > f(3)$

d) $\int_2^3 f(t)\,dt = F(3) - F(2) = -F(2) < 0.$

8

$h(x) = 100 + \int_0^x (3 - 3e^{-0{,}5t})\,dt = 6e^{-0{,}5x} + 3x + 94$

9

a) $\frac{32}{3}$ b) 18 c) $\frac{9}{2}$ d) $\frac{1}{6}$

10

a) $\frac{125}{6}$ b) $\frac{4}{3}$

c) Schnittstellen −1,346 und 1,159; $\int_{-1{,}346}^{1{,}159} (g(x) - f(x)) = 2{,}74$ (gerundet)

11

a) $\int_{-1}^{2} (x^3 - 3x^2 + 4)\,dx = \left[\frac{1}{4}x^4 - x^3 + 4x\right]_{-1}^{2} = 4 - (-2{,}75) = 6{,}75$

b) $(-x^2 + 2x + 2) - (x^3 - 4x + 2) = -x^3 - x^2 + 6x$

$\int_0^2 (-x^3 - x^2 + 6x)\,dx = \left[-\frac{1}{4}x^4 - \frac{1}{3}x^3 + 3x^2\right]_0^2 = \frac{16}{3}$

12

Schnittstellen: −2; 0; 3.

Flächeninhalt:

$\int_{-2}^{0} (f(x) - g(x))\,dx + \int_0^3 (g(x) - f(x))\,dx = \frac{16}{3} + \frac{63}{4} = \frac{253}{12} \approx 21{,}08$

Seite 216

1

a) Graph ist punktsymmetrisch zum Ursprung.

b) Graph ist achsensymmetrisch zur y-Achse.

c) Keine Symmetrie, da ungerade (3 und 1) und gerade (0) Hochzahlen vorkommen.

d) Graph ist achsensymmetrisch zur y-Achse, da $f(-x) = \frac{1}{(-x)^2 - 3} = \frac{1}{x^2 - 3} = f(x)$.

e) Graph ist punktsymmetrisch zum Ursprung, da $f(-x) = \frac{-x}{(-x)^4 + (-x)^2} = -\frac{x}{x^4 + x^2} = -f(x)$.

f) Keine Symmetrie, da $f(-x) = \frac{1}{(-x)^3 - 2} = \frac{1}{-x^3 - 2}$ und dies weder gleich $f(x)$ noch gleich $-f(x)$ ist.

2

a) Falsch, nur a muss ungleich 0 sein, damit der Grad 5 ist, ansonsten gilt die Behauptung für alle $a, b, c \in \mathbb{R}$.

b) Wahr, da der Graph von f keinen Sprung macht.

c) Falsch, es müsste $f(-3) = -f(3)$ gelten.

d) Falsch, z.B. hat f mit $f(x) = x^5 - 5x^3 + 4x$ fünf Nullstellen.

3

a) Individuelle Lösung, z.B.: $f(x) = x^3 - x$

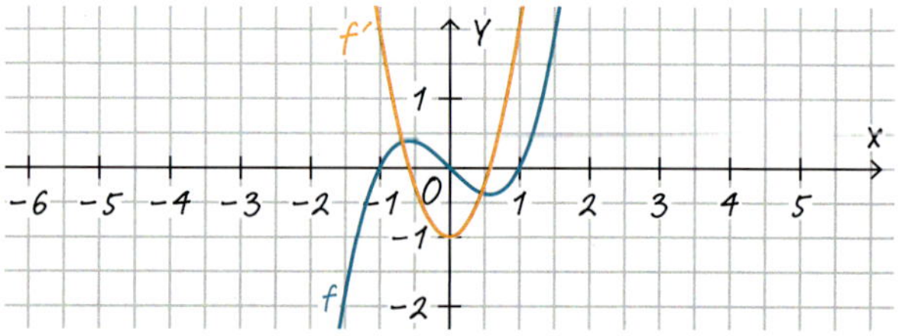

b) Durch die Punktsymmetrie des Graphen von f sind die Steigungen bei x bzw. −x jeweils gleich.

c) Individuelle Lösung, z.B.: $f(x) = x^3 - x + 1$

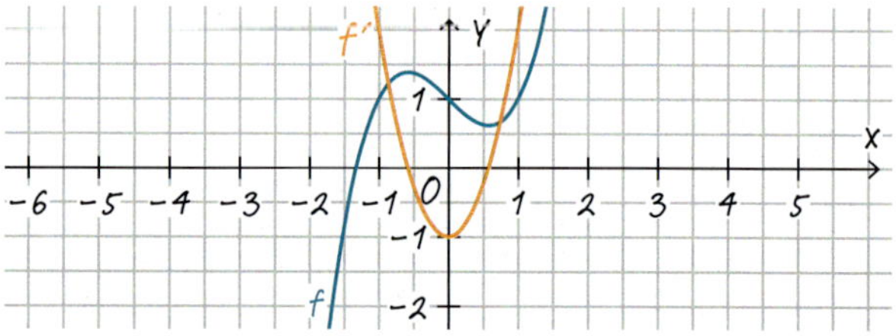

4

a) (0; 2) b) (−4; ∞)

5

$f(x) = \sin(x) - x$; $f(x) = e^{-\frac{1}{11}x} - \frac{1}{9}x$

6

a) $f'(x) = x^2 + 3x$; $f''(x) = 2x + 3$

Mögliche Extremstellen: $x \cdot (x + 3) = 0$ liefert $x_1 = 0$ und $x_2 = -3$

Überprüfung:

1. $f''(0) = 3 > 0$, an der Stelle $x_1 = 0$ liegt ein lokales Minimum vor: $f(0) = 1$

2. $f''(-3) = -3 < 0$, an der Stelle $x_2 = -3$ liegt ein lokales Maximum vor: $f(-3) = 3{,}5$

Tiefpunkt $T(0|1)$, Hochpunkt $H(-3|3{,}5)$

b) $f'(x) = x^3 - x$; $f''(x) = 3x^2 - 1$

Mögliche Extremstellen: $x \cdot (x^2 - 1) = 0$ liefert $x_1 = 0$, $x_2 = -1$ und $x_3 = 1$.

Überprüfung:

1. $f''(0) = -1 < 0$, an der Stelle $x_1 = 0$ liegt ein lokales Maximum vor: $f(0) = 3$
2. $f''(1) = 2 > 0$, an der Stelle $x_2 = 1$ liegt ein lokales Minimum vor: $f(1) = 2{,}75$
3. $f''(-1) = 2 > 0$, an der Stelle $x_3 = -1$ liegt ein lokales Minimum vor: $f(-1) = 2{,}75$

Tiefpunkte $T_1(-1|2{,}75)$, $T_2(1|2{,}75)$, Hochpunkt $H(0|3)$

c) $f'(x) = 6x^2 + 4$

Mögliche Extremstellen: $6x^2 + 4$ hat keine Lösung.

Der Graph hat keine Extrempunkte.

d) $f'(x) = 2x \cdot e^{0{,}5x-1} + 0{,}5x^2 \cdot e^{0{,}5x-1} = e^{0{,}5x-1} \cdot (0{,}5x^2 + 2x)$;

$f''(x) = 0{,}5e^{0{,}5x-1} \cdot (0{,}5x^2 + 2x) + e^{0{,}5x-1} \cdot (x + 2)$

$= e^{0{,}5x-1} \cdot (0{,}25x^2 + 2x + 2)$

Mögliche Extremstellen: $0{,}5x^2 + 2x = 0$ liefert $x_1 = 0$ und $x_2 = -4$.

Überprüfung:

1. $f''(0) = 2e^{-1} > 0$, an der Stelle $x_1 = 0$ liegt ein lokales Minimum vor: $f(0) = 0$.
2. $f''(-4) = -2e^{-3} < 0$, an der Stelle $x_2 = 1$ liegt ein lokales Maximum vor: $f(-4) = 16e^{-3} \approx 0{,}797$.

Tiefpunkt $T(0|0)$, Hochpunkt $H(-4|16e^{-3})$.

e) $H_1\left(\frac{\pi}{4}\middle|1\right)$, $T_1\left(\frac{3\pi}{4}\middle|-1\right)$, $H_2\left(\frac{5\pi}{4}\middle|1\right)$, $T_2\left(\frac{7\pi}{4}\middle|-1\right)$

f) $H(1|e^{-2})$, $T(0|0)$

Seite 217

7

a) $f'(x) = \frac{1}{2}x^2 - 2x$; $f''(x) = x - 2$; $f'''(x) = -2$

Mögliche Wendestellen: $x - 2 = 0$ liefert $x_1 = 2$

Überprüfung:

$f'''(2) \neq 0$, die Stelle $x_1 = 2$ ist eine Wendestelle, $f(2) = -\frac{2}{3}$

Wendepunkt $W\left(2\middle|-\frac{2}{3}\right)$

b) $f'(x) = 2x^3 - 6x + 3$; $f''(x) = 6x^2 - 6$; $f'''(x) = 12x$

Mögliche Wendestellen: $6x^2 - 6 = 0$ liefert $x_1 = 1$ und $x_2 = -1$.

Überprüfung:

1. $f'''(1) \neq 0$, die Stelle $x_1 = 1$ ist eine Wendestelle, $f(1) = \frac{1}{2}$
2. $f'''(-1) \neq 0$, die Stelle $x_2 = -1$ ist eine Wendestelle, $f(-1) = -\frac{11}{2}$

Wendepunkte $W_1\left(1\middle|\frac{1}{2}\right)$ und $W_2\left(-1\middle|-\frac{11}{2}\right)$

c) $W(0|0)$

d) $W_1(0|0)$, $W_2(\pi|2\pi)$

8

Symmetrie: Der Graph von f ist achsensymmetrisch zur y-Achse

Schnittpunkte mit der x-Achse: $f(x) = 0$ ergibt $N_1(-2|0)$, $N_2(2|0)$

Schnittpunkt mit der y-Achse: $f(0) = -4$ ergibt $S(0|-4)$

Tiefpunkte: $f'(0)$ und $f''(x) > 0$ ergibt $T_1\left(-\frac{1}{2}\sqrt{6}\middle|-\frac{25}{4}\right)$, $T_2\left(\frac{1}{2}\sqrt{6}\middle|-\frac{25}{4}\right)$

Hochpunkte: $f'(0)$ und $f''(x) < 0$ ergibt $H(0|-4)$

Wendepunkte: $f''(x) = 0$ und $f'''(x) \neq 0$ ergibt $W_1\left(-\frac{1}{2}\sqrt{2}\middle|-\frac{21}{4}\right)$, $W_2\left(\frac{1}{2}\sqrt{2}\middle|-\frac{21}{4}\right)$

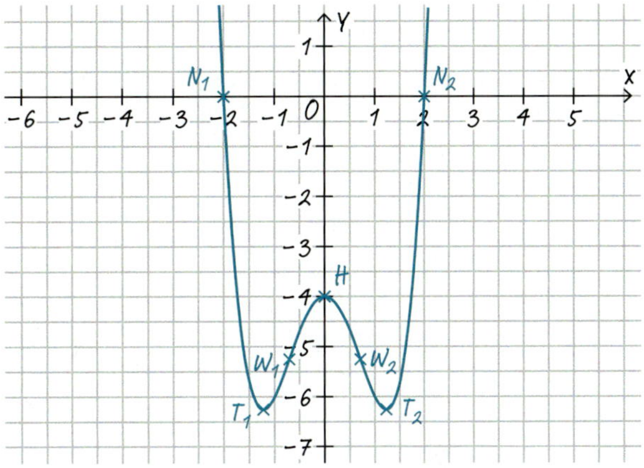

9

a) Falsch (Gegenbeispiel $f(x) = x^3$). Wahr, wenn der Grad gerade ist, weil f dann für $x \to +/-\infty$ an beiden „Rändern" gegen $+\infty$ bzw. $-\infty$ strebt.

b) Wahr, z. B. hat f mit $f(x) = x^0 \cdot e^x = e^x$ keine Wendestelle, da $f''(x) = e^x > 0$.

c) Falsch (Gegenbeispiel $f(x) = x - 0{,}5 \cdot \sin(x)$), wahr für $k > 1$, da $f'(x) = 1 - k \cdot \cos(x) = 0$ dann eine Lösung hat, für die $f''(x) = k \cdot \sin(x) \neq 0$.

d) Wahr, da $f''(x) = k \cdot \sin(x) = 0$ dann eine Lösung hat, für die $f'''(x) = k \cdot \cos(x) \neq 0$.

10

a) kein Hochpunkt, Tiefpunkt bei $x = 1$ (Vorzeichenwechsel von Minus nach Plus bei f'), Sattelpunkt bei $x = -2$ (Nullstelle von f' ohne VZW)

b) Nullstellen von f'': $x = -2$, $x = 0$. An beiden liegen Wendepunkte des Graphen von f, weil f'' VZW hat.

c) $f(1) = f(0) + \int_0^1 f'(t)\,dt \approx 0 - 0{,}9 = -0{,}9$ (orientierter Flächeninhalt der Fläche, die im vierten Quadranten vom Graphen von f' und den Achsen eingeschlossen wird).

$f(-2) > f(0) = 0$, weil $f'(x) < 0$ für $-2 < x < 0$, d.h. f ist für $-2 < x < 0$ streng monoton fallend.

Training Abitur

Seite 218

1

a) $L = \{(t;\ 3t + 6;\ 2t - 3) \mid t \in \mathbb{R}\}$

b) z.B. $t = 2$: $x_1 = 2$; $x_2 = 12$; $x_3 = 3$; $t = -3$: $x_1 = -3$; $x_2 = -3$; $x_3 = -9$

2

a) Für $a = 0$ gibt es unendlich viele Lösungen, für $a \neq 0$ gibt es keine Lösung.

b) Für $a = 5$ gibt es genau eine Lösung, für $a \neq 5$ gibt es keine Lösung.

3

LGS: $\left|\begin{array}{l} 2e + 2k + 4f = 11 \\ 1e + 2k + 3f = \ \ 8 \\ 2e + 1k \qquad\ \ = 5{,}50 \end{array}\right|$

Lösung: $L = \{(2;\ 1{,}5;\ 1)\}$.

Eine Fahrt für einen Erwachsenen kostet 2 €, für ein Kind 1,50 € und für ein Fahrrad 1 €.

4

a) Tangente: $t(x) = x - 1$

b) $A = 0{,}5$

5

$f(x) = u(v(x)) = 2x^2 + 1$ $\qquad f'(x) = 4x$

$g(x) = v(u(x)) = (2x + 1)^2$ $\qquad g'(x) = 8x + 4$

6

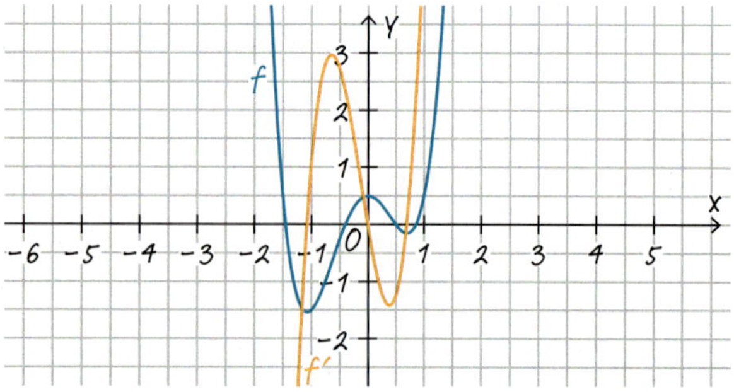

Der Graph der Ableitung hat 3 Nullstellen, und zwar an den Extremstellen des Graphen der Funktion f, bei $x_1 \approx -1{,}1$, bei $x_2 = 0$ und bei $x_3 \approx 0{,}7$. Zudem besitzt der Graph eine Maximumstelle bei $x_4 \approx -0{,}6$ und eine Minimumstelle bei $x_5 \approx 0{,}4$.

7

a) $S(0\,|\,0)$ ist Schnittpunkt mit der x- und mit der y-Achse.

b) $y = 0$ für $x \to \infty$

c) Tangente $t(x) = 2x$

Seite 219

8

$H\left(2\,\middle|\,\frac{8}{e^2}\right)$; $W\left(3\,\middle|\,\frac{16}{e^3}\right)$

9

a) Es handelt sich um ein begrenztes Wachstum mit einem Anfangsbestand $f(0) = 10$

b) $f(3) = 50 - 40 \cdot 0{,}5^3 = 50 - 40 \cdot \frac{1}{8} = 45$

c)

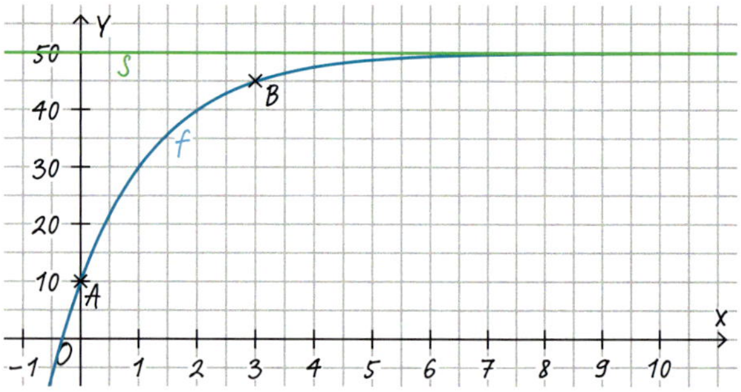

10

a) $S = 500$; $a = 24$; also: $f(x) = \frac{500}{1 + 24 \cdot e^{-kx}}$ und damit:

$f(2) = \frac{500}{1 + 24 \cdot 0{,}5^2} = \frac{500}{7} \approx 71{,}4$

b) k bestimmt die Wachstumsgeschwindigkeit. Für größeres k strebt der Graph von f schneller gegen die Schranke S.

11

a) $\int_0^2 \left(e^{-\frac{x}{2}} - 1\right)dx = \left[-2e^{-\frac{x}{2}} - x\right]_0^2 = -\frac{2}{e} \approx -0{,}736.$

b) Veranschaulichung siehe Skizze.

Begründung, wieso das Ergebnis negativ ist:

Das Integral ergibt den orientierten Flächeninhalt im Intervall [0; 2]. Da hier $f(x) < 0$ gilt (außer bei $x = 0$), ist der orientierte Flächeninhalt negativ.

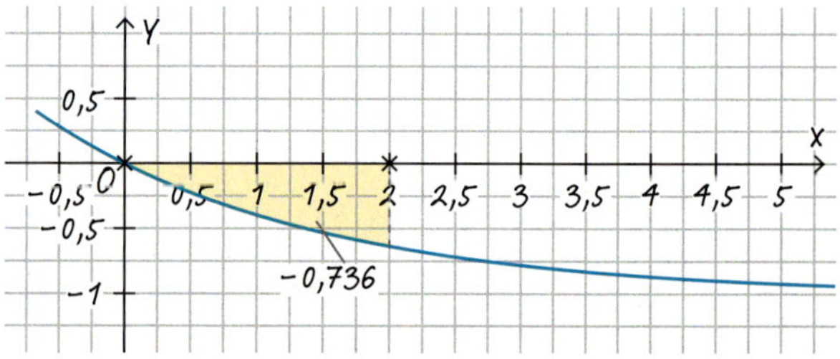

12

a) Individuelle Lösung, z.B.: $F(x) = \frac{1}{2}\cos(2x) + \frac{1}{12}x^4$, Verschiebungen in y-Richtung sind möglich

b) $F(x) = \frac{1}{2}\cos(2x) + \frac{1}{12}x^4 + \frac{1}{2}$

13

a) Man bestimmt alle Nullstellen von f, z.B. a, b, c bei einer Funktion f mit einem Graphen wie in der Skizze. Dann berechnet man die Integrale von f zwischen den Nullstellen und addiert deren Beträge. Im Beispiel erhält man den Flächeninhalt $\int_a^b f(x)\,dx + \left|\int_b^c f(x)\,dx\right|$.

b) Der Graph von f wird so verschoben, dass die Wendestelle von f bei b liegt und $b = 0$ ist. Dann ist der Graph von f zum Ursprung punktsymmetrisch. Daher sind die Flächeninhalte oberhalb und unterhalb der x-Achse gleich groß und somit beträgt der orientierte Flächeninhalt $\int_a^c f(x)\,dx$ null.

14

$f'(x) = 3x^2 - 6x + 2$, $f'(2) = 2$;
Tangente im Ursprung: $t(x) = 2x$
Schnittstellen von f und t: $s_1 = 0$, $s_2 = 3$
Inhalt der Fläche zwischen Graph von f und Tangente:

$$\int_0^3 (2x - (x^3 - 3x^2 + 2x))\,dx = \int_0^3 (-x^3 + 3x^2)\,dx = \left[-\tfrac{1}{4}x^4 + x^3\right]_0^3 = \tfrac{27}{4}.$$

Seite 220

15

a) Nullstellen von f: $x_1 = 0$, $x_2 = 4$.

Inhalt der Fläche, die der Graph von f mit der x-Achse einschließt: $\int_0^4 (-x^2 + 4x)\,dx = \left[-\tfrac{1}{3}x^3 + 2x^2\right]_0^4 = \tfrac{32}{3}$.

b) Schnittstellen von f und g: $s_1 = 0$, $s_2 = 3$.
Inhalt der grau gefärbten Fläche:

$$\int_0^3 (-x^2 + 4x - x)\,dx$$
$$= \int_0^3 (-x^2 + 3x)\,dx = \left[-\tfrac{1}{3}x^3 + \tfrac{3}{2}x^2\right]_0^3 = \tfrac{9}{2}.$$

16

a) $\int_{-1}^0 f(x)\,dx = F(0) - F(-1) = 2.$

b) f' hat im Intervall [-1; 1] mindestens eine Nullstelle, weil $f' = F''$ und weil F in [−1; 1] eine Wendestelle hat.

c) $\int_{-1}^0 F(x)\,dx \approx 1$, weil das der Flächeninhalt des Dreiecks AOB mit $A(-1|0)$ und $B(0|2)$ ist und das etwa der Flächeninhalt unter dem Graphen von f im Intervall [−1; 0] ist.

17

a) $\int_0^t (3x^2 - 1)\,dx = t^3 - t = t \cdot (t - 1) \cdot (t + 1) = 0$, falls $t = 1$ $(t > 0!)$

b) Die Flächen oberhalb und unterhalb der x-Achse sind gleich groß, daher ergibt der orientierte Flächeninhalt im Intervall [0; 1] null.

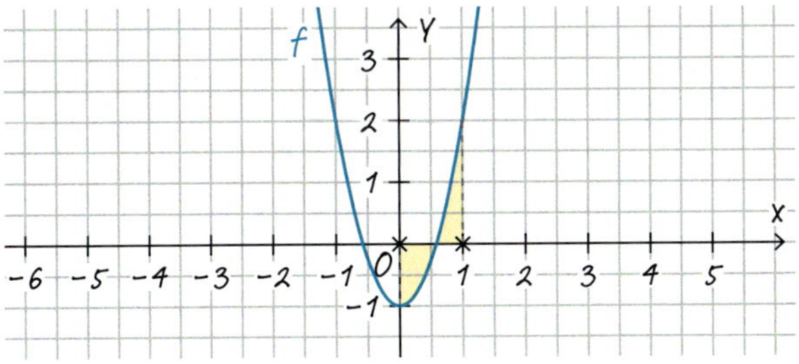

18

Es sei $F(x) = \int_1^x \frac{1}{t}\,dt \; (x \in \mathbb{R},\ x > 0)$.

a)

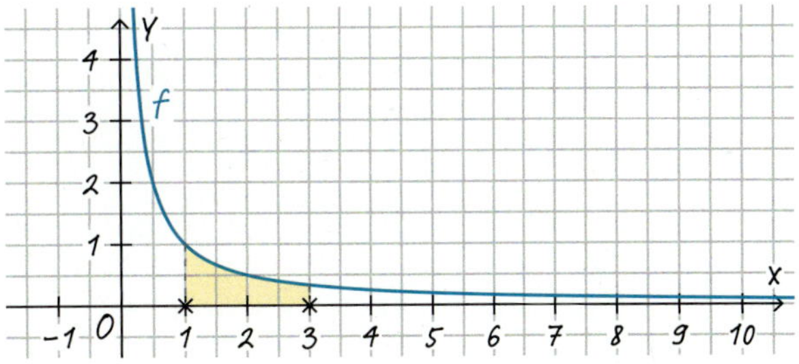

b) $F(3) \approx 1$ (Fläche annähern durch ein Rechteck mit Seitenlängen 2 und 0,5).

c) $F(x) > 0$ für $x > 1$, weil die zugehörige Fläche oberhalb der x-Achse liegt.

d) $F'(x) = \frac{1}{x}$ (nach dem Hauptsatz der Differenzial- und Integralrechnung).

1

a) $C(3|4|0)$, $F(3|0|2)$, $G(3|4|2)$, $H(0|4|2)$

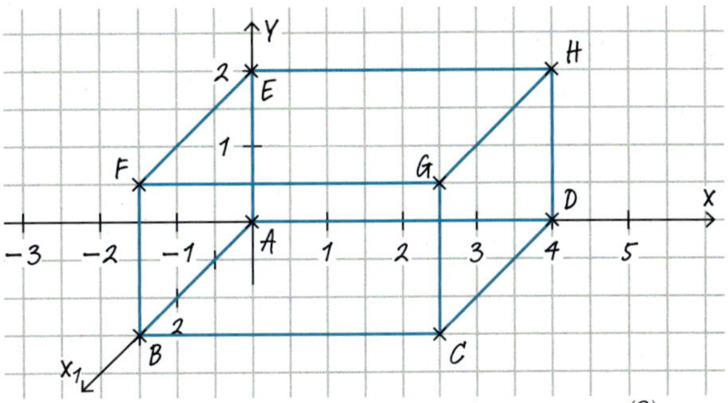

b) Individuelle Lösung, z.B.: $\overrightarrow{OM} = \overrightarrow{OB} + 0{,}5\,\overrightarrow{BC} + 0{,}5\,\overrightarrow{BF} = \begin{pmatrix} 3 \\ 2 \\ 1 \end{pmatrix}$

2

Individuelle Lösungen.

a) $P(0|0|x_3)$ mit x_3 beliebig

b) $P(x_1|x_2|x_3)$ mit $x_1, x_2, x_3 \neq 0$

c) $P(0|0|x_3)$ mit $x_3 \neq 0$

Seite 221

3

a) $\overrightarrow{AB} = \begin{pmatrix} 2 \\ 2 \\ -1 \end{pmatrix}$; $|\overrightarrow{AB}| = \sqrt{9} = 3$ LE

b) $\overrightarrow{OM} = \overrightarrow{OB} + 0{,}5\,\overrightarrow{BC} = \begin{pmatrix} 3{,}5 \\ 2{,}5 \\ 0 \end{pmatrix}$

c) $\overrightarrow{OD} = \overrightarrow{OA} + \overrightarrow{BC} = \begin{pmatrix} 0 \\ 2 \\ -2 \end{pmatrix}$, also $D(0|2|-2)$

4

a) $\overrightarrow{OM} = \overrightarrow{OA} + 0{,}5\overrightarrow{AB} = \begin{pmatrix}2\\5\\2\end{pmatrix}$, also $M(2|5|2)$

b) Für jeden gesuchten Vektor $\vec{v}$ muss gelten $\vec{v} \cdot \overrightarrow{AB} = 0$,
z.B. $\vec{v} = \begin{pmatrix}1\\-1\\0\end{pmatrix}$ oder $\begin{pmatrix}10\\0\\-6\end{pmatrix}$

c) Punktprobe mit Gerade durch A und B:
$\begin{pmatrix}8\\11\\12\end{pmatrix} = \begin{pmatrix}-1\\2\\-3\end{pmatrix} + r \cdot \begin{pmatrix}6\\6\\10\end{pmatrix}$ gilt für $r = 1{,}5$, also liegt P auf der Geraden.

5

Individuelle Lösungen mit folgenden Bedingungen:

a) Die Richtungsvektoren beiden Geraden müssen kollinear sein.

b) Beide Geraden müssen einen gemeinsamen Punkt haben, dafür eignet sich der Stützvektor. Die Richtungsvektoren dürfen nicht kollinear sein.

c) Die Richtungsvektoren dürfen nicht kollinear sein, die Stützvektoren dürfen nicht auf der jeweils anderen Geraden liegen.

6

a) Punktprobe bei beiden Geraden g und h liefert das Ergebnis.

b) Berechnung des Skalarproduktes beider Richtungsvektoren ergibt $1 \cdot (-4) + (-2) \cdot 1 + 4 \cdot (-1) = -10 \neq 0$, also schneiden sie sich nicht orthogonal.

c) Individuelle Lösungen. Als Stützvektor eignen sich ein Stützvektor der Geraden, als Spannvektoren können die Richtungsvektoren von g und h verwendet werden, da sie nicht kollinear sind.

7

a) Die Überprüfung, ob $\overrightarrow{AB} = \begin{pmatrix}-2\\3\\-3\end{pmatrix}$ ein Vielfaches von $\overrightarrow{AC} = \begin{pmatrix}-2\\2\\0\end{pmatrix}$ ist, erfolgt koordinatenweise. Da es kein r gibt, sodass $\overrightarrow{AB} = r \cdot \overrightarrow{AC}$, sind die Vektoren nicht kollinear.

b) Individuelle Lösung. Als Stützvektor sollte einer der Punkte A, B oder C gewählt werden, als Spannvektoren bieten sich $\overrightarrow{AB}$ und $\overrightarrow{AC}$ an, da in Aufgabenteil a) gezeigt wurde, dass sie nicht kollinear sind.

c) Da ein rechter Winkel vorliegt, muss gelten $\overrightarrow{BA} \cdot \overrightarrow{BD} = 0$, es ergibt sich die Gleichung $2 \cdot (d - 1) + (-3) \cdot 0 + 3 \cdot 4 = 0$. Auflösen nach d ergibt $d = -5$.

8

a)

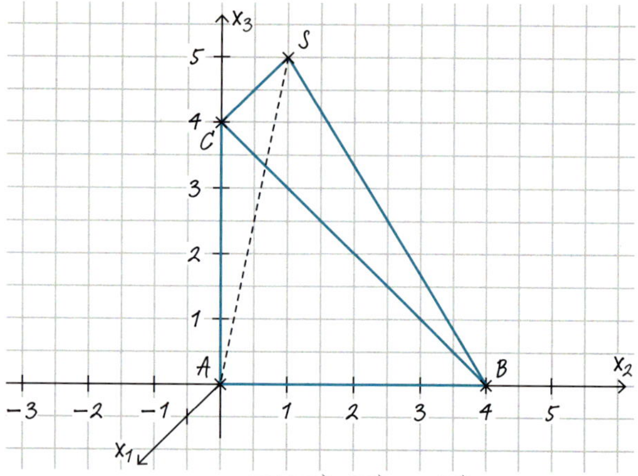

b) Mittelpunkt der Strecke $\overline{BC}$: $\overrightarrow{OM} = \overrightarrow{OB} + 0{,}5\overrightarrow{BC}$ ergibt $M(0|2|2)$. Skalarprodukt der Vektoren $\overrightarrow{MS} \cdot \overrightarrow{BC} = 16 \neq 0$, folglich befindet sich die Spitze nicht senkrecht über dem Mittelpunkt der Strecke $\overline{BC}$.

c) Die Grundfläche ist ein rechtwinkliges gleichschenkliges Dreieck, dessen Grundseite 4 Einheiten und dessen Höhe 4 LE ist. Entsprechend ergibt sich für den Flächeninhalt $A = 8$ FE.

9

Koordinaten der Eckpunkte $A(6|0|0)$, $B(6|4|0)$, $C(0|4|0)$, $E(6|0|2)$, $G(0|4|2)$ und $H(0|0|2)$ ermöglicht die Berechnung der Koordinaten von S auf verschiedenen Wegen, z.B.
$\overrightarrow{OS} = \overrightarrow{OA} + 0{,}5\overrightarrow{AG}$ ergibt $S(3|2|1)$.
Zu berechnen sind 3 Abstände, z.B. $\overrightarrow{SM_{AB}} = \sqrt{10}$ LE, $|\overrightarrow{SM_{BF}}| = \sqrt{13}$ LE, $|\overrightarrow{SM_{BC}}| = \sqrt{5}$ LE, die anderen Abstände ergeben dieselben Werte.

Seite 222

1

a) Wahrscheinlichkeitsverteilung:

Ergebnis	rr	rg	rb	gr	gg
Wahrscheinlichkeit	0,25	0,15	0,1	0,15	0,09

Ergebnis	gb	br	bg	bb
Wahrscheinlichkeit	0,06	0,1	0,06	0,04

b) Wahrscheinlichkeit zu gewinnen: $0{,}25 + 0{,}09 + 0{,}04 = 0{,}38$
(Pfadregel und Summenregel)

c) Erwartungswert: $2 \cdot 0{,}04 + 1 \cdot (0{,}1 + 0{,}06 + 0{,}1 + 0{,}06) = 0{,}4$
Formel für die Varianz: $V = (2 - 0{,}4)^2 \cdot 0{,}04 + (1 - 0{,}4)^2 \cdot 0{,}32$
Formel für die Standardabweichung: $\sigma = \sqrt{V}$.

2

a) $P(212) = \frac{4}{8} \cdot \frac{3}{7} \cdot \frac{3}{6} = \frac{3}{28}$

b) $P(322) + P(232) + P(223) = \frac{1}{8} \cdot \frac{4}{7} \cdot \frac{3}{6} + \frac{4}{8} \cdot \frac{1}{7} \cdot \frac{3}{6} + \frac{4}{8} \cdot \frac{3}{7} \cdot \frac{1}{6} = \frac{3}{28}$

3

a) $E = \{11, 12, 21\}$; F: „die zweite Kugel trägt Nummer 1"

b) $P(E) = \frac{2}{6} \cdot \frac{2}{6} + \frac{2}{6} \cdot \frac{1}{6} + \frac{1}{6} \cdot \frac{2}{6} = \frac{2}{9}$;

$P(F) = \frac{2}{6} \cdot \frac{2}{6} + \frac{1}{6} \cdot \frac{2}{6} + \frac{1}{6} \cdot \frac{2}{6} + \frac{1}{6} \cdot \frac{2}{6} = \frac{5}{18}$

c) $P(E \cap F) = \frac{2}{6} \cdot \frac{2}{6} + \frac{1}{6} \cdot \frac{2}{6} = \frac{1}{6}$; $E \cap F = \{11, 21\}$

4

a) $P_E(F) = \frac{P(E \cap F)}{P(E)} = \frac{\frac{1}{6}}{\frac{2}{9}} = \frac{3}{4}$. Wenn man schon weiß, dass die Summe der Zahlen auf den Kugeln höchstens 3 beträgt, dann ist die Wahrscheinlichkeit $\frac{3}{4}$, dass die zweite Kugel Nummer 1 trägt.

b) Da $P(F) = \frac{5}{18} \neq \frac{3}{4} = P_E(F)$, sind E und F abhängig.

5

a)

	M	W	
S	**30**	10	**40**
F	570	390	960
	600	400	**1000**

$\frac{M}{W}$: Fahrgast $\frac{\text{männlich}}{\text{weiblich}}$; $\frac{S}{F}$ Fahrgast $\frac{\text{fährt schwarz}}{\text{mit Fahrschein}}$

Die fett gedruckten Werte kann man dem Text entnehmen.

b) $P(W \cap F) = \frac{390}{1000} = 39\,\%$

c) $P(M \cup F) = \frac{30 + 570 + 390}{1000} = 99\,\%$ oder

$P(M \cdot F) = 1 - P(\overline{M \cup F}) = 100\,\% - \frac{10}{1000} = 99\,\%$

6

a) $\mu = 2 \cdot \frac{1}{2} + 0 \cdot \frac{3}{10} + 5 \cdot \frac{1}{5} = 2$;

$V = (2 - 2)^2 \cdot \frac{1}{2} + (0 - 2)^2 \cdot \frac{3}{10} + (5 - 2)^2 \cdot \frac{1}{5} = 1{,}2 + 1{,}8 = 3$

$\sigma = \sqrt{V} = \sqrt{3} \approx 1{,}73$.

b) Die Auszahlung muss dann den Erwartungswert 1 haben. Zu lösen ist daher die Gleichung $x \cdot \frac{1}{2} + 0 \cdot \frac{3}{10} + 5 \cdot \frac{1}{5} = 1$, wobei x die geänderte kleinste Auszahlung ist. Lösung $x = 0$. Die kleinste Auszahlung ist bei einem fairen Spiel 0.

Seite 223

7

a) Mit der Formel $1 - \left(\frac{5}{6}\right)^4$ wird die Wahrscheinlichkeit berechnet, dass beim Werfen von vier Würfeln mindestens eine Eins dabei ist. Denn die Wahrscheinlichkeit für „keine Eins" beträgt $\left(\frac{5}{6}\right)^4$ und „mindestens eine 1" ist davon das Gegenereignis.

b) (1) $0{,}5^{10}$ ist z. B. die Wahrscheinlichkeit, 10-mal Wappen zu werfen,

(2) $1 - 0{,}5^{10}$ ist z. B. die Wahrscheinlichkeit, mindestens einmal Wappen zu werfen.

8

a) Dieser Term beschreibt die Wahrscheinlichkeit, dass der Handballer bei 10 Würfen genau 6 Treffer erzielt.

b) Die Modellierung durch eine Bernoulli-Kette unterstellt, dass die Trefferwahrscheinlichkeit konstant ist und sich die einzelnen Würfe gegenseitig nicht beeinflussen. In der Realität muss dies nicht der Fall sein, so könnte sich die Trefferwahrscheinlichkeit durch steigendes oder sinkendes Selbstvertrauen oder durch nachlassende Konzentration ändern.

9

a) Zu $n = 10$ und $p = 0{,}2$ gehört das erste Histogramm. Nur beim ersten Histogramm hat die Wahrscheinlichkeitsverteilung ihren höchsten Wert beim Erwartungswert 2. Außerdem wäre beim dritten Diagramm die Streuung zu groß.

b) $P(2 \le X \le 4) = P(2) + P(3) + P(4) = 0{,}30 + 0{,}20 + 0{,}09 = 0{,}59$

10

Der Erwartungswert $\mu = n \cdot p$ beträgt 8, die Standardabweichung $\sigma = \sqrt{n \cdot p \cdot (1 - p)}$ beträgt 2. Damit beträgt das 1-σ-Intervall [6; 10]. In diesem Intervall sind etwa 68,3 % der Realisierungen der Zufallsgröße zu erwarten, d. h. mit einer Wahrscheinlichkeit von etwa 68 % liegt die Anzahl der „Wappen" zwischen 6 und 10.

11

a) $\mu = 3$, weil dort die Wahrscheinlichkeit am größten ist;
$p = 0{,}3$, weil $\mu = n \cdot p$.

b) Näherungswerte, durch Ablesen bestimmt:

$P(X = 0) \approx 0{,}025$

$P(X \le 3) \approx 0{,}65$

$P(X > 3) = 1 - P(X \le 3) \approx 0{,}35$

$P(2 \le X \le 4) \approx 0{,}70$ ([2; 4] ist hier das Sigma-Intervall, $\sigma \approx 1{,}5$)

c) $\int_0^{10} f(x)\,dx = 1$

Allgemeine Hinweise

Vom TI-Nspire CX gibt es zwei Ausführungen. Eine numerische bzw. GTR-Ausführung und eine CAS-Ausführung.
Diese Hinweise gelten für den numerischen TI-Nspire CX.
Die erweiterten Möglichkeiten, die der TI-Nspire CX CAS bietet, werden als Ergänzung jeweils besonders gekennzeichnet.
Zur besseren Unterscheidung erhält der numerische TI-Nspire CX in diesen Hinweisen die Bezeichnung TI-Nspire CX NUM.
Im Allgemeinen sind die Ergebnisse, die dieser GTR liefert, nur numerisch bestimmte Näherungswerte.
Zu bestimmten numerischen Befehlen des TI-Nspire CX NUM (z.B. *nfMin*, *nSolve*) gibt es entsprechende Befehle des TI-Nspire CX CAS (*fMin*, *solve*), die exakte Ergebnisse liefern.

Für die blau markierten Tasten des Handheld ist es notwendig, zuerst die [ctrl]-Taste und danach die entsprechende Taste zu drücken, z.B. wird eine neue Seite [+page] durch Drücken von [ctrl] [doc▾] erzeugt.
Wegen der besseren Lesbarkeit wird die Beschriftung der blauen Taste in der Form [ctrl] [doc▾] [+page] mit angegeben.

Wenn Sie einen zuvor verwendeten Befehl wiederholen möchten, müssen Sie ihn zuerst in die aktuelle Eingabezeile kopieren. Dazu gehen Sie mit der „Nach oben"-Pfeiltaste ▲ zu dem betreffenden Befehl, der dann markiert wird. Mit [enter] kopieren Sie ihn in die aktuelle Eingabezeile. Jetzt können Sie ggf. noch Parameter in dem Befehl verändern.
Mit [enter] wird der Befehl dann durchgeführt.
Wollen Sie den in der Protokollzeile zuvor verwendeten Befehl wiederholen, müssen Sie nur die [enter]-Taste betätigen.

Der TI-Nspire CX beherrscht Copy-and-paste. Markieren Sie einen Wert mithilfe der Pfeiltasten bzw. wenn Sie buchstabenweise markieren wollen, mit [⇧shift] Pfeiltasten. Mit [ctrl] [C] legen Sie den Wert in die Zwischenablage, mit [ctrl] [V] holen Sie ihn an die gewünschte Stelle.

1. Informationen zu einer Funktion im Graphs-Fenster entnehmen

a) Graphen und Wertetabellen von Funktionen darstellen

Mit [ctrl] [doc▾] [+page] *Graphs hinzufügen* erzeugen Sie ein neues Grafik-Fenster, in dem der Funktionen-Editor schon eingeblendet ist.
Falls Sie aus einem anderen Fenster mit [ctrl] [◁] bzw. [ctrl] [▷] in das Graphs-Fenster springen, können Sie mit [ctrl] [G] oder mit [tab] den Funktioneneditor ein- und ausblenden.

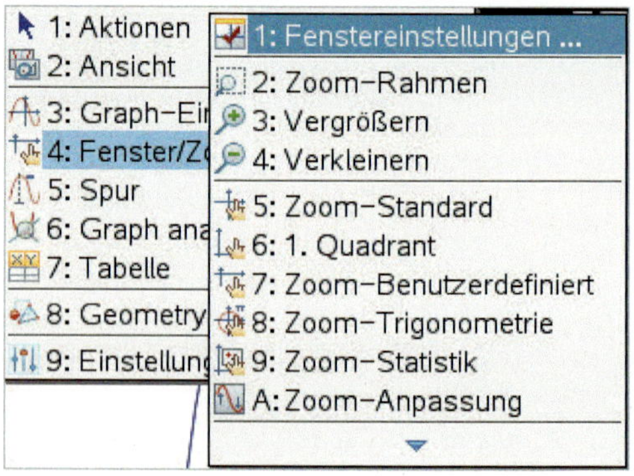

In sehr vielen Fällen müssen die Fenstereinstellungen angepasst werden. Mit [menu] *Fenster/Zoom* kommen Sie zu einer Auswahl für die Fenstereinstellungen.
Vor allem bei Anwendungsaufgaben werden Sie den x-Bereich geeignet einstellen müssen. Mit *Fenstereinstellungen* kommen Sie in ein entsprechendes Dialogfeld. Es empfiehlt sich, zunächst nur den x-Bereich einzustellen, und anschließend mit [menu] *Fenster/Zoom/Zoom-Anpassung* den y-Bereich automatisch anpassen zu lassen.

Wertetabellen

[menu] *Tabelle/Tabelle mit geteiltem Bildschirm* oder kurz [ctrl][T] erzeugt eine Wertetabelle in einem geteilten Bildschirm.

Mit [menu] *Wertetabelle/Funktionseinstellungen bearbeiten* kommen Sie in ein Dialogfeld, in der Sie den Anfang und die Schrittweite der x-Werte einstellen können. Mit [ctrl][tab] können Sie zwischen Funktionsgraph und Wertetabelle wechseln, mit [ctrl][T] können Sie die Wertetabelle ein- und ausblenden.

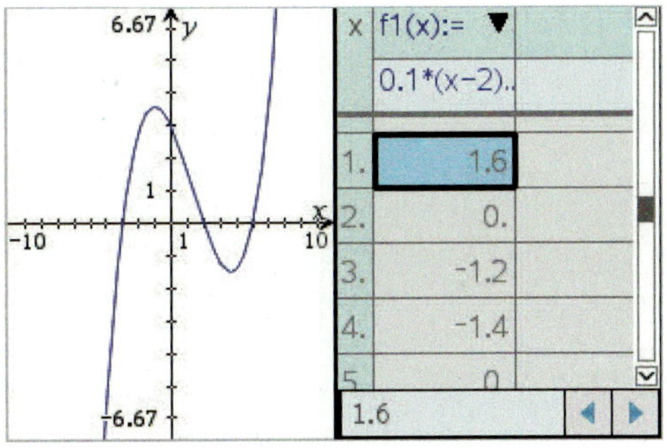

Wenn Sie Wertetabelle und Graphen in getrennten Bildschirmen darstellen wollen, fügen Sie mit [ctrl] [menu] [+page] *Lists&Spreadsheet hinzufügen* ein neues List&Spreadsheet-Fenster hinzu.

Mit [menu] *Wertetabelle/Zur Tabelle wechseln* oder direkt mit [ctrl][T] erhalten Sie eine Wertetabelle in einem ungeteilten Bildschirm.

Den Graphen einer Stammfunktion zeichnen

Sie können den Graphen einer Stammfunktion F einer gegebenen Funktion f darstellen lassen, hier F mit $F(3) = 0$.

Dazu geben Sie im Funktioneneditor – [ctrl][G] – das Integral ein.

Sie erhalten das Integralsymbol in den mathematischen Vorlagen, die Sie mit [Vorlagen-Taste] öffnen.

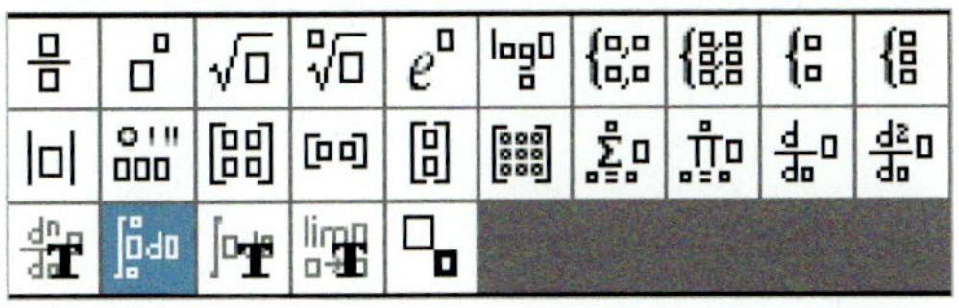

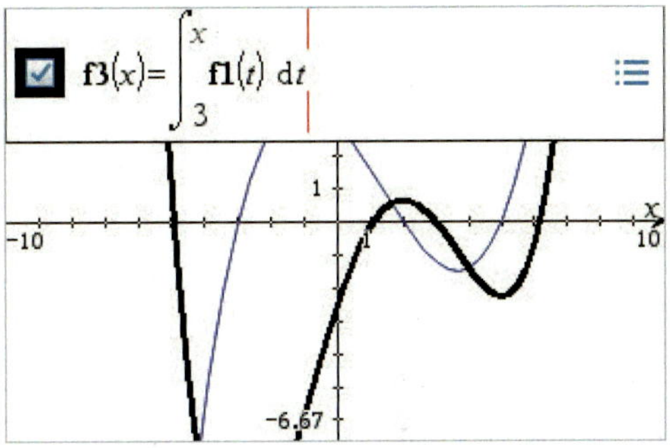

b) Grafische Kurvendiskussion

Wenn Sie den Graphen einer Funktion dargestellt haben, können Sie im Graphs-Fenster nützliche Informationen über den Graphen bzw. die Funktion in dem dargestellten Bereich erhalten.

Mithilfe von [menu] *Graph analysieren* erhält man Zugang zu diesen Befehlen.

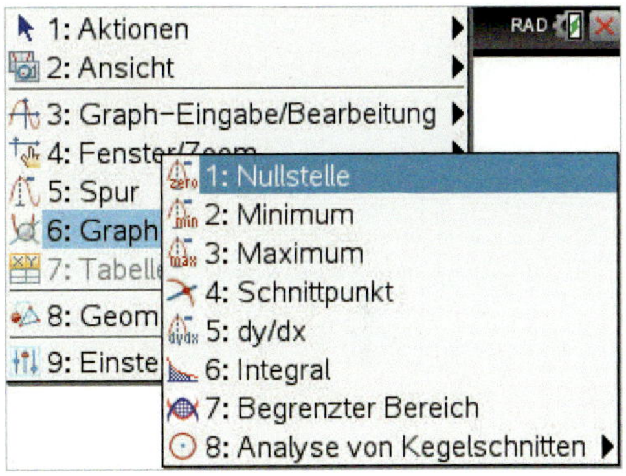

c) Integrale im Graphs-Fenster bestimmen

Sie können mit dem TI-Nspire CX mehrere Integralvarianten mithilfe der entsprechenden Befehle berechnen.

Orientierter Flächeninhalt unter einem Graphen

Mithilfe von menu *Graph analysieren/Integral* wird ein Integral über einem Intervall [a ; b] berechnet. Sie erhalten damit den orientierten Flächeninhalt zwischen dem Graphen von f und der x-Achse. Die Grenzen a und b werden mit der Maus angesteuert oder frei über die Tastatur eingegeben, solange diese im Bereich der x-Werte des Eingabefensters liegen. Bewegen Sie den Mauszeiger über die x-Achse, können Sie als Grenzen auch die Schnittstellen des Graphen mit der x-Achse wählen. Die entsprechende Fläche wird eingefärbt und der Wert des orientierten Inhalts in die Zeichnung eingetragen.

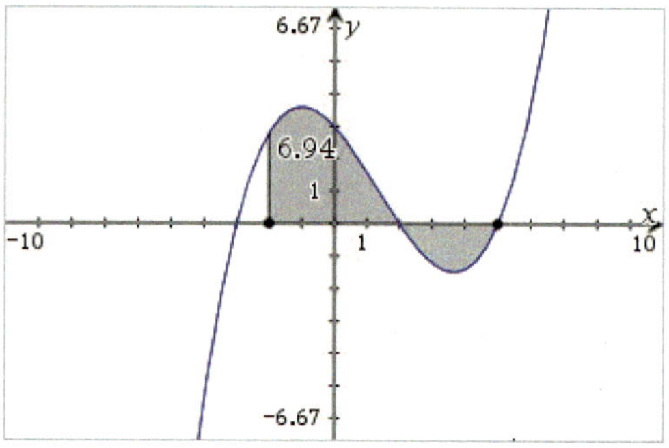

Inhalt der Fläche, die von zwei Graphen begrenzt wird

Mithilfe von menu *Graph analysieren/Begrenzter Bereich* können Sie den absoluten Inhalt einer Fläche zwischen zwei Graphen berechnen. Die Grenzen a und b werden mit der Maus angesteuert oder frei über die Tastatur eingegeben. Mit dem Mauszeiger können Sie als Integralgrenzen auch die Schnittstellen eines Graphen mit der x-Achse oder die Schnittstellen der Graphen auswählen, indem Sie den entsprechenden Schnittpunkt antippen. Die entsprechende Fläche wird eingefärbt und der Wert des absoluten Inhalts in die Zeichnung eingetragen.

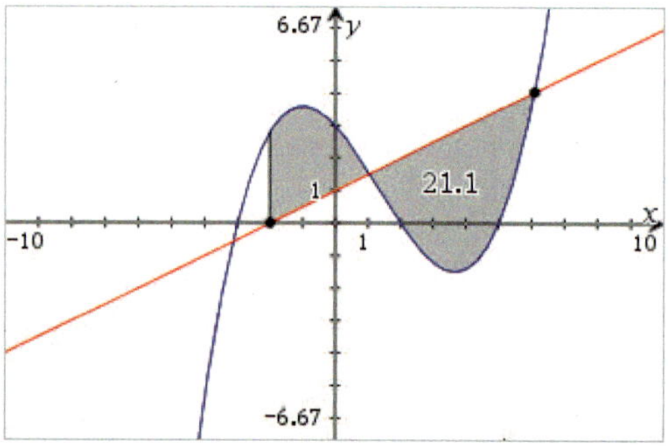

Der absolute Inhalt der Fläche, die von einem Graphen und der x-Achse begrenzt wird, kann bestimmt werden, indem man den begrenzten Bereich zwischen dem Funktionsgraphen und der Geraden y = 0 berechnet.

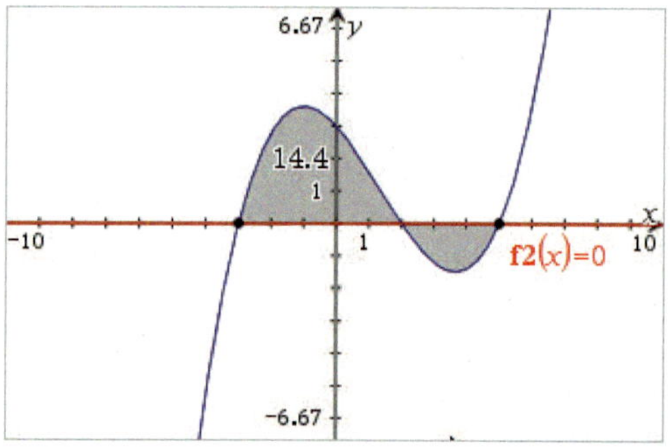

2. Berechnungen im Calculator-Fenster

a) Integrale im Calculator-Fenster berechnen

Wenn Sie den Wert eines bestimmten Integrals benötigen, dann können Sie diesen Wert auch im Calculator-Fenster berechnen, ohne vorher eventuell das Zeichenfenster im Graphs-Fenster umständlich einstellen zu müssen.
Mit ctrl doc▾ +page *Calculator hinzufügen* erzeugen Sie ggf. ein neues Calculator-Fenster. Falls Sie die Funktion noch nicht im Graphs-Fenster definiert haben, können Sie jetzt zunächst mithilfe von ctrl := die Funktion definieren, von der Sie ein Integral berechnen möchten.
Das Integralsymbol finden in den mathematischen Vorlagen, die Sie mit öffnen, oder über menu *Analysis/Numerisches Integral.*
Statt als Funktionsvariable, wie z. B. hier f1(x), können Sie den Integranden auch als Funktionsterm eingeben.

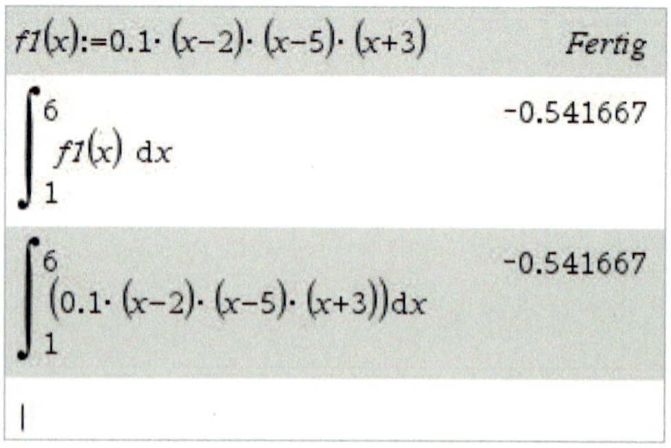

b) Numerische Lösungen von Gleichungen

Im Calculator-Fenster können Sie mithilfe des *nSolve*-Befehls Gleichungen lösen. Mit [menu] *Algebra/Numerisch lösen* erhalten Sie den entsprechenden Befehl. Hinter der Gleichung muss mit Komma getrennt die Variable eingegeben werden, nach der die Gleichung aufgelöst werden soll.

$\text{nSolve}(x^2-6\cdot x-3=0,x)$ → -0.464102

$\text{nSolve}(x^2-6\cdot x-3=0,x=5)$ → 6.4641

$\text{nSolve}(x^2-6\cdot x-3=0,x=8,7,12)$ → "Keine Lösung gefunden"

Gleichungen mit Termen

Da der *nSolve*-Befehl ein Näherungsverfahren zur Lösung der Gleichung verwendet, sucht er zu einem Startwert eine naheliegende Lösung der Gleichung, d.h. er liefert nur eine und nicht alle Lösungen der Gleichung.

Der Startwert kann im *nSolve*-Befehl vorgegeben werden, außerdem der Bereich, in dem eine Lösung gesucht werden soll.

Syntax: *nSolve(Gleichung, Var[=Startwert], uGrenze, oGrenze)*

Integralgleichungen

Wenn z.B. die obere Grenze eines Integrals gesucht ist oder ein Intervall einer bestimmten Länge bestimmt werden soll, in dem das Integral einen bestimmten Wert haben soll, können Sie dieses Problem mit dem *nSolve*-Befehl entsprechend dem nebenstehenden Abbildung lösen. Dabei müssen Sie bei der Eingabe der Gleichung darauf achten, dass Sie nach Eingabe der Integrationsvariable die entsprechende Rechteckmaske mit ▸ verlassen.

$\int_{-1}^{z} \mathbf{f1}(x)\,dx|$ $\int_{-1}^{z} \mathbf{f1}(x)\,dx|$

$\text{nSolve}\left(\int_{-1}^{z} f1(x)\,dx=3,z\right)$ → -0.127662

$\text{nSolve}\left(\int_{z}^{z+1} f1(x)\,dx=3,z\right)$ → -0.531377

$\int_{z}^{z+1} f1(x)\,dx|z=-0.531377$ → $3.$

Lineare Gleichungssysteme

Lineare Gleichungssysteme werden mit dem *linSolve*-Befehl gelöst.
Mit [menu] *Algebra/System linearer Gleichungen lösen*
kommen Sie zunächst zu einem Dialogfeld, in das Sie die Anzahl der Gleichungen und die Variablen eingeben können. Dabei springen Sie mit der [tab]-Taste zum nächsten Eingabefeld. Nach Bestätigung mit [enter] wird der teilweise ausgefüllte Befehl angezeigt, in den noch die Gleichungen eingetragen werden müssen.
Mit etwas Übung lässt sich der Befehl auch buchstabenweise eintippen.
Die „Solve-Klammer" für die untereinander stehenden Gleichungen erhalten Sie als mathematische Vorlage mit der Taste [template].

$$\text{linSolve}\left(\begin{cases}2\cdot x+5\cdot y+4\cdot z=9\\ x-2\cdot y-3\cdot z=-7\\ 8\cdot x+y-z=8\end{cases},\{x,y,z\}\right)$$
→ $\{2,-3,5\}$

Eine alternative Lösungsmethode linearer Gleichungssysteme bietet die **Verwendung von Matrizen**. Für das obige Beispiel müssen Sie dazu zunächst eine Matrix mit 3 Zeilen und 4 Spalten (3 × 4-Matrix) definieren. Mit [⊞] kommen Sie zu einer Palette mathematischer Vorlagen. Nach Auswahl von

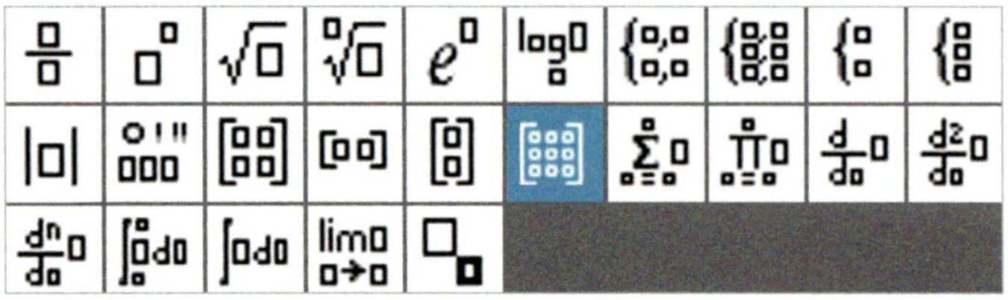

öffnet sich ein Dialogfeld, in dem Sie die Zeilen- und Spaltenzahl eingeben. In das Matrizenformular können Sie dann die Koeffizienten der Matrix eingeben.
Mit [menu] *Matrix und Vektor/Reduzierte Diagonalform* erhalten Sie den *rref*-Befehl, der die Matrix in eine äquivalente Stufenform bringt, aus der sich die Lösungen leicht ablesen lassen.

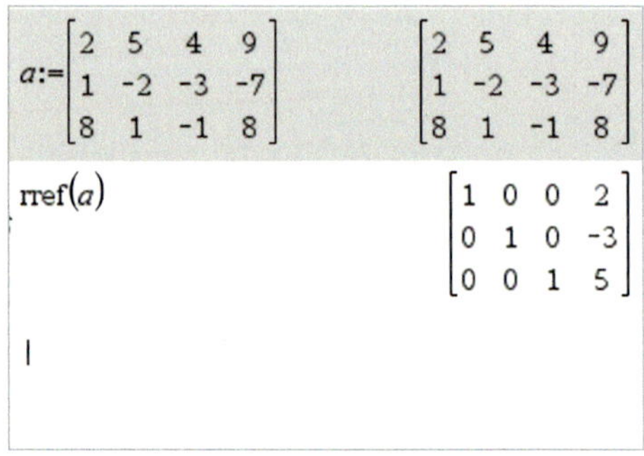

c) Gleichungen mit dem TI-Nspire CX CAS lösen
Alle oben genannten Gleichungen löst der **TI-Nspire CX CAS** mithilfe des *solve*-Befehls. Sind die exakten Lösungen „zu kompliziert", so wiederholt man den *solve*-Befehl, drückt aber statt [enter] die Tastenkombination [ctrl] [enter]. Man erhält dann dezimale Näherungswerte.

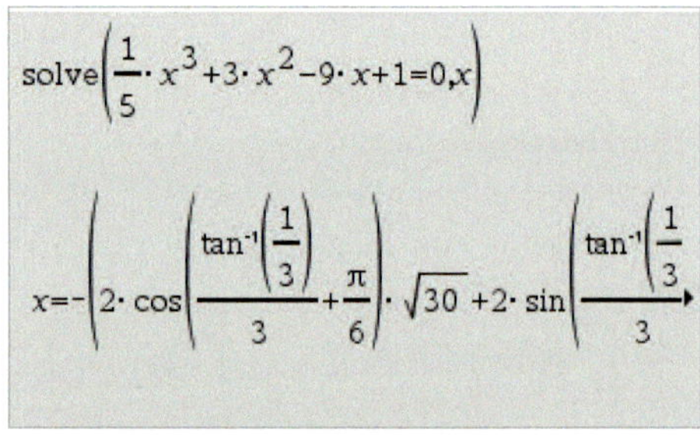

Systeme mit mehreren Gleichungen werden wie in der nebenstehenden Abbildung gelöst.

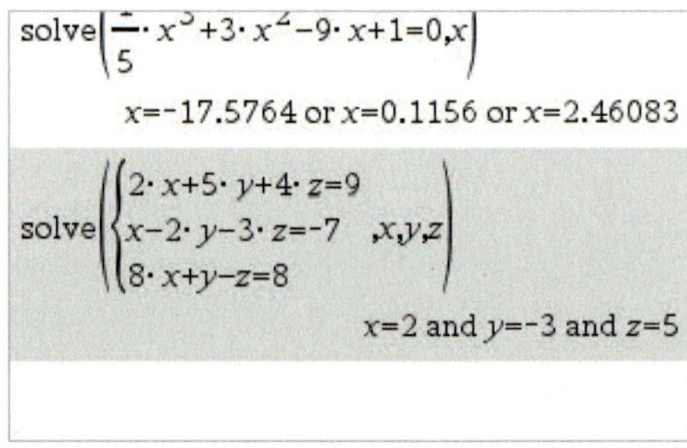

3. Analytische Geometrie Vektoren, Geraden, Ebenen

a) Rechnen mit Vektoren
Vektoren können mithilfe der Tastatur einfach eingegeben werden, ohne auf mathematische Vorlagen zurückzugreifen.
Mit [ctrl] [(] [[]] erzeugt man zunächst eine eindimensionale Vektorklammer. Mit [↵] kann man weitere Zeilen hinzufügen und dann die Vektor-Maske entsprechend ausfüllen.

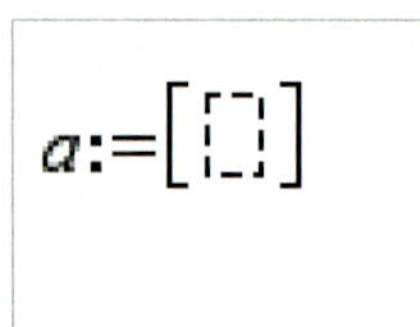

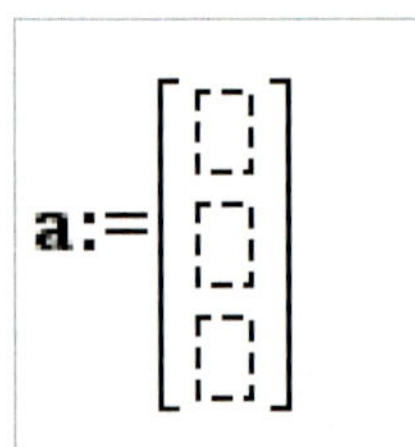

Da ein dreidimensionaler Vektor schnell mit der Tastenfolge [ctrl] [(] [↵] [↵] erzeugt werden kann, lohnt es sich, diese Tastenkombination zu trainieren.

Länge eines Vektors

Mit [menu] *Matrix und Vektor/Normen/Norm* erhält man den *norm*-Befehl, mit dem die Länge eines Vektors berechnet wird.

Der **TI-Nspire CX CAS** gibt das exakte Ergebnis an:

$$\text{norm}\left(\begin{bmatrix}3\\7\\-9\end{bmatrix}\right) \qquad \sqrt{139}$$

$$\text{norm}\left(\begin{bmatrix}3\\7\\-9\end{bmatrix}\right) \qquad \sqrt{139}$$

Skalarprodukt

Mit [menu] *Matrix und Vektor/Vektor/Skalarprodukt* oder direkt mit der abc-Tastatur erhält man den *dotP*-Befehl zur Berechnung des Skalarprodukts.

Winkel zwischen Vektoren

Der Winkel zwischen zwei Vektoren wird über die Umkehrfunktion des Kosinus bestimmt. Mit [trig] kommen Sie zu den mathematischen Vorlagen für die trigonomtrischen Funktionen. Dabei ist darauf zu achten, dass als Winkel-Modus „DEG" eingestellt ist. Der eingestellte Winkel-Modus wird auf dem Bildschirm rechts oben angezeigt.

Mit [⌂ on] *Einstellungen/Dokumenteinstellungen* kommen Sie zu einem Dialogfeld, in dem Sie das Bogenmaß als Winkelmodus einstellen können.

$$\text{dotP}(a,b) \qquad -51$$

$$\cos^{-1}\left(\frac{\text{dotP}(a,b)}{\text{norm}(a)\cdot \text{norm}(b)}\right) \qquad 113.79$$

b) Geraden

Geraden in Parameterform werden als Vektorfunktion definiert. Damit können für vorgegebene Parameterwerte die entsprechenden Ortsvektoren der Geradenpunkte bestimmt werden.

Der Vektorterm der Geraden kann nur mit dem **TI-Nspire CX CAS** angezeigt werden.

$$h(t):=\begin{bmatrix}4\\-3\\2\end{bmatrix}+t\cdot\begin{bmatrix}6\\-3\\4\end{bmatrix} \qquad \textit{Fertig}$$

$$h(-2) \qquad \begin{bmatrix}-8\\3\\-6\end{bmatrix}$$

$$h(t) \qquad \begin{bmatrix}6\cdot t+4\\-3\cdot t-3\\4\cdot t+2\end{bmatrix}$$

$$h(t):=\begin{bmatrix}4\\-3\\2\end{bmatrix}+t\cdot\begin{bmatrix}6\\-3\\4\end{bmatrix} \qquad \textit{Fertig}$$

$$h(-2) \qquad \begin{bmatrix}-8\\3\\-6\end{bmatrix}$$

$h(t)$ "Fehler: Variable ist nicht definiert"

Schnitt von Geraden

Die Vektorgleichung muss bei Verwendung des **TI-Nspire CX NUM** in drei Gleichungen aufgespaltet und mit *linSolve* gelöst werden.
Falls sich die Geraden schneiden, kann zur Berechnung des Schnittpunkts der Parameter in die Vektorfunktion der Geraden eingesetzt werden.

Falls sich die Geraden nicht schneiden, liefert der TI-Nspire CX als Ergebnisanzeige „Keine Lösung gefunden".

$$g(s):=\begin{bmatrix}10\\18\\7\end{bmatrix}+s\cdot\begin{bmatrix}4\\6\\3\end{bmatrix} \qquad \textit{Fertig}$$

$$\text{linSolve}\left(\begin{cases}4+6\cdot t=10+4\cdot s\\-3-3\cdot t=18+6\cdot s\\2+4\cdot t=7+3\cdot s\end{cases},s,t\right) \qquad \{-3,-1\}$$

$$g(-3) \qquad \begin{bmatrix}-2\\0\\-2\end{bmatrix}$$

Beim **TI-Nspire CX CAS** kann die Vektorgleichung mit *solve* bearbeitet werden.

Falls sich die Geraden nicht schneiden, liefert der TI-Nspire CX CAS als Ergebnis „false".

$$g(s):=\begin{bmatrix}10\\18\\7\end{bmatrix}+s\cdot\begin{bmatrix}4\\6\\3\end{bmatrix} \qquad \textit{Fertig}$$

$$\text{solve}(h(t)=g(s),s,t) \qquad s=-3 \text{ and } t=-1$$

$$g(-3) \qquad \begin{bmatrix}-2\\0\\-2\end{bmatrix}$$

c) Ebenen

Koordinatenform einer Ebene durch drei Punkte mit der Punktprobe

Ebene durch R(3|1|4), S(4|1|2), T(−6|2|−1)
Die Punktprobe mit der allgemeinen Koordinatengleichung einer Ebene
$a \cdot x_1 + b \cdot x_2 + c \cdot x_3 = d$
muss manuell in den *linSolve*-Befehl eingegeben werden.
Die Antwort des Rechners wird interpretiert als:
$a = \frac{2d}{33}$, $b = \frac{23d}{33}$, $c = \frac{d}{33}$
mit frei wählbarem d. Mit $d = 33$ erhält man $a = 2$, $b = 23$, $c = 1$.
Eine Koordinatengleichung der Ebene ist $2x_1 + 23x_2 + x_3 = 33$.

$$\text{linSolve}\left(\begin{cases}3\cdot a+1\cdot b+4\cdot c=d\\4\cdot a+1\cdot b+2\cdot c=d\\-6\cdot a+2\cdot b-1\cdot c=d\end{cases},a,b,c,d\right)$$

$$\left\{\frac{2\cdot c1}{33},\frac{23\cdot c1}{33},\frac{c1}{33},c1\right\}$$

Beim **TI-Nspire CX CAS** kann mit Variablen gerechnet werden.
Das Einsetzen der Punkt-Koordinaten in die linke Seite der allgemeinen Koordinatengleichung kann mit dem Skalarprodukt berechnet werden.

$$r:=\begin{bmatrix}3\\1\\4\end{bmatrix}:s:=\begin{bmatrix}4\\1\\2\end{bmatrix}:t:=\begin{bmatrix}-6\\2\\-1\end{bmatrix}:x:=\begin{bmatrix}a\\b\\c\end{bmatrix} \qquad \begin{bmatrix}a\\b\\c\end{bmatrix}$$

$$\text{solve}\left(\begin{cases}\text{dotP}(r,x)=d\\\text{dotP}(s,x)=d\\\text{dotP}(t,x)=d\end{cases},a,b,c,d\right)$$

$$a=\frac{2\cdot c4}{33} \text{ and } b=\frac{23\cdot c4}{33} \text{ and } c=\frac{c4}{33} \text{ and } d=c4$$

4. Zufallsgrößen

a) Erwartungswert und Standardabweichung

Der Erwartungswert einer Zufallsgröße kann als Mittelwert einer gewichteten Liste berechnet werden.
In der nebenstehenden Abbildung enthält die Liste x die Werte der Zufallsgröße, die Liste y die entsprechenden Wahrscheinlichkeiten, mit denen die Zufallswerte gewichtet werden.
Den *mean*-Befehl erhalten Sie im Calculator-Fenster über [menu] *Statistik/ Listen Mathematik/Mittelwert* oder durch direktes Eintippen mit der abc-Tastatur.

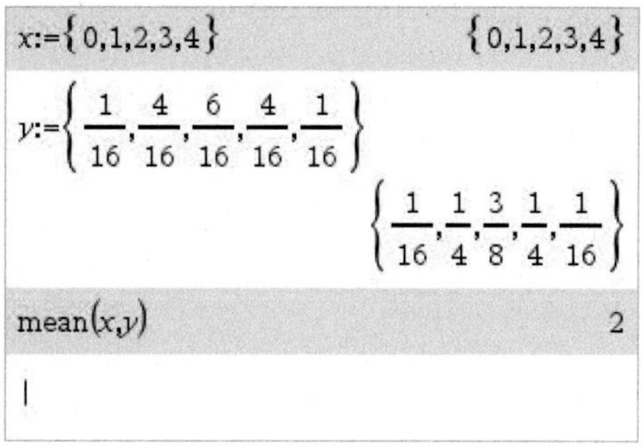

Die Varianz bzw. Standardabweichung einer Zufallsgröße kann nicht direkt mit einem entsprechenden Befehl berechnet werden, weil in diesem Fall die Häufigkeitsliste nur natürliche Zahlen enthalten darf. Man erzeugt in diesem Fall zunächst eine Liste mit den quadratischen Abweichungen vom Mittelwert, die mit den entsprechenden Wahrscheinlichkeiten multipliziert wurden, und summiert die Listenelemente mit dem *sum*-Befehl auf.
Den *sum*-Befehl erhalten Sie im Calculator-Fenster über [menu] *Statistik/ Listen Mathematik/Summe der Elemente* oder durch direktes Eintippen mit der abc-Tastatur.

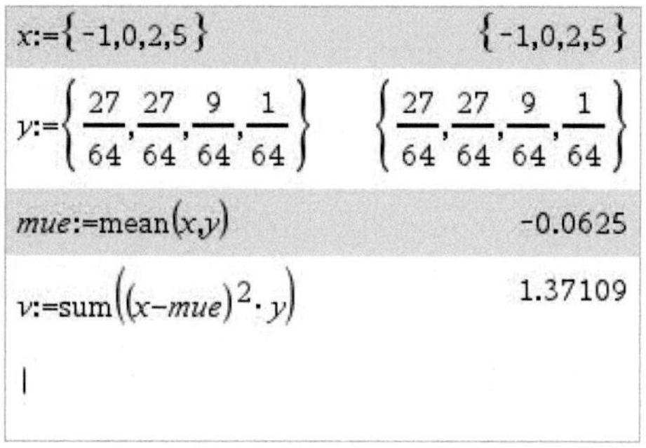

b) Simulation und Auswertung von Zufallsexperimenten

Befehle für Zufallszahlen

randInt(a,b) gibt eine ganzzahlige Zufallszahl innerhalb der durch a und b festgelegten Grenzen zurück.

randInt(a,b,n) gibt eine Liste mit n ganzzahligen Zufallszahlen innerhalb der durch a und b festgelegten Grenzen zurück.

In der nebenstehenden Abbildung werden 100 Würfe mit zwei Würfeln simuliert, jeweils die Augensumme berechnet und das Ergebnis der Simulation in der Listenvariablen as gespeichert. Für das Ergebnis der Simulation werden Mittelwert und Standardabweichung berechnet. Für die Standardabweichung muss dabei die Populations-Standardabweichung verwendet werden.

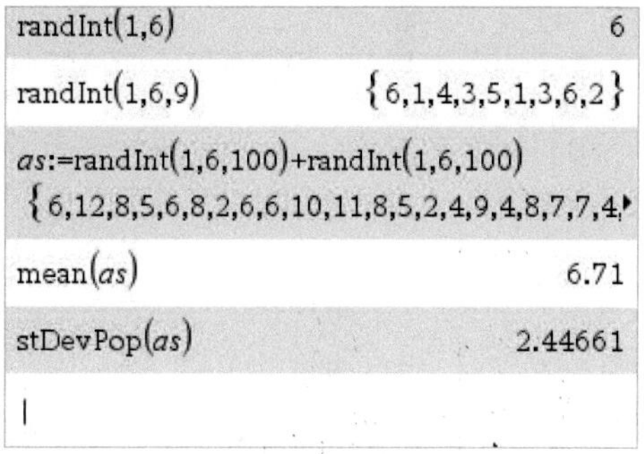

Der *randInt*-Befehl ist eine Erweiterung des einfachen *rand*-Befehls, der eine oder mehrere Zufallszahlen zwischen 0 und 1 erzeugt.

rand() gibt eine Zufallszahl zwischen 1 und 0 zurück.
rand(n) gibt eine Liste mit n Zufallszahlen zwischen 0 und 1 zurück.

a[1] greift auf das erste Listenelemt zu; mit der Eingabe *a[1] ≤ 0.6* wird überprüft, ob dieses höchstens den Wert 0.6 hat.
Der *countIf*-Befehl zählt alle Listenelemente, die eine bestimmte Bedingung erfüllen. Das Zeichen ? erhält man mithilfe der [?!▸]-Taste, das Zeichen ≤ mithilfe von [ctrl] [=] [≠≥▸].

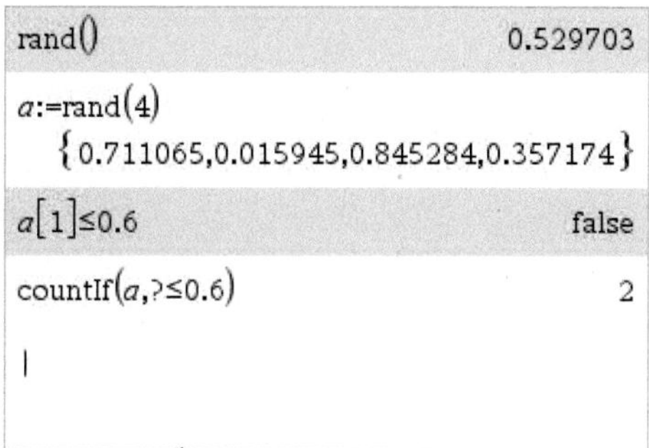

5. Binomialverteilung

a) Bernoulli-Formel und binomPdf-Befehl

Für eine binomialverteilte Zufallsgröße X lässt sich die Wahrscheinlichkeit für k Treffer mit der Formel von Bernoulli berechnen:

$P(X = k) = \binom{n}{k} \cdot p^k \cdot (1 - p)^{n-k}$

Für $n = 100$, $p = \frac{1}{6}$ erhält man mit dem TI-Nspire CX für $P(X = 8)$:
Mit [menu] *Wahrscheinlichkeit/Kombinationen* erhält man den Binomialkoeffizienten *nCr*.
Die dezimale Näherung wurde mit [ctrl] [enter] „erzwungen".
Mit [menu] *Wahrscheinlichkeit/Verteilungen/BinomialPdf...* erhält man einen Befehl, mit dem $P(X = 8)$ direkt berechnet werden kann.

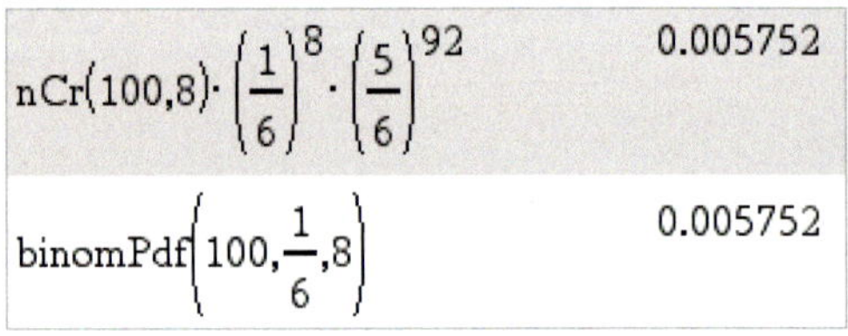

b) Histogramm einer binomialverteilten Zufallsgröße

Zunächst wird ein Lists&Spreadsheet-Fenster entsprechend der nebenstehenden Abbildung ausgefüllt.
Für das weitere Vorgehen ist es notwendig, dass Sie in der oberen Zeile Listen-Variablen benannt haben.
Der Befehl *seq(Term, Var, Start, Ende [, Schritt])* erhöht *Var* in durch Schritt festgelegten Stufen von Start bis Ende, wertet Term aus und gibt die Ergebnisse als Liste zurück.

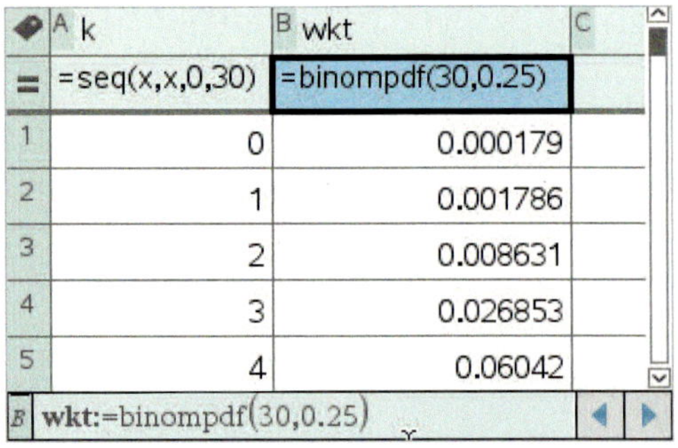

Mit [menu] *Daten/Ergebnisdiagramm* kommt man zu einer Maske, die man entsprechend der Abbildung ausfüllt.
Das vom Rechner automatisch erzeugte Histogramm ist nicht zufriedenstellend, kann aber verändert werden.

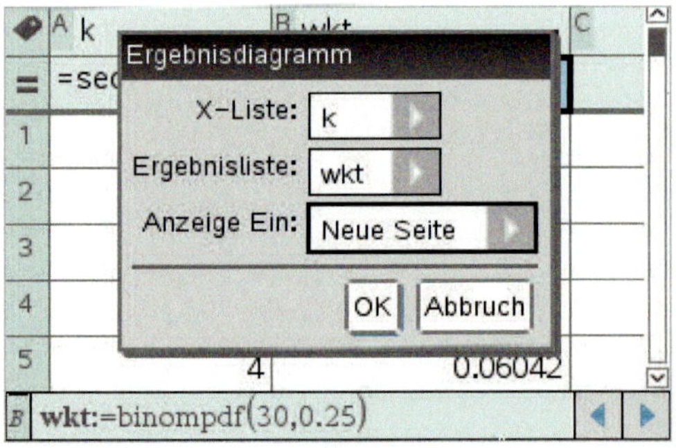

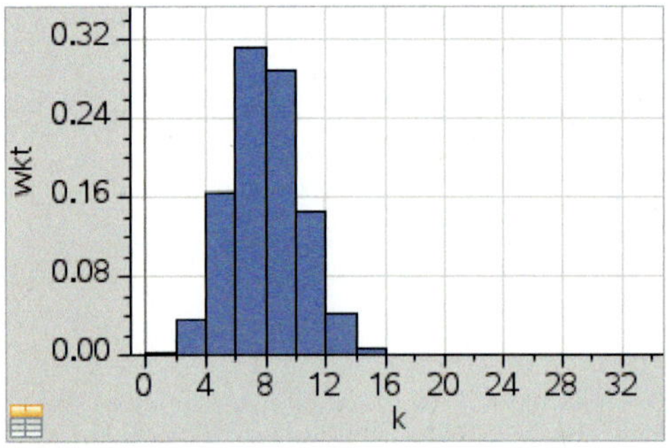

Mit [ctrl] [menu] *Säuleneinstellungen/Gleiche Säulenbreite* erreicht man ein Dialogfeld, in der für die Breite 1 und die Ausrichtung 0,5 eingegeben wird. Dann erheben sich die Säulen des Histogramms zentriert über den k-Werten.
Mit [menu] *Fenster/Zoom/Fenstereinstellungen* kann der Fensterausschnitt angepasst werden.

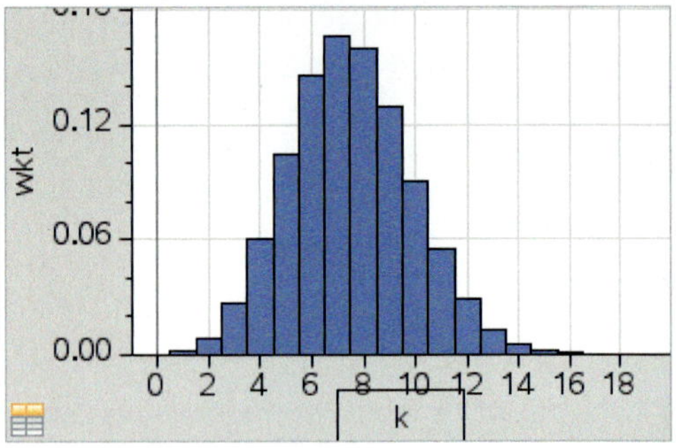

Mit einem Schieberegler kann man untersuchen, wie sich das Histogramm mit der Trefferwahrscheinlichkeit p verändert.
[menu] *Aktionen/Schieberegler einfügen* erzeugt ein Dialogfeld, das entsprechend der Abbildung ausgefüllt wird.

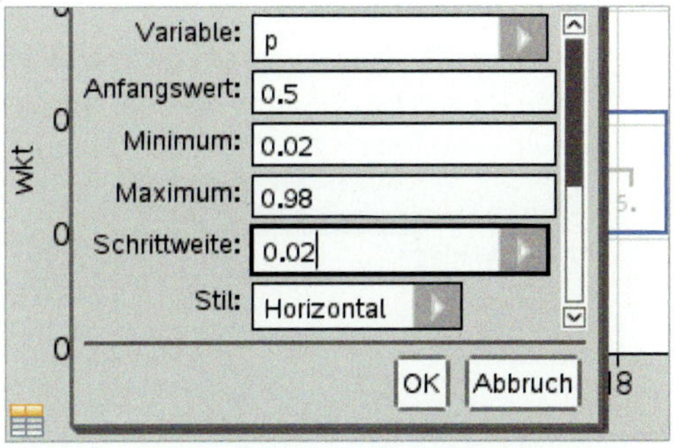

Jetzt ersetzt man im Lists&Spreadsheet-Fenster die Trefferwahrscheinlichkeit 0.25 durch die Variable p.
(Für die Eingabe der Variablen verwenden Sie am besten die [var]-Taste oder Sie geben die Variable in der Form 'p ein, um sie als Variable und nicht als Spaltenbezeichnung zu charakterisieren.
Eine Vorlage für das Hochkomma erhalten Sie mit der Taste [?!▸].)
Zurück im Data&Statistics-Fenster kann man jetzt mithilfe des Schiebereglers die Trefferwahrscheinlichkeit p variieren.

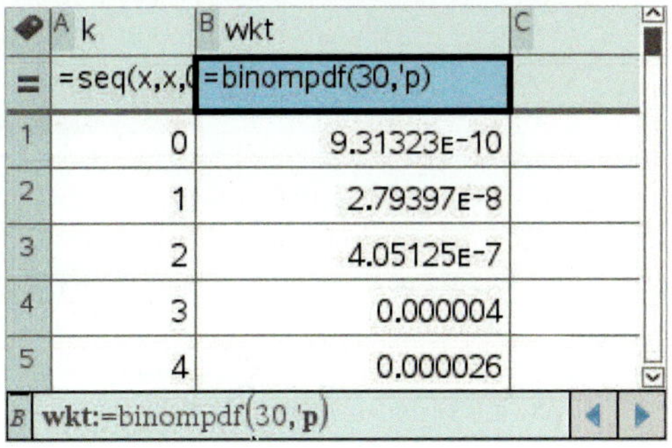

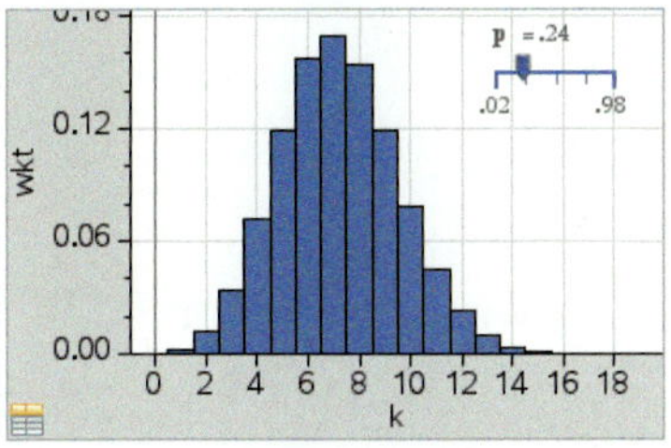

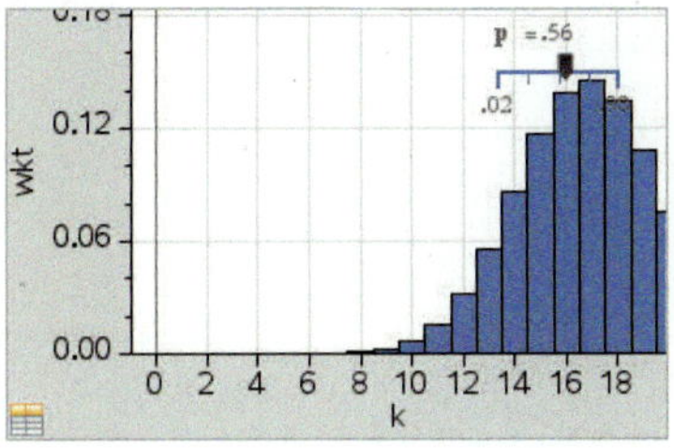

c) Simulation der Binomialverteilung
Mit dem Befehl *randBin(n,p,AnzSimulationen)* kann eine Binomialverteilung simuliert werden.
Für eine binomialverteilte Zufallsgröße mit n = 30, p = 0.25 wird in einem Calculator-Fenster, wie in dem nebenstehenden Abbildung gezeigt, eine Liste mit 100 Simulationen erzeugt.
Mit [ctrl] [doc▾] [+page] *Data & Statistics hinzufügen* fügen Sie eine neue Seite hinzu.
Klicken Sie dann unter der horizontalen Achse auf „Klicken für mehr Variablen“ und wählen Sie die Variable, in der Ihre Daten als Liste abgespeichert sind.

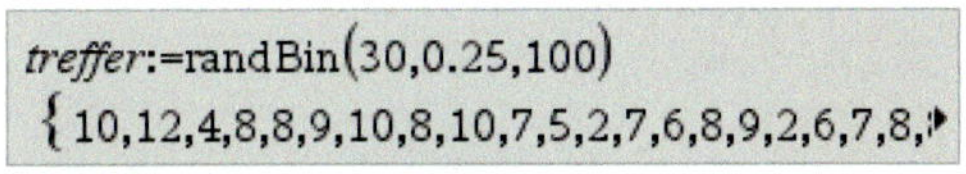

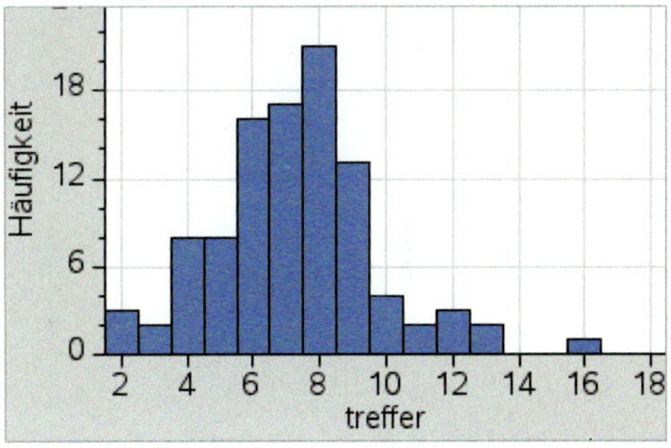

Mit menu *Plot-Typ/Histogramm* erhalten Sie ein Histogramm.
Mit/menu *Säuleneinstellungen/Gleiche Säulenbreite* kommen Sie zu einem Dialogfeld, mit dem Sie eine mittige Ausrichtung der Histogrammsäulen mit folgenden Einstellungen erreichen können:

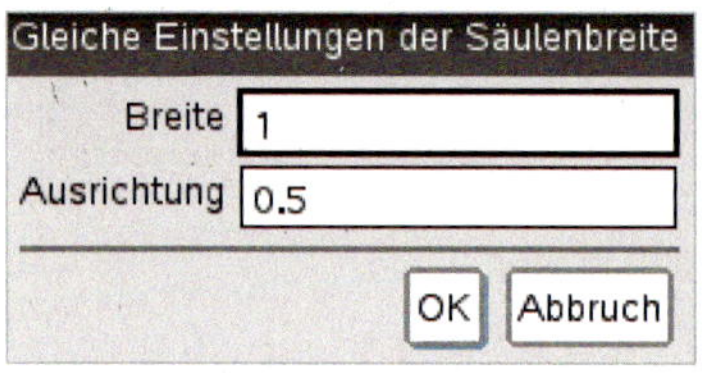

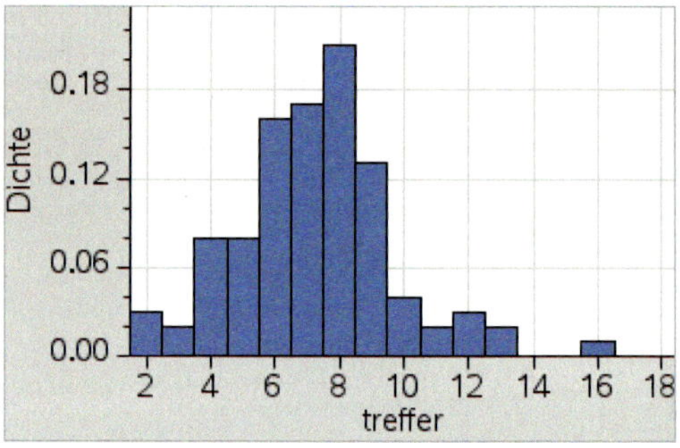

Mit menu *Plot-Eigenschaften/Histogramm-Eigenschaften/Histogrammmaßstab* kommen Sie zu der Auswahlmöglichkeit für Häufigkeit, Prozent, Dichte.

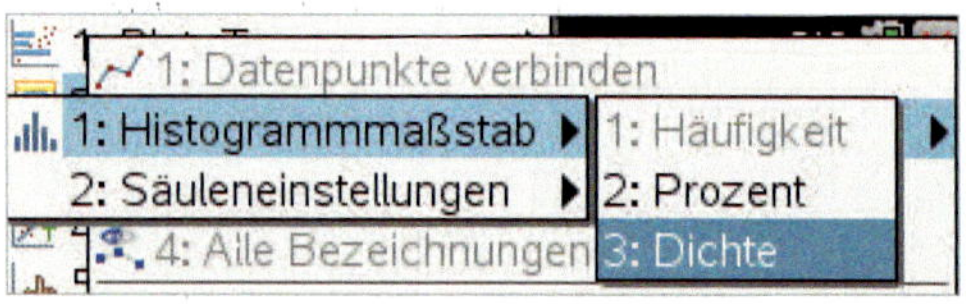

d) Kumulierte Binomialverteilung

Für eine binomialverteilte Zufallsgröße X berechnet man die Wahrscheinlichkeit für mindestens k_1 und höchstens k_2 Treffer mit dem Befehl *binomCdf(n,p,k1,k2)*.
Mit menu *Wahrscheinlichkeit/Verteilungen* erreichen Sie den entsprechenden Befehl.

```
binomCdf(112,0.3,17,35)        0.656505
```

Beispiel: $P(17 \le X \le 35)$ bei binomialverteilter Zufallsgröße X mit $n = 112$, $p = 0.3$.

Der Befehl wird auch bei Aufgaben zur n-Bestimmung oder zur k-Bestimmung benutzt.

p-Bestimmung

Wenn Sie eine unbekannte Trefferwahrscheinlichkeit p einer Bernoulli-Kette bestimmen müssen, können Sie den *nSolve*-Befehl verwenden.

Beispiel: Bei welcher Trefferwahrscheinlichkeit erzielt man mit einer Wahrscheinlichkeit von 10 % bei 100 Versuchen 80 oder mehr Treffer?

Dazu geben Sie die Gleichung so ein, dass in der Funktion *binomCdf* eine Variable an der Stelle für die Trefferwahrscheinlichkeit steht.
Da die Variable hier zwischen 0 und 1 liegen muss, muss durch Angabe des Bereichs dafür gesorgt werden, dass der TI-Nspire CX nur in diesem Bereich nach der Lösung sucht.

```
nSolve(binomCdf(100,x,80,100)=0.1,x,0,1)
                                   0.739315
nSolve(binomCdf(100,x,80,100)=0.1,x)
                     "Fehler: Bereichsfehler"
```

Mit dem **TI-Nspire CX CAS** verwenden Sie den *solve*-Befehl.

Beachten Sie, dass man mit dem *nSolve*-Befehl bzw. *solve*-Befehl keine Aufgaben lösen kann, bei denen nach der Trefferanzahl k bzw. der Länge der Bernoulli-Kette n gefragt ist, weil n und k keine kontinuierlichen Variablen, sondern diskrete Werte darstellen.
Solche Aufgaben lösen Sie mithilfe von Wertetabellen für Binomialverteilung bzw. ab Betriebssystem *BS 4.5* mit speziellen Befehlen des TI-Nspire CX.

n-Bestimmung

Beispiel: Wie oft muss ein Würfel mindestens geworfen werden, damit man mit einer Wahrscheinlichkeit von mindestens 80 % mindestens 5-mal die Augenzahl 6 erhält?

Gesucht ist die kleinste Zahl n mit $P(5 \le X \le n) \ge 0{,}8$.

Definieren Sie zuerst im Calculator-Fenster die Funktion
f(x) [:=] *binomCdf(x,1/6,5,x)*
Erzeugen Sie mit [ctrl] [+page] *Lists&Spreadsheet hinzufügen* ein neues List&Spreadsheet-Fenster.
Mit [menu] *Wertetabelle/Zur Tabelle wechseln* oder direkt mit [ctrl] [T] wechseln Sie zur Wertetabelle und bestätigen Sie mit [enter] die vorgeschlagene Funktion.
Die auftauchende Fehlermeldung können Sie ignorieren.
Mit den Pfeiltasten bewegen Sie sich in der Wertetabelle bis zu der Zelle, deren Wert zum ersten Mal über 0,8 liegt.
In diesem Beispiel ist das der x-Wert 39. Das heißt, man muss mindestens 39-mal würfeln, damit man mit einer Wahrscheinlichkeit von mindestens 80 % mindestens 5-mal die Augenzahl 6 erhält.

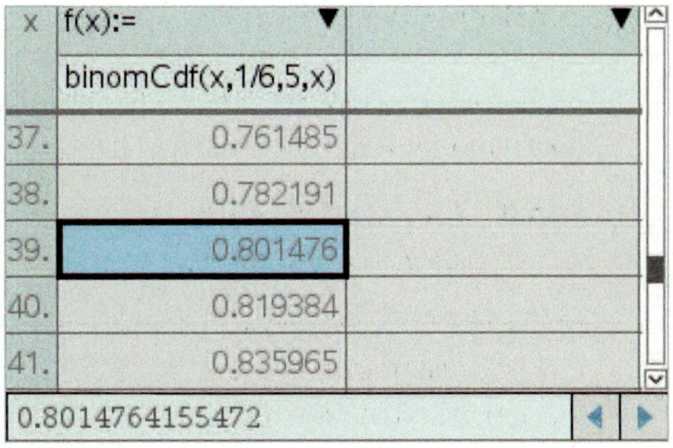

Ab dem Betriebssystem *BS 4.5* können Sie solche Aufgaben sehr bequem mit dem Befehl *invBinomN* lösen.

Es gilt: $P(5 \le X \le n) \ge 0{,}8 \Leftrightarrow 1 - P(X \le 4) \ge 0{,}8$
$\Leftrightarrow 0{,}2 \ge P(X \le 4) \Leftrightarrow P(X \le 4) \le 0{,}2$

Mit [menu] *Wahrscheinlichkeit/Verteilungen/invBinomN* kommen Sie zu einem Dialogfeld, das Sie entsprechend der Abbildung ausfüllen. (Vergessen Sie nicht, das Häkchen bei Matrix-Form zu setzen!)
Das Ergebnis zeigt, dass ab $n = 39$ gilt: $P(X \le 4) \le 0.2$,
d.h., $n = 39$ ist Lösung dieser Aufgabe.

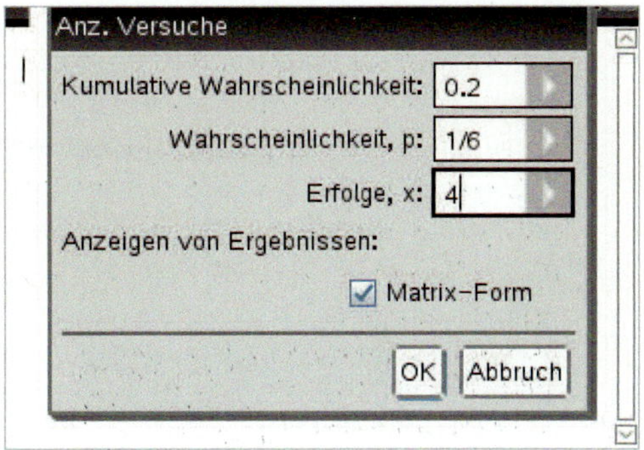

$$\mathrm{invBinomN}\left(0.2,\frac{1}{6},4,1\right) \quad \begin{bmatrix} 38 & 0.217809 \\ 39 & 0.198524 \end{bmatrix}$$

k-Bestimmung

Bsp: Bestimmen Sie bei einer mit $n = 200$, $p = 0.2$ binomialverteilten Zufallsgröße X den kleinsten Wert für k so, dass $P(k \le X \le 200) \le 0{,}05$ gilt.

Gesucht ist die kleinste Zahl k mit $P(k \le X \le 200) \le 0{,}05$.

Definieren Sie zuerst im Calculator-Fenster die Funktion
f(x) [:=] *binomCdf(200,0.2,x,200)*

Erzeugen Sie mit [ctrl] [menu] [+page] *Lists&Spreadsheet hinzufügen* ein neues List&Spreadsheet-Fenster.
Mit [menu] *Wertetabelle/Zur Tabelle wechseln* oder direkt mit [ctrl] [T] wechseln Sie zur Wertetabelle und bestätigen Sie mit [enter] die vorgeschlagene Funktion. Mit den Pfeiltasten bewegen Sie sich in der Wertetabelle bis zu der Zelle, deren Wert zum ersten Mal unter 0,05 liegt. Bei großem Stichprobenumfang n empfiehlt es sich, zunächst mit [menu] *Wertetabelle/ Funktionseinstellungen bearbeiten* mit einer großen Schrittweite den Bereich von 0 bis n „abzutasten" und dann die Schrittweite zu verfeinern.

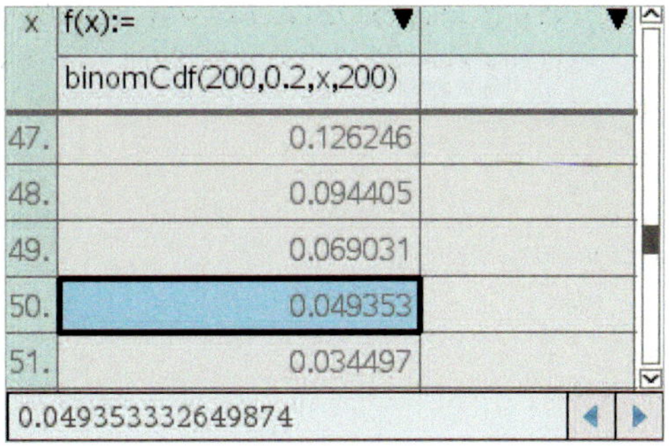

Der kleinste Wert für k mit $P_{200;0,2}(k \le X \le 200) \le 0{,}05$ ist $k = 50$.

Ab dem Betriebssystem *BS 4.5* können Sie solche Aufgaben sehr bequem mit dem Befehl *invBinom* lösen.

Es gilt: $P(k \le X \le 200) \le 0{,}05 \iff 1 - P(X \le k-1) \le 0{,}05$
$\iff 0{,}95 \le P(X \le k-1)$

Mit [menu] *Wahrscheinlichkeit/Verteilungen/invBinom* kommen Sie zu einem Dialogfeld, das Sie entsprechend der Abbildung ausfüllen. (Vergessen Sie nicht, das Häkchen bei Matrix-Form zu setzen!)
Die Tabelle zeigt, dass ab $k - 1 = 49$ gilt: $0{,}95 \le P(X \le k-1)$,
d.h., $k = 50$ ist Lösung dieser Aufgabe.

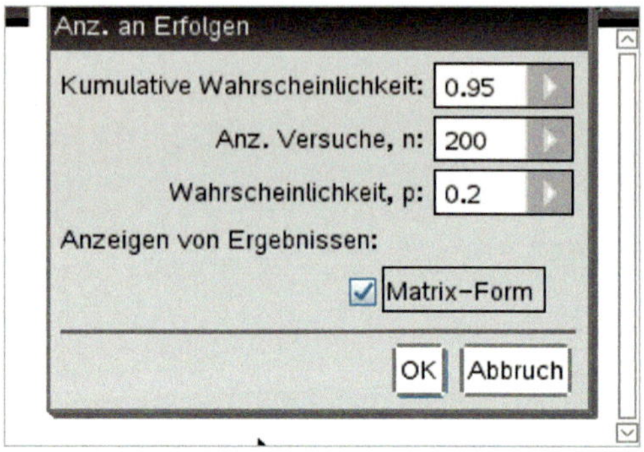

invBinom(0.95,200,0.2,1) $\begin{bmatrix} 48 & 0.930969 \\ 49 & 0.950647 \end{bmatrix}$

Modellierung klassierter Daten

Gegeben ist eine Urliste von Daten, die klassiert mit den Klassengrenzen *kgrenzen* [:=] {40,60,70,100} dargestellt werden sollen.
In einem Calculator-Fenster werden die Daten eingegeben und anschließend in einem Data&Statistics-Fenster als Histogramm dargestellt.
Mit [menu] *Maßstab* können Sie die Dichte als Maßstab einstellen.
Mit [menu] *Säuleneinstellungen/Variable Säulenbreite* kommen Sie zu einem Dialogfeld, in das Sie die Klassengrenzen als Liste der Säulengrenzen eintragen.

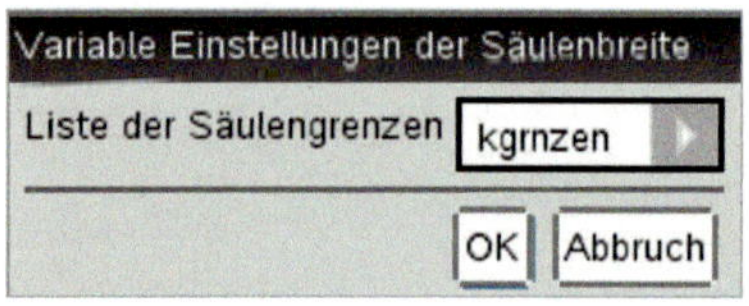

urlist:={69,92,54,61,41,56,74,45,74,67,68,7▸
{69,92,54,61,41,56,74,45,74,67,68,76,80,63▸

kgrnzen:={40,60,70,100} {40,60,70,100}

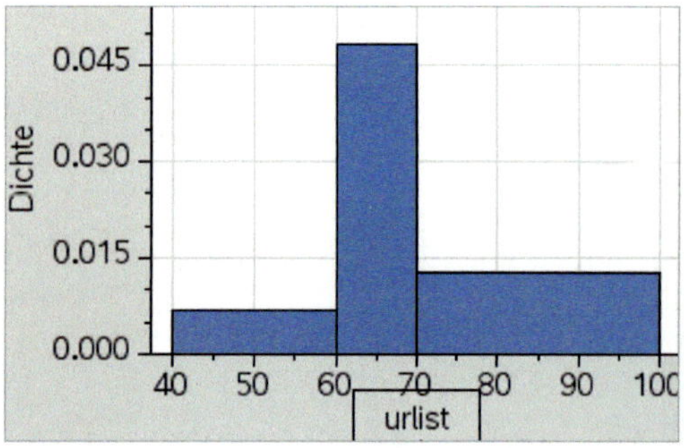

Im Calculator-Fenster bestimmen Sie Mittelwert und Standard-Abweichung der Urliste.

OneVar *urlist*,1: *stat.results*

"Titel"	"Statistik mit einer Varia
"x̄"	68.7586
"Σx"	1994.
"Σx²"	141346.
"sx := sn-1x"	12.3075
"σx := σnx"	12.0935

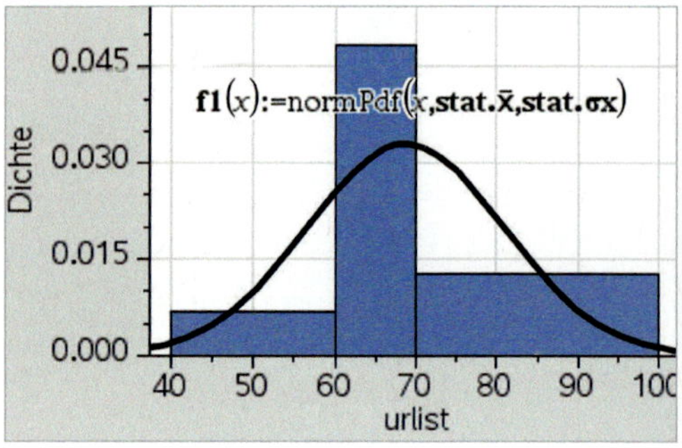

Mit [menu] *Analysieren/Funktion zeichnen* öffnet sich ein Eingabefeld für die entsprechende Gaußfunktion. Die Variablen für den Mittelwert und die Standardabweichung erhalten Sie über die Taste [var].

Allgemeine Hinweise

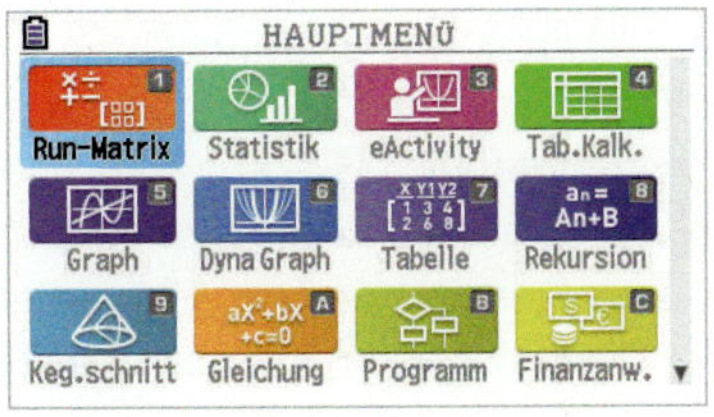

Diese Hinweise gelten für den CASIO-CG 50, sind aber auch auf einen CASIO-CG 20 übertragbar, falls auf diesen ein aktuelles Software-Update aufgespielt wurde.

Für die gelb beschriftete Zweitbelegung der Tasten des Gerätes ist es notwendig, zuerst die [SHIFT]-Taste und danach die entsprechende Taste zu drücken.
Für die rot beschriftete Drittbelegung der Tasten des Gerätes ist es notwendig, zuerst die [ALPHA]-Taste und danach die entsprechende Taste zu drücken.

Um die verschiedenen Menüs auszuwählen, drückt man die [MENU]-Taste. Wenn man grundlegende Veränderungen der Einstellungen innerhalb eines Menüs vornehmen will, dann muss man die Tastenkombination [SHIFT] [MENU] *(SET UP)* drücken.

1. Informationen zu einer Funktion im Menü *Graph* erhalten

a) Graphen und Wertetabellen von Funktionen darstellen

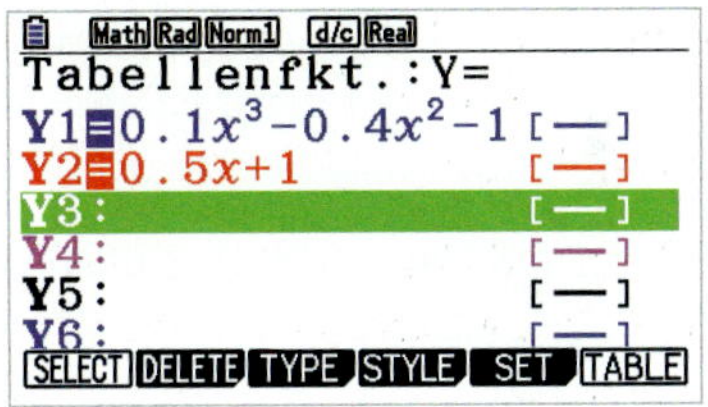

Sie können den Funktionsterm im Menü *Graph* oder im Menü *Tabellen* eingeben. Anschließend ist der Funktionsterm in beiden Menüs verfügbar.

Die Darstellung von Tabellen erfolgt im Menü *Tabellen*. Nach Eingabe des Funktionsterms (bzw. der Funktionsterme) drücken Sie die Taste [F5] *(SET)* und legen das Intervall und die Schrittweite fest, in dem die Wertetabelle erstellt werden soll.

Sie können jedoch nach dem Erstellen der Wertetabelle weitere Funktionswerte innerhalb der Tabelle berechnen, indem Sie entweder einen vorhandenen x-Wert einfach überschreiben oder mit [F3] *(ADD)* eine Zeile zunächst duplizieren und dann den x-Wert überschreiben (so steht der alte x-Wert und dessen Funktionswert weiterhin in der Tabelle).

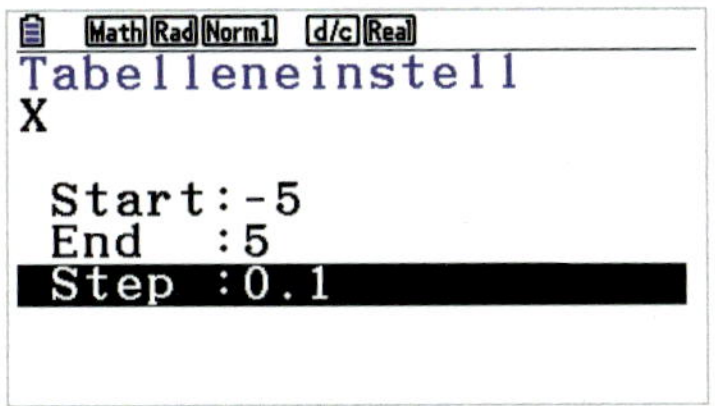

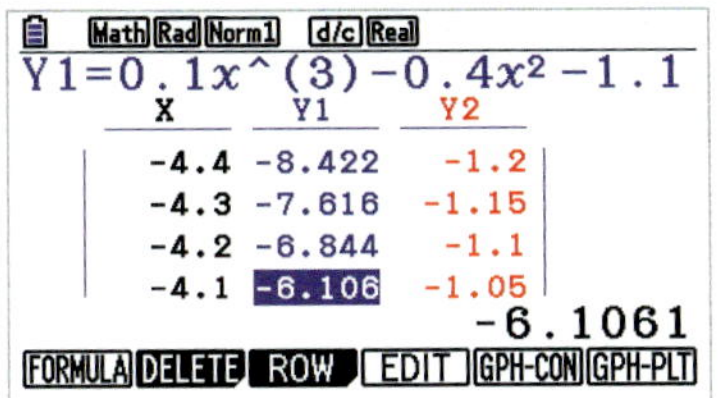

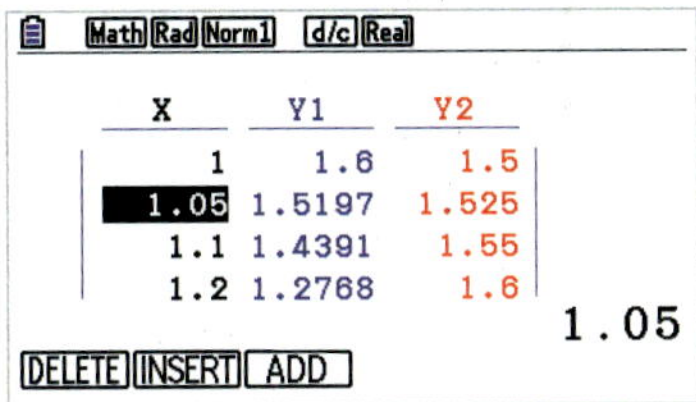

Falls Sie eine Zeile der Tabelle löschen wollen, dann markieren Sie die Zeile mit dem Cursor und drücken die Taste [F1] *(Delete)*.
Die Darstellung von Graphen erfolgt im Menü *Graph*. Nach Eingabe des Funktionsterms (bzw. der Funktionsterme) drücken Sie die Taste [SHIFT] [F3] *(V-WIN)*, um das Betrachtungsfenster einzustellen. Außer der manuellen Einstellung des Betrachtungsfensters stehen Ihnen vier voreingestellten Betrachtungsfenster zur Verfügung. Diese voreingestellten Betrachtungsfenster haben folgende Eigenschaften:

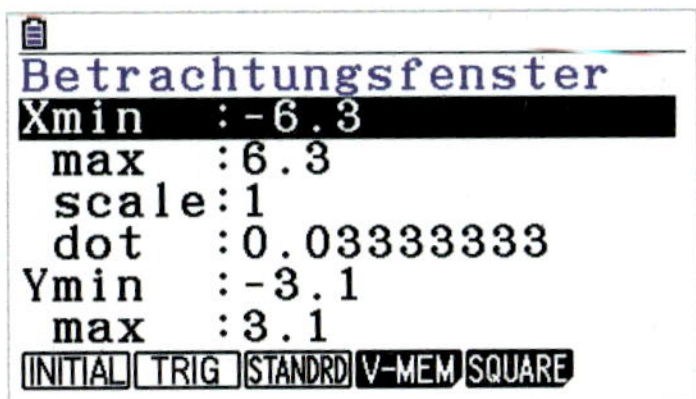

INITIAL: Die Einheiten auf den Achsen haben die gleiche Länge.
TRIG: Die Skalierung ist für Graphen von trigonometrischen Funktionen optimiert.
STANDRD: Der Bereich für die x- und die y-Werte liegt jeweils im Intervall [−10; 10].
SQUARE: Das zuvor eingestellte Fenster wird so angepasst, dass die Einheiten auf den Achsen gleich groß werden. Mit *X-Base* bleibt dabei das eingestellte Intervall für die x-Werte erhalten und das Intervall auf der y-Achse wird angepasst. Mit *Y-Base* bleibt dabei das eingestellte Intervall für die y-Werte erhalten und das Intervall auf der x-Achse wird angepasst.

Außerdem kann man individuell eingestellte Betrachtungsfenster mithilfe der Taste [F4] *(V-MEM)* abspeichern und wieder öffnen.
Wenn Sie den Graphen schon gezeichnet haben und feststellen, dass z.B. ein wichtiger Punkt des Graphen noch nicht im Betrachtungsfenster erscheint, dann können Sie auch mithilfe der Cursortaste das Betrachtungsfenster verschieben. Dazu drücken Sie die Cursortaste in der Richtung, in der Sie mehr vom Graphen sehen wollen. Wenn Sie also oben mehr sehen wollen, dann drücken Sie die Cursortaste oben. Im nebenstehenden Beispiel wurde der Graph im Betrachtungsfenster *INITIAL* dargestellt. Drückt man die Cursortaste einmal oben, dann wird auch der Hochpunkt des Graphen und der Schnittpunkt der beiden Graphen im Betrachtungsfenster dargestellt.

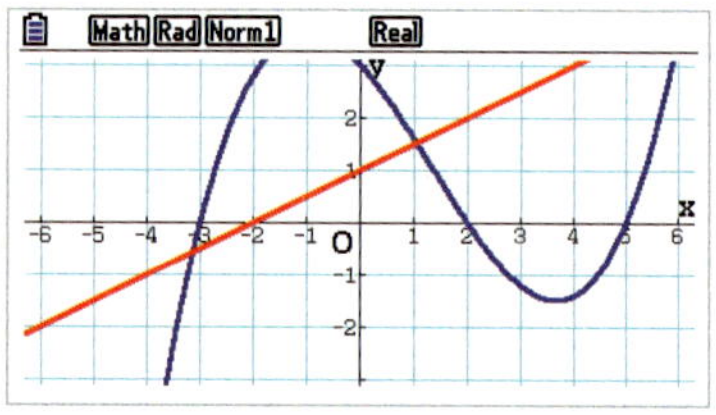

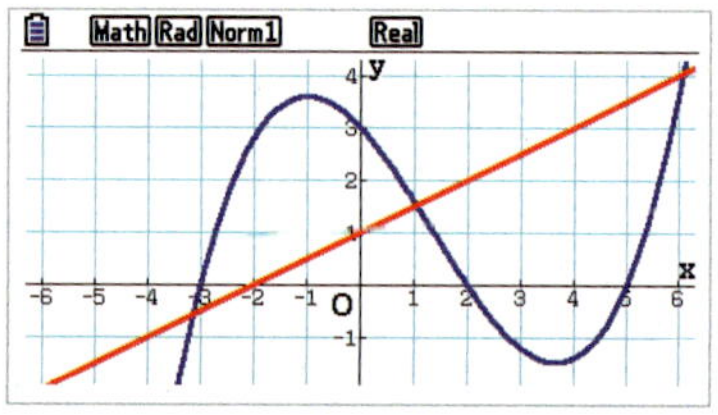

Mit der Taste [F2] *(Zoom)* öffnen Sie ein Untermenü, in dem Sie verschiedene Zoomoperationen zur Verfügung haben. Die wichtigsten Zoomoperationen sind:

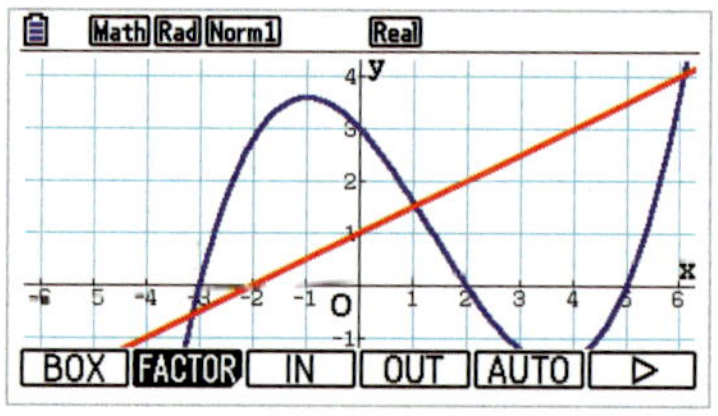

BOX: Sie können eine Box ziehen, deren Ränder anschließend die Ränder des Betrachtungsfenster werden.
IN: Nach Festlegung des Mittelpunkts erfolgt eine Streckung, um veränderbare Faktoren (einer für die x- und einer für die y-Richtung). Sind die Faktoren größer als 1 eingestellt, erfolgt die Betrachtung in einem kleineren Intervall (man zoomt also „hinein“).
OUT: Nach Festlegung des Mittelpunkts erfolgt eine Streckung, um veränderbare Faktoren (einer für die x- und einer für die y-Richtung). Sind die Faktoren größer als 1 eingestellt, erfolgt die Betrachtung in einem größeren Intervall (man zoomt also „heraus“). Die Einstellung der Faktoren erfolgt mit der Taste [F2] *(FACTOR)*.
AUTO: Die Einstellungen der y-Achse des Betrachtungsfensters werden automatisch so eingestellt, dass der Graph den Bildschirm entlang der y-Achse ausfüllt.
ORIGINAL: Der Graph wird nach einer oder auch mehreren Zoomoperationen wieder in dem Betrachtungsfenster dargestellt, in dem er vor den Zoomoperationen dargestellt wurde.

Verschieben bzw. Strecken von Graphen

Ersetzt man in einem Funktionsterm jedes x durch z.B. $x - 2$, so wird der Graph um 2 Einheiten horizontal nach rechts verschoben. Ersetzt man in einem Funktionsterm jedes x z.B. durch 2x, so wird der Graph mit dem Faktor $\frac{1}{2}$ in x-Richtung gestreckt.

Entsprechend werden vertikale Verschiebungen bzw. Streckungen von Graphen im *Graph*-Fenster visualisiert.
Das nebenstehende Beispiel zeigt die Verschiebung des Graphen einer ganzrationalen Funktion 3. Grades in x-Richtung.

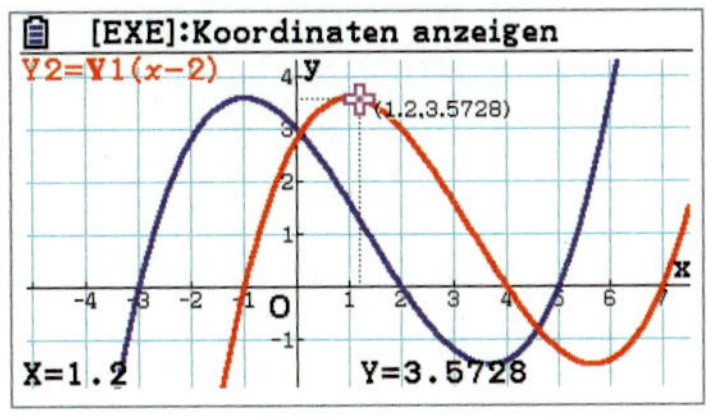

Den Graphen der Ableitungsfunktion zeichnen

Sie können den Graphen der Ableitungsfunktion f' einer gegebenen Funktion f auch dann darstellen lassen, wenn sie nicht in der Lage sind, den Funktionsterm der Ableitungsfunktion zu bestimmen. Der Graph der Ableitungsfunktion f' wird mithilfe der numerischen Ableitung erstellt.
Um den Graphen von f' darzustellen, müssen Sie im Eingabefenster des Menüs *Graph* den Differenzialoperator *d/dx* auf die Funktion f anwenden. Sie erhalten diesen Differenzialoperator mithilfe der Tastenkombination [OPTN] [F2] *(CALC)* [F1] *(d/dx)*.

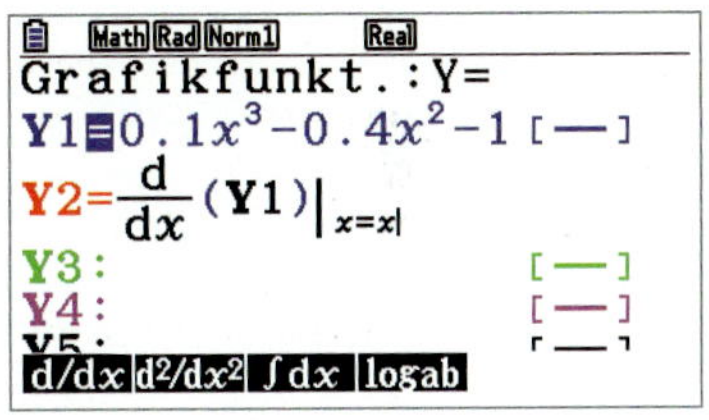

Damit für alle x-Werte der Wert der Ableitung berechnet wird, müssen Sie in der Maske den freien Platz hinter „x=" mithilfe der Taste [X,θ,T] füllen.
Das nebenstehende Beispiel zeigt den Graphen einer ganzrationalen Funktion dritten Grades und den Graphen ihrer Ableitung.

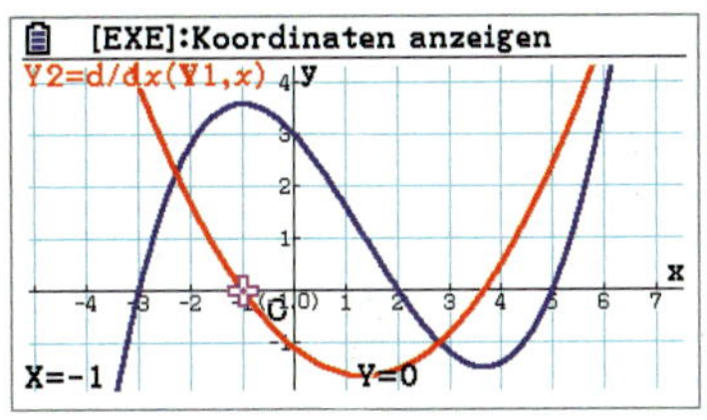

Den Graphen einer Integralfunktion (Stammfunktion) zeichnen

Sie können den Graphen einer Integralfunktion I_a einer gegebenen Funktion f auch dann darstellen lassen, wenn Sie nicht in der Lage sind, den Funktionsterm der Integralfunktion zu bestimmen.
Der CASIO CG 50 erstellt mithilfe der nummerischen Integration den Graphen der Integralfunktion I_a.
Um den Graphen von I_a darzustellen, müssen Sie im Eingabefenster des Menü Graph das Integral eingeben. Sie erhalten das Integralsymbol mithilfe der Tastenkombination [OPTN] [F2] *(CALC)* [F3] *(∫dx)*.

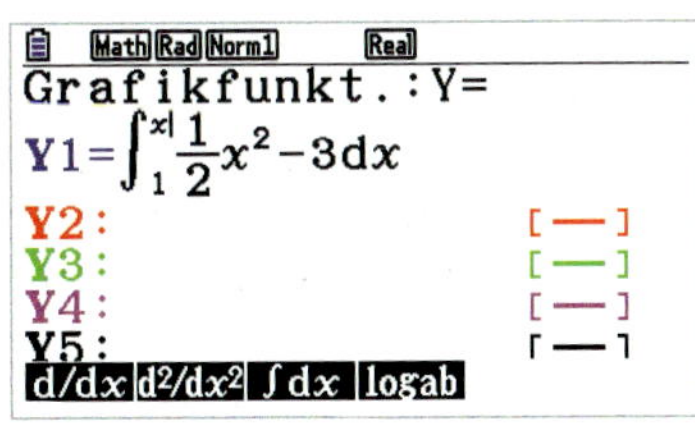

Als untere Grenze geben Sie in der Maske den Wert von a ein, die obere Grenze x geben Sie mithilfe der Taste [X,θ,T] ein.

b) Grafische Kurvendiskussion

Wenn Sie den Graphen einer Funktion dargestellt haben, können Sie im Menü *Graph* nützliche Informationen über den Graphen bzw. die Funktion in dem dargestellten Bereich erhalten.

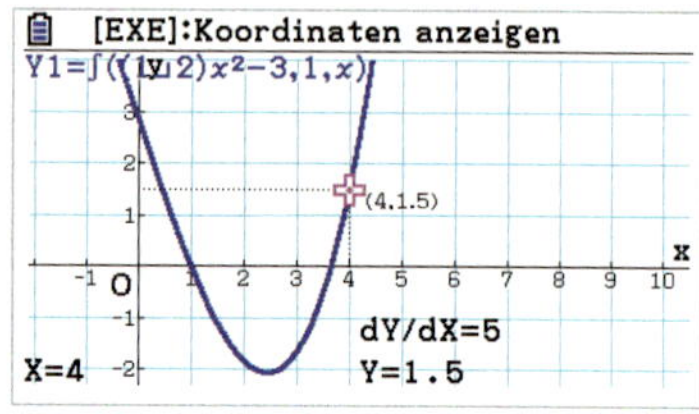

Sie erhalten, nachdem Sie den Graphen im Menü *Graph* dargestellt haben, mithilfe der Taste [F5] *(G-Solve)* Zugang zu den zur Verfügung stehenden Befehlen.

Schnittstellen mit der x-Achse bestimmen

Mithilfe der Taste [F1] *(ROOT)* erhalten Sie die Schnittstelle des Graphen mit der x-Achse. Es wird zuerst die Nullstelle angezeigt, die im Betrachtungsfenster am weitesten links liegt, die weiteren Nullstellen können mithilfe des Cursors angezeigt werden.

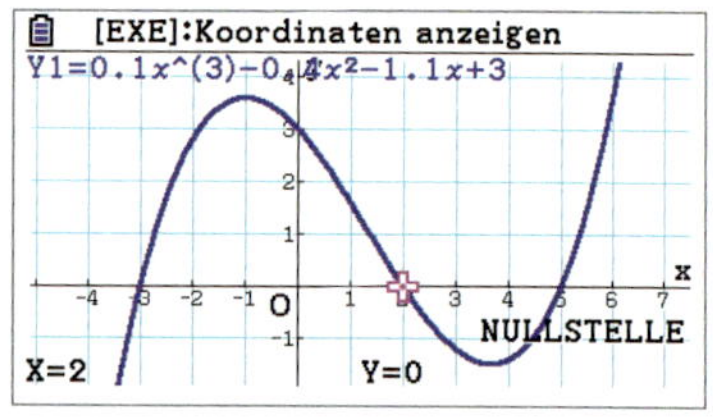

Mithilfe der Taste [F4] *(Y-ICEPT)* erhalten Sie die Schnittstelle des Graphen mit der y-Achse.

Koordinaten von Hoch- und Tiefpunkten bestimmen

Mithilfe der Taste [F2] *(MAX)* erhalten Sie die Koordinaten der lokalen Hochpunkte des Graphen.

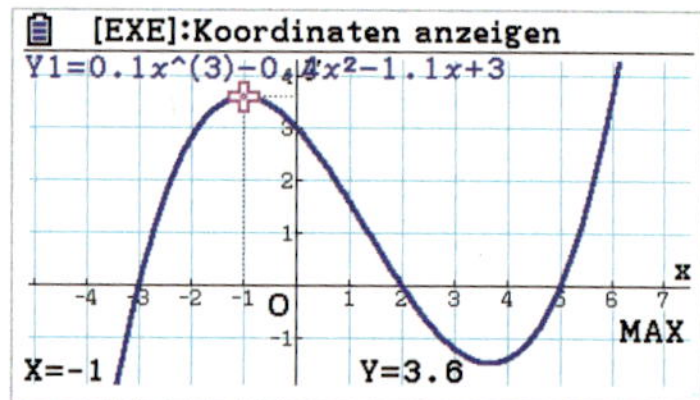

Mithilfe der Taste [F3] *(MIN)* erhalten Sie die Koordinaten der lokalen Tiefpunkte des Graphen.

Es wird zuerst der lokale Extrempunkt angezeigt, der im Betrachtungsfenster am weitesten links liegt, die weiteren lokalen Extrempunkte der gleichen Art können mithilfe des Cursors angezeigt werden.

Globale Extrempunkte (bzw. auch Randextrempunkte) können im Menü *Graph* nicht angezeigt werden. Die Koordinaten von globalen Extrempunkten auf einem vorher festgelegten Intervall können Sie jedoch im Menü *Run* mithilfe der Tastenkombination [F4] *(CALC)* [F6] (▷) [F1] *(FMin)* bzw. [F2] *(FMax)* bestimmen.

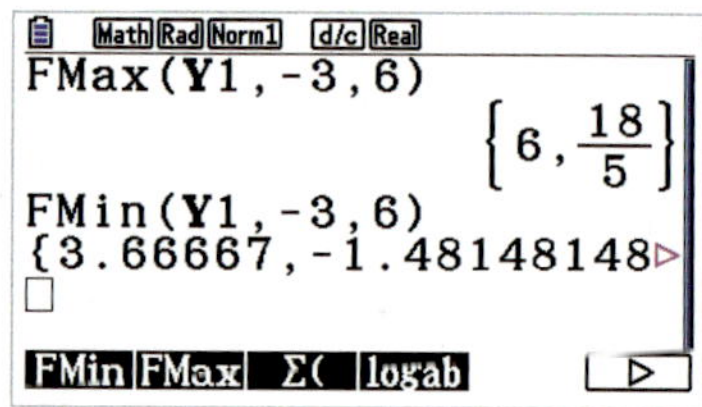

Dazu können Sie den Funktionsterm mithilfe der Tastenkombination [VARS] [F4] *(Graph)* aus dem Menü *Graph* in das Menü *Run* importieren.

Funktionswerte und x-Werte bestimmen

Nachdem Sie die Taste [F6] (▷) gedrückt haben erhalten Sie Zugang zu weiteren nützlichen Befehlen.

Mithilfe der Taste [F1] *(Y-CAL)* können Sie für jeden x-Wert, der im Betrachtungsfenster liegt den Funktionswert f(x) berechnen lassen.

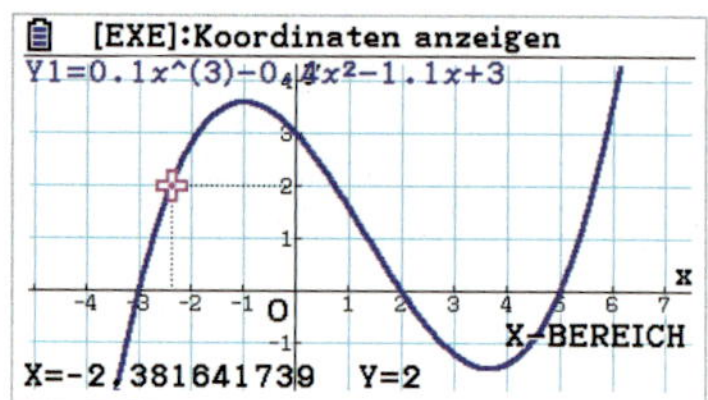

Mithilfe der Taste [F2] *(X-CAL)* können Sie für jeden y-Wert (Funktionswert f(x)), den zugehörigen x-Wert berechnen lassen, sofern dieser im Betrachtungsfenster liegt.

Es wird die Gleichung $f(x) = c$ gelöst, sofern mindestens eine der Lösungen im Betrachtungsfenster liegt. Es wird zuerst der x-Wert angezeigt, der im Betrachtungsfenster am weitesten links liegt, weitere x-Werte können mithilfe des Cursors angezeigt werden.

Außerdem haben Sie im Menü *Run* die Möglichkeit, durch Eingabe von z.B. Y1(−2) direkt Funktionswerte zu berechnen. Dazu müssen Sie den Funktionsterm mithilfe der Tastenkombination [VARS] [F4] *(Graph)* aus dem Menü *Graph* in das Menü *Run* importieren.

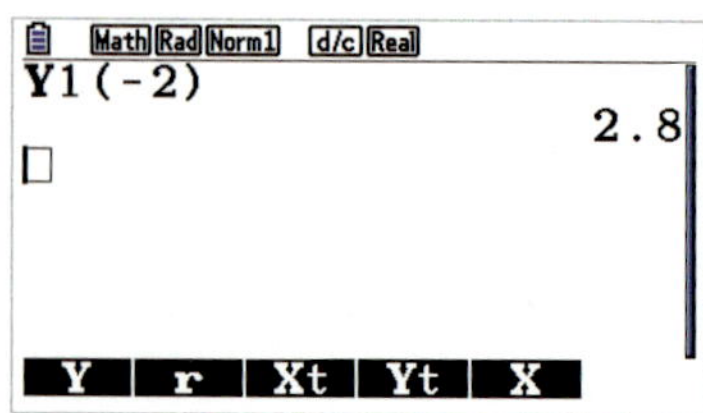

Koordinaten von Schnittpunkten zweier Graphen bestimmen
Mithilfe der Taste F5 *(INTSECT)* erhalten Sie die Koordinaten der Schnittpunkte zweier Graphen, sofern die x-Werte im Darstellungsfenster liegen. Es wird zuerst der Schnittpunkt angezeigt, der im Betrachtungsfenster am weitesten links liegt, weitere Schnittpunkte können mithilfe des Cursors angezeigt werden.

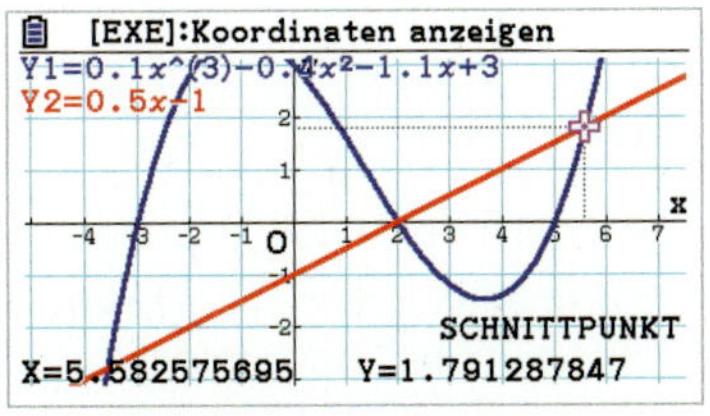

Tangente und Normale in einem Kurvenpunkt
Sie können, sobald Sie den Graphen einer Funktion im Menü *Graph* dargestellt haben, sowohl die Tangente (Normale) in einem beliebigen Punkt P des Graphen (sofern dessen x-Wert im Zeichenbereich liegt) einzeichnen lassen, als auch die Gleichung der Tangente (Normale) anzeigen lassen.

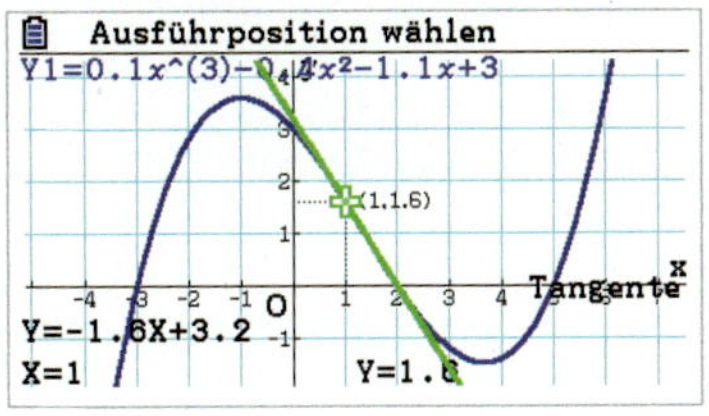

Damit Sie die Gleichung der Tangente (Normale) ablesen können, müssen Sie jedoch im *SET UP* die Ableitung *(Derivative)* eingeschaltet haben *(ON)*.

Sie können mit der Tastenkombination F4 *(Sketch)* F2 *(Tangent)* die Tangente bzw. mit F4 *(Sketch)* F3 *(Norm)* die Normale in einem Punkt P des Graphen einzeichnen lassen.
Dazu müssen Sie nur noch den x-Wert des Punktes P eingeben und mit der Taste EXE bestätigen.

Wenn Sie danach nochmals die Taste EXE drücken, dann wird links unten im Display die Gleichung der Tangenten (Normalen) angezeigt.

c) Integrale im Menü Graph bestimmen
Sie können mit dem CASIO CG 50 mehrere Integralvarianten mithilfe der entsprechenden Befehle berechnen.
Zugang zu allen vier Befehlen erhalten Sie über die Tastenkombination F5 (*G-Solve*) F6 (▷) F3 (*∫dx*).
Der gewählte Flächeninhalt wird jeweils farbig gekennzeichnet.

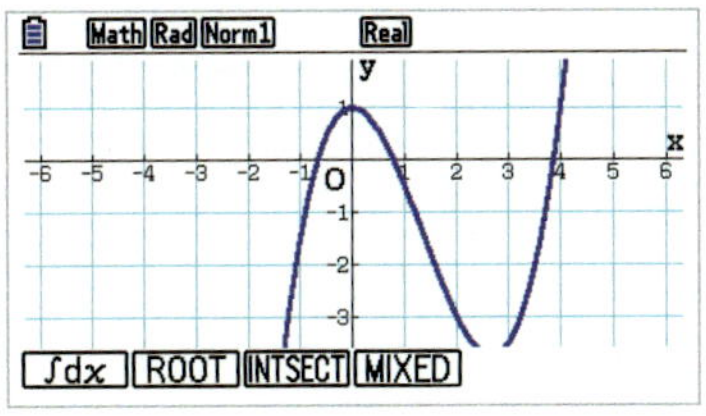

Orientierter Flächeninhalt unter einem Graphen
Mithilfe des Befehls F1 (*∫dx*) können Sie ein Integral über einem Intervall [a; b] berechnen. Sie erhalten damit den orientierten Flächeninhalt zwischen dem Graphen von f und der x-Achse.
Dabei können Sie die Grenzen a und b direkt eingeben oder mit dem Cursor ansteuern, solange die Grenzen im Bereich der x-Werte des Eingabefensters liegen.

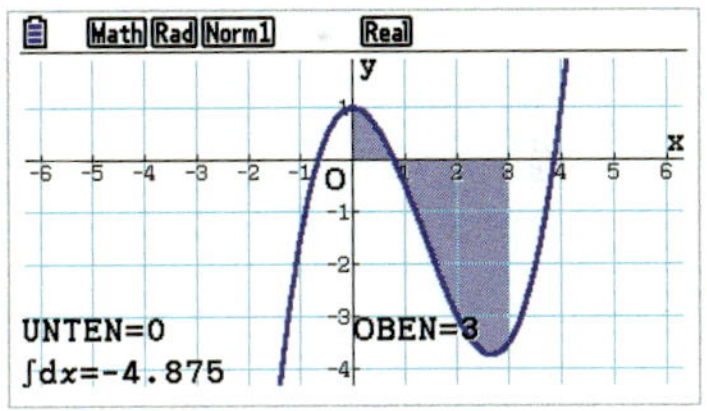

Flächeninhalt, der von einem Graphen und der x-Achse begrenzt wird
Mithilfe des Befehls F2 (*ROOT*) können Sie gleichzeitig den orientierten und den absoluten Flächeninhalt der Fläche, die vom Graphen von f und der x-Achse begrenzt wird, berechnen.
Dabei berechnet der CASIO CG 50 von links her die Nullstellen von f. Sie müssen dann entscheiden, welche dieser Nullstellen die Grenzen des Integrals werden.

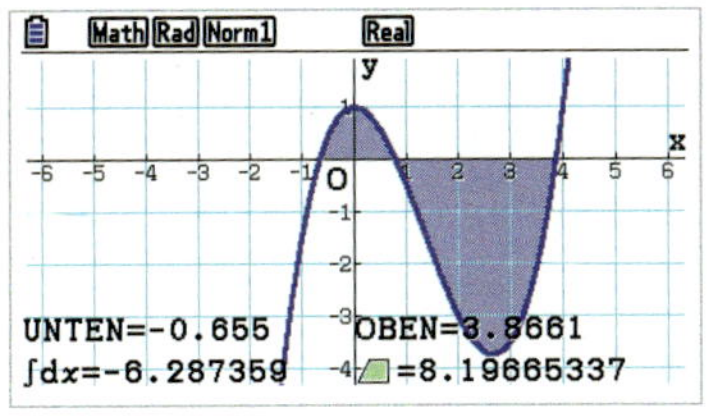

Der orientierte Flächeninhalt steht links unten im Display hinter dem Integralzeichen. Der absolute Flächeninhalt steht rechts unten hinter dem Trapezzeichen.

Flächeninhalt, der von zwei Graphen begrenzt wird
Mithilfe des Befehls [F3] (*INTSECT*) können Sie gleichzeitig den orientierten und den absoluten Flächeninhalt der Fläche, die vom Graphen von f und dem Graphen von g begrenzt wird, berechnen.
Dabei berechnet der CASIO CG 50 von links her die Schnittstellen der beiden Graphen.
Sie müssen dann entscheiden, welche dieser Schnittstellen die Grenzen des Integrals werden.

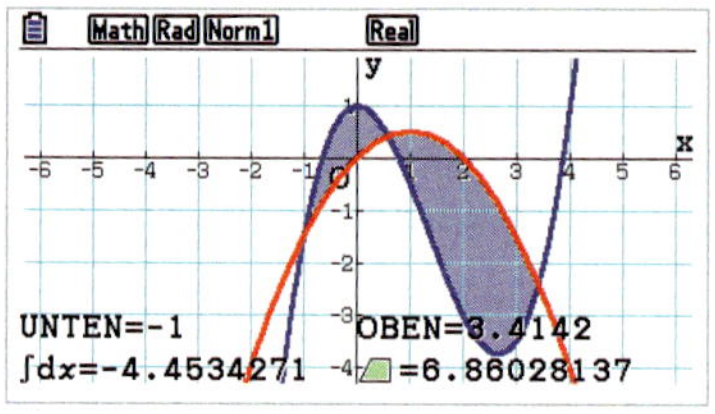

Der orientierte Flächeninhalt steht links unten im Display hinter dem Integralzeichen. Der absolute Flächeninhalt steht rechts unten hinter dem Trapezzeichen.

Weitere Flächeninhalte zwischen zwei Graphen
Mithilfe des Befehls [F4] (*MIXED*) können Sie gleichzeitig den orientierten und den absoluten Flächeninhalt der Fläche, die unter anderem vom Graphen von f und dem Graphen von g begrenzt wird, berechnen.
Dabei können Sie Grenzen selbst eingeben oder vom Rechner berechnete Nullstellen und Schnittstellen als Grenzen auswählen.
Dabei berechnet der CASIO CG 50 von links her die Nullstellen und Schnittstellen der beiden Graphen.
Sie müssen dann entscheiden, welche dieser Nullstellen bzw. Schnittstellen eine der Grenzen des Integrals wird.

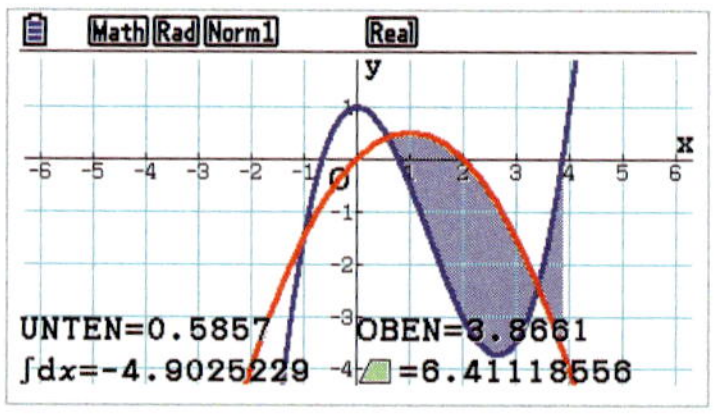

Der orientierte Flächeninhalt steht links unten im Display hinter dem Integralzeichen. Der absolute Flächeninhalt steht rechts unten hinter dem Trapezzeichen.

2. Berechnungen im Menü *Run* bzw. im Menü *Gleichungen*

a) Integrale im Menü *Run* berechnen

Wenn Sie den Wert eines bestimmten Integrals benötigen, dann können Sie diesen Wert auch im *Run*-Menü berechnen, ohne vorher eventuell das Zeichenfenster im Menü *Graph* umständlich einstellen zu müssen.

Sie berechnen das Integral, indem Sie zunächst mithilfe der Tastenkombination [OPTN] [F4] (*CALC*) [F4] (*∫dx*) die Eingabemaske aufrufen.

Sie können jetzt entweder den Funktionsterm von f direkt eingeben oder den Funktionsterm, falls Sie ihn schon im Menü *Graph* eingegeben haben, aus dem Menü *Graph* importieren.
Mithilfe der Tastenkombination [VARS] [F4] (*GRAPH*) erhalten Sie Zugriff auf den Befehl [F1] (*Y*), mit dessen Hilfe Sie den Funktionsterm eingeben können.
Natürlich müssen Sie auch die beiden Grenzen des Integrals in die Maske eintragen.

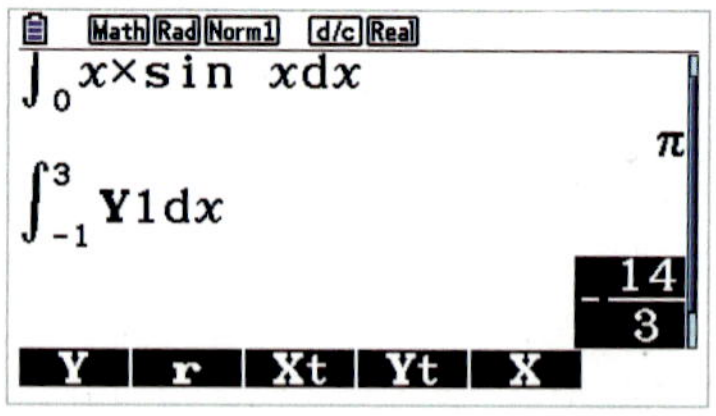

b) Ableitungen an bestimmten Stellen berechnen

Mithilfe des Differentialoperators *d/dx* können Sie Ableitungen an einer Stelle x_0 im Menü *Run* berechnen.
Sie können den Differentialoperator mit der Tastenkombination OPTN F4 *(CALC)* F2 *(d/dx)* aktivieren. Sie haben dann die Wahl, entweder den Funktionsterm direkt einzutippen, oder einen bereits definierten Funktionsterm mithilfe der Tastenkombination VARS F4 *(Graph)* aus dem Menü Graph in das Menü *Run* zu importieren.

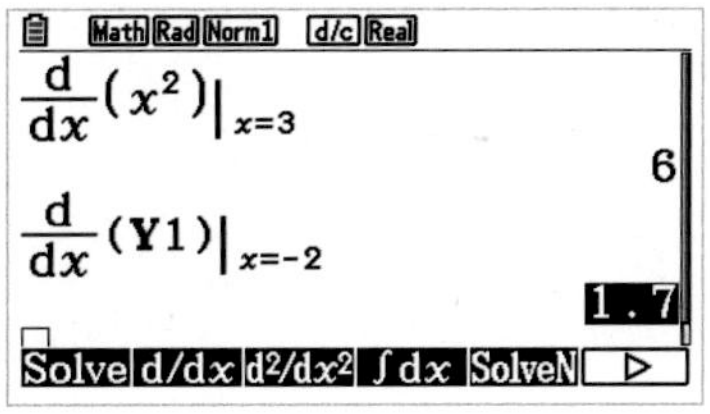

Im nebenstehenden Beispiel wurde zum einen die Ableitung von f mit $f(x) = x^2$ an der Stelle $x_0 = 3$ und zum anderen die Ableitung der Funktion f, die unter Y1 im Menü *Graph* definiert wurde an der Stelle $x_0 = -2$ berechnet.

c) Lösung von Gleichungen mit *SolveN* im Menü *Run*

Im Menü *Run* können Sie mithilfe zweier Befehle Gleichungen lösen. Es gibt den Befehl *„Solve"* und den Befehl *„SolveN"*. Beim Befehl *„Solve"* müssen Sie immer einen passenden Startwert eingeben und Sie erhalten, abhängig vom Startwert, immer nur höchstens eine Lösung. Daher verwenden Sie besser den Befehl *„SolveN"*, da hier die Startwertproblematik entfällt.

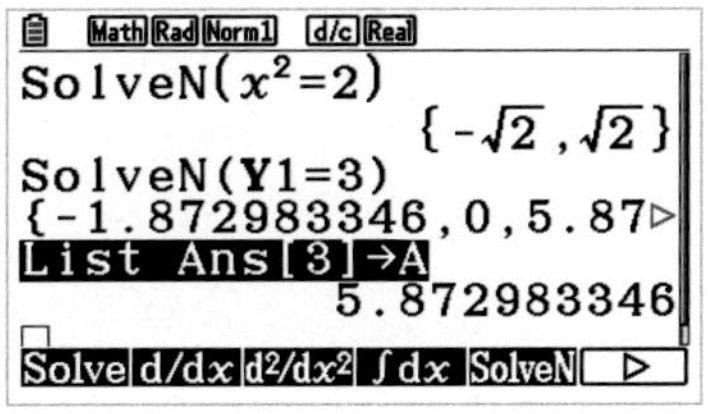

Sie erhalten mit der Tastenkombination OPTN F4 *(CALC)* F5 *(SolveN)* Zugang zum Befehl *„SolveN"*. Sie können mit diesem Befehl die unterschiedlichsten Typen von Gleichungen lösen.
Bei Verwendung des Befehls *„SolveN"* erhalten Sie bis zu 10 Lösungen der Gleichung in einer Liste (geschweifte Klammer). Sie erhalten teilweise die mathematisch exakten Lösungen (wie z. B. $\sqrt{2}$), meist aber die numerischen Lösungen der Gleichung.

Wenn Sie mit einer der Lösungen weiterrechnen wollen, dann können Sie diese Lösung aus dem Listenspeicher herausholen und separat in einem Speicher ablegen. Dann haben Sie beliebig lange Zugriff auf diese Lösung.

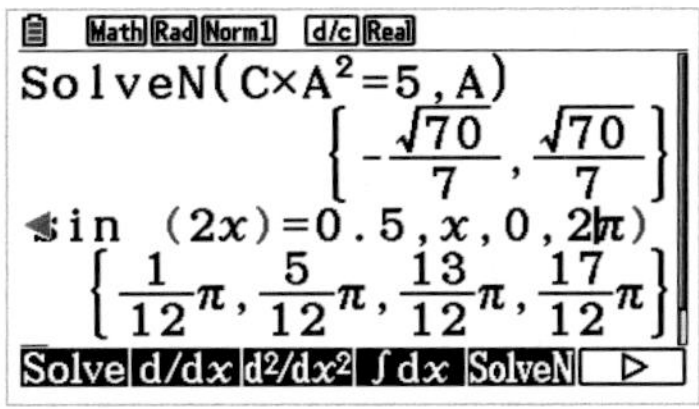

Syntax: SHIFT 1 *(List)* (−) *(Ans)* SHIFT + *(eckige Klammer auf)* dann die Position der Lösung in der Liste eingeben SHIFT − *(eckige Klammer zu)*. Jetzt steht Ihnen die Lösung außerhalb der Liste zum Abspeichern zur Verfügung.

Wenn in einer Gleichung die Lösungsvariable nicht x ist, dann müssen Sie eingeben, welches die Lösungsvariable ist. Dazu müssen Sie mit einem Komma getrennt die Lösungsvariable eintippen. Zudem ist es manchmal ratsam, das Intervall, in dem die Lösungen gesucht werden sollen, einzuschränken. Dazu gibt man die Lösungsvariable, und jeweils durch ein Komma getrennt, noch die beiden Intervallgrenzen ein.

Nullstellen von Polynomen

Wenn Sie die Taste [F2] *(POLY)* drücken, können Sie den Grad des Polynoms mithilfe der Funktionstasten [F2] bis [F5] auswählen. Anschließend öffnet sich eine Eingabemaske für die Koeffizienten des Polynoms (z. B. $ax^3 + bx^2 + cx + d = 0$), in die Sie die Koeffizienten eingeben können. Bei der Eingabe muss jeder einzelne Koeffizient mit der Taste [EXE] bestätigt werden.

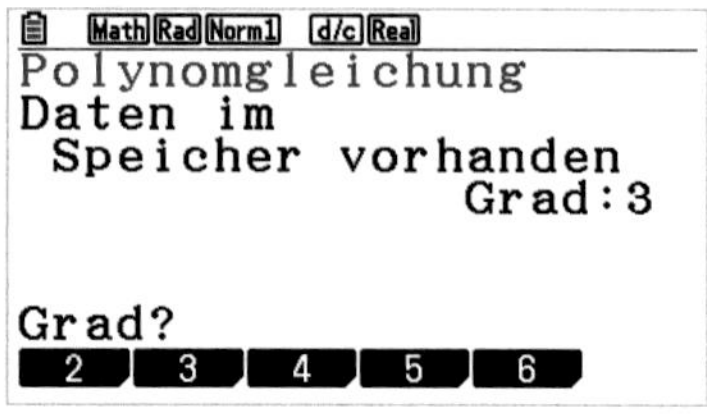

Die Nullstellen werden teilweise exakt (z. B. als Bruch oder als Quadratwurzel) und teilweise als numerischer Wert angegeben. Dabei müssen Sie beachten, dass bei der Darstellung der Nullstellen in der eckigen Klammer (auf der linken Seite des Displays), die Werte mit 4 Dezimalstellen angegeben werden, wobei allerdings nicht mathematisch gerundet wird, sondern die Dezimaldarstellung nach vier Dezimalen abgeschnitten wird.

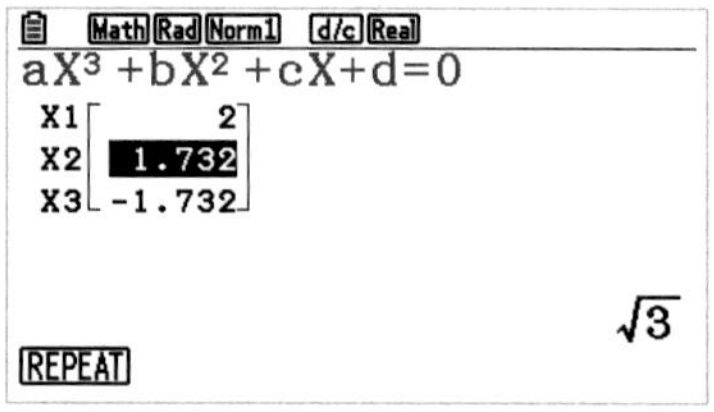

Wenn Sie von einer Nullstelle einen genaueren Wert benötigen, dann steuern Sie mit dem Cursor diese Lösung an. Im Display unten rechts können Sie jetzt die Nullstelle auf 9 Dezimalen gerundet ablesen.

Wenn eine Nullstelle eine mehrfache Nullstelle des Polynoms ist, dann können Sie die Vielfachheit dieser Nullstelle rechts neben der Nullstelle ablesen (z. B. x2).

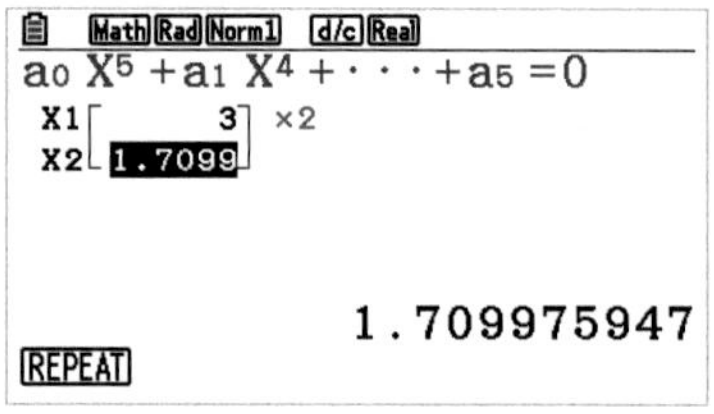

Lineare Gleichungssysteme

Wenn Sie die Taste [F1] *(SIMUL)* drücken, können Sie die Anzahl der Unbekannten des LGS mithilfe der Funktionstasten [F2] bis [F5] auswählen. Anschließend öffnet sich eine Eingabemaske für die Koeffizienten des LGS. Bei der Eingabe muss jeder einzelne Koeffizient mit der Taste [EXE] bestätigt werden.

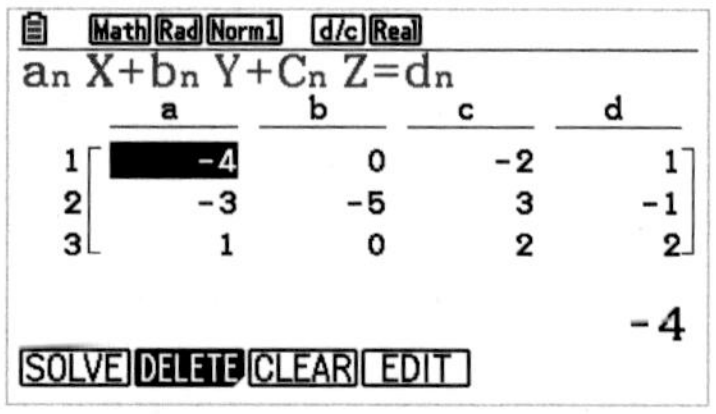

Wenn das LGS **genau eine** Lösung hat, so wird diese Lösung als Spaltenvektor angezeigt. Die Zahl des Spaltenvektors, die mit den Cursor-Tasten dunkel unterlegt wird, wird unten rechts im Display (meist sogar als Bruch) nochmals angezeigt.

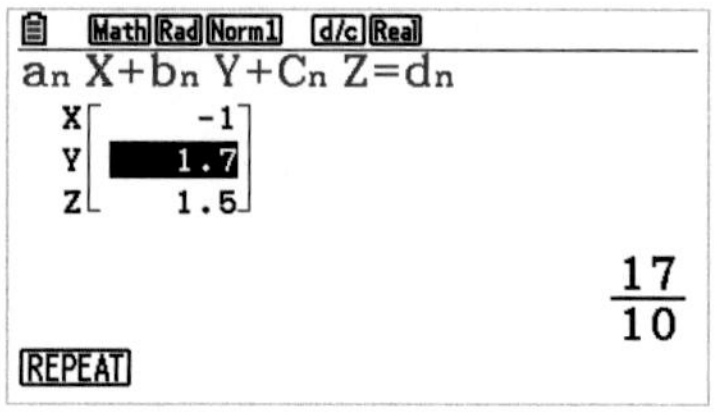

Wenn das LGS **keine** Lösung besitzt, so wird die Meldung „Keine Lösung" angezeigt.

Wenn das LGS **unendlich** viele Lösungen hat, so wird die Meldung „**Unendlich viele Lösungen**" angezeigt. Außerdem können Sie ablesen, wie die Lösungsvariablen untereinander zusammenhängen (z. B. wird bei drei Lösungsvariablen angezeigt, wie X und Y mit Z zusammenhängen). Die nebenstehenden Beispiele sind LGS mit drei Unbekannten.

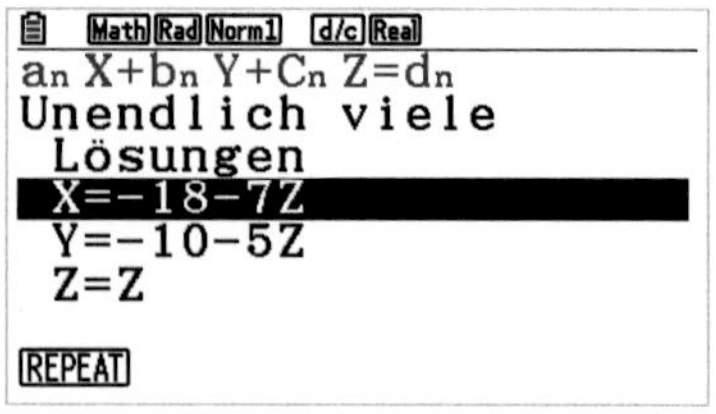

(Hinweis: Man kann ein LGS in Matrixform auch im Menü *Run* mithilfe des Befehls *rref* lösen!)

3. Analytische Geometrie Vektoren, Geraden, Ebenen

a) Rechnen mit Vektoren

Einen dreidimensionalen Vektor kann man auch als 3x1 Matrix auffassen. Man hat beim CASIO CG 50 zwei Eingabemöglichkeiten für Vektoren.

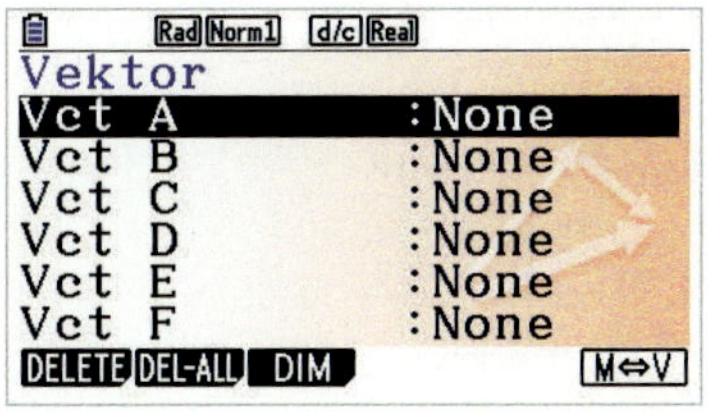

1) Man definiert (und speichert) den Vektor unter einem festen Namen (z. B. Vektor A). Dazu öffnet man im Menü *Run* mit der Taste F3 (▶*MAT/VCT) d*as Untermenü für Matrizen und Vektoren. Mit der Taste F6 *(M⇔V)* können Sie zwischen der Eingabe von Matrizen bzw. Vektoren wählen.

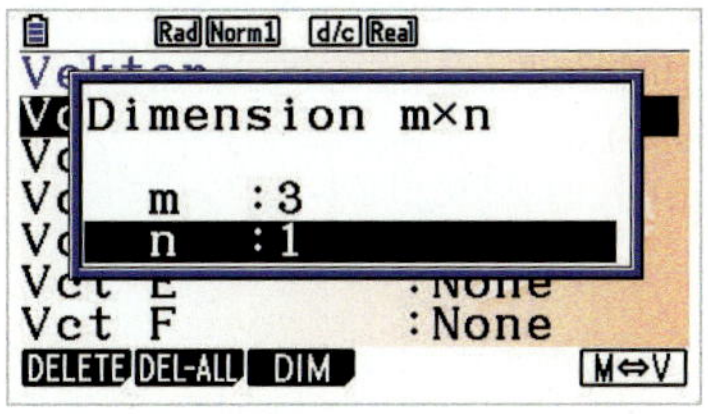

Wenn sie mit dem Cursor den Namen (z. B. Vektor A) ansteuern und danach die Taste EXE drücken, öffnet sich die Eingabemaske für die Dimension des Vektors. Die Eingabe $m = 3$ und $n = 1$ liefert z. B. einen dreidimensionalen Vektor. Wenn Sie beide Eingaben mit der Taste EXE bestätigen, dann erscheint der Vektor (noch mit den Einträgen 0, 0, 0) auf dem Display. Sie können dann die drei Koordinaten eingeben (dabei müssen Sie alle drei Koordinaten jeweils mit der Taste EXE bestätigen).

Einen gespeicherten Vektor kann man mithilfe der Tastenkombination OPTN F2 *(MAT/VCT)* F6 (▷) F6 (▷) F1 *(Vct)* und dem Buchstaben des Namens, z. B. A, (ALPHA X,θ,T) einfügen.

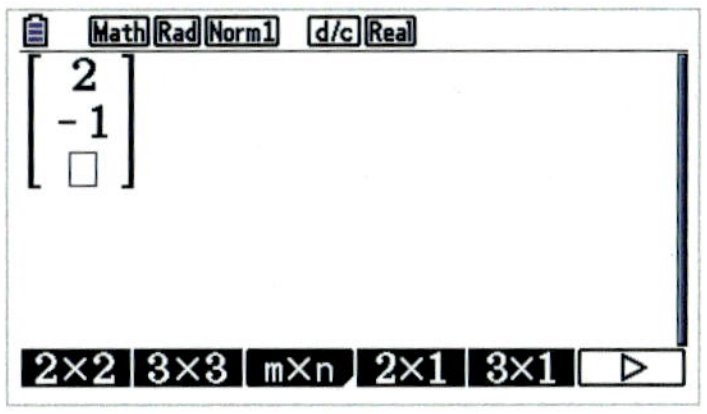

2) Man kann einen Vektor auch eingeben, ohne ihn fest abzuspeichern. Dazu drückt man zunächst die Tastenkombination F4 *(MATH)* F1 *(MAT/VCT)*. Danach kann man unter einigen voreingestellten Dimensionen auswählen, oder andere Dimensionen (m × n) festlegen. Wenn Sie F5 *(3 × 1)* wählen, dann erscheint eine noch leere Maske für die drei einzugebenden Komponenten auf dem Display. Bitte beachten Sie, dass sie erst nachdem Sie die letzte Komponente eingegeben haben die Taste EXE drücken dürfen.
(Sie können mit dem Cursor zwischen den drei Komponenten hin- und herwechseln.)

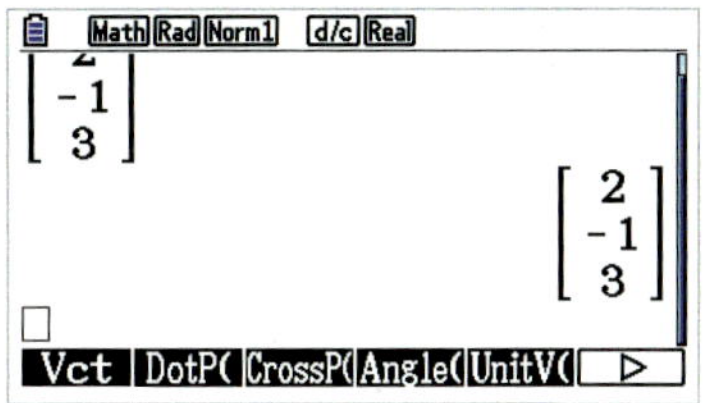

Man hat außer der Berechnung von Linearkombinationen von Vektoren noch weitere Möglichkeiten der Vektorrechnung zur Verfügung. Diese sind:

- Berechnung des Skalarprodukts zweier Vektoren
- Berechnung des Vektorprodukts (Kreuzprodukts) zweier Vektoren
- Berechnung des Winkels zwischen zwei Vektoren
- Berechnung eines Einheitsvektors zu einem gegebenen Vektor
- Berechnung der Länge eines Vektors

Man gelangt zu diesen Optionen der Vektorrechnung mithilfe der Tastenkombination:
OPTN F2 *(MAT/VCT)* F6 (▷) F6 (▷)

Linearkombinationen

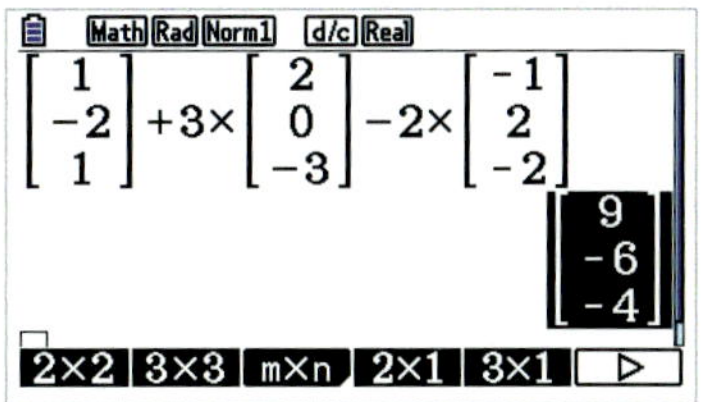

Linearkombinationen von Vektoren können mit den üblichen Tasten ⊞, ⊟ und ⊠ erzeugt werden.

Beispiel: $\begin{pmatrix} 1 \\ -2 \\ 1 \end{pmatrix} + 3 \cdot \begin{pmatrix} 2 \\ 0 \\ -3 \end{pmatrix} - 2 \cdot \begin{pmatrix} -1 \\ 2 \\ -2 \end{pmatrix} = \begin{pmatrix} 9 \\ -6 \\ -4 \end{pmatrix}$

Länge eines Vektors

Um die Länge eines Vektors zu berechnen, kann man den Befehl *„Norm"* verwenden.
Man erhält den Befehl im *Run*-Menü mithilfe der Tastenkombination:
[OPTN] [F2] *(MAT/VCT)* [F6] (▷) [F6] (▷) [F6] (▷) [F1] *(Norm)*

Beispiel: $\left|\begin{pmatrix} 2 \\ -3 \\ 4 \end{pmatrix}\right| = \sqrt{29} \approx 5{,}385$

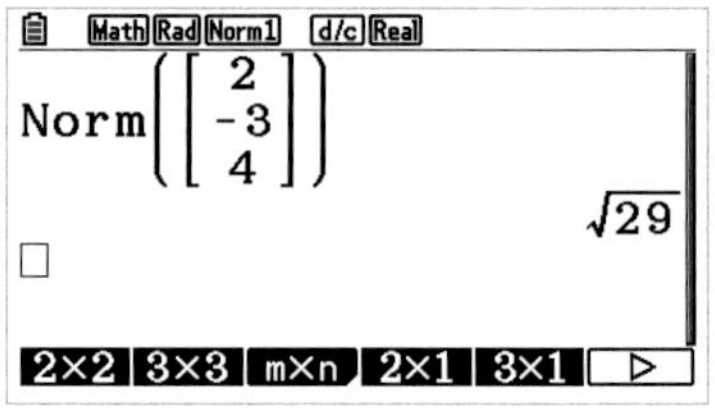

Skalarprodukt

Das Skalarprodukt zweier Vektoren berechnet man mithilfe des Befehls *„DotP"*.
Man erhält den Befehl im *Run*-Menü mithilfe der Tastenkombination:
[OPTN] [F2] *(MAT/VCT)* [F6] (▷) [F6] (▷) [F2] *(DotP)*

Beispiel: $\vec{a} \cdot \vec{b} = \begin{pmatrix} 3 \\ -2 \\ 1 \end{pmatrix} \cdot \begin{pmatrix} -2 \\ -4 \\ 3 \end{pmatrix} = -6 + 8 + 3 = 5$

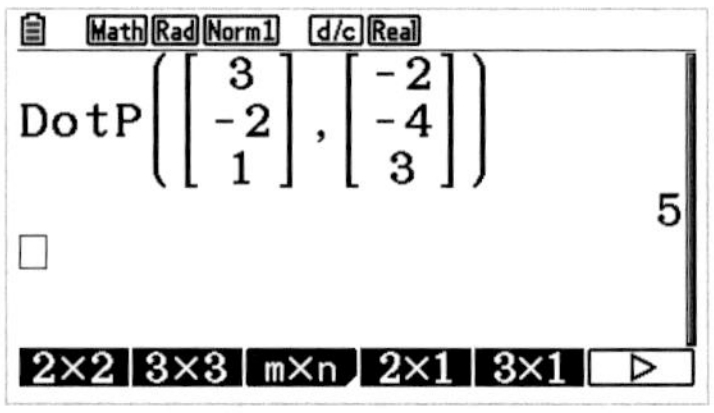

Winkel zwischen Vektoren

Die Winkelweite des Winkels zwischen zwei Vektoren berechnet man mithilfe des Befehls *„Angle"*.
Man erhält den Befehl im *Run*-Menü mithilfe der Tastenkombination:
[OPTN] [F2] *(MAT/VCT)* [F6] (▷) [F6] (▷) [F4] *(Angle)*

Beispiel: $\vec{a} = \begin{pmatrix} 1 \\ -2 \\ 2 \end{pmatrix}, \vec{b} = \begin{pmatrix} 2 \\ 0 \\ -3 \end{pmatrix} \Rightarrow \alpha \approx 111{,}7°$

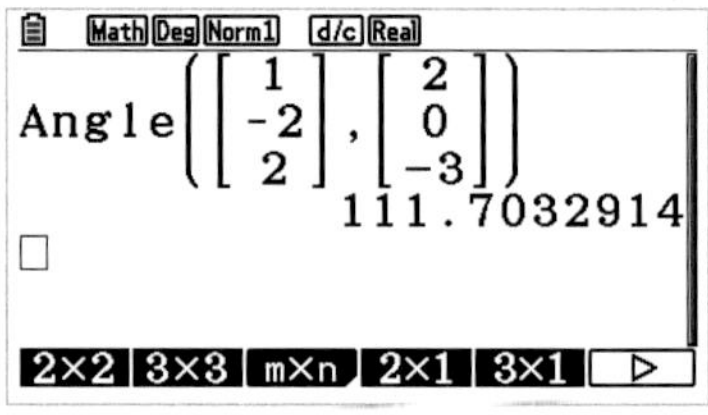

Tipp: Stellen Sie zuvor die Winkelangabe auf „Deg" ein.

b) Geraden

Hinweis: Mit dem CASIO CG 50 können Sie keine Vektorfunktionen definieren.
Sie können jedoch, nachdem Sie z. B. einen Parameterwert berechnet haben, den Punkt auf der Geraden g berechnen, der zu diesem Parameterwert gehört.
Sie berechnen dann eine Linearkombination aus dem Stützvektor und einem Vielfachen des Richtungsvektors der Geraden.

Beispiel: $\vec{x} = \begin{pmatrix} 1 \\ -2 \\ 1 \end{pmatrix} + (-2) \cdot \begin{pmatrix} -4 \\ 1 \\ -3 \end{pmatrix} = \begin{pmatrix} 9 \\ -4 \\ 7 \end{pmatrix}$

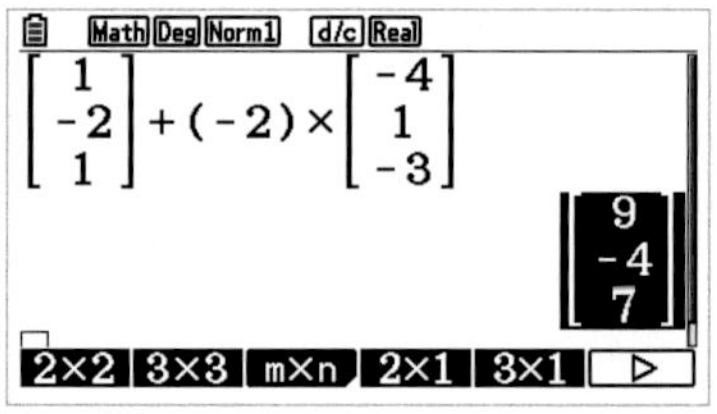

Schnitt von Geraden

Die Vektorgleichung muss in drei Gleichungen aufgespalten werden. Dabei entsteht ein LGS, das Sie am einfachsten im Menü *Gleichungen* lösen.

Falls sich die Geraden schneiden, kann zur Berechnung des Schnittpunkts der Parameter in die Linearkombination (siehe oben) eingesetzt werden.
Falls sich die Geraden nicht schneiden hat das LGS keine Lösung.

Beispiel: $\begin{pmatrix} 3 \\ -1 \\ 2 \end{pmatrix} + r \cdot \begin{pmatrix} -4 \\ 2 \\ -1 \end{pmatrix} = \begin{pmatrix} 2 \\ -1 \\ 5 \end{pmatrix} + s \cdot \begin{pmatrix} -9 \\ 4 \\ 1 \end{pmatrix}$

Es ergibt sich folgendes LGS:
$$\begin{aligned} -4r + 9s &= -1 \\ 2r - 4s &= 0 \\ -r - s &= 3 \end{aligned}$$

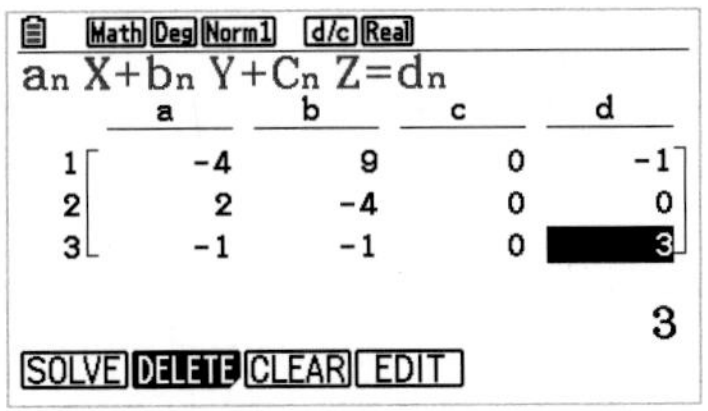

Formal gibt man ein LGS mit drei Gleichungen und drei Variablen in den Rechner ein, wobei die dritte Variable jeweils den Koeffizient 0 besitzt.
Das LGS hat die Lösung $r = -2$ und $s = -1$.
Einsetzen liefert den Schnittpunkt $S(11\,|\,-5\,|\,4)$.

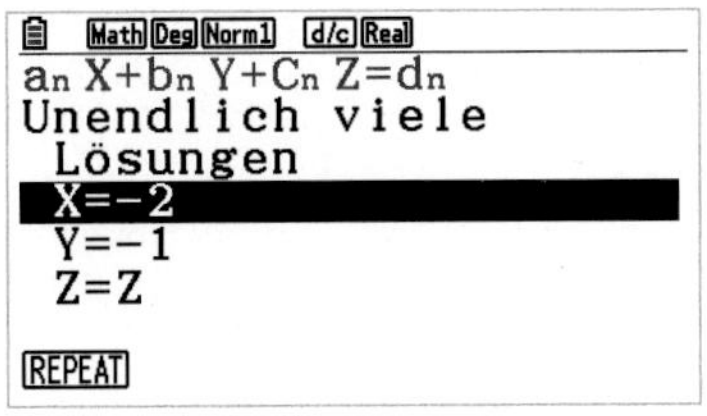

c) Ebenen

Koordinatenform einer Ebene durch drei Punkte mit der Punktprobe

Ebene durch $R(3\,|\,1\,|\,4)$, $S(4\,|\,1\,|\,2)$, $T(-6\,|\,2\,|\,-1)$
Die Punktprobe mit der allgemeinen Koordinatengleichung einer Ebene
$a \cdot x_1 + b \cdot x_2 + c \cdot x_3 = d$
liefert ein LGS mit drei Gleichungen und vier Variablen.

$$\begin{aligned} 3a + b + 4c &= d \\ 4a + b + 2c &= d \\ -6a + 2b - c &= d \end{aligned}$$

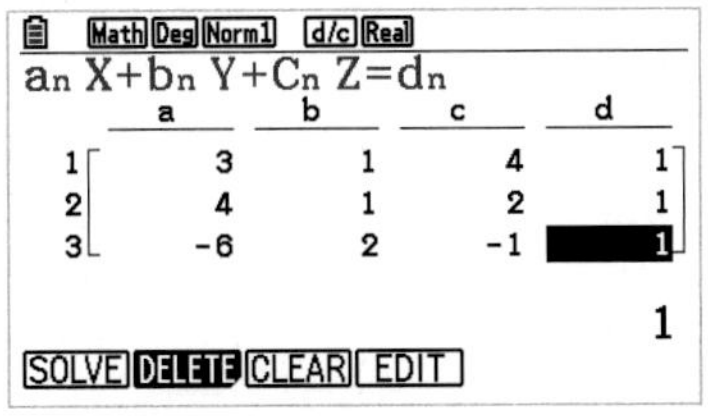

Bei einer Koordinatengleichung einer Ebene, die nicht durch den Ursprung $(0\,|\,0\,|\,0)$ geht, ist der Koeffizient d frei wählbar. Wählt man $d = 1$, dann kann der CASIO CG 50 das LGS eindeutig lösen.
Die Lösung lautet: $a = \frac{2}{33}$, $b = \frac{23}{33}$, $c = \frac{1}{33}$

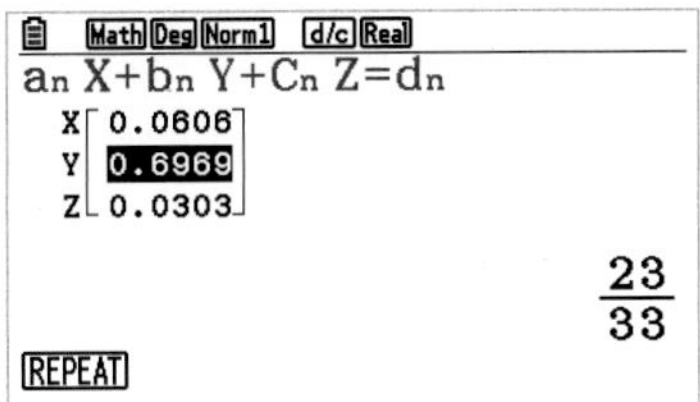

Löst man das LGS erneut, indem man $d = 33$ wählt, erhält man: $a = 2$, $b = 23$, $c = 1$.
Eine Koordinatengleichung der Ebene ist also: $2x_1 + 23x_2 + x_3 = 33$.

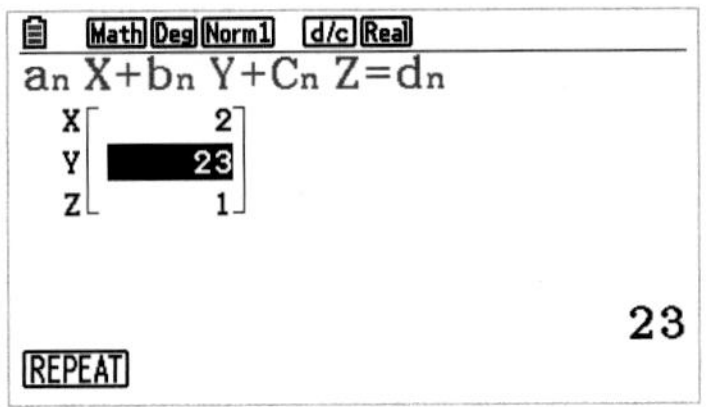

Hinweis: Liefert der CASIO CG 50 keine Lösung, dann bedeutet dies, dass der Ursprung auf der Ebene E liegt.

Sonderfall: Liegt der Ursprung $(0\,|\,0\,|\,0)$ auf der Ebene, dann gilt $d = 0$. In diesem Fall kann man z. B. c frei wählen (z. B. $c = -1$). Man löst in diesem Fall ein LGS mit den zwei Variablen a und b, wobei auf der rechten Seite jeweils $-c$, also 1 steht.

d) Abstände

Abstand Punkt – Punkt

Der Abstand zweier Punkte P und Q wird als Länge des Verbindungsvektors $\overrightarrow{PQ}$ dieser beiden Punkte bestimmt.

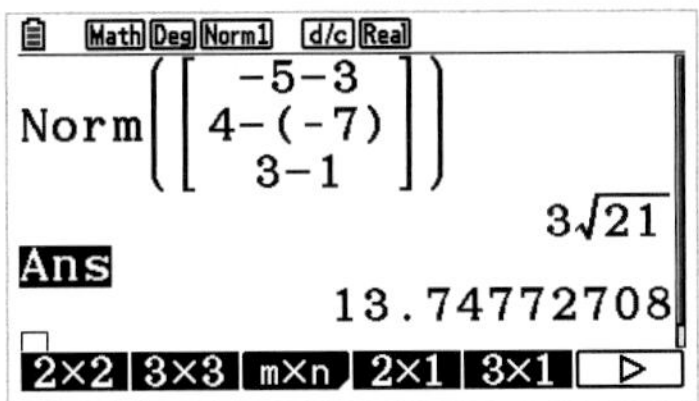

Der CASIO CG 50 gibt das exakte Ergebnis mithilfe des Befehls *„Norm"* an.
Syntax: OPTN F2 *(MAT/VCT)* F6 (▷) F6 (▷) F6 (▷) F1 *(Norm)*
Beispiel:

$$P(3\,|\,-7\,|\,1);\ Q(-5\,|\,4\,|\,3) \Rightarrow \left|\overrightarrow{PQ}\right| = \left|\begin{pmatrix} -5-3 \\ 4-(-7) \\ 3-1 \end{pmatrix}\right| = \sqrt{189} = 3\sqrt{21} \approx 13{,}748$$

4. Statistische Auswertung und Histogramme

a) Arbeiten mit eindimensionalen Daten im Menü *Statistik*

Die Daten werden manuell oder automatisch durch einen Befehl in eine der vorhandenen Listen eingegeben.
In dem nebenstehenden Beispiel wurden als Daten 100 Augensummen von zwei Würfeln mit dem Random-Befehl *„Int"* simuliert.
Mit der Tastenkombination F2 *(CALC)* F1 *(1-VAR)* können Sie auch die wesentlichen statistischen Kenngrößen einer Auflistung entnehmen.

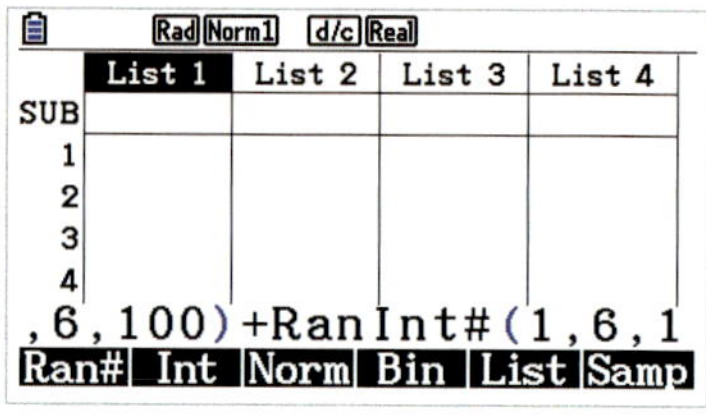

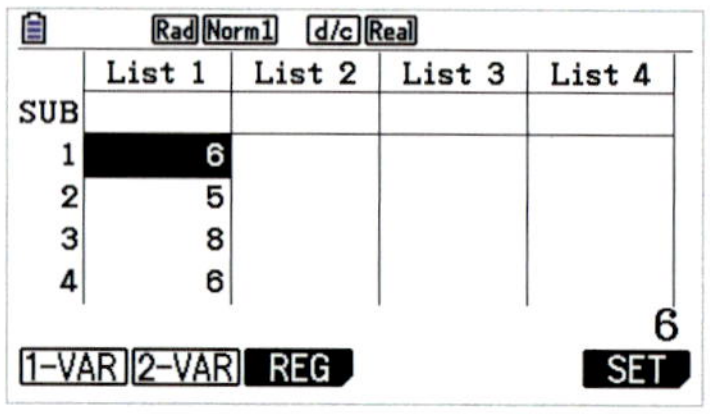

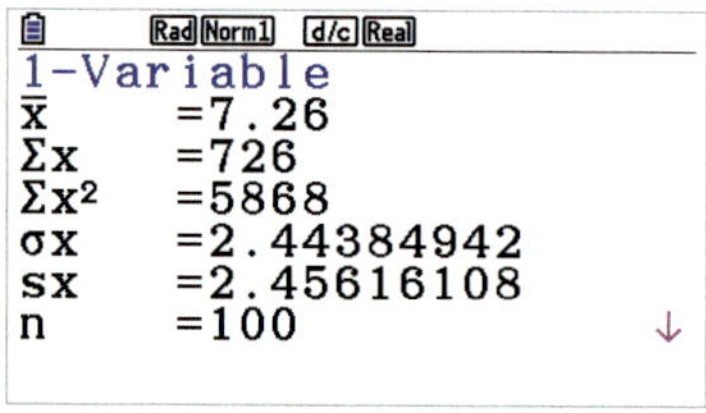

Im Untermenü *SET* erhalten Sie mithilfe des Grafiktyps *„Hist"* ein Histogramm. Um eine Säulenbreite von 1 zu erhalten, geben Sie bei der Einstellung *„Width"* den Wert 1 ein. Um die Höhe der Säulen ablesen zu können, betätigen Sie die Tastenkombination SHIFT F1 *(Trace)*.

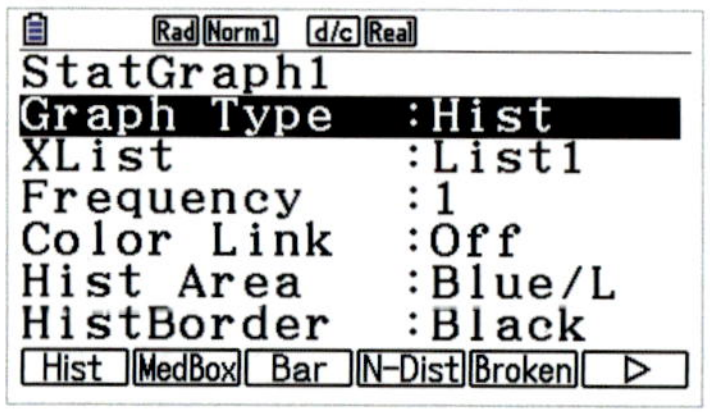

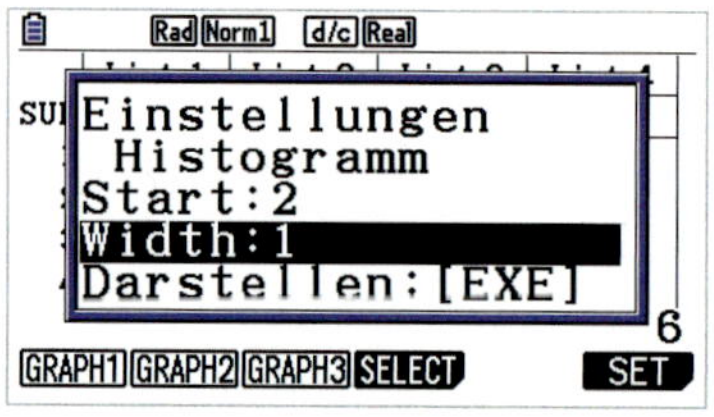

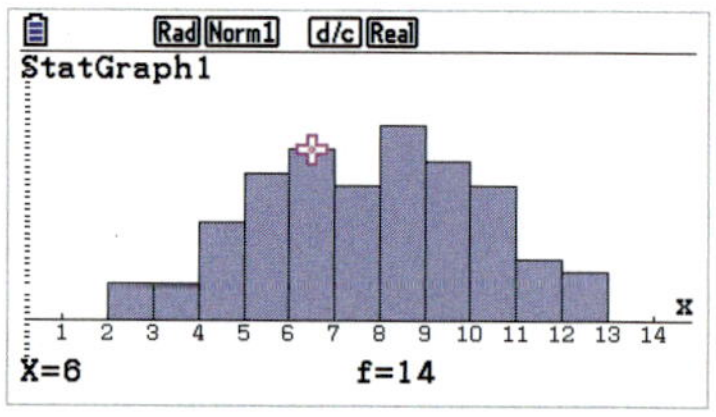

Mithilfe des Untermenüs *SET* können Sie Ihre Daten auch als Boxplot darstellen.

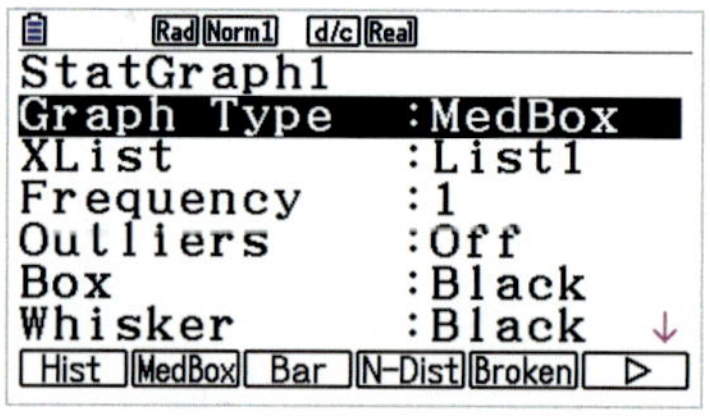

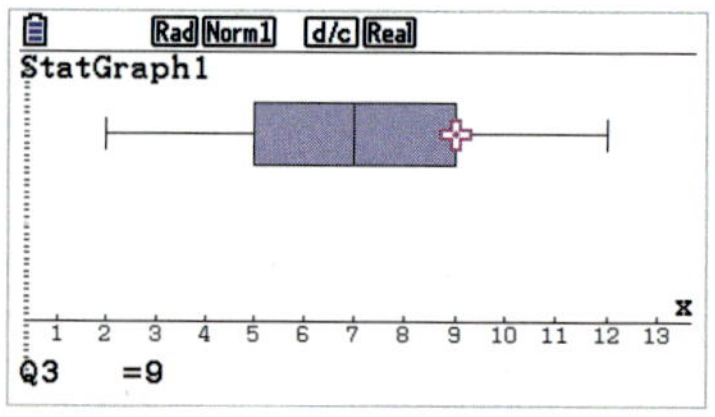

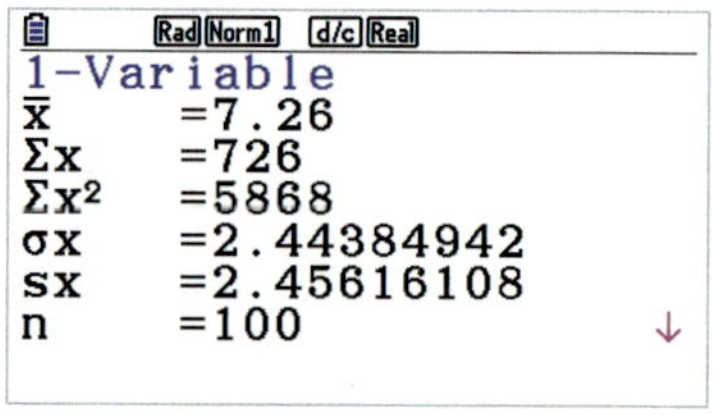

b) Arbeiten mit zweidimensionalen Daten im Menü *Statistik*

In dem nebenstehenden Beispiel wurden die Messwerte eines Unterrichtsexperiments für Druck und Temperatur eines abgeschlossenen Luftvolumens eingegeben.

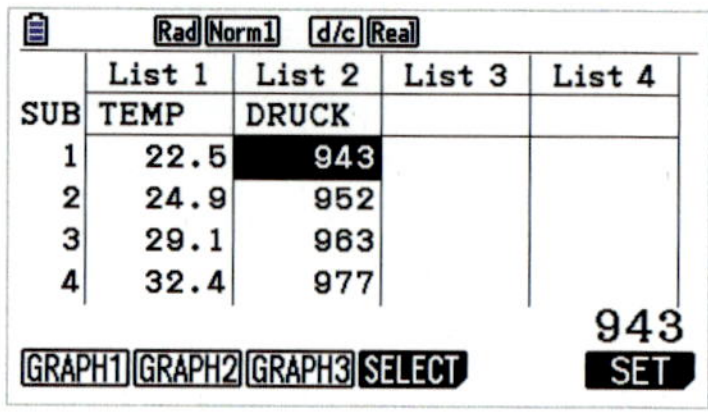

Wenn Sie im Untermenü *SET* den Grafiktyp *„Scatter"* auswählen, können Sie die Wertepaare in einem Koordinatensystem als Punkte (hier Quadrate) darstellen.

Mit der Taste F1 *(CALC)* öffnen Sie ein Untermenü *REG*, in dem Sie verschiedene Regressionen durchführen können. Wählen Sie mit der Taste F2 *(X)* den Regressionstyp „lineare Regression" aus, so können Sie die Gleichung der Regressionsgeraden (Ausgleichsgeraden) bestimmen.

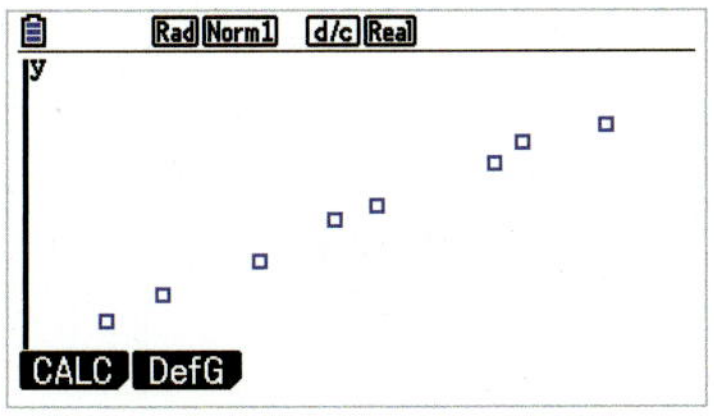

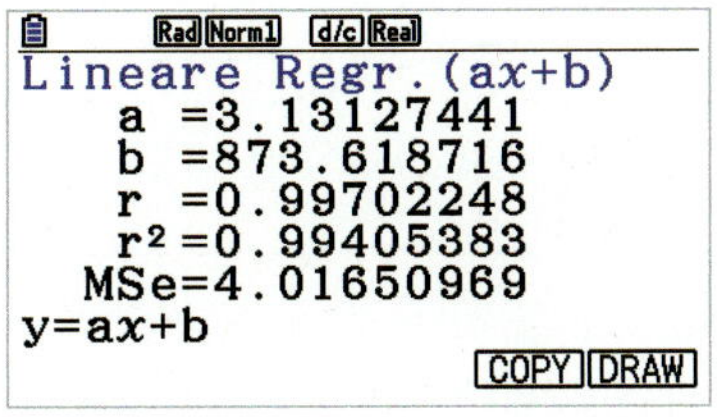

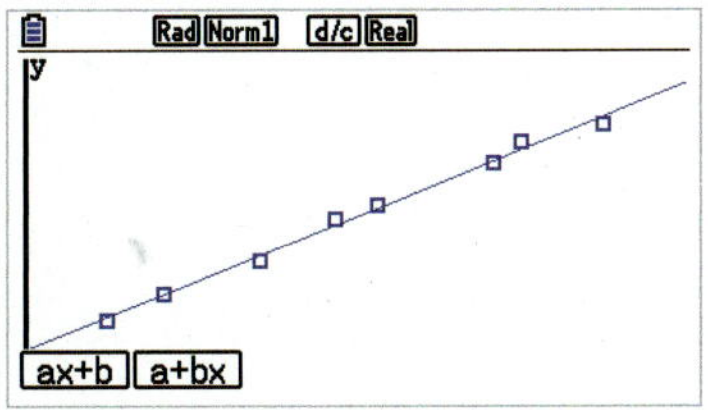

Sie können sowohl mit [F6] *(DRAW)* die Regressionsgerade in das Koordinatensystem einzeichnen oder mit [F5] *(COPY)* die Gleichung der Regressionsgeraden abspeichern.

Sie können mit dieser Gleichung sowohl in den Menüs *Graph* und *Tabelle* als auch im Menü *Run* weiterarbeiten.

Sie können z. B. im Menü *Run* mithilfe des Befehls *SolveN* die Temperatur berechnen, bei der der Druck theoretisch auf den Wert 0 gesunken wäre.

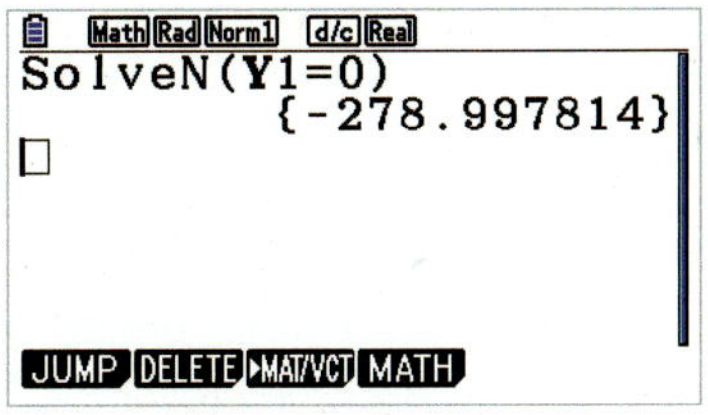

c) Arbeiten mit eindimensionalen Daten in der Tabellenkalkulation
Die Daten werden manuell oder automatisch durch einen Befehl in eine der vorhandenen Spalten eingegeben.
In dem nebenstehenden Beispiel wurden als Daten 200 Würfe mit einem Würfel mithilfe des Random-Befehl *„Int"* simuliert.
Die Eingabe einer Formel erfolgt nach Betätigen der Tasten [F2] *(EDIT)*, [F6] (▷) und [F1] *(FILL)*. Um ein Histogramm der Daten zu erstellen, gelangen Sie mit den Tasten [F1] *(GRAPH)* und [F6] *(SET)* in ein Untermenü, in dem Sie den Grafiktyp *„Hist"* für Histogramm auswählen können.
Bei der Einstellung der Gestaltung des Histogramms müssen Sie auch im sogenannten „Cell Range" den Bereich eingeben, aus dem die Daten entnommen werden sollen.

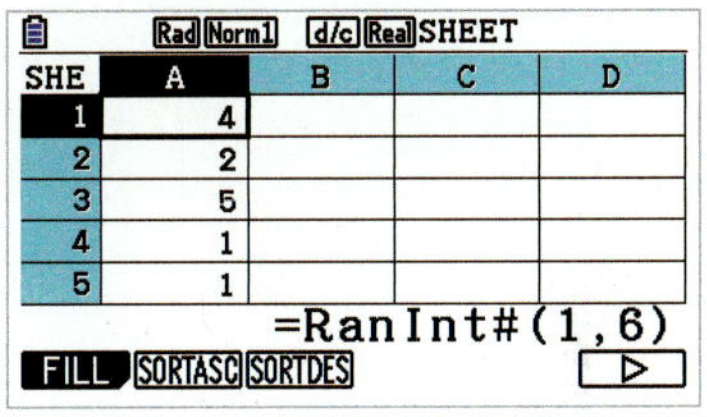

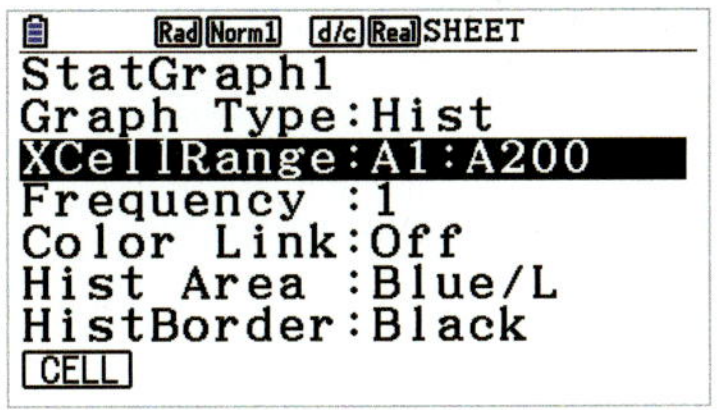

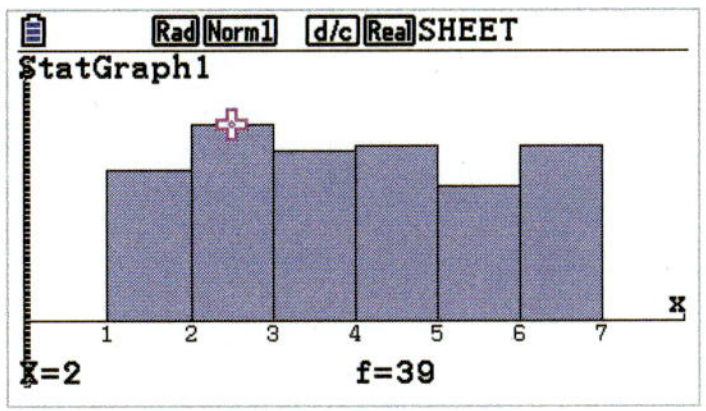

5. Zufallsgrößen

a) Erwartungswert und Standardabweichung

Der Erwartungswert μ einer Zufallsgröße kann mit dem CASIO CG 50 im Menü *Statistik* mithilfe von Listen berechnet werden.

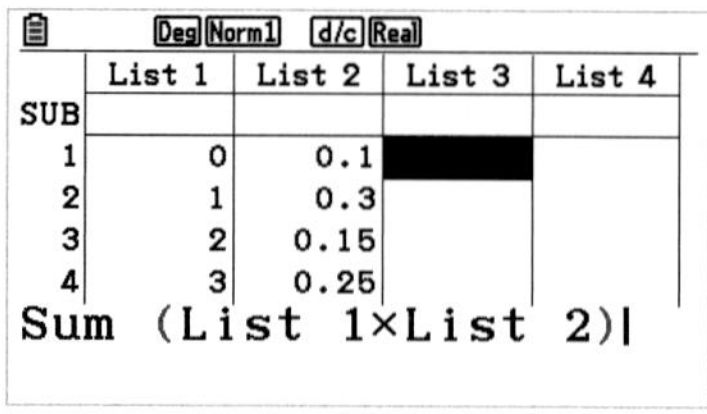

Den Erwartungswert und die Varianz bzw. Standardabweichung einer Zufallsgröße kann nicht direkt mit einem entsprechenden Befehl berechnet werden, weil in diesem Fall die Häufigkeitsliste nur natürliche Zahlen enthalten darf.

Zuerst gibt man z. B. in *Liste 1* die Werte ein, die die Zufallsgröße annehmen kann. Dann gibt man z. B. in *Liste 2* die zugehörigen Wahrscheinlichkeiten ein.

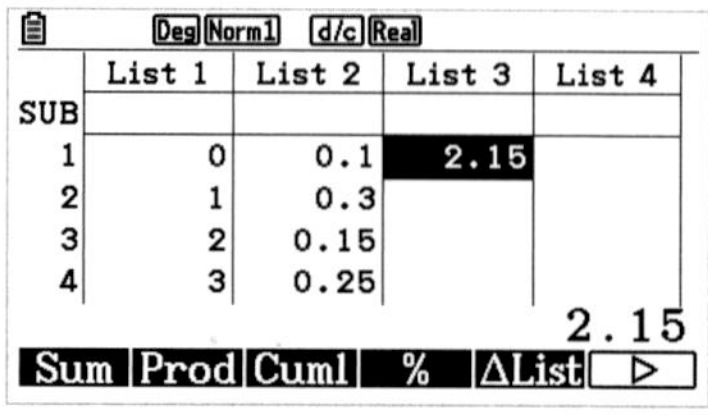

Dann berechnen Sie in einem Feld z. B. in *Liste 3* die Summe der Produkte von Liste 1 und Liste 2.

Sie können mithilfe der Tastenkombination [OPTN] [F1] (*LIST*) auf die Befehle zugreifen, die im Umgang mit Listen zur Verfügung stehen. Zur Aktivierung des Summationsbefehls drücken Sie die Tasten [F6] (▷) [F6] (▷) [F1] (*Sum*).

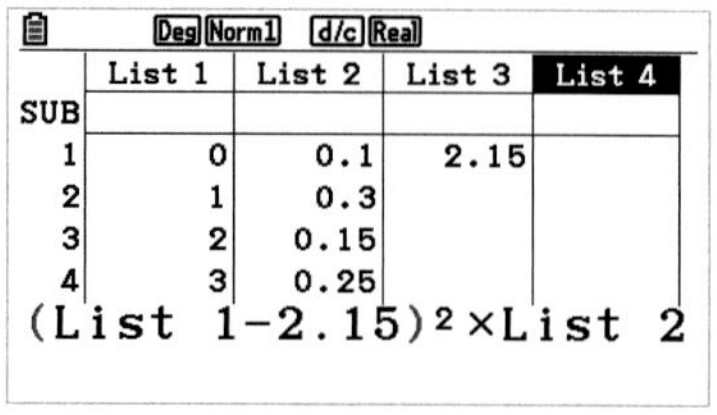

Eine Liste können Sie am schnellsten mit [SHIFT] [1] und der Listennummer aufrufen.

Hinweis: Beim CASIO CG 50 müssen Sie beachten, dass zur Berechnung eines einzelnen Zahlenwertes der Cursor zuvor auf ein Feld in einer Liste gesetzt werden muss. Wollen Sie hingegen eine komplette neue Liste berechnen, dann muss der Cursor zuvor auf den Kopf der Liste gesetzt werden.

Um die Varianz zu berechnen müssen Sie zunächst (wie oben beschrieben) den Erwartungswert μ bestimmen. Anschließend berechnen Sie eine neue Liste mit den Produkten $(x - \mu)^2 \cdot P(x)$.

In einem Feld, z. B. in Liste 3, können Sie dann den Mittelwert (Mean) dieser Liste bestimmen und erhalten somit die Varianz V der Zufallsgröße. Falls Sie die Standardabweichung σ benötigen, dann berechnen Sie die Wurzel aus dem Mittelwert.

b) Daten durch Simulation erzeugen und auswerten

Für Simulationen stehen Ihnen mehrere Random-Befehle zur Verfügung.
Die wichtigsten dieser Befehle sind:

Ran#: Generiert eine Zufallszahl zwischen 0 und 1

RanInt#: Generiert entweder eine ganzzahlige Zufallszahl oder eine Liste ganzzahliger Zufallszahlen aus einem vorher festlegten Intervall

RanList#: Generiert eine Liste von Zufallszahlen zwischen 0 und 1.

RanSamp#: Generiert zufällig eine Zahl oder eine Liste von Zahlen aus einer vorher festlegten Liste von Zahlen.

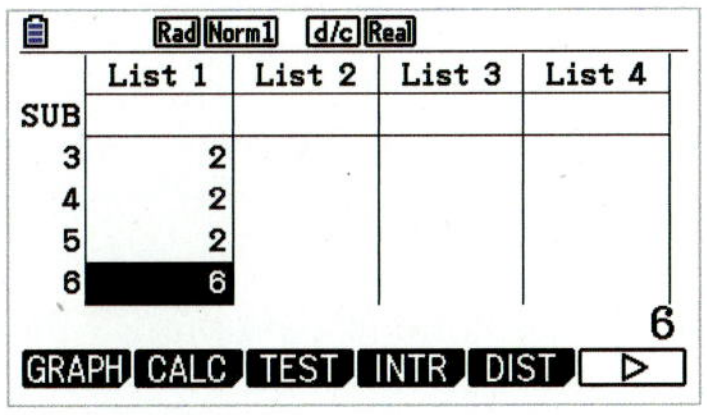

Diese Befehle können sowohl im Menü *Run*, als auch im Menü *Statistik*, sowie in der Tabellenkalkulation verwendet werden, um Zufallszahlen zu erzeugen.

Sie finden diese Befehle jeweils im Untermenü *PROB*. Dazu müssen Sie z.B. im Menü *Statistik* die Tastenfolge F5 *(PROB)* F4 *(RAND)* drücken.

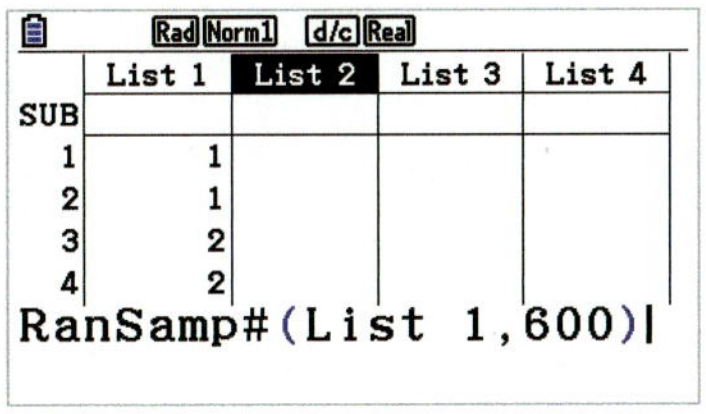

Im nebenstehenden Beispiel wurden 600 Würfe mit einem idealen Würfel simuliert, der zweimal mit „1", dreimal mit „2" und einmal mit „6" beschriftet ist.

Dazu wurden zuerst im Menü *Statistik* in der Liste 1 die Zahlen, mit denen der Würfel beschriftet ist, eingegeben. Anschließend wurde mit dem Befehl *RanSamp#* 600 Mal der Wurf des Würfels simuliert und die Ergebnisse der Simulation in der Liste 2 festgehalten.

Beachten Sie, dass vor der Eingabe des Befehls *RanSamp#* der Listenkopf von Liste 2 mit dem Cursor markiert werden muss.

Die Simulation lässt sich z.B. mithilfe eines Histogramms auswerten (siehe auch 1a)).

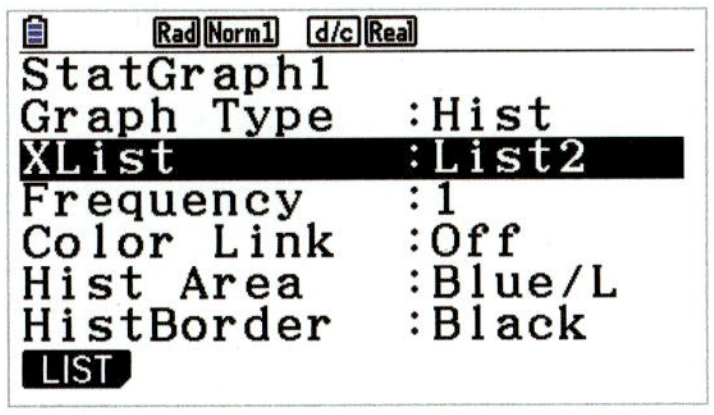

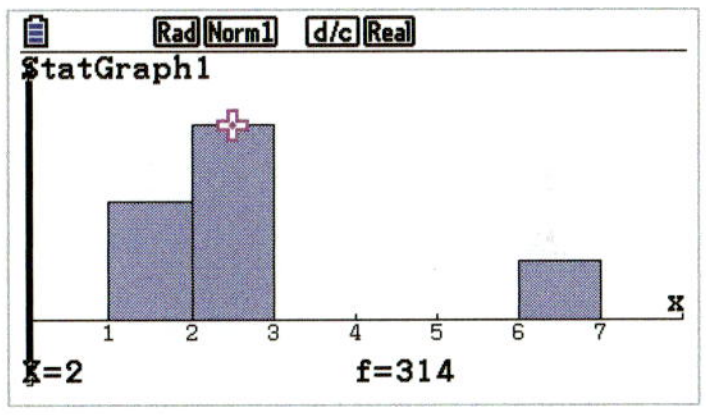

Hinweis zu Seite 157 „Augensumme"

Es soll der Wurf mit drei Würfeln 100 Mal simuliert werden und anschließend die relative Häufigkeit des Ereignisses „Die Augensumme ist größer als 10" berechnet werden.

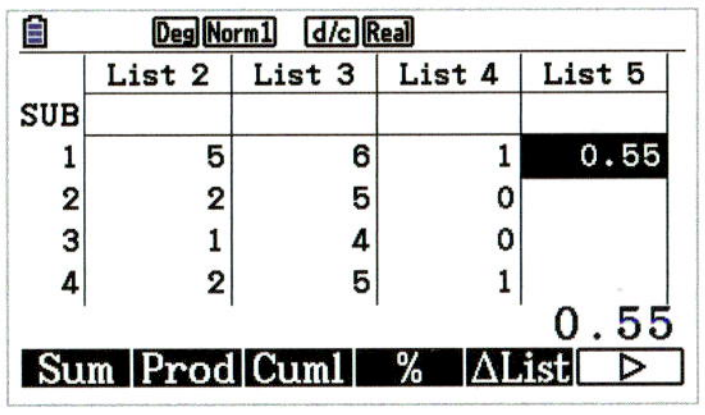

Man erzeugt drei Listen mit jeweils 100 ganzzahligen Zufallszahlen zwischen 1 und 6.

Dazu setzt man den Cursor auf den Kopf der jeweiligen Liste und gibt *RanInt#(1, 6, 100)* ein. Dann setzt man den Cursor auf den Kopf der Liste 4 und gibt *List1+List2+List3 >10* ein. Das „größer"- Zeichen finden Sie im Katalog (SHIFT 4) am schnellsten unter dem Kapitel *„Programmbefehle"*.
Diese Eingabe bewirkt, dass genau dann, wenn die Bedingung erfüllt ist, eine 1 in der Liste 4 erscheint (ansonsten steht eine Null).

Die gesuchte relative Häufigkeit erhält man, indem man die Summe der Liste 4 berechnet und durch 100 dividiert. Diese Berechnung können Sie in einem Feld z. B. der Liste 5 vornehmen.

6. Binomialverteilung

a) Bernoulli-Formel und *BinomialPD*-Befehl

Für eine binomialverteilte Zufallsgröße X lässt sich die Wahrscheinlichkeit für k Treffer mit der Bernoulli-Formel berechnen:

$P(X = k) = \binom{n}{k} \cdot p^k \cdot (1 - p)^{n-k}$

Den Binomialkoeffizienten erhalten Sie beim CASIO CG 50 durch die Tastenkombination [OPTN] [F6] (▷) [F3] (*PROB*) [F3] (*nCr*)

Für $n = 100$, $p = \frac{1}{6}$ erhält man $P(X = 15) \approx 0{,}1002$.

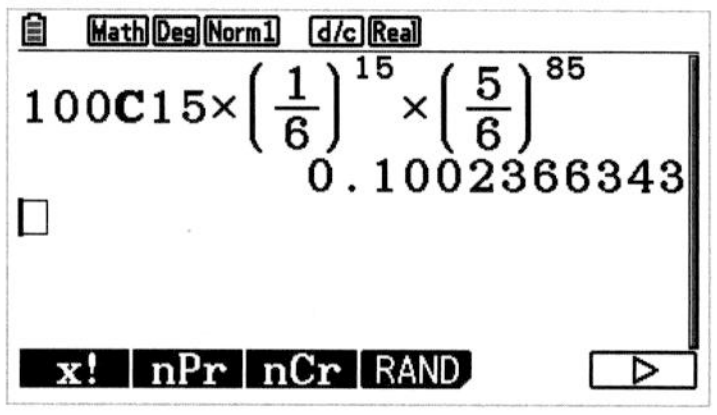

Berechnung von binomialverteilten Wahrscheinlichkeiten mithilfe des Befehls *BinomialPD*:

Man kann mit dem CASIO CG 50 im Menü *Run* oder im Menü *Statistik* Wahrscheinlichkeiten für eine binomialverteilte Zufallsgröße berechnen.

Berechnungen im Menü *Run*

Das Untermenü mit den Wahrscheinlichkeitsverteilungen ruft man mit den Tasten [OPTN] [F5] (*STAT*) [F3] (*DIST*) auf.

Die Binomialverteilung wählt man danach mit [F5] (*BINOMIAL*) aus.
Um eine Einzelwahrscheinlichkeit zu berechnen, wählen Sie mit [F1] (*Bpd*) den Befehl aus und geben dann die Trefferanzahl k, die Länge n der Bernoulli-Kette und die Trefferwahrscheinlichkeit p ein (Merkregel: alphabetische Reihenfolge).

Beispiel: $P(X = 15)$; Eingabe: *BinomialPD(15,100,* $\frac{1}{6}$*)*

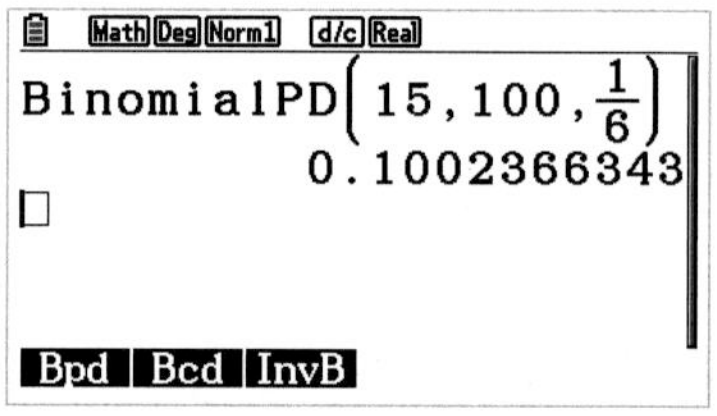

Berechnungen im Menü *Statistik*

Das Menü *Statistik* ermöglicht es, eine oder auch mehrere Wahrscheinlichkeiten bequem gleichzeitig berechnen zu lassen.

Das Untermenü mit den Wahrscheinlichkeitsverteilungen ruft man mit der Taste [F5] (*DIST*) auf. Die Binomialverteilung wählt man danach mit [F5] (*BINOMIAL*) aus.

Wenn man die Funktionstaste [F1] (*Bpd*) drückt, dann öffnet sich ein Eingabefenster, das folgende Gestalt hat:

Binomialvert.-Dichte	
Data:	Man kann zwischen List und Var auswählen.
x bzw. *List*:	Eingabe eines konkreten x-Wertes bzw. Auswahl einer angelegten Liste.
Numtrial:	Eingabe der Gesamtlänge n der Binomialkette.
p:	Eingabe der Trefferwahrscheinlichkeit.
Save Res:	Hier kann man festlegen, ob und wo man die Ergebnisse gespeichert haben will.

b) Histogramm einer binomialverteilten Zufallsgröße

Das Untermenü für graphische Darstellungen aktiviert man im Menü *Statistik* mit [F1] (*GRAPH*).

Als Beispiel soll eine Binomialverteilung mit $n = 10$ und $p = 0{,}4$ dargestellt werden.
Eine Darstellung als Säulendiagramm ist als spezielles Histogramm möglich.

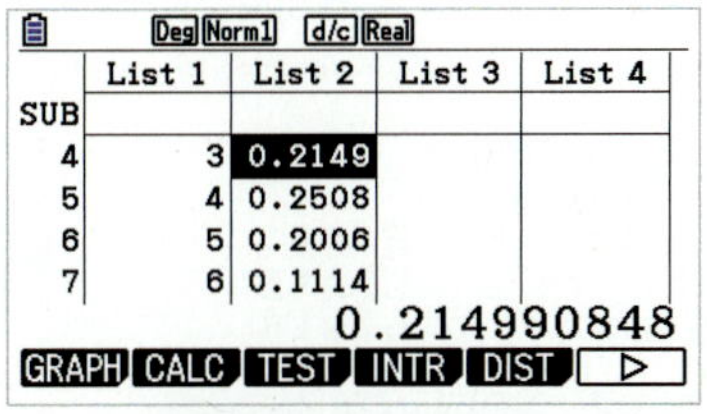

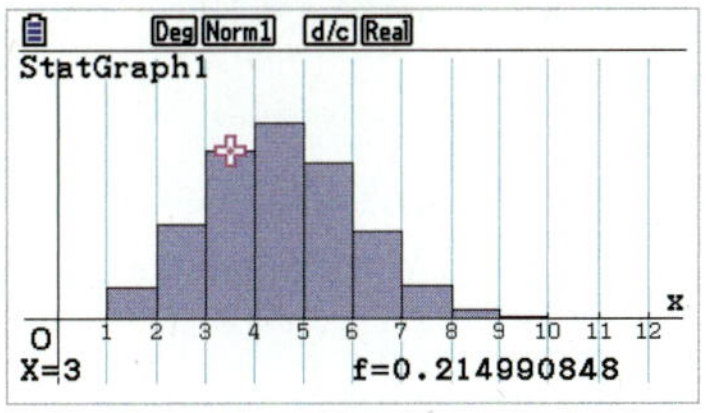

Zunächst erzeugt man eine *Liste 1* mit den Werten von 0 bis 10.
Anschließend berechnet man für diese *Liste 1* die Binomialverteilung und speichert diese als *Liste 2* ab.
Dann muss man die Einstellungen unter *SET* wie folgt einstellen:

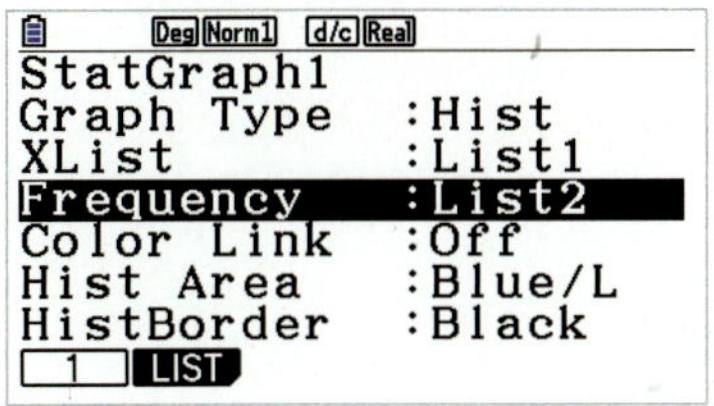

Hinweis: Wenn man die Breite unter „*Width*" auf 1 einstellt, kann man anschließend bequem auf dem Histogramm „tracen" und somit die einzelnen Werte gut ablesen.

c) Simulation der Binomialverteilung

Mit dem Befehl *RanBin#(n,p,Anzahl der Simulationen)* kann eine Binomialverteilung simuliert werden. Sie finden diesen Befehl im Untermenü *PROB*. Dazu müssen Sie z. B. im Menü *Statistik* die Tastenfolge [OPTN] [F5] (*PROB*) [F4] (*RAND*) drücken.

Beispiel: Für eine binomialverteilte Zufallsvariable mit $n = 30$, $p = 0{,}25$ wird im Menü *Statistik* eine Liste mit 100 binomialverteilten Zufallszahlen erzeugt.

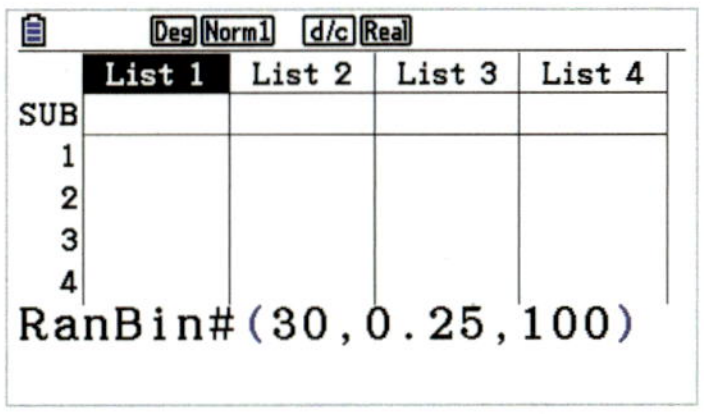

Anschließend wird ein Histogramm für diese Liste erstellt und mit dem Histogramm für die exakte Binomialverteilung verglichen. Dazu werden beide Histogramme gleichzeitig und in zwei verschiedenen Farben gezeichnet. Die Farbeinstellungen erfolgen unter *SET*.

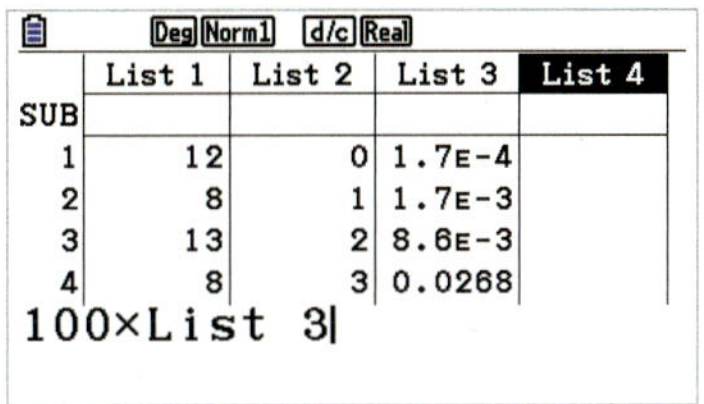

Dabei muss man allerdings noch eine Anpassung vornehmen, denn das Histogramm für die 100 Zufallszahlen hat als Säulenhöhe eine natürliche Zahl, wegen $n = 100$ kann man diese Zahl als Prozentzahl interpretieren. Das Histogramm für die exakte Binomial-verteilung hat als Säulenhöhe eine Wahrscheinlichkeit, also eine Zahl zwischen 0 und 1.

Multipliziert man die Werte zuvor mit 100, so hat man ebenfalls Prozentzahlen und kann die beiden Histogramme besser vergleichen.

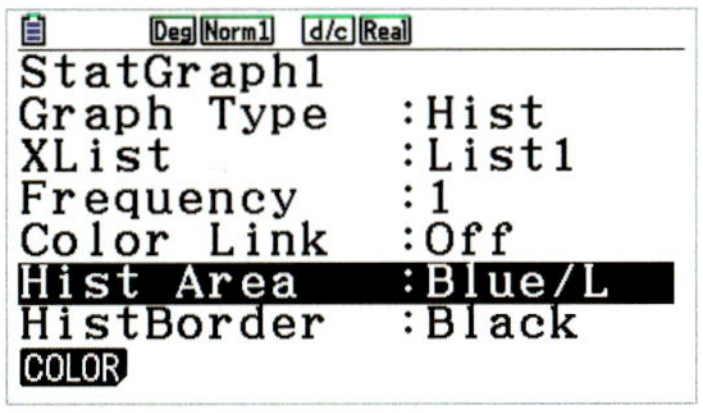

Insbesondere kann man mit der Tastenkombination [SHIFT] [F1] (*Trace*) die Werte ablesen.

Damit beide Histogramme gleichzeitig gezeichnet werden, muss man dies unter [F4] (*SELECT*) einstellen.

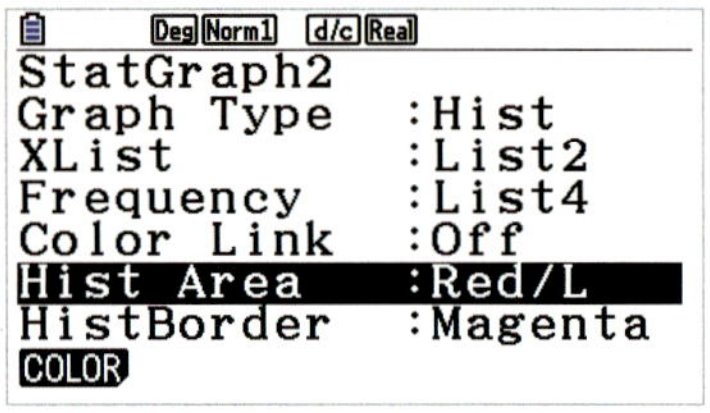

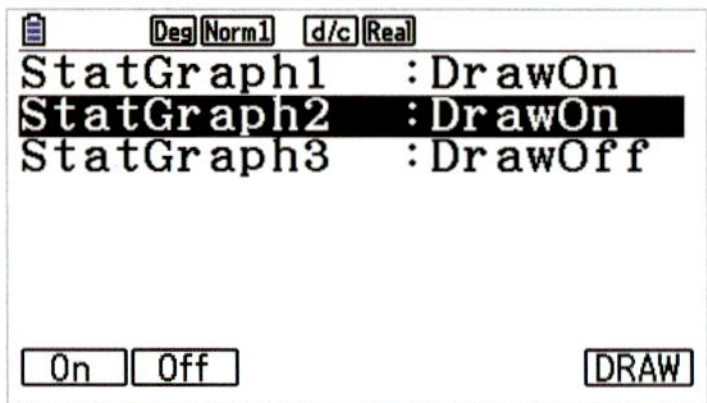

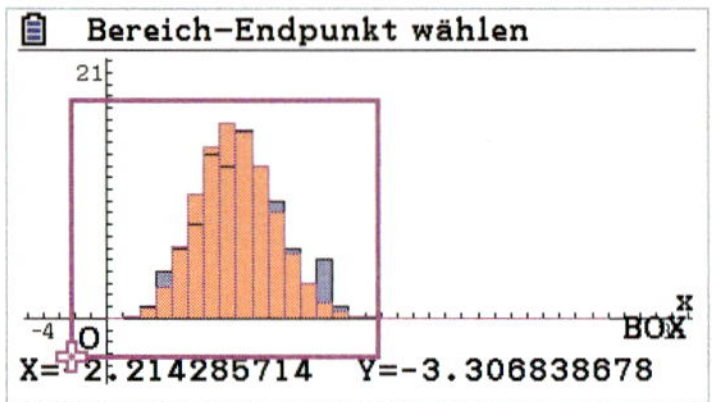

Um eine größere Darstellung der beiden Histogramme zu erreichen, bietet sich eine Vergrößerung mithilfe des Zoombefehls „*Box*" an.

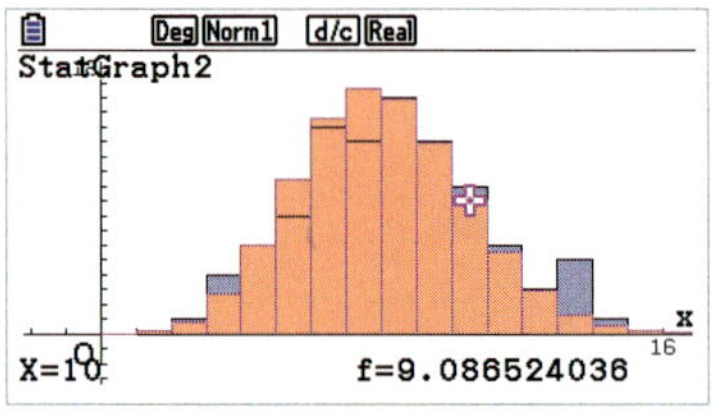

Durch Erhöhung der Anzahl der Simulationen kann man eine größere Übereinstimmung mit dem Histogramm der Binomialverteilung erreichen, hat dann allerdings nicht mehr direkt die Interpretation als Prozentzahl.

d) Kumulierte Binomialverteilung

Für eine binomialverteilte Zufallsgröße X berechnet man die Wahrscheinlichkeit für mindestens k_1 und höchstens k_2 Treffer, also $P(k_1 \le X \le k_2)$, mit dem Befehl *BinomialCD*(k_1,k_2,*n*,*p*).
Der Befehl wird zudem benutzt bei Aufgaben zur p- Bestimmung, zur n-Bestimmung oder zur k-Bestimmung, wie z. B. bei statistischen Tests.

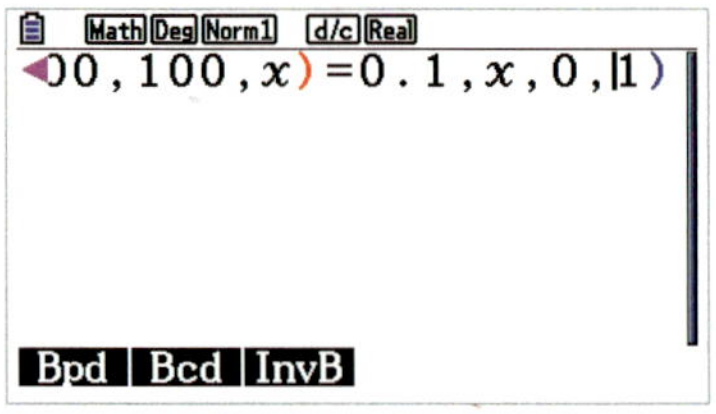

p-Bestimmung

Wenn Sie eine unbekannte Trefferwahrscheinlichkeit p einer Bernoulli-Kette bestimmen müssen, können Sie den Befehl *SolveN* verwenden. Dies ist deshalb möglich, weil die Trefferwahrscheinlichkeit p eine reelle Zahl zwischen 0 und 1 ist, und somit das Näherungsverfahren des CASIO CG 50 funktioniert.

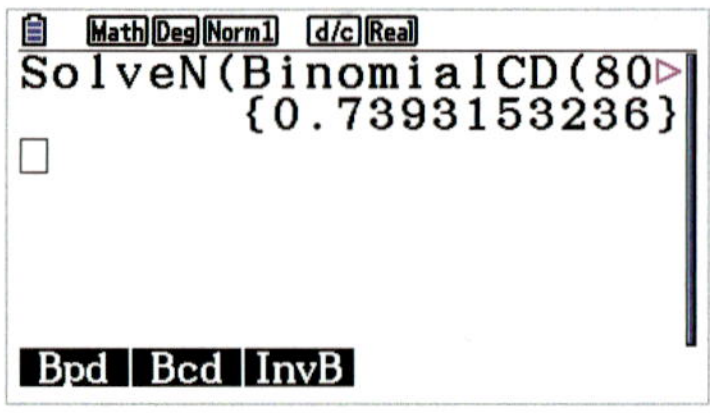

Hinweis: Beachten Sie, dass man mit dem Befehl *SolveN* keine Aufgaben lösen kann, bei denen nach der Trefferanzahl k bzw. der Länge der Bernoulli-Kette n gefragt ist, weil n und k keine kontinuierlichen Variablen, sondern diskrete Werte darstellen.
Solche Aufgaben lösen Sie mithilfe von Wertetabellen für Binomialverteilung.

Beispiel: „Bei welcher Trefferwahrscheinlichkeit p erzielt man mit einer Wahrscheinlichkeit von 10 % bei 100 Versuchen 80 oder mehr Treffer?"

Es ergibt sich folgende Gleichung: $P(X \ge 80) = 0{,}1$

Dazu geben Sie diese Gleichung so ein, dass im Befehl *BinomialCD* eine Variable an der Stelle für die Trefferwahrscheinlichkeit steht.
Da die Variable hier zwischen 0 und 1 liegen muss, können Sie Rechenzeit sparen, wenn Sie durch Angabe des Bereichs dafür sorgen, dass der Rechner nur in diesem Bereich nach der Lösung sucht.

Der Rechner liefert als Lösung $p \approx 0{,}73915$.

n-Bestimmung

Beispiel: Wie oft muss ein Würfel mindestens geworfen werden, damit man mit einer Wahrscheinlichkeit von mindestens 80% mindestens 5 Mal die Augenzahl 6 erhält?

Gesucht ist also die kleinste Zahl n mit $P(5 \leq X \leq n) \geq 0{,}8$.

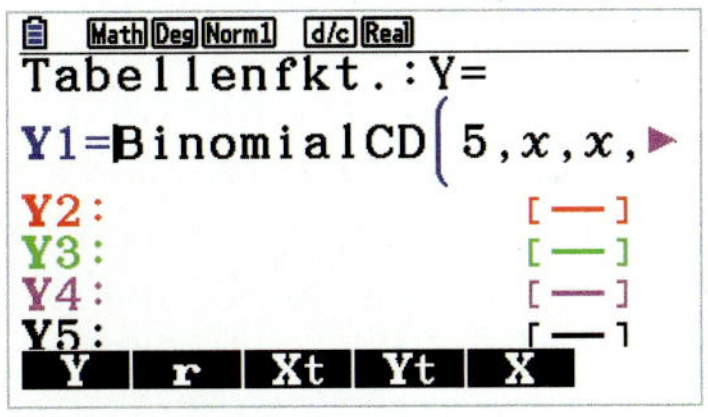

Man erstellt eine Wertetabelle für *BinomialCD(5,x,x,* $\frac{1}{6}$*)* und findet so durch Scrollen den kleinsten Wert von n, für den die Bedingung erfüllt ist.

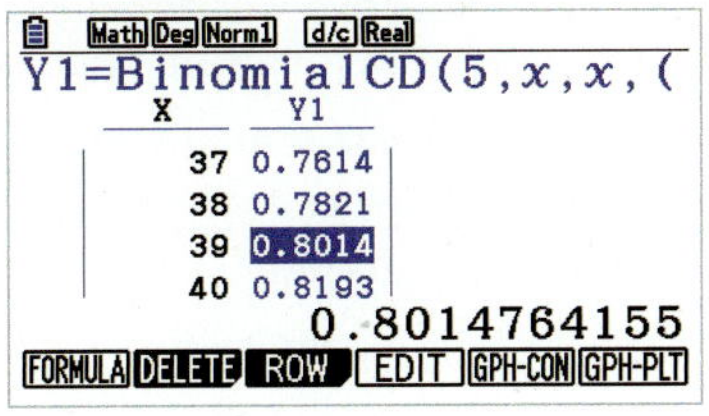

In diesem Beispiel ergibt sich:
Man muss mindestens 39-mal würfeln, damit man mit einer Wahrscheinlichkeit von mindestens 80 % mindestens 5-mal die Augenzahl 6 erhält.

k-Bestimmung

Beispiel: Bestimmen Sie bei einer binomialverteilten Zufallsgröße X mit $n = 200$ und $p = 0{,}2$ den kleinsten Wert für k so, dass $P(k \leq X \leq 200) \leq 0{,}05$ gilt.
Gesucht ist die kleinste Zahl k mit $P(k \leq X \leq 200) \leq 0{,}05$.
Mit dem CASIO CG 50 haben Sie zwei Möglichkeiten diese Aufgabe zu lösen. Sie können eine Wertetabelle erstellen oder mit dem inversen Binomialbefehl *InvB* arbeiten.

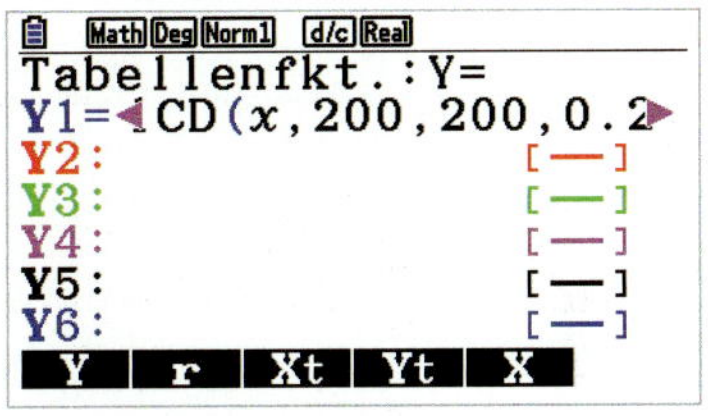

1) Lösung mit einer Wertetabelle

Man erstellt eine Wertetabelle für *BinomialCD(x,200,200,0.2)* und findet so durch Scrollen den kleinsten Wert von k, für den die Bedingung erfüllt ist.

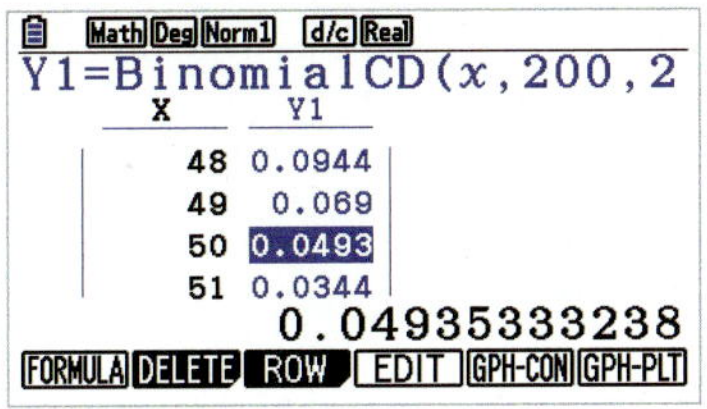

Da der gesuchte Wert sicherlich größer als der Erwartungswert $\mu = n \cdot p = 200 \cdot 0{,}2 = 40$ ist, genügt es, eine Wertetabelle für Werte größer als 40 berechnen zu lassen. (Sie müssen dann nicht so lange scrollen, um den gesuchten Wert zu erhalten).

In diesem Beispiel ergibt sich:
Der Wert von k muss mindestens 50 sein, damit die Bedingung erfüllt ist.

2) Lösung mit dem Befehl InvB

Der Befehl *InvB(a,n,p)* ist so programmiert worden, dass der CASIO CG 50 den kleinsten Wert von k angibt, für den die Bedingung $P(X \leq k) \geq a$ (mit $0 < a < 1$) erfüllt ist.

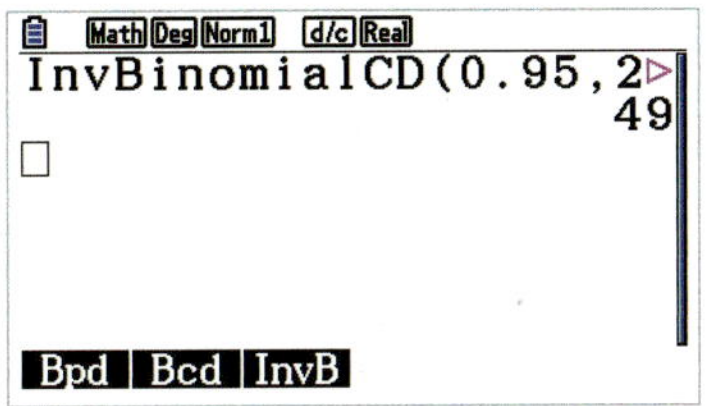

Sie können, falls Sie die nötige Syntax kennen, den Befehl im Menü *Run* anwenden. Falls Sie im Menü *Statistik* arbeiten, wird nach Drücken der Taste *InvB* eine Maske geöffnet und die Eingabe ist dann nahezu selbsterklärend.

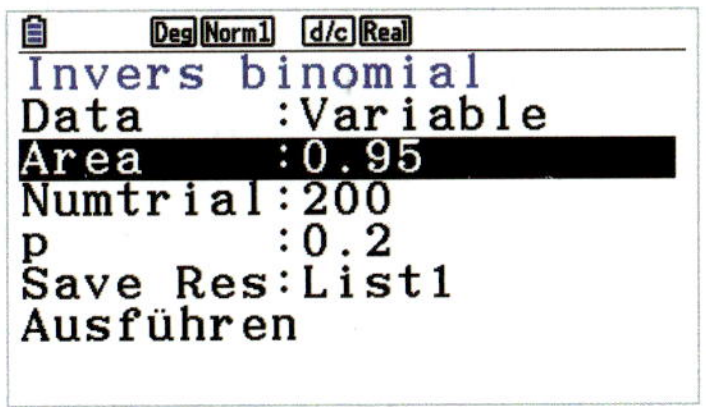

Um den Befehl *InvB* anwenden zu können, muss man die Bedingung von oben also noch umformulieren:
$P(k \leq X \leq 200) = 1 - P(X \leq k - 1) \leq 0{,}05$
Daraus folgt: $P(X \leq k - 1) \geq 0{,}95$ (demnach ist $a = 0{,}95$)
Wenn Sie *InvB(0.95,200,0.2)* eingeben, liefert der Rechner: $k - 1 = 49$
Demnach gilt $k = 50$.

Allgemeine Hinweise

Das ClassPad arbeitet im Main-Fenster befehlsorientiert. Die entsprechenden Befehle können entweder über das Keyboard eingetippt werden oder über *Aktion* bzw. *Interaktiv* in der oberen Bildschirmleiste aufgerufen werden. Der Aufruf über *Interaktiv* bietet den Vorteil, dass mithilfe eines Dialogfeldes die entsprechenden Parameter des Befehls leicht eingegeben werden können.

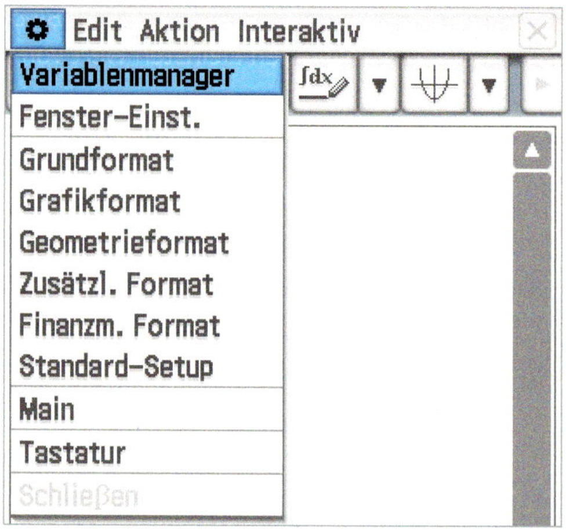

Wenn Sie einen zuvor verwendeten Befehl wiederholen möchten, tippen Sie einfach mit dem Stift auf die betreffende Befehlszeile, verändern ggf. die Parameter und tippen auf das Icon [icon].
Wenn Sie die EXE-Taste betätigen werden die aktuelle und alle folgenden Befehlszeilen ausgeführt.

Die Bedienung des ClassPad wird durch drag-and-drop erheblich vereinfacht. Markieren Sie mit dem Stift, was Sie kopieren wollen, und ziehen Sie es an die gewünschte Stelle. Dies wird vor allem dann wichtig, wenn Sie die Befehle über Keyboard abc eintippen.

Bevor Sie ein neues Problem im Main-Fenster bearbeiten, empfiehlt es sich, mit Settings den Variablenmanager zu öffnen und alle Variablen im aktuellen Ordner (meistens main) mithilfe von *Edit/Löschen* zu löschen.

Mit Settings *Grundformat/Zahlenformat/Normal 2* kann man ein Zahlenformat einstellen, das oft als angenehmer empfunden wird.

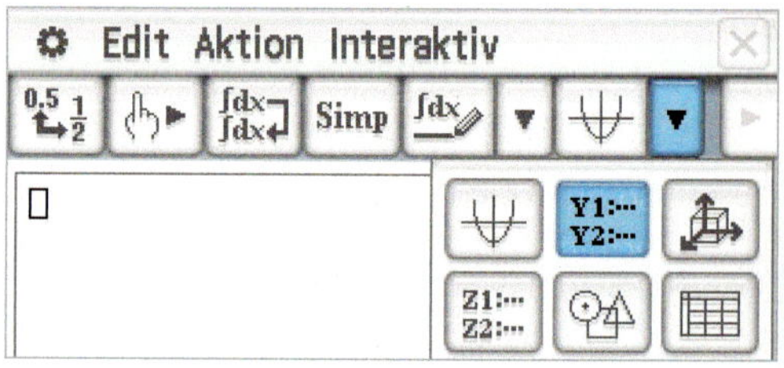

1. Informationen zu einer Funktion im Graphs-Fenster entnehmen

a) Graphen und Wertetabellen von Funktionen darstellen

In *Grafik & Tabelle* können Sie Funktionen definieren und diese dann grafisch analysieren. *Grafik & Tabelle* rufen Sie im Hauptmenü auf oder, wenn Sie in der Main-App sind, entsprechend der nebenstehenden Abbildung.

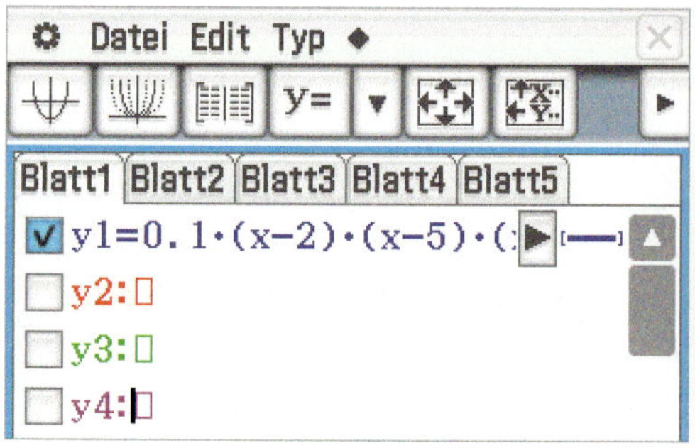

Im Funktionen-Editor definieren Sie die Funktion.

Alternativ können Sie auch im Main-Fenster eine Funktion mithilfe des *Define*-Befehls definieren:
Define $f(x) = 0.1(x-2)(x-5)(x+3)$.
Sie können dann bei der Funktionsvariablen *y1* als Funktionsterm $f(x)$ eingeben.

Mit [icon] kommen Sie zu den Einstellungen für das Grafik-Fenster.
Mit *Speicher/Initialisieren* erhalten Sie eine Einstellung, die für sehr viele Fälle geeignet ist.
Vor allem bei Anwendungsaufgaben werden Sie den x-Bereich geeignet einstellen müssen. Es empfiehlt sich, zunächst nur den x-Bereich einzustellen. Nachdem der Graph mit [icon] gezeichnet wurde, kann mit [icon] der y-Bereich automatisch angepasst werden.

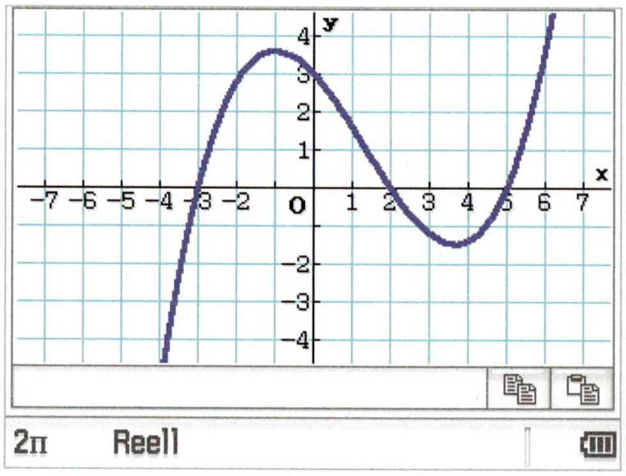

Mit den Tasten + und − können Sie die Skalierung der Achsen vergrößern bzw. verkleinern, mit dem Stift lässt sich das Koordinatensystem verschieben.

Um eine **Wertetabelle** zu erhalten, müssen Sie zunächst mit dem Icon zu einer Eingabemaske für Start, Ende und Schrittweite der Tabelle. Mit dem Icon erhalten Sie dann die entsprechende Wertetabelle. In der Tabelle können Sie einen markierten x-Wert überschreiben und sich für einen neuen x-Wert den Funktionswert berechnen lassen. (In der nebenstehenden Abbildung wurde $x = 4$ mit dem Stift markiert und mit $x = 22$ überschrieben.)

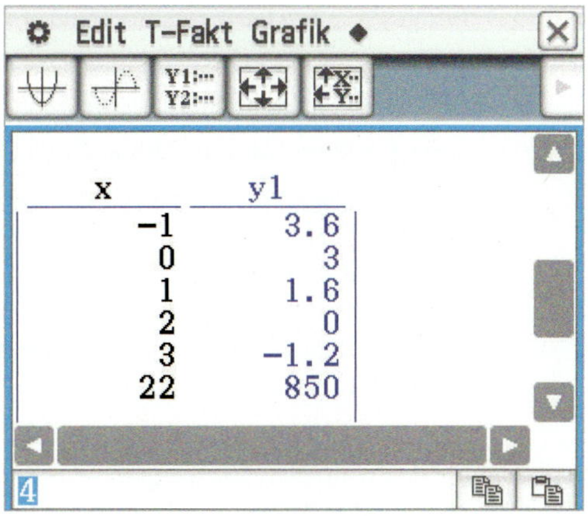

Den Graphen der Ableitungsfunktion zeichnen

Sie können den Graphen der Ableitungsfunktion f′ einer gegebenen Funktion f darstellen lassen. Dazu müssen Sie im Funktioneneditor den Differenzialoperator d/dx auf die Funktion f anwenden. Sie erhalten den Differenzialoperator mit Keyboard Math2 oder indem Sie mit Keyboard abc *diff(y1(x),x)* eingeben.

Den Graphen einer Stammfunktion zeichnen

Sie können den Graphen einer Stammfunktion einer gegebenen Funktion f darstellen lassen. Dazu geben Sie im Funktioneneditor das Integral ein. Sie erhalten das Integralsymbol mit Keyboard Math2.

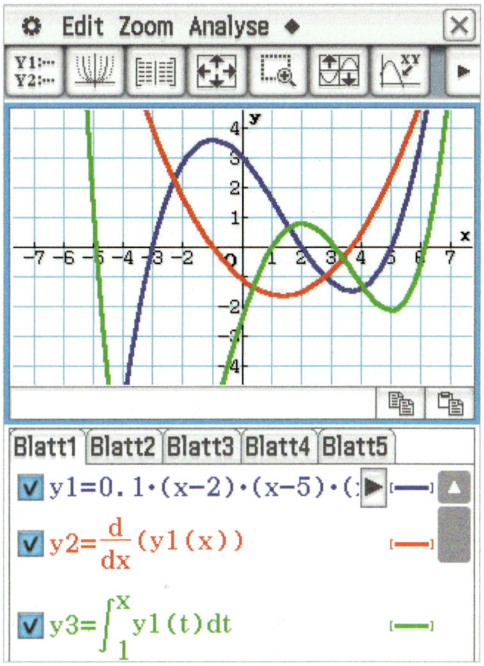

b) Grafische Kurvendiskussion

Wenn Sie den Graphen einer Funktion dargestellt haben, können Sie im Grafik-Fenster nützliche Informationen über den Graphen bzw. die Funktion in dem dargestellten Bereich erhalten.
Mithilfe von *Analyse/Grafische Lösung* erhält man Zugang zu diesen Befehlen.

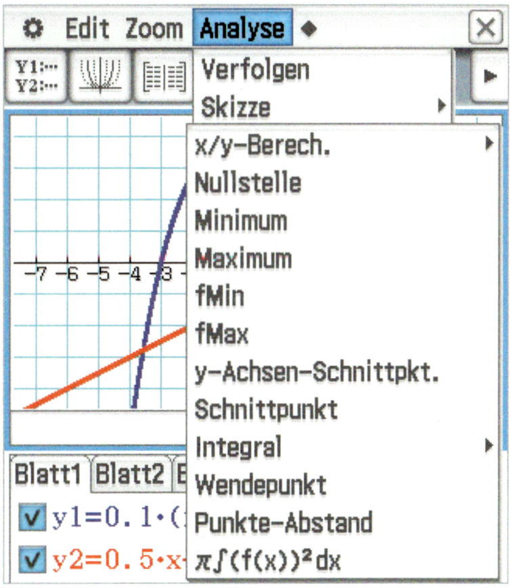

c) Integrale in Grafik & Tabelle bestimmen

Sie können mit dem ClassPad mehrere Integralvarianten mithilfe der entsprechenden Anweisungen berechnen.

Orientierter Flächeninhalt unter einem Graphen

Mit *Analyse/Grafische Lösung/Integral/∫dx* können Sie ein Integral über einem Intervall [a; b] berechnen. Sie erhalten damit den orientierten Flächeninhalt zwischen dem Graphen von f und der x-Achse. Dabei können Sie die Grenzen a und b mit den Pfeiltasten ◄ ► ansteuern oder frei über die Tastatur eingeben, solange diese im Bereich der x-Werte des Eingabefensters liegen.
Die entsprechende Fläche wird eingefärbt und der Wert des orientierten Inhalts ausgegeben.

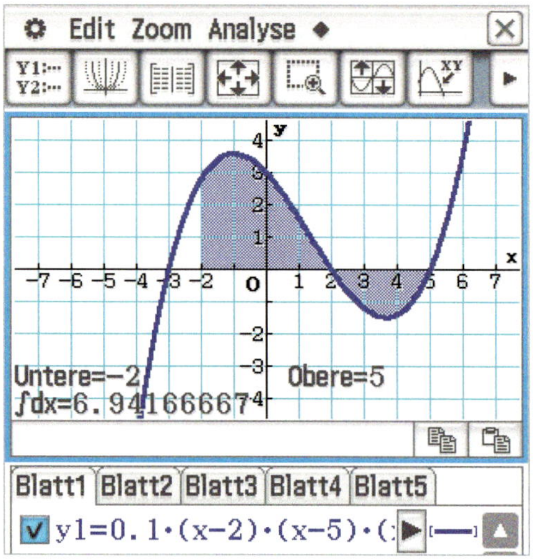

Inhalt der Fläche, die von zwei Graphen begrenzt wird

Mit *Analyse/Grafische Lösung/Integral/∫dx Nullst.* können Sie den orientierten und den absoluten Inhalt der Fläche zwischen Graph und x-Achse berechnen lassen. Als Integralgrenzen können Nullstellen mit den Pfeiltasten ◄ ► gewählt und mit EXE bestätigt werden. Die entsprechende Fläche wird eingefärbt und der Wert des orientierten und des absoluten Inhalts ausgegeben.

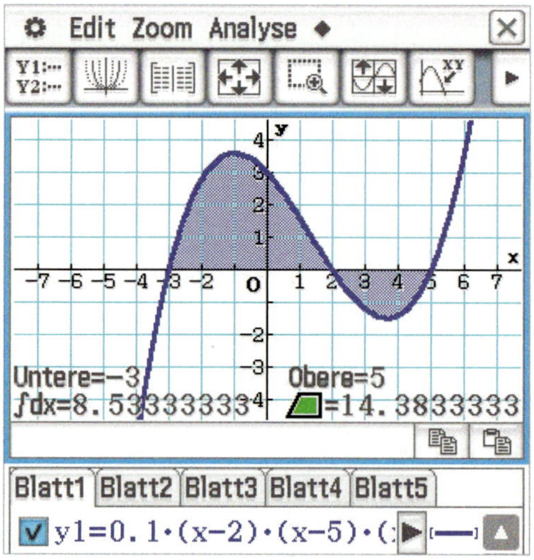

Entsprechend wird mit *Analyse/Grafische Lösung/Integral/∫dx Schnittp.* der orientierte und der absolute Inhalt der Fläche zwischen zwei Graphen bestimmt.

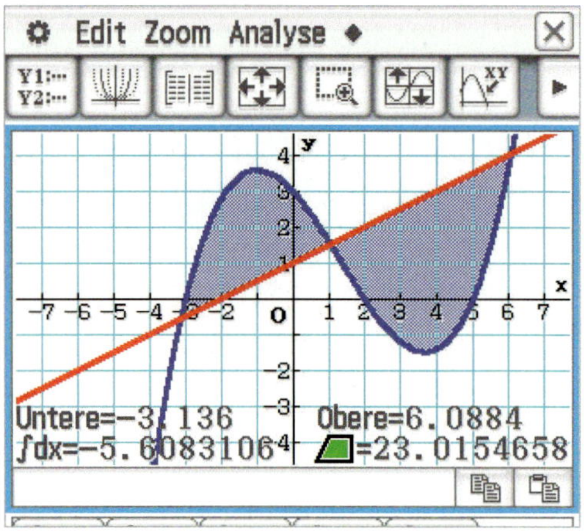

2. Berechnungen im Main-Fenster

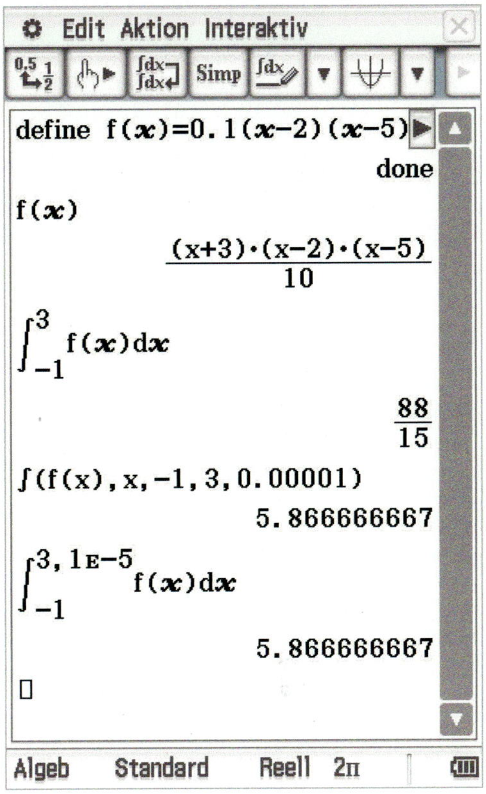

a) Integrale im Calculator-Fenster berechnen

Der Wert eines bestimmten Integrals kann auch im Main-Fenster berechnet werden. Je nach Einstellung des ClassPad – Standard oder Dezimal – wird der Wert des Integrals exakt oder als dezimale Näherung angegeben.

Das Integralsymbol erhalten Sie mit [Keyboard] [Math2].

Wählen Sie die Eingabe über Interaktiv, so können Sie die numerische Berechnung des Integrals erzwingen, indem Sie den Integralbefehl um einen Toleranz-Wert ergänzen. Diese Ergänzung können Sie auch in der 2D-Darstellung des Integrals vornehmen, indem Sie den Toleranzwert mit Komma getrennt hinter die obere Grenze des Integrals schreiben (vgl. Abbildung unten).

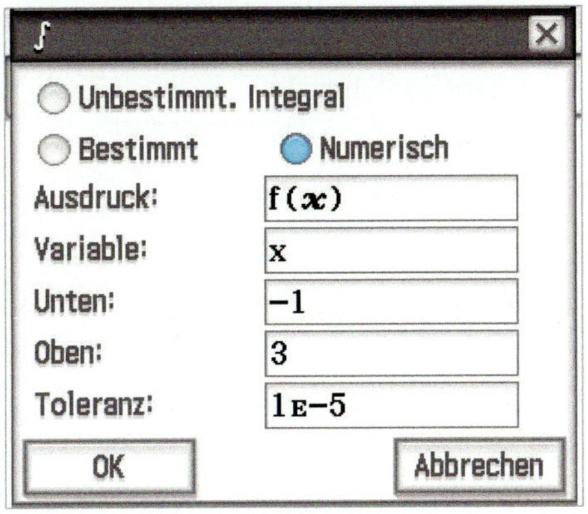

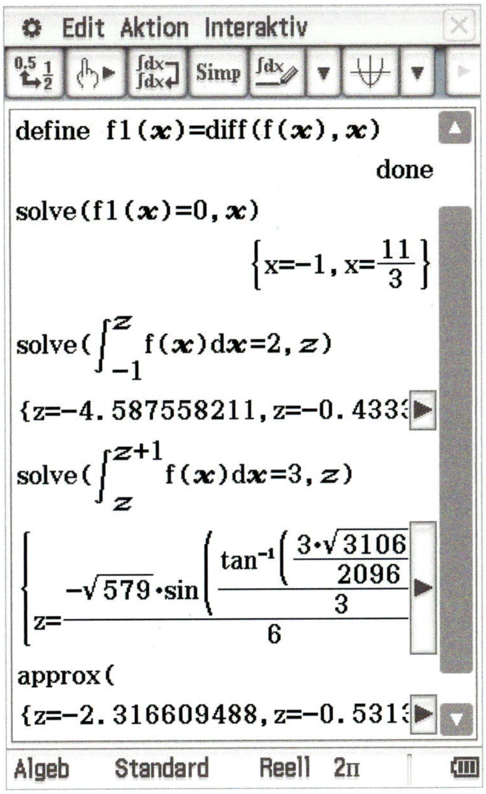

b) Lösen von Gleichungen

Im Main-Fenster können Gleichungen mithilfe des *solve*-Befehls gelöst werden.

Man erhält den *solve*-Befehl über *Interaktiv/(Un-)Gleichungen*.

Hinter der Gleichung muss mit Komma getrennt die Variable eingegeben werden, nach der die Gleichung aufgelöst werden soll.

Gleichungen mit Funktionsvariablen

Im Rahmen einer Kurvendiskussion können entsprechend der nebenstehenden Abbildung die Nullstellen der Ableitung bestimmt werden.

Integralgleichungen

Wenn z. B. die obere Grenze eines Integrals gesucht ist oder ein Intervall einer bestimmten Länge bestimmt werden soll, in dem das Integral einen bestimmten Wert haben soll, können Sie dieses Problem mit dem *solve*-Befehl entsprechend der nebenstehenden Abbildung lösen.

Ergebnisse, die im Standard-Mode „zu kompliziert" erscheinen, können Sie markieren und mithilfe des Icons [½ ⇄ 0.5] in Dezimalzahlen umwandeln. Alternativ können Sie entsprechend der Abbildung den *approx*-Befehl anwenden (*Aktion/Umformungen/approx*).

Bei der Eingabe einer Integralgleichung müssen Sie darauf achten, dass Sie nach Eingabe der Integrationsvariable die entsprechende Rechteckmaske mit [▶] verlassen.

In manchen Fällen ist der Definitionsbereich einer Gleichung eingeschränkt, z. B. $\sin(x) = \sin(2x) = \frac{1}{2}\sqrt{3}$; $-\pi \le x \le +\pi$.

In solchen Fällen können Sie den Bereich für die Lösungen mit dem With-Operator – Sie finden Ihn unter [Keyboard] [Math3] – einschränken:

$solve\left(\sin(2x) = \frac{1}{2}\sqrt{3}, x\right)\Big| -\pi \le x \le +\pi.$

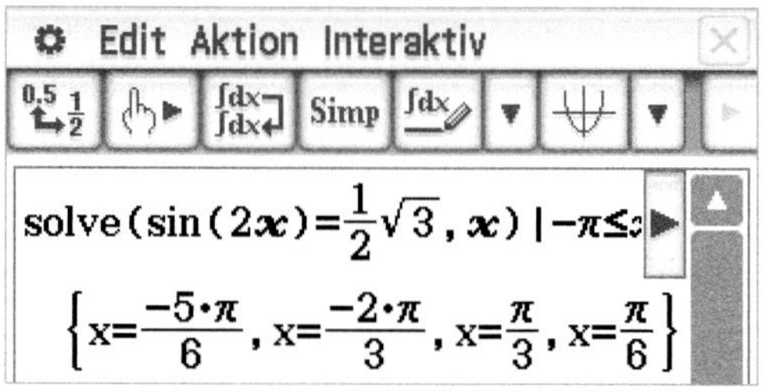

Gleichungssysteme

Gleichungssysteme werden mit der sogenannten „solve-Klammer“ [Keyboard] [Math1] [{▤] entsprechend der Abbildung rechts gelöst.

Besondere Vorteile bietet ein CAS bei der Funktionsanpassung ganzrationaler Funktionen.

Beispiel: Gesucht ist eine ganzrationale Funktion der Form
$f(x) = a \cdot x^4 + b \cdot x^2 + c$ mit $f'(3) = 3$, $f'(3) = 1$, $f''(3) = 0$

Nach der Definition der Funktion und ihrer Ableitungen können die Bedingungen symbolisch direkt in die „solve-Klammer“ eingegeben werden.

Die „solve-Klammer“ ist eine übersichtliche Darstellung des *solve*-Befehls für mehrere Gleichungen:
solve({f(3)=3, f1(3)=1, f2(3)=0},{a,b,c}).

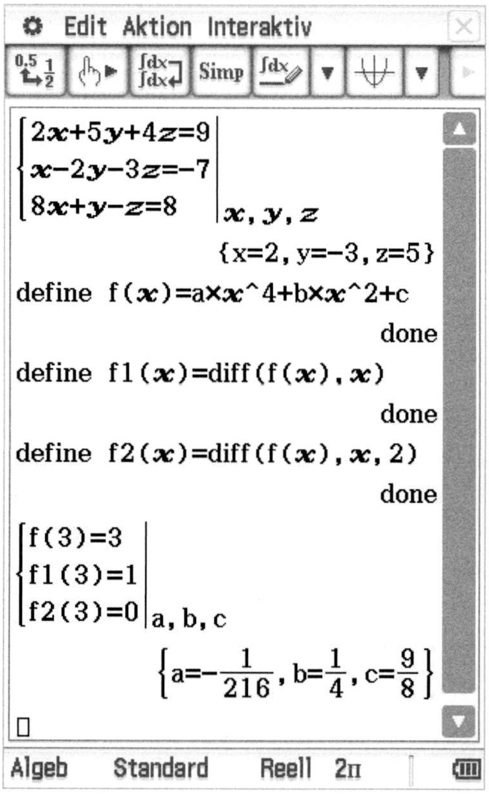

Lineare Gleichungssysteme und Matrizen

Eine alternative Lösungsmethode linearer Gleichungssysteme bietet die Verwendung von Matrizen.

Für das obige Beispiel müssen Sie dazu zunächst eine Matrix mit 3 Zeilen und 4 Spalten (3×4-Matrix) definieren.

Mit [Keyboard] [Math2] erhalten Sie das Icon [▦] für eine 2 × 2-Matrix. Tippen Sie nochmals auf das Icon, erhalten Sie eine 3 × 3-Matrix. Mithilfe des Icons [▥] können Sie der Matrix eine weitere Spalte hinzufügen. In das Matrizenformular auf dem Bildschirm können Sie dann die Koeffizienten der Matrix eingeben und die erhaltene Matrix in einer Variablen abspeichern.

Mit *Interaktiv/Matrix/Berechnungen/rref* erhalten Sie das Dialogfeld für den *rref*-Befehl, der die Matrix in eine äquivalente Stufenform bringt, aus der sich die Lösungen leicht ablesen lassen.

Manchmal ist die direkte Eingabe des *rref*-Befehls mithilfe von [Keyboard] schneller.

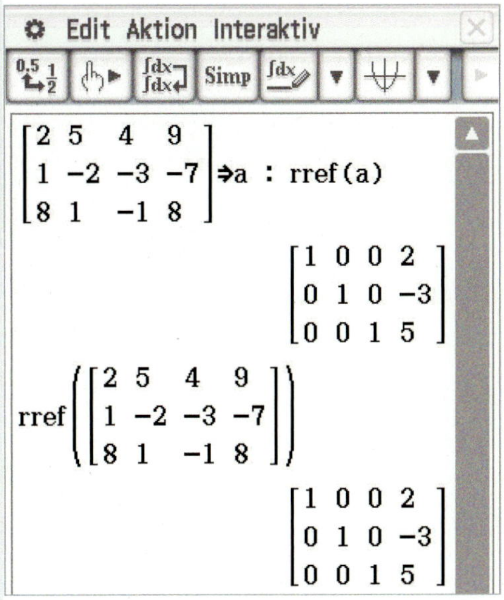

3. Analytische Geometrie Vektoren, Geraden, Ebenen

a) Rechnen mit Vektoren

Vektoren können mithilfe der Tastatur einfach eingegeben werden. Mit [Keyboard] [Math2] 2 x [▤] erzeugen Sie eine Maske für einen dreidimensionalen Vektor, die dann entsprechend ausgefüllt werden kann.

Linearkombinationen

Linearkombinationen von Vektoren können mit den üblichen Tasten [+], [−], [×] erzeugt werden.

Länge eines Vektors

Mit *Interaktiv/Vektor/norm* erhält man den *norm*-Befehl, mit dem die Länge eines Vektors berechnet wird.

Skalarprodukt

Mit *Interaktiv/Vektor/dotP* oder direkt mit der QUERZ-Tastatur [Keyboard] [abc] erhält man den Befehl zur Berechnung des Skalarprodukts.

Winkel zwischen Vektoren

Der Winkel zwischen zwei Vektoren kann auf zwei Arten bestimmt werden:

Mit *Interaktiv/Vektor/angle* erhält man den Befehl zu Berechnung des Winkels oder der Winkel wird über die Umkehrfunktion des Kosinus bestimmt.

Mit [Keyboard] [Trig] kommen Sie zu den mathematischen Vorlagen für die trigonometrischen Funktionen. Dabei ist darauf zu achten, dass als Winkel-Modus rechts unten „360°" eingestellt ist. Tippen Sie mit dem Stift auf die Bezeichnung, so ändert sie sich zyklisch in 360° 400 2π. Im Standard-Mode erhalten Sie oftmals einen etwas komplizierten Term für den Winkel, den Sie aber mithilfe von [0,5 ↔ ½] in eine Dezimalzahl verwandeln können.

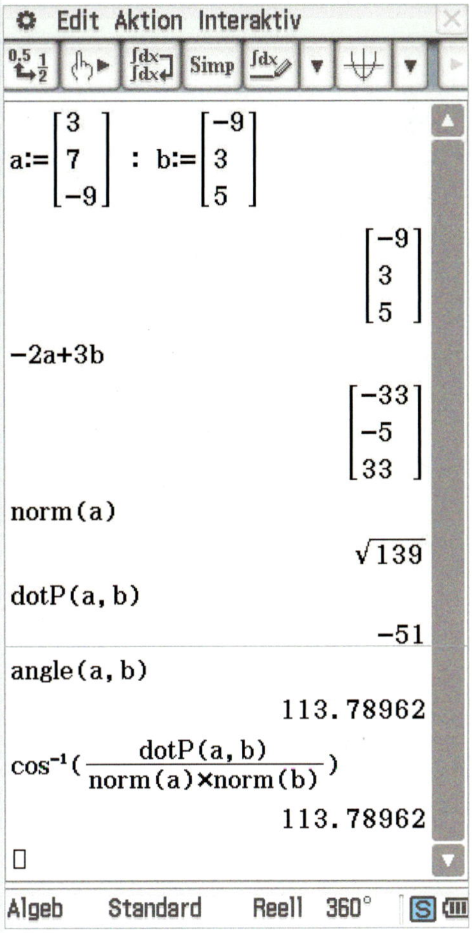

b) Geraden

Geraden in Parameterform werden als Vektorfunktion definiert.
Damit können für vorgegebene Parameterwerte die entsprechenden Ortsvektoren der Geradenpunkte bestimmt werden.

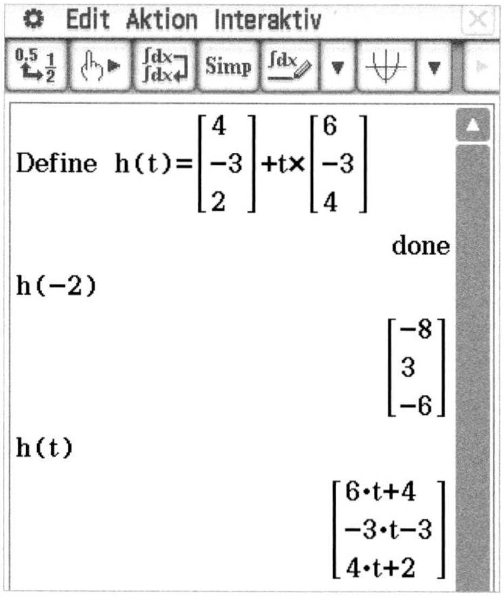

Schnitt von Geraden

Die Vektorgleichung kann mit dem *solve*-Befehl gelöst werden.
Falls sich die Geraden schneiden, kann zur Berechnung des Schnittpunkts der Parameter in die Vektorfunktion der Geraden eingesetzt werden.
Falls sich die Geraden nicht schneiden, liefert das ClassPad als Ergebnisanzeige „No Solution".

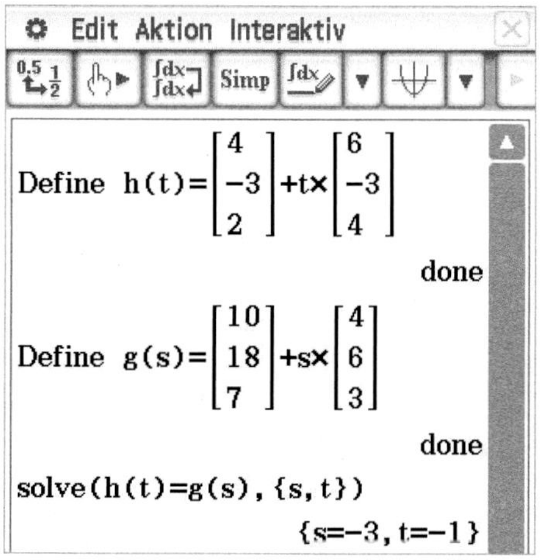

c) Ebenen

Koordinatenform einer Ebene durch drei Punkte mit der Punktprobe

Ebene durch R(3|1|4), S(4|1|2), T(−6|2|−1)

Die Punktprobe mit der allgemeinen Koordinatengleichung einer Ebene $a \cdot x_1 + b \cdot x_2 + c \cdot x_3 = d$ kann manuell in die solve-Klammer eingegeben werden.
Mit $d = 33$ erhält man $a = 2$, $b = 23$, $c = 1$.
Eine Koordinatengleichung der Ebene ist $2x_1 + 23x_2 + x_3 = 33$.

Alternative: Bei einem CAS kann mit Variablen gerechnet werden.
Das Einsetzen der Punkt-Koordinaten in die linke Seite der allgemeinen Koordinatengleichung kann mit dem Skalarprodukt berechnet werden.

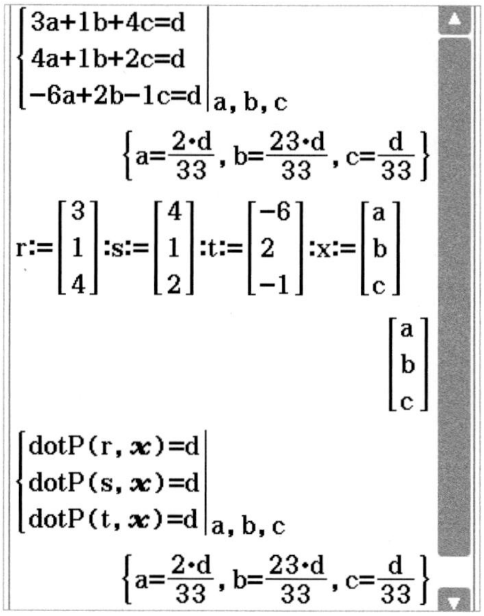

4. Zufallsgrößen

a) Erwartungswert und Standardabweichung

Der Erwartungswert einer Zufallsgröße und ihre Standardabweichung kann über eine mit den Wahrscheinlichkeiten gewichtete Liste mit dem *OneVariable*-Befehl berechnet und mit *DispStat* angezeigt werden.
In der nebenstehenden Abbildung enthält
die Liste $x := \{-1, 0, 2, 5\}$ die Werte der Zufallsgröße,

die Liste $y := \left\{\frac{27}{64}, \frac{27}{64}, \frac{9}{64}, \frac{1}{64}\right\}$ die entspr. Wahrscheinlichkeiten.

Alternativ können Sie die Daten im Statistik-Fenster unter *list1* und *list2* abspeichern und mit *Calc/Eindim. Variable* auswerten lassen.

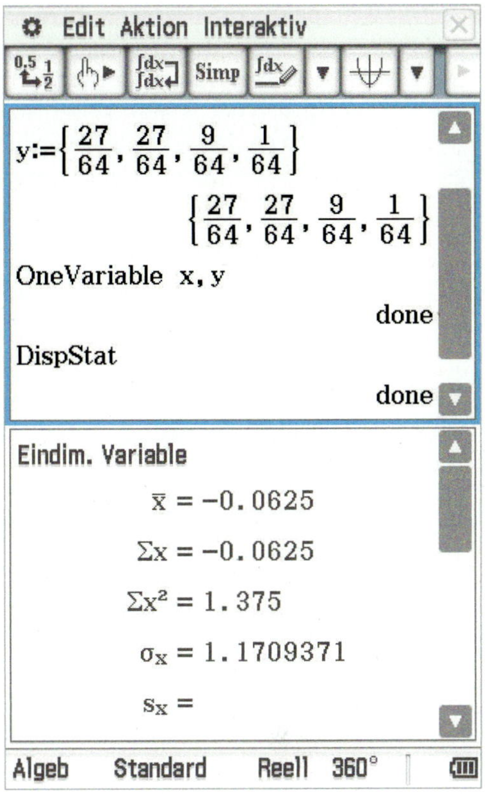

b) Simulation und Auswertung von Zufallsexperimenten
Befehle für Zufallszahlen

Mit dem *rand*-Befehl erzeugen Sie einzelne Zufallszahlen.
rand() erzeugt eine Zufallszahl zwischen 0 und 1.
Sie können aber auch einen Bereich durch zwei ganze Zahlen festlegen, dann wird eine ganzzahlige Zufallszahl in diesem Bereich erzeugt. Mit *rand(1,6)* simulieren Sie z. B. den Wurf eines Würfels.

Eine Liste von Zufallszahlen erzeugen Sie mit dem Befehl *randList*.
randList(n) erzeugt n Zufallszahlen zwischen 0 und 1.
randList(n,a,b) erzeugt n ganzzahlige Zufallszahlen zwischen a und b.

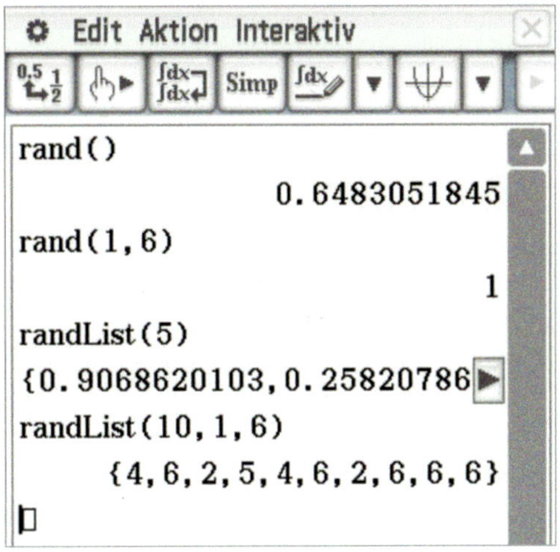

Auswertung von Zufallsexperimenten

In der nebenstehenden Abbildung werden 100 Würfe mit zwei Würfeln simuliert und jeweils die Augensumme berechnet.
Für das Ergebnis der Simulation werden mit *OneVariable list1* Mittelwert und Standardabweichung berechnet und mit *DispStat* angezeigt.

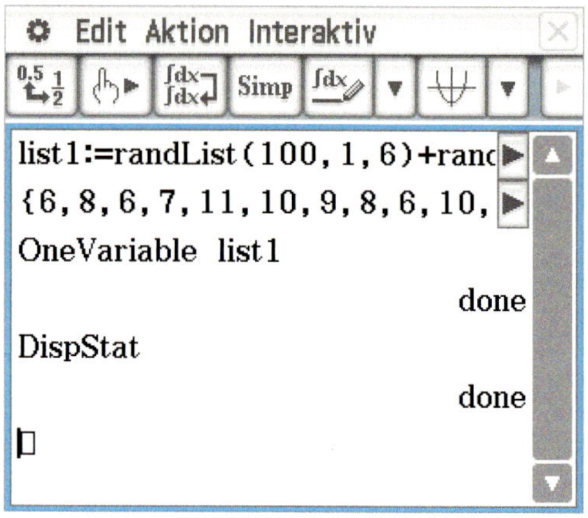

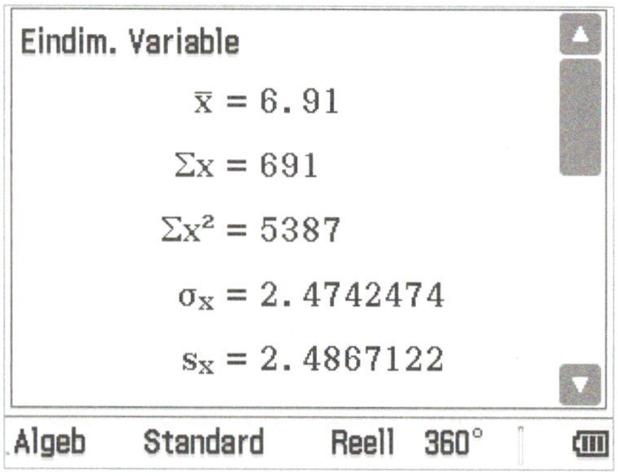

Alternativ können Sie die Daten im Statistik-Fenster mit *Calc/Eindim. Variable* auswerten lassen (*X-List: list1, Häufigk:1*).

In der nebenstehenden Abbildung wurde eine Liste mit 10 Zufallszahlen zwischen 0 und 1 simuliert.
Um festzustellen, wie viele Elemente einer Liste einen Wert kleiner als 0.6 haben, benutzt man eine Heaviside-Funktion (auch Schwellenwert- oder Sprungfunktion genannt) mit $h(x) = \begin{cases} 0, & \text{falls } x < 0 \\ 0{,}5, & \text{falls } x = 0 \\ 1, & \text{falls } 0 < x \end{cases}$

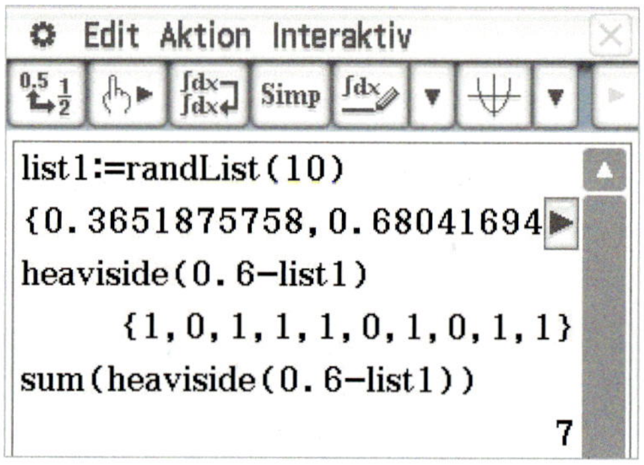

Es gilt: $x < 0.6 \Leftrightarrow 0 < 0.6 - x$.
Daher liefert *heaviside(0.6 – list1)* eine sogenannte Indikator-Liste, die anzeigt, welches Listenelement von *list1* kleiner als 0.6 ist.
Aufsummieren der Listenelemente liefert die Anzahl der Listenelemente, die kleiner als 0.6 sind. Dabei kann man davon ausgehen, dass kein Listenelement genau den Wert 0.6 hat.
Für das Auswerten von ganzzahligen Listen kann folgender Trick verwendet werden, um zu vermeiden, dass ein Schwellenwert genau getroffen wird:
z. B. Anzahl der Listenelemente größer als 4
Es gilt: $4 < x \Leftrightarrow 4.1 < x \Leftrightarrow 0 < x - 4.1$, d. h. *heaviside(list1–4.1)* erzeugt eine Indikator-Liste für die Listenelemente größer als 4. Aufsummieren liefert die Anzahl der Listenelemente, die größer als 4 sind:
sum(heaviside(list1–4.1))
z. B. Anzahl der Listenelemente kleiner als 3
Es gilt: $x < 3 \Leftrightarrow x < 2.9 \Leftrightarrow 0 < 2.9 - x$, d. h. *heaviside(2.9–list1)* erzeugt eine Indikator-Liste für die Listenelemente kleiner als 3.
Aufsummieren liefert die Anzahl der Listenelemente, die kleiner als 3 sind: *sum(heaviside(5.9–list1))*
z. B. Anzahl der Listenelemente gleich 5
= Anz. der Elemente kleiner als 6 – Anz. der Elemente kleiner als 5
also: *sum(heaviside(5.9–list1)–heaviside(4.9–list1))*

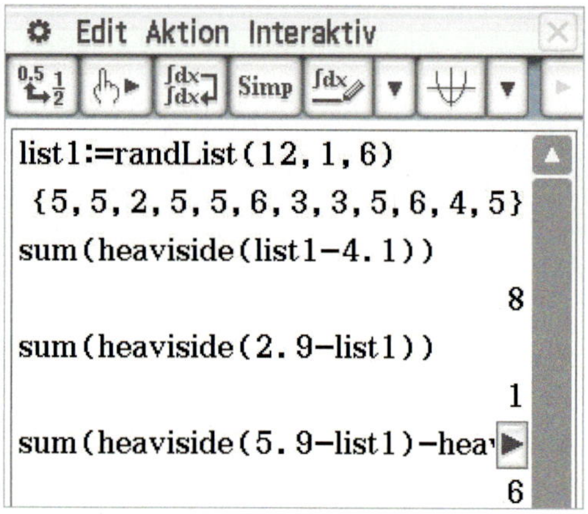

(Im Lehrtext wird für das Auszählen einer Liste ein spezieller Befehl verwendet, der hier mithilfe der Heaviside-Funktion realisiert wird.)

Hinweis zu Beispiel 2 auf Seite 157

Die Funktion z (ohne Argument!) erzeugt eine Liste von 10 Zufallszahlen und zählt, wie viele kleiner als 0,06 sind.

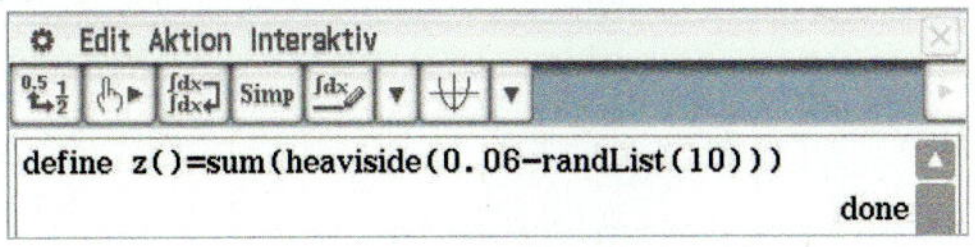

Sie zählt damit in dem Beispiel auf Seite 257 die Anzahl unbrauchbarer Bauteile in einer Zehnerpackung.

Die Funktion f (ohne Argument!) erzeugt eine Liste von 500 solcher Zahlen. Sie simuliert damit die Untersuchung von 500 Zehnerpackungen.

Mit der Heaviside-Funktion wird gezählt, wie viele Zehnerpackungen bei dieser Simulation höchstens ein unbrauchbares Bauteil enthalten.

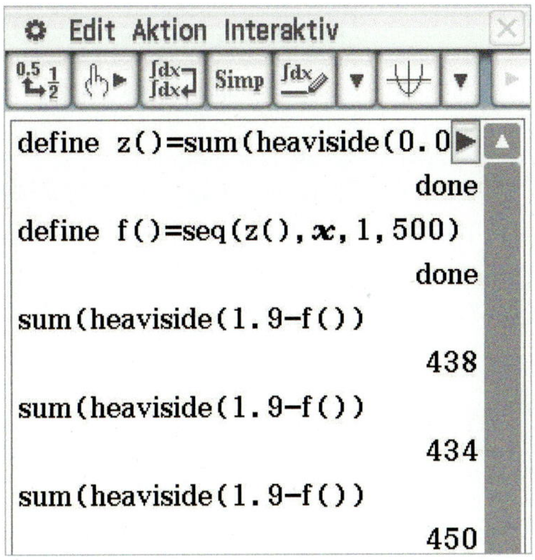

5. Binomialverteilung

a) Formel von Bernoulli und binomPdf-Befehl

Für eine binomialverteilte Zufallsgröße X lässt sich die Wahrscheinlichkeit für k Treffer mit der Formel von Bernoulli berechnen:

$P(X = k) = \binom{n}{k} \cdot p^k \cdot (1 - p)^{n-k}$

Für $n = 100$, $p = \frac{1}{6}$ erhält man $P(X = 8) \approx 0{,}006$

Den Binomialkoeffizienten erhält man mit der Funktion *nCr(n,k)* entweder über Keyboard Catalog oder über Keyboard abc.

Mit Settings *Grundformat/Zahlenformat/Normal 2* kann ein Zahlenformat eingestellt werden, das oft als angenehmer empfunden wird.

Mit *Interaktiv/Verteilungsfunktionen/Diskret/BinomialPDF* oder direkt mit Keyboard abc eingegeben erhält man einen Befehl, mit dem $P(X = 8)$ direkt berechnet werden kann.

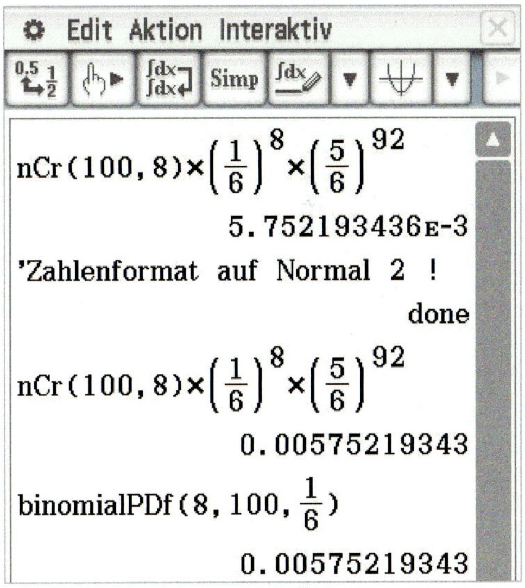

b) Histogramm einer binomialverteilten Zufallsgröße

Gehen Sie mit Menu *Statistik* in das Statistik-Fenster und geben Sie *seq(x,x,0,30)* für *list1* ein.

(Der Befehl *seq(Term, Var, Start, Ende [, Schritt])* erhöht Var in durch Schritt festgelegten Stufen von Start bis Ende, wertet Term aus und gibt die Ergebnisse als Liste zurück.)

Für *list2* geben Sie ein: *binomialPDF(30,0.25)*

Für die Darstellung der Daten als Histogramm wählen Sie *Grafik einst/ Einstellung...* und füllen das Dialogfeld entsprechend der Abbildung unten aus.

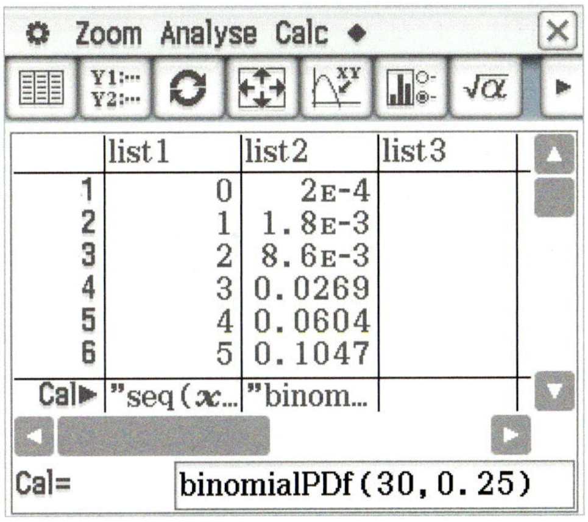

Tippen auf *Einstellen* bestätigt Ihre Auswahl. Nach der Auswahl von werden Sie in einem Dialogfeld gefragt, wo Ihr Histogramm beginnen soll und welche Breite die Histogramm-Säulen haben sollen.
Mit der Einstellung *H-Start = 0.5* und *H-Breite = 1* erhalten Sie das nebenstehende Histogramm.
Mit *Analyse/Verfolgen* können Sie die Höhen der Histogramm-Säulen und damit die Werte für k und $P(X = k)$ abfragen.

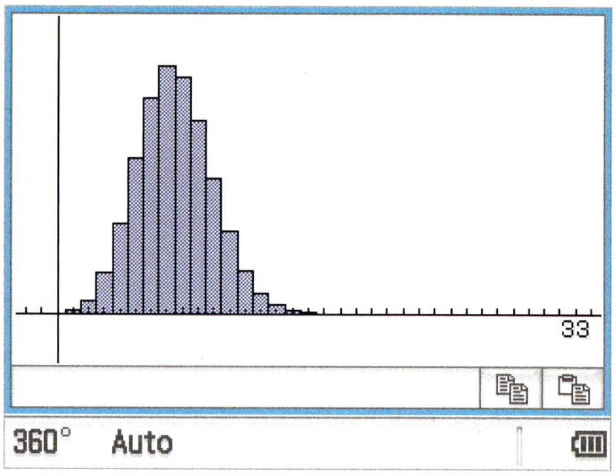

Für die nebenstehende Abbildung wurde für die zweite Häufigkeitsverteilung *list3 = binomialPDf(30,0.6)*
eingegeben und unter *Grafik einst/Einstellung...* ein zweites Grafikfenster mit *X-List: list1, Häufigk: list3* definiert.
Damit kann man untersuchen, wie sich das Histogramm der Binomialverteilung mit variablem p verändert.

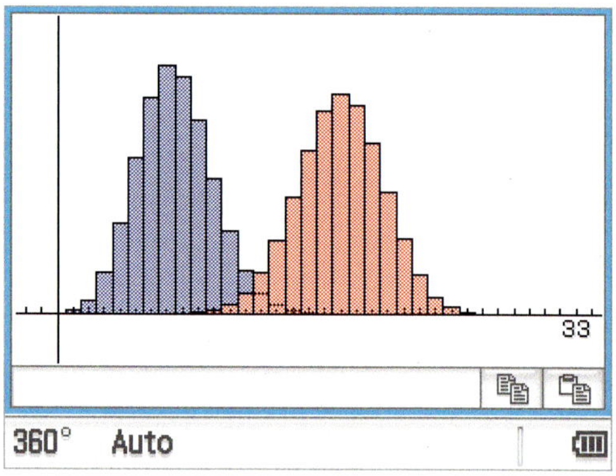

Eine weitere Möglichkeit, schnell ein Histogramm der Binomialverteilung zu erhalten, finden Sie im Statistik-Fenster unter
Calc/Verteilung/Binom. Einzelwkt.
Geben Sie bei x einen beliebigen k-Wert zwischen 0 und n ein. Für die nebenstehende Abbildung wurde $x = 10$ eingegeben. Das ClassPad berechnet die Wahrscheinlichkeit $P(X = 10)$ und zeigt das Ergebnis in der Maske an.
Wenn Sie jetzt auf das Icon tippen, erhalten Sie das Histogramm der betreffenden Binomialverteilung. Mit den Pfeiltasten können Sie die Werte der einzelnen Histogrammsäulen und damit die entsprechenden Wahrscheinlichkeiten abfragen.

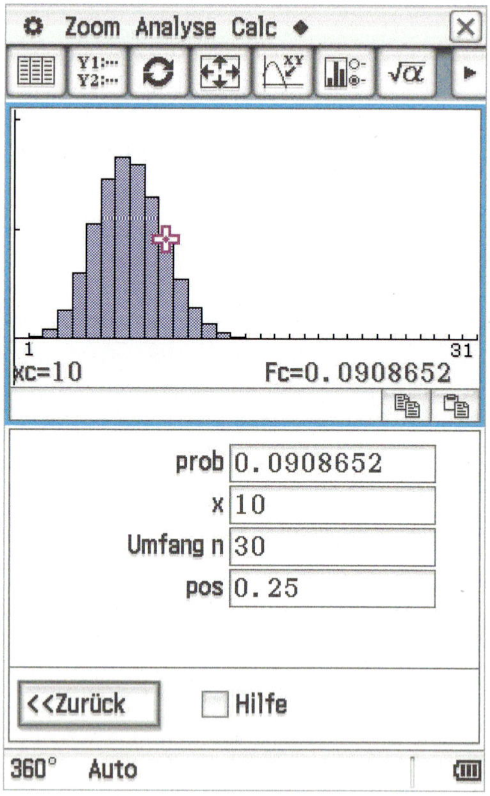

c) Simulation der Binomialverteilung
Mit dem Befehl *randBin(n,p,AnzSimulationen)* kann eine Binomialverteilung simuliert werden.

Für eine binomialverteilte Zufallsvariable mit n = 30, p = 0.25 wird im Statistik-Fenster, wie in der nebenstehenden Abbildung gezeigt, eine Liste mit 100 Simulationen erzeugt.

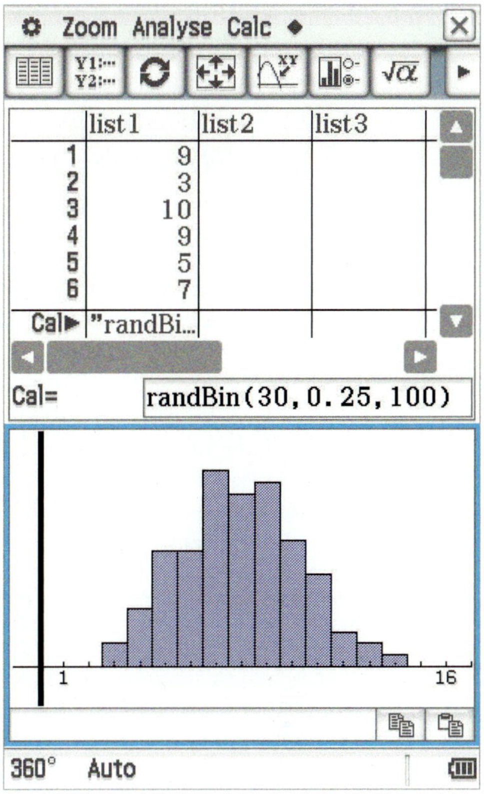

Mit *Grafik einst/Einstellung* wird für Stat-Grafik 1
Typ: *Histogramm,*
X-List: *list1,*
Häufigk: *1*
eingestellt.

Mit dem Icon wird die Erstellung des Histogramms eingeleitet.

d) Kumulierte Binomialverteilung
Für eine binomialverteilte Zufallsgröße X berechnet man die Wahrscheinlichkeit für mindestens k_1 und höchstens k_2 Treffer mit dem Befehl *binomialCDf(k1,k2,n,p)*. Sie erhalten den Befehl über *Interaktiv/Verteilungsfunktionen/Diskret*.

p-Bestimmung
Wenn Sie eine unbekannte Trefferwahrscheinlichkeit p einer Bernoulli-Kette bestimmen müssen, können Sie den *solve*-Befehl verwenden.

Bsp: „Bei welcher Trefferwahrscheinlichkeit erzielt man mit einer Wahrscheinlichkeit von 10 % bei 100 Versuchen 80 oder mehr Treffer?"

Dazu geben Sie die Gleichung am besten mit Keyboard abc so ein, dass in der Funktion *binomialCDf* eine Variable an der Stelle für die Trefferwahrscheinlichkeit steht. Da die Variable hier zwischen 0 und 1 liegen muss, sollte durch Angabe des Bereichs dafür gesorgt werden, dass das ClassPad nur in diesem Bereich nach der Lösung sucht.

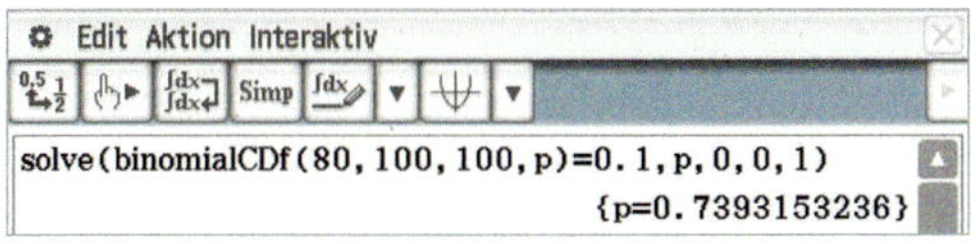

Syntax: *solve(Gleichung, Var, Startwert, Anfang, Ende)*

Tipp: Es hat sich bewährt, beim ClassPad für den Startwert den gleichen Wert wie für den Anfang des Bereichs zu wählen.

Beachten Sie, dass man mit dem *solve*-Befehl keine Aufgaben lösen kann, bei denen nach der Trefferanzahl k bzw. der Länge der Bernoulli-Kette n gefragt ist, weil n und k keine kontinuierlichen Variablen, sondern diskrete Werte darstellen. Solche Aufgaben können Sie mithilfe von Wertetabellen für die Binomialverteilung lösen.

n-Bestimmung

Bsp: Wie oft muss ein Würfel mindestens geworfen werden, damit man mit einer Wahrscheinlichkeit von mindestens 80 % mindestens 5 Mal die Augenzahl 6 erhält?

Gesucht ist die kleinste Zahl n mit $P(5 \leq X \leq n) \geq 0{,}8$.

Definieren Sie zuerst im Funktionen-Editor die Funktion
y1(x) = binomialCDf(5,x,x,1/6)

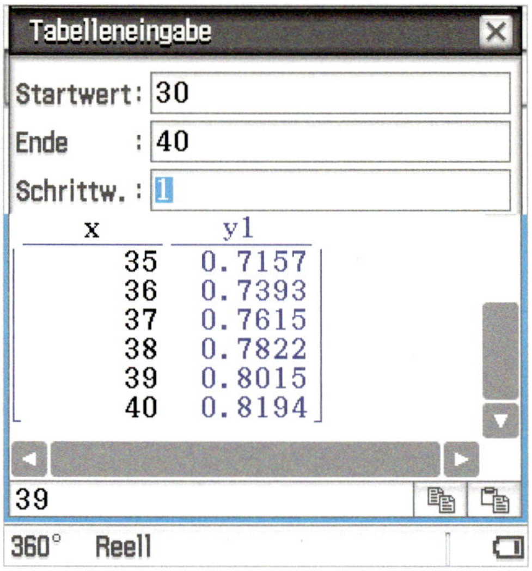

Mit kommen Sie zu den Einstellungen für die Wertetabelle.
Wählen Sie hier die Einstellungen so, dass das ClassPad nicht zu viele Werte berechnen soll, und verfeinern Sie anschließend die Tabelle durch Verkleinern der Schrittweite.
Wählt man in dem Beispiel zunächst
Startwert: 10, Ende: 100, Schrittw.: 10,
sieht man, dass der gesuchte n-Wert zwischen 30 und 40 liegt.
Mit *Startwert: 10, Ende: 100, Schrittw.: 1* erhält man schließlich für den gesuchten Wert $n = 39$.

k-Bestimmung

Bsp: Bestimmen Sie bei einer mit $n = 200$, $p = 0.2$ binomialverteilten Zufallsgröße X den kleinsten Wert für k so, dass $P(k \leq X \leq 200) \leq 0{,}03$ gilt.

Gesucht ist die kleinste Zahl k mit $P(k \leq X \leq 200) \leq 0{,}03$.

Definieren Sie zuerst im Funktionen-Editor die Funktion
y1(x):=binomialCDf(x,200,200,0.2)

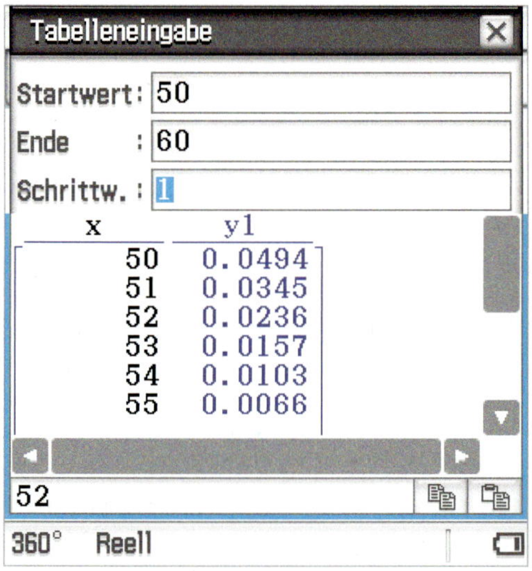

Mit kommen Sie zu den Einstellungen für die Wertetabelle.
Wählen Sie hier die Einstellungen so, dass das ClassPad nicht zu viele Werte berechnen soll und verfeinern Sie anschließend die Tabelle durch Verkleinern der Schrittweite.
Wählt man in diesem Beispiel zunächst
Startwert: 0, Ende: 200, Schrittw.: 10,
sieht man, dass der gesuchte n-Wert zwischen 50 und 60 liegt.
Mit *Startwert: 50, Ende: 60, Schrittw.: 1* erhält man schließlich für den gesuchten Wert $k = 50$.

Alternative *invBinomialCDf*

In dem Beispiel soll gelten
$P(k \le X) \le 0.05 \Leftrightarrow 1 - P(X \le k - 1) \le 0.05$
$\Leftrightarrow 0.95 \le P(X \le k - 1)$

Mit *Interaktiv/Verteilungsfunktionen/Umkehrfkt.* erhält man
$k - 1 = 49 \Rightarrow k = 50$ (vgl. nebenstehende Abbildung).

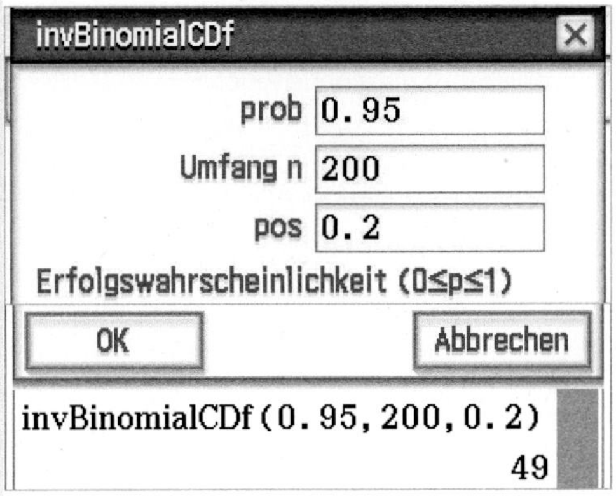

Die Funktion *invBinomialDCf*(α,*n*,*p*) liefert einen Mindestwert für k, so dass $\alpha \le P(X \le k)$ gilt.

Falls der größte Wert für k so bestimmt werden soll, dass
$P(X \le k) \le 0.05$ gelten soll, erhält man:
invBinomialCDf(0.05,200,0.2) = 31
d.h. $k + 1 = 31 \Rightarrow k = 30$.

fett = Begriffserklärung

P

R

S

T

U

V

W

Z

Bildquellen

1.1 Getty Images (Moment/Roc Canals Photography), München; **1.2** Getty Images (imageBROKER/Georg Stelzner), München; **2.1** Alamy stock photo (olaf.kowalzik), Abingdon, Oxon; **2.2** Getty Images (Westend61), München; **2.3** Getty Images (Moment/Welcome to buy my photos), München; **3.1** iStockphoto (stockstudioX), Calgary, Alberta; **3.2** Fotolia.com (Sergio Martínez), New York; **3.3** Brodersen, Christiane, Speyer; **6.1** Alamy stock photo (olaf.kowalzik), Abingdon, Oxon; **6.2** Ministerium für Schule und Weiterbildung des Landes Nordrhein-Westfalen, Zentrale Prüfungen 10, Mathematik Gymnasium, Soest/Düsseldorf 2008, S. 4; **7.1** iStockphoto (swissmediavision), Calgary, Alberta; **10.1** iStockphoto (Martinan), Calgary, Alberta; **10.2** Fotolia.com (nickolae), New York; **17.1** Imago (blickwinkel), Berlin; **20.1** dreamstime.com (Frankjoe1815), Brentwood, TN; **22.1** iStockphoto (sykono), Calgary, Alberta; **26.2** nach: UNEP; **26.3** Büro für Gestaltung B2, Andreas Staiger (Andreas Staiger), Stuttgart; **26.4** Getty Images (Natphotos), München; **27.1** Getty Images (Westend61), München; **39.1** Corel Corporation Deutschland, Unterschleissheim; **40.1** Science Photo Library (Martin-Bahr, Chris), München; **41.1** Fotolia.com (jarun011), New York; **42.1** Thinkstock (UrsulaReinke), München; **43.1** iStockphoto (Jan-Otto), Calgary, Alberta; **45.1** Mauritius Images (Günter Rossenbach), Mittenwald; **47.1** Fotolia.com (Leigh Prather), New York; **57.1** Fotolia.com (contrastwerkstat), New York; **58.1** Getty Images (Moment/Welcome to buy my photos), München; **58.2** Getty Images (Moment Open/Morten Falch Sortland), München; **58.3** Getty Images (Photographer's Choice/Ingo Jezierski), München; **59.1** Getty Images (Calin Niculescu / EyeEm), München; **62.1** shutterstock (iurii), New York, NY; **64.1** Picture-Alliance (dpa), Frankfurt; **70.1** Fotolia.com (Tan Kian Khoon), New York; **70.2** Getty Images (Bettmann), München; **70.3** BPK (RMN - Grand Palais/Jean Popovitch), Berlin; **81.1** iStockphoto (Hulton), Calgary, Alberta; **82.1** Picture-Alliance (dpa), Frankfurt; **83.1** Interfoto (Sammlung Rauch/Karger-Decker), München; **90.1** BPK (Reiss-Engelhorn-Museen Mannheim), Berlin; **91.1** iStockphoto (stockstudioX), Calgary, Alberta; **94.1** Fotolia.com (Georgios Kollidas), New York; **115.1** Interfoto (TV-Yesterday), München; **132.1** Fotolia.com (Valdezrl), New York; **133.1** Fotolia.com (Sergio Martínez), New York; **133.2** Avenue Images GmbH (Corbis RF), Hamburg; **136.1** Klett-Archiv, Stuttgart; **138.1** KD Busch GmbH (KD Busch Fotostudio GmbH), Stuttgart; **139.1** Klett-Archiv, Stuttgart; **140.1** Simianer & Blühdorn (Simianer und Blühdorn), Stuttgart-Fellbach; **152.1** Riemer, Dr. Wolfgang, Pulheim; **153.1** dreamstime.com (Iwan Zeller), Brentwood, TN; **156.1** iStockphoto (mikkelwilliam), Calgary, Alberta; **158.1** shutterstock (BRG.photography), New York, NY; **166.1** Picture-Alliance (ZB/Hendrik Schmidt), Frankfurt; **167.1** Adobe Stock (DragonImages), Dublin; **169.1** Brodersen, Christiane, Speyer; **169.2** Interfoto (TV-Yesterday), München; **172.1** Mauritius Images (Alamy/Classic Image), Mittenwald; **175.1** iStockphoto (Wavebreakmedia), Calgary, Alberta; **179.1** shutterstock (Undorik), New York, NY; **183.1** Thinkstock (iStock/ArtesiaWells), München; **185.1** Mauritius Images (Westend61/ Wolfgang Weinhäupl), Mittenwald; **186.1** Public Domain, https://commons.wikimedia.org/w/index.php?curid=1696001; **187.1** Thinkstock (Wavebreakmedia Ltd), München; **187.2** Mauritius Images (Bhandol / Alamy), Mittenwald; **188.1** Fotolia.com (st1909), New York; **200.1** Adobe Stock (séb_compiegne), Dublin; **201.1** By François Séraphin Delpech - http://web4.si.edu/sil/scientific-identity/display_results.cfm?alpha_sort=W, Public Domain, https://commons.wikimedia.org/w/index.php?curid=536305

Textquellen

26.1 Quelle: 2007 UNEP/GRID-Arendal

Sollte es in einem Einzelfall nicht gelungen sein, den korrekten Rechteinhaber ausfindig zu machen, so werden berechtigte Ansprüche selbstverständlich im Rahmen der üblichen Regelungen abgegolten.